Entwicklungsbiologie

Lewis Wolpert ist Professor für medizinisch angewandte Biologie am University College in London. Er hat die Bücher *The Triumph of the Embryo,* (deutsch: *Regisseure des Lebens*), *A Passion for Science* und *The Unnatural Nature of Science* verfaßt und ist auch durch Rundfunksendungen und als Journalist bekannt geworden.

Rosa Beddington leitet die Abteilung für Säugetierentwicklung am National Institute for Medical Research in London.

Jeremy Brockes ist Professor an der Abteilung für Biochemie und Molekularbiologie am University College in London.

Thomas Jessell ist Professor für Biochemie und Molekulare Biophysik, Mitglied des Center for Neurobiology and Behaviour und Forschungsmitglied des Howard Hughes Medical Institute am College of Physicians and Surgeons der Columbia University in New York. Er ist Mitautor von *Principles of Neural Science* und *Essentials of Neural Science and Behaviour* (deutsch: *Neurowissenschaften*).

Peter Lawrence arbeitet in der Abteilung für Zellbiologie am Medical Research Council Laboratory of Molecular Biology in Cambridge. Er ist der Verfasser von *The Making of a Fly*.

Elliot Meyerowitz ist Professor an der Abteilung für Biologie am California Institute of Technology in Pasadena.

Lewis Wolpert

Rosa Beddington, Jeremy Brockes, Thomas Jessell,
Peter Lawrence, Elliot Meyerowitz

Entwicklungsbiologie

Aus dem Englischen übersetzt von
Stefan Hartung, Julia Karow, Adriana Radler-Pohl,
Lothar Seidler und Ulrike Conrad-Willmann

Spektrum Akademischer Verlag Heidelberg · Berlin

Originaltitel: Principles of Development
Aus dem Englischen übersetzt von Stefan Hartung, Julia Karow, Adriana Radler-Pohl, Lothar Seidler und Ulrike Conrad-Willmann

Englische Originalausgabe erschienen bei Current Biology Ltd. und Oxford University Press

Die Deutsche Bibliothek – CIP-Einheitsaufnahme

Entwicklungsbiologie / Lewis Wolpert ... Aus dem Engl. übers. von Stefan Hartung .... – Heidelberg ; Berlin : Spektrum, Akad. Verl., 1999
Einheitssacht.: Principles of development <dt.>
ISBN 3-8274-0494-0

Lektorat: Frank Wigger, Bianca Alton (Ass.)
Redaktion: Kurt Beginnen
Produktion: Katrin Frohberg
Umschlaggestaltung: Kurt Bitsch, Birkenau
Gesamtherstellung: Konrad Triltsch GmbH, Würzburg

Vorwort

Die Entwicklungsbiologie befaßt sich mit einer Kernfrage der gesamten Biologie: Wie steuern Gene im befruchteten Ei das Verhalten der Zellen im Embryo und somit auch dessen Organisation, Gestalt und einen großen Teil seines Verhaltens? In den letzten Jahren hat die Entwicklungsbiologie durch den Einsatz der neuen Erkenntnisse und Errungenschaften der Zell- und Molekularbiologie bemerkenswerte Fortschritte gemacht, so daß wir mittlerweile enorm viel darüber wissen.

Das vorliegende Buch ist sowohl für Studenten als auch für Diplomanden und Doktoranden bestimmt; dabei haben wir besonderes Gewicht auf Prinzipien und grundlegende Konzepte gelegt. Wir gehen davon aus, daß man die Entwicklung am leichtesten nachvollziehen kann, wenn man versteht, wie Gene das Verhalten von Zellen steuern. Bei den Studenten setzen wir solide Grundkenntnisse der Zellbiologie und Genetik voraus, erläutern jedoch im Buch noch einmal ausführlich sämtliche elementaren Konzepte wie zum Beispiel die Kontrolle der Genaktivität.

Da wir uns bewußt sind, unter welchem Druck Studenten stehen, haben wir versucht, die Grundzüge so klar wie möglich darzustellen; darüber hinaus bieten wir zahlreiche Zusammenfassungen in Wort und Bild. An diesem Buch sind besonders die Illustrationen hervorzuheben. Sie wurden mit Sorgfalt entworfen und ausgewählt, um sowohl die Experimente als auch die Mechanismen zu veranschaulichen.

Wir haben der Versuchung widerstanden, jeden Aspekt der Entwicklung zu behandeln, und uns statt dessen auf jene Modellsysteme beschränkt, an denen man die allgemein gültigen Prinzipien am besten erläutern kann. Ein Leitmotiv, das sich durch das ganze Buch zieht, ist der Gedanke, daß die Prinzipien, die bei der Entwicklung eine Rolle spielen, allgemein gültig sind. Richtlinie dafür, was wir einbezogen und behandelt haben, war in jedem Fall unsere Vorstellung von dem, was ein Student über Entwicklung wissen muß.

Aus diesem Grund haben wir unsere Aufmerksamkeit auf Wirbeltiere und *Drosophila* konzentriert, jedoch nicht so stark, daß wir andere Systeme wie Fadenwürmer und Seeigel ausgeschlossen hätten, wenn man an ihnen ein Konzept am besten veranschaulichen kann. Wichtig ist, daß in diesem Buch auch die Entwicklung der Pflanzen berücksichtigt wird, die in der Regel in Lehrbüchern vernachlässigt wird. Es hat in der Entwicklungsbiologie der Pflanzen in jüngster Zeit erstaunliche Fortschritte gegeben; dabei sind einige einzigartige und wichtige Besonderheiten ans Licht gekommen. Da man die grundlegenden Aspekte der Embryologie der wichtigsten Organismen, die bei der Erforschung der Entwicklung eine Rolle spielen, kennen muß, um die molekularen Mechanismen verstehen zu können, haben wir die Embryologie an den Anfang des Buches gestellt.

Obwohl wir unsere Aufmerksamkeit in diesem Buch besonders auf den Entwurf der Körperbaupläne und von Organsystemen wie Gliedmaßen und Nervensystem gerichtet haben, sind auch spätere Aspekte der Entwicklung wie etwa Wachstum und Regeneration mit einbezogen worden. Das Buch endet mit einer Betrachtung über Evolution und Entwicklung.

Bei den Literaturangaben haben wir mehr darauf geachtet, die Studenten auf hilfreiche Veröffentlichungen aufmerksam zu machen, als darauf, Wissenschaftler zu erwähnen, die einen wichtigen Beitrag geleistet haben; diejenigen, die wir vergessen haben, bitten wir um Entschuldigung.

Dieses Buch hat eine besondere Entstehungsgeschichte. Obwohl ich natürlich in ständigem Austausch mit meinen Co-Autoren stand, habe ich es doch ganz alleine niedergeschrieben – und zwar mit der Hand. Maureen Moloney hat das Manuskript dann mit viel Sachverstand getippt. Jedes Kapitel wurde darüber hinaus von mehreren Experten genau überprüft (Seite 553 f), denen wir hiermit danken. Eleanor Lawrence hat den gesamten Text redigiert und oft umgeschrieben. Ihr Sachverstand und Einfluß ist im ganzen Buch zu spüren. Anschließend hat Hazel Richardson das Ganze kritisch gegengelesen, und Huw Woodmann hat es in seine endgültige Form gebracht.

Dieses Buch wird von den Illustrationen geprägt, die Matthew McClements in ausgezeichneter Weise geschaffen oder bearbeitet hat. Das ganze komplexe Projekt wurde meisterlich von Giles Montier organisiert. Giles und Matthew möchte ich meinen besonderen Dank dafür aussprechen, nicht zuletzt für ihren geduldigen Umgang mit meiner Ungeduld und meiner Unkenntnis. Es war eine Freude, sogar ein Vergnügen, mit diesem ganzen Team zusammenzuarbeiten.

Zum Schluß möchte ich noch Peter Newmark, dem Leiter von Current Biology, und Vitek Tracz, dem Leiter der Current Science Group, danken; ohne sie wäre das Buch nie begonnen, geschweige denn beendet worden.

Lewis Wolpert

Inhaltsübersicht

Inhaltsverzeichnis

Geschichte und Grundkonzepte der Entwicklungsbiologie

1

- Die Ursprünge der Entwicklungsbiologie
- Grundlegende Konzepte

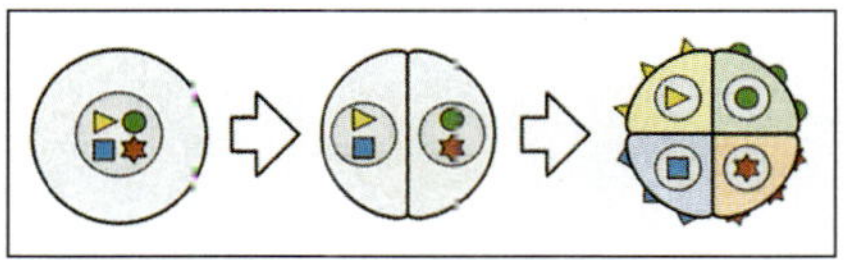

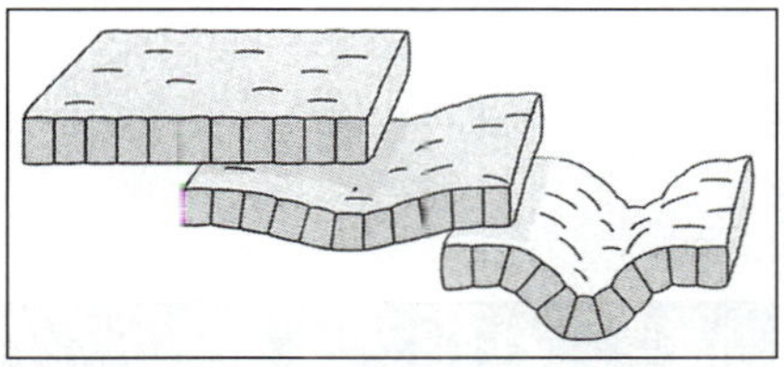

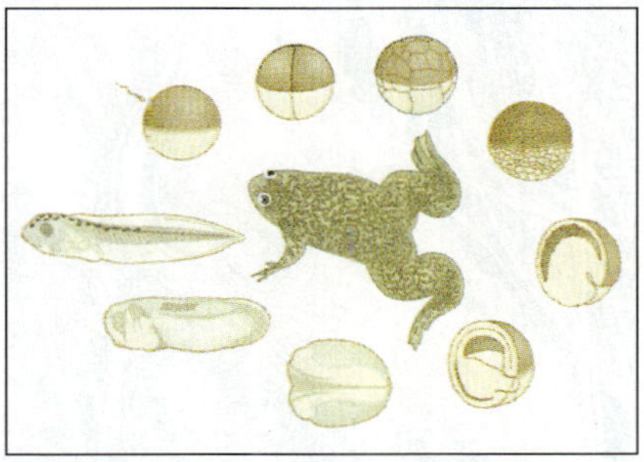

„Die Vorstellungen über uns selbst haben sich sehr gewandelt; inzwischen kennen wir aber einige verläßliche Regeln.“

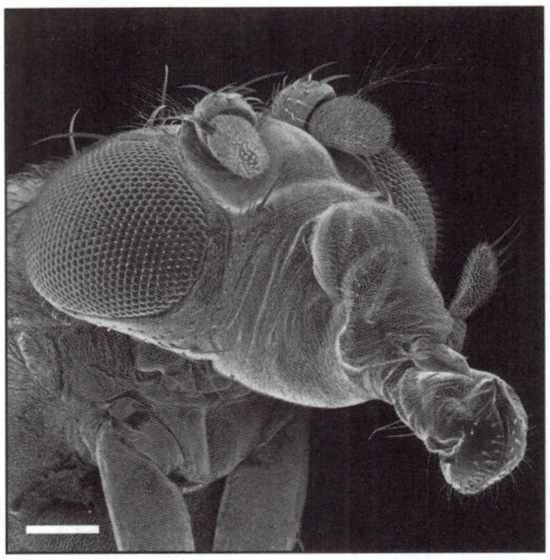

1.1 Rasterelektronenmikroskopische Aufnahme des Kopfes einer adulten *Drosophila melanogaster*. Maßstab = 0,1 mm. Aufnahme: D. Scharfe, Science Photo Library.

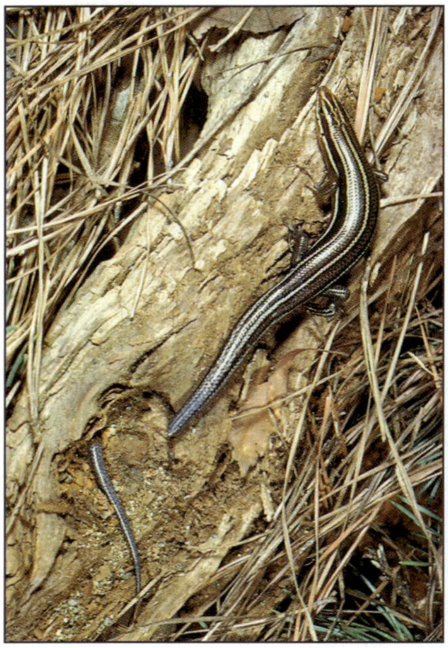

1.2 Photographie von *Eumeces quinquefasciatus*; die Eidechse hat ihren Schwanz in einer Verteidigungsreaktion abgeworfen. Diese Art kann ihren Schwanz abstoßen, um nicht von Raubtieren gefaßt zu werden, und ihn anschließend regenerieren. Ein Stück des abgeworfenen Schwanzes kann man unterhalb der Eidechse erkennen. Aufnahme: Oxford Scientific Films.

Die Entwicklung eines vielzelligen Organismus aus einer einzelnen Zelle, der befruchteten Eizelle, ist ein glänzender Triumph der Evolution. Während der Embryonalentwicklung entstehen aus diesem Ei durch fortgesetzte Teilungen viele Millionen Zellen, die schließlich so komplexe und unterschiedliche Strukturen wie Augen, Arme, Herz und Gehirn bilden. Diese erstaunliche Leistung wirft viele Fragen auf. Wie können sich Zellen, die durch Teilung aus einer einzigen befruchteten Eizelle hervorgegangen sind, überhaupt unterschiedlich entwickeln? Wie organisieren sie sich zu Strukturen wie Gliedmaßen und Gehirnen? Wie wird das Verhalten der einzelnen Zellen so gesteuert, daß am Ende solch hochorganisierte Muster entstehen? Wie sind die Prinzipien für diese Organisation im Ei und insbesondere in dessen genetischem Material, der DNA, verankert? Vieles von dem, was die Entwicklungsbiologie heute so spannend macht, beruht auf unserem wachsenden Verständnis der genetischen Regulation von Entwicklungsprozessen; daher zählen diese genetischen Kontrollmechanismen zu den zentralen Themen dieses Buches.

Eine der wichtigsten Aufgabenstellungen in der frühen Embryogenese ist die Anlage des Gesamtbauplanes eines Organismus. Wir werden sehen, daß verschiedene Organismen dieses grundlegende Problem auf unterschiedliche Weise lösen. Der Schwerpunkt dieses Buches liegt auf der Entwicklung von Tieren, und zwar von Wirbeltieren – etwa Fröschen, Vögeln, Fischen und Säugetieren – sowie verschiedenartigen Wirbellosen wie Seeigeln, Seescheiden, Blutegeln, Fadenwürmern (Nematoden) und vor allem der Taufliege *Drosophila melanogaster* (Abbildung 1.1). Gerade bei dieser kleinen Fliege verstehen wir die genetische Steuerung der Entwicklung am besten. Wir werden auch einige Aspekte der Pflanzenentwicklung betrachten, die in einigen wichtigen Punkten von derjenigen der Tiere abweicht.

Die Entwicklung einzelner Organe, wie zum Beispiel der Gliedmaßen von Wirbeltieren, des Insektenauges und des Nervensystems, verdeutlicht die vielzellige Organisation und die Gewebedifferenzierung in späteren Stadien der Embryogenese; einige dieser Systeme werden wir uns genauer ansehen. Wir befassen uns auch mit der Entwicklung sexueller Merkmale. Das Studium der Entwicklungsbiologie umfaßt jedoch weit mehr als nur die Entwicklung des Embryos. Wir müssen auch lernen zu verstehen, wie einige Tiere verlorene Gliedmaßen regenerieren (Abbildung 1.2), und wie das postembryonale Wachstum des Organismus gesteuert wird – ein Prozeß, der Metamorphose und Alterung einschließt. Unter einem breiteren Blickwinkel machen wir uns am Ende Gedanken darüber, wie Entwicklungsmechanismen in der Evolution entstanden sind und wie sie den Gang der Evolution selbst beschränken können.

Man mag nun fragen, ob es denn nötig ist, so viele verschiedene Organismen und Entwicklungssysteme zu behandeln, um die Grundzüge der Entwicklung zu verstehen? Diese Frage muß man heutzutage bejahen. Die Entwicklungsbiologen glauben zwar in der Tat, daß es allgemeine Grundzüge der Entwicklung gibt, die auf alle Tiere zutreffen; aber glücklicherweise ist das Leben viel zu vielseitig, als daß man alle Antworten bei einem einzigen Organismus finden könnte. Allerdings neigen die Entwicklungsbiologen tatsächlich dazu, nur mit relativ wenigen Organismen zu arbeiten, die wiederum ursprünglich ausgewählt wurden, weil sie leicht zu beobachten sind und man sie leicht experimentell manipulieren oder genetisch analysieren kann. Aus diesem Grunde nehmen einige Tiere wie der Frosch *Xenopus laevis* (Abbildung 1.3), der Nematode *Caenorhabditis elegans* und die Taufliege *Drosophila* einen solch wichtigen Platz in der Entwicklungsbiologie ein und kommen in diesem Buch immer wieder vor.

Ein besonders aufregender und befriedigender Aspekt der Entwicklungsbiologie ist der Umstand, daß das Verständnis eines Entwicklungsprozesses bei einem Organismus helfen kann, einen anderen vergleichbaren Prozeß aufzuklären – zum Beispiel bei Lebewesen, die uns Menschen sehr viel ähnlicher sind. Nichts verdeutlicht das so dramatisch wie der Einfluß, den unser Wissen über die Entwicklungsvorgänge bei *Drosophila* und vor allem über deren genetische Grundlagen auf die ganze Entwicklungsbiologie gehabt hat. Besonders die Entdeckung der Gene, welche die frühe Embryogenese von *Drosophila* steuern, hat zur Identifizierung verwandter Gene geführt, die während der Entwicklung von Säugetieren und anderen Wirbeltieren auf eine ähnliche Art benutzt werden. Solche Entdeckungen bestärken uns in unserem Glauben, daß auf diese Weise allgemeingültige Entwicklungsprinzipien aufgeklärt werden können.

Frösche waren lange Zeit lang die beliebtesten Organismen, wenn es um das Studium der Entwicklung ging, denn ihre Eier sind groß, ihre Embryonen widerstandsfähig und leicht in einem einfachen Nährmedium zu kultivieren, und es ist einfach, an ihnen Experimente durchzuführen. Der in Südafrika beheimatete Glatte Krallenfrosch *Xenopus laevis* ist der Modellorganismus für viele Aspekte der Wirbeltierentwicklung. Die Hauptmerkmale seiner Entwicklung (Exkurs 1.1) können dazu dienen, einige der grundlegenden Stadien der Entwicklung aller Tiere aufzuzeigen.

Im folgenden werden wir erst einmal einen Blick auf die Geschichte der Embryologie, wie das Studium der Entwicklung lange genannt wurde, werfen. (Der Begriff „Entwicklungsbiologie“ entstand erst in jüngerer Zeit.) Anschließend werden wir einige grundlegende Konzepte vorstellen, die immer wieder gebraucht werden, um Entwicklungsprozesse zu erforschen und zu verstehen.

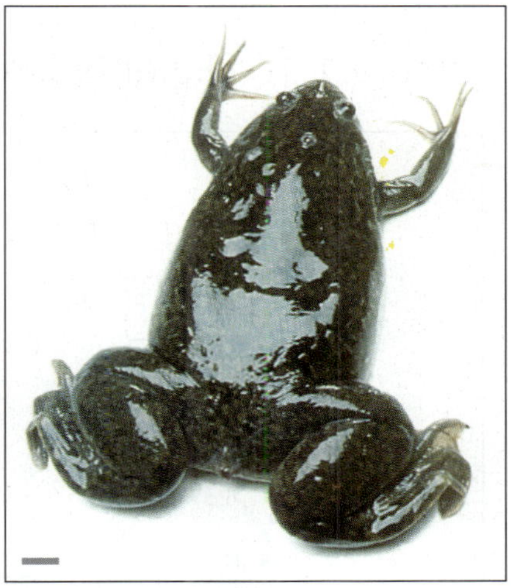

1.3 Photographie eines adulten Glatten Krallenfrosches, *Xenopus laevis*. Maßstab = 1 cm. Aufnahme mit freundlicher Genehmigung von J. Smith.

Die Ursprünge der Entwicklungsbiologie

Viele Fragen der Embryologie wurden bereits vor Hunderten, in einigen Fällen sogar vor Tausenden von Jahren gestellt. Indem wir uns mit der Geschichte dieser Vorstellungen auseinandersetzen, verstehen wir besser, warum wir uns Entwicklungsproblemen auf der heute üblichen Weise nähern.

1.1 Aristoteles beschrieb als erster das Problem der Epigenese und Präformation

Die wissenschaftliche Erklärung von Entwicklung begann mit dem Griechen Hippokrates im fünften Jahrhundert vor Christus. Er versuchte, entsprechend den Ideen seiner Zeit Entwicklung mit Hilfe der Grundprinzipien Hitze, Feuchtigkeit und Verfestigung zu erklären. Ungefähr 100 Jahre später kam es zu einem bedeutenden Fortschritt auf dem Gebiet der Embryologie, als der griechische Philosoph Aristoteles eine Frage formulierte, die noch bis zum Ende des 19. Jahrhunderts die Vorstellung über die Entwicklung weitgehend beherrschen sollte. Aristoteles sprach das Problem an, wie die unterschiedlichen Teile des Embryos gebildet werden. Er zog zwei Möglichkeiten in Erwägung: Die eine war,

Exkurs 1.1: Die entscheidenden Stadien der Entwicklung von *Xenopus laevis*

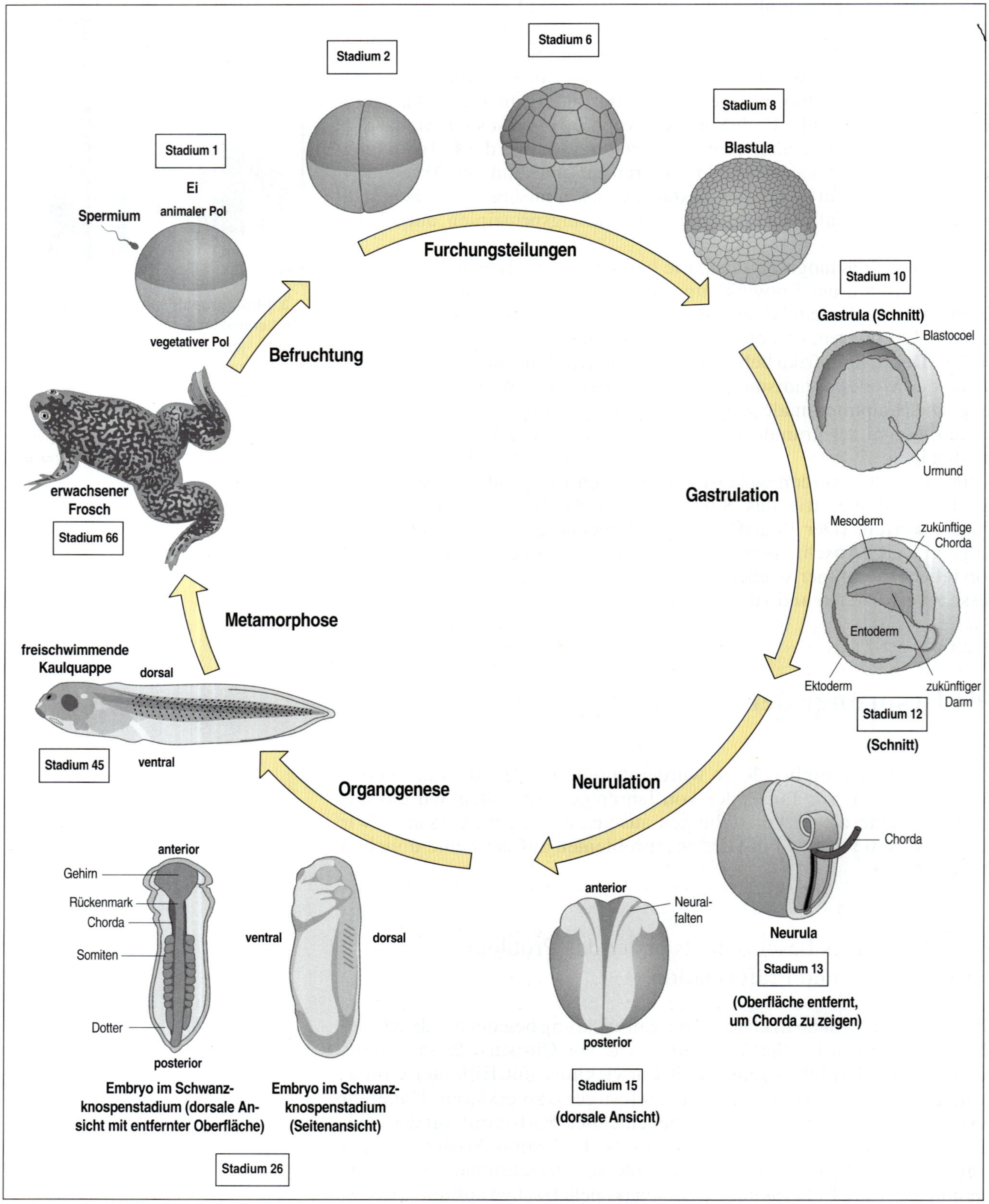

Die Entwicklung der Wirbeltiere verläuft sehr unterschiedlich. Dennoch gibt es eine Reihe gemeinsamer Stadien, die man anhand der Entwicklung des Krallenfrosches *Xenopus laevis*, des beliebtesten Organismus in der experimentellen Embryologie, veranschaulichen kann. Das unbefruchtete Ei ist eine große Zelle. Ihre Oberfläche ist im oberen Bereich (am **animalen Pol**) pigmentiert, während sich in der unteren Hälfte (dem **vegetativen Pol**) Dottergranula ansammeln. So ist das Ei schon zu Beginn nicht einförmig; während der nachfolgenden Entwicklung entsteht aus den Zellen der animalen Hälfte das Vorderende, der Kopf, des Embryos.

Nach der Befruchtung des Eies durch ein Spermium und der Fusion der männlichen und weiblichen Kerne beginnt die **Furchung**. Die Furchungen sind mitotische Teilungen, bei denen die Zellen zwischen den einzelnen Teilungen nicht wachsen und dadurch immer kleiner werden. Nach ungefähr zwölf Teilungszyklen besteht der Embryo – nun **Blastula** genannt – aus vielen kleinen Zellen, die einen flüssigkeitsgefüllten Hohlraum (das **Blastocoel**) umschließen, der sich über den größeren Dotterzellen befindet. Bereits zu diesem Zeitpunkt haben in den Zellen Veränderungen stattgefunden, und sie sind so miteinander in Wechselwirkung getreten, daß sich partiell einige zukünftige Gewebetypen, die **Keimblätter**, herausgebildet haben. Das zukünftige **Mesoderm** zum Beispiel, aus dem die Muskeln, Knorpel, Knochen sowie andere innere Organe wie etwa Herz, Blut und Niere entstehen, bildet ein äquatoriales Band um die Blastula. Daneben befindet sich das zukünftige **Entoderm**, aus dem sich Darm, Lungen und Leber entwickeln. Aus der animalen Region geht das **Ektoderm** hervor, aus dem sich die Epidermis und das Nervensystem entwickeln. Ento- und Mesoderm, die dazu bestimmt sind, die inneren Organe auszubilden, befinden sich noch an der Oberfläche. Während des folgenden Stadiums, der **Gastrulation**, kommt es zu einer dramatischen Umordnung der Zellen: Das Entoderm und das Mesoderm wandern in das Innere des Embryos. Damit ist der grundlegende Bauplan der Kaulquappe festgelegt. Im Inneren bildet das Mesoderm eine stabförmige Struktur (die Chorda dorsalis), die vom Kopf bis zum Schwanz verläuft und zentral unter dem zukünftigen Nervensystem liegt. Zu beiden Seiten der Chorda befinden sich segmentierte Mesodermblöcke, **Somiten** genannt, aus denen die Muskeln, die Wirbelsäule und die Dermis der Haut hervorgehen.

Kurz nach der Gastrulation faltet sich das Ektoderm über der Chorda zu einem Rohr (dem **Neuralrohr**) auf, aus dem sich das Gehirn und das Rückenmark entwickeln werden – ein Prozeß, der als **Neurulation** bezeichnet wird. Während dieser Zeit werden andere Organe wie Gliedmaßen, Augen und Kiemen an den zukünftigen Stellen angelegt; sie entwickeln sich jedoch erst etwas später während der Organogenese. In deren Verlauf differenzieren sich so spezialisierte Zellen wie die für Muskel, Knorpel und Neuronen. Innerhalb von 48 Stunden hat sich der Embryo zu einer fressenden Kaulquappe mit typischen Wirbeltiereigenschaften entwickelt. Da die zeitliche Steuerung der einzelnen Stadien entsprechend den Umweltbedingungen variieren kann, werden die Entwicklungsstadien bei *Xenopus* und anderen Embryonen häufig durchnumeriert und nicht durch die jeweils abgelaufenen Stunden angegeben.

daß alle Teile des Embryos bereits von Anfang an vorgeformt sind und während der Entwicklung nur größer werden; die andere, die Aristoteles favorisierte, besagte, daß permanent neue Strukturen entstehen – ein Prozeß, den er Epigenese nannte (wörtlich „nach der Bildung") und den er metaphorisch mit dem Knüpfen eines Netzes verglich. Aristoteles zog die Epigenese vor, und seine Vermutung war richtig.

Aristoteles hat das Denken in Europa entscheidend beeinflußt. Seine Ideen prägten die Vorstellungswelt bis weit in das 17. Jahrhundert. Gegen Ende jenes Jahrhunderts favorisierte man dann erneut die Ansicht, daß der Embryo bereits von Anfang an vorgeformt sei. Viele konnten sich nicht vorstellen, daß physikalische oder chemische Kräfte ein lebendes Wesen wie einen Embryo formen könnten. Aufgrund des herrschenden Glaubens an die göttliche Schöpfung der Welt und sämtlicher lebenden Wesen waren sie der Meinung, alle Embyonen existierten bereits seit Anbeginn der Welt, und so müßten bereits im ersten Embryo einer Art alle zukünftigen Embryonen enthalten sein.

Sogar Marcello Malpighi, der brillante italienische Embryologe des 17. Jahrhunderts, war nicht frei von der Vorstellung einer Präformation. Während er einerseits die Entwicklung des Hühnerembryos bemerkenswert genau beschrieb (Abbildung 1.4), blieb er andererseits trotz seiner eigenen Beobachtungen davon überzeugt, daß der Embryo schon von Anfang an existierte. Er brachte vor, daß die Teile in den allerfrühesten Stadien viel zu klein waren, so daß er sie nicht einmal mit seinem besten Mikroskop erkennen könne. Andere Anhänger der Präformationstheorie glaubten, daß das Spermium den Embryo enthält, und manche behaupteten sogar, in jedem menschlichen Spermium einen kleinen Menschen – einen Homunculus – erkennen zu können (Abbildung 1.5).

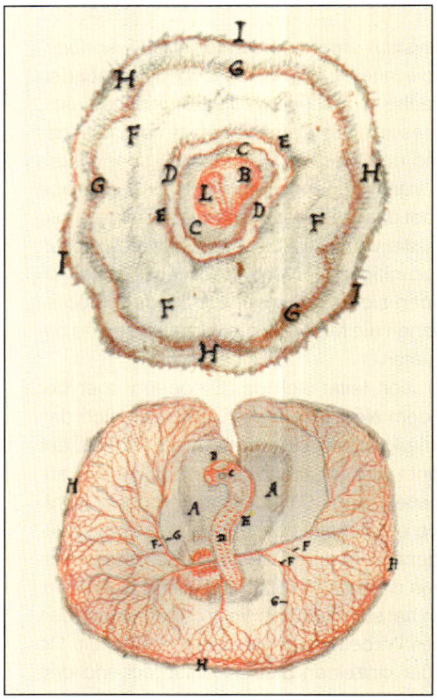

1.4 Malpighis Beschreibung des Hühnerembryos. Die Abbildung zeigt Malpighis Zeichnungen aus dem Jahre 1673, die den Embryo in einem sehr frühen Stadium (oben) und nach zweitägiger Inkubation (unten) darstellt. Seine Zeichnungen beschreiben sehr genau die Form und die Blutversorgung des Embryos. Abgedruckt mit dem Einverständnis des Präsidenten und des Rates der Royal Society.

Das Problem Präformation oder Epigenese wurde das ganze 18. Jahrhundert hindurch heftig diskutiert. Diese Frage konnte erst beantwortet werden, nachdem es zu einem der wichtigsten Fortschritte in der Biologie gekommen war – der Erkenntnis, daß alle Lebewesen, auch Embryonen, aus Zellen bestehen.

1.2 Die Zelltheorie veränderte die Vorstellungen über die Embryonalentwicklung und die Vererbung

Die Zelltheorie, die der deutsche Botaniker Matthias Schleiden und der Physiologe Theodor Schwann zwischen 1838 und 1839 aufgestellt hatten, markiert eine der aufschlußreichsten Entwicklungen in der Biologie; sie hatte enorme Auswirkungen. Endlich erkannte man, daß alle Lebewesen aus Zellen bestehen, welche die Grundeinheiten des Lebens darstellen und nur durch Teilung aus anderen Zellen hervorgehen. Vielzellige Organismen wie Tiere und Pflanzen konnte man folglich als Lebensgemeinschaften von Zellen ansehen. Die Entwicklung konnte daher nicht auf einer Präformation beruhen, sondern mußte das Ergebnis einer Epigenese sein, insbesondere weil durch die Teilung des Eies während der Entwicklung viele neue Zellen und Zellarten entstehen. Ein entscheidender Schritt zum Verständnis der Entwicklung war in den vierziger Jahren des letzten Jahrhunderts die Erkenntnis, daß das Ei selbst eine einzelne, wenn auch spezialisierte Zelle ist.

Ein wichtiger Fortschritt war der Vorschlag August Weismanns, eines deutschen Biologen des 19. Jahrhunderts, daß ein Nachkomme seine Eigenschaften nicht über den Körper (das Soma) eines Elternteils erbt, sondern nur durch die **Keimzellen** – Ei und Spermium –, und daß die Keimzellen nicht durch den Körper, der sie in sich birgt, beeinflußt werden. Weismann machte einen grundlegenden Unterschied zwischen Keimzellen und **somatischen Zellen** oder Körperzellen (Abbildung 1.6). Eigenschaften, die ein Körper zu Lebzeiten erlangt, können nicht auf die Keimzellen übertragen werden. Soweit es das biologische Erbe betrifft, dient der Körper nur als Träger der Keimzellen. Der englische Schriftsteller Samuel Butler hat das folgendermaßen ausgedrückt: »Die Henne ist nur ein Mittel für das Ei, um noch ein weiteres Ei hervorzubringen.«

Die Arbeit an Seeigeleiern hat gezeigt, daß das Ei nach der Befruchtung zwei Kerne enthält, die schließlich miteinander verschmelzen; einer der Kerne stammt aus dem Ei, der andere dagegen aus dem Spermium. Durch die Befruchtung entsteht daher eine Eizelle, deren Kern Anteile von beiden Eltern enthält. Daraus hat man geschlossen, daß die physikalische Grundlage der Vererbung im Kern enthalten sein muß. Höhepunkt in dieser Reihe von Forschungsarbeiten waren letztlich gegen Ende des 19. Jahrhunderts der Beweis, daß die Chromosomen im Kern der **Zygote** (der befruchteten Eizelle) zu gleichen Teilen aus den elterlichen Kernen stammen, und darüber hinaus die Erkenntnis, daß dies die physikalische Basis für die Weitergabe genetischer Eigenschaften entsprechend den Gesetzen bildet, die von dem österreichischen Botaniker und Mönch Gregor Mendel aufgestellt worden waren.

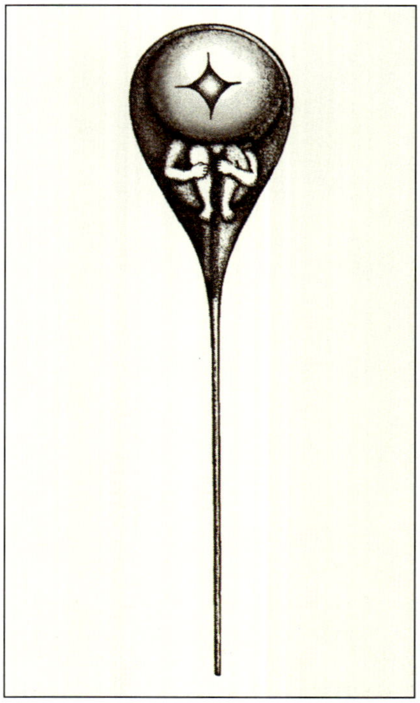

1.5 Einige Anhänger der Präformationstheorie glaubten, daß sich im Kopf eines jeden Spermiums ein zusammenhängender Homunculus befände. Das Bild zeigt eine Phantasiezeichnung nach Nicholas Hartsoeker 1694.

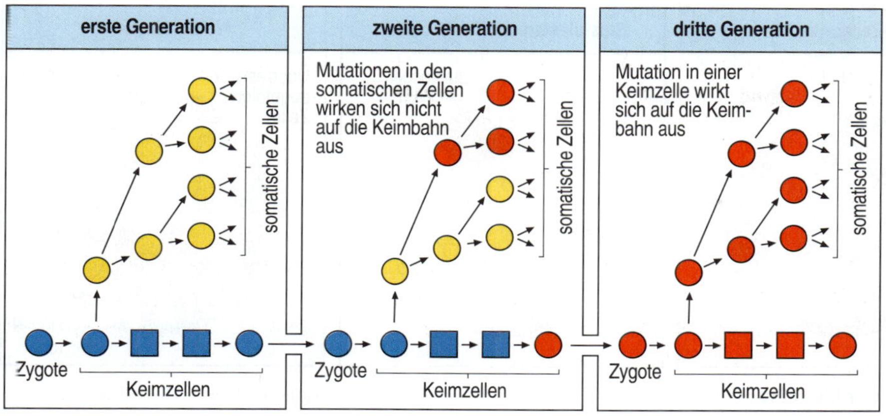

1.6 Der Unterschied zwischen Keimzellen und somatischen Zellen. In jeder Generation gehen aus den Keimzellen sowohl somatische als auch Keimzellen hervor; die Vererbung erfolgt jedoch nur über die Keimzellen. Veränderungen, die auf Mutationen in somatischen Zellen beruhen, können an deren Tochterzellen weitergegeben werden, wirken sich aber nicht auf die Keimbahn aus.

Man fand heraus, daß die Chromosomenzahl in somatischen Zellen von Generation zu Generation durch eine Reduktionsteilung in den Keimzellen (**Meiose**) konstant gehalten wird. Die **diploiden** Vorläufer der Keimzellen enthalten zwei Kopien jedes Chromosoms: eine von der Mutter und eine vom Vater. Diese Anzahl wird bei der Bildung der Keimzellen in der Meiose halbiert, so daß jede **haploide Keimzelle** nur eine Kopie jedes Chromosoms enthält. Durch die Befruchtung wird der diploide Zustand wiederhergestellt.

1.3 Mosaik- und Regulationsentwicklung

Nachdem man erkannt hatte, daß die Zellen des Embryos durch Zellteilung aus der Zygote entstehen, kam die Frage auf, wie sich dabei unterschiedliche Zellen entwickeln können. Da die Rolle des Zellkernes immer mehr an Bedeutung gewann, konzipierte Weismann in den achtziger Jahren des 19. Jahrhunderts ein Entwicklungsmodell, nach dem der Zellkern der Zygote eine Anzahl von speziellen Faktoren oder **Determinanten** (Abbildung 1.7) enthält. Er schlug vor, daß diese Determinanten während der Teilung des befruchteten Eies (Furchungsteilungen) ungleich auf die Tochterzellen verteilt werden und dann die zukünftige Entwicklung steuern. Das Schicksal jeder Zelle wird daher bereits im Ei durch die Faktoren vorherbestimmt, die diese Zelle im Laufe der Furchungsteilungen erhält. Dieses Modell wurde als Mosaikmodell bezeichnet, da man das Ei als ein Mosaik ansehen konnte, das aus einzelnen unterschiedlich verteilten Determinanten besteht. Einer der zentralen Gedanken dieser Theorie war der, daß es sich bei diesen ersten Teilungen um **asymmetrische Zellteilungen** handelt, so daß sich die Tochterzellen aufgrund der ungleichen Verteilung der Zellkernkomponenten voneinander unterscheiden.

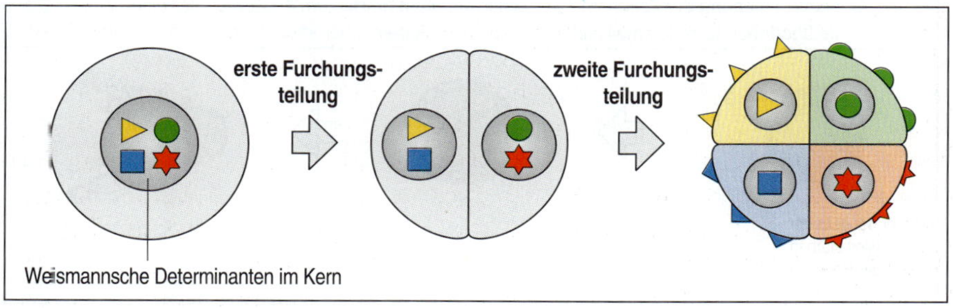

1.7 Weismanns Theorie der Determination durch den Kern. Weismann nahm an, daß sich im Zellkern Faktoren befänden, die während der Furchung ungleich auf Tochterzellen verteilt würden und deren zukünftige Entwicklung steuerten.

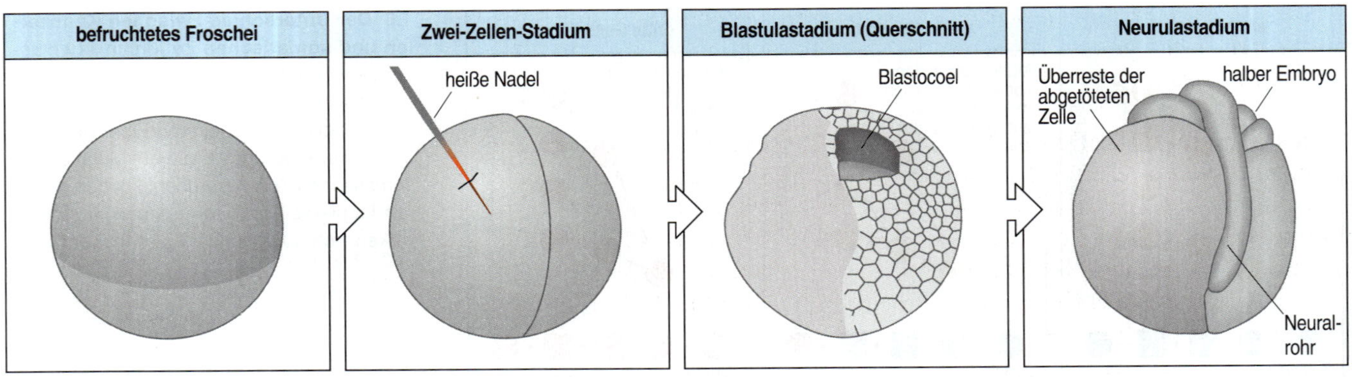
befruchtetes Froschei
Zwei-Zellen-Stadium
heiße Nadel
Blastulastadium (Querschnitt)
Blastocoel
Neurulastadium
Überreste der abgetöteten Zelle
halber Embryo
Neural-rohr

1.8 Roux' Experiment zu Weismanns Theorie der Mosaikentwicklung. Nach der ersten Furchung eines Froschembryos wurde eine der Zellen durch einen Stich mit einer heißen Nadel abgetötet; die andere blieb unverletzt. Im Blastulastadium kann man beobachten, daß die unbeschädigte Zelle sich ganz normal in viele Zellen geteilt hat, welche die Hälfte des Embryos ausfüllen. Die Entwicklung des Blastocoels ist ebenfalls auf die unverletzte Hälfte beschränkt. In der beschädigten Hälfte haben sich anscheinend keine Zellen gebildet. Im Neurulastadium hat sich die unverletzte Zelle zu etwas entwickelt, was einem halben normalen Embryo ähnelt.

In den späten achtziger Jahren des letzten Jahrhunderts erhielt Weismanns Theorie erste Unterstützung durch Experimente, die der deutsche Embryologe Wilhelm Roux unabhängig von ihm durchgeführt hatte. Roux experimentierte mit Froschembryonen. Nachdem er die erste Furchungsteilung eines befruchteten Froscheies abgewartet hatte, zerstörte Roux eine der beiden Zellen mit Hilfe einer heißen Nadel und fand heraus, daß sich die verbleibende Zelle zu einer gutausgebildeten Halblarve entwickelte (Abbildung 1.8). Er folgerte, daß »die Entwicklung des Frosches auf einem Mosaikmechanismus basiert, bei dem mit jeder Spaltung die Eigenschaften und das weitere Schicksal der Zellen festgelegt werden«.

Als Roux' Landsmann Hans Driesch dieses Experiment allerdings mit Seeigeleiern wiederholte, kam er zu einem völlig anderen Ergebnis (Abbildung 1.9). Später schrieb er:

Aber die Dinge kamen, wie sie kommen mußten, und nicht wie ich erwartet hatte: eine typische ganze Gastrula war am nächsten Morgen in meinem Gefäße vorhanden, eine ganze Gastrula, die sich nur durch

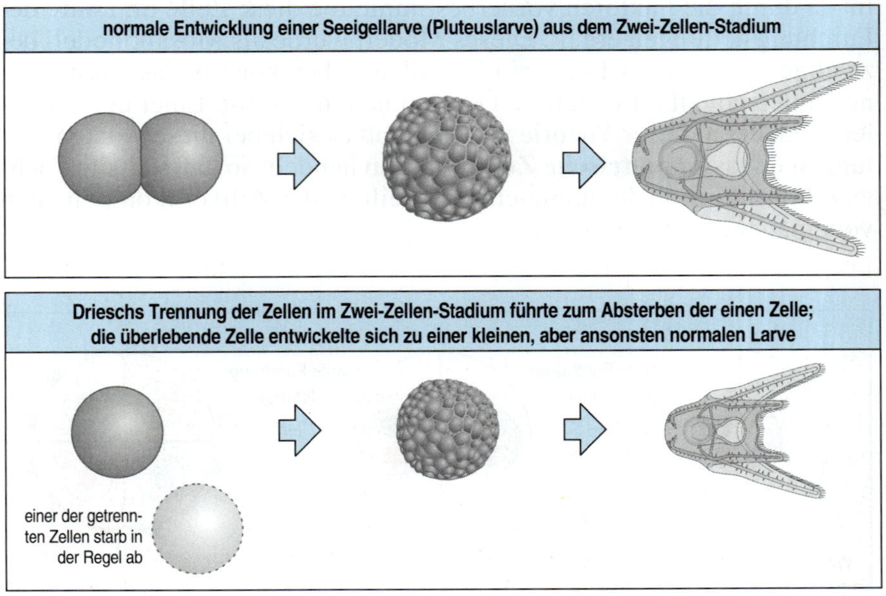
normale Entwicklung einer Seeigellarve (Pluteuslarve) aus dem Zwei-Zellen-Stadium
Drieschs Trennung der Zellen im Zwei-Zellen-Stadium führte zum Absterben der einen Zelle; die überlebende Zelle entwickelte sich zu einer kleinen, aber ansonsten normalen Larve
einer der getrennten Zellen starb in der Regel ab

1.9 Das Ergebnis von Drieschs Experiment mit einem Seeigelembryo, das als erstes das Phänomen der Regulation veranschaulichte. Nach der Trennung der Zellen im Zwei-Zellen-Stadium entwickelt sich die verbleibende Zelle in eine kleine, jedoch vollständige Pluteuslarve. Dies widersprach Roux' früheren Ergebnissen, daß, wenn im Froschembryo eine Zelle im Zwei-Zellen-Stadium beschädigt wird, die übriggebliebene Zelle sich nur zu einem halben Embryo entwickelt (Abbildung 1.8).

ihre geringere Größe von einer normalen unterschied; und dieser kleinen, aber ganzen Gastrula folgte ein ganzer und typischer kleiner Pluteus.

Driesch hatte die Zellen im Zwei-Zellen-Stadium vollständig getrennt und eine kleine, aber vollständige Larve erhalten. Das war genau das Gegenteil von dem, was Roux gefunden hatte, und es war die erste klare Demonstration des Entwicklungsprozesses, den wir als **Regulation** bezeichnen: die Fähigkeit des Embryos, sich normal zu entwickeln, selbst wenn einige Teile entfernt oder umgeordnet wurden. In Abschnitt 3.2 wird das Experiment von Roux genauer erklärt.

1.4 Die Entdeckung der Induktion

Obwohl das Konzept der Regulation bedeutete, daß Zellen miteinander wechselwirken mußten, war die Bedeutung der Interaktionen zwischen den Zellen in der Embryonalentwicklung so lange nicht wirklich klar, bis das Phänomen der **Induktion** entdeckt wurde; dabei steuert ein Gewebe die Entwicklung eines anderen, benachbarten Gewebes.

Welche entscheidende Rolle die Induktion sowie andere Zell-Zell-Interaktionen bei der Entwicklung spielen, wurde auf dramatische Weise deutlich, als Hans Spemann und seine Assistentin Hilde Mangold 1924 ihre berühmten Organisatortransplantationsexperimente an Amphibienembryonen durchführten. Sie zeigten, daß ein zweiter Teilembryo induziert werden konnte, wenn sie einen kleinen Bereich eines Molchembryos an eine andere Stelle in einem anderen Embryo verpflanzten (Abbildung 1.10). Das transplantierte Gewebe entstammte der dorsalen Lippe des **Urmundes (Blastoporus)** – einer schlitzförmigen Einstülpung, welche sich da bildet, wo die Gastrulation an der dorsalen Oberfläche des Amphibienembryos beginnt (Exkurs 1.1). Diese kleine Region nannten sie **Organisationszentrum** oder **Organisator**, da sie letztlich für die Steuerung der Entwicklung eines vollständigen Embryos verantwortlich zu sein schien. Für ihre Entdeckung erhielt Spemann 1935 den Nobelpreis für Physiologie oder Medizin, einen der beiden einzigen, die jemals für embryologische Forschung vergeben wurden. Leider war Hilde Mangold zuvor bei einem Unfall ums Leben gekommen und konnte deswegen nicht ausgezeichnet werden.

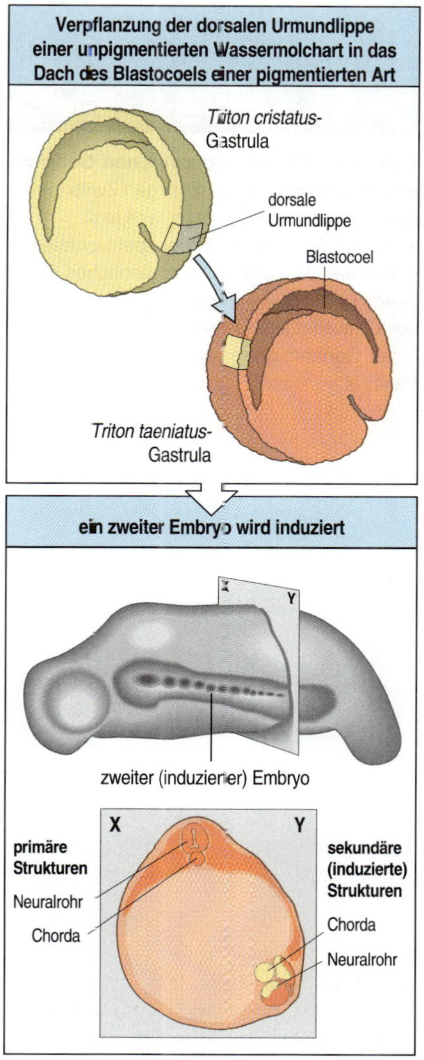

1.10 Spemanns und Mangolds dramatische Demonstration der Induktion einer neuen Hauptkörperachse durch die Organisatorregion in der frühen Amphibiengastrula. Ein Stück Gewebe (gelb) von der dorsalen Urmundlippe einer Molchgastrula (*Triton cristatus*) wird auf die entgegengesetzte Seite der Gastrula einer anderen, pigmentierten Molchart (*Triton taeniatus*) verpflanzt. Das transplantierte Gewebe induziert eine neue Körperachse, die ein Neuralrohr und Somiten besitzt. Das unpigmentierte Spendergewebe bildet an der neuen Stelle eine Chorda (Querschnitt in dem unteren Bild), aber das Neuralrohr und die anderen Strukturen der neuen Achse wurden durch das pigmentierte Wirtsgewebe induziert.

1.5 Das Aufeinandertreffen von Genetik und Entwicklungsbiologie

Zu Anfang des 20. Jahrhunderts gab es lange Zeit nur wenige Bezugspunkte zwischen Embryologie und Genetik. Als die Mendelschen Gesetze 1900 wiederentdeckt worden waren, interessierten sich plötzlich viele für die Mechanismen der Vererbung; dabei hatte man jedoch mehr die Evolution und nicht so sehr die Entwicklung im Blick. Die Genetik wurde als Lehre von der Weitergabe von Vererbungselementen von einer Generation zur nächsten angesehen, die Embryologie beschäftigte sich dagegen damit, wie sich ein einzelner Organismus entwickelt – insbesondere damit, wie sich die Zellen in frühen Entwicklungsstadien differenzieren. Für diese Fragestellung schien die Genetik völlig irrelevant zu sein.

Ein wichtiges Konzept, das schließlich dazu beitrug, Genetik und Embryologie zu verknüpfen, war die Unterscheidung zwischen **Genotyp**

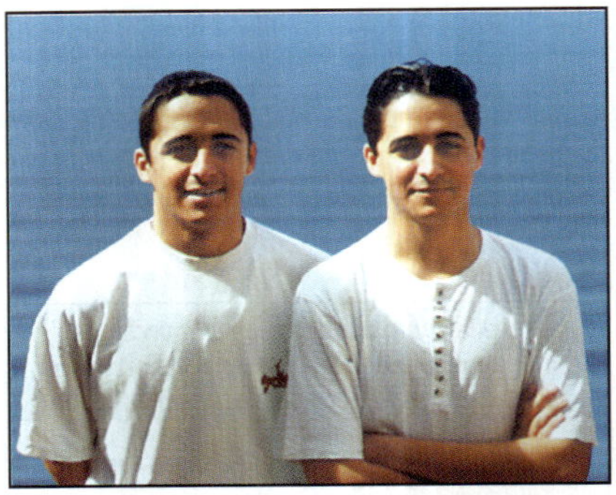

1.11 Der Unterschied zwischen Genotyp und Phänotyp. Diese eineiigen Zwillinge haben denselben Genotyp, weil sich während der Entwicklung ein befruchtetes Ei geteilt hat. Ihr etwas unterschiedliches Aussehen beruht auf außergenetischen Faktoren wie Umwelteinflüssen. Aufnahme mit freundlicher Genehmigung von José und Jaime Pascual.

und **Phänotyp**. Diese wurde erstmals 1909 von dem dänischen Botaniker Wilhelm Johannsen vorgeschlagen. Die genetische Ausstattung eines Organismus, also die genetische Information, die er von seinen Eltern erhält, bezeichnet man als den Genotyp. Sein Erscheinungsbild, seine innere Struktur und Biochemie in jedem Stadium der Entwicklung ist der Phänotyp. Während der Genotyp sicherlich die Entwicklung steuert, beeinflussen äußere Faktoren zusammen mit dem Genotyp den Phänotyp. Trotz identischen Genotyps können eineiige Zwillinge deutliche Unterschiede ausbilden, wenn sie heranwachsen (Abbildung 1.11); diese Unterschiede werden oft mit zunehmendem Alter immer deutlicher. Man könnte daher das Problem der Entwicklung anhand der Beziehung zwischen Genotyp und Phänotyp ausdrücken: Es ist die Art und Weise, wie die genetische Grundausstattung gewissermaßen während der Entwicklung „übersetzt“ oder „umgesetzt“ wird, um einen funktionstüchtigen Organismus zu schaffen.

Genetik und Embryologie haben nur langsam und umständlich zueinander gefunden. Solange das Wesen und die Funktionweise der Gene nicht besser bekannt waren, blieb der Fortschritt nur gering. Ein sehr bedeutender Wendepunkt war die Entdeckung in den vierziger Jahren, daß Gene Proteine codieren. Da es bereits sicher war, daß die Eigenschaften einer Zelle von den Zellproteinen bestimmt werden, konnte man schließlich erkennen, welche fundamentale Rolle die Gene in der Entwicklung spielen. Indem Gene regulieren, welche Proteine in einer Zelle hergestellt werden, können sie Zelleigenschaften und Zellverhalten während der Entwicklung ändern.

Zusammenfassung

Die Wissenschaft von der Embryonalentwicklung begann bereits vor 2000 Jahren bei den Griechen. Aristoteles vertrat damals die Ansicht, daß Embryonen im Ei nicht vollständig ausgebildet als Miniaturausgabe vorliegen, sondern daß ihre Form und Struktur im Laufe der Entwicklung nach und nach hervortreten. Dieser Gedanke wurde im 17. und 18. Jahrhundert von denjenigen angezweifelt, die an die Präformationstheorie glaubten. Diese besagte, daß sämtliche Embryonen, die existierten oder jemals existieren würden, bereits seit Anbeginn der Welt vorhanden gewesen seien. Die Zelltheorie, die in den achtziger Jahren des letzten Jahrhunderts entwickelt wurde, entschied diese Streitfrage zu Gunsten der Epigenese, und man erkannte, daß das Spermium und das Ei einzelne, wenn auch hochspezialisierte Zellen sind. Einige der frühesten Experimente zeigten, daß Seeigelembryonen in einem sehr frühen Stadium zur Regulation fähig sind, das heißt, sie können sich normal entwickeln, selbst wenn Zellen entfernt oder abgetötet werden. Dies führte zur Aufstellung des wichtigen Grundprinzips, daß die Entwicklung, zumindest teilweise, auf der Kommunikation zwischen den Zellen des Embryos beruhen muß. Der direkte Beweis für die Bedeutung der Zell-Zell-Interaktion gelang Spemann und Mangold 1924 durch die Transplantationsversuche mit der Organisatorregion. Diese zeigten, daß die Zellen der Organisatorregion von Amphibien die Bildung eines neuen Teilembryos aus Wirtsgewebe induzierten konnten, wenn sie in einen anderen Embryo transplantiert wurden. Welche Rolle die Gene bei der Steuerung der Entwicklung spielen, wurde erst in den letzten dreißig Jahren wirklich erkannt. Die Erforschung der genetischen Grundlagen der Entwicklung ist in jüngster Zeit durch die Techniken der Molekularbiologie erheblich vereinfacht worden.

Grundlegende Konzepte

Die Entwicklung zu einem vielzelligen Organismus ist das wohl komplizierteste Schicksal, das einer einzelnen Zelle widerfahren kann; das macht die Faszination und die Herausforderung der Entwicklungsbiologie aus. Dennoch läßt sich schon mit einigen wenigen Grundprinzipien der Entwicklungsprozeß als Ganzes verstehen. Diese grundlegenden Konzepte werden im restlichen Kapitel vorgestellt. Ihnen wird man im Buch immer wieder begegnen. Sie sollten als nötige Grundausstattung angesehen werden, wenn man mehr über die Entwicklung von Organismen wissen will.

1.6 Entwicklung umfaßt Zellteilung, Musterbildung, Formänderung, Zelldifferenzierung und Wachstum

Entwicklung ist im wesentlichen die Bildung von organisierten Strukturen aus einer ursprünglich sehr einfachen Zellgruppe. Es ist zweckmäßig, im wesentlichen fünf Entwicklungsprozesse zu unterscheiden, obwohl sie sich in Wirklichkeit überlagern und gegenseitig stark beeinflussen.

Auf die Befruchtung folgt eine Periode sehr schneller Zellteilungen, in der aus dem Ei mehrere kleine Zellen entstehen (Abbildung 1.12). Diese Teilungen bezeichnet man als Furchungsteilungen. Im Gegensatz zu den Zellteilungen während der Proliferation und des Wachstums eines Gewebes nimmt die Zellmasse im Zeitraum zwischen diesen Teilungen nicht zu. Während der Furchungsteilungen besteht der Zellzyklus nur aus Phasen der DNA-Replikation, Mitose und Zellteilung; dazwischen gibt es keine Stadien, in denen die Zelle wächst. Während der Furchungsteilungen in der Embryogenese teilt sich somit der Embryo in eine Anzahl von Zellen, die jeweils eine Kopie des Genoms enthalten.

Bei der Musterbildung wird innerhalb des Embryos ein räumliches und zeitliches Muster von Zellaktivitäten aufgebaut, so daß eine wohlgeordnete Struktur entsteht. So führt beispielsweise dieser Prozeß der Musterbildung im sich entwickelnden Arm dazu, daß die Zellen „wissen", ob sie Oberarm oder Finger werden sollen und wo Muskeln zu bilden sind. Es handelt sich hierbei nicht um eine einzige universelle Strategie oder einen einzigen universellen Mechanismus der Musterbildung; vielmehr tragen bei verschiedenen Organismen und je nach Entwicklungsstadium eine Vielzahl molekularer Mechanismen dazu bei.

Bei der Musterbildung wird erst einmal der gesamte **Körperbauplan** festgelegt – die entscheidenden **Achsen** des Embryos werden definiert, so daß klar ist, wo anterior und posterior ist und wo sich die dorsalen und ventralen Seiten des Körpers befinden. Bei allen vielzelligen Organismen kann man zumindest eine Hauptkörperachse erkennen. Bei den Tieren entspricht sie der Achse, die vom Kopf bis zum Schwanz verläuft (anterio-posterior), und bei Pflanzen der von der Wachstumsspitze bis zur Wurzel. Bei vielen Tiere kann man auch eine Vorder- und Rückseite unterscheiden, wodurch eine weitere Achse definiert ist (dorso-ventral). Auffällig an diesen Achsen ist, daß sie so gut wie immer im rechten Winkel zueinander stehen. Man kann sich also vorstellen, daß diese beiden Achsen gewissermaßen ein Koordinatensystem bilden (Abbildung 1.13).

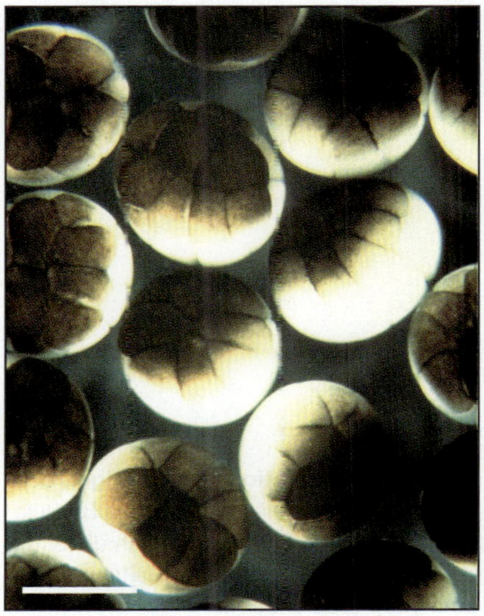

1.12 Lichtmikroskopische Aufnahme von *Xenopus*-Eiern nach vier Zellteilungen. Maßstab = 1 mm. Aufnahme mit freundlicher Genehmigung von J. Slack.

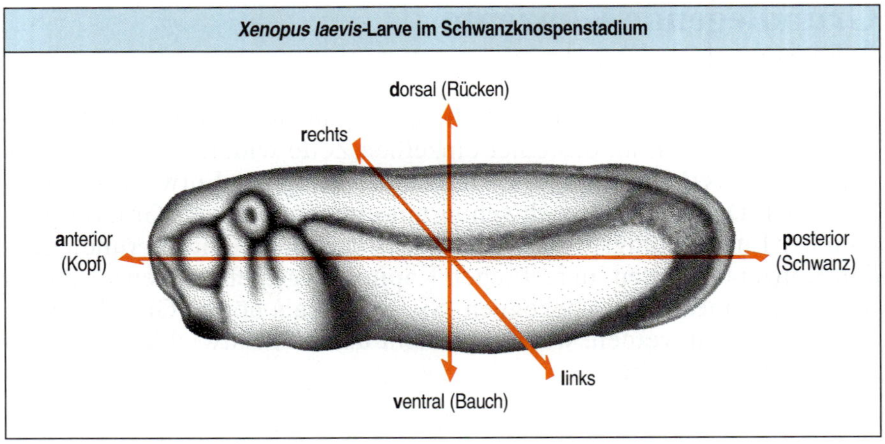

1.13 Die Hauptachsen eines Embryos während der Entwicklung. Die anterio-posteriore und die dorso-ventrale Achse befinden sich wie in einem Koordinatensystem im rechten Winkel zueinander.

Im nächsten Stadium der Musterbildung bei Tierembryonen werden die Zellen auf die unterschiedlichen **Keimblätter** – Ektoderm, Mesoderm und Entoderm – verteilt (Exkurs 1.2). Während der weiteren Musterbildung erhalten Zellen dieser Keimblätter unterschiedliche Identitäten, so daß organisierte räumliche Muster von Zelldifferenzierung entstehen: etwa die Anordnung von Haut, Muskel und Knorpel in den sich entwickelnden Gliedmaßen und die Anordnung von Neuronen im Nervensystem. In den frühesten Stadien der Musterbildung sind die Unterschiede zwischen den Zellen nicht leicht zu erkennen. Sie bestehen wahrscheinlich aus sehr geringen chemischen Unterschieden, die durch die Änderung der Aktivität sehr weniger Gene verursacht werden.

Der dritte wichtige Entwicklungsprozeß ist die Änderung der Form oder die Morphogenese. Embryonen ändern ihre dreidimensionale Form in bemerkenswerter Weise – man muß sich dafür nur unsere eigenen Hände und Füße ansehen. In bestimmten Stadien der Entwicklung kommt es zu charakteristischen und dramatischen Formänderungen, von denen die **Gastrulation** die auffallendste ist. Beinahe alle Tierembryonen durchlaufen eine Gastrulation, in deren Verlauf sich der Darm bildet und sich der Bauplan des Körpers in den Grundzügen abzeichnet. Während der Gastrulation wandern Zellen von der Außenseite des Embryos in das Innere. Bei Tieren wie etwa dem Seeigel verwandelt die Gastrulation die hohle, kugelförmige Blastula in eine Gastrula mit einer Höhlung, die sich durch die Mitte zieht – dem Urdarm (Abbildung 1.14). An der Morphogenese bei Tierembryonen können auch ausgedehnte Zellwanderungen beteiligt sein. Die meisten Zellen des menschlichen Gesichts zum Beispiel leiten sich von Zellen ab, die aus der **Neuralleiste** abstammen, die sich wiederum aus der Rückseite des Embryos entwickelt.

Der vierte Entwicklungsprozeß, den wir hier berücksichtigen müssen, ist die **Zelldifferenzierung**. Dabei entwickeln sich die Zellen strukturell und funktionell unterschiedlich und zu völlig verschiedenen Zell-

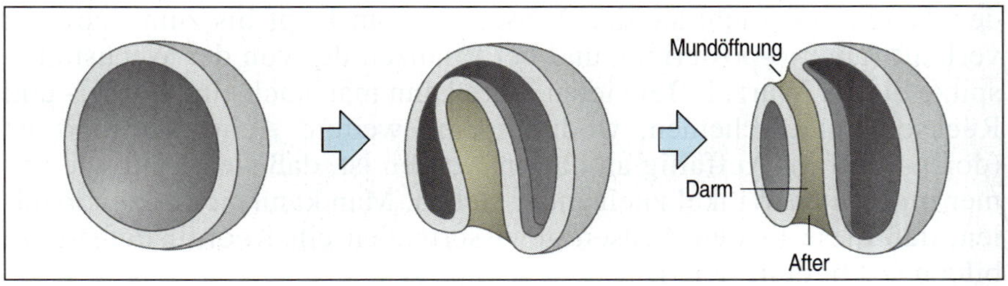

1.14 Die Gastrulation beim Seeigel. Bei der Gastrulation erhält die kugelige Blastula einen Kanal, der sich mitten durch die Struktur zieht, den Darm. Die linke Hälfte des Embryos wurde entfernt.

Exkurs 1.2: Keimblätter

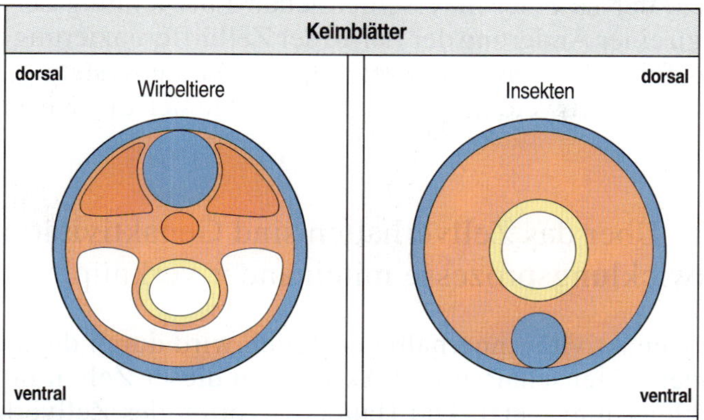

Keimblätter	Organe	
Entoderm	Darm, Leber, Lungen	Darm
Mesoderm	Skelett, Muskel, Niere, Herz, Blut	Muskel, Herz, Blut
Ektoderm	Haut, Nervensystem	Cuticula, Nervensystem

Das Konzept der Keimblätter dient dazu, die Bereiche des Embryos zu unterscheiden, die unterschiedliche Arten von Geweben bilden. Es läßt sich sowohl auf Wirbeltiere als auch auf Wirbellose anwenden. Alle Tiere, die in diesem Buch behandelt werden, besitzen drei Keimblätter: das Entoderm, das den Darm und die davon abgeleiteten Organe wie zum Beispiel bei Wirbeltieren Leber und Lungen bildet, das Mesoderm, aus dem sich das Skelett, die Muskulatur, das Bindegewebe und andere innere Organe wie Nieren und Herz entwickeln, sowie das Ektoderm, aus dem die Epidermis und das Nervensystem hervorgehen. Diese Keimblätter werden schon früh in der Entwicklung angelegt. Die Grenzen zwischen den verschiedenen Keimblättern können verschwommen sein; außerdem gibt es bemerkenswerte Ausnahmen. Die Neuralleiste bei Wirbeltieren zum Beispiel ist ektodermalen Ursprungs. Dennoch entstehen aus ihr Nervengewebe und einige Elemente des Skeletts, von denen man normalerweise annehmen würde, sie seien mesodermalen Ursprungs

typen wie beispielsweise Blut-, Muskel- oder Hautzellen. Die Differenzierung ist ein gradueller Prozeß, bei dem die Zellen zwischen dem Zeitpunkt, an dem sie ihre Differenzierung beginnen, bis hin zur vollen Ausdifferenzierung (wenn einige Zellen sich überhaupt nicht mehr teilen) häufig mehrere Teilungen durchlaufen. Beim Menschen entstehen aus dem befruchteten Ei mindestens 250 klar zu unterscheidende Zelltypen.

Wie wir aus der Betrachtung der Unterschiede zwischen Armen und Beinen ersehen können, sind Musterbildung und Zelldifferenzierung sehr eng miteinander verknüpft. Beide enthalten exakt die gleichen Zelltypen wie Muskel, Knorpel, Knochen, Haut und so weiter; dennoch zeigt die Art, wie diese angeordnet sind, deutliche Unterschiede. Im Grunde genommen ist es die Musterbildung, durch die wir uns anders entwickeln als Elefanten oder Schimpansen.

Der fünfte Prozeß ist das Wachstum, die Größenzunahme. Im allgemeinen ist das Wachstum während der frühen Embryonalentwicklung nur gering. Grundmuster und Form des Embryos werden bereits früh bei einer Größe von nur wenigen Millimetern festgelegt. Das anschließende Wachstum kann auf vielen verschiedenen Wegen erfolgen: durch Zellvermehrung, durch Zunahme der Zellgröße sowie durch Ablagerung extrazellulären Materials wie etwa Knochen oder Schale. Das Wachstum kann auch gestaltbildend wirken. Ungleiche Wachstumsgeschwindigkeiten verschiedener Organe und Teile des Körpers können die Gesamtgestalt des Embryos verändern (Abbildung 1.15).

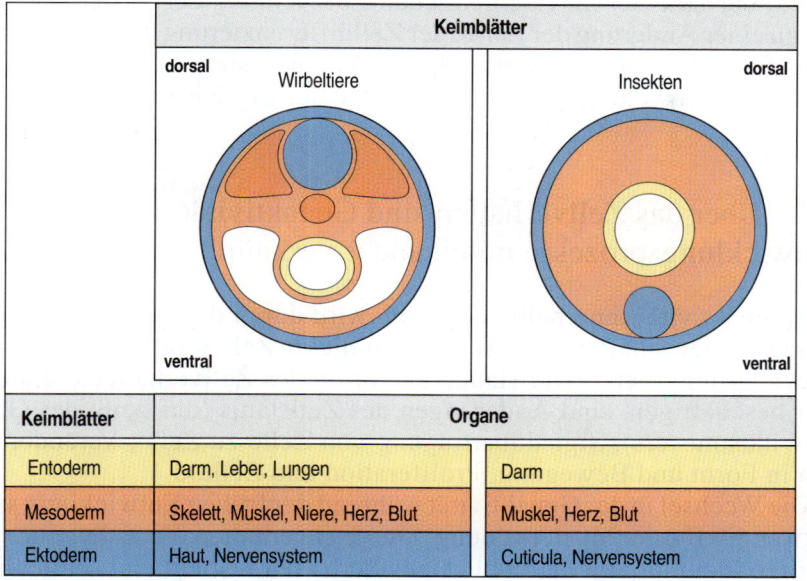

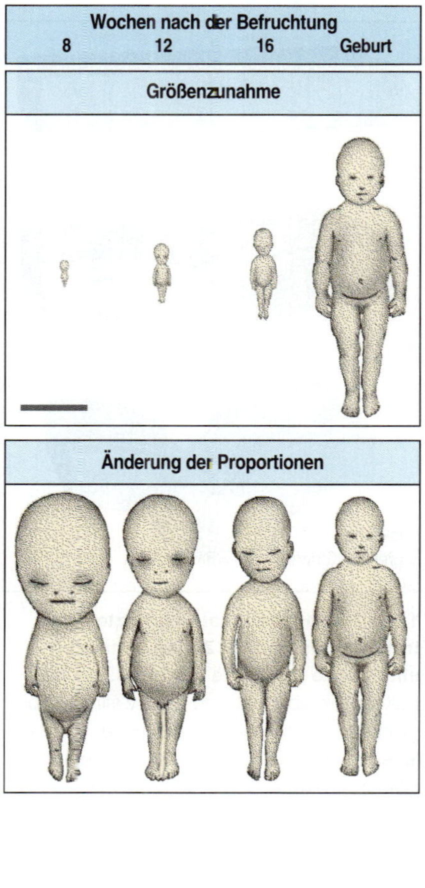

1.15 Der menschliche Embryo verändert seine Form während seines Wachstums. Von dem Zeitpunkt an, wenn der Bauplan des Körpers etwa in der achten Woche festliegt, bis zur Geburt, wächst der Embryo um ein Zigfaches (oben), während das Größenverhältnis von Kopf zum Rest des Körpers abnimmt (unten). Dadurch ändert sich die Form des Embryos. Maßstab = 10 cm. Nach Moore 1983.

Diese fünf Entwicklungsprozesse sind weder voneinander unabhängig, noch folgen sie einander in strikter Reihenfolge. Generell kann man jedoch die Musterbildung in der frühen Entwicklung als einen Vorgang sehen, der zu einer unterschiedlichen Entwicklung der Zellen und damit zu einer Änderung der Form, der Zelldifferenzierung und des Wachstums führt. In jedem konkreten Entwicklungssystem gibt es allerdings zahlreiche Abweichungen in der Abfolge der Ereignisse.

1.7 Über das Zellverhalten sind Genaktivität und Entwicklungsprozesse miteinander verknüpft

Die Genaktivität innerhalb der Zellen wird durch die sich daraus ergebenden Eigenschaften und Aktivitäten dieser Zellen in Embryonalentwicklung umgesetzt. Die Hauptkategorien des Zellverhaltens, die uns hier beschäftigen, sind Änderungen des Zellstatus (das heißt des Genaktivitätsmusters), Signalübertragung von Zelle zu Zelle, Veränderungen in Form und Bewegung, Proliferation und Zelltod.

Die Wechsel in der Genaktivität während der frühen Entwicklung sind notwendig für die Musterbildung. Durch sie erhalten die Zellen ihre jeweilige Identität, die ihr zukünftiges Verhalten festlegt und schließlich zu ihrer endgültigen Differenzierung führt. Wie wir am Beispiel der Induktion durch den Spemann-Organisator gesehen haben, ist es für die Entwicklung entscheidend, daß Zellen das Schicksal anderer Zellen beeinflussen können, indem sie Signale geben und beantworten. Durch Zellwanderung und Änderung der Zellform entstehen die physikalischen Kräfte, welche die Morphogenese herbeiführen. Die Faltung einer Zellschicht zu einer Röhre, wie man es bei *Xenopus* und anderen Wirbeltieren während der Bildung des Neuralrohres findet, wird durch kontraktile Kräfte verursacht, die durch die Formänderung von Zellen an bestimmten Stellen innerhalb der Zellschicht erzeugt werden (Abbildung 1.16). So zeigt sich die Gastrulation bei Seeigeln zuerst als ein kleines Grübchen an der Oberfläche des Embryos; es entsteht durch eine kleine Zellgruppe, die sich kontrahiert und die Oberfläche in das Innere hineinzieht. Ädhäsionsmoleküle auf den Zelloberflächen halten die Zellen als Gewebeverband zusammen und leiten sie bei ihrer Wanderung; dies findet man beispielsweise bei Zellen aus der Neuralleiste von Wirbeltieren, die das Neuralrohr verlassen, um zahlreiche Strukturen an anderen Stellen des Körpers zu bilden.

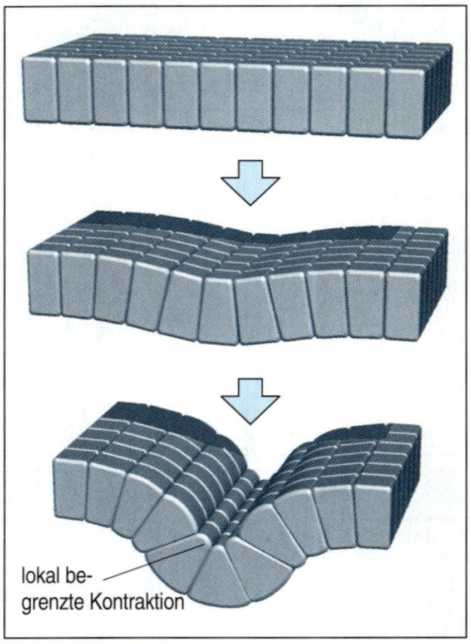

1.16 Durch eine lokal begrenzte Kontraktion bestimmter Zellen kann sich eine ganze Zellplatte auffalten. Die Kontraktion am oberen Rand einer Zellreihe aufgrund einer Kontraktion bestimmter Cytoskelettelemente führt dazu, daß sich in einer Epidermisschicht eine Furche bildet.

Später in der Entwicklung gehört zum Wachstum auch Zellproliferation. Dadurch kann auch die endgültige Form beeinflußt werden, indem bestimmte Teile des Körpers mit unterschiedlicher Geschwindigkeit wachsen. Der programmierte Zelltod (**Apoptose**) ist ebenfalls ein normaler Bestandteil der Entwicklung; bei der Entwicklung der Hände und Füße trägt er dazu bei, aus zusammenhängenden Gewebeschichten Finger und Zehen zu modellieren. Wir können daher die Entwicklungsprozesse durchaus anhand des Verhaltens einzelner Zellen oder Zellgruppen beschreiben und verstehen. Da die endgültig gebildeten Strukturen aus Zellen bestehen, können Erläuterungen der Vorgänge auf Zellebene einen Eindruck davon vermitteln, wie diese adulten Strukturen gebildet werden.

Da sich die Entwicklung auf der zellulären Ebene erklären läßt, können wir die Frage nach der genetischen Steuerung der Entwicklung noch präzisieren. Wir können jetzt fragen, wie die Gene das Zellverhalten steuern. Die zahlreichen Verhaltensweisen, die einer Zelle möglich sind, liefern daher die Verbindung zwischen der Genaktivität und der Morphologie des adulten Tieres, dem Endprodukt der Entwicklung. Die Zellbiologie stellt die Mittel und Wege zur Verfügung, durch die der Genotyp in den Phänotyp übersetzt wird.

1.8 Gene steuern das Zellverhalten, indem sie die Proteine kontrollieren, die eine Zelle produziert

Wozu eine Zelle fähig ist, hängt weitgehend von den Proteinen ab, die in ihr vorhanden sind. Rote Blutkörperchen können dank des Hämoglobins Sauerstoff transportieren, Skelettmuskelzellen können sich zusammenziehen, weil sie einen entsprechend strukturierten Kontraktionsapparat aus Myosin, Aktin, Tropomyosin sowie anderen muskelspezifischen Proteinen enthalten. Diese sehr spezifischen „Luxusproteine" sind nicht an den sogenannten Haushaltsfunktionen der Zelle beteiligt, die notwendig sind, um die Zelle am Leben zu erhalten. Man findet diese Haushaltsfunktionen in allen Zellen. Dazu zählen beispielsweise die Erzeugung von Energie sowie sämtliche biochemischen Reaktionswege, die mit dem für das Leben der Zelle unverzichtbaren Abbau und Aufbau der Moleküle zu tun haben. Obwohl die Haushaltsproteine in verschiedenen Zellen hinsichtlich Quantität und Qualität variieren, spielen sie keine wichtige Rolle bei der Entwicklung. Bei dieser gilt unsere Aufmerksamkeit in erster Linie den „Luxus-" oder gewebespezifischen Proteinen, durch die sich Zellen voneinander unterscheiden.

Gene steuern die Entwicklung hauptsächlich dadurch, daß sie festlegen, wann welche Proteine in welchen Zellen produziert werden. So gesehen sind sie im Vergleich zu den von ihnen codierten Proteinen, die das Zellverhalten direkt beeinflussen, nur passiv am Entwicklungsprozeß beteiligt. Damit ein bestimmtes Protein in einer Zelle synthetisiert werden kann, muß sein Gen angeschaltet, das heißt in RNA **transkribiert** werden. Letztendlich wird die RNA dann in die Proteinform **translatiert**. Dieser Prozeß folgt jedoch nicht unbedingt automatisch, da die Proteinproduktion zu einem späteren Zeitpunkt der Genexpression einer weiteren Kontrolle unterliegen kann. Abbildung 1.17 zeigt die wichtigsten Stadien der Genexpression, in denen die Proteinsynthese reguliert werden kann. Die **Messenger-RNA (mRNA)** kann zum Bei-

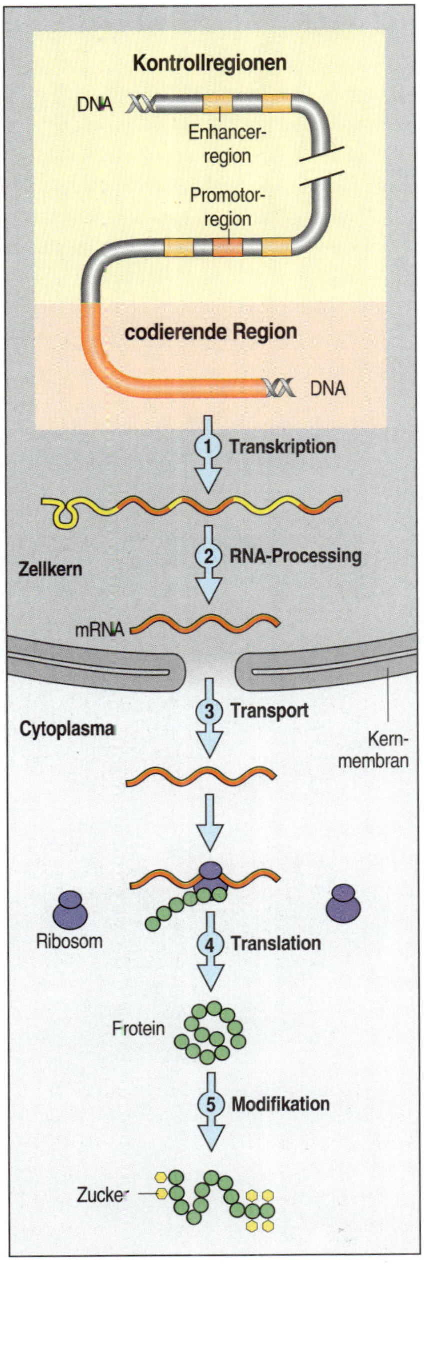

1.17 Genexpression und Proteinsynthese. Ein proteincodierendes Gen umfaßt ein Stück DNA mit einem codierenden Bereich. Dieser wiederum besitzt die Anleitung zur Herstellung des Proteins sowie benachbarte Kontrollregionen – Promotor- und Enhancerbereiche –, mittels derer das Gen an- und abgeschaltet wird. Die Promotorregion ist die Stelle, an der sich die RNA-Polymerase bindet und die Transkription startet. Die Enhancerbereiche können Tausende von Basenpaare vom Promotor entfernt sein. Die Transkription eines Gens in RNA (1) kann durch Transkriptionsfaktoren, die sich an die Promotor- und Enhancerregionen heften, verstärkt oder auch inhibiert werden. Die durch die Transkription entstandene RNA wird gespleißt, um die Introns zu entfernen (gelb) und innerhalb des Zellkerns einer als Processing bezeichneten Weiterverarbeitung unterworfen (2). So entsteht mRNA, die ins Cytoplasma exportiert wird (3), um an den Ribosomen in ein Protein translatiert zu werden (4). Die Kontrolle der Genexpression und Proteinsynthese erfolgt hauptsächlich auf der Ebene der Transkription, kann aber auch in späteren Stadien stattfinden. Zum Beispiel könnte die RNA abgebaut werden, bevor sie translatiert werden kann. Wird sie nicht sofort translatiert, besteht die Möglichkeit, sie in einer inaktiven Form im Cytoplasma zu lagern, bis es zu einem späteren Zeitpunkt zu einer Translation kommt. Einige Proteine müssen posttranslational modifiziert werden (5), um biologisch aktiv zu werden.

spiel abgebaut werden, bevor sie aus dem Zellkern ausgeschleust werden kann. Selbst wenn sie das Cytoplasma erreicht hat, kann ihre Translation noch unterbunden werden. Bei vielen Tieren wird die vorgefertigte mRNA in den Eizellen so lange an der Translation gehindert, bis die Befruchtung stattgefunden hat. Aber selbst wenn diese Bedingungen erfüllt sind, das Gen transkribiert und die mRNA translatiert wurde, kann es sein, daß das Protein immer noch nicht funktionsfähig ist. Viele neusynthetisierte Proteine erfordern eine weitere **posttranslationale Modifikation**, bevor sie ihre biologische Aktivität entfalten können. Dies ist zum Beispiel bei den Verdauungsenzymen Trypsin und Chymotrypsin der Fall, bei denen noch die Proteinkette geschnitten wird und Fragmente des Proteins entfernt werden. Im großen und ganzen gilt jedoch, daß man, wenn das entsprechende Gen transkribiert wurde, durchaus davon ausgehen kann, daß sich das entsprechende Protein in der Zelle befindet. Untranslatierte Sequenzen in der RNA können ebenfalls eine wichtige regulatorische Rolle spielen. Darüber hinaus gibt es bestimmte Gene wie die für die ribosomale RNA, die keine Proteine codieren.

Haushaltsgene und Luxusgene codieren jeweils Proteine, die direkt mit der Zellfunktion zusammenhängen. Das sind zum Beispiel Enzyme, Rezeptorproteine, Wachstumsfaktoren und die strukturellen Komponenten der Zellen. Für die Entwicklung sind diejenigen Gene besonders wichtig, die **Transkriptionsfaktoren** oder genregulatorische Proteine codieren, kurz Proteine, die bei der Aktivierung oder Repression von Genen eine Rolle spielen. Die Transkriptionsfaktoren wirken, indem sie sich an die Kontrollregionen von Genen binden (Abbildung 1.17) oder mit anderen DNA-bindenden Proteinen wechselwirken.

Es ist eine interessante Frage, wieviel Gene im Gesamtgenom bei der Entwicklung eine Rolle spielen. Das ist nicht leicht abzuschätzen. Für ein paar besonders gut untersuchte Fälle gibt es grobe Schätzungen, wie viele Gene an einem bestimmten Aspekt der Entwicklung beteiligt sind. Man kennt etwa 60 Gene, die an der frühen Entwicklung von *Drosophila* mitwirken, angefangen bei der Musterbildung bis zum Zeitpunkt der Segmentation, wenn der Embryo in Segmente unterteilt wird. Beim Fadenwurm *Caenorhabditis* sind an die 50 Gene nötig, um eine kleine Geschlechtsstruktur auszuprägen, die als Vulva bezeichnet wird. Indirekte Hinweise von Mutationen, die das Wachstum der Gliedmaßen bei Menschen und Mäusen betreffen, lassen vermuten, daß bei Wirbeltieren etwa 100 Gene an der Entwicklung einer Extremität beteiligt sind. Das ist relativ wenig im Vergleich zu den Tausenden von Haushaltsgenen, die zur gleichen Zeit aktiv sind. Haushaltsgene sind zwar insofern unverzichtbar für die Entwicklung, als sie für die Aufrechterhaltung des Lebens erforderlich sind, sie liefern jedoch keine Information, welche die Musterbildung beeinflussen könnte. Bei Fliegen und Wirbeltieren dürfte die Zahl der Entwicklungsgene schätzungsweise zwischen 1000 und 50000 liegen. Diese Zahl ist vergleichbar mit den 80000 Genen, die wahrscheinlich im Säugergenom vorhanden sind.

1.9 Entwicklung wird durch differentielle Genexpression gesteuert

Alle somatischen Zellen eines Embryos entstammen der befruchteten Eizelle, die nach und nach eine Reihe mitotischer Zellteilungen durchläuft. Sie enthalten daher – bis auf wenige Ausnahmen – alle die gleiche genetische Information wie die Zygote. Die Unterschiede zwischen den Zellen müssen daher auf Unterschieden in der Genaktivität beruhen. Für die Entwicklung dreht sich dementsprechend alles um die Frage, ob in den richtigen Zellen zum richtigen Zeitpunkt die richtigen Gene an- und abgeschaltet werden.

Da alle grundlegenden Entwicklungsschritte Änderungen der Genaktivität widerspiegeln, könnte man versucht sein, den Entwicklungsprozeß lediglich als ein Ineinandergreifen von Steuerungsprozessen der Genexpression zu verstehen. Das wäre jedoch ausgesprochen irreführend, da die Genexpression nur den ersten Schritt einer Kaskade zellulärer Prozesse darstellt, die das Zellverhalten verändern und so den Verlauf der Embryonalentwicklung bestimmen. Einfach nur auf der Ebene der Gene zu denken, bedeutet jedoch einige entscheidende Aspekte der Zellbiologie wie den Wechsel der Zellform, der möglicherweise einige Stadien nach der Genexpression eingeleitet wird, zu ignorieren. Tatsächlich sind nur sehr wenige Fälle bekannt, bei denen die vollständige Abfolge von der Genexpression bis hin zum veränderten Zellverhalten erforscht worden ist. Der Weg, der von den Genen bis zu einer Struktur wie der Hand mit fünf Fingern führt, ist möglicherweise sehr kompliziert.

1.10 Entwicklung ist progressiv, und das Schicksal der Zellen entscheidet sich zu verschiedenen Zeitpunkten

Mit fortschreitender Embryonalentwicklung nimmt die Komplexität des Embryos ständig zu und übertrifft schließlich die der befruchteten Eizelle bei weitem. Es entstehen viele verschiedene Zellformen, räumliche Muster werden gebildet, und die Gestalt ändert sich grundlegend. All dies findet je nach Organismus mehr oder weniger schrittweise statt. Im allgemeinen wird der Embryo jedoch zunächst in größere Bereiche wie etwa die zukünftigen Keimblätter (Mesoderm, Ektoderm und Entoderm) aufgeteilt. Anschließend wird dann das Schicksal der Zellen innerhalb dieser Regionen immer feiner festgelegt. So differenziert sich beispielsweise das Mesoderm in Muskelzellen, Knorpelzellen, Knochenzellen, Fibroblasten des Bindegewebes und Hautzellen. Die **Determination** stellt eine stabile Veränderung des internen Zustands einer Zelle dar. Der erste Schritt besteht vermutlich in einem Wechsel des Genaktivitätsmusters.

Es ist wichtig, klar zwischen dem normalen Schicksal einer Zelle in einem bestimmten Stadium und ihrem Determinationszustand zu unterscheiden. Mit dem Begriff **(Entwicklungs-)Schicksal** wird lediglich beschrieben, in welche Richtung sich eine Zellgruppe im Normalfall entwickeln wird. Durch die Markierung von Zellen des frühen Embryos kann man zum Beispiel feststellen, aus welchen ektodermalen Zellen normalerweise das Nervensystem entsteht und aus welchen von ihnen speziell die Retina. Damit ist allerdings nicht gesagt, daß sich diese Zellen nur zu Netzhaut entwickeln können oder dazu bereits determiniert oder festgelegt sind.

Eine Gruppe von Zellen wird als **spezifiziert** bezeichnet, wenn sie sich isoliert und in Kultur genommen im neutralen Umfeld eines einfachen Kulturmediums außerhalb des Embryos im großen und ganzen entsprechend ihres normalen Schicksals entwickelt (Abbildung 1.18). Die Zellen des animalen Pols einer Amphibienblastula sind spezifiziert, Ektoderm zu bilden, und entwickeln sich, wenn man sie isoliert, zur Epidermis. Das bedeutet jedoch nicht, daß derart spezifizierte Zellen auch

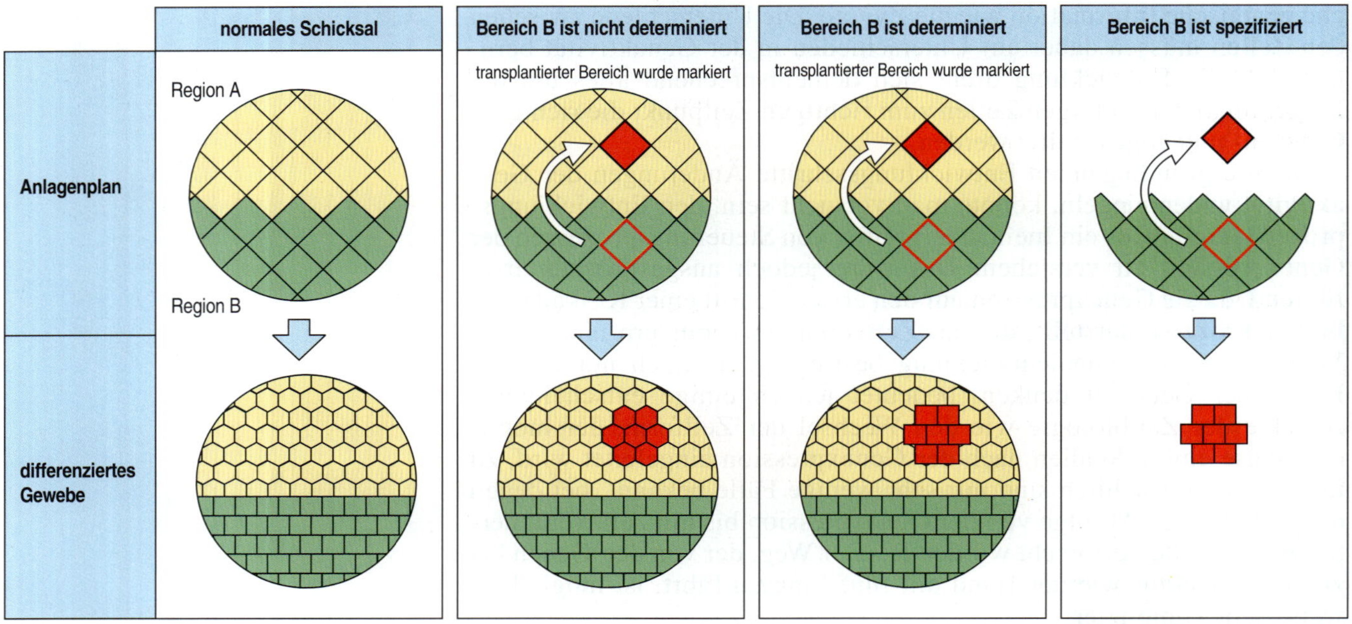

1.18 Der Unterschied zwischen Zellschicksal, Determination und Spezifizierung. In diesem idealisierten System differenzieren sich die Regionen A und B zu zwei unterschiedlichen Zellsorten, die als Sechsecke oder Rechtecke dargestellt werden. Der Anlagenplan (*fate map;* erstes Bild) zeigt, wie sie sich normalerweise entwickeln. Falls Zellen aus Region B in die Region A transplantiert werden und sich nun wie Zelltyp A entwickeln, ist das Schicksal von Region B noch nicht determiniert (zweites Bild). Im Gegensatz dazu entwickeln sich Zellen aus Region B zu B-Zellen, falls sie bereits determiniert sind, wenn sie in die Region A verpflanzt werden (drittes Bild). Sogar wenn die Zellen des Typs B noch nicht determiniert sind, können sie schon spezifiziert sein, so daß sie zu B-Zellen werden, wenn sie isoliert vom Rest des Embryos kultiviert werden (viertes Bild).

zwangsläufig determiniert sind, da sich ihr normales Schicksal noch durch den Einfluß anderer Zellen verändern kann. Bringt man Gewebe vom animalen Pol in Kontakt mit Zellen des vegetativen Pols, wird es statt Epidermis Mesoderm bilden. Zu einem späteren Zeitpunkt in der Entwicklung sind die Zellen der animalen Region jedoch determiniert, Ektoderm zu bilden, und ihr Schicksal ist nicht mehr zu ändern. Bei Spezifizierungstests muß das Gewebe daher in einem „neutralen" Medium kultiviert werden, das völlig frei von irgendwelchen induzierenden Signalen ist. Das ist häufig nicht leicht zu erreichen.

Anhand von Transplantationsexperimenten kann man den Grad der Determination von Zellen in einem bestimmten Stadium zeigen. Im Blastulastadium des Amphibienembryos kann man die ektodermalen Zellen, die das Auge bilden werden, auf die Seite des Körpers verpflanzen und zeigen, daß sich die Zellen gemäß ihrer neuen Position entwickeln – das heißt zu Mesodermzellen wie die der Chorda und der Somiten (Abbildung 1.19). Zu diesem frühen Zeitpunkt umfaßt ihr Entwicklungspotential viel mehr als das, zu dem sie sich normalerweise entwickeln. Wenn man jedoch die gleiche Operation zu einem späteren Zeitpunkt vornimmt, dann wird die zukünftige Augenregion Strukturen bilden, die für ein Auge typisch sind. Zu dem früheren Zeitpunkt waren die Zellen noch nicht determiniert, Augenzellen zu werden, später sind sie es dann jedoch.

Es ist eines der Kennzeichen der Entwicklung, daß Zellen im frühen Embryo noch nicht so genau festgelegt sind wie Zellen in späteren Stadien; das Entwicklungspotential wird mit der Zeit immer geringer. Vermutlich erfolgt die Determination dadurch, daß in der Zelle andere Gene exprimiert werden. Auf diese Weise wird das Schicksal der Zelle festgelegt oder eingeengt, so daß sie nur noch reduzierte Entwicklungsmöglichkeiten hat.

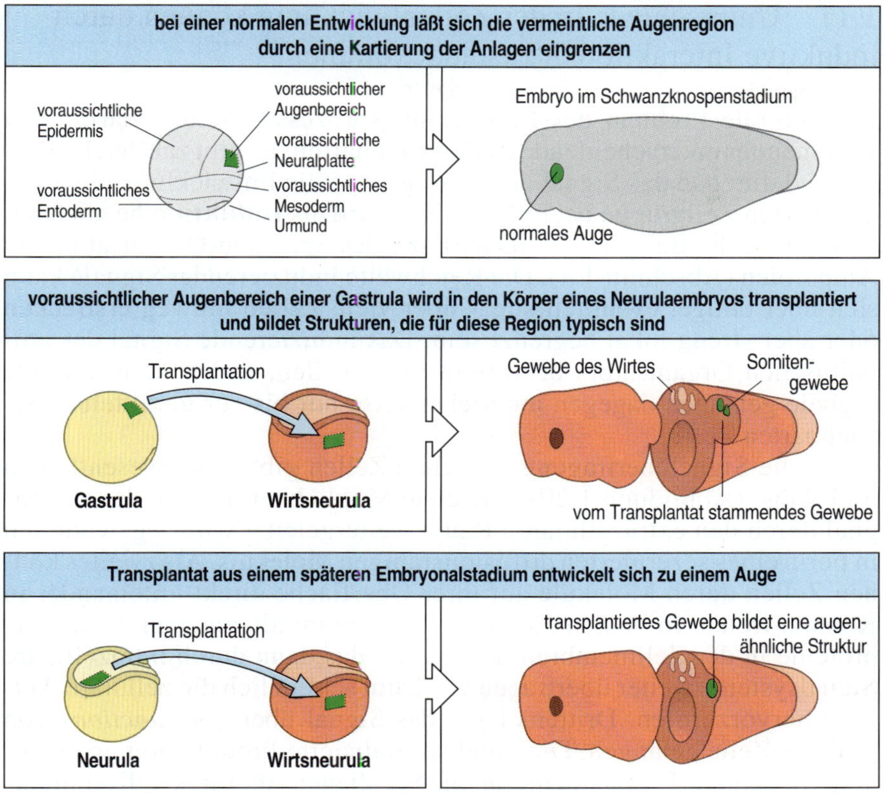

1.19 Zeitverlauf der Determination der Augenregion in der Amphibienentwicklung. Wird die Region der Gastrula, aus der normalerweise das Auge entsteht in dem Rumpfbereich einer Neurula (Mitte) verpflanzt, entwickelt dieser Bereich Strukturen, die wie Chorda und Somiten typisch für seine neue Umgebung sind. Wenn allerdings die Augenregion einer Neurula in die gleiche Stelle transplantiert wird (unten), dann entwickelt sie sich zu einer augenähnlichen Struktur, denn zu diesem späteren Zeitpunkt ist sie bereits determiniert.

Wie wir bereits gesehen haben, scheinen die Zellen des Seeigelembryos selbst im Zwei-Zellen-Stadium noch nicht determiniert zu sein. Jede hat demnach das Potential, eine vollständige neue Larve zu bilden (Abschnitt 1.3). Solche Embryonen, bei denen das Entwicklungspotential der Zellen deren normales Schicksal bei weitem übersteigt, bezeichnet man als **Regulationsembryonen**. Zu der Gruppe, deren Embryonen in beträchtlichen Ausmaß zur Regulation fähig sind, gehören zum Beispiel die Wirbeltiere. Im Gegensatz dazu bezeichnet man die Embryonen, bei denen sich die Zellen schon in einem sehr frühen Stadium nur ihrem Schicksal gemäß entwickeln können, als **Mosaikembryonen**. Wie bereits in Abschnitt 1.3 erwähnt, hat diese Terminologie eine lange Geschichte. Sie beschreibt Eier und Embryonen, deren Entwicklung so verläuft, als sei ihr Entwicklungsmuster bereits sehr früh – möglicherweise schon in der Eizelle – in Form eines „Mosaiks" verschiedener Moleküle festgelegt. Die unterschiedlichen Teile des Embryos entwickeln sich dann weitgehend unabhängig voneinander. Bei solchen Embryonen sind die Zell-Zell-Interaktionen unter Umständen stark eingeschränkt. Diese beiden Entwicklungsstrategien sind nicht immer deutlich voneinander abzugrenzen. Die Unterscheidung hängt zum Teil von dem Zeitpunkt ab, an dem die Determination stattfindet. In Mosaiksystemen geschieht dies sehr viel früher.

Die Unterscheidung zwischen Regulations- und Mosaikembryonen bringt die entsprechende Bedeutung von Zell-Zell-Interaktionen in den Systemen zum Ausdruck. Für die Regulation sind Interaktionen zwischen den Zellen unbedingt erforderlich. Denn wie sollte es sonst zu einer normalen Entwicklung kommen, Mängel erkannt und behoben werden? Bei einem echten Mosaikembryo wären derartige Wechselwirkungen im Prinzip nicht erforderlich. Es gibt allerdings nach gegenwärtigem Wissenstand keine reinen Mosaikembryonen.

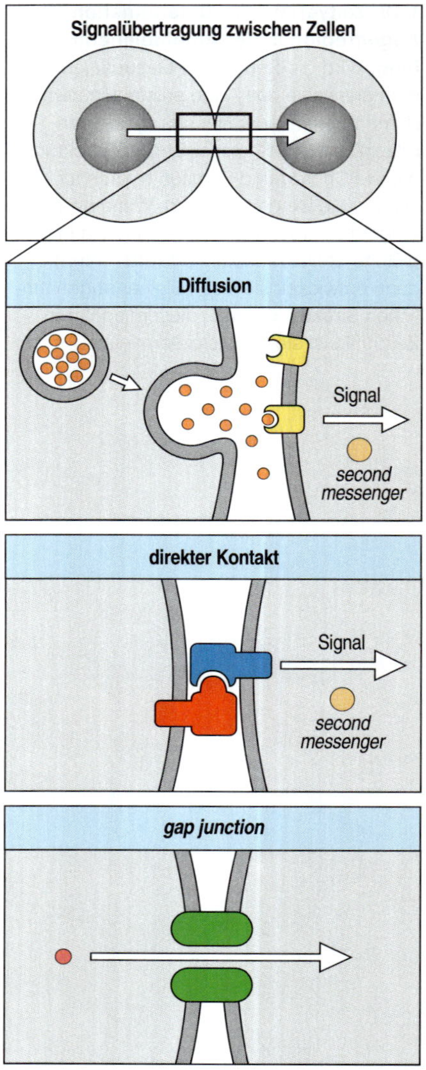

1.20 Ein induzierendes Signal kann auf drei Arten von Zelle zu Zelle übertragen werden. Das Signal kann ein diffusionsfähiges Molekül sein, welches mit einem Rezeptor auf der Zelloberfläche der Zielzelle interagieren kann (oben). Das Signal kann durch den direkten Kontakt zwischen zwei komplementären Proteinen auf den Zelloberflächen erzeugt werden (Mitte). Wenn an dem Signal niedermolekulare Verbindungen beteiligt sind, kann es möglicherweise über *gap junctions* in der Plasmamembran direkt von Zelle zu Zelle gelangen (unten).

1.11 Unterschiede in der Zellentwicklung können durch induktive Interaktionen zustandekommen

Das zentrale Problem des Entwicklungsprozesses besteht darin, sich voneinander unterscheidende Zellen zu schaffen. Es gibt zahlreiche Beispiele dafür, daß das Signal einer Zellgruppe die Entwicklung einer benachbarten Zellgruppe beeinflußt. Dies wird als **Induktion** bezeichnet. Das klassische Beispiel ist die Wirkung des Spemann-Organisators bei Amphibien (Abschnitt 1.4). Die Reichweite induzierender Signale kann sich über einige, eventuell sogar über viele Zellen hinweg erstrecken oder aber streng lokal begrenzt sein. Das induzierende Signal des amphibischen Organisators beeinflußt viele Zellen, andere induzierende Signale gelangen dagegen möglicherweise nur bis zur unmittelbar benachbarten Zelle.

Für die Signalübertragung zwischen Zellen gibt es im wesentlichen drei Wege (Abbildung 1.20). Die erste Möglichkeit ist die, daß das Signal durch den extrazellulären Raum weitergeleitet wird – gewöhnlich in Form eines sezernierten diffusionsfähigen Moleküls. Als zweites können Zellen durch Moleküle auf ihrer Oberfläche direkt miteinander in Kontakt treten. In beiden Fällen empfangen im allgemeinen Rezeptorproteine in der Zellmembran das Signal, das dann durch intrazelluläre Signalsysteme weiter übertragen wird, um schließlich die zelluläre Antwort hervorzurufen. Drittens kann das Signal über *gap junctions* von Zelle zu Zelle gelangen. Dies sind spezialisierte Proteinporen in aneinanderliegenden Plasmamembranen. Sie dienen als direkte Kommunikationskanäle zwischen dem Cytoplasma benachbarter Zellen, durch die kleine Moleküle hindurchwandern können.

Ein weiterer wichtiger Aspekt der Induktion ist, ob die betreffende Zelle überhaupt **kompetent** ist, auf das induzierende Signal zu reagieren. Das könnte zum Beispiel davon abhängen, ob ein geeigneter Rezeptor und Transduktionsmechanismus vorhanden ist oder ob bestimmte Transkriptionsfaktoren vorliegen, die für die Genaktivierung benötigt werden. Die Kompetenz einer Zelle für eine bestimmte Reaktion kann sich mit der Zeit ändern; der Spemann-Organisator kann die Veränderungen in seinen Zielzellen nur innerhalb eines bestimmten Zeitraums auslösen.

Für Embryonen scheint, was Signale und Musterbildung anbelangt, grundsätzlich die Devise „small is beautiful" zu gelten. Jedesmal wenn ein Muster umgesetzt wird, beträgt die Ausdehnung der betroffenen Zellgruppe in allen Richtungen höchstens knapp 0,5 Millimeter – das entspricht etwa 50 Zelldurchmessern. Viele Muster erstrecken sich aber über einen sehr viel kleineren Bereich und bestehen gerade mal aus einigen Dutzend oder ein paar hundert Zellen. Damit haben die induzierenden Signale, die bei der Musterbildung beteiligt sind, lediglich Reichweiten, die in der Größenordnung des zehnfachen Zelldurchmessers liegen. So riesig der Organismus im Endeffekt auch sein mag, seine Größe beruht beinahe ausschließlich auf einer Vergrößerung des Grundmusters.

1.12 Wie eine Zelle auf Induktionssignale reagiert, hängt von ihrem Zustand ab

Induktionssignale können die weitere Entwicklung der induzierten Zellen verändern. Es könnte daher so aussehen, als erteilten sie den Zellen gewissermaßen Verhaltensregeln. Dabei darf man jedoch nicht vergessen, daß die Antwort auf die Induktionssignale vollständig von dem gegenwärtigen Zustand der Zelle abhängt. Die Zelle muß nicht nur die nötige Kompetenz für eine Antwort besitzen, die Anzahl der Reaktionsmöglichkeiten ist darüber hinaus in der Regel auch sehr begrenzt. Ein Induktionssignal kann aus einer geringen Anzahl von Zellreaktionen nur eine Möglichkeit auswählen. Alle Induktionen und Signale wirken daher im Grunde genommen nicht instruktiv, sondern selektiv. Ein wirklich instruktives Signal würde der Zelle vollkommen neue Informationen liefern und Fähigkeiten verleihen, indem es die Zelle zum Beispiel mit neuer DNA oder Proteinen versorgen würde. Man nimmt aber nicht an, daß dies in der Entwicklung geschieht.

Als Analogie könnte man sich eine Jukebox vorstellen, die hundert Schallplatten enthält. Wenn man eine Platte auswählt, die gespielt werden soll, hat man der Maschine keine neuen Informationen gegeben, sondern lediglich eine Platte aus dem vorhandenen Repertoire ausgewählt. Es wäre dagegen eine völlig andere Sache, wenn eine neue Platte hinzukäme. Dann erhielte die Box zusätzliche Informationen. Das wäre so, als wenn man in eine Zelle ein vollständig neues Gen oder Protein einschleusen würde, was allerdings in der Entwicklung sehr selten vorkommt. Wie bei der Musikbox kann das Verhalten der Zelle innerhalb der Grenzen, die durch den gegenwärtigen Zustand bestimmt werden, nur durch äußere Signale verändert werden.

Da Signale grundsätzlich selektiv sind und vom Zustand der Zelle abhängen, kann ein bestimmtes Gen in verschiedenen Entwicklungsstadien von jeweils anderen Signalen aktiviert werden. Gene können also während der Entwicklung wiederholt an- und abgeschaltet werden.

Die Tatsache, daß es die Zelle vor allem mit instruktiven Signalen zu tun hat, die selektiv arbeiten, wirkt sich darüber hinaus positiv auf die biologische Kosten-Nutzen-Rechnung aus. Mit ein und demselben Signal können in unterschiedliche Zellen verschiedene Reaktionen hervorgerufen werden. So kann ein bestimmtes Signalmolekül auf verschiedene Zelltypen einwirken und je nach Entwicklungszustand bei jedem eine charakteristische und unterschiedliche Reaktion hervorrufen. Wie wir in den nächsten Kapiteln noch sehen werden, hat sich die Evolution in bezug auf diesen Aspekt der Entwicklung nicht allzuviel Mühe gegeben. War erst einmal ein geeigneter Satz von Signalmolekülen gefunden, wurden diese Signale immer wieder verwendet.

1.13 Bei der Musterbildung kann die Interpretation von Positionsinformation eine Rolle spielen

Wie ein Muster im allgemeinen entsteht, läßt sich veranschaulichen, wenn man ein nichtbiologisches Modell wie etwa die französische Flagge betrachtet (Abbildung 1.21). Die französische Flagge hat ein einfaches Muster: ein Drittel Blau, ein Drittel Weiß und ein Drittel Rot, in einer Reihe angeordnet. Darüber hinaus gibt es die Flagge in vielen verschiedenen Größen, aber immer mit dem selben Muster. Man kann sie daher als Modell für das Regulationsvermögen eines Embryos ansehen. Nimmt man jetzt eine Reihe von Zellen an – sie können blau, rot oder weiß sein – und nimmt man zusätzlich an, daß die Reihe der Zellen unterschiedlich lang sein kann, welcher Mechanismus wäre dann erforderlich, damit diese Zellreihe das Muster der französischen Flagge zeigt?

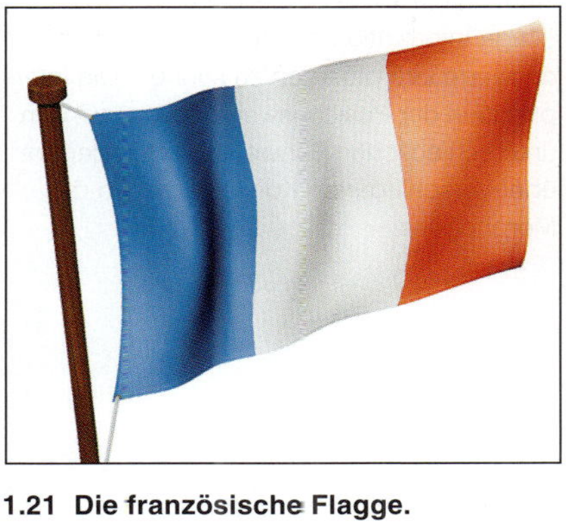

1.21 Die französische Flagge.

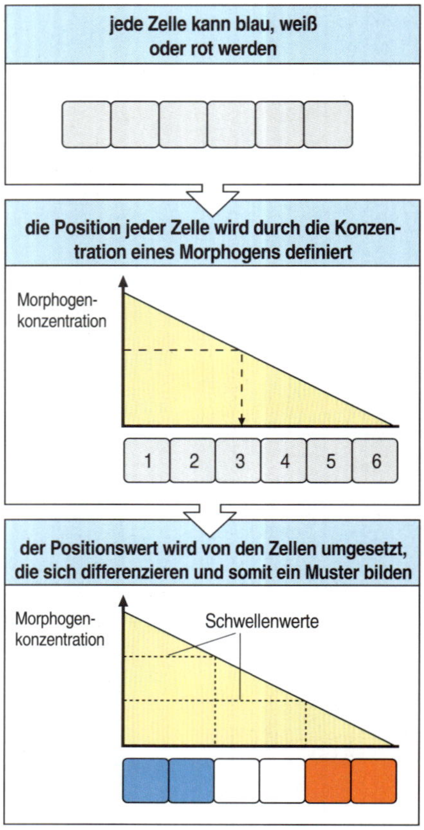

1.22 Das „Tricolore"-Modell der Musterbildung. Jede Zelle in einer Reihe hat das Potential, blau, weiß oder rot zu werden. Wird die Zellreihe einem Konzentrationsgradienten irgendeiner Substanz ausgesetzt, erhält jede Zelle einen Positionswert, der durch die Konzentration an dieser Stelle definiert ist. Jede Zelle interpretiert dann den Positionswert, den sie bekommen hat, und wird nach einem festgelegten genetischen Programm blau, weiß oder rot; so entsteht die französische Flagge. Substanzen, welche die Entwicklung von Zellen auf diese Weise beeinflussen können, werden als Morphogene bezeichnet. Die Grundvoraussetzung in diesem System ist, daß die Konzentration der Substanz an jedem Ende des Gradienten unterschiedlich, jedoch jeweils konstant bleiben muß und so die Grenzen des Systems definiert. Jede Zelle muß also die nötige Information enthalten, um die Positionswerte interpretieren zu können. Die Interpretation der Positionswerte beruht auf den unterschiedlichen Schwellenwerten gegenüber verschiedenen Konzentrationen des Morphogens.

Eine Lösung bestünde darin, daß die Zellen eine **Positionsinformation** erhielten, das heißt eine Identität oder einen **Positionswert** bekämen. Dieser Wert würde davon abhängen, wie weit die Zellen von den beiden Enden der Zellreihe entfernt sind. Sobald die Zellen ihren Positionswert erfahren haben, setzen sie diese Information um, indem sie sich gemäß ihres genetischen Programms differenzieren. Die Zellen im linken Drittel der Reihe werden blau, die im mittleren Drittel weiß und so weiter.

Musterbildung aufgrund von Positionsinformation bedeutet, daß es zumindest zwei unterschiedliche Stadien gibt: Zuerst muß der Positionswert in bezug auf eine Grenze spezifiziert werden; anschließend folgt dann die Interpretation. Die Trennung dieser beiden Prozesse hat eine wichtige Konsequenz: Es muß keine festgesetzte Beziehung zwischen den Positionswerten und ihrer Auslegung geben. Je nach den gegebenen Umständen kann der gleiche Satz von Positionswerten zur italienischen Flagge oder einem anderen Muster führen. Wie Positionswerte interpretiert werden, hängt davon ab, welche genetischen Instruktionen in der entsprechenden Zellgruppe vorliegen, und wird auch von deren Entwicklungsgeschichte beeinflußt.

Die Zellposition kann durch eine Vielzahl von Mechanismen festgelegt werden. Die einfachste Möglichkeit ist ein Gradient aus irgendeiner Substanz. Wenn die Konzentration einer Chemikalie von einem Ende einer Zellreihe zum anderen abnimmt, dann bestimmt die Konzentration dieses Stoffes, die in einer beliebigen Zelle dieser Reihe herrscht, sehr genau die Position dieser Zelle in bezug auf das Ende der Reihe (Abbildung 1.22). Eine chemische Substanz, deren Konzentration je nach Position unterschiedlich ist und die an der Musterbildung beteiligt ist, bezeichnet man als **Morphogen**. Stellen wir uns im Falle der französischen Flagge eine Morphogenquelle an einem und eine Senke am anderen Ende vor, ferner, daß die Konzentrationen an beiden Enden konstant gehalten werden, aber voneinander verschieden sind. Dann vermittelt seine Konzentration, während das Morphogen die Zellreihe hinunterdiffundiert, an jedem Punkt eine exakte Positionsinformation. Wenn die Zellen auf **Schwellenwertkonzentrationen** des Morphogens reagieren können – beispielsweise indem die Zellen oberhalb einer gewissen Konzentration blau, unterhalb dieser Konzentration weiß, und bei einer noch geringeren Konzentration rot werden –, wird die Zellreihe eine französische Flagge bilden (Abbildung 1.22). Als Schwellenwert kann die Menge eines Morphogens fungieren, die an Rezeptoren gebunden sein muß, um ein intrazelluläres Signalsystem zu aktivieren, oder auch die Konzentrationen von Transkriptionsfaktoren, die zur Aktivierung bestimmter Gene erforderlich sind. Wie Schwellenwertkonzentrationen von Transkriptionsfaktoren wirken, läßt sich am eindrucksvollsten an den frühen Entwicklungsstadien von *Drosophila* zeigen (Kapitel 5).

Das Modell der französischen Flagge verdeutlicht, so einfach es auch ist, zwei wichtige Eigenschaften, die auch bei der Entwicklung von Lebewesen ein Rolle spielen. Erstens entsteht auch dann noch das korrekte Muster, wenn die Länge der Reihe variiert. Voraussetzung dafür ist jedoch, daß die Grenzen des Systems durch jeweils konstante unterschiedliche Morphogenkonzentrationen genau definiert sein müssen. Zweitens kann das System auch dann das komplette Originalmuster erzeugen, wenn es in zwei Hälften geteilt wird – vorausgesetzt, die Konzentrationen an den Grenzen werden wieder hergestellt. Das System ist also wirklich regulativ. Wir haben hier nur das Problem der eindimensionalen Musterbildung besprochen, das Modell läßt sich jedoch leicht ausbauen, so daß damit auch zweidimensionale Muster erzeugt werden können (Abbildung 1.23).

1.14 Durch Lateralinhibition können räumliche Muster entstehen

Viele Strukturen wie etwa die Federn in der Vogelhaut haben einen mehr oder weniger gleichmäßigen Abstand voneinander. Solch eine räumliche Verteilung kann durch **Lateralinhibition (laterale Hemmung)** zustande kommen (Abbildung 1.24). Nehmen wir eine Gruppe von Zellen, die alle das Potential besitzen, sich auf eine bestimmte Art zu differenzieren, beispielsweise zu Federn. Dann kann man die Zellen für die künftigen Federn folgendermaßen gleichmäßig verteilen: Zellen, die mit der Bildung von Federn beginnen, hindern sofort die angrenzenden Zellen daran, das gleiche zu tun. Das erinnert an die Abstände von Bäumen in einem Wald, die sich aufgrund der Konkurrenz um Sonnenlicht und Nährstoffe ausbilden. Bei Embryonen kommt es oft dadurch zur Lateralinhibition, daß die Zelle, die sich gerade differenziert, einen Hemmstoff sezerniert. Dieser wirkt dann an Ort und Stelle auf die benachbarten Zellen ein und hindert sie, die gleiche Entwicklung einzuschlagen.

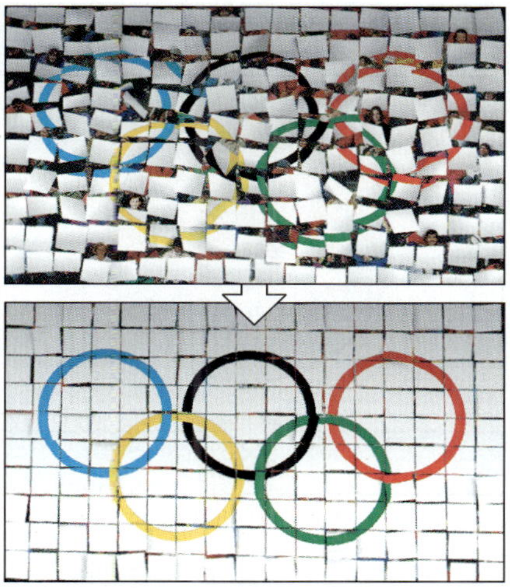

1.23 Mit Positionsinformationen kann man eine enorme Vielzahl von Mustern erzeugen. Ein gutes Beispiel dafür ist, wenn in einem Stadion Menschen sitzen und jeder von ihnen eine Position hat, die durch seine Sitzreihe und Sitznummer definiert ist. Auf jeder Position gibt es eine Anweisung, welche farbige Karte hochzuhalten ist; so entsteht das Muster. Wenn die Anweisungen verändert werden, bildet sich ein anderes Muster.

1.15 Unterschiede in der Zellentwicklung können durch eine entsprechende Lokalisation cytoplasmatischer Faktoren und eine asymmetrische Zellteilung zustande kommen

Die Positionsbestimmung ist nur ein Weg, um Zellen eine Identität zu verleihen. Ein anderer Mechanismus beruht auf der **cytoplasmatischen Lokalisation** und der **asymmetrischen Zellteilung** (Abbildung 1.25). Diese Teilungen werden deshalb so genannt, weil sie unabhängig von Einflüssen aus der Umgebung zu Tochterzellen mit jeweils unterschiedlichen Eigenschaften führen. Es ist daher allein die Abstammung (**Zellstammbaum,** *cell lineage*) und nicht die Umgebung, die über die Eigenschaften entscheidet. Obwohl einige asymmetrische Zellteilungen ungleiche Teilungen sind und Zellen unterschiedlicher Größe hervorbringen, ist dies bei Tieren für gewöhnlich nicht der wichtigste Aspekt einer solchen Teilung. Entscheidend ist vielmehr die ungleiche Verteilung cytoplasmatischer Faktoren, die zu einer asymmetrischen Teilung führt. Um daher auf diese Weise aus einer Eizelle das Muster der französischen Flagge erstehen zu lassen, müßten entsprechend zu den Farben blau, weiß und rot chemisch unterschiedliche Faktoren so in der Eizelle verteilt sein, daß sie die französische Flagge vorzeichnen. Wenn das Ei sich dann teilt, würden diese cytoplasmatischen Faktoren entsprechend auf die Zellen verteilt und eine französische Flagge bilden. Bei dieser Art des Vorgehens wären keine Interaktionen zwischen den Zellen erforderlich, da deren Schicksal bereits von Anfang an feststehen würde.

Obwohl solche extremen Beispiele von Mosaikentwicklung in der Natur nicht bekannt sind, gibt es doch viele Fälle, bei denen sich Eizellen oder Zellen so teilen, daß ein cytoplasmatischer Faktor ungleich auf die beiden Tochterzellen verteilt wird und diese sich daher unterschiedlich entwickeln. Ein Beispiel dafür ist die erste Furchungsteilung des Ne-

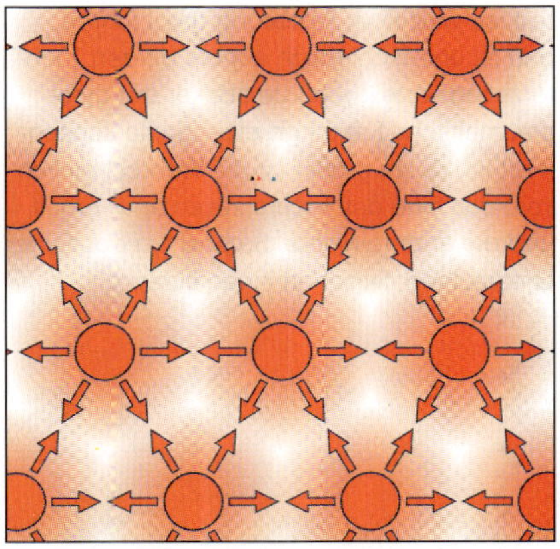

1.24 Durch Lateralinhibition können für das Muster bestimmte Abstände vorgegeben werden. Wenn Strukturen, die sich in der Entwicklung befinden, einen Inhibitor produzieren, der die Bildung ähnlicher Strukturen in seiner unmittelbaren Umgebung verhindert, dann können diese Strukturen Muster mit regelmäßigen Abständen ausbilden.

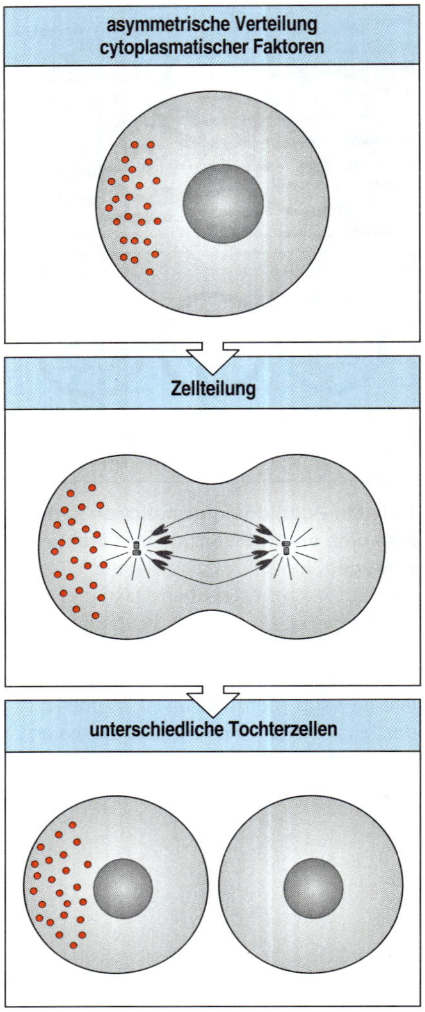

1.25 Zellteilung mit einer asymmetrischen Verteilung von cytoplasmatischen Faktoren. Wenn ein bestimmtes Molekül nicht gleichmäßig in der Ursprungszelle verteilt ist, wird eine Zellteilung dazu führen, daß es unterschiedlich auf die beiden Tochterzellen verteilt wird. Je stärker der cytoplasmatische Faktor an einer Stelle konzentriert ist, desto größer ist die Wahrscheinlichkeit, daß eine der Tochterzellen alles erhält und die andere nichts. So wird ein deutlicher Unterschied zwischen ihnen erzeugt.

matodeneies, durch die die Längsachse des Embryos vorgegeben wird. Die Keimzellen von *Drosophila* werden ebenfalls durch cytoplasmatische Faktoren spezifiziert, die sich in diesem Falle im Cytoplasma am posterioren Ende des Eies befinden. Allerdings spielt die ungleiche Verteilung cytoplasmatischer Faktoren für die weitere Entwicklung der Tochterzellen eine eher untergeordnete Rolle; diese wird weitaus häufiger durch Signale von anderen Zellen oder aus ihrer extrazellulären Umgebung ausgelöst.

1.16 Der Embryo enthält eher ein generatives als ein deskriptives Programm

Die ganze Information für die Embryonalentwicklung befindet sich im befruchteten Ei. Wie wird sie interpretiert, so daß ein Embryo entstehen kann? Eine Möglichkeit wäre, daß die Struktur des Organismus auf irgendeine Weise als ein deskriptives Programm im Genom verschlüsselt ist. Aber die Antwort auf die Frage, ob die DNA tatsächlich eine vollständige Beschreibung des Organismus enthält, der durch sie gebildet werden soll, lautet: nein. Das Genom enthält statt dessen Bauanleitungen für den Organismus, ein generatives Programm, in dem die cytoplasmatischen Bestandteile von Eiern und Zellen eine wichtig Rolle spielen und mit den Genen Hand in Hand arbeiten – wie im Beispiel der DNA, welche die Aminosäuresequenz eines Proteins codiert.

Ein deskriptives Programm, etwa eine Skizze oder ein Plan, beschreibt ein Objekt mehr oder weniger detailliert, während ein generatives Programm die Anleitung zur Herstellung des Objekts enthält. Beide Programme unterscheiden sich erheblich, auch wenn sie sich auf dasselbe Objekt beziehen. Nehmen wir als Beispiel Origami, die Kunst des Papierfaltens; es ist relativ einfach, aus einem Blatt Papier einen Papierhut oder einen Vogel herzustellen, indem man das Papier in verschiedene Richtungen faltet. Die endgültige Form des Papiers in allen Einzelheiten und mit sämtlichen komplexen Zusammenhängen zwischen den einzelnen Teilen zu beschreiben, ist jedoch ausgesprochen schwierig und zudem keine große Hilfe, wenn man den Weg dahin erklären will. Sehr viel hilfreicher und leichter zu formulieren sind Anleitungen, die beschreiben, wie man das Papier falten soll. Das liegt daran, daß einfache Faltungsanleitungen komplexe räumliche Auswirkungen haben. Bei der Entwicklung setzt die Genaktivität in ähnlicher Weise eine Reihe von Abläufen in Gang, die im Embryo zu tiefgreifenden Veränderungen führen. Die genetische Information im befruchteten Ei läßt sich daher mit den Faltungsanleitungen beim Origami vergleichen; in beiden Fällen handelt es sich um ein generatives Programm zur Herstellung einer bestimmten Struktur.

Darüber hinaus muß man zwischen dem genetischen Programm des Embryos und dem Entwicklungsprogramm einer bestimmten Zelle oder Zellgruppe unterscheiden. Zum genetischen Programm gehören Informationen, die von den Genen geliefert werden, das Entwicklungsprogramm bezieht sich dagegen unter Umständen nur auf den Teil des genetischen Programms, der eine bestimmte Zellgruppe steuert. Im Laufe der Embryonalentwicklung erhalten verschiedene Teile ein eigenes Entwicklungsprogramm, das sich aus Wechselwirkungen zwischen den Zellen und Aktivitäten ausgewählter Gengruppen ergibt. Jede Zelle des Embryos hat so ihr eigenes Entwicklungsprogramm, das sich mitunter im Laufe der Entwicklung ändert.

Zusammenfassung

Entwicklung ist das Ergebnis von koordiniertem Zellverhalten. Dabei spielen folgende Prozesse eine wichtige Rolle: Zellteilung, Musterbildung, Morphogenese oder Formänderungen, Differenzierung, Wanderung und Tod von Zellen sowie Wachstum. Da das Zellverhalten von Genen gesteuert wird, verbindet die Zellbiologie die Genaktivität mit den Entwicklungsvorgängen. Während der Entwicklung ändern die Zellen ihr Genexpressionsmuster, ihre Form, die Signale, die sie erzeugen und auf die sie reagieren, ihre Proliferationsgeschwindigkeit und ihr Wanderungsverhalten. Dies alles wird im großen und ganzen durch spezifische Proteine gesteuert. Die Genaktivität bestimmt, welche Proteine produziert werden. Da die somatischen Zellen des Embryos im allgemeinen die gleiche genetische Information enthalten, kommen die Veränderungen im Laufe der Entwicklung dadurch zustande, daß je nach Zielgruppe immer eine andere Gruppe von Genen aktiv ist. Entwicklung ist ein progressiver Prozeß, und das Schicksal der Zellen wird zu unterschiedlichen Zeitpunkten determiniert. In der Regel ist das Entwicklungspotential der Zellen im frühen Embryo sehr viel größer als das, was dann in der normalen Entwicklung aus den Zellen wird. Dieses Potential verringert sich jedoch mit fortschreitender Entwicklung. Eine der wichtigsten Arten, das Zellschicksal zu verändern und die Entwicklung zu steuern, beruht auf induzierenden Wechselwirkungen, etwa durch Signale von Gewebe zu Gewebe oder von Zelle zu Zelle. Asymmetrische Zellteilungen, bei denen cytoplasmatische Faktoren ungleich auf die Tochterzellen verteilt werden, können ebenso zu unterschiedlichen Zellen führen. Häufig wird das Muster durch Positionsinformation vorgegeben. Dabei erhalten die Zellen je nach ihrer Lage bezüglich der Grenzen zunächst einen Positionswert, den sie dann entsprechend in unterschiedliches Verhalten umsetzen. Entwicklungssignale wirken eher selektiv als instruktiv, indem sie die eine oder andere mögliche Entwicklungsrichtung fördern, die der Zelle zu diesem Zeitpunkt offensteht. Der Embryo besitzt kein deskriptives, sondern ein generatives Programm, das eher den Faltanleitungen für eine Origamifigur ähnelt als einer Abbildung des fertigen Objekts.

Zusammenfassung von Kapitel 1

Im befruchteten Ei, der diploiden Zygote, ist die ganze Information für die Embryonalentwicklung enthalten. Das Genom der Zygote enthält eine Anleitung zur Herstellung des Organismus. Bei der Ausführung dieses Programms übernehmen die cytoplasmatischen Faktoren der Eizelle und der Zellen, die mit Hilfe der Anleitung entstehen, zusammen mit den Genen den entscheidenden Part. Eine streng regulierte Genexpression steuert eine Abfolge zellulärer Ereignisse, welche die tiefgreifenden Veränderungen hervorrufen, die während der Entwicklung im Embryo stattfinden. Zu den wichtigsten Prozessen, die an der Entwicklung beteiligt sind, gehören Zellteilung, Musterbildung, Morphogenese, Zelldifferenzierung, Zellmigration, Zelltod und Wachstum. Sie alle können über eine Kommunikation zwischen den Zellen des Embryos beeinflußt werden. Die Entwicklung verläuft progressiv, das bedeutet, daß das Schicksal der Zellen im Laufe der Entwicklung immer stärker eingeschränkt wird. In frühen Embryonalstadien haben Zellen ein weitaus größeres Entwicklungspotential, als ihr normales Schicksal vermuten ließe. Das ermöglicht dem Embryo auch dann eine normale Entwicklung, wenn Zellen entfernt, hinzugefügt oder an andere Stellen transplantiert werden. Dieses Potential wird im weiteren Verlauf der Entwicklung immer stärker eingeschränkt.

Literatur

Die Ursprünge der Entwicklungsbiologie

Cole, F. J. *Early Theories of Sexual Generation.* Oxford (Clarendon Press) 1930.

Driesch, H. *Philosophie des Organischen.* Leipzig (Verlag Wilhelm Engelmann) 1909.

Hamburger, V. *The Heritage of Experimental Embryology: Hans Spemann and the Organizer.* New York (Oxford University Press) 1988.

Needham, J. *A History of Embryology.* Cambridge (Cambridge University Press) 1959.

Sander, K. *"Mosaic work" and "assimilating effects" in embryogenesis: Wilhelm Roux's conclusions after disabling frog blastomeres.* In: *Roux's Arch. Dev. Biol.* 200 (1991) S. 237–239.

Sander, K. *Shaking a concept: Hans Driesch and the varied fates of sea urchin blastomeres.* In: *Roux's Arch. Dev. Biol.* 201 (1992) S. 265–267.

Wilson, E. B. *The Cell in Development and Heredity.* New York (Macmillan) 1896.

Wolpert, L. *Evolution of the cell theory.* In: *Phil. Trans. Roy. Soc. Lond. B* 349 (1995) S. 227–233.

Grundlegende Konzepte

Roberts, K. et al. *Essential Cell Biology: An Introduction to Molecular Biology of the Cell.* New York (Garland Publishing) 1998.

Wolpert, L. *Do we understand development?* In: *Science* 266 (1994) S. 571–572.

Wolpert, L. *One hundred years of positional information.* In: *Trends Genet.* 12 (1996) S. 359–364.

Wolpert, L. *The Triumph of the Embryo.* Oxford (Oxford University Press) 1991. [Deutsche Ausgabe: *Regisseure des Lebens.* Heidelberg/Berlin (Spektrum Akademischer Verlag) 1993.]

Modellsysteme

2

- Modellorganismen: Wirbeltiere
- Modellorganismen: Wirbellose
- Modellsysteme: Pflanzen
- Die Identifizierung von Entwicklungsgenen

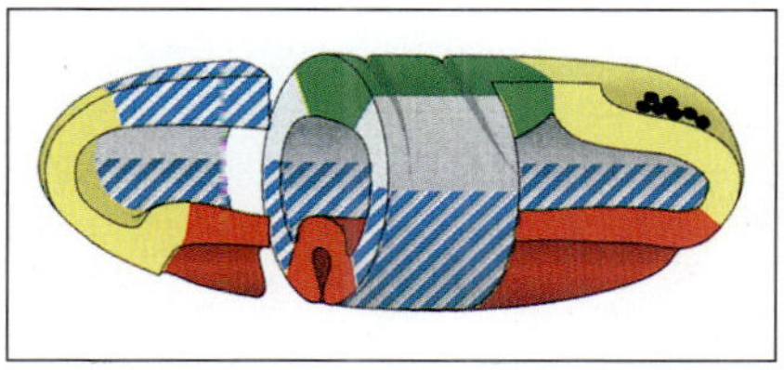

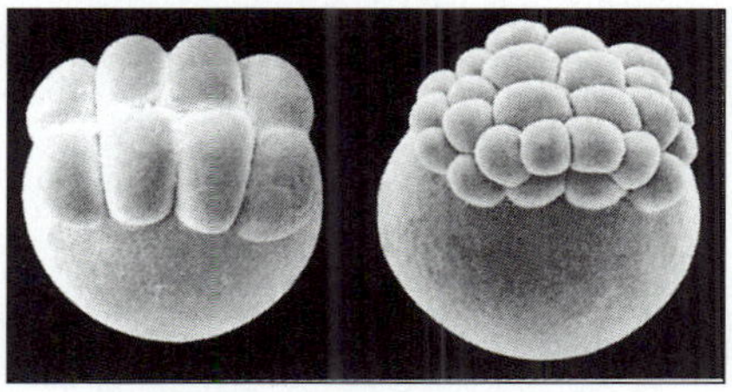

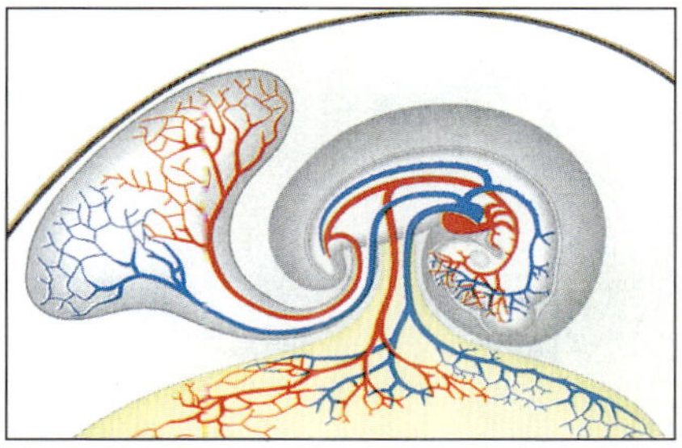

„Wenn du verstehen willst, wie wir Dinge bauen,
mußt du uns erst beim Bauen zuschauen.“

Obwohl Entwicklungsprozesse im Laufe der Zeit schon bei vielen verschiedenen Arten untersucht wurden, verdanken wir den größten Teil unseres Wissens über Entwicklungsvorgänge nur einer verhältnismäßig kleinen Anzahl von Organismen. Wir können sie als Modelle ansehen, an denen wir die damit verbundenen Prozesse verstehen können. Für die ersten experimentellen Beobachtungen am Anfang unseres Jahrhunderts nahm man vor allem Seeigel und Frösche (Kapitel 1), weil ihre heranwachsenden Embryonen zum einen leicht zu bekommen waren und im Falle des Frosches auch groß und robust genug waren, um mit ihnen selbst in recht späten Stadien noch relativ problemlos experimentieren zu können. Für Untersuchungen an Wirbeltieren arbeitet man heute vor allem mit dem Krallenfrosch *Xenopus*, der Maus, dem Huhn und seit kurzem mit dem Zebrafisch als Modellsystem. Bei Wirbellosen stehen derzeit die Taufliege *Drosophila* und der Fadenwurm *Caenorhabditis elegans* im Zentrum des Interesses, weil bereits sehr viel über die Genetik ihrer Entwicklung bekannt ist und man sie auch gezielt genetisch verändern kann.

Diese Auswahl ist zum Teil historisch bedingt. Denn sobald man einiges an Forschungsarbeit in ein Tier investiert hat, ist es effektiver, damit fortzufahren, als mit einer anderen Spezies wieder von vorne zu beginnen. Zum Teil ist diese Auswahl aber auch eine Frage des biologischen Interesses und hängt nicht zuletzt damit zusammen, daß sich die jeweiligen Tiere leichter untersuchen lassen. Als Entwicklungsmodell hat jede Art ihre Vor- und Nachteile. So wurde beispielsweise der Hühnerembryo lange Zeit als Beispiel der Wirbeltierentwicklung erforscht, weil man leicht an befruchtete Eier herankommt, der Embryo mikrochirurgische Eingriffe sehr gut übersteht und auch außerhalb des Eies kultiviert werden kann. Ein Nachteil allerdings ist, daß wenig über die Genetik der Hühnerentwicklung bekannt ist. Dagegen wissen wir viel über die Entwicklungsgenetik der Maus. Diese ist jedoch in mancher Hinsicht viel schwieriger zu untersuchen, da sich die Entwicklung vollständig innerhalb der Mutter vollzieht. Viele Entwicklungsmutationen wurden in der Maus entdeckt. Darüber hinaus ist sie genetischen Manipulationen durch transgene Techniken zugänglich (Exkurs 3.1, S. 73). Es ist auch das beste experimentelle Modell, um die Entwicklung von Säugetieren, einschließlich des Menschen, zu erforschen. Der Zebrafisch *Brachydanio rerio* wurde erst in jüngster Zeit in die Auswahl der Wirbeltiermodellsysteme aufgenommen. Man kann ihn leicht in großer Zahl züchten, und seine Embryonen sind transparent, so daß man die Zellteilungen und Bewegungen der Gewebe gut verfolgen kann; darüber hinaus besitzt er viele Ansätze für die genetische Erforschung.

Obwohl die Genetik der Taufliege *Drosophila melanogaster* schon seit Anfang unseres Jahrhunderts untersucht wird, erforscht man ihre Entwicklung erst seit relativ kurzer Zeit. Dazu mußten erst molekularbiologische Techniken entwickelt werden, mit denen man nun das immense Wissen, das sich über die Genetik der Taufliege angesammelt hat, nutzen kann. Daß der Fadenwurm *Caenorhabditis* zu einem bedeutenden Entwicklungsmodell wurde, ist sogar noch jüngeren Datums. Dies beruht darauf, daß er so einfach aufgebaut ist – sein Embryo besitzt weniger als 1000 Zellen (ohne die Keimzellen) –, daß man in dem transparenten Embryo die Entwicklungsschritte jeder Zelle verfolgen kann und daß seine Zellen immer aus derselben Zelle hervorgehen. Man kann in einem Fadenwurm die Abstammung jeder Zelle durch eine Reihe invarianter Zellteilungen bis zum Stadium der Zygote zurückverfolgen. Darüber hinaus läßt sich dieser Fadenwurm genetisch untersuchen und verändern.

Unter den Pflanzen spielt der kleine Kreuzblütler *Arabidopsis thaliana* (Ackerschmalwand) eine immer wichtigere Rolle als Entwicklungsmodell der Blütenpflanzen, besonders wenn es um die genetischen Grundlagen der Pflanzenentwicklung geht.

Obwohl sich dieses Buch hauptsächlich mit den obengenannten Organismen befaßt und zum großen Teil mit Tiermodellen, ist auch die Entwicklung zahlreicher anderer Tiere und Pflanzen sehr interessant und zum Teil recht detailliert erforscht. Einige von ihnen wie die Mollusken und Tunikaten werden in nachfolgenden Kapiteln behandelt. Indem man die Entwicklungsvorgänge einer Reihe verschiedener Organismen miteinander vergleicht, kann man feststellen, welche Mechanismen konserviert wurden, das heißt in ganz unterschiedlichen Organismengruppen zur Anwendung kommen. Vergleichende Studien erlauben den Schluß, daß sich wahrscheinlich die meisten grundlegenden Mechanismen der Entwicklung trotz immenser Unterschiede im Detail bei allen Tieren ähneln und von den frühesten tierischen Vorfahren abstammen. Hat man daher den Entwicklungsprozeß bei einem Tier aufgeklärt, hilft dies oft sehr, die Entwicklungsvorgänge bei einem anderen zu verstehen.

Bevor wir uns eingehender mit den Mechanismen der Embryonalentwicklung befassen, sollten die Stadien, die die Embryonen durchlaufen, gut bekannt sein. Es ist sehr wichtig, genau zu verstehen, wie sich ihre Struktur oder Morphologie während der Entwicklung bis hin zur Larve oder adulten Form verändert. Dieses Kapitel gibt einen Einblick in die entscheidenden Entwicklungsstadien einer Reihe von Modellsystemen und stellt einen Teil der notwendigen Terminologie vor. Dieser Aspekt der Entwicklung ist zwar zum großen Teil deskriptiv, sollte aber in seiner Bedeutung nicht unterschätzt werden.

Die Entwicklungszyklen der wichtigsten Modellorganismen sollen hier nur in den Grundzügen vorgestellt werden; die Einzelheiten und Mechanismen der Entwicklungsvorgänge werden in späteren Kapiteln beschrieben. In diesem Kapitel findet man die Hintergrundinformation und die Terminologie, die später für die Entwicklungsmechanismen benötigt werden. Man wird daher immer wieder einmal auf diese Seiten zurückgreifen müssen. Da es eines der Hauptziele der Entwicklungsbiologie ist, diejenigen Gene zu finden, welche die Entwicklung steuern, werden wir am Schluß des Kapitels auf einige grundsätzliche Strategien eingehen, mit deren Hilfe man Entwicklungsmutanten erzeugt und sucht.

Modellorganismen: Wirbeltiere

Alle Wirbeltierembryonen durchlaufen eine Reihe ähnlicher Entwicklungsstadien. Nach der Befruchtung kommt es als erstes zur Furchung der Zygote. In dieser Phase teilt sich der Embryo in eine Anzahl kleinerer Zellen, ohne daß die Zellmasse insgesamt zunimmt. Danach folgt die Gastrulation, bei der die Zellbewegung dazu führt, daß die Keimblätter (Exkurs 1.2, S. 13) an die richtige Position für die weitere Entwicklung wandern. Am Ende der Gastrulation bedeckt das **Ektoderm** den Embryo, und **Mesoderm** und **Entoderm** sind in das Innere gewandert. Eine der frühesten mesodermalen Strukturen, die man erkennen kann, ist die stabförmige Chorda dorsalis (Notochord), die entlang der Längsachse des Körpers entsteht und später in der Wirbelsäule aufgeht.

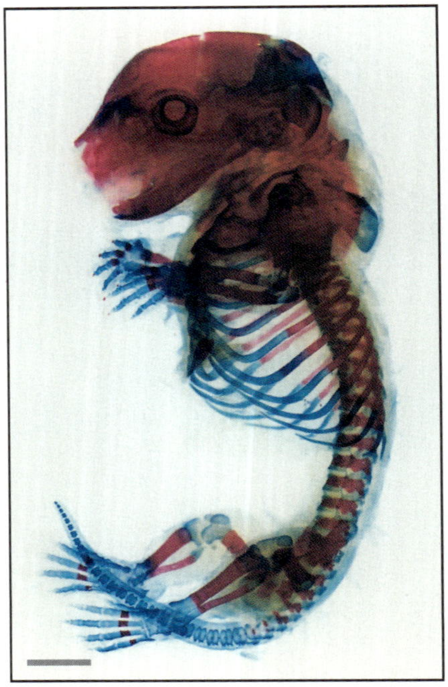

2.1 Das Skelett eines Mausembryos verdeutlicht den Bauplan der Wirbeltiere. Die Skelettelemente wurden in diesem Embryo angefärbt. Die Wirbelsäule, die sich aus Somitenblöcken entwickelt, wird in folgende Bereiche eingeteilt: cervikal (Hals), thorakal (Brust), lumbal (Lenden) und sakral (Hüfte und Schwanz). Die paarigen Gliedmaßen sind ebenfalls gut zu erkennen. Maßstab = 1 mm. Aufnahme mit freundlicher Genehmigung von M. Maden.

Die Wirbelsäule, die Muskel des Rumpfes und die Gliedmaßen entwickeln sich aus Blöcken mesodermalen Gewebes, den Somiten, die sich in einer anterio-posterior verlaufenden Reihe zu beiden Seiten der Chorda bilden. Alle Wirbeltiere bilden diese Strukturen aus, obwohl die früheren Entwicklungsstadien bei den einzelnen Wirbeltierklassen im Detail unterschiedlich verlaufen. Gehirn und Rückenmark entstammen dem Ektoderm direkt über der Chorda, welches das Neuralrohr bildet. Der „Bauplan" der Wirbeltiere ist in Abbildung 2.1 dargestellt.

Abbildung 2.2 zeigt die unterschiedliche Form und Gestalt einer Reihe von Wirbeltierembryonen. Die offensichtlichen Unterschiede, die es bis zum Beginn beziehungsweise bis zum Ende der Gastrulation gibt, haben meist mit der Ernährung des Embryos zu tun. Die Form des Embryos wird von der Größe des Eidotters ebenso beeinflußt wie von den Strukturen, die der Embryo entwickeln muß, um diese Nahrungsquelle zu nutzen. Bei Säugetieren, deren Eier keinen Dotter enthalten, müssen sich die extraembryonalen Strukturen der Plazenta ausbilden. Nach der Gastrulation durchlaufen jedoch alle Wirbeltierembryonen ein **phylotypisches Stadium,** in dem sich alle mehr oder weniger ähneln (Abbildung 2.2) und die spezifischen Merkmale der Chordatenembryonen wie Chorda, Somiten und Neuralrohr aufweisen.

Bevor wir die Entwicklung einiger Modellwirbeltiere genauer beschreiben, muß noch etwas Allgemeines zum Ablauf der Entwicklung gesagt werden. Amphibien sind in der Lage, sich innerhalb einer gewissen Bandbreite auch bei verschiedenen Temperaturen weitgehend normal zu entwickeln; was sich aber beträchtlich verändert, ist die Geschwindigkeit der Entwicklung. Daher benötigt man ein anderes Maß als die Zeit nach der Befruchtung, um die Entwicklung zu erfassen; man muß sie vielmehr anhand der Entwicklungsstadien einteilen. Für Amphibien gibt es Verzeichnisse, welche die normale Entwicklung beschreiben. Dabei werden unterschiedliche Entwicklungsstadien aufgrund ihrer entscheidenden Merkmale charakterisiert und durchnumeriert. Ein *Xenopus*-Embryo im Stadium 10 zum Beispiel befindet sich in einem sehr frühen Gastrulationsstadium. Ähnliche Verzeichnisse zur Normalentwicklung gibt es für Hühnerembryonen: Dort werden sie

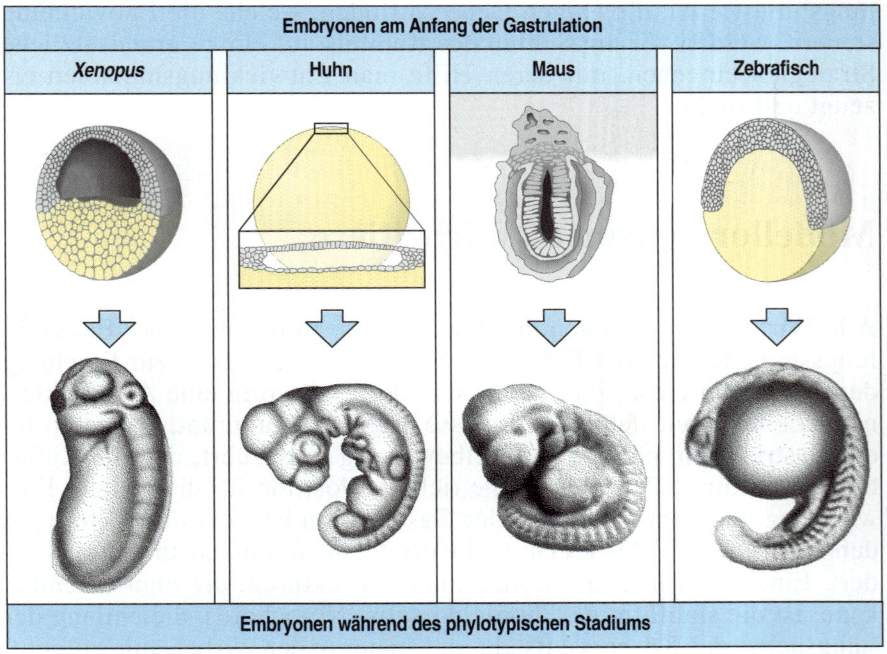

2.2 Wirbeltierembryonen durchlaufen ein ähnliches phylotypisches Stadium, haben aber vor der Gastrulation bemerkenswert unterschiedliche Formen. Die obere Reihe zeigt repräsentative Wirbeltierembryonen im Querschnitt in einem Stadium, das ungefähr der *Xenopus*-Blastula direkt vor der Gastrulation entspricht (links). Wie die Gewebe verteilt sind, richtet sich vor allem nach der Dottermenge im Ei. Der Mausembryo (drittes Bild von links) hat sich in diesem Stadium in die Gebärmutterwand eingenistet und daher schon einige extraembryonale Strukturen entwickelt, die für die Einnistung nötig sind. Der eigentliche Embryo besteht aus einem kleinen becherförmigen Blastoderm im Zentrum dieser Strukturen – hier im Querschnitt als U-förmige Epithelschicht zu erkennen. Die untere Reihe zeigt alle diese Embryonen nach der Gastrulation, um das phylotypische Stadium herum, wenn sie sich alle mehr oder weniger ähneln und die charakteristischen Merkmale der Wirbeltiere zeigen.

benötigt, weil man nicht immer genau weiß, wann die Befruchtung stattgefunden hat oder wann das befruchtete Ei in den Inkubator gelegt wurde. Mausembryonen, die sich in einem sehr viel konstanteren Milieu entwickeln, kann man wiederum anhand der Struktur des Embryos einordnen. Häufig benutzt man die Anzahl der Somiten als Indikator für das Entwicklungsstadium. Bei früheren Stadien der Mausentwicklung, bevor sich die Somiten gebildet haben, wird die Zeit oft in Tagen *post coitum* angegeben, das heißt in Tagen nach der Paarung.

2.1 Amphibien: *Xenopus laevis*

Die Amphibienart, die heutzutage am häufigsten für Entwicklungsforschungsarbeiten eingesetzt wird, ist der Glatte Krallenfrosch *Xenopus laevis*, der sich in Leitungswasser normal entwickeln kann. Der Lebenszyklus von *Xenopus* ist in Abbildung 2.3 zu sehen. Vieles in der klassischen Embryologie wurde allerdings an Molchen oder Salamandern untersucht. Diese gehören zu einer anderen Klasse von Amphibien als *Xenopus*; ihre Entwicklung unterscheidet sich daher in einigen Details. *Xenopus* bietet den großen Vorteil, daß man leicht an befruchtete Eier herankommt: Man muß nur männlichen und weiblichen Tieren das menschliche Hormon Choriongonadotropin injizieren und sie über

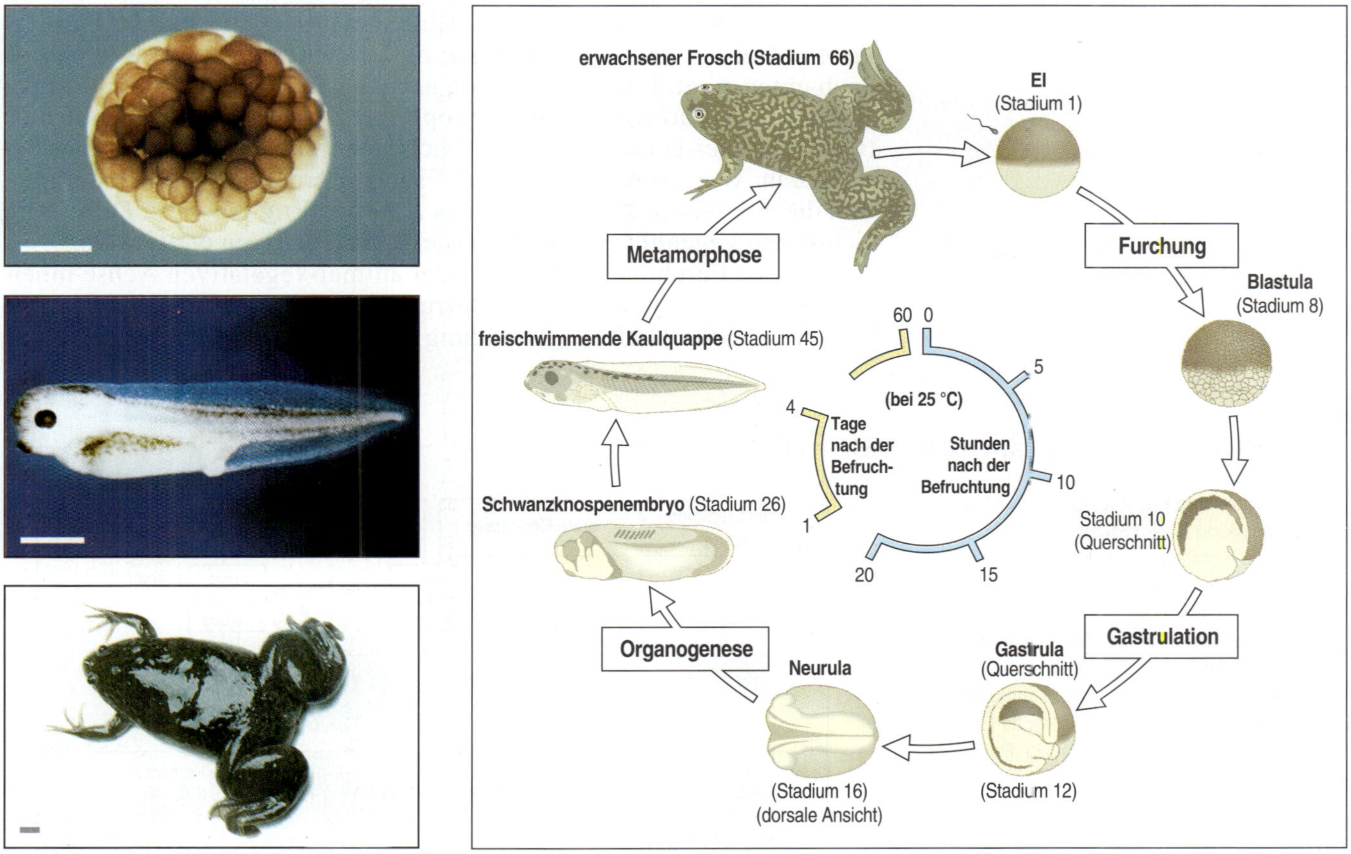

2.3 Lebenszyklus des Glatten Krallenfrosches *Xenopus laevis*. Die numerierten Stadien entsprechen standardisierten Stadien der *Xenopus*-Entwicklung. Weitere Stadien findet man in der größeren Abbildung in Exkurs 1.1, Seite 4. Die Aufnahmen zeigen: einen Embryo im Blastulastadium (oben, Maßstab = 0,5 mm); eine Kaulquappe im Stadium 45 (Mitte, Maßstab = 1 mm); und einen erwachsenen Frosch (unten, Maßstab = 1 cm). Aufnahmen mit freundlicher Genehmigung von J. Slack (oben, aus Alberts et al. 1994) und J. Smith (Mitte und unten).

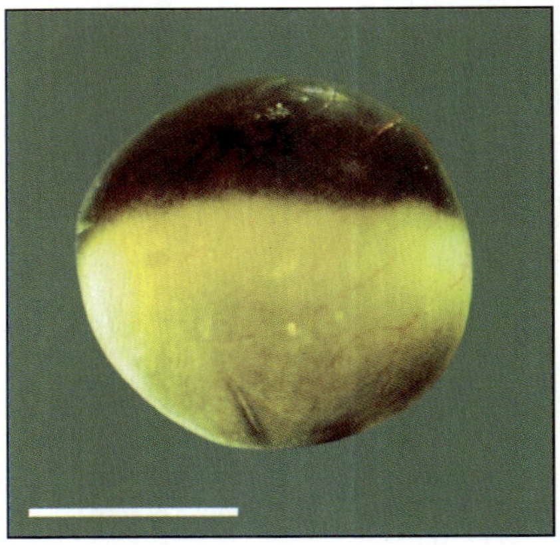

2.4 Unbefruchtetes *Xenopus*-Ei. Die Oberfläche der animalen Hälfte (oben) ist pigmentiert, und die blassere vegetative Hälfte des Eies ist aufgrund des Dotters schwerer. Maßstab = 1 mm. Aufnahme mit freundlicher Genehmigung von J. Smith.

Nacht zusammensetzen. Man kann die Eier, die das Weibchen nach einer Hormongabe ablaicht, auch in einer Petrischale durch Zugabe von Sperma befruchten. Die Embryonen von *Xenopus* sind extrem widerstandsfähig und wie die vieler anderer Amphibien in höchstem Maße resistent gegen Infektionen nach mikrochirurgischen Eingriffen. Die Beschreibung der Amphibienentwicklung in diesem Kapitel bezieht sich daher fast ausschließlich auf *Xenopus*. Die großen Amphibieneier mit einem Durchmesser von ein bis zwei Millimetern sind für experimentelle Eingriffe bestens geeignet. Fragmente von frühen *Xenopus*-Embryonen in einer einfachen definierten Lösung zu kultivieren, ist ebenfalls überhaupt kein Problem.

Beim reifen *Xenopus*-Ei erkennt man einen dunklen, pigmentierten **animalen** und einen blassen, dotterreichen und schwereren **vegetativen Bereich** (Abbildung 2.4). Vor der Befruchtung ist das Ei von einer schützenden **Vitellinhülle** umgeben, die in eine Art Gelatine eingebettet ist. Die Meiose ist noch nicht völlig abgeschlossen. Bei der ersten meiotischen Teilung ist am animalen Pol eine kleine Zelle entstanden, ein **Polkörper** (Richtungskörper). Die zweite meiotische Teilung wird dagegen erst nach der Befruchtung vollendet, wenn am animalen Pol auch der zweite Polkörper gebildet wurde (Exkurs 2.1).

Bei der Befruchtung dringt ein Spermium im animalen Bereich in das Ei ein. Das Ei beendet die Meiose, und die Zellkerne von Ei und Spermium fusionieren, um den diploiden Zellkern der Zygote zu bilden. Die Vitellinhülle hebt sich von der Eioberfläche ab, und innerhalb von nur 15 Minuten hat sich das Ei in der Hülle unter dem Einfluß der Schwerkraft gedreht, so daß die schwerere, dotterreiche vegetative Region nun nach unten zeigt. Etwa eine Stunde nach der Befruchtung kommt es bezogen auf das darunterliegende Cytoplasma zu einer Rotation der Eirinde (Cortex), einer gelähnlichen oberflächlichen Schicht unter der Plasmamembran. Wie wir noch in Kapitel 3 sehen werden, legt die Rindenrotation die zukünftige dorsale Seite des *Xenopus*-Embryos fest. Diese wird sich genau gegenüber der Eintrittsstelle der Spermien entwickeln.

Die erste Furchung findet längs der animal-vegetativen Achse innerhalb von 90 Minuten nach der Befruchtung statt und teilt den Embryo in zwei gleiche Hälften (Abbildung 2.5). Weitere Furchungen folgen

Exkurs 2.1: Die Bildung der Polkörper

Polkörper sind kleine Zellen, die im Verlauf der Entwicklung einer Oocyte zu einem Ei bei der Meiose entstehen. In dieser stark schematisierten Zeichnung ist der Einfachheit halber nur die Segregation eines Chromosomenpaares dargestellt. In der Meiose kommt es zu zwei Zellteilungen. Eine der Tochterzellen bei jeder Teilung ist fast immer sehr klein im Vergleich zur anderen, aus der das Ei entsteht, daher rührt die Bezeichnung Polkörper für diese kleineren Zellen.

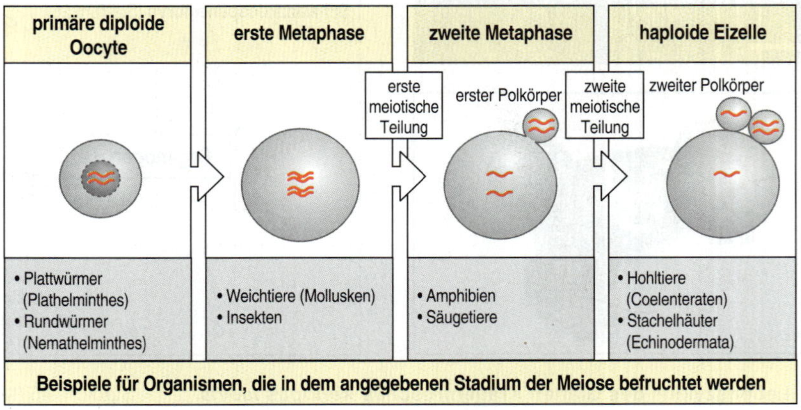

Der Zeitpunkt der Meiose im Verlauf der Oocytenentwicklung ist bei verschiedenen Tieren unterschiedlich. Bei manchen Arten wird erst nach der Befruchtung die Meiose abgeschlossen und der zweite Polkörper gebildet. Im allgemeinen hat die Bildung der Polkörper keine große Bedeutung für die spätere Entwicklung. Bei einigen Tieren allerdings ist die Stelle, an der sie sich bilden, ein nützlicher Marker für die Achsen des Embryos.

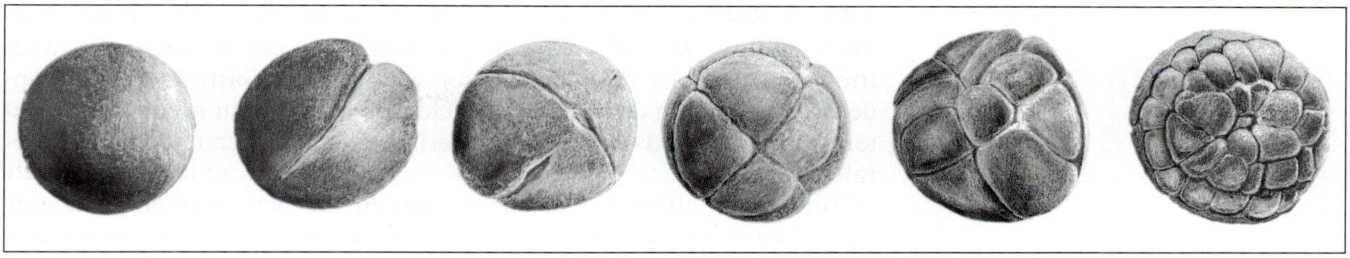

2.5 Furchung eines *Xenopus*-Embryos. Der *Xenopus*-Embryo durchläuft alle 20 Minuten eine Furchung.

schnell in Intervallen von etwa 20 Minuten aufeinander. Die zweite Furchung verläuft ebenfalls entlang der animal-vegetativen Achse, jedoch im rechten Winkel zur ersten. Die dritte Furchung ist äquatorial, im rechten Winkel zu den ersten beiden, und teilt den Embryo animal und vegetativ in jeweils vier Zellen, wobei die vegetativen größer sind. Die aus den Furchungsteilungen hervorgehenden Zellen werden oft als **Blastomeren** bezeichnet. Fortgesetzte Furchungen führen schließlich dazu, daß die Blastomeren immer kleiner werden, da der Embryo in dieser Phase nicht wächst. Die Zellen am vegetativen Pol sind größer als die am animalen Pol. Im Inneren dieser Hohlkugel aus Zellen entwickelt sich in der animalen Region eine flüssigkeitsgefüllte Höhle, das Blastocoel. Der Embryo wird nun als Blastula bezeichnet.

Am Ende der Blastulabildung hat der *Xenopus*-Embryo etwa zwölf Zellteilungen durchlaufen und besteht dann aus einigen tausend Zellen. Im Blastulastadium befinden sich die mesodermalen und entodermalen Keimblätter, aus denen innere Strukturen hervorgehen, in der äquatorialen und vegetativen Region, also im Grunde genommen an der Außenseite des Embryos, während das Ektoderm, das einmal den ganzen Embryo bedecken wird, immer noch auf die animale Region begrenzt ist (Abbildung 2.6, erstes Bild). Der Gewebegürtel am Äquator, der, wie wir noch sehen werden, für die künftige Entwicklung eine ausschlag-

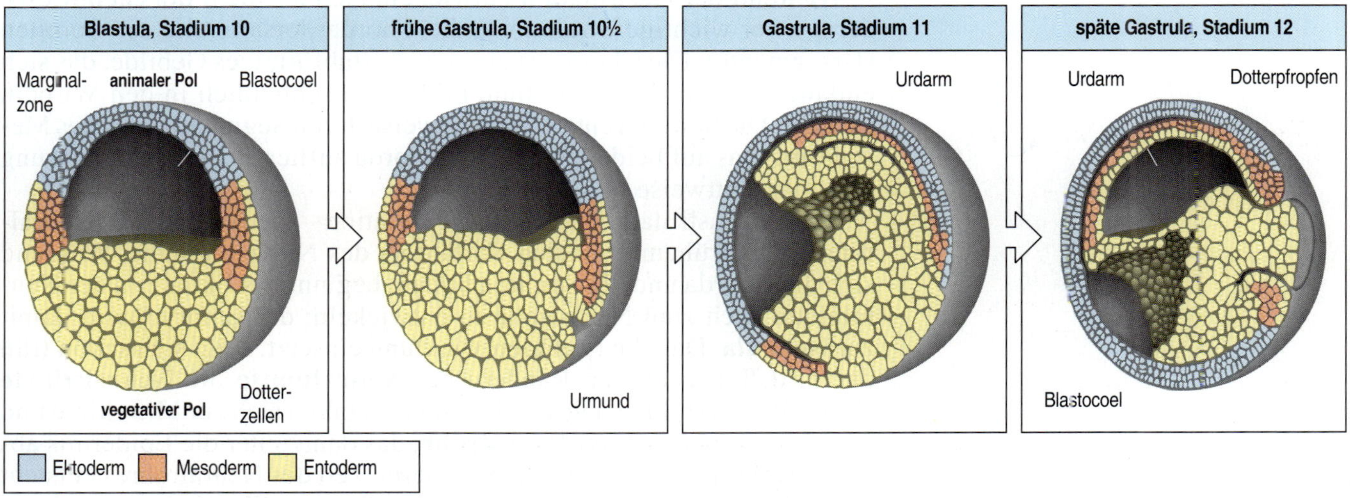

2.6 Gastrulation bei Amphibien. Die Blastula (erstes Bild) enthält mehrere tausend Zellen. Unterhalb der Zellen des animalen Pols gibt es eine flüssigkeitsgefüllte Höhle, das Blastocoel. Die Gastrulation beginnt am Urmund (zweites Bild), der sich auf der dorsalen Seite des Embryos bildet. Das zukünftige Meso- und Entoderm der Marginalzone wandert durch die dorsale Urmundlippe an dieser Stelle in das Innere. Das Mesoderm endet zwischen dem Entoderm und dem Ektoderm, eingebettet in der animalen Region (drittes Bild). Durch die Umlagerung der Gewebe bildet sich im Inneren eine neue Höhle, das Archenteron (Urdarm), aus dem sich der Darm entwickelt. Das Entoderm der ventralen Region wandert ebenfalls durch die ventrale Urmundlippe in das Innere (viertes Bild) und wird schließlich den gesamten Darm auskleiden. Am Ende der Gastrulation ist das Blastocoel erheblich kleiner geworden. Nach Balinsky 1975.

gebende Rolle spielt, wird als **Marginalzone** bezeichnet. In diesem Stadium sieht die Blastula wie eine Hohlkugel mit einer radialen Symmetrie aus. Durch die Zellbewegungen während der Gastrulation verwandelt sie sich in ein dreischichtiges Gebilde mit klar zu erkennenden anterio-posterior und dorso-ventral verlaufender Achsen und einer bilateralen Symmetrie.

Zur Gastrulation gehört neben starken Zellbewegungen auch eine Neuanordung der Blastulagewebe, die dadurch in ihre dem Bauplan des Tieres entsprechende Position gebracht werden. Aufgrund der dreidimensionalen Formveränderungen ist es nicht ganz einfach, sich die Gastrulation vorzustellen. Sie beginnt mit einer kleinen schlitzförmigen Einfaltung, dem **Urmund** (Blastoporus) auf der dorsalen Seite der Blastula (Abbildung 2.6, zweites Bild). Mit Beginn der Gastrulation wird der Embryo als **Gastrula** bezeichnet. Die in der Marginalzone gelegenen Schichten des zukünftigen Ento- und Mesoderms wandern durch die dorsale Urmundlippe in die Gastrula hinein, wachsen aufeinander zu und unterhalb des Ektoderms entlang der Längsachse weiter, während sich das Ektoderm nach unten ausbreitet, um den ganzen Embryo zu umschließen. Die Schicht des dorsalen Entoderms befindet sich in der Nähe des Mesoderms. Dem Raum zwischen Mesoderm und den dotterreichen vegetativen Zellen nennt man **Urdarm** (Archenteron; Abbildung 2.6, drittes Bild); es ist eine Vorstufe der Darmhöhle. Durch die Einwärtsbewegung dehnen sich Entoderm und Mesoderm so weit aus, daß sie schließlich einen vollständigen Kreis um den Urmund bilden.

Am Ende der Gastrulation hat sich der Urmund geschlossen, das dorsale Mesoderm liegt unterhalb des dorsalen Ektoderms, und das laterale Mesoderm beginnt sich in ventraler Richtung auf jeder Seite auszubreiten. Die innere Oberfläche des Archenterons wird völlig mit einer Entodermschicht bedeckt, die den Darm bildet. Gleichzeitig hat sich das Ektoderm ausgedehnt und über den ganzen Embryo gelegt; diesen Prozeß bezeichnet man als **Epibolie**. Es ist noch reichlich Dotter vorhanden, der Nährstoffe bereitstellt, bis die Larve – die Kaulquappe – zu fressen beginnt.

Während der Gastrulation entwickeln sich aus dem dorsalen Mesoderm zwei wichtige Strukturen, die Chorda dorsalis und die Somiten (Ursegmente). Die Chorda ist ein starres, stabförmiges Gebilde, das sich entlang der dorsalen Mittellinie bildet und schließlich in den Wirbeln aufgeht. Die Somiten entstehen paarweise durch Segmentierung des Mesoderms, das auf beiden Seiten der Chorda aufliegt. Die Segmentierung erfolgt schrittweise in Längsrichtung.

Auf die Gastrulation folgt die Neurulation – die Bildung des Neuralrohres, des frühembryonalen Vorläufers des Nervensystems. Während sich die Chorda und die Somiten bilden, beginnt das Ektoderm der Neuralplatte, sich zum Neuralrohr zu entwickeln; der Embryo wird damit zur **Neurula**. Daß die Neuralentwicklung einsetzt, zeigt sich schon früh daran, daß sich an den Rändern der **Neuralplatte** die **Neuralwülste** (Neuralfalten) bilden. Diese schwellen an, falten sich zur Mittellinie und verschmelzen dann zum **Neuralrohr**, das dann unter die Epidermis absinkt (Abbildung 2.7). Aus dem vorderen Teil des Neuralrohres entsteht das Gehirn; weiter hinten wird sich das über der Chorda liegende Neuralrohr zum Rückenmark entwickeln.

Ein Querschnitt durch die Mitte des Körpers zeigt die interne Struktur des *Xenopus*-Embryos unmittelbar nach der Neurulation (Abbildung 2.8). Die Keimblätter befinden sich jetzt an der richtigen Stelle und beginnen sich zu spezifischen Geweben zu entwickeln. Die wichtigsten Strukturen, die man in diesem Stadium erkennen kann, sind die Chorda

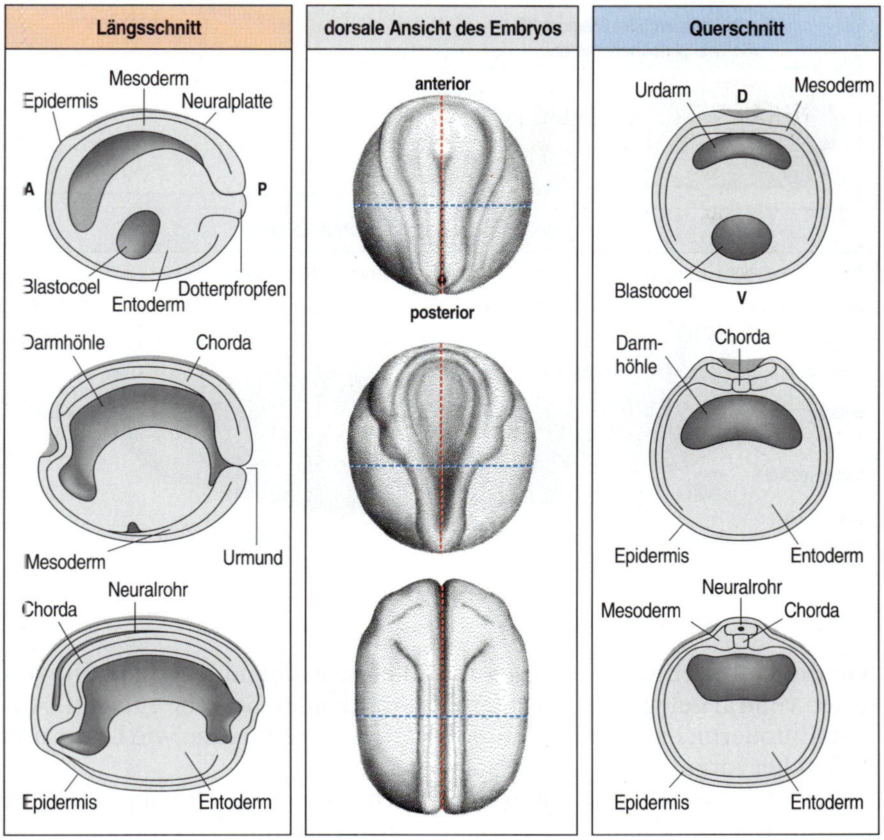

2.7 Neurulation bei Amphibien. Obere Reihe: Die Chorda dorsalis beginnt, sich in der Mitte zu bilden. Zur gleichen Zeit entwickeln sich aus der Neuralplatte die Neuralwülste. Mittlere und untere Reihe: Die Neuralwülste treffen in der Mitte der Neuralplatte aufeinander und bilden das Neuralrohr, aus dem sich das Gehirn und das Rückenmark entwickeln. Während der Neurulation wächst der Embryo entlang der anterio-posterioren Achse. In der linken Reihe sieht man Querschnitte durch den Embryo entlang der Ebenen, die durch die roten gepunkteten Linien in der mittleren Reihe angezeigt werden. In der Mitte sind dorsale Aufsichten auf den Amphibienembryo zu sehen. Die rechte Reihe zeigt Querschnitte durch den Embryo in den Ebenen, welche in der mittleren Reihe entlang der blauen gepunkteten Linien verlaufen.

dorsalis, die Somiten, das **Seitenplattenmesoderm** und das Entoderm, das den Darm auskleidet. In diesem Stadium kann man verschiedene Teile der Somiten unterscheiden: Die am weitesten dorsal gelegene Region hat das **Dermatom** gebildet, aus dem sich die Dermis entwickeln wird. Aus dem restlichen Somiten entstehen die Wirbel und die Muskeln des Rumpfes. Das unsegmentierte Seitenplattenmesoderm, das lateral und ventral der Somiten liegt, bildet Herz- und Nierengewebe so-

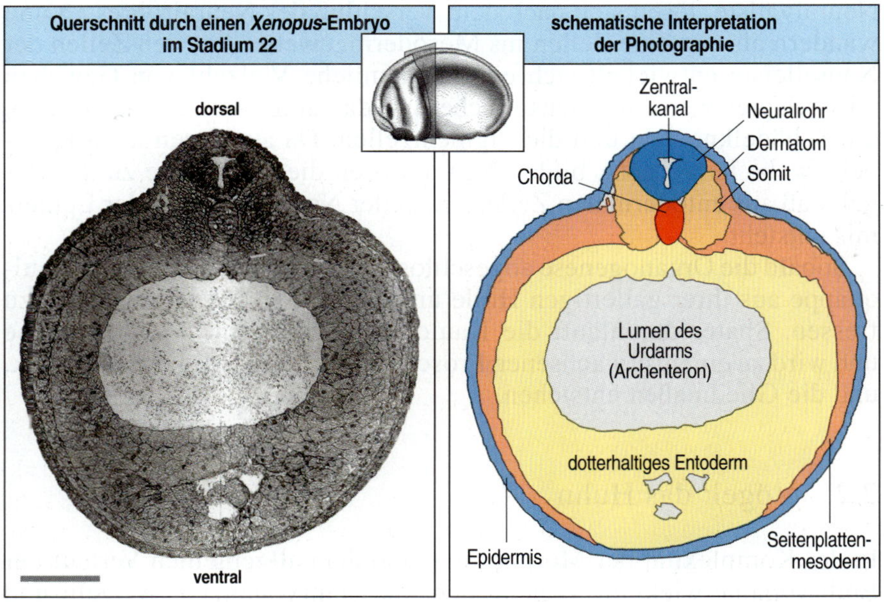

2.8 Querschnitt durch einen *Xenopus*-Embryo im Stadium 22 unmittelbar, nachdem Gastrulation und Neurulation abgeschlossen sind. Die Keimblätter befinden sich an den richtigen Stellen für die zukünftige Entwicklung und Organogenese. Die am weitesten dorsal gelegenen Teile der Somiten haben bereits mit der Differenzierung zum Dermatom begonnen. Aus ihnen entsteht die Dermis. Maßstab = 0,2 mm. Aufnahme mit freundlicher Genehmigung aus Hausen und Riebesell 1991.

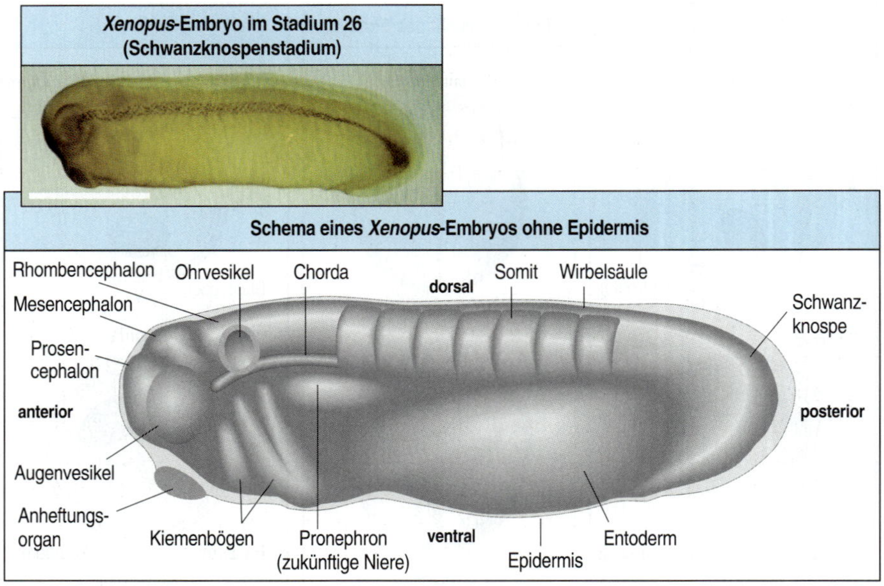

2.9 Frühes Schwanzknospenstadium (Stadium 26) eines *Xenopus*-Embryos. Am Vorderende erkennt man im Kopfbereich das zukünftige Auge; auch ein Ohrbläschen hat sich gebildet. Das Gehirn gliedert sich in Prosencephalon, Mesencephalon und Rhombencephalon. Unmittelbar hinter der Stelle, an der sich der Mund bildet, befinden sich die Kiemenbögen, von denen die ersten den Unterkiefer bilden. Weiter hinten befindet sich auf beiden Seiten der Chorda eine Reihe von Somiten. Die embryonale Niere (Pronephron) beginnt sich aus dem Seitenplattenmesoderm zu entwickeln. Ventral von diesen Strukturen befindet sich der Darm, der auf dieser Abbildung nicht zu sehen ist. Aus der Schwanzknospe entwickelt sich der Schwanz der Kaulquappe, der eine Fortsetzung der Somiten, des Neuralrohres und der Chorda darstellt. Maßstab = 1 mm. Aufnahme mit freundlicher Genehmigung von B. Herrman.

wie die Gonaden und die Darmmuskulatur, während aus dem am weitesten ventral gelegenen Mesoderm blutbildendes Gewebe entsteht. Aus dem Entoderm, das den Darm auskleidet, werden Organe wie Leber und Lunge hervorgehen.

Der Embryo sieht nun schon allmählich wie eine Kaulquappe aus. Die wichtigsten Merkmale von Wirbeltieren sind bereits zu erkennen (Abbildung 2.9). Am Vorderende ist das Gehirn schon in mehrere Bereiche gegliedert; Auge und Ohr beginnen sich zu entwickeln. Es sind drei Kiemenbögen vorhanden, von denen der vorderste den Unterkiefer ausbilden wird. Mehr posterior sind die Somiten und die Chorda gut entwickelt. Der hinter dem Anus gelegene Teil des Schwanzes wird zuletzt gebildet. Er entsteht aus der Schwanzknospe an der dorsalen Urmundlippe, die für eine Verlängerung von Chorda, Somiten und Neuralrohr sorgt.

Viele andere innere Strukturen entstehen bei den Wirbeltieren aus den Zellen der **Neuralleiste**. Diese stammen aus Gewebe an den Spitzen der Neuralwülste, lösen sich nach dem Verschluß des Neuralrohres ab und wandern als einzelne Zellen ins Mesodermgewebe. Aus den Zellen der Neuralleiste entwickelt sich eine erstaunliche Vielzahl von Geweben wie beispielsweise das sensorische und das autonome Nervensystem, die Schädelknochen und die Pigmentzellen. Da aus ihnen auch Knorpelgewebe hervorgeht, bilden Neuralleisten die Ausnahme zu der Regel, daß aus entodermalen Zellen entweder Nervensystem oder Epidermis entsteht.

Sobald die Organogenese abgeschlossen ist, schlüpft die fertige Kaulquappe aus ihrer gallertigen Hülle und beginnt zu schwimmen und zu fressen. Später durchläuft die Kaulquappenlarve eine Metamorphose und wird zu einem erwachsenen Frosch; der Schwanz bildet sich zurück, und die Gliedmaßen entstehen.

2.2 Vögel: das Huhn

In der Komplexität der Morphologie und dem allgemeinen Verlauf der Embryonalentwicklung ähneln sich die Embryonen von Vögeln und

Säugern sehr. Vogelembryonen sind jedoch leichter zu beschaffen und zu beobachten. Viele Untersuchungen und Eingriffe lassen sich an ihnen einfach durchführen, indem man das Ei öffnet. Man kann den Embryo aber auch außerhalb des Eies kultivieren. Dies ist besonders praktisch, wenn man mikrochirurgische Experimente plant oder die biologischen Effekte chemischer Verbindungen untersuchen will. Die spätere Entwicklung eines Hühnerembryos ist der eines Mäuseembryos vergleichbar, so daß sie eine wertvolle Ergänzung zu Untersuchungen an Mäuseembryonen darstellt.

Noch im Eileiter der Henne wird das Ei befruchtet und beginnt mit der Furchung. Das Cytoplasma und der Zellkern der befruchteten Zellen nehmen auf der Oberfläche der riesigen Dottermasse nur einen kleinen Fleck von einigen Millimetern Durchmesser ein. Die Furchung im Eileiter führt zur Bildung einer Scheibe aus Zellen, die **Keimscheibe** oder **Blastoderm** genannt wird. Während seiner 20-stündigen Passage durch den Eileiter wird das Ei mit Albumen (Eiweiß), den Eihüllen und der Kalkschale umhüllt (Abbildung 2.10). Zum Zeitpunkt der Eiablage besteht das Blastoderm, das der Amphibienblastula entspricht, aus etwa 60 000 Zellen. Abbildung 2.11 zeigt den gesamten Entwicklungszyklus des Huhns.

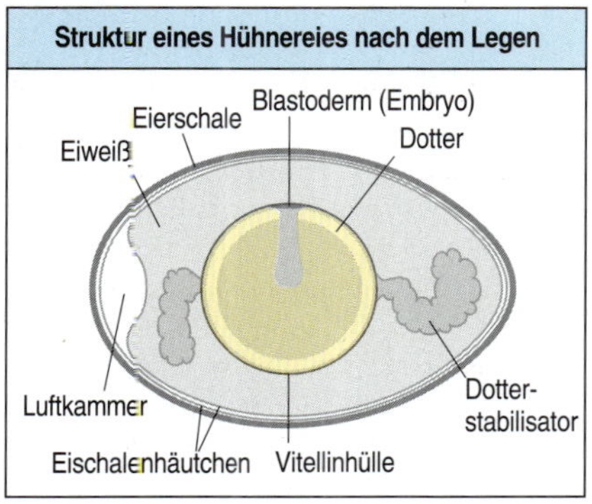

2.10 Entwicklungszustand eines Hühnereies zum Zeitpunkt des Legens. Die Furchung setzt nach der Befruchtung ein, während sich das Ei noch im Eileiter befindet. Das Albumen (Eiweiß) und die Schale kommen auf dem Weg durch den Eileiter dazu. Zu dem Zeitpunkt, wenn das Ei gelegt wird, ist der Embryo ein scheibenförmiges zelluläres Blastoderm, das oben auf einer sehr großen Dottermasse aufliegt und vom Eiweiß und der Eischale umhüllt wird.

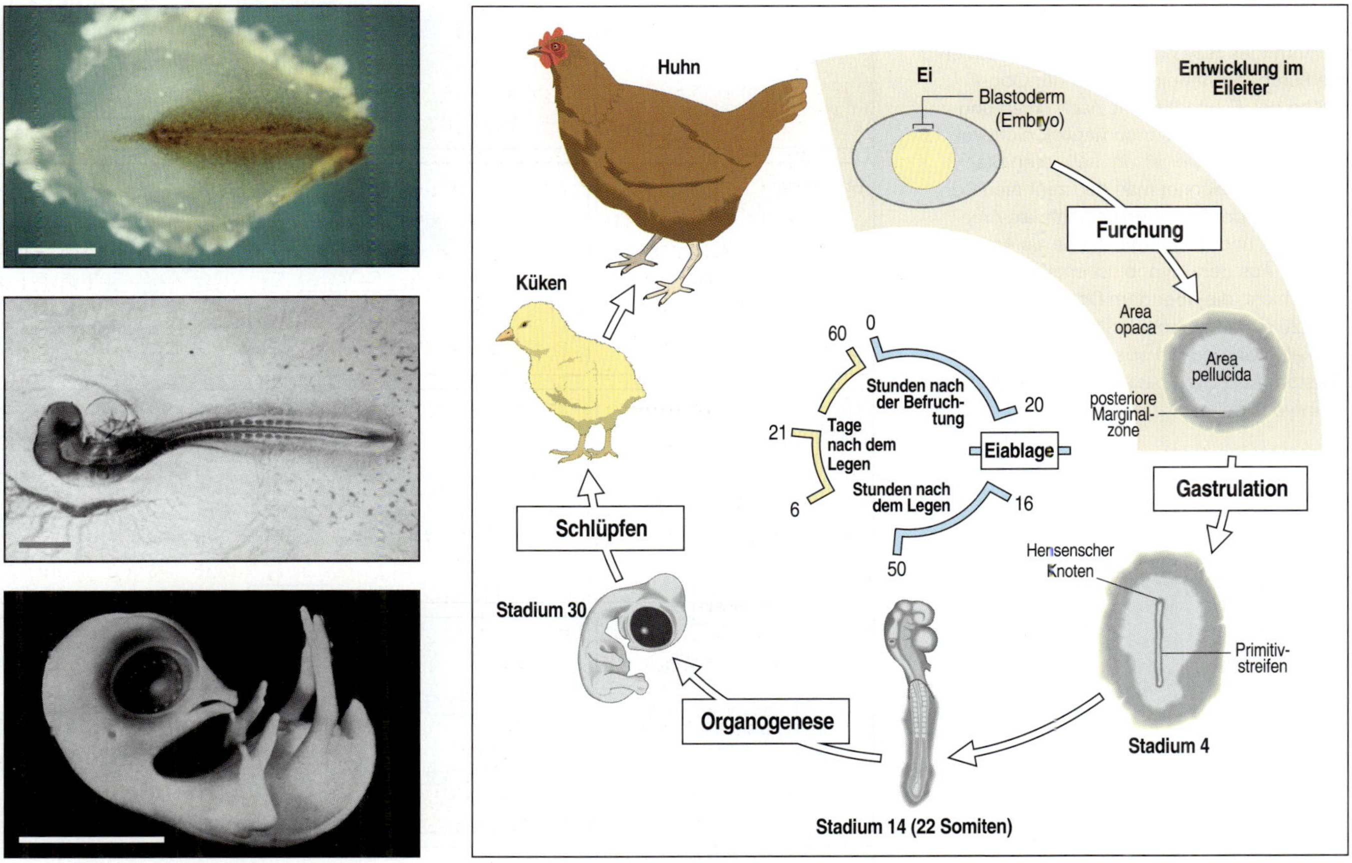

2.11 Lebenszyklus des Huhns. Das Ei wird im Huhn befruchtet. Bei der Eiablage ist die Furchung abgeschlossen, und das zelluläre Blastoderm liegt dem Dotter auf. Nach der Gastrulation bildet sich der Primitivstreifen. Wenn der Hensensche Knoten zurückgebildet wird, entstehen die Somiten. Die Photographien zeigen: den von der Area pellucida umgebenen Primitivstreifen (oben, Maßstab = 1 mm); einen Embryo im Stadium 14 (50–53 Stunden nach dem Legen) mit 22 Somiten (Mitte, Maßstab = 1 mm; die Kopfregion ist gut abgesetzt, das transparente Organ daneben ist der ventrikuläre Bogen des Herzens); einen Embryo im Stadium 35, etwa achteinhalb bis neun Tage nach dem Legen, mit einem gut ausgebildeten Auge und Schnabel (unten, Maßstab = 10 mm). Aufnahme mit freundlicher Genehmigung von B. Herrman, aus Kispert et al. 1994.

Nachdem das Ei gelegt wurde, setzt sich die Furchung mit der Bildung der Furchungsrinnen oder -spalten fort. Im frühen Furchungsstadium ziehen die Spalten zwar von der Oberfläche des Cytoplasmas in die Tiefe, trennen die Zellen jedoch nicht vollständig; ventral bleiben diese zunächst noch zum Dotter hin offen. Durch die Furchung entsteht eine runde Keimscheibe aus einigen Zellagen. Ihr zentraler Bereich liegt über einer Höhle, ist daher durchscheinend und wird – im Gegensatz zu der dunkleren äußeren Region **(Area opaca)** – **Area pellucida** genannt (Abbildung 2.12). Zwischen der Area pellucida und dem Dotter befindet sich ein Hohlraum, die Subgerminalhöhle. Den Dotter bedeckt jetzt eine Zellschicht, der **Hypoblast**. Die Zellen des Hypoblasten stammen zum einen aus der **posterioren Marginalzone**, dem Übergangsbereich von der Area opaca zur Area pellucida am hinteren Ende des Embryos, und zum anderen von den darüberliegenden Zellen der Keimscheibe. Der Hypoblast bildet extraembryonale Strukturen wie den Stiel des Dottersackes. Der eigentliche Embryo wird dagegen von den verbleibenden Keimscheibenzellen gebildet, die man als **Epiblast** bezeichnet.

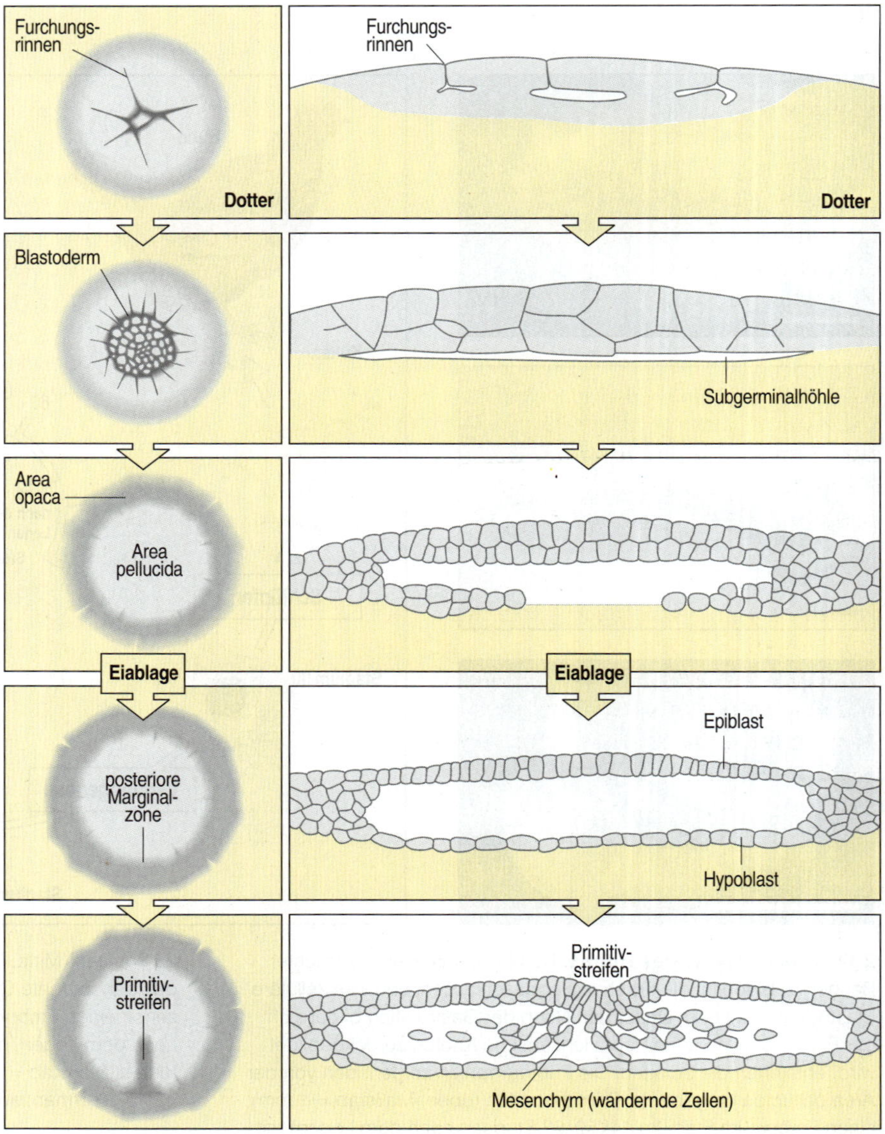

2.12 Furchung und Epiblastenbildung beim Hühnerembryo. Wenn das Ei gelegt wird, hat die Furchung den kleinen dotterfreien Bereich des Cytoplasmas in ein scheibenförmiges Blastoderm verwandelt. Die erste Furchungsrinne reicht von der Oberfläche des Eicytoplasmas nach unten und teilt das Blastoderm ursprünglich nicht vollständig vom Dotter ab. Im zellulären Blastoderm bezeichnet man den zentralen Bereich über der Subgerminalhöhle als Area pellucida und die Marginalzone als Area opaca. Aus dem Hypoblast entsteht eine Zellschicht, die über dem Dotter liegt und sich zu extraembryonalen Strukturen entwickelt, während die oberen Schichten des Blastoderms, der Epiblast, den eigentlichen Embryo bilden.

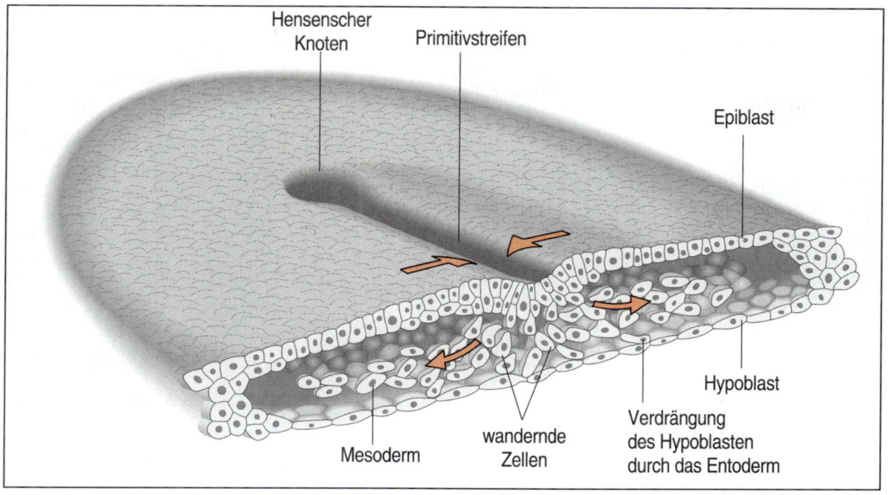

2.13 Einwandern von Mesoderm und Entoderm während der Gastrulation des Hühnerembryos. Die Gastrulation beginnt mit der Bildung des Primitvstreifens, einer Region mit proliferierenden und wandernden Zellen, die sich von der posterioren Marginalzone aus verlängert. Die zukünftigen Mesoderm- und Entodermzellen wandern durch den Primitivstreifen in das Innere des Blastoderms. Während der Gastrulation erstreckt sich der Primitivstreifen über die Hälfte der Area pellucida (Abbildung 2.12). An seinem Vorderende bildet sich eine Anhäufung von Zellen, die man als Hensenschen Knoten bezeichnet. Wenn sich der Streifen ausdehnt, wandern Zellen des Epiblasten auf den Primitivstreifen zu (Pfeile), durch ihn hindurch und dann unter der Oberfläche wieder nach außen. Sie bilden das Mesoderm und Entoderm im Inneren, wobei das letztere den Hypoblasten verdrängt. Übernommen aus Balinsky et al. 1975.

Die posteriore Marginalzone ist eine leicht verdickte Region des Epiblasten. Sie bestimmt, wo sich die Dorsalseite und das Hinterende des Embryos befinden. Der Beginn der Gastrulation wird durch die Bildung des **Primitivstreifens** angezeigt. Dies ist der Vorläufer der Längsachse. Er entwickelt sich aus der hinteren Marginalzone und hat 16 Stunden nach der Eiablage seine volle Länge erreicht. Man sieht den Primitivstreifen zunächst als einen dichteren Streifen, der sich von der posterioren Marginalzone bis etwa über die Hälfte der Area pellucida erstreckt. In diesem Bereich proliferieren Zellen des Epiblasten und wandern dann nach innen unter die obere Schicht (Abbildung 2.13). Der Primitivstreifen ähnelt daher in mancher Hinsicht der Region des Urmunds bei den Amphibien. Doch im Gegensatz zu diesen kommt es bei Vögeln (und Säugetieren) während der Gastrulation zu Zellproliferation und Größenwachstum.

Während sich der Primitivstreifen über die Area pellucida ausbreitet, wandern die Epiblastenzellen der posterioren Marginalzone nach vorne. Die Zellen, die am Streifen aufeinandertreffen, wandern durch ihn hindurch und bilden dann unter der Oberfläche Mesoderm und Entoderm, während aus der Oberflächenschicht des Epiblasten das Ektoderm hervorgeht. Das zukünftige Entoderm verdrängt den Hypoblasten, und das Mesoderm bildet eine Schicht zwischen Ektoderm und Entoderm.

Im Laufe der Gastrulation ändert die zunächst runde Area pellucida ihre Form und wird birnenförmig. Am Vorderende des Primitivstreifens drängen sich Zellen dicht an dicht und bilden so den sogenannten **Hensenschen Knoten** (Primitivknoten). Sobald der größte Teil des Meso- und des Entoderms nach innen gewandert ist, beginnt sich der Primitivstreifen zurückzubilden, und der Hensensche Knoten wandert zum posterioren Ende des Embryos (Abbildung 2.14). Der Kopfbereich des Embryos wird vor dem Knoten durch die Kopffalte abgegrenzt, eine aus Ektoderm und Entoderm bestehende Ausstülpung des Blastoderms. Die Chorda besteht aus Zellen des Hensenschen Knotens, die auch an der Entwicklung der Somiten beteiligt sind, während sich der Knoten nach hinten bewegt (Abbildung 2.15). Im Verlauf dieser Wanderung bilden sich unmittelbar vor dem Knoten Chorda und Somiten (Abbildung 2.16): 25 Stunden nach der Eiablage sind bereits etwa sieben Somitenpaare vorhanden. Somiten bilden sich im vorderen Bereich des präsomitischen Mesoderms, das zwischen dem Hensenschen Knoten und dem zuletzt entstandenen Somiten liegt, in posteriorer Richtung mit einer Geschwindigkeit von einem Somitenpaar pro Stunde.

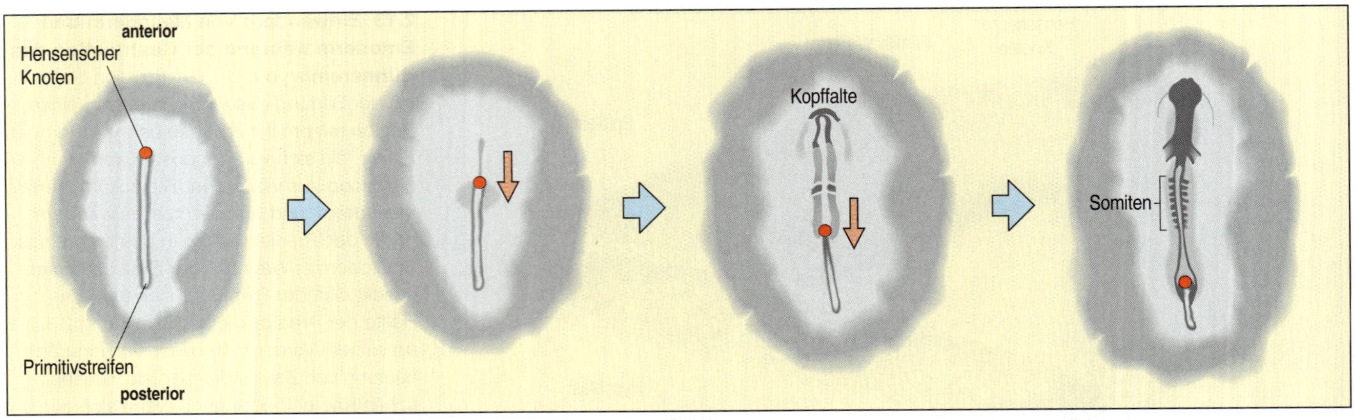

2.14 Zurückweichen des Hensenschen Knotens. Nachdem sich der Primitivstreifen über die Hälfte des Blastoderms ausgebreitet hat, beginnt er sich zurückzuziehen. Zugleich wandert der Hensensche Knoten in posteriorer Richtung, und die Kopffalte und die Neuralplatte beginnen sich zu bilden. Wenn der Knoten nach hinten wandert, entwickelt sich davor die Chorda mit den Somiten auf beiden Seiten.

2.15 Kopffalten- und Chordabildung während des Zurückweichens des Knotens im Hühnerembryo. Die Zeichnung zeigt einen Längsschnitt durch den Hühnerembryo (das kleine Bild zeigt die Dorsalansicht) im Stadium der Kopffaltenbildung, wenn der Hensensche Knoten zurückzuweichen beginnt. Während der Knoten nach hinten wandert, bildet sich davor die Chorda. Aus dem undifferenzierten Mesoderm zu beiden Seiten der Chorda entstehen Somiten.

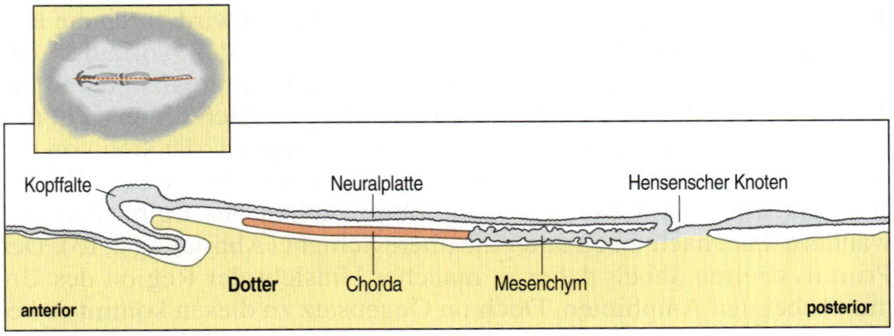

Nach der Bildung der Chorda beginnt sich das Neuralrohr zu entwickeln. In der über dem Neuralrohr liegenden Neuralplatte faltet sich das Ektoderm beiderseits der Mittellinie auf. Anders als bei *Xenopus*, bei dem sich das Neuralrohr entlang der Mittellinie in ganzer Länge auf einmal auffaltet und schließt, vollzieht sich dies beim Hühnerembryo schrittweise von vorne nach hinten (Abbildung 2.17). Die Wülste verschmelzen miteinander längs der dorsalen Mittellinie, und aus der Neuralleiste beiderseits der Fusionsstelle lösen sich Zellen. Zur gleichen Zeit entwickelt sich die Kopffalte, so daß der Kopf von der Oberfläche des Epiblasten abgetrennt wird. Zusammen mit der Neurulation und der Absonderung der Kopfregion kommt es zu einer Faltung auf der neuralen Seite des Embryos, die zur Bildung des Darms führt. Auf diese Weise kommen die beiden Herzrudimente zusammen und vereinigen sich zu einem einziges Organ, das sich ventral vom Darm befindet. Die weitere Entwicklung des Mesoderms gleich weitgehend der von *Xenopus*: Die Somiten werden zu Wirbeln, Achsen- und Gliedmaßenmuskulatur und Dermis. Etwa zwei Tage nach der Eiablage hat der Embryo das 20-Somiten-Stadium erreicht (Abbildung 2.18).

Am dritten Tag sind es bereits 40 Somiten, der Kopf ist gut ausgebildet, und die Gliedmaßen beginnen sich zu entwickeln. Im extraembryonalen Gewebe sind Blutgefäße und Blutinseln entstanden, in denen die Hämatopoese stattfindet. Diese Gefäße verbinden sich mit denen des Embryos, so daß er nun mit einem Kreislaufsystem und einem schlagenden Herzen ausgestattet ist.

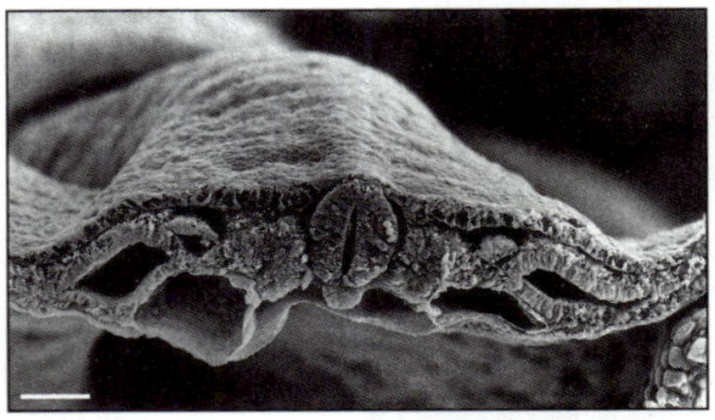

2.16 Rasterelektronenmikroskopische Aufnahme von Somiten und Neuralrohr eines frühen Hühnerembryos. Neben dem Neuralrohr befinden sich Somitenblöcke; darunter liegt die Chorda. Das Seitenplattenmesoderm liegt seitlich der Somiten. Maßstab = 0,1 mm. Aufnahme mit freundlicher Genehmigung von J. Wilting.

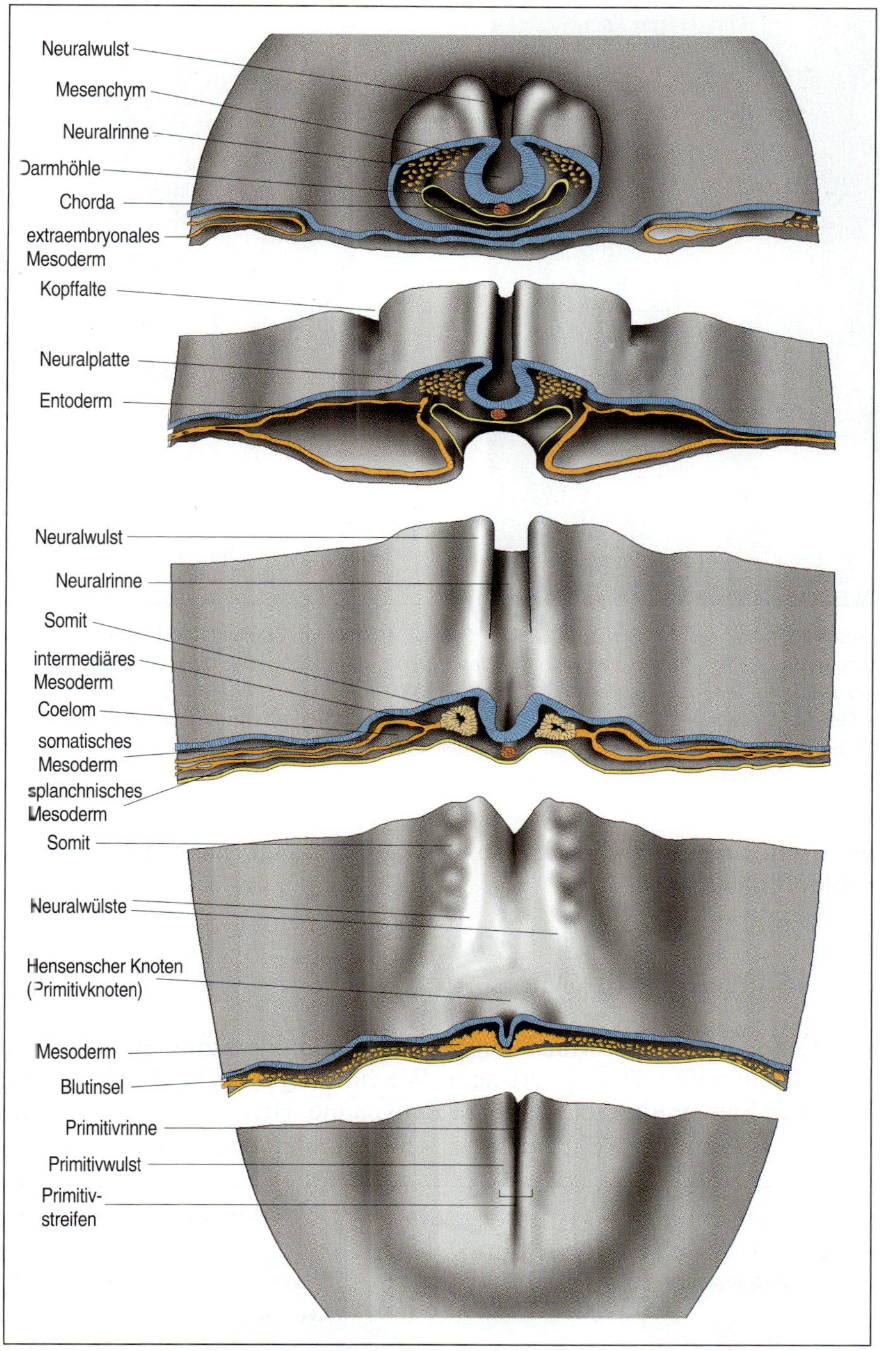

2.17 Entwicklung des Neuralrohres und des Mesoderms im Hühnerembryo. Hat sich die Chorda erst einmal gebildet, setzt die Neurulation ein. Sie folgt der Chordabildung in anterio-posteriorer Richtung. Die Zeichnungen zeigen eine Abfolge von Querschnitten entlang der Längsachse eines Hühnerembryos. Die Bildung des Neuralrohres ist am Vorderende weit fortgeschritten (die zwei oberen Schnitte). Dort hat die Kopffalte den zukünftigen Kopf bereits vom Rest des Blastoderms abgeteilt, und die ventrale Körperfalte hat Entoderm von beiden Seiten des Körpers zusammengeführt, um den Darm zu bilden. Während der Neurulation verändert sich das Aussehen der Neuralplatte: Die Neuralwülste falten sich zu beiden Seiten auf und bilden dort, wo sie sich in der Mitte treffen, ein Rohr. Aus dem mesenchymalen Mesoderm in diesem Bereich entwickeln sich Kopfstrukturen. Weiter hinten (mittlerer Schnitt) haben sich in der zukünftigen Rumpfgegend des Embryos die Chorda und die Somiten gebildet; außerdem hat die Neurulation eingesetzt. Am Hinterende, hinter dem Hensenschen Knoten (unterer Schnitt), hat die Bildung von Chorda und Somiten sowie die Neurulation noch nicht begonnen. Das durch den Primitivstreifen nach innen gewanderte Mesoderm beginnt gemäß seiner Position Strukturen entlang der anterio-posterioren und dorso-ventralen Achse zu bilden. Zum Beispiel bildet das intermediäre Mesoderm in der zukünftigen Rumpfregion mesodermale Teile der Niere, und das splanchnische Mesoderm wird zum Herzen. Die Körperfalte wird sich entlang des Embryos fortsetzen und dabei den Darm bilden. Sie bringt auch paarig angelegte Organe zusammen, die sich ursprünglich zu beiden Seiten der Mittellinie bilden (zum Beispiel Anlagen des Herzens und der dorsalen Aorta), so daß sich die endgültigen Organe ventral vom Darm bilden. Blutinseln, aus denen die ersten Blutzellen hervorgehen, bilden sich aus dem am weitesten ventral gelegenen Teil des seitlichen Mesoderms. Nach Patten 1971.

In diesem Stadium dreht sich der Embryo mit einem stark zur Brust geneigten Kopf zur Seite. Er wird über extraembryonale Membranen ernährt (Abbildung 2.19), die ihn auch schützen. Der flüssigkeitsgefüllte **Amnionsack** bietet mechanischen Schutz. Zusätzlich wird der Embryo insgesamt vom **Chorion** umhüllt, das sich unmittelbar unter der Schale befindet. Seine Stoffwechselprodukte nimmt die **Allantois** auf, an der auch der Sauerstoff- und Kohlendioxidaustausch stattfindet. Der Dotter ist vom **Dottersack** umgeben.

In der noch verbleibenden Zeit bis zum Schlüpfen entwickeln sich aus den Augenbläschen Augen und aus den Ohrbläschen das Innenohr. Der Embryo wird größer, seine inneren Organe entwickeln sich, die Flügel, die Beine und der Schnabel nehmen Gestalt an, und auf den Flü-

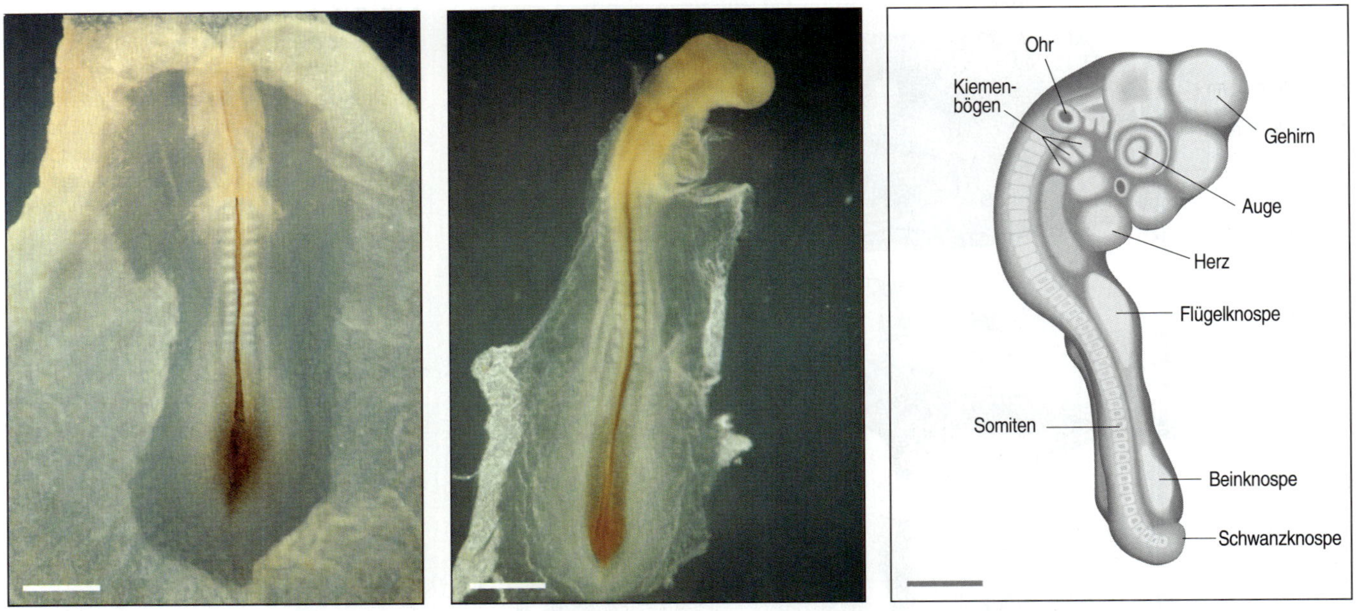

2.18 Entwicklung des Hühnerembryos. Links: 13-Somiten-Stadium. Am anterioren Ende (oben) hat sich die Kopffalte gebildet. Die dunkle Region am posterioren Ende ist der Hensensche Knoten. Die Somiten sind zu beiden Seiten der Chorda als weiße Gewebeblöcke zu erkennen. Zwischen dem Knoten und dem zuletzt gebildeten Somiten befindet sich Mesoderm, das sich in Somiten aufteilt. Mitte: 20-Somiten-Stadium. Rechts: 40-Somiten-Stadium. Die Entwicklung der Kopfregion und des Herzens sind schon weit fortgeschritten. Die Flügel- und Beinknospen sind als kleine Ausbuchtungen vorhanden. Maßstab = 1 mm. Aufnahmen mit freundlicher Genehmigung von B. Herrmann, aus Kispert et al. 1994.

geln und dem Körper wachsen Daunen. 21 Tage nach der Eiablage schlüpft das Küken.

2.3 Säugetiere: die Maus

Der Lebenszyklus der Maus von der Befruchtung bis zum erwachsenen geschlechtsreifen Tier dauert neun Wochen (Abbildung 2.20). Das ist für einen Säuger eine relativ kurze Zeitspanne. Hier liegt auch einer der

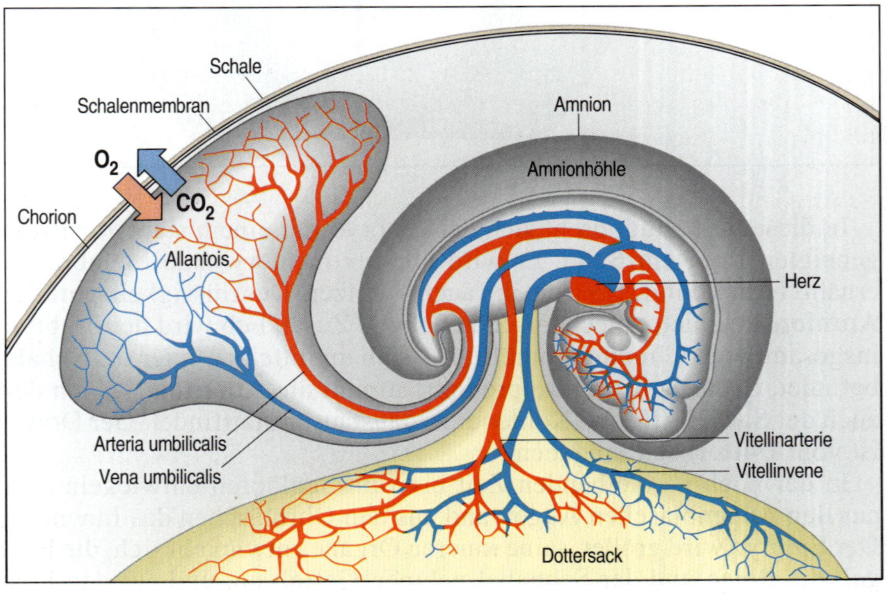

2.19 Extraembryonale Strukturen und der Kreislauf des Hühnerembryos. Ein Hühnerembryo *in situ* im gleichen Entwicklungsstadium wie in Abbildung 2.18. Er hat sich auf die Seite gedreht; sein Herz schlägt. Der Dotter wird von der Dottersackmembran umschlossen. Die Vitellinvene bringt Nährstoffe vom Dottersack zum Embryo, und in der Vitellinarterie fließt das Blut zum Dottersack zurück. Die Arteria umbilicalis transportiert Stoffwechselabfallprodukte zur Allantois, und die Vena umbilicalis bringt Sauerstoff zum Embryo. Das Amnion und die flüssigkeitsgefüllte Amnionhöhle bieten dem Embryo Schutz. Nach Patten 1951.

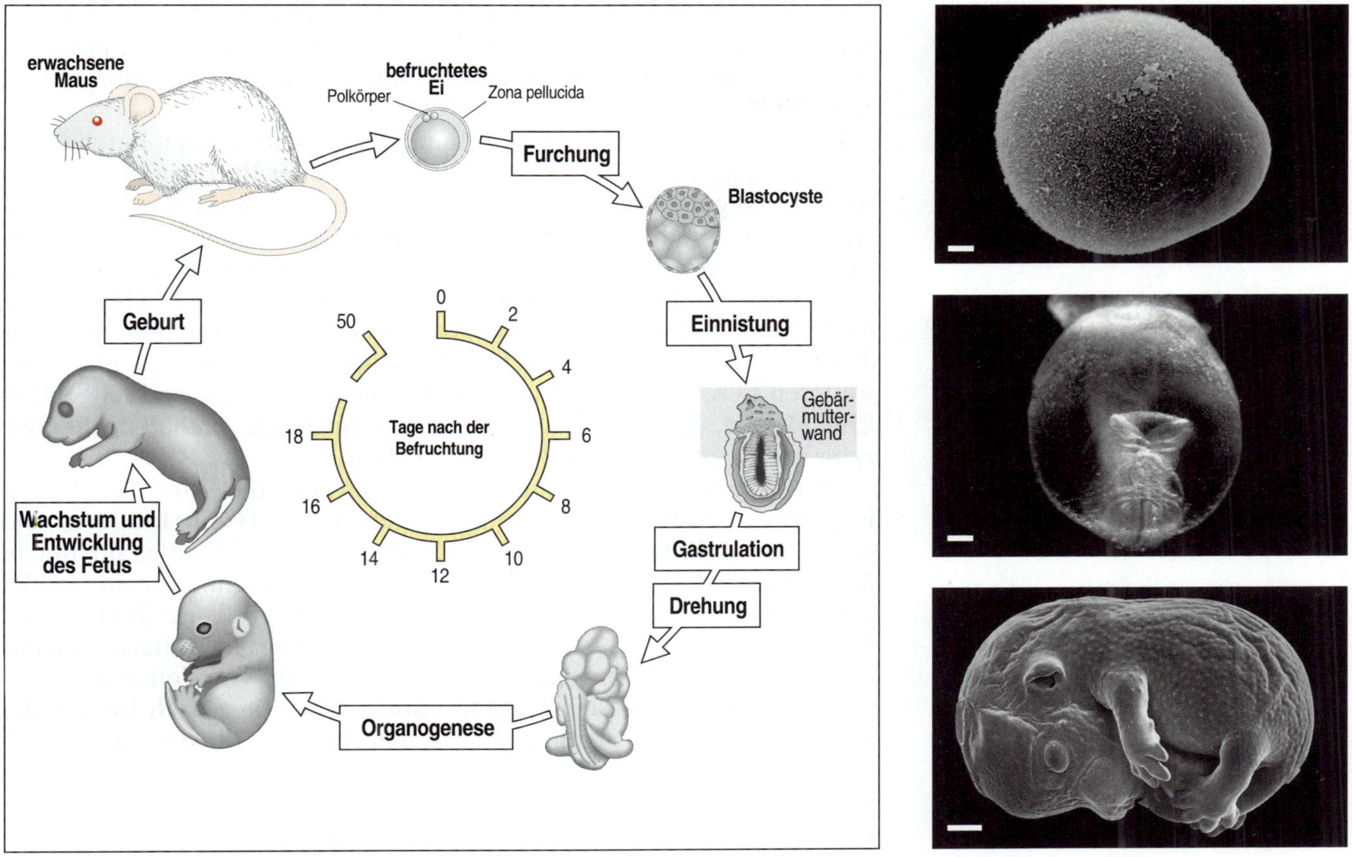

2.20 Lebenszyklus der Maus. Das Ei wird im Eileiter befruchtet. Dort findet auch die Furchung statt, bevor die Blastocyste sich fünf Tage nach der Befruchtung in die Gebärmutterwand einnistet. Die Gastrulation und die Organogenese dauern etwa sieben Tage. In den restlichen sechs Tagen bis zur Geburt wächst der Embryo vor allem. Nach der Gastrulation führt der Mausembryo eine komplizierte Bewegung durch, die man als „Drehung" bezeichnet. Infolge dieser Rotation wird der Embryo von seinen Extraembryonalmembranen umhüllt (hier nicht zu sehen). Die Photographien zeigen (von oben): ein befruchtetes Mausei unmittelbar vor der ersten Furchung (Maßstab = 10 µm); Vorderansicht eines Mausembryos acht Tage nach der Befruchtung (Maßstab = 0,1 mm); Mausembryo 14 Tage nach der Befruchtung (Maßstab = 1 mm). Aufnahmen mit freundlicher Genehmigung von T. Bloom (oben, aus Bloom 1989), N. Brown (Mitte) und J. Wilting (unten).

Gründe dafür, warum die Maus zum Modellorganismus für die Wirbeltierentwicklung geworden ist. Ein weiterer Grund ist, daß man bei der Maus sowohl klassische genetische Analysen durchführen als auch durch genetische Veränderungen Mutanten herstellen kann. Aber wie alle Säugetierembryonen entwickelt sich der Mausembryo im Inneren der Mutter. Das erschwert natürlich experimentelle Eingriffe und kontinuierliche Beobachtungen, obwohl der Embryo für kurze Zeit auch außerhalb der Mutter kultiviert werden kann. Die Maus ist das Modellsystem für Säugetiere, auf das man am häufigsten zurückgreift, um die menschliche Entwicklung zu verstehen.

Das Ei wird noch im Eileiter befruchtet. Nun wird die Meiose abgeschlossen und der zweite Polkörper gebildet. Das Ei ist mit etwa 100 Mikrometern im Durchmesser recht klein. Es wird von einer äußeren Schutzschicht eingehüllt, der **Zona pellucida**, die aus Mucopolysacchariden und Glycoproteinen besteht. Säugetierembryonen sind völlig auf die mütterlichen Nährstoffe angewiesen, die sie über die Plazenta erhalten.

Die Furchung erfolgt im Eileiter. Erst nach viereinhalb Tagen nistet sich der Embryo in der Gebärmutterwand ein, nachdem er die Zona pellucida verlassen hat. Die Gastrulation findet während der nächsten Tage statt. Am zehnten Tag nach der Befruchtung hat bereits die Entwicklung aller Organe eingesetzt. Wie beim Huhn schreitet während der nächsten neun Tage bis zur Geburt die Organbildung fort, und der Embryo wird größer.

Im Vergleich zu *Xenopus* und Huhn verlaufen die frühen Furchungen sehr langsam. Die erste setzt 24 Stunden nach der Befruchtung ein, alle weiteren folgen in Intervallen von zwölf Stunden. Auf diese Weise entsteht eine kompakte Zellkugel, die **Morula** (Abbildung 2.21). Im Acht-Zellen-Stadium vergrößern die Blastomeren ihre Kontaktflächen, über die sie sich berühren; diesen Vorgang bezeichnet man Verdichtung. Danach sind die Zellen polarisiert: Auf ihren äußeren Oberflächen befinden sich Mikrovilli, die inneren Oberflächen sind dagegen glatt. Die weiteren Furchungen verlaufen unterschiedlich: radial und tangential. Eine Morula, die dem 32-Zellen-Stadium entspricht, enthält daher etwa zehn innere und mehr als 20 äußere Zellen.

Eine Eigenheit der Säugerentwicklung ist, daß aus den frühen Furchungen zwei Zellgruppen hervorgehen, das **Trophektoderm** und die **innere Zellmasse**. Die inneren Zellen der Morula bilden die innere Zellmasse und die äußeren Zellen das Tropherktoderm. Letzteres bildet extraembryonale Strukturen wie die Plazenta, über die der Embryo mit den mütterlichen Nährstoffen versorgt wird. Der eigentliche Embryo entwickelt sich dagegen aus einer kleinen Anzahl von Zellen der inneren Zellmasse. In diesem Stadium (dreieinhalb Tage nach Beginn der Schwangerschaft) bezeichnet man den Embryo als **Blastocyste** (Abbildung 2.21). Dadurch, daß das Tropherktoderm Flüssigkeit in das Innere der Blastocyste pumpt, weitet es sich zu einem flüssigkeitsgefüllten Vesikel, das an einer Seite die innere Zellmasse enthält.

Dreieinhalb bis viereinhalb Tage nach Beginn der Schwangerschaft teilt sich die innere Zellmasse. Aus der Schicht an der Oberfläche, die mit der flüssigkeitsgefüllten Höhle der Blastocyste in Kontakt steht, wird das **primitive Entoderm**, das an der Bildung der extraembryonalen Membranen beteiligt ist. Die übrige innere Zellmasse, das **primitive Ektoderm** oder der **Epiblast**, entwickelt sich dagegen zum eigentlichen Embryo sowie zu einigen extraembryonalen Membranen. In diesem Stadium löst sich der Embryo aus der Zona pellucida, die ihn immer noch umgibt, und nistet sich in der Gebärmutterwand ein.

Die frühe Entwicklung des Mausembryos nach der Einnistung in die Gebärmutterwand von Tag viereinhalb bis Tag achteinhalb scheint kom-

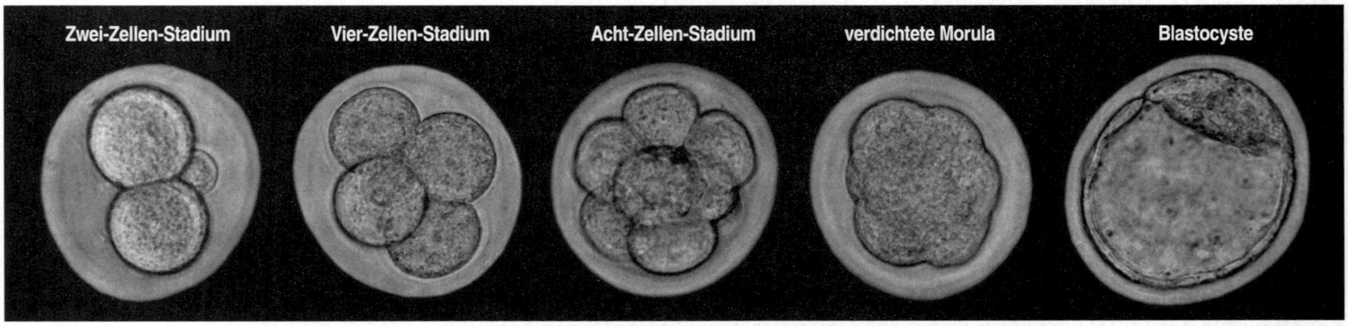

2.21 Furchung des Mausembryos. Die Photographien zeigen die Furchung eines befruchteten Mauseies vom Zwei-Zellen-Stadium bis hin zur Bildung der Blastocyste. Die Verdichtung im Acht-Zellen-Stadium führt zur Bildung einer kompakten Zellkugel, der Morula, bei der man keine einzelnen Zellen mehr unterscheiden kann. Die inneren Zellen der Morula bilden die innere Zellmasse, die man im oberen Teil der Blastocyste als einen kompakten Zellklumpen erkennen kann. Aus ihr entsteht der eigentliche Embryo. Die äußere Schicht der hohlen Blastocyste, das Tropherktoderm, bildet die extraembryonalen Strukturen. Aufnahmen mit freundlicher Genehmigung von T. Fleming.

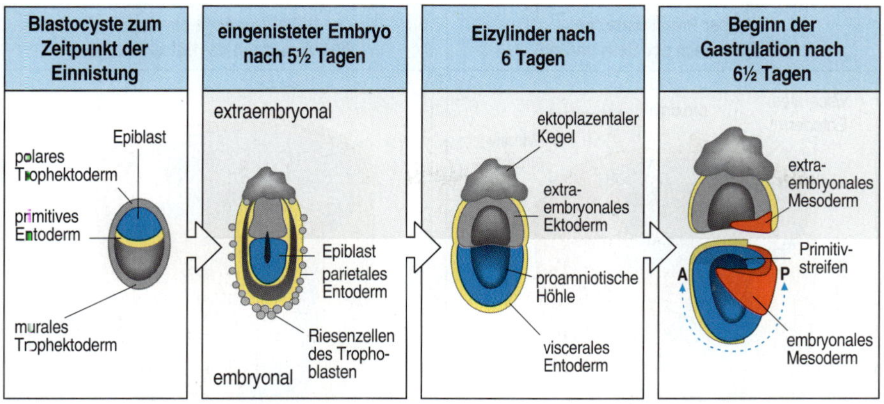

2.22 Frühe postimplantative Entwicklung des Mausembryos. Links: Vor der Einnistung (Implantation) hat sich das befruchtete Ei gefurcht und eine hohle Blastocyste gebildet. Aus einer kleine Zellgruppe der Blastocyste, der inneren Zellmasse, entwickelt sich der Embryo, während der Rest der Blastocyste das Trophektoderm bildet, aus dem extraembryonale Strukturen entstehen. Zum Zeitpunkt der Einnistung teilt sich die innere Zellmasse in zwei Bereiche: in das primitive Ektoderm oder den Epiblasten, der sich zum eigentlichen Embryo entwickeln wird, und das primitive Entoderm, das an der Bildung extraembryonaler Strukturen beteiligt ist. Das polare Trophektoderm, das den Epiblasten umhüllt, bildet extraembryonale Strukturen, den ektoplazentalen Kegel und das extraembryonale Ektoderm, das für die Bildung der Plazenta mitverantwortlich ist. Die Trophektodermwand entwickelt sich zu riesigen Trophoblastenzellen. Zweites Bild von links: Der Epiblast wird länger und bekommt innen eine Höhle (proamniotische Höhle), die ihm eine Becherform verleiht. Drittes Bild: Die Zylinderstruktur mit dem Epiblasten und dem extraembryonalen Gewebe, das vom polaren Trophektoderm stammt, wird als Eizylinder bezeichnet. Das parietale Entoderm und die Riesenzellen des Trophoblasten sind auf dieser und allen folgenden Abbildungen nicht mehr gezeigt. Rechts: Der Primitivstreifen zeigt sich am posterioren Ende des Epiblasten (P) und dehnt sich in anteriorer Richtung (A) bis zur Spitze des Eizylinders aus. Epiblastenzellen, die durch den Streifen wandern, entwickeln sich zu Mesoderm und Entoderm. Nach Hogan et al. 1994.

plizierter zu verlaufen als die des Hühnerembryos. Das liegt zum Teil daran, daß eine größere Vielfalt an extraembryonalen Membranen gebildet werden muß, teilweise aber auch daran, daß der Epiblast, aus dem sich der Embryo entwickeln wird, in den frühen Stadien eindeutig becherartig geformt ist. Der eigentliche Embryo entwickelt sich jedoch im Prinzip fast genauso wie der Hühnerembryo.

Die Entwicklung der ersten beiden Tage nach der Einnistung ist in Abbildung 2.22 zu sehen. Bei der Einnistung replizieren die Zellen der Trophektodermwand (nicht die Zellen, die mit der inneren Zellmasse in Kontakt stehen) ihre DNA, ohne sich zu teilen (Endoreduplikation). So entstehen die Riesenzellen des Trophoblasten, die bei der Einnistung in die Uteruswand eindringen. Der restliche Teil des Trophektoderms wächst zum ektoplazentalen Kegel und **extraembryonalen Ektoderm** heran, die beide zur Bildung der Plazenta beitragen. Einige Zellen des primitiven Entoderms wandern aus und bedecken schließlich die gesamte innere Oberfläche der Trophektodermwand. Sie werden zum parietalen Entoderm, die verbleibenden Zellen des primitiven Entoderms dagegen zum **visceralen Entoderm**. Letzteres hüllt den Eizylinder ein, der sich in die Länge zieht und den Epiblasten enthält.

Sechs Tage nach der Befruchtung hat sich im Epiblasten eine innere Höhle gebildet. Dieser hat nun die Form eines Bechers und sieht im Querschnitt wie ein U aus (Abbildung 2.22, drittes Bild). Aus dieser gekrümmten Epithelschicht, die in diesem Stadium etwa 1 000 Zellen enthält, entwickelt sich der eigentliche Embryo. Seine zukünftige Körperachse wird nach etwa sechseinhalb Tagen erstmals sichtbar, wenn mit der Bildung des Primitivstreifens die Gastrulation einsetzt. Der Streifen beginnt als eine lokale Verdickung an einer Stelle außen am Becher; hier befindet sich später das Hinterende des Embryos. Die Innenseite des Bechers wird dann zur Dorsalseite des Embryos. Proliferierende Epiblastenzellen wandern durch den Primitivstreifen hindurch, breiten sich zur Seite und nach vorne hin zwischen dem Ektoderm und dem visceralen Entoderm aus und bilden so eine mesodermale Schicht (Abbildung 2.23). Einige Zellen aus dem Epiblasten, aus denen das endgültige Entoderm und später der Darm gebildet wird, dringen in die viscerale Schicht ein und ersetzen sie schrittweise.

Die Entwicklung des Primitivstreifens bei der Maus ähnelt der beim Huhn. Zuerst verlängert er sich in Richtung des späteren Vorderendes des Embryos; dort bildet sich ein Bereich, in dem Zellen dicht gepackt sind und der dem Hensenschen Knoten entspricht (Abbildung 2.24). Aus Zellen, die durch den (Primitiv-)Knoten nach vorne wandern, entsteht die Chorda dorsalis. Chorda und Somiten entwickeln sich auf der Vor-

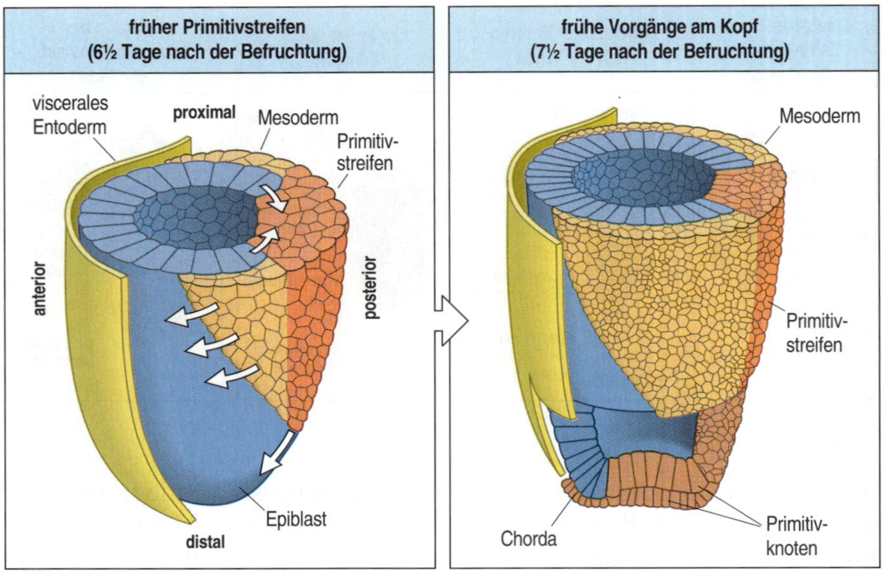

2.23 Gastrulation beim Mausembryo. Zum Anfang der Gastrulation wandern Epiblastenzellen durch den Primitivstreifen, um das Mesoderm sowie das endgültige Entoderm (das in dieser Zeichnung nicht dargestellt ist) zu bilden.

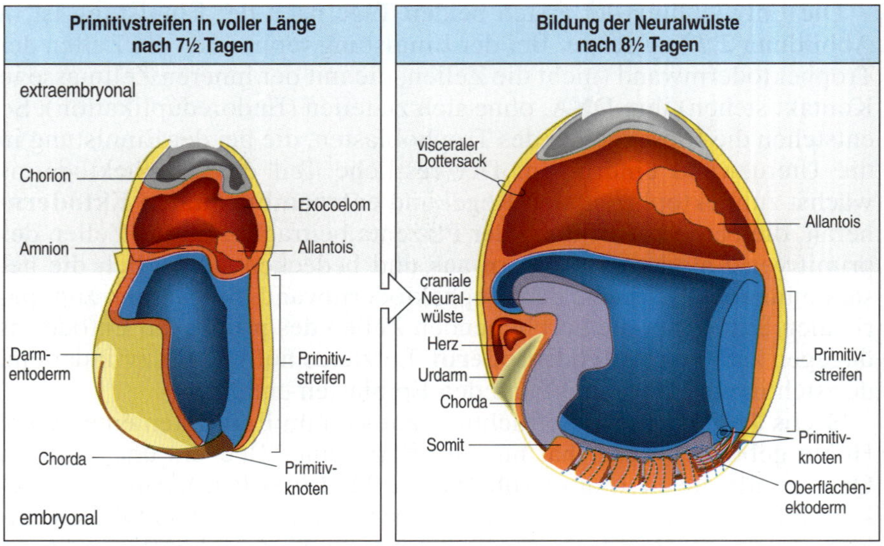

2.24 Frühe postimplantative Entwicklung des Mausembryos. Links: Der Primitivstreifen dehnt sich weiter aus. Die weitere Entwicklung extraembryonaler Strukturen umfaßt die Bildung von extraembryonalem Mesoderm am posterioren Ende des Primitivstreifens. Dies trägt schließlich zum Amnion, zum visceralen Dottersack sowie zur Allantois und zum Chorion bei, welche wichtige Bestandteile der Plazenta sind. Rechts: Während der letzten Stadien der Gastrulation beginnt die Organogenese im vorderen Teil des Embryos mit der Bildung des Herzens, der cranialen Neuralwülste und der Somiten. Nach Hogan et al. 1994.

derseite des Knotens. Einige Zellen durchwandern das Mesoderm, bilden eine Entodermschicht, den zukünftigen Darm, und ersetzen schließlich vollständig die visceralen Entodermzellen.

Nach achteinhalb Tagen hat die Bildung der Neuralwülste vorne auf der dorsalen Seite des Embryos begonnen. In diesen Endstadien der Gastrulation kommt es im Embryo zu umfassenden Faltungen, in deren Verlauf sich das Entoderm, das zunächst die ventrale Oberfläche des Embryos bedeckt, nach innen verlagert und den Darm bildet. Herz und Leber nehmen ihre endgültige Stellung im Verhältnis zum Darm ein, und der Kopf beginnt sich abzuzeichnen. Der Embryo dreht sich dann so, daß er von seinen extraembryonalen Membranen eingehüllt wird (Abbildung 2.25). Nach neun Tagen ist die Gastrulation beendet: Der Kopf des Embryos ist deutlich zu erkennen, und die Vorderextremitäten beginnen sich zu entwickeln. Die Organogenese verläuft dann weitgehend so wie beim Hühnerembryo – zumindest in den Anfangsstadien.

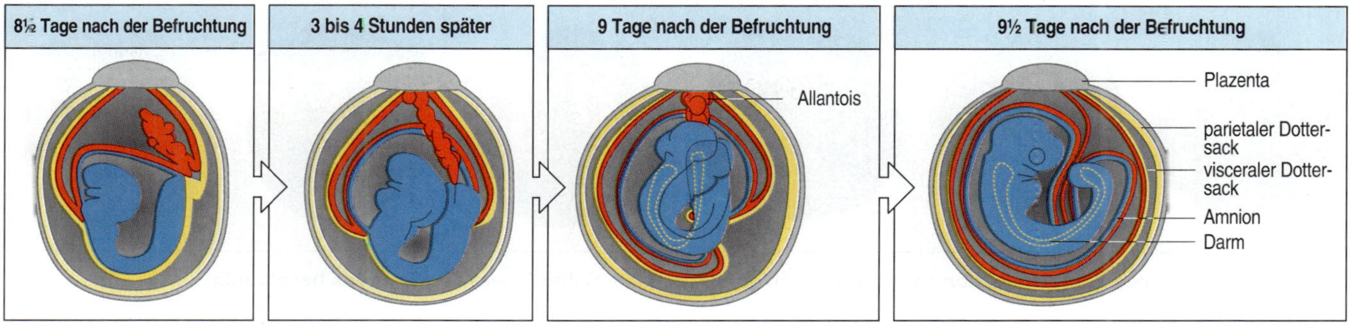

2.25 Drehung des Mausembryos. Zwischen dem Tag achteinhalb und neuneinhalb wird der Embryo auf komplizierte Weise umgestaltet. Dabei dreht er sich, so daß er völlig von dem schützenden Amnion und der Amnionflüssigkeit umgeben ist. Der viscerale Dottersack, eine Hauptnahrungsquelle, umgibt das Amnion, und die Allantois verbindet den Embryo mit der Plazenta. Nach Kaufman 1992.

2.4 Fische: der Zebrafisch

Der Zebrafisch (Zebrabärbling; *Brachydanio (Danio) rerio*) erfährt in letzter Zeit wachsende Aufmerksamkeit als Modellsystem der Wirbeltierentwicklung. Er hat zwei große Vorteile: Der eine ist sein kurzer Lebenszyklus von ungefähr zwölf Wochen (Abbildung 2.26), der die ge-

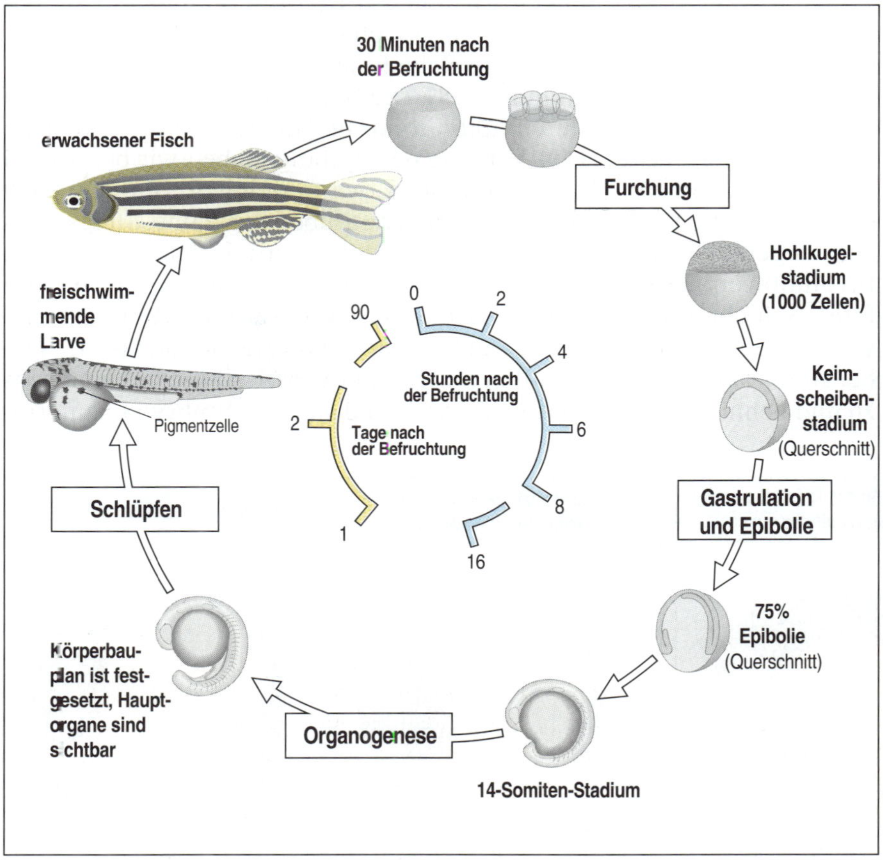

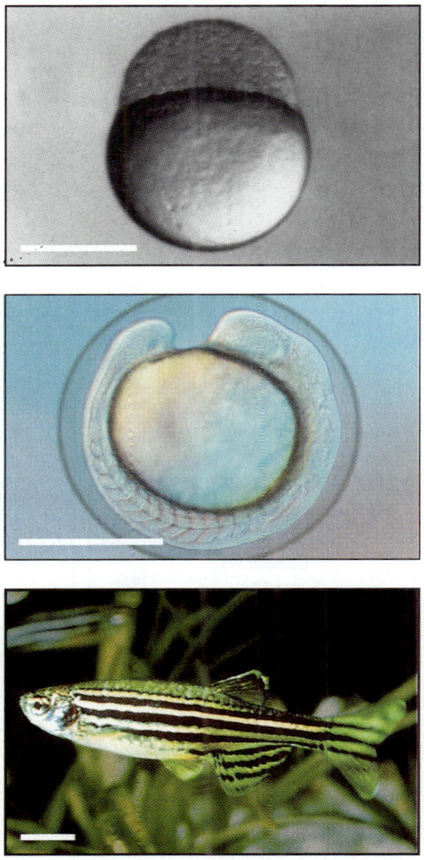

2.26 Lebenszyklus des Zebrafisches. Der Zebrafischembryo wird zu einem becherförmigen Blastoderm, das auf einer riesigen Dotterzelle sitzt. Er entwickelt sich rasch: Zwei Tage nach der Befruchtung schlüpft der winzige Fisch, immer noch mit den Resten seines Dotters verbunden, aus dem Ei. Die obere Photographie zeigt einen Zebrafischembryo im Kugelstadium, bei dem der Embryo oben auf einer riesigen Dotterzelle aufliegt (Maßstab = 0,5 mm). Die Photographie in der Mitte zeigt einen Embryo im 14-Somiten-Stadium, in dem sich die Organsysteme bilden. Aufgrund der Transparenz des Zebrafisches ist gut zu beobachten, wie sich die Zellen verhalten (Maßstab = 0,5 mm). Die untere Photographie zeigt einen erwachsenen Zebrafisch (Maßstab = 1 cm). Aufnahmen mit freundlicher Genehmigung von C. Kimmel (oben, aus Kimmel et al. 1995), N. Holder (Mitte), und M. Westerfield (unten).

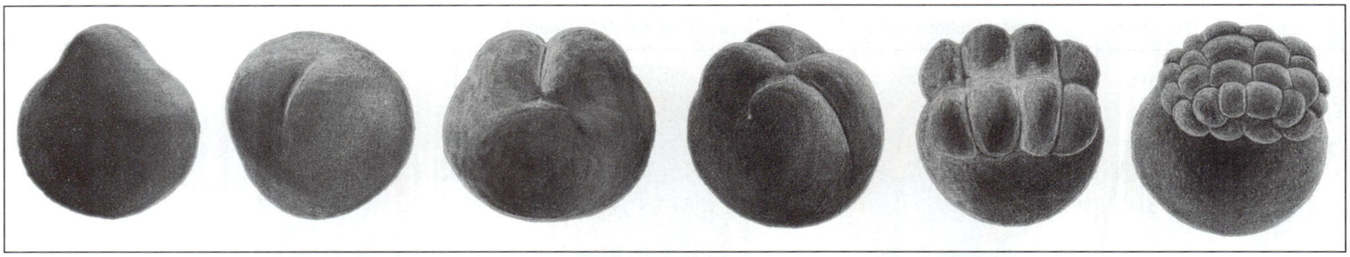

2.27 Die Furchung des Zebrafischembryos ist anfänglich auf die animale Hälfte (oben) des Embryos beschränkt

netische Analyse erheblich vereinfacht; der andere betrifft die Transparenz des Embryos, die es erlaubt, die Entwicklung einzelner Zellen zu beobachten (Abbildung 2.26 rechts). Das Zebrafischei hat einen Durchmesser von etwa 0,7 Millimetern. Das Cytoplasma und der Zellkern am animalen Pol befinden sich oberhalb einer großen Menge an Dotter. Nach der Befruchtung durchläuft die Zygote die Furchungen, aber wie beim Huhn setzt sich die Teilung nicht bis in die Dottermasse fort, so daß die Blastomeren auf dem Dotter aufliegen. Die ersten fünf Furchungen verlaufen alle vertikal. Die erste horizontale Teilung führt etwa zwei Stunden nach der Befruchtung zum 64-Zellen-Stadium (Abbildung 2.27).

Durch weitere Furchungen entsteht ein Blastoderm, dessen Außenschicht aus einer einzigen Lage abgeflachter Zellen besteht, der sogenannten Hüllschicht. Eine tiefere Schicht aus runderen Zellen liegt direkt auf dem Dotter (Abbildung 2.28). Die Blastodermzellen breiten sich in vegetativer Richtung durch Epibolie aus und umhüllen schließlich die gesamte Dottermasse. (Den Vorgang der Epibolie haben wir bereits bei der *Xenopus*-Gastrula kennengelernt.) Etwa fünfeinhalb Stunden nach der Befruchtung erstrecken sie sich schon über die halbe Strecke bis zum vegetativen Pol. Jetzt setzt die Gastrulation mit der sogenannten Involution ein: Die zukünftigen Entoderm- und Mesodermzellen der tieferen Schicht am Rande des Blastoderms wechseln die Richtung und wenden sich nach innen. Sie wandern zur zukünftigen Dorsalseite. Dabei strebt das Gewebe von allen Seiten auf die Mittellinie des Embryos zu und dehnt sich gleichzeitig aus, während sich der Embryo in anterio-

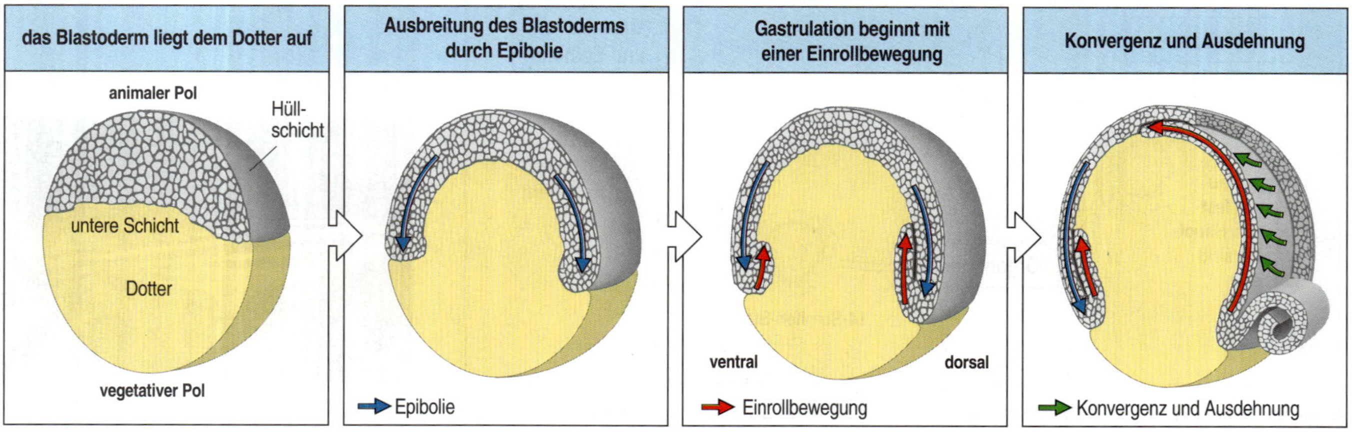

2.28 Epibolie und Gastrulation beim Zebrafisch. Am Ende des ersten Furchungsstadiums besteht der Zebrafischembryo aus einem Haufen von Blastomeren, die auf dem Dotter aufliegen. Im Verlauf der weiteren Furchungen und Ausdehnung der Zellschichten (Epibolie) wird die obere Hälfte des Dotters ganz von einem becherförmigen Blastoderm bedeckt. Die Gastrulation erfolgt als eine Einwärtsbewegung (Involution) von Zellen in einem Ring um die Randzone des Blastoderms. Die einströmenden Zellen treffen sich an der dorsalen Mittellinie und bilden so den Körper des Embryos, der den Dotter umschließt.

posteriorer Richtung in die Länge zieht. Das zukünftige Mesoderm und Entoderm kommt schließlich unter dem Ektoderm zu liegen. Die Gastrulation beim Zebrafisch hat sehr vieles mit der Gastrulation bei *Xenopus* gemein, sie unterscheiden sich jedoch darin, daß die Einrollbewegung am Blastodermrand fast überall gleichzeitig stattfindet. Nach neun Stunden kann man die Chorda erkennen, nach zehn Stunden ist die Gastrulation abgeschlossen. Als nächstes folgen die Neurulation und die Bildung der Somiten.

Während der nächsten zwölf Stunden streckt sich der Embryo in die Länge, und die Anlagen der primären Organsysteme sind zu erkennen. Nach etwa zehn Stunden erscheinen anterior die ersten Somiten, die nächsten bilden sich in Intervallen von anfänglich zwei, später drei Stunden; nach 18 Stunden sind 18 Somiten vorhanden. Das Nervensystem entwickelt sich schnell. Die optischen Bläschen, aus denen sich die Augen entwickeln, kann man nach zwölf Stunden als Ausstülpungen des Gehirns erkennen. Nach 18 Stunden beginnt der Körper zu zucken, nach 48 Stunden schlüpft der Embryo, und der junge Fisch beginnt zu schwimmen und zu fressen.

Zusammenfassung

Während die frühen Entwicklungsstadien verschiedener Wirbeltiere beträchtlich voneinander abweichen können, durchlaufen alle die Furchung; dabei entsteht eine Struktur, die der Blastula entspricht. Die Maus und andere Säugetiere nehmen eine Sonderstellung ein, da ein großer Teil des frühen Embryos dazu dient, extraembryonale Strukturen zu bilden, während der eigentliche Embryo von einer kleinen Anzahl von Zellen aus der inneren Zellmasse gebildet wird. Bei allen Wirbeltieren folgt auf die Gastrulation die Neurulation, die Bildung des Neuralrohres; gelegentlich überschneiden sich die beiden Prozesse auch in den späteren Gastrulationsphasen. Während der Gastrulation kommt es zu ausgedehnten Zellwanderungen, in deren Verlauf die drei Keimblätter – Ektoderm, Mesoderm und Entoderm – an ihre endgültige Position gelangen. Das Mesoderm differenziert sich unmittelbar beiderseits der Chorda zu Somiten, während das über der Chorda befindliche Ektoderm das Neuralrohr bildet, das sich zu Gehirn und Rückenmark weiterentwickelt. Bei Huhn und Maus entstehen komplexe extraembryonale Strukturen, die bei der Ernährung, dem Gasaustausch, der Sekretion und für den mechanischen Schutz eine Rolle spielen.

Modellorganismen: Wirbellose

Obwohl die Entwicklung der vielen verschiedenen Wirbellosenarten sehr unterschiedlich verläuft, gibt es doch bei den meisten Invertebraten einige gemeinsame Merkmale, die man sogar bei der Entwicklung der Wirbeltiere findet. Dazu gehören die Furchung, die Bildung einer Blastula oder eines Blastoderms und die Gastrulation. Verglichen mit Embryonen von Wirbeltieren besitzen die einiger Wirbelloser nur wenige Zellen, wie etwa beim Fadenwurm. Außerdem haben sie ein stereotypes Furchungsmuster, bei dem man das Schicksal jeder einzelnen Zelle verfolgen kann.

2.5 Die Taufliege *Drosophila melanogaster*

Aufgrund der zahlreichen genetischen Studien zur *Drosophila*-Entwicklung wie auch der Möglichkeit, genetische und mikrochirurgische Eingriffe kombinieren zu können, gehört diese kleine Fliege zu den am besten erforschten Entwicklungs-Systemen. Abbildung 2.29 gibt einen Überblick über den Lebenszyklus von *Drosophila*.

Das Ei von *Drosophila* hat die Form einer Wurst; das Vorderende ist leicht an der Mikropyle zu erkennen, einem kleinen Fortsatz der festen äußeren Hülle, die das Ei umgibt. Die Spermien dringen durch diese Mikropyle in das anteriore Ende des Eies ein. Nach der Befruchtung und der Verschmelzung der Zellkerne von Spermium und Eizelle durchläuft der Zellkern der Zygote eine Reihe schneller mitotischer Teilungen, etwa eine alle neun Minuten. Doch im Gegensatz zu den meisten Tierembryonen wird das Cytoplasma nicht geteilt. Dadurch entsteht ein **Syncytium**, in dem sich viele Zellkerne in einem gemeinsamen Cytoplasma befinden (Abbildung 2.30); im Grunde genommen besteht der Embryo während seiner frühen Entwicklung nur aus einer einzigen Zelle. Nach neun Teilungen wandern die Zellkerne an die Peripherie und bilden das **syncytiale Blastoderm**, das bei anderen Tierarten der Blastula oder dem Blastodermstadium entspricht. Kurz danach werden von der Oberfläche des Eies Membranen eingezogen, um die Zellkerne einzuschließen und

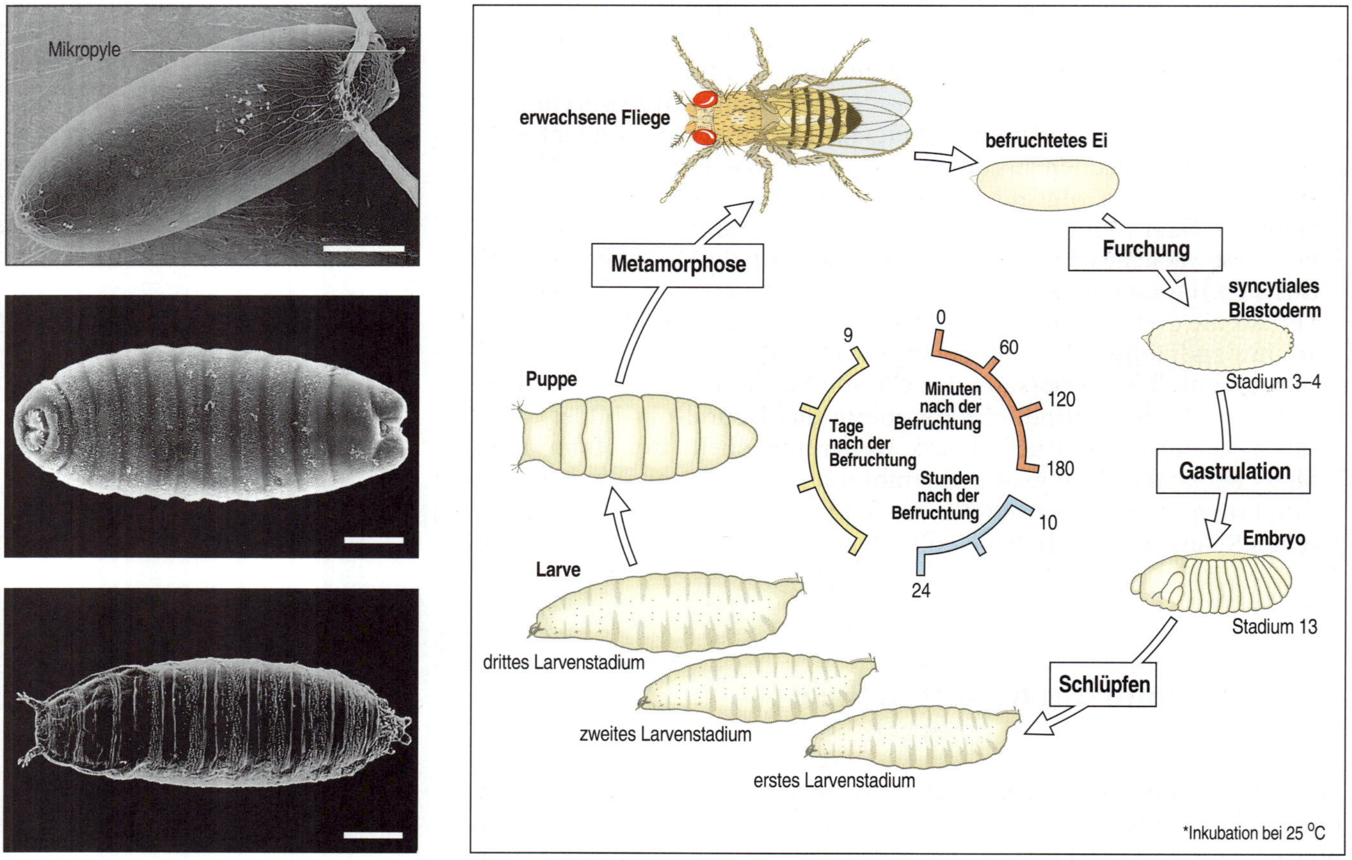

2.29 Lebenszyklus von *Drosophila melanogaster*. Nach Furchung und Gastrulation erhält der Embryo eine segmentierte Gestalt und schlüpft als fressende Larve. Diese wächst, durchläuft zwei Häutungen (Larvenstadien) und entwickelt sich schließlich zur Puppe, die eine Metamorphose zur erwachsenen Fliege durchmacht. Die Abbildungen links zeigen rasterelektronenmikroskopische Aufnahmen. Oben ist ein *Drosophila*-Ei vor der Befruchtung gezeigt. Das Spermium dringt durch die Mikropyle. Die dorsalen Filamente sind extraembryonale Strukturen. Mitte: *Drosophila*-Larve im zweiten Larvenstadium. Unten: *Drosophila*-Puppe. Maßstab = 0,1 mm. Aufnahmen mit freundlicher Genehmigung von F. R. Turner (oben aus Turner et al. 1976; Mitte aus Turner et al. 1979).

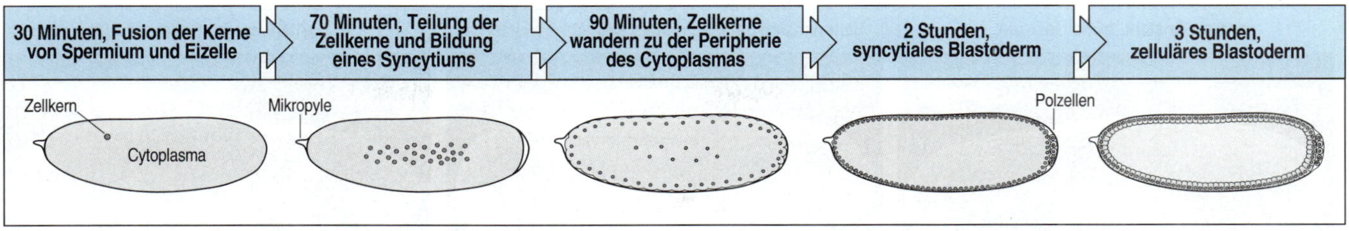

2.30 Furchung des *Drosophila*-Embryos. Nach der Verschmelzung der Zellkerne von Spermium und Eizelle finden sehr rasche Kernteilungen statt, ohne daß sich Zellwände bilden. Auf diese Weise entsteht ein Syncytium mit vielen Zellkernen in einem gemeinsamen Cytoplasma. Nach der neunten Teilung wandern die Zellkerne an die Peripherie, um das syncytiale Blastoderm zu bilden. Nach etwa drei Stunden werden Zellwände eingezogen; so entsteht das zelluläre Blastoderm. Etwa 15 Polzellen, aus denen sich später die Keimzellen entwickeln, bilden eine abgetrennte Gruppe am Hinterende des Embryos. Die angegebenen Zeiten gelten für Inkubationen bei 25 °C.

so Zellen zu bilden. Nach etwa 13 Mitosen enthält das Blastoderm tatsächlich richtige Zellen. An diesem Vorgang sind jedoch nicht alle Zellkerne beteiligt; etwa 15 von ihnen bleiben am Hinterende des Embryos und entwickeln sich zu **Polzellen**. Aus diesen gehen später die Keimzellen hervor, also die Spermien oder Eier. Aufgrund des Syncytiums können sogar große Moleküle wie beispielsweise Proteine während der ersten drei Stunden der Entwicklung zwischen den Zellkernen diffundieren. Dies ist, wie wir noch in Kapitel 5 sehen werden, für die frühe *Drosophila*-Entwicklung von großer Bedeutung.

Alle zukünftigen Gewebe stammen von einer einzigen epithelialen Schicht des zellulären Blastoderms ab. Das zukünftige Mesoderm befindet sich beispielsweise in der am weitesten ventral gelegenen Region, während der Mitteldarm des adulten Tieres aus zwei Bereichen des präsumptiven Entoderms gebildet wird: einem vom vorderen und einem vom hinteren Ende des Embryos. Entodermale und mesodermale Gewebe wandern während der Gastrulation an ihre endgültigen Positionen im Inneren des Embryos; das Ektoderm bildet dann die äußere Schicht (Abbildung 2.31). Drei Stunden nach der Befruchtung beginnt die Gastrulation, indem sich das zukünftige Mesoderm in der Bauchregion einstülpt und bildet entlang der ventralen Mittellinie eine Furche. Die Mesodermzellen gelangen zunächst nach innen, indem genauso wie beim Neuralrohr der Wirbeltiere eine mesodermale Röhre entsteht. Sie lösen sich dann von der Oberflächenschicht des Rohres ab und wandern unterhalb des Ektoderms an Stellen im Inneren, wo sie später Muskeln und andere Bindegewebe bilden.

Bei Insekten verläuft wie bei allen Arthropoden der Hauptnervenstrang auf der ventralen und nicht auf der dorsalen Seite wie bei den Wirbeltieren. Kurz nachdem sich das Mesoderm eingestülpt hat, verlassen ektodermale Zellen aus der Ventralregion, die das Nervensystem bilden, einzeln die Oberfläche und lagern sich zwischen dem Mesoderm und dem äußeren Ektoderm zu einer Schicht von **Neuroblasten** zusammen. Zur gleichen Zeit entwickeln sich zwei röhrenförmige Einstülpungen an beiden Seiten des zukünftigen anterioren und posterioren Mitteldarms. Sie wachsen nach innen und verschmelzen schließlich zum Entoderm des mittleren Darmtrakts, während das Ektoderm hinter ih-

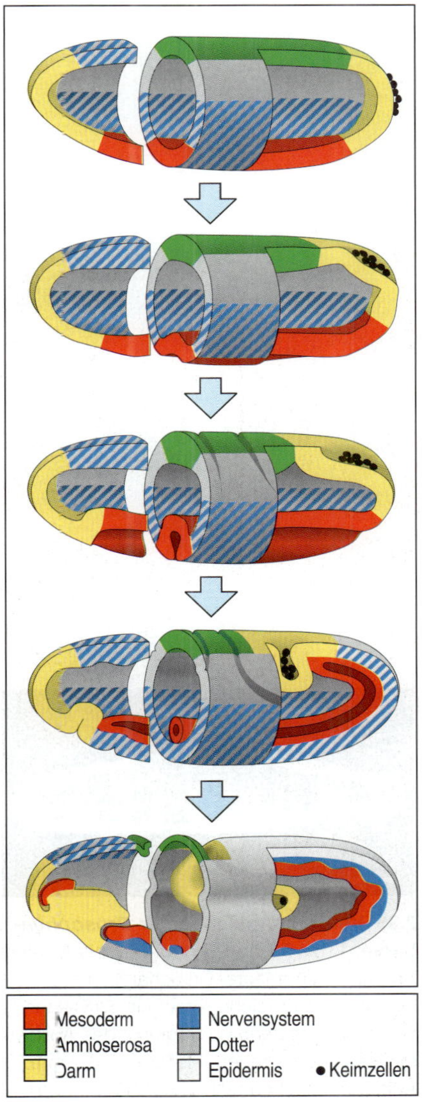

2.31 Gastrulation bei *Drosophila*. Die Gastrulation beginnt, wenn das zukünftige Mesoderm im ventralen Bereich nach innen wandert. Zuerst bildet sich eine Rinne, aus der dann eine innen liegende Röhre wird. Die Zellen verlassen dann die Röhre und wandern im Inneren unter das Ektoderm. Das Nervensystem stammt von Zellen, welche die Oberfläche des ventralen Blastoderms verlassen und eine Schicht zwischen dem ventralen Ektoderm und dem Mesoderm bilden. Der Darm entsteht aus zwei Einstülpungen am anterioren und posterioren Ende, die in der Mitte verschmelzen. Der mittlere Bereich des Verdauungstraktes ist entodermalen Ursprungs, während der vordere und hintere Bereich vom Ektoderm gebildet wird.

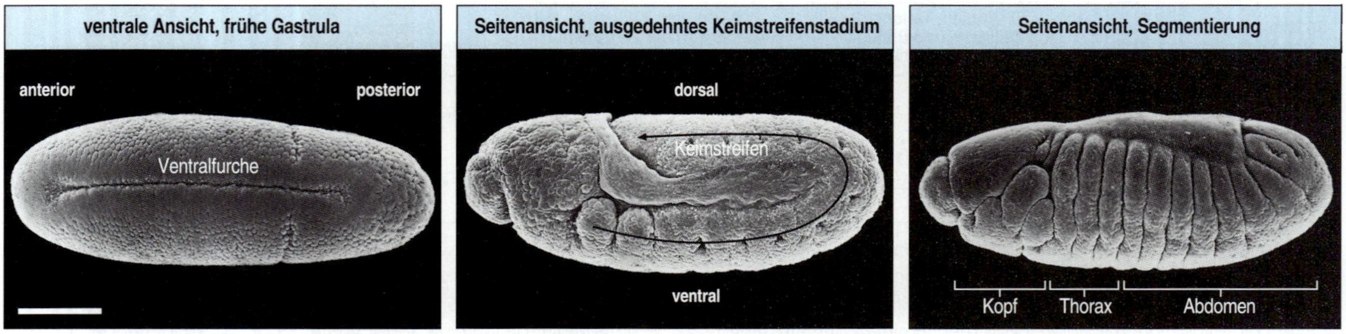

2.32 Gastrulation, Keimstreifenvergrößerung und Segmentierung beim *Drosophila*-Embryo. Bei der Gastrulation wandert das zukünftige Mesoderm durch die ventrale Furche in das Innere. Während der Gastrulation dehnt sich das ventrale Blastoderm (Keimstreifen) aus und drängt dabei die posteriore Rumpfregion auf die dorsale Seite. Dann findet die Segmentierung statt. Später verkürzt sich der Keimstreifen. Maßstab = 0,1 mm. Aufnahmen mit freundlicher Genehmigung von F. Turner (links aus Turner et al. 1977; Mitte aus Alberts et al. 1994).

nen an beiden Seiten nach innen gezogen wird und den Vorder- und Enddarm bildet. Die äußere Ektodermschicht entwickelt sich zur Epidermis. Während der Gastrulation findet keine Zellteilung statt; erst wenn sie beendet ist, beginnen sich die Zellen erneut zu teilen. Die Zellen der Epidermis teilen sich nur zweimal, bevor sie eine Cuticula ausscheiden.

Während der Gastrulation breitet sich außerdem das ventrale Blastoderm oder der **Keimstreifen** (*germ band*) aus, der die wichtigste Rumpfregion umfaßt; dadurch werden die hinteren Rumpfbereiche um das Hinterende herum auf die bisherige Dorsalseite geleitet (Abbildung 2.32). Später, nach Abschluß der Embryonalentwicklung, zieht sich der Keimstreifen wieder zurück. Wenn er sich ausdehnt, kann man die ersten Anzeichen der **Segmentierung** erkennen. Mehr oder weniger gleichzeitig zeigt sich eine Reihe gleichmäßig angeordneter Vertiefungen, welche die Grenzen der **Parasegmente** markieren, aus denen sich später die **Segmente** der Larve und der adulten Fliege entwickeln. Parasegmente und Segmente sind gegeneinander verschoben, so daß ein Segment jeweils aus dem hinteren Teil des einen und dem vorderen des folgenden Parasegments gebildet wird. Es gibt 14 Parasegmente: drei, die an den Mundpartien des Kopfes beteiligt sind; dann folgen drei Thorax- und acht Abdominalsegmente.

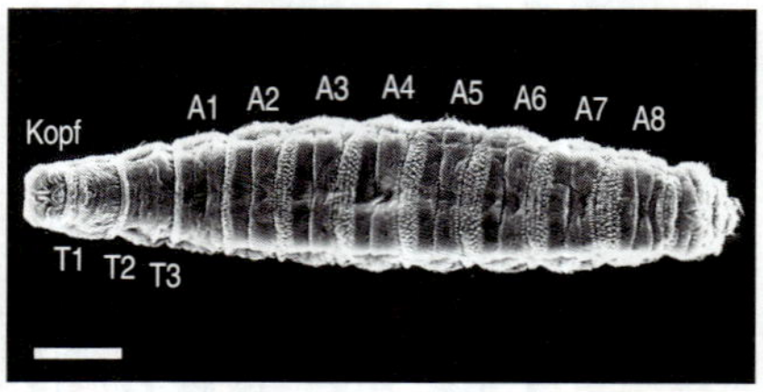

2.33 Ventrale Ansicht einer *Drosophila*-Larve. T1bis T3 sind Thorax-, A1 bis A8 sind Abdominalsegmente. Das charakteristische Dentikelmuster (siehe Abschnitt 5.16) kann man in der posterioren Region jedes Abdominalsegments sehen. Maßstab = 0,1 mm. Aufnahme mit freundlicher Genehmigung von F. R. Turner.

Die Larve (Abbildung 2.33) schlüpft etwa 24 Stunden nach der Befruchtung. Die unterschiedlichen Bereiche des Larvenkörpers sind jedoch schon mehrere Stunden vorher gut ausgebildet. Der Kopf ist eine komplexe Struktur, die vor dem Schlüpfen der Larve weitgehend der Sicht entzogen ist. Die mit der vordersten Kopfregion verbundenen Strukturen bezeichnet man als Akron, die am weitesten hinten liegenden als Telson. Dazwischen kann man aufgrund von besonderen Merkmalen in der Cuticula, die durch Ausscheidungen der Epidermis zustande kommen, drei Thorax- und acht Abdominalsegmente unterscheiden. Jedes Segment trägt auf seiner Ventralseite Dentikelstreifen und andere cuticulare Strukturen, die für jedes Segment charakteristisch sind. Die Larve frißt und wird größer, häutet sich und wirft ihre Cuticula ab. Das geschieht zweimal; jedes Stadium wird als **Larvenstadium** bezeichnet.

Die *Drosophila*-Larve hat weder Flügel noch Beine; diese und auch andere Organe erscheinen erst, wenn die Larve nach dem dritten Larvenstadium eine **Metamorphose** durchläuft, die von Hormonen beeinflußt wird. Die Organe und Gliedmaßen sind jedoch bereits in der Larve als **Imaginalscheiben** vorhanden; dies sind Plättchen aus zukünftigen Epidermalzellen, die aus dem zellulären Blastoderm stammen und in der

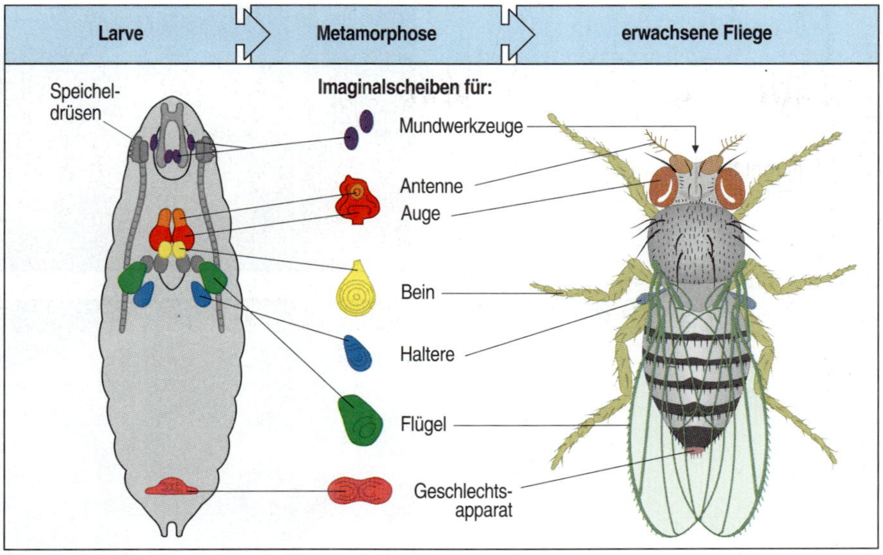

2.34 Aus den Imaginalscheiben entstehen bei der Metamorphose die adulten Strukturen. Die Imaginalscheiben der *Drosophila*-Larve sind kleine Scheiben aus Epithelzellen; bei der Metamorphose bilden sie eine Vielzahl adulter Strukturen aus. Die abdominale Cuticula stammt aus Gruppen von Histoblastenzellen, die sich in jedem Abdominalsegment der Larve befinden.

Regel aus jeweils etwa 40 Zellen bestehen. Diese Scheiben wachsen während der gesamten Larvenstadien hindurch und bilden gefaltete Epithelsäckchen, um sich ihrem jeweiligen Größenzuwachs anpassen zu können. Es gibt Imaginalscheiben für jedes der sechs Beine, für die beiden Flügel und Halteren (Gleichgewichtsorgane), für den Genitalapparat, die Augen, die Antennen und die Kopfstrukturen der erwachsenen Fliege (Abbildung 2.34). In den Abdominalsegmenten findet man Gruppen von ungefähr zehn Histoblasten. Diese Zellen teilen sich nicht, sind aber bei der erwachsenen Fliege während der Metamorphose an der Bildung der Epidermis beteiligt.

2.6 Der Fadenwurm *Caenorhabditis elegans*

Der frei in der Erde lebende Fadenwurm *Caenorhabditis elegans*, dessen Lebenszyklus in Abbildung 2.35 dargestellt ist, ist zur Zeit einer der wichtigsten Modellorganismen in der Entwicklungsbiologie. Er hat zahlreiche Vorteile. Er ist für genetische Analysen geeignet, besteht nur aus wenigen Zellen (558 im ersten Larvenstadium), die immer in der gleichen Weise auseinander hervorgehen, und hat einen transparenten Embryo, bei dem man die Entstehung jeder einzelnen Zelle verfolgen kann. Zudem hat *Caenorhabditis elegans* eine einfache Anatomie. Die erwachsenen Tiere sind etwa ein Millimeter lang – mit einem Durchmesser von nur 70 Mikrometern. Fadenwürmer können auf Agarplatten in großer Zahl wachsen. Frühe Larvenstadien kann man eingefroren aufbewahren und später wieder auftauen. Die Fortpflanzung erfolgt hauptsächlich durch Selbstbefruchtung erwachsener Hermaphroditen (Zwitter); unter besonderen Umständen können sich jedoch auch Männchen entwickeln. Die Embryonalentwicklung verläuft sehr schnell: Die Larve schlüpft bei einer Inkubationstemperatur von 20 °C nach 15 Stunden, die Reifung über die Larvenstadien bis zum erwachsenen Wurm erfordert dann allerdings doch insgesamt etwa 50 Stunden.

Die Eizelle des Fadenwurmes ist klein und hat nur einen Durchmesser von 50 Mikrometern. Die Polköper bilden sich nach der Befruchtung. Bevor der männliche und der weibliche Zellkern verschmelzen, kommt es zu einer Art unvollständigen Furchung; die eigentliche Furchung setzt allerdings erst nach der Fusion der Zellkerne ein (Abbildung

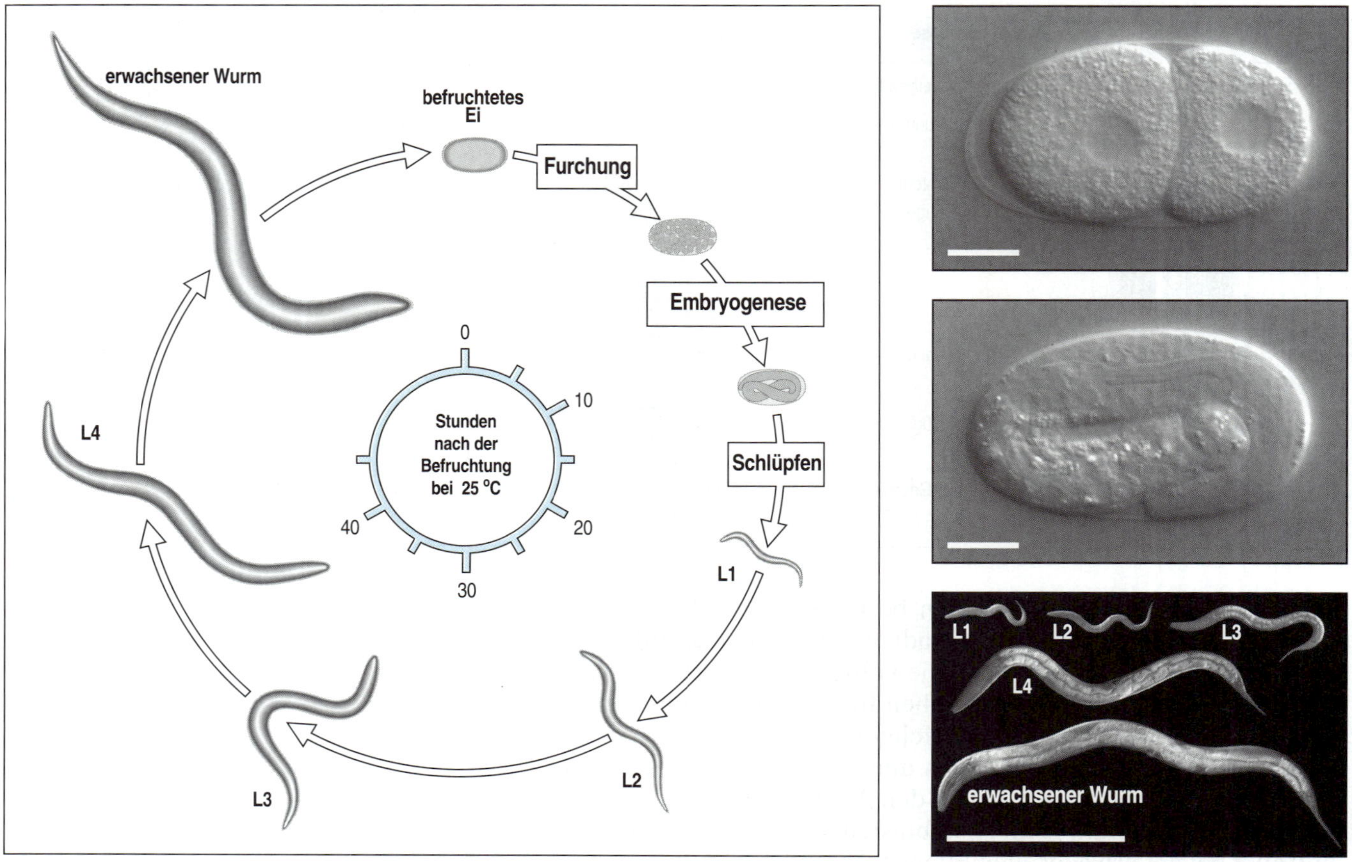

2.35 Lebenszyklus des Fadenwurmes *Caenorhabditis elegans.* Nach Furchung und Embryogenese dauert es vier Larvenstadien (L1 bis L4), bis sich ein geschlechtsreifer, erwachsener Wurm entwickelt hat. Im ausgewachsenen Zustand ist *Caenorhabditis elegans* ein Hermaphrodit, obwohl sich auch Männchen entwickeln können. Die Photographien zeigen: das Zwei-Zellen-Stadium (oben, Maßstab = 10 µm, einen Embryo nach der Gastrulation mit der zusammengerollten Larve (Mitte, Maßstab = 10 µm), die vier Larvenstadien und einen erwachsenen Wurm (unten, Maßstab = 0,5 mm). Aufnahmen mit freundlicher Genehmigung von J. Ahringer.

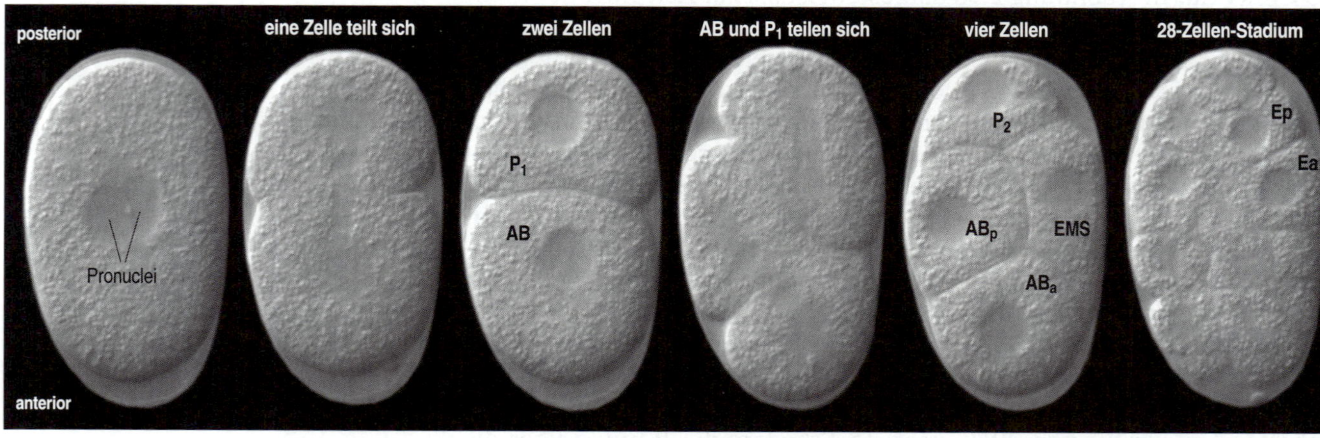

2.36 Furchung des *Caenorhabditis elegans*-Embryos. Nach der Befruchtung verschmelzen die Pronuclei von Spermium und Ei. Das Ei teilt sich dann in eine große anteriore AB-Zelle und eine kleinere posteriore P_1-Zelle. Bei der nächsten Teilung teilt sich AB in AB_a und Ab_p, während sich P_1 in P_2 und EMS teilt. Die EMS-Zelle teilt sich in die E-Zellen, die den Darm bilden, und in die MS-Zellen (hier nicht beschriftet). Jede dieser Zellen teilt sich innerhalb dieser Gruppen immer weiter. Aufnahmen mit freundlicher Genehmigung von J. Ahringer.

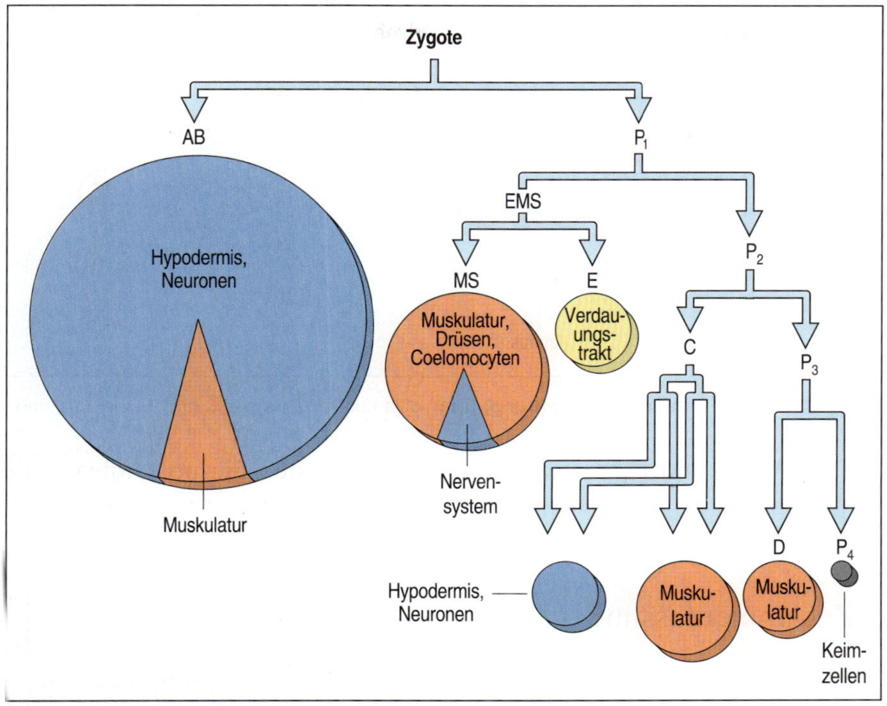

2.37 Abstammung und Schicksal der Zellen im frühen *C. elegans*-Embryo. Das befruchtete Ei teilt sich in eine anteriore AB- und eine posteriore P_1-Zelle. Die AB-Zelle und ihre Nachkommen bilden die Hypodermis (die äußeren Schichten des Embryos), die Neuronen und einige Muskeln. Die P_1-Zelle teilt sich zu EMS und P_2. Die EMS-Zelle wiederum teilt sich in die Zellen MS und E, die sich je nachdem zu Muskel, Drüsen, Coelomocyten oder zum Darm entwickeln. Weitere Teilungen der P-Linie entsprechen eher Teilungen von Stammzellen, wobei sich eine Tochterzelle bei jeder Teilung (C und D) zu einer Vielzahl von Geweben entwickelt, während die andere (P_2 und P_3) weiterhin als Stammzelle fungiert. Schließlich entstehen aus P_4 die Keimzellen.

2.36). Die erste Furchung verläuft asymmetrisch; dabei entstehen eine anteriore AB-Zelle und eine kleinere posteriore P_1-Zelle. Bei der zweiten Furchung teilt sich AB anterior in AB_a und posterior in AB_p, während aus P_1 durch Teilung P_2 und EMS entstehen. In diesem Stadium kann man bereits die Hauptachsen erkennen, da P_2 posterior und AB_p dorsal liegt. Durch weitere Furchungen der AB-Zellen entstehen vor allem Hypodermis (die Außenschichten des Wurmes), Neuronen und Muskeln. Wir wollen uns hier auf das Schicksal der P_2- und EMS-Zellen beschränken (Abbildung 2.37). EMS teilt sich in E und MS. Aus E entwickelt sich der Darm, aus MS werden Muskeln, Drüsen und Neuronen. Aus P_2 gehen P_3 und C hervor. C bildet Muskeln, Hypodermis und Neuronen, und P_3 teilt sich in P_4 und D. D ist für Muskeln und P_4 für die Keimzellen zuständig. Auch im weiteren ist das Muster, nach dem sich all diese Zellen teilen, genau definiert. Im 28-Zellen-Stadium setzt die Gastrulation ein, sobald die Nachkommen der E-Zelle, die den Darm bilden, nach innen wandern. Nicht alle Zellen, die während der Embryonalentwicklung entstehen, überleben; der **programmierte Zelltod** (**Apoptose**) bestimmter Zellen ist ein integraler Bestandteil der Fadenwurmentwicklung.

Die frischgeschlüpfte Larve (Abbildung 2.38) ähnelt in ihrem Aufbau dem erwachsenen Tier, ist jedoch noch nicht geschlechtsreif. Sie hat weder Keimdrüsen noch die dazugehörigen Strukturen wie zum Beispiel die Vulva, die für die Reproduktion erforderlich ist. Die postembryonale Entwicklung vollzieht sich im Laufe von vier aufeinanderfolgenden Häutungen. Die frischgeschlüpfte Larve besitzt 558 Zellkerne, der erwachsene Hermaphrodit 959 somatische Zellkerne neben einer variablen Anzahl von Keimzellen. Hier werden bewußt Zellkerne und nicht Zellen gezählt, da manche Zellen Syncytien sind und mehrere Zellkerne besitzen. Die Zellen, die im erwachsenen Tier hinzukommen, stammen zum größten Teil von Vorläuferblastenzellen (P-Zellen, von englisch *precursor*, Vorläufer), die entlang der Körperachse verteilt sind. Jede dieser Blastenzellen gründet eine invariante Zellinie, die bis zu acht Zellteilungen durchläuft. Die Vulva zum Beispiel entsteht aus den Blasten-

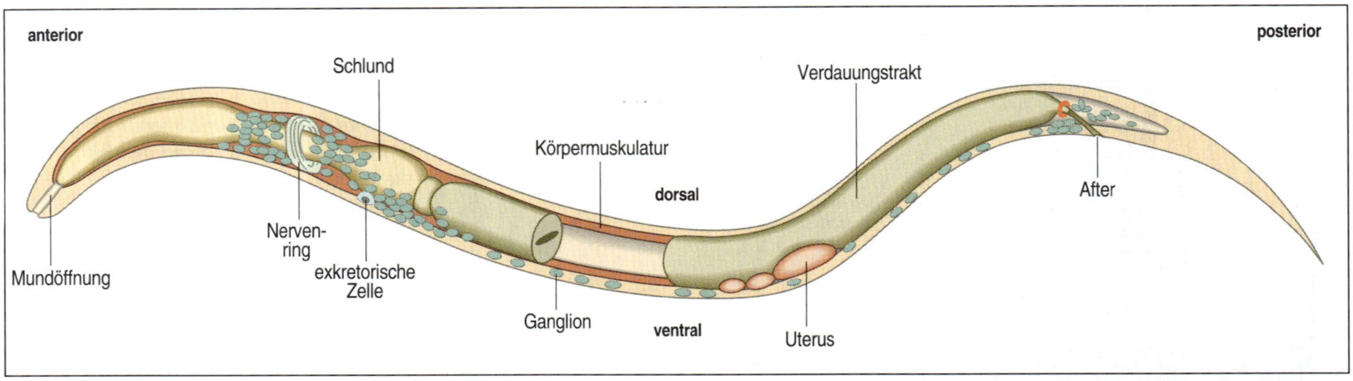

2.38 *Caenorhabditis elegans*-Larve im L1-Stadium (20 Stunden nach der Befruchtung). Die Vulva entwickelt sich aus dem Gonadenprimordium.

zellen P_5, P_6 und P_7. Insgesamt könnte man sich die postembryonale Entwicklung bei den Fadenwürmern so vorstellen, als ob dem Grundbauplan der Larve adulte Strukturen hinzugefügt würden.

Zusammenfassung

Wie bei den Wirbeltieren kommt es auch bei den Embryonen der Wirbellosen zur Furchung, zur Ausbildung einer Art Blastula und zur Gastrulation. Dabei wandern Entoderm und Mesoderm ins Innere des Embryos und nehmen dort ihre korrekte Position ein, während das Ektoderm an der Außenseite bleibt. Diese Vorgänge können im einzelnen sehr unterschiedlich ausfallen. Bei Insekten ist der Embryo ein Syncytium mit mehreren tausend Zellkernen, die eine oberflächliche Schicht an der Außenseite des Embryos bilden. Aus dieser Schicht entsteht später das zelluläre Blastoderm, das mehrere tausend Zellen enthält. Der Fadenwurm besitzt dagegen nur wenige Zellen. Er ist ein Beispiel für einen Embryo, dessen Zellen immer auf die gleiche Art und Weise aus ihren Vorläuferzellen hervorgehen.

Modellsysteme: Pflanzen

Bislang arbeiteten die Entwicklungsbiologen hauptsächlich mit Tieren, mittlerweile rückt jedoch auch die Pflanzenentwicklung zunehmend ins Blickfeld. Zwischen der Entwicklung von Pflanzen und Tieren gibt es wichtige Unterschiede. Am offensichtlichsten ist bei Pflanzen das Fehlen von Zellwanderung und Gewebeverlagerungen, so daß bei der Morphogenese Zellteilung und Zellexpansion eine große Rolle spielen. Es gibt bei den Pflanzen auch nichts, was der Gastrulation entspräche. Eine Besonderheit bei Pflanzen ist die Tatsache, daß sämtliche adulten Strukturen aus **Meristemen** hervorgehen, Gruppen undifferenzierter Zellen, die für diesen Zweck in Sprossen und Wurzelspitzen bereitgestellt werden.

2.7 Die Ackerschmalwand *Arabidopsis thaliana*

Für die Erforschung der Pflanzenentwicklung hat die kleine, einjährige Kruzifere *Arabidopsis thaliana* (Ackerschmalwand) eine ähnliche Be-

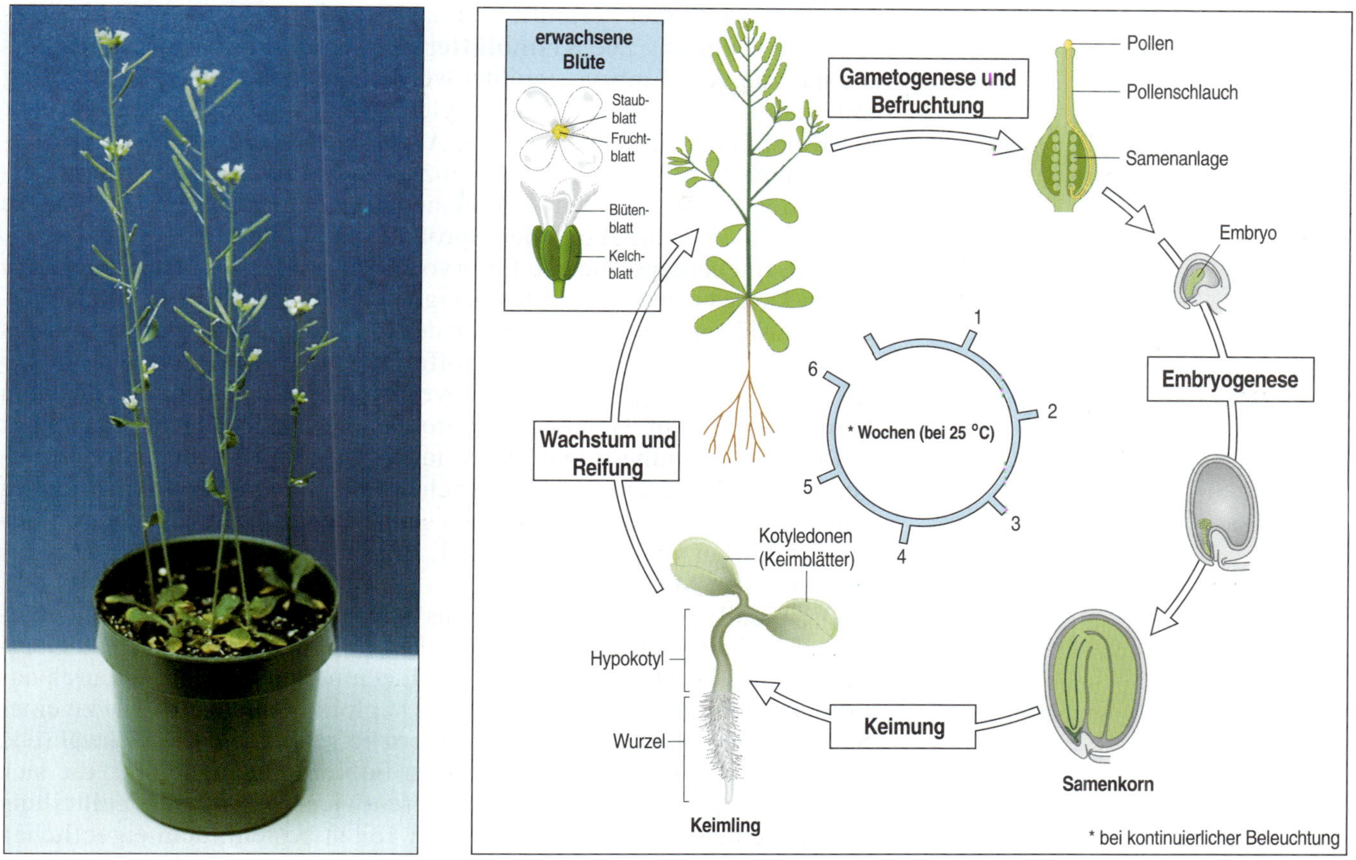

2.39 Lebenszyklus von *Arabidopsis*. Bei Blütenpflanzen befinden sich die Eizellen einzeln in Samenanlagen in den Fruchtblättern. Im Fruchtknoten wird die Eizelle durch den männlichen Zellkern eines Pollenkorns befruchtet. Sie entwickelt sich dann zu einem Embryo, der sich innerhalb des Fruchtknotens befindet und einen Samen bildet. *Arabidopsis* ist eine Dikotyledone. Der reife Embryo besitzt zwei flügelähnliche Keimblätter oder Kotyledonen (Speicherorgane) am apikalen Ende (Sproß) der Hauptachse, dem Hypokotyl, das an seinem einen Ende ein Sproßmeristem und an seinem anderen ein Wurzelmeristem aufweist. Nach der Keimung entwickelt sich der Keimling zu einer Pflanze mit Wurzeln, einem Stengel, Blättern und Blüten. Die Photographie zeigt eine reife *Arabidopsis*-Pflanze.

deutung wie *Drosophila* für die Tierentwicklung. Sie eignet sich hervorragend für genetische Studien. Ihr Lebenszyklus ist in Abbildung 2.39 skizziert. Diese einjährige Blütenpflanze entwickelt eine kleine bodenständige Blattrosette, aus der ein verzweigter Blütenstengel mit einem Blütenstand am Ende jeder Verzweigung hervorwächst.

Jede Blüte (Abbildung 2.40) besteht aus vier Kelchblättern (Sepalen), die vier weiße Blütenblätter umgeben; im Inneren der Blütenblätter (Petalen) befinden sich sechs Staubblätter (Stamina), die den männlichen Pollen enthalten, sowie ein zentraler aus zwei Fruchtblättern (Carpellen) gebildeter Fruchtknoten, der die Samenanlagen enthält. Jede Samenanlage enthält eine Eizelle. Nach der Befruchtung entwickelt sich der Embryo im Inneren der Samenanlage. Es dauert etwa zwei Wochen, bis ein Samenkorn ausgereift ist. Drei bis vier Wochen nach der Samenkeimung kann man an einer jungen Pflanze für gewöhnlich schon Blütenknospen erkennen. Der gesamte Lebenszyklus dauert demnach sechs bis acht Wochen. In der Samenanlage wird das befruchtete Ei von einem speziellen Nährgewebe umgeben, dem **Endosperm**, das während der Embryonalentwicklung als Nährstoffquelle dient.

Der frühe Embryo besteht aus einer Vielzahl kleiner, undifferenzierter Zellen, aus denen sich drei wichtige Gewebe entwickeln: die äußere Epidermis; das künftige Gefäßgewebe, das im Zentrum der Hauptachse

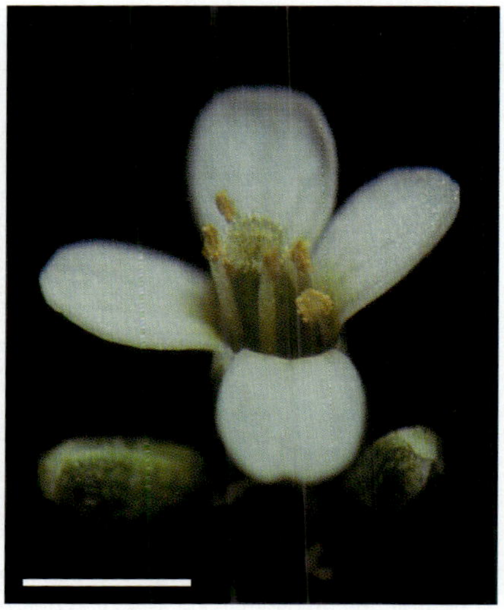

2.40 Eine einzelne Blüte von *Arabidopsis*. Maßstab = 1 mm.

und der Keimblätter verläuft; und das Grundgewebe, welches das Gefäßgewebe umgibt. Die **Keimblätter** oder **Kotyledonen** sind Speicherorgane, die vom Embryo gebildet werden und den keimenden Sämling mit Nahrung versorgen. Monokotyledonen wie der Mais besitzen nur ein Keimblatt, Dikotyledonen wie *Arabidopsis* dagegen zwei. **Apikalmeristeme** bestehen aus undifferenzierten Zellen, die sich kontinuierlich teilen können; sie entwickeln sich an jedem Ende der Hauptachse und bilden die Wurzel und den Sproß des Keimlings.

Die Samenanlage, die den Embryo enthält, reift zu einem Samenkorn heran. Dieses ruht solange, bis geeignete äußere Bedingungen die Keimung auslösen. Die frühen Stadien der Keimung und das Wachstum des Sämlings hängen von den Nährstoffen ab, die in den Keimblättern gespeichert sind. Sproß und Wurzel werden länger und kommen aus dem Samenkorn hervor. Gelangt der Sproß an die Erdoberfläche, beginnt er mit der Photosynthese und bildet an der Sproßspitze die ersten richtigen Blätter. Ungefähr vier Tage nach der Keimung ist aus dem Sämling eine Pflanze geworden, die für sich selbst sorgen kann. Sämtliche adulten Strukturen wie Blätter, Stengel, Blüten und Wurzeln stammen aus dem apikalen Meristem.

Die Eizelle wird durch Pollen aus den männlichen Geschlechtsorganen, den Staubblättern, befruchtet. Ein Pollenkorn, das auf die Oberfläche eines Fruchtblattes gelangt, bildet einen Schlauch, der durch das Fruchtblatt hindurchwächst und zwei haploide Pollenzellkerne zu einer Samenanlage transportiert. Ein Zellkern befruchtet die Eizelle, während der andere mit den zwei sogenannten Polkernen verschmilzt, die sich dann zum triploiden Endosperm weiterentwickeln. Die frühe Zellteilung führt zu einem Embryo, der aus zwei Teilen besteht: dem eigentlichen Embryo und dem Suspensor, der den Embryo am mütterlichen Gewebe verankert und als Nahrungsquelle dient (Abbildung 2.41). Die ersten Furchungsmuster bis zum 16-Zellen-Stadium laufen fast immer gleich ab. Im Acht-Zellen-Stadium kann man den eigentlichen Embryo schon deutlich vom Suspensor unterscheiden. Bereits in diesem frühen Stadium kann man für die Hauptregionen des Sämlings einen Anlagenplan erstellen. Die obere Zellreihe bildet die Keimblätter, die für die Ernährung zuständig sind, aus der nächsten Reihe entsteht das Hypokotyl, und der Suspensorbereich wird da, wo er auf den Embryo trifft,

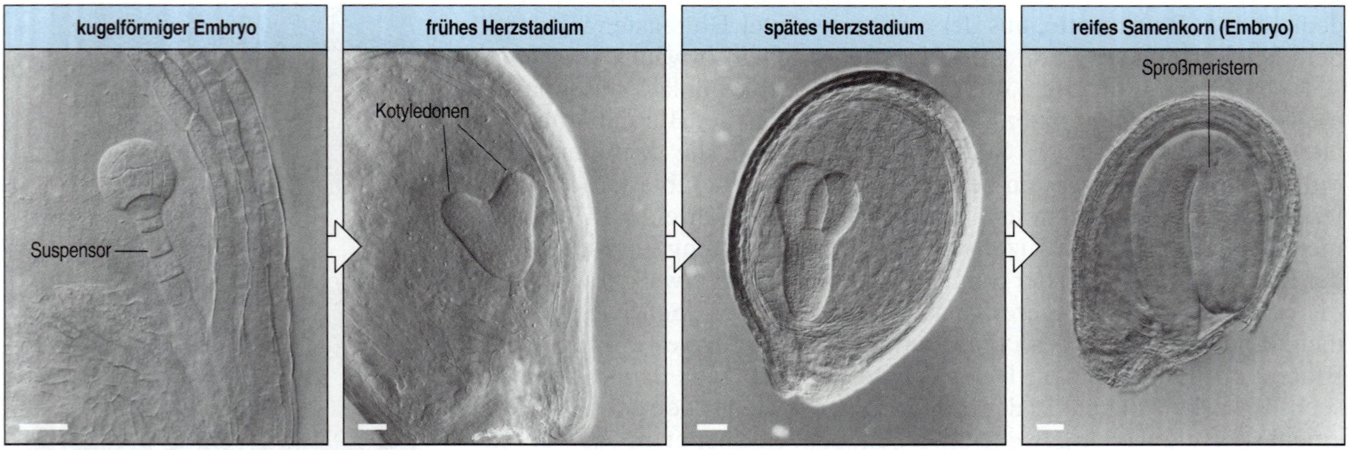

2.41 Embryonalentwicklung von *Arabidopsis*. Lichtmikroskopische Aufnahmen (Nomarski-Optik) von durchsichtig gemachten Wildtypsamen von *Arabidopsis thaliana*. Die Keimblätter kann man schon im Herzstadium erkennen. Der eigentliche Embryo ist mit der Samenhülle mittels eines fadenförmigen Suspensors verbunden. Maßstab = 20 µm. Aufnahmen mit freundlicher Genehmigung von D. Meinke, aus Meinke 1994.

zur Wurzel. Im 16-Zellen-Stadium ist die epidermale Schicht, auch Dermatogen genannt, bereits vorhanden. Wenig später, im globulären Stadium, kann man das zukünftige Gefäßgewebe und das Grundgewebe erkennen. Mit weiteren Zellteilungen wird das sogenannte Herzstadium erreicht, in dem die beiden Keimblätter eine flügelartige Struktur aufweisen. Keimblätter und Hypokotyl dehnen sich weiter aus, um dem Embryo die dem reifen Samenkorn angemessene Gestalt zu geben. Das zukünftige apikale Sproßmeristem ist ein kleiner Zellhaufen zwischen den Keimblättern; es bleibt bis zur Keimung im Ruhezustand. Der Embryo wird nun in eine Samenhülle eingeschlossen und wartet auf die Keimung.

Das Meristem wird erst nach dem Embryonalstadium aktiv. Durch Zellteilungen im Sproßmeristem kommt es sowohl zu einem apikalen Wachstum als auch zur Bildung von Blättern. Das erste Anzeichen dafür, daß ein Blatt entsteht, ist eine lokale Verdickung – eine Blattanlage (Blattprimordium) – des apikalen Meristems. Daraus entwickelt sich nach und nach ein Fortsatz, aus dem dann das Blatt entsteht. Damit die Pflanze blühen kann, muß das vegetative Sproßmeristem auf Reproduktion umgeschaltet werden. Bei *Arabidopsis* wird aus dem apikalen Sproßmeristem ein **Blütenstandsmeristem** (*inflorescence meristems*), das einzelne **Blütenmeristeme** (*floral meristems*) abschnürt; aus jedem von ihnen entwickelt sich dann eine einzelne Blüte. An Stelle von Blättern bringt ein Blütenmeristem nacheinander Kelchblätter, Blütenblätter, Staubblätter und Fruchtblätter hervor.

Zusammenfassung

Der Lebenszyklus der einjährigen Ackerschmalwand *Arabidopsis thaliana* dauert insgesamt etwa sechs bis acht Wochen. Nach dem Embryonalstadium erfolgt das weitere Wachstum nur noch aus Meristemen. Diese bestehen aus undifferenzierten Zellen, die sich unaufhörlich teilen können. Die Meristeme entwickeln sich an beiden Enden der Hauptsproßachse und sorgen beim Keimling für die Bildung von Wurzeln und Sproß sowie für sämtliche Strukturen der adulten Pflanze. Die frühen Furchungsmuster im Embryo laufen weitgehend immer nach dem gleichen Schema ab. Für die Hauptregionen des Keimlings kann man daher schon in einem sehr frühen Stadium einen Anlagenplan erstellen. In der adulten Pflanze bildet das Sproßmeristem den Stiel und die Blätter, bevor es sich in ein Blütenstandsmeristem umwandelt. Dieses bringt Blütenmeristeme hervor, von denen jedes einzelne zu einer Blüte wird. Aus jedem Blütenmeristem entstehen nacheinander Kelchblätter, Blütenblätter, Staubblätter und Fruchtblätter.

Die Identifizierung von Entwicklungsgenen

Eines der zentralen Anliegen der Entwicklungsbiologie ist es zu verstehen, wie Gene die Embryonalentwicklung steuern. Dafür muß man jedoch erst einmal herausfinden, welche Gene dabei eine entscheidende Rolle spielen. Diese Aufgabe kann auf verschiedene Weisen angegangen werden, je nachdem, um welchen Organismus es sich handelt. In der Regel beginnt man jedoch damit, daß man nach Mutationen sucht, welche die Entwicklung auf eine bestimmte aussagekräftige Weise verändern. In den folgenden Abschnitten werden einige allgemeine Strategien beschrieben, wie man solche Mutationen erzeugt und findet; weitere Methoden werden in späteren Kapiteln behandelt. Techniken, mit denen man Entwicklungskontrollgene identifizieren und ihre Expression im Organismus nachweisen kann, sind an anderer Stelle im Zusammenhang mit gentechnischen Eingriffen beschrieben.

Für die genetische Analyse eignen sich nur einige der besprochenen Modellsysteme. Trotz ihrer Bedeutung für die Entwicklungsbiologie können Amphibienembryonen nicht für genetische Studien benutzt werden, da ihre Brutzeit viel zu lang und über ihre Genetik so gut wie nichts bekannt ist. Bei den Vögeln ist die Situation nicht viel besser. Durch den Einsatz von Techniken der direkten Genanalyse beginnt man jedoch allmählich, die Entwicklungsgene dieser Organismen zu identifizieren. Dabei nutzt man aus, daß die Sequenz der Vogelgene der von gut charakterisierten Entwicklungsgenen aus Organismen wie *Drosophila* und Mais ähnelt. Wenn man in einer Tierart ein wichtiges Entwicklungsgen identifiziert hat, erweist es sich im allgemeinen als lohnend, nachzusehen, ob es nicht bei anderen Tieren ein **homologes Gen** gibt, das für die Entwicklung eine Rolle spielt. Ein homologes Gen ist ein Gen mit einem gewissen Grad an Ähnlichkeit in der Nucleotidsequenz, welcher die Abstammung von einem gemeinsamen Vorfahrengen anzeigt. Wie wir noch in Kapitel 4 sehen werden, konnte auf diese Weise zum Beispiel in Wirbeltieren eine bis dahin unbekannte Klasse von Genen identifiziert werden, die das Segmentierungsmuster in einem Teil der Längsachse beeinflussen. Sie wurden aufgrund ihrer Homologie mit Genen entdeckt, die in der frühen *Drosophila*-Entwicklung die anterioposteriore Musterbildung steuern.

2.8 Entwicklungsgene können anhand von selten auftretenden Spontanmutationen identifiziert werden

Alle in diesem Buch behandelten Organismen sind diploid und pflanzen sich sexuell fort. Ihre somatischen Zellen enthalten daher – mit Ausnahme der Gene auf den Geschlechtschromosomen – von jedem Gen zwei Kopien. Nur *Xenopus* ist anders, nämlich tetraploid; das heißt, er hat im Vergleich zu diploiden Organismen die doppelte Chromosomenzahl. Bei jedem Gen kommt eine Kopie (**Allel**) vom männlichen und die andere vom weiblichen Elternteil. Für viele Gene gibt es innerhalb einer Population einige unterschiedliche „normale" Allele, was zu der Variation des normalen Phänotyps führt, wie man sie in jeder sich sexuell fortpflanzenden Art findet. Gelegentlich kommt es in einem Gen zu einer spontanen Mutation, die zu einer deutlichen, in der Regel schädlichen Veränderung im Phänotyp des Organismus führt.

Viele Gene, die die Entwicklung beeinflussen, wurden aufgrund spontaner Mutationen aufgespürt, die ihre Funktion beeinträchtigen und zu einem anomalen Phänotyp führen. Da solche Mutationen jedoch selten sind, mußte man mit chemischen Mutagenen oder Röntgenstrahlen großangelegte Mutageneseexperimente durchführen, um ihre Anzahl zu erhöhen. Anschließend suchte man, wie in Abschnitt 2.9 beschrieben wird, nach Entwicklungsmutationen. Man unterscheidet Mutationen grob danach, ob sie dominant oder rezessiv sind (Abbildung 2.42). **Dominante** oder **semidominante** Mutationen führen auch dann zu einem bestimmten Phänotyp, wenn sie nur in einem der beiden Allele vor-

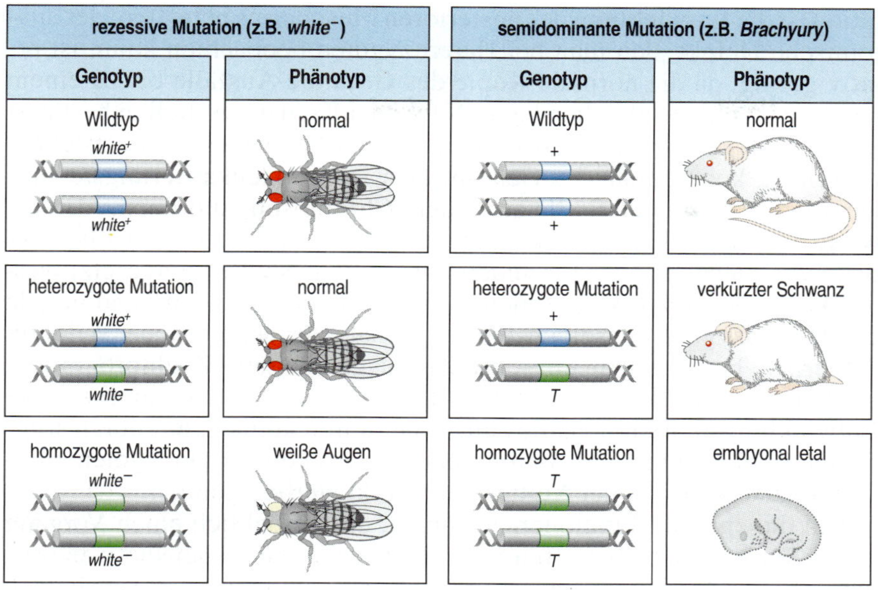

2.42 Mutationstypen. Links: Eine Mutation ist rezessiv, wenn sie sich nur im homozygoten Zustand auswirkt – wenn also beide Kopien des Gens die Mutation tragen. Rechts: Im Gegensatz dazu beeinflußt eine dominante oder semidominante Mutation den Phänotyp auch im heterozygoten Zustand, das heißt, wenn nur eine Kopie des mutierten Gens vorhanden ist. Ein Pluszeichen bezeichnet den Wildtyp, ein Minuszeichen die rezessive Mutation. *T* ist die Mutante des Gens *Brachyury*.

kommen; das heißt, sie wirken sich auch im **heterozygoten** Zustand aus. Im Gegensatz dazu ändern **rezessive** Mutationen wie *white* in *Drosophila* den Phänotyp nur dann, wenn die Mutation in beiden Allelen eines Paares vorkommt und sie damit **homozygot** sind.

Im allgemeinen kann man dominante Mutationen leichter erkennen, besonders wenn sie die Gesamtanatomie oder die Färbung betreffen, sofern sie nicht schon im heterozygoten Zustand den vorzeitigen Tod des Embryos verursachen. Echte dominante Mutationen sind allerdings selten. Ein klassisches Beispiel einer semidominanten Mutation ist eine Mutation im Mausgen *Brachyury*, welche sich auf die Mesodermentwicklung auswirkt. Ursprünglich hat man sie entdeckt, weil Mäuse, die hinsichtlich dieser Mutation (dargestellt durch *T*) heterozygot sind, kurze Schwänze haben. Tritt diese Mutation homozygot auf, sind die Auswirkungen viel gravierender. Die Embryonen sterben in einem frühen Stadium, was anzeigt, daß dieses Gen für die normale Embryonalentwicklung erforderlich ist (Abbildung 2.43). In der *Brachyury*-Mu-

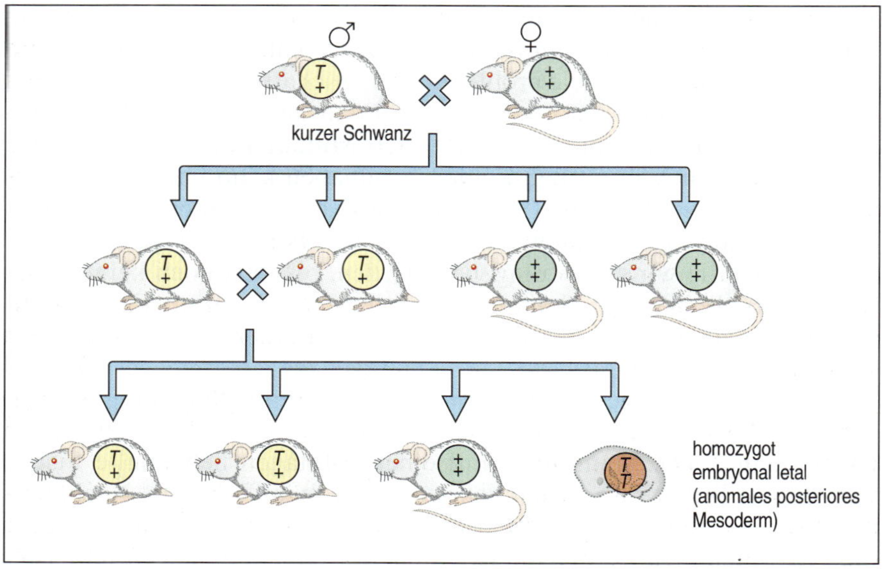

2.43 Genetik der semidominanten Mutation in *Brachyury* (*T*) bei der Maus. Ein heterozygotes Männchen, das die *T*-Mutation trägt, hat nur einen kurzen Schwanz. Wenn es mit einem normalen Weibchen (Wildtyp, +) gekreuzt wird, sind einige der Nachkommen heterozygot und haben kurze Schwänze. Kreuzt man zwei heterozygote Tiere miteinander, werden einige Nachkommen bezüglich dieser Mutation homozygot sein (*T/T*). Das führt zu einer schweren und tödlichen Entwicklungsanomalie, bei der sich das posteriore Mesoderm nicht entwickelt.

tation ist die Entwicklung des posterioren Mesoderms betroffen; der anatomische Defekt, den man bei Heterozygoten beobachten kann, ist relativ gering, da die normale Kopie des Gens die Ausfälle bis zu einem gewissen Grad ausgleichen kann. Nachdem Kreuzungsstudien bestätigt hatten, daß die *Brachyury*-Mutation auf ein einzelnes Gen zurückzuführen ist, konnte man das Gen mit klassischen Genkartierungstechniken einer bestimmten Stelle auf einem Chromosom zuordnen. Mittlerweile hat man es kloniert, das heißt, es wurde in reiner Form isoliert, so daß es sequenziert oder für andere molekulare Studien eingesetzt werden kann. Rezessive Mutationen zu finden, ist sehr viel aufwendiger, da die Heterozygote denselben Phänotyp hat wie der normale Wildtyp. Außerdem benötigt man ein sorgfältig ausgearbeitetes Zuchtprogramm, um homozygote Tiere zu erhalten. Bei Säugetieren kann man rezessive Entwicklungsmutationen, die zum Tode führen können, nur durch sorgfältige Beobachtung und Analyse erkennen, da die Homozygoten möglicherweise schon in der Mutter unbemerkt sterben können.

Um diejenigen Mutationen zu finden, die tatsächlich einen Vorgang in der Entwicklung betreffen und nicht nur einige lebensnotwendige, aber ansonsten übliche Haushaltsfunktionen, ohne die das Tier jedoch nicht überleben kann, müssen sehr strenge Kriterien angewandt werden. Ein einfaches Kriterium für eine Entwicklungsmutation ist die embryonale Letalität; dabei erfaßt man allerdings auch Mutationen in Genen, die an Haushaltsfunktionen beteiligt sind. Wesentlich vielversprechendere Kandidaten sind Mutationen, die in der Embryonalentwicklung anomale Muster hervorrufen.

2.9 Die Identifizierung von Entwicklungsgenen durch Induktion von Mutationen und gezieltes Screening

So wertvoll spontane Mutationen auch für die Erforschung der Entwicklung gewesen sind, so selten sind jedoch geeignete Mutationen. Weit mehr Entwicklungsgene hat man dadurch entdeckt, daß man bei einer großen Anzahl von Organismen durch Behandlung mit Chemikalien oder durch Röntgenbestrahlung Zufallsmutationen auslöste und dann nach Mutanten suchte, die unter Entwicklungsaspekten von Interesse sind. Man versucht hierbei, nach Möglichkeit eine ausreichend große Population zu behandeln, so daß schließlich jedes Gen des Genoms mutiert ist. Ein solcher Ansatz läßt sich am besten bei Organismen verwirklichen, die sich rasch vermehren sowie problemlos zu beschaffen und zu halten sind.

Zebrafische haben das Potential für ein ausgezeichnetes Wirbeltiersystem, in dem man im großen Maßstab Mutagenese betreiben kann, weil man sie auch in großen Zahlen handhaben kann und weil es aufgrund der Transparenz und Größe der Embryonen leichter ist, Entwicklungsanomalien zu erkennen. Allerdings gibt es im Gegensatz zu *Drosophila*, auf die wir später eingehen werden, bis jetzt noch keine genetischen Möglichkeiten, nichtbetroffene Individuen automatisch zu eliminieren. Daher muß man alle Nachkommen einer Kreuzung einzeln sichten und überprüfen.

Um an Zebrafischen gezielt ein Suchprogramm (Screening) durchführen zu können, benötigt man drei aufeinanderfolgende Generationen (Abbildung 2.44). Männliche, mit einem Mutagen behandelte Fische werden mit Wildtypweibchen gekreuzt; ihre männlichen F_1-Nachkommen werden wiederum mit Wildtypweibchen gekreuzt; und aus jeder dieser Kreuzungen werden die weiblichen und männlichen Geschwister

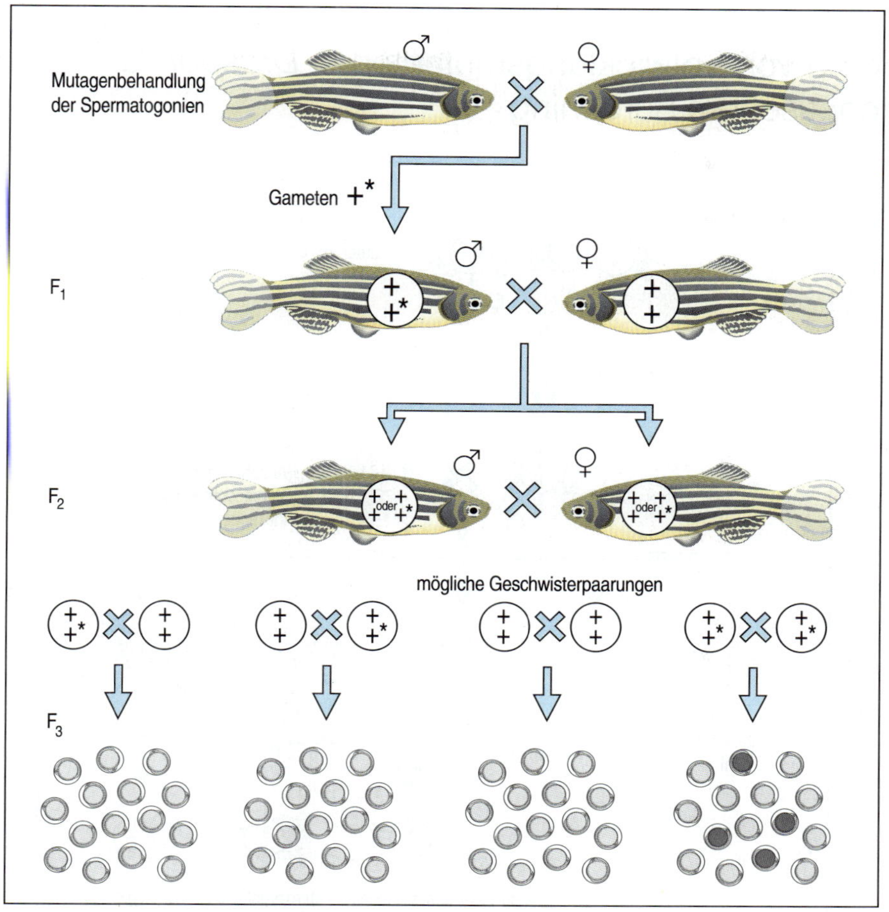

2.44 Genetisches Auswahlverfahren für homozygote mutante Zebrafischembryonen. Männliche Fische werden mit einem Mutagen behandelt und anschließend mit Wildtypweibchen gepaart. In der F_1-Nachkommenschaft ist jedes Individuum für ein anderes mutiertes Gen heterozygot. Nach weiteren Kreuzungen mit Wildtypweibchen tragen 50 Prozent der Tiere aus jeder F_2-Familie die gleiche Mutation. Man paart die Geschwister jeder Familie und untersucht die Embryonen auf Entwicklungsanomalien. Embryonen, die für die induzierte Mutation homozygot sind, findet man unter den Nachkommen jeder vierten Kreuzung. Ein Pluszeichen mit einem Stern zeigt die induzierte Mutation an.

wieder untereinander gekreuzt. Sämtliche Nachkommen dieser Kreuzungen werden getrennt auf homozygote mutante Phänotypen untersucht. Trägt der F_1-Fisch eine Mutation, dann treffen in 25 Prozent der F_2-Paarungen zwei Heterozygote aufeinander. 25 Prozent ihrer Nachkommen werden bezüglich dieser Mutation homozygot sein. Wenn man die Eizelle mit Spermien befruchtet, die stark mit ultraviolettem Licht bestrahlt wurden, können sich Zebrafische auch haploid entwickeln. Dadurch kann man früh wirkende rezessive Mutationen entdecken, ohne daß man die Fische kreuzen muß, um homozygote Embryonen zu erhalten.

Viele Entwicklungsmutationen, denen wir unsere heutigen Kenntnisse von der frühen *Drosophila*-Entwicklung verdanken, stammen aus einem ausgezeichneten und erfolgreichen Screening-Programm, mit dem das *Drosophila*-Genom systematisch nach Mutationen abgesucht wurde, die die Musterbildung in frühen Embryonalstadien beeinflussen. Für diese Leistung wurde Edward Lewis, Christiane Nüsslein-Volhard und Eric Wieschaus 1995 der Nobelpreis für Physiologie und Medizin verliehen. Für die Entwicklungsbiologie war dies erst die zweite Auszeichnung dieser Art.

Bei dem Suchprogramm wurden Tausende von Fliegen chemisch mutagenisiert und anschließend entsprechend der in Exkurs 2.2 beschriebenen Strategie gezüchtet und überprüft. In Anbetracht der zahlreichen Nachkommenschaft war es wichtig, eine Strategie zu erarbeiten, durch die die Anzahl der Fliegen, die man zur Identifizierung einer Mutation untersuchen mußte, reduziert werden konnte. Man beschränkte daher die Suche auf Mutationen in immer nur einem Chromosom. Wie im Ex-

Exkurs 2.2: Die Identifizierung von Entwicklungsmutanten in *Drosophila* mittels Mutagenese und genetischem Screening

Das Mutagen Ethylmethansulfonat (EMS) wurde einer großen Anzahl männlicher Fliegen verabreicht, die homozygot für eine rezessive Mutation auf einem bestimmten Chromosom waren. Das derart markierte Chromosom ist in der Abbildung mit „a" bezeichnet. Es wurde eine rezessive Mutation ausgewählt, mit der die Fliegen auch homozygot lebensfähig sind und bei der man den Phänotyp der ausgewachsenen Fliegen leicht erkennen kann (wie bei der Mutation *white*⁻ in Abbildung 2.42).

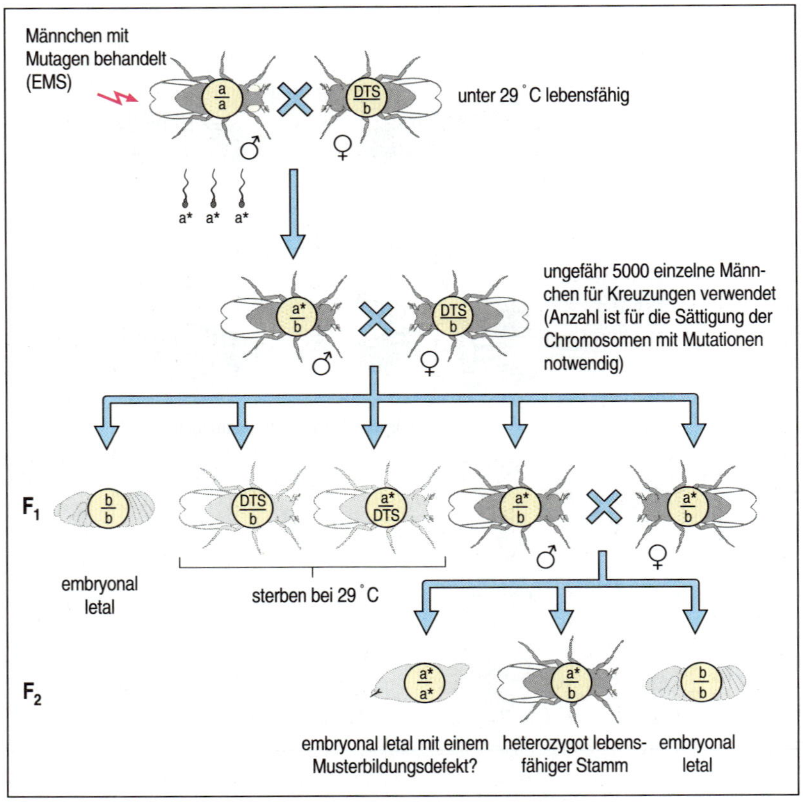

Die behandelten Männchen, die nun Spermien mit einer Vielfalt induzierter Mutationen auf dem „a"-Chromosom (*a**) produzieren, werden mit unbehandelten Weibchen gepaart. Diese Weibchen tragen unterschiedliche Mutationen (*DTS* und *b*) auf ihren beiden „a"-Chromosomen, entsprechen aber sonst dem Wildtyp. Anhand dieser Mutationen kann man die unbehandelten, von den Weibchen stammenden Chromosomen verfolgen und automatisch alle Embryonen mit zwei Chromosomen weiblichen Ursprungs in den nachfolgenden Generationen eliminieren. *DTS* ist eine dominante temperatursensitive Mutation, infolge derer die Fliege stirbt, wenn die Temperatur auf 29 °C erhöht wird. *b* ist eine rezessiv letale Mutation, die nichts mit der Entwicklung zu tun hat. Jede Fliege, die für dieses vom Weibchen stammende Chromosom homozygot ist, stirbt daher als normal aussehender Embryo und wird so automatisch eliminiert. Die Fliegenweibchen trugen auch ein „Balancer-Chromosom" (nicht dargestellt), das die Rekombination während der Meiose verhindert. Auf diese Weise sollte verhindert werden, daß in den weiblichen Fliegen die Chromosomen, die von den Männchen und von den Weibchen stammen, miteinander rekombinieren. Bei den Männchen von *Drosophila* findet während der Meiose keine Rekombination statt.

Um die neuen, durch die chemische Behandlung hervorgerufenen, rezessiven Mutationen (*a**) aufzuspüren, kreuzte man viele heterozygote Männchen aus der ersten Kreuzung erneut mit *DTS/b*-Weibchen. Bei einer Temperatur von 29 °C überleben von den Nachkommen jeder dieser Kreuzungen nur die *a*/b*-Fliegen; alle anderen Kombinationen sterben. Anschließend kreuzte man die überlebenden Geschwister und suchte unter den Nachkommen nach Musterbildungsmutanten. Drei verschiedene Ergebnisse sind möglich: Fliegen, die für die induzierte Mutation *a** homozygot sind (sie sind auch für die ursprüngliche Mutation homozygot, die das Chromosom a in Männchen markiert); heterozygote *a**-Fliegen sowie homozygote *b*-Fliegen, die bereits als Embryonen sterben.

Falls *a** tatsächlich eine für die Larve tödliche Musterbildungsmutation ist, dann enthält das Kulturröhrchen mit der Kreuzung keine erwachsenen Fliegen mit dem ursprünglichen männlichen Phänotyp – also etwa mit weißen Augen. Daher kann man Röhrchen mit weißäugigen Fliegen sofort verwerfen, da sie sich trotz der induzierten *a**-Mutation zu ausgewachsenen Fliegen entwickeln konnten – selbst wenn sie für diese Mutation homozygot waren. Diese Mutation ist daher sicher nicht sehr interessant. Sind keine weißäugigen Fliegen vorhanden, dann sind die homozygoten *a*/a**-Embryonen vermutlich aufgrund einer anomalen Entwicklung gestorben oder an der Reifung gehindert worden. Dann könnte sich die Mutation als interessant erweisen. Man kann daraufhin, wie in dem hier abgebildeten Beispiel die im Larvenstadium befindlichen Embryonen dieser Kreuzung auf Musterbildungsdefekte hin untersuchen. Die phänotypisch wie der Wildtyp aussehenden erwachsenen Fliegen in diesem Röhrchen sind für *a** heterozygot und werden in der Züchtung eingesetzt, um die Mutante weiter zu untersuchen. Dieses ganze Programm muß für jedes der vier Chromosomenpaare von *Drosophila* wiederholt werden.

kurs 2.2 beschrieben bot das Programm auch die Möglichkeit, Fliegen zu identifizieren, die für die von den Männchen stammenden Chromosomen mit den induzierten Mutationen homozygot waren. Noch wichtiger war jedoch, daß mit dem System automatisch die Fliegen aus der Population ausgeschlossen wurden, die ganz sicher kein mutiertes Chromosom trugen.

Ein phänotypisches Merkmal, das für die Suche nach Mustermutanten bei *Drosophila* besonders hilfreich ist, ist das gleichförmige Dentikelmuster der Larvensegmente. Anhand von Unregelmäßigkeiten in diesem Muster kann man Musterveränderungen schnell erkennen. Auf diese Weise stieß man zum ersten Mal auf die Schlüsselgene, die beim frühen *Drosophila*-Embryo an der Musterbildung beteiligt sind. Sie wurden anschließend kartiert und viele von ihnen in der Zwischenzeit auch kloniert. Dieses Suchverfahren war nicht zuletzt deshalb so erfolgreich, weil die Mutationen, von denen natürlich auch Haushaltsgene nicht verschont bleiben, zum großen Teil durch maternale Haushaltsgene ausgeglichen werden; bei diesen handelt es sich um Gene der Mutter, die im Ei viele der grundlegenden Funktionen übernehmen. Man muß tatsächlich spezielle Suchverfahren einsetzen, um diese im Ei aktiven maternalen Gene zu finden, die während der Oogenese an der Musterbildung der Eizelle beteiligt sind (*maternal-effect genes*).

Fadenwürmer eignen sich ebenfalls für ein derartiges großangelegtes Screening. Daher hat man bei ihrer Entwicklungsgenetik auch recht große Fortschritte gemacht, obwohl man sich erst seit relativ kurzer Zeit mit ihnen beschäftigt. *Caenorhabditis* ist Gegenstand eines intensiven genetischen Analyseprogramms; inzwischen ist die DNA-Sequenz seines Genoms vollständig bekannt. Auf ähnliche Weise hat man auch schon versucht, Entwicklungsmutanten von Mäusen herzustellen. Das Auswahlverfahren ist jedoch sehr viel schwieriger, und man stößt rasch an seine Grenzen, da dafür eine enorme Menge Mäuse benötigt wird und es schwierig ist, den Phänotyp des Embryos zu bestimmen, solange sich dieser noch in der Mutter befindet.

Bei *Arabidopsis* mutagenisiert man meist nicht die Gameten, sondern den Samen. Falls die mutierte Zelle in das Apikalmeristem gelangt, besteht die Chance, daß sie bei der Blütenbildung an der Entstehung der Geschlechtszellen beteiligt ist. Auf diese Weise könnten Keimzellen entstehen, die diese Mutation enthalten. Da *Arabidopsis* ein Selbstbestäuber ist, kann man in der nächsten Generation sowohl homozygote als auch heterozygote Pflanzen mit dieser Mutation erhalten.

Zusammenfassung

Gene, welche die Entwicklung steuern, können mit Hilfe von Mutationen identifiziert werden, die sich auf die Embryonalentwicklung auswirken. Es ist leichter, dominante Mutationen zu erkennen als rezessive Mutationen, da deren Phänotyp nur sichtbar ist, wenn die Mutation homozygot vorliegt. Bei einigen Tieren wie etwa *Drosophila* hat man in vielen Genen, die an der Steuerung der frühen Entwicklung beteiligt sind, rezessive Mutationen gefunden. Um das zu erreichen, hat man große Fliegenpopulationen chemisch mutagenisiert, gezüchtet und dann nach entsprechenden Embryonen gesucht. Zebrafische eignen sich für ein ähnliches großangelegtes Screening nach Entwicklungsgenen bei Wirbeltieren.

Zusammenfassung von Kapitel 2

Was wir von der Entwicklung wissen und verstehen, beruht auf einigen wenigen intensiv erforschten Modellorganismen, von denen die meisten Tiere sind. Diese Modellorganismen repräsentieren allerdings ein breites Spektrum von Lebewesen, von denen jedes seine besonderen Vor- und Nachteile für die Entwicklungsforschung hat. Obwohl diese Tiere sehr unterschiedlich sind, zeigen sie in ihrer frühen Entwicklung große Ähnlichkeiten. Bei allen hier behandelten Tieren führt die Furchung des befruchteten Eies zu einer vielzelligen Blastula oder einem Blastodermstadium; darauf folgt die Gastrulation, in deren Verlauf Zellen der drei Keimblätter Entoderm, Mesoderm und Ektoderm dorthin gelangen, wo sie für die weitere Entwicklung des Tieres benötigt werden. Bei den meisten Embryonen befinden sich das zukünftige Entoderm und das zukünftige Mesoderm zu Beginn an der Außenseite des Embryos und wandern dann während der Gastrulation nach innen.

Bei Wirbeltieren folgt nach der Gastrulation die klar abgegrenzte Phase der Neurulation, in der das zukünftige Nervensystem entsteht. Während der Gastrulation und Neurulation ändert sich völlig die Gestalt des Embryos: Aus einer Zellkugel oder Zellscheibe wird ein erkennbarer Embryo mit anterio-posteriorer und dorso-ventraler Körperachse. Die Embryonen unterscheiden sich hauptsächlich darin, wie schnell sie sich entwickeln und wie viele Zellen in den verschiedenen Stadien vorhanden sind.

Bei Pflanzen gibt es so gut wie keine Zellwanderung und auch nichts, was einer Gastrulation gleichkäme. Die Form des frühen Pflanzenembryos wird durch bestimmte Zellteilungsmuster geprägt. Anders als bei Tieren, bei denen man sich den späten Embryo als eine Miniaturausgabe der Larve oder der erwachsenen Form vorstellen kann, entwickeln sich bei Pflanzen alle adulten Strukturen zu einem späteren Stadium aus den Wurzel- und Sproßmeristemen.

Es gibt eine Vielzahl von Techniken zur Identifizierung von Entwicklungsgenen. Als effektiv und erfolgreich hat sich die Strategie erwiesen, durch Behandlung mit Chemikalien eine große Anzahl von Mutationen in einer Population zu induzieren und unter den Nachkommen gezielt nach Entwicklungsmutanten zu suchen. Viele der heute bekannten Entwicklungsmutationen bei *Drosophila*, *Caenorhabditis* und Zebrafisch wurden aufgrund solcher Such- oder Screening-Programme gefunden.

Literatur

Allgemein

Bard, J. B. L. *Embryos. Color Atlas of Development.* London (Wolfe) 1994.

Carlson, B. M. *Pattern's Foundations of Embryology.* New York (McGraw-Hill Inc.) 1996.

Slack, J. M. W. *From Egg to Embryo.* Cambridge (Cambridge University Press) 1991.

Zu den einzelnen Abschnitten

2.1 Amphibien: *Xenopus laevis*

Hausen, P.; Riebesell, H. *The Early Development of Xenopus laevis.* Berlin (Springer-Verlag) 1991.

Nieuwkoop, P. D.; Faber, J. *Normal Tables of Xenopus Laevis.* Amsterdam (North Holland) 1967.

2.2 Vögel: das Huhn

Hamburger, V.; Hamilton, H. L. *A series of normal stages in the development of a chick.* In: *J. Morph.* 88 (1951) S. 49–92.

Lillie, F. R. *Development of the Chick: An Introduction to Embryology.* New York (Holt) 1952.

Patten, B. M. *The Early Embryology of the Chick.* New York (McGraw-Hill) 1971.

2.3 Säugetiere: die Maus

Hogan, H.; Beddington, R.; Costantini, F.; Lacy, E. *Manipulating the Mouse Embryo. A Laboratory Manual.* 2. Aufl. New York (Cold Spring Harbor Laboratory Press) 1994.

Kaufman, M. H. *The Atlas of Mouse Development.* London (Academic Press) 1992.

2.4 Fische: der Zebrafisch

Kimmel, C. B.; Ballard, W. W.; Kimmel, S. R.; Ullmann, B.; Schilling, T. F. *Stages of embryonic development of the zebrafish.* In: *Dev. Dynam.* 203 (1995) S. 253–310.

Westerfield, M. (Hrsg.): *The Zebrafish Book; A Guide for the Laboratory Use of Zebrafish (Brachydanio rerio).* Eugene, Oregon (University of Oregon Press) 1989.

2.5 Die Taufliege *Drosophila melanogaster*

Ashburner, M. *Drosophila. A Laboratory Handbook.* New York (Cold Spring Harbor Laboratory Press) 1989.

Lawrence P. *The Making of a Fly.* Oxford (Blackwell Scientific Publications) 1992.

2.6 Der Fadenwurm *Caenorhabditis elegans*

C. elegans: Sequence to Biology. Sonderausgabe von *Science.* In: *Science* 282 (1988) S. 2011–2046.

Sulston, J. E.; Schierenberg, E.; White, J. G.; Thompson, J. N. *The embryonic cell lineage of the nematode Caenorhabditis elegans.* In: *Dev. Biol.* 100 (1983) S. 64–119.

Sulston, J. *Cell lineage.* In: Wood, W. B. (Hrsg.) *The Nematode Caenorhabditis elegans.* New York (Cold Spring Harbor Laboratory Press) 1988, S. 123–156.

Wood, W. B. *Embryology.* In: Wood, W. B. (Hrsg.) *The Nematode Caenorhabditis elegans.* New York (Cold Spring Harbor Laboratory Press) 1988, S. 215–242.

2.7 Die Ackerschmalwand *Arabidopsis thaliana*

Lyndon, R. F. *Plant Development.* London (Unwin Hyman) 1990.

Mansfield, S. G.; Briarty, L. G. *Early embryogenesis in Arabidopsis thaliana. II. The developing embryo.* In: *Can. J. Bot.* 69 (1991) S. 461–476.

Meyerowitz, E. M. *Arabidopsis – a useful weed.* In: *Cell* 56 (1989) S. 263–269.

2.8 Entwicklungsgene können anhand von selten auftretenden Spontanmutationen identifiziert werden

2.9 Die Identifizierung von Entwicklungsgenen durch Induktion von Mutationen und gezieltes Screening

Driever, W.; Solnica-Krezel, L.; Schier, A. F.; Neuhauss, S. C. F.; Malicki, J.; Stemple, D. L.; Stainier, D. Y. R.; Zwartkruis, F.; Abdelilah, S.; Rangini, Z.; Belak, J.; Boggs, C. *A genetic screen for mutations affecting embryogenesis in zebrafish.* In: *Development* 123 (1996) S. 37–46.

Gelbart, W. M.; Griffiths, A. J. F.; Lewontin, R. C.; Miller, J. H.; Suzuki, D. T. *An Introduction to Genetic Analysis.* 5. Aufl. New York (W. H. Freeman and Co.) 1995.

Haffter, P.; Granato, M.; Brand, M.; Mullins, M. C.; Hammerschmidt, M.; Jiang, Y.-J.; Heisenberg, C.-P.; Kelsh, R. N.; Fabian, C.; Nüsslein-Volhard, C. *The identification of genes with unique and essential functions in the development of the zebrafish, Danio rerio.* In: *Development* 123 (1996) S. 1–36.

Mullins, M. C.; Hammerschmidt, M.; Haffter, P.; Nüsslein-Volhard, C. *Large scale mutagenesis in the zebrafish: in search of genes controlling development in a vertebrate.* In: *Curr. Biol.* 4 (1994) S. 189–202.

Musterbildung im Wirbeltierbauplan: I. Körperachsen und Keimblätter

3

- Aufbau der Körperachsen
- Ursprung und Spezifizierung der Keimblätter

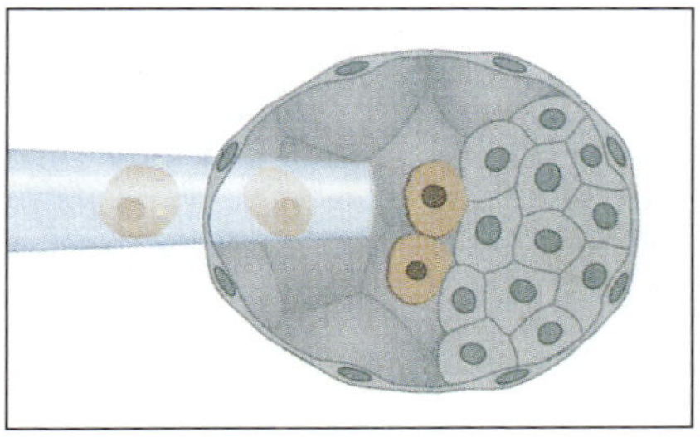

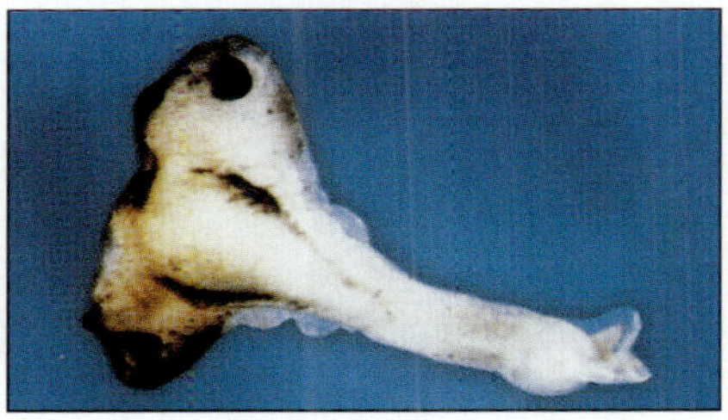

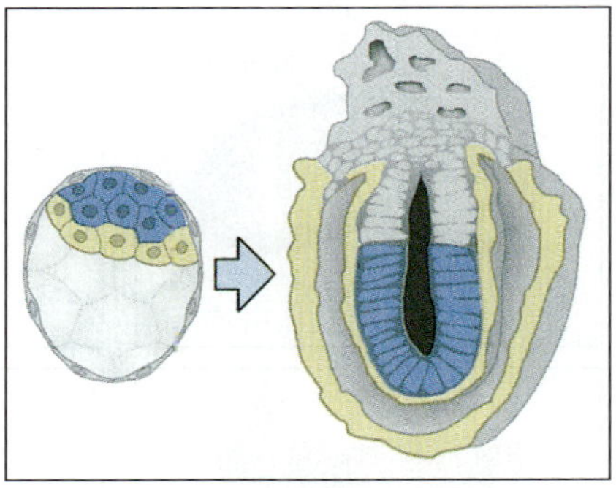

„In jungen Jahren müssen wir entscheiden, wer vorne und wer hinten sein soll. So wurden wir diesen Bereichen zugeordnet. Dies alles erforderte sehr viele Gespräche und sogar einige Informationen von außen."

Trotz ihrer vielen äußerlichen Unterschiede ähneln sich alle Wirbeltiere in ihrem Grundbauplan. Definitionsgemäß gehören zu einem Wirbeltier folgende Strukturen: die segmentierte Wirbelsäule, die das Rückenmark umgibt, und an deren anteriorem Ende das Gehirn, das von einem knöchernen oder knorpeligen Schädel umschlossen wird. Diese charakteristischen Strukturen definieren die **anterio-posteriore** oder auch Längsachse, die wichtigste Körperachse der Wirbeltiere. An ihrem Vorderende befindet sich der Kopf, ihm folgt der Rumpf mit seinen paarigen Extremitäten – Gliedmaßen bei Landwirbeltieren, Flossen bei Fischen –, und bei vielen Wirbeltieren endet die Achse in einem postanalen Schwanz. Darüber hinaus besitzt der Wirbeltierkörper eine klare **dorso-ventrale** (Rücken-Bauch-)Polarität, wobei der Mund bestimmt, wo sich die Bauchseite befindet. Durch die anterio-posterioren und dorso-ventralen Achsen werden auch die rechte und linke Seite des Tieres festgelegt. Innere Organe wie Herz und Leber sind asymmetrisch angeordnet.

Die generelle Ähnlichkeit des Körperbauplans aller Wirbeltiere deutet darauf hin, daß sich auch die Entwicklungsprozesse, die zu seiner Ausbildung führen, selbst bei ganz verschiedenen Tierarten gleichen. Tatsächlich durchlaufen alle Wirbeltierembryonen ein gemeinsames Stadium, das man als das **phylotypische Stadium** bezeichnet. In diesem Stadium ist der Kopf deutlich erkennbar, das Neuralrohr verläuft entlang der dorsalen Mittellinie, und unter ihm befindet sich die Chorda dorsalis, die auf beiden Seiten von mesodermalen Somiten flankiert wird. In diesem Stadium sehen die meisten Wirbeltierembryonen fast

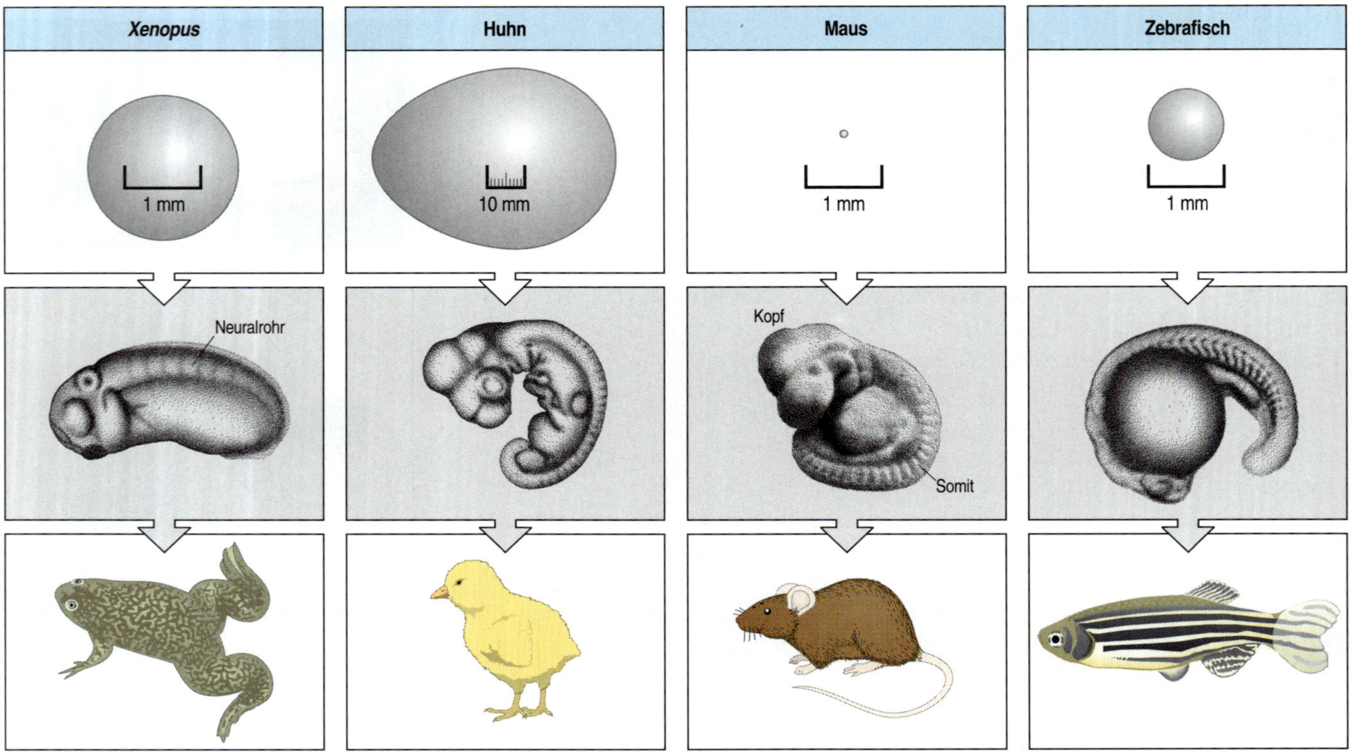

3.1 Alle Wirbeltiere durchlaufen ein gemeinsames phylotypisches Stadium. Die Eier von Frosch (*Xenopus*), Huhn, Maus und Zebrafisch sind sehr unterschiedlich groß (obere Reihe). Die frühe Entwicklung dieser Tiere (nicht dargestellt) verläuft recht unterschiedlich. Dennoch durchlaufen alle ein Embryonalstadium, in dem sie sich ähneln (mittlere Reihe). Das ist das phylotypische Stadium: Die Körperachse ist ausgeprägt, und Neuralrohr, Somiten, Chorda und Kopfstrukturen sind vorhanden. Nach diesem Stadium entwickeln sich die Tiere wieder unterschiedlich. So werden beispielsweise aus paarigen Körperanhängen beim Fisch Flossen und beim Huhn Flügel und Beine (untere Reihe).

gleich aus. Besonderheiten bestimmter Gruppen wie Schnäbel, Flügel und Flossen entwickeln sich erst später (Abbildung 3.1).

Dennoch gibt es in den frühen Entwicklungsphasen auch beträchtliche Unterschiede zwischen den Wirbeltierembryonen, insbesondere bezüglich der Art und des Zeitpunktes von Achsenaufbau und früher Musterbildung. Diese Unterschiede haben vor allem mit der sehr unterschiedlichen Art der Fortpflanzung bei den Wirbeltieren zu tun: Bei Amphibien, Vögeln und Fischen liefert der Dotter alle Nährstoffe für die Entwicklung. Säugetiereier sind dagegen klein und enthalten keinen Dotter. Bei ihnen wird der Embryo durch Flüssigkeiten im Eileiter und im Uterus, später durch die Plazenta ernährt. Dies erfordert, daß sich schon in einem sehr frühen Entwicklungsstadium spezielle extraembryonale Strukturen ausbilden. Diese Unterschiede in der Fortpflanzung haben Auswirkungen auf die Mechanismen, welche die Achsen bestimmen, auf den Zeitpunkt, an dem sie ausgebildet werden, sowie darauf, aus welchem Anteil des ganz frühen „Embryos“ sich der eigentliche Embryo und aus welchem sich die extraembryonalen Strukturen entwickeln.

In diesem und den folgenden Kapiteln beschäftigen wir uns vor allem mit dem Aufbau der Hauptkörperachsen, der Induktion und Musterbildung des Mesoderms sowie der Induktion und frühen Musterbildung der Strukturen entlang der Längsachse einschließlich des Nervensystems. Wenn diese Prozesse abgeschlossen sind, hat unser Wirbeltierembryo schon das Stadium erreicht, in dem man ihn allmählich als Wirbeltier erkennen kann – mit Somiten, Chorda dorsalis und Neuralrohr. Detailliertere Betrachtungen der Entwicklung einzelner Organe und Strukturen wie Gliedmaßen, Kopf und Nervensystem folgen in späteren Kapiteln.

Wir stellen hier hauptsächlich drei Wirbeltiere vor, deren frühe Entwicklungsstadien besonders gut erforscht sind: Die Amphibien sind durch den Frosch *Xenopus*, die Vögel durch das Huhn und die Säugetiere durch die Maus vertreten. Wir werden auch kurz auf den Zebrafisch eingehen, der für die Entwicklungsforschung eine immer größere Bedeutung als Modellorganismus bekommt. Im Mittelpunkt steht natürlich immer noch die Entwicklung von *Xenopus*, da man bei diesem Organismus am besten weiß, wie der Bauplan des Körpers umgesetzt wird.

Um die frühe Entwicklung vollständig zu erfassen, unterteilen wir sie in drei große Abschnitte. Anschließend werden die Ähnlichkeiten und Unterschiede zwischen den Organismen in jedem dieser Stadien eingehend besprochen.

Zuerst beschäftigen wir uns mit dem Aufbau der Hauptkörperachsen, der anterio-posterioren und der dorso-ventralen Achse, und mit der Frage, inwieweit diese Achsen bereits im Ei vorhanden sind oder ob sie durch äußere Signale bestimmt werden. Ein zentraler Punkt bei der frühen Entwicklung jedes Tieres ist die Rolle, die **maternale Faktoren** im Ei spielen. Bis zu welchem Ausmaß entstehen schon im sehr frühen Embryo Muster durch maternale Faktoren, die während seiner Entwicklung im Eierstock der Mutter in das Ei gelangen? Hier muß klar zwischen **maternalen** und **zygotischen Genen** unterschieden werden: Die maternalen Gene agieren während der Entwicklung des Eies in der Mutter und beeinflussen die anschließende Embryonalentwicklung durch maternale Faktoren wie Proteine und mRNAs, die bei der Oogenese in das Ei gelangen. Die **zygotischen Gene** werden in dem sich entwickelnden Embryo selbst exprimiert. Maternale Gene können nicht nur steuern, welche Proteine und mRNAs in ein Ei gelangen, sondern auch wie sie innerhalb des Eies verteilt werden. Als zweite Entwicklungsstufe betrachten wir die Spezifizierung der drei Keimblätter: des Entoderms, aus dem sich der Darm und seine Derivate wie Leber und Lungen entwickeln; des Mesoderms, das die Chorda, Skelettelemente, Muskeln, Bindegewebe, Nieren und Blut sowie einige andere Gewebe bildet; und des Ektoderms, aus dem die Epidermis, das Gehirn und das Rückenmark sowie die Neuralleiste entstehen. Als dritte Stufe behandeln wir die Musterbildung der Keimblätter, insbesondere des Mesoderms, und die frühe Organisation des Nervensystems.

Obwohl diese drei Entwicklungsstufen im großen und ganzen zeitlich aufeinanderfolgen, gibt es zwischen ihnen keine scharfen Grenzen. Besonders bei den späteren Stadien kommt es zu starken Überlappungen. Gegenstand dieses Kapitels sind die ersten beiden Entwicklungsabschnitte sowie die Musterbildung des Mesoderms entlang der Dorsoventralachse. Das vierte Kapitel befaßt sich mit der Organisation entlang der anterio-posterioren Achse, bis schließlich der charakteristische Wirbeltierbauplan vorliegt.

Aufbau der Körperachsen

Die verschiedenen Wirbeltiere haben recht unterschiedliche Strategien, ihre primären embryonalen Achsen aufzubauen. Wir beginnen mit den Amphibien, über deren Strategie wir am besten Bescheid wissen, und vergleichen ihr Vorgehen mit dem der Vögel und Säugetiere. Neben der anterio-posterioren und dorso-ventralen Ausrichtung besitzen Wirbeltiere auch eine bilaterale Symmetrie, so daß man viele Strukturen paarweise zu beiden Seiten der Mittellinie findet. Diese Bilateralsymmetrie wird, wie wir noch sehen werden, sehr früh in *Xenopus* angelegt. Schließlich werden wir uns noch kurz der faszinierenden Frage zuwenden, wie wohl die Rechts-Links-Symmetrie einer Anzahl innerer Organe festgelegt wird.

3.1 Bei *Xenopus* wird die animal-vegetative Achse maternal festgelegt

Das *Xenopus*-Ei besitzt schon vor der Befruchtung eine eindeutige Polarität, die das spätere Furchungsmuster beeinflußt. Die Oberfläche des oberen oder **animalen Eipoles** ist stark pigmentiert, der entgegengesetzte **vegetative Pol**, um den herum sich der Hauptanteil des Dotters konzentriert, ist unpigmentiert (Abbildung 2.4). (Das Pigment selbst spielt für die Entwicklung keine Rolle, ist aber ein nützlicher Marker für die unterschiedliche Entwicklung der animalen und vegetativen Eihälften.) Der Dotter befindet sich fast ausschließlich in der vegetativen Hälfte, während die animale Hälfte den Zellkern enthält, der sich in der Nähe des animalen Pols befindet. Die animal-vegetative Achse dient als Bezugssystem für die frühen Furchungsebenen. Die erste Furchungsebene verläuft parallel zu ihr und legt häufig eine Ebene der Spiegelsymmetrie fest; dagegen steht die Ebene der dritten Furchung im rechten Winkel zu dieser Achse und teilt den Embryo in eine animale und eine vegetative Hälfte (Abbildung 2.5).

Tatsächlich sind die maternalen mRNAs und Proteine vor der Furchung etwas unterschiedlich entlang der animal-vegetativen Achse der

Exkurs 3.1: Proteine als interzelluläre Signalgeber

Es gibt im wesentlichen sechs Familien von Proteinen, von denen man weiß, daß sie während der Entwicklung als Signale zwischen den Zellen fungieren. Einige dieser Familien wie die des Fibroblastenwachstumsfaktors (FGF) wurden ursprünglich entdeckt, weil sie für das Überleben und die Proliferation von Säugerzellen in Zellkultur erforderlich waren. Die Mitglieder der sechs Familien werden entweder sezerniert oder sind membranständig, und sie dienen sowohl in Wirbeltieren als auch in Wirbellosen in vielen Stadien der Entwicklung als interzelluläre Signale.

Diese Proteinfaktoren wirken, indem sie sich an Rezeptoren auf der Zelloberfläche anheften. Dadurch wird ein Signal erzeugt, das der Rezeptor durch die Membran zu den biochemischen Signalübertragungswegen innerhalb der Zelle weiterleitet. Das führt schließlich zur An- oder Abschaltung ganz bestimmter Gene. Für jeden Faktortyp existiert ein Satz entsprechender Rezeptoren. Nur Zellen mit den geeigneten Rezeptoren an ihrer Oberfläche können auf dieses Signal reagieren. Einige Faktoren wie die aus der Familie des Transformierenden Wachstumsfaktors β (TGF-β) agieren als Dimere: Zwei Moleküle bilden einen Komplex, der einen wiederum dimeren Rezeptor aktiviert. In einigen Fällen ist die aktive Form ein Heterodimer aus zwei verschiedenen Vertretern der gleichen Familie. Das Delta-Protein wird in der Membran exprimiert und reagiert direkt mit dem Notch-Rezeptorprotein auf einer benachbarten Zelle.

Die Bindung des Liganden an den Rezeptor führt in jedem Fall zur Weiterleitung des Signals durch die Membran und innerhalb der Zelle. Der intrazelluläre Signaltransduktionsweg kann recht kompliziert sein und eine Vielzahl unterschiedlicher Proteine erfordern. Zum Wnt-Reaktionsweg gehören bei Wirbeltieren Catenin und bei *Drosophila* sein Homolog armadillo.

Tabelle: Interzelluläre Proteinsignalmoleküle

Familie	Rezeptoren	Beispiele für die Rolle in der Entwicklung
Fibroblastenwachstumsfaktor (FGF) zehn Säugetier-FGF's, FGF-1 bis FGF-10, und eFGF	Rezeptortyrosinkinasen	Induktion des Rückenmarks; Signal aus der apikalen Leiste der Wirbeltiergliedmaßen
Transformierender Wachstumsfaktor β (TGF-β) große Familie, einschließlich Aktivin, Vg-1, Knochenwachstumsfaktoren (BMPs), Nodal (Maus), decapentaplegic (*Drosophila*)	Rezeptoren, mit einer cytoplasmatischen Serin-Threonin-Proteinkinase; Rezeptoren wirken als Dimere	Mesoderminduktion bei *Xenopus*; Musterbildung der dorso-ventralen Achse und Imaginalscheiben bei *Drosophila*
hedgehog hedgehog in Insekten Sonic hedgehog und Indian hedgehog in Wirbeltieren	Patched	Positionssignal in Gliedmaßen und Neuralrohr der Wirbeltiere, Flügel- und Beinscheiben der Insekten
Wingless Wingless in Insekten, verschiedene Wnt-Proteine in Wirbeltieren	frizzled	Festlegung der dorsoventralen Achse in *Xenopus;* Festlegung der Segmente und Imaginalscheiben bei Insekten
Delta und Serrate	Notch	inhibitorisches Signal im Nervensystem
Ephrine	Rezeptortyrosinkinasen	Wirbeltiernervensystem

Eizelle verteilt. Im unbefruchteten Ei gibt es überall eine Fülle von mRNAs für Haushaltsproteine wie etwa Histone, aber an bestimmten Stellen auch kleinere Mengen von mRNAs, die vermutlich Proteine mit speziellen Aufgaben bei der Entwicklung codieren. Mindestens neun Klassen dieser seltenen maternalen mRNAs wurden entlang der animal-vegetativen Achse identifiziert.

Die von einigen dieser mRNAs codierten Proteine gehören zu Familien von Signalmolekülen, die für die Entwicklung von großer Bedeu-

Exkurs 3.2: Der *in situ*-Nachweis einer Genexpression

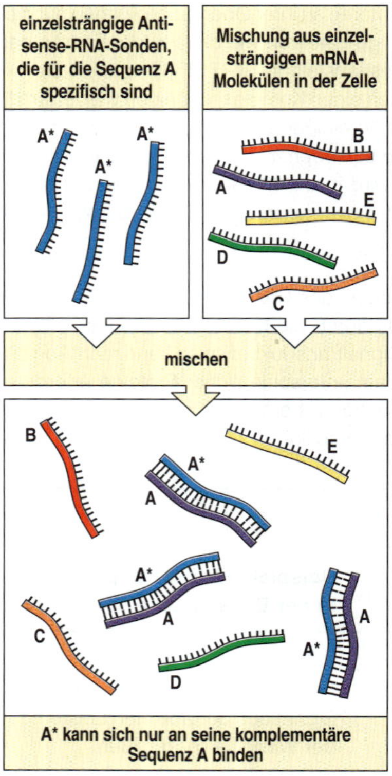
einzelsträngige Antisense-RNA-Sonden, die für die Sequenz A spezifisch sind
Mischung aus einzelsträngigen mRNA-Molekülen in der Zelle
A*
A*
A*
B
A
E
D
C
mischen
B
E
A*
A
A*
A
C
A
A*
D
A* kann sich nur an seine komplementäre Sequenz A binden

Um zu verstehen, wie die Genexpression die Entwicklung steuert, muß man genau wissen, wo und wann bestimmte Gene aktiv sind. Da Gene im Laufe der Entwicklung an- und abgeschaltet werden, wechselt das Muster der Genexpression ständig. Es gibt einige aussagekräftige Techniken, die zeigen, wo ein Gen in einem Gewebe oder auch in einem ganzen Embryo gerade exprimiert wird.

Eine Gruppe von Techniken nutzt die ***in situ-Hybridisierung***, um mRNA nachzuweisen, die gerade von einem Gen transkribiert wird. Besitzt eine Antisense-RNA-Sonde Sequenzen, die zu einem bestimmten Abschnitt einer mRNA, die in einer Zelle transkribiert wird, komplementär sind, so wird sie mit der mRNA hybridisieren (sich fest aneinanderlagern). Man kann daher mit der RNA-Sonde einer geeigneten Sequenz komplementäre mRNA in einem Gewebeschnitt oder einem ganzen Embryo lokalisieren. Um die Sonde wiederzufinden, kann man sie auf verschiedene Weisen markieren: mit einem radioaktiven Isotop, einem Fluoreszenzfarbstoff oder einem Enzym für histochemische Nachweise. Radioaktiv markierte Sonden werden mittels Autoradiographie aufgespürt, wie in den Abbildungen unten gezeigt wird. Mit Farbstoffen markierte Sonden lassen sich dagegen direkt auswerten. Bei mit Enzymen markierten Sonden muß man ein Substrat zugeben, welches dann lokal ein gefärbtes Produkt erzeugt. Die Sonden können sowohl bei Gewebeschnitten als auch bei Ganzkörperpräparationen benutzt werden.

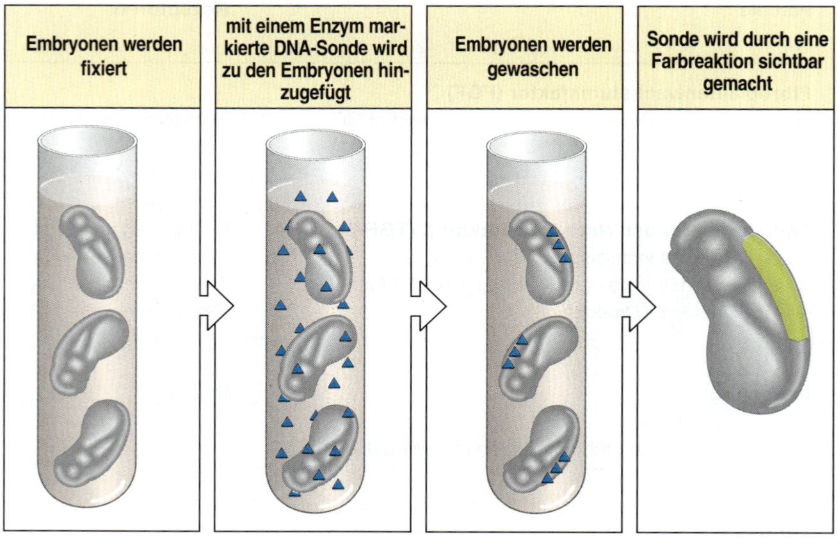
Embryonen werden fixiert
mit einem Enzym markierte DNA-Sonde wird zu den Embryonen hinzugefügt
Embryonen werden gewaschen
Sonde wird durch eine Farbreaktion sichtbar gemacht

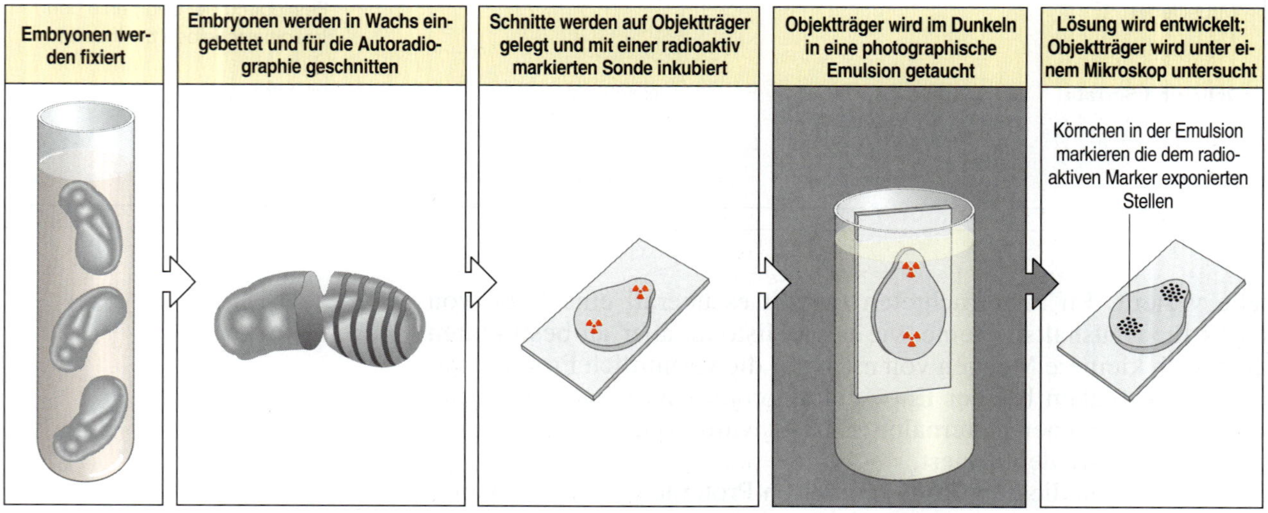
Embryonen werden fixiert
Embryonen werden in Wachs eingebettet und für die Autoradiographie geschnitten
Schnitte werden auf Objektträger gelegt und mit einer radioaktiv markierten Sonde inkubiert
Objektträger wird im Dunkeln in eine photographische Emulsion getaucht
Lösung wird entwickelt; Objektträger wird unter einem Mikroskop untersucht
Körnchen in der Emulsion markieren die dem radioaktiven Marker exponierten Stellen

tung sind. Sie sind vielversprechende Kandidaten für Signale, die sowohl bei der Festlegung der frühen Polarität als auch bei der Induktion des Mesoderms eine Rolle spielen.

Eine dieser maternalen mRNAs codiert das Signalprotein Vg-1, ein Mitglied der Familie des Transformierenden Wachstumsfaktors β (TGF-β) (Exkurs 3.1). Vg-1-mRNA befindet sich am vegetativen Pol des befruchteten Eies (Abbildung 3.2); man kann sie dort durch *in situ*-Hybridisierung und Autoradiographie nachweisen (Exkurs 3.2). Vg-1-mRNA wird während der frühen Oogenese synthetisiert und dann in die vegetative Rinde von ausgewachsenen Oocyten eingelagert. Sie wandert vor der Befruchtung in das vegetative Cytoplasma ein. Am vegetativen Pol befindet sich auch Xwnt-11, eine mRNA, die ein anderes Signalprotein codiert. Die Wnt-Proteinfamilie der Wirbeltiere ist mit einem Protein aus *Drosophila* verwandt und wird auch nach ihm benannt; dieses Protein wird von dem Gen *wingless* codiert. Es ist ein wichtiges Signalprotein für die Musterbildung in der Fliege und in anderen Organismen. Da viele Gene, die in verschiedenen Organismen die Entwicklung steuern, miteinander verwandt sind, findet man sie in der Regel anhand von Ähnlichkeiten in der Nucleotidsequenz.

An dieser Stelle sollte noch einmal betont werden, daß die Achsen der Kaulquappe nicht direkt mit denen des befruchteten Eies zu vergleichen sind. Natürlich gibt es eine Beziehung zwischen der animal-vegetativen Achse des Eies und der Längsachse der Kaulquappe, zumal sich aus der animalen Region der Kopf entwickelt. Doch solange bis nach der Befruchtung die zweite Hauptachse des Körpers, die Dorsoventralachse, nicht festliegt, ist noch nicht entschieden, wo der Kopf gebildet wird. Die genaue Lage der zukünftigen anterio-posterioren Achse hängt demnach davon ab, wo die Dorsoventralachse entsteht.

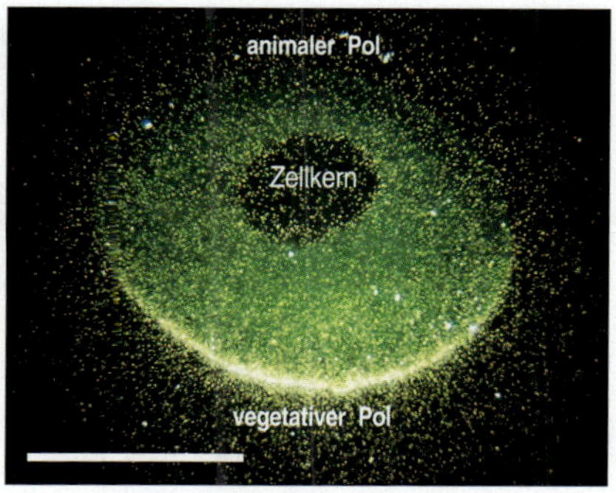

3.2 Verteilung der mRNA für den Wachstumsfaktor Vg-1 im Amphibienei. *In situ*-Hybridisierung mit einer radioaktiven Sonde für maternale Vg-1-mRNA zeigt deren Position (gelb) am vegetativen Pol. Maßstab = 1 mm. Aufnahme mit freundlicher Genehmigung von D. Melton.

3.2 Bei Amphibienembryonen wird die dorso-ventrale Achse durch die Eintrittsstelle des Spermiums festgelegt

Die unbefruchtete kugelförmige Eizelle von *Xenopus* weist eine Radial- oder Radiärsymmetrie um die animal-vegetative Achse auf. Diese Symmetrie wird erst durchbrochen, wenn das Ei befruchtet wird. Das Eindringen des Spermiums löst eine Reihe von Vorgängen aus, welche die dorso-ventrale Achse des Embryos festlegen. Dabei bildet sich die dorsale Seite mehr oder weniger genau gegenüber der Eintrittsstelle des Spermiums aus.

90 Minuten nach der Befruchtung werden gegenüber der Eintrittsstelle Veränderungen im Ei sichtbar. Die Plasmamembran und die Rinde, eine fünf Mikrometer dicke, gelatinöse Schicht aus Aktinfilamenten und assoziiertem Material unter der Membran, drehen sich um etwa 30 Grad gegenüber dem restlichen Cytoplasma, das an Ort und Stelle bleibt. Diese **Rindenrotation** erfolgt zu der Stelle hin, an der das Spermium eingedrungen ist, wobei sich die gegenüberliegende vegetative Rindenregion auf den animalen Pol zubewegt (Abbildung 3.3).

Für die Entwicklung ist dabei entscheidend, daß sich in der vegetativen Region gegenüber der Eintrittsstelle des Spermiums ein Signalzentrum bildet. Damit liegt fest, daß diese Seite die zukünftige dorsale Seite des Embryos ist. Ein Signalzentrum ist ein begrenzter Bereich des Embryos, der einen besonderen Einfluß auf die umgebenden Gewebe ausübt und somit bestimmen kann, wie sie sich entwickeln. Dieses Signalzentrum wird nach seinem Entdecker, dem holländischen Embryologen

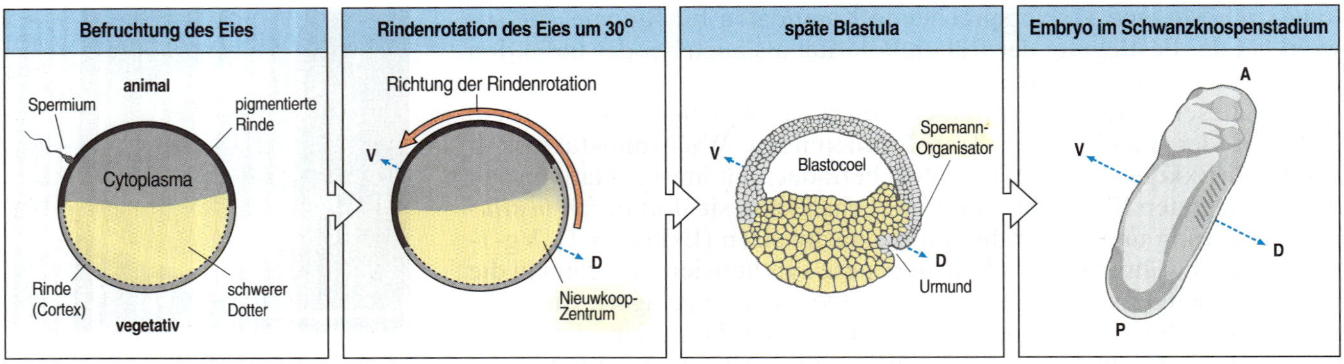

3.3 Die zukünftige dorsale Seite des Amphibienembryos entwickelt sich gegenüber der Eintrittsstelle des Spermiums. Nach der Befruchtung (linkes Bild) dreht sich die Rindenschicht direkt unterhalb der Zellmembran in Richtung der Spermieneintrittsstelle. Dabei bewegt sie sich über dem darunterliegenden Cytoplasma. Diese Bewegung führt zur Festlegung der dorsalen Seite durch die Bildung des Nieuwkoop- oder Signalzentrums (zweites Bild). Später entwickeln sich genau darüber der Spemann-Organisator und der Urmund (drittes Bild). Das vierte Bild zeigt einen Embryo im Schwanzknospenstadium nach Gastrulation und Neurulation. V = ventral; D = dorsal; A = anterior; P = posterior.

Pieter Nieuwkoop, **Nieuwkoop-Zentrum** genannt. Das Nieuwkoop-Zentrum begründet die dorso-ventrale Polarität der Blastula.

Der Einfluß des Nieuwkoop-Zentrums auf die dorso-ventrale Ausrichtung setzt bereits sehr früh ein. Die erste Furchung verläuft gewöhnlich durch die Eintrittsstelle des Spermiums und teilt so mit dem Ei auch das Nieuwkoop-Zentrum in eine linke und eine rechte Hälfte; damit legt sie die bilaterale Symmetrieebene für den Körper des Tieres fest. Wie wichtig das Zentrum ist, zeigen Experimente, bei denen der Embryo im Vier-Zellen-Stadium so geteilt wird, daß eine Hälfte das Nieuwkoop-Zentrum enthält und die andere nicht. Aus der Hälfte mit dem Nieuwkoop-Zentrum entwickeln sich die meisten Strukturen; allerdings fehlen dem Embryo später einige ventrale Bereiche; er wird als dorsalisiert bezeichnet. Die Entwicklung der anderen Hälfte verläuft sehr viel anomaler und führt zu einem radiärsymmetrischen, ventralisierten Zerrbild eines Embryos ohne jegliche dorsale und anteriore Strukturen (Abbildung 3.4).

Der Einfluß des Zentrums zeigt sich auch drastisch in Experimenten, bei denen Zellen aus dem Bereich des Nieuwkoop-Zentrums eines *Xenopus*-Embryos im 32-Zellen-Stadium auf die ventrale Seite eines an-

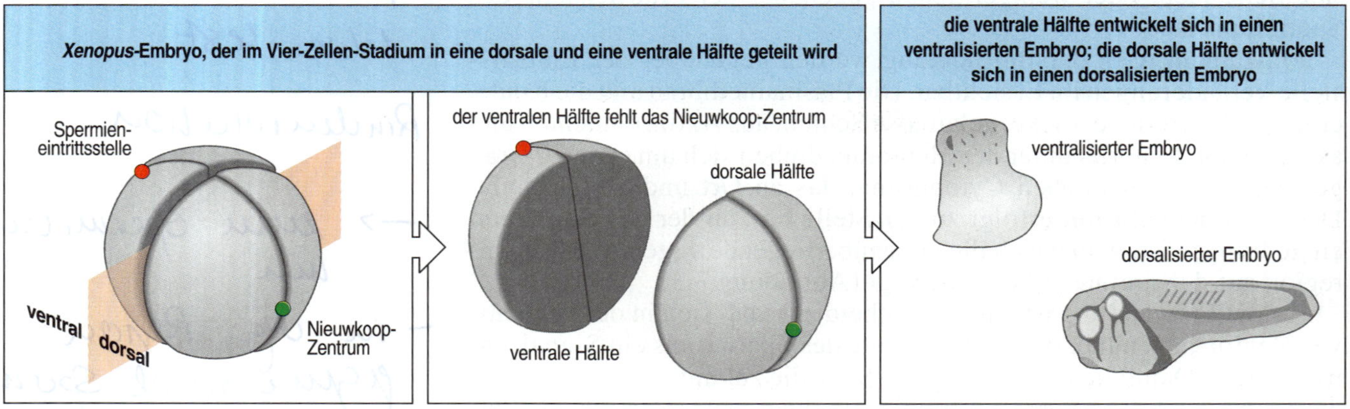

3.4 Das Nieuwkoop-Zentrum ist für die normale Entwicklung unentbehrlich. Wenn ein *Xenopus*-Embryo im Vier-Zellen-Stadium in eine dorsale und eine ventrale Hälfte geteilt wird, dann entwickelt sich die dorsale Hälfte mit dem Nieuwkoop-Zentrum zu einem dorsalisierten Embryo ohne Darm, während die ventrale Hälfte, die kein Nieuwkoop-Zentrum enthält, ventralisiert ist und weder dorsale noch anteriore Strukturen besitzt.

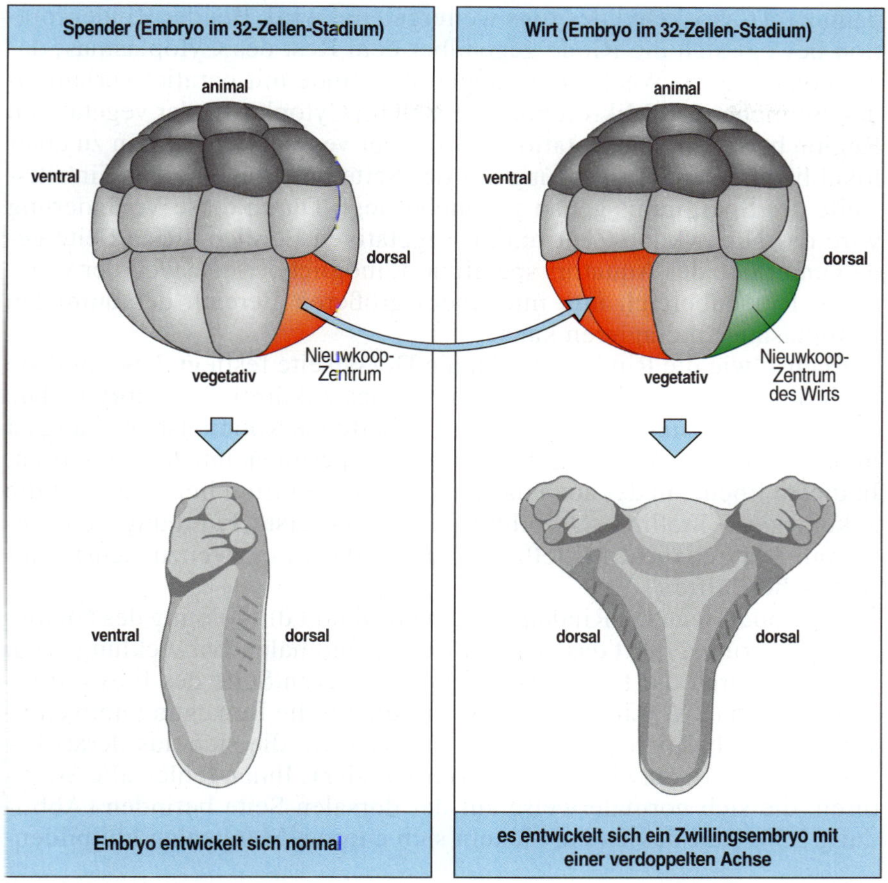

3.5 Das Nieuwkoop-Zentrum kann eine zweite dorsale Seite festlegen. Verpflanzt man vegetative Zellen mit einem Nieuwkoop-Zentrum von der dorsalen Seite auf die vegetative Seite einer *Xenopus*-Blastula im 32-Zellen-Stadium, führt das zur Bildung einer zweiten Achse und zur Entwicklung eines Zwillingsembryos.

Verpflanzung von Bereich aus dem Nieuwkoop-Zentrum:
–> Zwillingsembryo

deren Embryos verpflanzt werden. Auf diese Weise entsteht ein doppelter Embryo mit zwei dorsalen Seiten (Abbildung 3.5), während die Verpflanzung ventraler Zellen auf die dorsale Seite keine Auswirkungen hat. Signale des Nieuwkoop-Zentrums sind daher für die zukünftige Entwicklung aller dorsalen und anterioren Strukturen erforderlich.

Jetzt können wir auch das erstaunliche Ergebnis von Roux' klassischem Experiment verstehen (Abbildung 1.8), bei dem er eine Zelle eines Froschembryos im Zwei-Zellen-Stadium zerstörte und statt eines ganzen, aber halb so großen Embryos einen halben Embryo erhielt. Der entscheidende Punkt bei diesem Experiment war, wie wir jetzt wissen, daß die getötete Zelle mit der anderen verbunden blieb, der Embryo jedoch nicht „wußte", daß sie tot war. Die Ebene der ersten Furchung war bereits durch das Nieuwkoop-Zentrum gelaufen. Die verbleibende überlebende Zelle entwickelte sich daher nur zu einer Embryohälfte mit einem halben Zentrum. Hätte man die tote Zelle von der überlebenden Blastomere getrennt, hätte der Embryo gegensteuern und sich in einen vollständigen, kleinen Embryo entwickeln können. Im folgenden Abschnitt geht es um die Zusammenhänge zwischen der Rindenrotation und der Spezifizierung des Nieuwkoop-Zentrums.

3.3 Das Nieuwkoop-Zentrum wird durch die Rindenrotation festgelegt

Bis heute weiß man nicht, wie der Eintritt des Spermiums die Rindenrotation auslöst; vermutlich wird jedoch dadurch ein Signal erzeugt, das

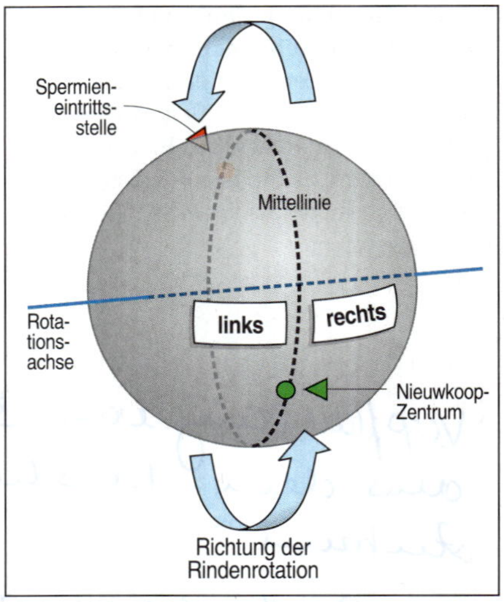

3.6 Die bilaterale Symmetrie bei Amphibien ist eine Folge der Rindenrotation. Die Rindenrotation in Richtung der Eintrittsstelle des Spermiums definiert die Mittellinie des Embryos, da das Nieuwkoop-Zentrum auf dieser Mittellinie liegt und die rechte und linke Seite definiert.

dann zum Cytoskelett des Eies weitergeleitet wird. Bei der Rindenrotation bewegt sich die Rinde gegenüber dem Rest des Cytoplasmas; dabei kommt es zu Wechselwirkungen der Rinde mit parallel verlaufenden Bereichen aus Mikrotubuli, die sich im Cytoplasma der vegetativen Region befinden. Die Rotation führt in der vegetativen Region zu einer lokal begrenzten Veränderung auf der Seite des Eies, die der Eintrittsstelle des Spermiums genau gegenüberliegt. Durch diese Veränderung wird das Nieuwkoop-Zentrum im vegetativen Bereich dieser Seite genau unterhalb des Äquators spezifiziert, möglicherweise weil der vegetative Rindenbereich nun mit einem größeren Bereich des animalen Cytoplasmas interagieren kann.

Ebenso wie die Rindenrotation die Dorsalseite festlegt, bestimmt sie auch die Ebene der Bilateralsymmetrie des zukünftigen Embryos. Die auf die Eintrittsstelle des Spermiums zulaufende Rotationsbewegung ist in der Ebene am stärksten, die durch den Spermieneintritt definiert ist. In dieser Ebene, in der auch das Nieuwkoop-Zentrum liegt, verläuft die zukünftige Mittellinie (Abbildung 3.6). Die erste Furchung geht gewöhnlich durch diese Mittellinie und teilt das Ei in zwei zunächst symmetrische Hälften.

Verhindert man die Rindenrotation und damit die Bildung des Nieuwkoop-Zentrums, führt das zu einer extrem anomalen Entwicklung. Man kann das durch die Bestrahlung der vegetativen Seite des Eies mit ultraviolettem (UV-)Licht erreichen, das die für die Bewegung notwendigen Mikrotubulibereiche zerstört. Embryonen, die sich aus derart behandelten Eiern entwickeln, sind **ventralisiert**: Ihnen fehlen alle Strukturen, die sich normalerweise auf der dorsalen Seite befinden (Abbildung 3.7); statt dessen entwickeln sich enorme Mengen an blutbilden-

3.7 Inwieweit die Körperachse vollständig ausgebildet wird, hängt mit dem Ausmaß der Rindenrotation zusammen. Die Rotation kann durch UV-Bestrahlung der vegetativen Region verhindert werden. Je weniger sich die Rinde dreht, desto größer sind die Defekte in den anterioren und dorsalen Regionen des Embryos. Die schattierten Bereiche in den Embryonen unten zeigen, welche Strukturen sich noch entsprechend der jeweils angegebenen Rindenrotation entwickeln.

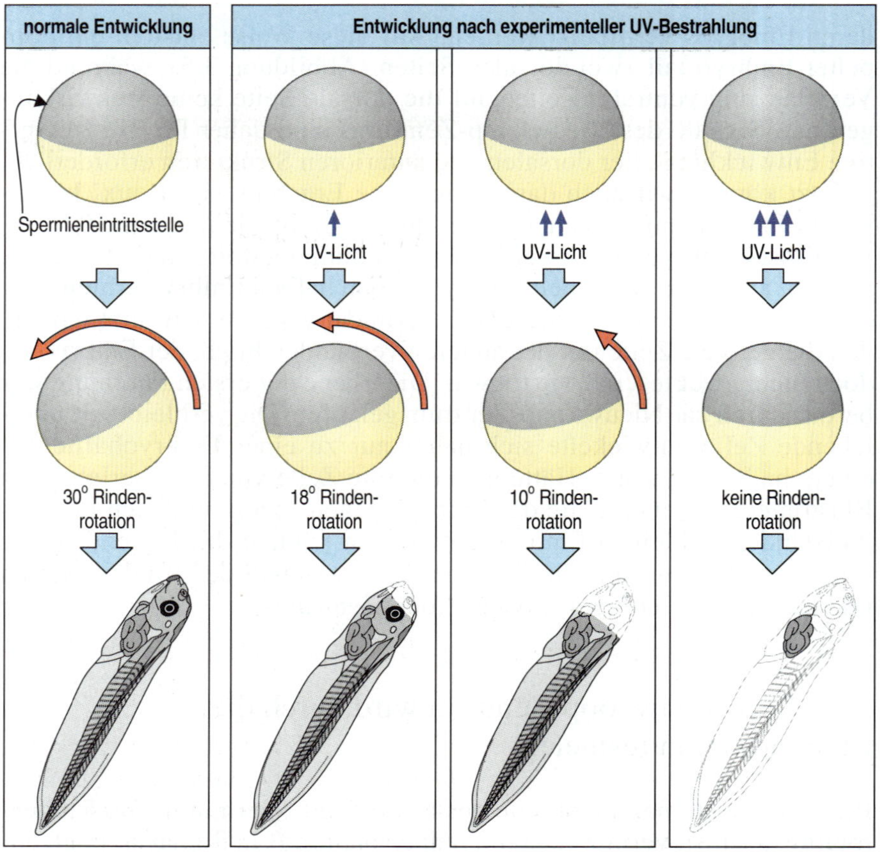

dem Mesoderm, einem Gewebe, das normalerweise nur in der ventralen Mittellinie des Embryos vorhanden ist. Erhöht man die Strahlendosis, verschwinden sowohl die dorsalen als auch die anterioren Strukturen, und der Embryo gleicht nun eher einem verbeulten Zylinder. Er hat sich genauso entwickelt wie eine isolierte ventrale Hälfte eines Embryos im Vier-Zellen-Stadium ohne Nieuwkoop-Zentrum (Abbildung 3.4).

Man kann mit UV-Licht bestrahlte Eier retten, indem man ein neues Nieuwkoop-Zentrum einrichtet. Dies läßt sich dadurch erreichen, daß man die Eier nach der Bestrahlung neu ausrichtet und so eine Rindenrotation simuliert. Man kann die Eier auch noch etwas später retten, indem man dorsale Zellen, die das Nieuwkoop-Zentrum eines anderen Embryos im 32-Zellen-Stadium enthalten, direkt verpflanzt. Das zeigt, daß nicht die Rindenrotation, sondern die Spezifizierung des Nieuwkoop-Zentrums entscheidend ist. Bei beiden Behandlungen wird durch das neue Nieuwkoop-Zentrum die dorsale Seite vorgegeben, so daß der Embryo seine Entwicklung normal fortsetzen kann.

Im Gegensatz zu der UV-Bestrahlung, die den Embryo ventralisiert, führt die Behandlung mit Lithiumchlorid zu einer **Dorsalisierung.** Sie fördert die Bildung dorsaler und anteriorer Strukturen auf Kosten der ventralen und posterioren Strukturen. Diese Effekte beruhen wahrscheinlich darauf, daß UV-Strahlen und Lithiumchlorid in irgendeiner Weise entweder mit den Proteinen interagieren, die an der Ausbildung der dorso-ventralen Achse beteiligt sind, oder ihre Verteilung beeinträchtigen. Einige dieser Proteine werden im nächsten Abschnitt vorgestellt.

3.4 Bestimmte maternale Proteine wirken dorsalisierend und ventralisierend

Es ist noch nicht vollständig geklärt, wie die Rindenrotation zur Bildung des Nieuwkoop-Zentrums führt. Einige an bestimmten Stellen lokalisierte maternale Proteine können jedoch in einem normalen Embryo wie ein zusätzliches Nieuwkoop-Zentrum wirken und UV-bestrahlte Eier retten. Eines davon ist die mRNA für β-Catenin. Dieses Zelladhäsionsmolekül ist an der intrazellulären Übertragung von Wnt-Signalen beteiligt. Bestrahlte Eier können bis zu einem gewissen Grad auch durch einige andere mRNAs gerettet werden, die am vegetativen Pol lokalisiert sind; dazu gehören beispielsweise die mRNAs für die sezernierten Signalmoleküle Xwnt-11 und Vg-1 (Abbildung 3.8).

Das Nieuwkoop-Zentrum kann sich nur bilden und seine Aufgaben erfüllen, wenn in der zukünftigen dorsalen Region ventralisierende Signale unterdrückt werden. Eines dieser ventralisierenden Signale ist die Proteinkinase GSK-3 (Glycogen-Synthethase-Kinase 3). Diese wird von einer maternalen mRNA translatiert und gleichmäßig in der Blastula exprimiert. Daß sie für die ventrale Entwicklung erforderlich ist, zeigt sich, wenn man ihre Aktivität hemmt. Dann erhält man nämlich ein fast vollständig dorsalisiertes embryonales Gebilde, das in extremen Fällen übermäßig entwickelte Kopf-, aber keinerlei ventrale oder posteriore Strukturen aufweist. Daß die GSK-3-Aktivität unterdrückt werden muß, damit sich der Dorsalbereich normal entwickeln kann, beweist ein Experiment, bei dem man die GSK-3-Expression auf der zukünftigen dorsalen Seite künstlich herbeiführt. Dann entsteht ein ventralisierter Embryo, der zeigt, daß GSK-3 entweder die Bildung oder die Signalaktivität des Nieuwkoop-Zentrums unterdrücken kann. Man weiß nicht, wo-

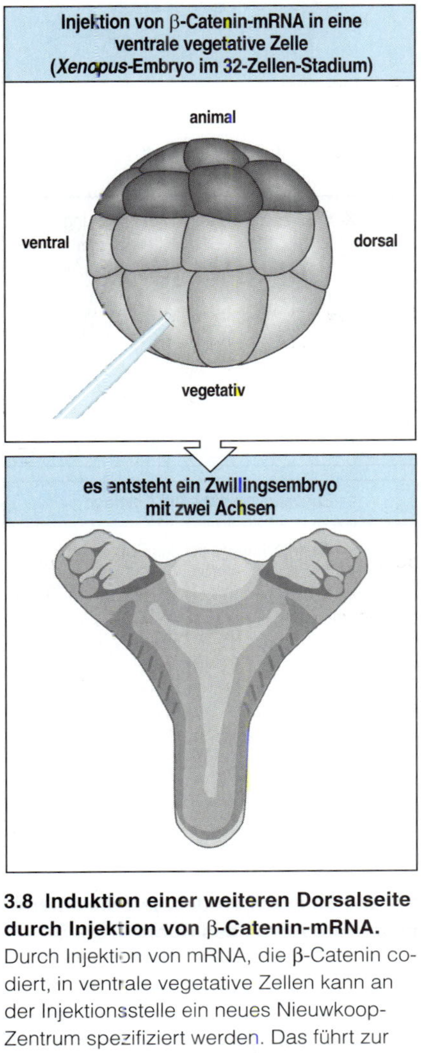

3.8 Induktion einer weiteren Dorsalseite durch Injektion von β-Catenin-mRNA. Durch Injektion von mRNA, die β-Catenin codiert, in ventrale vegetative Zellen kann an der Injektionsstelle ein neues Nieuwkoop-Zentrum spezifiziert werden. Das führt zur Entwicklung eines Zwillingsembryos. Einige andere vegetativ lokalisierte maternale RNAs wie die für Vg-1 haben einen ähnlichen Effekt.

durch genau die GSK-3-Aktivität auf der dorsalen Seite normalerweise unterdrückt wird, es gibt aber Hinweise dafür, daß Proteine des Wnt-Reaktionsweges sezernierter Signalmoleküle wie β-Catenin beteiligt sind und durch die Rindenrotation aktiviert werden. Lithiumchlorid bewirkt vermutlich, daß die GSK-3-Aktivität gehemmt wird.

Eine der wichtigsten Aufgaben des Nieuwkoop-Zentrums besteht darin, ein anderes dorsales Signalzentrum mit Schlüsselfunktion, den Spemann-Organisator, zu spezifizieren. Dieser entsteht genau oberhalb des Nieuwkoop-Zentrums im späten Blastula- beziehungsweise frühen Gastrulastadium (Abbildung 3.3). Wie wir noch sehen werden, sind die Signale, die vom Spemann-Organisator stammen, daran beteiligt, die Musterbildung entlang der anterio-posterioren und der dorso-ventralen Achsen des Embryos auszubilden und das Zentralnervensystem zu induzieren.

Das bedeutet, daß bei *Xenopus* ein externes Signal – das Eindringen des Spermiums – die dorso-ventrale Achse bestimmt, während die Entstehung der anterio-posterioren Achse mit der animal-vegetativen Achse zusammenhängt, die bereits im Ei festgelegt wird. Als nächstes werfen wir einen Blick auf die Achsenentwicklung beim Hühnerembryo.

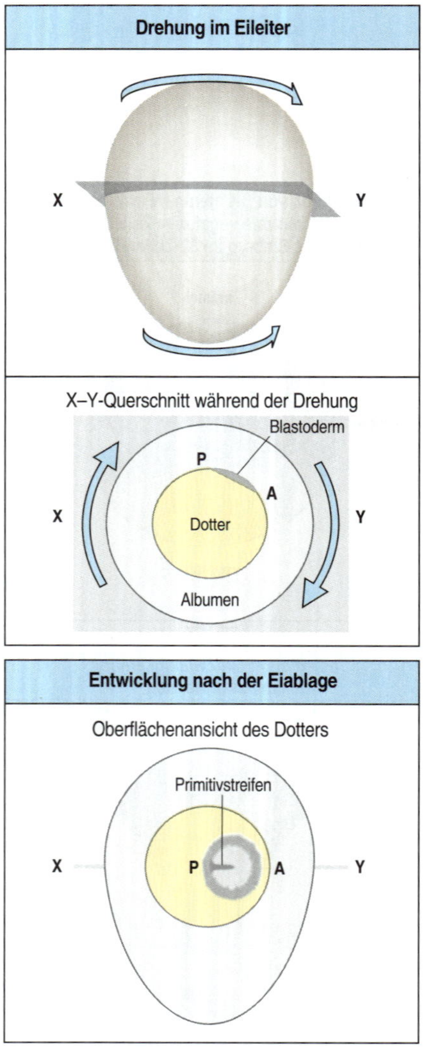

3.9 Die Schwerkraft definiert die anterio-posteriore Achse des Huhnes. Die Drehung des Eies im Eileiter der Mutter führt dazu, daß sich das Blastoderm in Rotationsrichtung neigt; es versucht allerdings, oben zu bleiben. Die posteriore Marginalzone (P) entwickelt sich an der Seite des Blastoderms, die sich ganz oben befindet, und initiiert den Primitivstreifen. A = anterior; P = posterior.

3.5 Die dorso-ventrale Achse des Hühnerblastoderms wird durch den Dotter spezifiziert und die anterio-posteriore Achse nach der Schwerkraft ausgerichtet

Da sich im Hühnerei so viel Dotter befindet, beschränkt sich die Furchung auf eine dünne Schicht des Cytoplasmas. Der Hühnerembryo beginnt seine Entwicklung als eine Zellscheibe, die **Keimscheibe** oder **Blastoderm** genannt wird und dem Dotter oben aufsitzt. Diese Lage bestimmt die dorso-ventrale Achse: Die Dorsalseite des Blastoderms weist vom Dotter weg, die Ventralseite liegt dem Dotter auf. Wie die Amphibienblastula ist auch das Hühnerblastoderm am Anfang radiärsymmetrisch. Diese Symmetrie wird unterbrochen, wenn das Hinterende des Embryos festgelegt wird. Seine Lage kann man bald nach der Eiablage erkennen, wenn auf einer Seite des Blastoderms ein dichterer Zellbereich erscheint: die **posteriore Marginalzone** (Abbildung 2.13). Aus diesem Bereich entwickelt sich der Primitivstreifen, der definiert, wo die anterio-posteriore Achse im Blastoderm liegt.

Die Lage der posterioren Marginalzone und somit des Hinterendes der Längsachse wird durch die Schwerkraft bestimmt. Auf seinem 20-stündigen Weg durch den Uterus des Huhnes wandert das befruchtete Ei mit dem spitzen Ende voran und dreht sich dabei um seine Längsachse, wobei jede Umdrehung etwa sechs Minuten dauert. Die Furchung hat zu diesem Zeitpunkt bereits eingesetzt, so daß das Blastoderm Tausende von Zellen enthält, wenn das Ei gelegt wird. Das Ei ist innerhalb des Gravitationsfeldes schräg geneigt, während sich das Blastoderm so ausrichtet, daß es obenauf bleibt. Die zukünftige posteriore Marginalzone entwickelt sich an dem höchstgelegenen Punkt des Blastoderms. Während sich Schale und Albumen (Eiweiß) drehen, sucht der Embryo mit seinem Dotter in die Senkrechte zurückzukehren. Daher ist die zukünftige Blastodermregion etwas in Richtung der Eirotation verschoben (Abbildung 3.9).

Man kann sich die posteriore Marginalzone als ein Organisationszentrum vorstellen, das in mancher Hinsicht dem Nieuwkoop-Zentrum in *Xenopus* entspricht, da es ebenfalls eine neue Achse induzieren kann:

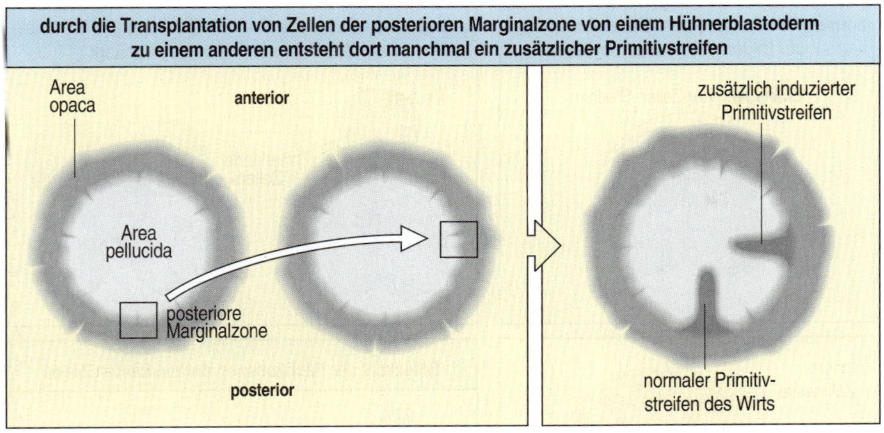
durch die Transplantation von Zellen der posterioren Marginalzone von einem Hühnerblastoderm zu einem anderen entsteht dort manchmal ein zusätzlicher Primitivstreifen
Area opaca
anterior
Area pellucida
posteriore Marginalzone
posterior
zusätzlich induzierter Primitivstreifen
normaler Primitiv-streifen des Wirts

3.10 Die posteriore Marginalzone des Huhnes spezifiziert das Hinterende der Längsachse. Die Verpflanzung von Zellen der posterioren Marginalzone an eine andere Stelle der Marginalzone kann zur Bildung eines zusätzlichen Primitivstreifens führen, der eine neue anterio-posteriore Achse definiert. Das ist allerdings nicht immer der Fall. In der Regel entwickelt sich nur der weiter fortgeschrittene Streifen, da er die Entwicklung des anderen hemmt.

Wird ein Stück aus der posterioren Marginalzone in einen anderen Bereich der Marginalzone transplantiert, kann es dort die Bildung eines neuen Primitivstreifens induzieren (Abbildung 3.10). Im allgemeinen entwickelt sich jedoch in einem derart behandelten Embryo nur eine Achse – entweder seine normale Achse oder jene, die durch das Transplantat induziert wurde. Das deutet darauf hin, daß das weiter entwickelte der beiden Organisationszentren die Streifenbildung an der anderen Stelle unterbindet.

An der Stelle, an der sich der Primitivstreifen entwickelt, wird ein Hühnergen exprimiert, das mit dem *Vg-1* von *Xenopus* verwandt ist. Wenn man Zellen, die dieses Vg-1-Protein exprimieren, in einen anderen Bereich der Marginalzone verpflanzt, können sie einen vollständig neuen Primitivstreifen induzieren und so die gleiche Wirkung erzielen wie Transplantate aus der posterioren Marginalzone.

3.6 Die Achsen des Mausembryos werden durch Zell-Zell-Interaktionen spezifiziert

Bei der Eizelle der Maus gibt es keinerlei Anzeichen einer Polarität, und nichts spricht dafür, daß die Anordnung maternaler Faktoren die spätere Entwicklung beeinflußt. Das Säugerei unterscheidet sich in den ersten Entwicklungsstadien erheblich von einem *Xenopus*- oder einem Hühnerei, da es keinen Dotter enthält. Es muß daher zur Ernährung des Embryos die extraembryonalen Strukturen der Plazenta entwickeln (Kapitel 2).

In der Frühentwicklung des Mausembryos trennt sich die innere Zellmasse, die den eigentlichen Embryo bilden wird, vom Trophoblasten, aus dem die extraembryonalen Strukturen entstehen, die mit der Einnistung und der Entwicklung der Plazenta verknüpft sind. Die frühen Furchungen folgen keinem geordneten Muster; einige von ihnen verlaufen parallel zur Eioberfläche, so daß sich eine massive Zellkugel, die Morula, mit einer inneren und einer äußeren Zellpopulation bildet. Im 32-Zellen-Stadium hat sich der Mausembryo zu einer Blastocyste entwickelt, einer Hohlkugel mit einer äußeren Epithelschicht und einer kleinen Ansammlung von vielleicht zehn bis fünfzehn Zellen an einem Ende (Abbildung 3.11). Diese Zellen sind die innere Zellmasse, aus der sich der eigentliche Embryo entwickelt, während das äußere Epithel zum Trophektoderm wird, das nur extraembryonale Strukturen hervorbringt.

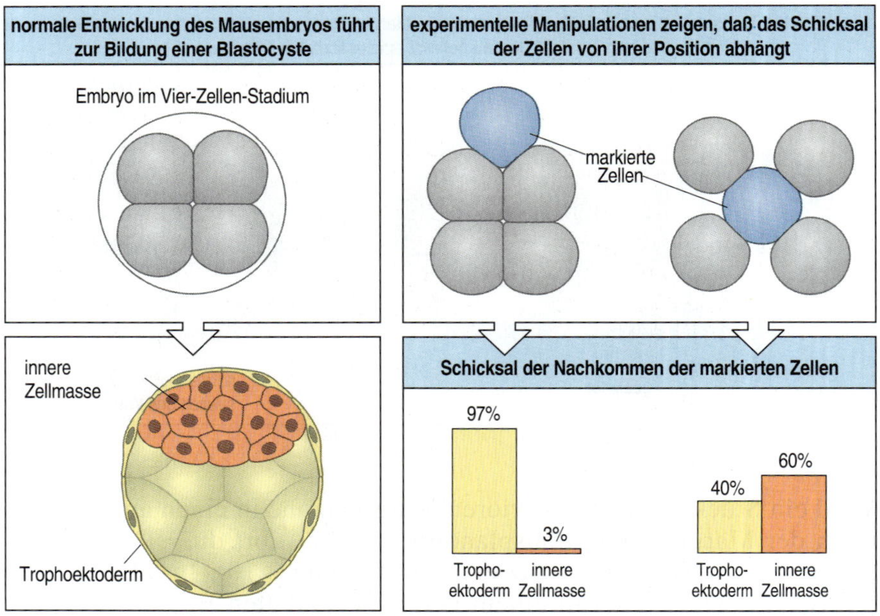

3.11 Die Spezifizierung der inneren Zellmasse eines Mausembryos hängt von der Position der Zellen relativ zur Innen- und Außenseite des Embryos ab. Werden markierte Blastomeren eines Mausembryos im Vier-Zellen-Stadium getrennt und mit unmarkierten Blastomeren eines anderen Embryos kombiniert, so kann man beobachten, daß Blastomeren an der Außenseite der Zellaggregate viel häufiger Trophektoderm bilden und daß 97 Prozent der Zellen in dieser Schicht enden. Umgekehrt bringen Blastomeren aus dem Inneren der Zellaggregate überwiegend die innere Zellmasse hervor.

Welche Zellen zur inneren Zellmasse und welche zum Trophektoderm werden, hängt davon ab, welche Position sie während der Furchung einnehmen. Ihr Schicksal entscheidet sich erst nach dem 32-Zellen-Stadium; vorher scheinen alle Zellen gleichermaßen zur Bildung beider Gewebe befähigt zu sein. Der beste Hinweis darauf, welche Rolle die Zellposition spielt, ist der folgende: Man entnimmt isolierten Vier-Zellen- oder Acht-Zellen-Embryonen einzelne Zellen (Blastomeren), markiert diese und kombiniert sie an verschiedenen Positionen mit unmarkierten Blastomeren eines anderen Embryos. Gibt man die markierten Blastomeren außen auf eine Gruppe unmarkierter Blastomeren, dann entwickeln sie sich normalerweise zum Trophektoderm; gelangen sie in das Innere einer Zellgruppe, so daß sie von unmarkierten Zellen umgeben sind, können sich beide Gewebe bilden, häufiger entsteht jedoch die innere Zellmasse (Abbildung 3.11). Umgibt man einen ganzen Embryo mit anderen Blastomeren, kann auch er Teil der inneren Zellmasse eines riesigen Embryos werden. Ebenso können sich Zellansammlungen, die entweder nur aus „äußeren" oder „inneren" Zellen früher Embryonen bestehen, zu normalen Blastocysten entwickeln. Das zeigt, daß diese Zellen zu diesem Zeitpunkt außer durch ihre Position nicht weiter spezifiziert sind.

Bei Säugetieren hängt der Mechanismus, über den die dorso-ventrale Achse angelegt wird, mit der Position der inneren Zellmasse zusammen. Der Mausembryo ist bis zum Blastocystenstadium eine Zellkugel. Erst nach der Spezifizierung der inneren Zellmasse und des Trophektoderms entsteht im Inneren der Blastocysten eine asymmetrische Blastocoelhöhle, so daß die innere Zellmasse nur noch an einer Stelle mit dem Trophektoderm verbunden ist. Die Blastocyste besitzt nun eine deutliche Achse, die von der Stelle, an der die innere Zellmasse mit dem Trophektoderm in Verbindung steht – dem embryonalen Pol –, bis zum gegenüberliegenden Ende verläuft. Es wird allgemein angenommen, daß diese Achse, die der dorso-ventralen Achse entspricht, die Einnistung überdauert und bis zum Beginn der Gastrulation erhalten bleibt (Abschnitt 2.3).

Im Laufe dieser Zeit (etwa viereinhalb Tage nach der Befruchtung) hat sich die innere Zellmasse in zwei Gewebe differenziert: An der Oberfläche des Blastocoels ist das primäre oder primitive Entoderm entstanden, das extraembryonale Strukturen bilden wird, und im Inneren der Epiblast, aus dem sich ebenfalls einige extraembryonale Strukturen, vor allem aber der Embryo entwickeln werden. Die Blastocyste nistet sich in der Gebärmutterwand ein; das Trophektoderm am embryonalen Pol proliferiert und bildet den ektoplazentalen Kegel, aus dem das extraembryonale Ektoderm hervorgeht, das die innere Zellmasse weit in das Blastocoel hinein schiebt. Im Inneren des Epiblasten bildet sich dann durch diese Proliferation ein Hohlraum, die proamniotische Höhle. Der Epiblast (embryonales Ektoderm), der nun aus einer Epithelschicht besteht, erhält die Form eines Bechers (im Querschnitt (Abbildung 3.12) erscheint er als „U"). Während dieses Vorgangs werden die Zellen erheblich durchmischt, so daß man in diesem frühen Stadium bei einzelnen Zellen unmöglich entscheiden kann, ob sie sich zu einer dorsalen oder einer ventralen Zelle entwickeln werden.

Wie bei Säugetierembryonen die Längsachse ausgebildet wird, ist ebenfalls unbekannt. Da es keinen Bezug zu irgendwelchen maternalen Faktoren gibt, müssen dabei Wechselwirkungen zwischen einzelnen Zellen eine Rolle spielen. Möglicherweise sind hier Signale aus der Gebärmutter beteiligt, die bei der Einnistung übertragen werden, da die Längsachse des Embryos in etwa senkrecht zur Längsachse der Gebärmutter verläuft.

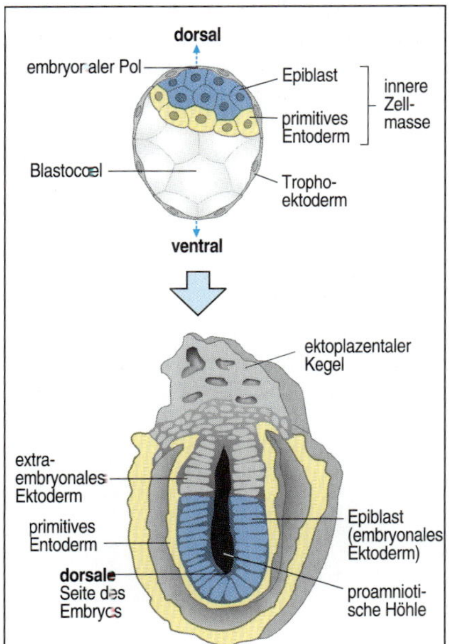

3.12 Spezifizierung der Dorsoventralachse des Mausembryos. Der Epiblast dehnt sich ventral in das Blastocoel aus und bildet einen Becher, der im Querschnitt wie ein „U" aussieht. Allerdings sind die Zellen, welche die dorsale Seite bilden werden, noch nicht spezifiziert, da der Epiblast noch aus einer einzigen Zellschicht besteht.

3.7 Die Spezifizierung der Rechts-Links-Ausrichtung innerer Organe erfordert besondere Mechanismen

Bei Wirbeltieren weisen viele Strukturen wie beispielsweise Augen, Ohren und Gliedmaßen eine Bilateralsymmetrie zur Mittellinie des Körpers auf. Während der Wirbeltierkörper nach außen hin symmetrisch ist, sind seine inneren Organe jedoch meist asymmetrisch angelegt. Bei Mäusen zum Beispiel befindet sich das Herz auf der linken Seite, hat die rechte Lunge mehr Lappen als die linke, liegen Magen und Milz links und besitzt die Leber nur einen einzigen linken Lappen. Die Rechts-Links-Verteilung von Organen ist bemerkenswert durchgängig; dennoch gibt es einige wenige Individuen, bei Menschen etwa einen von 10 000, mit einem sogenannten *situs inversus*, einer völlig spiegelverkehrten Anordnung der Organe. Diese Menschen zeigen im allgemeinen keinerlei Symptome, obwohl alle ihre Organe auf der jeweils anderen Seite liegen.

Wo rechts und wo links ist, wird vollkommen anders festgelegt als bei den bisher besprochenen Achsen, da die Unterscheidung von rechts und links erst dann sinnvoll ist, wenn die anterio-posteriore und die dorso-ventrale Achse bereits vorhanden sind. Verläuft eine dieser Achsen andersherum, dann gilt das auch für die Rechts-Links-Achse; daher sind beim Blick in den Spiegel rechts und links vertauscht: Die dorsoventrale Achse verläuft im Spiegel vom Bauch zum Rücken, und so wird aus links rechts und umgekehrt. Der molekulare Mechanismus für die Seitenausrichtung der Organe ist zwar nach wie vor ein ungelöstes Rätsel, man nimmt jedoch an, daß dafür auf molekularer Ebene eine Asymmetrie vorhanden sein muß, die dann auf die zelluläre und multizelluläre Ebene übertragen wird. Wenn das stimmt, dann müßte die Ausrichtung der asymmetrischen Moleküle oder Molekularstrukturen einen Bezug sowohl zur anterio-posterioren als auch zur dorso-ventralen Achse haben.

3.8 Bei Wirbeltieren wird die Seitenausrichtung der Organe genetisch gesteuert

Bei Mäusen ist das *iv*-Gen an der Spezifizierung der Rechts-Links-Verteilung von Organen beteiligt. Bei 50 Prozent der Tiere, die für ein mutiertes *iv*-Allel homozygot sind, ist die Seitenausrichtung vertauscht (Abbildung 3.13). Das bedeutet, daß sie bei diesen Mutanten zufällig erfolgt. Die Mutation betrifft demnach nicht den Vorgang, durch den es zur Seitenorientierung kommt, sondern den Mechanismus, durch den normalerweise eine Seite auf Dauer bevorzugt wird. Diese Mausmutanten zeigen recht häufig eine Heterotaxis, einen Zustand, bei dem ein und dasselbe Tier Organe mit normaler und umgekehrter Symmetrie besitzt. Das könnte bedeuten, daß sich die diversen Organe jeweils unabhängig voneinander asymmetrisch entwickeln.

Beim Menschen ist das Kartagener-Syndrom, ein rezessiver Defekt, gelegentlich mit einem *situs inversus* verbunden. Wie bei den *iv*-Mäusen ist auch hier die Seitenausrichtung zufällig: In 50 Prozent der Fälle ist die Symmetrie verändert. Bei Individuen mit diesem Syndrom sind die Cilien auf der Oberfläche von Lungen und Atemwegen unbeweglich und daher funktionsunfähig, so daß es zu Problemen mit der Atmung kommt. Den Cilien fehlt der Antrieb durch das Protein Dynein, das für ihre Bewegung unbedingt nötig ist. Dynein hat in Zellen, in denen es mit Mikrotubuli assoziiert ist, andere Funktionen. Mikrotubuli und weitere Strukturen des Cytoskeletts spielen möglicherweise für die Ausbildung der Asymmetrie eine Rolle, da sie selbst asymmetrisch sind.

Der Phänotyp der *iv*-Maus läßt vermuten, daß der Mechanismus, durch den es zur Asymmetrie kommt, im Grunde genommen zufällig ist, daß aber unter normalen Umständen eine Seite durch einen noch unbekannten Vorgang bevorzugt wird. Eine andere, noch nicht näher charakterisierte Mutation führt jedoch bei Mäusen zu einer vollständigen Umkehr der Ausrichtung. Die Identifizierung dieses mutierten Gens wird mit großer Spannung erwartet.

Beim frühen Hühnerembryo werden einige Gene in bezug auf den Hensenschen Knoten am Vorderende des Primitivstreifens asymmetrisch exprimiert (Abschnitt 2.3). Sie könnten daher an der Festlegung des Musters der Organasymmetrie beteiligt sein. Das Gen *Sonic hedgehog*, dessen Proteinprodukt an einer Reihe von Entwicklungsprozessen beteiligt ist (Abschnitt 4.2), wird nur auf der linken Seite des Hensenschen Knotens exprimiert. Aktivin und sein Rezeptor werden auf

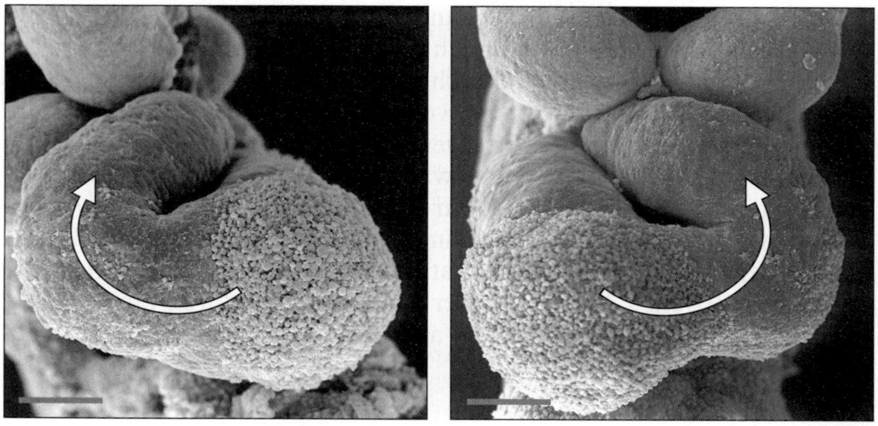

3.13 Die Rechts-Links-Asymmetrie des Mausherzens wird genetisch gesteuert. Beide Photographien zeigen ein Mausherz von der anterioren Seite, nachdem sich die Bögen gebildet haben. Die normale Asymmetrie des Herzens entsteht durch eine Linksdrehung, wie sie durch den Pfeil angezeigt wird (links). Die Hälfte der Mäuse, die homozygot für die Mutation im *iv*-Gen sind, haben Herzen, die sich nach rechts drehen (rechts). Maßstab = 0,1 mm. Aufnahme mit freundlicher Genehmigung von N. Brown.

der rechten Seite gebildet und unterdrücken die Expression von *Sonic hedgehog* auf dieser Seite. Auf der linken Seite induziert *Sonic hedgehog* die Expression von *Nodal*, einem weiteren Mitglied der TGF-β-Familie. Bringt man einige Zellen, die das Sonic-hedgehog-Protein produzieren, auf die rechte Seite, so daß dieses Expressionsmuster symmetrisch wird, dann entstehen die Organe wie in der *iv*-Mausmutante zufällig auf der einen oder anderen Seite. *Nodal* wird in der Maus ebenfalls asymmetrisch exprimiert.

Bei *Xenopus* führt die gezielte Injektion von prozessiertem Vg-1-Protein in die rechte Seite eines frühen Embryos dazu, daß die Organe zufällig auf die Seiten verteilt werden. Das deutet darauf hin, daß die asymmetrische Verteilung von Vg-1 im Nieuwkoop-Zentrum der Rechts-Links-Asymmetrie zugrunde liegt. Für die Ausbildung der Asymmetrie könnte es also durchaus eine Rolle spielen, wie ein asymmetrisches Molekül zwischen links und rechts verteilt ist.

Zusammenfassung

Am Aufbau der Körperachsen von Wirbeltieren sind maternale Faktoren, äußere Einflüsse und Zell-Zell-Interaktionen beteiligt. Beim Amphibienembryo legen maternale Faktoren die animal-vegetative Achse fest, die in etwa der anterio-posterioren Achse entspricht. Die dorso-ventrale Achse wird dagegen durch die Stelle spezifiziert, an der das Spermium eindringt, sowie durch die daraus folgende Rindenrotation, die zur Bildung des Nieuwkoop-Zentrums führt. Beim Hühnerembryo wird die dorso-ventrale Achse bei der Furchung durch den Dotter festgelegt, während für die Lage der anterio-posterioren Achse die Schwerkraft eine Rolle spielt. Diese bestimmt, auf welcher Seite des Blastoderms sich die posteriore Marginalzone und somit auch der Primitivstreifen bildet. Beim Mausembryo ist kein einziger maternaler Faktor an der Spezifizierung der Achsen beteiligt. Diese Festlegung geschieht in den Zellen der inneren Zellmasse, aus denen sich der eigentliche Embryo entwickelt. Die Lage der dorso-ventralen Achse hängt von der Position der inneren Zellmasse relativ zum Trophektoderm ab, während die der anterio-posterioren Achse wahrscheinlich erst bei der Einnistung bestimmt wird. Die Ausbildung der durchgängigen Rechts-Links-Symmetrie von Wirbeltierorganen wird genetisch gesteuert.

X

Übersicht: Achsendetermination bei Wirbeltieren

	dorso-ventrale Achse	anterio-posteriore Achse
Xenopus	Spermieneintrittsstelle und Rindenrotation; dorsale Seite und Nieuwkoop-Zentrum bilden sich gegenüber der Spermieneintrittsstelle; GSK-3 wird auf der dorsalen Seite supprimiert	wird durch maternale Faktoren bestimmt; zukünftiges Vorderende entwickelt sich aus der animalen Region
Huhn	Zellbildung des Blastoderms auf dem Dotter	Schwerkraft
Maus	Wechselwirkung zwischen innerer Zellmasse und Trophektoderm	interzelluläre Interaktionen?

Ursprung und Spezifizierung der Keimblätter

Die letzten Abschnitte haben deutlich gemacht, wie bei den verschiedenen Wirbeltierembryonen die Hauptachsen angelegt werden. Im folgenden befassen wir uns mit der an diesen Achsen orientierten ersten Musterbildung im Embryo: der Spezifizierung der drei Keimblätter – Entoderm, Mesoderm und Ektoderm – sowie ihren weiteren Veränderungen.

Von diesen drei Keimblättern stammen alle Gewebe des Körpers ab. Das Mesoderm wird in Zellen unterteilt, die unter anderem Chorda, Muskelgewebe, Herz, Niere und blutbildende Gewebe hervorbringen. Aus einem Teil des Ektoderms entsteht die Epidermis, aus einem anderen das Nervensystem. Das Entoderm bildet den Darm und Organe wie etwa die Lungen. Wir werden uns zuerst mit den **Anlagenplänen** (*fate maps*; Abschnitt 1.10) diverser früher Wirbeltierembryonen befassen. Sie zeigen, welche Gewebe sich aus den unterschiedlichen Teilen des Embryos entwickeln. Anschließend wenden wir uns der Spezifizierung und Unterteilung der Keimblätter zu, wobei wir uns hauptsächlich auf *Xenopus* konzentrieren werden, bei dem diese Prozesse am besten bekannt sind und bereits einige der beteiligten Gene und Proteine identifiziert werden konnten. Wie wir noch sehen werden, kann man einen Großteil der frühen Musterbildung durch ein Modell mit vier Signalen erklären.

3.9 Indem man die Entwicklung markierter Zellen verfolgt, kann man einen Anlagenplan der frühen Amphibienblastula erstellen

Wenn man die Blastula von *Xenopus* im 32-Zellen-Stadium untersucht, findet sich keinerlei Hinweis darauf, wie sich die unterschiedlichen Regionen entwickeln werden; man kann aber einzelne Zellen identifizieren. Wenn man deren Schicksal oder das einzelner Zellgruppen weiter verfolgt, läßt sich eine Karte der Blastulaoberfläche mit den Regionen erstellen, aus denen später beispielsweise die Somiten, das Gehirn, das Rückenmark oder der Darm hervorgehen. Dieser Anlagenplan zeigt zwar, woher die Gewebe jedes Keimblattes normalerweise stammen, gibt jedoch keinerlei Auskunft über das volle Entwicklungspotential der jeweiligen Region beziehungsweise darüber, inwieweit ihr Schicksal bereits in der Blastula spezifiziert oder determiniert ist. Frühe Wirbeltierembryonen verfügen über bemerkenswerte Regulationsfähigkeiten, wenn Teile entfernt oder an andere Stellen des Embryos verpflanzt werden (Abschnitt 1.10). Das bedeutet, daß in diesem frühen Stadium eine beachtliche Entwicklungsplastizität vorhanden ist und das tatsächliche Schicksal der Zellen sehr stark von den Signalen abhängt, die sie von den benachbarten Zellen erhalten.

Um einen Anlagenplan zu erstellen, kann man beispielsweise verschiedene Teile der Oberfläche eines frühen Embryos mit einem lipophilen Farbstoff wie etwa diI anfärben und dann darauf achten, welcher Bereich letztlich markiert wird. Einzelne Zellen lassen sich auch durch Injektion stabiler hochmolekularer Verbindungen wie etwa rhodaminmarkiertem Dextran hervorheben. Diese Moleküle können nicht die Zellmembran passieren und sind daher ausschließlich in der behandelten Zelle und ihren Nachkommen zu finden. Da Rhodamin unter UV-Licht rot fluoresziert, kann man das damit markierte Dextran unter einem UV-Mikroskop leicht erkennen. Abbildung 3.14 zeigt einen

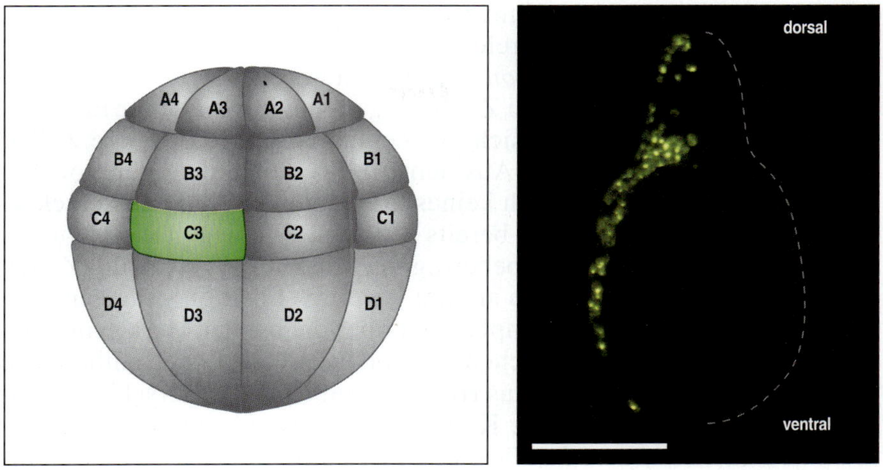

3.14 Anlagenplan eines frühen *Xenopus*-Embryos. Links: Eine einzelne Zelle, C3 wird durch eine Injektion mit Fluorescein-Dextranamin markiert, das unter UV-Beleuchtung grün fluoresziert. Rechts: Der Querschnitt des Embryos im Schwanzknospenstadium zeigt, daß aus der markierten Zelle auf der einen Seite des Embryos Mesodermzellen entstanden sind. Maßstab = 0,5 mm. Aufnahme mit freundlicher Genehmigung von L. Dale.

Xenopus-Embryo, der für die Erstellung eines Anlagenplans mit dem grün fluoreszierenden Farbstoff Fluorescein-Dextranamin markiert wurde.

Der Anlagenplan der späten *Xenopus*-Blastula (Abbildung 3.15) zeigt, daß der größte Teil des Entoderms aus dem dotterreichen vegetativen Bereich hervorgeht, der das untere Drittel der kugeligen Blastula einnimmt. Der Dotter liefert alle Nährstoffe, die der heranwachsende Embryo benötigt; mit fortschreitender Entwicklung wird er nach und nach aufgebraucht. Am anderen Pol entsteht aus der animalen Hälfte das Ektoderm, das sich später zu Epidermis und dem zukünftigen Nervengewebe entwickelt. Das Mesoderm liegt als **Marginalzone** wie ein Gürtel um den Äquator der Blastula herum. Bei *Xenopus*, jedoch nicht bei allen Amphibien, überzieht eine dünne Schicht zukünftigen Entoderms das prospektive Mesoderm in der Marginalzone.

Der Anlagenplan der Blastula macht deutlich, warum die Gastrulation erforderlich ist. Im Blastulastadium befinden sich die mesodermalen Gewebe, die innere Strukturen wie Darm, Muskulatur und Organe bilden, auf der Außenseite des Embryos. Im Verlauf der Gastrulation wandert die Marginalzone durch den dorsalen Urmund, der sich über dem Nieuwkoop-Zentrum befindet, nach innen. Der Anlagenplan des Mesoderms (Abbildung 3.15) zeigt, daß es an der dorso-ventralen Achse der Blastula in verschiedene Bereiche unterteilt wird. Das am weitesten dorsal liegende Mesoderm wird zur Chorda dorsalis, in ventraler Richtung folgen die Somiten (aus denen später das Muskelgewebe entsteht), dann die Seitenplatte mit dem Mesoderm für Herz und Nieren sowie schließlich mit den Blutinseln ein Gewebe, in dem im Embryo die Hämatopoese beginnt. Zwischen den zukünftigen Dorsal- und Ventralseiten der animalen Hälfte gibt es ebenfalls erhebliche Unterschiede: Die Epidermis stammt zum größten Teil von der ventralen und das Nervensystem von der dorsalen Seite. Die Epidermis breitet sich dann immer weiter aus, so daß sie nach der Bildung des Neuralrohres den ganzen Embryo bedeckt.

Wenn man beim Anlagenplan von dorsal und ventral spricht, kann das etwas verwirrend sein, da er nicht aus einem richtigen Koordinatensystem mit rechten Winkeln besteht. Aufgrund der Zellbewegungen während der Gastrulation bilden Zellen von der dorsalen Seite der Blastula nicht nur dorsale Strukturen, sondern auch einige ventrale Teile am Vorderende des Embryos wie etwa den Kopf sowie andere ventrale Strukturen wie etwa das Herz. Aus dem ventralen Bereich entstehen im Vorderteil des Embryos ventrale Strukturen, aber auch einige dorsale Strukturen im hinteren Teil. Deshalb besitzen die im Abschnitt 3.4 be-

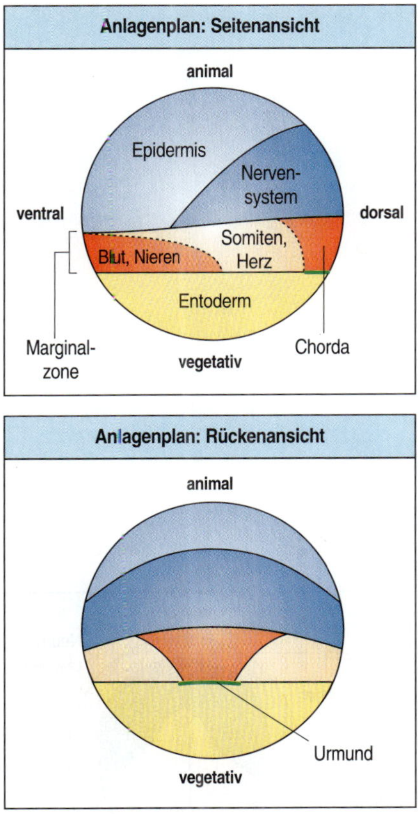

3.15 Anlagenplan einer späten *Xenopus*-Blastula. Das Ektoderm bildet die Epidermis und das Nervensystem. Entlang der Dorsoventralachse entwickeln sich aus dem Mesoderm Chorda, Somiten, Herz, Nieren und Blut. Bei *Xenopus*, aber nicht bei allen Amphibien, findet man Entoderm (hier nicht dargestellt), welches das Mesoderm in der Marginalzone bedeckt.

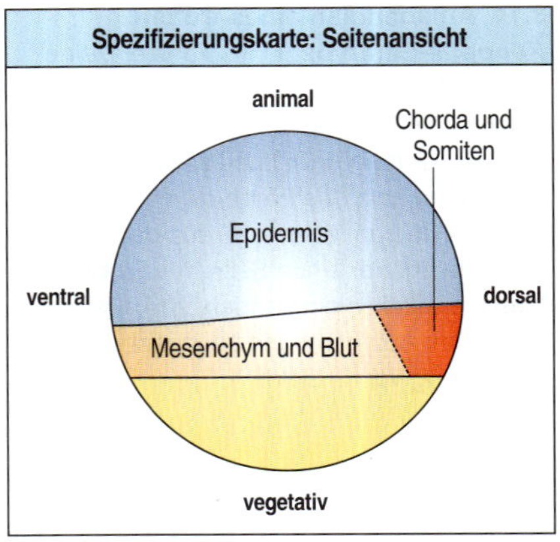

3.16 Spezifizierungskarte einer späten *Xenopus*-Blastula. Die Spezifizierungskarte beruht auf Experimenten, die zeigten, wie sich isolierte Fragmente der Blastula in einem einfachen Kulturmedium entwickeln.

schriebenen dorsalisierten Embryonen zu viele anteriore Strukturen, während ihnen posteriore Bereiche fehlen.

Der Anlagenplan von *Xenopus* weist recht gut definierte Grenzen auf. Es kommt jedoch zu örtlichen Zellbewegungen; im Laufe der Embryonalentwicklung vermischen sich die Zellen, und tieferliegende Zellen gelangen an die Oberfläche. Aus dem Anlagenplan, den man von *Xenopus* erstellen kann, läßt sich keinesfalls schließen, daß das Schicksal der Zellen im frühen Embryo bereits feststeht. Er spiegelt vielmehr das stereotype Muster der Gewebebewegung wieder, durch die die Zellen in späteren Embryonalstadien an ihre jeweilige Position gelangen.

Im Gegensatz zum Anlagenplan, der über die bei der Markierung bestehenden Unterschiede zwischen den Zellen nichts aussagt, enthält eine **Spezifizierungskarte** durchaus Hinweise auf solche Unterschiede (Abschnitt 1.10). Um eine solche Karte von der Blastula zu erstellen, kultiviert man kleine Gewebestückchen dieses Stadiums in einem einfachen Medium und verfolgt, welches Gewebe daraus entsteht. Bei der *Xenopus*-Blastula stimmen zwar Spezifizierungskarte und Anlagenplan in einigen Merkmalen recht gut überein, es gibt jedoch – besonders in den ektodermalen und mesodermalen Regionen – auch entscheidende Unterschiede (Abbildung 3.16). Aus Zellen, die man der animalen Hälfte der Blastula entnommen hat, entwickelt sich kein Nervengewebe und aus den meisten mesodermalen Fragmenten kein Muskel. Das zeigt, daß sich das Ektoderm noch nicht in zukünftige Nerven- und Epidermiszellen differenziert hat und daß im Mesoderm noch kein zukünftiger Muskel spezifiziert wurde. Dennoch läßt sich an der Spezifizierungskarte ablesen, daß der Status der Zellen bereits im Blastulastadium wichtige regionale Unterschiede aufweist.

3.10 Bei Wirbeltieren variieren die Anlagenpläne ein Grundmuster

Mit den fast gleichen Techniken wie bei *Xenopus* wurden auch Anlagenpläne der frühen Embryonalstadien von Huhn, Maus und Zebrafisch erstellt: Man markiert Zellen aus frühen Embryonalstadien und verfolgt dann deren weitere Entwicklung.

Beim Hühnerembryo kann man vom frühen Blastodermstadium, das annähernd der *Xenopus*-Blastula entspricht, keinen Anlagenplan erstellen. Das liegt unter anderem daran, daß ein Großteil des Hühnerembryos aus der posterioren Marginalzone stammt, die in diesem Stadium immer noch nur einen winzigen Bereich des gesamten Blastoderms ausmacht. Im Gegensatz zu *Xenopus* proliferieren und wachsen die Zellen des Hühnerembryos während der Bildung des Primitivstreifens und der Gastrulation beträchtlich. Sowohl vor als auch während der Primitivstreifenentwicklung (Abbildung 2.13) sowie im Verlauf der Gastrulation kommt es zu umfangreichen Zellwanderungen. Erst wenn der Primitivstreifen vollständig ausgebildet ist, wird das Bild etwas klarer, und zukünftiges Entoderm, Mesoderm und Ektoderm können kartiert werden (Abbildung 3.17).

In dem hier dargestellten Stadium ist aus dem Blastoderm ein Gebilde mit drei Schichten geworden. Durch den Primitivstreifen hindurch sind Zellen in das Innere eingewandert, um dort ento- und mesodermale Schichten zu bilden. Die meisten Zellen der jetzigen äußeren Oberfläche des Blastoderms sind zukünftiges Ektoderm und werden Neuralrohr und Epidermis bilden. Es muß aber noch ein Zellbereich in den Streifen hineinwandern; aus diesen Zellen entwickelt sich dann das Mesoderm. Der

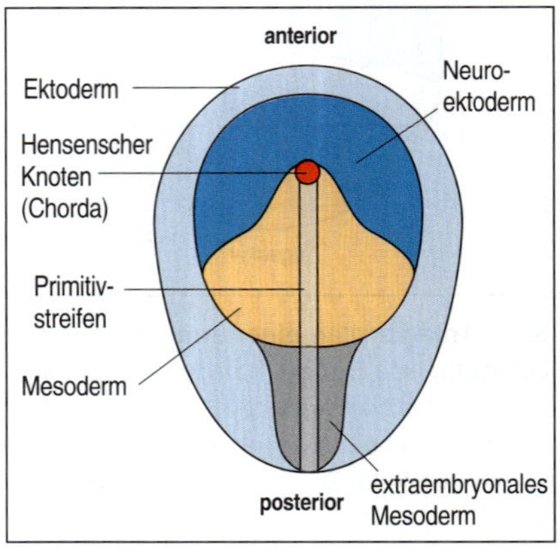

3.17 Anlagenplan eines Hühnerembryos, bei dem der Primitivstreifen vollständig ausgebildet ist. Die Zeichnung zeigt eine Ansicht der dorsalen Oberfläche des Embryos. Fast das gesamte Entoderm ist schon durch den Streifen gewandert und hat eine tieferliegende Schicht gebildet; sie ist daher nicht zu sehen.

Hensensche Knoten, eine Zellanhäufung am anterioren Ende des Streifens, entspricht dem zukünftigen Mesoderm. Wenn er in posteriorer Richtung wandert, hinterläßt er Zellen, aus denen die Chorda entsteht und die auch am Aufbau der Somiten beteiligt sind. Von den mesodermalen Schichten des Blastoderms wird das Mesoderm entlang der anterio-posterioren Mittellinie die Somiten hervorbringen. Es ist von Zellen umgeben, die zu Seitenplattenmesoderm sowie zu Strukturen wie Herz und Niere werden. Ganz nah am Dotter, in den untersten Schichten des Embryos, ist das zukünftige Entoderm von Zellen umgeben, die zu extraembryonalen Strukturen auswachsen.

Von den ersten Embryonalstadien der Maus kann ebenfalls kein Anlagenplan erstellt werden, da sich die Zellen der inneren Zellmasse bei Embryonen, die jünger als dreieinhalb Tage sind, nicht nur zu vielen verschiedenen embryonalen Geweben, sondern auch zu einigen extraembryonalen Strukturen wie dem visceralen und dem parietalen Entoderm entwickeln. Am Tag vier bis viereinhalb bildet die innere Zellmasse eine äußere Zellschicht, das primitive Entoderm (Abbildung 3.12). Die Zellen zwischen dem primitiven Entoderm und dem polaren Trophektoderm entsprechen dem primitiven Ektoderm oder Epiblasten. Während aus dem primitiven Entoderm nur extraembryonale Strukturen entstehen, bildet sich aus dem primitiven Ektoderm der gesamte eigentliche Embryo sowie alle extraembryonalen Mesodermstrukturen.

Am sechsten bis siebenten Tag der Schwangerschaft entstehen aus dem Mausepiblasten durch die Bildung des Primitivstreifens und die Gastrulation die drei Keimblätter. Das Gastrulationsstadium ist bei Huhn und Maus im Prinzip gleich, der Mausepiblast ist allerdings zu diesem Zeitpunkt wie ein Becher gefaltet, so daß sich dieser Prozeß nicht so leicht beobachten läßt. Es gibt von diesem Stadium einen recht genauen Anlagenplan. Dieser wurde erstellt, indem man einzelnen Zellen einen Farbstoff injizierte und so deren Tochterzellen ermittelte. Im Epiblasten findet jedoch eine sehr starke Zellmischung und Zellproliferation statt. Nachkommen einer einzigen Zelle sind unter Umständen weit verstreut und entwickeln sich zu Zellen verschiedener Keimblätter, so daß lediglich die Hälfte aller markierten Klone nur Tochterzellen in einem Keimblatt hat.

Trotzdem ähnelt der erstellte Anlagenplan in den Grundzügen dem des Huhns im Primitivstreifenstadium, wenn man davon absieht, daß der Mausepiblast becherförmig, der Hühnerepiblast jedoch flach ist (Abbildung 3.18). Auch beim Mausembryo bildet sich der Knoten am Vorderende des Primitivstreifens; aus ihm entstehen Chorda dorsalis und Teile der Somiten. Der mittlere Teil des Streifens bildet hauptsächlich das Seitenplattenmesoderm, während der hintere Teil das extraembryonale Mesoderm für das Amnion, den visceralen Dottersack und die Allantois bereitstellt.

Weil im Zebrafischembryo die Zellen während des Übergangs von Blastula zu Gastrula stark durchmischt werden, kann man während der Furchungsstadien keinen reproduzierbaren Anlagenplan erstellen. Darin ähneln sich Zebrafisch und Maus. Im späten Blastulastadium des Zebrafisches findet man oben auf einer großen Dotterzelle ein becherförmiges Blastoderm aus tiefergelegenen Zellen unter einer dünnen Deckschicht. Diese darüberliegende Schicht dient vor allem dem Schutz und geht schließlich verloren. Zu Beginn der Gastrulation hängt das Schicksal der Zellen aus der tieferliegenden Schicht, aus der alle Zellen des eigentlichen Embryos hervorgehen, davon ab, wo sie im Verhältnis zum animalen Pol liegen. Die Zellen am Rande des Blastoderms werden zu Entoderm, die Zellen weiter in Richtung des animalen Pols werden zu Mesoderm, und die aus dem Blastodermbereich direkt am animalen Pol stammenden Zellen werden zu Ektoderm (Abbildung 3.19).

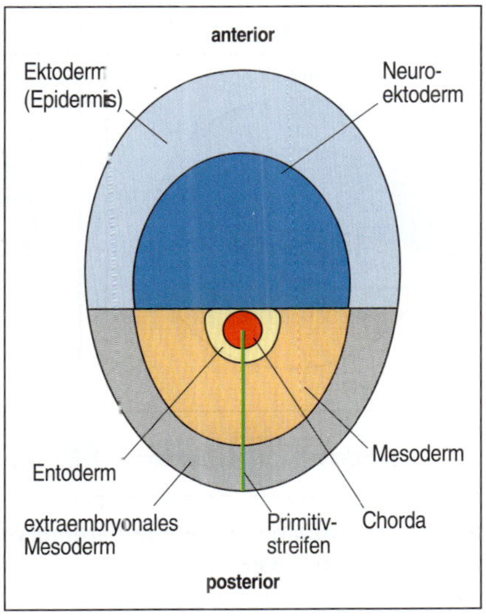

3.18 Anlagenplan einer Maus in einem späten Gastrulationsstadium. Der Embryo ist so dargestellt, als ob der „Becher" abgeflacht worden wäre; er ist von der dorsalen Seite zu sehen. In diesem Stadium hat der Primitivstreifen bereits seine endgültige Länge erreicht.

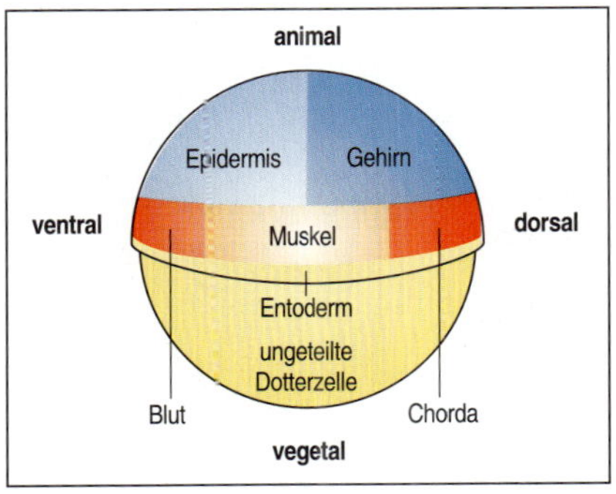

3.19 Anlagenplan eines Zebrafisches im frühen Gastrulationsstadium. Die drei Keimblätter stammen aus dem Blastoderm, das einer ungefurchten Dotterzelle in der unteren Hälfte aufliegt. Das Entoderm bildet sich aus der Randzone des Blastoderms; etwas aus diesem Bereich ist bereits nach innen gewandert

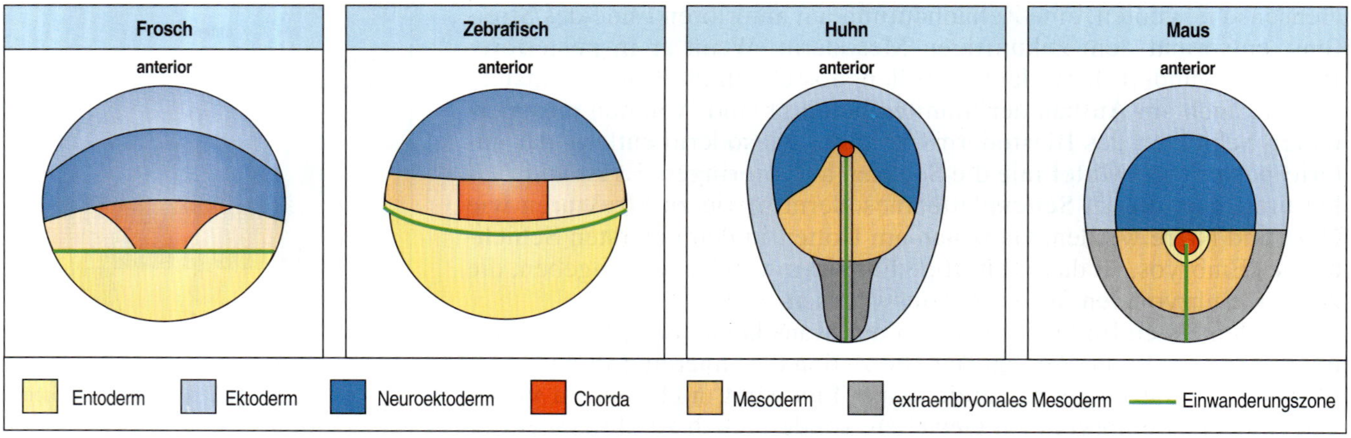

3.20 Anlagenpläne von Wirbeltierembryonen in vergleichbaren Entwicklungsstadien. Trotz aller Unterschiede in der frühen Entwicklung ähneln sich die Anlagenpläne von Wirbeltierembryonen in Stadien, die einer späten Blastula oder frühen Gastrula entsprechen. Alle Pläne sind aus dorsaler Sicht gezeichnet. Das Mesoderm für die zukünftige Chorda nimmt eine zentrale dorsale Position ein. Das Neuroektoderm grenzt an die Chorda; das übrige Ektoderm befindet sich anterior davon. Der Anlagenplan der Maus zeigt eine späte Gastrula. Das zukünftige Ektoderm des Zebrafisches befindet sich auf seiner ventralen Seite.

Auch für jedes der drei Keimblätter wurde ein Anlagenplan erstellt: Die Strukturen des Prosencephalons aus dem Ektoderm stammen zum Beispiel aus einem Bereich nahe des animalen Pols, während die Strukturen des Rhombencephalons aus einem mehr am Rande liegenden Bereich kommen. Innerhalb des Mesoderms findet man die zukünftige Chorda auf der dorsalen und die zukünftigen blutbildenden Gewebe auf der ventralen Seite. Insgesamt ähneln sich die Anlagenpläne des Zebrafisches und der Amphibien stark, wenn man sich statt der vegetativen Region der Amphibienblastula eine große Dotterzelle vorstellt.

Die Anlagenpläne der verschiedenen Wirbeltiere sind sich recht ähnlich – zumindest in Hinsicht auf die Beziehung zwischen den Keimblättern und die Stelle, an der die Zellen bei der Gastrulation nach innen wandern (Abbildung 3.20). Die Unterschiede rühren hauptsächlich von dem Dotterreichtum der Eizelle her, der das Furchungsmuster bestimmt und die Form des frühen Embryos beeinflußt. Daß die Beziehung zwischen den Keimblättern so ähnlich ist, deutet darauf hin, daß an ihrer Spezifizierung ähnliche Mechanismen beteiligt sind. Anlagenpläne sind keine Spezifizierungskarten; sie zeigen nicht das volle Entwicklungspotential der Zellen in diesen frühen Embryonalstadien. In den späten Blastula- und frühen Gastrulastadien, der Zeit, in der diese Karten erstellt werden, können die Wirbeltierembryonen immer noch bemerkenswerte Regulationsleistungen erbringen.

3.11 Bei Wirbeltieren ist das Schicksal der Zellen in den frühen Embryonalstadien noch nicht endgültig determiniert

In den frühen Embryonalstadien besitzen Wirbeltiere ein beachtliches Regulationspotential, wenn Teile des Embryos entfernt oder anders angeordnet werden. So können sich Teilstücke eines befruchteten *Xenopus*-Eies mit nur einem Viertel der Normalgröße noch zu mehr oder weniger normal proportionierten, wenn auch kleinen Embryonen entwickeln. Es muß daher bei der Musterbildung einen Mechanismus geben, der mit Hilfe von Zellinteraktionen mit solchen Größenabweichungen fertig wird. Derartige Experimente beweisen, daß das Schicksal der Zellen auch anders verlaufen kann. In diesem Stadium sind die Zellen noch nicht determiniert (Abschnitt 1.10); ihr Entwicklungspotential ist weitaus größer, als es ihre Position auf dem Anlagenplan vermuten ließe.

Diese Regulationskapazität hat jedoch ihre Grenzen. Isoliert man animale und vegetative Hälften eines Acht-Zellen-Embryos von *Xenopus*, so entwickeln sich diese nicht mehr normal. Während die dorsalen Hälften in diesem Fall gegensteuern und einen einigermaßen normalen Embryo hervorbringen, gelingt dies den ventralen Hälften nicht mehr. Aus ihnen entsteht ein abnormer Embryo ohne anteriore oder dorsale Strukturen (Abbildung 3.4) und mit erheblich weniger Muskelmasse, als der Anlagenplan vermuten läßt. Wie wir bereits gesehen haben, hängt das davon ab, ob ein Nieuwkoop-Zentrum in diesen Fragmenten vorhanden ist oder nicht.

Das Regulationspotential des frühen Embryos spiegelt den Determinationszustand einzelner Zellen wider. Dieser kann für einzelne Zellen oder kleine Bereiche eines Embryos erforscht werden, indem man sie einem Wirtsembryo an einer anderen Stelle einpflanzt und dann beobachtet, wie sie sich weiterentwickeln (Abschnitt 1.10). Sind sie bereits determiniert, werden sie sich entsprechend ihrer ursprünglichen Position entwickeln. Sind sie es jedoch noch nicht, werden sie sich so verhalten, wie es ihre neue Position verlangt. Das kann man experimentell zeigen, indem man eine einzelne markierte Zelle aus einer *Xenopus*-Blastula in das Blastocoel eines Wirtes, der sich bereits in einem späteren Stadium befindet, einbringt und ihr weiteres Schicksal verfolgt. Die übertragene Zelle teilt sich, und ihre Nachkommen gelangen im Verlauf der Gastrulation in unterschiedliche Teile des Embryos. Allgemein zeigt sich, daß Zelltransplantate aus frühen Blastulae noch nicht determiniert sind; ihre Nachkommen differenzieren sich den Signalen entsprechend, die sie an ihrer neuen Stelle empfangen. So können Zellen des vegetativen Pols, die normalerweise Entoderm bilden würden, zu einer großen Vielzahl von Geweben beitragen, wie etwa zur Muskulatur oder zum Nervensystem, wenn sie in einem frühen Stadium übertragen werden. Ebenso können früh verpflanzte Zellen des animalen Pols, aus denen normalerweise Epidermis oder Nervengewebe entsteht, Entoderm oder Mesoderm bilden. Mit der Zeit werden die Zellen immer stärker determiniert, so daß sich vergleichbare Zellen aus einer späteren Blastula oder frühen Gastrula so entwickeln, wie es zum Zeitpunkt ihrer Transplantation vorgesehen war.

Die Zellen der inneren Zellmasse des Mausembryos sind noch nicht determiniert. Wir haben das bereits im Zusammenhang mit der frühen Mausentwicklung gesehen, bei der die Zellen der inneren Zellmasse und des Trophektoderms ausschließlich aufgrund ihrer Position auf der Innen- oder Außenseite des Embryos spezifiziert werden (Abbildung 3.11). Die Zellen der inneren Zellmasse sind bis zu viereinhalb Tage nach der Befruchtung pluripotent und können sich daher in dieser Zeit zu vielen verschiedenen Zelltypen entwickeln. Schleust man sie in die innere Zellmasse einer anderen Blastocyste vergleichbaren Alters ein, können sie an der Bildung aller embryonaler Gewebe einschließlich der Keimzellen beteiligt sein. Diese Eigenschaft ermöglicht die Erzeugung von **chimären** Mäusen, die Zellen mit zwei verschiedenen Genotypen besitzen. Man kann aus Zellen der inneren Zellmasse embryonale Stammzellen (ES-Zellen) gewinnen, die sich wie Zellen der inneren Zellmasse verhalten, wenn sie in einen Wirtsembryo injiziert werden. Nimmt man embryonale Stammzellen mit bestimmten Mutationen, erhält man transgene Mäuse (Exkurs 3.3).

Exkurs 3.3: Transgene Mäuse

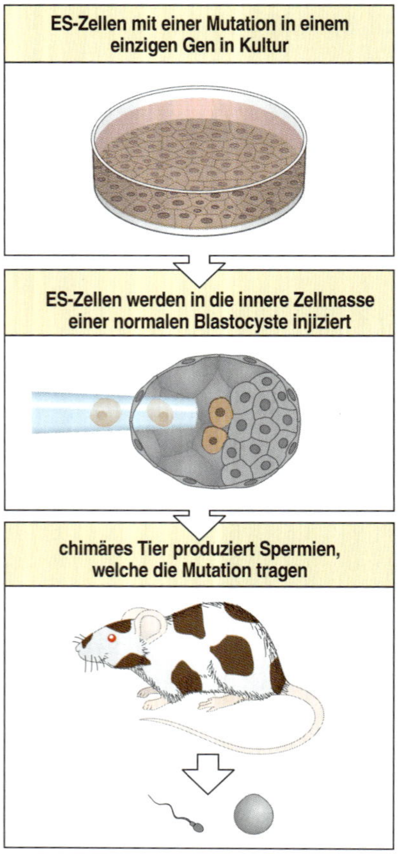
ES-Zellen mit einer Mutation in einem einzigen Gen in Kultur
ES-Zellen werden in die innere Zellmasse einer normalen Blastocyste injiziert
chimäres Tier produziert Spermien, welche die Mutation tragen

Wenn man die Rolle eines bestimmten Gens in der Entwicklung erforschen möchte, ist es ein großer Vorteil, wenn man untersuchen kann, wie sich eine Mutation in diesem Gen auswirkt. Eine Möglichkeit, ein Tier mit der gewünschten Mutation zu bekommen, besteht einfach darin, darauf zu warten, bis es in der Population auftaucht. Bei Wirbeltieren kann das allerdings sehr lange dauern. Entwicklungsmutationen sind besonders selten. Bei Mäusen kann man jedoch mit Hilfe transgener Techniken Tiere mit einem bestimmten mutierten Genotyp erzeugen.

Eine Möglichkeit, transgene Mäuse mit einer gewünschten Mutation herzustellen, besteht darin, **embryonale Stammzellen (ES-Zellen)** mit der entsprechenden Mutation in die Blastocyste einzubringen. ES-Zellen sind Zellen aus der inneren Zellmasse, die in Kultur genommen werden und dort permanent und in großen Mengen gehalten werden können. Werden Zellen der inneren Zellmasse in die innere Zellmasse eines anderen Embryos verpflanzt, entwickeln sich aus ihnen alle Gewebe der Maus einschließlich der Keimzellen.

ES-Zellen können in Kultur gentechnisch verändert werden. So entstehen mutierte Zellen, in denen ein bestimmtes Gen oder mehrere Gene inaktiviert oder neue Gene eingeführt wurden. Diese Technik ist besonders dafür geeignet, um Funktionsverlustmutationen zu erzeugen und die Rolle bestimmter Gene in der Entwicklung zu überprüfen (Exkurs 4.2). Mutationen, die zu einem vollständigen Funktionsverlust eines Gens führen, werden als **Gen-Knockout** bezeichnet. Einige Mutationen verursachen keinen Funktionsverlust, sondern einen Funktionswechsel.

Da die ursprünglichen transgenen Tiere mutierte und normale Zellen enthalten, wirken sich die Mutationen kaum, wenn überhaupt, aus. Tragen die Tiere jedoch das mutierte Gen, das Transgen, in ihren Keimzellen, so kann man durch Rückkreuzungen ein nichtchimäres transgenes Tier erhalten, in dem die Mutation entweder in hetero- oder homozygoter Form vorliegt. Fast alle Transgene werden durch Spermien übertragen.

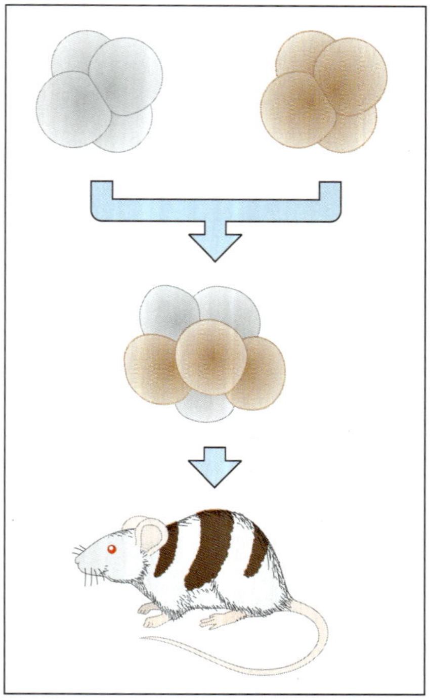

Frühe Mausembryonen sind in der Lage, regulativ die korrekte Größe zu erreichen. Bildet man durch Zusammenschluß mehrerer Embryonen in frühen Furchungsstadien Riesenembryonen, dann können diese innerhalb von sechs Tagen wieder eine normale Größe erreichen, indem sie ihre Zellproliferation verringern. Man kann deshalb Embryonen mit unterschiedlicher genetischer Konstitution miteinander kombinieren und so eine chimäre Maus erzeugen (Abbildung 3.21). Der Mausembryo behält diese beachtliche Regulationsfähigkeit bis weit in das Gastrulastadium hinein. Selbst wenn man im Stadium des Primitivstreifens bis zu 80 Prozent der Zellen des Epiblasten durch Zugabe des Wirkstoffs Mitomycin C zerstört, kann sich der Embryo noch erholen und mit relativ geringen Abweichungen weiterentwickeln.

Weitere Beweise für das Regulationsvermögen bei Säugetieren stammen aus der Zwillingsforschung. Zwillinge können entstehen, wenn sich die Zellen im Zwei-Zellen-Stadium trennen. Beim Menschen können sich Zwillinge noch etwa bis zum siebenten Tag der Schwangerschaft

3.21 Durch die Fusion von Mausembryonen entsteht eine Chimäre. Wird ein Acht-Zellen-Embryo eines unpigmentierten Mausstammes mit einem entsprechenden Embryo eines pigmentierten Mausstammes fusioniert, dann entwickelt sich daraus ein chimäres Tier mit „pigmentierten" und „unpigmentierten" Zellen. Aufgrund der Verteilung der unterschiedlichen Zellen in der Haut hat diese Chimäre ein gestreiftes Fell.

entwickeln, wenn sich bereits der Primitivstreifen zu bilden beginnt. Da frühe Wirbeltierembryonen ein erhebliches Regulationsvermögen zeigen und sehr viele Zellen noch nicht determiniert sind, muß das Schicksal der Zellen durch Wechselwirkungen zwischen den Zellen festgelegt werden.

Wir wenden uns nun den Mechanismen zur Spezifizierung der Keimblätter zu, wobei die bislang am besten untersuchte Mesoderminduktion bei *Xenopus* im Mittelpunkt stehen wird.

3.12 Bei *Xenopus* wird das Mesoderm durch Signale aus der vegetativen Region induziert

Schon wenn das *Xenopus*-Ei gelegt wird, gibt es Unterschiede entlang der animal-vegetativen Achse (Abschnitt 3.1). Kultiviert man Explantate aus verschiedenen Bereichen der frühen Blastula in einem einfachen Zellkulturmedium mit allen für das Ionengleichgewicht erforderlichen Salzen, dann wird Gewebe aus der animalen Region eine Kugel aus epidermalen Zellen bilden, während sich Zellen aus der vegetativen Region zu Entoderm entwickeln. Diese Ergebnisse entsprechen vollkommen der Entwicklung, die diese Bereiche normalerweise genommen hätten. Man nimmt daher allgemein an, daß das gesamte Ektoderm und ein Großteil des Entoderms durch maternale Faktoren im Ei spezifiziert werden. Nichts deutet darauf hin, daß dafür irgendwelche Signale aus anderen Regionen des Embryos erforderlich sind, mit Ausnahme eines Teils des Entoderms, das sich in der Marginalzone bildet. Beim Mesoderm liegen die Dinge jedoch anders.

Bei Amphibien hängt die Bildung des Mesoderms völlig von Signalen aus der vegetativen Region der Blastula ab; diese sorgen dafür, daß aus einem eigentlich für das Ektoderm vorgesehenen benachbarten animalen Zellstreifen Mesoderm wird (Abbildung 3.22). Das Standardexperiment zur Erforschung der Mesoderminduktion verläuft folgendermaßen. Man entnimmt der animalen Hälfte der Blastula, der **animalen Polkappe**, ein kleines Gewebestück, aus dem normalerweise nur Ektoderm entsteht, und bringt es in Kontakt mit Gewebe der vegetativen Region. In dieser Zusammenstellung werden die Gewebe drei Tage lang kultiviert und dann auf Mesodermbildung hin untersucht. Man kann das Mesoderm an seinem Gewebe erkennen; nach drei Tagen enthält die Kultur höchstwahrscheinlich Muskel, Chorda, Blut und lockeres Mesenchym (Bindegewebe). Man kann es auch anhand gewebetypischer Proteine nachweisen, die sich etwa wie das muskelspezifische Aktin aus Zellen mesodermalen Ursprungs entwickeln; dieses kann wiederum durch Antikörper nachgewiesen werden.

Mit Hilfe dieser Kriterien findet man heraus, daß der animale Anteil eines derart zusammengesetzten Explantats nicht nur Epidermis bildet, sondern auch eine erhebliche Menge an Mesoderm. Dieses beschränkt sich jedoch auf die Region, die unmittelbar mit dem vegetativen Gewebe verbunden ist (Abbildung 3.22). Um zu bestätigen, daß es tatsächlich die Zellen der animalen Polkappe sind, die das Mesoderm bilden, und nicht die vegetativen Zellen, färbt man die animale Region der Blastula mit einem Abstammungsmarker wie etwa diI und zeigt dann, daß die markierten Zellen das Mesoderm bilden. Offensichtlich erzeugt die vegetative Region ein Signal oder mehrere Signale, die das Mesoderm induzieren können. Aufgrund ähnlicher Signale entstehen vermutlich in diesem Bereich auch Entodermanteile.

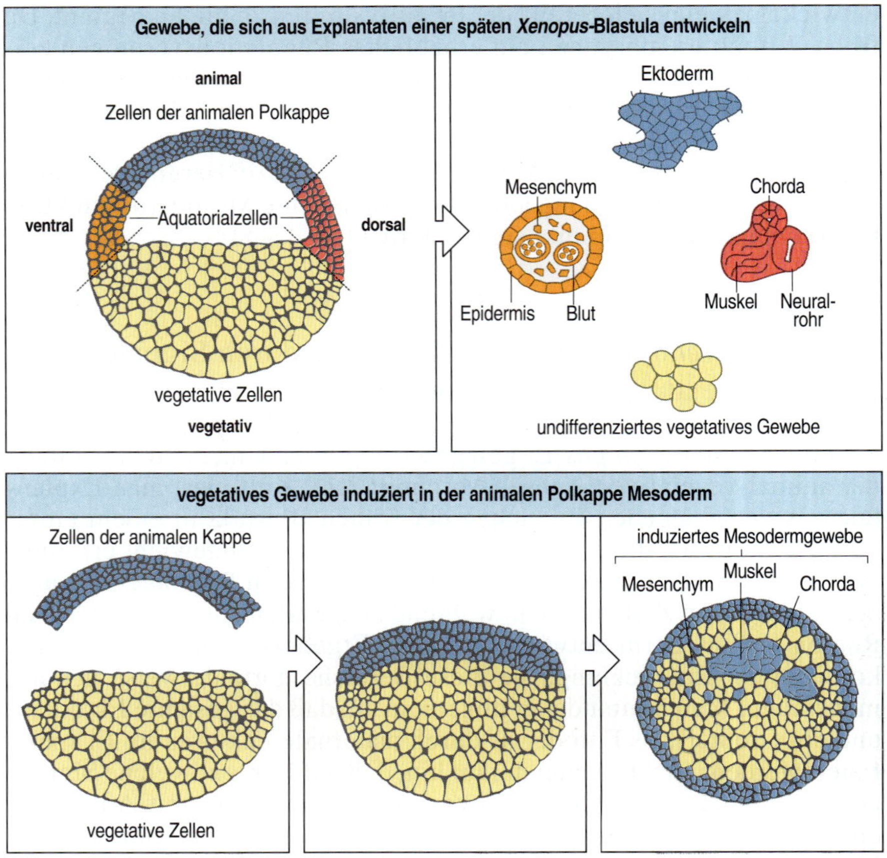

3.22 Mesoderminduktion durch die vegetative Region einer *Xenopus*-Blastula. Obere Reihe: Isolierte Gewebe mit Zellen der animalen Polkappe oder vegetativen Zellen aus einer späten Blastula bilden alleine nur Ektoderm beziehungsweise Entoderm. Explantate aus der äquatorialen Region, in der animale und vegetative Bereiche nebeneinander liegen, bilden mesodermale Gewebe (Mesenchym, Blutzellen wie etwa Erythrocyten, Chorda und Muskel) und zeigen so, daß die Mesoderminduktion stattgefunden hat. Warum sich die mesodermalen Gewebe, die von dorsalen und ventralen Explantaten in diesem Stadium gebildet werden, unterschiedlich entwickeln, wird später erklärt. Untere Reihe: Werden Gewebestücke aus den animalen und vegetativen Bereichen einer frühen Blastula zusammengegeben und einige Tage lang gemeinsam kultiviert, wird im Gewebe der animalen Polkappe Mesoderm induziert. Dieses Mesoderm enthält Chorda, Muskel, Blut und lockeres Mesenchym.

3.13 Das Mesoderm wird während einer begrenzten Kompetenzperiode durch ein diffusionsfähiges Signal induziert

Das im vorigen Abschnitt beschriebene Explantatsystem, bei dem Gewebestücke miteinander in Verbindung gebracht werden, eignet sich hervorragend, um das mesoderminduzierende Signal und die Reaktion der Zellen der animalen Polkappe experimentell zu erforschen. Die Induktion findet auch dann noch statt, wenn man die entnommenen animalen und vegetativen Fragmente durch einen Filter trennt, dessen Poren für einen Kontakt zwischen den Zellen zu klein sind. Das deutet darauf hin, daß es sich bei dem induzierenden Signal um sezernierte Moleküle handelt, die durch den extrazellulären Raum diffundieren und nicht unbedingt auf direktem Wege über Verbindungskanäle von Zelle zu Zelle gelangen (Abbildung 1.20).

Bei der Induktion von Muskelgewebe wirkt das Signal innerhalb der kurzen Entfernung von etwa 80 μm oder vier Zelldurchmessern in der Blastula. Das zeigt sich, wenn man im Gewebe aus der animalen Polkappe mit dem Wirkstoff Cytochalasin sowohl die Bewegung als auch die Teilung der Zellen hemmt. Die Grenze zwischen dem induzierenden vegetativen Gewebe und dem induzierten Mesoderm ist dann deutlich zu erkennen. Natürlich sagt die Distanz von 80 μm nur etwas über den Umkreis aus, in dem die induzierten Zellen noch reagieren; das Signal selbst ist sicher auch noch in einer größeren Entfernung festzustellen, erreicht jedoch nicht mehr die für die Mesoderminduktion erforderliche Konzentration.

Die animale Polkappe ist nur innerhalb eines kurzen Zeitraumes **kompetent**, auf das induzierende Signal hin zu reagieren. An Geweben, die Embryonen unterschiedlichen Alters entnommen wurden, konnte man zeigen, daß die Mesoderminduktion um das 32-Zellen-Stadium herum einsetzt und mit Beginn der Gastrulation fast abgeschlossen ist. Es ist nur eine kurze Zeit des Kontakts zwischen der induzierenden vegetativen Region und den darauf reagierenden Zellen der animalen Polkappe erforderlich: Zwei Stunden genügen, um die Muskelinduktion in Gang zu bringen, fünf Stunden, um das Mesodermgewebe vollständig zu induzieren. Etwa elf Stunden nach der Befruchtung verliert die animale Polkappe ihre Fähigkeit, auf das Signal hin zu reagieren.

Die Induktion eines mesodermalen Gewebes wie Muskel scheint von einem **Gemeinschaftseffekt** in den reagierenden Zellen abzuhängen. Wenn nur einige wenige Zellen der animalen Polkappe auf vegetatives Gewebe aufgesetzt werden, können sie nicht dazu gebracht werden, muskelspezifische Gene zu exprimieren. Auch wenn wenige einzelne Zellen zwischen zwei Gruppen vegetativer Zellen plaziert werden, findet keine Induktion statt. Im Gegensatz dazu reagieren größere Ansammlungen von Zellen der animalen Polkappe mit einer starken Expression von muskelspezifischen Genen (Abbildung 3.23). Das läßt sich folgendermaßen erklären: Die induzierten Zellen produzieren einen Faktor, der in ausreichender Konzentration vorliegen muß, damit sich die Muskeln differenzieren. Das ist nur möglich, wenn innerhalb eines bestimmten Raumes genügend Zellen vorhanden sind.

Was entscheidet nun bei einer normalen Entwicklung darüber, wieviel Mesoderm induziert wird? Eine Möglichkeit wäre, daß das induzierende Signal aus der vegetativen Region einen Gradienten ausbildet. Wird ein bestimmter Schwellenwert in diesem Gradienten unterschritten, bleibt die Mesoderminduktion aus. Wir wenden uns nun dem Mechanismus zu, der nach der Induktion die zeitliche Abfolge der Ereignisse steuert.

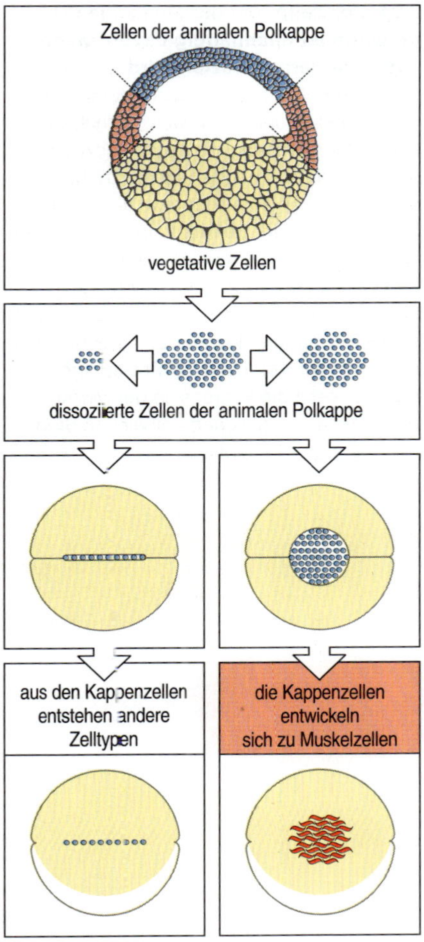

3.23 Der Gemeinschaftseffekt. Wenn nur eine oder wenige Zellen der animalen Polkappe Kontakt mit vegetativem Gewebe haben, werden sie nicht induziert, sich in Mesodermzellen umzuwandeln, und beginnen nicht, mesodermale Marker wie etwa muskelspezifische Proteine zu exprimieren. Für die Induktion zur Muskeldifferenzierung müssen genügend viele Zellen der animalen Polkappe vorhanden sein.

3.14 Ein interner Mechanismus steuert die zeitliche Abfolge der Expression mesodermspezifischer Gene

Entwicklungsvorgänge müssen räumlich wie zeitlich aufeinander abgestimmt sein. Man hat dem zeitlichen Ablauf bisher längst nicht die Bedeutung beigemessen, die er eigentlich verdient hätte. So führt zum Beispiel nach der Mesoderminduktion eine Kaskade von Ereignissen letztendlich zur Gastrulation. Wir müssen verstehen lernen, wie diese Prozesse zeitlich koordiniert werden, so daß sie in der richtigen Reihenfolge ablaufen.

Durch die Induktion des Mesoderms kommt es zuerst im mittleren Stadium der Gastrula zur Expression muskelspezifischer Gene im Mesoderm. Man würde erwarten, daß der Zeitpunkt dieser Genexpression eng damit gekoppelt ist, wann das Mesoderm induziert wurde; das ist jedoch nicht der Fall. Im Blastulastadium sind die Zellen der animalen Polkappe innerhalb eines Zeitraumes von sieben Stunden kompetent, auf die mesoderminduzierenden Signale zu reagieren. Die mesodermspezifische Genexpression setzt immer etwa fünf Stunden nach Ablauf dieser Zeit ein. Um eine Induktion auszulösen, reicht es schon aus, daß die Zellen der animalen Polkappe etwa zwei Stunden lang einem entsprechenden Signal ausgesetzt sind. Wann dies innerhalb der siebenstündigen Kompetenzzeit stattfindet, spielt keine Rolle; der Fünf-

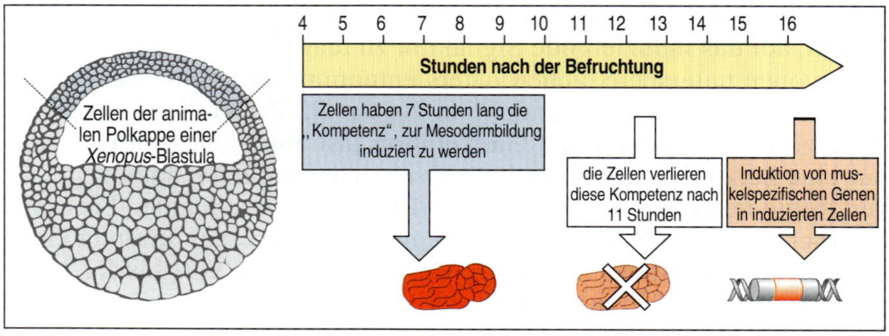

3.24 Der Zeitpunkt der Muskelgenexpression ist unabhängig davon, wann das Mesoderm induziert wird. Zellen der animalen Polkappen, die aus einer frühen *Xenopus*-Blastula isoliert wurden, haben nur sieben Stunden lang die Kompetenz, auf mesoderminduzierende Signale zu reagieren. Dieser Zeitraum liegt etwa vier bis elf Stunden nach der Befruchtung. Damit innerhalb dieses Zeitraums die Zellen induziert werden können, müssen sie mindestens zwei Stunden lang dem Induktor ausgesetzt sein. Unabhängig davon, wann die Induktion innerhalb der Kompetenzphase stattgefunden hat, setzt die Expression der Muskelgene immer zur gleichen Zeit ein: 16 Stunden nach der Befruchtung.

Stunden-Abstand zur Kompetenzzeit, mit dem die Expression der muskelspezifischen Gene einsetzt, bleibt immer der gleiche (Abbildung 3.24). Die Expression kann schon fünf Stunden nach der Induktion beginnen, wenn diese erst spät in der Kompetenzphase stattgefunden hat, oder auch erst neun Stunden danach, wenn es schon früh zur Induktion kam. Dies deutet auf einen unabhängigen Steuermechanismus hin, über den die Zellen die Zeit messen, die seit der Befruchtung vergangen ist, und über den sie dann, sofern sie induziert sind, ihre muskelspezifischen Gene exprimieren.

Der Zeitpunkt, ab dem die Zellen der animalen Polkappe nicht mehr auf die mesoderminduzierenden Signale reagieren können, scheint ebenfalls durch einen internen Steuermechanismus festgelegt zu sein. Weder eine Hemmung der Furchung noch das Einsetzen der zygotischen Genexpression beim Übergang zur Mittblastula (*mid-blastula transition*) können diese zeitliche Steuerung beeinträchtigen (Abschnitt 3.19). Sie funktioniert selbst dann, wenn das Gewebe der animalen Polkappe Stunden, bevor der Übergang normalerweise stattfindet, in einzelne Zellen zerteilt und so kultiviert wird, daß die Zellen nicht miteinander kommunizieren können. Damit ist eine Funktionsweise, bei der die Konzentration eines Proteins bis zu einem Schwellenwert zu- oder abnimmt, ausgeschlossen, da überraschenderweise keine neue Proteinsynthese erforderlich ist. Möglicherweise beruht der Steuerungsmechanismus auf dem Abbau eines Proteins oder der Synthese einer anderen Molekülklasse.

Eine längere Kompetenzperiode gibt dem Embryo einen gewissen Spielraum für den Zeitpunkt der Mesoderminduktion. Das bedeutet, daß das Induktionssignal nicht unbedingt dann ausgesandt werden muß, wenn die animale Region kompetent ist.

3.15 Mehrere Signale induzieren und organisieren das Mesoderm in der *Xenopus*-Blastula

Aus dem Anlagenplan der Blastula (Abbildung 3.25) erkennt man, daß das Mesoderm entlang der Dorsoventralachse in eine Anzahl von Regionen aufgeteilt ist. Dabei entsteht die Chorda in dem am weitesten dorsal und das blutbildende Gewebe in dem am weitesten ventral gelegenen Bereich. Die Spezifizierungskarte zeigt dagegen, daß im gleichen Blastulastadium nur eine kleine Region an der dorsalen Seite spezifiziert ist, zu Somiten zu werden, aus denen wiederum die Muskeln hervorgehen, während laut Anlagenplan ein Großteil der Muskeln aus Somiten von weiter seitlich gelegenen Regionen entstehen. Daher verhalten sich Gewebeteile, die nach Beginn, aber noch vor Ende der

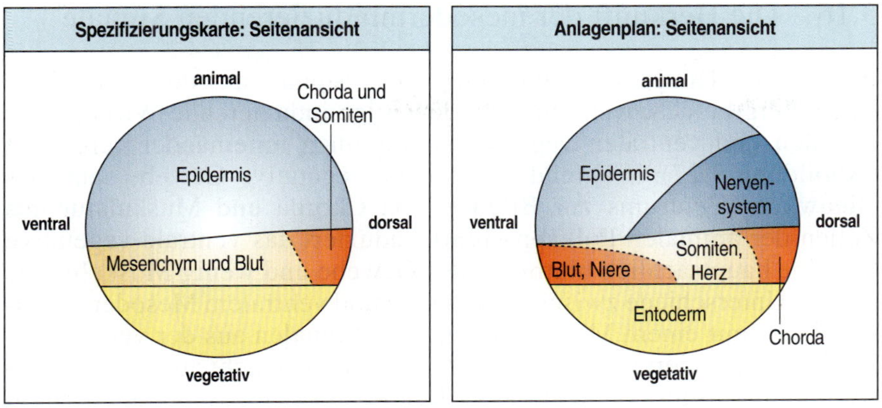

3.25 Der Unterschied zwischen dem Anlagenplan und der Spezifizierungskarte einer *Xenopus*-Blastula. Was aus einem Gewebe wird, das isoliert und in Kultur genommen wurde, zeigt die Spezifizierungskarte (links). Das normale Schicksal der Blastularegionen kann man dagegen aus dem Anlagenplan ersehen (rechts). Es gibt einen klaren Unterschied zwischen der Spezifizierung des dorsalen und ventralen Mesoderms. Während Anlage und Spezifizierung der Chorda in diesem Stadium übereinstimmen, steht das Schicksal des übrigen Mesoderms nicht so fest. Die meisten Somiten und andere mesodermale Gewebe müssen noch spezifiziert werden. Dafür sind Signale aus der Region des Spemann-Organisators erforderlich, der genau vor und während der Gastrulation wirkt, sowie Signale aus der ventralen Region.

Mesoderminduktion aus der dorsalen Marginalzone einer Blastula entnommen wurden, in etwa so, wie es der Anlagenplan angibt. Sie entwickeln sich zur Chorda und zur Muskulatur und ahmen sogar Gastrulationsbewegungen nach, indem sie sich zusammenziehen und wieder ausdehnen. Im Gegensatz dazu entwickeln sich Explantate der ventralen und seitlichen Marginalzone nur zu Mesenchym und blutbildendem Gewebe (Abbildung 3.22), aber überhaupt nicht zu Muskelgewebe, obwohl sie dies im Embryo in beträchtlichen Umfang bilden müßten.

Diese Ergebnisse erlauben uns zusammen mit anderen, später zu besprechenden Hinweisen, die Induktion des Mesoderms zu skizzieren. Die vegetative Region sendet dazu mindestens zwei Arten von Signalen aus. Das eine ist ein allgemeiner Mesoderminduktor, der größtenteils ein für die Bauchseite typisches Mesoderm spezifiziert, das in etwa dem Grundzustand entspricht. Das zweite Signal, dessen Wirkung gleichzeitig oder etwas später einsetzt, spezifiziert das ganz dorsal gelegene Mesoderm, das den Spemann-Organisator enthält und aus dem die Chorda entsteht. Zwei weitere Gruppen von Signalen organisieren das ventrale Mesoderm entlang der dorso-ventralen Achse, indem sie es in Bereiche für zukünftige Muskulatur, Nieren und Blut unterteilen. Die dritte Signalgruppe kommt aus der ventralen Region, während die vierte vom Organisator stammt und die ventralisierende Wirkung der dritten Gruppe modifiziert. Wir schlagen daher vor, daß für die Induktion und Organisation des Mesoderms vier Signale erforderlich sind (Abbildung 3.26).

Mit diesem Modell ist jedoch keinesfalls gesagt, daß nur vier verschiedene Signalmoleküle benötigt werden oder tatsächlich alle vier Signale unterschiedliche Eigenschaften haben. Es ist durchaus denkbar, daß sich hinter jedem „Signal“ die Wirkungen von zwei oder mehr Molekülen verbergen oder daß verschiedene Signale für unterschiedliche Konzentrationen des gleichen Moleküls stehen.

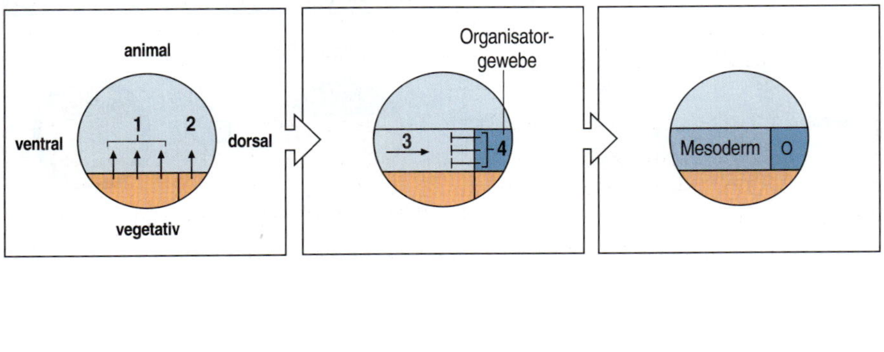

3.26 An der Mesoderminduktion sind vier Signale beteiligt. Zwei Signale kommen aus der vegetativen Region, eines von der dorsalen Seite aus dem Bereich des Nieuwkoop-Zentrums (1) und das vierte aus der ventralen Region (2). Das dorsale Signal spezifiziert den Spemann-Organisator (O) und das dorsale Mesoderm. Das zweite spezifiziert das ventrale Mesoderm. Das dritte Signal (3) aus der ventralen Region ventralisiert das Mesoderm, und das vierte (4) dorsalisiert es, indem es die Wirkung des dritten Signals hemmt.

3.16 Die Herkunft der mesoderminduzierenden Signale

Ein direkter Hinweis auf zumindest zwei Signale aus der vegetativen Region ergibt sich, wenn man die jeweilige induzierende Wirkung der dorsalen und ventralen vegetativen Regionen miteinander vergleicht (Abbildung 3.27). Während das dorsale vegetative Gewebe samt des Nieuwkoop-Zentrums zur Bildung von Chorda und Muskulatur aus Zellen der animalen Polkappe führt, induziert das ventrale vegetative Gewebe hauptsächlich blutbildendes Gewebe und wenig Muskeln. Die großen Unterschiede zwischen dorsalem und ventralem Mesoderm können daher mit einem Minimum von zwei Signalen aus der vegetativen Region spezifiziert werden. Diese reichen jedoch nicht aus, um die Musterbildung insgesamt zu erklären. Bei der normalen Entwicklung trägt das ventrale Mesoderm wesentlich zur Bildung der Somiten und damit auch der Muskulatur bei. Aus isolierten Gewebestücken, die man dem künftigen ventralen Mesoderm im frühen Blastulastadium entnommen hat, entsteht jedoch kein Muskelgewebe. Für die Musterbildung des ventralen Mesoderms muß daher noch ein weiteres Signal oder eine Kombination von Signalen erforderlich sein.

Das dritte Signal, das von der Ventralregion des Embryos ausgesandt wird, ventralisiert das Mesoderm im Wechselspiel mit dem dorsalisierenden Signal, das dessen Wirkung einschränkt. Dieses vierte dorsalisierende Signal stammt aus dem Spemann-Organisator selbst. Hinweise darauf liefert ein Experiment, bei dem ein Fragment der dorsalen Marginalzone einer späten Blastula mit einem Gewebestück aus dem ventralen künftigen Mesoderm kombiniert wird. Aus dem ventralen Fragment entstehen beträchtliche Mengen an Muskelgewebe, aus dem isolierten ventralen Mesoderm entwickeln sich dagegen nach der vegetativen Induktion hauptsächlich blutbildendes Gewebe und Mesenchym.

Die Wirkung des vierten Signals läßt sich eindrucksvoll demonstrieren, wenn man einen Spemann-Organisator in die ventrale Marginalzone einer frühen Gastrula transplantiert (Abbildung 3.28). Das transplantierte Gewebe induziert eine vollständige zweite Dorsalseite, und

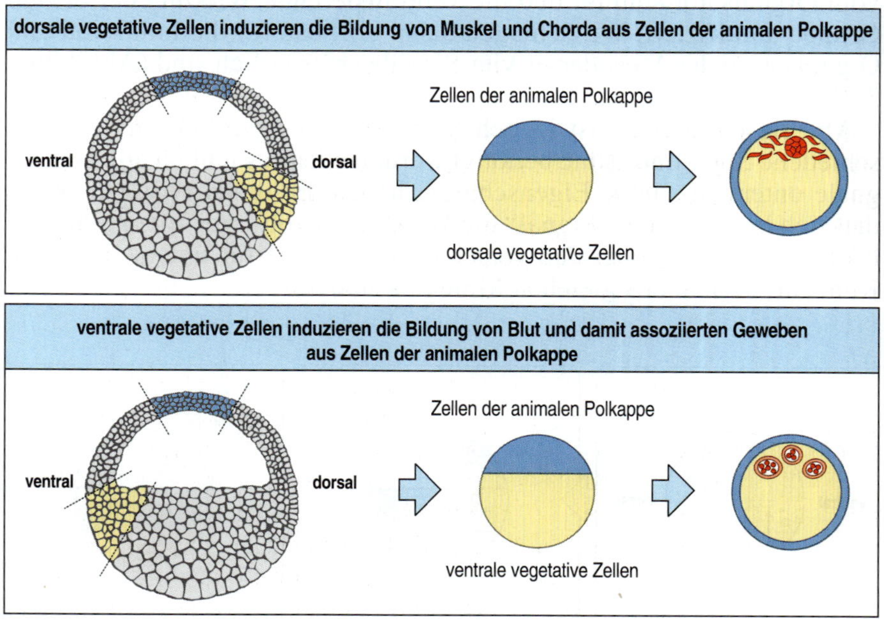

3.27 Unterschiede bei der Mesoderminduktion durch die dorsalen und ventralen vegetativen Regionen. Die dorsale vegetative Region einer *Xenopus*-Blastula, die das Nieuwkoop-Zentrum enthält, induziert Chorda und Muskeln im Gewebe der animalen Polkappe, während ventrale vegetative Zellen Blut und begleitende Gewebe induzieren. Das ist ein entscheidender Beweis, daß von den dorsalen und ventralen Regionen unterschiedliche Induktionssignale ausgesandt werden.

es entsteht ein Doppelembryo. Dies ist das berühmte Experiment, durch das Hans Spemann und Hilde Mangold in den zwanziger Jahren (Abbildung 1.10) erstmals diesen wichtigen Signalgeber entdeckten. Der Spemann-Organisator und das dorsale Mesoderm werden durch das Nieuwkoop-Zentrum aus dem unmittelbar vegetativ davon liegenden zukünftigen Entoderm spezifiziert. Nun wird klar, daß der dorsalisierende Effekt des Nieuwkoop-Zentrums, wie er in den im Abschnitt 3.2 beschriebenen Experimenten beobachtet werden konnte, darauf beruht, daß er den Spemann-Organisator induziert. Der nächste Abschnitt befaßt sich mit einigen Molekülen, die wahrscheinlich an der Induktion und Organisation des Mesoderms beteiligt sind.

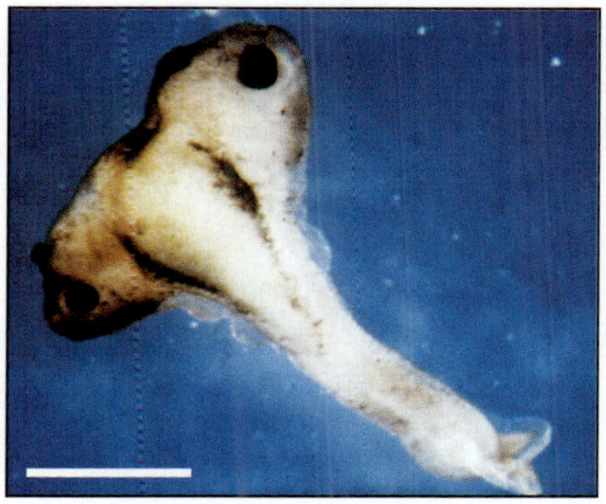

3.28 Die Transplantation des Spemann-Organisators kann in *Xenopus* eine zusätzliche Achse induzieren. Die dritte Signalkombination, die für die Induktion und Musterbildung des Mesoderms nötig ist, stammt aus der Region des Spemann-Organisators. Wie sie wirkt, kann man beobachten, wenn man den Spemann-Organisator in die ventrale Region einer anderen Gastrula verpflanzt. Der Embryo entwickelt dann zwei Köpfe, von denen einer durch den transplantierten Spemann-Organisator induziert wurde. Der Organisator erzeugt daher Signale, die nicht nur das Mesoderm dorsoventral organisieren, sondern auch neurales Gewebe und anteriore Strukturen induzieren können. Maßstab = 1 mm. Aufnahme mit freundlicher Genehmigung von J. Smith.

3.17 In *Xenopus* fand man Kandidaten für Mesoderminduktoren

Aus den oben beschriebenen Transplantationsversuchen kann man schließen, daß die von der vegetativen Region produzierten mesoderminduzierenden Signale höchstwahrscheinlich sezerniert werden. Um die Faktoren zu finden, die das Mesoderm induzieren und organisieren, gibt es im wesentlichen zwei Strategien: Man setzt einer Kultur der isolierten animalen Polkappe den in Frage kommenden Faktor direkt zu oder injiziert im frühen Blastulastadium die mRNA, die den vermutlichen Faktor codiert, in die Zellen des animalen Pols.

Die erfolgversprechendsten Kandidaten sind die in der vegetativen Eiregion lokalisierten maternalen Faktoren. Hier ist an erster Stelle Vg-1 zu nennen, ein maternal exprimiertes Mitglied der TGF-β-Familie (Exkurs 3.1, Seite 73), dessen mRNA in der vegetativen Region lokalisiert ist. Wie alle Mitglieder der TGF-β-Familie muß neusynthetisiertes Vg-1 erst einer Proteolyse unterzogen werden, ehe es aktiv wird. Obwohl in der vegetativen Region reichlich Vorläuferprotein vorhanden ist, bleibt die Injektion seiner mRNA in die animale Polkappe ebenso wirkungslos. Das deutet darauf hin, daß die Vg-1-Aktivität posttranslational reguliert wird und die Zellen der animalen Polkappe offensichtlich nicht in der Lage sind, den Vorläufer effizient zu bearbeiten. Möglicherweise ist die im Abschnitt 3.2 beschriebene Rindenrotation für ein ordnungsgemäßes Processing und eine Aktivierung von Vg-1 in der dorsalen vegetativen Region erforderlich.

Reifes, richtig bearbeitetes Vg-1-Protein wirkt auf Zellen der animalen Polkappe tatsächlich stark mesoderminduzierend. Durch die Konstruktion einer Hybrid-RNA gelang es, das Protein in diesen Zellen herzustellen. Dazu wurde die Sequenz für das aktive Protein mit der eines verwandten Proteins fusioniert, um eine korrekte posttranslationale Modifikation zu gewährleisten. Injiziert man dieses RNA-Konstrukt in Gewebe, die man der animalen Polkappe entnommen hat, induziert die Expression des aktiven Vg-1 die Bildung von dorsalem Mesoderm und rettet darüber hinaus auch Embryonen, die durch UV-Bestrahlung ventralisiert wurden (Abschnitt 3.3). Behandelt man isolierte animale Polkappen mit gereinigtem, aktivem Vg-1-Protein, so entstehen Embryoide mit klarer Achsenorganisation und deutlichen Kopfstrukturen.

Vg-1 ist daher ein sehr vielversprechender Kandidat für einen Mesoderminduktor. In hohen Konzentrationen führt es zur Bildung von dorsalem Mesoderm, in niedrigen zu Mesoderm des ventralen Typs. Es könnte daher sogar möglich sein, daß die beiden Signale durch unterschiedliche Konzentrationen von Vg-1 ausgelöst werden. Eine hohe

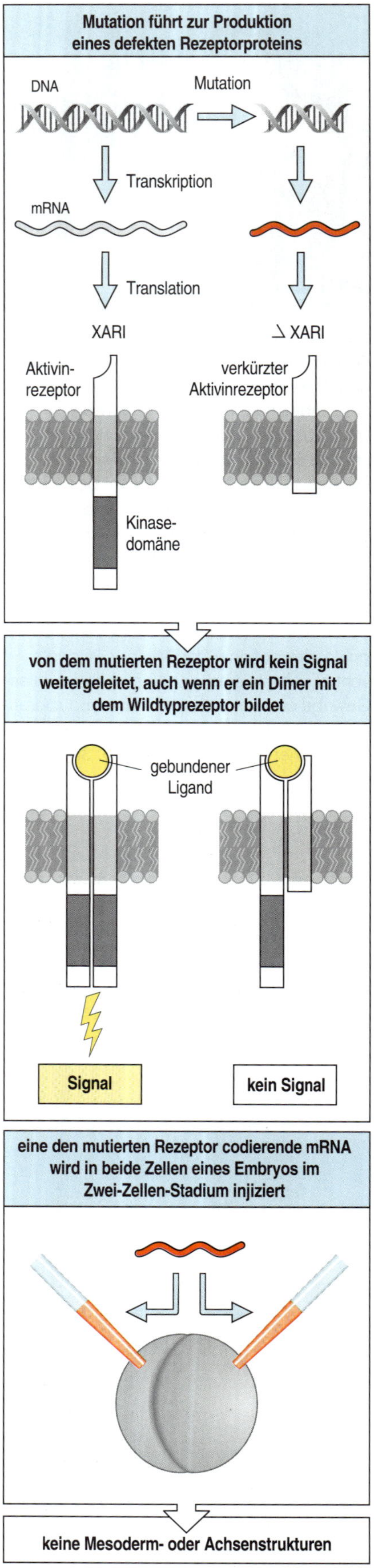
Mutation führt zur Produktion eines defekten Rezeptorproteins
DNA
Mutation
Transkription
mRNA
Translation
XARI
∆ XARI
Aktivin-rezeptor
verkürzter Aktivinrezeptor
Kinase-domäne
von dem mutierten Rezeptor wird kein Signal weitergeleitet, auch wenn er ein Dimer mit dem Wildtyprezeptor bildet
gebundener Ligand
Signal
kein Signal
eine den mutierten Rezeptor codierende mRNA wird in beide Zellen eines Embryos im Zwei-Zellen-Stadium injiziert
keine Mesoderm- oder Achsenstrukturen

Konzentration sorgt für das dorsale vegetative Signal (Signal 2), eine niedrige für das ventrale vegetative Signal (Signal 1).

Aktivin, ein weiteres Mitglied der TGF-β-Familie, induziert ebenfalls das Mesoderm. Es wurde über seine stark induzierende Wirkung aus dem Kulturmedium einer *Xenopus*-Zellinie isoliert. Die Reaktion animaler Polkappen auf gereinigtes Aktivin ist ebenfalls konzentrationsabhängig: Bei hohen Konzentrationen entwickeln sich die Chorda sowie die entsprechende Muskulatur, bei niedrigen Konzentrationen dagegen nur Muskeln. Obwohl man in Extrakten von Oocyten und frühen Embryonalstadien eine aktivinähnliche Aktivität nachweisen kann, deutet bisher nichts auf eine maternale Aktivin-mRNA im Ei hin. *In vivo* ist Aktivin daher möglicherweise nicht das primäre Induktionssignal. Eventuell binden und wirken unterschiedliche Mitglieder der TGF-β-Familie über dieselben Rezeptoren, so daß das Aktivin, das man den Zellen der animalen Polkappe hinzugefügt hat, auf dem gleichen Reaktionsweg wie etwa Vg-1 wirken könnte.

Die Fähigkeit, in Kulturen Mesoderm zu induzieren, ist für sich genommen kein ausreichender Beweis, daß ein bestimmtes Protein im Embryo ein natürlicher Induktor ist. Um zu einem solchen Schluß kommen zu können, müssen strengere Kriterien erfüllt sein. Dazu gehört beispielsweise, daß das Protein in der richtigen Konzentration, an der richtigen Stelle und zur richtigen Zeit im Embryo vorhanden sein muß. Außerdem muß gezeigt werden, daß die richtigen Zellen auf den Faktor reagieren können und daß die Induktion verhindert wird, wenn man die Reaktion unterdrückt. Betrachtet man jedoch alle diese Kriterien, so spielen mit großer Wahrscheinlichkeit ein oder mehrere Mitglieder der TGF-β-Familie eine entscheidende Rolle bei der Induktion des Mesoderms.

Um das zu beweisen, sind Experimente von besonderer Bedeutung, welche die Zellantwort auf Faktoren wie Aktivin unterdrücken, indem sie eine Aktivierung ihrer Rezeptoren verhindern. Vermindert eine solche Behandlung auch die Induktion des Mesoderms, ist dies ein deutliches Zeichen, daß Proteinfaktoren, die sich an den fraglichen Rezeptor binden können, ursächlich beteiligt sind. Der Aktivin-Typ-II-Rezeptor ist ein Rezeptor für mehrere Wachstumsfaktoren aus der TGF-β-Familie, darunter auch Aktivin und Vg-1. Er wird in der frühen *Xenopus*-Blastula exprimiert und ist gleichmäßig über die gesamte Blastula verteilt. Die Rezeptoren der TGF-β-Familie können nur als Dimere aktiv sein; ihre Funktion kann durch eine mutierte Untereinheit unterbunden werden, wenn sich diese mit einer normalen Untereinheit zu einem inaktiven Rezeptor zusammenlagert (Abbildung 3.29). Injiziert man einem frühen *Xenopus*-Embryo die mRNA einer solchen mutierten Untereinheit des Aktivinrezeptors, dann entsteht kein Mesoderm. Ein Aktivinrezeptor mit einer mutierten Untereinheit wirkt wie eine **dominant-**

3.29 Ein mutierter Aktivinrezeptor unterdrückt die Mesoderminduktion. Rezeptoren für Faktoren der TGF-β-Familie wirken als Dimere. Die Bindung des Liganden führt zu einer Dimerisierung, und aktiviert in der cytoplasmischen Region des Rezeptors eine Serin/Threonin-Kinase. Die Funktion des Rezeptors kann durch Einschleusen einer mRNA, die eine mutierte Rezeptoruntereinheit codiert, blockiert werden. Das eingeschleuste Konstrukt codiert einen Rezeptor, dem der größte Teil der cytoplasmischen Domäne fehlt, so daß er nicht funktionstüchtig ist. Er kann Liganden binden und Heterodimere mit normalen Rezeptoruntereinheiten bilden, aber keine Signale weiterleiten. Er wirkt daher wie eine dominant-negative Mutation des Rezeptors. Wenn mRNA für die Rezeptormutante in Zellen eines Zwei-Zellen-Embryos von *Xenopus* injiziert wird, wird die anschließende Bildung des Mesoderms blockiert. Es entstehen weder Mesoderm- noch Achsenstrukturen mit Ausnahme der Haftdrüse, der am weitesten anterior gelegenen Struktur des Embryos. XARI = *Xenopus*-Aktivinrezeptor.

negative Mutation in dem Gen, das den Rezeptor codiert; beide hemmen die Funktion des Rezeptors. Ein solcher direkter biochemischer Eingriff ist besonders bei *Xenopus* hilfreich, bei dem man keine entsprechende genetische Mutation erzeugen kann.

Diese Experimente zeigen, daß ein Protein der TGF-β-Familie an der Mesoderminduktion beteiligt ist. Es könnte bei den ersten beiden Signalen eine zentrale Rolle spielen; bislang fehlt jedoch der Hinweis, welches von ihnen es ist. Da Vg-1 allerdings am rechten Ort und zur rechten Zeit anwesend ist, ist es ein aussichtsreicher Kandidat. Darüber hinaus ist auch das *Xenopus*-Äquivalent des Fibroblastenwachstumsfaktors (FGF) an der Induktion des Mesoderms beteiligt. Dieser Faktor kommt hauptsächlich in der animalen Region der Blastula vor; möglicherweise wird er benötigt, um die Reaktion der Zellen der animalen Polkappe auf TGF-β-ähnliche Moleküle zu verstärken.

3.18 Im Mesoderm werden Faktoren für die Musterbildung des Mesoderms gebildet

Nach der Induktion des Mesoderms scheint eine ganze Reihe von Proteinen an der Musterbildung des Mesoderms entlang der Dorsoventralachse beteiligt zu sein (Abbildung 3.30). Bei der Suche nach Faktoren, die durch UV-Strahlen geschädigte Embryonen retten könnten, stieß man auf das Gen *noggin*, das in der Region des Spemann-Organisators exprimiert wird (Abbildung 3.31). Das entsprechende Protein wird sezerniert und ist mit keiner der bekannten Wachstumsfaktorfamilien verwandt. Die Expression von *noggin* führt in Gewebestücken aus der animalen Polkappe nicht zur Mesoderminduktion, sie kann jedoch Gewebe aus der ventralen Marginalzone dorsalisieren. Das macht es zu einem guten Kandidaten für eines der Signale der vierten Klasse, die für das Mesodermmuster entlang der Dorsoventralachse zuständig sind. Das chordin-Protein, ein weiteres vom Organisator sezerniertes Protein, kann ebenfalls dorsales Gewebe induzieren. Schließlich gibt es noch frizbee, ein Protein, das in dieser Region sezerniert wird.

Die dritte Signalgruppe fördert die Ventralisierung des Embryos. Der Knochenwachstumsfaktor-4 (BMP-4), ein Mitglied der TGF-β-Familie, wird in der späten Blastula und Xwnt-8 im zukünftigen Mesoderm exprimiert. Mit fortschreitender Gastrulation hört die Expression von BMP-4 auf. Unterdrückt man die Aktivität in den dorsalen Bereichen von BMP-4, indem man einen dominant-negativen Rezeptor einführt, so wird der Embryo dorsalisiert, und die ventralen Zellen differenzieren sich nun zu Muskulatur und Chorda. Das sezernierte Protein Xwnt-8, das im zukünftigen Mesoderm exprimiert wird, kann den Embryo ebenfalls ventralisieren. Wie sieht das Wechselspiel zwischen ventralisierenden und dorsalisierenden Faktoren aus? Die dorsalisierenden Signale wirken nicht auf die zukünftigen mesodermalen Zellen, sondern auf die ventralisierenden Faktoren ein. Noggin interagiert demzufolge mit BMP-4 und verhindert dessen Bindung an den Rezeptor. Chordin funktioniert ähnlich, und frizbee bindet an Wnt-Proteine. Tabelle 3.1 gibt einen Überblick über die wichtigsten bisher bekannten Mesoderminduktoren und Musterbildungsfaktoren in *Xenopus*.

Obwohl wir über die Mechanismen, mit denen das Mesoderm bei Maus, Huhn und Zebrafisch spezifiziert wird, nicht viel wissen, rechnet man auch bei Huhn- und Mausembryonen die Mitglieder der TGF-β-Familie zu den mesoderminduzierenden Signalen. Beim Huhn findet

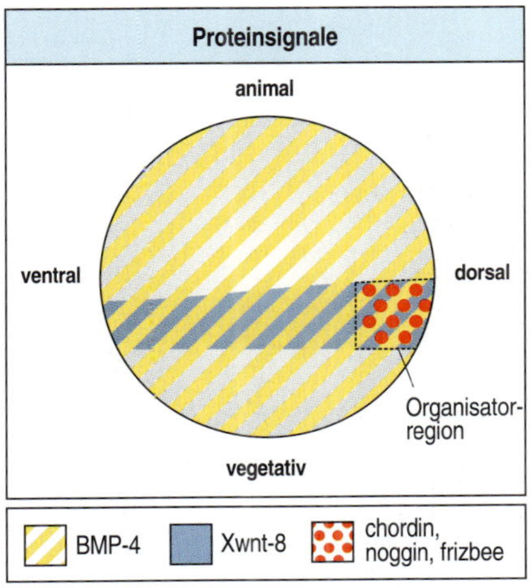

3.30 Verteilung von Proteinsignalen in der *Xenopus*-Blastula. Die Signale des Organisators unterdrücken die Wirkung von BMP-4 und Xwnt-8.

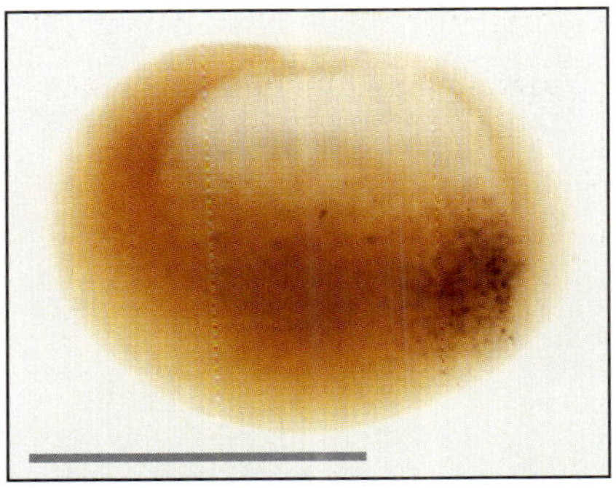

3.31 Expression von *noggin* in der *Xenopus*-Blastula. Die *noggin*-Expression erfolgt in dem dunkel angefärbten Bereich in der Region des Spemann-Organisators. Maßstab = 1 mm. Aufnahme mit freundlicher Genehmigung von R. Harland, aus Smith et al. 1992.

Tabelle 3.1: Signale bei der frühen *Xenopus*-Entwicklung

Faktor	Proteinfamilie	Auswirkungen
Vg-1	TGF-β-Familie	Mesoderminduktion
Aktivin	TGF-β-Familie	Mesoderminduktion
Knochenwachstumsfaktor (*bone morphogenetic factor;* z.B. BMP-4)	TGF-β-Familie	Musterbildung des ventralen Mesoderms
Xwnt-8	Wnt-Familie	ventralisiert das Mesoderm
Fibroblastenwachstumsfaktor (*fibroblast growth factor*, FGF)	FGF	Induktion des ventralen Mesoderms
noggin		dorsalisiert – bindet BMP-4
chordin		dorsalisiert – bindet BMP-4
frizbee		dorsalisiert – bindet Wnt-Proteine

die Mesodermspezifizierung während der Bildung des Primitivstreifens statt. Bei einem vor der Streifenbildung isolierten Hühnerepiblasten entsteht etwas Mesoderm mit Blutgefäßen, Blutzellen und Muskulatur. Behandelt man den Epiblasten mit Aktivin, bilden sich zusätzlich dorsale Achsenstrukturen wie Chorda und weitere Muskulatur. Im frühen Hühnerembryo induzieren aktivinsezernierende Zellen, die man in die Marginalzone transplantiert hat, nur eine vorübergehende, dem Primitivstreifen entsprechende Achse. Gibt man diese Zellen jedoch zu Zellen, die Wachstumsfaktoren der Wnt-Familie sezernieren, kann die Bildung einer völlig neuen Achse induziert werden. Das deutet darauf hin, daß Aktivin zwar dorsales Mesoderm induzieren kann, daß aber für die vollständige Entwicklung der Achsen sowie der anterioren Strukturen Wnt-Proteine benötigt werden. Transplantiert man Zellen, die das Hühnerhomolog von Vg-1 sezernieren, in die Marginalzone eines frühen Hühnerblastoderms, kann dieses Vg-1 allerdings ebenfalls eine völlig neue Achse induzieren.

Bei der Maus wird während der Mesodermbildung das Gen *Nodal*, das ein weiteres Mitglied der TGF-β-Familie codiert, im Primitivstreifen exprimiert. Höchstwahrscheinlich spielt dieses Protein bei der Mesoderminduktion eine Rolle, da sich in homozygoten Mutanten von *Nodal* während der Gastrulation kein Mesoderm bildet. Allerdings entwickeln sich in Mäusen, denen ein Aktivin- oder ein Typ-II-Rezeptor für Aktivin fehlt, dennoch Mesoderm. Daraus kann man schließen, daß beide bei Säugern nicht für die Mesoderminduktion benötigt werden.

An der Induktion und Musterbildung des Mesoderms sind anscheinend eine Vielzahl von Proteinwachstumsfaktoren beteiligt. Sicher spielen Mitglieder der TGF-β-Familie dabei eine Rolle und modifizieren vermutlich im Wechselspiel mit anderen Faktoren die Gewebereaktion. Wir wenden uns jetzt den Zielgenen dieser Faktoren sowie der weiteren Musterbildung im Mesoderm zu. Die Mesoderminduktoren wirken auf die genuin embryonalen Gene ein, die **zygotischen Gene**. Diese werden erst richtig ab dem Mittblastulaübergang und damit in einem recht späten Blastulastadium exprimiert. Mit diesem Übergang werden wir uns als erstes befassen.

3.19 In *Xenopus* beginnt die Expression der zygotischen Gene beim Mittblastulaübergang

Das *Xenopus*-Ei enthält relativ große Mengen maternaler mRNA, die während der Oogenese im Ei deponiert werden. Dazu kommt noch ein großer Vorrat an gespeicherten Proteinen – genügend Histonprotein für mehr als 10 000 Zellkerne. Mit der Befruchtung erhöht sich die Proteinsynthesegeschwindigkeit um das Anderthalbfache, und während der Furchung setzt die Synthese einer großen Anzahl neuer Proteine ein, wie die zweidimensionale Elektrophorese von Extrakten ganzer Embryonen zeigt. Alle diese Proteine entstehen durch Translation bereits vorhandender maternaler mRNA. Bis zum Ende der zwölften Furchung, wenn der Embryo aus 4 096 Zellen besteht, wird nur wenig neue mRNA synthetisiert. Diesen Punkt bezeichnet man als **Mittblastulaübergang** (*mid-blastula transition*), obwohl er eigentlich in der späten Blastula, unmittelbar vor dem Beginn der Gastrulation liegt. Dann erst werden die Gene des Embryos und damit zum ersten Mal im Leben des Embryos die Gene des Vaters transkribiert.

Die Transkription beginnt mehr oder weniger zeitgleich mit einigen anderen Veränderungen in der Blastula. Die Furchungen finden zunächst regelmäßig alle 35 Minuten statt, verlaufen jedoch ab der zwölften Teilung asynchron, da die Zellen unterschiedlich lange brauchen, um den nächsten Zellzyklus zu vollenden (Abbildung 3.32). Gleichzeitig werden die Zellen beweglicher und bilden erkennbare kleine Ausbuchtungen. Wenn alle diese, nicht unbedingt ursächlich miteinander verbundenen Ereignisse zusammentreffen, spricht man vom Stadium des Mittblastulaübergangs.

Wodurch wird dieser Übergang ausgelöst? Unterdrückt man mit Hilfe von Cytochalasin B die Furchung, aber nicht die DNA-Synthese, setzt die Transkription unverändert zum gleichen Zeitpunkt ein. Folglich ist sie nicht direkt an die Zellteilung gekoppelt. Auch spielen die Zell-Zell-Interaktionen keine Rolle, da voneinander getrennte Blastomeren den Übergang zur gleichen Zeit durchlaufen wie ganze Embryonen. Für das Auslösen des Mittblastulaübergangs scheint vielmehr das Verhältnis von DNA zu Cytoplasma entscheidend zu sein, also die vorhandene DNA-Menge pro Mengeneinheit Cytoplasma.

Einen direkten Beweis für diese Vermutung erhält man, wenn man die DNA-Menge künstlich erhöht, indem man entweder mehr als ein Spermium in das Ei eindringen läßt oder zusätzliche DNA in das Ei injiziert. In beiden Fällen wird die Transkription vorzeitig gestartet. Im Cytoplasma des Eies ist daher vermutlich von Anfang an eine bestimmte Menge eines allgemeinen Transkriptionsrepressors vorhanden. Bei den Furchungen erhöht sich zwar nicht die Menge an Cytoplasma, aber sehr wohl die Menge an DNA. Dadurch sinkt mit der Zeit die Repressormenge im Verhältnis zur DNA, bis schließlich nicht mehr genügend Repressor vorhanden ist, um sich an alle möglichen DNA-Stellen zu binden; damit wird die Repression aufgehoben. Die zeitliche Steuerung des Mittblastulaübergangs ähnelt demnach in etwa der Zeitmessung mit einer Sanduhr oder einem Stundenglas (Abbildung 3.33): Ein bestimmter Stoff, hier wahrscheinlich DNA, muß sich so lange anhäufen, bis ein Schwellenwert erreicht ist, der durch die anfängliche Konzentration eines cytoplasmatischen Faktors festgesetzt wird.

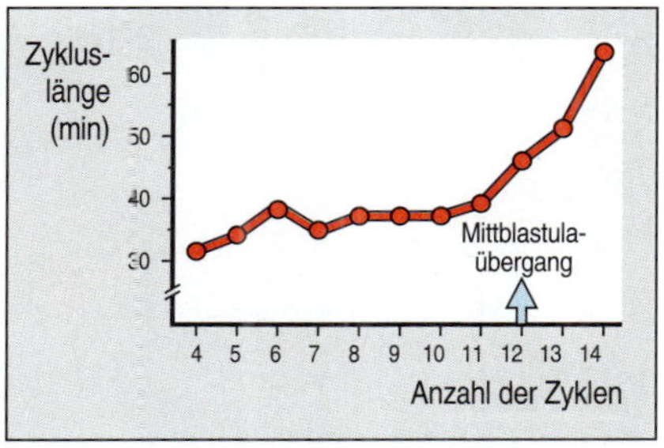

3.32 Der Verlauf der Zellzyklen während der Furchungen in *Xenopus*. Während die Zellzyklen der frühen Furchungen bei *Xenopus* kurz sind und synchron verlaufen, dauern die späteren Furchungen länger und verlaufen asynchron. Der Mittblastulaübergang bei *Xenopus* erfolgt während der zwölften Furchung.

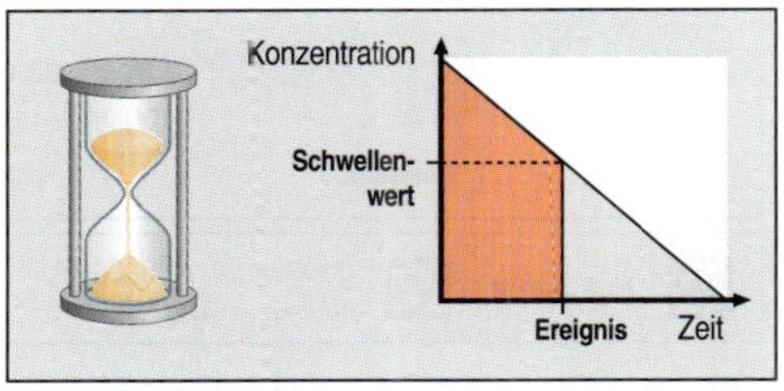

3.33 Steuerungsmechanismus, der während der Entwicklung wirksam sein könnte. Die Zeit bis zum Mittblastulaübergang könnte durch einen Mechanismus nach dem Prinzip der Sanduhr gemessen werden. Die Konzentration eines Moleküls, etwa eines Repressors, könnte mit der Zeit abnehmen, bis schließlich die Konzentration des Repressors einen bestimmten Schwellenwert unterschreitet. Das wäre dann so, als wenn der ganze Sand in das untere Glas der Sanduhr gelaufen wäre.

3.20 Die Mesoderminduktion aktiviert Gene, die das Mesoderm organisieren

Die in den Abschnitten 3.17 und 3.18 beschriebenen Signale organisieren das Mesoderm, indem sie Gruppen von Genen anschalten, welche die Mesodermdifferenzierung steuern. Ein Gen, das schnell auf diese

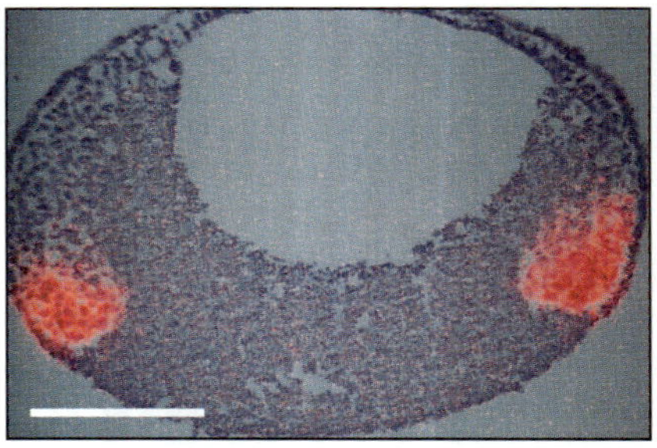

3.34 Expression von *Brachyury* in der *Xenopus*-Blastula. Ein Querschnitt durch den Embryo entlang der animal-vegetativen Achse zeigt, daß *Brachyury* (rot) im zukünftigen Mesoderm exprimiert wird. Maßstab = 0,5 mm. Aufnahme mit freundlicher Genehmigung von M. Sargent und L. Essex.

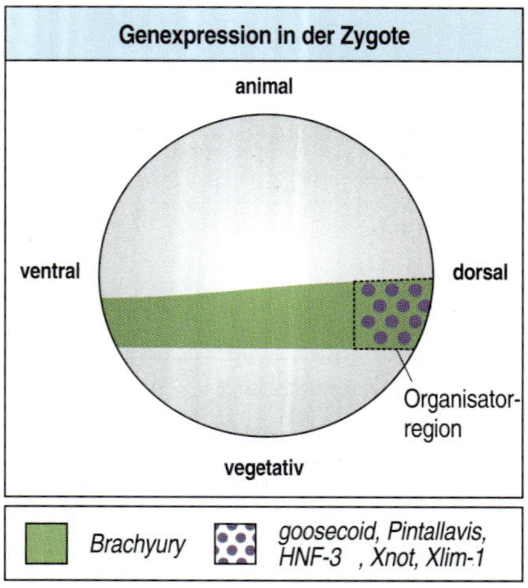

3.35 Zygotische Genexpression in einer späten *Xenopus*-Blastula. Die Expressionsdomänen einer Reihe von zygotischen Genen, die Transkriptionsfaktoren codieren, entsprechen recht gut den Markierungslinien auf der Spezifizierungskarte. Das Gen *Brachyury* wird in einem Ring um den Embryo herum exprimiert, was ganz gut zur Lage des zukünftigen Mesoderms paßt. Mehrere Transkriptionsfaktoren werden in der Region des dorsalen Mesoderms exprimiert, das dem Spemann-Organisator entspricht.

Signale anspricht, ist *Brachyury*. Es codiert einen Transkriptionsfaktor und wurde zuerst in Mäusen entdeckt, wo es für die Mesodermbildung benötigt wird (Abschnitt 2.3). Bei allen Wirbeltieren wird *Brachyury* zuerst im gesamten zukünftigen Mesoderm exprimiert (Abbildung 3.34), später nur in der Chorda dorsalis und dem posterioren Mesoderm. Das *Xenopus*-Homolog von *Brachyury* wird im zukünftigen Ektoderm angeschaltet, wenn man dieses mit mesoderminduzierenden Faktoren wie etwa Aktivin behandelt. Ob *Brachyury* aktiv bleibt, hängt von der Expression eines Fibroblastenwachstumsfaktors (FGF) ab, der wiederum durch *Brachyury* aktiviert wird.

Eine Überexpression von *Brachyury*, wie sie nach Injektion seiner mRNA in zukünftiges Ektoderm auftritt, führt zur Bildung von ventralem Mesoderm. Diese Ergebnisse sind ein starker Hinweis dafür, daß *Brachyury* bei der Musterbildung des Mesoderms eine zentrale Rolle spielt. Diese Vorstellung wird durch folgende Entdeckung noch weiter untermauert: Die *no-tail*-Mutante bei Zebrafischen, bei der das posteriore Mesoderm fehlt, beruht auf einer Mutation im Zebrafischhomolog von *Brachyury*.

Auf der dorsalen Seite des *Xenopus*-Embryos induziert das Nieuwkoop-Zentrum den Spemann-Organisator im dorsalen Mesoderm. Der Organisator ist nicht nur an der Musterbildung der dorso-ventralen Achse des Mesoderms beteiligt, sondern spielt auch, wie wir noch in Kapitel 4 sehen werden, bei der Organisation der anterio-posterioren Achse des Mesoderms und des Nervensystems eine wichtige Rolle. Eines der ersten zygotischen Gene, die in der Organisatorregion exprimiert werden, ist *goosecoid*. Es wurde beim Screening einer cDNA-Bibliothek entdeckt, die aus der dorsalen Mesodermregion von *Xenopus* stammte. *Goosecoid* ist ein Homöobox-Gen (Exkurs 4.1), das einen Transkriptionsfaktor mit einer Homöodomäne codiert. Dieser hat sowohl mit dem gooseberry-Protein als auch dem bicoid-Protein von *Drosophila* gewisse Ähnlichkeiten, denen das Gen seinen Namen verdankt. *Goosecoid* ist ein zygotisches Gen, das nach dem Mittblastulaübergang im Mesoderm oder genauer in der dorsalen Marginalzone exprimiert wird, in der sich auch der Spemann-Organisator befindet.

Erwartungsgemäß hat daher eine Mikroinjektion der *goosecoid*-mRNA in die ventrale Region der Blastula eine ähnliche Wirkung wie die Verpflanzung des Spemann-Organisators (Abbildung 3.28): Es entsteht eine zweite Achse, die unter Umständen vollständige Kopfstrukturen entwickeln kann. In der Organisatorregion werden auch die Gene anderer Transkriptionsfaktoren exprimiert (Abbildung 3.35). Dazu gehören *Pintallavis* und *HNF-3β*, die beide Proteine mit sogenannten *forkhead*-Domänen codieren, sowie *Xnot* und *Xlim-1*, deren Proteine eine Homöodomäne enthalten. Ihre Funktion ist zwar noch nicht bekannt, doch sie sind möglicherweise an einer Kaskade von Geninteraktionen beteiligt, die dem Organisator seine besonderen Eigenschaften verleiht. Darüber hinaus aktivieren sie wahrscheinlich Gene für sezernierte Proteine wie noggin und chordin. Offenbar gibt es auch eine gewisse Redundanz, da Mäuse, bei denen das *goosecoid*-Gen durch einen Knock-out deletiert wurde, immer noch eine Embryonalentwicklung durchlaufen.

Ein Schlüsselgen, das für die Ausbildung der Chorda von besonderer Bedeutung ist, wurde im Zebrafisch entdeckt. Mutationen im Gen *floating head*, das im zukünftigen Chordabereich exprimiert wird, führt dazu, daß keine Chorda, aber vermehrt Muskelgewebe gebildet wird. *Floating head* codiert einen Transkriptionsfaktor mit einer Homöodomäne. Sein Homolog in *Xenopus* ist *Xnot*, das in der Organisatorregion und damit im Bereich der zukünftigen Chorda exprimiert wird. Seine Expression wird wie die von *Brachyury* durch Mesoderminduktoren wie etwa Aktivin ausgelöst. Durch Überexpression von *Xnot* wird die Chorda länger, als sie üblicherweise ist. Dies ist ein weiterer Hinweis dafür, daß dieses Gen eine zentrale Rolle bei der Spezifizierung der Chorda dorsalis spielt.

3.21 Gradienten aus Signalproteinen sowie entsprechende Schwellenwertreaktionen können für die Musterbildung des Mesoderms verantwortlich sein

Obwohl man bereits potentielle Signalfaktoren gefunden hat, ist noch unklar, wie sie es schaffen, Gene wie *goosecoid* und *Brachyury* an der richtigen Stelle anzuschalten. Nach einem Modell für die Musterbildung des Mesoderms und auch anderer Gewebe liegt die Positionsinformation in Form eines dorso-ventralen Morphogengradienten vor. Tatsächlich werden einige Faktoren, die bei *Xenopus* als mögliche Organisatoren für das Mesoderm identifiziert wurden, graduell exprimiert.

Aktivin ist ein interessantes Beispiel dafür, wie ein diffusionsfähiger Wachstumsfaktor ein Gewebe organisieren kann, indem er bei bestimmten Schwellenwertkonzentrationen ganz gezielt bestimmte Gene anschaltet. Zellen der animalen Polkappe einer *Xenopus*-Blastula reagieren auf ansteigende Aktivinmengen mit einer Aktivierung unterschiedlicher Gene bei der jeweiligen Schwellenwertkonzentration. Wenn die Aktivinkonzentration auch nur um das Anderthalbfache ansteigt, kommt es zu einer tiefgreifenden Veränderung der Expression von Markermolekülen und der Differenzierung des Gewebes, so daß beispielsweise statt eines durchgängigen Muskelgewebes eine Chorda dorsalis entsteht. Ansteigende Aktivinkonzentrationen können diverse Zellzustände festlegen, die jeweils den verschiedenen Regionen entlang der dorso-ventralen Achse entsprechen. Bei der niedrigsten Aktivinkonzentration entwickelt sich nur Epidermis. Mit ansteigender Konzentration wird *Brachyury* zusammen mit Muskelgenen exprimiert, die beispielsweise Aktin codieren. Ein weiterer Anstieg der Aktivinaktivität führt zur Expression von *goosecoid*. Dies entspricht der am weitesten dorsal gelegenen Mesodermregion, dem Organisator (Abbildung 3.36). Ähnliche Resultate erzielt man, wenn man immer größere Mengen von Aktivin-mRNA injiziert. Das alles zeigt, wie abgestufte Signale in bestimmten Regionen Transkriptionsfaktoren aktivieren und so Gewebe organisieren können.

Die Vorstellung, wonach ein Diffusionsgradient und Schwellenwerte das Mesoderm organisieren können, wird durch Experimente untermauert, bei denen ansteigende Mengen von Aktivin-mRNA in vegetatives Gewebe injiziert wurden. Das Gewebe wurde anschließend so plaziert, daß es mit einer animalen Polkappe Kontakt hatte. Die Ergebnisse zeigten, daß Aktivin in die animale Polkappe diffundierte. *Brachyury* wurde in einiger Entfernung von der Quelle angeschaltet, *goosecoid* dagegen in deren unmittelbarer Nähe exprimiert. Diese Befunde passen gut zu der Vorstellung, daß ein Konzentrationsgradient bei einer bestimmten Schwellenwertkonzentration Gene aktiviert.

Goosecoid wird im Mesoderm abgestuft exprimiert: in den dorsalen Zellen am stärksten und in den ventralen am schwächsten. Das Gewebe der ventralen Marginalzone reagiert auf einen Anstieg der *goosecoid*-Expression, indem es sich zu eigentlich weiter dorsal gelegenem Meso-

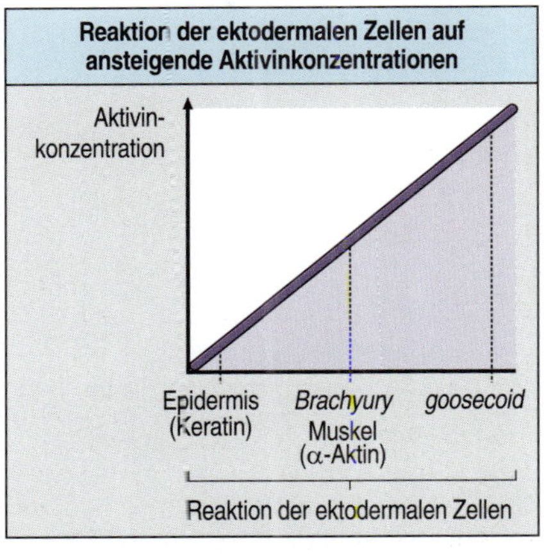

3.36 Abgestufte Reaktion von frühem *Xenopus*-Gewebe auf ansteigende Konzentrationen von Aktivin. Behandelt man Zellen der animalen Polkappe mit ansteigenden Konzentrationen von Aktivin, so werden gewisse Gene durch bestimmte Konzentrationen aktiviert. Bei mittleren Konzentrationen wird *Brachyury* induziert, während *goosecoid*, das typisch für die Organisator-Region ist, nur bei hohen Konzentrationen angeschaltet wird.

derm entwickelt. Daher ist *goosecoid* ein vielversprechender Kandidat für ein Gen, das über unterschiedliche Expressionsstärken, welche die Unterschiede entlang des Mesoderms festlegen, die dorso-ventrale Organisation des Mesoderms steuert. Wir wissen noch nicht, wie das graduelle Expressionsmuster von *goosecoid* zustande kommt. Das goosecoid-Protein ist ein Transkriptionsfaktor, der nur in den Kernen der Zellen vorkommt, in denen er auch synthetisiert wird. Seine abgestufte Expression entlang des Mesoderms muß daher eine Reaktion auf den Gradienten eines anderen Faktors sein – vielleicht eines mesoderminduzierenden Wachstumsfaktors. Wahrscheinlich wirken andere Mitglieder der TGF-β-Familie wie BMP-4 nur über kurze Strecken, so daß unter Umständen mehrere Kurzstreckensignale hintereinander geschaltet sind.

Wir können uns jetzt der Frage zuwenden, wie der typische Bauplan der Wirbeltiere endgültig festgelegt wird. Im Verlauf der Gastrulation bildet sich entlang der anterio-posterioren und der dorso-ventralen Achse die Organisation der Keimblätter heraus. Dies ist Gegenstand des nächsten Kapitels.

Zusammenfassung

Sind die anterio-posteriore und die dorso-ventrale Achse angelegt, kann man damit beginnen, einen Anlagenplan für die Keimblätter zu erstellen. Die Anlagenpläne der späteren Entwicklungsstadien von Amphibien, Zebrafisch, Huhn und Maus sind sich sehr ähnlich. Trotz deutlicher Hinweise auf die maternale Spezifizierung einiger Regionen wie etwa des zukünftigen Ektoderms und Entoderms bei Amphibien kann der Embryo noch im Blastulastadium stark regulierend eingreifen. Das deutet darauf hin, daß selbst in der frühen Amphibienentwicklung statt innerer Faktoren eher Zell-Zell-Interaktionen eine zentrale Rolle spielen. Das zeigt sich besonders bei der Maus, wo es keinerlei Hinweise auf eine maternale Spezifizierung gibt; bei ihr wird das Schicksal der Zellen durch ihre Position bestimmt.

Bei *Xenopus* werden das Mesoderm und ein Teil des Entoderms vom Gewebe der animalen Polkappe durch die vegetative Region induziert, die auch das Nieuwkoop-Zentrum enthält. Die frühe Musterbildung des Mesoderms kann mit Hilfe eines Modells mit vier Signalen beschrieben werden. Das erste Signal ist ein allgemeiner Mesoderminduktor, der ein Mesoderm des ventralen Typs spezifiziert. Das zweite spezifiziert das dorsale Mesoderm einschließlich des Organisators, während das dritte Signal von der ventralen Seite ausgesandt wird und das Mesoderm ventralisiert. Das vierte Signal geht vom Organisator aus und legt das weitere Muster innerhalb des Mesoderms fest, indem es mit dem dritten Signal interagiert.

Wachstumsfaktorproteine wie die Mitglieder der TGF-β-Familie sind ausgezeichnete Kandidaten für natürliche mesoderminduzierende Faktoren. Andere Signalfaktoren wie zum Beispiel das noggin-Protein und Mitglieder der Wnt-Familie tragen zur Spezifizierung des dorsalen beziehungsweise des ventralen Mesoderms bei. *Brachyury* und *goosecoid* sind frühe, im Mesoderm exprimierte Gene, die Transkriptionsfaktoren codieren. Ihr Expressionsmuster wird möglicherweise durch Gradienten von Signalproteinen bestimmt, wobei die Gene bei bestimmten Schwellenwertkonzentrationen angeschaltet werden.

Übersicht: Mesoderminduktion bei *Xenopus*

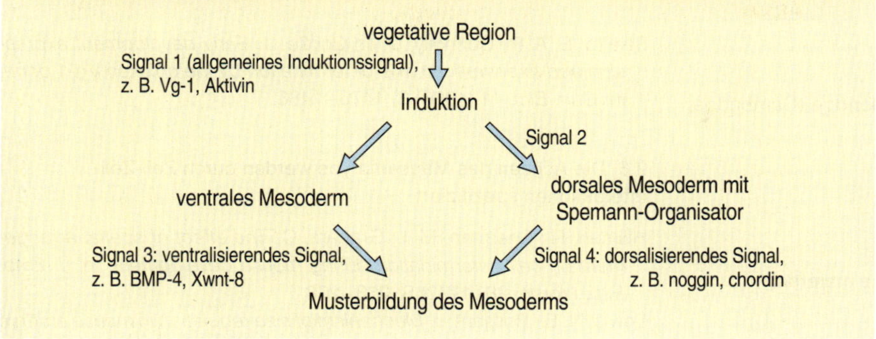

Zusammenfassung von Kapitel 3

Alle Wirbeltiere haben den gleichen Grundbauplan. Im Laufe der frühen Entwicklung werden die anterio-posteriore und die dorso-ventrale Achse dieses Plans ausgebildet. Der Mechanismus ist bei Frosch, Huhn, Zebrafisch und Maus unterschiedlich, er kann aber bei all diesen Systemen lokalisierte maternale Faktoren, externe Signale und Zell-Zell-Interaktionen umfassen. Auf dieser frühen Musterbildung beruht auch die Bilateralsymmetrie. Sobald die Achsen festliegen, kann man einen Anlagenplan der drei Keimblätter – Mesoderm, Entoderm und Ektoderm – erstellen. Diese Pläne der verschiedenen Wirbeltiere zeigen eine sehr starke Ähnlichkeit. In diesem frühen Stadium sind die Embryonen noch zu einer beachtlichen Regulation fähig; dies unterstreicht die Bedeutung von Zell-Zell-Interaktionen für die Entwicklung. Bei *Xenopus* kann man mindestens vier Signale unterscheiden, die an der Induktion des Mesoderms und der frühen Musterbildung beteiligt sind. Man hat für sie bereits vielversprechende Kandidaten gefunden, unter ihnen auch Mitglieder der TGF-β-Familie. Diese Signale aktivieren bei bestimmten Konzentrationen mesodermspezifische Gene wie *Brachyury* und können so über ihre Gradienten das Mesoderm organisieren. In der folgenden Tabelle sind alle Gene zusammengestellt, die in diesem Kapitel im Zusammenhang mit *Xenopus* besprochen wurden.

Übersicht: Gene, die an der Musterbildung von Körperachsen und Keimblättern beteiligt sind

Gen	maternal/zygotisch	Proteintyp	Ort der Expression	Auswirkungen
Xwnt-8	Z	sezerniert	Mesoderm	ventralisiert das Mesoderm
Xwnt-11	M	sezerniert	vegetative Eihälfte	Mesoderminduktion
Vg-1	M	TGF-β	vegetative Eihälfte	Mesoderminduktion
GSK-3	M	Proteinkinase	?	unterdrückt Dorsalisierungssignale
Brachyury	Z	Transkriptionsfaktor	frühes Mesoderm	–
goosecoid	Z	Transkriptionsfaktor	Organisator	–
Aktivin	Z	TGF-β	?	Mesoderminduktion
FGF	Z	Wachstumsfaktor	Blastula	Mesoderminduktion
noggin	M/Z	sezerniert	Organisator	dorsalisiert das Mesoderm
chordin	Z	sezerniert	Organisator	dorsalisiert das Mesoderm
BMP-4	Z	TGF-β	Gastrula	ventralisiert das Mesoderm
Xnot	Z	Transkriptionsfaktor	Chorda	–
Xlim-1	Z	?	–	–
HNF-3β	–	Transkriptionsfaktor	Organisator	–
Pintallavis	–	–	–	–

Literatur

Allgemein

Slack, J. M. W. *From Egg to Embryo.* 2. Aufl. Cambridge (Cambridge University Press) 1991.

Zu den einzelnen Abschnitten

3.1 Bei *Xenopus* wird die animal-vegetative Achse maternal festgelegt

Chen, Y.; Struhl, G. *Dual roles for patched in sequestering and transducing hedgehog.* In: *Cell* 87 (1996) S. 553–563.

Foristall, C.; Pondel, M.; Chen, L.; King, M. L. *Patterns of localization and cytoskeletal association of two vegetally localized RNAs, Vg-1 and Xcat-2.* In: *Development* 121 (1995) S. 201–208.

Hogan, B. L. M. *Bone morphogenetic proteins in development.* In: *Curr. Opin. Genet. & Devel.* 6 (1996) S. 432–438.

Lardelli, M.; Williams, R.; Lendahl, U. *Notch-related genes in animal development.* In: *Int. J. Dev. Biol.* 39 (1995) S. 769–780.

Massagué, J. *TGFβ signaling: receptors, transducers, and Mad proteins.* In: *Cell* 85 (1996) S. 947–950.

Nusse, R.; Varmus, H. E. *Wnt genes.* In: *Cell* 69 (1992) S. 1073–1087.

Weeks, D. L.; Melton, D. A. *A maternal mRNA localized to the vegetal hemisphere in Xenopus eggs codes for a growth factor related to TGF-β.* In: *Cell* 51 (1987) S. 861–867.

Wilkie, A. O. M.; Morriss-Kay, G. M.; Jones, E. Y.; Heath, J. K. *Functions of fibroblast growth factors and their receptors.* In: *Curr. Biol.* 5 (1995) S. 500–507.

3.2 Bei Amphibienembryonen wird die dorso-ventrale Achse durch die Eintrittsstelle des Spermiums festgelegt

Gerhart, J.; Danilchik, M.; Doniach, T.; Roberts, S.; Browning, B.; Stewart, R. *Corticol rotation of the Xenopus egg: consequences for the antero-posterior pattern of embryonic dorsal development.* In: *Dev. Suppl.* (1989) S. 37–51.

3.4 Bestimmte maternale Proteine wirken dorsalisierend und ventralisierend

He, X.; Saint-Jennet, J.-P.; Woodgett, J. R.; Varmus, H. E.; Dawid, T. B. *Glycogen synthase kinase-3 and dorsoventral patterning in Xenopus embryos.* In: *Nature* 374 (1995) S. 617–622.

Kessler, D. S.; Melton, D. A. *Induction of dorsal mesoderm by soluble, mature Vg1 protein.* In: *Development* 121 (1995) S. 2155–2164.

Smith, W. C.; Harland, R. M. *Injected Xwnt-8 RNA acts early in Xenopus embryos to promote formation of a vegetal dorsalizing center.* In: *Cell* 67 (1991) S. 753–765.

Sokol, S.; Christian, J. L.; Moon, R. T.; Melton, D. A. *Injected Wnt RNA induces a complete body axis in Xenopus embryos.* In: *Cell* 67 (1991) S. 741–752.

3.5 Die dorso-ventrale Achse des Hühnerblastoderms wird durch den Dotter spezifiziert und die anterio-posteriore Achse nach der Schwerkraft ausgerichtet

Khaner, O.; Eyal-Giladi, H. *The chick's marginal zone and primitive streak formation. I. Coordinative effect of induction and inhibition.* In: *Dev. Biol.* 134 (1989) S. 206–214.

Kochav, S.; Eyal-Giladi, H. *Bilateral symmetry in chick embryo determination by gravity.* In: *Science* 171 (1971) S. 1027–1029.

Seleiro, E. A. P.; Connolly, D. J.; Cooke, J. *Early development expression and experimental axis determination by the chicken Vg-1 gene.* In: *Curr. Biol.* 11 (1996) S. 1476–1486.

3.6 Die Achsen des Mausembryos werden durch Zell-Zell-Interaktionen spezifiziert

Hillman, N.; Sherman, M. I.; Graham, C. *The effect of spatial arrangement on cell determination during mouse development.* In: *J. Emb. Exp. Morph.* 28 (1972) S. 263–278.

Lewis, N. E.; Rossant, J. *Mechanism of size regulation in mouse embryo aggregates.* In: *J. Emb. Exp. Morph.* 72 (1982) S. 169–181.

3.7 Die Spezifizierung der Rechts-Links-Ausrichtung innerer Organe erfordert besondere Mechanismen

Brown, N. A.; Wolpert, L. *The development of handedness in left/right asymmetry.* In: *Development* 109 (1990) S. 1–9.

3.8 Bei Wirbeltieren wird die Seitenausrichtung der Organe genetisch gesteuert

Hyatt, B. A.; Lohr, J. L.; Yost, H. J. *Initiation of vertebrate left-right axis formation by maternal Vg-1.* In: *Nature* 384 (1996) S. 62–65.

King, T.; Brown, N. A. *Embryonic asymmetry: Left TGF-β at the right time?* In: *Curr. Biol.* 7 (1997) S. 212–215.

Levin, M. *Left-right asymmetry in vertebrate embryogenesis.* In: *BioEssays* 19 (1997) S. 287–296.

Yokoyama, T.; Copeland, N. G.; Jenkins, N. A.; Montgomery, C. A.; Elder, F. F.; Overbeek, P. A. *Reversal of left-right symmetry: a situs inversus mutation.* In: *Science* 260 (1993) S. 679–682.

3.9 Indem man die Entwicklung markierter Zellen verfolgt, kann man einen Anlagenplan der frühen Amphibienblastula erstellen

Dale, L.; Slack, J. M. W. *Fate map for the 32 cell stage of Xenopus laevis.* In: *Development* 99 (1987) S. 527–551.

3.10 Bei Wirbeltieren variieren die Anlagenpläne ein Grundmuster

Beddington, R. S. P.; Morgenstern, J.; Land, H.; Hogan, A. *An in situ transgenic enzyme marker for the midgestation mouse embryo and the visualization of inner cell mass clones during early organogenesis.* In: *Development* 106 (1989) S. 37–46.

Gardner, R. L.; Rossant, J. *Investigation of the fate of 4–5 day post-coitum mouse inner cell mass cells by blastocyst injection.* In: *J. Emb. Exp. Morph.* 52 (1979) S. 141–152.

Helde, K. A.; Wilson, E. T.; Cretehos, C. J.; Grunwald, D. J. *Contribution of early cells to the fate map of the zebrafish gastrula.* In: *Science* 265 (1994) S. 517–520.

Kimmel, C. B.; Warga, R. M.; Schilling, T. F. *Origin and organization of the zebrafish fate map.* In: *Development* 108 (1990) S. 581–594.

Lawson, K. A.; Meneses, J. J.; Pedersen, R. A. *Clonal analysis of epiblast fate during germ layer formation in the mouse embryo.* In: *Development* 113 (1991) S. 891–911.

Stern, C. D. *The marginal zone and its contribution to the hypoblast and primitive streak of the chick embryo.* In: *Development* 109 (1990) S. 667–682.

Stern, C. D.; Canning, D. R. *Origin of cells giving rise to mesoderm and endoderm in chick embryo.* In: *Nature* 343 (1990) S. 273–275.

3.11 Bei Wirbeltieren ist das Schicksal der Zellen in den frühen Embryonalstadien noch nicht endgültig determiniert

Snape, A.; Wylie, C. C.; Smith, J. C.; Heasman, J. *Changes in states of commitment of single animal pole blastomeres of Xenopus laevis.* In: *Dev. Biol.* 119 (1987) S. 503–510.

Wylie, C. C.; Snape, A.; Heasman, J.; Smith, J. C. *Vegetal pole cells and commitment to form endoderm in Xenopus laevis.* In: *Dev. Biol.* 119 (1987) S. 496–502.

3.13 Das Mesoderm wird während einer begrenzten Kompetenzperiode durch ein diffusionsfähiges Signal induziert

Gurdon, J. B.; Lemaire, P.; Kato, K. *Community effects and related phenomena in development.* In: *Cell* 75 (1993) S. 831–834.

3.14 Ein innerer Mechanismus steuert die zeitliche Abfolge der Expression mesodermspezifischer Gene

Cooke, J.; Smith, J. C. *Measurement of developmental time by cells of early embryos.* In: *Cell* 60 (1990) S. 891–894.

Ffrench-Constant, C. *How do embryonic cells measure time?* In: *Curr. Biol.* 4 (1994) S. 415–419.

3.15 Mehrere Signale induzieren und organisieren das Mesoderm in der *Xenopus*-Blastula

Klein, P. S.; Melton, D. A. *Hormonal regulation of embryogenesis: the formation of mesoderm in Xenopus laevis.* In: *Endocrine Reviews* 15 (1994) S. 326–341.

Slack, J. M. W. *Inducing factors in Xenopus early embryos.* In: *Curr. Biol.* 4 (1994) S. 116–126.

3.17 In *Xenopus* fand man Kandidaten für Mesoderminduktoren

Amaya, E.; Musci, T. J.; Kirschner, M. W. *Expression of a dominant negative mutant of the FGF receptor disrupts mesoderm formation in Xenopus embryos.* In: *Cell* 66 (1991) S. 257–270.

Kemmati-Brivanlou, A.; Melton, D. A. *A truncated activin receptor inhibits mesoderm induction and formation of axial structures in Xenopus embryos.* In: *Nature* 359 (1992) S. 609–614.

3.18 Im Mesoderm werden Faktoren für die Musterbildung des Mesoderms gebildet

Cooke, J.; Takado, S.; McMahon, A. *Experimental control of axial pattern in the chick blastoderm by local expression of Wnt and activin; the role of HNK-1 positive cells.* In: *Dev. Biol.* 164 (1994) S. 513–527.

Leyns, L.; Bowmeester, T.; Kim, S.-H.; Piccolo, S.; De Robertis, E. M. *Frzb-1 is a secreted antagonist of Wnt signaling expressed in the Spemann organizer.* In: *Cell* 88 (1997) S. 747–756.

Moon, R. T.; Brown, J. D.; Yang-Snyder, J. A.; Miller, J. R. *Structurally related receptors and antagonists compete for secreted Wnt ligands.* In: *Cell* 88 (1997) S. 725–728.

Piccolo, S.; Sasai, Y.; Lu, B.; De Robertis, E. M. *Dorsoventral patterning in Xenopus: inhibition of ventral signals by direct binding of chordin to BMP-4.* In: *Cell* 86 (1996) S. 589–598.

Smith, J. *Angles on activin's absence.* In: *Nature* 374 (1995) S. 311–312.

Smith, J. C. *Mesoderm-inducing factors and mesodermal patterning.* In: *Curr. Opin. Cell Biol.* 7 (1995) S. 856–861.

Thomsen, G. H.; Melton, D. A. *Processed Vg1 protein is an axial mesoderm inducer in Xenopus.* In: *Cell* 74 (1993) S. 433–441.

Zhou, X.; Sasaki, H.; Lowe, L.; Hogan, B. L.; Kuehn, M. R. *Nodal is a novel TGF-β-like gene expressed in the mouse node during gastrulation.* In: *Nature* 361 (1993) S. 543–547.

Zimmerman, L. B.; De Jesús-Escobar, J. M.; Harland, R. M. *The Spemann organizer signal noggin binds and inactivates bone morphogenetic protein 4.* In: *Cell* 86 (1996) S. 599–606.

3.19 In *Xenopus* beginnt die Expression der zygotischen Gene beim Mittblastulaübergang

Davidson, E. *Gene Activity In Early Development.* New York (Academic Press) 1986.

Yasuda, G. K.; Schübiger, G. *Temporal regulation in the early embryo: is MBT too good to be true?* In: *Trends Genet.* 8 (1992) S. 124–127.

3.20 Die Mesoderminduktion aktiviert Gene, die das Mesoderm organisieren

Ang, S.-L.; Rossant, J. *HNF-3β is essential for node and notochord formation in mouse development.* In: *Cell* 78 (1994) S. 561–574.

Isaacs, H. V.; Pownall, M. E.; Slack, J. M. W. *eFGF regulates Xbra expression during Xenopus gastrulation.* In: *EMBO* 13 (1994) S. 4469–4481.

Schulte-Merker, S.; Smith, J. C. *Mesoderm formation in response to Brachyury requires FGF signalling.* In: *Curr. Biol.* 5 (1995) S. 62–67.

Taira, M.; Jamrich, M.; Good, P. J.; Dawid, L. B. *The LIM domain-containing homeobox gene Xlim-1 is expressed specifically in the organizer region of Xenopus gastrula embryos.* In: *Genes Dev.* 6 (1992) S. 356–366.

3.21 Gradienten aus Signalproteinen sowie entsprechende Schwellenwertreaktionen können für die Musterbildung des Mesoderms verantwortlich sein

Gurdon, J. B.; Harger, P.; Mitchell, A.; Lemaire, P. *Activin signalling and response to a morphogen gradient.* In: *Nature* 371 (1994) S. 487–492.

Green, J. B. A.; New, H. V.; Smith, J. C. *Responses of embryonic Xenopus cells to activin and FGF are separated by multiple dose thresholds and correspond to distinct axes of the mesoderm.* In: *Cell* 71 (1992) S. 731–739.

Jones, C. M.; Armes, N.; Smith, J. C. *Signaling by TGF-β family members: short-range effects of Xnr-2 and BMP-4 contrast with the long-range effects of activin.* In: *Curr. Biol.* 6 (1996) S. 1468–1475.

Niehrs, C.; Steinbeisser, H.; De Robertis, E. M. *Mesodermal patterning by a gradient of the vertebrate homeobox gene goosecoid.* In: *Science* 263 (1994) S. 817–820.

Reilly, K. M.; Melton, D. A. *Short-range signaling by candidate morphogens of the TGF-β family and evidence for a relay mechanism of induction.* In: *Cell* 86 (1996) S. 743–754.

Musterbildung im Wirbeltierbauplan: II. Mesoderm und Nervensystem

4

- Entstehung und Musterbildung der Somiten
- Die Funktion der Organisatorregion und die Induktion des Nervensystems

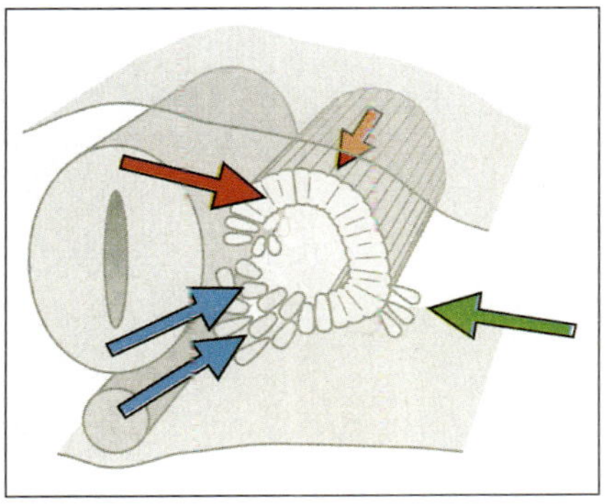

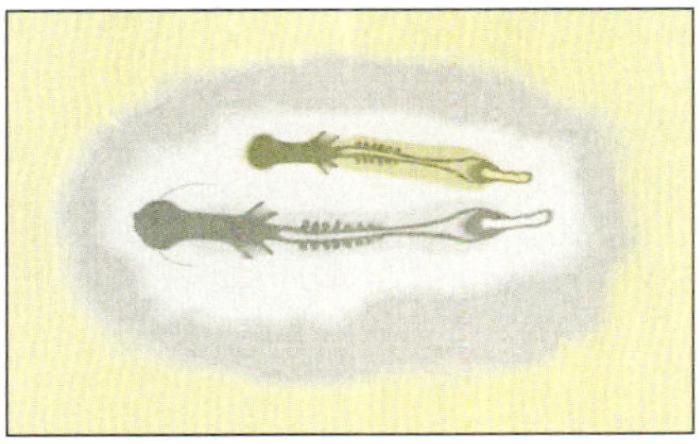

„Früher verhielten wir uns wie eine Einheit, da es zwischen uns keine Barrieren gab. Als wir jedoch unsere Positionen kannten, trennten wir uns und traten unterschiedlichen Gruppen bei. Wir sprachen nur noch mit Mitgliedern aus unserer eigenen Gruppe."

Im vorigen Kapitel konnten wir verfolgen, wie in Embryonen verschiedener Wirbeltiere die Körperachsen und die drei Keimblätter am Anfang angelegt werden. Die Embryonen von Amphibien, Hühnern und Mäusen zeigen in dieser Phase zwar einige Gemeinsamkeiten, es gibt jedoch zahlreiche bedeutende Unterschiede. Wenn wir das phylotypische Stadium betrachten – das embryonale Stadium, das allen Wirbeltieren gemeinsam ist (Abbildung 2.2) –, zeigen die Embryonen der Vertebraten eine größere Übereinstimmung; daher können wir die Musterbildung im Bauplan der Wirbeltieren im Ganzen untersuchen. Mit dem phylotypischen Stadium hat der Embryo die Gastrulation abgeschlossen. Die wichtigsten Achsenstrukturen, die für die Embryonen der Wirbeltiere charakteristisch sind – Somiten (Ursegmente), Chorda dorsalis (Notochord) und Neuralrohr –, haben sich entwickelt und besitzen bereits Anzeichen einer regionalen Organisationsstruktur, insbesondere entlang der anterio-posterioren Längsachse. In diesem Kapitel befassen wir uns mit der Entstehung dieser Strukturen.

Während der Gastrulation bewegen sich die Keimblätter – Mesoderm, Entoderm und Ektoderm – dorthin, wo sie sich zu Strukturen des larvalen oder adulten Körpers entwickeln werden. Die Längsachse des Wirbeltierembryos tritt deutlich hervor: An einem Ende befindet sich der Kopf und am anderen der künftige Schwanz (Abbildung 4.1). In diesem Kapitel konzentrieren wir uns hauptsächlich auf die Musterbildung des Somitenmesoderms, welches das Skelett und die Muskeln des Rumpfes bildet, sowie auf das Ektoderm, das sich später zum Nervensystem entwickelt. Die Gastrulation und die Aktivität der Organisatorregion sind für die Entwicklung des Bauplanes der Wirbeltiere von entscheidender Bedeutung (Abschnitt 1.6). Dieses Kapitel beschäftigt sich mit beiden Themenbereichen vor allem in bezug auf ihre jeweilige Funktion bei der Musterbildung. Das Verhalten von Zellen und Geweben während der Gastrulation soll jedoch erst in Kapitel 8 ausführlich behandelt werden.

Nach der Gastrulation entwickeln sich aus dem Mesodermabschnitt, der entlang der Dorsalseite des Embryos unter dem Ektoderm zu liegen kommt, die Chorda dorsalis und die Somiten sowie ein geringer Teil des Kopfmesoderms anterior der Chorda. Während der Gastrulation stülpen sich die Zellen des obersten dorsalen Mesoderms (die Organisatorregion) nach innen und bilden schließlich eine feste stabförmige Chorda dorsalis entlang der dorsalen Mittelachse, die an beiden Seiten von Blöcken aus Somiten flankiert wird. Die Somiten stammen von Zellen ab, die an den beiden Seiten der Organisatorregion im mesodermalen Randbereich der Blastula liegen (Abbildung 3.15). Die Chorda wird bei den Wirbeltieren nur vorübergehend angelegt; ihre Zellen werden schließlich in die Wirbelsäule integriert. Aus dem Ektoderm oberhalb der Chorda entsteht bei der Neurulation das Neuralrohr, das sich zum Gehirn und zum Rückenmark weiterentwickelt. Aus den Somiten, die

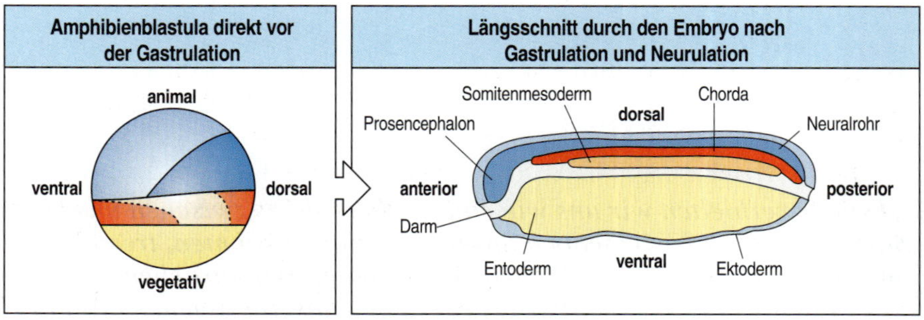

4.1 Umlagerung der zukünftigen Keimblätter während der Gastrulation und Neurulation bei *Xenopus*. Das Mesoderm (rosa und rot), das im Blastulastadium als äquatoriales Band vorliegt, wandert nach innen und entwickelt sich zur Chorda dorsalis, den Somiten sowie zum lateralen Mesoderm (nicht dargestellt). Das Entoderm (orange) wandert nach innen und bildet den Darm. Das Neuralrohr (dunkelblau) entsteht, und das Ektoderm (hellblau) umschließt den gesamten Embryo. Schließlich bildet sich die Längsachse aus – mit dem Kopf am Vorderende.

sich nun auf beiden Seiten des Neuralrohrs befinden, entwickeln sich die Wirbel und Rippen sowie die Muskulatur von Rumpf und Gliedmaßen; außerdem sind sie am Aufbau der Lederhaut (Dermis) in der Haut beteiligt. Aus den Zellen der Neuralleiste, die aus dem Neuralrohr abwandern, entstehen verschiedene Gewebe; hierzu gehören Skelettelemente des Kopfes, das sensorische und das autonome Nervensystem sowie Pigmentzellen.

Sowohl die aus dem Mesoderm abgeleiteten Strukturen entlang der Längsachse des Wirbeltierrumpfes als auch das aus dem Ektoderm abgeleitete Nervensystem sind deutlich anterio-posterior ausgerichtet. Die Wirbel zum Beispiel haben in jedem der vier anatomischen Bereiche (Hals, Brust, Lenden und Kreuzbein) eine charakteristische Form. In diesem Kapitel untersuchen wir zuerst die Entwicklung und Musterbildung der Somiten. Dann befassen wir uns damit, wie ihre positionelle Identität entlang der Längsachse festgelegt wird. In den weiteren Abschnitten betrachten wir die Funktion der Organisatorregion bei den Wirbeltieren sowie die Bewegungen während der Gastrulation, wenn sich die anterio-posteriore Struktur des Embryos entwickelt und mit der dorso-ventralen Organisation (siehe voriges Kapitel) koordiniert wird. Am Schluß befassen wir uns mit der Induktion und der Musterbildung des Nervensystems während der frühen Entwicklungsstadien.

Entstehung und Musterbildung der Somiten

Kapitel 3 beschäftigte sich mit der Spezifizierung des Mesoderms in der frühen Entwicklungsphase und der Musterbildung entlang der Dorsoventralachse. Die Anlagenpläne der verschiedenen Wirbeltiere (Abbildung 3.20) zeigen, daß die Chorda aus der obersten Dorsalregion des Mesoderms und die Somiten aus einem mehr ventral gelegenen Bereich auf beiden Seiten entstehen. Während der Gastrulation wandert das Mesoderm in das Innere des Embryos ein. Anschließend entwickelt sich die Chorda in Form eines Stabes in der dorsalen Mittelachse, die Neurulation beginnt, und das künftige Somitenmesoderm teilt sich in Blöcke auf, die schließlich das Neuralrohr flankieren. Aus den Somiten entstehen die Muskulatur von Körper und Gliedmaßen, die Knorpel der Wirbel und Rippen sowie die Dermis. Durch diese Musterbildung entsteht damit ein großer Teil der anterio-posterioren Organisation des Körpers. In diesem Abschnitt befassen wir uns mit der Anlage der Somiten nach der Gastrulation und der Musterbildung der Somiten.

4.1 Die Somiten entstehen entlang der anterio-posterioren Achse in einer festgelegten Reihenfolge

Beim Hühnerembryo bilden sich die Somiten im mesodermalen Bereich, der anterior zu dem in posteriorer Richtung wandernden Hensenschen Knoten liegt (Abbildung 2.15). Zwischen dem Knoten und dem zuletzt gebildeten Somiten gibt es einen unsegmentierten Bereich, das präsomitische Mesoderm, das sich in vier oder fünf Somiten teilt. Veränderungen der Zellform und der interzellulären Kontakte im präsomitischen Mesoderm führen zur Bildung von getrennten Zellblöcken, den Somiten. Diese entstehen paarweise: Auf jeder Seite der Chorda bildet sich gleichzeitig je ein Somit. Bei allen Wirbeltierembryonen beginnt die Somitenbildung am vorderen „Kopf"-Ende und setzt sich dann nach hinten fort. Diese Abfolge spiegelt möglicherweise einen früheren Musterbildungsprozeß wider.

Schnitte quer zur Ebene des präsomitischen Mesoderms beeinflussen nicht die Abfolge der Somitenbildung in der unsegmentierten Region. Das deutet darauf hin, daß die Somitenbildung ein autonomer Prozeß ist und daß zu diesem Zeitpunkt keine Signale ausgesandt werden, die ihre Positionen auf der Längsachse festlegen. Selbst wenn man ein kleines Stück aus dem unsegmentierten Mesoderm um 180 Grad dreht, bildet sich jeder Somit zum normalen Zeitpunkt, wobei jedoch die Segmente im gedrehten Gewebe in entgegengesetzter Reihenfolge gebildet werden (Abbildung 4.2). Das bedeutet, daß bereits bevor die Somiten gebildet werden, im Mesoderm ein molekulares Muster angelegt wurde, das die Entstehungszeit für jedes dieser Ursegmente bestimmt. Die Reihenfolge, in der die Somiten gebildet werden, wird höchstwahrscheinlich von einem bestimmten Gradienten im unsegmentierten Mesoderm vorgegeben, der vorher angelegt wurde und auch an der Musterbildung der anterio-posterioren Achse beteiligt ist. Durch den Beginn der Somitenbildung am höchsten Punkt des Gradienten wird damit die zeitliche Abfolge festgelegt.

Die Somiten differenzieren sich in Abhängigkeit von ihrer Position entlang der Längsachse zu speziellen Achsenstrukturen. So bilden beispielsweise anteriore Somiten die Halswirbel, während sich die stärker posterior gelegenen zu den Brustwirbeln und Rippen entwickeln. Die Spezifizierung aufgrund der Position erfolgte also, bevor während der Gastrulation Somiten gebildet werden. Überträgt man beispielsweise unsegmentiertes somitisches Mesoderm aus dem zukünftigen Thoraxbereich auf den Hals und tauscht es dort gegen das künftige Mesoderm aus, bildet es dennoch Brustwirbel mit Rippen (Abbildung 4.3). Wie bilden sich daher Muster präsomitischen Mesoderms, so daß die Somiten ihre Identität erhalten und die verschiedenen Wirbel bilden? Damit werden wir uns später befassen; zunächst wenden wir uns jedoch der Musterbildung in den einzelnen Somiten zu – im Hinblick auf die verschiedenen Gewebe, die daraus hervorgehen.

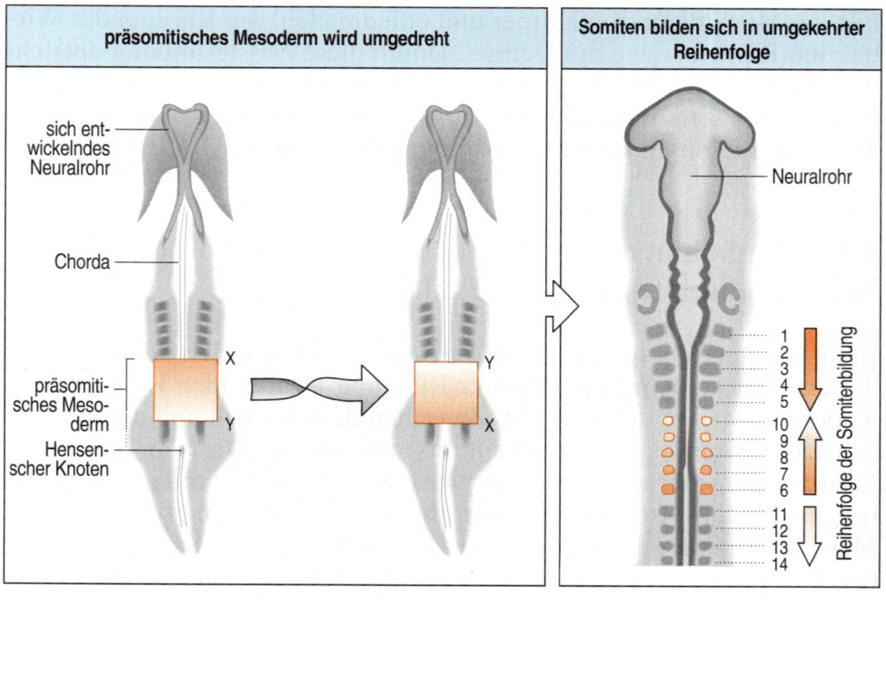

4.2 Die zeitliche Reihenfolge, in der die Somiten gebildet werden, wird während der frühen Embryonalentwicklung festgelegt. Beim Huhn werden die Somiten sukzessive in Längsrichtung gebildet. Sie entstehen nacheinander in der präsomitischen Region zwischen dem zuletzt gebildeten Somit und dem Hensenschen Knoten, der nach hinten wandert. Wenn man die Längsachse um 180 Grad dreht (Pfeil), verändert sich die zeitliche Reihenfolge der Somitenbildung nicht – Somit 6 entwickelt sich immer noch vor Somit 10.

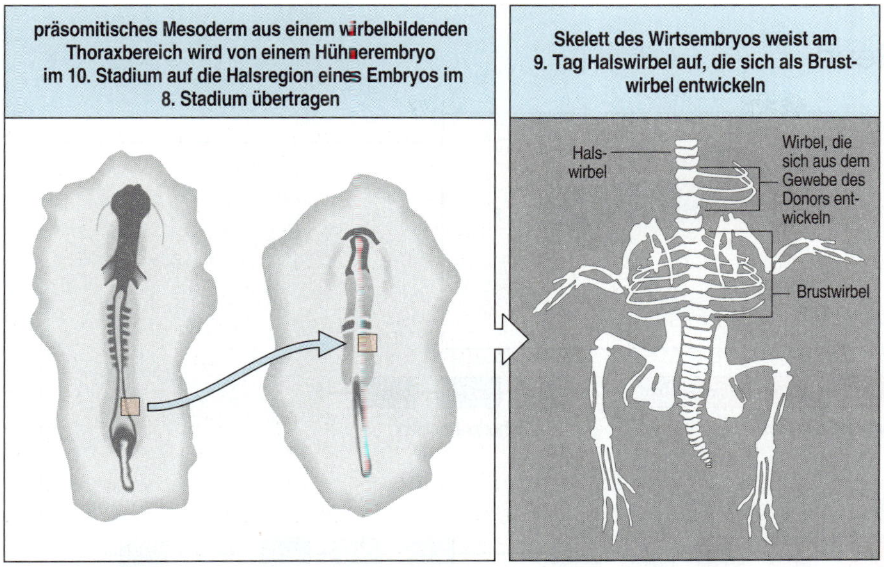
präsomitisches Mesoderm aus einem wirbelbildenden Thoraxbereich wird von einem Hühnerembryo im 10. Stadium auf die Halsregion eines Embryos im 8. Stadium übertragen
Skelett des Wirtsembryos weist am 9. Tag Halswirbel auf, die sich als Brustwirbel entwickeln
Halswirbel
Wirbel, die sich aus dem Gewebe des Donors entwickeln
Brustwirbel

4.3 Das präsomitische Mesoderm besitzt bereits vor der Somitenbildung eine positionelle Identität. Das Somitenmesoderm, aus dem die Brustwirbel hervorgehen, wird auf einen weiter vorne gelegenen Bereich eines jüngeren Embryos übertragen, an dem sonst die Halswirbel entstehen würden. Das übertragene Mesoderm entwickelt sich entsprechend seiner früheren Position und bildet im Halsbereich Rippen aus.

4.2 Signale aus den umgebenden Geweben bestimmen die Entwicklung der Somitenzellen

Aus den Somiten des Wirbeltierembryos entstehen die wichtigsten Achsenstrukturen: die Knorpelzellen der Wirbel und Rippen, sämtliche Skelettmuskeln, einschließlich der Muskulatur der Gliedmaßen, sowie die Lederhaut (Dermis). Durch Übertragung von Somiten aus einem Wachtelembryo an entsprechende Positionen bei einem Hühnerembryo in derselben Lebensphase und anschließende Beobachtung der Entwicklung der Wachtelzellen war es möglich, den Anlagenplan eines solchen Somiten zu erstellen. Aufgrund der unterschiedlichen Zellkerne, die man in histologischen Schnitten erkennen kann, kann man Wachtelzellen von Hühnerzellen unterscheiden.

Zellen in den dorsalen und lateralen Bereichen eines neu entstandenen Somiten bilden das **Dermamyotom**. Dort wird das Homöobox-Gen *Pax3* exprimiert (Exkurs 4.1, Seite 116). Aus dem Dermamyotom entsteht das **Myotom**, aus dem die Muskelzellen hervorgehen, sowie das **Dermatom** – eine epithelartige Schicht oberhalb des Myotoms, aus der sich die Dermis entwickelt. Zellen aus der mittleren Region des Somiten bilden vor allem die Achsen- und Rückenmuskulatur und exprimieren den muskelspezifischen Transkriptionsfaktor MyoD sowie verwandte Proteine. Laterale Somitenzellen wandern aus und bilden die Muskulatur des Abdomens und der Gliedmaßen. Der ventrale Teil des medialen Somitenbereichs enthält **Sklerotom**zellen, die das Homöobox-Gen *Pax1* exprimieren und ventralwärts wandern, wo sie die Chorda umgeben und sich schließlich zu Wirbeln entwickeln (Abbildung 4.4). Beim Huhn stammen die lateralen und medialen Anteile der Somiten aus verschiedenen Bereichen, die dann während der Gastrulation zusammenkommen: Der mediale Teil stammt aus Zellen des Primitivstreifens in der Nähe des Hensenschen Knotens, während der laterale Teil auf weiter posterior gelegene Zellen zurückgeht.

Wenn die Somiten gebildet werden, ist noch nicht festgelegt, welche Zellen Knorpel, Muskeln oder Dermis werden. Für eine solche Spezifizierung sind Signale aus Geweben erforderlich, die an den Somiten angrenzen. Dies läßt sich eindeutig durch Experimente belegen, bei denen

Exkurs 4.1: Homöobox-Gene

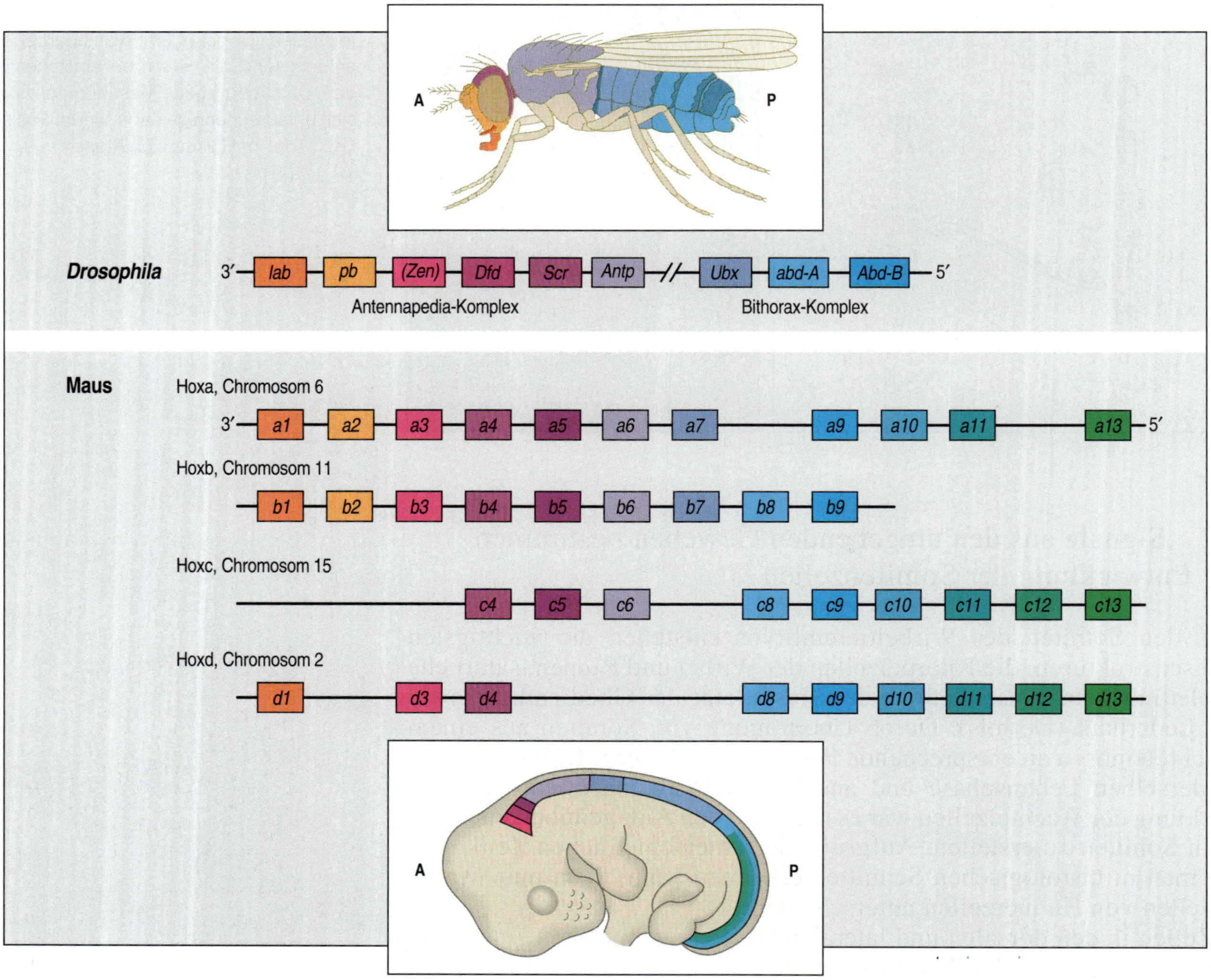

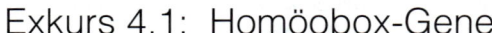

Die Homöobox-Genfamilie codiert eine große Gruppe von Transkriptionsfaktoren, die alle eine ähnliche DNA-bindende Domäne von etwa 60 Aminosäuren besitzen: die sogenannte **Homöodomäne**. Diese enthält ein DNA-bindendes Helix-Schleife-Helix-Motiv, das für viele DNA-bindende Proteine charakteristisch ist. Codiert wird diese Domäne durch eine DNA-Sequenz von 180 Basenpaaren, die sogenannte Homöobox. Viele Homöobox-Gene spielen bei der Entwicklung eine Rolle; ursprünglich hatte man die Homöobox in Genen entdeckt, die die Musterbildung bei *Drosophila* steuern.

Die Bezeichnung „Homöobox" leitet sich aus der Tatsache ab, daß Mutationen in einigen dieser Gene zu einer sogenannten **homöotischen** Transformation führen, bei der eine Struktur eine andere ersetzt. Zum Beispiel wird ein bestimmtes Körpersegment von *Drosophila*, das normalerweise keine Flügel trägt, bei einer homöotischen Mutation in ein benachbartes Segment umgewandelt, das Flügel entwickelt. Auf diese Weise entsteht eine Fliege mit vier Flügeln.

Cluster von homöotischen Genen, die an der Festlegung der Segmentidentität beteiligt sind, hat man zuerst bei der Taufliege *Drosophila* entdeckt. Ähnliche Komplexe von homöotischen Genen wurden inzwischen auch bei zahlreichen anderen Tieren gefunden. Bei den Wirbeltieren bezeichnet man die entsprechenden Cluster als Hox-Komplexe; die Homöobox-Sequenzen dieser Gene sind mit der Antennapedia-Homöobox von *Drosophila* verwandt. Bei der Maus gibt es vier ungekoppelte Hox-Komplexe, die als Hoxa, Hoxb, Hoxc und Hoxd bezeichnet werden (ursprünglich nannte man sie Hox1, Hox2, Hox3 und Hox4). Sie liegen auf den Chromosomen 6, 11, 15 beziehungsweise 2 (siehe Abbildung).

Die vier Cluster der Vertebraten sind durch häufige Verdopplung aus einem ursprünglichen Cluster hervorgegangen, der möglicherweise mit dem einzigen Hox-Cluster von *Amphioxus*, einem einfachen Chordatier, verwandt ist. Die einander entsprechenden Gene innerhalb der vier Cluster sind sich daher sehr ähnlich. Man nimmt an, daß sich der ursprüngliche Cluster über Genverdopplung und Divergenz entwickelt hat und sich deshalb alle Hox-Gene zu einem gewissen Grad ähneln. Die Homologien treten innerhalb der Homöobox am stärksten hervor und sind in dem anderen Teil der Sequenzen weniger deutlich. Gene, die sich durch Verdoppelung und Divergenz innerhalb einer Spezies entwickelt haben, bezeichnet man als **paraloge Gene**, die einander entsprechenden Gene in den verschiedenen Clustern (zum Beispiel *Hoxa4*, *Hoxb4*, *Hoxc4* und *Hoxd4*) bezeichnet man im allgemeinen als **paraloge Untergruppe**. Bei der Maus gibt es 13 paraloge Untergruppen.

Die Hox-Gencluster und ihre Funktion bei der Entwicklung sind bereits vor langer Zeit entstanden. Die Gene von Maus und Frosch sind sich ähnlich, zeigen aber auch mit den Genen der Taufliege *Drosophila* Übereinstimmungen. Das gilt sowohl für die codierenden Sequenzen als auch für die Reihenfolge auf dem Chromosom. Sowohl bei *Drosophila* als auch bei den Wirbeltieren wirken diese Gene bei der Festlegung regionaler Identitäten entlang der Längsachse mit. Die Hox-Gencluster von Mäusen und *Drosophila*, die dort als HOM-Gene bezeichnet werden, entstanden mit ziemlicher Sicherheit aufgrund einer Genverdopplung in einem gemeinsamen Vorfahren von Wirbeltieren und Insekten.

Die meisten Gene, die eine Homöobox enthalten, gehören jedoch weder zu einem homöotischen Komplex, noch sind sie an homöotischen Transformationen beteiligt. Zu anderen Unterfamilien der Homöobox-Gene bei den Vertebraten gehören auch die Pax-Gene, die eine Homöobox und eine weitere konservierte Domäne – die sogenannte *paired*-Domäne – enthalten. Alle diese Gene codieren Transkriptionsfaktoren mit verschiedenen Funktionen bei der Entwicklung und Differenzierung von Zellen.

Die Homöobox-Gene sind das beeindruckendste Beispiel für eine weitverbreitete Konservierung der Entwicklungsgene von Tieren. Man geht allgemein davon aus, daß der Entwicklung bei Tieren bestimmte gemeinsame Mechanismen zugrundeliegen. Deshalb ist es sinnvoll, wenn man für ein Gen festgestellt hat, daß es bei der Entwicklung eines bestimmten Tieres von zentraler Bedeutung ist, zu untersuchen, ob dieses Gen auch bei anderen Tieren vorkommt und dort eine ähnliche Funktion hat. Diese Vorgehensweise, bei Genen nach Sequenzhomologien zu suchen, hat sich bei der Identifizierung von Entwicklungsgenen der Wirbeltiere sehr bewährt. Zahlreiche Gene wurden zuerst in *Drosophila* gefunden, deren genetische Grundlagen für die Entwicklung nun einmal viel besser erforscht sind als bei jedem anderen Tier. Man konnte zeigen, daß sie auch bei Wirbeltieren eine Rolle in der Entwicklung spielen. Abbildungen nach Coletta et al. 1994.

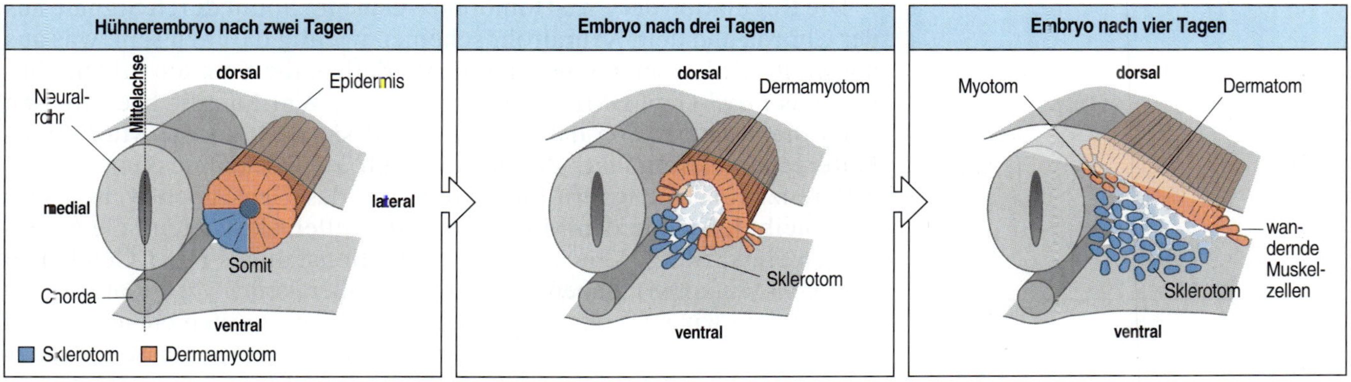

4.4 Der Anlagenplan eines Somiten im Hühnerembryo. Aus dem ventral-medialen Quadranten (blau) entstehen Sklerotomzellen, die zu wandern beginnen und dann die Knorpel der Wirbel bilden. Der restliche Somit, das Dermamyotom, bildet Dermatom und Myotom, aus dem sich die Lederhaut und die gesamte Rumpfmuskulatur entwickeln. Außerdem entstehen hier Muskelzellen, die in die Extremitätenknospe einwandern.

die dorso-ventrale Orientierung neu gebildeter Somiten verändert wurden; diese entwickeln sich dann weiterhin normal. Sowohl das Neuralrohr als auch die Chorda erzeugen Signale, die im Somit eine Musterbildung hervorrufen und für dessen spätere Entwicklung notwendig sind. Wenn man die Chorda und das Neuralrohr entfernt, werden die Somiten nekrotisch: Es entwickeln sich weder Wirbel noch Achsenmuskeln; allerdings bildet sich sonderbarerweise die Muskulatur der Gliedmaßen.

Die Funktion der Chorda dorsalis besteht darin, die Somitenzellen zu spezifizieren. Dies konnte man durch Experimente an Hühnern zeigen, denen seitlich zum Neuralrohr neben dem Somiten eine zusätzliche Chorda eingesetzt wurde. Wenn die Übertragung auf unsegmentiertes präsomitisches Mesoderm erfolgte, wirkte sich das erheblich auf die Differenzierung des Somiten aus: Bei der Entwicklung des Somiten kommt es zu dessen fast vollständiger Umwandlung zu Knorpelvorstufen (Abbildung 4.5). Das deutet darauf hin, daß die Chorda die Knorpelbildung induziert. Das Neuralrohr induziert ebenfalls die Bildung von Knorpel in den Somiten. Diese Wirkung geht von dem am meisten ventral gele-

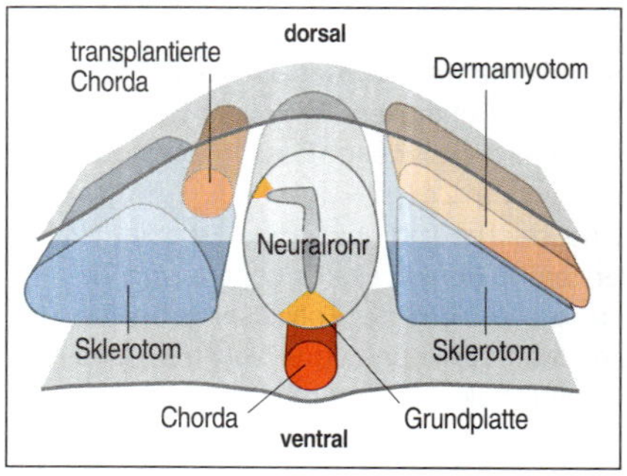

4.5 Ein Signal der Chorda dorsalis induziert die Sklerotombildung. Die Übertragung einer zusätzlichen Chorda dorsalis in die Dorsalregion eines Somiten, der zu einem Embryo mit zehn Somiten gehört, unterdrückt die Bildung des Dermamyotoms aus dem dorsalen Teil des Somiten und induziert die Bildung von Sklerotom, das zu Knorpeln wird. Das Transplantat beeinflußt auch die Form des Neuralrohres.

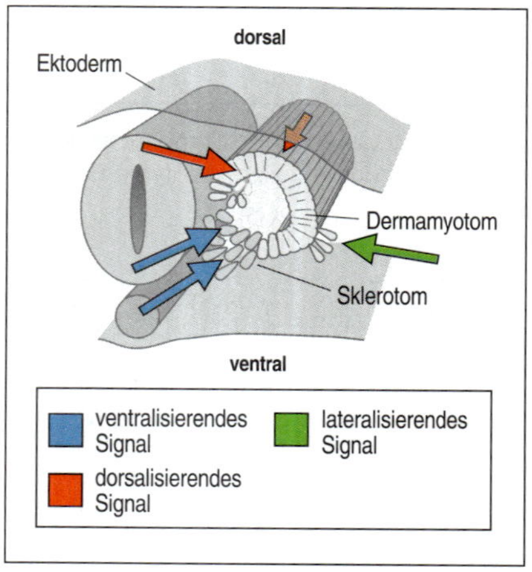

4.6 Modell für die Musterbildung bei der Somitendifferenzierung. Man nimmt an, daß ein diffusibles Signal aus der Chorda und der Grundplatte des Neuralrohres das Sklerotom spezifiziert (blaue Pfeile). Wahrscheinlich handelt es sich um das Sonic-Hedgehog-Protein. Signale aus dem dorsalen Neuralrohr und dem Ektoderm (rosa Pfeile) bewirken möglicherweise zusammen mit lateralen Signalen (grüne Pfeile) aus dem Seitenplattenmesoderm die Anlagen des Dermamyotoms. Nach Johnson 1994.

genen Abschnitt des Neuralrohres, der Grundplatte, aus. (Die Grundplatte selbst wird durch die Chorda induziert; Abschnitt 11.6.) An der Spezifizierung des lateralen Teils des Dermamyotoms ist offensichtlich ein Signal aus der lateralen Mesodermplatte sowie eines aus dem darüberliegenden Ektoderm beteiligt (Abbildung 4.6).

Man hat Signale gefunden, die möglicherweise die Musterbildung des Somiten bewirken. Beim Huhn exprimieren sowohl die Chorda dorsalis als auch das ventrale Neuralrohr das Gen *Sonic hedgehog*, das ein Sekretionsprotein codiert. Dieses Protein scheint ein Schlüsselmolekül für die positionelle Signalgebung bei einer Reihe von Entwicklungsstadien zu sein (Abschnitt 10.4). (In diesem Kapitel haben wir *Sonic hedgehog* bereits als ein Gen kennengelernt, das bei der Asymmetrie von Strukturen in bezug auf die Mittelachse eine Rolle spielt. Hier wird dieses Gen während einer anderen Entwicklungsphase und in anderen Geweben exprimiert.) Ein Modell geht davon aus, daß das Signal, das vom *Sonic hedgehog*-Gen stammt, die ventrale Region des Somiten spezifiziert. Signale aus dem dorsalen Neuralrohr und aus dem darüberliegenden nichtneuralen Ektoderm würden nach diesem Modell die Entwicklung in der dorsalen Region bestimmen. Der Proteinfaktor BMP-4 und sezernierte Signalproteine der Wnt-Familie kommen für laterale beziehungsweise dorsale Signale in Frage.

Die Regulation der *Pax*-Homöobox-Gene im Somit durch Signale aus der Chorda und dem Neuralrohr scheinen wichtig dafür zu sein, was aus der Zelle wird. Zuerst exprimieren alle Zellen, die Somiten bilden können, das *Pax3*-Gen. BMP-4 und Proteine der Wnt-Familie beeinflussen dann diese Expression dahingehend, daß sie sich auf die Muskelvorläuferzellen beschränkt. Zellen, die sich zu Rückenmuskulatur ausdifferenzieren, verringern die Expression des Gens noch weiter. Das Gen bleibt jedoch in den Muskelvorläuferzellen aktiv, die in die Gliedmaßen einwandern. Mäuse, die kein funktionsfähiges *Pax3*-Gen haben (*Splotch*-Mutanten), haben in den Gliedmaßen keine Muskulatur.

Nachdem wir jetzt wissen, wie die einzelnen Somiten entstehen und wie sie sich nach der Gastrulation weiterentwickeln, befassen wir uns nun mit der Musterbildung des präsomitischen Mesoderms entlang der anterio-posterioren Achse, die jedem Somiten seine spezifischen Eigenschaften vermittelt.

4.3 Die Expression der Hox-Gene bestimmt die positionelle Identität der Somiten entlang der Längsachse

Die anterio-posteriore Musterbildung des Mesoderms kann man am besten an den Unterschieden der Wirbel erkennen. Jeder Wirbel besitzt spezifische anatomische Eigenschaften, die von seiner Position entlang der Achse abhängen. Die meisten anterioren Wirbel dienen der Befestigung und den Bewegungen des Schädels; auf die Halswirbel folgen die Brustwirbel, die die Rippen halten, danach die Lendenwirbel ohne Rippen und schließlich die Kreuzbein- und Schwanzwirbel. Der Prozeß der anterio-posterioren Musterbildung unterscheidet sich von der Musterbildung der einzelnen Somiten in Hinsicht auf die Zellen, die Muskeln, Knorpel und Lederhaut hervorbringen. Die anterio-posteriore Musterbildung setzt früher ein, während das präsomitische Mesoderm noch unsegmentiert ist. Dabei erhalten die mesodermalen Zellen die Positionswerte, die ihren jeweiligen Positionen entlang der Achse entsprechen und ihre weitere Entwicklung bestimmen. Mesodermale Zellen, aus denen die Brustwirbel entstehen, besitzen beispielsweise andere Positionswerte als Zellen, aus denen Halswirbel entstehen.

Während der Musterbildung entlang der Längsachse werden bei allen Vertebraten bestimmte Gene exprimiert, die die positionelle Identität entlang der Achse festlegen. Es sind die **Hox-Gene**, Mitglieder der großen Familie der **Homöobox-Gene**, die auf vielfache Weise bei der Entwicklung mitwirken (Exkurs 4.1). Das Prinzip der positionellen Identitäten oder Positionswerte läßt besondere Rückschlüsse auf den Entwicklungsmodus zu. Aus ihm folgt, daß eine Zelle oder eine Gruppe von Zellen im Embryo spezifische Eigenschaften erwirbt, die ihrer Position zu einem bestimmten Zeitpunkt entspricht. Dies wiederum entscheidet über ihre spätere Entwicklung (Abschnitt 1.13). Leider wissen wir bisher noch nicht, wie die positionelle Information während der Gastrulation zustande kommt.

Homöobox-Gene, die die positionelle Identität entlang der Längsachse festlegen, hat man zuerst bei der Taufliege *Drosophila* entdeckt. Außerdem stellte sich zur Freude der Entwicklungsbiologen heraus, daß auch an der Musterbildung der Wirbeltierachse verwandte Gene beteiligt sind. Wie wir im letzten Teil dieses Kapitels feststellen werden, beschränkt sich die Musterbildung entlang der anterio-posterioren Achse durch die Hox-Gene und andere Homöobox-Gene nicht nur auf mesodermale Strukturen; so ist zum Beispiel auch das Rhombencephalon in unterschiedliche Bereiche aufgeteilt.

Alle Homöobox-Gene, deren Funktionen man kennt, codieren DNA-bindende Proteine, die als Transkriptionsfaktoren wirken. Die Untergruppe der sogenannten Hox-Gene bei den Wirbeltieren entspricht einem Cluster von Homöobox-Genen bei *Drosophila*, die bei der Festlegung der Identitäten für die verschiedenen Abschnitte des Insektenkörpers eine Rolle spielen. Vertebraten besitzen vier verschiedene Cluster von Hox-Genen, die wahrscheinlich durch Verdopplung von Genen innerhalb eines Clusters und Verdopplung des Clusters selbst entstanden sind (Exkurs 4.1). Ein besonderes Merkmal der Expression der Hox-Gene besteht sowohl bei Insekten als auch bei Wirbeltieren darin, daß die Gene jedes Clusters in einer zeitlichen und räumlichen Reihenfolge exprimiert werden, die ihrer Anordnung auf dem Chromosom entspricht.

Ein einfaches, idealisiertes Modell veranschaulicht die entscheidenden Merkmale, durch die ein Hox-Gencluster die positionelle Identität festlegt. Betrachten wir vier Gene I, II, III und IV, die auf einem Chromosom in dieser Reihenfolge angeordnet sind (Abbildung 4.7). Die Gene werden in der entsprechenden Reihenfolge entlang der Längsachse eines Gewebes exprimiert. Gen I wird also im gesamten Gewebe exprimiert, wobei seine anteriore Grenze am vorderen Ende des Gewebes liegt. Die anteriore Grenze von Gen II liegt weiter hinten und die Expression erstreckt sich in diese Richtung. Für die beiden anderen Gene gilt im Prinzip dasselbe. Dieses Expressionsmuster definiert vier verschiedene Abschnitte. Wenn sich die Mengen der Genprodukte in jeder Expressionsdomäne unterscheiden, zum Beispiel durch Wechselwirkungen zwischen den Genen, können noch viel mehr Bereiche auf eine Entwicklung festgelegt werden.

Am besten hat man die Funktion der Hox-Gene für die axiale Musterbildung bei der Maus untersucht, die vier Hox-Cluster besitzt. Wie bei allen Wirbeltieren beginnt die Expression der Hox-Gene in mesodermalen Zellen während einer frühen Gastrulationsphase mit den „vorderen" Genen, sobald die Mesodermzellen anfangen, den Primitivstreifen zu verlassen. Da sich die posteriore Struktur später entwickelt, kann

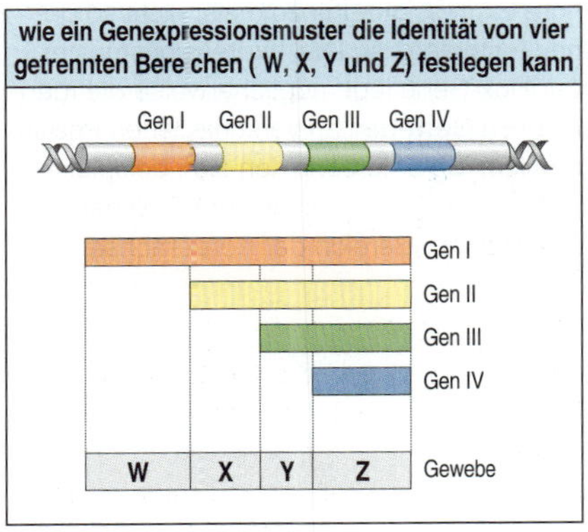

4.7 Genaktivitäten können Positionssignale vermitteln. Das Modell zeigt, wie das Genexpressionsmuster entlang eines Gewebes die verschiedenen Regionen W, X, Y und Z spezifizieren kann. Beispielsweise wird in Region W nur Gen I exprimiert, in Region Z hingegen alle vier Gene.

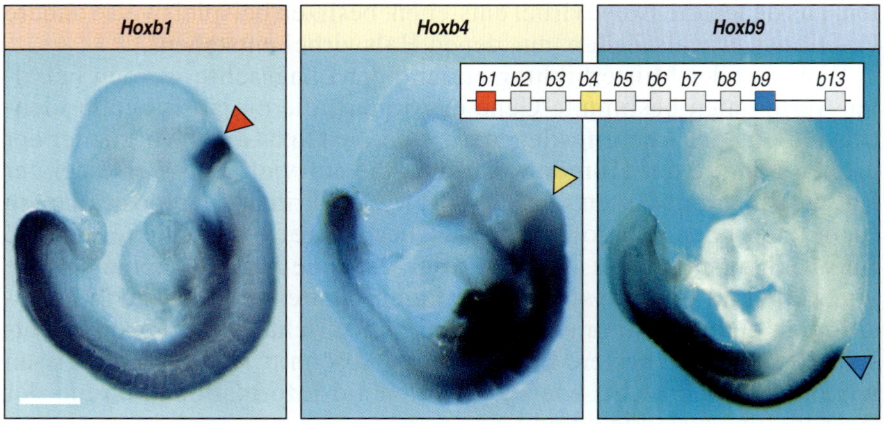

4.8 Expression der Hox-Gene im Mausembryo (nach der Neurulation). Die drei Aufnahmen zeigen Seitenansichten von Embryonen 9½ Tage nach der Paarung, die mit spezifischen Antikörpern gegen die Proteinprodukte der *Hoxb1*-, *Hoxb4*- und *Hoxb9*-Gene gefärbt wurden. Die Pfeilspitzen zeigen die vordere Expressionsgrenze der einzelnen Gene innerhalb des Neuralrohres an. Die kleine Darstellung rechts oben zeigt die Positionen der drei Gene im Hoxb-Genkomplex. Maßstab = 0,5 mm. Aufnahmen mit freundlicher Genehmigung von A. Gould.

man klar definierte Muster der Expression der Hox-Gene am besten nach der Bildung der Somiten, beziehungsweise nach der Neurulation im Mesoderm und im Neuralrohr beobachten (Abbildung 4.8). Hox-Gene werden entsprechend der fortschreitenden Gastrulation exprimiert. Besonderes Merkmal des Expressionsmusters ist im allgemeinen eine verhältnismäßig scharfe anteriore Grenze und eine normalerweise wesentlich diffusere posteriore Grenze. Obwohl es bei der Expression beträchtliche Überlappungen gibt, besitzt fast jede Region im hinteren Teil der Längsachse einen spezifischen Satz an exprimierten Genen (Abbildung 4.9). So exprimieren zum Beispiel die vordersten Somiten die Gene *Hoxa1* und *Hoxb1*; in diesem Bereich werden keine anderen Hox-Gene exprimiert. Im Gegensatz dazu werden in den hintersten Regionen sämtliche Hox-Gene exprimiert. (Die vordersten Bereiche des Vertebratenkörpers – der anteriore Kopfbereich, das Prosencephalon und das

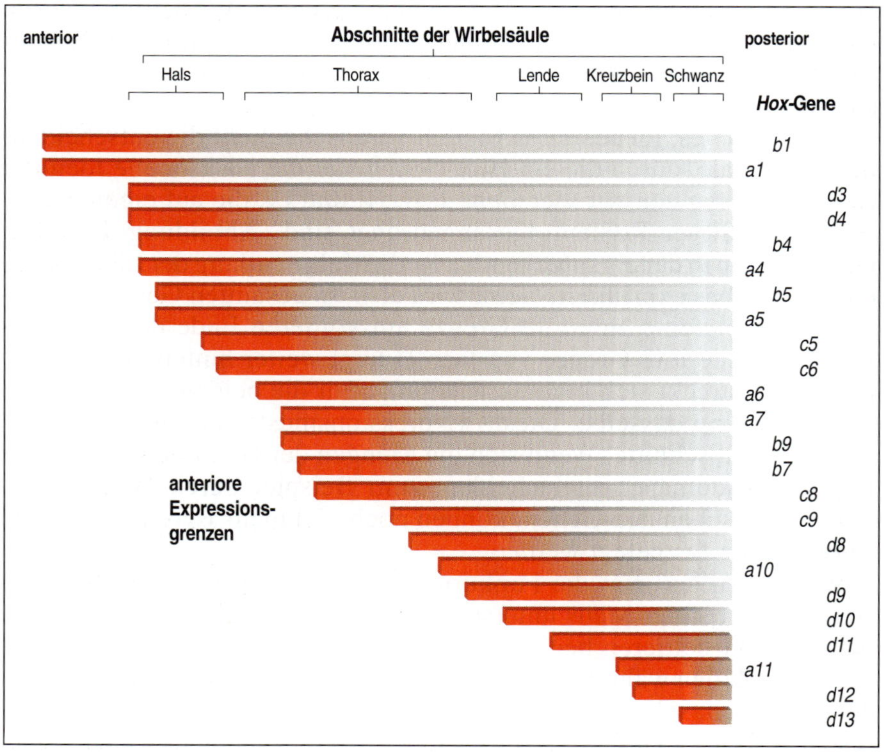

4.9 Expression der Hox-Gene entlang der Längsachse im Mesoderm der Maus. Die dunkelroten Blöcke markieren die Vordergrenze jedes Genes. Die Expression erstreckt sich normalerweise über eine gewisse Distanz nach hinten, wobei die posteriore Expressionsgrenze meist nicht so genau festgelegt ist. Das Expressionsmuster der Hox-Gene legt möglicherweise die Identität von Geweben an verschiedenen Positionen fest. So unterscheiden sich beispielsweise die Expressionsmuster im vorderen und hinteren Bereich der Körperachse.

Mesencephalon – exprimieren die Homöobox-Gene *etx* und *otx*, Hox-Gene werden nicht exprimiert.)

Betrachten wir nun eine beliebige Gruppe von Hox-Genen, zum Beispiel den Hoxa-Komplex. Wir stellen fest, daß die Expressionsgrenze von Hoxa1 im hinteren Kopfmesoderm die vorderste Expressionsgrenze im Mesoderm bildet, während die vorderste Expressionsgrenze von Hoxa11, dem hintersten Gen des Hoxa-Clusters, im Bereich des Kreuzbeins liegt (Abbildung 4.9). Diese ungewöhnliche Übereinstimmung oder Kolinearität zwischen der Reihenfolge der Gene auf dem Chromosom und der Reihenfolge ihrer räumlichen und zeitlichen Expression entlang der Längsachse ist ein Charakteristikum aller Hox-Komplexe. Die Gene jedes Hox-Komplexes werden in definierter Reihenfolge exprimiert, wobei die Gene am äußersten 3′-Ende des Clusters zuerst und am weitesten vorne exprimiert werden. Die korrekte Expression der Hox-Gene hängt von ihrer Position im Cluster ab; dabei müssen die Gene des vorderen Bereichs vor den hinteren Genen exprimiert werden.

Wenn man die Expressionsmuster der Hox-Gene bei Mäusen und Hühnern innerhalb deutlich abgegrenzter Regionen – Hals, Brust und so weiter (Abbildung 4.10) – miteinander vergleicht, erhält man einen Beleg für die Beteiligung dieser Gene an der Steuerung der regionalen Identität. Die Expression der Hox-Gene entspricht sehr genau den verschiedenen Regionen. So liegen zum Beispiel die vorderen Grenzen der Genexpression von *Hoxc5* und *Hoxc6* sowohl bei Hühnern als auch bei Mäusen jeweils auf einer Seite der Grenze zwischen Hals und Thorax, obwohl sogar die Zahl der Halswirbel bei Vögeln (14) doppelt so groß ist wie bei Säugern. Auch an anderen anatomischen Grenzen deckt sich bei Wirbeltieren das Expressionsmuster der Hox-Gene mit bestimmten Bereichen des Körpers in ähnlicher Weise.

Es sei darauf hingewiesen, daß die Zusammenfassung der Hox-Genexpression in Abbildung 4.9 keine „Momentaufnahme“ zu einem bestimmten Zeitpunkt ist, sondern das gesamte Expressionsmuster wiedergibt. Einige Gene werden früher eingeschaltet und dann herunterreguliert, während andere deutlich später exprimiert werden: Die hinteren Hox-Gene wie etwa *d12* und *d13* werden zum Beispiel im postanalen Schwanz exprimiert, der sich erst später entwickelt. Außerdem ist in der Zusammenfassung die Expression der Gene in den embryonalen Regionen im allgemeinen dargestellt; nicht alle Hox-Gene einer Region werden auch in allen Zellen dieses Bereichs exprimiert. Dennoch deutet das Muster insgesamt darauf hin, daß die Kombination der Hox-Gene positionelle Identität vermittelt. In der Halsregion kann zum Beispiel

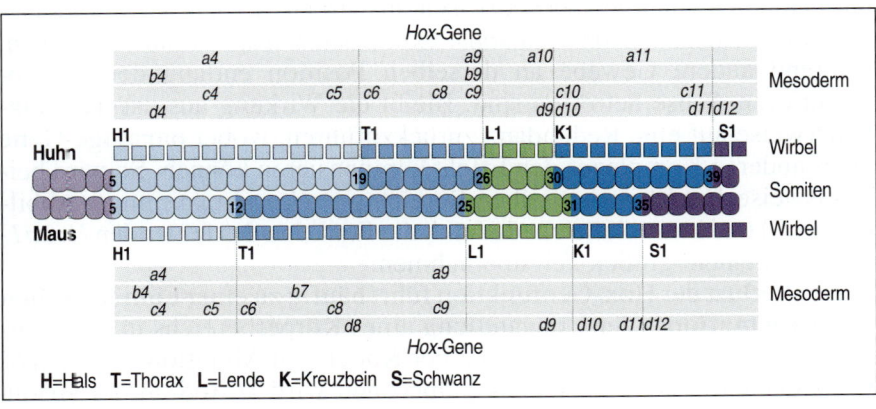

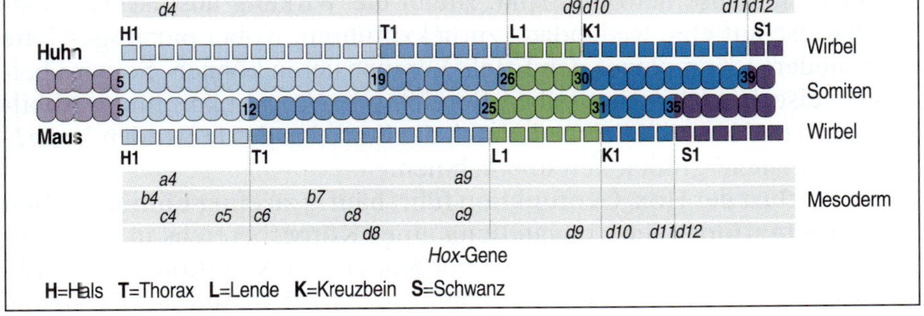

4.10 Expressionsmuster der Hox-Gene im Mesoderm von Hühner- und Mausembryonen im Zusammenhang mit der Regionalisierung. Die hinteren Expressionsgrenzen der Hox-Gene im Mesoderm befinden sich an verschiedenen Stellen entlang der Achsen. Aus den Somiten, von denen 40 dargestellt sind, gehen die Wirbel hervor. Die Wirbel zeigen in jedem der fünf Bereiche eine charakteristische Form: Hals (H), Brust (B), Lende (L), Kreuzbein (K) und Schwanz (S). Bei Huhn und Maus entwickeln sich die einzelnen Wirbel aus verschiedenen Somiten. So beginnen beispielsweise die Brustwirbel beim Huhn mit Somit 20 und bei der Maus mit Somit 12. Der Übergang von einer Region zur nächsten entspricht dem Expressionsmuster der Hox-Gene. So findet man sowohl beim Huhn als auch bei der Maus *Hoxc5* an der einen und *Hoxc6* an der anderen Seite des Übergangs zwischen Hals- und Brustwirbeln. Der Übergang zwischen der Lenden- und der Kreuzbeinregion ist in ähnlicher Weise durch die Gene *Hoxd9* und *Hoxd10* gekennzeichnet. Nach Burke 1995.

jeder Somit und damit auch jeder Wirbel durch ein spezielles Expressionsmuster der Hox-Gene spezifiziert werden.

Wenn die Hox-Gene für die Positionswerte verantwortlich sind, die die anschließende Entwicklung einer Region bestimmen, dann sollte eine Veränderung des Expressionsmusters zu morphologischen Veränderungen führen. Daß dies tatsächlich so ist, werden wir im nächsten Abschnitt sehen.

4.4 Eine Deletion oder Überexpression von Hox-Genen verändert die Musterbildung

Um herauszufinden, wie die Hox-Gene die Musterbildung steuern, kann man entweder ihre Expression mit Hilfe von Mutationen unterdrücken oder sie an anomalen Positionen exprimieren. Die Expression der Hox-Gene bei der Entwicklung von Mausembryonen läßt sich durch Gen-Knock-out-Verfahren ausschalten (Exkurs 4.2). Bei entsprechenden Experimenten beeinflußte das Fehlen eines Hox-Gens die Musterbildung in einer Weise, die dafür spricht, daß die Aktivität der Hox-Gene für die positionelle Identität der Zellen verantwortlich ist. So zeigen beispielsweise Mäuse, deren *Hoxa3*-Gen deletiert wurde, komplexe strukturelle Defekte im Bereich von Kopf und Brust, wo dieses Gen nomalerweise stark exprimiert wird. Betroffen sind Gewebe, die sich aus Ektoderm und Mesoderm ableiten. Die Hox-Gene bestimmen jedoch anscheinend die positionelle Identität auf ziemlich komplexe Weise. Die Wirkung einiger dieser Gene zeigen zweifellos eine gewisse **Redundanz**. Entfernt man ein Gen, ist vielleicht ein anderes an seiner Stelle aktiv. Daher kann es Probleme bereiten, die Ergebnisse von Experimenten zu deuten, in denen ein bestimmtes Hox-Gen inaktiviert wurde. Aufgrund von Wechselwirkungen zwischen den einzelnen Genen sind die Ergebnisse unter Umständen noch schwieriger zu interpretieren. So sind beispielsweise in den weiter hinten liegenden Achsenelementen, die das oben beschriebene mutierte *Hoxa3*-Gen enthalten und in denen das inaktivierte Gen sonst normal exprimiert wird, keine Fehler zu erkennen.

Das veranschaulicht ein allgemeines Prinzip der Expression der Hox-Gene, nach dem weiter posterior exprimierte Hox-Gene tendenziell die Aktivität von Hox-Genen hemmen, die normalerweise weiter anterior exprimiert werden. Dieses Phänomen nennt man **posteriore Dominanz** oder **posteriore Prävalenz**. Das bedeutet, daß eine veränderte Expression der Hox-Gene normalerweise die vordersten anterioren Bereiche betrifft, in denen das Gen exprimiert wird, wohingegen weiter posterior liegende Strukturen verhältnismäßig unbeeinflußt bleiben. Ein Hox-Gen-Knockout kann sich auch gewebespezifisch auswirken, so daß bestimmte Gewebe, in denen ein Hox-Gen sonst exprimiert wird, normal erscheinen, während andere Gewebe an derselben Position entlang der anterio-posterioren Achse betroffen sind. Bleibt die Wirkung aus, ist das möglicherweise auf eine Redundanz zurückzuführen, wobei **paraloge Gene** eines anderen Komplexes den Effekt kompensieren können. So wird beispielsweise *Hoxb1* in demselben Bereich wie *Hoxa1* exprimiert (Abbildung 4.9) und kann vielleicht dadurch die Funktion des fehlenden *Hoxa1*-Genes zu einem großen Teil übernehmen.

Der Verlust der Hox-Genfunktion führt häufig zu einer **homöotischen Transformation** – der Umwandlung eines Körperbereichs in einen anderen. Dies ist zum Beispiel bei einer Knock-out-Mutation des *Hoxc8*-Gens der Fall ist. In normalen Embryonen wird *Hoxc8* ab der späten

Gastrulationsphase im Thorax und in weiter posterior liegenden Bereichen des Embryos exprimiert. Homozygote Mäuse mit einem mutierten *Hoxc8*-Gen sterben innerhalb weniger Tage nach der Geburt; sie bilden zwischen dem siebenten Brust– und dem ersten Lendenwirbel anomale Muster. Die augenscheinlichsten homöotischen Transformationen sind das mit dem Sternum verbundene achte Rippenpaar und die Entwicklung eines 14. Rippenpaares am ersten Lendenwirbel (Abbildung 4.11). Das Fehlen des *Hoxc8*-Gens verändert demnach die Entwicklung einiger Zellen, die dieses Gen normalerweise exprimieren. Ohne dieses Gen erhalten die Zellen einen Positionswert für einen weiter vorn liegenden Bereich und entwickeln sich entsprechend. Bei Mäusen mit mutiertem *Hoxd11*-Gen werden Wirbel des vorderen Kreuzbeins in Lendenwirbel umgewandelt. Ein weiteres Beispiel für die homöotische Transformation einer bestimmten Struktur in eine normalerweise weiter vorn liegende Struktur zeigt sich bei Knock-out-Mutationen des *Hoxb4*-Gens. Bei normalen Mäusen wird *Hoxb4* in dem Teil des Mesoderms exprimiert, aus dem sich der Axis (der zweite Halswirbel) entwickelt, nicht jedoch im Mesoderm, aus dem der Atlas (der erste Halswirbel) hervorgeht. Bei *Hoxb4*-Knock-out-Mäusen wird aus dem Axis-Wirbel ein weiterer Atlas.

Im Gegensatz dazu kann die anomale Expression von Hox-Genen in vorderen Bereichen, die diese sonst nicht exprimieren, zu Transformationen von anterioren zu normalerweise weiter hinten liegenden Strukturen führen. Wenn zum Beispiel das *Hoxa7*-Gen, dessen normale vordere Expressionsgrenze im Thoraxbereich liegt, über die gesamte Längsachse exprimiert wird, wird das basale Hinterhauptbein des Schädels in eine Pro-Atlas-Struktur transformiert. Diese ist normalerweise die nächste posteriore Skelettstruktur.

Die Hox-Gene derselben paralogen Gruppe zeigen synergistische Wechselwirkungen. Daher beeinflussen Knock-out-Mutationen von *Hoxa3* nicht den ersten Halswirbel, den Atlas, oder das basale Hinterhauptbein des Schädels, das damit verbunden ist – auch dann nicht, wenn *Hoxa3* in dem Teil des Mesoderms exprimiert wird, aus dem diese Knochen entstehen. Knock-out-Mutationen des *Hoxd3*-Gens (das auch in diesem Bereich exprimiert wird) verursachen jedoch eine homöotische Transformation des Atlas zum benachbarten basalen Hinterhauptbein. Eine doppelte Knock-out-Mutation von *Hoxa3* und *Hoxd3* führt dazu, daß der Atlas vollständig fehlt. Das deutet darauf hin, daß sich die Aktivität der Hox-Gene auf die Zellproliferation richtet, die für den Aufbau des Wirbels aus den Somitenzellen erforderlich ist. Da wir nicht wissen, wie das Expressionsmuster der Hox-Gene festgelegt wird, ist es um so interessanter, daß das Muster durch die diffusionsfähige Retinsäure verändert werden kann.

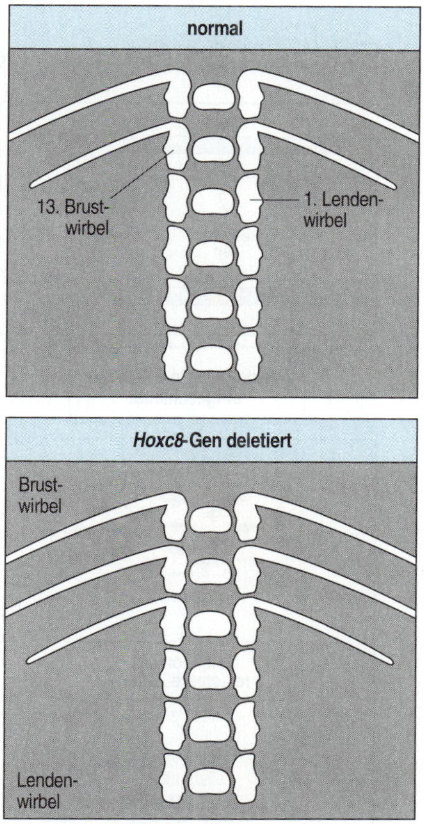

4.11 Homöotische Transformation von Wirbeln aufgrund einer Deletion des *Hoxc8*-Gens bei der Maus. Bei homozygoten Funktionsverlustmutanten des *Hoxc8*-Gens wird der erste Lendenwirbel in einen Brustwirbel mit Rippen umgewandelt. Die Mutation verursacht eine Transformation des Lendenwirbels zu einer weiter vorn liegenden Struktur.

4.5 Retinsäure kann Positionswerte verändern

Retinsäure ist ein kleines hydrophobes Molekül, ein Vitamin A-Derivat, das bei der lokalen Signalübertragung in der Entwicklung der Wirbeltiere eine wichtige Rolle spielt. Wie Steroid- und Schilddrüsenhormone diffundiert es ohne weiteres durch die Plasmamembran und heftet sich an intrazelluläre Rezeptoren. Der Komplex aus Rezeptor und Retinsäure wirkt dann als Transkriptionsfaktor. Eine Reihe verschiedener Experimente hat gezeigt, daß Retinsäure bei der Entwicklung der Gliedmaßen die Positionswerte von Zellen verändern (Abschnitt 10.5) und sich auch auf die anterio-posteriore Achse auswirken kann.

Exkurs 4.2: *Gene targeting*: Insertionsmutagenese und Gen-Knock-out

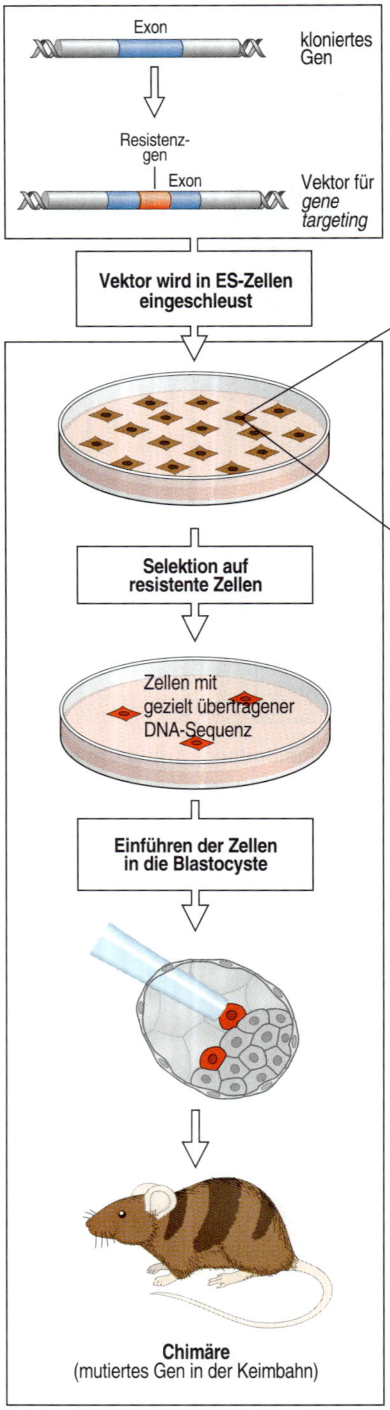

Um die Funktion von Genen zu untersuchen, die die Entwicklung steuern, ist es ausgesprochen hilfreich, wenn man ein verändertes Gen in ein Tier einführen kann, um dann die Effekte zu beobachten. Mäuse, denen ein zusätzliches oder verändertes Gen übertragen wurde, nennt man **transgene** Mäuse. Zur Zeit verwendet man vor allem zwei Verfahren für die Erzeugung von transgenen Mäusen. Zum einen ist es möglich, DNA mit dem gewünschten Gen direkt in die Zellkerne von befruchteten Eiern zu injizieren; zum anderen kann man in **embryonalen Stammzellen** (ES-Zellen) in Kultur ein Gen in das Genom einführen oder im Genom verändern und dann die genetisch veränderten Zellen in die Blastocyste injizieren, wo sie Teil der inneren Zellmasse werden.

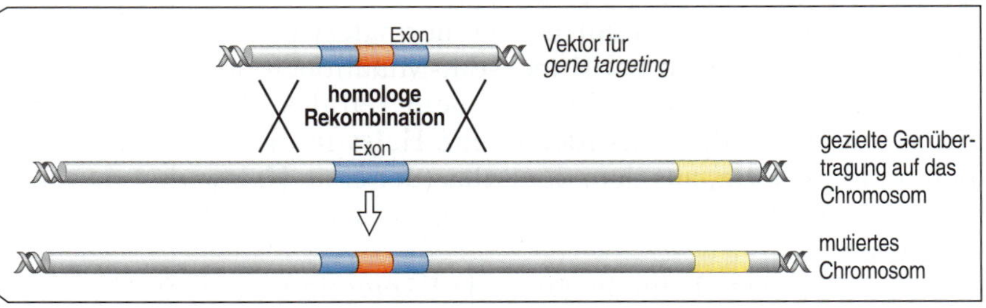

ES-Zellen lassen sich genetisch durch Verfahren verändern, mit deren Hilfe man in einem bestimmten Gen eine Mutation erzeugen kann. Ein DNA-Vektormolekül, das durch **Transfektion** in eine ES-Zelle übertragen wurde, wird an einer zufälligen Stelle in das Genom integriert. Es ist jedoch möglich, die Vektor-DNA so zu gestalten, daß nur die DNA-Moleküle selektiert werden, die durch **homologe Rekombination** an einer spezifischen, vorbestimmten Stelle integriert werden und dadurch ein bestimmtes Gen mutieren und inaktivieren. Dafür muß die DNA, die eingeführt werden soll, genügend Sequenzhomologien mit dem Zielgen aufweisen, damit sie dort zumindest in einige wenige Zellen der Kultur integriert wird. Die meisten Insertionen folgen jedoch einem Zufallsmuster. Diese mutierten ES-Zellen lassen sich in die Blastocyste einführen. Dadurch entsteht eine transgene Maus, bei der ein bekanntes Gen mutiert ist. Die Anwendung der homologen Rekombination zur Inaktivierung eines Gens bezeichnet man als Gen-Knock-out, wenn das Tier in Hinsicht auf diese Inaktivierung homozygot ist. Viele Mutationen, die man auf diese Weise erzeugt, führen zwar nicht zu einem Knock-out, aber die Mutation verändert die Genfunktion.

Der große Vorteil bei der Verwendung von ES-Zellen und Mikroinjektionsverfahren zur Erzeugung transgener Mäuse besteht darin, daß man ein Selektionsverfahren entwickeln kann, mit dem sich speziell die seltenen Zellen isolieren lassen, bei denen sich die DNA an der gewünschten Stelle befindet. Mit diesen kann man dann einen chimären Embryo erzeugen. Das Selektionsverfahren beruht darauf, daß das DNA-Konstrukt Gene für Resistenz und Sensitivität gegenüber bestimmten Substanzen enthält. Daher ist es möglich, nur die Zellen zu selektieren, bei denen sich die DNA an der richtigen Stelle befindet.

Die mutierten ES-Zellen werden in den Hohlraum einer frühen Blastocyste eingeführt, die dann wieder in die Gebärmutter eingepflanzt wird. Die Zellen gehen in der inneren Zellmasse auf und damit im Embryo, wo sie Keimzellen und Gameten hervorbringen können. Sobald das mutierte Gen in die Keimbahn gelangt ist, kann man Mäusestämme züchten, die für das veränderte Gen heterozygot oder homozygot sind (Abbildung auf der gegenüberliegenden Seite). So kann man die Effekte beobachten, die bei einer vollständigen Inaktivierung (Knock-out) des Genes auftreten.

Bei einer Reihe von Experimenten, bei denen man ein Gen mutiert und vollständig entfernt hat, entwickelten sich Mäuse ohne erkennbare Anomalien oder mit nur geringeren, weniger gravierenden Störungen, als aufgrund des normalen Aktivitätsmusters der Gene zu erwarten wäre. Ein interessantes Beispiel dafür ist das Fehlen des *myoD*-Gens, eines Schlüsselgens der Muskeldifferenzierung. Die Mäuse entwickeln sich anatomisch normal, haben jedoch eine geringere Lebenserwartung. Das könnte bedeuten, daß das *myoD*-Gen in Wahrheit redundant ist, insofern als andere Gene seine Funktion übernehmen können.

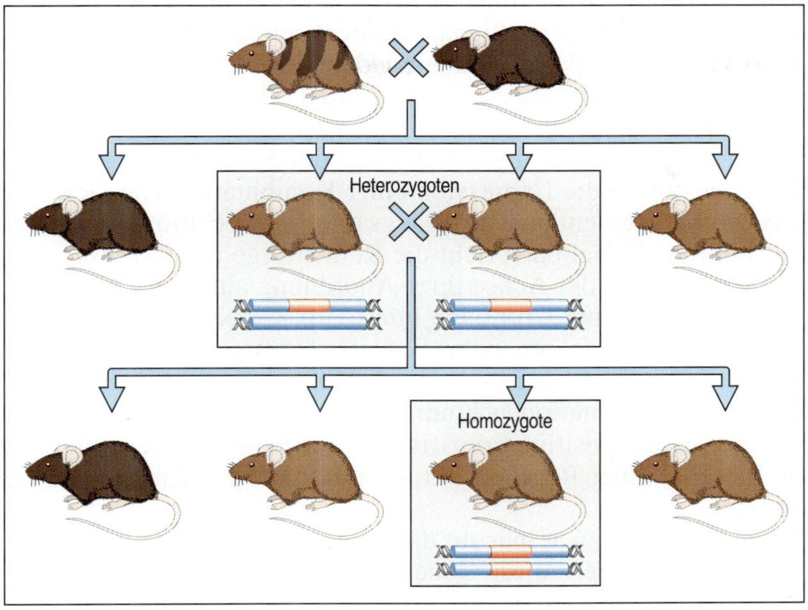

Es ist jedoch ausgesprochen unwahrscheinlich, daß irgendein Gen bei einem Tier ohne Bedeutung ist. Mit größerer Wahrscheinlichkeit handelt es sich bei diesen scheinbar normalen Tieren um einen Phänotyp, dessen Veränderung zu geringfügig ist, als daß er unter den künstlichen Lebensbedingungen im Labor auffallen würde. Demnach ist diese Redundanz nur scheinbar und besteht nicht tatsächlich. Eine zusätzliche Komplikation ergibt sich noch dadurch, daß verwandte Gene mit ähnlichen Funktionen mitunter ihre Aktivität erhöhen, um einen Ausgleich für das mutierte Gen zu schaffen.

Die Entwicklungsanomalien, die Retinsäure auslöst, beruhen offensichtlich darauf, daß diese Säure den Aufbau des normalen Expressionsmusters der Hox-Gene stört. Behandelt man zum Beispiel Mausembryonen früh mit Retinsäure, kommt es zu einer homöotischen Transformation der Wirbel. Dabei kann es je nach Zeitpunkt sowohl zu anterioren wie posterioren Transformationen kommen. Wahrscheinlich entsteht der Effekt der Retinsäure aufgrund ihrer Wirkung auf die Expression der Hox-Gene. Untersuchungen an Zellkulturen haben gezeigt, daß die Hox-Gene durch Retinsäure konzentrationsabhängig induziert werden können. Bei *Xenopus* wird das mit *Hoxb9* der Maus verwandte *Xlhbox6*-Gen normalerweise in posterioren Bereichen exprimiert. Bei mit Retinsäure behandelten Embryonen erstreckt sich jedoch die *Xlhbox6*-Expression auch auf anteriore Bereiche; außerdem weisen das dorsale Mesoderm und anteriore Strukturen Defekte auf. Da es bei Mausembryonen Hinweise auf einen Retinsäuregradienten entlang der Längsachse gibt, könnte dieser für die Aktivierung von Hox-Genen bei einer normalen anterio-posterioren Musterbildung wichtig sein.

Zusammenfassung

Somiten sind Blöcke aus mesodermalem Gewebe, die nach der Gastrulation aus dem Mesoderm hervorgehen, das sich ursprünglich direkt neben dem am weitesten dorsal gelegenen Mesoderm (der Organisatorregion) der Marginalzone befand. Sie entstehen vom anterioren Ende des Embryos aus nacheinander paarweise auf jeder Seite der Chorda dorsalis. Aus den Somiten entwickeln sich die Wirbel, die Muskeln von Rumpf und Gliedmaßen sowie die Dermis der Haut. Die Muster des präsomitischen Mesoderms werden vor der Somitenbildung in anterio-posteriorer Richtung ausgeprägt. Dies zeigt sich zuerst daran, daß die Hox-Gene im Mesoderm von Kompartiment zu Kompartiment unterschiedlich exprimiert werden. Die Somiten werden auch durch Signale aus der Chorda, dem Neuralrohr und dem Ektoderm strukturiert, die in jedem Somiten einzelne Bereiche zur Ausbildung von Muskulatur, Knorpel oder Dermis induzieren.

Die regionalen Eigenschaften des Mesoderms, das Somiten bildet, werden noch vor der Entstehung der Somiten festgelegt. Offenbar bestimmt die Expression einer Kombination von Genen des Hox-Komplexes entlang der Längsachse die positionelle Identität der Somiten. Dabei entspricht die Reihenfolge der Expression dieser Gene entlang der Achse ihrer Anordnung auf dem Chromosom. Mutation oder Überexpression eines Hox-Gens führt im allgemeinen zu lokalen Defekten in den vorderen Partien der Bereiche, in denen diese Gene exprimiert werden; darüber hinaus kann es zu homöotischen Transformationen kommen. Wir können davon ausgehen, daß Hox-Gene positionsspezifische Informationen vermitteln, die die Identität einer Region samt ihrer zukünftigen Entwicklung bestimmen.

Wir haben uns zwar hier auf die Expression der Hox-Gene im Mesoderm konzentriert, diese Gene werden jedoch auch im Neuralrohr nach dessen Induktion in strukturierter Weise exprimiert; zu diesem Aspekt der Gliederung entlang der Längsachse werden wir später zurückkehren. Als nächstes betrachten wir die Funktion der Organisatorregion, die sowohl für die neurale Induktion als auch für die Organisation der Längsachse bei Wirbeltierembryonen von entscheidender Bedeutung ist.

Die Funktion der Organisatorregion und die Induktion des Nervensystems

Der Spemann-Organisator von Amphibien, der Hensensche Knoten von Hühnern und die entsprechende Knotenregion von Mäusen besitzen alle dieselbe generelle Organisationsfunktion für die Entwicklung von Wirbeltieren. Sie können alle eine vollständige Körperachse induzieren, wenn sie in der richtigen Phase auf einen anderen Embryo übertragen werden. Dann können sie sowohl die dorso-ventralen und anterioposterioren Strukturen des Bauplanes entwickeln und ihren Aufbau koordinieren als auch im Ektoderm das Nervengewebe induzieren.

Während der Gastrulation wird das Ektoderm entlang der dorsalen Mittelachse des Embryos als Neuralplatte angelegt; diese faltet sich in der anschließenden Phase der Neurulation zum Neuralrohr und differenziert sich dann in Gehirn und Rückenmark (Abschnitt 2.1). Gehirn und Rückenmark müssen sich in korrekter Beziehung zu den anderen Körperstrukturen entwickeln, insbesondere zu den aus dem Mesoderm abgeleiteten Strukturen, aus denen die Skelettmuskeln hervorgehen. Daher muß die Musterbildung des Nervensystems auf die des Mesoderms abgestimmt sein. In diesem Abschnitt befassen wir uns mit der Musterbildung des Neuralrohres bis kurz nach dem Zeitpunkt, an dem es sich geschlossen hat. Bei der Beschäftigung mit dem Rhombencephalon gelangen wir dennoch bis zu jener Phase, in der dieser Bereich bereits segmentiert wird und die Wanderung der Neuralleistenzellen abgeschlossen ist.

Die Funktion des Organisators hat man bei Amphibien am besten untersucht; seine Bedeutung für die dorso-ventrale Musterbildung des Mesoderms bei *Xenopus* wurde in diesem Buch bereits angesprochen (Abschnitt 3.15). Wir beschäftigen uns nun mit seiner grundlegenden Wirkung auf die Längsachse.

4.6 Der Organisator kann eine zweite anterio-posteriore Achse spezifizieren

Bei Amphibien zeigt sich die Aktivität des Organisators besonders deutlich bei der sogenannten klassischen primären Induktion im Embryo. Überträgt man den Spemann-Organisator, der der dorsalen Lippe des Urmundes (Blastoporus) bei Amphibien entspricht, auf die Ventralseite der Marginalzone eines anderen Embryos, so entsteht ein Zwillingsembryo. Der zweite Embryo kann einen gut ausgebildeten Kopf- und Rumpfbereich und sogar einen Schwanz besitzen, er ist jedoch entlang der Achse mit dem Hauptembryo verbunden. Verschiedene andere Verfahren, wie etwa die Übertragung dorsaler vegetativer Blastomeren auf die Ventralseite führen zu ähnlichen Ergebnissen (Abbildung 3.5). Gemeinsam ist diesen Verfahren, daß sie direkt oder indirekt die Ausbildung eines neuen Spemann-Organisators induzieren. Wenn man den Spemann-Organisator dagegen entfernt oder seine Entstehung unterdrückt, kommt es zwar noch zur Gastrulation des Embryos und zur Internalisierung des übrigen Mesoderms und Entoderms, der Embryo entwickelt jedoch eine zylinderförmig symmetrische, ventralisierte Form. Dorsale und anteriore Strukturen wie beispielsweise Kopf, Neuralrohr, Chorda und Somiten fehlen (Abbildung 3.4).

Wie wir bereits gesehen haben und in Kapitel 8 noch ausführlicher erörtern wollen, entwickeln sich aus den Zellen der Organisatorregion während der Gastrulation eine geringe Menge an zukünftigem Kopfmesoderm (das prächordale Mesoderm) und die Chorda dorsalis, die zweifellos Signale für die Induktion der Kopfstrukturen beziehungsweise der Neuralplatte aussendet. Es ist jedoch nicht so einfach zu verstehen, wie das Organisatormesoderm den gesamten Aufbau der Längsachse steuert. Bei Amphibien verändern sich die induktiven Eigenschaften des Spemann-Organisators anscheinend während der gesamten Gastrulation. Bei Transplantationsexperimenten, wie sie bereits beschriebenen wurden, löst eine dorsale Lippe, die man einer frühen Gastrula entnommen hat, die Bildung eines weiteren vollständigen Embryos aus, die dorsale Urmundlippe eines mittleren Gastrulastadiums induziert Rumpf und Schwanz, aber keinen Kopf, während eine dorsale Urmundlippe einer späten Gastrula nur dazu führt, daß ein Schwanz gebildet wird (Abbildung 4.12). Mit fortschreitender Gastrulation wird die Längsachse angelegt, so daß Urmundzellen aus späteren Phasen nur posteriore Strukturen induzieren.

Bei Vögeln bildet der Hensensche Knoten das Äquivalent zum Spemann-Organisator, im Hühnerblastoderm ist es der Bereich am vorderen Ende des Primitivstreifens. Der Knoten ist sowohl am Aufbau der Chorda als auch der Somiten beteiligt. Wird er während der Bildung des Kopfes unter einem Hühnerepiblasten eingesetzt, kann er die Bildung einer zusätzlichen Achse samt Somiten auslösen (Abbildung 4.13). Diese Phase ist erreicht, wenn die Verlängerung des Primitivstreifens abgeschlossen ist, die Bildung der Chorda (des Kopfes) im vorderen Bereich begonnen hat, aber der Hensensche Knoten noch nicht damit be-

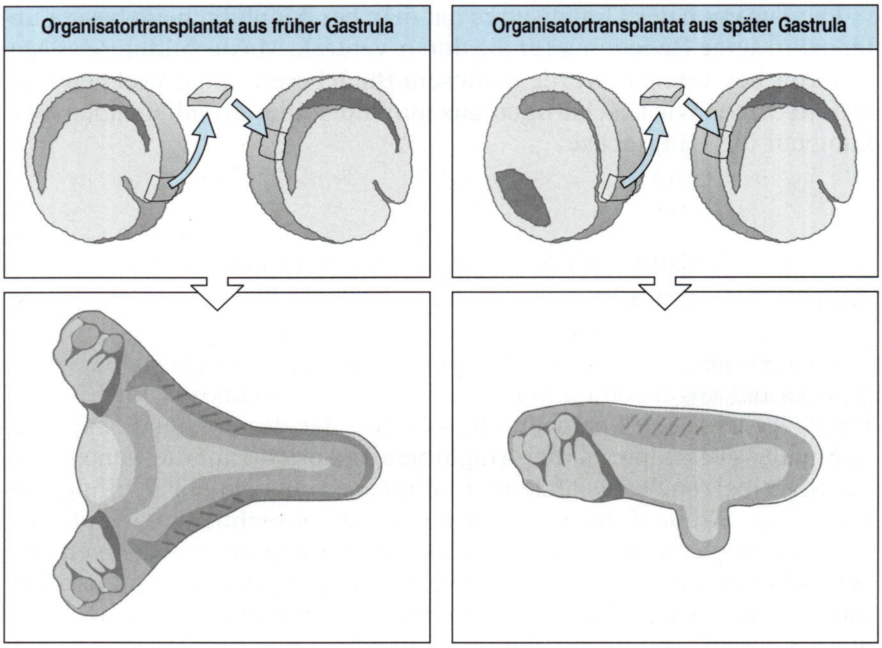

4.12 Die Induktionswirkung des Organisators während der Gastrulation. Überträgt man von einer Froschgastrula der frühen Phase die Organisatorregion von der dorsalen Urmundlippe auf die Ventralseite einer anderen Gastrula, entwickelt sich im Bereich des Transplantats eine zusätzliche anteriore Achse (links). Ein Transplantat aus dem Bereich der dorsalen Urmundlippe einer späten Gastrula induziert nur die Bildung von Schwanzstrukturen (rechts).

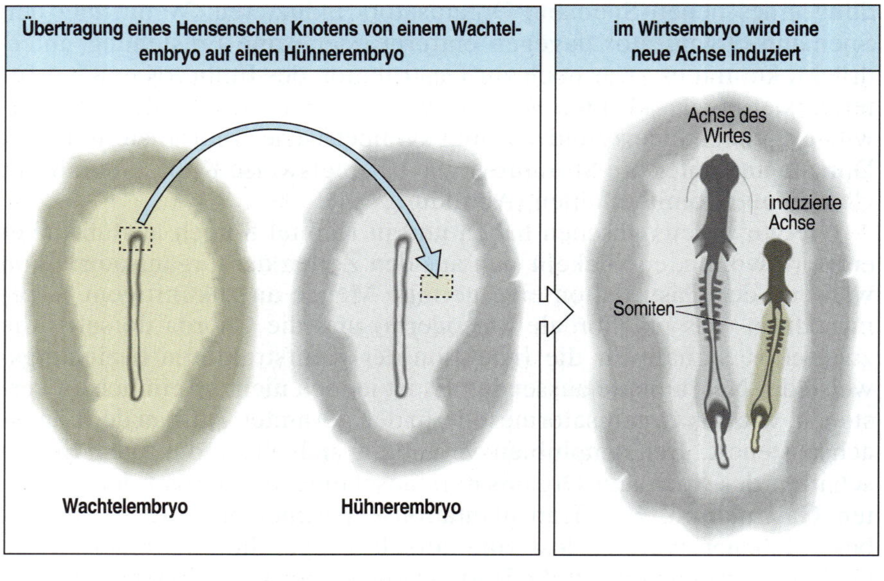

4.13 Der Hensensche Knoten kann bei Vogelembryonen eine neue Achse induzieren. Wenn man den Hensenschen Knoten eines Wachtelembryos auf einen Bereich neben dem Primitivstreifen eines Hühnerembryos in demselben Entwicklungsstadium überträgt, entsteht an der Transplantationsstelle eine neue Achse. Da Wachtelgewebe leicht von Hühnergewebe zu unterscheiden ist, läßt sich in einer histologischen Untersuchung zeigen, daß zwar einige Somiten dieser neuen Achse vom Transplantat selbst gebildet werden, weitere Somiten aber im Gewebe des Wirtes, das normalerweise keine Somiten bildet, induziert werden.

gonnen hat, nach hinten zu wandern (Abbildung 2.14). Es kommt nur dann zur Induktion, wenn das Transplantat ziemlich dicht neben dem Streifen eingesetzt wird; dann veranlaßt es normalerweise das nichtaxiale Mesoderm dazu, Somiten und andere Achsenstrukturen zu entwickeln. Der Knoten im vorderen Bereich des Primitivstreifens der Maus kann nach einer Verpflanzung ebenfalls zu einer entsprechenden Verdopplung der Achse führen.

Sowohl bei *Xenopus* als auch bei der Maus werden eine Reihe von Genen nur im Organisator exprimiert (Abbildung 4.14). Außerdem sind einige dieser Gene an der Musterbildung des Mesoderms entlang der künftigen anterio-posterioren Achse beteiligt (Abschnitt 3.18). So zeigen beispielsweise Mäuse, denen das *Brachyury*-Gen fehlt, keine posterioren Strukturen, die sich aus dem Mesoderm ableiten; ohne das verwandte *no-tail*-Gen hat der Zebrafisch einen ähnlichen Phänotyp.

Um während seiner Entwicklung die Expression des *Brachyury*-Gens aufrecht erhalten zu können, benötigt *Xenopus* anscheinend FGF, den Fibroblastenwachstumsfaktor. Beim Zebrafisch führt die Hemmung des FGF-Rezeptors zu einem vollständigen Verlust von Rumpf und Schwanz. Bei der Maus ist das *Homöobox*-Gen *Lim-1* entscheidend an der Spezifizierung der Kopfstrukturen beteiligt. Mausembryonen, bei denen dieses Gen durch Mutation inaktiviert wurde, besitzen keinerlei vordere Kopfstrukturen, zeigen jedoch eine normale Entwicklung von Rumpf und Schwanz, obwohl das *Lim-1*-Gen sowohl im Kopf als auch im übrigen axialen Mesoderm normal exprimiert wird. Wir haben bereits festgestellt, daß bei einer Mutation des *floating head*-Gens beim Zebrafisch, das homolog zum *Xnot1*-Gen ist, Chorda und anteriore Strukturen fehlen (Abschnitt 3.20).

Wir wissen bis jetzt nicht, wodurch die Hox-Gene im Mesoderm während der Gastrulation aktiviert werden. Die Expression der Hox-Gene beginnt bei allen Wirbeltieren während einer frühen Phase der Gastrulation (wobei die vordersten Gene zuerst exprimiert werden), sobald die Mesodermzellen mit ihrer Gastrulationsbewegung beginnen. Wenn man ein *Hoxd*-Gen an das 5′-Ende des Hoxd-Komplexes setzt, ähnelt seine Expression der des benachbarten *Hoxd13*-Gens. Das zeigt, daß die Struktur des Komplexes entscheidend ist für die Determination der Expression von Hox-Genen. Ein möglicher Mechanismus, nach dem sich das anterio-posteriore Muster der Hox-Genexpression im somitischen Mesoderm entwickeln kann, besteht darin, daß die Expression an die Bewegung der Mesodermzellen während der Gastrulation durch den Urmund gekoppelt ist. Grundlage dieses Mechanismus ist die auffällige Übereinstimmung zwischen der Anordnung der Gene auf dem Chromosom und ihrer räumlichen und zeitlichen Expression (Abschnitt 4.3). Man könnte einen Mechanismus postulieren, der die Expression eines Hox-Genkomplexes an seinem 3′-Ende in präsomitischen Mesodermzellen auslöst, wenn diese während der Gastrulation damit beginnen, in das Innere des Embryos einzuwandern. Wenn sich die Aktivierung des Hox-Komplexes dann entlang des Chromosoms in 5′-Richtung ausbreitet, diese Ausbreitung jedoch aufhört, sobald die Zellen die dorsale Urmundlippe passiert haben, werden in den hinteren Zellen, die zuletzt einwandern, mehr Gene des Komplexes exprimiert als in den vorderen Zellen, die zuerst kommen. Solch ein Mechanismus ist zur Zeit jedoch reine Spekulation.

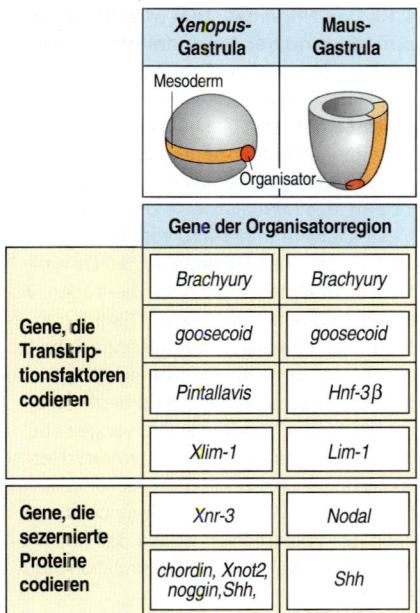

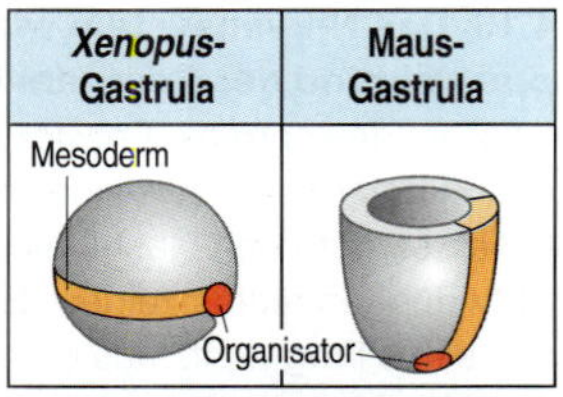

	Gene der Organisatorregion	
Gene, die Transkriptionsfaktoren codieren	*Brachyury*	*Brachyury*
	goosecoid	*goosecoid*
	Pintallavis	*Hnf-3β*
	Xlim-1	*Lim-1*
Gene, die sezernierte Proteine codieren	*Xnr-3*	*Nodal*
	chordin, Xnot2, noggin, Shh,	*Shh*

4.14 Gene, die im Bereich des Spemann-Organisators der *Xenopus*-Gastrula beziehungsweise im Hensenschen Knoten der Gastrula der Maus exprimiert werden. Das Genaktivitätsmuster ist aufgrund der Expression homologer Gene bei beiden Tieren ähnlich. *Shh = Sonic hedgehog.*

4.7 Die Neuralplatte wird vom Mesoderm induziert

Erste Hinweise auf die Induktion des Nervengewebes im Ektoderm stammen aus Experimenten, in denen der Organisator bei Fröschen an eine andere Stelle verpflanzt wurde (Abbildung 4.12). Im sekundären Embryo, der an der Transplantationsstelle entsteht, entwickelt sich aus dem Ektoderm des Wirtes, das normalerweise die ventrale Epidermis bildet, ein Nervensystem. Das deutet darauf hin, daß im bis dahin unspezifizierten Ektoderm Nervengewebe induziert werden kann. Die Signale dafür kommen aus dem Mesoderm der Organisatorregion. Daß eine Induktion erforderlich ist, läßt sich durch Experimente bestätigen, bei denen man das Ektoderm der künftigen Neuralplatte vor der Gastrulation gegen künftige Epidermis austauscht. Die übertragene künftige Epidermis entwickelt sich zu Nervengewebe (Abbildung 4.15). Das zeigt, daß die Ausbildung des Nervensystems von einem induktiven Signal abhängt.

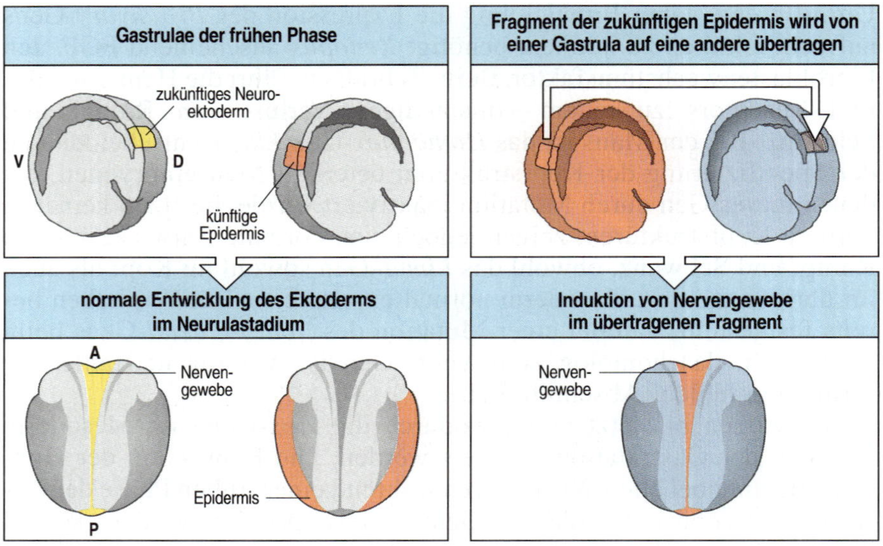

4.15 Das Nervensystem wird bei *Xenopus* während der Gastrulation induziert. Links ist das normale Entwicklungsschicksal des Ektoderms an zwei verschiedenen Positionen einer frühen Gastrula dargestellt. Die Abbildungen rechts zeigen die Transplantation eines Fragments aus dem ventralen Ektoderm, das normalerweise die Epidermis bildet. Das Fragment wird von der Ventralseite einer frühen Gastrula auf die Dorsalseite einer anderen Gastrula übertragen, wo es ein Fragment des dorsalen Ektoderms ersetzt, das normalerweise Nervengewebe bildet. An seiner neuen Position entwickelt sich die übertragene potentielle Epidermis nicht zur Epidermis, sondern zu Nervengewebe und bildet so einen Teil des normalen Nervensystems. Das zeigt, daß das ventrale Gewebe zum Zeitpunkt der Transplantation noch nicht determiniert ist und daß das Nervengewebe während der Gastrulation induziert wird.

In den dreißiger und vierziger Jahren unternahm man große Anstrengungen, um die Signale zu identifizieren, die bei Amphibien an der neuralen Induktion beteiligt sind. Die Wissenschaftler fühlten sich durch den Befund ermutigt, daß eine tote Organisatorregion immer noch Nervengewebe induzieren kann. Es schien lediglich einer enormen Anstrengung zu bedürfen, die verantwortlichen chemischen Substanzen zu isolieren. Die Suche blieb jedoch erfolglos, da sich herausstellte, daß sehr viele verschiedene Substanzen in unterschiedlichem Ausmaß in der Lage waren, die neurale Induktion auszulösen. Wie sich herausstellte, lag das am Ektoderm des Wassermolches, das vor allem für die Experimente verwendet wurde. Dieses besaß offensichtlich ein hohes Potential, sich von selbst zu Nervengewebe zu entwickeln. Das gilt nicht für Ektoderm von *Xenopus*, obwohl eine längere Kultivierung dissoziierter Ektodermzellen dazu führen kann, daß sich diese zu Nervenzellen entwickeln. Um welches Signal es sich dabei handelt, ist zwar unbekannt, offensichtlich handelt es sich aber um ein Molekül, das durch einen Nuclepore-Filter diffundieren kann (dieser verhindert zwar einen Zellkontakt, erlaubt aber den Durchtritt recht großer Moleküle wie etwa Proteine). Um eine Induktion auszulösen, muß der Kontakt mindestens zwei Stunden bestehen. Die für die neurale Induktion verantwortlichen Moleküle konnten bisher noch nicht eindeutig identifiziert werden, es gibt jedoch einige interessante Kandidaten. Im Gegensatz zu früheren Annahmen wirken die induzierenden Moleküle nicht direkt auf die Zellen, die das Nervengewebe bilden, sondern auf Moleküle, die Zellen daran hindern, Nervengewebe auszubilden.

Der sezernierte Wachstumsfaktor BMP-4 spielt bei der neuralen Induktion eine entscheidende Rolle, da er Zellen daran hindert, Nervengewebe zu bilden. Bei Unterdrückung des BMP-Signals entwickelt sich Nervengewebe. Ein solcher Inhibitor des BMP-Signals ist das Protein, das vom *noggin*-Gen codiert wird. Wie bereits in Abschnitt 3.18 besprochen, sezerniert die Organisatorregion von *Xenopus* das noggin-Protein, das wahrscheinlich eines der Signale darstellt, die das künftige Mesoderm „dorsalisieren“. Das noggin-Protein könnte auch ein Faktor für die neurale Induktion sein: Gibt man es in hohen Konzentrationen auf isolierte Bereiche der animalen Polkappen der Blastula, werden neurale Marker induziert. Das noggin-Protein zeigt ein Expressionsmuster und eine Aktivität, wie man sie bei einem neuralen Induktor erwarten würde. Ein anderes sezerniertes Protein ist chordin. Es wird im Mesoderm exprimiert, das sich aus der Organisatorregion ableitet und unter der künftigen Neuralplatte befindet. Es besitzt ebenfalls eine neutralisierende Aktivität, indem es an BMP-4 bindet und dessen Aktivität blockiert. Die antagonistischen Wirkungen von BMP-4 und chordin bei der neuralen Induktion entsprechen möglicherweise den Effekten bei der dorso-ventralen Musterbildung des Mesoderms selbst (Abschnitt 3.18). Chordin und BMP-4 sind homolog zu Proteinen, die auch bei der Musterbildung der dorso-ventralen Achse von *Drosophila* antagonistische Funktionen besitzen (Kapitel 5).

4.8 Die Musterbildung des Nervensystems kann durch Signale aus dem Mesoderm ausgelöst werden

Entnimmt man an verschiedenen Positionen entlang der anterio-posterioren Achse der Neurula eines Wassermolches Mesodermstücke und setzt sie in das Blastocoel eines Molchembryos der frühen Phase ein, so entstehen an der Transplantationsstelle neurale Strukturen. Die positionelle Spezifität dieser Induktion zeigt sich aufgrund der Tatsache, daß die gebildeten Strukturen mehr oder weniger der ursprünglichen Position des übertragenen Mesoderms entsprechen. Stücke des vorderen Mesoderms induzieren einen Kopf mit Gehirn, während Stücke aus dem hinteren Bereich einen Rumpf mit Rückenmark induzieren (Abbildung 4.16). Einen weiteren Hinweis auf die positionelle Spezifität der Induktion liefert die Beobachtung, daß Stücke der Neuralplatte im angrenzenden Ektoderm ähnliche regionale Nervenstrukturen induzieren, wenn man sie unter das Ektoderm einer Gastrula transplantiert. Hinweise auf eine mögliche Beeinflussung der Genexpression im Ektoderm durch die Genexpression im Mesoderm ergeben sich aus der Beobachtung, daß verschiedene Hox-Gene gleichzeitig in der Chorda, im präsomitischen Mesoderm und im Ektoderm an derselben Position der Längsachse exprimiert werden. *Xhlbox1* bei *Xenopus* und *Hoxb1* bei der Maus sind Beispiele für Gene, die eine solche gleichzeitige Expression zeigen.

Im vordersten Mesoderm der Maus werden keine Hox-Gene, sondern das *otx-2*-Gen exprimiert. Es ist mit dem *orthodenticle*-Gen von *Drosophila* verwandt und wird in der Maus in Ento- und Ektodermzellen

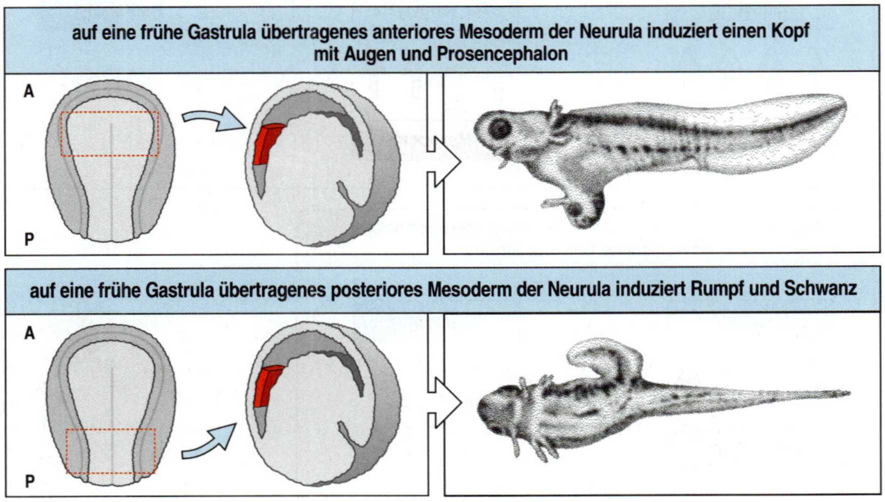

auf eine frühe Gastrula übertragenes anteriores Mesoderm der Neurula induziert einen Kopf mit Augen und Prosencephalon
A
P
auf eine frühe Gastrula übertragenes posteriores Mesoderm der Neurula induziert Rumpf und Schwanz
A
P

4.16 Die Induktion des Nervensystems durch das Mesoderm ist regionspezifisch. Mesoderm aus Molchneurulae der frühen Phase, das man an verschiedenen Stellen entlang der dorsalen Längsachse entnimmt und auf ventrale Bereiche früher Gastrulae überträgt, induziert Strukturen, die den ursprünglichen Regionen der Entnahme entsprechen. Vorderes Mesoderm induziert einen Kopf mit Gehirn (oben), während hinteres Mesoderm einen posterioren Rumpf mit Rückenmark induziert, an dessen Ende sich ein Schwanz befindet (unten). Nach Mangold 1933.

exprimiert. Ist dieses Gen mutiert, fehlen Bereiche des Prosencephalons und Mesencephalons. Das deutet darauf hin, daß die ento- und mesodermalen Zellen notwendig sind, damit diese Gehirnregionen angelegt werden.

Ein Modell der neuralen Musterbildung des Ektoderms postuliert, daß an verschiedenen Stellen entlang der Längsachse unterschiedliche mesodermale Induktoren vorhanden sind. Viele Experimente stimmen jedoch gut mit einem einfacheren Modell mit zwei Signalen für die neurale Musterbildung überein (Abbildung 4.17). In diesem Modell sind Unterschiede mehr auf quantitative als auf qualitative Unterschiede der induzierenden Signale zurückzuführen. Das gesamte Mesoderm erzeugt das erste Signal, das dann das Ektoderm dazu veranlaßt, sich zu anteriorem Nervengewebe zu entwickeln. Gute Kandidaten für dieses Signal sind chordin und noggin. Das zweite Signal transformiert einen Teil des Gewebes, so daß es mehr posteriore Eigenschaften erhält. Dieses Signal bildet im Mesoderm einen Gradienten, bei dem die Konzentration am hinteren Ende am höchsten ist. Das Modell postuliert damit eine progressiv posteriore Spezifizierung. Es beginnt mit der Induktion von vorderen Gewebebereichen und wirkt dann auf die hinteren Gewebe. In Übereinstimmung mit diesem Modell kann Ektoderm von *Xenopus*, das bereits zur Bildung der Haftdrüse an einer Position vor dem Neuralrohr angeregt wurde, bei Induktion durch posteriores Mesoderm stärker posteriore Merkmale entwickeln. Der Fibroblastenwachstumsfaktor, Wnt-Proteine und Retinsäure sind gute Kandidaten für das posteriorisierende Signal.

Das Mesoderm induziert auch in Hühner- und Mausembryonen Nervengewebe. Durch Transplantate aus dem Primitivstreifen kann man im Hühnerepiblasten die Bildung von Nervengewebe anregen – sowohl in der Area pellucida als auch in der Area opaca. Die Induktionsaktivität liegt zuerst im vorderen Primitivstreifen und beschränkt sich später – während der Wanderung des Hensenschen Knotens in posteriorer Richtung – auf den Bereich direkt vor dem Knoten. Mit Erreichen des Vier-Somiten-Stadiums verschwindet die Induktionsaktivität, die Reaktionskompetenz des Ektoderms bleibt jedoch noch bis zur Kopfbildung erhalten.

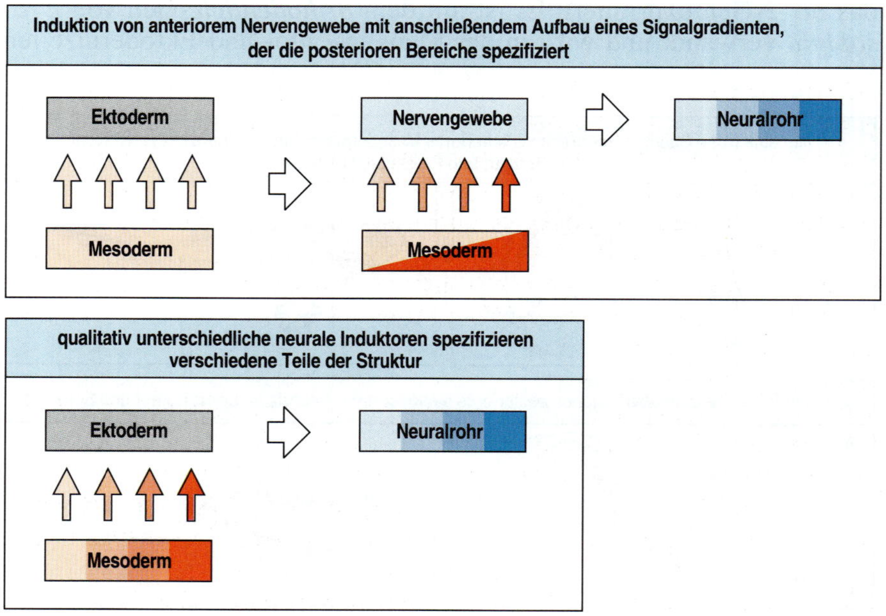

4.17 Modelle der neuralen Musterbildung durch Induktion. Oben: Beim Zwei-Signal-Modell induziert zuerst ein Signal des Mesoderms das anteriore Gewebe überall in dem entsprechenden Ektoderm. Ein zweites Signal des Mesoderms in Form eines Gradienten legt dann die posterioren Bereiche fest. Unten: Bei einem anderen Modell befinden sich im Mesoderm qualitativ unterschiedliche Induktoren. Nach Kelly et al. 1995.

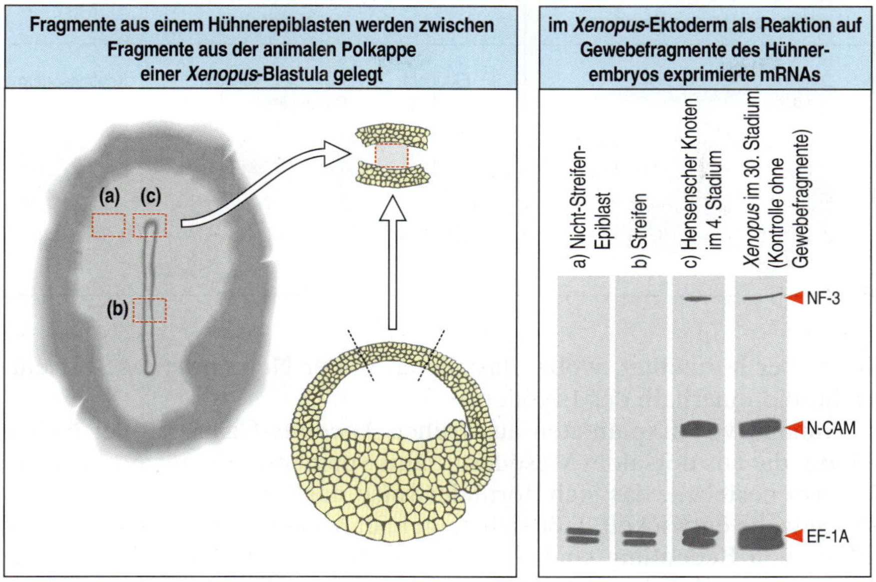

Fragmente aus einem Hühnerepiblasten werden zwischen Fragmente aus der animalen Polkappe einer *Xenopus*-Blastula gelegt
(a)
(c)
(b)
im *Xenopus*-Ektoderm als Reaktion auf Gewebefragmente des Hühnerembryos exprimierte mRNAs
a) Nicht-Streifen-Epiblast
b) Streifen
c) Hensenscher Knoten im 4. Stadium
Xenopus im 30. Stadium (Kontrolle ohne Gewebefragmente)
NF-3
N-CAM
EF-1A

4.18 Der Hensensche Knoten eines Hühnerembryos kann im Ektoderm von *Xenopus* eine Genexpression auslösen, wie sie für Nervengewebe charakteristisch ist. Gewebe aus verschiedenen Bereichen des Primitivstreifenstadiums eines Hühnerepiblasten wird zwischen zwei Fragmente aus der animalen Polkappe (zukünftiges Ektoderm) einer *Xenopus*-Blastula gelegt. Man kann die Induktion von Genen des Nervensystems im *Xenopus*-Ektoderm anhand der Expression von mRNAs für das Nervenzelladhäsionsmolekül (N-CAM) und des neurogenen Faktor-3 (NF-3) nachweisen. Beide werden spezifisch im Nervengewebe von *Xenopus*-Embryonen im Stadium 30 exprimiert. Nur Transplantate des Hensenschen Knotens induzieren die Expression dieser neuronalen Marker im Ektoderm von *Xenopus*. (EF-1A ist ein allgemeiner Transkriptionsfaktor, der in allen Zellen exprimiert wird.) Nach Kintner et al. 1991.

Der Hensensche Knoten des Hühnerembryos kann auch die Expression neuraler Gene im Ektoderm von Amphibien (*Xenopus*) induzieren (Abbildung 4.18). Dies erscheint interessant, da es darauf hindeutet, daß die Induktionssignale in der Evolution konserviert worden sind. Darüber hinaus induzieren frühe Knoten die Expression bestimmter Gene, die für anteriore Neuralstrukturen der Amphibien charakteristisch sind, während ältere Knoten die Expression von Genen für posteriore Strukturen auslösen. Diese Ergebnisse stimmen mit der Theorie überein, daß der Knoten verschiedene anterio-posteriore Positionswerte festlegen kann, und belegen die grundsätzliche Ähnlichkeit von Hensenschen Knoten und Spemann-Organisator.

4.9 Signale für die Musterbildung der Neuralplatte können sich innerhalb der Neuralplatte bewegen

Ursprünglich nahm man an, daß die Entwicklung des Nervengewebes nur dann einsetzt, wenn sich das Mesoderm direkt unter dem Ektoderm befindet und mit ihm in Kontakt tritt. Dies schienen sogenannte **Exogastrulae** klar zu belegen, die von Wassermolch- und anderen Schwanzlurchembryonen gebildet werden können. Exogastrulae kann man dadurch induzieren, daß man Embryonen zu Beginn der Gastrulation mit hypertonischen Salzlösungen behandelt. Bei diesen Embryonen wandert das Mesoderm nicht in den Embryo hinein, sondern stülpt sich nach außen. Bei solchen Exogastrulae bildet der ektodermale Bereich offensichtlich kein Nervensystem (Abbildung 4.19). Eine genauere Untersuchung solcher Exogastrulae von *Xenopus* zeigt jedoch, daß im Ektoderm einige Gene exprimiert werden, die für Nervengewebe charakteristisch sind, wie etwa das Gen für das Adhäsionsmolekül N-CAM der Nervenzellen. Darüber hinaus werden diese neuralen Gene im hinteren Nervengewebe in der richtigen anterio-posterioren Reihenfolge exprimiert. Neurale Marker des vorderen Bereichs fehlen jedoch. Offenbar gibt es zwei Möglichkeiten, wie das Mesoderm das Nervensystem induzieren kann: zum einen über den „traditionellen“ vertikalen oder transversalen Weg vom Mesoderm zum darüberliegenden Ektoderm;

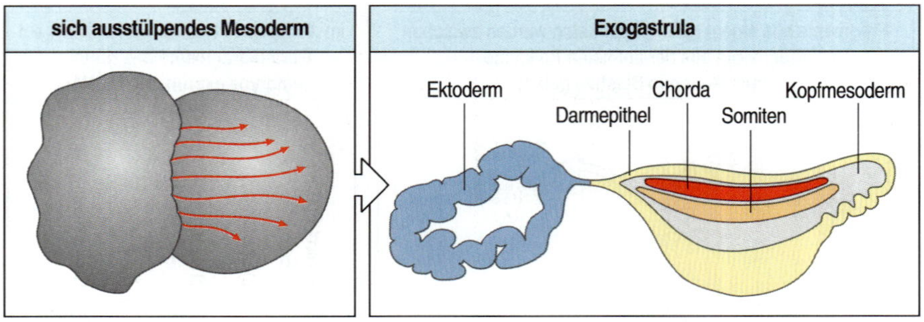

4.19 Bei einer Exogastrulation trennt sich das Mesoderm vom Ektoderm. Das Mesoderm wandert nicht wie bei einer normalen Gastrulation nach innen, sondern nach außen (links) und hängt dann kaum noch mit dem Ektoderm zusammen (rechts). Das Ektoderm (blau) bildet kein Nervengewebe, exprimiert aber einige neuronale Marker. Das Mesoderm bildet eine vollständige Achse mit den charakteristischen mesodermalen Strukturen, wie zum Beispiel Chorda dorsalis und Somiten. Nach Holtfreter et al. 1955.

oder aber horizontal, wobei das Signal in der Neuralplatte selbst entsteht und innerhalb des Ektoderms wandert.

Anhand von Explantaten aus frühen *Xenopus*-Gastrulae der frühen Phase, die aus dorsalem Mesoderm samt Spemann-Organisator und Ektoderm bestehen, das sich normalerweise nach der Induktion zu Nervengewebe entwickelt, läßt sich zeigen, daß auch Signale innerhalb der Platte von Bedeutung sind. Zwei dieser Stücke werden in Form eines Sandwich in Kultur genommen. Dabei hält man den Streifen flach und verhindert, daß es sich abrundet. Sowohl das Ektoderm als auch das Mesoderm solcher Stücke konvergieren und dehnen sich wie bei der normalen Gastrulation aus (Abschnitt 8.9). Das Ektoderm differenziert sich zu Nervengewebe, wie die Expression des nervenspezifischen Zelladhäsionsmoleküls N-CAM zeigt (Abbildung 4.20).

Das neurale Ektoderm solcher Explantate zeigt eine deutliche räumliche Musterbildung. Darauf weist die richtige Reihenfolge bei der Expression von Genen hin, wie sie normalerweise in bestimmten Bereichen entlang der anterio-posterioren Achse der Neuralplatte erfolgt: *engrailed-2*, *Krox-20*, *Xhlbox1* und *Xhlbox6*. Darüber hinaus werden zwei dieser Gene (*engrailed-2* und *Xhlbox1*) auch im Mesoderm der Explantate sowie im Mesoderm intakter Embryonen exprimiert. Die Expression dieser Gene erfolgt daher in Mesoderm und Ektoderm unabhängig voneinander, auch ohne daß diese beiden Gewebe – wie normalerweise bei Embryonen *in vivo* – dicht nebeneinander liegen. Am besten lassen sich diese Ergebnisse dadurch erklären, daß Signale, die entweder nur das Ektoderm oder das Mesoderm betreffen, gemeinsam an der Musterbildung des Ektoderms beteiligt sind. Das geschieht möglicherweise

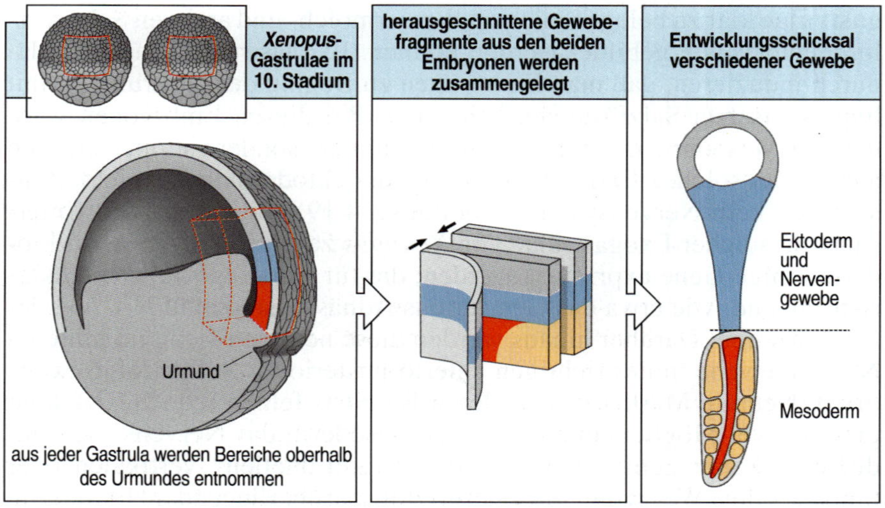

4.20 Für die Induktion und Musterbildung des Nervensystems sind horizontale Signale aus dem Ektoderm erforderlich. Gewebe, das Mesoderm (rosa und rot) und zukünftiges neurales Ektoderm (blau) enthält, wird der Marginalzone früher Gastrulae entnommen, wenn das Mesoderm einzuwandern beginnt. Zwei solcher Fragmente legt man in Form eines Sandwich aneinander (um ein Einrollen der Streifen zu verhindern) und nimmt sie in Kultur. Bei diesen Fragmenten befindet sich das Mesoderm im hinteren Teil und auf derselben Ebene wie das Ektoderm; es gibt jedoch nur eine kleine Kontaktfläche. Im Embryo erstreckt sich die Kontaktfläche unter dem Ektoderm jedoch über die gesamte Länge. Die Fragmente differenzieren sich sowohl zu Nervengewebe als auch zu Mesoderm. Ektoderm und Mesoderm der Fragmente wachsen zusammen und dehnen sich aus. Es kommt zur Expression von Genen wie beispielsweise *engrailed-2* und *Krox-20*, die normalerweise nur in regionsspezifischen Mustern im Nervengewebe exprimiert werden. Nach Doniach et al. 1992.

in Form eines Gradienten, dessen Konzentration beim Organisator am höchsten ist. Bei der Entwicklung des Nervensystems hat man die frühe Musterbildung in der Region des Rhombencephalons am besten untersucht. Mit ihr wollen wir uns als nächstes befassen.

4.10 Das Rhombencephalon wird durch die Grenzen einer klonalen Restriktion in Rhombomere unterteilt

Bei der Musterbildung der hinteren Kopfregion und des Rhombencephalons (Rautenhirn) kommt es zu einer Segmentierung des Neuralrohres entlang der Längsachse. Diese Art der Segmentierung findet man an keiner anderen Stelle des Rückenmarks. Dort bilden die Somiten das Segmentmuster, das aus dorsalen Basisganglien und ventralen motorischen Nerven besteht. Diese sind in regelmäßigen Abständen angeordnet und bilden ein Paar pro Somit. Beim Hühnerembryo sind im hinteren Kopfbereich nach einer Entwicklungszeit von drei Tagen drei segmentierte Systeme zu erkennen: Das Mesoderm ist auf beiden Seiten der Chorda in Somiten, das Rhombencephalon in acht **Rhombomere** unterteilt, und das laterale Mesoderm hat eine Folge von Kiemenbögen gebildet (Abbildung 4.21).

Für die Entwicklung des Kopfes im Bereich des Rhombencephalons müssen mehrere Komponenten miteinander in Wechselwirkung treten. Aus dem Neuralrohr entstehen sowohl die segmentartig angeordneten Hirnnerven, die Gesicht und Hals innervieren, als auch die Zellen der Neuralleiste, aus denen wiederum periphere Nerven und Teile des Skeletts hervorgehen. Darüber hinaus entwickelt sich aus dem Ohrbläschen das Ohr. Die Hauptelemente des Kopfskeletts in diesem Bereich entstehen aus den drei Kiemenbögen, die in die Zellen der Neuralleiste einwandern (Abschnitt 2.2). So bilden sich zum Beispiel aus dem ersten Bogen die Kiefer, während sich der zweite Bogen zu den knochigen Anteilen des Ohrs entwickelt. Dieser Kopfbereich eignet sich gut als Modell für die Untersuchung der Musterbildung entlang der Längsachse, da sich hier zahlreiche verschiedene Strukturen befinden.

Sobald sich bei Hühnerembryonen das Neuralrohr in diesem Bereich geschlossen hat, schnürt sich das zukünftige Rhombencephalon an bestimmten Positionen in gleichmäßigen Abständen ein, so daß acht Rhombomere entstehen (Abbildung 4.21). Wie es zu diesen Einschnürungen kommt, ist unbekannt, möglicherweise spielen dabei jedoch differentielle Zellteilungen oder Veränderungen der Zellform eine Rolle. Unabhängig von der Ursache sind die Grenzen zwischen den Rhombomeren aber anscheinend Barrieren einer **klonalen Restriktion** (*cell lineage restriction*). Das heißt, nach der Entstehung der Grenzen bleiben die Zellen und ihre Tochterzellen in einem Rhombomer und wechseln nicht von einer Seite der Grenze zur anderen. Durch Markierung einzelner Zellen läßt sich zeigen, daß die Tochterzellen einer bestimmten markierten Zelle zwei benachbarte Rhombomere besiedeln können, bevor die Einschnürungen sichtbar werden. Haben sich die Einschnürungen erstmal gebildet, überqueren Tochterzellen von Zellen eines Rhombomers niemals dessen Grenzen und bleiben nur in diesem Rhombomer (Abbildung 4.22). Anscheinend besitzen die Zellen eines Rhombomers ein gemeinsames Adhäsionsmerkmal, das sie daran hindert, sich mit Zellen benachbarter Rhombomere zu mischen. Das bedeutet, daß die Zellen jedes einzelnen Rhombomers möglicherweise von denselben Genen gesteuert werden und daß das Rhombomer eine

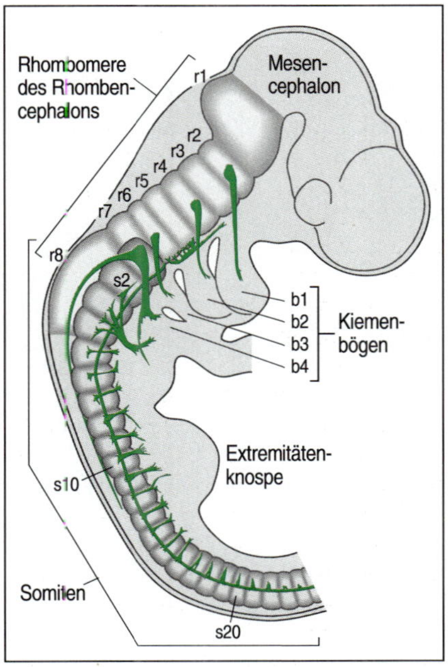

4.21 Das Nervensystem eines drei Tage alten Hühnerembryos. Das Rhombencephalon ist in acht Rhombomere (r1 bis r8) unterteilt. Die Hirnnerven III bis XII sind grün eingezeichnet, die vier Kiemenbögen mit b1 bis b4 markiert. Aus b1 gehen die Kiefer hervor. Nach Lumsden 1991.

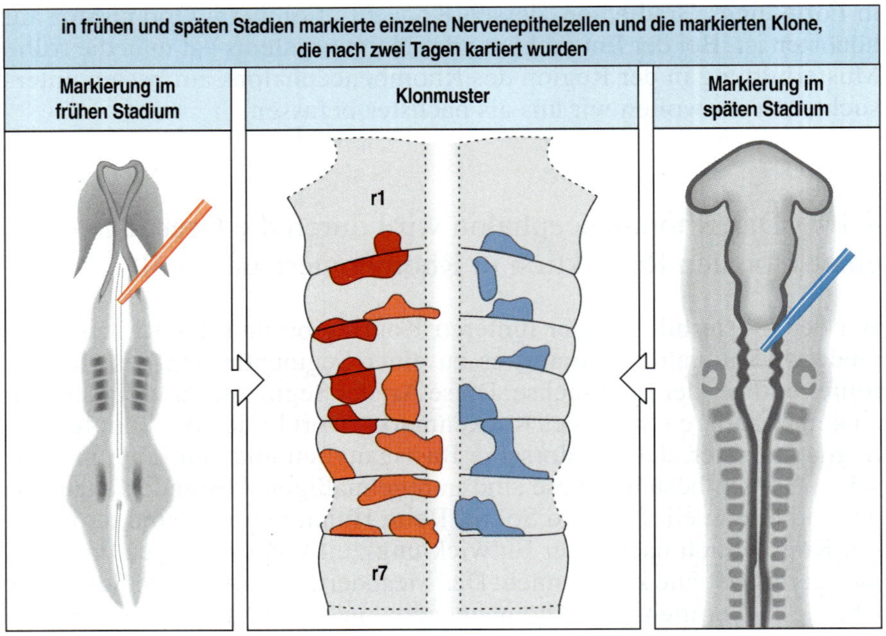
in frühen und späten Stadien markierte einzelne Nervenepithelzellen und die markierten Klone, die nach zwei Tagen kartiert wurden
Markierung im frühen Stadium
Klonmuster
Markierung im späten Stadium
r1
r7

4.22 Klonale Restriktion in den Rhombomeren des Rhombencephalons vom Hühnerembryo. Einzelne Zellen werden in einem frühen (links) oder in einem späteren Neurulationsstadium (rechts) mit Rhodamindextran markiert und zwei Tage später ihre Nachkommen kartiert. Aus Zellen, die vor Entstehen der Rhombomergrenzen markiert wurden, gehen einige Klone hervor, die sich über zwei Rhombomere erstrecken (dunkelrot), sowie andere, die nicht über irgendwelche Grenzen hinausreichen. Klone, die nach der Rhombomerbildung markiert wurden, überqueren nie die Grenze ihres ursprünglichen Rhombomers (blau). Nach Lumsden 1991.

Entwicklungseinheit ist. Rhombomere verhalten sich daher wie Kompartimente, die ein allgemeines Charakteristikum der Insektenentwicklung sind (Kapitel 5), bei Wirbeltieren aber kaum eine Rolle spielen.

Setzt man ein ungeradzahliges und ein geradzahliges Rhombomer von verschiedenen Positionen der anterio-posterioren Achse nebeneinander und entfernt chirurgisch die Grenze zwischen ihnen, so bildet sich eine neue Grenze. Diese Beobachtung stützt die Vorstellung, daß jedes Rhombomer eine Entwicklungseinheit darstellt. Dagegen bilden sich zwischen verschiedenen ungeradzahligen Rhombomeren keine Grenzen, wenn man sie direkt nebeneinander plaziert. Das deutet darauf hin, daß ihre Zellen ähnliche Oberflächenmerkmale aufweisen.

Die Aufteilung des Rhombencephalons in Rhombomere hat eine funktionelle Bedeutung, da jedes Rhombomer eine eigene Identität besitzt, die bestimmt, wie sich das Rhombomer entwickelt. Wie wir im folgenden feststellen werden, steuert die Expression der Hox-Gene die Entwicklung der Rhombomere. Zunächst befassen wir uns aber mit der Entwicklung der Neuralleiste, die aus dem Neuralrohr entsteht und sich zuerst über die Rhombomere schiebt. Die Neuralleiste bildet Strukturen wie beispielsweise solche, die aus den Kiemenbögen hervorgehen; hierzu gehört unter anderem der Unterkiefer.

4.11 Zellen der Neuralleiste besitzen Positionswerte

Die craniale Neuralleiste, die aus den Rhombomeren der dorsalen Region des Rhombencephalons auswandert, besitzt ebenfalls eine Segmentstruktur. Dies ließ sich zeigen, indem man Neuralleistenzellen vom Huhn *in vivo* markierte und ihre Wanderungsbewegungen verfolgte. Die Muster, die man beim ersten Auftreten und der Wanderung der Leiste beobachtet, korrelieren stark mit dem Rhombomer, aus dem die Leistenzellen stammen. Die Kiemenbögen 1, 2 und 3 werden demnach von Leistenzellen der Rhombomere 2, 4 beziehungsweise 6 besiedelt. Beim Huhn werden die Leistenzellen der Rhombomere 3 und 5 anscheinend zum großen Teil durch **programmierten Zelltod** von der weiteren Entwicklung ausgeschlossen.

Die Leistenzellen besitzen bereits einen Positionswert, bevor sie zu wandern beginnen. Wenn Leistenzellen des Rhombomers 4 durch Zellen aus Rhombomer 2 eines anderen Embryos ersetzt werden, dringen die neuen Zellen in den zweiten Kiemenbogen ein. Dort entwickeln sie sich aber zu Strukturen, die für den ersten Bogen charakteristisch sind, zu dem sie normalerweise gewandert wären. Dadurch kann im Hühnerembryo ein zusätzlicher Kieferknochen ausgebildet werden.

4.12 Hox-Gene vermitteln die positionelle Identität im Bereich des Rhombencephalons

Die Expression der Hox-Gene liefert möglicherweise die molekulare Grundlage für die positionelle Identität sowohl der Rhombomere als auch der Neuralleiste. Bei Mausembryonen werden die Hox-Gene im Rhombencephalon nach einem genau festgelegten Muster exprimiert, das mit dem Segmentmuster ziemlich gut übereinstimmt (Abbildung 4.23). So liegt zum Beispiel der vorderste Bereich der *Hoxb3*-Expression an der Grenze zwischen den Rhombomeren 4 und 5, während sich die vordere Grenze der *Hoxb3*-Expression zwischen den Rhombomeren 2 und 3 befindet (Abbildung 4.24). Die paralogen Gene der verschiedenen Hox-Komplexe zeigen im allgemeinen ähnliche Expressionsmuster. Es hat sich jedoch herausgestellt, daß die drei beteiligten paralogen Gruppen unterschiedliche anteriore Expressionsgrenzen besitzen. Auf die paralogen Gene 1 (d.h. *Hoxa1*, *Hoxb1* und so weiter), die am weitesten vorne exprimiert werden, folgen die paralogen Gene 2 und 3. Das Expressionsmuster der Hox-Gene im Ektoderm und in den Kiemenbögen an einer

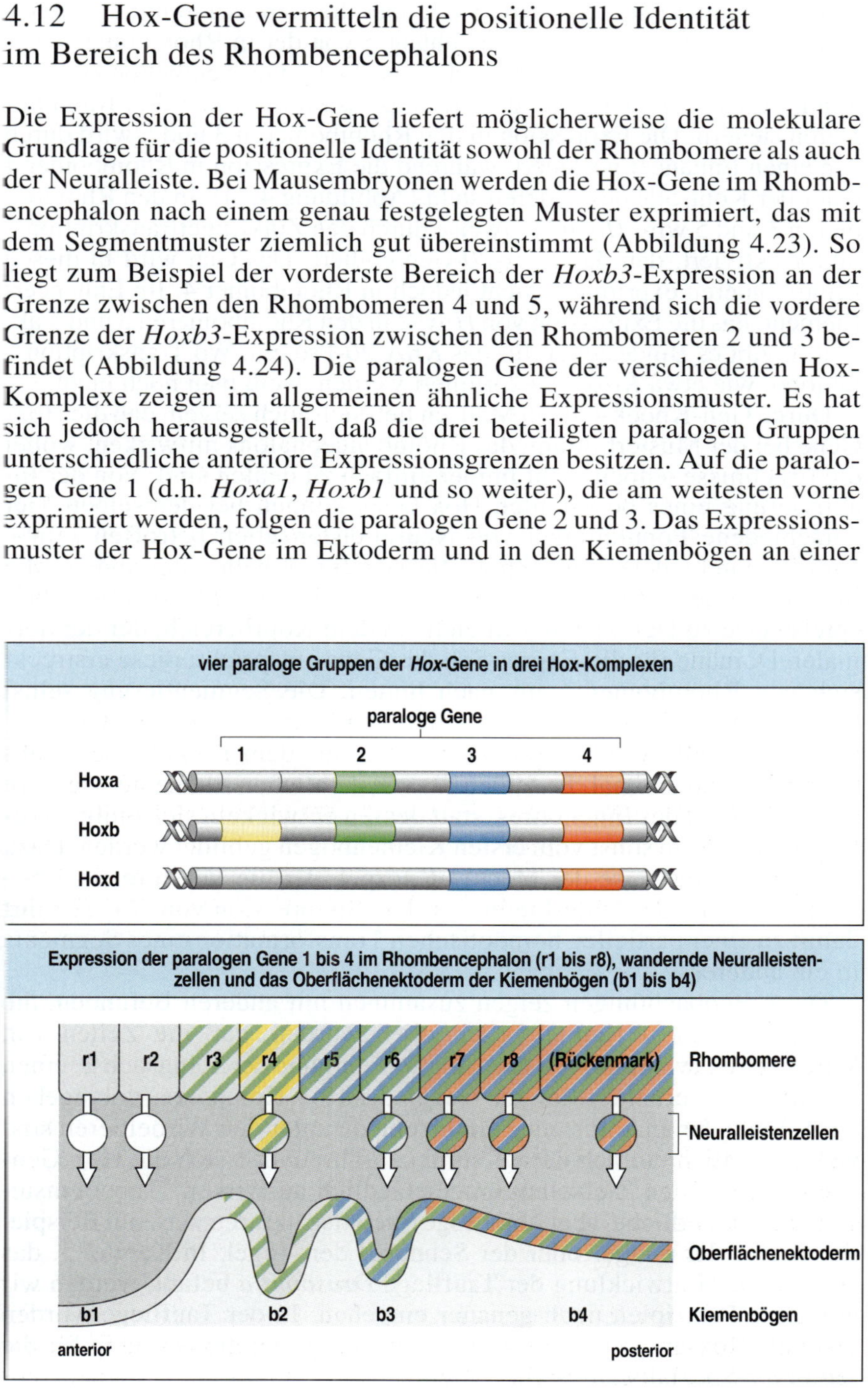

4.23 Expression der Hox-Gene im Kiemenbogenbereich des Kopfes. Dargestellt ist die Genexpression der drei paralogen Hox-Komplexe im Rhombencephalon (Rhombomere r1 bis r8), in der Neuralleiste, in den Kiemenbögen (b1 bis b4) und im Oberflächenektoderm. *Hoxa1* und *Hoxd1* werden in diesem Stadium nicht exprimiert. Die Pfeile zeigen die Wanderung der Neuralleistenzellen in die Kiemenbögen an. Dabei ist zu beachten, daß zwischen r3 und r5 keine solche Wanderung erfolgt. Nach Krumlauf 1993.

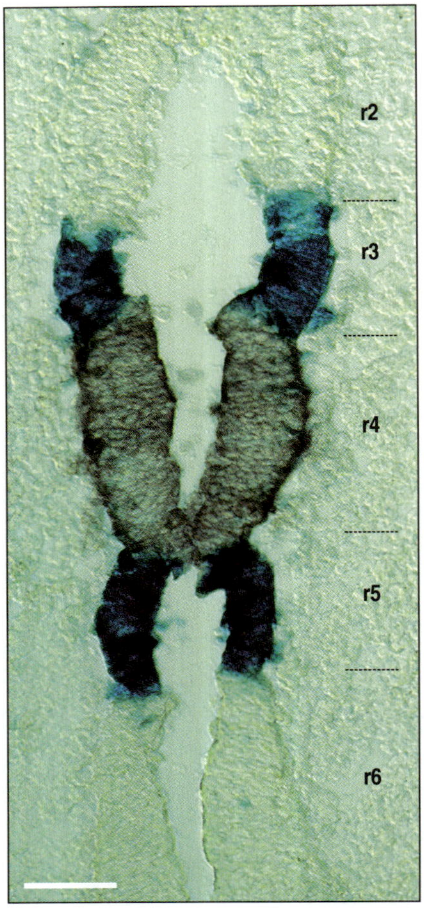

4.24 Genexpression im Rhombencephalon. Das Photo zeigt einen Scheitelschnitt durch das Rhombencephalon eines Mausembryos 9½ Tage nach der Paarung, der zwei fremde Reportergene enthält. Das erste Konstrukt enthält das *lacZ*-Gen unter der Kontrolle eines Enhancers aus dem *Hoxb2*-Gen, der die Expression in den Rhombomeren 3 und 5 (blau gefärbt) steuert. Im zweiten Konstrukt befindet sich das Gen der alkalischen Phosphatase unter der Kontrolle eines Enhancers aus dem *Hoxb1*-Gen, das die Expression im Rhombomer 4 (braun gefärbt) steuert. Für das *Hoxb2*-Gen gibt es einen ähnlichen Enhancer, der die Expression in Rhombomer 4 kontrolliert. In der Darstellung liegt der anteriore Bereich oben; eingezeichnet sind die Positionen von fünf Rhombomeren (r2 bis r6). Maßstab = 0,1 mm. Aufnahme mit freundlicher Genehmigung von J. Sharp, aus Krumlauf et al. 1996.

bestimmten Position der Längsachse entspricht dem im Neuralrohr und in der Neuralleiste. Möglicherweise induzieren die Leistenzellen während ihrer Wanderung diese Positionswerte im darüberliegenden Ektoderm.

Die Transplantation von Rhombomeren von einer vorderen zu einer weiter hinten gelegenen Position, verändert das Expressionsmuster der Hox-Gene dahingehend, daß es dem Muster an der neuen Position entspricht. Die dafür verantwortlichen Signale stammen aus dem Neuralrohr selbst und nicht aus den umgebenden Geweben.

Molekulare Untersuchungen über die Steuerung der Hox-Genexpression lieferten einige Hinweise darauf, wie das Expressionsmuster reguliert wird. So exprimieren zum Beispiel die drei benachbarten Rhombomere 3, 4 und 5 alle das *Hoxb2*-Gen, aber die Expression in den Rhombomeren 3 und 5 wird relativ unabhängig von der in Rhombomer 4 gesteuert. Die regulatorischen Bereiche des *Hoxb2*-Gens enthalten zwei getrennte Enhancer-Elemente, die die Expression in diesen drei Rhombomeren steuern. Die Expression in den Rhombomeren 3 und 5 wird durch den einen Enhancer gesteuert, während die Expression in Rhombomer 4 unter der Kontrolle des anderen steht (Abbildung 4.24). In den Rhombomeren 3 und 5 wird *Hoxb2* teilweise durch den Zinkfingertranskriptionsfaktor aktiviert, den das *Krox-20*-Gen codiert. Das Gen wird in diesen Rhombomeren exprimiert, nicht jedoch in Rhombomer 4. Im Enhancer-Element, das die Expression von *Hoxb2* in den Rhombomeren 3 und 5 aktiviert, gibt es Bindestellen für das *Krox-20*-Protein. Wo Transkriptionsfaktoren wie etwa *Krox-20* exprimiert werden, weiß man noch nicht.

Durch Gen-Knock-out bei Mäusen ließ sich auch zeigen, daß die Hox-Gene bei der Musterbildung des Rhombencephalons mitwirken, wobei die Ergebnisse jedoch nicht immer einfach zu deuten sind. Von der Inaktivierung eines bestimmten Hox-Gens können bei demselben Tier verschiedene Populationen von Neuralleistenzellen betroffen sein – zum Beispiel solche, die sich zu Nerven entwickeln, oder andere, die Skelettstrukturen bilden. Die Inaktivierung des *Hoxa2*-Gens führt beispielsweise zu Defekten des Skeletts in dem Kopfbereich, der der normalen Domäne für die Expression des Gens entspricht; diese erstreckt sich von Rhombomer 3 aus nach hinten. Die Segmentierung selbst bleibt unbeeinflußt, aber die Skelettelemente des zweiten Kiemenbogens, die alle von Neuralleistenzellen aus dem Rhombomer 4 abstammen, sind anomal. Es fehlen die sonst üblichen Elemente wie etwa die Steigbügel des Innenohres, statt dessen entwickeln sich einige Skelettelemente, die sonst vom ersten Kiemenbogen gebildet werden. Dazu gehört beispielsweise der Meckel-Knorpel, der die Vorstufe eines bestimmten Teils des Unterkiefers ist. Die Suppression von *Hoxa2* führt damit zu einer partiellen homöotischen Transformation eines Segments in ein anderes.

Diese Beobachtungen zeigen zusammen mit anderen Befunden, die bereits in diesem Kapitel beschrieben wurden, daß die Zellen von Wirbeltieren während der Gastrulation entlang der Längsachse einen Positionswert erhalten, der von Genen des Hox-Komplexes vorgegeben wird. Viele der anatomischen Unterschiede unter den Wirbeltieren sind wahrscheinlich einfach darauf zurückzuführen, daß sich die Hox-Genaktivitäten in den Zielzellen unterschiedlich auswirken. Dabei entstehen unterschiedliche, aber homologe Skelettstrukturen wie zum Beispiel der Kiefer der Säuger oder der Schnabel der Vögel. In Kapitel 5, das sich mit der Entwicklung der Taufliege *Drosophila* befaßt, werden wir auf diese Prinzipien noch genauer eingehen. In der Taufliege wurden erstmals Hox-artige Gene entdeckt und deren Funktionsprinzip für die regionale Spezialisierung formuliert.

4.13 Das Neurulastadium gliedert den Embryo in organbildende Bereiche, die noch ein Regulationspotential besitzen

Im Neurulastadium steht fest, wie der Bauplan des Körpers aussieht und welche Bereiche des Embryos Gliedmaßen, Augen, Herz und andere Organe bilden (Abbildung 4.25).

Im Stadium der Blastula ist es dagegen noch nicht zu einer solchen Determinierung gekommen. Der grundlegende phylotypische Bauplan der Wirbeltiere entsteht während der Gastrulation. Aber obwohl bereits die Positionen verschiedener Organe festgelegt sind, gibt es noch keine sichtbaren Anzeichen einer Differenzierung. Zahlreiche Transplantationsexperimente haben gezeigt, daß nur bestimmte, klar definierte Bereiche, ein bestimmtes Organ bilden können. Jeder dieser Bereiche besitzt jedoch noch ein enormes Regulationspotential. Das heißt, wenn ein Teil dieser Region entfernt wird, kann dort immer noch eine normale Struktur entstehen. So entwickelt sich beispielsweise aus dem Bereich der Neurula, aus dem eine vordere Extremität hervorgeht, nach Transplantation in eine andere Region immer noch diese Extremität. Entfernt man einen Teil der angelegten Extremität, kann der verbliebene Teil noch eine normale Extremität regenerieren.

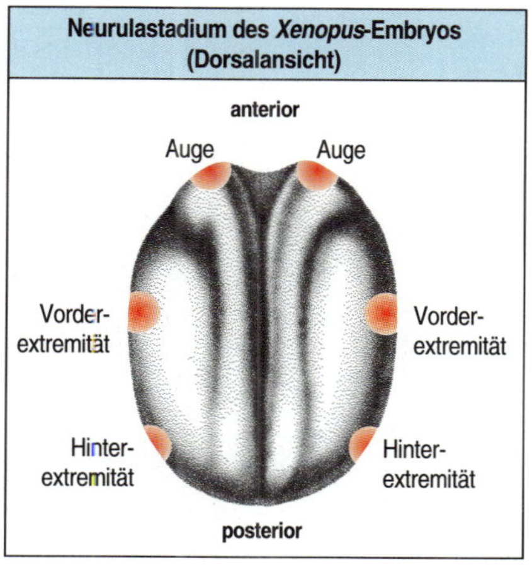

4.25 Regionalisierung des *Xenopus*-Embryos im Neurulastadium. Die verschiedenen Organe wie zum Beispiel Extremitäten, Herz oder Augen entwickeln sich nach der Gastrulation aus spezifischen Regionen (rot) der Neurula. Einige Bereiche wie etwa die Extremitätenknospen sind in diesem Stadium bereits determiniert und können keine andere Struktur mehr bilden. Die Regionen sind jedoch noch nicht scharf gegeneinander abgegrenzt; in jedem Bereich oder „Feld“ gibt es noch ein starkes Regulationspotential.

Zusammenfassung

Die Musterbildung entlang der anterio-posterioren sowie der dorso-ventralen Achse hängt stark von der Aktivität der Region des Spemann-Organisators und seiner Morphogenese während der Gastrulation ab. Verpflanzt man den Spemann-Organisator auf die Ventralseite einer frühen Gastrula, induziert er eine neue anterio-posteriore und eine neue dorso-ventrale Achse, wobei sich ein sekundärer Zwillingsembryo entwickelt. Beim Huhn übernimmt der Hensensche Knoten die Funktion des Spemann-Organisators; auch er kann die Bildung einer neuen Längsachse induzieren.

Das Nervensystem der Wirbeltiere, das aus der Neuralplatte hervorgeht, wird durch Zellen induziert, die das Mesoderm bilden und während der Gastrulation unter das Ektoderm der künftigen Neuralplatte gelangen. Man hat Moleküle wie zum Beispiel das noggin-Protein identifiziert, die Nervengewebe induzieren können; die Induktion ist jedoch auf die Hemmung der BMP-Aktivität zurückzuführen. Die Musterbildung der Neuralplatte, während der es auch zu einer Signalvermittlung innerhalb der Platte selbst kommt, läßt sich teilweise auf ein Modell mit zwei Signalen zurückführen: Zuerst wird das Ektoderm zum anterioren Nervengewebe spezifiziert, anschließend bestimmt ein zweites Signal, das möglicherweise die Form eines Gradienten hat, die Strukturen, welche weiter hinten liegen.

Das Rhombencephalon ist in Rhombomere untergliedert, wobei die Zellen jedes Rhombomers dessen Grenzen nicht überschreiten. Neuralleistenzellen aus dem Rhombencephalon besiedeln je nach ihrer Position gezielt bestimmte mesodermale Bereiche wie etwa die Kiemenbögen. Die Hox-Gene vermitteln den Rhombomeren und den Neuralleistenzellen im Bereich des Rhombencephalon ihre Position. Mit dem Neurulastadium nach der Gastrulation liegt der Bauplan des Körpers fest.

Zusammenfassung von Kapitel 4

Während der Gastrulation kommt es entlang der anterio-posterioren und dorso-ventralen Achse zur Musterbildung der Keimblätter, die bereits während der Blastulabildung spezifiziert wurden. Dem Spemann-Organisator der Amphibien entspricht bei Hühner- und Mausembryonen der Hensensche Knoten. Beide sind bei der primären Musterbildung aktiv, die zur Gliederung der Längsachse führt. Die kombinierte Expression von Genen der vier Hox-Komplexe sorgt für die positionelle Identität der Zellen entlang der Längsachse. Es besteht sowohl eine räumliche als auch eine zeitliche Korrelation zwischen der Anordnung der Hox-Gene auf den Chromosomen und der Reihenfolge, in der sie entlang der Längsachse des Embryos exprimiert werden. Inaktivierung oder Überexpression der Hox-Gene kann sowohl zu räumlich begrenzten Anomalien als auch zu homöotischen Transformationen führen, die ein „Segment“ der Achse in ein anderes umwandeln. Das deutet darauf hin, daß diese Gene für die Festlegung der regionalen Identität entscheidend sind. Am Ende der Gastrulation steht der Grundbauplan fest, und die Entwicklung des Nervensystems ist induziert. Aus spezifischen Bereichen jedes Somits gehen Knorpel, Muskulatur und Dermis hervor. Diese Bereiche werden aufgrund von Signalen aus der Chorda dorsalis, dem Neuralrohr und der Epidermis angelegt. Bei der Induktion und Musterbildung des Nervensystems spielen sowohl Signale aus dem darunterliegenden Mesoderm als auch horizontale Signale eine Rolle, die in der Neuralplatte selbst entstehen. Im Rhombencephalon vermittelt die Expression der Hox-Gene sowohl die Positionswerte für Nervengewebe als auch für die Zellen der Neuralleiste.

Übersicht: Musterbildung im axialen Bauplan der Vertebraten

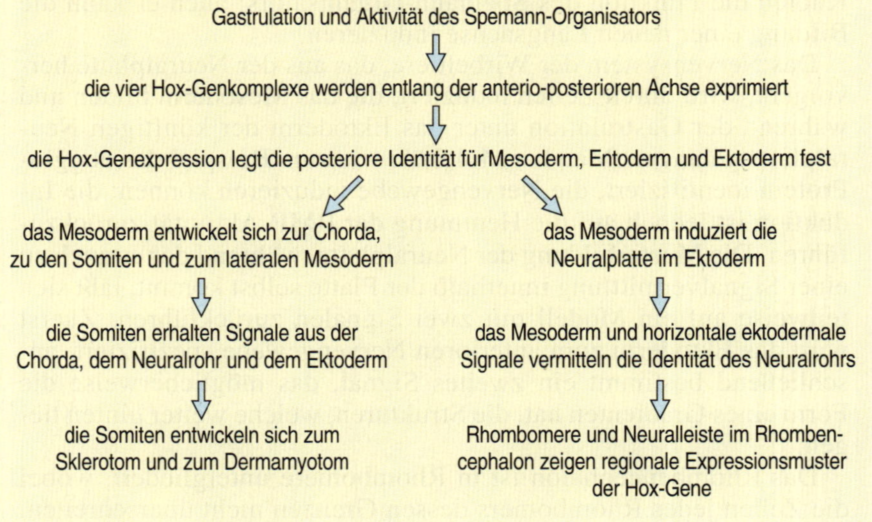

Gastrulation und Aktivität des Spemann-Organisators
die vier Hox-Genkomplexe werden entlang der anterio-posterioren Achse exprimiert
die Hox-Genexpression legt die posteriore Identität für Mesoderm, Entoderm und Ektoderm fest
das Mesoderm entwickelt sich zur Chorda, zu den Somiten und zum lateralen Mesoderm
das Mesoderm induziert die Neuralplatte im Ektoderm
die Somiten erhalten Signale aus der Chorda, dem Neuralrohr und dem Ektoderm
das Mesoderm und horizontale ektodermale Signale vermitteln die Identität des Neuralrohrs
die Somiten entwickeln sich zum Sklerotom und zum Dermamyotom
Rhombomere und Neuralleiste im Rhombencephalon zeigen regionale Expressionsmuster der Hox-Gene

Literatur

4.1 Die Somiten entstehen entlang der anterio-posterioren Achse in einer festgelegten Reihenfolge

Kieny, M.; Mauger, A.; Sengel, P. *Early regionalization of somitic mesoderm as studied by the development of the axial skeleton of the chick embryo.* In: *Dev. Biol.* 28 (1972) S. 142–161.

4.2 Signale aus den umgebenden Geweben bestimmen die Entwicklung der Somitenzellen

Cossu, G.; Tajbakhsh, S.; Buckingham, M. *How is myogenesis initiated in the embryo?* In: *Trends Genet.* 12 (1996) S. 218–223.

Duboule, D. (Hrsg.): *Guidebook to the Homeobox Genes.* Oxford (Oxford University Press) 1994.

Fan, C. M.; Porter, J. A.; Chiang, C.; Chang, D. T.; Beachy, P. A.; Tessier-Lavigne, M. *Long range sclerotome induction by Sonic hedgehog: direct role of the amino-terminal cleavage product and modulation by the cyclic AMP signaling pathway.* In: *Cell* 81 (1995) S. 457–465.

Fan, C.; Tessier-Lavigne, M. *Patterning of mammalian somites by surface ectoderm and notochord: evidence for sclerotome induction by a hedgehog homolog.* In: *Cell* 79 (1994) S. 1175–1186.

Pourquié, O.; Coltey, M.; Feillet, M. A.; Ordahl, C.; Le Douarin, N. M. *Control of dorso-ventral patterning of somite derivatives by notochord and floor plate.* In: *Proc. Natl. Acad. Sci.* 90 (1993) S. 5242–5246.

Pourquié, O.; Fan, C.-M.; Coltey, M.; Hirsinger, E.; Watanabe, Y.; Bréant, C.; Francis-West, P.; Brickell, P.; Tessier-Lavigne, M.; Le Douarin, N. M. *Lateral and axial signals involved in avian somite patterning: a role for BMP-4.* In: *Cell* 84 (1996) S. 461–471.

Selleck, M.; Stern, C. D. *Fate mapping and cell lineage analysis of Hensen's node in the chick embryo.* In: *Development* 112 (1991) S. 615–626.

Williams, B. A.; Ordahl, C. P. *Pax-3 expression in segmental mesoderm marks early stages in myogenic cell specification.* In: *Development* 120 (1994) S. 785–796.

4.3 Die Expression der Hox-Gene bestimmt die positionelle Identität der Somiten entlang der Längsachse

Burke, A. C.; Nelson, C. E.; Morgan, B. A.; Tabin, C. *Hox genes and the evolution of vertebrate axial morphology.* In: *Development* 121 (1995) S. 333–346.

Godsave, S.; Dekker, E. J.; Holling, T.; Pannese, M.; Boncinelli, E.; Durston, A. *Expression patterns of Hoxb in the Xenopus embryo suggest roles in antero-posterior specification of the hindbrain and in dorso-ventral patterning of the mesoderm.* In: *Dev. Biol.* 166 (1994) S. 465–476.

Hunt, P.; Krumlauf, R. *Hox codes and positional specification in vertebrate embryonic axes.* In: *Ann. Rev. Cell Biol.* 8 (1992) S. 227–256.

Kessel, M.; Gruss, P. *Murine developmental control genes.* In: *Science* 249 (1990) S. 374–379.

Krumlauf, R. *Hox genes in vertebrate development.* In: *Cell* 78 (1994) S. 191–201.

McGinnis, W.; Krumlauf, R. *Homeobox genes and axial patterning.* In: *Cell* 68 (1992) S. 283–302.

4.4 Eine Deletion oder Überexpression von Hox-Genen verändert die Musterbildung

Condie, B. G.; Capecchi, M. R. *Mice with targeted disruptions in the paralogous genes hoxa3 and hoxd3 reveal synergistic interactions.* In: *Nature* 370 (1994) S. 304–307.

Duboule, D. *Vertebrate Hox genes and proliferation: an alternative pathway to homeosis?* In: *Curr. Opin. Genet. Devel.* 5 (1995) S. 525–528.

Favier, B.; Le Meur, M.; Chambon, P.; Dollé, P. *Axial skeleton homeosis and forelimb malformations in Hoxd11 mutant mice.* In: *Proc. Natl. Acad. Sci.* 92 (1995) S. 310–314.

4.5 Retinsäure kann Positionswerte verändern

Condie, B. G.; Capecchi, M. R. *Mice with targeted disruptions in the paralogous genes Hoxa3 and Hoxd3 reveal synergistic interactions.* In: *Nature* 370 (1994) S. 304–307.

Conlon, R. A. *Retinoic acid and pattern formation in vertebrates.* In: *Trends Genet.* 11 (1995) S. 314–319.

Duboule, D.; Morata, G. *Colinearity and functional hierarchy among genes of the homeotic complexes.* In: *Trends Genet.* 10 (1994) S. 358–364.

Jegalian, B. G.; De Robertis, E M. *Homeotic transformations in the mouse induced by overexpression of a human Hox 3.3 transgene.* In: *Cell* 71 (1992) S. 901–910.

Kessel, M.; Gruss, P. *Homeotic transformations of moving vertebrate and concomitant alteration of the codes induced by retinoic acid.* In: *Cell* 67 (1991) S. 89–104.

Le Mouellic, H.; Lallemand, Y.; Brulet, P. *Homeosis in the mouse induced by a null mutation in the Hox 3.1 gene.* In: *Cell* 69 (1992) S. 251–264.

Ruiz-i-Altaba, A.; Jessell, T. *Retinoic acid modifies mesodermal patterning in early Xenopus embryos.* In: *Genes Dev.* 5 (1991) S. 175–187.

Ruiz-i-Altaba, A.; Melton, D. *Involvement of the Xenopus homeobox gene XHox3 in pattern formation along the anterior-posterior axis.* In: *Cell* 57 (1989) S. 317–326.

Sive, H. L.; Cheng, P. F. *Retinoic acid perturbs the expression of Xhox.lab genes and alters mesodermal determination in Xenopus laevis.* In: *Genes Dev.* 5 (1991) S. 1321–1332.

4.6 Der Organisator kann eine zweite anterio-posteriore Achse spezifizieren

Griffin, K.; Patient, R.; Holder, N. *Analysis of FGF function in normal and no tail zebrafish embryos reveals separate mechanisms for formation of the trunk and tail.* In: *Development* 121 (1995) S. 2983–2994.

Shawlot, W.; Bohringer, R. R. *Requirement for Lim-1 in head organizer function.* In: *Nature* 374 (1995) S. 425–430.

Slack, J. M. W.; Tannahill, D. *Mechanism of antero-posterior axis specification in vertebrates. Lessons from amphibians.* In: *Development* 114 (1992) S. 285–302.

4.7 Die Neuralplatte wird vom Mesoderm induziert

Hawley, S. H. B.; Wünnerberg-Stapleton, K.; Hashimoto, C.; Laurent, M. N.; Watabe, T.; Blumberg, B. W.; Cho, K. W. Y. *Disruption of BMP signals in embryonic Xenopus ectoderm leads to direct neural induction.* In: *Genes & Devel.* 9 (1995) S. 2923–2935.

Kemmati-Brivanlou, A.; Melton, D. *Vertebrate embryonic cells will become nerve cells unless told otherwise.* In: *Cell* 88 (1997) S. 13–17.

Sasai, Y.; Lu, B.; Steinbesser, H.; De Robertis, E. M. *Regulation of neural induction by the Chd and BMP-4 antagonistic patterning signals in Xenopus.* In: *Nature* 376 (1995) S. 333–336.

Wilson, P.; Kemmati-Brivanlou, A. *Induction of epidermis and inhibition of neural fate by BMP-4.* In: *Nature* 376 (1995) S. 331–333.

4.8 Die Musterbildung des Nervensystems kann durch Signale aus dem Mesoderm ausgelöst werden

Acampora, D.; Mazan, S.; Lallemand, Y.; Avantaggiato, V.; Maury, M.; Simeone, A.; Brulet, P. *Forebrain and midbrain regions are deleted in*

Otx2-/- mutants due to a defective anterior neuroectoderm specification during gastrulation. In: *Development* 121 (1995) S. 3279–3290.

Ang, S. L.; Rossant, J. *HNF-3β is essential for node and notochord formation in mouse development.* In: *Cell* 78 (1994) S. 561–574.

Blitz, I. L.; Cho, K. W. Y. *Anterior neurectoderm is progressively induced during gastrulation: the role of the Xenpous homeobox gene orthodenticle.* In: *Development* 121 (1995) S. 993–1004.

Doniach, T. *Basic FGF as an inducer of antero-posterior neural pattern.* In: *Cell* 85 (1995) S. 1067–1070.

Kelly, O. G.; Melton, D. A. *Induction and patterning of the vertebrate nervous system.* In: *Trends Genet.* 11 (1995) S. 273–278.

Kintner, C. R.; Dodd, J. *Hensen's node induces neural tissue in Xenopus ectoderm. Implications for the action of the organizer in neural induction.* In: *Development* 113 (1991) S. 1495–1505.

Mason, I. *Neural induction: do fibroblast growth factors strike a cord?* In: *Curr. Biol.* 6 (1996) S. 672–675.

Ruiz-i-Altaba, A.; Jessell, T. M. *Pintallavis, a gene expressed in the organizer and midline cells of frog embryos: involvement in the development of the neural axis.* In: *Development* 116 (1992) S. 81–93.

Sasai, Y.; de Robertis, E. M. *Ectodermal patterning in vertebrate embryos.* In: *Dev. Biol.* 182 (1997) S. 5–20.

Storey, K.; Crossley, J. M.; De Robertis, E. M.; Norris, W. E.; Stern, C. D. *Neural induction and regionalization in the chick embryo.* In: *Development* 114 (1992) S. 729–741.

4.9 Signale für die Musterbildung der Neuralplatte können sich innerhalb der Neuralplatte bewegen

Doniach, T.; Phillips, C. R.; Gerhart, J. C. *Planar induction of antero-posterior pattern in the developing central nervous system of Xenopus laevis.* In: *Science* 257 (1992) S. 542–545.

Ruiz-i-Altaba, A.; Melton, D. *Interaction between peptide growth factors and homeobox genes in the establishment of antero-posterior polarity in frog embryos.* In: *Nature* 341 (1989) S. 33–38.

Sive, H. L.; Hattori, K.; Weintraub, H. *Progressive determination during formation of antero-posterior axis in Xenopus laevis.* In: *Cell* 58 (1989) S. 171–180.

4.10 Das Rhombencephalon wird durch die Grenzen einer klonalen Restriktion in Rhombomere unterteilt

Lumsden, A. *Cell lineage restrictions in the chick embryo hindbrain.* In: *Phil. Trans. Roy. Soc. Lond. B* 331 (1991) S. 281–286.

4.11 Zellen der Neuralleiste besitzen Positionswerte

Keynes, R.; Lumsden, A. *Segmentation and the origin of regional diversity in the vertebrate central nervous system.* In: *Neuron* 4 (1990) S. 1–9.

4.12 Hox-Gene vermitteln die positionelle Identität im Bereich des Rhombencephalons

Grapin-Botton, A.; Bonnin, M.-A.; McNaughton, L. A.; Krumlauf, R.; Le Douarin, N. M. *Plasticity of transposed rhombomeres: Hox gene induction is correlated with phenotypic modifications.* In: *Development* 121 (1995) S. 2707–2721.

Hunt, P.; Krumlauf, R. *Hox codes and positional specification in vertebrate embryonic axes.* In: *Ann. Rev. Cell Biol.* 8 (1992) S. 227–256.

Krumlauf, R. *Hox genes and pattern formation in the branchial region of the vertebrate head.* In: *Trends Genet.* 9 (1993) S. 106–112.

Nonchev, S.; Maconochie, M.; Vesque, C.; Aparicio, S.; Ariza-McNaughton, L.; Manzanares, M.; Maruthainar, K.; Kuroiwa, A.; Brenner, S.; Charnay, P.; Krumlauf, R. *The conserved role of Krox-20 in directing Hox gene expression during vertebrate hindbrain segmentation.* In: *Proc. Natl. Acad. Sci.* 93 (1996) S. 9339–9345.

Rijli, F. M.; Mark, M.; Lakkaraju, S.; Dierich, A.; Dolle, P.; Chambon, P. *A homeotic transformation is generated in the rostral branchial region of the head by disruption of Hoxa2, which acts as a selector gene.* In: *Cell* 75 (1993) S. 1333–1349.

4.13 Das Neurulastadium gliedert den Embryo in organbildende Bereiche, die noch ein Regulationspotential besitzen

De Robertis, E. M.; Morita, E. A.; Cho, K. W. Y. *Gradient fields and homeobox genes.* In: *Development* 112 (1991) S. 669–678.

Gestaltbildung bei *Drosophila*

5

- Die maternalen Gene legen die Körperachsen fest
- Polarisierung der Körperachsen während der Oogenese
- Zygotische Gene sorgen für die Musterbildung im frühen Embryo
- Segmentierung: Aktivierung der Paarregelgene
- Segmentpolaritätsgene und Kompartimente
- Segmentierung: Selektorgene und homöotische Gene

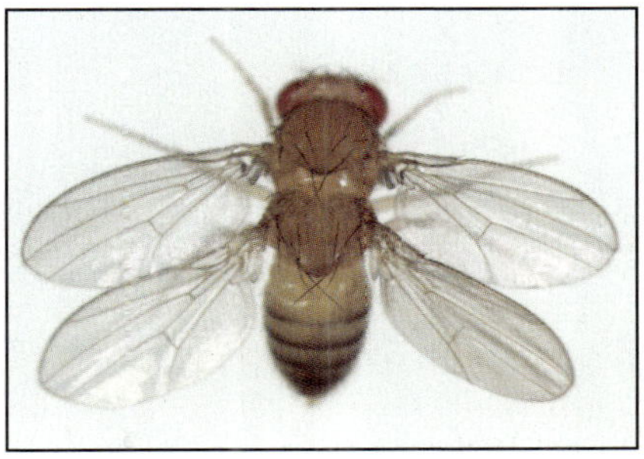

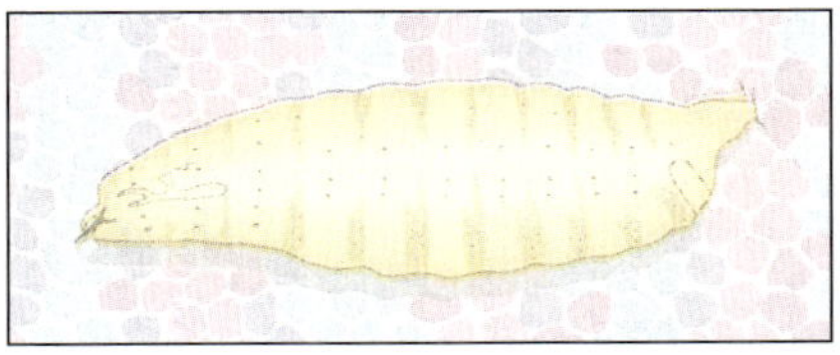

„Wir wußten von Anfang an, wo wir waren, obwohl es keine Grenzen zwischen uns gab. Später teilten wir uns in verschiedene Gruppen und erhielten eine richtige Adresse."

In unserer Entwicklung sind wir Fliegen viel ähnlicher, als man meinen möchte. Überraschende Ergebnisse in der Entwicklungsbiologie während der letzten zehn Jahre haben gezeigt, daß viele Gene, die die Entwicklung der Taufliege *Drosophila* steuern, den Genen ähneln, die die Entwicklung von Wirbeltieren und noch vielen anderen Tieren regulieren. Anscheinend tendiert die Evolution, nachdem sie für die Musterbildung tierischer Körper einmal ein zufriedenstellendes Verfahren entwickelt hat, dazu, dieselben Mechanismen und Moleküle immer wieder zu verwenden – allerdings natürlich mit einigen wichtigen Veränderungen.

Von allen Entwicklungssystemen versteht man *Drosophila* am besten – vor allem auf der genetischen Ebene. Obwohl die Taufliege zu den Wirbellosen gehört, hat sie unser Verständnis der genetischen Grundlagen der Wirbeltierentwicklung enorm erweitert. Dies haben wir bereits bei den Hox-Genen festgestellt (Exkurs 4.1, Seite 116), die man zuerst bei *Drosophila* entdeckt hat. Die besondere Bedeutung von *Drosophila* in der modernen Entwicklungsbiologie wurde 1995 durch die Verleihung des Nobel-Preises für Physiologie oder Medizin anerkannt. Honoriert hat man dabei die Arbeiten, die zu den grundlegenden Erkenntnissen darüber führten, wie die Gene die Entwicklung des Fliegenembryos steuern. Dies war erst das zweite Mal, daß der Nobelpreis für entwicklungsbiologische Arbeiten vergeben wurde. Viele Fragen, die bei Wirbeltieren immer noch ungeklärt sind, wurden bei *Drosophila* auf molekularer Ebene beantwortet. Dazu gehören unter anderem die Mechanismen der Achsendeterminierung im Ei sowie die Identifizierung und die Wirkungsweise der entscheidenden Signalzyklen und Transkriptionsregulatoren bei der Entstehung der Musterbildung. Obwohl die Entwicklung von Wirbeltieren und Insekten sehr unterschiedlich zu sein scheint, hat man zahlreiche Erkenntnisse gewonnen, die sich auf die Entwicklung der Vertebraten übertragen lassen. Tatsächlich wurden viele Schlüsselgene der Wirbeltierentwicklung ursprünglich als Entwicklungsgene von *Drosophila* entdeckt.

Wie viele andere Insekten schlüpft *Drosophila* als Larve aus dem Ei. Diese wächst heran und durchläuft schließlich eine Metamorphose zum adulten Tier (Abbildung 2.29). In diesem Kapitel befassen wir uns damit, wie der Grundbauplan der *Drosophila*-Larve entsteht. Wir sehen uns an, wie die anterio-posteriore und die dorso-ventrale Achse festgelegt werden, wie der Embryo in eine Reihe von Segmenten unterteilt wird, von denen jedes eine eigene Identität besitzt, und wie Mesoderm und Ektoderm spezifiziert werden. Die erste Hälfte des Kapitels behandelt die Entwicklung des Embryos bis zur Phase, in der die Segmentierung einsetzt. In der zweiten Hälfte des Kapitels beschäftigen wir uns damit, wie die Musterbildung der Segmente erfolgt und wie sie ihre spezifischen Eigenschaften erwerben. Erst in Kapitel 10 werden wir uns mit der Entwicklung der Imaginalscheiben befassen. Dabei handelt es sich um Gruppen von Zellen, die in der Embryonalentwicklung keine Rolle spielen, aus denen aber schließlich während der Metamorphose adulte Strukturen wie Flügel und Beine hervorgehen. Die Imaginalscheiben sorgen für eine Kontinuität zwischen der Struktur des Larvenkörpers und der des erwachsenen Tieres, obwohl die Prozesse der Metamorphose dazwischenliegen.

Wie alle Tiere mit bilateraler Symmetrie ist auch die *Drosophila*-Larve entlang zweier verschiedener und größtenteils unabhängiger Achsen gegliedert: der anterio-posterioren und der dorso-ventralen Achse, die im rechten Winkel zueinander stehen. Die Larve ist entlang der Längsachse regelmäßig segmentiert und in mehrere große anatomische

Bereiche unterteilt. Am vorderen Ende befindet sich der Kopf, dahinter liegen drei Thoraxsegmente, an die sich acht Abdominalsegmente anschließen (Abbildung 5.1). Jedes Segment hat seine eigenen spezifischen Eigenschaften, was sowohl an der äußeren Cuticulastruktur als auch am inneren Aufbau erkennbar ist. An jedem Ende der Larve befinden sich spezielle Strukturen – am Kopf das Akron und am Schwanzende das Telson.

In der Frühphase der Embryogenese teilt sich die dorso-ventrale Achse in vier Bereiche, aus denen die dorso-ventrale Organisationsstruktur des Larvenkörpers hervorgeht. Die Organisationsstrukturen entlang der anterio-posterioren und der dorso-ventralen Achse entwickeln sich mehr oder weniger gleichzeitig, werden jedoch für jede Achse durch unabhängige Mechanismen und verschiedene Gengruppen festgelegt.

Die frühen Stadien der *Drosophila*-Entwicklung sind eine Besonderheit der Insekten, insofern als bei der frühen Musterbildung ein mehrkerniges **syncytiales Blastoderm** ausgebildet wird. Dieses entsteht durch wiederholte Kernteilungszyklen ohne entsprechende Teilungen des Cytoplasmas (Abbildung 2.30). Erst nach Einsetzen der Segmentierung wird der Embryo wirklich vielzellig. Das Fehlen von Zellen im frühen *Drosophila*-Embryo ist ein entscheidender Unterschied gegenüber anderen Organismen. Im syncytialen Stadium kann man den ganzen Embryo als eine einzige vielkernige Zelle betrachten. Durch das Blastoderm können viele Proteine diffundieren und in die Zellkerne gelangen. Dazu gehören auch solche, die normalerweise nicht von Zellen

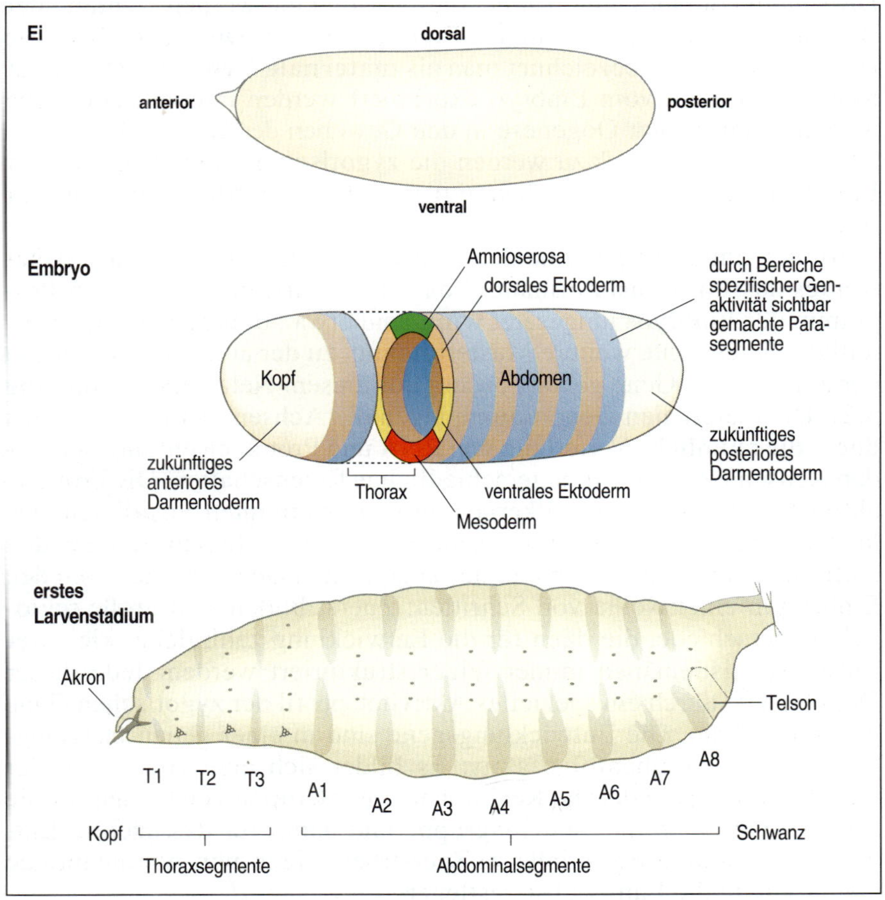

5.1 Musterbildung beim Embryo von *Drosophila*. Der Bauplan entwickelt sich entlang zweier verschiedener Achsen. Die anterio-posteriore und die dorso-ventrale Achse stehen im rechten Winkel zueinander und werden bereits im Ei angelegt. In der frühen Embryonalphase teilt sich die dorsoventrale Achse in vier Bereiche: Mesoderm (rot), ventrales Ektoderm (gelb), dorsales Ektoderm (orange) und Amnioserosa (eine extraembryonale Membran, grün). Aus dem ventralen Ektoderm entstehen sowohl die ventrale Epidermis als auch das Nervengewebe, aus dem dosalen Ektoderm nur die Epidermis. Die anterio-posteriore Achse teilt sich in verschiedene Regionen, aus denen später Kopf, Thorax und Abdomen hervorgehen. Nach der ersten Unterteilung in die großen Körperzonen beginnt die Segmentierung. Die künftigen Segmente kann man durch Anfärben spezifischer Genaktivitäten als Querstreifen sichtbar machen. Diese Streifen definieren 14 Parasegmente, von denen zehn markiert sind. Der Embryo entwickelt sich zu einer segmentierten Larve. Wenn die Larve sich häutet, haben sich die 14 Parasegmente in Thorax- (T1–T3) und Abdominalsegmente (A1–A8) verwandelt. Diese Segmente sind gegenüber den Parasegmenten um ein Halbsegment verschoben. Verschiedene Segmente kann man anhand von Borsten und Dentikeln auf der Cuticula unterscheiden. Akron und Telson sind spezielle Strukturen, die sich am Kopf- beziehungsweise Schwanzende entwickeln.

sezerniert werden wie zum Beispiel Transkriptionsfaktoren. Auf diese Weise können Konzentrationsgradienten entstehen, die den Kernen Informationen über ihre Position vermitteln (Abschnitt 1.13).

Die frühe Entwicklung verläuft im Grunde zweidimensional. Die Musterbildung betrifft vor allem das Blastoderm, die Oberflächenschicht des Embryos, die zuerst Kerne und dann Zellen enthält. Die Larve ist jedoch ein dreidimensionales Gebilde mit inneren Strukturen. Diese dritte Dimension entwickelt sich erst bei der Gastrulation, wenn Teile der Oberflächenschicht in das Innere wandern und den Darm, die mesodermalen Strukturen, aus denen die Muskulatur entsteht, und das vom Ektoderm abstammende Nervensystem bilden.

Zu Beginn dieses Kapitels beschäftigen wir uns damit, wie sich im syncytialen Embryo die erste Stufe der anterio-posterioren und dorsoventralen Organisationsstruktur entwickelt. Anschließend wenden wir uns wieder der Entstehung des Eies von *Drosophila* zu. Dabei wollen wir zeigen, wie die positionelle Information, anhand der sich der frühe Embryo strukturiert, ursprünglich während der Entwicklung der Oocyte vom Muttertier angelegt wurde.

Die maternalen Gene legen die Körperachsen fest

Vorproduzierte mRNAs und Proteine, die von der Fliegenmutter synthetisiert und im Ei abgelegt wurden, steuern das früheste Stadium der *Drosophila*-Entwicklung. Einige dieser Moleküle werden während der Bildung des Eies im Ovar an den Eipolen plaziert. Die Gene, die diese Produkte codieren, bezeichnet man als **maternale Gene**, da sie von der Mutter und nicht vom Embryo exprimiert werden müssen. Die Gene werden während der Oogenese in den Geweben des Eierstockes exprimiert. Im Gegensatz dazu werden die **zygotischen Gene** während der Entwicklung des Embryos benötigt und in den Kernen des Embryos selbst exprimiert.

An der Entstehung der beiden Achsen und der Bildung eines Netzwerkes aus Positionsinformation, das dann von dem genetischen Programm des Embryos umgesetzt wird, sind etwa 50 maternale Gene beteiligt. Die gesamte weitere Musterbildung, zu der auch die Expression der zygotischen Gene gehört, basiert auf diesem Netzwerk (Abbildung 5.2). Die maternalen Genprodukte legen die Achsen fest und erzeugen durch die räumliche Verteilung von RNA und Proteinen entlang der beiden Achsen Bereiche mit unterschiedlichen Eigenschaften. Die Proteine aktivieren dann in den Zellkernen an den bestimmten Positionen entlang der beiden Achsen zygotische Gene. Die aufeinanderfolgenden Aktivitäten der maternalen und der zygotischen Gene strukturieren den Embryo in einer Reihe von Schritten: Zuerst bilden sich große regionale Unterschiede, die dann für die Entwicklung zahlreicher kleinerer Entwicklungsdomänen immer feiner strukturiert werden. Jede dieser Domänen ist durch ein spezielles Aktivitätsprofil der zygotischen Gene gekennzeichnet. Die Entwicklungsgene sind in einer genau festgelegten zeitlichen Reihenfolge aktiv. Es bildet sich eine Hierarchie der Genaktivitäten, bei der die Reaktionen einer Gruppe von Genen für die Aktivierung einer anderen Gengruppe und damit für das nächste Entwicklungsstadium essentiell ist. Zuerst betrachten wir, wie maternale Genprodukte die Längsachse festlegen.

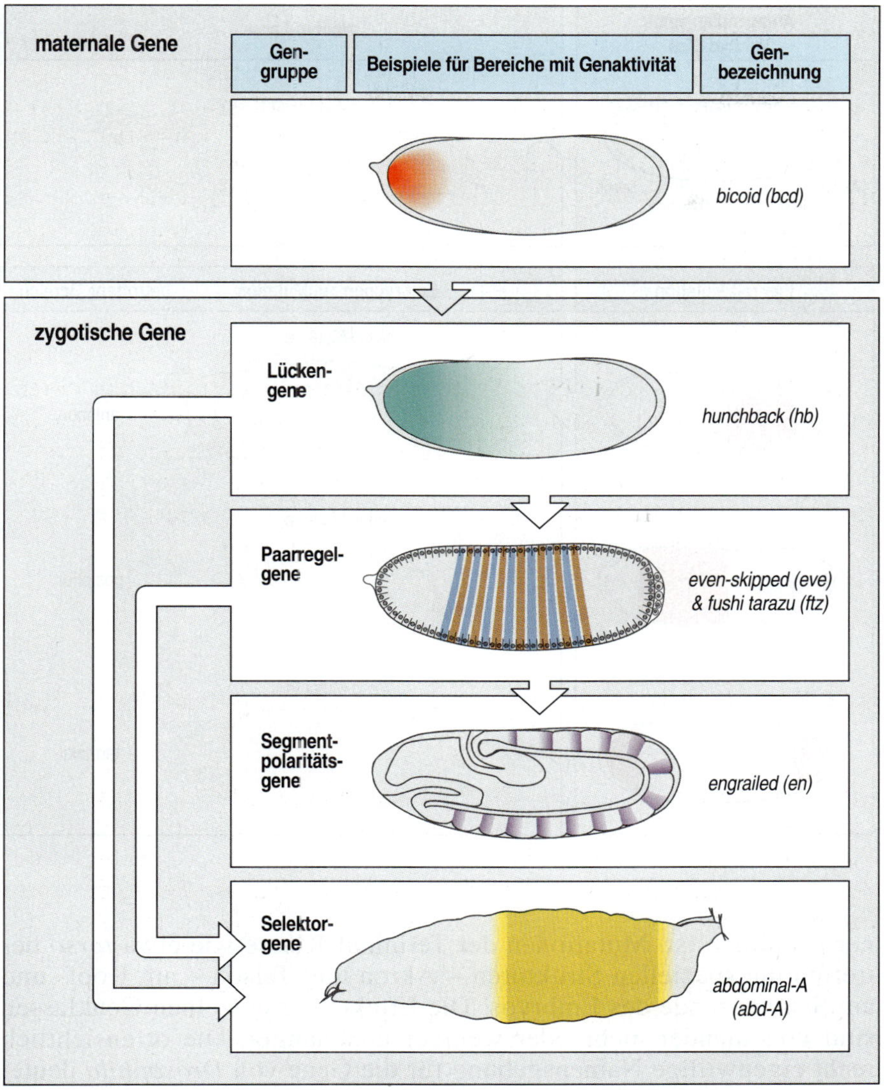

5.2 Die aufeinanderfolgende Expression verschiedener Gengruppen legt den Bauplan entlang der Längsachse fest. Nach der Befruchtung werden Produkte der maternalen Gene (zum Beispiel die *bicoid*-mRNA) translatiert, die bereits vorher im Ei abgelegt worden waren. Sie vermitteln die Positionsinformation, durch die die zygotischen Gene aktiviert werden. Die Lückengene, die Paarregelgene, die Segmentpolaritätsgene und die Selektor- oder homöotischen Gene sind die vier Hauptklassen der zygotischen Gene, die entlang der anterio-posterioren Achse aktiv sind. Die Lückengene legen die regionalen Unterschiede fest, aufgrund derer die Paarregelgene in einem periodischen Aktivitätsmuster exprimiert werden. Die Paarregelgene wiederum legen die Parasegmente fest und lassen bereits die Segmentierung erkennen. Die Segmentpolaritätsgene sorgen für die Musterbildung in den Segmenten, die Selektorgene bestimmen die Segmentidentität. Mit den Funktionen all dieser Genklassen befaßt sich dieses Kapitel.

5.1 Drei Klassen von maternalen Genen legen die anterio-posteriore Achse fest

Die Expression der maternalen Gene führt bereits vor der Befruchtung im Ei zu regionalen Unterschieden entlang der Längsachse. Auf diese Weise wird definiert, wo sich der Kopf- und das Hinterleibsende des adulten Tieres befindet. Maternale Gene kann man anhand von Mutationen im Muttertier identifizieren, die sich nur auf die Entwicklung der Nachkommen auswirken, dem Muttertier selbst jedoch nicht schaden und nicht durch Gene aus Wildtypsperma aufgehoben werden können. Die Funktionen der maternalen Gene können aus der Wirkung dieser **Maternaleffektmutationen** abgeleitet werden. Es gibt drei Klassen von Mutationen: Die ersten betreffen den vorderen, die zweiten den hinteren Bereich und die dritten beide Endregionen (Abbildung 5.3). Mutationen in den Genen der Anterior-Klasse wie etwa *bicoid* führen zu einer Verkleinerung oder dem Verlust von Kopf und Thoraxstrukturen; in einigen Fällen werden diese auch durch hintere Strukturen ersetzt. Mutationen der Posterior-Klasse wie etwa *nanos* (spanisch für Gnom) verursachen einen Verlust abdominaler Bereiche, so daß der Embryo klei-

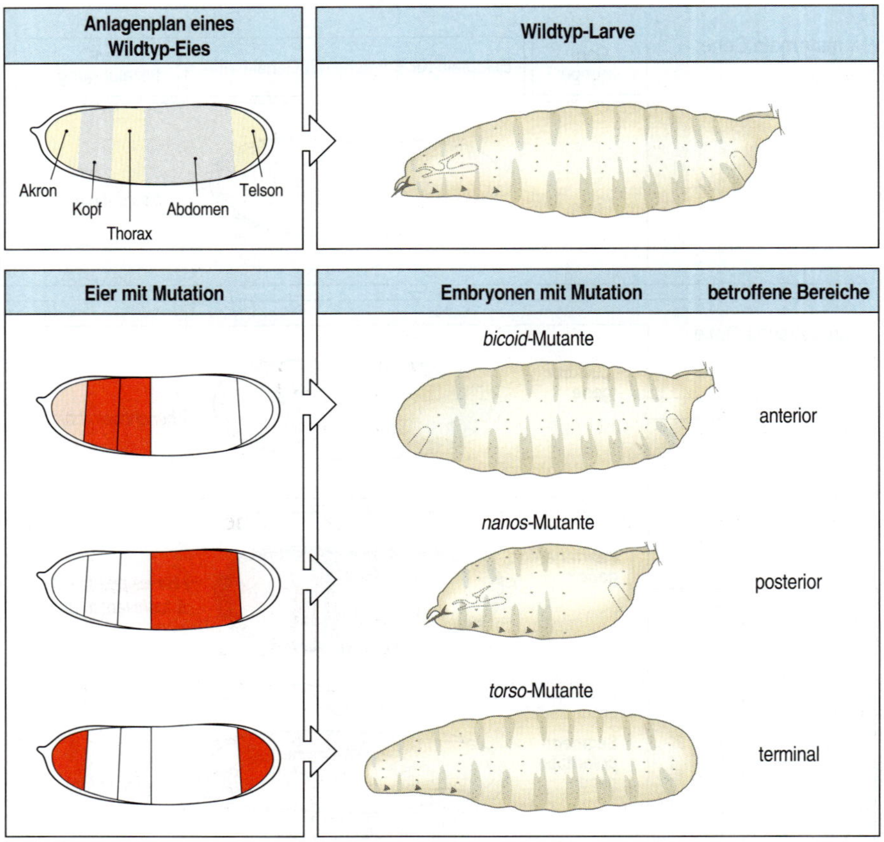

5.3 Die Wirkung von Mutationen im maternalen Gensystem. Mutationen in den maternalen Genen führen dazu, daß anteriore, posteriore oder endständige Strukturen fehlen oder anomal ausgebildet werden. Der Anlagenplan des Wildtyps zeigt, aus welchen Bereichen des Eies einzelne Regionen und Strukturen der Larve hervorgehen. Bereiche, in denen es in mutierten Eiern zu einem Verlust oder einer Veränderung von Larvenstrukturen kommt, sind rot schattiert. Bei *bicoid*-Mutanten kommt es zu einem teilweisen Verlust von anterioren Strukturen und zum Auftreten einer posterioren Struktur, dem Telson, am Vorderende. *Nanos*-Mutanten fehlt ein großer Teil der hinteren Region, *torso*-Mutanten besitzen weder ein Akron noch ein Telson.

ner als üblich ist. Mutationen der Terminal-Klasse wie etwa *torso* betreffen die speziellen Strukturen – Akron und Telson – am Kopf- und am Schwanzende des Embryos. Die Effekte der einzelnen Genklassen sind voneinander mehr oder weniger unabhängig. Die offensichtlich recht eigenwillige Namensgebung für die Gene von *Drosophila* deutet im allgemeinen darauf hin, daß deren Entdecker versucht haben, den Phänotyp der Mutante zu beschreiben. In diesem Kapitel lernen wir eine große Anzahl von Genbezeichnungen kennen. All diese Gene werden, soweit sie bekannt sind, zusammen mit ihren Funktionen in der Tabelle am Ende des Kapitels aufgeführt.

Die Produkte von insbesondere vier der etwa 50 maternalen Gene – *bicoid*, *hunchback*, *nanos* und *caudal* – verteilen sich entlang der Längsachse. Sie sind für das Entstehen der Achse essentiell.

5.2 Das *bicoid*-Gen erzeugt einen anterio-posterioren Morphogengradienten

Die *bicoid*-mRNA befindet sich im unbefruchteten Ei am Vorderende. Sie wird nach der Befruchtung translatiert. Das bicoid-Protein diffundiert aus dem vorderen Ende heraus und bildet entlang der Längsachse einen Konzentrationsgradienten. Dadurch entsteht die Positionsinformation, die für die weitere Musterbildung entlang der Achse erforderlich ist. Historisch gesehen lieferte der Gradient des bicoid-Proteins den ersten sicheren Beweis, daß es morphogenetische Gradienten gibt, die man für die Steuerung der Musterbildung postuliert hatte (Abschnitt 1.13).

Die Funktion des *bicoid*-Gens entdeckte man ursprünglich mit Hilfe einer Kombination aus genetischen und physikalischen Experimenten am *Drosophila*-Embryo. Weibliche Fliegen, die das *bicoid*-Gen nicht exprimieren, erzeugen Embryonen, deren vordere Segmente beeinträchtigt sind und die deshalb keinen richtigen Kopf oder Thorax besitzen (Abbildung 5.3). Darüber hinaus haben sie am Kopfende anstelle eines Akrons ein Telson. Bei einer anderen Untersuchungsreihe über die Funktion der lokalisierten cytoplasmatischen Faktoren während der Entwicklung des anterioren Teils stach man normale Eier an ihrem Vorderende an und ließ etwas Cytoplasma ausfließen. Die sich nun entwickelnden Embryonen zeigten auffällige Ähnlichkeiten mit *bicoid*-mutierten Embryonen. Das deutete darauf hin, daß Eier im Cytoplasma des Vorderendes üblicherweise einen oder mehrere Faktoren besitzen, die in den Eiern mit der *bicoid*-Mutation fehlen. Es ist tatsächlich möglich, Embryonen mit einer *bicoid*-Mutation teilweise zu „heilen“, in dem Sinne, daß sie eine normalere Entwicklung zeigen, wenn man in ihr Vorderende anteriores Cytoplasma aus Wildtypembryonen injiziert (Abbildung 5.4). Bei Injektion von normalem anterioren Cytoplasma in die Mitte eines befruchteten Eies mit einer *bicoid*-Mutation entwickeln sich an der Injektionsstelle zusätzliche Kopfstrukturen, und die benachbarten Segmente werden zu Thoraxsegmenten, so daß an der Injektionsstelle zusätzlich eine spiegelsymmetrische Körperstruktur entsteht. Die einfachste Interpretation dieser Experimente ist die, daß das *bicoid*-Gen für den Aufbau der anterioren Strukturen notwendig ist, da es einen Gradienten mit irgendeiner Substanz aufbaut, dessen Ausgangspunkt und höchste Konzentration am Vorderende liegen. Diese Substanz ist das bicoid-Protein.

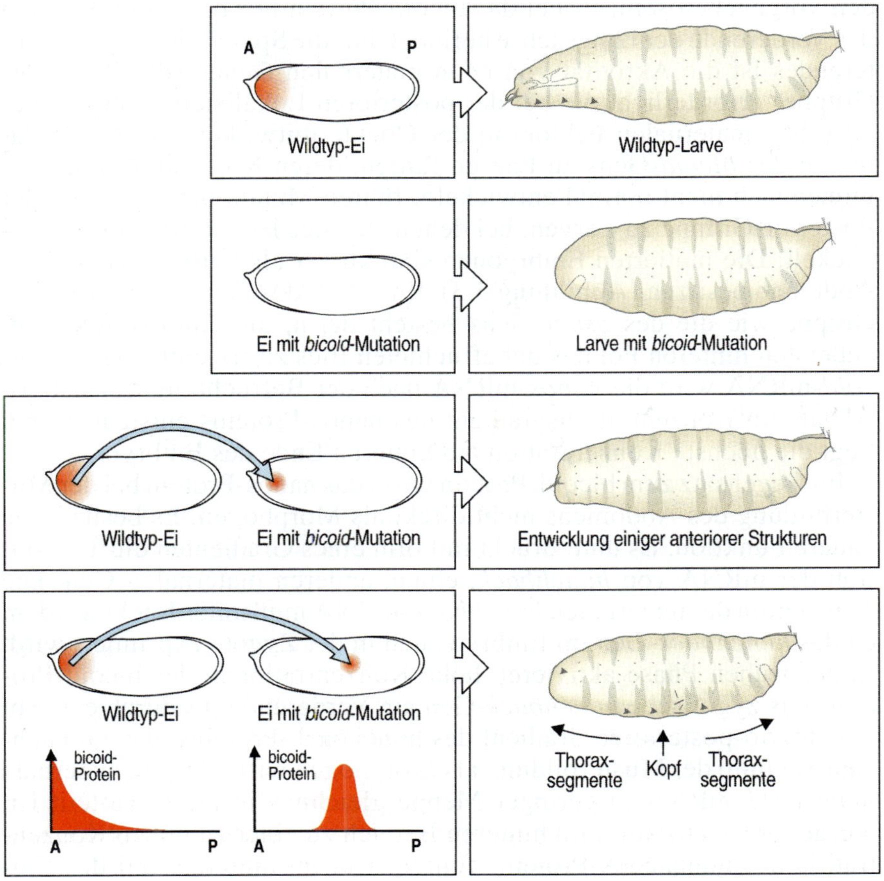

5.4 Das *bicoid*-Gen ist für die Entwicklung anteriorer Strukturen erforderlich. Bei Embryonen von Fliegenmüttern, die kein *bicoid*-Gen besitzen, fehlen vordere Bereiche (zweite Reihe). Überträgt man anteriores Cytoplasma von Wildtyp-Embryonen auf Embryonen mit einer *bicoid*-Mutation, entwickeln sich an der Injektionsstelle einige anteriore Strukturen (dritte Reihe). Überträgt man anteriores Cytoplasma vom Wildtyp in die Mitte eines Eies oder eines frühen Embryos mit einer *bicoid*-Mutation, entwickeln sich an der Injektionsstelle Kopfstrukturen, an die sich auf beiden Seiten thoraxartige Segmente anschließen (unten). Aus diesen Ergebnissen läßt sich ableiten, daß das anteriore Cytoplasma einen Gradienten des bicoid-Proteins aufbaut, dessen höchste Konzentration an der Injektionsstelle liegt (siehe Kurven in der unteren Graphik).

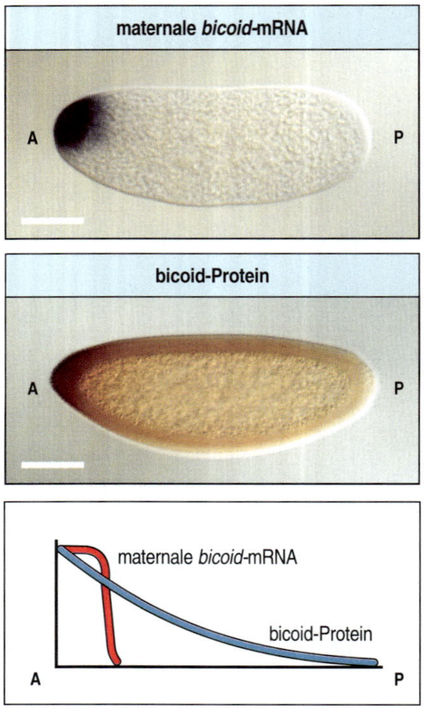

5.5 Die Verteilung der maternalen *bicoid*-mRNA im Ei und der Gradient des biocid-Proteins nach der Befruchtung. Oben: Die mRNA läßt sich durch *in situ*-Hybridisierung sichtbar machen. Mitte: Das bicoid-Protein ist mit einem markierten Antikörper angefärbt. Unten: Die Translation der *biocid*-mRNA und die Diffusion des bicoid-Proteins vom Syntheseort erzeugt im Embryo einen anterio-posterioren Gradienten des bicoid-Proteins. Maßstab = 0,1 mm. Aufnahmen mit freundlicher Genehmigung von R. Lehmann, aus: Suzuki et al. 1996.

Mit Hilfe der *in situ*-Hybridisierung (Exkurs 3.2, Seite 74) konnte man zeigen, daß im vorderen Ende eines unbefruchteten Eies *bicoid*-mRNA vorhanden ist, die dort am Cytoskelett befestigt ist. Diese mRNA wird erst nach der Befruchtung exprimiert. Durch Antikörperfärbung des bicoid-Proteins kann man zeigen, daß das Protein in unbefruchteten Eiern fehlt. Nach der Befruchtung wird die mRNA jedoch translatiert. Dadurch entsteht ein Gradient mit der höchsten Konzentration des Proteins am Syntheseort, also am Vorderende des Eies (Abbildung 5.5). Während das bicoid-Protein durch den Embryo diffundiert, wird es auch abgebaut – seine Halbwertszeit beträgt etwa 30 Minuten. Dieser Abbau ist notwendig, um den anterio-posterioren Konzentrationsgradienten aufzubauen.

Das bicoid-Protein ist ein Transkriptionsfaktor, der als Morphogen wirkt (genauere Beschreibung in Abschnitt 5.11). Bei verschiedenen Schwellenwerten schaltet es bestimmte zygotische Gene an und etabliert so entlang der Achse ein neues Genexpressionsmuster. Also ist *bicoid* ein maternales Schlüsselgen für die frühe Entwicklung von *Drosophila*. Die anderen maternalen Gene der Anterior-Klasse sind vor allem an der Positionierung der *bicoid*-mRNA am Vorderende des Eies während der Oogenese beteiligt, außerdem wirken sie bei der Expressionskontrolle dieser mRNA mit.

5.3 Am Hinterende des Eies wird die Musterbildung durch Gradienten von nanos- und caudal-Proteinen gesteuert

Für eine korrekte Musterbildung entlang der Achse müssen beide Enden vorgegeben sein, wobei das bicoid-Protein nur bestimmt, wo sich das Vorderende der Längsachse befindet. Für die Spezifizierung des Hinterendes ist die Aktivität von neun maternalen Genen (der Posterior-Gruppe) erforderlich, die bei der posterioren Lokalisierung eines spezifischen maternalen Faktors in der Oocyte mitwirken. So wie Mutationen des *bicoid*-Gens zu Larven führen, deren Kopf- und Thoraxregionen sich nicht normal entwickeln, führen Mutationen in Genen der Posterior-Gruppe zu Larven, bei denen sich der Hinterleib anomal entwickelt. Die mutierten Embryonen sind kürzer als normal, da sie kein Abdomen besitzen (Abbildung 5.3). Eine der Aktivitäten der Posterior-Gruppe wie die des *oskar*-Gens besteht darin, die *nanos*-mRNA am äußersten hinteren Pol des unbefruchteten Eies zu fixieren. Wie die *bicoid*-mRNA wird die *nanos*-mRNA nach der Befruchtung translatiert, so daß ein Konzentrationsgradient des nanos-Proteins entsteht. Dabei liegt die höchste Konzentration am hinteren Ende des Embryos.

Im Gegensatz zum bicoid-Protein wirkt das nanos-Protein bei der Musterbildung des Abdomens nicht direkt als Morphogen. Es besitzt eine andere Funktion. Es unterdrückt in Form eines Gradienten die Translation der mRNA von *hunchback*, einem anderen maternalen Gen. Die Translation der maternalen *hunchback*-mRNA muß unterdrückt werden, da das *hunchback*-Gen im Embryo auch in der Zygote exprimiert wird. In der frühen Phase aktivieren hohe Konzentrationen des bicoid-Proteins das zygotische *hunchback*-Gen am Vorderende. Dadurch entsteht ein anterio-posteriorer Gradient des hunchback-Proteins, das im nächsten Stadium der Musterbildung als Morphogen wirkt. Da die maternale *hunchback*-mRNA in geringer Menge gleichmäßig im Ei verteilt ist, würde ihre Translation im hinteren Bereich zu einer zu hohen Konzentration des hunchback-Proteins führen. Um im hinteren Teil des Em-

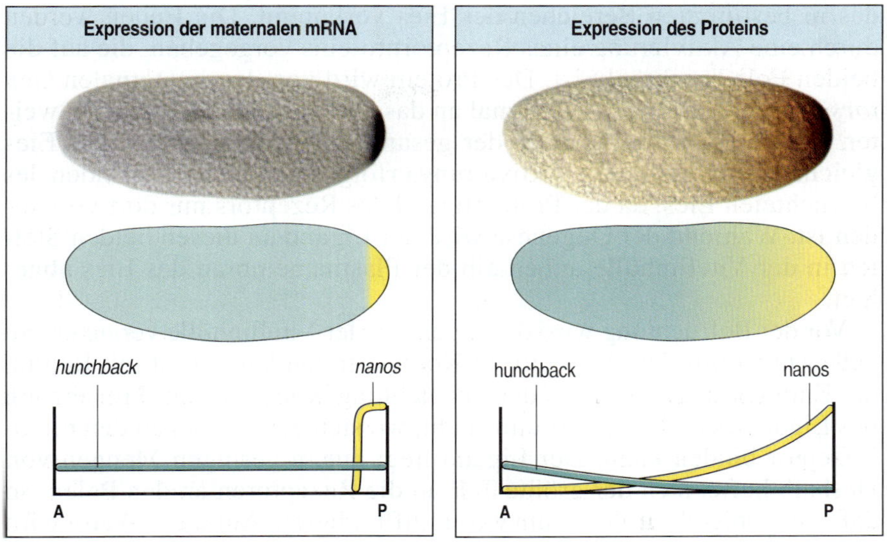

5.6 Bildung des maternalen Gradienten für das hunchback-Protein. Links: Die maternale *hunchback*-mRNA (türkis) kommt im gesamten Ei in verhältnismäßig geringer Konzentration vor, während die *nanos*-mRNA (gelb) auf den hinteren Bereich beschränkt ist. Das Photo stammt von einer *in situ*-Hybridisierung und zeigt die *nanos*-mRNA. Rechts: Nach der Befruchtung wird die *nanos*-mRNA translatiert. Das nanos-Protein blockiert die Translation der *hunchback*-mRNA im hinteren Bereich. Dadurch entsteht ein flacher anterio-posteriorer Gradient des maternalen hunchback-Proteins. Das Photo zeigt die Verteilung des nanos-Proteins, die mit einem markierten Antikörper nachgewiesen wurde. Aufnahme mit freundlicher Genehmigung von R. Lehmann, aus Suzuki et al. 1996.

bryos einen deutlichen anterio-posterioren Gradienten des zygotischen hunchback-Proteins aufzubauen, muß die Translation der posterioren maternalen *hunchback*-mRNA gehemmt werden. Dafür ist das nanos-Protein zuständig (Abbildung 5.6). Dazu bindet es an einen Komplex aus der *hunchback*-mRNA und dem Protein, das vom *pumilio*-Gen codiert wird.

Das vierte wichtige maternale Produkt ist die *caudal*-mRNA. Sie ist wie die *hunchback*-mRNA zu Beginn gleichmäßig im gesamten Ei verteilt. Durch Hemmung der caudal-Proteinsynthese baut sich vom hinteren zum vorderen Pol des Embryos ein Gradient dieses Proteins auf. Aufgrund der niedrigen Konzentration des bicoid-Proteins am Hinterende des Embryos ist die Konzentration des caudal-Proteins dort am höchsten. Mutationen des *caudal*-Gens führen zu einer anomalen Entwicklung der Abdominalsegmente.

Kurz nach der Befruchtung müssen also entlang der Längsachse mehrere Gradienten maternaler Proteine entstehen. Zwei Gradienten, die des bicoid- und hunchback-Proteins, verlaufen von vorne nach hinten, während der Gradient des caudal-Proteins von hinten nach vorne verläuft. Als nächstes betrachten wir den etwas anders gearteten Mechanismus, durch den die beiden Enden des Embryos festgelegt werden.

5.4 Die anterioren und posterioren Enden des Embryos werden durch Aktivierung eines Zelloberflächenrezeptors festgelegt

Eine dritte Gruppe maternaler Gene spezifiziert die Strukturen an den äußeren Enden der Längsachse – Akron und Kopfregion am Vorderende und Telson und letztes Abdominalsegment am Hinterende. Ein Schlüsselgen dieser Gruppe ist *torso*. Mutationen von *torso* können zu Embryonen führen, die weder Akron noch Telson haben (Abbildung 5.3). Das deutet darauf hin, daß die beiden Endbereiche trotz ihrer topographischen Trennung nicht unabhängig voneinander, sondern auf dieselbe Weise angelegt werden.

Wo sich die Endbereiche befinden, wird durch einen interessanten Mechanismus festgelegt. Dabei wirkt ein maternales Genprodukt mit, das in bestimmten Bereichen des Eies vorkommt. Die Enden werden durch eine Aktivierung eines Rezeptorproteins vorgegeben, die auf die beiden Pole beschränkt ist. Das Protein wird von dem maternalen Gen *torso* codiert und gibt sein Signal an das angrenzende Cytoplasma weiter. Der torso-Rezeptor ist in der gesamten Plasmamembran des Eies gleichmäßig verteilt. Die Aktivierung erfolgt aber nur an den Enden des befruchteten Eies, da der Proteinligand des Rezeptors nur dort vorhanden ist. Während der Oogenese wird der Ligand an diesen beiden Stellen in der Vitellinhülle außerhalb der Plasmamembran des Eies abgelegt.

Vor der Befruchtung wird der Ligand in der Vitellinhülle verankert, so daß er nicht mit dem Rezeptor in Kontakt treten kann. Erst mit Beginn der Entwicklung, also nach der Befruchtung, kommt es zur Freisetzung des Liganden in den Perivitellinraum, wo sich der Ligand an den torso-Rezeptor binden kann. Der Ligand liegt nur in geringen Mengen vor. Deshalb heftet sich der größte Teil an die Rezeptoren an den Polen, so daß nur wenig übrigbleibt, um wegzudiffundieren. Auf diese Weise wird an beiden Polen in einem begrenzten Bereich der Rezeptor aktiviert (Abbildung 5.7). Durch die Stimulierung des torso-Rezeptors wird ein Signal erzeugt, das durch die Plasmamembran in das Innere des sich entwickelnden Embryos übertragen wird. Dieses Signal aktiviert die zygotischen Gene an beiden Polen und bestimmt so, wo sich die beiden Enden des Embryos befinden. Das torso-Protein gehört zur großen Gruppe der Transmembranrezeptoren, die man auch als Rezeptortyrosinkinasen bezeichnet. Diese besitzen an der cytoplasmatischen Oberfläche des Rezeptors eine Proteintyrosinkinase, die durch die Bindung des Liganden aktiviert wird und das Signal durch Phosphorylierung cytoplasmatischer Proteine weiterleitet.

Dieser ausgefeilte Mechanismus zur lokalen Rezeptoraktivierung wird nicht nur bei der Festlegung der Endbereiche des Embryos benutzt, sondern auch bei der Anlage der dorso-ventralen Achse, mit der wir uns als nächstes befassen werden.

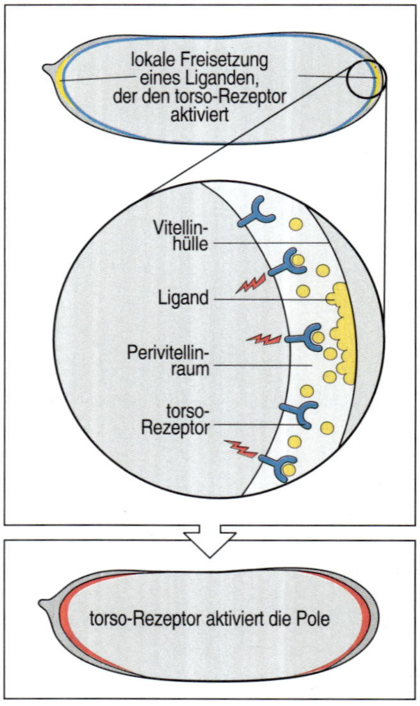

5.7 Das *torso*-Gen ist an der Spezifizierung der Endregionen des Embryos beteiligt. Das Rezeptorprotein, das vom *torso*-Gen codiert wird, kommt in der gesamten Plasmamembran des Eies vor. Sein Ligand wurde während der Oogenese in der Vitellinmembran an beiden Polen des Eies abgelegt. Nach der Befruchtung kommt es zur Freisetzung des Liganden, der durch den Perivitellinraum diffundiert und das torso-Rezeptorprotein nur an den Enden des Embryos aktiviert.

5.5 Die dorso-ventrale Polarität des Eies wird durch die Positionierung maternaler Proteine in der Vitellinhülle bestimmt

Die dorso-ventrale Achse wird durch eine andere Gruppe maternaler Gene spezifiziert als die Längsachse. Angelegt wird sie jedoch analog zu dieser bereits im unbefruchteten Ei im Ovar. Durch die Ablagerung eines maternalen Proteins in der Vitellinhülle außerhalb des Embryos an nur einer Seite des Eies wird das ventrale Ende der Achse festgelegt. Daraus entsteht später der Ventralbereich des Embryos.

Dieses positionierte Protein ruht bis nach der Befruchtung latent in der Vitellinhülle. Dann löst es in der Hülle eine Reihe von lokalen Reaktionen aus, an denen die Produkte mehrerer maternaler Gene beteiligt sind. Diese Reaktionen führen zum Processing des spätzle-Proteins, das vom Ei gleichmäßig in den Perivitellinraum sezerniert worden ist; dadurch entsteht ein spätzle-Fragment. Wie der Ligand für den torso-Rezeptor ist das spätzle-Fragment der Ligand für ein Rezeptorprotein, das über die gesamte Plasmamembran des Eies verteilt ist. In diesem Fall ist der Rezeptor das Produkt des maternalen *Toll*-Gens.

Aufgrund der örtlichen Begrenzung des Processings entsteht das spätzle-Fragment ausschließlich im ventralen Perivitellinraum. Daher aktiviert es den Toll-Rezeptor nur im späteren Ventralbereich des Embryos, von wo aus ein Signal in das benachbarte Cytoplasma des Embryos gelangt. Die Aktivierung des Toll-Rezeptors ist dort am stärksten, wo die Konzentration des Liganden am größten ist. Sie nimmt jedoch schnell ab – wahrscheinlich aufgrund der begrenzten Menge an Liganden, die von den Rezeptoren abgefangen werden. In diesem Stadium ist der Embryo noch ein syncytiales Blastoderm. Die Stimulierung des Toll-Rezeptors erzeugt ein Signal, aufgrund dessen ein maternales Genprodukt aus dem angrenzenden Cytoplasma, das dorsal-Protein, in die nächstgelegenen Zellkerne wandert (Abbildung 5.8). Dieses Protein, das vom *dorsal*-Gen codiert wird, ist ein Transkriptionsfaktor, der für die Strukturierung der Dorsoventralachse von entscheidender Bedeutung ist.

5.6 Das dorsal-Protein vermittelt die Positionsinformation entlang der Dorsoventralachse

Die erste dorso-ventrale Strukturierung des Embryos erfolgt im rechten Winkel zur Längsachse – etwa zu der Zeit, in der sich diese Achse in die terminalen, anterioren und posterioren Bereiche teilt. Der Embryo teilt sich entlang der Dorsoventralachse zuerst in vier Regionen (Abbildung 5.1). Die Verteilung des maternalen dorsal-Proteins steuert die Musterbildung entlang dieser Achse.

Das dorsal-Protein ist entlang der Dorsoventralachse gleichmäßig verteilt. Zu Beginn kommt es nur im Cytoplasma vor, unter dem Einfluß von Signalen des ventral aktivierten Toll-Rezeptors wandert es jedoch in die Zellkerne. Dies erfolgt in Form eines Gradienten, wobei in den ventralen Zellkernen die höchste Konzentration herrscht. Je schwächer das Toll-Signal wird, desto stärker nimmt die Konzentration von ventral zu dorsal kontinuierlich ab (Abbildung 5.8). Je mehr Toll-Rezeptoren vom spätzle-Fragment aktiviert werden, um so mehr dorsal-Protein gelangt in die Zellkerne. In den dorsalen Bereichen des Embryos

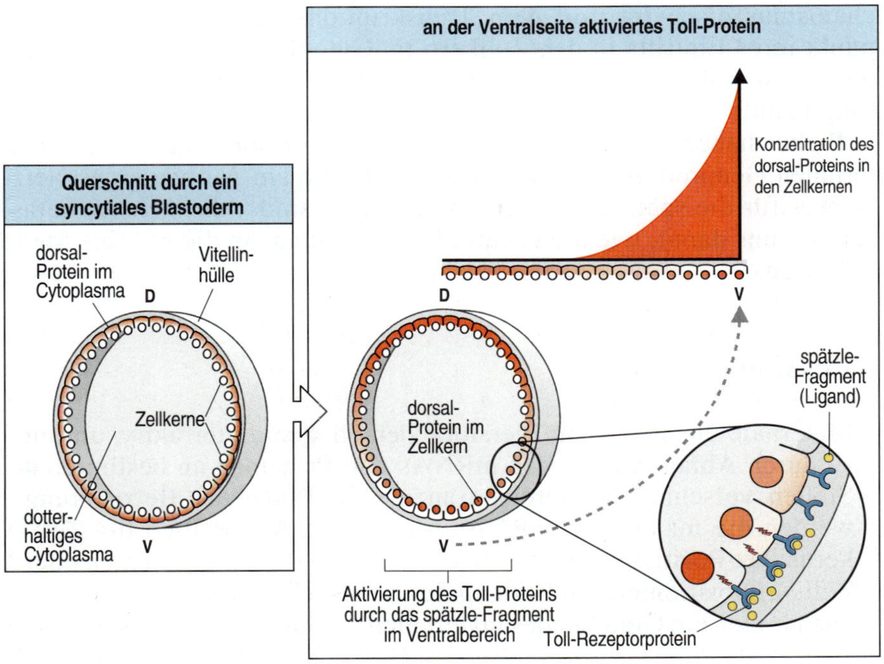

5.8 Die Aktivierung des Toll-Proteins führt zu einem Gradienten des zellkerninternen dorsal-Proteins entlang der dorso-ventralen Achse. Vor der Rezeptoraktivierung ist das dorsal-Protein gleichmäßig in der peripheren Bande des Cytoplasmas verteilt. Das Toll-Protein ist ein Rezeptor, der nur in der Ventralregion durch einen maternalen Liganden (das spätzle-Fragment) aktiviert wird. Nach der Befruchtung im Perivitellinraum erfolgt das Processing des Liganden. Durch die lokale Aktivierung des Toll-Rezeptors gelangt das dorsal-Protein in die nächstliegenden Zellkerne. Die zellkerninterne Konzentration des dorsal-Proteins ist in den ventralen Zellkernen am größten, so daß ein Gradient von der Ventral- zur Dorsalseite entsteht.

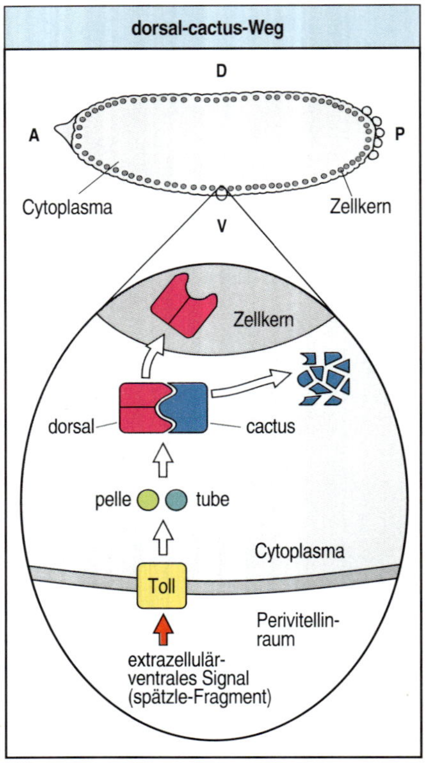

5.9 Die Mechanismen zur Verankerung des dorsal-Proteins im Zellkern. In unbefruchteten Eiern ist das dorsal-Protein im Cytoplasma an das cactus-Protein gebunden, was das Eindringen des dorsal-Proteins in die Zellkerne verhindert. Das Signal, das durch die Aktivierung des Toll-Rezeptors entsteht, wird entlang eines intrazellulären Signalwegs weitergeleitet, an dem noch andere maternale Genprodukte beteiligt sind (zum Beispiel die der *tube*- und *pelle*-Gene). Schließlich wird das cactus-Protein abgebaut. Da es nicht länger an das dorsal-Protein gebunden ist, kann dieses nun in die Zellkerne eindringen.

enthalten die Zellkerne nur wenig oder gar kein dorsal-Protein. Die Funktion des Toll-Rezeptors hat man aufgrund der Beobachtung entdeckt, daß Embryonen, denen der Rezeptor fehlt, stark „dorsalisiert" sind – das heißt, keine ventralen Strukturen entwickeln. In diesen Embryonen wandert das dorsal-Protein nicht in die Zellkerne, sondern bleibt gleichmäßig im Cytoplasma verteilt. Überträgt man Wildtyp-Cytoplasma in Embryonen mit der *Toll*-Mutation, entsteht eine neue dorsoventrale Achse, wobei die Ventralregion immer an der Injektionsstelle entsteht. Der Toll-Rezeptor des Wildtyp-Cytoplasmas dringt an der Injektionsstelle in die Membran ein. Die spätzle-Fragmente, die nun durch den Perivitellinraum diffundieren, aktivieren diese in einem begrenzten Bereich vorhandenen Toll-Rezeptoren und setzen eine Reaktionskette in Gang, die dazu führt, daß das dorsal-Protein in die nächstgelegenen Zellkerne wandert. Auf diese Weise wird die Injektionsstelle zur Ventralregion.

Wenn das Signal des Toll-Rezeptors fehlt, kann das dorsal-Protein nicht in die Zellkerne eindringen, da es im Cytoplasma an ein anderes maternales Genprodukt, das cactus-Protein, gebunden ist. Dieses wird aufgrund der Aktivierung des Toll-Rezeptors abgebaut und bindet sich daher nicht mehr an das dorsal-Protein. Dieses wird dadurch freigesetzt und dringt in die Zellkerne ein (Abbildung 5.9). Bei Embryonen, denen das cactus-Protein fehlt, findet man fast das gesamte dorsal-Protein in den Zellkernen. Dann gibt es einen sehr schwachen Konzentrationsgradienten, und die Embryonen werden „ventralisiert" – das heißt, sie bilden keine dorsalen Strukturen aus.

Die Wechselwirkung zwischen dem dorsal- und dem cactus-Protein besitzt mehr als nur lokale Bedeutung: Das dorsal-Protein ist ein Transkriptionsfaktor mit starker Homologie zum Transkriptionsfaktor NF-κB der Vertebraten, der bei der Regulation der Genexpression von B-Zellen des Immunsystems eine Rolle spielt. NF-κB kommt auch im Cytoplasma der B-Zellen vor und ist dort an ein anderes Protein gebunden, das I-κB. Dieses Protein verhindert, daß NF-κB in den Zellkern gelangt, bevor die Zelle das Signal erhalten hat, das zur Dissoziation des Komplexes führt. I-κB zeigt Homologien mit dem cactus-Protein von *Drosophila*. Was auf den ersten Blick als spezieller Mechanismus erscheint, mit dem Transkriptionsfaktoren bis zum Zeitpunkt ihres Eintritts in den Zellkern im Cytoplasma festgehalten werden, wird wahrscheinlich häufiger zur Steuerung der Zelldifferenzierung benutzt.

Bisher haben wir uns auf die Bedeutung von lokal-begrenzten maternalen Genprodukten im Ei konzentriert, die am Aufbau eines Netzwerkes für die spätere Entwicklung beteiligt sind. Als nächstes befassen wir uns damit, wie die Genprodukte so genau an die richtige Stelle gelangen.

Zusammenfassung

Maternale Gene sind im Eierstock der Fliegenmutter aktiv, um im Ei durch Ablagerungen von mRNAs und Proteinen an bestimmten Stellen verschiedene Bereiche anzulegen. Nach der Befruchtung werden die maternalen mRNAs translatiert. So erhalten die Zellkerne ihre Positionsinformation in Form von Proteingradienten oder Zellkernpositionierung. Entlang der Längsachse verläuft von vorne nach hinten ein Gradient des maternalen bicoid-Proteins, das im vorderen Bereich die Musterbildung steuert. Für eine normale Entwicklung darf in der hinteren Region kein hunchback-Protein vorhanden sein; seine Expression wird außerdem durch einen von hinten nach vorn verlaufenden Gradienten des nanos-Proteins unterdrückt. Die äußersten Enden des Embryos werden durch eine lokal begrenzte Aktivierung des torso-Rezeptors an den Polen angelegt. Die dorso-ventrale Achse entsteht durch Verlagerung des dorsal-Proteins in die Zellkerne in Form eines ventro-dorsalen Gradienten. Dies ist das Ergebnis einer ausschließlich ventralen Aktivierung des Toll-Membranrezeptors durch ein Fragment des spätzle-Proteins.

Übersicht: Aktivität der maternalen Gene im befruchteten Ei von *Drosophila*

anterio-posterior	dorso-ventral
mRNAs: die *bicoid*-mRNA bildet einen Gradienten vom anterioren zum posterioren Pol; die *hunchback*-mRNA ist gleichmäßig verteilt; Gradient der *nanos*-mRNA und *caudal*-mRNA vom posterioren zum anterioren Pol	das spätzle-Protein aktiviert den Toll-Rezeptor an der Ventralseite
⇩	⇩
nach Bildung des bicoid-Protein-Gradienten wird die Translation der *hunchback*-mRNA in der posterioren Region durch das nanos-Protein unterdrückt	das dorsal-Protein gelangt in die ventralen Zellkerne, es entsteht ein Gradient von der Dorsal- zur Ventralseite

Endregionen: torso-Rezeptor wird an den Enden des Eies aktiviert

Polarisierung der Körperachsen während der Oogenese

Wenn das Ei von *Drosophila* den Eierstock verläßt, besitzt es bereits eine deutliche Organisationsstruktur: Die *bicoid*-mRNA befindet sich am Vorderende, die *nanos*- und die *caudal*-mRNA dagegen am Hinterende. Der Ligand für das torso-Protein kommt an beiden Polen in der Vitellinhülle vor, andere maternale Proteine nur in der ventralen Vitellinhülle. Zahlreiche andere mRNAs und Proteine wie das Toll-, torso-, dorsal- und cactus-Protein sind gleichmäßig verteilt. Wie gelangen diese maternalen mRNAs und Proteine während der Entwicklungszeit im Ovar (Oogenese) in das Ei und dort an die richtige Stelle?

Abbildung 5.10 zeigt die Entwicklung eines Eies im Eierstock von *Drosophila*. Eine Stammzelle durchläuft vier mitotische Teilungen. Dadurch entstehen 16 Zellen, die über cytoplasmatische Brücken miteinander verbunden sind. Eine dieser 16 Zellen wird zur **Oocyte**, die anderen entwickeln sich zu **Nährzellen**, die große Mengen an Proteinen und RNAs synthetisieren. Diese werden über die cytoplasmatischen Brücken in das Ei transportiert. Somatische Ovarzellen bilden um die Nährzellen und die Oocyte eine Hülle aus **Follikelzellen**; so entsteht die Eikammer. Außerdem kommt diesen Zellen bei der Ausbildung der Eiachsen eine Schlüsselrolle zu. Es gibt verschiedene Arten von Follikelzellen, die unterschiedliche Gene exprimieren und damit auch unterschiedlich auf die Oocyte einwirken (Abbildung 5.11). Follikelzellen

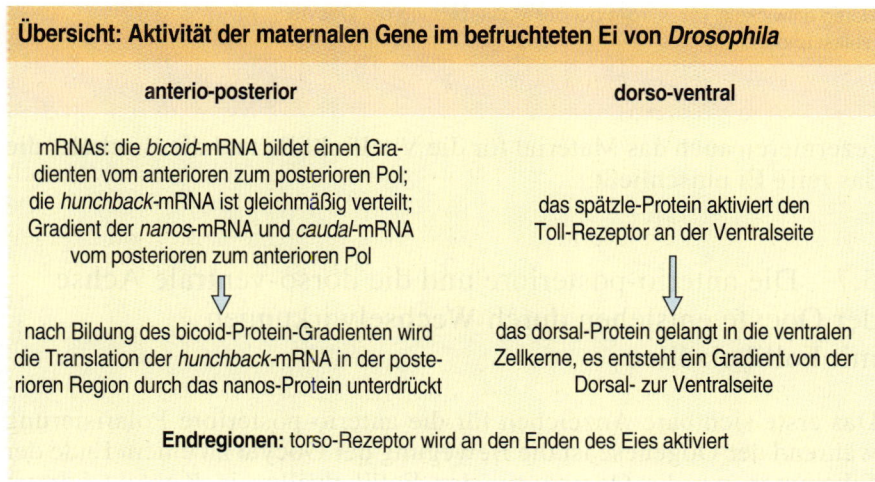

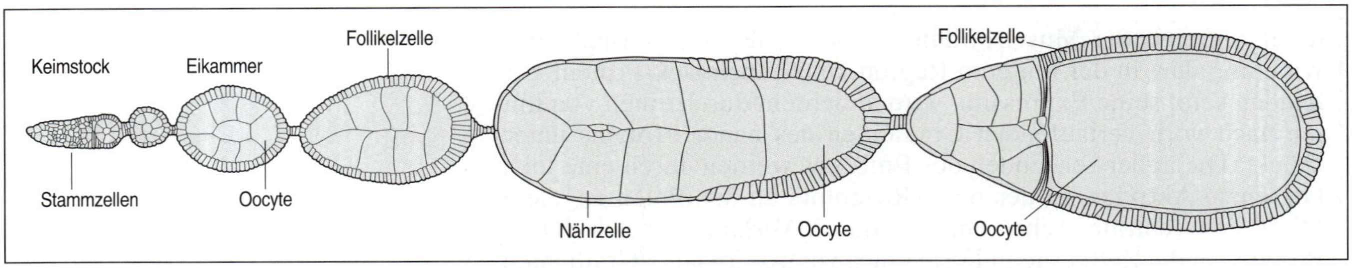

5.10 Entwicklung des Eies bei *Drosophila*. Die Entwicklung der Oocyte beginnt in einem Keimstock (Germarium), an dessen einem Ende sich die Stammzellen befinden. Eine Stammzelle teilt sich viermal, so daß schließlich 16 Zellen entstehen, die über cytoplasmatische Brücken miteinander verbunden sind. Eine der Zellen, die mit vier anderen verbunden ist, wird zur Oocyte, die anderen entwickeln sich zu Nährzellen. Follikelzellen umgeben die Nährzellen und die Oocyte. Die so entstandene Struktur schnürt sich von dem Keimstock ab und bildet eine Eikammer. Die nacheinander erzeugten Eikammern sind noch an ihren Polen miteinander verbunden. Die Oocyte wächst, während ihr die Nährzellen über die cytoplasmatischen Brücken Material zuführen. Die Follikelzellen spielen eine Schlüsselrolle bei der Musterbildung der Oocyte.

sezernieren auch das Material für die Vitellinhülle und die Eischale, die das reife Ei umschließt.

5.7 Die anterio-posteriore und die dorso-ventrale Achse der Oocyte entstehen durch Wechselwirkungen mit Follikelzellen

Das erste sichtbare Anzeichen für die anterio-posteriore Polarisierung während der Oogenese ist die Bewegung der Oocyte zu einem Ende der Eikammer, wo die Oocyte mit den Follikelzellen in Kontakt kommt (Abbildung 5.12) und diese veranlaßt, posteriore Eigenschaften zu entwickeln. Im Gegensatz dazu bleiben die vorderen Follikelzellen, die nicht mit der Oocyte in Kontakt stehen, unbeeinflußt und werden zu anterioren Follikelzellen. Das auslösende Signal der Oocyte wird vom gurken-Protein übertragen, das zur Familie der transformierenden α-Wachstumsfaktoren (TGF-α) gehört. Die Oocyte erzeugt und sezerniert das gurken-Protein am posterioren Ende, wo sich zu dieser Zeit der Zellkern befindet. Das gurken-Protein heftet sich an einen Rezeptor in der Plasmamembran der Follikelzellen, der vom *torpedo*-Gen codiert wird. Das torpedo-Protein ist eine Transmembranrezeptor-Tyrosinkinase ähnlich dem Rezeptor des epidermalen Wachstumsfaktors.

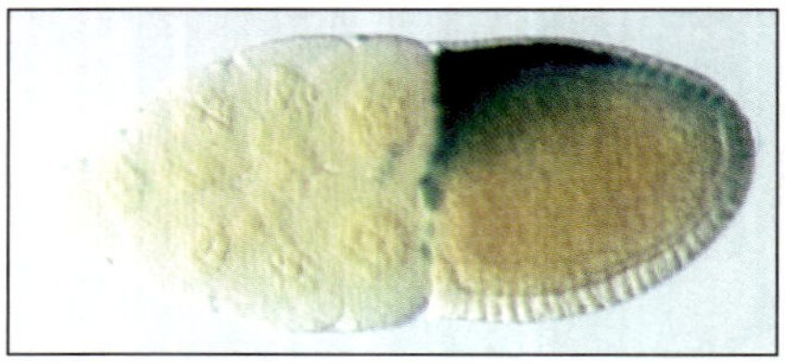

5.11 Entwicklung der *Drosophila*-Oocyte. Eine sich entwickelnde *Drosophila*-Oocyte (rechts) ist mit ihren 15 Nährzellen (links) verbunden und von einer Einzelschicht aus 700 Follikelzellen umgeben. Die Oocyte und die Follikelschicht legen zu diesem Zeitpunkt gemeinsam die spätere dorso-ventrale Achse des Eies und des Embryos fest. Das zeigt sich an der Expression eines bestimmten Gens, das nur in den Follikelzellen (blau) exprimiert wird, die über dem vorderen Dorsalbereich der Oocyte liegen. Aufnahme mit freundlicher Genehmigung von A. Spradling.

Die hinteren Follikelzellen senden ein Signal zurück an die Oocyte. Dadurch lagert sich das Mikrotubuli-Cytoskelett der Oocyte zu einem Cluster von Mikrotubuli um, der sich vom vorderen zum hinteren Ende erstreckt. Diese Umstrukturierung ist essentiell für die Ablagerung der *bicoid*-mRNA am vorderen Ende des Eies. Die *bicoid*-mRNA wird von den Nährzellen gebildet, die dem anterioren Ende der sich entwickelnden Oocyte am nächsten liegen, und von dort auf das Ei übertragen. Die *bicoid*-mRNA interagiert mit der Gruppe der Mikrotubuli, gelangt dadurch zum Vorderende und wird dort festgehalten. Ähnlich wird die *oskar*-mRNA, die das hintere Keimplasma des Eies anlegt, aus dem wiederum die Keimzellen hervorgehen, durch die Nährzellen in die Oocyte transportiert. Die *oskar*-mRNA gelangt dann durch Wechselwirkung mit den Mikrotubuli zum Hinterende. Die *nanos*-mRNA wird auch an das posteriore Ende transportiert. Für die Positionierung der *bicoid*-mRNA sind mehrere maternale Gene erforderlich. Fliegenmütter, denen zum Beispiel das *exuperantia*-Gen fehlt, bilden Eier, bei denen sich die *bi-*

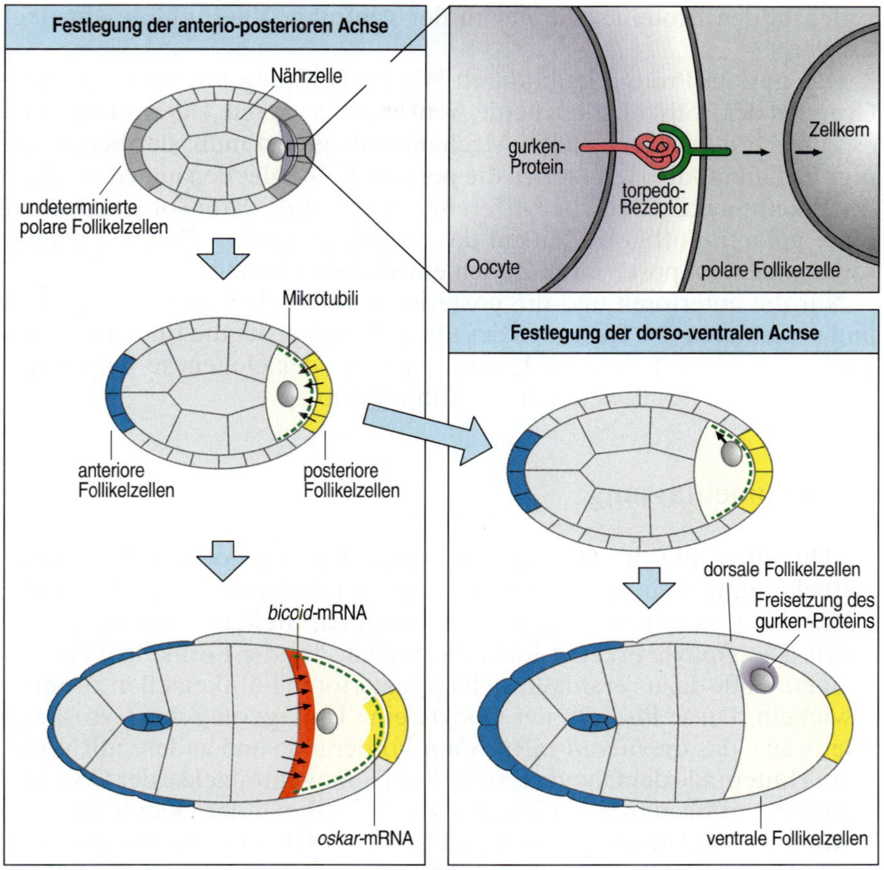

5.12 Spezifizierung der anterio-posterioren und der dorso-ventralen Achse während der Oogenese von *Drosophila*. Die Oocyte wandert zum hinteren Ende der Eikammer und kommt mit den polaren Follikelzellen in Kontakt. Die Nährzellen trennen die Oocyte am anterioren Ende (blau) von den Follikelzellen. Die *gurken*-mRNA wird synthetisiert, und das gurken-Protein lokal sezerniert. Die Bindung dieses Proteins an das torpedo-Rezeptorprotein der angrenzenden Follikelzelle führt zu deren Spezifizierung zu posterioren polaren Follikelzellen (gelb). Diese senden ein Signal an die Oocyte zurück, die ihr Cytoskelett (grüne Mikrotubuli) umstrukturiert. Auf diese Weise wird die Verankerung des bicoid- und des oskar-Proteins am vorderen beziehungsweise hinteren Ende der Oocyte gesteuert und damit die Längsachse festgelegt. Die anschließende Wanderung des Zellkerns zur späteren Dorsalseite und die lokale Freisetzung des gurken-Proteins spezifiziert dann die benachbarten Follikelzellen zu dorsalen Follikelzellen und diese Seite der Oocyte zur späteren Dorsalseite. Nach Gonzáles-Reyes et al. 1995.

coid-mRNA nicht nur im vorderen Teil befindet, sondern über das ganze Ei verteilt ist. Das *exuperantia*-Gen muß also an der Verankerung im Vorderteil beteiligt sein.

Die dorso-ventrale Achse des Eies wird in einer späteren Folge von Wechselwirkungen zwischen der Oocyte und den Follikelzellen angelegt. Diese setzen ein, nachdem das hintere Ende des Eies festliegt und hängen von der vorherigen Umstrukturierung des Mikrotubuli-Clusters ab. Der Zellkern der Oocyte bewegt sich entlang der Mikrotubuli vom hinteren Ende der Oocyte zu einer Stelle am vorderen Rand. An dieser neuen Position wird erneut das *gurken*-Gen im Zellkern der Oocyte exprimiert. Jetzt wirkt das lokal sezernierte gurken-Protein als Signal für die an eine Seite der Oocyte angrenzenden Follikelzellen und macht diese zu dorsalen Follikelzellen. Die Seite, die weiter vom Zellkern entfernt ist, wird so automatisch zur Ventralseite. Die ventralen Follikelzellen bilden Proteine, die nur in der ventralen Vitellinhülle abgelegt werden.

Das gurken-Protein kann durch Wechselwirkung mit verschiedenen Gruppen der Follikelzellen beide Achsen polarisieren. Daraus folgt, daß es einen früher einsetzenden Mechanismus geben muß, der bereits einige Zellen modifiziert – etwa die polaren Follikelzellen an jedem Ende der Eikammer. Eine solche Differenzierung würde dafür sorgen, daß nur diese polaren Follikelzellen auf das Signal des gurken-Proteins reagieren und sich zu posterioren Zellen entwickeln können.

Nur die anterioren und die posterioren Follikelzellen synthetisieren und sezernieren den Liganden des torso-Proteins, der die Enden des Eies festlegt. So lagert sich der Ligand während der Oogenese nur an den beiden Enden des Eies in der Vitellinhülle ab.

Zusammenfassung

Nährzellen, die die Oocyte von *Drosophila* im Follikel des Eierstockes umgeben, versorgen sie mit großen Mengen von mRNA und Proteinen, von denen einige an bestimmten Stellen verankert werden. Die Oocyte erzeugt lokal ein Signal, das die Follikelzellen an einem Ende dazu veranlaßt, sich zu posterioren Follikelzellen zu entwickeln. Diese lösen in der Oocyte eine Umlagerung des Cytoskeletts aus, das die *bicoid*-mRNA am Vorderende und andere mRNAs am Hinterende der Oocyte fixiert. Die Dorsoventralachse der Oocyte wird ebenfalls durch ein lokal begrenztes Signal der Oocyte an bestimmte Follikelzellen angelegt. Diese entwickeln sich dann zu dorsalen Follikelzellen. Follikelzellen an der gegenüberliegenden Seite der Oocyte spezifizieren die Ventralseite der Oocyte, indem sie in der ventralen Vitellinhülle maternale Proteine ablegen. Die Follikelzellen an den beiden Enden der Oocyte bestimmen, wo sich die Enden befinden.

Übersicht: Polarisierung der Achsen in der Oocyte von *Drosophila*

anterio-posterior

die Oocyte wandert zum posterioren Ende des Follikels

⇩

das gurken-Protein der Oocyte induziert die posterioren Follikelzellen durch das torpedo-Protein

⇩

ein posteriores Signal der Follikelzellen strukturiert das Cytoskelett der Oocyte um ⇨ (dorso-ventral)

⇩

die *bicoid*-mRNA befindet sich im anterioren, die *oskar*- und andere mRNAs im posterioren Bereich

dorso-ventral

der Zellkern wandert auf die Dorsalseite

⇩

das gurken-Protein der Oocyte induziert dorsale Follikelzellen

⇩

ventrale Follikelzellen legen ventrale Proteine in der Dotterhülle ab

Endregionen: Follikelzellen an beiden Enden des Eies legen den Liganden für das torso-Protein in der Dotterhülle ab

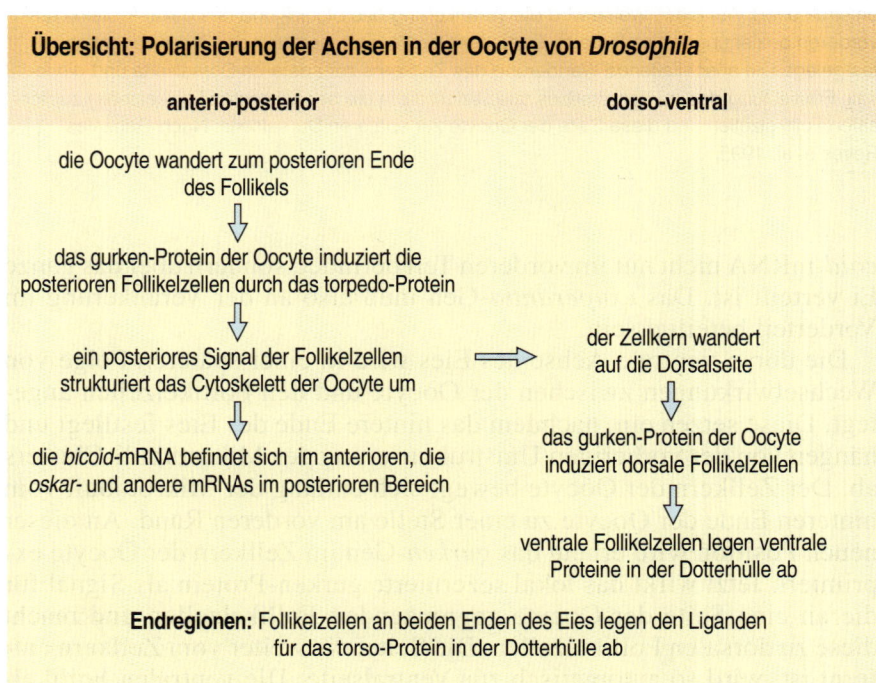

Zygotische Gene sorgen für die Musterbildung im frühen Embryo

Die Erforschung der genauen Mechanismen, die für die Entwicklung der Körperachsen von *Drosophila* verantwortlich sind, ist eine bedeutende Leistung. Daher kann bei Wissenschaftlern, die mit anderen Tieren wie etwa Fröschen oder Hühnern arbeiten, über die nur sehr wenig bekannt ist, durchaus ein gewisser Neid aufkommen. Wir haben uns bisher damit befaßt, wie die Gradienten der bicoid-, hunchback- und caudal-Proteine entlang der anterio-posterioren Achse entstehen und wie sich das dorsal-Protein über einen Gradienten entlang der dorso-ventralen Achse in den Zellkernen verteilt. Dieses maternal codierte Netzwerk, das Positionsinformationen enthält, wird durch zygotische Gene umgesetzt und fortentwickelt. So erhält jede Region des Embryos ihre eigene Identität. Die meisten zygotischen Gene, die zuerst entlang der anterio-posterioren und der dorso-ventralen Achse aktiviert werden, codieren Transkriptionsfaktoren. Diese verteilen sich auf diese Weise entlang der Achsen und aktivieren weitere zygotische Gene. Wir befassen uns zuerst mit der Musterbildung entlang der Dorsoventralachse, die in mancher Hinsicht einfacher verläuft als entlang der anterio-posterioren Achse.

5.8 Das dorsal-Protein steuert die Expression zygotischer Gene

Nachdem das dorsal-Protein in die Zellkerne gelangt ist, führt es über die Genexpression zu einer Teilung der dorso-ventralen Achse in festgelegte Bereiche und zur Spezifizierung der untersten ventralen Zellen zum künftigen Mesoderm. Die Hauptregionen von der Ventral- zur Dorsalseite sind: Mesoderm, ventrales Ektoderm (künftiges Neuroektoderm), dorsales Ektoderm (künftige dorsale Epidermis) und die künftige Amnioserosa (eine extraembryonale Membran an der Dorsalseite des Embryos, die sich bei Abschluß der Embryonalentwicklung ablöst). Aus dem Mesoderm entstehen die inneren Weichteile wie etwa die Muskulatur und das Bindegewebe. Das ventrale Ektoderm entwickelt sich zur Epidermis und dem gesamten Nervengewebe. Aus dem dorsalen Ektoderm entsteht nur die Epidermis. Das dritte Keimblatt, das Entoderm, das sich an beiden Enden des Embryos befindet und mit dem wir uns hier nicht beschäftigen werden, bringt den Mitteldarm hervor.

Die Musterbildung entlang der Achsen führt zu einem Problem wie bei der französischen Flagge (Abschnitt 1.13). Die Expression der zygotischen Gene in lokal begrenzten Bereichen entlang der Dorsoventralachse wird zuerst durch einen Konzentrationsgradienten des zellkerninternen dorsal-Proteins gesteuert. Dieses verschwindet schnell aus der dorsalen Hälfte des Embryos, so daß man in den Zellkernen oberhalb des Äquators nur noch wenig von diesem Protein findet. Im Ventralbereich erfüllt das dorsal-Protein vor allem zwei Funktionen: Es aktiviert bestimmte Gene an spezifischen Positionen; außerdem unterdrückt es die Aktivität anderer Gene, die deshalb nur dorsal exprimiert werden (Abbildung 5.13).

Im untersten ventralen Bereich, wo die Konzentration des zellkerninternen dorsal-Proteins am höchsten ist, aktiviert das Protein die zygotischen Gene *twist* und *snail* in einem schmalen Streifen von Zellkernen entlang der Ventralseite des Embryos. Kurz danach entstehen im

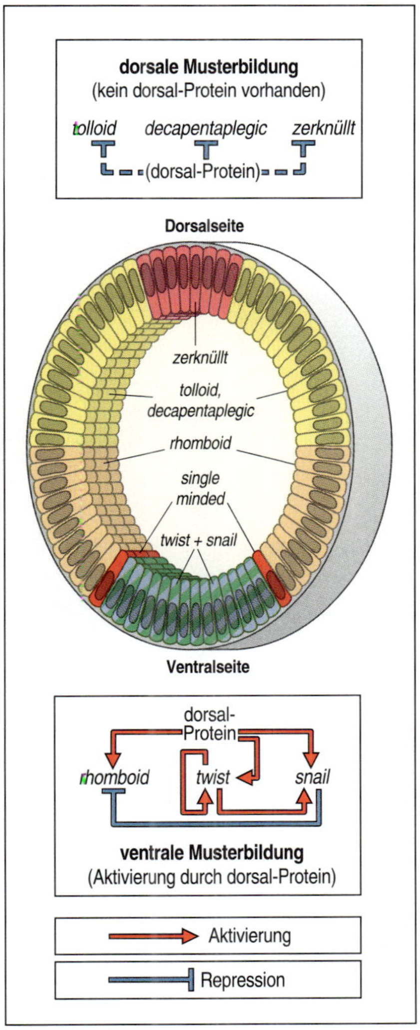

5.13 Modell für die Unterteilung der dorso-ventralen Achse in verschiedene Bereiche durch den Gradienten des zellkerninternen dorsal-Proteins. In der Dorsalregion, wo kein dorsal-Protein vorhanden ist, wird die Expression der Gene *tolloid*, *zerknüllt* und *decapentaplegic* nicht unterdrückt. In der Ventralregion aktiviert das dorsal-Protein die Gene *twist*, *snail* und *rhomboid*. Das *twist*-Gen wirkt autoregulatorisch und hält seine eigene Expression aufrecht, außerdem aktiviert es das *snail*-Gen. Das snail-Protein hemmt die *rhomboid*-Expression. Das dorsal-Protein aktiviert das *single-minded*-Gen; wo dieses in der Zelle vorkommt, hängt jedoch von anderen Genen ab.

Blastoderm Zellen. Dieser ventrale Zellstreifen bildet das Mesoderm. Die Expression von *twist* und *snail* ist sowohl für die Entwicklung der Zellen zum Mesoderm als auch für die Gastrulation erforderlich, wenn der ventrale Zellenstreifen in das Innere des Embryos wandert (Abschnitt 8.8). Im künftigen Neuroektoderm, aus dem sowohl das Nervensystem als auch die ventrale Epidermis der Larve hervorgehen, wird bei geringen Mengen des dorsal-Proteins das *rhomboid*-Gen aktiviert. Dieses Gen wird nicht in den stärker ventral gelegenen Bereichen exprimiert, da es dort durch das snail-Protein reprimiert wird.

Das dorsal-Protein reprimiert die Gene *decapentaplegic*, *tolloid* und *zerknüllt*, so daß sich deren Aktivität auf weiter dorsal gelegene Bereiche des Embryos beschränkt, wo praktisch kein dorsal-Protein in den Zellkernen vorhanden ist. Das *zerknüllt*-Gen wird am weitesten dorsal exprimiert; es spezifiziert anscheinend die Amnioserosa. Das *decapentaplegic*-Gen besitzt eine Schlüsselfunktion für die Musterbildung im dorsalen Teil der dorso-ventralen Achse. Der nächste Abschnitt befaßt sich genauer mit der Funktion dieses Gens.

Mutationen in den maternalen Dorsoventralgenen können zu einer Dorsalisierung oder Ventralisierung des Embryos führen. In dorsalisierten Embryonen wird das dorsal-Protein überall daran gehindert, in die Zellkerne zu gelangen. Das hat zahlreiche Konsequenzen, unter anderem die, daß das *decapentaplegic*-Gen überall exprimiert wird. Das paßt zu der Beobachtung, daß es normalerweise im Ventralbereich durch hohe zellkerninterne Konzentrationen des dorsal-Proteins reprimiert wird. Im Gegensatz dazu werden *twist* und *snail* in dorsalisierten Embryonen nicht exprimiert, da sie durch hohe Konzentrationen des dorsal-Proteins im Zellkern aktiviert werden. In ventralisierten Embryonen findet man genau die entgegengesetzte Situation. Hier kommt das dorsal-Protein in allen Zellkernen in hohen Konzentrationen vor. *twist* und *snail* werden überall exprimiert, *decapentaplegic* hingegen überhaupt nicht (Abbildung 5.14).

Gene, deren Expression das dorsal-Protein reguliert, wie zum Beispiel *twist*, *snail* und *decapentaplegic* besitzen in ihren regulatorischen Bereichen, die die Genexpression bei bestimmten Konzentrationen des dorsal-Proteins aktivieren oder reprimieren, Bindestellen für dieses Protein. Diese Schwellenwirkung auf die Genexpression beruht auf der koordinativen Funktion dieser regulatorischen Bindestellen. Die Fähigkeit von Genen, in Abhängigkeit von einem Schwellenwert auf verschiedene Konzentrationen des dorsal-Proteins zu reagieren, ist auf die Existenz von hochaffinen und niedrigaffinen Bindestellen für das Protein in ihren regulatorischen Bereichen zurückzuführen. In den am meisten ventral gelegenen Bereichen (in einem Streifen von 12 bis 14 Zellen Breite), in denen die Konzentration des dorsal-Proteins hoch ist, begrenzen niederaffine Bindestellen die Genexpression, während in etwas weiter dorsal gelegenen Bereichen (bis zu 20 Zellen oberhalb der ventralen Mittellinie) hochaffine Bindestellen die Expression steuern. Sehr wahrscheinlich besteht eine Kooperativität zwischen den verschiedenen Bindestellen. Das heißt, die Bindung an einer Stelle erleichtert die Bindung an einer benachbarten Stelle und so fort. Darüber hinaus kommt es zu inhibitorischen Wechselwirkungen mit anderen Genprodukten. So unterdrückt zum Beispiel das snail-Protein die Expression bestimmter Gene in den ventralen Bereichen und trägt so dazu bei, daß die Expression dieser Gene (zum Beispiel *rhomboid*) auf das Neuroektoderm beschränkt bleibt.

Der Gradient des dorsal-Proteins ist deshalb so effektiv als Morphogengradient entlang der dorso-ventralen Achse, weil er bei verschiede-

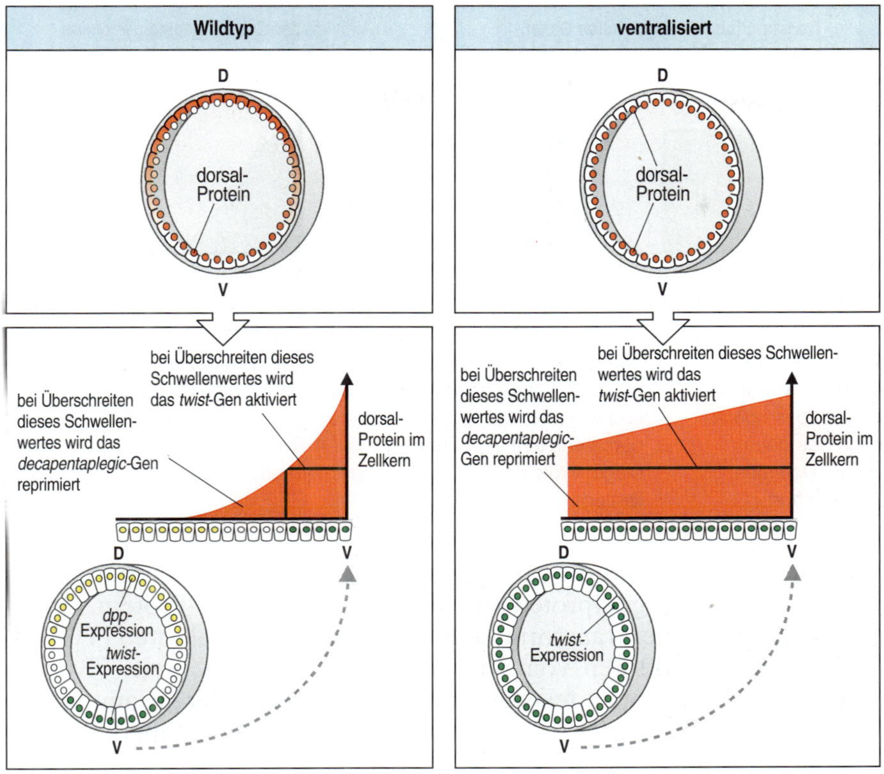

5.14 Der Gradient des zellkerninternen dorsal-Proteins wird durch die Aktivierung weiterer Gene wie beispielsweise *twist* und *decapentaplegic* umgesetzt. Links: In normalen Larven wird das *twist*-Gen oberhalb eines bestimmten Schwellenwertes des dorsal-Proteins (grüne Linie) aktiviert, während das *decapentaplegic*-Gen oberhalb einer niedrigeren Konzentration (gelbe Linie) unterdrückt wird. Rechts: In ventralisierten Larven kommt das dorsal-Protein in allen Zellkernen vor; das *twist*-Gen wird nun auch überall exprimiert, während das *decapentaplegic*-Gen überhaupt nicht exprimiert wird, da die Konzentration des dorsal-Proteins überall oberhalb des Schwellenwertes liegt, der die Expression des Gens unterdrückt.

nen Schwellenwerten spezifische Gene aktiviert und so das dorso-ventrale Muster bestimmt. Man kann die regulatorischen Sequenzen dieser Gene als Entwicklungsschalter ansehen, die bei Betätigung durch die Bindung von Transkriptionsfaktoren Gene aktivieren und in Zellen neue Entwicklungsrichtungen anstoßen. Der Gradient des dorsal-Proteins ermöglicht eine Lösung für das Problem der französischen Flagge. Dies ist jedoch nicht alles, denn es spielt noch ein weiterer Gradient eine Rolle.

5.9 Das decapentaplegic-Protein wirkt bei der Musterbildung des Dorsalbereichs als Morphogen

Wie bei der anterio-posterioren Achse werden beide Enden der dorsoventralen Achse durch verschiedene Proteine spezifiziert. Der Gradient des dorsal-Proteins, dessen höchste Konzentration im am weitesten ventral gelegenen Bereich liegt, bestimmt das anfängliche Aktivitätsmuster der zygotischen Gene und gliedert das ventrale Mesoderm. Die Dorsalregion wird jedoch nicht in gleicher Weise durch einen niedrigen Gradienten des dorsal-Proteins bestimmt. Tatsächlich ist in den Zellkernen der dorsalen Hälfte nur wenig oder überhaupt kein dorsal-Protein vorhanden. Der weiter dorsal liegende Teil des dorso-ventralen Musters wird vermutlich durch einen Aktivitätsgradienten des decapentaplegic-Proteins determiniert.

Kurz nachdem der Gradient des zellkerninteren dorsal-Proteins aufgebaut wurde, werden zwischen den Zellkernen Membranen eingezogen. Da der Embryo jetzt aus Zellen besteht, können Transkriptionsfaktoren nicht mehr zwischen den Zellkernen diffundieren. Die Signalübertragung zwischen den Zellen muß nun über sezernierte oder Trans-

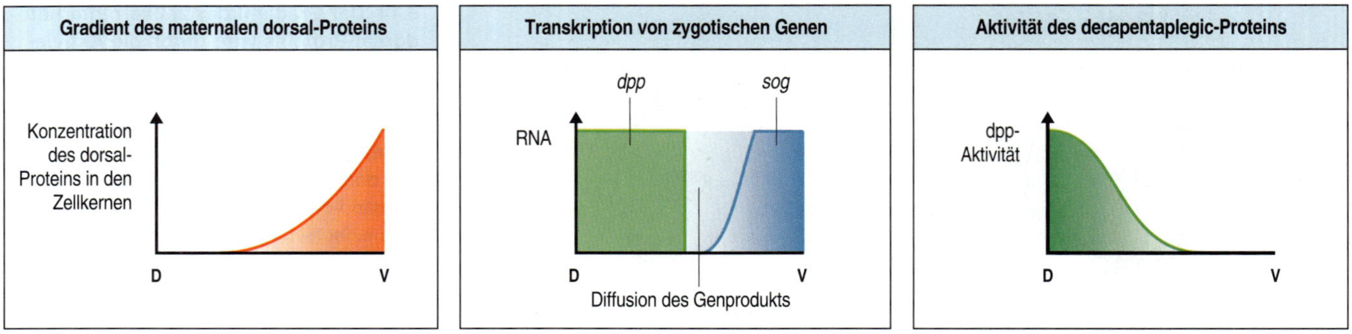

5.15 Durch die antagonistische Aktivität des short gastrulation-Proteins entsteht ein dorso-ventraler Aktivitätsgradient des decapentaplegic-Proteins. Der maternale Gradient des dorsal-Proteins in den Zellkernen unterdrückt die Transkription des *decapentaplegic-*(*dpp-*)Gens im Ventralbereich, nicht aber im Dorsalbereich, wo die Zellkerne kein dorsal-Protein enthalten. Das *short gastrulation-*(*sog-*)Gen wird im Ventralbereich des Embryos exprimiert. Das short gastrulation-Protein diffundiert in den Dorsalbereich und wirkt der Aktivität des decapentaplegic-Proteins entgegen. Dadurch entsteht ein dorso-ventraler Aktivitätsgradient des decapentaplegic-Proteins, der die Positionsinformationen des Dorsalbereichs festlegt.

membranproteine und die entsprechenden Rezeptoren erfolgen. Eines der sezernierten Signalproteine ist das decapentaplegic-Protein. Es gehört zur Familie der transformierenden β-Wachstumsfaktoren (TGF-β) der Wachstumsfaktoren von Wirbeltieren (Exkurs 3.1, Seite 73). Der Faktor ist, wie wir noch feststellen werden, während der gesamten Entwicklung von *Drosophila* an einer Vielzahl von Signalübertragungsvorgängen beteiligt.

Das *decapentaplegic*-Gen wird überall dort in der Dorsalregion exprimiert, wo das dorsal-Protein in den Zellkernen nicht vorkommt. Experimente, bei denen man *decapentaplegic*-mRNA in einen frühen Wildtyp-Embryo eingebracht hat, lieferten Beweise für einen Aktivitätsgradienten des decapentaplegic-Proteins. Wenn man mehr mRNA zusetzt und der Spiegel des decapentaplegic-Proteins über das normale Niveau hinaus ansteigt, nehmen die Zellen entlang der dorso-ventralen Achse einen stärker dorsalen Charakter an, als sie das üblicherweise tun. Das ventrale Ektoderm wird zum dorsalen Ektoderm, und bei sehr hohen Konzentrationen der *decapentaplegic*-mRNA entwickelt sich das gesamte Ektoderm wie der am weitesten dorsal liegende Bereich, die Amnioserosa. Der Aktivitätsgradient des decapentaplegic-Proteins entlang der Dorsoventralachse im Stadium des zellulären Blastoderms entsteht aufgrund der Wechselwirkung dieses Proteins mit einem sezernierten Protein, zum Beispiel dem short-gastrulation-Protein, das im Ventralbereich exprimiert wird und in den Dorsalbereich diffundiert (Abbildung 5.15).

An der Musterbildung der dorso-ventralen Achse sind damit die beiden Gradienten des dorsal- und des decapentaplegic-Proteins beteiligt. Die höchsten Konzentrationen liegen dabei jeweils am entgegengesetzten Ende. Zusammen bewirken sie die Einteilung der Dorsoventralachse in mehrere Regionen mit spezifischer Genaktivität und Entwicklung. Wir wenden uns nun wieder der Längsachse in einer früheren Phase zu, in der der Embryo noch keine Zellen enthält.

5.10 Die Längsachse wird durch Expression der Lückengene in verschiedene Zonen eingeteilt

Die **Lückengene** (*gap genes*) sind die ersten zygotischen Gene, die entlang der Längsachse exprimiert werden. Sie alle codieren Transkrip-

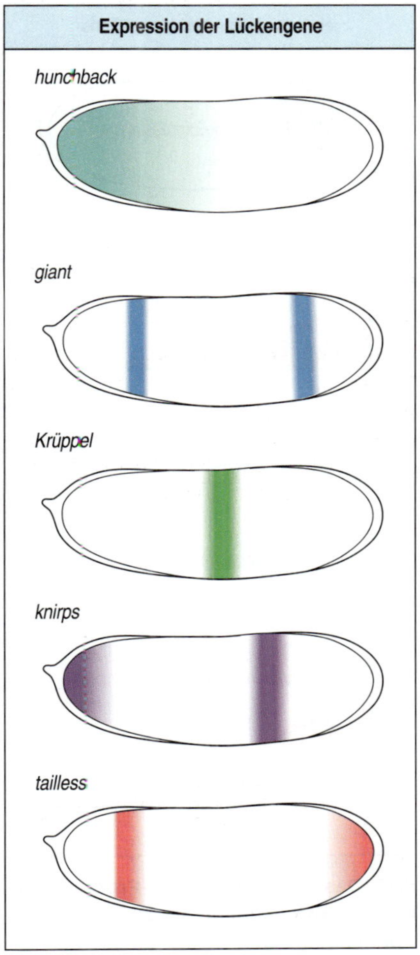

5.16 Die Expression der Lückengene *hunchback, Krüppel, giant, knirps* und *tailless* in den frühen Stadien der Embryogenese bei *Drosophila*. Die Konzentrationen des bicoid- und hunchback-Proteins steuern die Expression der Lückengene an verschiedenen Stellen entlang der Längsachse. Dabei spielen auch Wechselwirkungen zwischen den Lückengenen selbst eine Rolle. Das Expressionsmuster der Lückengene erzeugt entlang der anterio-posterioren Achse ein aperiodisches Muster von Transkriptionsfaktoren, das die großen Körperzonen voneinander abgrenzt.

tionsfaktoren. Der anterio-posteriore Gradient des bicoid-Proteins leitet ihre Expression ein. Zu diesem Zeitpunkt ist der Embryo noch ein syncytisches Blastoderm. Das bicoid-Protein aktiviert primär die anterio-posteriore Expression des Lückengens *hunchback*, das wiederum dazu dient, die Expression der anderen Lückengene anzuschalten. Hierzu gehören *giant*, *Krüppel* und *knirps*, die in dieser Reihenfolge entlang der Längsachse exprimiert werden (Abbildung 5.16). (Tatsächlich erfolgt die Expression von *giant* in einer anterioren und einer posterioren Bande, die hintere Expression interessiert uns hier jedoch nicht.)

Die Lückengene entdeckte man ursprünglich aufgrund ihrer mutierten Phänotypen, bei denen große Abschnitte der Körperstruktur entlang der Längsachse fehlen. Der mutierte Phänotyp eines Lückengens weist zwar normalerweise eine Lücke in der anterio-posterioren Musterbildung auf, die mehr oder weniger in dem Bereich liegt, in dem das Gen sonst exprimiert wird; es kommt jedoch auch zu weiterreichenden Effekten. Das liegt daran, daß die Expression der Lückengene auch für die spätere Entwicklung entlang der Achse von Bedeutung ist.

Da das Blastoderm in der Phase der Lückengenexpression noch keine Zellen aufweist, können die Proteine der Lückengene von ihrem Syntheseort aus diffundieren. Es handelt sich dabei um kurzlebige Proteine mit einer Halbwertszeit von Minuten. Sie gelangen also kaum über den Bereich hinaus, in dem das Gen exprimiert wird. Daher zeigt die Proteinkonzentration im allgemeinen ein glockenförmiges Profil. Das hunchback-Protein bildet dabei eine Ausnahme, da sein Gen vorne in einem großen Bereich exprimiert wird; außerdem zeigt es einen steilen anterio-posterioren Proteingradienten. Als nächstes werden wir uns mit der Steuerung der zygotischen *hunchback*-Expression durch das bicoid-Protein befassen, die man inzwischen gut kennt.

5.11 Das bicoid-Protein vermittelt ein Positionssignal für die Expression des *hunchback*-Gens im Vorderteil des Embryos

Im größten Teil der vorderen Hälfte von normalen Embryonen kommt es zur zygotischen Expression des *hunchback*-Gens. Eine geringe Menge maternaler *hunchback*-mRNA, deren Translation im hinteren Teil des Embryos durch das nanos-Protein gehemmt wird, überlagert jedoch diese zygotische Expression (Abschnitt 5.3). Dadurch entsteht in der hinteren Hälfte des Embryos ein Gradient des hunchback-Proteins, der von vorne nach hinten verläuft.

Die lokal begrenzte Expression des *hunchback*-Gens im vorderen Embryo beruht auf der Umsetzung der Positionsinformation, die der Gradient des bicoid-Proteins vermittelt. Das *hunchback*-Gen wird nur dann angeschaltet, wenn eine bestimmte Schwellenkonzentration des bicoid-Proteins, eines Transkriptionsfaktors, erreicht wird. Das ist nur im vor-

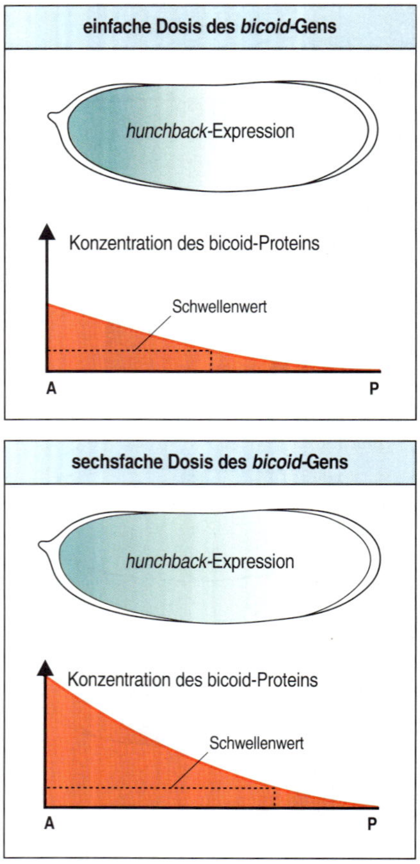

5.17 Das maternale bicoid-Protein steuert die Expression des zygotischen *hunchback*-Gens. Wenn die Dosis des maternalen *bicoid*-Gens auf das Sechsfache erhöht wird, erstreckt sich auch der Gradient über einen größeren Bereich. Die Konzentration des bicoid-Proteins bestimmt die Aktivität des *hunchback*-Gens. Daher dehnt sich bei der Dosiserhöhung der Expressionsbereich des *hunchback*-Gens zum posterioren Ende hin aus, da sich der Bereich, in dem die Konzentration des bicoid-Proteins den Schwellenwert übersteigt, ebenfalls weiter nach hinten reicht (unten).

deren Drittel des Embryos der Fall, in der Nähe der Stelle, wo das bicoid-Proteins synthetisiert wird. Daher beschränkt sich die *hunchback*-Expression auf diesen Bereich. Es gibt einige Hinweise darauf, daß das maternale hunchback-Protein auch für die räumliche Steuerung der zygotischen *hunchback*-Expression notwendig ist.

Die Beziehung zwischen der Konzentration des bicoid-Proteins und der Expression des *hunchback*-Gens wird deutlich, wenn man sieht, wie sich die *hunchback*-Expression verändert, wenn man die Konzentration des bicoid-Proteins durch Erhöhung der maternalen Dosis des *bicoid*-Gens verändert (Abbildung 5.17). Dadurch dehnt sich die *hunchback*-Expression weiter in den hinteren Bereich aus, da sich die Region, in der die Konzentration des bicoid-Proteins oberhalb des Schwellenwertes für die Aktivierung des *hunchback*-Gens liegt, ebenfalls weiter in dieser Richtung erstreckt. Wenn man die Ausdehnung der *hunchback*-Expression mit der maternalen Dosis des *bicoid*-Gens vergleicht, läßt sich berechnen, daß die Expression des *hunchback*-Gens durch eine Verdopplung der Konzentration des bicoid-Proteins angeschaltet werden kann.

Das bicoid-Protein gehört zur Homöodomänenfamilie der Transkriptionsaktivatoren. Es aktiviert das *hunchback*-Gen, indem es an Regulationsstellen innerhalb der Promotorregion bindet. Genübertragungsexperimente (Exkurs 5.1) mit einem Fusionsgen, das aus *hunchback*-Promotorbereichen und einem bakteriellen Reportergen (*lacZ*) bestand und in das Genom der Fliege eingeführt wurde, lieferten den direkten Beweis für die Aktivierung des *hunchback*-Gens durch das bicoid-Protein. *lacZ* codiert das Enzym β-Galactosidase, das sich durch eine histochemische Färbung sichtbar machen läßt. Wenn das Transgen in den Embryonen die vollständige Promotorregion enthielt, entsprach die Ausdehnung der *lacZ*-Expression genau der normalen *hunchback*-Expression. Dies galt jedoch nicht, wenn ein größeres Stück fehlte (Abbildung 5.18). Die große Promotorregion, die für eine vollkommen normale Genexpression erforderlich ist, läßt sich auf eine essentielle Sequenz von 263 Basenpaaren eingrenzen, mit denen man unter den gewählten Bedingungen noch eine fast normale Aktivität erhält. Diese Sequenz enthält mehrere Stellen, an die sich das bicoid-Protein anheften kann. Für die Schwellenreaktion ist anscheinend eine kooperative Bindung der bicoid-Proteine erforderlich.

Die Regulationssequenzen von Genen wie diesen sind weitere Beispiele für bestimmte Schalter, die Zellen dazu bringen, eine neue Entwicklungsrichtung einzuschlagen. In der frühen *Drosophila*-Entwicklung werden wir noch auf zahlreiche weitere Beispiele für solche Transkriptionsschalter treffen.

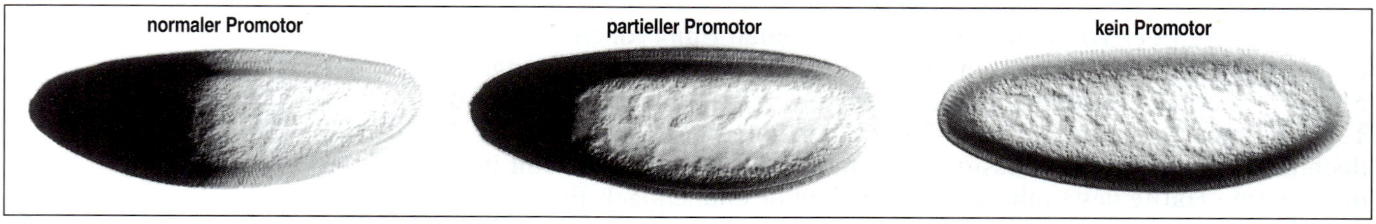

5.18 Die Expression des zygotischen *hunchback*-Gens wird vom bicoid-Protein gesteuert. Das Ausmaß der *hunchback*-Expression läßt sich durch Verknüpfung des bakteriellen *lacZ*-Reportergens mit der Kontrollregion des *hunchback*-Gens von *Drosophila* sichtbar machen. Nach Einfügen des Genkonstrukts in das Fliegengenom wird *lacZ* unter Einfluß der normalen *hunchback*-Kontrollregion in der vorderen Hälfte des Embryos exprimiert (links). Wenn nur noch Teile der Kontrollregion vorhanden sind, ist die Expression schwächer (Mitte), wenn das Konstrukt keine bicoid-Bindestelle besitzt, wird *lacZ* gar nicht exprimiert (rechts). Die *lacZ*-Expression läßt sich durch histochemische Färbung des *lacZ*-Produkts, der β-Galactosidase, sichtbar machen. Aufnahmen mit freundlicher Genehmigung von D. Tautz.

Exkurs 5.1: Transgene Fliegen

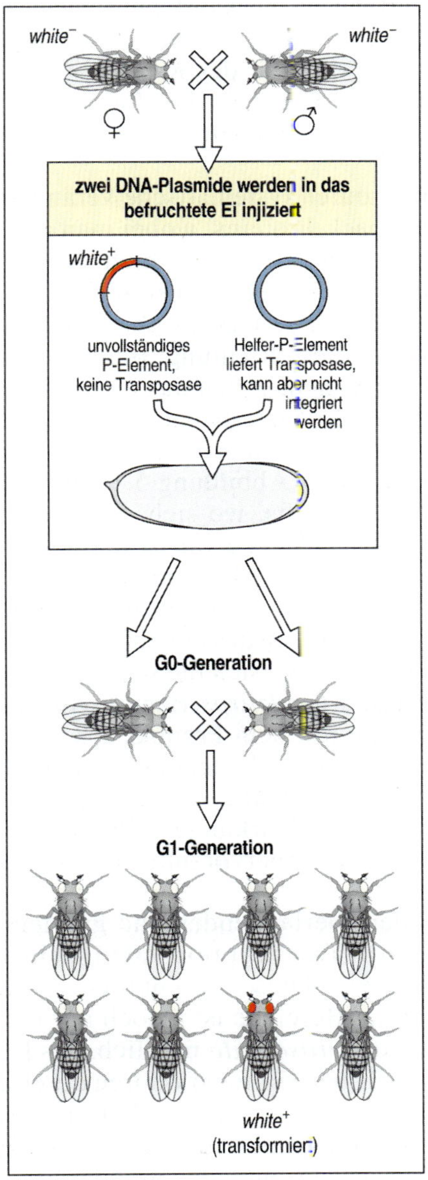
white⁻
white⁻
♀
♂
zwei DNA-Plasmide werden in das befruchtete Ei injiziert
white⁺
unvollständiges P-Element, keine Transposase
Helfer-P-Element liefert Transposase, kann aber nicht integriert werden
G0-Generation
G1-Generation
white⁺ (transformiert)

Wie bereits in den Exkursen 3.3 (Seite 92) und 4.2 (Seite 124) beschrieben, kann man transgene Mäuse herstellen, in denen man die Funktion von Entwicklungsgenen untersuchen kann. Man kann auch transgene Taufliegen erzeugen. Ihre Erforschung hat viel zur Entwicklungsgenetik von *Drosophila* beigetragen. Mit Hilfe eines **Transposons**, das im Genom einiger *Drosophila*-Stämme vorkommt und sich als Träger-DNA eignet, kann man eine bekannte DNA-Sequenz in die chromosomale DNA von *Drosophila* integrieren. Dieses Transposon ist das sogenannte **P-Element**, das Verfahren bezeichnet man als P-Element-vermittelte Transformation.

P-Elemente können an fast jeder Stelle des Chromosoms in die DNA integriert werden, sie können auch in Keimzellen von einer Stelle des Chromosoms an eine andere springen. Dafür ist ein bestimmtes Enzym, die sogenannte Transposase, erforderlich. Da das Springen zu einer genomischen Instabilität führen kann, hat man das Transposasegen aus den Träger-P-Elementen entfernt. Die für eine Integration des P-Elements anfänglich erforderliche Transposase stammt statt dessen von einem Helfer-P-Element, das selbst nicht in das Wirtschromosom eingebaut werden kann und daher in den Zellen schnell verloren geht. Beide Elemente werden zusammen in das hintere Ende des Eies injiziert, da sich dort später die Keimzellen entwickeln.

Normalerweise fügt man in das P-Element auch das *white*⁺-Gen des Wildtyps als Markierung ein. Wenn der Marker *white*⁺ ist, integriert man das P-Element in Fliegen, die für das mutierte *white*⁻-Gen homozygot sind (die Fliegen haben dann im Gegensatz zu der normalen *Drosophila*, die rote Augen hat, weiße Augen). Rote Augen sind dominant gegenüber weißen Augen. Daher haben Fliegen mit einem P-Element im Chromosom rote Augen, wenn das Gen exprimiert wird.

In der ersten Generation haben alle Fliegen weiße Augen, da die integrierten P-Elemente nur in den Keimzellen vorkommen. In der zweiten Generation haben jedoch einige Fliegen die roten Augen des Wildtyps; das heißt, sie besitzen das P-Element in ihren somatischen Zellen.

Dieses Verfahren kann man beispielsweise anwenden, um die Anzahl der Kopien eines bestimmten Gens zu erhöhen. Außerdem kann man so ein mutiertes Gen einschleusen, das zum Beispiel eine gezielt veränderte Kontrollregion oder codierende Sequenz besitzt, oder man kann neue Gene einführen. Es ist gleichfalls möglich, Gene einzuschleusen, die eine codierende Markersequenz wie etwa *lacZ* (die das bakterielle Enzym β-Galactosidase codiert) enthalten, so daß ihre Expression anhand einer histochemischen Färbung zu erkennen ist. Man kann Gene auch mit einem Hitzeschock-Promotor ausstatten, der bei einer plötzlichen Erhöhung der Umgebungstemperatur angeschaltet wird. Über die Temperatur kann man den Zeitpunkt der Expression der Gene beeinflussen, die mit diesem Promotor verbunden sind und untersuchen, was passiert, wenn ein bestimmtes Gen während verschiedener Entwicklungsstadien exprimiert wird.

5.12 Der Gradient des hunchback-Proteins aktiviert und reprimiert andere Lückengene

Die anderen Lückengene werden in Banden exprimiert, die quer zur Längsachse verlaufen (Abbildung 5.16). Das hunchback-Protein ist selbst ein Transkriptionsfaktor und wirkt als Morphogen, auf das die anderen Lückengene reagieren. Die Größe der Banden der Lückengenexpression wird durch bestimmte Mechanismen bestimmt. Diese beruhen auf den Kontrollregionen der Gene, die gegenüber verschiedenen Konzentrationen des hunchback-Proteins und anderer Proteine wie etwa das bicoid-Protein empfindlich sind. Die Expression des *Krüppel*-Gens wird zum Beispiel durch eine Kombination aus bicoid-Protein und ge-

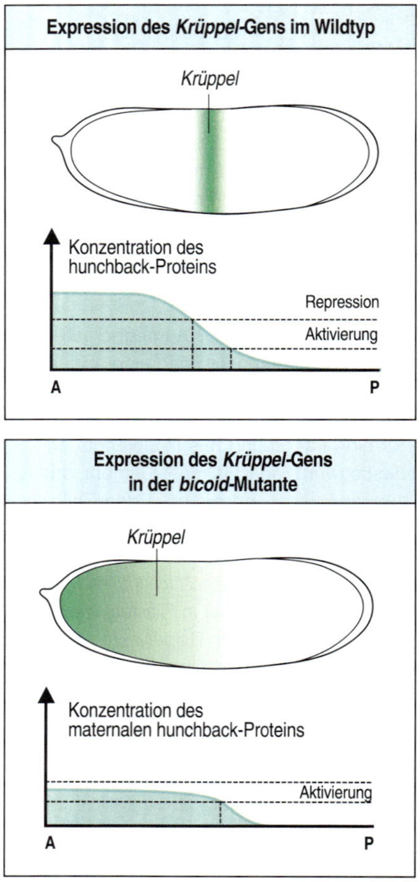

5.19 Das hunchback-Protein bestimmt die Aktivität des *Krüppel*-Gens. Oben: Wenn die Konzentration des hunchback-Proteins einen bestimmten Schwellenwert überschreitet, wird das *Krüppel*-Gen reprimiert. Bei einer niedrigeren Konzentration, die oberhalb eines anderen Schwellenwertes liegt, wird das Gen aktiviert. Unten: Bei Mutanten ohne *bicoid*-Gen, in denen daher auch das zygotische *hunchback*-Gen nicht exprimiert wird, findet man nur das maternale hunchback-Protein in verhältnismäßig geringer Konzentration am Vorderende des Embryos. Bei diesen Mutanten wird das *Krüppel*-Gen vorne im Embryo aktiviert, so daß ein anomales Muster entsteht.

ringen Konzentrationen hunchback-Protein aktiviert, durch hohe Konzentrationen hunchback-Protein jedoch reprimiert. Innerhalb dieses Konzentrationsbereichs ist das *Krüppel*-Gen aktiv (Abbildung 5.19, oben). Ist die hunchback-Konzentration geringer als der untere Schwellenwert, kommt es nicht zur Aktivierung. Auf diese Weise begrenzt der Gradient des hunchback-Proteins die Aktivität des *Krüppel*-Gens auf eine schmale Bande etwa in der Mitte des Embryos. Die Repression des *Krüppel*-Gens durch andere gap-Proteine führt dazu, daß diese Aktivität noch genauer eingegrenzt wird.

Solche Beziehungen ermittelte man durch systematische Veränderung des Konzentrationsprofils des hunchback-Proteins, wobei man alle anderen bekannten Einflüsse ausschaltete oder konstant hielt. Durch die Erhöhung der hunchback-Proteindosis verschiebt sich zum Beispiel das Konzentrationsprofil nach hinten; dadurch verlagert sich auch die hintere Grenze der *Krüppel*-Expression in diese Richtung. Bei einer anderen Reihe von Experimenten an Embryonen, denen das bicoid-Protein fehlte und die daher nur den Gradienten des maternalen hunchback-Proteins ausprägten, aktivierte der hunchback-Proteinspiegel das *Krüppel*-Gen sogar am vorderen Ende des Embryos (Abbildung 5.19, unten).

Das hunchback-Protein bestimmt ebenfalls, wo sich die anterioren Grenzen der Expressionsbanden der Lückengene *knirps* und *giant* befinden. Auch hier handelt es sich um einen Mechanismus, bei dem Schwellenkonzentrationen für die Hemmung und Aktivierung dieser Gene eine Rolle spielen. Hohe Konzentrationen des hunchback-Proteins reprimieren das *knirps*-Gen; das bestimmt, wo sich die vordere Expressionsgrenze befindet. Der hintere Rand der *knirps*-Bande wird durch eine ähnliche Art von Wechselwirkung mit dem Produkt des Lückengens *tailless* gelegt. Wo sich Bereiche der Lückengenexpression überlappen, kommt es zu einer starken Kreuzhemmung, da alle gap-Proteine Transkriptionsfaktoren sind. Diese Wechselwirkungen sind essentiell, um das Muster der gap-Genexpression klarer hervorzuheben und zu stabilisieren.

Die Längsachse wird aufgrund der überlappenden und gradientenförmigen Verteilung der verschiedenen Transkriptionsfaktoren in eine Anzahl spezifischer Regionen eingeteilt. Dieses erstaunlich einfache Verfahren zur Abgrenzung bestimmter Bereiche ist jedoch nur bei einem Embryo wie dem Blastoderm von *Drosophila* möglich, das keine Zellen besitzt und bei dem daher die Transkriptionsfaktoren durch den gesamten Embryo diffundieren können. Diese regionale Verteilung der Lückengenprodukte liefert den Ausgangspunkt für die nächste Entwicklungsphase – die Aktivierung der Paarregelgene und den Beginn der Segmentierung.

Zusammenfassung

Gradienten von maternalen Transkriptionsfaktoren, die entlang der dorso-ventralen und anterio-posterioren Achse verlaufen, vermitteln die Positionsinformation, die zygotische Gene in bestimmten Bereichen entlang dieser Achsen aktiviert. Die Dorsoventralachse wird in vier Bereiche unterteilt: ventrales Mesoderm, ventrales Ektoderm (Neuroektoderm), dorsales Ektoderm (dorsale Epidermis) und Amnioserosa. Ein Gradient des maternalen dorsal-Proteins von der Ventral- zur Dorsalseite legt das ventrale Mesoderm fest und definiert die Dorsalregion. Das decapentaplegic-Protein bildet einen zweiten

Gradienten, der das dorsale Ektoderm spezifiziert. Entlang der Längsachse aktiviert der Gradient des bicoid-Proteins die zygotischen Lückengene, die die Hauptregionen des Körpers festlegen. Wechselwirkungen zwischen den Lückengenen, die alle Transkriptionsfaktoren codieren, unterstützen die Ausbildung der Expressionsgrenzen. Die Musterbildung entlang der dorso-ventralen und anterio-posterioren Achse unterteilt den Embryo in eine Reihe unterschiedlicher Bereiche, die alle ein spezifisches Muster der zygotischen Genaktivität aufweisen.

Übersicht: frühe Expression zygotischer Gene

anterio-posterior

der Gradient des zellkerninternen bicoid-Proteins schaltet im Bereich hoher Konzentrationen das *hunchback*-Gen an

↓

das hunchback-Protein aktiviert und reprimiert Lückengene wie *Krüppel, knirps* und *giant*

↓

Lückengene und ihre Produkte stehen miteinander in Wechselwirkung und legen so genau die Expressionsgrenzen fest

↓

die Achse ist in unterschiedliche Domänen unterteilt, die verschiedene Kombinationen der Transkriptionsfaktoren enthalten

dorso-ventral

der Gradient des zellkerninternen dorsal-Proteins bildet sich

↓

die ventrale Aktivierung von *twist, snail* und *decapentaplegic* wird unterdrückt

↓

dorsale Expression des *decapentaplegic*-Gens

↓

der Gradient der decapentaplegic-Expression bewirkt die Musterbildung im Dorsalbereich

↓

die dorso-ventrale Achse ist unterteilt in künftiges Mesoderm, Neuroektoderm, künftige Epidermis und Amnioserosa

Segmentierung: Aktivierung der Paarregelgene

Das auffälligste Merkmal der *Drosophila*-Larve ist die gleichmäßige Segmentierung der larvalen Cuticula entlang der Längsachse. Jedes Segment besitzt cuticuläre Strukturen, die es beispielsweise dem Thorax oder dem Abdomen zuordnen. Das Segmentierungsmuster bleibt in der adulten Form erhalten, in der jedes Segment seine eigene Identität besitzt. Körperanhänge wie Flügel, Halteren und Beine sind an speziellen Segmenten befestigt (Abbildung 5.20). Die erkennbaren Segmente der reifen Larve sind jedoch nicht wirklich die ersten Segmentierungseinheiten entlang dieser Achse. Die grundlegenden Entwicklungsmodule, deren Entstehung wir eine gewisse Aufmerksamkeit schenken wollen, sind die **Parasegmente**. Sie werden zuerst festgelegt, und aus ihnen gehen die Segmente hervor.

5.13 Parasegmente bilden aufgrund der Expression der Paarregelgene ein periodisches Muster

Das erste sichtbare Anzeichen einer Segmentierung des Embryos ist das vorübergehende Auftreten von Furchen an der Oberfläche des Embryos

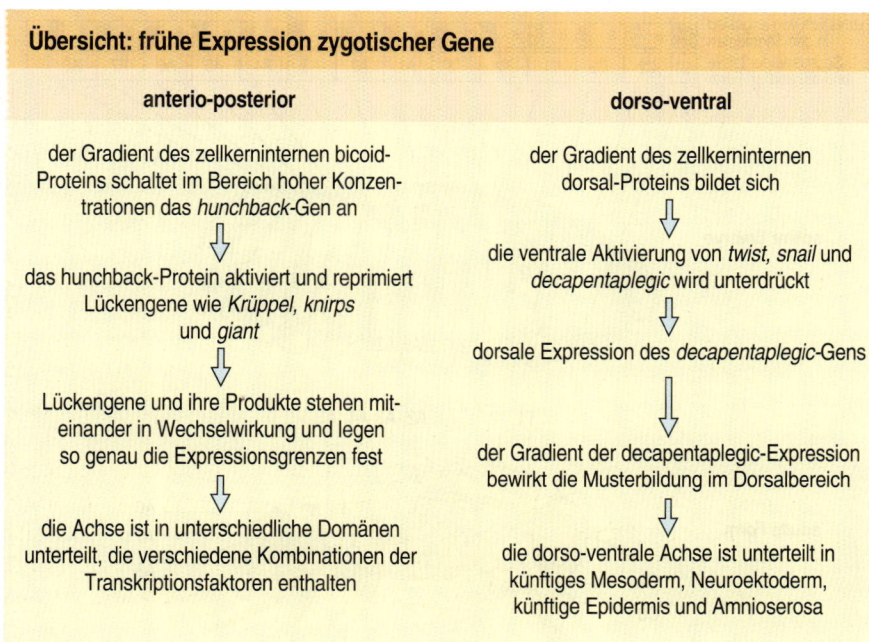

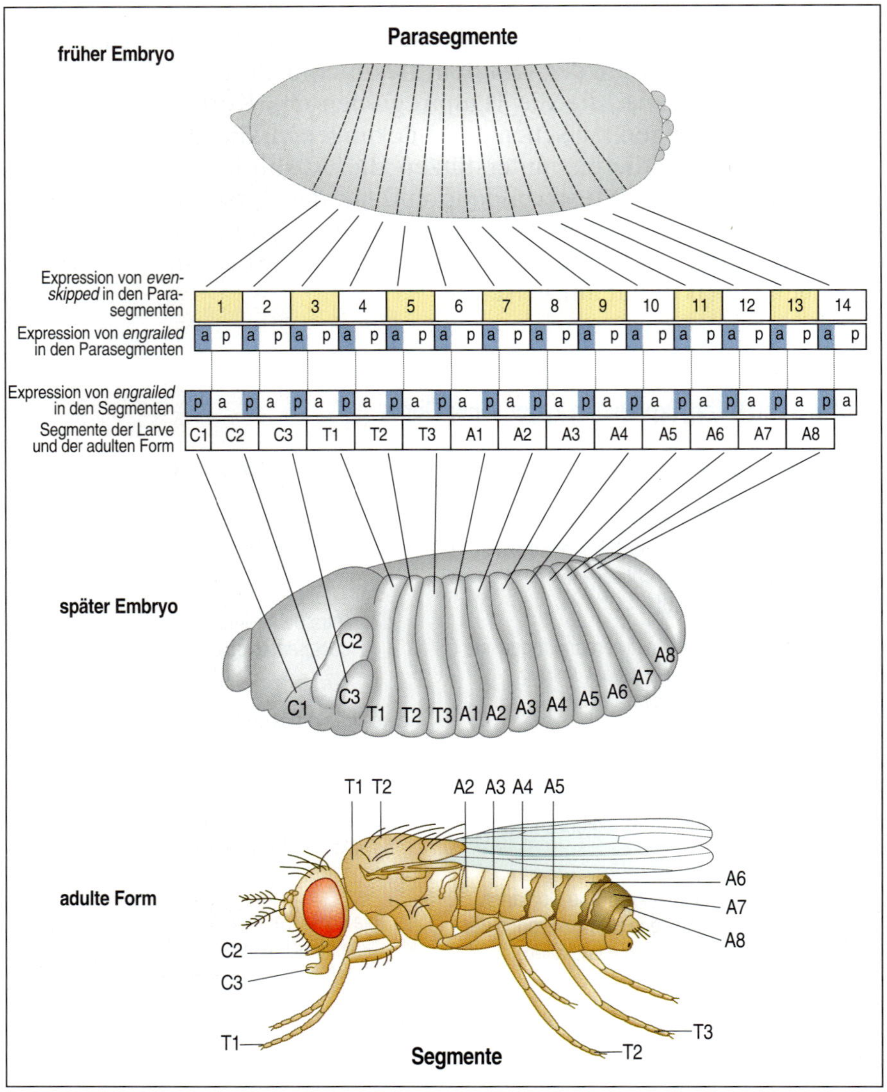

5.20 Die Beziehung zwischen Parasegmenten und Segmenten in frühen und späten Embryonalstadien sowie in der adulten Fliege. Zuerst werden die Paarregelgene im Embryo in jedem zweiten Parasegment in Form von Streifen exprimiert. Das *even-skipped*-Gen (gelb) wird in den ungeradzahligen Parasegmenten, das Segmentpolaritätsselektorgen *engrailed* (blau) in der anterioren Region jedes Parasegments exprimiert, wobei es dessen vordere Grenze festlegt. Jedes Larvensegment besteht aus dem hinteren Teil eines Parasegments und dem vorderen des nächsten. Aus der anterioren Region eines Parasegments wird der posteriore Teil eines Segments. Die Segmente sind also gegenüber den ursprünglichen Parasegmenten um ein halbes Segment verschoben. Das *engrailed*-Gen wird in hinteren Teil eines jeden Segments exprimiert. In der Abbildung beziehen sich a und p auf die anterioren und posterioren Kompartimente der Segmente oder Parasegmente. Die Spezifizierung der Segmente wird auf die adulte Form übertragen. Daher entwickeln sich besondere Extremitäten wie zum Beispiel Beine und Flügel nur an bestimmten Segmenten. Die Segmente C1, C2 und C3 verschmelzen miteinander und bilden den Kopfbereich. T = Thoraxsegmente, A = Abdominalsegmente. Nach Lawrence 1992.

nach der Gastrulation. Diese Furchen kennzeichnen die Parasegmente, von denen es 14 gibt. Sie sind die Grundeinheiten der Segmentierung bei *Drosophila*. Sobald sich ein Parasegment abgegrenzt hat, verhält es sich wie eine unabhängige Entwicklungseinheit. Es steht unter der Kontrolle einer spezifischen Gruppe von Genen. Zumindest in diesem Sinn kann man sich den Embryo vorstellen, als würde er Stück für Stück zusammengesetzt. Zuerst sind alle Parasegmente gleich, aber schließlich erhält jedes seine eigene Identität. Außerdem sind sie gegenüber den endgültigen Segmenten um ein halbes Segment verschoben. Jedes Segment besteht aus dem hinteren Teil eines Parasegments und aus dem vorderen Teil des nächsten (Abbildung 5.20). Im Kopfbereich geht die Segmentaufteilung verloren, da die vorderen Parasegmente miteinander verschmelzen.

Die Aktivität der **Paarregelgene** (*pair-rule genes*) grenzt die Parasegmente gegeneinander ab. Jedes dieser Gene wird in einer Reihe von sieben quer verlaufenden Streifen entlang des Embryos exprimiert, wobei jedes zweite Parasegment einem Streifen entspricht. Wenn man die Expression der Paarregelgene durch Anfärben der Paarregelproteine sichtbar macht, zeigt der Embryo ein auffälliges Zebrastreifenmuster (Abbildung 5.21).

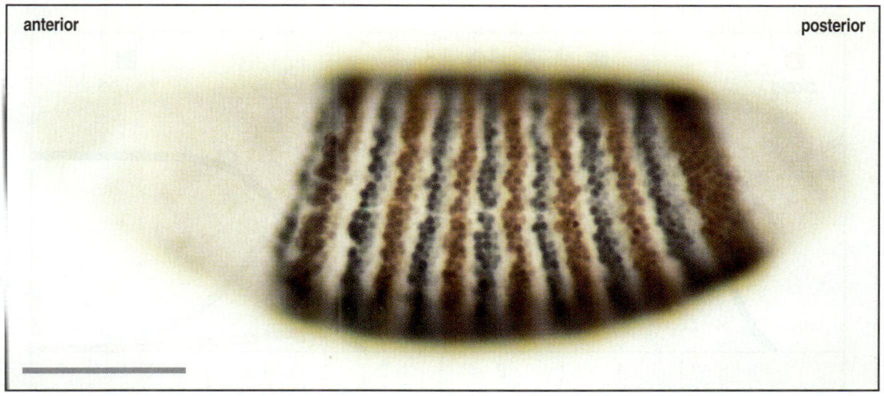

5.21 Das streifenförmige Aktivitätsmuster der Paarregelgene im *Drosophila*-Embryo kurz vor der Zellbildung. Die Expression der Paarregelgene legt die Grenzen der Parasegmente fest, wobei die Gene in den Parasegmenten alternierend exprimiert werden. Die Expression der *even-skipped*- (blau) und *fushi tarazu*-Gene (braun) kann man durch Färbung mit einem Antikörper für die entsprechenden Proteine sichtbar machen. Das *even-skipped*-Gen wird in den ungeradzahligen, das *fushi tarazu*-Gen in den geradzahligen Parasegmenten exprimiert. Maßstab = 0,1 mm. Photo aus: Lawrence 1992.

Das Muster der Lückengenexpression bestimmt die Positionen der Streifen, in denen die Paarregelgene exprimiert werden. Ein sich nicht wiederholendes Muster der Lückengenaktivitäten wird in ein Streifenmuster umgesetzt, in dem die Paarregelgene periodisch exprimiert werden. Wir befassen uns nun damit, wie es dazu kommt.

5.14 Die Aktivität der Lückengene bestimmt, in welchem Bereich die Paarregelgene exprimiert werden

Die Expression der Paarregelgene erfolgt in Form von Streifen, wobei die Periodizität den alternierenden Parasegmenten entspricht. Mutationen in diesen Genen betreffen also immer jedes zweite Segment. Einige Paarregelgene (zum Beispiel *even-skipped*) determinieren ungeradzahlige, andere (zum Beispiel *fushi tarazu*) dagegen geradzahlige Parasegmente. Das gestreifte Expressionsmuster der Paarregelgene ist sogar schon vorhanden, wenn im Embryo noch keine Zellen entstanden sind und der Embryo noch ein Syncytium bildet. Die Aufteilung in Zellen setzt jedoch bald nach Beginn dieser Expression ein. Jedes Paarregelgen wird in sieben Streifen exprimiert, die jeweils nur wenige Zellen breit sind. Bei einigen Genen (zum Beispiel dem *even-skipped*-Gen) entspricht der anteriore Rand des Streifens der anterioren Grenze eines Parasegments. Die Expressionsdomänen anderer Paarregelgene reichen jedoch über die Grenzen der Parasegmente hinaus.

Nach und nach erscheint das gestreifte Expressionsmuster. Das *even-skipped*-Gen wird beispielsweise zuerst in allen Zellkernen schwach exprimiert. Dann erscheint an der Vorderseite ein einzelner breiter Streifen der Genexpression, der schmaler wird, wenn die anderen Streifen dazukommen. Die Streifen sind zuerst undeutlich, haben aber schließlich scharfe anteriore Ränder. Auf den ersten Blick scheint dieser Art der Musterbildung notwendigerweise ein periodischer Ablauf zugrundezuliegen, wie etwa das Entstehen einer wellenartigen Konzentrationsverteilung eines Morphogens. Dabei würden sich die Streifen jeweils an den Wellenkämmen ausbilden. Überraschenderweise zeigte es sich jedoch, daß die Streifen unabhängig voneinander angelegt werden.

Als Beispiel für den Entstehungsmechanismus der Paarregelstreifen betrachten wir nun genauer die Expression im zweiten *even-skipped*-Streifen (Abbildung 5.22). Das Auftreten dieses Streifens hängt von der normalen Expression des *bicoid*-Gens sowie der drei gap-Gene *hunchback*, *Krüppel* und *giant* ab (an der Spezifizierung des zweiten *even-skipped*-Streifens ist nur die vordere Expressionsbande des *giant*-Gens

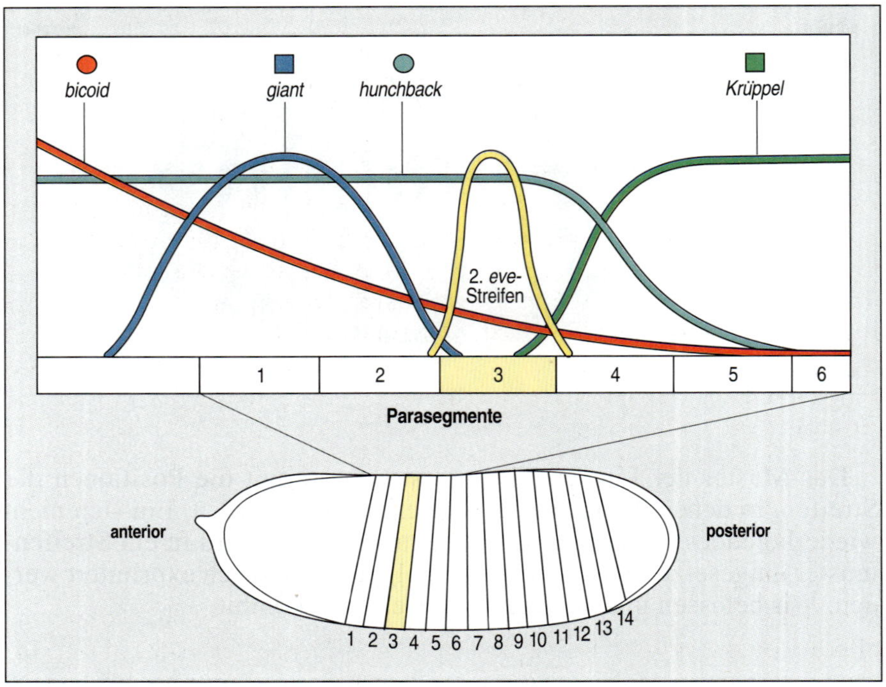

5.22 Die Spezifizierung des zweiten *even-skipped*-(*eve*-)Streifens durch Proteine der Lückengene. Aufgrund der unterschiedlichen Konzentrationen der Transkriptionsfaktoren, die von den Lückengenen *hunchback*, *giant* und *Krüppel* codiert werden, wird das *even-skipped*-Gen innerhalb eines schmalen Streifens an einer bestimmten Stelle der Gradienten exprimiert: in Parasegment 3. Die bicoid- und hunchback-Proteine aktivieren das Gen in einem großen Bereich, dessen vordere und hintere Grenze aufgrund der Repression durch die giant- und Krüppel-Proteine bestimmt wird.

beteiligt, Abbildung 5.16). Das bicoid- und das hunchback-Protein sind für die Aktivierung des *even-skipped*-Gens erforderlich, sie legen aber nicht die Grenzen des Streifens fest. Dafür sind das Krüppel- und das giant-Protein verantwortlich. Der Mechanismus beruht auf der Repression des *even-skipped*-Gens. Wenn die Konzentrationen des Krüppel- und giant-Proteins bestimmte Schwellenwerte überschreiten, wird das *even-skipped*-Gen selbst dann reprimiert, wenn das bicoid- und das hunchback-Protein vorhanden sind. Der anteriore Rand des Streifens liegt an der Stelle des Schwellenwertes für das giant-Protein, während das Krüppel-Protein dementsprechend die posteriore Grenze markiert.

Die unabhängige Anlage jedes einzelnen Streifens durch die Transkriptionsfaktoren der Lückengene erfordert, daß die Paarregelgene in jedem Streifen auf verschiedene Konzentrationen und Kombinationen dieser Transkriptionsfaktoren reagieren. Die Paarregelgene müssen daher komplexe Kontrollregionen mit Mehrfachbindungsstellen für jeden der unterschiedlichenen Faktoren enthalten. Untersuchungen der regulatorischen Bereiche des *even-skipped*-Gens ergaben mehrere getrennte Regionen, die jeweils die Position eines anderen Streifens kontrollieren. Mit Hilfe des *lacZ*-Reportergens (Exkurs 5.1, Seite 165) konnte man verschiedene regulatorische Bereiche von etwa 500 Basenpaaren isolieren. Jeder dieser Bereiche bestimmt die Expression in einem einzigen Streifen (Abbildung 5.23).

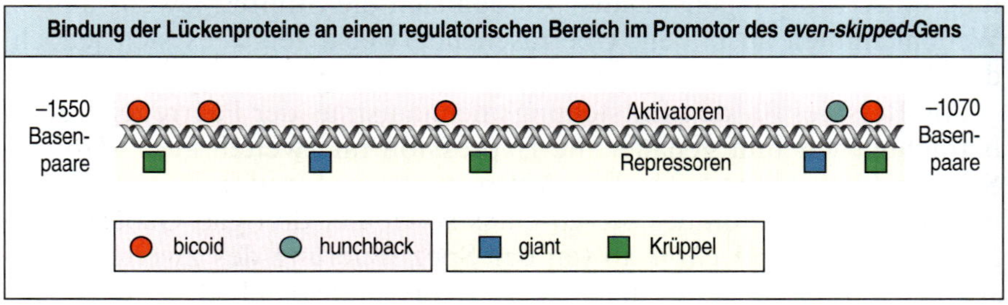

5.23 Bindungsstellen für aktivierende und reprimierende Transkriptionsfaktoren im Bereich des *even-skipped*-Promotors, der für die Expression im zweiten *even-skipped*-Streifen verantwortlich ist. Eine Promotorregion von etwa 500 Basenpaaren, die zwischen 1070 und 1550 Basenpaaren strangaufwärts vom Transkriptionsstartpunkt liegt, steuert die Bildung des zweiten *even-skipped*-Streifens. Die Expression erfolgt, wenn die Konzentration der bicoid- und der hunchback-Transkriptionsfaktoren oberhalb eines bestimmten Schwellenwertes liegt. Dabei wirken die giant- und Krüppel-Proteine als Repressoren, wenn sie eine bestimmte Konzentration überschreiten. Die Repression geschieht möglicherweise dadurch, daß eine Bindung der Aktivatoren verhindert wird.

Die Existenz von Kontrollbereichen, die bei Aktivierung an bestimmten Positionen im Embryo eine Genexpression auslösen können, ist ein wichtiges Prinzip für die Steuerung von Genaktivitäten während der Entwicklung. Andere Beispiele finden sich bei der lokalen Expression der Lückengene und der Gene entlang der Dorsoventralachse.

Jede regulatorische Region dieser Gene enthält Bindungsstellen für verschiedene Transkriptionsfaktoren. Einige aktivieren das Gen, andere reprimieren es. So regulieren die Lückengene in jedem Parasegment die Expression der Paarregelgene. Einige Paarregelgene, wie zum Beispiel *fushi tarazu*, werden möglicherweise nicht von den Lückengenen direkt reguliert, sondern hängen vielleicht davon ab, daß vorher primäre Paarregelgene wie etwa *even-skipped* oder *hairy* exprimiert wurden. Mit der Expression der Paarregelgene beginnt die Segmentierung des Embryos. Er wird dabei in mehrere verschiedene Bereiche unterteilt, die sich vor allem durch die jeweilige Kombination an exprimierten Transkriptionsfaktoren voneinander unterscheiden. Hierzu gehören Proteine, die von den Lückengenen, den Paarregelgenen und den Genen, die entlang der Dorsoventralachse exprimiert werden, codiert werden.

Die Transkriptionsfaktoren, die von den Paarregelgenen codiert werden, bilden das räumliche Netzwerk für die nächste Runde der Musterbildung durch Transkriptionsaktivierung. Dabei kommt es zu einer weitergehenden Musterbildung der Parasegmente, zur endgültigen Segmentierung und zur Ausbildung der Segmentidentitäten. Damit werden wir uns in den nächsten Abschnitten befassen.

Zusammenfassung

Die Aktivierung der Paarregelgene durch die Lückengene führt entlang der Längsachse zur Umwandlung der Embryostruktur von einer aperiodischen zu einer periodischen Gliederung. Die Paarregelgene legen 14 Parasegmente fest. Jedes Parasegment wird durch einen schmalen Streifen definiert, in dem bestimmte Paarregelgene aktiv sind. Diese Streifen entstehen allein aufgrund der lokal begrenzten Konzentration von Transkriptionsfaktoren der Lückengene, die auf die regulatorischen Bereiche der Paarregelgene einwirken. Die Paarregelgene werden abwechselnd in den Parasegmenten exprimiert: einige in den ungeradzahligen, andere in den geradzahligen. Die meisten Paarregelgene codieren Transkriptionsfaktoren.

Übersicht: Paarregelgene und Segmentierung

Erzeugung von lokalen Kombinationen der von den Lückengenen codierten Transkriptionsfaktoren

⇩

Aktivierung jedes Paarregelgens in sieben Querstreifen entlang der anterio-posterioren Achse

⇩

die Expression der Paarregelgene legt 14 Parasegmente fest, wobei die einzelnen Gene abwechselnd in den Parasegmenten exprimiert werden

Segmentpolaritätsgene und Kompartimente

Die Expression der Paarregelgene legt die Vordergrenze aller 14 Parasegmente fest, sie sind jedoch wie die Lückengene nur vorübergehend aktiv. Außerdem bilden sich jetzt im Blastoderm die Zellen aus. Wie werden also die Positionen der Parasegmentgrenzen festgelegt, und wie entstehen die endgültigen Segmentgrenzen in der Epidermis der Larve? Dies ist die Aufgabe der **Segmentpolaritätsgene**. Anders als die Lücken- und die Paarregelgene, die Transkriptionsfaktoren codieren, sind die Segmentpolaritätsgene eine heterogene Gruppe von Genen ohne eine offensichtliche Verwandtschaft ihrer Proteinprodukte oder Wirkungsweisen. Man bezeichnet sie als Segmentpolaritätsgene, da sie in mutierter Form generell die anterio-posteriore Polarität der Segmente beeinträchtigen. Dabei wird der vordere oder hintere Teil spiegelbildlich oder tandemförmig verdoppelt.

Die Segmentpolaritätsgene werden auf die Expression der Paarregelgene hin aktiviert. Ihre Expression erfolgt in 14 querverlaufenden Streifen, wobei jeder Streifen einem Parasegment entspricht. Während der Expression der Paarregelgene bildet das Blastoderm Zellen aus, so daß die Segmentpolaritätsgene in einer zellulären und nicht in einer syncytischen Umgebung aktiv sind. Eines der Segmentpolaritätsgene, das durch die Paarregelgene aktiviert wird, codiert den Transkriptionsfaktor engrailed, der im anterioren Bereich jedes Parasegments exprimiert wird. Das Gen besitzt eine besondere Bedeutung, da seine Expression eine Grenze der klonalen Restriktion festlegt. Darüber hinaus ist *engrailed* auch ein **Selektorgen**. Ein solches Gen vermittelt einer Region oder mehreren Regionen eine spezifische Identität, indem es die Aktivität anderer Gene steuert und längere Zeit aktiv bleibt.

5.15 Die Expression des *engrailed*-Gens bestimmt die Grenze der klonalen Restriktion und eines Kompartiments

Das *engrailed*-Gen spielt eine Schlüsselrolle bei der Segmentierung. Im Gegensatz zu den Paarregel- und Lückengenen, die nur vorübergehend aktiv sind, wird es während der gesamten Lebensdauer der Fliege exprimiert. Die *engrailed*-Aktivität tritt das erste Mal zum Zeitpunkt der Zellbildung in Form von 14 Querstreifen auf. Abbildung 5.24 zeigt die Expression im späten Stadium der Keimstreifenverlängerung. Zu diesem Zeitpunkt hat sich ein Teil des ventralen Blastoderms, der Keim-

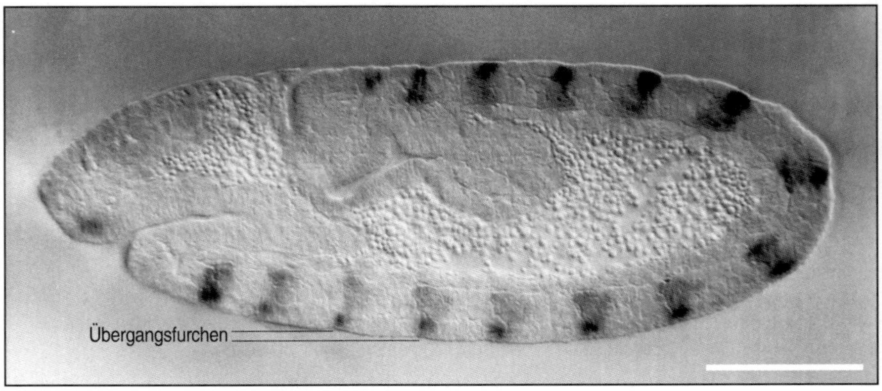

5.24 Die Expression des *engrailed*-Gens in einem späten Stadium der Embryogenese bei *Drosophila* (Stadium 11). Das Gen wird im vorderen Bereich jedes Parasegments exprimiert. Man kann die Furchen am Übergang zwischen den Parasegmenten erkennen. In diesem Entwicklungsstadium hat sich der Keimstreifen vorübergehend vergrößert und über den Rücken des Embryos zurückgebogen. Maßstab = 0,1 mm. Aufnahme aus Lawrence 1992.

streifen, auch auf die Dorsalseite des Embryos ausgedehnt. Das *engrailed*-Gen wird zuerst in einer einzelnen Zellreihe am anterioren Rand jedes Parasegments exprimiert. Die Parasegmente selbst sind nur etwa drei Zellen breit (Abbildung 5.25). Wahrscheinlich wird dieses sich wiederholende Muster der *engrailed*-Aktivität durch die gemeinsame Aktivität von Transkriptionsfaktoren erzeugt, die die Paarregelgene codieren und zu denen auch *fushi tarazu* und *even-skipped* gehören. Hinweise darauf, daß die *engrailed*-Expression durch die Paarregelgene gesteuert werden, stammen beispielsweise von Embryonen, in denen das *fushi tarazu*-Gen mutiert ist. Hier fehlt die *engrailed*-Expression in den geradzahligen Parasegmenten, in denen das *fushi tarazu*-Gen normalerweise exprimiert wird.

Der anteriore Rand des Parasegments besitzt eine sehr wichtige Eigenschaft: Er bildet die Grenze der **klonalen Restriktion** (*cell lineage restriction*; vergleichbar mit den Grenzen zwischen den Rhombomeren im Rhombencephalon der Wirbeltiere, Abschnitt 4.10). Die Zellen eines Parasegments und ihre Nachkommen wandern niemals in benachbarte Segmente. Daraus folgt, daß die Zellen in einem Parasegment unter einer gemeinsamen genetischen Kontrolle stehen. Dies verhindert, daß sich die Zellen mit ihren Nachbarn vermischen, und steuert außerdem ihre spätere Entwicklung. Solche Domänen der klonalen Restriktion bezeichnet man als **Kompartimente**.

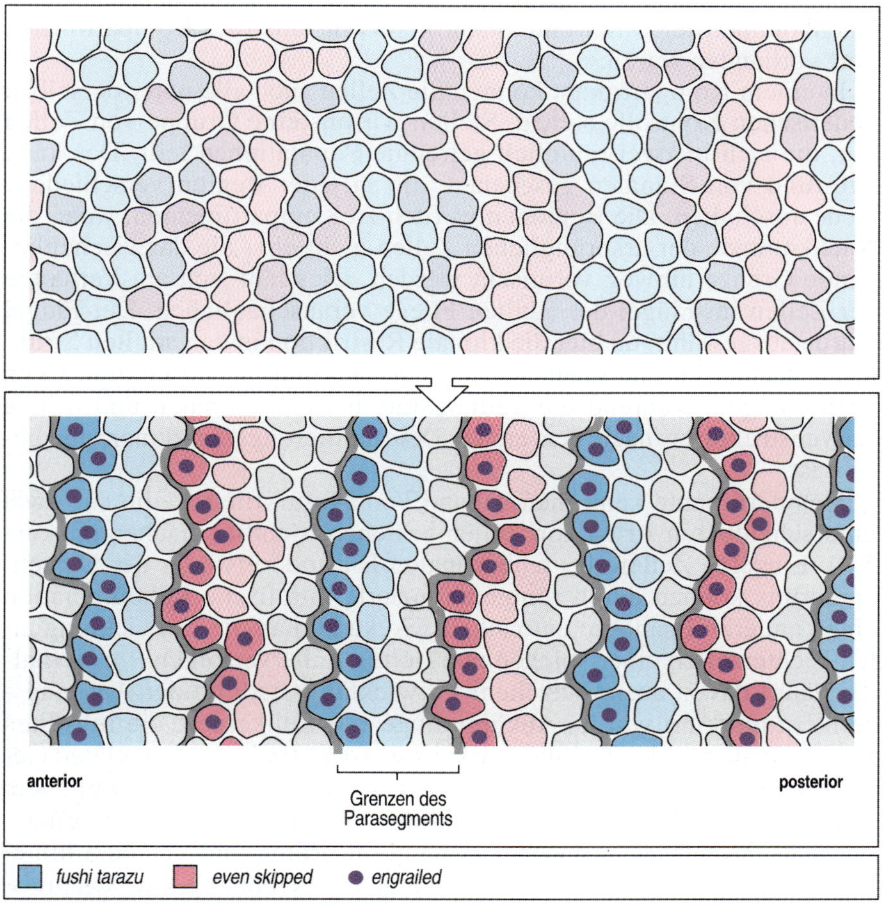

5.25 Die Expression der Paarregelgene *fushi tarazu* (blau), *even-skipped* (rosa) und *engrailed* (violette Punkte) in den Parasegmenten. Das *engrailed*-Gen wird am vorderen Rand jedes Streifens exprimiert und bildet bei jedem Parasegment die anteriore Grenze. Später werden die Grenzen schärfer und geradliniger. Nach Lawrence 1992.

Die Existenz solcher Kompartimente läßt sich durch die Untersuchung von Zellstammbäumen nachweisen. Dabei markiert man eine einzelne Zelle in frühen Embryonalstadien, so daß man in späteren Entwicklungsstadien alle ihre Nachkommen (**Klone**) auffinden kann. Bei einem der Verfahren injiziert man in das Ei einen harmlosen Fluoreszenzfarbstoff, der von allen Zellen des Embryos aufgenommen wird. Während der frühen Embryonalphase wird das fluoreszierende Molekül durch einen feinen Strahl von ultraviolettem Licht, das auf eine einzelne Zelle gerichtet wird, aktiviert. Da sämtliche Tochterzellen dieser Zelle fluoreszieren, kann man sie später alle identifizieren. Die Untersuchung dieser Klone bei gleichzeitiger Analyse der *engrailed*-Expression zeigt, daß Zellen am Vorderende des Parasegments keine Nachkommen auf der anderen Seite der Grenze haben. Der anteriore Rand ist also die Grenze der klonalen Restriktion. Das heißt, daß die Zellen und ihre Nachkommen, die sich bei Entstehung der Grenze auf der einen oder der anderen Seite befinden, diese Grenze nie überschreiten.

Die klonale Restriktion der vorderen Parasegmentgrenze bleibt in den Segmenten der Larve und der adulten Fliege erhalten. Da jedoch der vordere Teil eines Parasegments zum hinteren Teil eines Segments wird, liegt die Restriktion innerhalb des Segments, zwischen dem anterioren und dem posterioren Bereich. Das Segment besteht daher aus einem vorderen und einem hinteren Kompartiment, wobei die Expression des *engrailed*-Gens bestimmt, welches das posteriore Kompartiment ist. Ein Kompartiment läßt sich definieren als Bereich im Embryo, der nur alle Nachkommen der Zellen enthält, die beim Entstehen des Kompartiments dort vorhanden waren.

In einem Kompartiment können die Zellen auch alle unter derselben genetischen Kontrolle stehen. Stellen wir uns eine Gruppe von Zellen vor, die sich in zwei räumlich getrennte Populationen teilt. Das kann aufgrund von Signalen geschehen, die in jeder Region verschiedene Gene anschalten. Die Regionen werden zu Kompartimenten, wenn die Nachkommen der ursprünglichen Zellen nicht über die dazwischenliegende Grenze hinweg vermischt werden. Dies läßt sich am Verhalten der Zellen im Flügel der adulten Fliege veranschaulichen. Der Flügel wurde ausgewählt, da hier die klonale Restriktion in den adulten Strukturen leichter zu erkennen ist. Bei ihnen kommt es zu umfangreichen Zellteilungen, während die Teilungsrate bei embryonalen und frühen Larvenstrukturen nach den ersten Determinierungsreaktionen nur gering ist.

Kompartimente kann man anhand von Mosaikfliegen, die aus zwei unterscheidbaren Arten von Zellen bestehen, sichtbar machen (Exkurs 5.2). Einzelne Zellen des embryonalen Blastoderms oder der Larvenepidermis können durch röntgeninduzierte mitotische Rekombination einen anderen Phänotyp entwickeln. So kann man die Entwicklung aller Tochterzellen einer solchen markierten Zelle verfolgen. Ihr Verhalten hängt davon ab, in welchem Entwicklungsstadium der Ausgangszellkern markiert wurde. Abkömmlinge von Zellkernen, die in frühen Stadien während der Teilung markiert wurden, findet man in vielen Geweben und Organen. Wenn man jedoch erst im Blastodermstadium oder später markiert, sind die Entwicklungsmöglichkeiten stärker eingeschränkt. Man findet die Zellen dann nur noch im vorderen oder hinteren Teil jedes Segments (oder in einem Körperanhang wie beispielsweise einem Flügel), niemals jedoch im gesamten Segment.

Da sich die Zellen der Imaginalscheiben nach dem Stadium des zellulären Blastoterms nur noch etwa zehnmal teilen, sind die Klone aus markierten Zellen selbst im adulten Tier klein, und es ist nicht einfach,

Exkurs 5.2: Genetische Mosaike und mitotische Rekombination

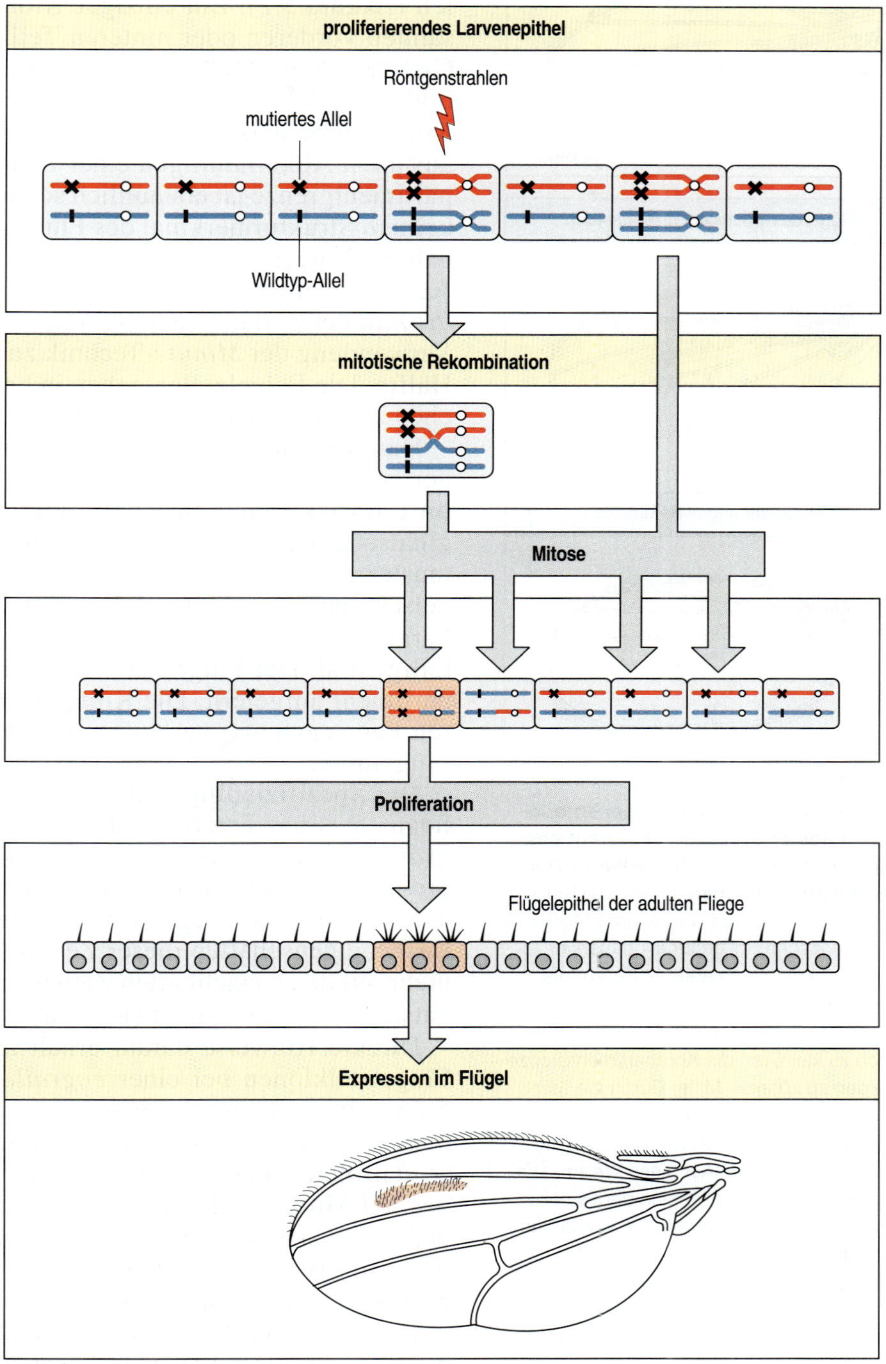

Als genetisches Mosaik bezeichnet man Embryonen, die von einem einzigen Genom abstammen, aber aus einem Gemisch von Zellen mit umstrukturierten oder inaktivierten Genen bestehen. Bei Fliegen kann man ein genetisches Mosaik dadurch erzeugen, daß man im Embryo oder in der Larve selten auftretende mitotische Rekombinationen auslöst. Chromosomenbrüche durch Röntgenstrahlung führen zu einem Materialaustausch zwischen homologen Chromosomen direkt nach der Replikation der Chromosomen zu Chromatiden. Ein solches Ereignis kann eine einzelne Zelle mit besonderen genetischen Eigenschaften hervorbringen, die sich auf alle Tochterzellen weitervererben, die bei Fliegen normalerweise einen zusammenhängenden Gewebebereich bilden.

Leicht erkennbare Mutationen wie die rezessive *multiple wing hairs*-Mutation eignen sich zur Identifizierung des markierten Klons. Wenn durch die mitotische Rekombination in einer heterozygoten Larve eine für diese Mutation homozygote Zelle entsteht, besitzen alle ihre Tochterzellen mehrere Haare.

Epidermale Klone, die man auf diese Weise markiert hat, sind normalerweise klein, da es nach der Rekombination nur noch zu wenigen Zellteilungen kommt. Größere Klone kann man mit Hilfe der *Minute*-Technik herstellen. Die Zellen der Fliegen, bei denen das *Minute*-Gen mutiert ist, wachsen langsamer als der Wildtyp. Verwendet man nun Fliegen, die für die *Minute*-Mutation heterozygot sind, so kann man durch die mitotische Rekombination normale, markierte Zellen erzeugen, die die *Minute*-Mutation verloren haben. Die daraus entstehenden Klone besitzen also Wildtyp-Charakter. Diese normale Zelle proliferiert schneller als die langsamer wachsenden heterozygoten *Minute*-Zellen im Hintergrund, so daß große Klone aus markierten Zellen entstehen. Die Methode der mitotischen Rekombination läßt sich vielfach anwenden. Wenn man Klone aus markierten Zellen in verschiedenen Entwicklungsstadien herstellt, kann man das Entwicklungsschicksal der veränderten Zellen verfolgen und dadurch herausfinden, an welchen Strukturen sie beteiligt sind. So kann man Informationen über den Zustand ihrer Determinierung oder Spezifizierung während verschiedener Entwicklungsstadien erhalten. Das Verfahren eignet sich auch dazu, lokale Effekte von homozygoten rezessiven Mutationen zu beobachten, die letal sind, wenn das Tier als ganzes homozygot ist. Zeichnungen nach Lawrence 1992.

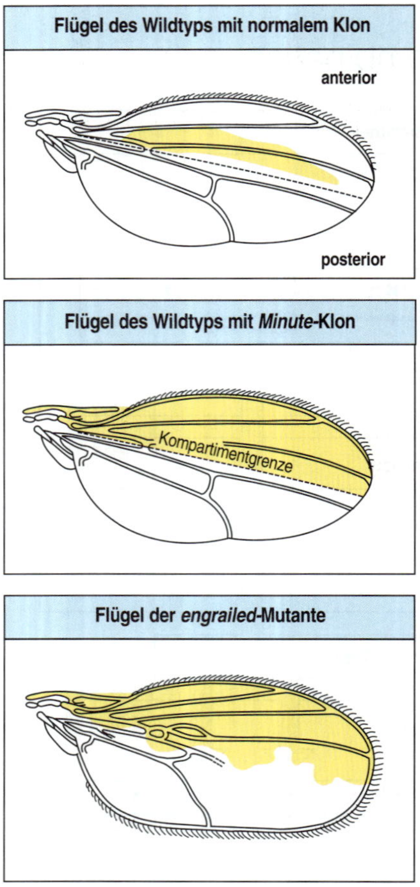

5.26 Die Grenze zwischen dem anterioren und posterioren Kompartiment des Flügels kann man durch markierte Zellklone sichtbar machen. Oben: Die Klone im Flügel des Wildtyps wurden im Embryo durch mitotische Rekombination markiert. Dadurch erhält man markierte Zellen, die einen anderen Phänotyp besitzen als die übrigen Zellen des Flügels. Die Klone sind jedoch zu klein, um die Kompartimentgrenze anzeigen zu können. Mitte: Durch die *Minute*-Technik (Exkurs 5.2) steigt die Zellteilungsrate der markierten Zelle, so daß die Klone größer werden. Auf diese Weise kann man erkennen, daß Zellen aus dem einen Kompartiment nicht über die Grenze in das benachbarte wechseln. Unten: Im Flügel einer *engrailed*-Mutante, bei der die Zellen das *engrailed*-Gen nicht exprimieren, gibt es kein posteriores Kompartiment und auch keine Grenze. Klone im anterioren Teil des Flügels wechseln in den posterioren Bereich, der sich dann in eine mehr anteriore Struktur verwandelt und am Rand Haare des anterioren Typs trägt. Das *engrailed*-Gen ist erforderlich, um die Grenze aufzubauen und die spezifischen Eigenschaften des posterioren Kompartiments auszuprägen.

eine Grenze der klonalen Restriktion zu erkennen (Abbildung 5.26, oben). Die Klongröße läßt sich jedoch durch die *Minute*-Technik verbessern. Dabei teilt sich die markierte Zelle viel öfter als andere Zellen (Exkurs 5.2). Ein einziger Klon solcher Zellen kann fast den gesamten vorderen oder hinteren Teil des Flügels ausfüllen. So tritt die Grenze, die die Zellen niemals überschreiten, deutlicher hervor (Abbildung 5.26, Mitte). Diese Grenze trennt das vordere vom hinteren Kompartiment. Bei einem normalen Flügel besteht jedes Kompartiment aus allen Abkömmlingen einer Gruppe von Gründerzellen. Die Kompartimentgrenze ist erstaunlich scharf und geradlinig und korreliert mit keinem Strukturmerkmal des Flügels. Diese Experimente zeigen auch, daß die Flügelstruktur in keiner Weise vom Zellstammbaum abhängt. Aus einer einzigen markierten embryonalen Zelle können etwa fünf Prozent der Zellen in einem Flügel der adulten Fliege hervorgehen, bei Verwendung der *Minute*-Technik zur Vergrößerung des Klons etwa die Hälfte. Die Flügelzellen gehen in beiden Fällen aus sehr unterschiedlichen Zellen hervor, die Struktur des Flügels ist jedoch ganz normal.

Das Kompartimentmuster im adulten *Drosophila*-Flügel bleibt von der ersten Spezifizierung bis in die Imaginalscheiben erhalten. Wenn im Embryo Epidermiszellen ruhiggestellt werden, um dann die Imaginalscheiben zu bilden, übernimmt jede Scheibe das Kompartimentmuster des Parasegments, aus dem es hervorgegangen ist. Eine Flügelscheibe entwickelt sich beispielsweise an der Grenze zwischen zwei Parasegmenten, die an der Entstehung des zweiten Thoraxsegments beteiligt sind. Der Flügel ist also in ein vorderes und ein hinteres Kompartiment aufgeteilt. Die Kompartimentgrenze (die Grenze des früheren Parasegments) verläuft geradlinig mehr oder weniger entlang der Flügelmitte.

Die Spezifizierung von Zellen als posteriores Kompartiment eines Segments (dem anterioren Teil des Parasegments) erfolgt durch das *engrailed*-Gen und beginnt mit der Bildung der Parasegmente. Die Expression dieses Gens ist zum einen notwendig, um Zellen die Identität eines „posterioren Segments" zu vermitteln, zum anderen, um die Oberflächeneigenschaften dieser Zellen so zu verändern, daß sie sich nicht mehr mit den benachbarten Zellen vermischen können. Auf diese Weise entsteht die Parasegment(Kompartiment)-Grenze.

Direkte Hinweise darauf erhält man, wenn man das Verhalten von Flügelzellklonen bei einer *engrailed*-Mutante untersucht (Abbildung 5.26, unten). Ohne normale *engrailed*-Expression bleiben die Klone nicht auf den anterioren oder posterioren Teil des Segments beschränkt, so daß keine Kompartimentgrenze entsteht. Außerdem wird bei *engrailed*-Mutanten das hintere Kompartiment teilweise transformiert, so daß seine Struktur dem vorderen Teil des Flügels ähnelt. Dann findet man zum Beispiel Borsten, die normalerweise nur am Vorderrand des Flügels auftreten, auch am hinteren Rand.

Das *engrailed*-Gen muß während des gesamten Larven- und Puppenstadiums bis zur ausgewachsenen Fliege permanent exprimiert werden, um die Eigenschaften des posterioren Kompartiments im Segment aufrechtzuerhalten. Das *engrailed*-Gen ist also auch ein Beispiel für ein Selektorgen – ein Gen, dessen Aktivität allein ausreicht, um Zellen zu einer bestimmten Entwicklung anzuregen. Selektorgene können die Entwicklung einer Region, beispielsweise die eines Kompartiments steuern. Außerdem können sie der Region eine spezifische Identität geben, indem sie die Aktivität weiterer Gene steuern.

5.16 Segmentpolaritätsgene bewirken die Musterbildung der Segmente und stabilisieren die Grenzen von Parasegmenten und Segmenten

Jedes Larvensegment zeigt eine deutliche anterio-posteriore Musterbildung, die man leicht an der ventralen Epidermis des Abdomens erkennen kann: Am vorderen Bereich jedes Segments befinden sich Dentikel (Auswüchse der chitinösen Cuticula), der hintere Bereich ist glatt (Abbildung 5.27). Die Dentikelreihen bilden ein bestimmtes Muster. Man nimmt an, daß dies in jedem Segment einem anterio-posterioren Gradienten entspricht. Mutationen der Segmentpolaritätsgene verändern häufig das Dentikelmuster; auf diese Weise wurden diese Gene ursprünglich entdeckt. Beispielsweise führt die Mutation des Segmentpolaritätsgens *wingless* dazu, daß die ganze Bauchseite des Hinterleibs mit Dentikeln bedeckt ist, wobei das Muster in der hinteren Hälfte jedes Segments umgekehrt verläuft. Bei dieser Mutante wird die anteriore Region jedes Segments spiegelsymmetrisch verdoppelt, während das posteriore Muster fehlt. Mutationen im Segmentpolaritätsgen *hedgehog* verursachen einen ähnlichen Phänotyp. Die Gene *hedgehog* und *wingless* codieren sezernierte Signalproteine und sind mit dem *Sonic hedgehog*-Gen beziehungsweise den *Wnt*-Genen der Wirbeltiere verwandt. Diese wiederum nehmen bei der Signalweitergabe während der Strukturbildung bei Vertebraten eine Schlüsselstellung ein.

Die Dentikelmuster der Larve hängen davon ab, daß die Parasegmentgrenzen an der richtigen Stelle entstehen und erhalten bleiben. Segmentpolaritätsgene werden in jedem Parasegment in bestimmten Bereichen exprimiert (Abbildung 5.28). Die Aufrechterhaltung einer Parasegmentgrenze hängt von einem interzellulären Signalzyklus zwischen benachbarten Zellen auf beiden Seiten der Grenze ab. Dabei kommt es zu Wechselwirkungen zwischen den Genen *engrailed*, *wingless*, *hedgehog* und anderen Segmentpolaritätsgenen. An einer Seite der Grenze exprimieren die Zellen, die das *engrailed*-Gen exprimieren, auch das *hedgehog*-Gen, das ein sezerniertes Protein codiert. Das hedgehog-Protein sorgt für die Expression des *wingless*-Genes in der benachbarten Zelle auf der anderen Seite der Grenze. Das *wingless*-Gen codiert ein sezerniertes Glycoprotein, das wiederum über eine Rückkopplung die Expression des *hedgehog*- und *engrailed*-Gens in Gang hält. Auf diese Weise wird die Kompartimentgrenze stabilisiert (Abbildung 5.29).

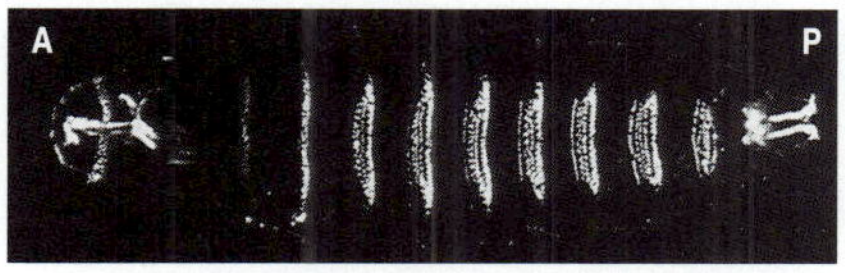

5.27 Jedes Larvensegment besitzt auf seiner ventralen Oberfläche ein typisches Dentikelmuster. Die Dentikel sind auf die vorderen Bereiche der Segmente beschränkt, wobei jedes Segment sein eigenes Muster besitzt.

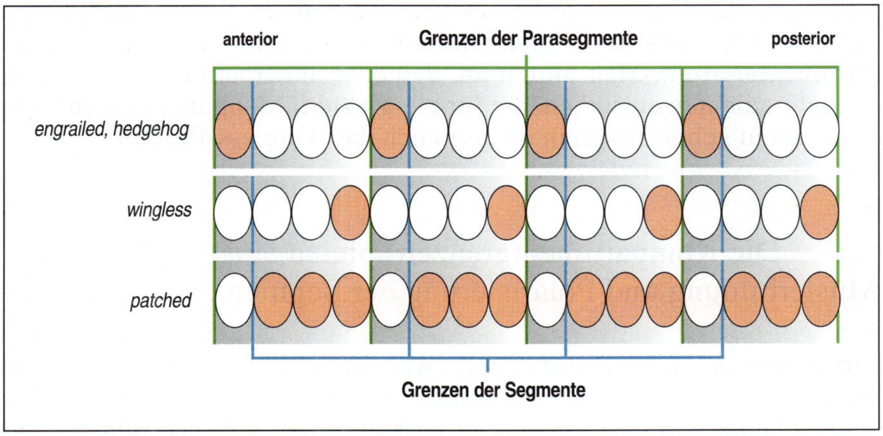

5.28 Die Expressionsdomänen der Segmentpolaritätsgene. Im Stadium des zellulären Blastoderms wird am vorderen Rand jedes Parasegments das *engrailed*-Gen zusammen mit dem *hedgehog*-Gen und am hinteren Rand das *wingless*-Gen exprimiert. Nach der Gastrulation wird das *patched*-Gen in allen Zellen exprimiert, die weder das *engrailed*-Gen noch das *hedgehog*-Gen exprimieren. In der Zeit zwischen der Abgrenzung der Parasegmente und dem Schlüpfen des Embryos teilen sich die Zellen etwa zweimal.

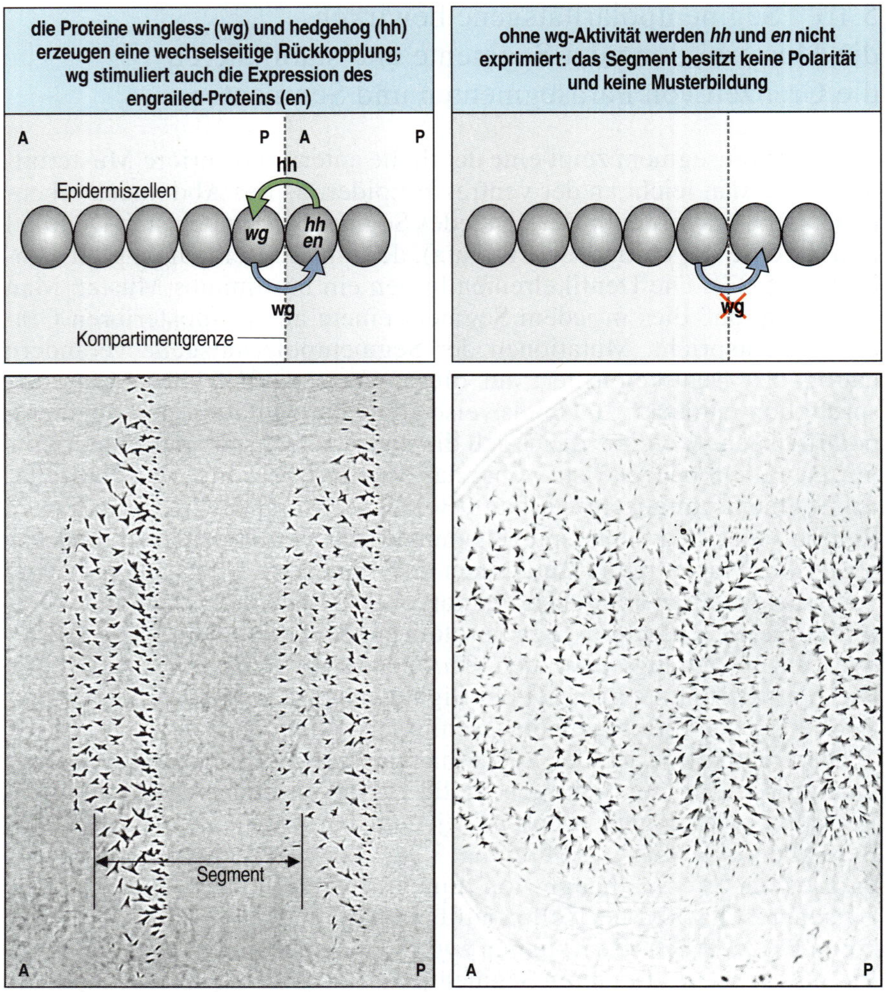

5.29 Wechselwirkungen zwischen den Genen *hedgehog*, *wingless* und *engrailed* und den dazugehörigen Proteinen an der Kompartimentgrenze bestimmen das Dentikelmuster. Oben links: Das *engrailed*-Gen, das einen Homöodomänen-Transkriptionsfaktor codiert, wird in den Zellen am vorderen Rand des Parasegments exprimiert; diese Zellen exprimieren auch das Segmentpolaritätsgen *hedgehog* und sezernieren das hedgehog-Protein. Dieses Protein aktiviert die Expression des Segmentpolaritätsgens *wingless* in benachbarten Zellen jenseits der Kompartimentgrenze und erhält sie aufrecht. Das wingless-Protein wirkt auf die Zellen zurück, die das *engrailed*-Gen exprimieren, um die Expression des *engrailed*- und des *hedgehog*-Gens aufrecht zu halten. Diese Wechselwirkungen stabilisieren und erhalten die Kompartimentgrenze. Oben rechts: Bei Mutanten mit inaktiviertem *wingless*-Gen, denen das wingless-Protein fehlt, werden weder das *hedgehog*- noch das *engrailed*-Gen exprimiert. Dadurch gibt es keine Kompartimentgrenze, und das normalerweise in jedem Abdominalsegment deutliche Dentikelmuster geht verloren. Unten links: Bei der Wildtyp-Larve sind die Dentikelmuster der ventralen Cuticula auf den anterioren Teil des Segments beschränkt und hängen von der Aktivität der Gene *hedgehog* und *wingless* ab. Unten rechts: Bei der *wingless*-Mutante findet man auf der gesamten ventralen Oberfläche des Segments Dentikel. Die Struktur wirkt wie eine spiegelbildliche Wiederholung des anterioren Segmentmusters. Photos aus: Lawrence 1992.

Wir werden den wingless- und hedgehog-Proteinen noch öfter begegnen, da sie und ihre Gegenstücke in anderen Organismen hochkonservierte Entwicklungssignale sind, die in einer Reihe verschiedener Positionssignalsysteme vorkommen.

Andere Segmentpolaritätsgene codieren Rezeptoren für diese Signalmoleküle sowie Komponenten der Signalwege, die dazu beitragen, daß die Parasegment- und Segmentgrenzen erhalten bleiben: Das Segmentpolaritätsgen *patched* codiert Rezeptoren für das hedgehog-Protein. Diese komplexen interzellulären Zyklen stabilisieren die Kompartimentgrenzen. Man nimmt an, daß dann innerhalb dieser Grenzen Signalgradienten entstehen, die für die Musterbildung im Segment sorgen; hierzu gehört möglicherweise auch das wingless-Protein.

5.17 Die Kompartimentgrenzen spielen eine Rolle bei der Musterbildung und Polarisierung der Segmente

Strukturen auf der Epidermis von zwei anderen Insekten können Hinweise darauf geben, welche Funktion eine Kompartimentgrenze – in diesem Fall eine Segmentgrenze – bei der Kontrolle der Musterbildung und

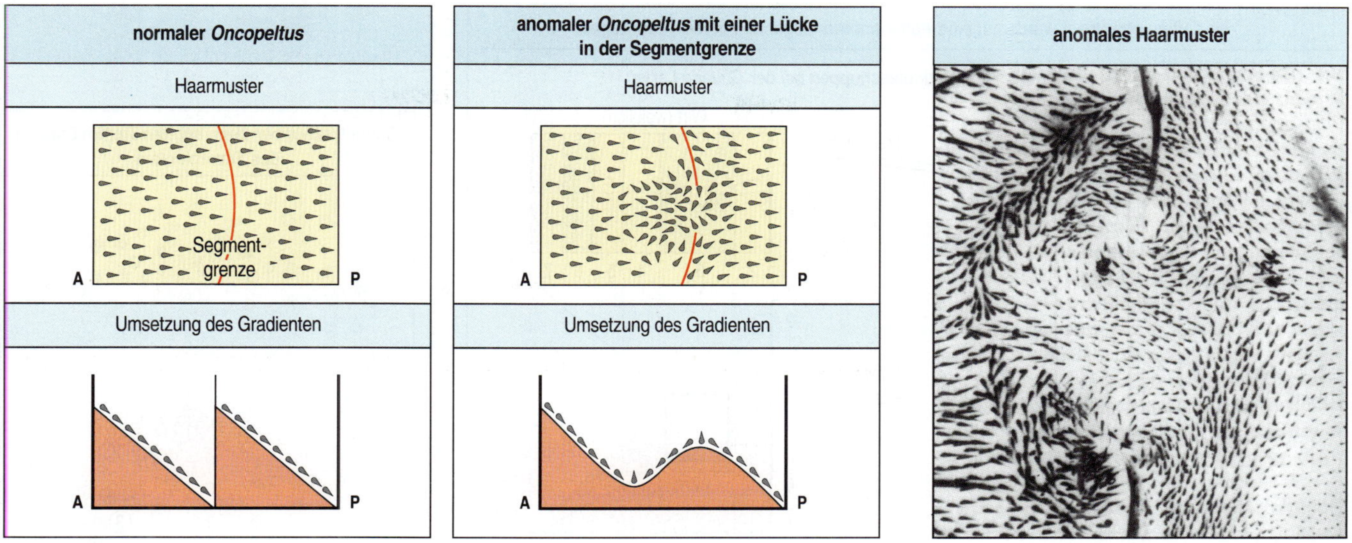

5.30 Bei *Oncopeltus* können Gradienten die Polarität der Segmente festlegen. Die Haare auf der Cuticula zeigen nach hinten, was möglicherweise auf einen Morphogengradienten zurückzuführen ist, der durch die Segmentgrenze aufrechterhalten wird (links). Wenn die Grenze eine Lücke aufweist (Mitte), verwischen sich die deutlichen Konzentrationsstufen des Morphogens, so daß sich der Gradient und die Richtung der Haare lokal umkehren. Das Photo (rechts) veranschaulicht dieses Phänomen. Photo aus: Lawrence 1992. Zeichnung nach Lawrence 1992.

der Polarisierung des Segments hat. Es sind dies die von Samen lebende Wanze *Oncopeltus* und die Wachsmotte *Galleria*.

Bei der adulten Form von *Oncopeltus* ist jedes Segment von zahlreichen Haaren bedeckt, und bei den meisten Tieren zeigen alle Haare wie kleine Pfeile von vorne nach hinten (Abbildung 5.30, links). Bei einigen Tieren ist die Segmentgrenze unterbrochen. Dort ist das Haarmuster offensichtlich anders ausgerichtet. In der Nähe der Lücke zeigen viele Haare in die entgegengesetzte Richtung (Abbildung 5.30, Mitte und rechts). Dies läßt sich erklären, wenn man annimmt, daß in jedem Segment von der vorderen bis zur hinteren Grenze ein Gradient verläuft – möglicherweise der eines Morphogens. Wenn die Steigung des Gradienten die Polarität der Haare bestimmt, zeigen die Haare immer in Abwärtsrichtung des Gradienten. Ist die Segmentgrenze unterbrochen, ändert sich der Gradient lokal. Der starke Konzentrationssprung an der normalen Grenze wird dabei abgeschwächt, und es bildet sich lokal ein Gradient aus, der entgegengesetzt verläuft. So kann es dazu kommen, daß die Haare in diesem Bereich in die entgegengesetzte Richtung zeigen.

Transplantationsexperimente in der Cuticula der *Galleria*-Larve geben Hinweise auf einen solchen Gradienten, der nicht nur Polaritäts- sondern auch Positionsinformation vermittelt (Abbildung 5.31). Jedes Segment der adulten Motte enthält sieben verschiedene Cuticulatypen. Überträgt man bei *Galleria* ein Stück der Larvencuticula an eine weiter anterior liegende Stelle, so kommt es im Bereich des Transplantats zu einer auffälligen Umstrukturierung. Dies läßt sich am besten dadurch erklären, daß ein Gradient mit Positionsinformation die Eigenschaften und die Polarität in jedem Bereich der Cuticula bestimmt. Zwar lassen die beiden beschriebenen Beobachtungen auch andere Interpretationen zu, aber auch bei diesen spielen Gradienten eine Rolle.

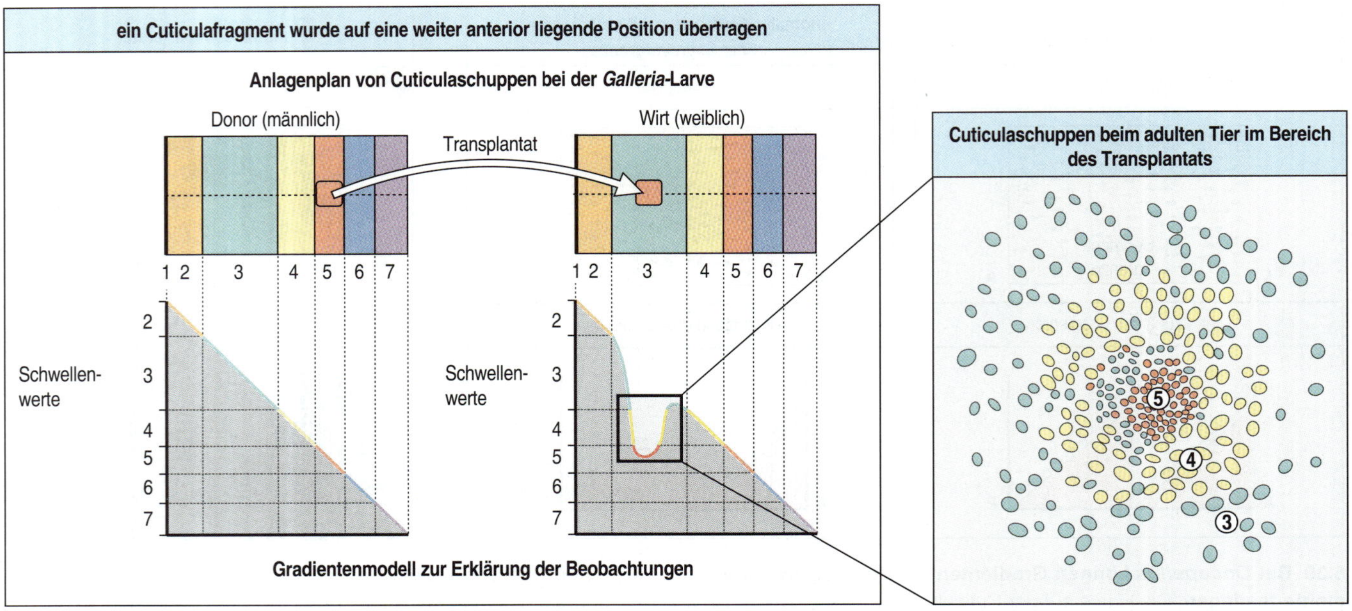

5.31 Bei *Galleria* legt möglicherweise eine Positionsinformation das Cuticulamuster fest. Bei der adulten Motte gibt es auf jedem Segment sieben Typen von Cuticulaschuppen, die in aufeinanderfolgenden Banden angeordnet sind. Wenn man ein kleines Cuticulafragment von einer männlichen Larve auf eine weiter vorn gelegene Position im Segment einer weiblichen Larve überträgt, zeigt das weibliche adulte Tier eine lokal begrenzte Veränderung sowohl des Musters als auch der Orientierung der Cuticulaschuppen. Die Übertragungen erfolgen zwischen männlichen und weiblichen Tieren, da die weiblichen Zellen andere Zellkerne besitzen, so daß man die transplantierten Zellen und ihre Tochterzellen erkennen kann. Das neue Muster läßt sich dadurch erklären, daß sich in dem Segment, das die Positionsinformation für die Entwicklung der Schuppen liefert, ein Gradient verändert hat.

5.18 Einige Insekten verwenden andere Mechanismen, um im Bauplan des Körpers Muster zu erzeugen

Drosophila gehört in der Evolution zu einer höher entwickelten Gruppe von Insekten. Eines ihrer Merkmale besteht darin, daß alle Segmente mehr oder weniger zu derselben Zeit spezifiziert werden, wie sich sowohl anhand des Streifenmusters bei der Expression der Paarregelgene im zellfreien Blastoderm sowie daran zeigen läßt, daß alle Segmente kurz nach der Gastrulation zu sehen sind. Diese Art von Entwicklung bezeichnet man auch als **Langkeimentwicklung**, da das Blastoderm dem gesamten späteren Embryo entspricht. Alle Segmente bilden sich etwa gleichzeitig. Viele andere Insekten wie etwa der Reismehlkäfer *Tribolium* haben dagegen eine **Kurzkeimentwicklung**. In diesem Fall ist das Blastoderm kurz und bildet nur vordere Segmente. Die hinteren Segmente entwickeln sich nach dem Blastodermstadium und der Gastrulation. So entstehen die meisten Segmente aus dem zellulären Blastoderm, und die hinteren Segmente durch Wachstum im hinteren Bereich (Abbildung 5.32). Trotz der früh auftretenden Unterschiede ähneln sich die Reifungsstadien der Keimstreifen von Langkeim- und Kurz-

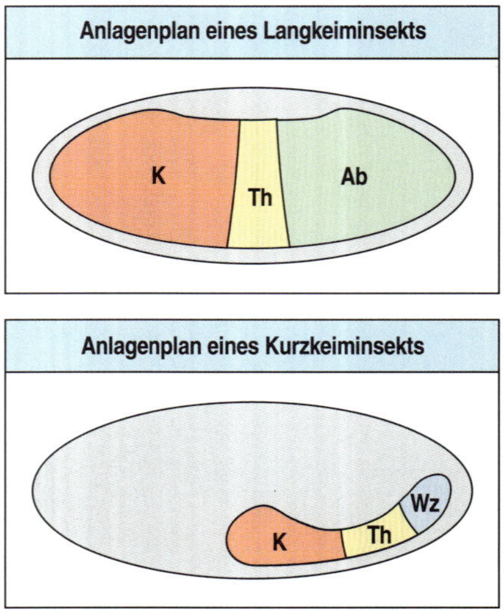

5.32 Unterschiede bei der Entwicklung von Langkeim- und Kurzkeiminsekten. Oben: Der allgemeine Anlagenplan von Langkeiminsekten wie etwa *Drosophila* zeigt, daß der gesamte Bauplan – Kopf (K), Thorax (Th) und Abdomen (Ab) – bereits zur Zeit der Keimstreifenbildung vorhanden ist. Unten: Bei Kurzkeiminsekten sind in diesem Embryonalstadium nur die vorderen Bereiche des Bauplanes vorhanden. Die meisten Abdominalsegmente entwickeln sich erst nach der Gastrulation aus einer hinteren Wachstumszone (Wz).

keiminsektenembryonen. Es handelt sich hier also um ein gemeinsames Stadium, das **phylotypische Stadium**, das alle Insektenembryonen durchlaufen (Abbildung 2.2).

Es stellt sich zweifellos die Frage, welche Vorgänge bei der Festlegung des Bauplanes von Langkeim- und Kurzkeiminsekten übereinstimmen. Ein eindeutiger Unterschied besteht darin, daß die Muster für den Bauplan im Langkeimstreifen bei *Drosophila* vor den Zellgrenzen gebildet werden. Hingegen wird ein großer Teil der Körperstruktur von Kurzkeiminsekten erst in einem späteren Stadium angelegt, wenn mit dem Wachstum die hinteren Segmente entstehen. Da der Embryo in diesem Stadium aus vielen Zellen besteht, drängt sich die Frage auf: Sind daran dieselben Gene beteiligt?

Es gibt deutliche Hinweise darauf, daß bei der Musterbildung von *Tribolium* und *Drosophila* dieselben Gene und Entwicklungsprozesse eine Rolle spielen. So wird zum Beispiel das Lückengen *Krüppel* während des Blastodermstadiums am hinteren Ende des *Tribolium*-Embryos exprimiert und nicht in der Mitte wie bei *Drosophila* (Abbildung 5.33). Es prägt also anscheinend bei beiden Insekten denselben Körperbereich. Während des Blastodermstadiums sind nur zwei Paarregelstreifen vorhanden; außerdem werden Paarregelgene am posterioren Pol exprimiert – im Gegensatz zu den sieben Streifen bei *Drosophila*. Die Gene *wingless* und *engrailed* werden jedoch im gleichen Verhältnis wie bei *Drosophila* exprimiert.

Bis jetzt hat man zwar bei anderen Insekten noch nicht viele Gene genauer untersucht, aber zumindest vom Segmentpolaritätsgen *engrailed* weiß man, daß es bei einer Reihe verschiedener Insekten im hinteren Bereich der Segmente exprimiert wird. Das Paarregelgen *even-skipped* (Abschnitt 5.14) kommt zwar bei der Feldheuschrecke (einem Kurzkeiminsekt) vor, hat aber möglicherweise nicht dieselbe Funktion bei der Segmentierung. Es ist bei der Feldheuschrecke jedoch später an der Entwicklung des Nervensystems beteiligt und wird auch am hinteren Ende des wachsenden Keimstreifens exprimiert.

Experimente mit einem anderen Insekt, der Kleinzikade *Euscelis*, lassen einen Mechanismus für die Festlegung der Längsachse erkennen, der dem Mechanismus des bicoid-Gradienten (Abschnitt 5.2) stark ähnelt. *Euscelis* besitzt einen Entwicklungsmodus, der eine Zwischenform aus Langkeim- und Kurzkeiminsekten darstellt. Das Ei ist verhältnismäßig lang und enthält an seinem hinteren Ende eine Kugel mit symbiotischen Bakterien. Diese Kugel läßt sich mit Hilfe einer Mikronadel in die anteriore Richtung verschieben. Dadurch wird von hinten etwas Cytoplasma mitgezogen, das als cytoplasmatischer Marker dient. Dieser kann bei Transplantationsexperimenten recht nützlich sein.

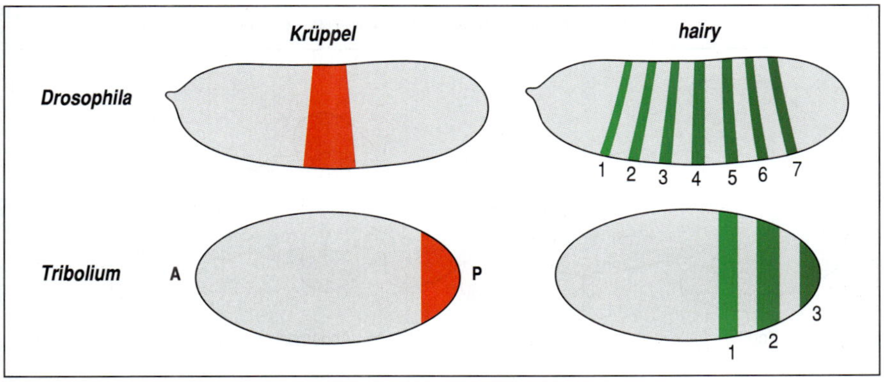

5.33 Expression der Lücken- und Paarregelgene bei Langkeim- und Kurzkeiminsekten zur Zeit der Keimstreifenbildung. *Krüppel* (rot) ist ein Lückengen, *hairy* ein Paarregelgen. Die Position des *Krüppel*-Streifens im Kurzkeimembryo von *Tribolium* zeigt, daß in diesem Stadium die hinteren Körperbereiche noch nicht vorhanden sind. Entsprechend sind bei *Tribolium* auch nur drei *hairy*-Streifen vorhanden; sie entsprechen den ersten drei *hairy*-Streifen eines Langkeimembryos.

Zwei Experimente geben Hinweise auf einen Morphogengradienten im Ei von *Euscelis*, dessen Konzentration am hinteren Ende am höchsten ist. Im ersten Experiment schnürt man das Ei ein, so daß zwischen dem vorderen und dem hinteren Bereich keine Kommunikation möglich ist. Dadurch entsteht eine Lücke im Bauplan, woraufhin sich einige Bereiche nicht entwickeln. Im zweiten Experiment verschiebt man die Kugel zusammen mit posteriorem Cytoplasma nach vorne und schnürt dahinter ab (Abbildung 5.34). Dann entwickeln sich in der Regel vor der Einschnürung sämtliche Strukturen, während dahinter eine Gruppe spiegelbildlicher, unvollständiger Strukturen entsteht. Beide Ergebnisse können durch einen diffusiblen Morphogengradienten erklärt werden, dessen höchste Konzentration und Ursprung am hinteren Ende liegen.

Betrachtet man nun einige andere Insekten, so sind die Unterschiede in den frühen Entwicklungsstadien noch viel deutlicher. Bei bestimmten Schlupfwespen ist das Ei klein; es teilt sich und bildet eine Kugel aus Zellen, die schließlich auseinanderfällt. Jeder der entstehenden kleinen Zellcluster – möglicherweise bis zu 400 – kann sich zu einem eigenen Embryo entwickeln. Die Wespe benötigt offensichtlich keine maternale Information, um die Körperachsen zu spezifizieren. Sie ähnelt daher in dieser Hinsicht einem frühen Säugerembryo.

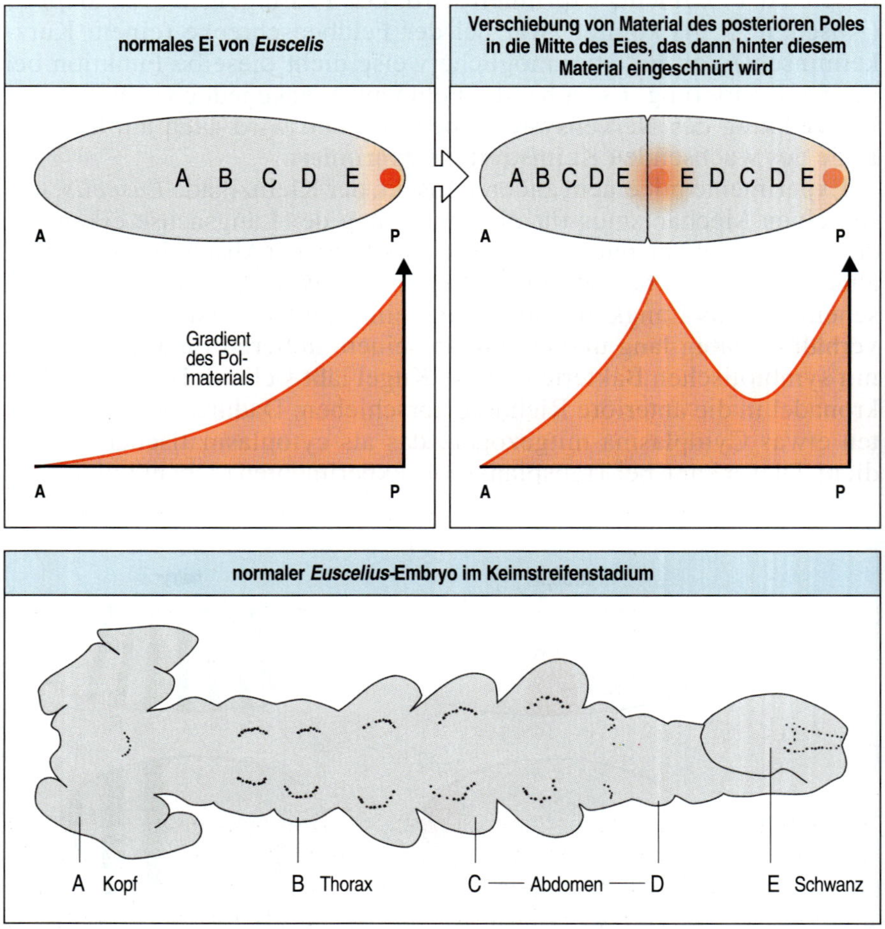

5.34 Ein anterio-posteriorer Morphogengradient im Ei der Kleinzikade *Euscelis* steuert anscheinend die Entwicklung entlang der Längsachse. Oben: Eier von *Euscelis* enthalten an ihrem Hinterende eine Kugel mit symbiotischen Bakterien. Durch Vorwärtsschieben der Kugel ist es möglich, Cytoplasma in die Mitte des Embryos zu verlagern. Das Ei kann dann eingeschnürt werden, so daß dort mögliche diffusible Faktoren, die von dem verlagerten Cytoplasma und dem posterioren Pol ausgehen, nicht hindurchgelangen können. Dieser Eingriff verändert das Segmentmuster. Das steht im Einklang mit der Existenz eines Morphogengradienten im normalen Ei, dessen Konzentration im hinteren Cytoplasma am höchsten ist. Unten: Isolierter normaler Embryo von *Euscelis* im Keimstreifenstadium. Körperregionen, die bei den oben beschriebenen Experimenten identifiziert wurden, sind mit großen Buchstaben gekennzeichnet.

Zusammenfassung

Die Segmentpolaritätsgene sind an der Musterbildung der Parasegmente beteiligt. Das *engrailed*-Gen wird als eines der ersten aktiviert und am vorderen Rand jedes Parasegments exprimiert. Die betroffene Zellgruppe bildet das hintere Kompartiment des entsprechenden Segments. *engrailed* ist auch ein Selektorgen, da es einer Gruppe von Zellen eine langfristige räumliche Identität verleiht. Die Expression des *engrailed*-Gens zeigt klonale Restriktion: Zellen, die das *engrailed*-Gen exprimieren, legen das posteriore Kompartiment eines Segments fest. Außerdem wechseln Zellen nicht vom posterioren in das anteriore Kompartiment. Die Paarregelgene schalten *engrailed* an, dessen Expression von den Segmentpolaritätsgenen *wingless* und *hedgehog*, die die Kompartimentgrenze stabilisieren, aufrecht erhalten wird. Untersuchungen an anderen Insekten deuten darauf hin, daß in jedem Segment ein eigener Gradient mit räumlicher Information entsteht. Dieser wird durch die Ränder begrenzt, die dem Segment die Struktur geben. Im Gegensatz zu *Drosophila* zeigen einige Insekten in ihrer Entwicklung ein Kurzkeimmuster; dabei werden nach dem Stadium des zellulären Blastoderms hinten Segmente durch Wachstum angefügt.

Übersicht: Durch die Expression der Segmentpolaritätsgene werden die Segmentkompartimente festgelegt

Expression der Paarregelgene

⇩

das Segmentpolaritäts- und Selektorgen *engrailed*, das im anterioren Teil jedes Parasegments exprimiert wird, legt das anteriore Kompartiment eines Parasegments und das posteriore Kompartiment eines Segments fest

⇩

Zellen, die das *engrailed*-Gen exprimieren, exprimieren auch das Segmentpolaritätsgen *hedgehog*

⇩

Zellen an der anderen Seite einer Kompartimentgrenze exprimieren das Segmentpolaritätsgen *wingless*

⇩

das wingless- und das hedgehog-Protein halten die Expression des *engrailed*-Gens aufrecht und stabilisieren die Kompartimentgrenze

⇩

die Kompartimentgrenze bildet ein Signalzentrum, von dem die Musterbildung des Segments ausgeht

Segmentierung: Selektorgene und homöotische Gene

Jedes Segment besitzt eine spezifische Identität, was man am einfachsten bei der Larve an dem charakteristischen Dentikelmuster auf der ventralen Oberfläche erkennen kann (Abbildung 5.27). Da in jedem Segment dieselben Segmentpolaritätsgene angeschaltet werden, stellt sich

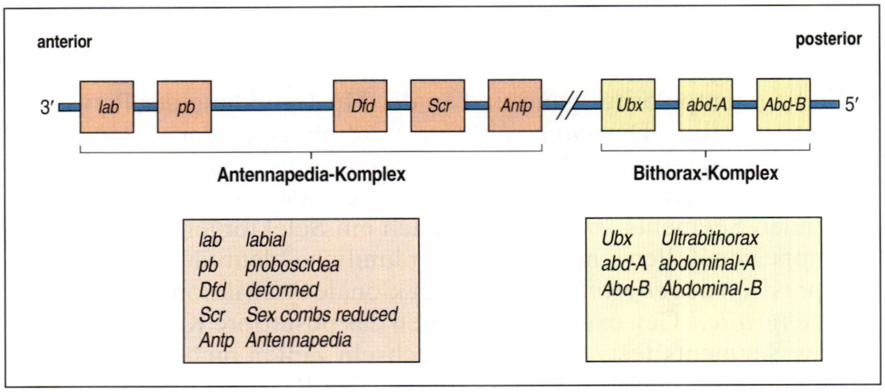

5.35 Die homöotischen Selektorgenkomplexe Antennapedia und Bithorax. Die 3'-5'-Anordnung der Gene in jedem Komplex entspricht der Reihenfolge ihrer räumlichen Expression (von vorne nach hinten) und dem Zeitpunkt ihrer Expression (3′ zuerst).

die Frage, wie sich die Segmente voneinander unterscheiden. Die Segmentidentität wird von einer Klasse von Hauptregulationsgenen vorgegeben, die man als **homöotische Selektorgene** bezeichnet und die den späteren Entwicklungsweg jedes einzelnen Segments bestimmen. Ein Selektorgen steuert die Aktivität weiterer Gene und ist während der gesamten Entwicklung für die Aufrechterhaltung dieses Genexpressionsmusters erforderlich. Die Selektorgene von *Drosophila*, die die Segmentidentität kontrollieren, sind in zwei Genkomplexen organisiert (Abbildung 5.35). Diese sind zusammen weitgehend homolog zu einem einzigen Hox-Genkomplex der Wirbeltiere (Exkurs 4.1, Seite 116). Man faßt sie auch als HOM-Gene zusammen, da jedes Gen einen Transkriptionsfaktor codiert, der eine Homöodomäne enthält. Wie wir in Kapitel 4 gesehen haben, steuern solche Gene auch die Musterbildung bei den Wirbeltieren. Man hat sie jedoch zuerst bei *Drosophila* gefunden und dort auch am genauesten untersucht.

Die beiden homöotischen Komplexe von *Drosophila*, der Bithorax- und der Antennapedia-Genkomplex, hat man nach den ungewöhnlichen und auffälligen Mutationen benannt, die den ersten Hinweis auf diese Gene lieferten. Bei Fliegen mit einer *bithorax*-Mutation entwickelt sich ein Teil der Haltere (des Gleichgewichtsorgans am dritten Thoraxsegment) zu einem Teil eines Flügels (Abbildung 5.36). Bei Fliegen mit der dominanten Antennapedia-Mutation (die ursprünglich die Entdeckung dieses Genkomplexes ermöglichte) sind die Antennen zu Beinen umgebildet. Gene, die man aufgrund solcher Mutationen identifizieren konnte, nennt man auch **homöotische Gene**, da sie bei einer Mutation zu einer **Homöose** führen – zur Umbildung (Transformation) eines ganzen Segments oder einer ganzen Struktur in eine andere, verwandte Struktur, wie es bei der Umwandlung eines Fühlers in ein Bein der Fall ist. Zu diesen bizarren Umwandlungen kommt es, da die homöotischen Selektorgene bei der Festlegung der räumlichen Identität eine Schlüsselrolle besitzen. Sie steuern die Aktivität anderer Gene in den Segmenten

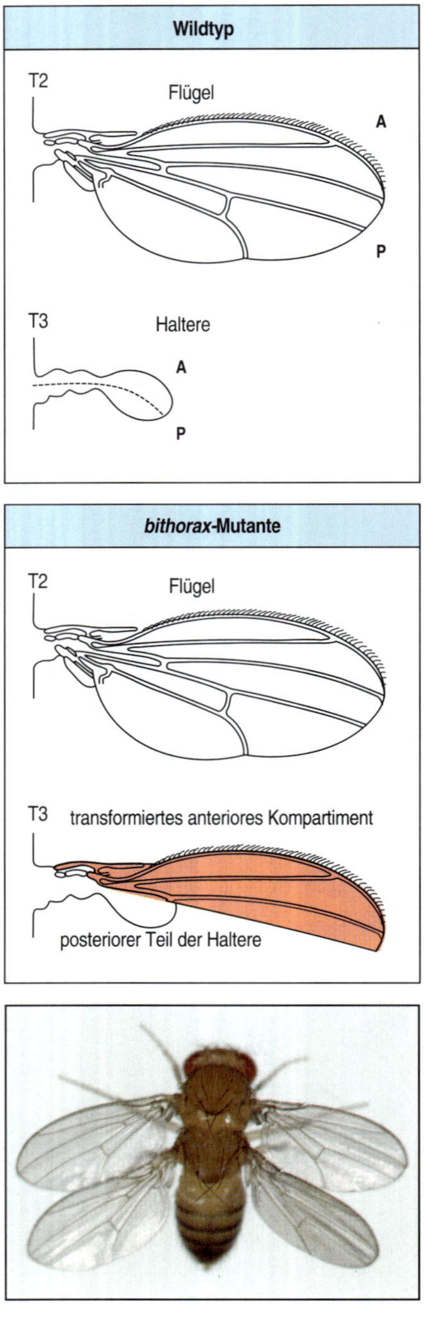

5.36 Homöotische Transformation des Flügels und der Haltere durch Mutationen im Bithorax-Komplex. Oben: Bei der normalen adulten Fliege sind sowohl Flügel als auch Halteren in ein anteriores (A) und ein posteriores (P) Kompartiment unterteilt. Mitte: In der *bithorax*-Mutation wird das vordere Kompartiment der Haltere in den Vorderteil eines Flügels umgewandelt. Die *postbithorax*-Mutation wirkt in ähnlicher Weise auf das hintere Kompartiment und wandelt es in einen posterioren Abschnitt des Flügels um (nicht dargestellt). Unten: Sind beide Gene mutiert, addiert sich der Effekt, und die Haltere wird zu einem vollständigen Flügel; so entsteht eine Fliege mit vier Flügeln. Photo mit freundlicher Genehmigung von E. Lewis, aus Bender et al. 1983. Zeichnungen nach Lawrence 1992.

und legen so beispielsweise fest, daß sich eine bestimmte Imaginalscheibe zu einem Flügel oder zu einer Haltere entwickelt. Der Bithorax-Komplex steuert die Identität der weiter hinten liegenden Parasegmente 5–14, während der Antennapedia-Komplex die Identität der weiter vorn liegenden Parasegmente bestimmt. Die Aktivität des Bithorax-Komplexes mit seinen Selektorgenen hat man am genauesten untersucht; darum werden wir uns damit zuerst beschäftigen.

5.19 Homöotische Selektorgene des Bithorax-Komplexes sind für die Diversifizierung der posterioren Segmente verantwortlich

Der Bithorax-Komplex von *Drosophila* umfaßt drei Homöobox-Gene: *Ultrabithorax*, *abdominal-A* und *Abdominal-B*. Diese Gene werden in den Parasegmenten in verschiedenen Kombinationen exprimiert (Abbildung 5.37, oben). *Ultrabithorax* wird in allen Parasegmenten ab dem fünften exprimiert, *abdominal-A* ab Parasegment 7 und *Abdominal-B* noch weiter hinten: ab Parasegment 10. Da diese Gene auch in unterschiedlichem Ausmaß in den Parasegmenten aktiv sind, bestimmt die jeweilige Kombination der Aktivitäten die Eigenschaften jedes Parasegments. *Abdominal-B* unterdrückt auch die Expression des *Ultrabithorax*-Gens. Dadurch ist die Expressionsrate dieses Gens ab Parasegment 14 sehr niedrig, da dort *Abdominal-B* stärker exprimiert wird. gap- und Paarregelgene bestimmen das Aktivitätsmuster der Gene des Bithorax-Komplexes.

Hinweise auf die Funktion der Gene des Bithorax-Komplexes erhielt man zuerst durch klassische genetische Experimente. Bei Larven, denen der gesamte Bithorax-Komplex fehlt (Abbildung 5.37, zweites Bild), entwickeln sich die Parasegmente 5–13 wie Parasegment 4. Der Bithorax-Komplex ist also für die Diversifizierung dieser Parasegmente, deren Grundmuster sich in Parasegment 4 wiederfindet, unbedingt notwendig. Dieses Parasegment kann man als „Basismodell" betrachten, das dann in den weiter posterior liegenden Parasegmenten durch die Proteine, die der Bithorax-Komplex codiert, modifiziert wird. Da die Gene des Bithorax-Komplexes das Grundmuster mit einer neuen Identität überlagern können, nennt man sie Selektorgene.

Wenn man Embryonen untersucht, denen der gesamte Bithorax-Komplex fehlt und bei denen man immer nur ein Gen des Komplexes neu hinzugefügt hat, erhält man Hinweise auf die Funktion jedes Gens aus diesem Komplex (Abbildung 5.37, untere drei Bilder). Ist nur das *Ul-*

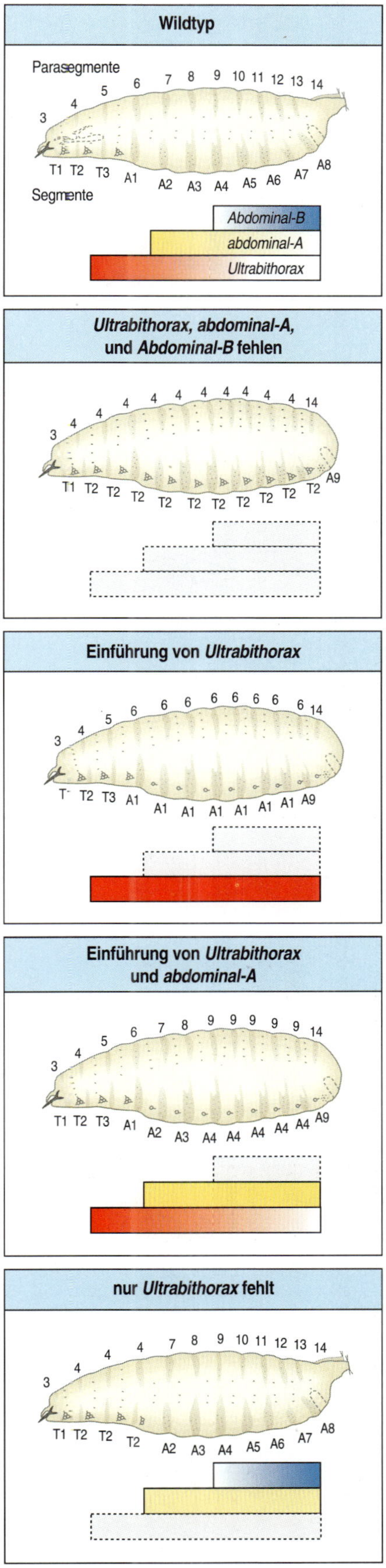

5.37 Das räumliche Expressionsmuster von Genen des Bithorax-Komplexes ist für jedes Parasegment spezifisch. Im Wildtyp-Embryo (oben) ist die Expression der Gene *Ultrabithorax*, *abdominal-A* und *Abdominal-B* erforderlich, um jedem Parasegment eine bestimmte Identität zu verleihen. Mutationen im Bithorax-Komplex führen zu homöotischen Transformationen der Parasegmente und der daraus hervorgehenden Segmente. Wenn der Bithorax-Komplex vollständig fehlt (zweites Bild), werden aus den Parasegmenten 5–13 neun Parasegmente 4 (das dem T2-Segment der Larve entspricht). Dies zeigt sich an den Dentikel- und Borstenmustern auf der Cuticula. In den drei unteren Bildern sind Transformationen dargestellt, die durch das Fehlen verschiedener Genkombinationen entstehen. Wenn nur das *Ultrabithorax*-Gen fehlt (ganz unten), werden die Parasegmente 5 und 6 zu Parasegment 4. Bei allen Versuchen wurde das räumliche Muster der Genexpression durch eine *in situ*-Hybridisierung ermittelt (Exkurs 3.2, Seite 74). Zu beachten ist dabei, daß das Parasegment 14 verhältnismäßig unabhängig vom Bithorax-Komplex angelegt wird.

trabithorax-Gen vorhanden, besitzt die Larve ein Parasegment 4, ein Parasegment 5 und acht Parasegmente 6. *Ultrabithorax* hat offensichtlich eine bestimmte Wirkung auf alle Parasegmente ab dem fünften und kann die Parasegmente 5 und 6 spezifizieren. Wenn man das *abdominal-A*- und das *Ultrabithorax*-Gen in den Embryo einsetzt, besteht die Larve aus den Parasegmenten 4, 5, 6, 7 und 8, an das sich fünf Parasegmente 9 anschließen. Das Gen *abdominal-A* beeinflußt daher die Parasegmente ab dem siebten und legt zusammen mit dem Gen *Ultrabithorax* die Eigenschaften der Parasegmente 7, 8 und 9 fest. Ein entsprechendes Prinzip gilt auch für das Gen *Abdominal-B*, dessen Einflußbereich ab Parasegment 10 nach hinten reicht und das in Parasegment 14 am stärksten exprimiert wird. Die Unterschiede zwischen den Segmenten spiegeln möglicherweise die unterschiedlichen räumlichen und zeitlichen Expressionsmuster der HOM-Gene wider.

Diese Ergebnisse veranschaulichen ein wichtiges Prinzip: Die Gene des Bithorax-Komplexes spezifizieren auf kombinatorische Weise die Eigenschaften der Parasegmente. Wie sich diese Kombination auswirkt, kann man auch dadurch feststellen, daß man die Gene einzeln der Reihe nach aus einem Wildtyp entfernt. Wenn zum Beispiel das *Ultrabithorax*-Gen fehlt, werden die Parasegmente 5 und 6 zu Parasegment 4 (Abbildung 5.37, ganz unten). Es gibt dabei noch einen zusätzlichen Effekt auf das Cuticulamuster der Parasegmente 7–14: Strukturen, die für den Thorax charakteristisch sind, treten nun im Abdomen auf. Das zeigt, daß sich das *Ultrabithorax*-Gen auf alle diese Segmente auswirkt. Möglicherweise sind solche Anomalien die Folge einer Expression von „sinnlosen“ Kombinationen der Bithorax-Gene. So findet man bei solch einer Mutante beispielsweise das abdominal-A-Protein in den Parasegmenten 7–9 ohne das Ultrabithorax-Protein; diese Kombination gibt es normalerweise nicht.

Obwohl die Lücken- und die Paarregelproteine das Expressionsmuster der HOM-Gene steuern, verschwinden diese Proteine nach etwa vier Stunden. An der kontinuierlichen und korrekten Expression der homöotischen Gene sind zwei Gengruppen beteiligt: die *polycomb*- und die *trithorax*-Gruppe. Die Proteine der *polycomb*-Gruppe halten die transkriptionelle Repression der homöotischen Gene dort aufrecht, wo sie von Anfang an ausgeschaltet sind. Die Proteine der *trithorax*-Gruppe hingegen halten die Expression in den Zellen aufrecht, in denen sie schon eingeschaltet waren. Diese Gene sorgen also für eine fortdauernde Expression des HOM-Komplexes.

5.20 Der Antennapedia-Komplex steuert die Spezifizierung der anterioren Bereiche

Der Antennapedia-Komplex besteht aus fünf Homöobox-Genen (Abbildung 5.35), die das Verhalten der Parasegmente anterior von Parasegment 5 steuern. Der Mechanismus entspricht dem des Bithorax-Komplexes. Da dabei prinzipiell nichts Neues passiert, gehen wir nur kurz auf die Funktion dieses Komplexes ein. Mehrere seiner Gene wirken entscheidend bei der Spezifizierung einzelner Parasegmente mit. Mutationen im *deformed*-Gen wirken sich auf die aus dem Ektoderm abgeleiteten Strukturen der Parasegmente 0 und 1 aus, Mutationen im *Sex combs reduced*-Gen betreffen die Parasegmente 2 und 3 und Mutationen im *Antennapedia*-Gen die Parasegmente 4 und 5.

5.21 Die Reihenfolge der HOM-Genexpression entspricht der Anordnung der Gene auf dem Chromosom

Der Bithorax- und der Antennapedia-Komplex zeigen einige auffällige Merkmale in bezug auf ihre Genorganisation. Bei beiden stimmt die Reihenfolge der Gene mit der räumlichen und zeitlichen Reihenfolge ihrer Expression während der Entwicklung entlang der Längsachse überein. So wird zum Beispiel das *Ultrabithorax*-Gen, das sich auf dem Chromosom 3′ vom Gen *abdominal-A* befindet, weiter vorne und früher exprimiert. Wie wir bereits festgestellt haben, zeigen die verwandten HOX-Genkomplexe der Wirbeltiere (Exkurs 4.1, Seite 116), deren Vorfahren vor mehreren hundert Millionen Jahren von den Arthropoden abzweigten, dieselbe Übereinstimmung zwischen der Anordnung der Gene und der Reihenfolge der Expression. Zwischen dieser hochkonservierten Korrelation und den Mechanismen, die die Expression dieser Gene steuern, muß ein Zusammenhang bestehen.

Die komplexe, aber sehr genaue Steuerung, unter der die Gene des Bithorax-Komplexes stehen, läßt sich beobachten, wenn das Ultrabithorax-Protein in allen Segmenten künstlich exprimiert wird. Das erreicht man, indem man die codierende Sequenz für das Ultrabithorax-Protein an einen Hitzeschockpromotor koppelt, der bei 29 °C aktiviert wird, und das neue DNA-Konstrukt mit Hilfe eines P-Elements in das Genom der Fliege einsetzt (Exkurs 5.1, Seite 165). Wenn man diesen transgenen Embryo für einige Minuten einem Hitzeschock aussetzt, wird das zusätzliche *Ultrabithorax*-Gen transkribiert und in allen Zellen stark exprimiert. Das hat keine Auswirkungen auf die posterioren Parasegmente, in denen das Protein normalerweise ohnehin vorhanden ist. Eine Ausnahme bildet dabei das Parasegment 5, das aus unbekannten Gründen in ein Parasegment 6 umgewandelt wird (möglicherweise spielt hier die erhöhte Menge an Ultrabithorax-Protein eine Rolle). Alle Parasegmente, die vor Parasegment 5 liegen, werden ebenfalls in ein Parasegment 6 verwandelt. Dabei handelt es sich um ein Ergebnis, das einfach nachvollziehbar ist und zu erwarten war – im Gegensatz zu der Situation bei Parasegment 13.

Die Transkription des *Ultrabithorax*-Gens wird normalerweise bei Wildtypembryonen in Parasegment 13 unterdrückt. Selbst wenn das Protein aufgrund eines Hitzeschocks erzeugt wird, hat das keine Auswirkungen. Aus einem unbekannten Grund bleibt das Ultrabithorax-Protein in diesem Parasegment inaktiv. Dieses Phänomen findet man bei der Spezifizierung der Parasegmente sehr häufig. Man spricht hier von phänotypischer Suppression oder posteriorer Prävalenz (Abschnitt 4.4): Produkte der HOM-Gene, die normalerweise in den vorderen Bereichen exprimiert werden, unterliegen einer Suppression durch Produkte eines weiter hinten liegenden Bereichs.

Während die Funktion des Bithorax- und des Antennapedia-Komplexes für die Ausprägung der Segmentidentität inzwischen genau erforscht wurde, wissen wir nicht sehr viel über deren Wechselwirkungen mit den strangabwärts liegenden Zielgenen. Diese spezifizieren Strukturen, die den Segmenten ihre spezifische Identität geben. Wie zum Beispiel kommt es dazu, daß in einem Segment eine Thorax- und keine Abdominalstruktur gebildet wird? Wir kommen zu diesem Thema in Kapitel 10 zurück, wenn wir uns mit der Entwicklung von Körperanhängen bei *Drosophila* beschäftigen. Kapitel 15 behandelt die Funktion der HOX-Gene bei der Evolution verschiedener Körperstrukturen. Zum Ende dieses Kapitels betrachten wir eine Entwicklungsrichtung, die man teilweise schon erforscht hat: die Auswirkungen der HOM-Genexpression im Mesoderm auf die segmentspezifische Entwicklung des Entoderms.

5.22 Die Expression der HOM-Gene im visceralen Mesoderm bestimmt die Struktur des angrenzenden Darmes

Wann immer wir uns bisher mit der Aktivität des *engrailed*-Gens sowie des Bithorax- und des Antennapedia-Komplexes beschäftigt haben, war nur von ihren Effekten auf die ektodermalen Strukturen die Rede, insbesondere in bezug auf die Epidermis oder die Cuticula. Diese Gene werden jedoch auch in inneren Geweben, wie etwa im somatischen und visceralen Mesoderm des Embryos exprimiert. Aus dem somatischen Mesoderm entsteht der Hauptteil der Körpermuskulatur, während das viscerale Mesoderm die glatte Muskulatur entwickelt, die den Darm umgibt. Im somatischen Mesoderm ist das Expressionsmuster des Bithorax-Komplexes einfacher als im Ektoderm, entspricht diesem aber im großen und ganzen. Das viscerale Mesoderm verdient jedoch besondere Aufmerksamkeit, da die Expression der HOM-Gene hier anscheinend die Musterbildung im Entoderm des Darms induziert.

Der sich entwickelnde Mitteldarm hat drei Verengungen; die zweite davon befindet sich in Parasegment 7. Die meisten HOM-Selektorgene werden nicht im Entoderm exprimiert. Dessen segmentspezifischer Charakter wird aufgrund der HOM-Genexpression im umgebenden visceralen Mesoderm induziert. Das Expressionsmuster des Bithorax-Komplexes im visceralen Mesoderm unterscheidet sich im einzelnen etwas vom Muster des Ektoderms und des somatischen Mesoderms. Das *Ultrabithorax*-Gen zum Beispiel wird nur im Parasegment des visceralen Mesoderms exprimiert, das neben der zweiten von drei Darmverengungen liegt (Abbildung 5.38, oben). Ohne Expression des *Ultrabithorax*-Gens entsteht diese Verengung nicht, und der Darm entwickelt sich anomal.

Das *Ultrabithorax*-Gen selbst wird nicht im Entoderm exprimiert. Statt dessen wirkt es anscheinend durch Beeinflussung zweier anderer Gene auf den Darm. Dabei handelt es sich um das *decapentaplegic*-Gen (Abschnitt 5.9) und das *labial*-Gen, das zum Antennapedia-Komplex gehört. In normalen Embryonen werden beide Gene im Bereich der Darmverengung exprimiert, das *decapentaplegic*-Gen im visceralen Mesoderm und das *labial*-Gen im Entoderm. Fehlt jedoch das *Ultrabithorax*-Gen, werden beide kaum exprimiert. Das Ultrabithorax-Protein ist demnach für die Aktivierung des *decapentaplegic*-Gens im visceralen Mesoderm notwendig. Das decapentaplegic-Protein diffundiert dann aus dem visceralen Mesoderm in das angrenzende Entoderm, wo es einen Signalweg in Gang setzt, der schließlich das *labial*-Gen aktiviert. Dieses Gen wirkt bei der Morphogenese des Darms mit (Abbildung 5.38, unten). Das viscerale Mesoderm kann also durch Übertra-

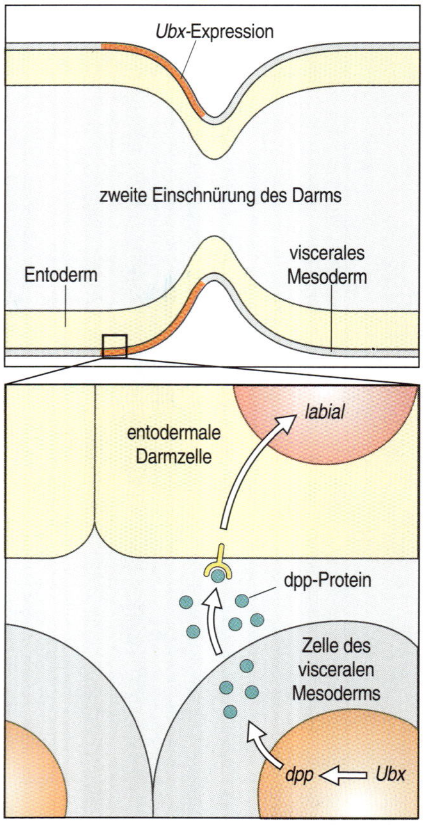

5.38 Die Genexpression im visceralen Mesoderm steuert die Musterbildung im darunterliegenden Entoderm des Darmes. Oben: Das *Ultrabithorax*-(*Ubx*-)Gen wird im visceralen Mesoderm nahe der zweiten Darmeinschnürung exprimiert. Unten: Es aktiviert das Gen *decapentaplegic* (*dpp*) in Zellen des visceralen Mesoderms. Daraufhin kommt es zur Sekretion des decapentaplegic-Proteins aus dem visceralen Mesoderm. Dies wiederum induziert in den benachbarten Zellen des Darmentoderms die Expression des *labial*-Gens. Die Musterbildung im visceralen Mesoderm überträgt sich so auf das Entoderm des Darmes.

gung von Positionsinformation von einem Keimblatt zu einem anderen mit Hilfe extrazellulärer Signale dafür sorgen, daß im Entoderm Muster entstehen. Dieser Vorgang erinnert an die Induktion des Nervensystems bei den Wirbeltieren (Kapitel 4).

Zusammenfassung

Die Aktivität der Selektor- oder homöotischen Gene vermittelt den Segmenten ihre Identität. Diese Gene steuern die Entwicklung unterschiedlicher Parasegmente, so daß jedes eine eigene Identität erhält. Bei *Drosophila* sind zwei Cluster von Selektorgenen für die Spezifizierung der Segmentidentität verantwortlich: der Antennapedia-Komplex, der die Identität der Parasegmente im Kopf und des ersten Thoraxsegments bestimmt, sowie der Bithorax-Komplex, der auf die übrigen Parasegmente wirkt. Die Segmentidentität wird anscheinend durch die Kombination von Genen festgelegt, die in einer bestimmten Region aktiv sind. Selektorgene müssen kontinuierlich während der gesamten Entwicklung angeschaltet sein, um den erforderlichen Phänotyp aufrechtzuerhalten. Die Aktivität der Lückengene bestimmt zu einem großen Teil das spätere räumliche Expressionsmuster der Selektorgene im Körper des Embryos. Mutationen in den Genen des Antennapedia- oder des Bithorax-Komplexes können zu homöotischen Transformationen führen. Dabei wandelt sich ein Segment oder eine Struktur in eine verwandte Struktur um, zum Beispiel ein Fühler in ein Bein. Ein besonderes Merkmal des Antennapedia- und des Bithorax-Komplexes besteht darin, daß die Anordnung der Gene auf dem Chromosom der räumlichen und zeitlichen Reihenfolge ihrer Genexpression im Körper entspricht. Selektorgene beider Komplexe werden im Ektoderm und im darunterliegenden somatischen und visceralen Mesoderm exprimiert. Im Entoderm, aus dem sich der Darm entwickelt, werden sie nicht exprimiert. Jedoch wird anscheinend bei der Induktion des Entoderms durch das viscerale Mesoderm ein Teil des segmentspezifischen Musters, das durch die Aktivität der Selektorgene im Mesoderm entstanden ist, auf das Entoderm übertragen.

Zusammenfassung von Kapitel 5

Wie Gene die frühen Entwicklungsstadien steuern, hat man bei der Taufliege *Drosophila* besser als bei jedem anderen Organismus erforscht. In dieser Phase ist der Embryo von *Drosophila* ein vielkerniges Syncytium. Maternale Genprodukte, die im Ei während der Oogenese in Form eines spezifischen räumlichen Musters abgelegt werden, bestimmen die Hauptachsen des Körpers und sorgen für ein Netzwerk von Positionsinformationen. Dieses aktiviert eine Kaskade zygotischer Genaktivitäten, die den Körper weiter strukturieren. Die Lückengene sind die ersten zygotischen Gene, die entlang der Längsachse aktiviert werden. Sie alle codieren Transkriptionsfaktoren, deren Expressionsmuster den Embryo in mehrere Regionen teilt. Der Übergang zu einer segmentierten Körperorganisation beginnt dann mit der Aktivität der Paarregelgene, deren Expressionsorte durch die Proteine der Lückengene vorgegeben

Tabelle 5.1: Die wichtigsten Gene, die bei der Musterbildung im *Drosophila*-Embryo der frühen Phase mitwirken

	Gen	maternal/ zygotisch	Art des Proteins	Transkriptionsfaktor (T) Rezeptor (R) Signalprotein (S)	Funktion (soweit bekannt)
anterio-posteriores System	*bicoid*	M	Homöodomäne	T	Morphogen, aktiviert das zygotische *hunchback*-Gen und andere Lückengene
	hunchback	M	Zinkfinger	T	Morphogen, aktiviert Lückengene;
	nanos	M			inaktiviert die maternale *hunchback*-mRNA bzw. das Protein; wirkt mit bei Aufbau des maternalen *hunchback*-Proteingradienten
	gurken	M	sezerniertes Protein der TGF-α-Familie	S	legt Achse der Oocyte fest
	exuperantia	M			Positionierung von maternalen RNAs (z. B. *bicoid*-mRNA)
	oskar	M			spezifiziert Keimplasma
terminales System	*torso*	M	Rezeptortyrosinkinase	R	Aktivierung legt Körperenden fest
	torso-like	M		S	Ligand für torso-Protein
Lückengene	*hunchback*	Z	Zinkfinger	T	bestimmen, wo die Paarregelgene exprimiert werden
	Krüppel	Z	Zinkfinger	T	
	knirps	Z	Zinkfinger	T	
	giant	Z	Leucin-Reißverschluß	T	
	tailless	Z	Zinkfinger	T	
Paarregelgene	*even-skipped*	Z	Homöodomäne	T	bestimmt Grenzen von ungeradzahligen Parasegmenten
	fushi tarazu	Z	Homöodomäne	T	bestimmt Grenzen von geradzahligen Parasegmenten
	hairy	Z	Helix-Schleife-Helix	T	
Segmentpolaritätsgene	*engrailed*	Z	Homöodomäne	T	legt anterioren Bereich des Parasegments und posterioren Bereich des Segments fest
	hedgehog	Z	Membranprotein oder sezerniert	S	
	wingless	Z	sezerniert	S	
	gooseberry	Z	Homöodomäne	T	
	patched	Z	Membranprotein	R	
	smoothened	Z	Membranprotein	R	
Selektorgene					
Bithorax-Komplex	*Ultrabithorax*	Z	Homöodomäne	T	kombinierte Aktivität bestimmt Identität der Parasegmente 5–13
	abdominal-A	Z	Homöodomäne	T	
	Abdominal-B	Z	Homöodomäne	T	
Antennapedia-Komplex	*Deformed*	Z	Homöodomäne	T	kombinierte Aktivität bestimmt Identität der Parasegmente anterior zu 5
	Sex combs reduced	Z	Homöodomäne	T	
	Antennapedia	Z	Homöodomäne	T	
	labial	Z	Homöodomäne	T	
maintenance-Gene	*polycomb*	Z		T	halten Zustand der homöotischen Genexpression aufrecht
	bithorax	Z		T	
dorso-ventrales System					
maternale Gene	*Toll*	M	Membranprotein	R	Aktivierung führt zum Eindringen des dorsal-Proteins in den Zellkern
	spätzle	M		S	Ligand für das Toll-Protein
	dorsal	M		T	Morphogen, legt dorsoventrale Polarität an
	cactus	M			heftet sich an dorsal-Protein und verhindert dessen Eindringen in den Zellkern
	pelle	M/Z			
	tube	M			
	gurken	M	sezerniertes Protein der TGF-α-Familie	S	legt Achse der Oocyte fest
zygotische Gene	*twist*	Z	Helix-Schleife-Helix	T	legen Mesoderm fest
	snail	Z	Zinkfinger	T	
	rhomboid	Z	Membranprotein		
	single-minded	Z			bestimmen regionale Identität entlang der dorso-ventralen Achse
	zerknüllt	Z	Homöodomäne	T	
	decapentaplegic	Z	sezerniertes Protein	S	
	tolloid	Z	der TGF-β-Familie	S	
	short gastrulation	Z	BMP-2-Familie		

werden und die die Körperachse in 14 Parasegmente teilt. Durch die Expression zygotischer Gene werden entlang der dorso-ventralen Achse ebenfalls mehrere Regionen wie das künftige Mesoderm und das künftige Nervengewebe festgelegt. Während der Expression der Paarregelgene bildet der Embryo Zellen aus und ist dann kein Syncytium mehr. Die Segmentpolaritätsgene sorgen für die Musterbildung des Parasegments. Die Identität der Segmente wird durch zwei homöotische Genkomplexe festgelegt, die Selektorgene enthalten. Die Aktivität der Lückengene bestimmt das räumliche Expressionsmuster der Selektorgene. Die Anordnung der Gene in den Komplexen entspricht ihrem Expressionsmuster im Raum. Für die Musterbildung im Darmentoderm wird das Muster aus dem visceralen Mesoderm übertragen.

Übersicht: homöotische Gene und Segmentidentität

die Expression der Lücken- und Paarregelgene legt die Parasegmente fest

⇩

Selektorgene des HOM-Komplexes werden entlang der anterio-posterioren Achse exprimiert, wobei die Reihenfolge ihrer Anordnung auf dem Chromosom entspricht

Antennapedia-Komplex	**Bithorax-Komplex**
lab, pb, Dfd, Scr, Antp	*Ubx, abd-A, Abd-B*
⇩	⇩
spezifizieren die Segmentidentität im Kopfbereich und im 1. Thoraxsegment	spezifizieren die Segmentidentität im 2. und 3. Thoraxsegment und in den Abdominalsegmenten

Literatur

Allgemein

Lawrence, P. A. *The Making of a Fly.* Oxford (Blackwell Scientific Publications) 1992.

Zu den einzelnen Abschnitten

5.1 Drei Klassen von maternalen Genen legen die anterio-posteriore Achse fest

St. Johnston, D.; Nüsslein-Volhard, C. *The origin of pattern and polarity in the Drosophila embryo.* In: *Cell* 68 (1992) S. 201–219.

5.2 Das *bicoid*-Gen erzeugt einen anterio-posterioren Morphogengradienten

Driever, W.; Nüsslein-Volhard, C. *The bicoid protein determines position in the Drosophila embryo in a concentration dependent manner.* In: *Cell* 54 (1988) S. 95–104.

5.3 Am Hinterende des Eies wird die Musterbildung durch Gradienten von nanos- und caudal-Protein gesteuert

Irish, V.; Lehmann, R.; Akam, M. *The Drosophila posterior-group gene nanos functions by repressing hunchback activity.* In: *Nature* 338 (1989) S. 646–648.

Murafta, Y.; Wharton, R. P. *Binding of pumilio to maternal hunchback mRNA is required for posterior patterning in Drosophila embryos.* In: *Cell* 80 (1995) S. 747–756.

Rivera-Pomar, R.; Lu, X.; Perrimon, N.; Taubert, H.; Jackle, H. *Activation of posterior gap gene expression in the Drosophila blastoderm.* In: *Nature* 376 (1995) S. 253–256.

Struhl, G. *Differing strategies for organizing anterior and posterior body pattern in Drosophila embryos.* In: *Nature* 338 (1989) S. 741–744.

5.4 Die anterioren und posterioren Enden des Embryos werden durch Aktivierung eines Zelloberflächenrezeptors festgelegt

Casanova, J.; Struhl, G. *Localized surface activity of torso, in receptor tyrosine kinase, specifies terminal body pattern in Drosophila.* In: *Genes Dev.* 3 (1989) S. 2025–2038.

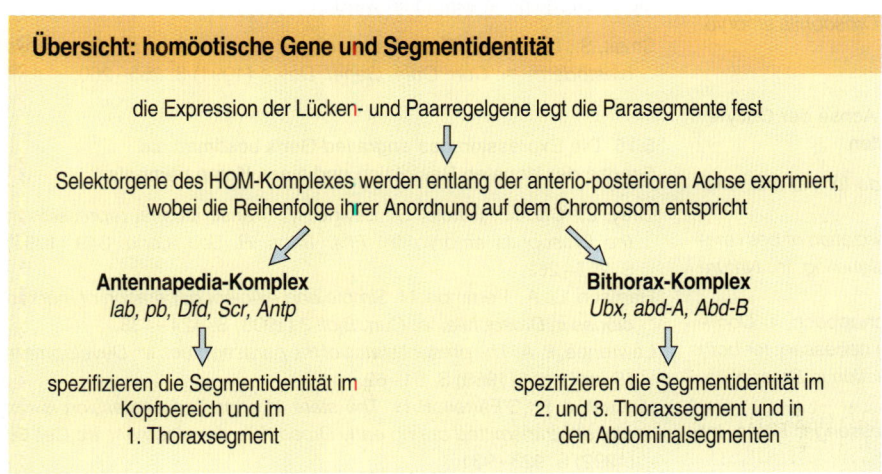

5.5 Die dorso-ventrale Polarität des Eies wird durch die Positionierung maternaler Proteine in der Vitellinhülle bestimmt

Morisato, D.; Anderson, K. V. *The spätzle gene encodes a component of the extracellular signaling pathway establishing the dorsal-ventral pattern of the Drosophila embryo.* In: *Cell* 76 (1994) S. 677–688.

5.6 Das dorsal-Protein vermittelt die Positionsinformation entlang der Dorsoventralachse

Belvin, M. P.; Anderson, K. V. *A conserved signaling pathway: the Drosophila Toll-dorsal pathway.* In: *Ann. Rev. Cell Dev. Biol.* 12 (1996) S. 393–416.

Roth, S.; Stein, D.; Nüsslein-Volhard, C. *A gradient of nuclear localization of the dorsal protein determines dorso-ventral pattern in the Drosophila embryo.* In: *Cell* 59 (1989) S. 1189–1202.

Steward, R.; Govind, R. *Dorsal-ventral polarity in the Drosophila embryo.* In: *Curr. Opin. Genet. Dev.* 3 (1993) S. 556–561.

5.7 Die anterio-posteriore und die dorso-ventrale Achse der Oocyte entstehen durch Wechselwirkungen mit Follikelzellen

Gavis, E. R. *Pattern formation Gurken meets torpedo for the first time.* In: *Curr. Biol.* 5 (1995) S. 1252–1254.

Gonzalez-Reyes, A.; Elliott, H.; St. Johnston, D. *Polarization of both major body axes in Drosophila by gurken-torpedo signaling.* In: *Nature* 375 (1995) S. 654–658.

Roth, S.; Neuman-Silberberg, F. S.; Barcelo, G.; Schupbach, T. *Cornichon and the EGF receptor signaling process are necessary for both anterior-posterior and dorsal-ventral pattern formation in Drosophila.* In: *Cell* 81 (1995) S. 967–978.

St. Johnston, D. *The intracellular localization of messenger RNAs.* In: *Cell* 81 (1995) S. 161–170.

5.8 Das dorsal-Protein steuert die Expression zygotischer Gene

Jiang, G.; Levine, M. *Binding affinities and cooperative interactions with HLH activators delimit threshold responses to the dorsal gradient morphogen.* In: *Cell* 72 (1993) S. 741–752.

5.9 Das decapentaplegic-Protein wirkt bei der Musterbildung des Dorsalbereichs als Morphogen

Rusch, J.; Levine, M. *Threshold responses to the dorsal regulatory gradient and the subdivision of primary tissue territories in the Drosophila embryo.* In: *Curr. Opin. Genet. Devel.* 6 (1996) S. 416–423.

Wharton, K. A.; Ray, R. P.; Gelbart, W. M. *An activity gradient of decapentaplegic is necessary for the specification of dorsal pattern elements in the Drosophila embryo.* In: *Development* 117 (1993) S. 807–822.

5.10 Die Längsachse wird durch Expression der Lückengene in verschiedene Zonen eingeteilt

Hülskamp, M.; Tautz, D. *Gap genes and gradients – the logic behind the gaps.* In: *BioEssays* 13 (1991) S. 261–268.

5.11 Das bicoid-Protein vermittelt ein Positionssignal für die Expression des *hunchback*-Gens im Vorderteil des Embryos

Simpson-Brose, M.; Treisman, J.; Desplan, C. *Synergy between the hunchback and bicoid morphogens is required for anterior patterning in Drosophila.* In: *Cell* 78 (1994) S. 855–865.

Struhl, G.; Struhl, K.; Macdonald, P. M. *The gradient morphogen bicoid is a concentration-dependent transcriptional activator.* In: *Cell* 57 (1989) S. 1259–1273.

5.12 Der Gradient des hunchback-Proteins aktiviert und reprimiert andere Lückengene

Rivera-Pomar, R.; Jäckle, H. *From gradients to stripes in Drosophila embryogenesis: filling in the gaps.* In: *Trends Genet.* 12 (1996) S. 478–483.

Struhl, G.; Johnston, P.; Lawrence, P. A. *Control of Drosophila body pattern by the hunchback morphogen gradient.* In: *Cell* 69 (1992) S. 237–249.

5.14 Die Aktivität der Lückengene bestimmt, in welchem Bereich die Paarregelgene exprimiert werden

Small, S.; Levine, M. *The initiation of pair-rule stripes in the Drosophila blastoderm.* In: *Curr. Opin. Genet. Dev.* 1 (1991) S. 255–260.

5.15 Die Expression des *engrailed*-Gens bestimmt die Grenze der klonalen Restriktion und eines Kompartiments

Gray, S.; Cai, H.; Barolo, S.; Levine, M. *Transcriptional repression in the Drosophila embryo.* In: *Phil. Trans. R. Soc. Lond.* 349 (1995) S. 257–262.

Harrison, D. A.; Perrimon, N. *Simple and efficient generation of marked clones in Drosophila.* In: *Curr. Biol.* 3 (1993) S. 424–433.

Lawrence, P. A. *The present status of the parasegment.* In: *Development (Suppl.)* 104 (1988) S. 61–69.

Vincent, J. P.; O'Farrell, P. H. *The state of engrailed expression is not clonally transmitted during early Drosophila development.* In: *Cell* 68 (1992) S. 923–931.

5.16 Segmentpolaritätsgene bewirken die Musterbildung der Segmente und stabilisieren die Grenzen von Parasegmenten und Segmenten

Dinardo, S.; Heemskerk, J.; Dougan, S.; O'Farrell, P. H. *The making of a maggot: patterning the Drosophila embryonic epidermis.* In: *Curr. Opin. Genet. Dev.* 4 (1994) S. 529–534.

Bejsovec, A.; Martinez-Arias, A. *Roles of wingless in patterning the larval epidermis of Drosophila.* In: *Development* 113 (1991) S. 471–485.

Kornberg, T. B.; Tabata, T. *Segmentation of the Drosophila embryo.* In: *Curr. Opin. Genet. Dev.* 3 (1993) S. 585–594.

Sampedro, J.; Lawrence, P. A. *Drosophila development after the first three hours.* In: *Development* 119 (1993) S. 971–976.

Heemskerk, J.; Diardo, S. *Drosophila hedgehog acts as a morphogen in cellular patterning.* In: *Cell* 76 (1994) S. 449–460.

5.18 Einige Insekten verwenden andere Mechanismen, um im Bauplan des Körpers Muster zu erzeugen

French, V. *Segmentation (and eve) in very odd insect embryos.* In: *BioEssays* 18 (1996) S. 435–438.

Nagy, L. M. *A glance posterior.* In: *Curr. Biol.* 4 (1994) S. 811–814.

Sander, K. *Pattern formation in the insect embryo.* In: *Cell Patterning, Ciba Found. Symp. 29.* London (Ciba Foundation) 1975, S. 241–263.

Akam, M.; Dawes, R. *More than one way to slice an egg.* In: *Curr. Biol.* 8 (1992) S. 395–398.

Tautz, D.; Sommer, R. J. *Evolution of segmentation genes in insects.* In: *Trends Genet.* 11 (1995) S. 23–27.

5.19 Homöotische Selektorgene des Bithorax-Komplexes sind für die Diversifizierung der posterioren Segmente verantwortlich

Castelli-Gair, J.; Akam, M. *How the Hox gene Ultrabithorax specifies two different segments: the significance of spatial and temporal regulation within metameres.* In: *Development* 121 (1995) S. 2973–2982.

Duncan, I. *How do single homeotic genes control multiple segment identities?* In: *BioEssays* 18 (1996) S. 91–94.

Lawrence, P. A.; Morata, G. *Homeobox genes: their function in Drosophila segmentation and pattern formation.* In: *Cell* 78 (1994) S. 181–189.

Simon, J. *Locking in stable states of gene expression: transcriptional control during Drosophila development.* In: *Curr. Opin. Cell Biol.* 7 (1995) S. 376–385.

5.21 Die Reihenfolge der HOM-Genexpression entspricht der Anordnung der Gene auf dem Chromosom

Morata, G. *Homeotic genes of Drosophila.* In: *Curr. Opin. Genet. Dev.* 3 (1993) S. 606–614.

5.22 Die Expression der HOM-Gene im visceralen Mesoderm bestimmt die Struktur des angrenzenden Darmes

Immergluck, K.; Lawrence, P. A.; Bienz, M. *Induction across germ layers in Drosophila mediated by a genetic cascade.* In: *Cell* 62 (1990) S. 261–268.

Entwicklung von Wirbellosen, Seescheiden und Schleimpilzen

6

- Nematoden
- Mollusken
- Anneliden
- Echinodermata
- Ascidien
- Zelluläre Schleimpilze

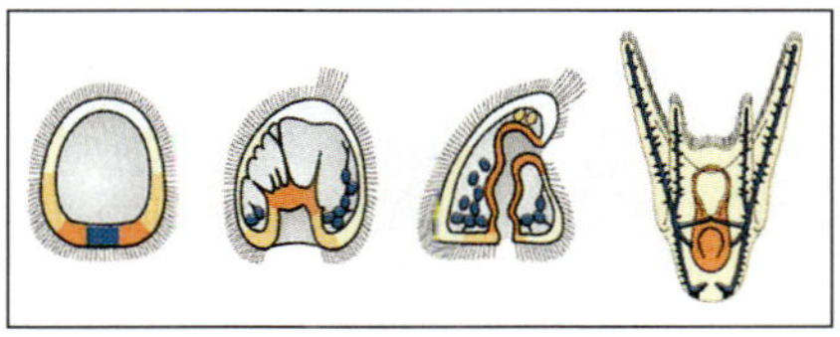

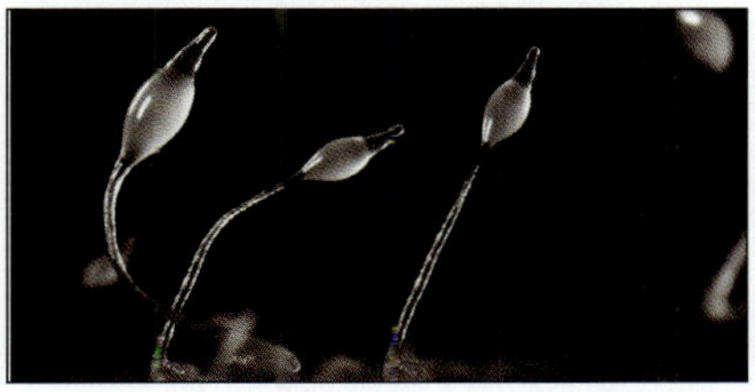

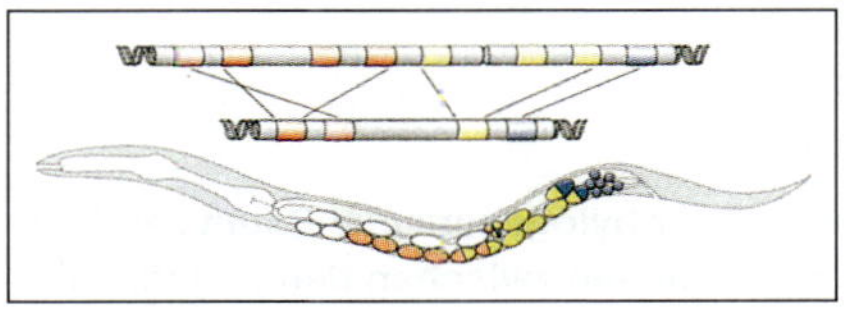

„Manchmal taten wir Dinge auf unterschiedliche Weise, erhielten einer nach dem anderen unsere Identität und sprachen nur mit unseren Nachbarn.“

Dieses Kapitel behandelt verschiedene Aspekte der Entwicklung von Bauplänen bei einer Reihe von Organismen der Wirbellosen – Nematoden (Fadenwürmer), Mollusken (Weichtiere), Anneliden (Ringelwürmer), Echinodermata (Stachelhäuter) und Ascidien (Seescheiden) – und endet mit einer kurzen Betrachtung über zelluläre Schleimpilze, die einem sehr einfachen Entwicklungssystem entsprechen. Wir wollen die Entwicklungsvorgänge dieser Organismen mit den Mechanismen bei den anderen Organismen vergleichen, die wir bereits behandelt haben, und Übereinstimmungen und Unterschiede herausarbeiten. Abbildung 6.1 zeigt die evolutionären Beziehungen zwischen den Organismen, die in diesem Kapitel behandelt werden. Alle mit Ausnahme der Schleimpilze stimmen mit dem allgemeinen Prinzip der Entwicklung von Tieren überein: Durch Furchung entsteht eine Blastula, dann kommt es zur Gastrulation und zur Entwicklung eines Bauplans.

Früher unterschied man gelegentlich zwischen der sogenannten regulativen und der mosaikartigen Entwicklung. Inzwischen erscheint dies jedoch weniger angebracht. Beim ersten Prinzip spielen vor allem Wechselwirkungen zwischen den Zellen eine Rolle, das zweite Prinzip basiert hingegen darauf, daß an bestimmten Stellen der Zellen cytoplasmatische Faktoren vorhanden sind, die bei Zellteilungen asymmetrisch verteilt werden (Abschnitt 1.10). Die Organismen, die wir in den vorherigen Kapiteln behandelt haben, sind Beispiele für eine überwiegend regulative Entwicklung. Einige der Organismen in diesem Kapitel zeigen dagegen eine mosaikartige Entwicklung, wobei jedoch die meisten Organismen Merkmale beider Mechanismen aufweisen.

Ein wichtiges Merkmal bei der Entwicklung einiger Wirbelloser wie Fadenwürmer, Weichtiere, Ringelwürmer und den zu den Wirbeltieren gehörenden Seescheiden besteht darin, daß das Entwicklungsschicksal für die Zellen häufig einzeln von Zelle zu Zelle festgelegt wird und nicht in Zellgruppen wie bei Fliegen und Wirbeltieren. Außerdem basiert die Entwicklung im allgemeinen nicht auf räumlicher Information, die durch Morphogengradienten vermittelt wird. Bei vielen Wirbellosen bestehen die Embryonen in frühen Stadien aus viel weniger Zellen als die Em-

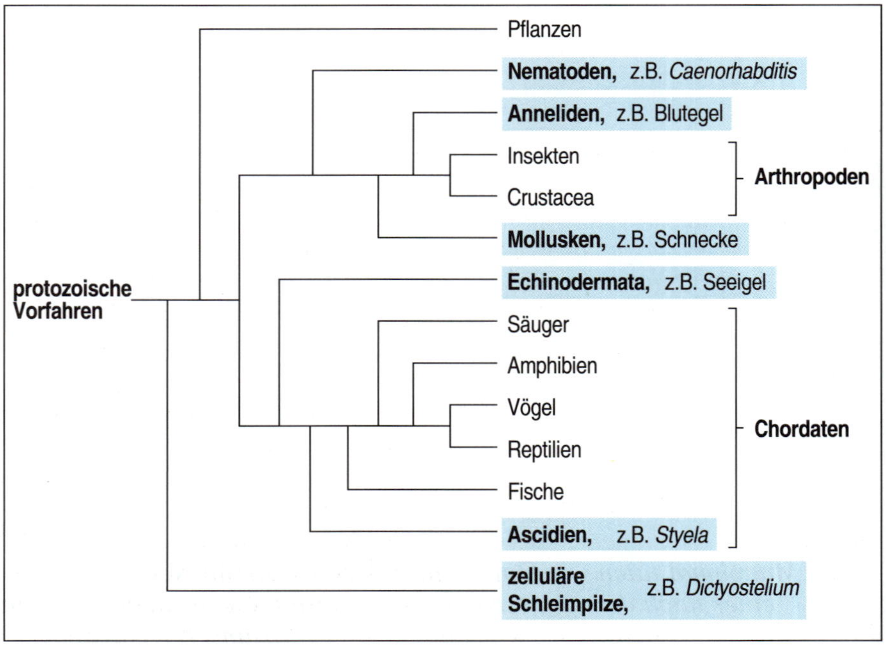

6.1 Der phylogenetische Baum zeigt die Beziehungen zwischen den Organismen, mit denen sich dieses Buch befaßt. Organismen dieses Kapitels sind blau hervorgehoben.

bryonen von Wirbeltieren oder Fliegen. Jede Zelle erhält bereits in einem frühen Entwicklungsstadium ihre spezifische Identität. So haben beispielsweise die Fadenwürmer zu Beginn ihrer Gastrulation nur 26 Zellen, im Gegensatz zu Tausenden von Zellen bei Vertebraten. Wenn eine Entwicklung Zelle für Zelle erfolgt, handelt es sich häufig um einen Mechanismus, der bei Insekten und Wirbeltieren weniger weit verbreitet ist: Bei ihnen wird das Entwicklungsschicksal der Zellen durch eine **asymmetrische Zellteilung** und die ungleichmäßige Verteilung von cytoplasmatischen Faktoren festgelegt (Abschnitt 1.15). Tochterzellen, die aus einer asymmetrischen Zellteilung hervorgehen, entwickeln sich häufig unterschiedlich. Das ist jedoch nicht auf extrazelluläre Signale zurückzuführen, sondern erfolgt autonom, als Ergebnis der ungleichmäßigen Verteilung bestimmter Faktoren auf beide Zellen. Die asymmetrische Zellteilung in den frühen Entwicklungsphasen bedeutet jedoch nicht, daß es keine Wechselwirkungen zwischen den Zellen gibt oder daß sie bei diesen Organismen keine Bedeutung haben.

Wir beginnen unsere Betrachtungen mit dem Fadenwurm *Caenorhabditis elegans*, den man sehr genau erforscht und dabei viele Schlüsselgene der Entwicklung gefunden hat. Bei diesem Tier wird der Entwicklungsprozeß in der Regel für jede Zelle einzeln vorgegeben. Anschließend befassen wir uns mit der frühen Embryonalentwicklung der Mollusken und Anneliden, bei denen der Bauplan auf jeweils unterschiedliche Weise und die Entwicklung der Zellen wiederum Zelle für Zelle einzeln festgelegt wird. Dann wenden wir uns den Echinodermata zu, die sich viel stärker wie Wirbeltiere entwickeln: Bei den Embryonen haben zelluläre Wechselwirkungen eine große Bedeutung, die Entwicklung erfolgt stark regulativ und die Musterbildung bezieht sich auf Zellgruppen. Als nächstes beschäftigen wir uns mit den Ascidien, wobei wir uns besonders auf die Funktion der Verteilung im Cytoplasma während der frühen Entwicklungsphase konzentrieren. Zum Schluß kommen wir noch auf die Musterbildung der zellulären Schleimpilze zu sprechen, die ein primitives und deutlich anderes Entwicklungssystem darstellen.

Nematoden

Es war ein großer Erfolg auf dem Gebiet der direkten Beobachtungstechnik, als es mit Hilfe des Nomarski-Interferenzmikroskops gelungen war, die genaue Abstammung einer jeden Zelle des Fadenwurmes *Caenorhabditis elegans* zu verfolgen (Abbildung 2.37). Das Muster der Zellteilungen ist unveränderlich und bei allen Embryonen gleich. Die Larve besteht beim Schlüpfen aus 558 Zellen, die sich nach vier weiteren Häutungen auf 959 vermehrt haben. Nicht mitgezählt sind dabei die Keimzellen, die in ihrer Anzahl variieren. Außerdem existieren nicht mehr alle Zellen, die sich aus dem Ei entwickelt haben, da 113 Zellen während der Entwicklung absterben. Da man die Entwicklung jeder Zelle zu jeder Phase kennt, kann man für jedes Stadium einen genauen Anlagenplan erstellen, was bei keinem Wirbeltier möglich wäre. Wie bei jedem Anlagenplan kann man allerdings nicht aus einer unveränderlichen Abstammung der Zellen schließen, daß die Herkunft die Entwicklung vorherbestimmt oder diese Entwicklung unveränderbar ist. Wir werden sehen, daß bei Fadenwürmern zelluläre Wechselwirkungen bei der Bestimmung der Zellentwicklung eine wichtige Rolle spielen.

6.1 Asymmetrische Zellteilungen und Wechselwirkungen zwischen den Zellen legen die Entwicklungsachsen fest

Die erste Furchung des Nematodeneies erfolgt inäqual: Es entsteht eine große anteriore AB-Zelle und eine kleine posteriore P_1-Zelle. Durch diese Asymmetrie wird die Längsachse definiert. Die P_1-Zelle verhält sich mehr wie eine **Stammzelle**: Bei jeder weiteren Teilung erzeugt sie eine Zelle des P-Typs sowie eine Tochterzelle, die dann einen anderen Entwicklungsweg einschlägt. Aus den P-Tochterzellen der ersten drei Teilungen entwickeln sich Körperzellen, ab der vierten Teilung entstehen daraus jedoch nur noch Keimzellen (Abbildung 6.2). Durch Teilung der AB-Zelle bilden sich anteriore und posteriore AB-Tochterzellen. Aus der anterioren AB_a-Zelle entwickelt sich typisches ektodermales Gewebe beispielsweise die Epidermis (Hypodermis) und das Nervensystem, aber auch ein Teil des Pharynxmesoderms. Aus der posterioren AB_p-Tochterzelle gehen ebenfalls Nerven- und Epidermiszellen sowie einige spezialisierte Zellen hervor. Die zweite Teilung verläuft bei P_1 asymmetrisch: Es entstehen die P_2- und die EMS-Zelle, die sich anschließend in die MS- und die E-Zelle teilt. Aus der MS-Zelle geht der mesodermale Pharynx hervor, während die E-Zelle die einzige Vorläuferzelle für den Darm ist. Die C-Tochterzelle, die bei der dritten Furchung aus der P_2-Zelle hervorgeht, bildet Epidermis und Muskulatur, die D-Zelle aus der vierten Teilung der P-Zelle nur Muskulatur. Alle

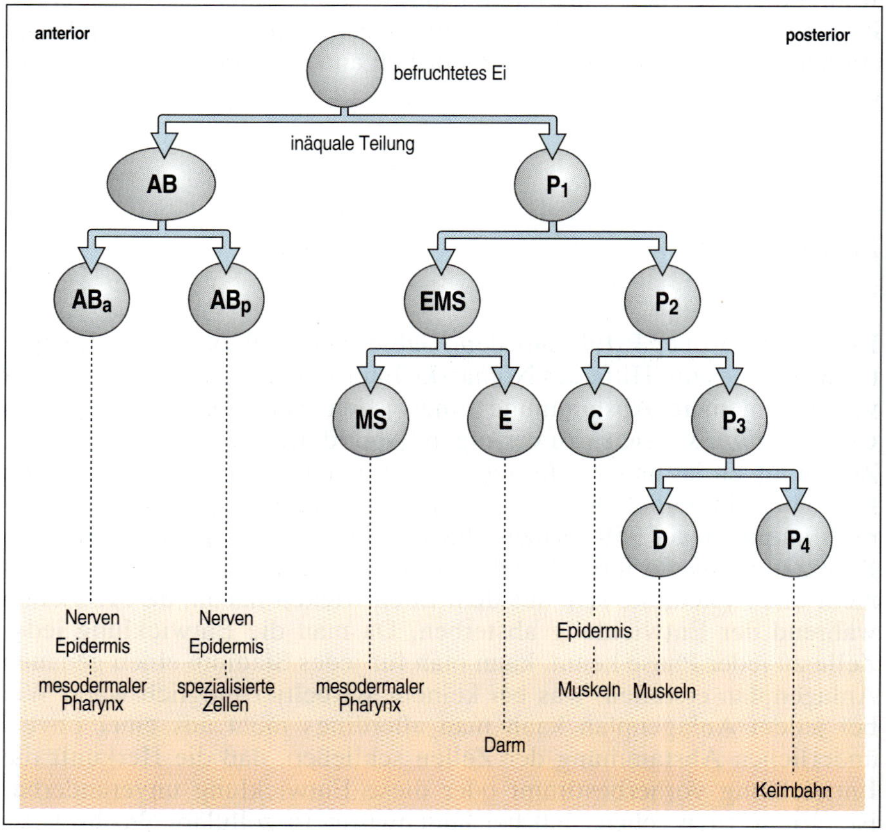

6.2 Zellstammbaum in frühen Entwicklungsstadien von *Caenorhabditis elegans*. Die Furchungen erfolgen immer gleich. Bei der ersten Furchung teilt sich das Ei in eine große AB-Zelle und eine kleinere P_1-Zelle. Die Nachkommen dieser Zellen haben immer dieselbe Abstammung und dasselbe Schicksal. Zum Beispiel stammen alle Keimzellen von der P_4-Zelle ab, die eine Tochterzelle der P_1-Zelle ist. Der Darm leitet sich von der E-Zelle ab. Nach Sulston et al. 1983.

diese Zellen durchlaufen nach einem konstanten Muster weitere Teilungen, und etwa 100 Minuten nach der Befruchtung beginnt die Gastrulation.

Vor der Befruchtung kann man im Ei des Fadenwurmes keinerlei Asymmetrie erkennen. Die erste Furchung, die sowohl inäqual als auch asymmetrisch verläuft, korreliert mit der Eintrittsstelle des Spermiums und bestimmt die Lage der späteren Längsachse. Die große AB-Zelle markiert dabei das Vorder- und die kleinere P_1-Zelle das posteriore Hinterende. Vor dieser Furchung bilden sich am vorderen Ende Aktinmikrofilamente und am hinteren Ende eine Gruppe von Granula, die sogenannten P-Granula (Abbildung 6.3). Welche Bedeutung die Mikrofilamente haben, kann man zeigen, indem man ihre geordnete Struktur während der ersten Furchung durch eine kurzzeitige Zugabe von Cytochalasin D zerstört. Das führt während der frühen Phase zu anomalen Teilungen und zu einer anomalen Entwicklung.

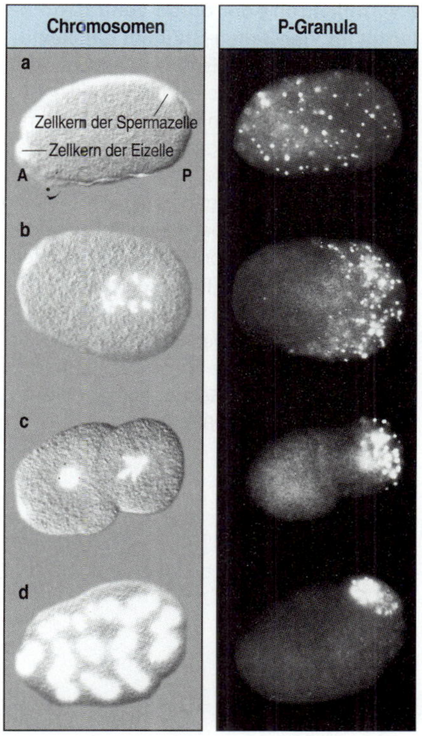

6.3 Räumliche Verteilung der P-Granula nach der Befruchtung. a) Befruchtetes Ei mit Eikern am Vorder- und Spermakern am Hinterende (links). Rechts: Die P-Granula sind im Ei gleichmäßig verteilt. b) Fusion der Zellkerne; P-Granula findet man nur am posterioren Ende. c) Zwei-Zellen-Stadium. d) 26-Zellen-Stadium. Alle P-Granula befinden sich in der P_4-Zelle. Aufnahmen mit freundlicher Genehmigung von W. Wood, aus Strome et al. 1983.

Offensichtlich gibt es im Ei nach der Befruchtung eine Art struktureller Inhomogenität, die die frühe Festlegung der anterio-posterioren Polarität steuert. Dafür können jedoch nicht die P-Granula verantwortlich sein, da deren Verteilung eher das Ergebnis als die Ursache der Polarität ist. Experimente, bei denen man Cytoplasma aus dem Ei entfernt, deuten darauf hin, daß eine Substanz im posterioren Cytoplasma die Polarität bestimmt. Wenn man nach der Befruchtung mehr als 25 Prozent des Cytoplasmas vom hinteren Ende des Eies entfernt, geht das inäquale Muster der frühen Teilungen verloren. Vom vorderen Ende kann man jedoch bis zu 40 Prozent entfernen, ohne daß sich das frühe Muster verändert.

Das Protein Par-1 ist ein sehr früh auftretender Marker der Längsachse. Es wird vom maternalen *par-1*-Gen codiert und kommt in der späteren posterioren Region des befruchteten Eies vor. Mutationen im *Par-1*-Gen des Muttertieres stören die Asymmetrie der ersten Furchung. Bei solchen Mutanten sind die P-Granula nicht richtig verteilt, so daß die weiteren Teilungen und die Entwicklung anomal verlaufen. Die Funktion von Par-1 besteht wahrscheinlich in Wechselwirkungen mit dem Cytoskelett des Eies. Nach der ersten Furchung befindet sich das Par-1-Protein in der P_1-Zelle.

Trotz des stark festgelegten Zellstammbaumes kommt es bei den Nematoden während der Spezifizierung der Dorsoventralachse auch zu Wechselwirkungen zwischen den Zellen. Wenn man die spätere anteriore AB_a-Zelle zum Zeitpunkt der zweiten Teilung mit einer Glaskapillare verschiebt und dreht, kehrt sich nicht nur die anterio-posteriore Anordnung der AB-Tochterzellen um, sondern dadurch wird auch die Teilung der P_1-Zelle beeinflußt. Die P_1-Tochterzelle EMS tauscht ihre Position ebenfalls mit den AB-Zellen (Abbildung 6.4). Der manipulierte Embryo entwickelt sich vollständig normal, nur die dorso-ventrale Achse kehrt sich um. Das zeigt zum einen, daß die Achse in diesem Stadium noch nicht determiniert ist, da durch Umdrehen der EMS-Zelle die dorso-ventrale Achse ebenfalls gedreht wird. Zum anderen wird deutlich, daß im frühen Embryo zelluläre Wechselwirkungen notwendig sind, um die Entwicklung von Zellen festzulegen. Wenn man die Lage der EMS-Zelle umkehrt, dreht sich damit auch das dorso-ventrale Verhalten der P1-Zelle um. Daraus folgt außerdem, daß die Links-Rechts-Achse ebenfalls noch nicht determiniert ist. Wir werden nun sehen, daß sich diese Achse tatsächlich ebenfalls umkehren läßt.

Adulte Würmer zeigen in ihrer inneren Struktur eine deutliche Links-Rechts-Asymmetrie. Diese Achse wird nach dem Entstehen der Dorsoventralachse determiniert. Die Entwicklungsmuster der linken und der rechten Seite des Nematodenembryos zeigen auffällige Unterschiede.

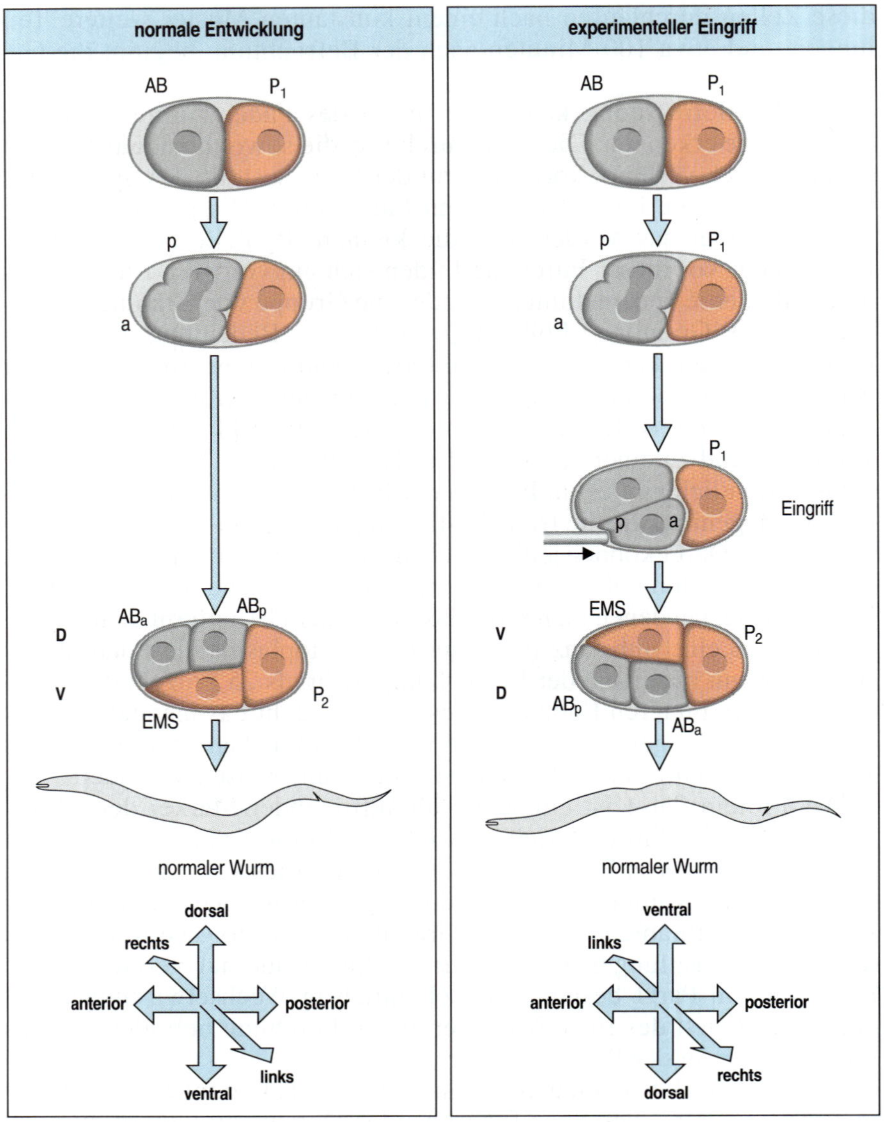

6.4 Umkehrung der dorso-ventralen Polarität im Vier-Zellen-Stadium der Nematoden. Bei normalen Embryonen dreht sich die AB-Zelle bei der Teilung, so daß die AB_a-Zelle anterior zu liegen kommt. Wenn man bei der zweiten Teilung die AB-Zelle auf mechanische Weise in die entgegengesetzte Richtung dreht, gelangt die AB_p-Zelle auf die Vorderseite. Durch diesen Eingriff verändert sich auch die Lage der P_1-Zelle, so daß bei ihrer Teilung die EMS-Tochterzelle ihre Position mit den AB-Zellen tauscht. Die Entwicklung verläuft jedoch weiterhin normal, nur die Dorsoventralachse ist jetzt umgedreht und mit ihr die Links-Rechts-Asymmetrie. Nach Sulston et al. 1983.

Die Unterschiede während der frühen Entwicklungsphase sind noch größer als bei vielen anderen Tieren. Die Zellen der linken und rechten Seite haben nicht nur eine unterschiedliche Abstammung, einige Zellen wandern sogar von einer Seite auf die andere. Das Prinzip von links und rechts, mit dem wir uns bereits beschäftigt haben (Abschnitt 3.7), ist erst dann von Bedeutung, wenn die anterio-posteriore und die dorsoventrale Achse festgelegt sind. Da die dorso-ventrale Achse des Fadenwurmembryos noch im Zwei- und Vier-Zellen-Stadium umgedreht werden kann, sind links und rechts ebenfalls noch nicht vorgegeben.

Die Spezifizierung von links und rechts erfolgt bei der dritten Furchung und kann in diesem Stadium experimentell aufgehoben werden. Nach der Teilung der AB-Zelle in das anteriore Blastomer AB_a und das posteriore Blastomer AB_p teilt sich jedes Blastomer bei der dritten Furchung in eine rechte und eine linke Tochterzelle, die sich seitlich anordnen. Die Teilungsebene liegt jedoch etwas asymmetrisch, so daß sich die linke Tochterzelle etwas vor ihrer Schwesterzelle befindet. Wenn man die Zellen während dieser Teilung mit einem Glasstab verschiebt, läßt sich ihre Lage zueinander umkehren, so daß die rechte Zelle dann

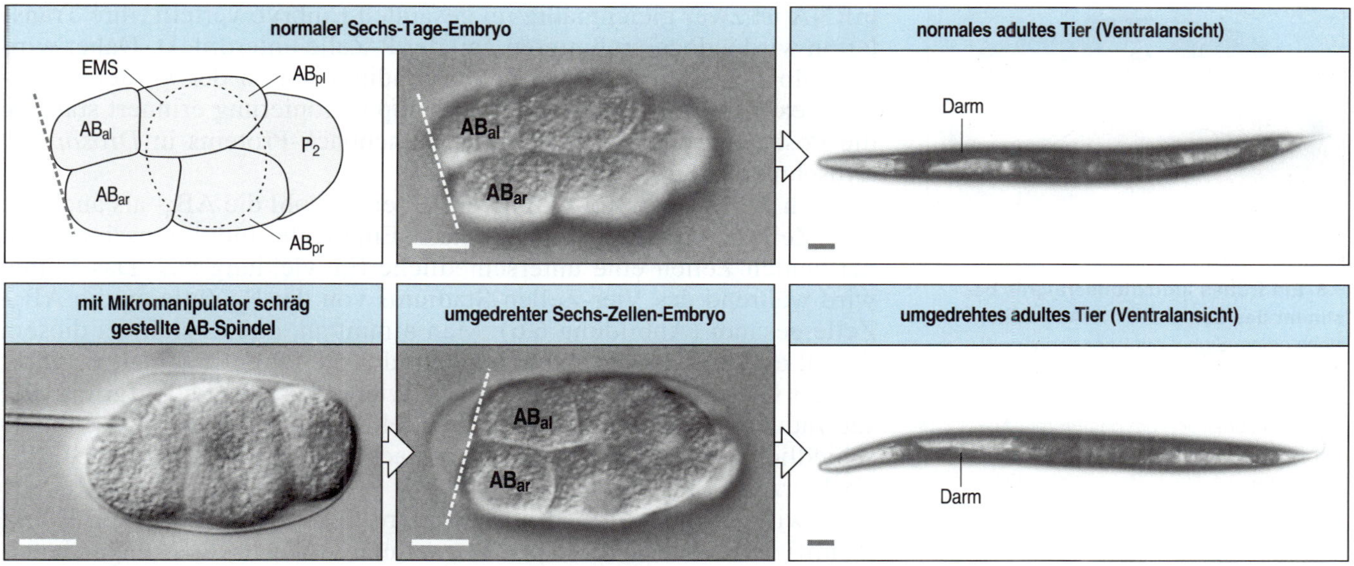

6.5 Seitenverkehrte Entwicklung bei *C. elegans*. Im Sechs-Zellen-Stadium eines normalen Embryos liegt die linke AB_a-Zelle (AB_{al}) etwas vor der rechten Zelle (oben links, Maßstab = 10 µm). Aufgrund eines Eingriffs, durch den die rechte Ab_a-Zelle weiter anterior rückt, entwickelt sich der Fadenwurm seitenverkehrt (unten links, Maßstab = 10 µm). Die Bilder rechts zeigen die normale und die umgedrehte adulte Form, Maßstab = 50 µm. Aufnahmen mit freundlicher Genehmigung von W. Wood, aus Wood 1991.

etwas weiter vorne liegt (Abbildung 6.5). Diese Veränderung reicht schon dafür aus, daß sich das Tier seitenverkehrt entwickelt.

6.2 Zelluläre Wechselwirkungen spezifizieren die Zellentwicklung im frühen Nematodenembryo

Die Zellabstammung im Fadenwurmembryo ist unveränderlich. Wie oben beschrieben zeigen jedoch experimentelle Befunde, daß zelluläre Wechselwirkungen für die Festlegung der Zellentwicklung im frühen Embryo von entscheidender Bedeutung sind. Sonst würde sich, wenn man die Lage von AB_a und AB_p (die normalerweise unterschiedliche Entwicklungen durchlaufen) durch Mikromanipulation zum Zeitpunkt ihrer Entstehung umkehrt (Abbildung 6.4), nicht ein normaler Wurm entwickeln. AB_a und AB_p müssen also zuerst äquivalent sein, erst durch Wechselwirkungen mit benachbarten Zellen wird dann ihre Entwicklungsrichtung vorgezeichnet. Hinweise für solche Wechselwirkungen erhält man, wenn man bei der ersten Furchung die P_1-Zelle entfernt. Dann entwickeln sich keine Pharynxzellen, die normalerweise aus AB_a hervorgehen.

Welche Wechselwirkungen sorgen nun dafür, daß die beiden AB-Tochterzellen nicht äquivalent sind? Das P_2-Blastomer bestimmt die Entwicklung der AB_p-Zelle; denn wenn die AB_p-Zelle daran gehindert wird, mit dem P_2-Blastomer in Kontakt zu treten, entwickelt sie sich wie eine AB_a-Zelle. Bei der Induktion von AB_p durch P_2 wirken Proteine mit, die von den maternalen Genen *glp-1* oder *apx-1* codiert werden. Diese entsprechen dem *Notch*- beziehungsweise dem *Delta*-Gen, die bei vielen Wechselwirkungen zwischen benachbarten Zellen von Bedeutung sind (Exkurs 3.1, Seite 73).

Das Glp-1-Protein, ein Transmembranrezeptor, ist eines der ersten Proteine, das in einem bestimmten Bereich zu finden ist. Die *glp-1*-

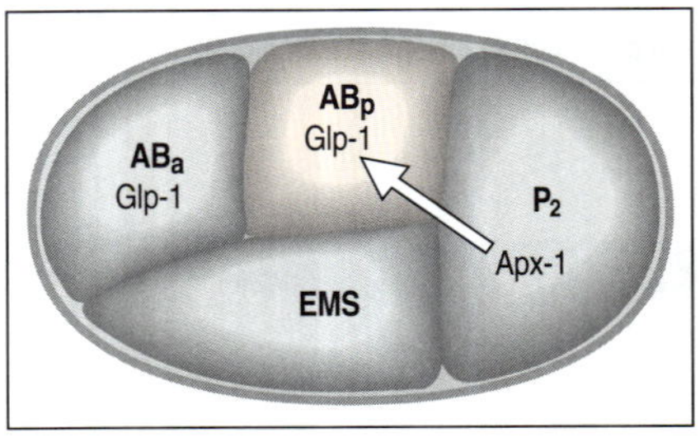

6.6 Ein frühes Induktionsereignis bestimmt das Schicksal der AB_p-Zelle. Nach einem Signal der benachbarten P_2-Zelle unterscheidet sich die AB_p-Zelle von der AB_a-Zelle. Bei dem Signal handelt es sich wahrscheinlich um das Protein Apx-1. Der Rezeptor Glp-1 auf der AB_p-Zelle nimmt das Signal auf. Nach Mello et al. 1994.

mRNA ist zwar gleichmäßig im gesamten Embryo verteilt, ihre Translation wird jedoch im hinteren Teil der P-Zelle unterdrückt. Daher wird das Glp-1-Protein im Zwei-Zellen-Stadium nur in der vorderen AB-Zelle exprimiert. Diese Art der Proteinpositionierung erinnert stark an die Positionierung des maternalen hunchback-Proteins in *Drosophila* (Abschnitt 5.3).

Nach der zweiten Zellteilung enthalten sowohl die AB_a- als auch die AB_p-Zelle das Glp-1-Rezeptorprotein. Ein lokales Induktionssignal löst bei beiden Zellen eine unterschiedliche Entwicklung aus. Das Signal wird während des Vier-Zellen-Stadiums von der P_2-Zelle an die AB_p-Zelle gesandt (Abbildung 6.6). Man nimmt an, daß es sich bei diesem Signal um das Apx-1-Protein handelt, das die P_2-Zelle bildet. Es wirkt auf das Glp-1-Rezeptorprotein als aktivierender Ligand. Aufgrund dieser Induktion reagieren die Tochterzellen von AB_a und AB_p unterschiedlich auf spätere Signale der benachbarten MS-Zelle (einer EMS-Tochterzelle).

Inzwischen konnte man noch weitere Gene mit maternalem Effekt identifizieren, die an diesen frühen zellulären Wechselwirkungen beteiligt sind. Bei der Spezifizierung der EMS-Zelle spielt die Expression der *skin excess*-Gene (*skn*) eine Rolle. Die beiden Zellen, die aus der EMS-Zelle hervorgehen (E und MS), bringen Darm- beziehungsweise Muskelzellen hervor. Mutationen im *skn-1*-Gen bringen die E-Zelle dazu, anstelle der Darmzellen vor allem Muskelzellen zu erzeugen. Die mRNA ist im Zwei-Zellen-Stadium gleichmäßig verteilt, das Protein ist jedoch im Zellkern der P_1-Zelle in wesentlich höheren Konzentrationen vorhanden als im Zellkern der AB-Zelle.

Die Entwicklung des Darmes hängt auch von einem Induktionssignal ab. Der Darm der Nematoden entwickelt sich aus einem einzigen Blastomer, der E-Zelle. Diese ist im Acht-Zellen-Stadium eine der EMS-Tochterzellen, aus denen bei der dritten Furchung vorne eine MS- und hinten eine E-Zelle entstehen (Abbildung 6.2). Wenn eine EMS-Zelle im Vier-Zellen-Stadium dem Einfluß ihrer Nachbarzellen entzogen wird, kann sie im Gegensatz zu einer isolierten P2-Zelle Darmstrukturen entwickeln. Diese Eigenschaft der EMS-Zelle hängt jedoch entscheidend davon ab, wann das passiert. Bei einer Isolierung zu Beginn des Vier-Zellen-Stadiums ist die EMS-Zelle nicht in der Lage, Darmstrukturen zu entwickeln. Das deutet darauf hin, daß die Fähigkeit zur Darmbildung eine Wechselwirkung mit anderen Zellen zu Beginn dieses Stadiums erfordert. Wenn man die P_2-Zelle im frühen Vier-Zellen-Stadium entfernt, entwickelt sich kein Darm. Demnach ist die P_2-Zelle für die Induktion der EMS-Zelle notwendig. Bringt man erneut eine isolierte EMS-Zelle mit einer P_2-Zelle zusammen, entwickelt sich wieder ein Darm, während die Kombination der EMS-Zelle mit anderen Zellen des Vier-Zellen-Stadiums keine Wirkung zeigt.

Wir verstehen also jetzt allmählich, wie im frühen Nematodenembryo die Entwicklungsrichtung der Zellen durch die Wechselwirkung zwischen Zellen und die räumliche Verteilung cytoplasmatischer Faktoren festgelegt wird. Die Ergebnisse, die man durch Abtöten einzelner Zellen mit dem Laser während des 32-Zellen-Stadiums – also zu Beginn der Gastrulation – erhält, deuten darauf hin, daß zu diesem Zeitpunkt bereits viele Zellinien determiniert sind: Wenn man in dieser Phase eine Zelle zerstört, erfolgt keine Regulation und die regulären Abkömmlinge dieser Zelle fehlen. Für die abschließende Differenzierung sind jedoch wieder interzelluläre Wechselwirkungen erforderlich.

6.3 Eine kleine Gruppe von Homöobox-Genen legt die Zellentwicklung entlang der Längsachse fest

Obwohl sich der Bauplan der Nematoden von dem der Wirbeltiere und von *Drosophila* stark unterscheidet – unter anderem gibt es keine Segmentgliederung entlang der Längsachse –, sind dennoch wie bei den anderen Organismen an der Festlegung der Zellentwicklung entlang dieser Achse Gene mit Homöobox-Elementen (Exkurs 4.1, Seite116) beteiligt. Fadenwürmer besitzen eine große Zahl von Homöobox-Genen. Nur vier von ihnen entsprechen den Genen der Antennapedia-Klasse der Hox-Gene von *Drosophila* und den Hox-Genen der Wirbeltiere (Abbildung 6.7). Diese vier Gene sind alle im Hox-Cluster in derselben Reihenfolge auf dem Chromosom angeordnet wie die homologen Gene bei *Drosophila*. Ein fünftes Homöobox-Gen dieses Clusters, *ceh-23*, ist mit der Antennapedia-Klasse weniger verwandt. Die Hox-Gene *lin-39*, *mab-5* und *egl-5* werden während der Embryonalentwicklung an verschiedenen Stellen entlang der Längsachse exprimiert, die ihrer Anordnung auf dem Chromosom entsprechen. Die Expression erfolgt zwar während der Embryonalphase, ihre primäre Funktion scheint jedoch in der postembryonalen Larvenentwicklung zu liegen, da Mutationen in diesen Hox-Genen nur die Larvenentwicklung beeinträchtigen. Die Mutationen können jedoch dazu führen, daß sich Zellen in einem bestimmten Teil des Körpers so entwickeln, wie es einem anderen Körperbereich entspricht. So kann zum Beispiel eine Mutation im *lin-39*-Gen die Zellen im mittleren Körperabschnitt dazu bringen, sich wie Zellen in weiter vorn oder weiter hinten liegenden Körperbereichen zu entwickeln.

Obwohl die Expression der Hox-Gene bei Nematoden einem regionalen Muster folgt, ist das Muster selbst nicht positionsabhängig. So liegen zum Beispiel bei der Larve alle Zellen, die das Hox-Gen *mab-5* exprimieren, in derselben Region (Abbildung 6.7); diese Zellen stammen jedoch von recht unterschiedlichen Vorläuferzellen ab. Trotz gewisser Anzeichen beruht die Expression des *mab-5*-Gens nicht auf extrazellulären Positionssignalen, sondern wird in jeder der Zellinien autonom und unabhängig festgelegt. So wandern zum Beispiel einige der Zellen, die *mab-5* später exprimieren, während der Entwicklung an ihre endgültige Position. Wenn die Wanderung blockiert wird, exprimieren sie dennoch *mab-5*, aber an der falschen Stelle. Ein anderes Merkmal der Hox-Genexpression bei *C. elegans* besteht darin, daß eine Zellinie, die ein Hox-Gen exprimiert, dieses in seinen verschiedenen Zellen an- und abschaltet. Es spiegelt also nicht eine bestimmte räumliche Identität wider.

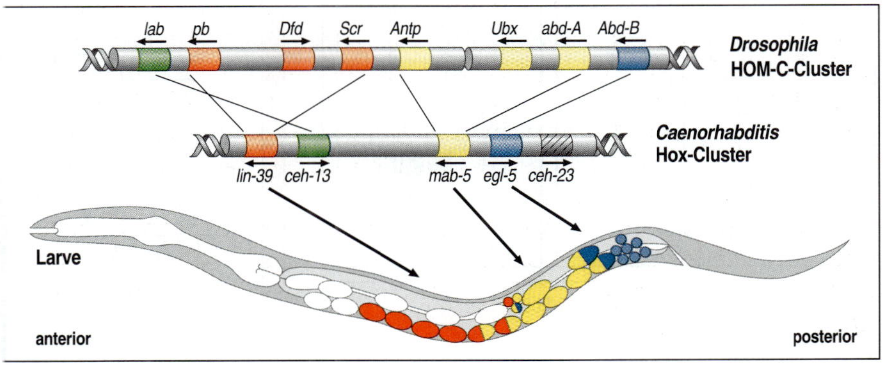

6.7 Der Hox-Gencluster von *C. elegans* und seine Beziehung zum HOM-C-Gencluster von *Drosophila*. Der Fadenwurm besitzt einen Cluster aus fünf Hox-Genen, von denen vier zu Genen des Antennapedia-Komplexes der Fliege homolog sind. Dargestellt ist das Expressionsmuster von drei Genen der Larve. Nach Bürglin et al. 1993.

6.4 Gene steuern bei der Entwicklung der Nematoden temporäre Informationsgradienten

Da jede Zelle eines sich entwickelnden Fadenwurmes aufgrund ihrer Abstammung identifiziert werden kann, kann man auch die Gene ermitteln, die die Entwicklung einer einzelnen Zelle zu bestimmten Zeiten steuern. Dadurch ist es möglich, die genetische Kontrolle des zeitlichen Ablaufs der Entwicklung zu untersuchen. Die Reihenfolge der Entwicklungsereignisse ist genauso von entscheidender Bedeutung wie die Zeiten, zu denen sie stattfinden. Gene müssen sowohl am richtigen Ort als auch zur richtigen Zeit exprimiert werden. Wir haben uns mit diesem Problem bereits im Zusammenhang mit den frühen Entwicklungsstadien von *Xenopus* und der Induktion des Mesoderms beschäftigt (Kapitel 3). Ein gut untersuchtes Beispiel für die zeitliche Abstimmung bei den Nematoden ist das Entstehen unterschiedlicher Zellteilungs- und Differenzierungsmuster in den vier Larvenstadien von *C. elegans*, die sich anhand der Entwicklung der Cuticula leicht unterscheiden lassen.

Mutationen in den beiden Genen *lin-4* und *lin-14* verändern in vielen Geweben und Zelltypen die zeitliche Koordination der Zellteilungen. Mutationen, die die zeitliche Abstimmung von Entwicklungsvorgängen verändern, nennt man **heterochron**. Mutationen von *lin-4* und *lin-14* können die Entwicklung sowohl „verzögern" als auch „beschleunigen". Dabei werden zum Beispiel einige stadienspezifische Vorgänge wie etwa die Häutung und die Cuticulasynthese der Larve anomal verspätet wiederholt. Dadurch kommt es etwa bei der Cuticulasynthese des adulten Wurmes zu einer Verzögerung der normalen Vorgänge.

Beispiele für Veränderungen des Entwicklungszeitpunkts aufgrund von Mutationen im *lin-14*-Gen findet man im Stammbaum der lateralhypodermalen T-Zelle mit der Bezeichung T.ap (Abbildung 6.8). In Wildtypembryonen gehen sowohl im ersten (L1) als auch im zweiten Larvenstadium (L2) aus der T-Zelle Epidermiszellen, Nerven und ihre Hilfszellen hervor. Während der späteren Larvenstadien L3 und L4 teilen sich einige der Tochterzellen der T-Zelle und bilden weitere Strukturen. Funktionsgewinnmutationen (*gain-of-function*, gf) im *lin-14*-Gen verzögern die Entwicklung. Die postembryonale Entwicklung beginnt normal, allerdings werden die Entwicklungsmuster des ersten und des

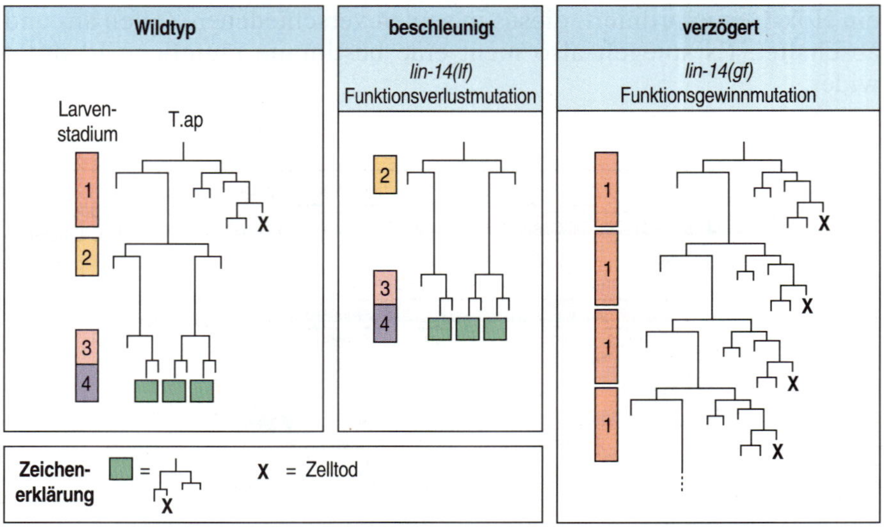

6.8 Zellstammbäume vom Wildtyp und von heterochronen Mutanten von *C. elegans*. Der Stammbaum der T-Blastenzelle (T.ap) erstreckt sich über vier Larvenstadien (links). Bei Mutanten des *lin-14*-Gens ist die zeitliche Abstimmung der Zellteilung gestört, so daß sich die Zellabstammungsmuster verändern. Funktionsverlustmutationen führen zu einem beschleunigten Entwicklungsmuster, wobei die frühen Stadien verloren gehen (Mitte). Funktionsgewinnmutanten zeigen eine verzögerte Entwicklung, die Muster der frühen Larvenstadien werden wiederholt durchlaufen (rechts).

zweiten Larvenstadiums wiederholt. Funktionsverlustmutationen (*loss-of-function*, lf) im *lin-14*-Gen führen zu einer beschleunigten Entwicklung: Das Zellteilungsmuster der frühen Larvenstadien geht verloren, die postembryonale Entwicklung beginnt mit einer Zellteilung, die man normalerweise erst im zweiten Larvenstadium findet.

Man hat postuliert, daß die Gene, die die zeitliche Reihenfolge der Entwicklungsvorgänge kontrollieren, die Konzentration bestimmter Substanzen steuern, indem sie dafür sorgen, daß diese Substanzen mit der Zeit abnehmen (Abbildung 6.9). Dieser zeitliche Gradient könnte die Entwicklung auf dieselbe Weise kontrollieren, wie ein räumlicher Gradient die Musterbildung steuert. Diese Art der zeitlichen Abstimmung findet sich anscheinend bei *C. elegans*, da die Konzentration des lin-14-Proteins zwischen dem ersten und den späteren Larvenstadien um das Zehnfache fällt. Konzentrationsunterschiede des lin-14-Proteins zu verschiedenen Entwicklungsstadien prägen das Entwicklungsschicksal der Zellen. Hohe Konzentrationen sorgen für ein frühes, niedrige Konzentrationen für ein spätes Entwicklungsschicksal. Die Abnahme des lin-14-Proteins während der Entwicklung kann die Basis für eine zeitlich genaue Abfolge von Zellaktivitäten bilden. Dominante Funktionsgewinnmutationen des *lin-14*-Gens führen zu hohen Konzentrationen des lin-14-Proteins. So verhalten sich die Zellen dieser Mutanten durchgehend wie während eines frühen Larvenstadiums. Im Gegensatz dazu führt eine Funktionsverlustmutation zu anomal niedrigen Konzentrationen des lin-14-Proteins, so daß sich die Larven wie während eines späteren Stadiums verhalten.

Die Konzentration des lin-14-Proteins wird posttranskriptional auf interessante und ungewöhnliche Weise reguliert. Die *lin-4*-RNA kann die Translation der *lin-14*-mRNA unterdrücken, indem beide RNAs einen Komplex bilden. Eine zunehmende Synthese der *lin-4*-RNA während der späteren Larvenstadien könnte so einen zeitlichen Gradienten des lin-14-Proteins erzeugen. Mutationen im *lin-4*-Gen bestätigen diese Annahme. Funktionsverlustmutationen im *lin-4*-Gen haben denselben Effekt wie Funktionsgewinnmutationen im *lin-14*-Gen.

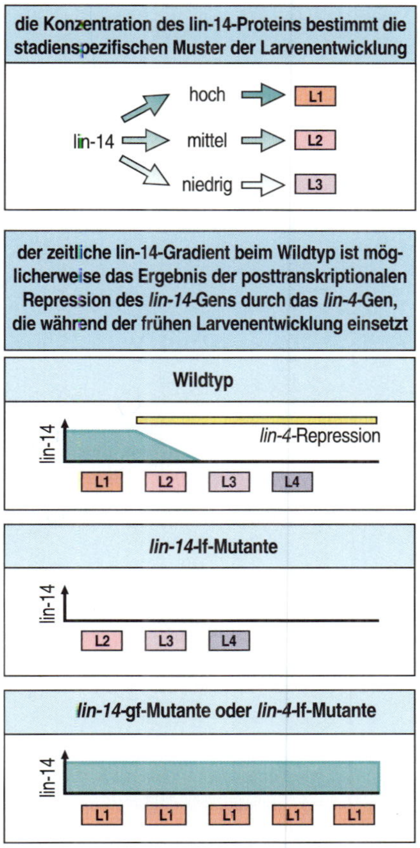

6.9 Ein Modell für die Steuerung des zeitlichen Musters der Larvenentwicklung bei *C. elegans*. Oben: Ein zeitlicher Gradient des lin-14-Proteins, dessen Konzentration während der Larvenentwicklung abnimmt, bestimmt das phasenspezifische Muster der Larvenentwicklung. In frühen Stadien ist viel Protein vorhanden (Abbildung 6.8, links). Die Abnahme des lin-14-Proteins in späteren Stadien ist darauf zurückzuführen, daß die *lin-4*-mRNA die Translation der *lin-14*-mRNA hemmt. Unten: Bei Funktionsverlustmutationen (*loss-of-function*, lf) im *lin-14*-Gen fehlt das erste Larvenstadium (L1), während Funktionsgewinnmutationen (*gain of function*, gf), die während der gesamten Entwicklung dafür sorgen, daß viel lin-14-Protein vorhanden ist, die Entwicklung in einer L1-Phase blockieren. Bei Funktionsverlustmutationen des *lin-4*-Gens wird die Repression des *lin-14*-Gens aufgehoben. Das lin-14-Protein zeigt fortwährend eine hohe Aktivität, und das L1-Stadium wird immer wieder wiederholt.

Zusammenfassung

Wie sich eine Zelle entwickelt, ist im Nematodenembryo eng an das Teilungsmuster gekoppelt. Es handelt sich hier um ein ausgezeichnetes Beispiel für die genau abgestimmten Beziehungen zwischen maternal geprägten Unterschieden im Cytoplasma und stark lokal begrenzten und direkten interzellulären Wechselwirkungen. Die Längsachse wird bei der ersten Furchung festgelegt. Zur Spezifizierung der dorso-ventralen Achse sowie der Links-Rechts-Achse sind interzelluläre Wechselwirkungen erforderlich. Genprodukte verteilen sich während der frühen Teilungsstadien asymmetrisch, die Zellentwicklung wird jedoch im frühen Embryo entscheidend von lokalen Wechselwirkungen zwischen den Zellen bestimmt. Die Entwicklung des Darmes, der aus einer einzigen Zelle hervorgeht, benötigt ein induktives Signal einer benachbarten Zelle. Eine kleine Gruppe von Homöobox-Genen liefert entlang der Längsachse der Larve räumliche Informationen. Die zeitliche Abstimmung der Entwicklungsvorgänge in der Larve basiert möglicherweise auf der Konzentration einer Substanz, die im Lauf der Zeit abnimmt.

Übersicht: Festlegung der Achsen in der frühen Entwicklungsphase der Nematoden

das Par-1-Protein ist im künftigen posterioren Teil des befruchteten Eies verankert

↓

die erste Furchung ist inäqual und asymmetrisch

↙ ↘

anterior AB-Zelle	**posterior** P_1-Zelle
↓	↓
AB_a und AB_p-Zelle	EMS und P_2-Zelle

↘ ↙

durch die Positionen der AB-Tochterzellen und EMS-Zelle zueinander wird die dorso-ventrale Achse spezifiziert

↓

durch die Positionen der Tochterzellen von AB_a und AB_p zueinander wird die Links-Rechts-Orientierung festgelegt

Mollusken

Im Gegensatz zum radialen Teilungsmuster in den Eiern der Vertebraten und Echinodermata (Abbildung 6.19) zeigen viele Wirbellose ein spiraliges Teilungsmuster. Die Spiralfurchung kann wie bei den Nematoden sehr einfach und ohne Variationen ablaufen. Wie sich die Zelle entwickelt, wird in der Regel für jede Zelle einzeln festgelegt. Das Spiralmuster läßt sich am besten bei einigen Mollusken beobachten, etwa am Acht-Zellen-Stadium der Schnecke *Lymnaea*. Nach der dritten Furchung, die den Embryo in einen animalen und einen vegetativen Abschnitt von je vier Zellen teilt, sitzen die animalen Zellen nicht genau über den vegetativen Zellen; statt dessen sind sie, wenn man sie vom vegetativen Pol aus betrachtet, normalerweise im Uhrzeigersinn etwas seitlich versetzt (Abbildung 6.10). Diese spiralige Anordnung im Uhrzeigersinn nennt man rechtsgängig, eine Verschiebung in entgegengesetzter Richtung linksgängig. Rechtsgängige Teilungsmuster sind bei weitem am häufigsten. Die spiralige Anordnung spiegelt die relativ zur Achse des Eies schräge Orientierung der mitotischen Spindeln wider.

Die spiraligen Teilungsmuster zeigen zwar bei Molluskenarten eine enorme Variationsbreite, zwei Merkmale kommen jedoch verhältnismäßig häufig vor. Zum einen verläuft bei vielen Weichtieren die erste und die zweite Furchung inäqual. Das führt dazu, daß im Vier-Zellen-Stadium eine der Zellen größer ist als die anderen. Dieses sogenannte D-Blastomer (Abbildung 6.10) markiert den hinteren Dorsalbereich des Embryos; das heißt, die frühen Furchungen bestimmen, wie die Körperachsen angelegt werden. Zum anderen ist es möglich, im 64- bis 128-Zellen-Stadium die Entwicklung einzelner Zellen zu kartieren. Von be-

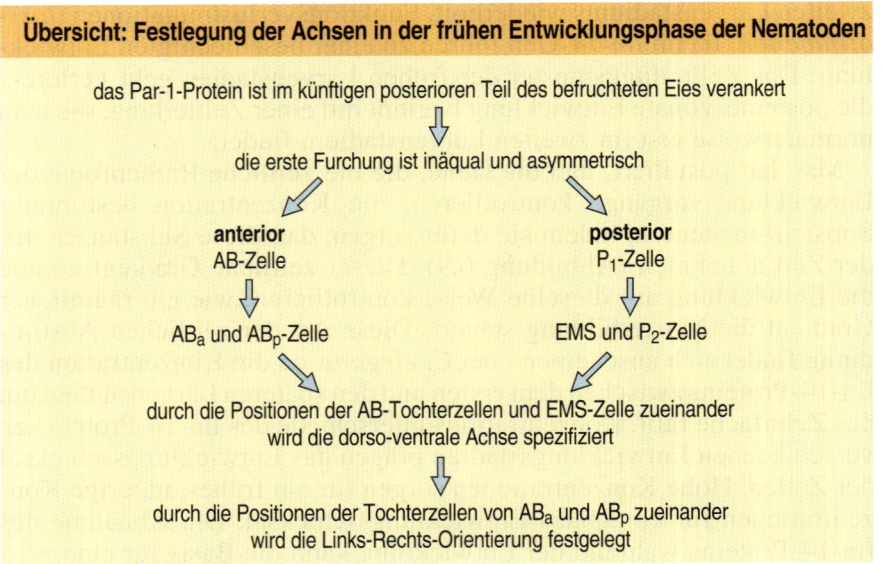

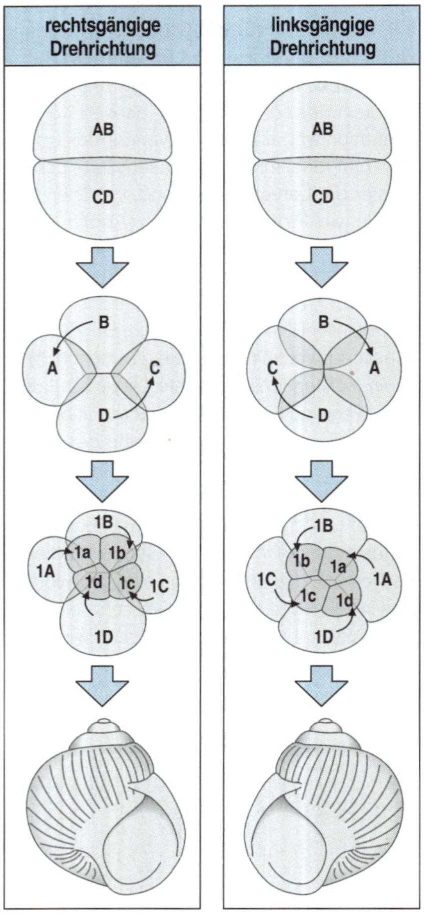

6.10 Spiralfurchung bei der Schnecke *Lymnaea*. Im Acht-Zellen-Stadium kommt es bei der Furchung zu einer Drehung der vier animalen Blastomeren (1a–1d) gegenüber den größeren vegetativen Blastomeren (1A–1D) im Uhrzeigersinn. Bei einer linksgängigen Furchung erfolgt die Drehung in die entgegengesetzte Richtung. Die Drehrichtung der Spiralfurchung entspricht der späteren Windungsrichtung des Gehäuses. Nach Morgan 1927.

sonderer Bedeutung ist dabei vor allem, daß der größte Teil des Mesoderms aus einem der kleineren **Mikromeren** hervorgeht, die aufgrund der inäqualen Teilung der D-Zelle entstehen; in diesem Fall handelt es sich um die 4d-Zelle, die bei der sechsten Furchung entsteht. Ein anderes Mikromer, das von der D-Zelle abstammt, ist das 2d-Mikromer, das bei der vierten Furchung entsteht. Daraus entwickelt sich die Drüse, die die Schale der Larve sezerniert. Die Gastrulation und die weitere Entwicklung führen schließlich zur freilebenden Trochophoralarve, die um die Körpermitte herum einen charakteristischen Wimpernkranz trägt (Abbildung 6.11).

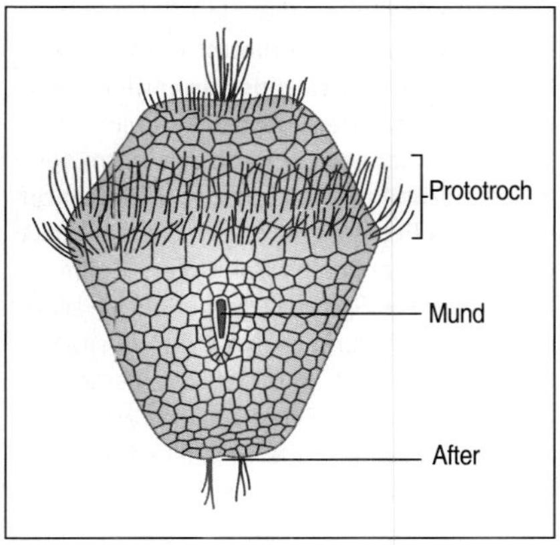

6.11 Die Trochophoralarve der Mollusken. Die Trochophora ist ein freilebendes, nahrungsaufnehmendes Larvenstadium mit einem charakteristischen Wimpernkranz, dem Prototroch, um den Äquator. Nach Wilmer 1990.

6.5 Die Drehrichtung der Spiralfurchung wird maternal festgelegt

Viele Mollusken wie etwa Schnecken besitzen spiralig geformte Gehäuse, deren Spirale in der Regel rechtsgängig ist. Die Drehrichtung der Schale entspricht der Drehorientierung der Teilungen im Embryo (Abbildung 6.10). Bis jetzt gibt es jedoch noch keine Erklärung dafür, warum hier ein Zusammenhang besteht. Sowohl die Teilungsrichtung als auch die Drehrichtung der Schale werden maternal determiniert. Für die Steuerung ist das rezessive *sinistral*-Gen verantwortlich, möglicherweise spielen aber noch andere Gene eine Rolle. Rechtsgängigkeit ist dominant gegenüber Linksgängigkeit; daher sind Gattungen mit linksgängigen Schalen selten. Injiziert man Cytoplasma aus Wildtypeiern, die sich rechtsgängig teilen, in linksgängige Eier, so nehmen diese das rechtsgängige Muster an und demonstrieren so die Dominanz des rechtsgängigen Musters.

6.6 Die Lage der Körperachsen hängt bei den Mollusken von den ersten Furchungen ab

Die adulten Formen von Weichtieren wie etwa Schnecken und Austern besitzen eine Morphologie, die von den gewohnten orthogonalen Achsen – der anterio-posterioren und dorso-ventralen Achse, die im rechten Winkel zueinander stehen – abweicht. Allerdings besitzen die meisten Eier der Mollusken eine deutliche animal-vegetative Achse, die häufig der Orientierung der Oocyte im Eierstock entspricht. Daraus folgt, daß diese Achse maternal determiniert wird. Bei einigen Spezies ist es jedoch möglich, die ursprüngliche Achse zu verändern. So bestimmt zum Beispiel bei der Schnecke *Lymnaea* die Orientierung der Spindel während der zweiten meiotischen Teilung die Orientierung der animal-vegetativen Achse. Bei dieser Teilung entsteht der zweite Polkörper, der sich normalerweise am animalen Pol bildet und so die animal-vegetative Achse festlegt. Dreht man jedoch die Spindel im Experiment um 90 Grad, dreht sich die Achse in gleicher Weise (Abbildung 6.12).

Die Längsachse ist zwar in einem frühen Molluskenembryo nicht einfach zu erkennen, der dorso-posteriore Bereich tritt jedoch deutlicher hervor und ist bei vielen Spezies mit dem großen D-Blastomer assoziiert, das im Vier-Zellen-Stadium besonders deutlich hervortritt. Dies ist die Folge der inäqualen ersten und zweiten Furchung. Bei einigen Arten korreliert die erste asymmetrische Furchung mit der Eintrittsstelle der Spermazelle. Dadurch wird die Bewegungsrichtung der Spindel beeinflußt und es kommt zu einer asymmetrischen Furchung. Der ent-

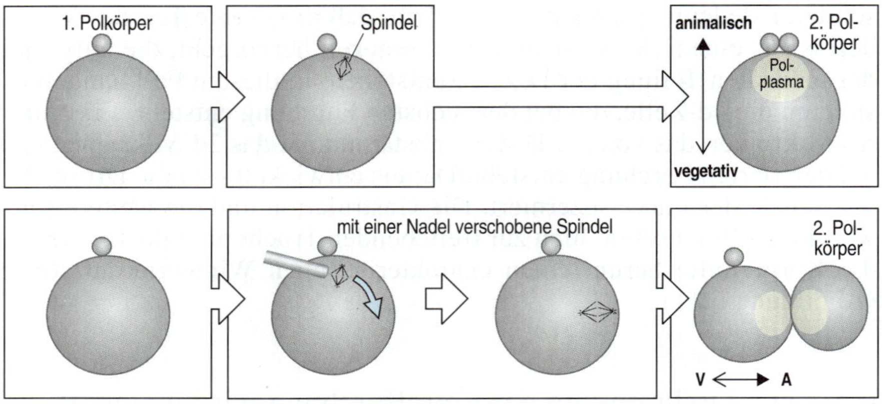

6.12 Die Stelle, an der sich der zweite Polkörper bildet, bestimmt bei Mollusken die Orientierung der animal-vegetativen Achse. Obere Reihe: Die animal-vegetative Achse entwickelt sich normalerweise in Abhängigkeit von der Stelle, an der der zweite Polkörper entsteht. Dieser Punkt definiert den animalen Pol. Untere Reihe: Wenn man die Spindel, die bei der zweiten meiotischen Teilung (aus der der zweite Polkörper hervorgeht) gebildet wird, verschiebt, entwickelt sich der Polkörper, der an Größe zunimmt, an einer anderen Stelle, und die animal-vegetative Achse verlagert sich.

scheidende Faktor für die spätere Entwicklung ist jedoch die asymmetrische Teilung und nicht die Eintrittsstelle des Spermiums.

Bei einigen Weichtieren entsteht das D-Blastomer durch asymmetrische Teilungen, die das spezifische Cytoplasma abtrennen, das sich am vegetativen Pol befindet. Bei der Schlammschnecke *Ilyanassa* bildet sich während der ersten Furchung am vegetativen Pol ein Pollappen (Abbildung 6.13). Dieser ist über einen dünnen Stiel an einem der Blastomeren befestigt. Nach der Furchung wird der Fortsatz wieder absorbiert und dadurch zu einem Teil der Zelle, die nun etwa doppelt so groß ist wie die andere. Gemäß einer Vereinbarung nennt man dieses Blastomer CD und das kleinere AB. Bei der nächsten Furchung entstehen die Blastomere A, B, C und D. Auch hier stülpt sich der polare Fortsatz nach außen, um dann wieder vom D-Blastomer aufgenommen zu werden, das deshalb größer ist als die anderen Blastomeren.

Die Bedeutung des Cytoplasmas im Pollappen läßt sich mit Hilfe einer künstlichen Beeinflussung des *Ilyanassa*-Embryos während der ersten Furchung verdeutlichen, durch die Cytoplasma aus dem polaren Fortsatz in das CD- und das AB-Blastomer gelangt. Das führt zu einer Verdopplung zahlreicher Larvenstrukturen. Wenn man den Pollappen nach der ersten Furchung entfernt, entwickeln sich die Embryonen ebenfalls anomal. Betroffen sind dabei die Tochterzellen aller Blastomeren, wobei die Auswirkungen auf die Abkömmlinge des D-Blastomers am stärksten sind. Das deutet darauf hin, daß das D-Blastomer aufgrund des im Pollappen enthaltenen Cytoplasmas eine Organisatorfunktion besitzt und daß dabei interzelluläre Wechselwirkungen eine Rolle spielen. Bei einigen Molluskenarten (zum Beispiel *Bythynaea*) kann man im vege-

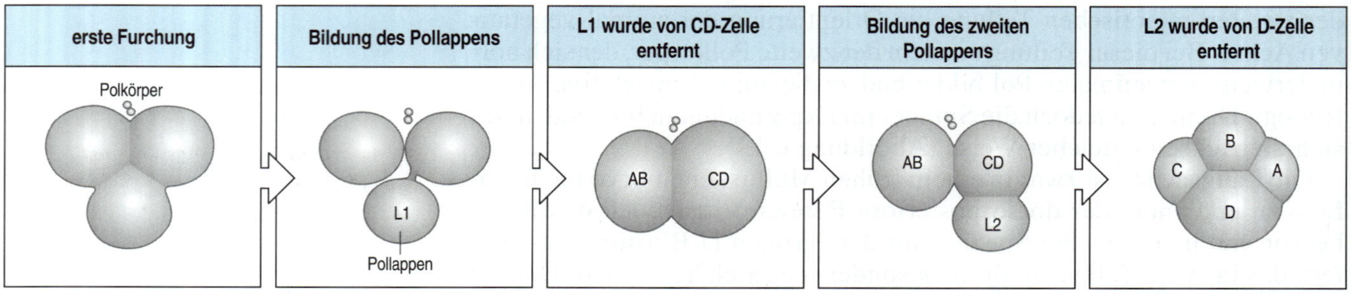

6.13 Die erste Furchung und der polare Fortsatz bei den Mollusken. Während der ersten Furchungsteilung schiebt sich ein polarer Fortsatz (L1) aus der vegetativen Region heraus und wird von der CD-Zelle aufgenommen. Während der zweiten Furchung spaltet die CD-Zelle einen zweiten polaren Fortsatz (L2) ab, den dann die D-Zelle aufnimmt. Die D-Zelle wird auf diese Weise größer als die anderen Zellen. Nach van den Biggelaar 1991.

tativen Bereich, wo sich der polare Fortsatz bildet, einen cytoplasmatischen Einschlußkörper erkennen. Wenn man diesen durch Zentrifugation aus dem Pollappen in die spätere D-Zelle verschiebt, hat es nur noch geringe Auswirkungen auf die Entwicklung, wenn man den polaren Fortsatz entfernt. Das deutet darauf hin, daß der cytoplasmatische Einschlußkörper entscheidende Faktoren enthält, die die Entwicklung des D-Blastomers beeinflussen. Bei Weichtieren, die keinen Pollappen besitzen, findet man eine Äquatorialteilung, und die Wechselwirkungen zur Spezifizierung der dorso-ventralen Achse sind komplexer.

Zusammenfassung

Wie bei den Nematoden wird das Entwicklungsschicksal für jede Zelle einzeln festgelegt. Viele Mollusken zeigen ein spiraligförmiges Teilungsmuster, das normalerweise rechtsgängig ist und dessen Drehrichtung mit der Wendelung der Schale übereinstimmt. Die Furchungen der frühen Phase bestimmen die Lage der Körperachsen. Wahrscheinlich besitzen bei einigen Mollusken die räumliche Verteilung cytoplasmatischer Faktoren und die asymmetrische Furchung eine wichtige Funktion, wenn es darum geht, die Entwicklung der Blastomeren in der frühen Phase festzulegen.

Anneliden

Zum Tierstamm der Anneliden (Ringelwürmer) gehören unter anderem Regenwürmer und Blutegel. Sie sind segmentiert und ihre Baupläne unterscheiden sich ziemlich stark von denen der Mollusken. Ihre Embryonen zeigen jedoch ebenfalls spiralige Teilungsmuster und besitzen während der sehr frühen Entwicklungsstadien teilweise starke Ähnlichkeit mit den Embryonen der Mollusken. Hier befassen wir uns mit dem späteren Prozeß der Segmentierung von Blutegeln und stellen Vergleiche an mit den Mechanismen bei *Drosophila* und Wirbeltieren.

6.7 Das Schicksal der Teloblasten entscheidet sich aufgrund der räumlichen Verteilung cytoplasmatischer Faktoren

Bei Blutegeln leiten sich sowohl die mesodermalen als auch die ektodermalen Segmentstrukturen aus den **Teloblasten** ab, die aus dem D-Blastomer hervorgehen. Die Spezifizierung des D-Blastomers hängt mit einer besonderen Form des Cytoplasmas zusammen, dem **Teloplasma**. Dieses verteilt sich vor der Furchung auf den animalen und den vegetativen Pol (Abbildung 6.14). Direkt vor der ersten Furchung ver-

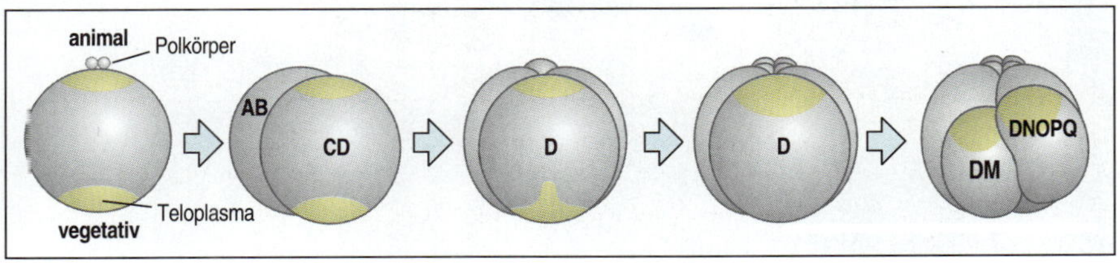

6.14 Furchung des Blutegelembryos und der Ursprung der Teloblasten. Nach der Befruchtung bildet sich am animalen und vegetativen Pol Teloplasma (gelb). Bei den weiteren Furchungen entsteht ein großes D-Makromer, das den größten Teil des Teloplasmas enthält. Das Makromer teilt sich in die DM- und die DNOPQ-Zelle, aus denen die Vorläufer der Teloblasten hervorgehen.

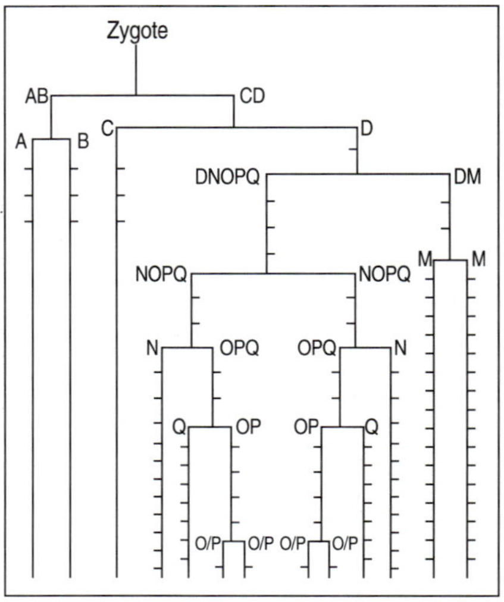

6.15 Abstammung der Zellen im Blutegelembryo. Aus dem D-Blastomer gehen alle fünf Teloblasten M, N, O, P und Q hervor. Die kurzen Linien zeigen die Mikromeren an. Nach Bissen et al. 1996.

teilt sich das Teloplasma entsprechend der animal-vegetativen Achse, so daß am Ende der dritten Furchung das D-Makromer (ein großes Blastomer) den größten Teil davon enthält. Wenn man die Verteilung des Teloplasmas vor der zweiten Furchung durch eine vorsichtige Zentrifugation verlagert, so daß Makromer C und D gleich viel Cytoplasma erhalten, entwickeln sich beide zu Teloblasten. Wenn die Zentrifugation dazu führt, daß die C-Zelle das meiste Teloplasma erhält, entwickelt sie sich zur D-Zelle, obwohl sie kleiner ist als die normale D-Zelle. Daher können wahrscheinlich nur Zellen, die Teloplasma erhalten, Teloblasten hervorbringen. Die Blastomeren, aus denen sich die Teloblasten entwickeln, nennt man DM und DNOPQ. Abbildung 6.14 zeigt, wie sie entstehen. Die ersten drei Furchungen des befruchteten Eies erfolgen sowohl spiralig als auch inäqual und führen zur Bildung von Mikromeren, kleinen Blastomeren, in der animalen Region. Dort liegen sie über den vier Makromeren, von denen das D-Makromer das größte ist. Bei der nächsten Furchung teilt sich das D-Makromer schräg äquatorial. Dabei entsteht eine animale DNOPQ-Zelle, die Vorläufer des Ektoderms ist, sowie eine DM-Zelle. Die DNOPQ-Zelle teilt sich mehrmals, bis schließlich die vier Teloblasten (N, O, P und Q) daraus hervorgehen. Diese bilden das Ektoderm, während aus der DM-Zelle zwei M-Teloblasten entstehen (Abbildung 6.15), aus denen sich das Mesoderm entwickelt.

6.8 Die anterio-posteriore Musterbildung und die Segmentierung hängen beim Blutegel davon ab, woher die Zellen stammen

Die Segmentierung des Blutegels *Helobdella triserialis*, der entlang seiner Längsachse 32 Segmente aufweist (Abbildung 6.16), erfolgt über einen Mechanismus, der sich von dem eines Langkeiminsekts wie *Drosophila* deutlich unterscheidet. Die Fliege wird aufgrund von räumlicher Information segmentiert: Die Gene, die die Grenzen der Segmente festlegen, werden durch variierende Konzentrationen von Transkriptionsfaktoren entlang der Längsachse in Form von Streifen aktiviert (Abbildung 5.21). Im Gegensatz dazu spielt bei der Segmentierung des Blutegels anscheinend die Abstammung eine wesentliche Rolle. Das heißt, das periodische Muster der Segmentierung hängt davon ab, wann die Zellen entlang der Längsachse entstehen. Bei diesem System bestimmt

6.16 Dorsalansicht des adulten Blutegels *Helobdella triserialis*. Deutlich erkennt man die Segmentierung entlang der Längsachse. Die Segmentgrenzen erscheinen als Reihen heller Punkte. Maßstab = 1 mm. Aufnahme mit freundlicher Genehmigung von D. Weisblat.

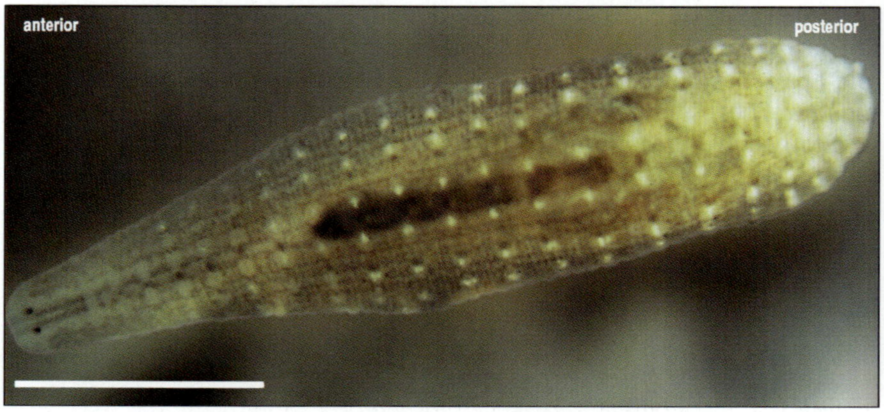

die Reihenfolge, in der die Zellen aus einer Stammzelle hervorgehen, ihre Eigenschaften – und nicht die Information, wo sich die Zelle befindet. Zwischen der Abfolge der Entstehung einer Zelle und ihrer endgültigen Position besteht ein fester Zusammenhang, wobei die zuerst entstandenen Zellen die vordersten Bereiche bilden. Beim Blutegel bestimmt also die zeitliche Reihenfolge der Ereignisse die räumliche Periodizität und die Segmentierung entlang der Achse.

Die Segmentierung des Ektoderms und des Mesoderms läßt sich bis zu zwei Gruppen von je fünf Teloblasten (N, O, P, Q und M) zurückverfolgen, wobei sich an jeder Seite des Embryos eine Gruppe befindet. Jeder Teloblast führt wiederholt asymmetrische Zellteilungen durch. Dabei behält eine der Tochterzellen die ursprünglichen Eigenschaften der Zelle, während die andere, kleinere Blastenzelle eine andere Entwicklungsrichtung einschlägt. Die Teloblasten verhalten sich also wie Stammzellen. Durch die wiederholten Teilungen entsteht aus jedem Teloblasten ein langes Band von Blastentochterzellen, die miteinander verbunden bleiben (Abbildung 6.17). Die Bänder der Teloblasten einer Seite vereinigen sich zu einem Keimstreifen, obwohl sie aus Zellen stammen, die sich in ganz verschiedenen Bereichen des Embryos befinden. Dieser Keimstreifen vereinigt sich mit dem Keimstreifen der anderen Seite. Gemeinsam bilden sie die Keimplatte. Die Bänder eines jeden Keimstreifens sind in einer genau festgelegten Reihenfolge angeordnet (Abbildung 6.17). Die Blastenzellen aus dem M-Teloblasten, die sich später zum Mesoderm entwickeln, bilden ein Band (m) unterhalb der übrigen vier Bänder, aus denen das Ektoderm und das Nervengewebe hervorgehen. Diese Bänder sind aus den Teloblasten N, O, P und Q entstanden; sie liegen in der Reihenfolge n, o, p, q nebeneinander (von der Mittelachse nach außen). Wenn sie sich in der Keimplatte vereinigen, schieben sich das n- und das q-Band im Verhältnis zu m, o und p nach vorn. Die einzelnen Blastenzellen beginnen nun, sich zu teilen. Dabei erzeugt jede Zelle in einer gleichförmigen Abfolge einen Klon von etwa 100 Abkömmlingen. Bis zu diesem Zeitpunkt, wenn die Blastenzellen mit der Teilung beginnen, werden die Blastenzellklone nicht miteinander vermischt. Diese Blastenzellklone stehen mit den embryonalen Segmenten in einem eindeutigen, aber komplexen Zusammenhang.

Die einzelnen Zellklone sind auf bestimmte Segmente beschränkt, wobei die zuerst entstandenen zur Bildung der vordersten Segmente beitragen. Die einzelnen Blastenzellklone, die aus dem m-, o- und p-Band stammen, sind immer jeweils an zwei benachbarten Segmenten beteiligt. Die einzelnen Klone, die aus dem n- und dem q-Band hervorgehen, bilden jeweils ein Segment, wobei jedes Segment zwei Blastenzellklone von jedem dieser Bänder enthält. Abbildung 6.18 zeigt ein Beispiel für das o- und das n-Band.

Da die lineare Anordnung der Blastenzellen entlang der Achse vollständig von dem „Zeitpunkt“ oder der „Teilungszahl“ bestimmt wird, bei der die Blastenzellen entstanden sind, kann durch diese zeitliche Abstimmung für jede Blastenzelle eine eigene Identität festgelegt werden. Im Experiment ist es möglich, die Beziehungen zwischen den Blastenzellen in den Bändern zu verändern. Verändert man die Position einer Blastenzelle (beispielsweise durch Abtöten anderer Blastenzellen), so bringt die Blastenzelle schließlich an einer bestimmten Stelle Zelltypen hervor, die dem Zeitpunkt der Entstehung der Blastenzelle und nicht ihrer endgültigen Position entsprechen. Daher wird die Identität eines Segments in der Regel davon bestimmt, von welchen Zellen die Zelle abstammt, und nicht, wo sie sich letztlich befindet.

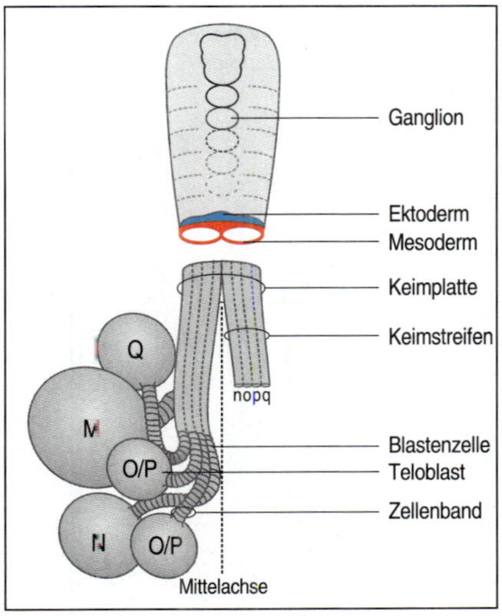

6.17 Entstehung der Stammzellen im Blutegelembryo. Das segmentierte Gewebe entsteht aus zwei Gruppen von je fünf Teloblasten (M, N, O, P und Q), die an jeder Seite der Mittelachse liegen (zur Vereinfachung ist hier nur eine Gruppe dargestellt). M bildet das Mesoderm; N, O, P und Q bilden das Ektoderm und das Nervengewebe. Jeder Teloblast fungiert als Stammzelle und durchläuft wiederholt inäquale Teilungen, bei denen Blastenzellen abgeschieden werden. Diese hängen zusammen und bilden lange Bänder, die sich auf jeder Seite des Embryos zu einem Keimstreifen vereinigen (das m-Band entsteht unterhalb der übrigen vier und ist daher in dieser Darstellung nicht sichtbar). Die Keimstreifen der beiden Seiten vereinigen sich in der Keimplatte. Die Blastenzellen beginnen, sich zu teilen, wobei jede ein gleichförmiges Teilungsmuster durchläuft. Nach Wedeen et al. 1991.

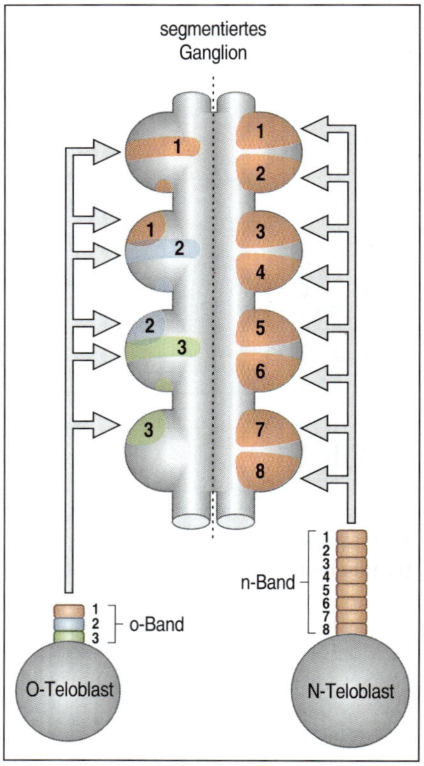

6.18 Verteilung der Blastenzellen im Nervensystem. Jede Blastenzelle durchläuft eine gleichförmige Folge von Teilungen, so daß ein Zellklon entsteht. Aus den zuerst gebildeten Zellen gehen die am weitesten anterior gelegenen Segmente hervor. Jeder der M-, O- und P-Blastenzellklone ist an zwei Segmenten beteiligt (Darstellung hier für die O-Linie im Nervensystem). Jeder der N- und Q-Blastenzellklone ist nur an einem Segment beteiligt; die N- und die Q-Linie bringen pro Segment zwei Blastenzellklone hervor. Damit sie den Segmenten richtig zugeordnet werden können, müssen sich die N- und die Q-Linie hinter der M-, O- und P-Linie nach vorne bewegen. Nach Shankland 1994.

Untersucht man beim Blutegel die Expression des Homöoboxgens *Lox2*, so zeigen sich besonders deutliche Effekte, wenn man die Position einer Blastenzelle ändert. *Lox2* ist mit den Genen des Bithorax-Komplexes bei *Drosophila* verwandt. Das Gen wird in allen fünf Teloblastenlinien exprimiert, wobei es in Segment 6 eine deutliche vordere Expressionsgrenze gibt. Verschiebt man die Blastenzellen einer Teloblastenlinie durch Abtöten einiger Zellen, so bleibt die *Lox2*-Expression in den restlichen Zellen, die das Gen normalerweise exprimieren würden, erhalten, obwohl diese nun gegenüber den anderen Zellinien verschoben sind. Das deutet stark darauf hin, daß diese Genexpression autonom erfolgt und nicht von Signalen im Raum abhängt.

Im Gegensatz dazu wird die Zahl der Segmente anscheinend anhand der Position bestimmt. Es entstehen mehr Blastenzellen als notwendig; die überschüssigen Zellen sterben ab. Es ist jedoch noch nicht bekannt, wie nun die Segmentzahl festgelegt wird. Man weiß, daß ektodermale Zellen aufgrund ihrer Position absterben. Wenn man Zellen, die normalerweise Segmente bilden würden, in den Bereich der überschüssigen Zellen verschiebt, so sterben auch diese ab. Ein räumlicher Mechanismus zur Festlegung der Segmentzahl läßt sich jedoch nur schwer damit in Einklang bringen, daß die Segmentidentität aufgrund der Abstammung festgelegt wird.

Während die Segmente des Blutegels anscheinend durch einen Mechanismus entstehen, der sich von dem bei *Drosophila* unterscheidet, gibt es jedoch möglicherweise Übereinstimmungen mit Segmentierungsmechanismen bei Kurzkeiminsekten. Bei diesen muß es im Gegensatz zu *Drosophila* bei der Segmentbildung zu Zellteilungen und Wachstum kommen (Abschnitt 5.18).

Zusammenfassung

Bei den Anneliden wie beispielsweise dem Blutegel entwickeln sich die Segmentstrukturen aus der Zellgruppe der sogenannten Teloblasten, die in der frühen Embryonalentwicklung durch cytoplasmatische Faktoren spezifiziert werden. Aus den Teloblasten entstehen die Blastenzellen, aus denen sich dann die Segmente entwickeln. Musterbildung und Segmentierung entlang der Längsachse basieren auf einem Mechanismus, bei dem die Abstammung der Zellen und die Zeit eine Rolle spielen, wobei immer aus den zuerst gebildeten Blastenzellen die vordersten Segmente hervorgehen. In einigen Fällen kann auch die Position der Zelle ihre Entwicklungsrichtung bestimmen.

Übersicht: Segmentierung beim Blutegel

im Ei in bestimmten Bereichen vorhandenes Teloplasma

⇩

reichert sich an bestimmten Stellen im D-Makromer an

↙ ↘

DNOPQ-Zelle — DM-Zelle

⇩ ⇩

N-, O-, P- und Q-Teloblasten — M-Teloblast

↘ ↙

wiederholte stammzellenartige Teilungen der Teloblasten erzeugen Bänder aus Tochterzellen

⇩

durch weitere Teilungen der einzelnen Zellen in den Bändern entstehen Klone

⇩

jedes Segment entsteht aus Klonen von N-, O-, P-, Q- und M-abgeleiteten Zellen

⇩

die Segmente entstehen in anterio-posteriorer Reihenfolge, wobei die zuerst gebildeten Klone an den vordersten anterioren Segmenten beteiligt sind

Echinodermata

Zu den Echinodermata (Stachelhäuter) gehören die Seeigel und der Seestern. Seeigelembryonen werden schon lange als Modellsystem für Entwicklungsvorgänge verwendet, da sie durchsichtig sind und sich leicht handhaben lassen. Entwicklungsstudien beschränken sich auf die Entstehung der Larve, da die Metamorphose zur adulten Form ein komplexer und weitgehend unverstandener Prozeß ist. Den Seeigelembryo betrachtet man im klassischen Sinn als Modell für eine regulative Entwicklung. Hier entstanden die Grundlagen für die Ideen von Driesch zu Beginn dieses Jahrhunderts: Die Positionen der Zellen in einem Embryo bestimmen das Entwicklungsschicksal dieser Zellen (Abschnitt 1.3).

Das Ei des Seeigels teilt sich radial. Die ersten drei Furchungen verlaufen symmetrisch, die vierte jedoch asymmetrisch. Dabei entstehen am vegetativen Pol des Eies vier Mikromeren (Abbildung 6.19), wodurch die animal-vegetative Achse des Eies festgelegt wird. Während der ersten beiden Furchungen teilt sich das Ei entlang der animal-vegetativen Achse. Die dritte Furchung erfolgt äquatorial und teilt den Embryo in eine animale und eine vegetative Hälfte. Bei der nächsten Furchung teilen sich die animalen Zellen in einer Ebene, die parallel zur animal-vegetativen Achse verläuft. Die vegetativen Zellen teilen sich jedoch asymmetrisch in vier Makromeren und vier Mikromeren. Die weiteren Teilungen führen schließlich zu einer hohlen, kugelförmigen Blastula, die aus 1 000 Zellen besteht, die Wimpern tragen und ein Epithelblatt bilden, welches das Blastocoel umschließt.

Etwa zehn Stunden nach der Befruchtung beginnt bei Seeigelembryonen die Gastrulation, die wir im einzelnen in Kapitel 8 behandeln. Mesoderm und Entoderm wandern dabei von der vegetativen Region aus nach innen. Zuerst gelangen etwa 40 primäre Mesenchym-(Mesoderm-)Zellen am vegetativen Pol in das Blastocoel. Sie wandern an der

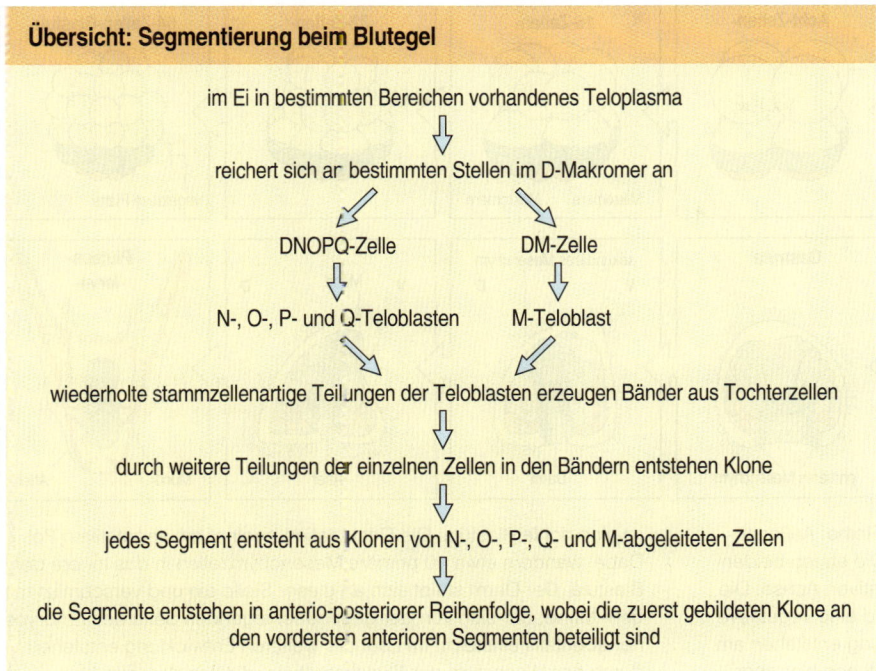

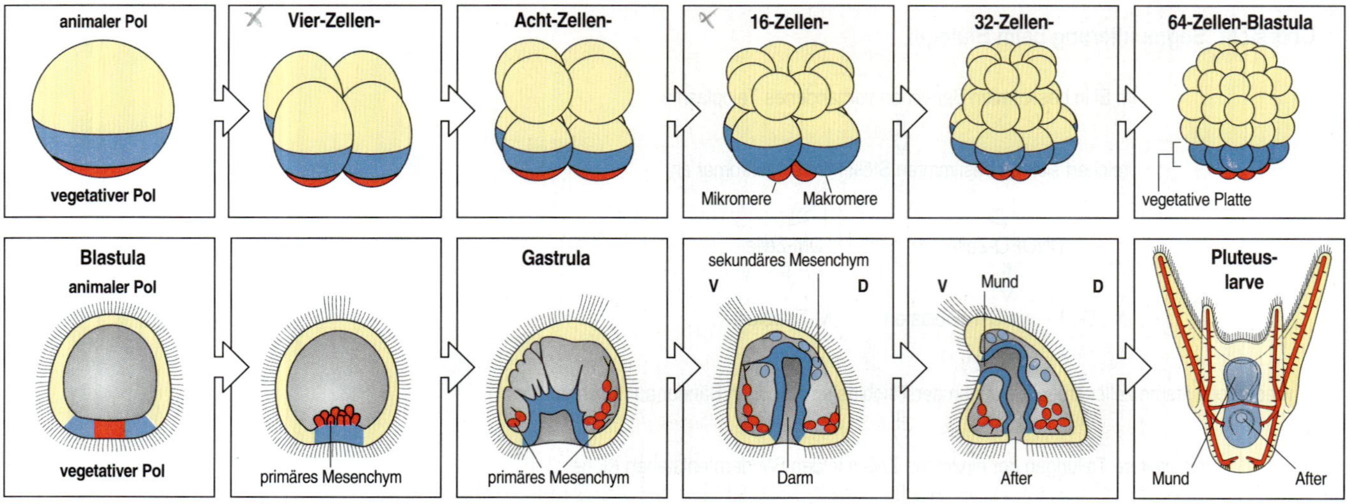

6.19 Entwicklung des Seeigelembryos. Obere Reihe: Außenansicht der Furchungen bis zum 64-Zellen-Stadium. Die ersten beiden Furchungen teilen das Ei entlang der animal-vegetativen Achse. Die dritte Furchung teilt den Embryo in eine animale und eine vegetative Hälfte. Bei der vierten, inäqual verlaufenden Furchung entstehen am vegetativen Pol vier kleine Mikromeren (blau), von denen hier aber nur zwei zu sehen sind. Die weiteren Furchungen führen zu einer hohlen Blastula. Untere Reihe: Gastrulation und Entwicklung der Pluteuslarve. Dargestellt sind Schnitte durch eine Ebene der animal-vegetativen Achse des Embryos in der Entwicklung. Ausgangspunkt ist eine hohle Blastula. Die Gastrulation beginnt am vegetativen Pol. Dabei wandern etwa 40 primäre Mesenchymzellen in das Innere der Blastula. Der Darm stülpt sich an dieser Stelle ein und verschmilzt mit dem Mund, der sich von der gegenüberliegenden Seite des Embryos her ebenfalls einstülpt. Im Lauf der weiteren Entwicklung entstehen durch das Wachstum der Skelettstacheln, die von den primären Mesenchymzellen angelegt wurden, die „Arme" der Pluteuslarve. Die Pluteuslarve ist in Außenansicht dargestellt; der Mund befindet sich oben.

Innenseite der Blastula entlang, bilden in der vegetativen Region einen Ring und erzeugen kalkhaltige Skelettstacheln. Dann beginnt das Entoderm zusammen mit dem sekundären Mesenchym damit, sich am vegetativen Pol einzustülpen. Diese Invagination erstreckt sich schließlich über das ganze Blastocoel und verschmilzt an der Ventralseite mit einer kleinen Einstülpung im Bereich der künftigen Mundöffnung. So entstehen Mund, Darm und After. Bevor der sich einstülpende Darm mit der Mundöffnung fusioniert, lösen sich einzelne Zellen des sekundären Mesenchyms oben vom einstülpenden Gewebe ab und bilden das Mesoderm, also zum Beispiel Muskel- und Pigmentzellen. Der Embryo ist jetzt eine **Pluteuslarve**, die sich selbständig ernähren kann (Abbildung 6.19).

6.9 Das Ei des Seeigels wird entlang der animal-vegetativen Achse polarisiert

Das Ei des Seeigels besitzt eine eindeutige animal-vegetative Polarität, die anscheinend mit der Anheftungsstelle des Eies im Ovar korreliert. Bei einigen Spezies markiert ein dünner Kanal am animalen Pol die Polarität, während sich bei anderen Arten ein Band aus Pigmentgranula am vegetativen Pol befindet. Die frühe Entwicklungsphase hängt eng mit der Achse des Eies zusammen, die auch als künftige Längsachse der Larve anzusehen ist. Die Ebenen der beiden ersten Furchungen verlaufen immer parallel zur animal-vegetativen Achse, und bei der vierten, inäqualen Furchung (Abbildung 6.19) bilden die Mikromeren den vegetativen Pol. Aus den Mikromeren entwickelt sich das primäre Mesenchym, und sowohl die Mikromeren als auch das primäre Mesenchym werden möglicherweise durch cytoplasmatische Faktoren am vegetativen Pol des Eies spezifiziert.

Die animal-vegetative Achse ist stabil und kann durch eine Zentrifugation, bei der größere Organellen wie Mitochondrien und Dotterthrombocyten umverteilt werden, nicht verändert werden. Isolierte Fragmente des Eies behalten ihre ursprüngliche Polarität bei. Wenn man aus dem Zwei- oder dem Vier-Zellen-Stadium, die jeweils eine vollständige animal-vegetative Achse besitzen, Blastomeren isoliert, so entwickeln sich daraus normale, aber kleine Pluteuslarven (Abbildung 6.20, links). Dementsprechend bilden Eier, die parallel zu ihren animal-vegetativen Achsen miteinander fusioniert wurden, riesige, aber sonst normale Larven.

Im Gegensatz dazu kommt es bei der Entwicklung der animalen und der vegetativen Hälfte zu deutlichen Unterschieden, wenn man die Hälften aus dem Acht-Zellen-Stadium isoliert. Eine isolierte animale Hälfte bildet nur eine Hohlkugel mit einem cilienbesetzten Ektoderm, während sich die vegetative Hälfte zu einer Larve entwickelt, die verschiedene Formen annehmen kann, aber normalerweise **vegetalisiert** ist. Das heißt, sie besitzt einen großen Darm und Skelettstacheln, aber ein verkümmertes Ektoderm, dem der Mundbereich fehlt (Abbildung 6.20, rechts). Manchmal bilden vegetative Hälften aus dem Acht-Zellen-Stadium jedoch eine normale Pluteuslarve, wenn die dritte Furchung etwas zum animalen Pol hin verschoben ist. Diese Beobachtungen zeigen, daß es wie bei Amphibien maternale cytoplasmatische Unterschiede im Ei gibt, die alle drei Keimblätter spezifizieren. Man hat inzwischen auch einige räumlich begrenzt auftretende mRNAs gefunden, die möglicherweise Proteine codieren, die an einer solchen Spezifizierung entlang der animal-vegetativen Achse mitwirken.

Trotz der cytoplasmatischen Unterschiede entlang der animal-vegetativen Achse besitzt der Embryo des Seeigels offensichtlich ein beträchtliches Regulationspotential. Daraus folgt, daß es Wechselwirkungen zwischen den Zellen geben muß. Wie wir später sehen werden, stammen wichtige Entwicklungssignale aus den Mikromeren des vegetativen Bereichs.

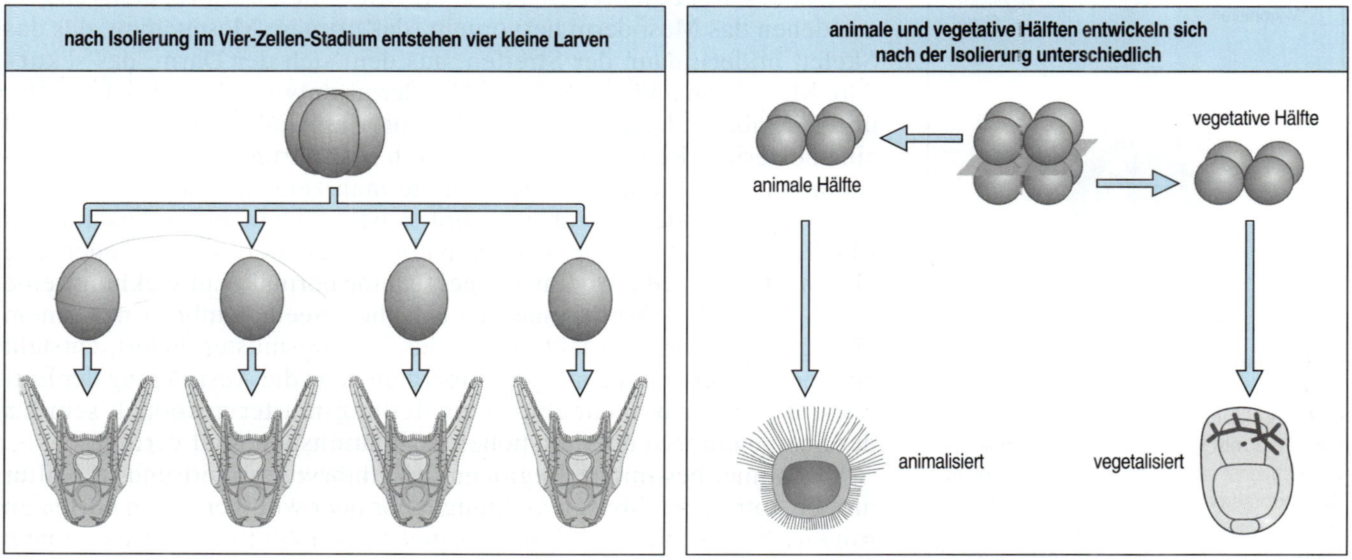

6.20 Entwicklung von isolierten Seeigelblastomeren. Links: Wenn die Blastomeren im Acht-Zellen-Stadium isoliert wurden, entwickelt sich jedes Blastomer zu einer kleinen, aber normalen Larve. Rechts: Eine isolierte animale Hälfte des Acht-Zellen-Stadiums bildet eine Ektodermhohlkugel mit Wimpern, während sich eine isolierte vegetative Hälfte in der Regel zu einem stark anomalen Embryo mit großem Darm entwickelt, der auch einige Skelettstrukturen aufweist, aber ein reduziertes Ektoderm besitzt.

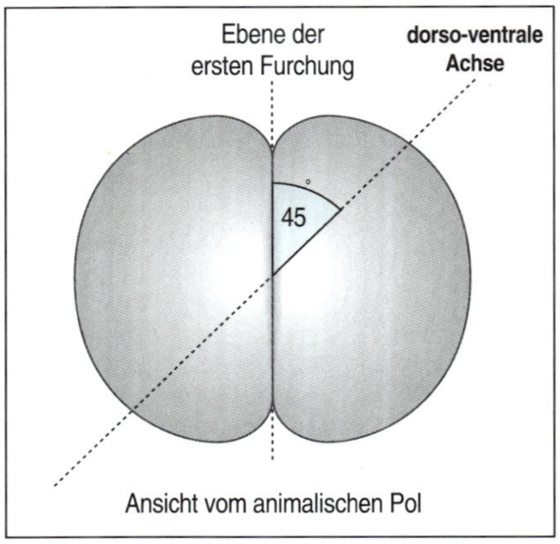

6.21 Lage der Dorsoventralachse im Embryo des Seeigels *S. purpuratus* in Relation zur ersten Furchung. Wenn man den Embryo vom animalen Pol aus betrachtet, bildet die dorso-ventrale Achse zur Ebene der ersten Teilung normalerweise einen Winkel von 45 Grad im Uhrzeigersinn. Wichtig ist dabei, daß die Polarität in diesem Stadium noch nicht festgelegt ist, sondern nur die Achse.

6.10 Die Anlage der Dorsoventralachse des Seeigels orientiert sich an der ersten Furchungsebene

Die dorso-ventrale Achse der Pluteuslarve des Seeigels wird in Relation zur Mundöffnung angelegt, die sich an der Ventralseite entwickelt (Abbildung 6.19). Es bestehen jedoch auch deutliche Unterschiede bei der Skelettmusterbildung in der Ventral- und der Dorsalregion. Die Ventralseite ist auch vor der Einstülpung der Mundöffnung erkennbar, da das primäre Mesenchym wandert und an der künftigen Ventralseite zwei Zellreihen bildet. Mit der Wanderung dieser Zellen befaßt sich Kapitel 8.

Im Gegensatz zur animal-vegetativen Achse kann man die Dorsoventralachse im Ei nicht erkennen. Sie scheint bis zum 16-Zellen-Stadium verhältnismäßig instabil zu sein. Bei normalen Embryonen wird diese Achse jedoch nach der Ebene der ersten Furchung ausgerichtet. Beim Seeigel *Strongylocentrotus purpuratus* korreliert die Dorsoventralachse gut mit der Furchungsebene: Die künftige dorso-ventrale Achse ist bei Blick auf den animalen Pol gegenüber der ersten Furchungsebene um 45 Grad im Uhrzeigersinn gedreht (Abbildung 6.21). Bei anderen Spezies findet man jedoch andere Zusammenhänge zwischen der Dorsoventralachse und der Furchungsebene. Die Achse kann in der Furchungsebene oder im rechten Winkel dazu liegen. An dieser Stelle sei daran erinnert, daß bei *Xenopus* die erste Furchung normalerweise in der bilateralen Symmetrieebene verläuft.

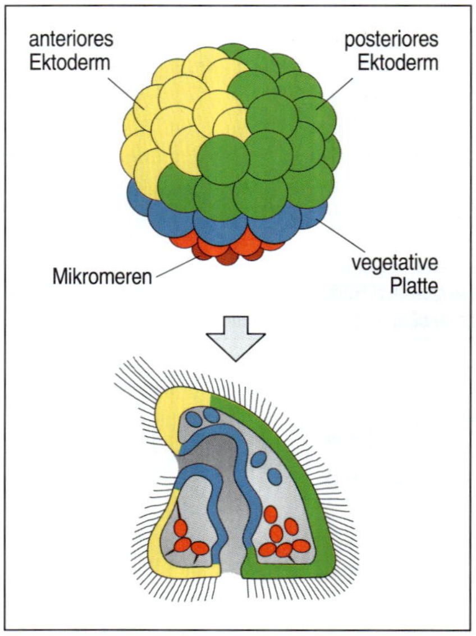

6.22 Anlagenplan des Seeigelembryos. Die klonale Analyse (*lineage analysis*) ergibt für das 64-Zellen-Stadium vier Hauptregionen. Der Embryo ist entlang der animal-vegetativen Achse in drei Streifen eingeteilt: die Mikromeren, aus denen das primäre Mesenchym hervorgeht; die vegetative Platte, die den Darm und das sekundäre Mesenchym hervorbringt; das Ektoderm. Letzteres ist in einen anterioren und einen posterioren Bereich unterteilt. Nach Ransick et al. 1993.

6.11 Der Anlagenplan des Seeigels wird sehr genau spezifiziert, es gibt jedoch ein starkes Regulationspotential

Im 64-Zellen-Stadium des Seeigelembryos kann man entlang der animal-vegetativen Achse vier Zellbereiche unterscheiden, so daß man einen einfachen Anlagenplan skizzieren kann (Abbildung 6.22). Dieser besteht aus drei Zellstreifen: zuerst die Mikromeren am vegetativen Pol, aus denen das Mesoderm hervorgeht (das primäre Mesenchym, das das Skelett bildet); dann der Streifen, aus dem sich der Darm, das sekundäre Mesoderm und ein Teil des Ektoderms entwickeln; schließlich der übrige Embryo, der das Ektoderm hervorbringt und in eine anteriore und eine posteriore Region geteilt ist. Durch Markierung der zellulären Abstammung mit Vitalfarbstoffen konnte man zeigen, daß das Teilungsmuster unveränderlich, aber komplex ist; das gilt besonders für das Ektoderm. Anders als bei den Nematoden scheint das unveränderliche Teilungsmuster jedoch beim Seeigel für eine normale Entwicklung keine Rolle zu spielen. Wenn man einen frühen Seeigelembryo mit einem Deckglas zusammendrückt und so das Teilungsmuster ändert, entsteht dennoch ein normaler Embryo. Außerdem kann die Ausprägung der Entwicklungsrichtung nicht eng an ein Teilungsmuster gekoppelt sein, da der Seeigelembryo über ein hohes Regulationspotential verfügt.

Wenn man bestimmte Regionen des Embryos isoliert und in Kultur nimmt, entspricht ihre Entwicklung mehr oder weniger ihrem normalen Entwicklungsschicksal. Zum Beispiel bilden Mikromeren aus einem 16-Zellen-Stadium mesenchymartige Zellen und sogar Skelettstacheln. Die isolierte animale Hälfte des späteren Ektoderms bildet eine cilienbesetzte Epithelkugel, es wird jedoch kein Mund ausgebildet. Im Gegensatz dazu entwickelt die vegetative Hälfte des 16-Zellen-Stadiums einen vegetalisierten Embryo, der nicht nur einen großen Darm, sondern auch ein wimpernbesetztes Ektoderm und einen Anteil skeletogenes Mesenchym besitzt. In diesem Gewebe hat sich daher das Entwicklungsschicksal mehrerer Zellen vom künftigen Darm-Entoderm zu Mesoderm und Ektoderm geändert. Dieses Regulationspotential paßt zu der Beobachtung, daß sich vollständige vegetative Hälften, die man bei der dritten Furchung isoliert hat, aufgrund der Regulation zu relativ normalen Larven entwickeln können – allerdings nur dann, wenn die dritte Furchung zum animalen Pol hin verschoben ist.

Diese Isolierungsexperimente deuten darauf hin, daß an der Spezifizierung des zellulären Entwicklungsschicksals positionierte cytoplasmatische Faktoren beteiligt sind. Da jedoch unklar bleibt, welche Rolle induktive Wechselwirkungen zwischen den Zellen bei der normalen Entwicklung und das außerordentliche Regulationspotential des Embryos in den frühen Stadien spielen, lassen diese Experimente mehrere Fragen offen. Ein besonders beeindruckendes Beispiel für die Regulation ergibt sich bei der Verschmelzung eines meridionalen Halbembryos mit einem animalen Halbembryo. Diese ungewöhnliche Kombination entwickelt sich aufgrund der Organisations- und Induktionseigenschaften der vegetativen Hälfte zu einem normalen Embryo (Abbildung 6.23). Zu einer Regulation kann es auch erst sehr spät in der Entwicklung kommen. Wenn man die skelettbildenden primären Mesenchymzellen während der Gastrulation durch Absaugen mit einer dünnen Pipette entfernt, übernimmt ein Teil des sekundären Mesenchyms diese Funktion und wird skeletogen.

Um die normale Entwicklung und Regulation verstehen zu können, ist die Organisations- und Induktionsfunktion der vegetativen Region von entscheidender Bedeutung. Mit dieser Funktion wollen wir uns nun befassen.

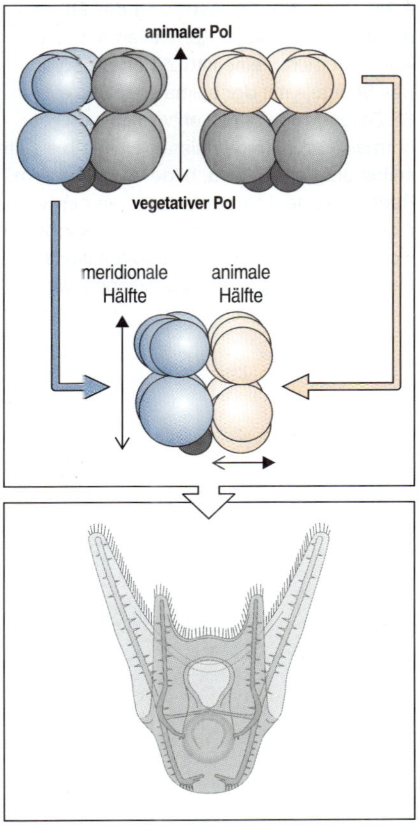

6.23 Das Regulationspotential bei der Entwicklung des Seeigels. Kombiniert man eine meridionale Hälfte eines Acht-Zellen-Embryos mit einer animalen Hälfte, so kann sich daraus eine normale Larve entwickeln, obwohl das Zellverhältnis anomal ist.

6.12 Der vegetative Bereich des Seeigelembryos wirkt als Organisator

Kombiniert man isolierte Mikromeren (aus denen normalerweise das skeletogene Mesenchym hervorgeht) mit einer isolierten animalen Hälfte eines 32-Zellen-Embryos, so erhält man deutliche Hinweise darauf, daß im vegetativen Bereich des Seeigels eine organisatorartige Region existieren muß. Aus dieser Zellkombination entwickelt sich eine fast normale Larve. Das zeigt, daß der vegetative Bereich wie bei Amphibien einen Organisator enthält, der die Ausbildung einer fast vollständigen Körperachse induzieren kann (Abbildung 6.24). Die Mikromeren induzieren offensichtlich in der animalen Hälfte einige der künftigen Ektodermzellen zur Bildung eines Darms, und es kommt zu einer korrekten Musterbildung des Ektoderms. Weitere Belege für die Organisatoreigenschaften der Mikromeren erhält man, wenn man diese Zellen an der Seite eines intakten Embryos einpflanzt. Die transplantierten Mikromeren induzieren an dieser Stelle im künftigen Ektoderm die Bildung von Entoderm. Der Bereich stülpt sich dann ein und bildet einen zweiten Darm. Es gibt auch Hinweise darauf, daß sich um so mehr Gewebe einstülpt, je mehr die Zellen in der Nähe des vegetativen Poles übertragen wurden. Das deutet darauf hin, daß die Fähigkeit, auf ein Signal der Mikromeren zu reagieren, einem Gradienten entlang der animal-vegetativen Achse folgt. Entfernt man die Mikromeren nach ihrer Entstehung, setzt die Regulation ein, und es entwickelt sich eine nor-

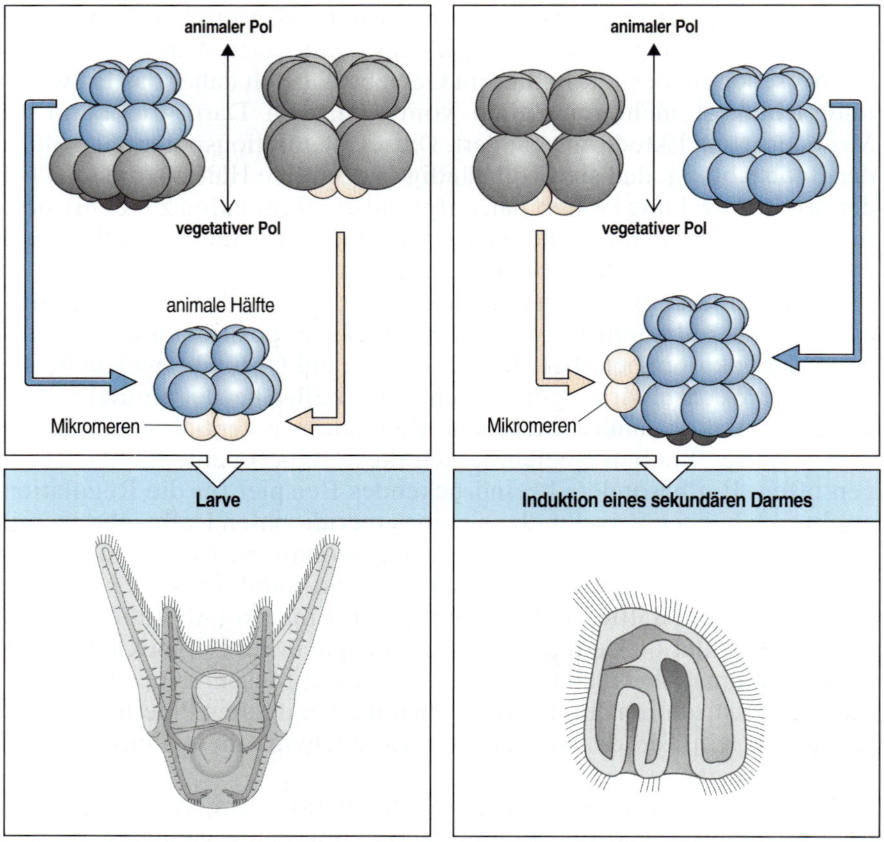

6.24 Die Induktionswirkung der Mikromeren. Linke Spalte: Kombiniert man die vier Mikromeren eines 16-Zellen-Embryos des Seeigels mit der animalen Hälfte eines 32-Zellen-Embryos, so entwickelt sich eine normale Larve. (Eine animale Hälfte, die sich selbst überlassen wird, bildet nur Ektoderm.) Rechte Spalte: Mikromeren, die an der Seite eines anderen 32-Zellen-Embryos eingesetzt werden, induzieren an der Implantationsstelle die Bildung eines zusätzlichen Darmes.

male Larve. Der am weitesten vegetativ gelegene Bereich übernimmt die Eigenschaften der Mikromeren, entwickelt skelettbildende Zellen und erwirbt Organisatoreigenschaften.

Wie bei Amphibien läßt sich auch in frühen Stadien des Seeigelembryos das Entwicklungsschicksal von Zellen durch Lithium beeinflussen. Beim Seeigel führt eine Lithiumchloridbehandlung des Embryos im Furchungsstadium zu einer Vegetalisierung: Sein Ektoderm ist kleiner und sein Darm größer. Lithium verschiebt bei vollständigen Embryonen vor allem die Grenze zwischen Entoderm und Ektoderm zum animalen Pol. Die Embryohälften besitzen also offensichtlich die Fähigkeit, Entoderm und Mesoderm zu entwickeln, diese wird jedoch im normalen Embryo unterdrückt. Darüber hinaus entwickelt die am weitesten vegetativ gelegene Region einer lithiumbehandelten animalen Embryohälfte die Organisatoreigenschaften der Mikromeren und kann zur Rekonstituierung eines vollständigen Embryos mit einer isolierten, unbehandelten animalen Hälfte benutzt werden.

Neben der Wirkung des Lithiums gibt es noch deutliche Übereinstimmungen zwischen der Musterbildung der animal-vegetativen Achse der Seeigellarve und der dorso-ventralen Achse von Amphibien. BMP-4 (Abschnitt 3.18) wirkt bei *Xenopus* stark ventralisierend. Injiziert man BMP-4-mRNA aus *Xenopus* (oder die entsprechende mRNA des Seeigels) in ein Ei des Seeigels, so kommt es zu einer Animalisierung des Eies. Bei *Xenopus* reagiert das noggin-Protein mit BMP-4, und die Injektion der *noggin*-mRNA in Eier des Seeigels führt zu deren Vegetalisierung. Diese Ergebnisse deuten darauf hin, daß die Musterbildung entlang der animal-vegetativen Achse des Seeigels auf Mechanismen beruht, die den Mechanismen bei der Musterbildung entlang der dorsoventralen Achse von Amphibien entsprechen.

6.13 Die regulatorischen Bereiche der Entwicklungsgene des Seeigels sind komplex und bestehen aus Modulen

Viele Gene, die die Entwicklung des Seeigels steuern, hat man noch gar nicht identifiziert. Man hat jedoch mehrere Gene genau untersucht, deren Expression räumlich und zeitlich variiert.

In den vorigen Kapiteln haben wir uns damit befaßt, wie komplex die regulatorischen Bereiche von Entwicklungsgenen sein können. So enthält zum Beispiel die regulatorische Region des Paarregelgens *even-skipped* von *Drosophila* zahlreiche Bindestellen für Transkriptionsfaktoren, die das Gen sowohl aktivieren als auch reprimieren können (Abbildung 5.23). Diese Zielsequenzen sind in getrennte Unterregionen gruppiert – regulatorische Module, die jeweils die Expression des Genes in einem bestimmten Bereich des Embryos steuern. Die Analyse eines Seeigelgenes hat ergeben, daß dessen regulatorische Bereiche ähnlich komplex und modular aufgebaut sind.

Dies zeigt sich besonders deutlich bei der regulatorischen Region des *Endo-16*-Gens des Seeigels. Das Gen codiert ein Glykoprotein, das sezerniert wird, dessen Funktion aber nicht bekannt ist. Die Expression von *Endo-16* erfolgt zuerst in der vegetativen Region der Blastula, das heißt im künftigen Entoderm (Abbildung 6.25). Nach der Gastrulation nimmt die Expression des *Endo-16*-Gens zu und beschränkt sich gleichzeitig auf den mittleren Bereich des Darmes. Die regulatorische Domäne, die die *Endo-16*-Expression steuert, ist etwa 2200 Basenpaare lang und enthält mindestens 30 Zielsequenzen, an die sich 13 verschiedene Transkriptionsfaktoren heften können. Diese regulatorischen Stellen bilden offensichtlich mehrere Unterregionen oder Module. Man hat die Funktion jedes Moduls bestimmt, indem man die fraglichen Unterregionen getrennt vor ein Reportergen gehängt und dann jedes rekombinierte DNA-Konstrukt in ein Seeigelei injiziert hat. Bei diesen Experimenten hat man zum Beispiel festgestellt, daß Modul A die Expression des angehängten Gens im künftigen Entoderm stimuliert, während Modul D und C die Expression im primären Mesenchym hemmen. Die Expression im Mitteldarm steht unter der Kontrolle von Modul B. Die

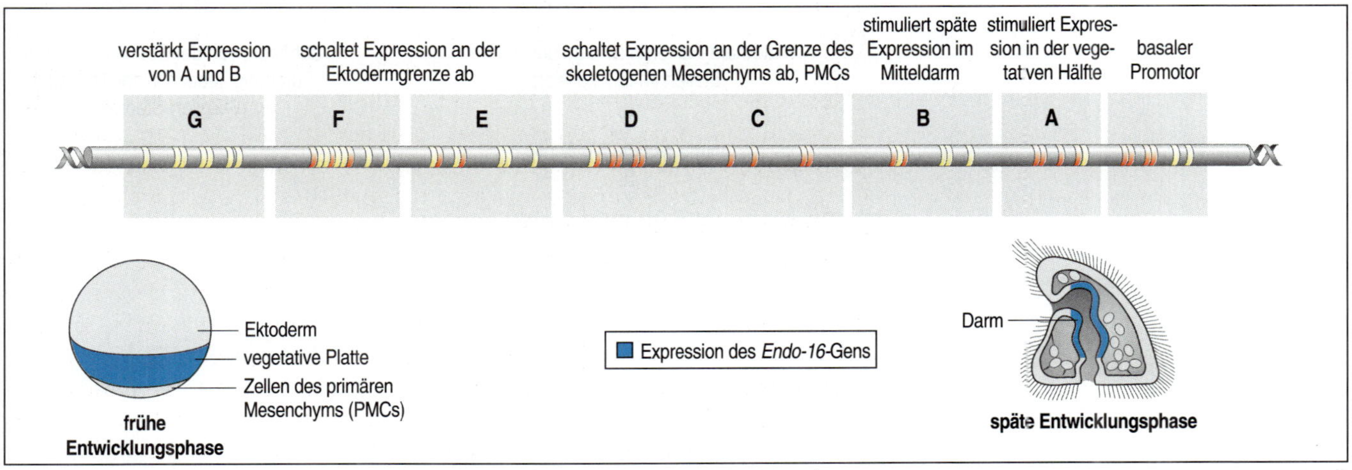

6.25 Modulare Organisation des regulatorischen Bereichs des *Endo-16*-Gens. Die modulartigen Subregionen sind mit A bis G bezeichnet. 13 verschiedene Transkriptionsfaktoren binden sich an die Regulationsstellen dieses Moduls. Eingezeichnet sind die räumlichen Domänen des Embryos, in denen jedes Modul zusammen mit anderen Regulationsmodulen die Genexpression reguliert. In der frühen Entwicklungsphase ist die Aktivität des *Endo-16*-Gens durch die Genregulation auf die vegetative Platte und das Ektoderm des späteren Darmes beschränkt, im Verlauf der späteren Entwicklung auf den Mitteldarm.

Module D, C, E und F werden durch Lithium aktiviert und tragen zu dessen vegetalisierender Wirkung bei.

Der modulare Aufbau der Kontrollregion des *Endo-16*-Gens ähnelt dem bei den Paarregelgenen von *Drosophila*, wo verschiedene Module für die Expression in jedem der sieben Streifen verantwortlich sind. Das Beispiel des Seeigels veranschaulicht einmal mehr die Bedeutung von Genkontrollregionen bei der Koordination und Umsetzung von entwicklungsphysiologischen Signalen.

Zusammenfassung

Das Ei des Seeigels besitzt eine stabile animal-vegetative Achse, die der späteren Längsachse entspricht und offensichtlich durch die Positionierung von maternalen cytoplasmatischen Faktoren an bestimmten Bereichen im Ei spezifiziert wird. Maternale Faktoren sind wahrscheinlich auch bei der Spezifizierung der organisatorartigen Region in der am weitesten vegetativ gelegenen Region des Eies beteiligt, wo sich die Mikromeren entwickeln. Die Anlage der Dorsoventralachse ist instabiler, sie orientiert sich jedoch an der ersten Furchungsebene. Seeigelembryonen besitzen ein beträchtliches Regulationspotential, obwohl sich die Zelltypen immer wieder aus den gleichen Zellen entwickeln. Interzelluläre Wechselwirkungen sind offensichtlich an der Musterbildung entlang der animal-vegetativen Achse beteiligt; die Mikromeren am vegetativen Pol wirken als Organisatorregion. Lithium zeigt eine stark vegetalisierende Wirkung, verschiebt dabei die Entoderm/Ektoderm-Grenze zum animalen Pol und induziert bei isolierten animalen Embryohälften die Differenzierung von Entoderm und Mesoderm. An der Musterbildung entlang der animal-vegetativen Achse sind Signale beteiligt, die den Signalen entlang der dorso-ventralen Achse von Amphibien ähneln.

Übersicht: frühe Entwicklungsphase des Seeigels

animal-vegetative Achse	dorso-ventrale Achse
maternale Faktoren sind an bestimmten Stellen im Ei lokalisiert ⇩ animal-vegetative Achse ⇩ Organisator wird im vegetativen Bereich angelegt (Mikromeren)	abhängig von der Ebene der ersten Furchung, jedoch instabil bis zum 16-Zellen-Stadium

Ascidien

Adulte Ascidien (Seescheiden), die man auch als Tunicaten (Manteltiere) bezeichnet, sind sessile Meerestiere. Sie sind Urochordaten, die wie die Vertebraten zum Stamm der Chordatiere gehören, da ihre freilebenden, kaulquappenartigen Larven (Abbildung 6.26) eine Chorda dorsalis, ein Neuralrohr und Muskeln besitzen und den Neurulastadien

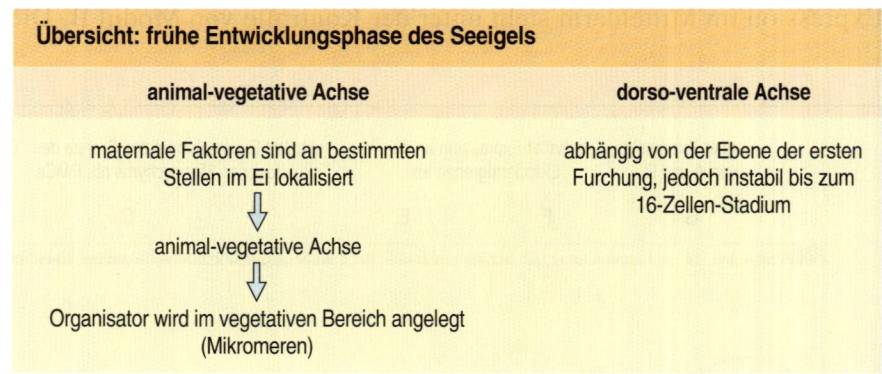

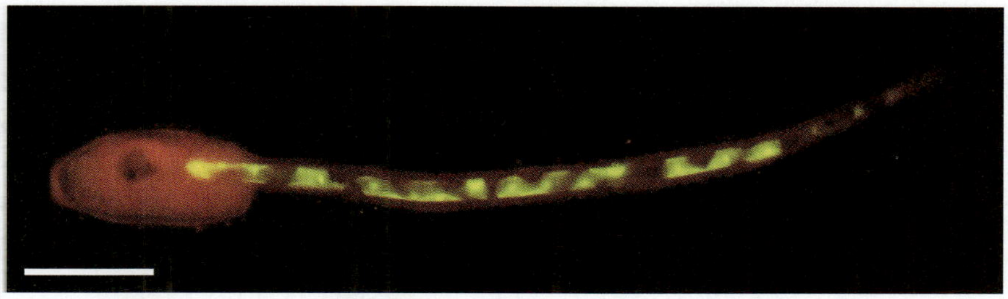

6.26 Ascidienlarve (*Ciona intestinalis*). Einige Zellen der Chorda dorsalis sind grün markiert Maßstab = 0,1 mm. Aufnahme mit freundlicher Genehmigung von J. Corbo, aus Corbo et al. 1997.

der Wirbeltiere ziemlich ähnlich sind. Im Gegensatz zu den Wirbeltierembryonen zeigen die Embryonen der Ascidien jedoch ein unveränderliches Furchungsmuster (Abbildung 6.27); außerdem spielt anscheinend die räumliche Verteilung von Cytoplasmafaktoren bei der Spezifizierung des Entwicklungsschicksals der Zellen eine wesentlich größere Rolle. Die Embryogenese der Ascidien hat man lange Zeit als ein typisches Beispiel für die Mosaikentwicklung angesehen, wobei cytoplasmatische Faktoren, die während der Furchungen das Entwicklungsschicksal der Zellen spezifizieren, sowie Wechselwirkungen zwischen den Zellen nur eine verhältnismäßig geringe Bedeutung besitzen sollten. Inzwischen hat sich jedoch herausgestellt, daß die zellulären Wechselwirkungen bei der Entwicklung der Ascidien eine größere Rolle spielen, als man ursprünglich angenommen hatte.

Die Entwicklungsachsen der Ascidien orientieren sich an den frühen Furchungsmustern. Die erste Furchung verläuft durch den Bereich der Polkörperbildung (Abbildung 6.27) und bestimmt so die künftige Längsachse, die den Embryo im allgemeinen in zwei Hälften teilt. Das unbefruchtete Ei selbst besitzt ein starkes Regulationspotential: Wenn es entlang einer Ebene geteilt wird, die parallel zur späteren Längsachse verläuft, entwickelt sich jede Hälfte, wenn sie befruchtet wurde zu einer vollständigen Larve. Nach einigen Furchungen werden die Zellen jedoch mehr auf ihr späteres Entwicklungsschicksal ausgerichtet, und das Regulationspotential verringert sich offensichtlich.

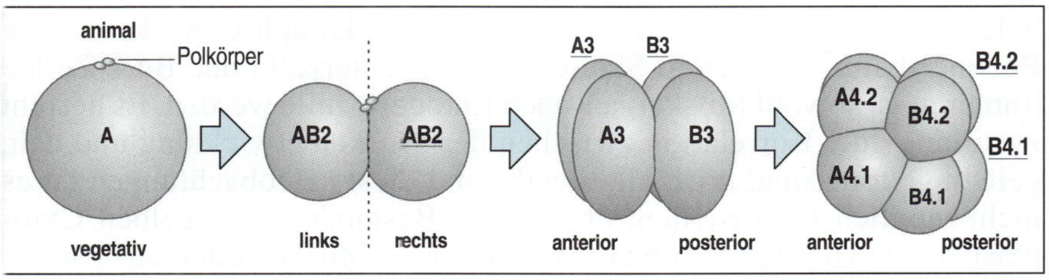

6.27 Furchungen im Ei der Seescheide *Halocynthia rosetryi*. Die erste Furchung teilt den Embryo in eine linke und eine rechte Hälfte. Die zweite Furchung teilt den Embryo entlang der Längsachse.

6.14 Die Muskulatur wird möglicherweise durch cytoplasmatische Faktoren spezifiziert, die an bestimmten Stellen lokalisiert sind

Die befruchteten Eier der Ascidie *Styela* enthalten einen Sektor aus gelben Pigmentgranula, deren Entwicklungsschicksal man im Embryo verfolgen kann. Aus den Zellen, die dieses gelbe Cytoplasma – das **Myoplasma** – bei den Furchungen erhalten, entwickeln sich die Muskelzellen des Larvenschwanzes (Abbildung 6.28). Vor der Befruchtung sind die gelben Granula mehr oder weniger gleichmäßig über das gesamte Ei verteilt. Nach der Befruchtung wird das Myoplasma in zwei Phasen

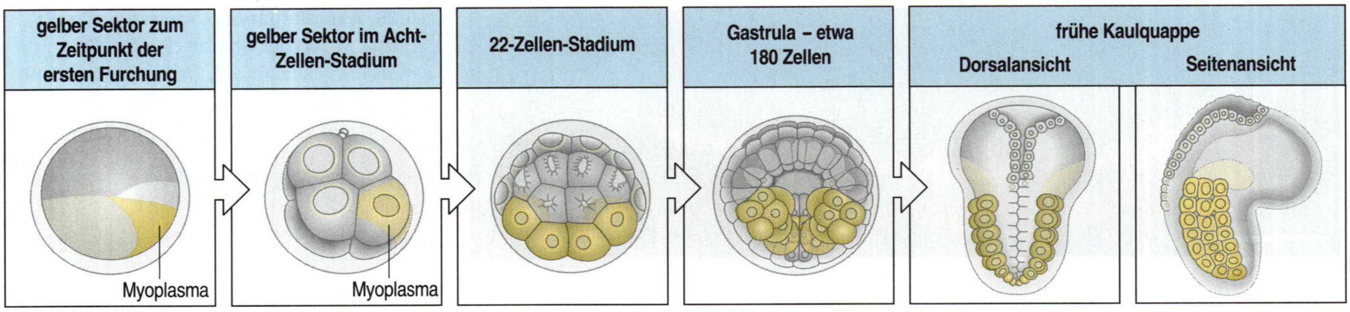

6.28 Muskelentwicklung und cytoplasmatische Faktoren bei der Ascidie *Styela*. Nach der Befruchtung wandert das Myoplasma, das durch gelbe Granula gefärbt ist, seitlich zum Äquator. Durch diese Bewegung bildet sich am künftigen Hinterende des Embryos ein gelber Sektor. In diesem Bereich beginnt dann die Gastrulation. Der Muskel des „Kaulquappenschwanzes" der Ascidien entwickelt sich sowohl aus Zellen, die gelbes Myoplasma enthalten, als auch aus benachbarten Zellen. Nach Conklin 1905.

erheblich umstrukturiert. Zuerst wandert das Myoplasma an den vegetativen Pol, dann seitlich zum Äquator des Eies, um schließlich dort den gelben Sektor zu bilden. Diese Struktur markiert das künftige Hinterende des Embryos, an dem die Gastrulation beginnt. Die Bewegungen des Myoplasmas hängen mit Bestandteilen des Cytoskeletts zusammen. Es handelt sich dabei hauptsächlich um Aktinfilamente unterhalb der Plasmamembran und um ein tiefreichendes Netzwerk aus dazwischenliegenden Filamenten. Diese bewegen sich mit dem Myoplasma und gelangen schließlich in den gelben Sektor. In der zweiten Phase der Positionierung spielen auch Mikrotubuli eine Rolle.

Während der Furchung verteilt sich das Myoplasma nur auf bestimmte Zellen. Im Acht-Zellen-Stadium befindet es sich vor allem in den beiden hinteren dorsalen Zellen und in geringen Mengen auch noch in den angrenzenden Zellen (Abbildung 6.28). Bei der Spezies *Halocynthia* hat man durch Injektion einer Tracersubstanz in die Zellen der frühen Phase ermittelt, von wem die Zellen im einzelnen abstammen. Die beiden posterioren B4.1-Zellen (Abbildung 6.27), die das Myoplasma enthalten, sind an der Entwicklung von 14 der 21 Muskelzellen an jeder Seite des Schwanzes beteiligt. Die übrigen Muskelzellen stammen von Blastomeren ab, die sich im Acht-Zellen-Stadium neben den B4.1-Zellen befinden. Die Stammbäume der Zellen sind komplex. So kann zum Beispiel beim 128-Zellen-Stadium eine Tochterzelle der B4.1-Zellen immer noch sowohl Muskel- als auch Entodermzelle werden. Es besteht zwar eine gute Korrelation zwischen der Muskelentwicklung und dem gelben Cytoplasma, doch allein aufgrund dieser Beobachtungen ist es nicht möglich festzustellen, ob nun ein Bestandteil des gelben Cytoplasmas die Differenzierung dieser Zellen zu Muskelzellen auslöst.

Experimente, bei denen man die Verteilung des Myoplasmas verändert, haben gezeigt, daß an der Muskeldifferenzierung cytoplasmatische Faktoren beteiligt sind. Außerdem muß es zu Wechselwirkungen mit anderen Zellen kommen. Eine mechanische Verformung des Embryos kann dazu führen, daß das Myoplasma in mehr Zellen gelangt als normalerweise. Zumindest einige dieser „neuen" myoplasmahaltigen Zellen entwickeln sich zu Muskulatur. Injiziert man jedoch Myoplasma in Zellen, die normalerweise kein Muskelgewebe bilden, kommt es nur in wenigen Fällen zu einer Differenzierung zu Muskelzellen. Auch wenn man vor der Furchung das Volumen des Eies durch Abziehen von Cytoplasma verringert, aber kein Myoplasma entfernt, so daß mehr Zellen als sonst Myoplasma erhalten, entstehen nicht mehr Muskelzellen. Das spricht zwar für die Fähigkeit des Myoplasmas, die Muskelzellen allein spezifizieren zu können, ist aber kein schlüssiger Beweis dafür.

Es gibt Hinweise darauf, daß für die Muskeldifferenzierung ein induktives Signal erforderlich ist. B4.1-Blastomeren, die man im Acht-Zellen-Stadium isoliert, entwickeln eine Acetylcholinesteraseaktivität. Dies ist ein Marker, der die Differenzierung zu Muskelzellen anzeigt. Isolierte benachbarte Blastomeren, die normalerweise auch zu Muskelzellen werden, zeigen keine solche Aktivität. Daraus folgt, daß es bei diesen Blastomeren eine Art induktiver Wechselwirkung für die Muskeldifferenzierung geben muß.

6.15 Für die Entwicklung der Chorda von Ascidien ist ein induktives Signal erforderlich

Die Chorda dorsalis (Notochord) der *Halocynthia*-Larve besteht aus einer einzigen Reihe von 40 Zellen, die entlang der Schwanzmitte angeordnet sind. 32 Zellen der Chorda stammen aus der A-Linie, die übrigen aus der B-Linie. Zellen der A-Linie, aus denen sich ausschließlich die Chorda entwickelt, kann man bereits im 64-Zellen-Stadium identifizieren, während Zellen der B-Linie, die sich ausschließlich zur Chorda entwickeln, erst im 110-Zellen-Stadium zu erkennen sind (Abbildung 6.29). Blastomeren, aus denen normalerweise die Chorda hervorgeht, können keine Chorda bilden, wenn sie bereits im 32-Zellen-Stadium isoliert wurden – sofern man sie nicht durch Kombination mit vegetativen Blastomeren induziert. Zellen der künftigen Chorda aus der B-Linie, die im 110-Zellen-Stadium isoliert wurden, entwickeln sich jedoch zur Chorda. Das zeigt, daß die vegetativen Zellen irgendwann zwischen dem 32- und dem 110-Zellen-Stadium ein induktives Signal für die Entwicklung der Chorda aussenden müssen. Die frühe Entwicklung der Ascidien unterscheidet sich zwar deutlich von der frühen Wirbeltier-

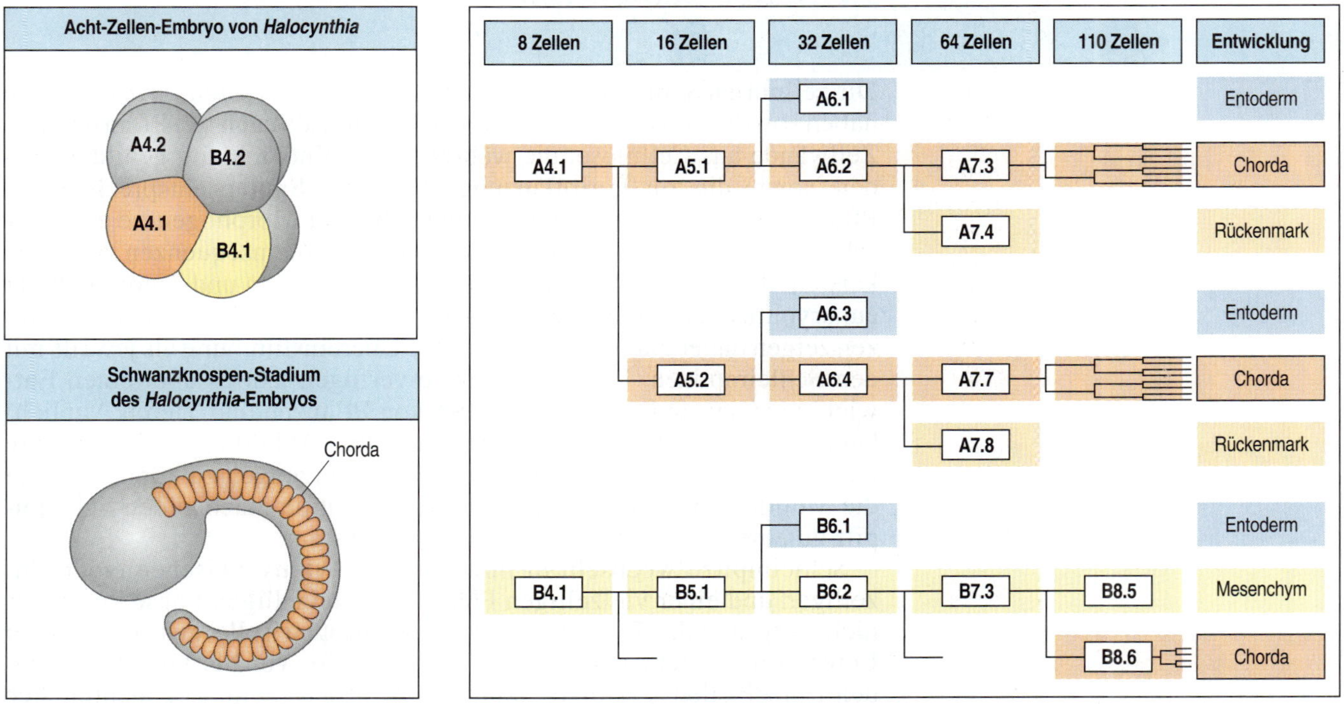

6.29 Herkunft der Chorda dorsalis von Ascidien. Alle Zellen der Chorda dorsalis stammen von den Blastomeren A4.1 und B4.1 ab, die mit dem Acht-Zellen-Stadium entstanden sind (Abbildung 6.27). Dargestellt ist nur, woher die linke Seite stammt, da dasselbe für die rechte Seite gilt. Nach Nakatani et al. 1996.

entwicklung, das Vorhandensein einer Chorda und ihrer Induktion durch vegetative Zellen zeigen jedoch, daß zwischen beiden Gruppen deutliche Parallelen bestehen. Außerdem sind an der Anlage der Chorda dorsalis bei Ascidien und Vertebraten dieselben Gene beteiligt.

Das *Brachyury*(T)-Gen wird im frühen Mesoderm von Wirbeltieren ausschließlich in der Chorda exprimiert (Abschnitt 3.20). Die Expression des homologen *Brachyury*-Gens bei den Ascidien läßt sich zuerst im 64-Zellen-Stadium in der A-Linie von Chordavorläufern nachweisen. Dieses Stadium entspricht anscheinend auch dem Zeitpunkt, an dem die Induktion abgeschlossen ist. Es gibt also offensichtlich bei allen Chordaten einen ähnlichen Mechanismus, der für die Bildung der Chorda verantwortlich ist.

Zusammenfassung

Bei den Ascidien gibt es Hinweise darauf, daß cytoplasmatische Faktoren, die sich an bestimmten Stellen befinden, an der Spezifizierung des zellulären Entwicklungsschicksals beteiligt sind; das gilt insbesondere für die Muskeln. Außerdem spielen dabei noch Wechselwirkungen zwischen den Zellen eine Rolle. Die Chorda entwickelt sich aus einem klar definierten Zellklon, wofür allerdings ein induktives Signal erforderlich ist. Dabei wird ein Gen exprimiert, das zum *Brachyury*-Gen der Wirbeltiere homolog ist. Dieses Gen ist vermutlich auch bei den Wirbeltieren an der Spezifizierung der Chorda dorsalis beteiligt.

Zelluläre Schleimpilze

Die zellulären Schleimpilze wie zum Beispiel *Dictyostelium discoideum* haben sowohl einige Ähnlichkeiten mit Tieren als auch mit Pflanzen. Die Zellwände aus Cellulose, die während ihrer Entwicklung gebildet werden, sowie die zur Fortpflanzung gebildeten Sporen entsprechen den Pflanzen, während die Zellbewegungen bei der Morphogenese auf tierische Eigenschaften hindeuten. Analysen der Proteinsequenzen lassen erkennen, daß sich die Schleimpilze vor den Pflanzen und Tieren von der eukaryontischen Linie getrennt haben (Abbildung 6.1): Tiere und Pflanzen zeigen daher untereinander größere Übereinstimmung als jeweils mit den Schleimpilzen. Die Schleimpilze verfügen jedoch über einen Entwicklungsmechanismus, der zu dem von Pflanzen und Tieren Ähnlichkeiten aufweist. Ihr einfacher Lebenszyklus (Abbildung 6.30) und ihre Fähigkeit, schnell eine große Anzahl Zellen erzeugen zu können, sowie die Möglichkeiten der genetischen Manipulation machen den Schleimpilz zu einem interessanten Entwicklungssystem.

Schleimpilze wechseln in ihrem Lebenszyklus zwischen einer einzelligen und einer vielzelligen Phase. Zur vielzelligen Phase kommt es nicht aufgrund der Teilung einer einzigen großen Zelle, aus der dann der Embryo hervorgeht, sondern durch Aggregation von bis dahin freilebenden Einzelzellen. Zelluläre Schleimpilze wachsen und vermehren sich als einzellige amöbenartige Myxamöben, die sich von Bakterien ernähren. Wenn nicht mehr genügend Nährstoffe vorhanden sind, aggregieren die Zellen und bilden eine wandernde vielzellige „Schnecke“

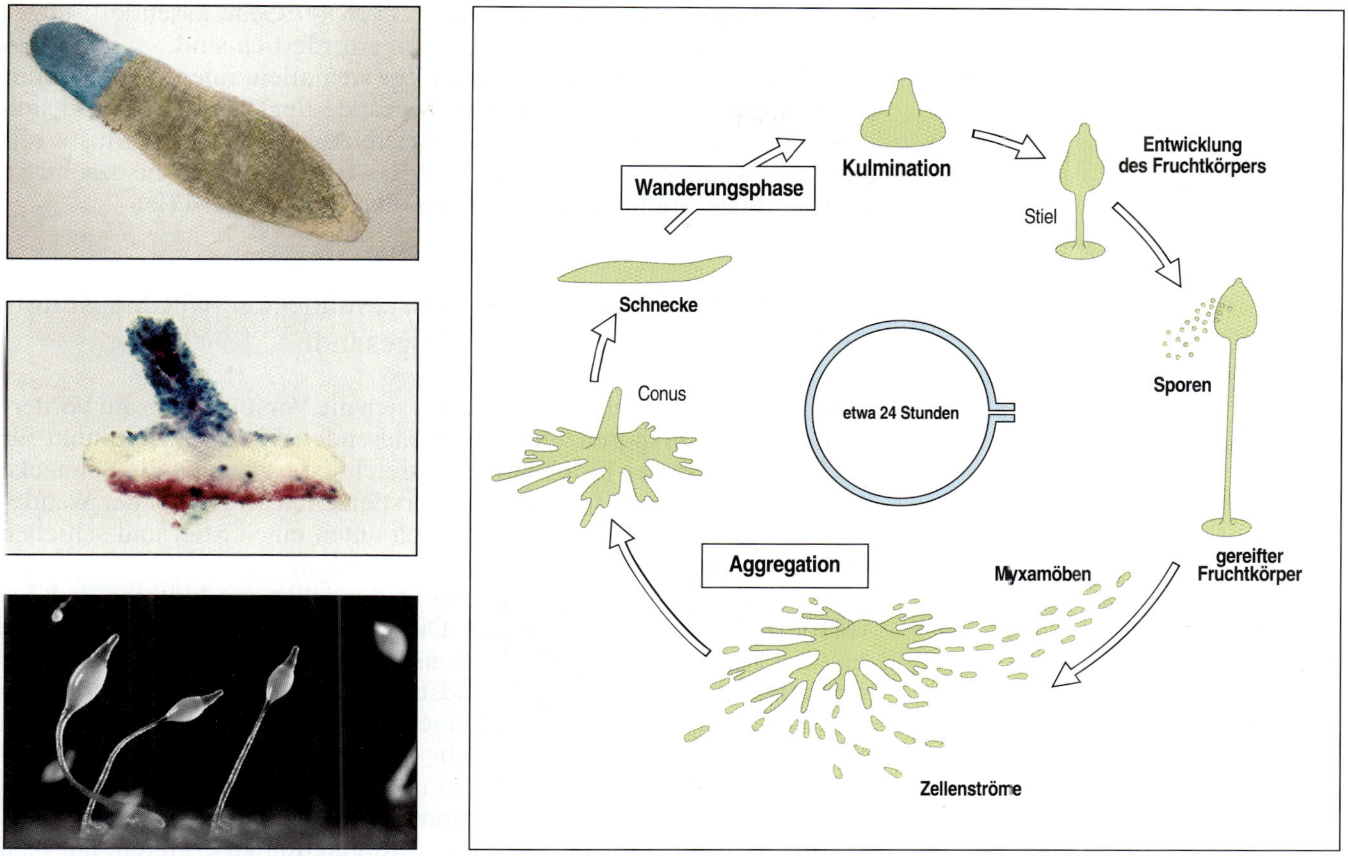

6.30 Lebenszyklus des zellulären Schleimpilzes *Dictyostelium discoideum*. Einzellige Myxamöben aggregieren und bilden eine vielzellige „Schnecke" (Pseudoplasmodium), die nach einer Zeit der Wanderung einen Kulminationsprozeß durchläuft und einen differenzierten, vielzelligen Fruchtkörper bildet. Dieser besteht aus einem Stiel mit Sporen an der Spitze. Die Photos zeigen oben eine wandernde *Dictyostelium*-Schnecke. Vorstielzellen exprimieren das *ecmA*-Gen und erscheinen blau, Vorsporenzellen exprimieren das *ecmB*-Gen und erscheinen rot. Mitte: Ein mittleres Kulminationsstadium von *Dictyostelium*, das wie die Schnecke des oberen Bildes gefärbt ist. Der Stiel, der gerade in der Nähe des Apex sichtbar wird, erscheint violett, da die Stielzellen sowohl das *ecmA*- als auch das *ecmB*-Gen exprimieren. Unten: Reife Fruchtkörper von *Dictyostelium*. Aufnahmen mit freundlicher Genehmigung von J. Williams [oberes Bild aus: Early et al. 1993, mittleres Bild aus Jermyn et al. 1996] und L. Blanton (unten).

(Pseudoplasmodium), die in der Regel aus etwa 100 000 Zellen besteht. Daraus entwickelt sich der Fruchtkörper. Dieser besteht aus einem Stiel, der sich aus toten vakuolisierten Zellen zusammensetzt und die Sporenmasse trägt. Aus jeder Spore geht eine neue Myxamöbe hervor, die sich durch Teilung vermehrt. Schließlich aggregieren die Zellen erneut und bilden wieder eine Schnecke. So umfaßt der einfache Lebenszyklus eine Differenzierung zu zwei Hauptzelltypen, Stiel- und Sporenzellen, sowie umfangreiche Zellbewegungen und Umlagerungen. Das macht *D. discoideum* zu einem interessanten Beispiel für die Verschiedenheit von Entwicklungsmechanismen bei vielzelligen Organismen.

Es konnten zwar schon zahlreiche Entwicklungsmutanten des Schleimpilzes *D. discoideum* isoliert werden, bis jetzt hat es sich jedoch als ausgesprochen schwierig erwiesen, die entscheidenden Gene zu isolieren. Inzwischen steht jedoch ein neues Verfahren zur Verfügung, das der Transposonmarkierung ziemlich ähnlich ist (Exkurs 5.1, Seite 165) und auf der Methode des *gene tagging* beruht. Dabei werden in einem Gen Insertionsmutationen erzeugt. Die Mutation kann man dann anhand der flankierenden Sequenzen wiederfinden. So ist es nun viel einfacher, wichtige Entwicklungsgene zu klonieren. Für die Entwicklung von

Dictyostelium sind schätzungsweise etwa 300 Gene essentiell, ungeachtet der Gene, die für sein Wachstum erforderlich sind.

Der Aggregationsprozeß ist schon für sich allein interessant, da hier ein chemotaktischer Mechanismus zugrunde liegt. Kapitel 8 wird sich damit genauer befassen. Wir konzentrieren uns jetzt auf die Musterbildung der wandernden Schnecke und des Fruchtkörpers, insbesondere auf die Musterbildung der Vorsporen- und der Vorstielzellen.

6.16 Bei der Musterbildung der „Schnecke" werden Zellen sortiert und Positionssignale ausgesandt

In der wandernden Schnecke befinden sich die Vorstielzellen am Vorderende und die Vorsporenzellen am Hinterende. Wenn der Zeitpunkt für die Entwicklung des Fruchtkörpers erreicht ist, setzt sich die Schnecke mit ihrem Hinterende fest, und die Vorstielzellen bilden bei der Wanderung durch den Vorsporenbereich nach unten einen Stiel und schieben so den Vorsporenbereich nach oben (Abbildung 6.31).

Was sorgt für die Anlage der Vorsporenzellen am hinteren und der Vorstielzellen am vorderen Ende? Dieses Problem zeigt sich besonders deutlich am Beispiel des Regulationspotentials der Schnecken, das für die Aufrechterhaltung ihrer Grundstruktur wichtig ist. Das Verhältnis von Stiel- zu Sporenzellen ist bei einem Größenspektrum der Schnecken bis zu einem Faktor von 1 000 mehr oder weniger konstant. Das Regulationspotential zeigt sich auch daran, daß isolierte anteriore oder posteriore Bereiche korrekt proportionierte Fruchtkörper bilden können. Um diese Art der Musterbildung und Regulation zu erklären, hat man zwei Arten von Mechanismen postuliert. Das erste Prinzip besagt, daß die Schnecke einen Mechanismus haben muß, mit dem sie den Zellen räumliche Informationen vermitteln kann, um deren Positionen zueinander festzulegen. Diese Informationen könnten in Form eines Morphogengradienten vorliegen, wobei ein einziger Schwellenwert über die Entstehung von Vorstiel- oder Vorsporenzellen entscheidet. Das zweite Prinzip geht davon aus, daß es für die Regulation zu einer Zelldifferenzierung an zufälligen Positionen kommt. Die Zellen gruppieren sich schließlich und bilden die normale Struktur. Es sieht so aus, als seien an der Musterbildung der Schnecke beide Mechanismen beteiligt.

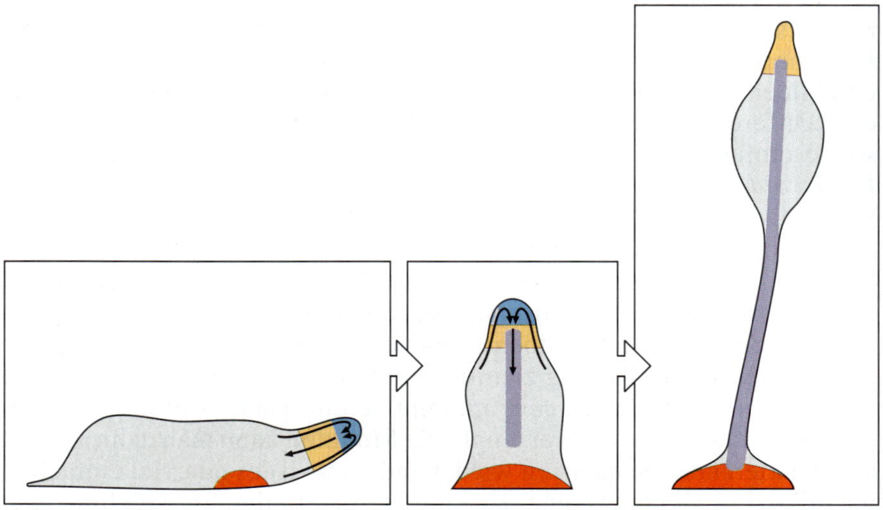

6.31 Bildung des Fruchtkörpers von *D. discoideum*. In der wandernden Schnecke befinden sich die Vorstielzellen (blau) vorne (links). Bei der Kulmination richtet sich die Schnecke auf und die Vorstielzellen wandern nach oben an die Spitze und in einem Rohrstiel nach unten (Mitte). Das Wachstum des Rohrstiels sorgt dafür, daß der Vorsporenbereich (orange) an die Spitze gelangt. An der Basis bildet sich eine Basalscheibe (rot) (rechts).

Bei der Musterbildung kommt es nicht einfach zur Spezifizierung der Vorsporen- oder Vorstielzellen. Innerhalb der Vorstielregion gibt es eine Vielfalt von Zelltypen. AO- und AB-Vorstielzellen unterscheiden sich durch verschiedene Expressionsraten der Gene *ecmA* und *ecmB*, die extrazelluläre Matrixproteine codieren. A-Vorstielzellen füllen den vorderen Bereich des Vorstiels aus und exprimieren das *ecmA*-Gen stark, während pstO-Zellen die hintere Hälfte ausfüllen und das *ecmA*-Gen nicht so stark exprimieren. AB-Vorstielzellen exprimieren sowohl das *ecmA*- als auch das *ecmB*-Gen. Sie befinden sich in einem trichterförmigen Bereich in der Nähe der Schneckenspitze (Abbildung 6.32). B-Vorstielzellen exprimieren nur das *ecmB*-Gen in der Nähe der Grenze zwischen dem Vorstiel und den Vorsporen der Schnecke. Im Kulminationsstadium wandern sie nach unten (Abbildung 6.31) und bilden die Basalscheibe. Diese Anordnung von Zelltypen ist möglicherweise auf eine Art Zellsortierung und weniger auf Positionssignale zurückzuführen. An der Peripherie des Aggregats kommt es zur Differenzierung der A-Vorstielzellen; erst danach akkumulieren sie an der Spitze. Wenn man Zellen aus dem vorderen Bereich einer Schnecke entfernt und in eine andere Schnecke injiziert, kehren sie an ihre ursprüngliche Position zurück. Das deutet darauf hin, daß es sich hier um einen Zellsortierungsmechanismus handelt.

Die wandernde Schnecke besitzt in bezug auf Zelldifferenzierung und Zellwanderung eine erstaunlich dynamische Struktur. An ihrem hinteren Ende verliert die Schnecke AB-Vorstielzellen, die offensichtlich aus dem vorderen Bereich nach hinten transportiert werden. Sie werden durch pstA-Zellen ersetzt, die ihrerseits durch pstO-Zellen ersetzt werden. In der Vorsporenregion befindet sich hinter der Spitze eine andere Gruppe von Zellen: *pSTO/ALC*-Zellen (anteriorartige Zellen, *anterior-like cells*), die den pstO-Zellen offensichtlich sehr ähneln, die das *emcA*-Gen exprimieren. Während der Wanderung der Schnecke bewegen sich einige *pstO/ALC*-Zellen zum Vorderende und entwickeln sich zuerst zu pstO-Zellen und dann zu pstA-Zellen. Um das richtige Verhältnis zwischen den verschiedenen Zelltypen aufrechtzuerhalten, wandeln sich einige Vorsporenzellen in *pstO/ALC*-Zellen um. Auf diese Weise wird das Verhältnis zwischen Vorstiel- und Vorsporenzellen konstant gehalten. Das Zellflußmuster während der Wanderung der Schnecke deutet auch bereits an, wie sich die Vorstielzellen während der Fruchtkörperbildung verhalten werden. Die Stielzellen bilden dann einen Stiel, der sich nach unten durch die Vorsporenregion schiebt.

Die Vorsporen- und Vorstielzellen werden anscheinend erstmals zur Zeit der Aggregation spezifiziert; das hängt möglicherweise von einem Positionssignal ab. Wenn die Zellen zusammen einen Conus bilden, befinden sich die A-Vorstielzellen nur in einem äußeren Ring. Das deutet darauf hin, daß diese Spezifizierung von einem Positionssignal ausgelöst wird.

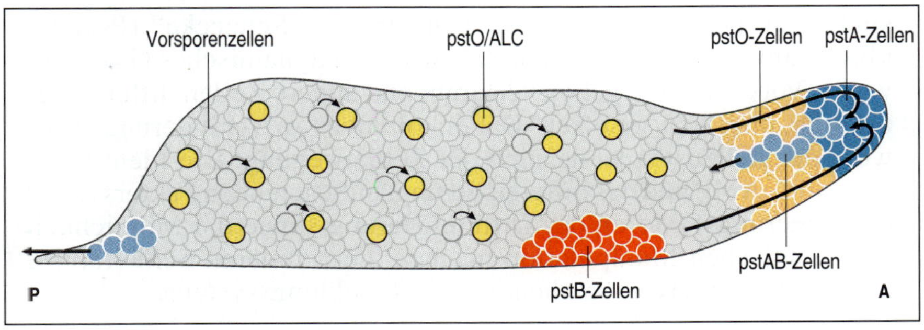

6.32 Zellfluß und Differenzierung in der wandernden Schnecke des Schleimpilzes. An der Spitze befinden sich A- (pstA) und AB-Vorstielzellen (pstAB). Einige pstAB-Zellen bleiben am Ende der Schnecke zurück und gehen verloren. Diese Zellen werden durch pstO/ALC-Zellen ersetzt, die von Vorsporenzellen abstammen. Der gesamte hintere Teil der Schnecke besteht aus Vorsporenzellen.

6.17 Chemische Signale steuern die Zelldifferenzierung beim Schleimpilz

Untersuchungen an isolierten Zellen führten zur Identifizierung möglicher Morphogene, die die Differenzierung der Stiel- und Sporenzellen steuern können: Für die Differenzierung der Vorsporenzellen ist extrazelluläres cAMP notwendig; außerdem kann man durch Zugabe von cAMP vorsporenspezifische Gene induzieren. (cAMP ist auch an der Zellsignalübertragung und Chemotaxis der zellulären Schleimpilze beteiligt, Kapitel 8.) Der differenzierungsinduzierende Faktor (DIF) ist ein chloriertes Hexaphenon. Es wird in der Entwicklungsphase von Zellen freigesetzt und induziert die Differenzierung der Vorstiel- und Stielzellen. Anscheinend stimuliert cAMP in Gegenwart von DIF die pstA- und pstO-Vorstielzellen zur Differenzierung. Die Differenzierung der B-Vorstielzellen wird dagegen unter diesen Bedingungen gehemmt. Mutanten ohne Glycogensynthasekinase 3 (GSK-3), die wir bereits bei der Entwicklung von Amphibien als wichtiges Enzym kennengelernt haben (Abschnitt 3.4), besitzen Fruchtkörper mit großen Basalscheiben und wenigen Sporen. Demnach sorgt GSK-3 offensichtlich dafür, daß die Entwicklung zur Sporenzelle angestoßen wird. Wenn die GSK-3-Aktivität fehlt, differenzieren sich mehr B-Vorstielzellen und zu einem früheren Zeitpunkt. cAMP führt daher möglicherweise zu einer Zunahme von GSK-3. Das verhindert die Differenzierung zu B-Vorstielzellen und fördert die Differenzierung der Vorsporen.

Während der Entwicklung wird DIF intensiv metabolisiert und durch ein cytoplasmatisches Enzym abgebaut, dessen Aktivität durch DIF selbst induziert wird. Die Induktion des zerstörerischen Agens durch das Molekül selbst bewirkt offensichtlich eine negative Rückkopplung, die den DIF-Spiegel und möglicherweise auch die Zahl der Stielzellen kontrolliert. Diese Rückkopplung ist wahrscheinlich während der Aggregationsphase aktiv, was in bezug auf die Schnecke zu einem Problem führt: Die apparente DIF-Konzentration in der Vorsporenregion ist zehnmal größer, als sie für die Hemmung der Vorsporendifferenzierung bei isolierten Zellen erforderlich ist. Außerdem bildet DIF einen Gradienten, dessen höchste Konzentration in der posterioren Region liegt, während die anteriore Region eher eine Art Abfluß für DIF zu sein scheint. Eine interessante mögliche Erklärung besteht darin, daß Vorsporenzellen im Rahmen ihres Differenzierungsprogramms gegenüber DIF unempfindlich werden.

Zusammenfassung

Obwohl zelluläre Schleimpilze ein einfaches Modell für die Musterbildung und Differenzierung zu sein scheinen, bei dem nur zwei Zelltypen vorherrschen, erweist sich die Musterbildung doch als ziemlich komplex. Sowohl Positionssignale als auch Zellsortierung sind daran beteiligt, und in der wandernden „Schnecke“ (Pseudoplasmodium) herrscht bei den Zelltypen ein dynamisches Gleichgewicht. Vorstielzellen gehen verloren, und andere Zellen differenzieren sich, um sie zu ersetzen. Dabei kommt es zu Veränderungen sowohl der Zellzustände als auch der Zellbewegung. Die Identifizierung von cAMP und des differenzierungsinduzierenden Faktors (DIF) als Steuerungsfaktoren der Differenzierung sowie die Möglichkeit der genetischen Manipulation machen die zellulären Schleimpilze zu einem der vielversprechendsten Entwicklungssysteme.

Übersicht: Aggregation und Differenzierung der Schleimpilze

freilebende Myxamöben aggregieren und bilden eine vielzellige „Schnecke“

⇩ cAMP und DIF

Spezifizierung der Vorstiel- und Vorsporenzellen innerhalb der Schnecke

⇩

die Schnecke wandert mit den Vorstielzellen am anterioren Ende

⇩

die Schnecke hört mit der Bewegung auf und entwickelt einen Fruchtkörper mit einem zellulären Stiel und einem Kopf aus Sporen

Zusammenfassung von Kapitel 6

Bei vielen Wirbellosen (zum Beispiel Nematoden und Ascidien) sowie bei Tieren, die eine Spiralfurchung zeigen (zum Beispiel Anneliden und Mollusken), sind die Verteilung im Cytoplasma, die Herkunft der Zellen sowie lokal begrenzte interzelluläre Wechselwirkungen für die Spezifizierung der zellulären Entwicklung von großer Bedeutung. Es gibt jedoch bei allen diesen Tieren kaum Hinweise auf zentrale Bereiche für die Signalvermittlung, die der Organisatorregion der Wirbeltiere entsprechen würden, oder auf Morphogengradienten wie bei *Drosophila*. Das bedeutet möglicherweise, daß hier Mechanismen vorherrschen, die das Entwicklungsschicksal für jede Zelle einzeln und nicht wie bei Wirbeltieren und Insekten für ganze Zellgruppen spezifizieren. Die Segmentierung des Blutegels, der zu den Anneliden gehört, wird anscheinend durch andere Mechanismen bestimmt als bei *Drosophila*, wobei es entscheidend ist, woher die Zelle stammt.

Obwohl man im Gegensatz zu *Drosophila* und dem Fadenwurm *Caenorhabditis elegans* bei den übrigen Invertebraten bis jetzt keine Hinweise auf die genetischen Grundlagen gefunden hat, so ist doch ziemlich sicher, daß maternale Gene für die Spezifizierung der frühen Muster sehr wichtig sind. Es gibt zahlreiche Beispiele dafür, daß die erste Furchung im Embryo mit der Festlegung der Achsen im Embryo zusammenhängt. Außerdem hat man Hinweise dafür gefunden, daß diese Furchungsebene maternal bestimmt wird. Asymmetrische Furchungen sind anscheinend in Kombination mit der ungleichmäßigen Verteilung von cytoplasmatischen Faktoren ebenfalls für die frühen Stadien von großer Bedeutung. Nach der Befruchtung kommt es häufig zu Bewegungen im Cytoplasma, die an der Positionierung im Cytoplasma beteiligt sind. Möglicherweise entspricht das der corticalen Drehbewegung im Amphibienei.

Es kommt zweifellos bei allen Organismen dieses Kapitels zu interzellulären Wechselwirkungen – selbst in frühen Stadien. Ein Beispiel ist die Anlage der Links-Rechts-Asymmetrie bei den Nematoden, bei denen sich der Wurm aufgrund einer geringfügigen Veränderung der Zellbeziehungen seitenverkehrt entwickelt. Bei den meisten dieser Embryonen sind die Wechselwirkungen jedoch lokal sehr begrenzt und betreffen nur eine benachbarte Zelle. Bei Wirbeltieren ist das anders; bei ihnen kann es über mehrere Zellen hinweg zu Wechselwirkungen kommen, die dann auch ganze Zellgruppen betreffen.

Im Gegensatz dazu spielen bei der Entwicklung des Seeigels, die stark regulativ verläuft, zelluläre Wechselwirkungen eine bedeutende Rolle. In dieser Hinsicht gleichen die Stachelhäuter also den Wirbeltieren. Die Mikromeren am vegetativen Pol besitzen einige Merkmale, die der Organisatorregion der Vertebraten entsprechen. Die Zellen werden als Gruppe spezifiziert und nicht so sehr als einzelne Zelle.

Zelluläre Schleimpilze sind urtümliche Organismen, die vor der Trennung von Pflanzen und Tieren eine andere Entwicklung eingeschlagen haben. Die Musterbildung ihrer vielzelligen Phase erfolgt über Sortierung von Zellen und Positionssignale.

Literatur

6.1 Asymmetrische Zellteilungen und Wechselwirkungen zwischen den Zellen legen die Entwicklungsachsen fest

Wood, W. B. *Evidence from reversal of handedness in C. elegans embryos for early cell interactions determining cell fates.* In: *Nature* 349 (1991) S. 536–538.

Guo, S.; Kemphues, K. J. *par-1, a gene required for establishing polarity in C. elegans embryos, encodes a putative Ser/Thr kinase that is asymmetrically distributed.* In: *Cell* 81 (1995) S. 611–620.

Priess, J. R.; Thomson, J. N. *Cellular interactions in early C. elegans embryos.* In: *Cell* 48 (1987) S. 241–250.

6.2 Zelluläre Wechselwirkungen spezifizieren die Zellentwicklung im frühen Nematodenembryo

Evans, T. C.; Crittenden, S. L.; Kodoyianni, V.; Kimble, J. *Translational control of maternal glp-1 mRNA establishes an asymmetry in the C. elegans embryo.* In: *Cell* 77 (1994) S. 183–194.

Kirby, C.; Kusch, M.; Kemphues, K. *Mutations in the par genes of Caenorhabditis elegans affect cytoplasmic reorganization during the first cell cycle.* In: *Dev. Biol.* 142 (1990) S. 203–215.

Sulston, J. E.; Schierenberg, E.; White, J. G.; Thomson, J. N. *The embryonic cell lineage of the nematode Caenorhabditis elegans.* In: *Dev. Biol.* 100 (1983) S. 64–119.

Golstein, B. *Induction of gut in Caenorhabditis elegans embryos.* In: *Nature* 357 (1992) S. 255–257.

Mello, G. C.; Draper, B. W.; Priess, J. R. *The maternal genes apx-1 and glp-1 and the establishment of dorsal-ventral polarity in the early C. elegans embryo.* In: *Cell* 77 (1994) S. 95–106.

Tax, F. E.; Thomas, J. H. *Cell-cell interactions. Receiving signals in the nematode embryo.* In: *Curr. Biol.* 4 (1994) S. 914–916.

Schnabel, R. *Early determinative events in Caenorhabditis elegans.* In: *Curr. Opin. Gen. Dev.* 1 (1991) S. 179–184.

6.3 Eine kleine Gruppe von Homöobox-Genen legt die Zellentwicklung entlang der Längsachse fest

Wang, B. B.; Muller-Immergluck, M. M.; Austen, J.; Robinson, N. T.; Chisholm, A.; Kenyon, C. *A homeotic gene cluster patterns the antero-posterior body axis of C. elegans.* In: *Cell* 74 (1993) S. 29–42.

Salser, S. J.; Kenyon, C. *Patterning C. elegans: homeotic cluster genes, cell fates and cell migrations.* In: *Trends Genet.* 10 (1994) S. 159–164.

Cowing, D.; Kenyon, C. *Correct Hox gene expression established independently of position in Caenorhabditis elegans.* In: *Nature* 382 (1996) S. 353–356.

Salser, S. J.; Kenyon, C. *A C. elegans Hox gene switches on, off, on and off again to regulate proliferation, differentiation and morphogenesis.* In: *Development* 122 (1996) S. 1651–1661.

Clark, S. G.; Chisholm, A. D.; Horvitz, H. R. *Control of cell fates in the central body region of C. elegans by the homeobox gene lin-39.* In: *Cell* 74 (1993) S. 43–55.

6.4 Gene steuern bei der Entwicklung der Nematoden temporäre Informationsgradienten

Ambros, V.; Horvitz, H. R. *Heterochronic mutants of the nematode Caenorhabditis elegans.* In: *Science* 226 (1984) S. 409–416.

Wightman, B.; Ha, I.; Ruvkun, G. *Post-transcriptional regulation of the heterochronic gene lin-14 by lin-4 mediates temporal pattern formation in C. elegans.* In: *Cel'* 75 (1993) S. 855–862.

Austin, J.; Kenyon, C. *Developmental timekeeping: marking time with antisense.* In: *Curr. Biol.* 4 (1994) S. 366–396.

6.6 Die Lage der Körperachsen hängt bei den Mollusken von den ersten Furchungen ab

van den Biggelaar, J. A. *Asymmetries during molluscan embryogenesis.* In: *Biological Asymmetry and Handedness. Ciba Symp.* 162. Chichester (Wiley) 1991, S. 128–142.

Freeman, G.; Lundelius, J. W. *The developmental genetics of dextrality and sinistrality in the gastropod Lymnaea peregra.* In: *W. Roux's Arch. Dev. Biol.* 191 (1982), S. 69–83.

Guerrier, P.; van den Biggelaar, J. A. M.; van-Dongen, C. A.; Verdonk, N. H. *Significance of the polar lobe for the determination of dorso-ventral polarity in Dentalium vulgare (da Costa).* In: *Dev. Biol.* 63 (1978) S. 233–242.

6.7 Das Schicksal der Teloblasten entscheidet sich aufgrund der räumlichen Verteilung cytoplasmatischer Faktoren

Weisblat, D. A.; Astrow, S. H. *Factors specifying cell lineages in the leech.* In: *Cellular Basis of Morphogenesis. Ciba Symp.* 144. Chichester (Wiley) 1989, S. 113–130.

Astrow, S.; Holton, B.; Weisblat, D. *Centrifugation redistributes factors determining cleavage patterns in leech embryos.* In: *Dev. Biol.* 120 (1987) S. 270–283.

6.8 Die anterio-posteriore Musterbildung und die Segmentierung hängen beim Blutegel davon ab, woher die Zellen stammen

Shankland, M. *Leech segmentation: a molecular prospective.* In: *BioEssays* 16 (1994) S. 801–808.

Shankland, M. *Leech segmentation: cell lineage and the formation of complex body patterns.* In: *Dev. Biol.* 144 (1991) S. 221–231.

6.9 Das Ei des Seeigels wird entlang der animal-vegetativen Achse polarisiert

Horstadius, S. *Experimental Embryology of Echinoderms.* Oxford (Clarendon Press) 1973.

Wilt, F. H. *Determination and morphogenesis in the sea urchin embryo.* In: *Development* 100 (1987) S. 559–575.

6.10 Die Anlage der Dorsoventralachse des Seeigels orientiert sich an der ersten Furchungsebene

Cameron, R. A.; Fraser, S. E.; Britten, R. J.; Davidson, E. H. *The oral-aboral axis of a sea urchin embryo is specified by first cleavage.* In: *Development* 106 (1989) S. 641–647.

Jeffrey, W. R. *Axis determination in sea urchin embryos: from confusion to evolution.* In: *Trends Genet.* 8 (1992) S. 223–225.

6.11 Der Anlagenplan des Seeigels wird sehr genau spezifiziert, es gibt jedoch ein starkes Regulationspotential

Livingston, B. T.; Wilt, F. H. *Lithium evokes expression of vegetal-specific molecules in the animal blastomeres of sea-urchin embryos.* In: *Proc. Natl. Acad. Sci.* 86 (1989) S. 3669–3673.

Cameron, R. A.; Davidson, E. H. *Cell type specification during sea urchin development.* In: *Trends Genet.* 7 (1991) S. 212–218.

Ettensohn, C. A. *Cell interactions and mesodermal cell fates in the sea urchin embryo.* In: *Development Suppl.* (1992) S. 43–51.

6.12 Der vegetative Bereich des Seeigelembryos wirkt als Organisator

Ransick, A.; Davidson, E. H. *A complete second gut induced by transplanted micromeres in the sea urchin embryo.* In: *Science* 259 (1993) S. 1134–1138.

6.13 Die regulatorischen Bereiche der Entwicklungsgene des Seeigels sind komplex und bestehen aus Modulen

Kirchnamer, C. V.; Yuh, C. V.; Davidson, E. H. *Modular cis-regulatory organization of developmentally expressed genes: two genes transcribed territorially in the sea urchin embryo, and additional examples.* In: *Proc. Natl. Acad. Sci.* 93 (1996) S. 9322–9328.

6.14 Die Muskulatur wird möglicherweise durch cytoplasmatische Faktoren spezifiziert, die an bestimmten Stellen lokalisiert sind

Bates, W. R. *Development of myoplasm-enriched ascidian embryos.* In: *Dev. Biol.* 129 (1988) S. 241–252.

Satoh, N. *On the 'clock' mechanism determining the time of tissue-specific enzyme development during ascidian embryogenesis. I. Acetylcholinesterase development in cleavage-arrested embryos.* In: *J. Embryol. Exp. Morph.* 54 (1979) S. 131–139.

Nishida, H. *Determinative mechanisms in secondary muscle lineages of ascidian embryos: development of muscle-specific features in isolated muscle progenitor cells.* In: *Development* 108 (1990) S. 559–568.

6.15 Für die Entwicklung der Chorda von Ascidien ist ein induktives Signal erforderlich

Nakatani, Y.; Nishida, H. *Induction of notochord during ascidian embryogenesis.* In: *Dev. Biol.* 166 (1994) S. 289–299.

6.16 Bei der Musterbildung der „Schnecke" werden Zellen sortiert und Positionssignale ausgesandt

Early, A.; Abe, T.; Williams, J. *Evidence for positional differentiation of prestalk cells and for a morphogenetic gradient in Dictyostelium.* In: *Cell* 83 (1995) S. 91–99.

Abe, T.; Early, A.; Siegert, F.; Weijer, C.; Williams, J. *Patterns of cell movement within the Dictyostelium slug revealed by cell type-specific, surface labelling of cells.* In: *Cell* 77 (1994) S. 687–699.

6.17 Chemische Signale steuern die Zelldifferenzierung beim Schleimpilz

Gross, J. D. *Developmental decisions in Dictyostelium discoideum.* In: *Microbiol. Rev.* 58 (1994) S. 330–351.

Brisco, F.; Firtel, R. A. *A kinase for cell fate determination?* In: *Curr. Biol.* 5 (1995) S. 228–231.

Kay, R. R. *Differentiation and patterning in Dictyostelium.* In: *Curr. Opin. Genet. Dev.* 4 (1994) S. 637–641.

Entwicklung der Pflanzen

7

- Embryonalentwicklung
- Meristeme
- Blütenbildung

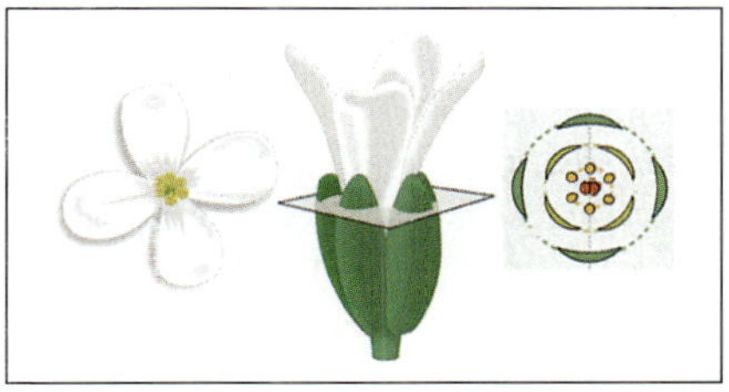

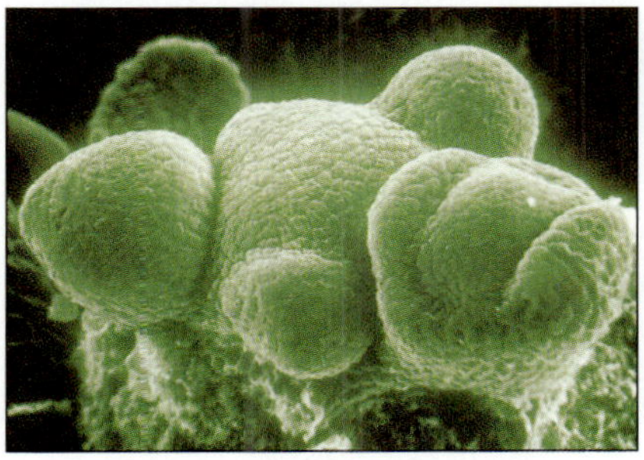

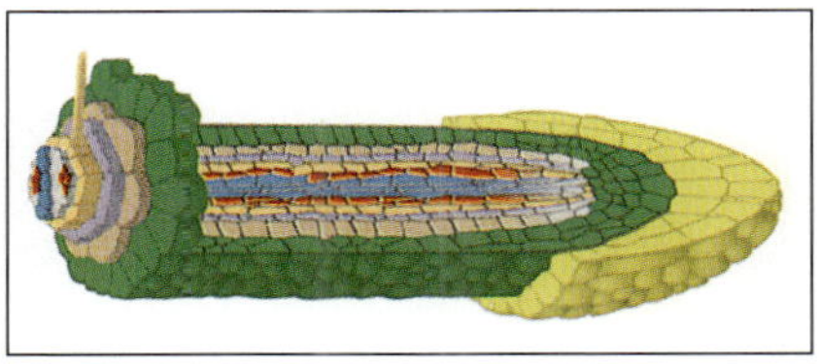

„Wenngleich wir uns nicht fortbewegen können, sind unsere Fähigkeiten doch erstaunlich."

Das Pflanzenreich ist sehr groß. Es reicht von den niederen Algen, von denen viele Einzeller sind, bis zu den vielzelligen Landpflanzen, die in einer gewaltigen Formenfülle auftreten. Pflanzen und Tiere entwickelten sich wahrscheinlich unabhängig voneinander zu vielzelligen Organismen, da ihr letzter gemeinsamer Vorfahr ein einzelliger Eukaryont ist. Ihre Zellen haben viele innere Merkmale sowie einen Großteil der grundlegenden Biochemie gemeinsam, es gibt jedoch einige grundlegende Unterschiede, die sich auf die Entwicklung der Pflanzen auswirken. Einer der wichtigsten ist der, daß Pflanzenzellen von relativ starren Zellwänden umgeben sind. Darum gibt es bei Pflanzen praktisch keine Zellbewegung. Umfassende Veränderungen können nicht durch die Bewegung und Faltung von Zellschichten zustandekommen, wie es bei der Entwicklung von Tieren der Fall ist. Bei der Pflanzenentwicklung entsteht die Form zum großen Teil durch unterschiedliche Zellteilungsraten und durch Teilung in verschiedenen Ebenen; anschließend werden die Zellen kontrolliert vergrößert.

Ein grundlegender Unterschied zwischen Pflanzen und Tieren besteht darin, daß bei höheren Pflanzen das gesamte postembryonale Wachstum in lokal begrenzten Bereichen erfolgt, den sogenannten **Meristemen**, aus denen alle „adulten" Strukturen der Pflanze – Sprosse, Wurzeln, Stämme, Blätter und Blüten – hervorgehen. Meristeme enthalten Zellen, die die Fähigkeit besitzen, sich wie tierische **Stammzellen** wiederholt nach demselben Muster zu teilen; die Nachkommen dieser Zellen können eine Vielzahl von Geweben hervorbringen. Zwei Meristeme werden im Embryo angelegt: Eines davon befindet sich an der Wurzelspitze, das andere an der Sproßspitze. Fast alle anderen Meristeme einer adulten Pflanze leiten sich aus diesen beiden ab. Aufgrund dieser Art des Wachstums ist bei Pflanzen die entwicklungsbedingte Musterbildung der Organe nicht nur auf den Embryo beschränkt, sondern sie setzt sich in den Meristemen während des gesamten Lebens der Pflanze fort.

Es ist eine offene Frage in der Pflanzenentwicklung, wie das Entwicklungsschicksal einer Zelle festgelegt wird. Viele pflanzliche Strukturen entwickeln sich nach einem gleichförmigen Zellteilungsmuster, es ist jedoch bis jetzt unklar, inwieweit diese Teilungsmuster, die durch interne Faktoren beeinflußt werden, das Verhalten einer Zelle und die anschließende Differenzierung bestimmen oder ob Wechselwirkungen zwischen den Zellen wichtiger sind. Das Entwicklungsschicksal einer Zelle kann man durch Verschiebung ihrer Position innerhalb des Meristems ändern. Daraus folgt, daß Signale von anderen Zellen einen gewissen Einfluß haben müssen. Wesentlich weniger als bei tierischen Zellen ist jedoch bekannt, wie Pflanzenzellen miteinander kommunizieren und hormonelle und andere Signale übertragen. Die Zellwand scheint eine Barriere für den Durchtritt großer Moleküle wie etwa Proteine darzustellen; alle bekannten pflanzlichen Wachstumshormone wie Auxine, Gibberelline, Cytokinine und Ethylen sind jedoch kleine Moleküle, die Zellwände leicht durchdringen. Möglicherweise kommunizieren Pflanzenzellen auch über kleine cytoplasmatische Kanäle, Plasmodesmen, die benachbarte Zellen durch die Zellwand miteinander verbinden. Es gibt Hinweise darauf, daß sich sowohl Proteine als auch RNA über die Plasmodesmen von einer Pflanzenzelle zur anderen bewegen können.

Ein anderer wichtiger Unterschied zwischen pflanzlichen und tierischen Zellen besteht darin, daß sich eine vollständige, fruchtbare Pflanze aus einer einzigen somatischen Zelle und nicht nur aus einem befruchteten Ei entwickeln kann. Das deutet darauf hin, daß im Gegensatz zu den ausdifferenzierten Zellen der Tiere einige ausdifferenzierte Zellen der adulten Pflanze ihre **Totipotenz** behalten. Möglicherweise ist die Determination im Sinn einer adulten Zelle unvollständig, oder die Zellen können den **determinierten** Zustand verlassen. Man weiß jedoch bisher nicht, wie das geschieht. Auf jeden Fall veranschaulicht dieser Unterschied zwischen pflanzlichen und tierischen Zellen die Probleme, die entstehen, wenn man aus Tieren abgeleitete Entwicklungsprinzipien zu unkritisch auf die pflanzliche Entwicklung überträgt. Die genetische Analyse der Entwicklungsvorgänge bei Pflanzen zeigt jedoch, daß an der Musterbildung bei der Entwicklung von Pflanzen und Tieren ähnliche genetische Mechanismen beteiligt sind (Abschnitt 7.11).

In diesem Kapitel befassen wir uns zuerst mit der sehr frühen Entwicklungsphase der Zygote bei vielzelligen Algen. Diese läßt sich hier viel besser untersuchen als bei höheren Pflanzen. Wir wenden uns dann der Embryogenese und der weiteren Entwicklung höherer Pflanzen zu, wobei ein besonderer Schwerpunkt darauf liegt, wie bei Blütenpflanzen die Entwicklung genetisch gesteuert und die Entwicklungsrichtung der Zellen festgelegt wird. Die kleinwüchsige einjährige Ackerschmalwand *Arabidopsis thaliana* wurde zur *Drosophila* der Pflanzen (Entwicklungsstadien und Lebensgeschichte von *Arabidopsis* in Abschnitt 2.7), da sie leicht zu ziehen und genetischen Analysen besser zugänglich ist als viele andere Pflanzen. Wir führen diese Pflanze so oft wie möglich als Beispiel an.

Embryonalentwicklung

Ebenso wie eine tierische Zygote macht auch die befruchtete Eizelle von Pflanzen zahlreiche Zellteilungen durch; die Zellen wachsen heran und differenzieren sich zu einem vielzelligen Embryo. Bei den Zellteilungsmustern der frühen Phase zeigen die verschiedenen Pflanzen eine enorme Vielfalt; die Bedeutung der einzelnen Varianten in Hinsicht auf die Entwicklungsstrategie ist jedoch unbekannt. Dennoch zeigt sich bei der ersten Teilung der Zygote ein weit verbreitetes frühes Teilungsmuster. Dieses teilt die Zygote im rechten Winkel zur Längsachse des Embryos in eine Apikal- und eine Basalregion (Exkurs 7.1, Seite 241). Bei vielen Arten verläuft diese erste Teilung inäqual, meistens weiß man jedoch nicht, inwieweit es sich hier im Sinne einer Entwicklung um **asymmetrische Zellteilungen** handelt, die zu Tochterzellen mit unterschiedlicher Identität führen.

Wir befassen uns zuerst mit einigen Aspekten der Embryogenese bei einer vielzelligen Alge, um die Bedeutung von asymmetrischen Zellteilungen zu veranschaulichen. Bei der Braunalge *Fucus* wird die (apikal-basale) Körperachse bereits durch Signale aus der Umgebung festgelegt, wenn die Zygote noch aus einer einzigen Zelle besteht. Die Determinierung der Achse führt zur asymmetrischen Furchung der Zygote quer zur Achse. So werden die beiden Hauptbereiche des Algenkörpers voneinander abgegrenzt. Die Untersuchungen an *Fucus* veranschaulichen, welche Bedeutung die Zellwand als potentieller Ausgangspunkt für entwicklungsphysiologische Signale besitzt.

7.1 Bei der Polarisierung der *Fucus*-Zygote spielen elektrische Ströme eine Rolle

Die Eier von *Fucus* werden extern befruchtet. Die Zygote treibt durch das Wasser, bis sie auf eine geeignete Oberfläche trifft, an der sie sich festsetzen kann. Danach beginnt die Entwicklung. Bei der ersten Furchung teilt sich die Zygote in zwei unterschiedlich große Zellen. Aus der kleineren entsteht das wurzelartige Rhizoid, aus der anderen der Thallus oder der „blättrige" Teil der Alge (Abbildung 7.1). Diese asymmetrische Zellteilung entspricht der apikal-basalen Polarität, die in der Zygote vor Beginn der Furchung angelegt wird. Bei vielen höheren Pflanzen zeigt eine ähnliche asymmetrische Querteilung ebenfalls an, wie die apikal-basale Polarität während der Furchung der Zygote ausgerichtet ist. Das erste Anzeichen für eine Asymmetrie im befruchteten *Fucus*-Ei ist eine Ausstülpung im Bereich des zukünftigen Rhizoids, die sich vor der ersten Furchung bildet. Das befruchtete Ei ist zuerst symmetrisch. Experimente haben gezeigt, daß Signale aus der Umgebung die spätere Polarität festlegen. Hier ähnelt *Fucus* solchen tierischen Embryonen wie zum Beispiel denen von *Xenopus*, deren Achsen ebenfalls durch externe Signale spezifiziert werden.

Ein breites Spektrum von Umweltreizen kann die Polarität bestimmen. Hierzu zählen Licht, pH-Gradienten und Wasserströmungen. (Wenn solche Signale fehlen, legt ein interner Mechanismus die Polarität anhand der Eintrittsstelle der Spermazelle fest, die dem späteren Rhizoidbereich entspricht.) Die Wirkung von Licht zeigt sich besonders deutlich, wenn man befruchtete Eier von *Fucus* in eine dünne Kapillare saugt, die verhindert, daß sich die Eier drehen können. Strahlt dann nur Licht von einem Ende der Kapillare her ein, wachsen die Rhizoide unab-

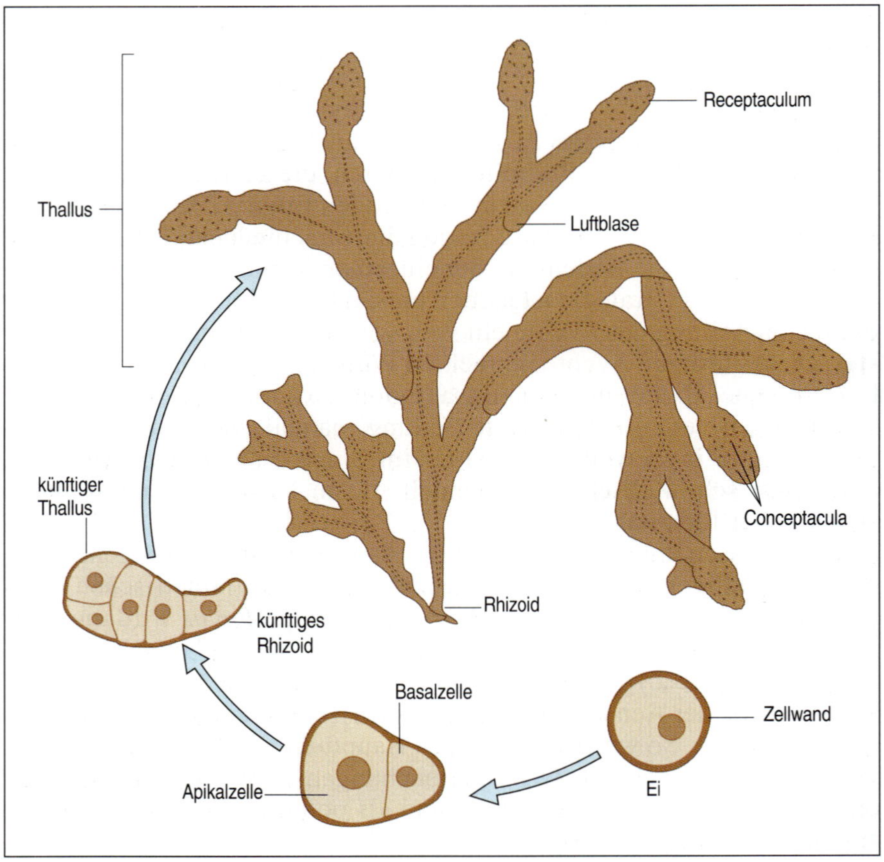

7.1 Der Lebenszyklus der vielzelligen Braunalge *Fucus spiralis*. Der Vegetationskörper der Algen besteht aus einem abgeflachten Thallus, der in Wedel unterteilt ist. Die Pflanze ist auf Felsen oder einem harten Substrat mit Hilfe von Rhizoiden oder Haftfäden befestigt. An den Spitzen der Wedel entwickeln sich angeschwollene Fruchtkörper, die Receptacula. Sie sind übersät mit Conceptacula – kleinen, mit Schleim gefüllten Gruben, in denen sich die Gameten entwickeln. Männliche und weibliche Gameten entwickeln sich in verschiedenen Receptacula. Die Conceptacula setzen die reifen Gameten frei, die Eier werden durch die beweglichen Spermien extern befruchtet. Die befruchteten Eier treiben im Wasser, lassen sich auf einem geeigneten Substrat nieder und beginnen mit der Entwicklung. Die erste Furchung der Zygote ist inäqual. Es entsteht eine kleinere Basalzelle, aus der sich das Rhizoid entwickelt, und eine größere Apikalzelle, die den Thallus hervorbringt.

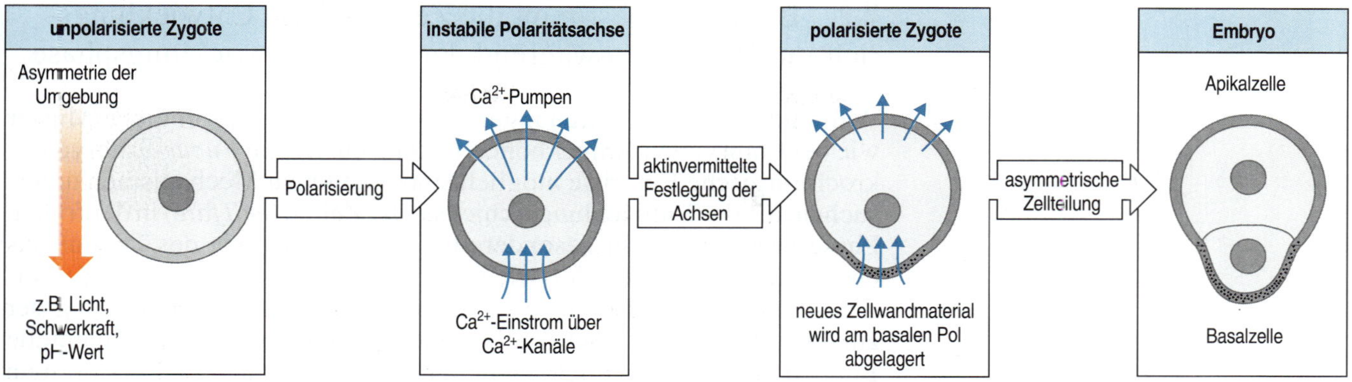

7.2 Polarisierung der *Fucus*-Zygote. Das befruchtete Ei ist zuerst nicht polarisiert. Umweltfaktoren wie Licht von einer bestimmten Seite, Schwerkraft oder pH-Gradienten geben der Zygote eine Asymmetrie, die einen elektrischen Strom in der Zelle erzeugt. Dieser gibt der Zygote ihre Polarität. Der Strom erfolgt teilweise mittels Calciumionen. Die Umwelteinflüsse führen dazu, daß der Einstrom der Calciumionen in die eine Region der Zelle und der Ausstrom aus dem gegenüberliegenden Bereich zunehmen. Bei Belichtung aus einer bestimmten Richtung kommt es an der Schattenseite zu einem verstärkten Calciumeinstrom. Hier entsteht der basale Pol der Zygote, aus dem sich später das Rhizoid entwickelt. Die Akkumulation von Zellvesikeln, Mitochondrien und Golgi-Apparaten an der Stelle des Calciumeinstroms fixieren die apikal-basale Achse. An dieser Stelle lagert sich Zellwandmaterial ab; auch Aktinfilamente gelangen dort hin. Die erste Furchung verläuft asymmetrisch und quer zur apikal-basalen Achse; es entsteht eine kleine Basal- und eine größere Apikalzelle. Nach Alberts et al. 1989.

hängig von der Eintrittsstelle der Spermazelle ausschließlich an den lichtabgewandten Seiten der Eier aus.

Die Polarisierung des Eies ist mit einem elektrischen Stromfluß in der Achsenrichtung gekoppelt (Abbildung 7.2). Der Strom beruht offensichtlich teilweise auf Calciumionen. Das zeigt die lokale Anwendung eines Calciumionophors, der an der Eintrittsstelle einen lokalen Fluß von Calciumionen in die Zelle hervorruft. Dadurch wächst an dieser Stelle das Rhizoid aus. Alle Signale aus der Umgebung wirken möglicherweise über das lokale Öffnen von Calciumkanälen. Aufgrund des entstehenden Stromes finden sich dann an dieser Stelle weitere Calciumkanäle zusammen, während am anderen Ende der Achse gehäuft Calciumpumpen entstehen, die Calciumionen aus der Zelle transportieren. Diese positive Rückkopplung könnte dazu dienen, die Strömungsrichtung aufrechtzuerhalten. Der Ionenstrom beeinflußt Komponenten im Inneren des Eies, die nun dort verankert werden, wo die Calciumionen in die Zelle gelangen.

Durch die Ionenströme wird zwar die Achse aufgebaut, es sind aber noch andere Prozesse erforderlich, um sie zu stabilisieren. 12 Stunden nach der Befruchtung ist die Achse fixiert; nur bis zu sieben Stunden nach der Befruchtung ist sie labil. Das heißt, nur in dieser Zeit kann sich ihre Position noch ändern. Komponenten aus dem Zellinneren werden zum Cytoplasma an die Stelle transportiert, wo sich das Rhizoid bildet und akkumulieren dort. Dabei gelangt auch ein spezielles Polysaccharid in den Rhizoidbereich und wird in die Rhizoidwand eingebaut. Anscheinend sind sowohl das Cytoskelett als auch die Zellwand an der Fixierung der Achse beteiligt. Am Rhizoidpol bilden sich bald darauf Aktinfilamente; durch Zugabe von Agentien wie Cytochalasin B, die zu einem Bruch der Filamente führen, läßt sich die Bildung der Achse verhindern. Auch das Entfernen der Zellwand durch enzymatische Behandlung unterbindet die Achsenbildung. Eine interessante Hypothese für die Polarisierung des Eies besteht darin, daß die Calciumströme im Bereich des späteren Rhizoids ein Aktinnetzwerk entstehen lassen und eine Reihe von Ereignissen in Gang setzen, die zu einem lokalen Einbau von Polysacchariden in die Zellwand führen.

7.2 Bei *Fucus* bestimmt die Zellwand die Entwicklungsrichtung der Zellen während der frühen Entwicklungsphase

Während der frühen Furchungen entstehen bei *Fucus* ähnliche Muster wie bei Embryonen einiger höherer Pflanzen. Da am *Fucus*-Embryo mikrochirurgische Eingriffe möglich sind, kann man Mechanismen untersuchen, die das Entwicklungsschicksal der Zellen (*cell fate*) in der frühen Phase bestimmen – insbesondere bei der Entwicklung des Thallus aus den Apikalzellen und des Rhizoids aus der Basalzelle. Das Zellteilungsmuster dieser Bereiche ist unterschiedlich. Die Entwicklung der zukünftigen Rhizoid- und Thalluszellen kann man durch experimentelle Eingriffe am Embryo im Zwei-Zellen-Stadium verändern. Zerstört man die Wand der Basalzelle durch einen Mikrolaserstrahl, wird die zukünftige Rhizoidzelle als kugelförmiger Protoplast freigesetzt. Der isolierte Protoplast bildet innerhalb einer Stunde eine neue Zellwand und entwickelt sich dann zu einem vollständigen normalen Embryo, der sowohl Rhizoid- als auch Thalluszellen hervorbringt. Das zeigt recht deutlich, daß das Entwicklungsschicksal der Basalzelle in diesem Stadium nicht definitiv festgelegt ist und sich ändern läßt. Daraus folgt auch, daß Zellwandkomponenten an der Steuerung der späteren Entwicklung der Basalzelle beteiligt sein dürften.

Experimente mit Apikalzellen geben weitere Hinweise auf die Funktion der Zellwand, das Entwicklungsschicksal der Zellen festzulegen (Abbildung 7.3). Eine intakte Apikalzelle mit Zellwand, die man aus einem Embryo im Zwei-Zellen-Stadium isoliert hat, teilt sich weiterhin bis spätestens zum Acht-Zellen-Stadium im normalen „Thallus"-Muster. Ist jedoch die Zellwand der Basalzelle noch vorhanden, entwickeln

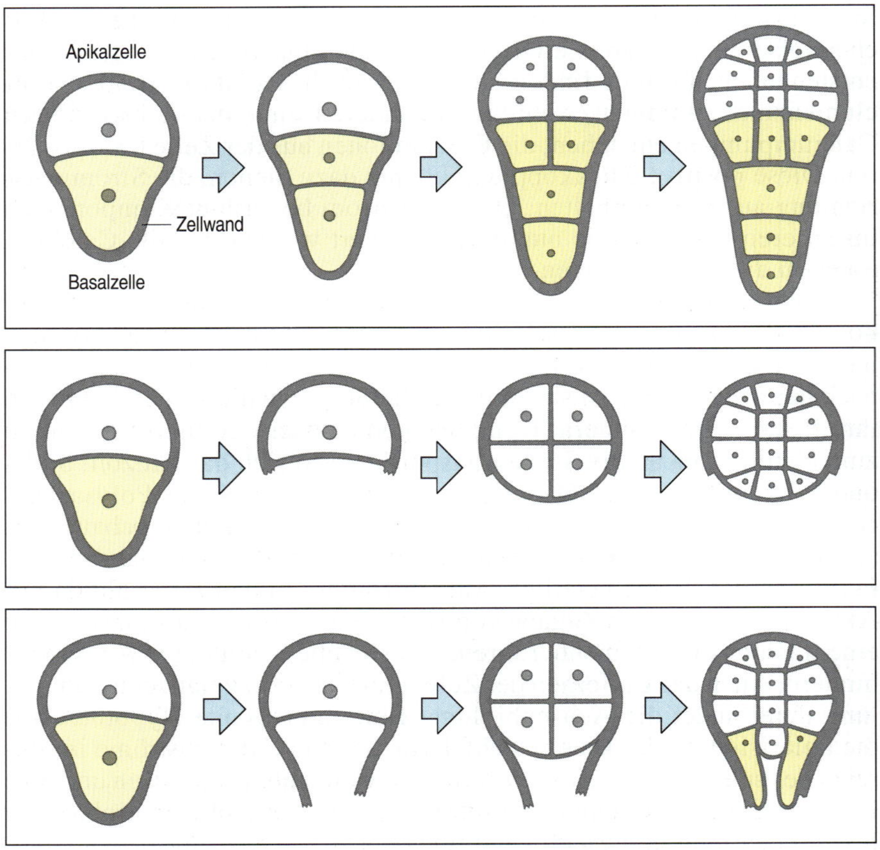

7.3 Bei *Fucus* können Zellwände das Entwicklungsschicksal der Zellen festlegen. Oben: Normale Embryonalentwicklung. Die künftigen Rhizoidzellen sind gelb dargestellt. Mitte: Entwicklung einer intakten Apikalzelle, die aus einem Zwei-Zellen-Embryo isoliert wurde. Die isolierte Apikalzelle entwickelt sich in einer normalen Folge von Furchungen nur zu Thalluszellen. Unten: Entwicklung einer isolierten Apikalzelle mit Teilen einer Basalzellwand an der linken Seite. Wenn sich die zukünftige Thalluszelle teilt, verändert sich die Entwicklung der Zellen, die mit der Zellwand der ehemaligen Basalzelle in Berührung kommen: Aus ihnen werden Rhizoid-, aber keine Thalluszellen.

sich Thalluszellen, die mit dieser Zellwand in Kontakt kommen, zu Rhizoidzellen. Die übrigen Zellen entwickeln sich dagegen weiter wie Thalluszellen. Die Entwicklung zu Rhizoidzellen hängt also vom Kontakt mit der Zellwand der Basalzelle ab. Das ist ein deutlicher Hinweis darauf, daß die positionsabhängige Differenzierung der beiden Zellen im frühen *Fucus*-Embryo an Faktoren gekoppelt ist, die sich auf der Innenseite der Zellwand befinden.

7.3 Unterschiede der Zellgröße aufgrund inäqualer Teilungen sind mit dafür verantwortlich, in welcher Richtung sich die Zellen im *Volvox*-Embryo entwickeln

Während der frühen Entwicklungsphase von Pflanzen kommt es zu zahlreichen inäqualen Zellteilungen. Untersuchungen an der Grünalge *Volvox* zeigen, daß diese Größenunterscheide für die Festlegung des zellulären Entwicklungsschicksals wichtig sein können. *Volvox* ist ein ausgesprochen einfach gebauter vielzelliger Organismus. Eine asexuelle, adulte Kolonie besteht aus nur zwei Zelltypen, die in einem bestimmten Muster angeordnet sind. Etwa 2000 somatische Zellen mit je zwei Flagellen verteilen sich gleichmäßig an der Oberfläche einer transparenten, gallertartigen Kugel. Unter der Oberfläche befinden sich 16 größere asexuelle Reproduktionszellen, die sogenannten Gonidien (Abbildung 7.4). Nach der Reifung kommt es zu wiederholten Teilungen der einzelnen Gonidien, so daß jeweils eine juvenile *Volvox*-Kolonie *in situ* entsteht. Diese Kolonien werden schließlich von der Elternkolonie freigesetzt, die dann abstirbt.

Das Muster aus 2000 somatischen Zellen und nur 16 großen Reproduktionszellen kann man auf die asymmetrische Teilung des Gonidiums zurückführen. Die ersten fünf Furchungen sind symmetrisch. Durch sie entsteht ein hohler, kugelförmiger Embryo aus 32 Zellen mit deutlich asymmetrischer Zellverteilung. Nach der sechsten Furchung teilen sich die 16 anterioren Zellen asymmetrisch in 16 kleine und 16 größere Zellen. Die größeren Zellen liegen im posterioren Bereich; aus ihnen gehen die Gonidien hervor. Sie teilen sich noch zweimal asymmetrisch und hören dann auf, sich zu teilen. Die kleineren Zellen durchlaufen noch einmal drei oder vier Zyklen und differenzieren sich dann zu somatischen Zellen. Die 16 kleinen Zellen, die ursprünglich am hinteren Pol lagen, teilen sich ebenfalls symmetrisch und bringen somatische Zellen hervor.

Es kann mehrere Ursachen dafür geben, daß sich die großen Gonidien und die kleineren somatischen Zellen unterschiedlich entwickeln. Zum einen könnte beispielsweise eine asymmetrische Verteilung von cytoplasmatischen Faktoren vorliegen. Experimentelle Befunde deuten jedoch darauf hin, daß der Größenunterschied der entscheidende Faktor ist. Mutanten, die eine geringere Anzahl von Zellteilungen aufweisen und deshalb größere Zellen besitzen, besitzen mehr Gonidien. Wenn man die Furchung eines ansonsten normalen Embryos mit Hilfe eines Hitzeschocks unterbricht, behalten die zukünftigen somatischen Zellen ihre Größe bei und entwickeln sich zu Gonidien. Noch deutlicher wird es, wenn man somatische Zellen mikrochirurgisch zu einer größeren Zelle fusioniert, die sich dann zu einem Gonidium entwickelt. Wie die Größenunterschiede zu Unterschieden in der Genexpression führen, damit sich somatische Zellen oder Gonidien entwickeln können, ist jedoch noch unbekannt. Bis jetzt gibt es keine Untersuchungen darüber, ob auch

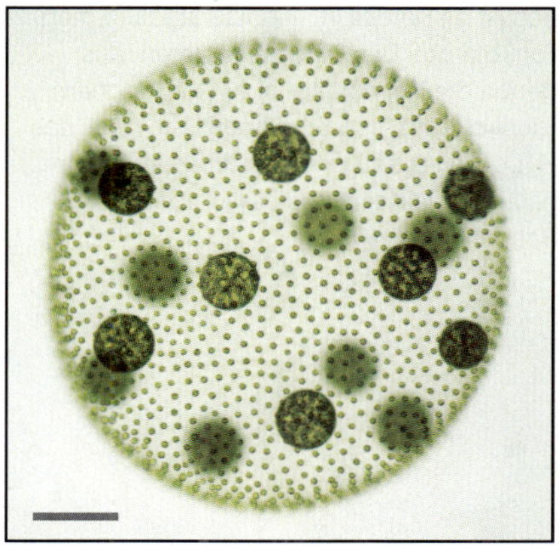

7.4 Asexuelle Kolonie von *Volvox carteri*. Diese koloniebildende Grünalge besteht aus 2000 somatischen Biflagellaten, die 16 größere Gonidien umgeben. Aus jedem Gonidium kann durch asymmetrische Teilung eine neue Kolonie hervorgehen. Maßstab = 10 µm. Aufnahme mit freundlicher Genehmigung von D. Kirk.

bei anderen Pflanzen die Größe der Zellen deren Entwicklung beeinflußt.

7.4 Bei der Musterbildung in frühen Embryonalstadien von Blütenpflanzen spielen sowohl asymmetrische Zellteilungen als auch Zellpositionen eine Rolle

Die Embryonen von verschiedenen Spezies der Angiospermen zeigen sehr unterschiedliche Zellteilungsmuster. Ein gemeinsames Prinzip besteht jedoch darin, daß die erste Furchung wie bei *Fucus* quer zur Längsachse der Zygote erfolgt und so die Zygote in eine Apikal- und eine Basalzelle teilt. Bei einigen Pflanzenembryonen trägt die Basalzelle nur wenig zur weiteren Entwicklung des Embryos bei. Sie teilt sich jedoch und entwickelt den Suspensor, der mehrere Zellen lang sein kann. Die Apikalzelle durchläuft ein komplexes Teilungsmuster, das bei Dikotyledonen (zweikeimblättrigen Pflanzen) wie *Capsella bursa-pastoris* (Hirtentäschelkraut) und *Arabidopsis* in etwa fünf Tagen zu einem globulären und dann zu einem herzförmigen Embryo führt (Exkurs 7.1).

Aufgrund des Zellteilungsmusters kann man bei *Arabidopsis* für die sehr frühen Embryonalstadien einen groben Anlagenplan ermitteln. Dafür muß man die Entwicklung der embryonalen Zellen verfolgen und ermitteln, welche Bereiche aus ihnen jeweils hervorgehen (Abbildung 7.5). Sobald sich am Apikalende acht Zellen befinden (im sogenannten Oktantenstadium), kann man damit beginnen, die zukünftigen Hauptregionen des herzförmigen Embryos zu kartieren. In dieser Phase ist es möglich, einen eindeutigen Anlagenplan zu erstellen. Der Embryo läßt sich in drei Hauptbereiche unterteilen: die Apikalregion, aus der das Sproßmeristem und die Keimblätter hervorgehen; die Zentralregion, die das spätere Hypokotyl (den embryonalen Stamm) bildet, und die

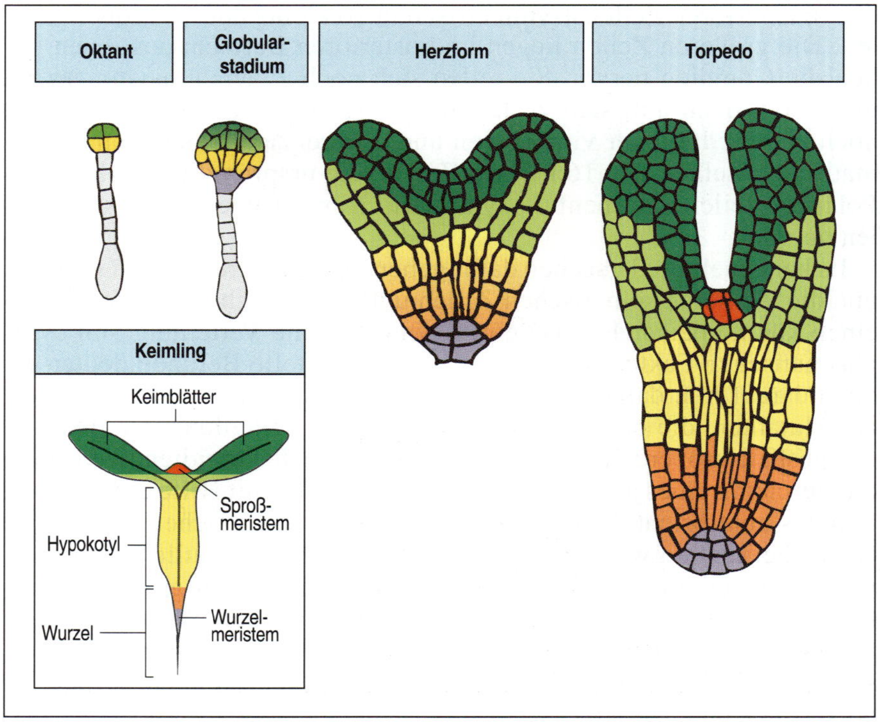

7.5 Anlagenplan des Embryos von *Arabidopsis*. Durch das gleichförmige Zellteilungsmuster von Embryonen der Dikotyledonen ist es bereits im Globularstadium möglich, die drei Bereiche zu kartieren, aus denen die Keimblätter oder Kotyledonen (dunkelgrün), das Sproßmeristem (rot), das Hypokotyl (gelb) und das Wurzelmeristem (violett) des Keimlings hervorgehen. Nach Scheres et al. 1994.

Exkurs 7.1: Embryogenese der Angiospermen

Bei Bedecktsamern (Angiospermen) liegt die Eizelle (nicht abgebildet) in einer Samenanlage innerhalb des Fruchtknotens der Blüte (ganz unten, rechtes Bild). Bei der Befruchtung bildet das Pollenkorn, das sich auf der Oberfläche der Narbe befindet, einen Pollenschlauch aus, durch den zwei Gameten in die Samenanlage wandern (Abschnitt 2.7). Eine der männlichen Gameten befruchtet die Eizelle, während die zweite mit einer anderen Zelle in der Samenanlage verschmilzt. Daraus entsteht dann ein spezialisiertes Nährgewebe, das sogenannte Endosperm, das den Embryo umgibt und während der Entwicklung für dessen Versorgung mit Nährstoffen sorgt.

Capsella bursa-pastoris, das Hirtentäschelkraut, ist eine typische zweikeimblättrige Pflanze. Zuerst teilt eine asymmetrische, quer verlaufende Furchung die Zygote in eine Apikal- und eine Basalzelle (unten). Die Basalzelle teilt sich mehrere Male und bildet eine einzige Zellreihe, den Suspensor, der an der weiteren Embryonalentwicklung nicht beteiligt ist, aber möglicherweise eine Absorptionsfunktion erfüllt. Der größte Teil des Embryos entsteht aus der endständigen Apikalzelle. Sie durchläuft eine Folge von gleichförmigen Teilungen, so daß durch ein genaues Teilungsmuster in verschiedenen Ebenen schließlich ein herzförmiger Embryo entsteht, der für Dikotyledonen (Zweikeimblättrige) charakteristisch ist. Daraus entwickelt sich ein reifer Embryo, der eine Hauptachse mit einem Meristem an jedem Ende und zwei Keimblätter (Kotyledonen) besitzt, die als Speicherorgane dienen.

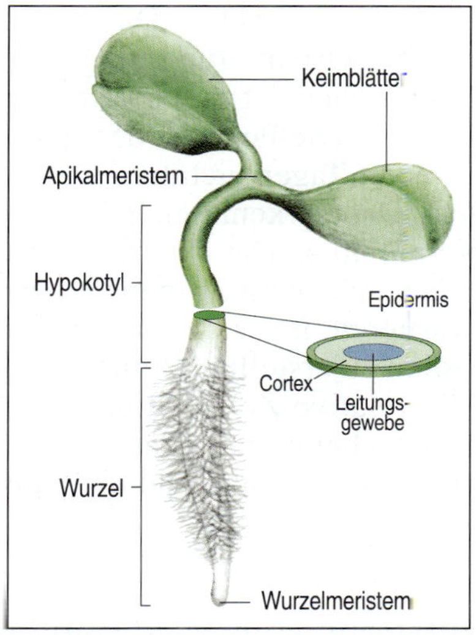

In den frühen Stadien differenziert sich der Embryo in drei Hauptgewebe: die äußere Epidermis, das zukünftige Leitungsgewebe, das durch die Mitte der Achse und die Keimblätter verläuft, und das Grundgewebe (die künftige Cortexschicht), das den Embryo umgibt. Monokotyledonen wie zum Beispiel der Mais besitzen nur ein Keimblatt, Dikotyledonen wie *Arabidopsis* hingegen zwei.

Die Samenanlage, die den Embryo enthält, reift zu einem Samen heran (ganz unten, linkes Bild). Dieser bleibt solange im Ruhezustand, bis geeignete äußere Bedingungen die Keimung und das Wachstum des Keimlings auslösen. Ein typischer zweikeimblättriger Keimling (links) besteht aus einem apikalen Sproßmeristem, zwei Keimblättern, dem Keimlingsstiel (dem Hypokotyl) und dem Spitzenmeristem der Wurzel. Man kann den Keimling als das phylotypische Stadium der Blütenpflanzen auffassen. Der Bauplan des Keimlings ist einfach. Es gibt nur eine Hauptachse, die apikal-basale Achse, die die Polarität der Pflanze bestimmt. Der Sproß entsteht am apikalen Pol, und die Wurzel am basalen Pol. Die Pflanzenachse erscheint im Querschnitt radiärsymmetrisch. Das zeigt sich eindeutig im Hypokotyl und setzt sich in der Wurzel und im Sproß fort. In der Mitte befindet sich das Leitungsgewebe, das vom Cortex und einer äußeren abschließenden Epidermis umgeben ist.

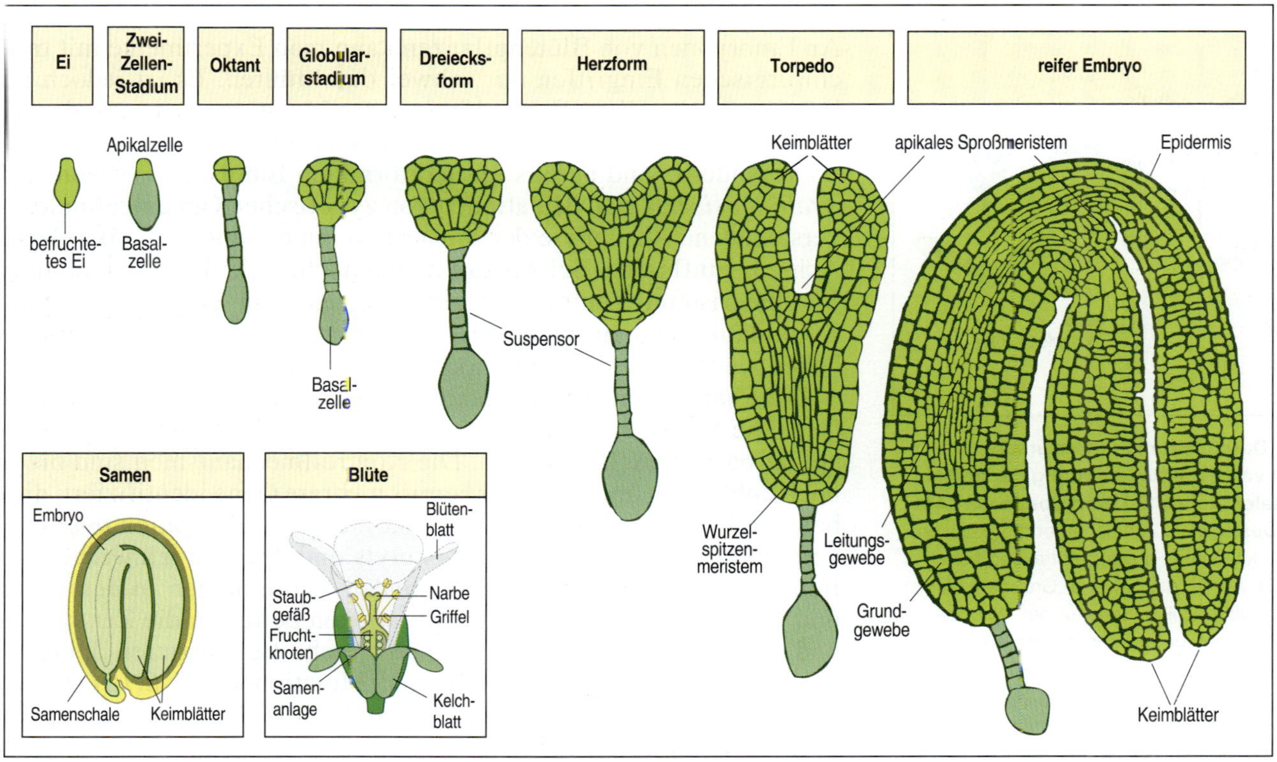

Basalregion, aus der sich das Wurzelmeristem entwickelt. Die Gewebeschichten bilden ein radiales Muster aus konzentrischen Ringen: Epidermis, Grundgewebe (Cortex und Endodermis) und Leitungsgewebe. Es ist jedoch noch nicht bekannt, inwieweit das Entwicklungsschicksal der Zellen während dieses Stadiums festgelegt wird oder ob es tatsächlich vom frühen Muster der asymmetrischen Teilungen abhängt. Anscheinend ist die Herkunft der Zellen nicht entscheidend, da Klonanalysen zeigen, daß hier eine beträchtliche Variabilität vorhanden ist. Mutationen des *FASS*-Gens verändern das Zellteilungsmuster vollkommen und stören die Zellorganisation. Der daraus hervorgehende Keimling ist zwar mißgebildet, besitzt aber Wurzeln, Sprosse und Blüten an den richtigen Stellen.

Ein davon deutlich abweichendes Teilungsmuster findet man beim Embryo der einkeimblättrigen Pflanze *Zea mays* (Mais). Da die späteren Zellteilungen sowohl in bezug auf ihre Orientierung als auch die Reihenfolge keiner eindeutigen Regel gehorchen, ist es schwerer, einen Anlagenplan der frühen Stadien zu erstellen. Die Position des späteren apikalen Sproßmeristems ist erst nach neun Tagen sichtbar, wenn der Embryo bereits aus vielen Zellen besteht. Dann erkennt man das Sproßmeristem an der Basis des einzigen Keimblattes. Das Wurzelmeristem tritt mehrere Tage später in einem Bereich nahe dem Suspensor hervor. Da die Stammbäume der Maiszellen variieren, ist es unmöglich, einen Anlagenplan der frühen Embryonalstadien zu erstellen. Beim Maisembryo bestimmt also möglicherweise die relative Zellposition die Entwicklung der Zellen. Man hat jedoch bis jetzt beim Mais oder einer anderen Gefäßpflanze keine Mechanismen für den Aufbau und die Umsetzung positioneller Information gefunden.

Mutationen, die die Musterbildung beeinflussen

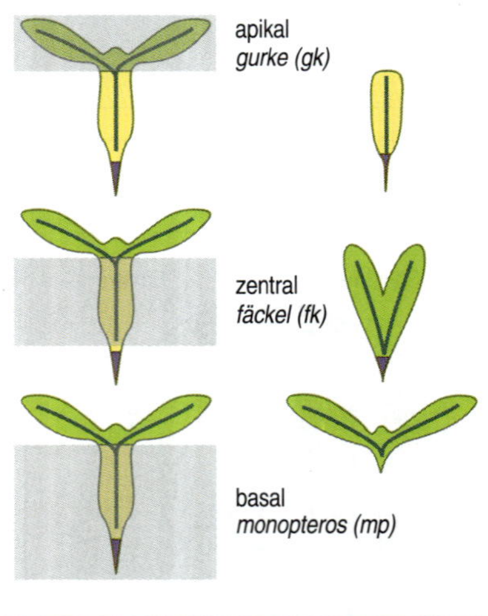

7.6 Durch Mutationen verursachter Verlust von Strukturen entlang der apikal-basalen Achse bei Embryonen von *Arabidopsis*. Man unterscheidet drei Klassen von Mutationen: apikal, zentral und basal. Die Bereiche, die bei jeder Gruppe fehlen, sind auf der linken Seite für den Wildtypkeimling hervorgehoben, die daraus resultierenden mutierten Keimlinge sind rechts dargestellt. Außerdem sind Beispiele für Gene angegeben, deren Mutationen zu den entsprechenden Phänotypen führen. Nach Mayer et al. 1991.

7.5 Bei *Arabidopsis* können Mutationen die Musterbildung bestimmter Regionen im Embryo verändern

An Embryonen von Blütenpflanzen kann man Experimente mit mikrochirurgischen Eingriffen nur schwer durchführen. Es ist jedoch möglich, den Verlauf ihrer Entwicklung durch Mutationen zu verändern. Die Auswirkungen von Mutationen, die den Grundbauplan von *Arabidopsis* verändern, sind bereits im herzförmigen Embryo zu erkennen. Bei *Arabidopsis* hat man Mutationen von zygotischen Genen gefunden, die verschiedene Abschnitte der Musterbildung entlang der apikal-basalen Achse beeinflussen. Bei Apikalmutanten fehlen die Keimblätter und das Sproßmeristem; Zentralmutanten besitzen kein Hypokotyl, und die Keimblätter sind anscheinend an der Wurzel befestigt; Basalmutanten haben weder ein Hypokotyl noch eine Wurzel (Abbildung 7.6).

Die Phänotypen dieser Mutanten deuten darauf hin, daß spezifische Gene die Musterbildung bestimmter Bereiche des Embryos entlang der apikal-basalen Achse steuern. Die Kontrollmechanismen sind bis jetzt noch unbekannt, man hat aber bereits mehrere Gene identifiziert, die dabei eine Rolle spielen (Abbildung 7.6). Die Basalmutation *monopteros* verhindert die Bildung des Hypokotyls und des Wurzelmeristems und führt im Oktantenstadium zu anomalen Zellteilungen in den Zentral- und der Basalregionen. *Fäckel*-Mutationen betreffen die Zentralregion und *gurke*-Mutationen den Apikalbereich. Bei letzteren fehlen das Sproßmeristem und die Keimblätter. Mutationen des *SHOOT MERISTEMLESS*-Gens blockieren vollständig die Bildung des apikalen Sproßmeristems, haben jedoch keinen Einfluß auf das Wurzelmeristem oder andere Teile des Embryos.

Die Radialmusterbildung beginnt im Acht-Zellen-Stadium, dabei kommt es zu gerichteten Zellteilungen. Aus **periklinen** (radialen) Teilungen entsteht eine neue Gewebeschicht, **antikline** Teilungen erhöhen die Zahl der Zellen in einer solchen Schicht. Anscheinend wird das Entwicklungsschicksal der Gewebe in der frühen Entwicklungsphase festgelegt und dann klonal vererbt. So vergrößern sich zum Beispiel bei Embryonen mit einer *keule*-Mutation die Epidermiszellen in einem frühen Stadium, während bei einer *short root*-Mutation die Endodermis fehlt.

Man hat weitere Mutationen entdeckt, die die Musterbildung des *Arabidopsis*-Embryos beeinflussen. So führt zum Beispiel eine Mutation des *LEAFY COTYLEDON*-Gens offensichtlich zu einer homöotischen Transformation der Keimblätter zu normalen Blättern. Ein besonderes Merkmal dieser Mutation ist das Auftreten von Blatthaaren (Trichomen), die normalerweise nur auf Blättern und Stamm, nicht aber auf den Keimblättern zu finden sind. Außerdem liegt die Komplexität des Leitungsgewebes in den transformierten Keimblättern zwischen der von Blättern und Keimblättern.

Mutationen, die die Morphogenese – die Form von Embryo und Keimling – beeinflussen, unterscheiden sich von Mutationen der Musterbildung. Eine dieser Mutationen ist *fass* (siehe oben), die zu einem mehr zufälligen Zellteilungsmuster führt. Dadurch entstehen breite, kurze Keimlinge mit stärker abgerundeten Zellen und unregelmäßigeren Zellabständen als bei einem Wildtypembryo. Trotz der gedrungenen Form der *fass*-Keimlinge ist das grundlegende radiale Muster normal, da das Gefäßsystem vergrößert ist und das Cortexgewebe mehrere Schichten bildet. Das deutet wiederum darauf hin, daß die erste embryonale Musterbildung nicht von der Zellform oder der Zellgröße abhängt, sondern von den Positionen der Zellen zueinander.

7.6 Aus somatischen Pflanzenzellen können sich Embryonen und Keimlinge entwickeln

Gärtner wissen sehr gut, daß Pflanzen ein erstaunliches Regenerationspotential besitzen. Aus einem kleinen Stück Stamm oder Wurzel, sogar aus einem kleinen Stück, das aus einem Blatt herausgeschnitten wurde, kann sich eine vollständige neue Pflanze entwickeln. Dies beruht auf einem wichtigen Unterschied zwischen dem Entwicklungspotential von pflanzlichen und tierischen Zellen: Bei Tieren sind Zelldetermination und Differenzierung bis auf wenige Ausnahmen irreversibel, während viele somatische Zellen von Pflanzen totipotent bleiben. Somatische Zellen aus Wurzel, Blättern oder Stamm – bei einigen Spezies sogar ein einziger Protoplast – können in Kultur vermehrt und durch Behandlung mit geeigneten Wachstumshormonen zur Bildung einer neuen Pflanze angeregt werden (Abbildung 7.7). Die genaue Beobachtung von Pflanzenzellen bei der Vermehrung in Kultur hat gezeigt, daß einige der sich teilenden Zellen Cluster bilden. Diese Zellen durchlaufen ein Stadium, das einer normalen embryonalen Entwicklung stark ähnelt. Die Zellteilungsmuster unterscheiden sich allerdings von denen eines Embryos. Diese „Embryonen“ können sich zu Keimlingen entwickeln. Die ersten Arbeiten zur Regeneration von Pflanzen in Kultur wurden an Karottenzellen durchgeführt; viele Pflanzen können jedoch auf diese Weise aus einzelnen Zellen Embryonen bilden. Man hat das Phänomen vor allem an Dikotyledonen untersucht, beispielsweise bei Karotte, Kartoffel,

Petunie und Tabak, die sich mit Hilfe dieser Methode leicht vermehren lassen.

Die Fähigkeit einzelner somatischer Zellen, zu vollständigen Pflanzen auszuwachsen, läßt zwei wichtige Schlußfolgerungen für die Pflanzenentwicklung zu. Zum einen besitzen maternale Faktoren anscheinend nur eine geringe oder gar keine Bedeutung für die pflanzliche Embryogenese, da es unwahrscheinlich ist, daß jede somatische Zelle solche Faktoren enthält. Zum anderen deutet diese Regenerationsfähigkeit darauf hin, daß das Entwicklungsschicksal vieler Zellen im „adulten“ Vegetationskörper noch nicht vollständig determiniert ist und die Zellen totipotent bleiben. Natürlich tritt diese Totipotenz nur unter besonderen Bedingungen in Erscheinung; sie entspricht jedoch überhaupt nicht dem Verhalten tierischer Zellen. Anscheinend besitzen pflanzliche Zellen in der Entwicklung kein „Langzeitgedächtnis“.

Zusammenfassung

In der frühen Embryonalentwicklung vieler Pflanzen kommt es in der Regel zu einer asymmetrischen Zellteilung der Zygote, durch die die apikale und die basale Region festgelegt werden. Die freilebenden „Embryonen“ der Algen *Fucus* und *Volvox* sind geeignete und leicht zugängliche Modelle, um die frühe Musterbildung zu untersuchen. Die apikal-basale Achse der *Fucus*-Zygote, die die erste Furchungsebene und das spätere Rhizoid und den Thallus festlegt, wird durch Signale aus der Umgebung spezifiziert. Die Achse wird durch elektrische Ströme fixiert und durch Wechselwirkungen zwischen dem Cytoskelett und der Zellwand stabilisiert. Bei *Fucus* spielen anscheinend Bestandteile der Zellwand eine entscheidende Rolle bei der Zellentwicklung. Bei der koloniebildenden Grünalge *Volvox* legen die Größenunterschiede der Zellen, die aufgrund asymmetrischer Teilungen entstehen, das jeweilige Entwicklungsschicksal fest. Die Embryonalentwicklung der Blütenpflanzen legt das Sproß- und das Wurzelmeristem an, aus denen sich die adulte Pflanze entwickelt. Die Musterbildung bei Blütenpflanzenembryonen beruht anscheinend weniger auf gleichförmigen Zellteilungsmustern als auf interzellulären Wechselwirkungen. Beim *Arabidopsis*-Embryo steuern bestimmte Gene die Radialdifferenzierung und die Musterbildung spezifischer Bereiche entlang der apikal-basalen Achse. Ein Hauptunterschied zwischen Pflanzen und Tieren besteht darin, daß sich eine einzelne somatische Zelle in Kultur über eine Art embryonalen Zustand weiterentwickeln und schließlich eine vollständige neue Pflanze ausbilden kann. Das deutet darauf hin, daß einige differenzierte Pflanzenzellen ihre Totipotenz behalten.

Übersicht: frühe Entwicklungsphase der Blütenpflanzen

die erste asymmetrische Zellteilung im Embryo bestimmt die Orientierung der apikal-basalen Achse

⇩

die Positionen der embryonalen Zellen bestimmen ihr Entwicklungsschicksal

⇩

aus Sproß- und Wurzelmeristemen eines Keimlings gehen alle Strukturen der adulten Pflanze hervor

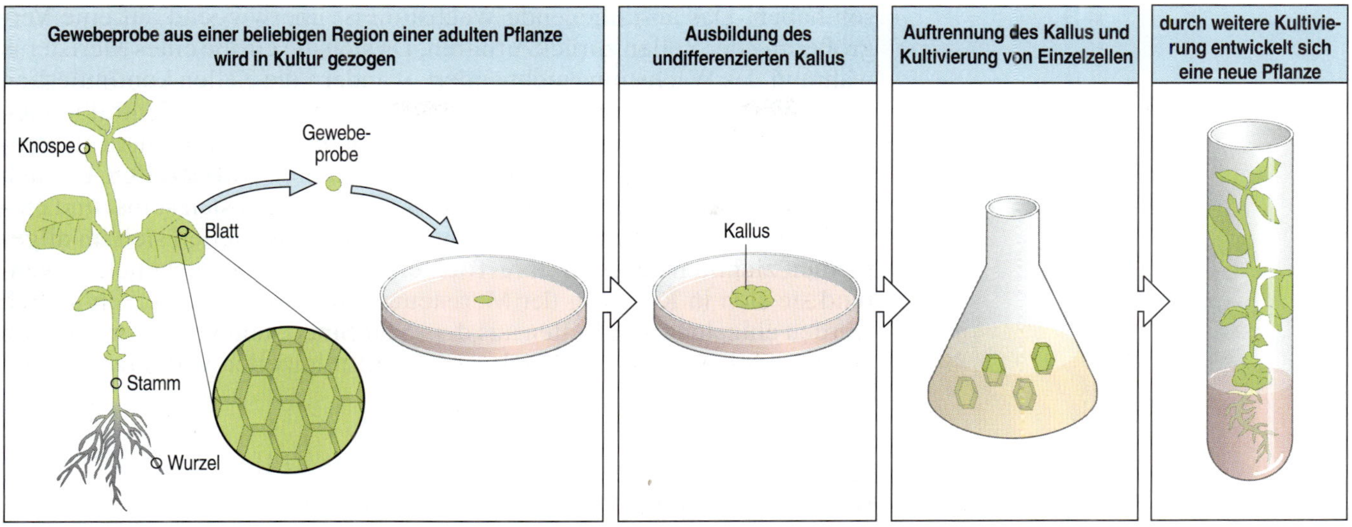
Gewebeprobe aus einer beliebigen Region einer adulten Pflanze wird in Kultur gezogen
Ausbildung des undifferenzierten Kallus
Auftrennung des Kallus und Kultivierung von Einzelzellen
durch weitere Kultivierung entwickelt sich eine neue Pflanze
Knospe
Gewebe-probe
Blatt
Stamm
Wurzel
Kallus

7.7 Somatische Zellen aus einer fertigen Pflanze können in Kultur einen Embryo bilden und daraus eine vollständige Pflanze entwickeln. Dargestellt ist, wie man aus einzelnen Zellen eine Pflanze erzeugen kann. Wenn man ein kleines Gewebestück aus dem Stamm oder Blatt einer Pflanze auf ein festes Agarmedium gibt, das die geeigneten Nährstoffe und Wachstumshormone enthält, beginnen die Zellen, sich zu teilen und eine nicht organisierte Masse aus undifferenzierten Zellen zu bilden, einen Kallus. Die Kalluszellen werden dann getrennt und in Flüssigmedium vermehrt, das ebenfalls geeignete Wachstumshormone enthält. In der Suspensionskultur teilen sich einige Kalluszellen und bilden kleine Zellklumpen, die dem Globularstadium eines Dikotyledonen-Embryos ähneln. Während des weiteren Wachstums auf wiederum festem Medium entwickeln sich diese über die Herzform und die späteren Stadien weiter zu einer vollständigen neuen Pflanze.

Meristeme

Aus den embryonalen Wurzel- und Sproßmeristemen entstehen alle Strukturen der adulten Pflanze. Anders als bei Tieren, bei denen der späte Embryo gewöhnlich als Miniaturversion der adulten Form anzusehen ist, entwickeln sich bei Pflanzen die adulten Strukturen nur aus zwei Bereichen des Embryos: dem Sproß- und dem Wurzelmeristem. Das Sproßmeristem bringt zum Beispiel Blätter, Internodien und Blüten hervor. Während der Entwicklung des Sproßmeristems bilden sich aus seitlichen Auswüchsen des Meristems Blätter und weitere Meristeme. Diese Auswüchse sind anfänglich klein, sie vergrößern sich jedoch durch Zellproliferation und Zunahme des Zellvolumens. Normalerweise dauert es eine gewisse Zeit, bis eine neue Blattanlage angelegt wird; daher ist ein pflanzlicher Sproß aus sich wiederholenden Modulen zusammengesetzt (Abbildung 7.8). Jedes Modul besteht aus einem **Internodium** (Zellen, die das Meristem zwischen aufeinanderfolgenden Blattanlagen erzeugt), einem **Knoten** (oder **Nodium**) und dem damit verbundenen Blatt sowie einer Achselknospe. Die Achselknospe enthält selbst ein Meristem und kann einen Seitensproß bilden, wenn die Sproßspitze das nicht mehr verhindert. Das Wurzelwachstum erfolgt nicht so offensichtlich in Modulen, es gibt jedoch gewisse Übereinstimmungen, da neue Seitenmeristeme, die hinter dem Spitzenmeristem der Wurzel entstehen, Seitenwurzeln hervorbringen.

Meristeme sind kleine Bereiche, die verhältnismäßig kleine, undifferenzierte Zellen enthalten. Bei Blütenpflanzen sind sie selten größer als 250 Mikrometer im Durchmesser. Bei der normalen pflanzlichen Entwicklung erfolgen die meisten, wenn auch nicht alle Zellteilungen innerhalb der Meristeme oder kurz nachdem die Zellen ein Meristem verlas-

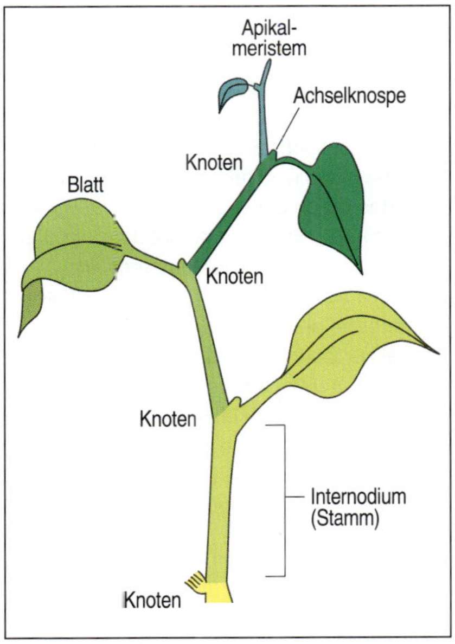
Apikal-meristem
Achselknospe
Knoten
Blatt
Knoten
Knoten
Internodium (Stamm)
Knoten

7.8 Pflanzensprosse wachsen in Modulen. Das Apikalmeristem des Sprosses bringt wiederholt dieselbe Grundstruktur hervor, ein sogenanntes Modul. Das vegetative Sproßmodul besteht im allgemeinen aus Internodium, Knoten (Nodium), Blatt und Achselknospe (aus der sich ein Seitenzweig entwickeln kann). Aufeinanderfolgende Module sind in verschiedenen Grüntönen dargestellt. Mit dem Wachstum der Pflanze verlängern sich die Internodien hinter dem Meristem, und die Blätter werden größer. Nach Alberts et al. 1989.

sen haben. Das anschließende Wachstum ist überwiegend auf eine Vergrößerung der Zellen zurückzuführen. Da sich die Größe eines Meristems während des Wachstums nicht ändert, wandern die Zellen kontinuierlich aus und beginnen dann sofort, sich zu differenzieren. Den Zentralbereich des Sproß- oder des Wurzelmeristems bezeichnet man allgemein als **Promeristem**. Dieser Bereich enthält die sogenannten **Initialzellen**, die sich wie Stammzellen von Tieren verhalten. Sie erneuern sich selbst und entwickeln sich zu Meristemzellen. Diese Initialzellen teilen sich im allgemeinen ziemlich langsam. Ihre Tochterzellen teilen sich schneller, während sie sich in Richtung der Meristemperipherie bewegen. Schließlich werden einzelne Initialzellen aus dem Sproßmeristem verdrängt und von anderen Zellen ersetzt, die sich dann wie Initialzellen verhalten.

7.7 Das Entwicklungsschicksal einer Zelle im Sproßmeristem hängt von ihrer Position ab

Aus dem Sproßmeristem der Dikotyledonen entsteht der Stiel und die Blätter. Es ist aus drei Schichten aufgebaut (Abbildung 7.9). L1 ist die

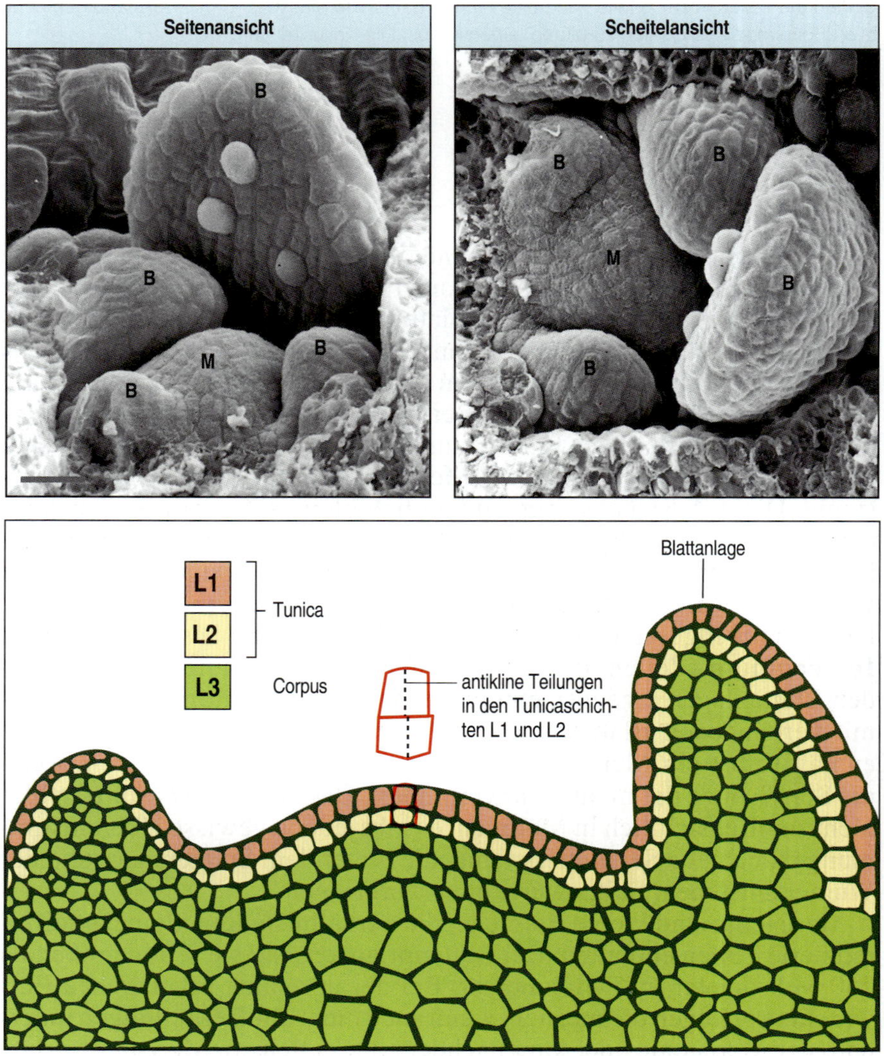

7.9 Apikalmeristem von *Arabidopsis*. Obere Reihe: Die Aufnahmen mit einem Rasterelektronenmikroskop zeigen die Organisationsstruktur des Meristems an einer jungen vegetativen Sproßspitze von *Arabidopsis*. Die Pflanze ist eine *clavata1-1*-Mutante, die eine verbreiterte Sproßspitze besitzt, so daß man die Blattanlagen (B) und das Meristem (M) besser darstellen kann. Unten: Schematische Darstellung eines Vertikalschnittes durch eine Sproßspitze. Im vordersten apikalen Bereich erkennt man die dreischichtige Struktur des Meristems. In Schicht 1 (L1) und 2 (L2) liegt die Zellteilungsebene antiklin, das heißt im rechten Winkel zur Oberfläche des Sprosses. Zellen in Schicht 3 (L3, Corpus) können sich in jeder Ebene teilen. An einer Seite des Meristems ist die Bildung einer Blattanlage dargestellt. Maßstab = 10 µm. Aufnahmen mit freundlicher Genehmigung von M. Griffiths.

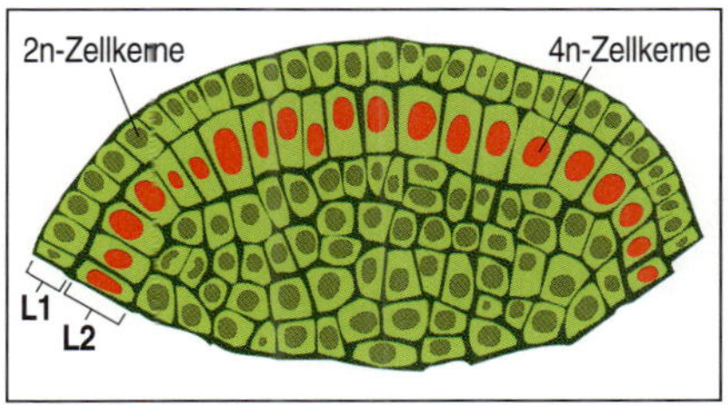

7.10 Chimäres Meristem (Periklinalchimäre), das aus Zellen mit zwei verschiedenen Genotypen besteht. In der L1-Schicht sind die Zellen diploid, während die L2-Zellen tetraploid sind; sie verfügen über die doppelte Chromosomenzahl wie im Normalfall und sind, da sie größer sind, leichter zu erkennen. Nach Steeves et al. 1989.

äußerste Schicht und nur eine Zelle dick. Unter L1 befindet sich die Schicht L2, die ebenfalls eine Schichtdicke von nur einer Zelle aufweist. Sowohl in L1 als auch in L2 verlaufen die Zellteilungen **antiklin** – das heißt, die Teilungsebene liegt senkrecht zur Schicht. Auf diese Weise bleibt die Organisationsstruktur der Schichten erhalten. L3 ist die innerste Schicht; hier können sich die Zellen entlang jeder Ebene teilen. L1 und L2 bezeichnet man meist als Tunica und L3 als Corpus.

Mit Hilfe von pflanzlichen Chimären hat man in jeder Schicht das Entwicklungsschicksal der Zellen ermittelt. Chimäre Gewebe bestehen aus Zellen zweier verschiedener Genotypen, die sich aufgrund bestimmter Merkmale voneinander unterscheiden: etwa durch polyploide Zellkerne, die zusätzliche Chromosomensätze enthalten, oder die Pigmentierung. Chimären entstehen, wenn man das Meristem bestrahlt oder mit Chemikalien wie Colchicin behandelt. Dadurch werden die Zellen polyloid, da so zwar die Kernteilung, nicht aber die Chromosomenteilung blockiert wird. Es gibt die Möglichkeit, sogenannte **Periklinalchimären** herzustellen, bei denen eine der drei Meristemschichten einen genetischen Marker besitzt, der die Zellen und deren Nachkommen von den anderen beiden Schichten unterscheidet (Abbildung 7.10).

Verfolgt man das Entwicklungsschicksal der markierten Zellen, so kann man sehen, welche Strukturen aus jeder Schicht hervorgehen. Bei den Angiospermen entsteht aus der Schicht L1 die Epidermis aller pflanzlichen Strukturen, während L2 und L3 sowohl an Cortex- als auch an Gefäßstrukturen beteiligt sind. Obwohl die drei Schichten ihre Identität im Zentralbereich des Meristems während langer Perioden des Wachstums beibehalten, teilen sich die Zellen der L1- oder der L2-Schicht manchmal **periklin**, so daß parallel zur Meristemoberfläche neue Zellwände gebildet werden und eine der neuen Zellen in die benachbarte Schicht eindringt. Diese Zelle entwickelt sich dann entsprechend ihrer neuen Position. Hier zeigt sich, daß das Entwicklungsschicksal einer Zelle nicht zwangsläufig von der Meristemschicht bestimmt wird, in der die Zelle entstand. Die L2-Schicht wird ebenfalls durch perikline Teilungen unterbrochen, sobald es zur Blattbildung kommt. In frühen Stadien der Blattdetermination spricht man auch von einer Blattanlage (*leaf primordium*) (Abbildung 7.9).

Wichtig sind Informationen darüber, welche pflanzlichen Strukturen wie etwa einzelne Internodien oder Blätter aus welchen Bereichen des Meristems stammen. Dies läßt sich mit Hilfe einer Klonalanalyse feststellen – ähnlich wie man sie bei Untersuchungen an *Drosophila* benutzt (Exkurs 5.2, Seite 175). Durch Röntgenstrahlung oder Aktivierung eines Transposonelements kann man einzelne mutierte oder anderweitig unterscheidbare Meristemzellen herstellen. Auf diese Weise erhält man markierte Zellen, die zum Beispiel eine andere Farbe besitzen als

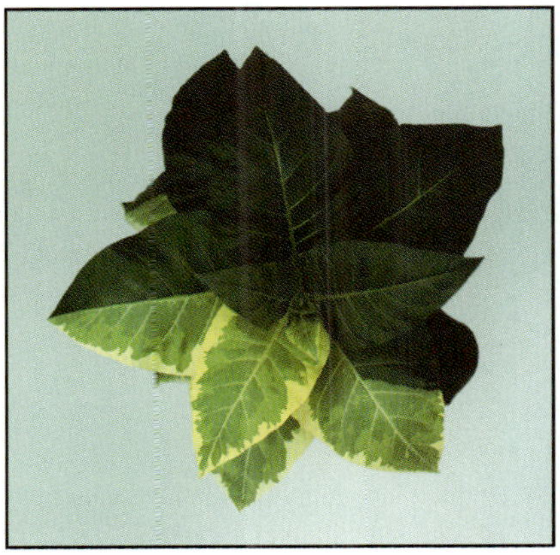

7.11 Meriklinalchimäre einer Tabakpflanze. Die L2-Schicht des apikalen Sproßmeristems enthält eine Albinomutation. Der betroffene Bereich nimmt etwa ein Drittel des Sproßumfangs ein. Das deutet darauf hin, daß es im Sproßmeristem drei apikale Initialzellen gibt. Aufnahme mit freundlicher Genehmigung von S. Poethig.

die übrige Pflanze. Da es während der Pflanzenentwicklung nicht zu Zellwanderungen kommt, bilden alle Zellen, die aus einer markierten Meristemzelle stammen, beim Wachstum der Pflanze einen zusammenhängenden Bereich markierter Zellen. Die so entstehenden chimären Pflanzen nennt man **Meriklinalchimären**, da der Klon nur einen einzigen Abschnitt der Pflanze oder eines Organs markiert (Abbildung 7.11).

Die Untersuchung von Meriklinalchimären des Mais, die aus bestrahlten Samen gezogen wurden, zeigt, daß das häufigste Entwicklungsmuster einen markierten Abschnitt betrifft, der an der Basis des Internodiums beginnt, sich in apikaler Richtung erstreckt und in einem Blatt endet. Einige **Klone** erstrecken sich nur über ein einziges Internodium, während sich andere über Abschnitte von bis zu 13 Internodien ausdehnen. Daraus kann man ersehen, daß Initialzellen schließlich aus dem Meristem verdrängt werden, wobei einige jedoch sehr lange existieren und an der Entstehung mehrerer aufeinanderfolgender Knoten-Internodium-Module beteiligt sind. Bei ähnlichen Experimenten mit Sonnenblumen hat man markierte Klone gefunden, die sich über mehrere Internodien bis hinauf zum **Blütenstand (Infloreszenz)** erstrecken. Das bedeutet, daß dieselbe Initialzelle sowohl vegetative als auch Blütenstrukturen bilden kann.

Wenn man die verschiedenen Muster der klonalen Sektoren untersucht, die aus einzelnen Zellen hervorgehen, findet man häufig, daß solche Sektoren ähnliche, aber nicht identische Bereiche des Vegetationskörpers bilden. Das heißt, daß das Schicksal einer bestimmten Zelle nicht genau festgelegt ist. Die vorhandene Ähnlichkeit deutet jedoch darauf hin, daß das Zellteilungsmuster vorhersagbar ist. Die Experimente zur Klonanalyse deuten darauf hin, daß Initialzellen einfach diejenigen Zellen sind, die sich zu einer bestimmten Zeit zufällig im Zentralbereich des Meristems befinden. Die meisten Initialzellen werden nach einiger Zeit aus dem Meristem verdrängt und durch andere Zellen ersetzt. Die Selbsterneuerung der Initialzellen ist eine Folge ihrer Position und nicht eines inhärenten Unterschieds gegenüber anderen Meristemzellen.

Anhand der Ergebnisse einer Klonanalyse kann man einen groben Anlagenplan für das apikale Sproßmeristem des gereiften Maisembryos im Samenkorn erstellen. Der Anlagenplan des Meristems kann nur ein ungefähres Bild vermitteln. Denn es ist nicht möglich, eine Zelle an einer bestimmten Position im embryonalen Meristem zu markieren und dann ihre Entwicklung zu verfolgen, da die Zellen im Samen nicht zugänglich sind. Anlagenpläne für Pflanzen geben daher mehr Wahrscheinlichkeiten an und beruhen auf indirekten Methoden.

Die Anzahl der klonalen Sektoren in einem bestimmten Blatt entspricht der Zahl der Zellen im Meristem, aus denen dieses Blatt hervorgeht. Aus der endgültigen Größe des Klons im Verhältnis zur Gesamtgröße des Organs (zum Beispiel eines Blattes), in dem sich der Klon erstreckt, ergibt sich, aus wievielen Meristemzellen dieses Blatt entstanden ist. Wenn zum Beispiel ein markierter Klon etwa ein Viertel des Blattes einnimmt und man davon ausgeht, daß er von einer einzigen markierten Zelle abstammt, liegt die Zahl der Meristemzellen, die an diesem Blatt beteiligt sind, etwa bei vier.

Nach Abgleich der apparenten Zellzahl mit der tatsächlichen Anzahl und Position der Zellen im Meristem kann man einen voraussichtlichen Anlagenplan erstellen. Solche Pläne geben an, aus welchen Domänen im Meristem mit einer gewissen Wahrscheinlichkeit eine bestimmte Region des Vegetationskörpers hervorgeht (Abbildung 7.12). Im gereiften embryonalen Apikalmeristem beim Mais existieren bereits die

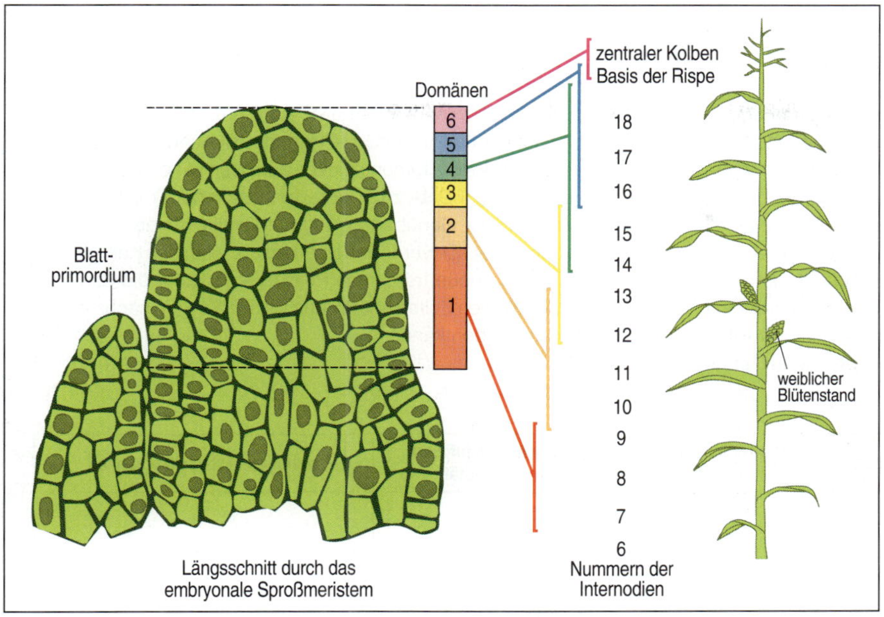

7.12 Voraussichtlicher Anlagenplan des apikalen Sproßmeristems im gereiften Maisembryo auf Grundlage klonaler Analysen. In dem Entwicklungsstadium, in dem die markierten Klone entstanden sind, wurden die ersten sechs Knoten bereits spezifiziert und ihre Blattprimordien angelegt. Da sie nicht zum Meristem gehören, werden sie nicht in die Analyse mit einbezogen. Links ist ein Längsschnitt durch den apikalen Pol des Embryos dargestellt. Die Klonanalyse zeigt, daß der apikale Pol in sechs übereinander geschichtete Domänen gegliedert ist: Jede Domäne enthält eine Gruppe von Initialzellen, aus denen sich ein bestimmter der Teil der Pflanze entwickelt. Die Zahl der Initialzellen in den Schichten L1 und L2 in jeder Domäne des Embryos kann man anhand der endgültigen Ausdehnung des markierten Sektors in der fertigen Pflanze abschätzen. Rechts ist das Entwicklungsschicksal jeder Domäne in der Maispflanze dargestellt; die Angaben beruhen auf Klonanalysen vieler verschiedener Pflanzen. So geht zum Beispiel aus Domäne 6, die aus den drei vordersten apikalen L1-Zellen des Meristems besteht, der endständige männliche Blütenstand hervor. Das Entwicklungsschicksal der Zellen in den anderen Domänen läßt sich weniger genau zuordnen. So kann zum Beispiel Domäne 5, zu der ein Bereich von etwa acht L1-Zellen gehört, die Domäne 6 umgeben, zusammen mit vier darunterliegenden L2-Zellen die Knoten 16, 17 oder 18 mitbilden. Bei Domäne 4 sind es die Knoten 14–18 und bei Domäne 3 die Knoten 12–15. Die weiblichen Blütenstände, aus denen die Kolben hervorgehen, wachsen nahe den Blättern in gewissen Abständen entlang des Stammes und leiten sich ebenfalls aus den entsprechenden Domänen ab. Nach McDaniel et al. 1988.

ersten sechs Blattanlagen; sie sind in der hier dargestellten Karte nicht enthalten. Zum Zeitpunkt der Kloninduktion enthält das Meristem etwa 335 Zellen, aus denen 12 weitere Blätter sowie der weibliche und männliche Blütenstand an der Spitze (Fruchtkolben und Rispe) hervorgehen.

Für *Arabidopsis* hat man anhand einer Klonanalyse des embryonalen Sproßmeristems ebenfalls einen voraussichtlichen Anlagenplan erstellt (Abbildung 7.13). Er zeigt, daß die meisten Zellen des Meristems die ersten sechs Blätter hervorbringen, während der übrige Sproß nur von sehr wenigen Zellen abstammt. Die Anzahl der Blätter ist bei *Arabidopsis* nicht festgelegt; man bezeichnet das Wachstum daher als undeterminiert. Zwischen einer bestimmten Herkunft und Strukturen besteht kein Zusammenhang. Das deutet darauf hin, daß für die Festlegung des Entwicklungsschicksals der Zellen ihre Position entscheidend ist.

Bis jetzt ist nicht bekannt, welche Gene das Verhalten der Zellen im Meristem bestimmen und einige Zellen in einem unabhängigen, pluripotenten Zustand halten, so daß sie sich wie Initialzellen verhalten können. Man vermutet, daß ein Gen mit der Bezeichnung *SHOOT MERISTEMLESS*, das einen Transkriptionsfaktor mit einer Homöodomäne codiert, eine Rolle spielt; ähnliche Homöodomänen hat man bei vielen Entwicklungsgenen von Tieren gefunden. Mutationen in diesem Gen führen bei *Arabidopsis* zu einem Embryo ohne apikalem Meristem. Mutationen im *knotted-1*-Gen vom Mais, das zum *SHOOT MERISTEMLESS*-Gen homolog ist, verursachen Gewebeauswüchse (Knoten) um die Lateralgefäße der Blattfläche herum. Das Protein, das das *knotted-1*-Gen codiert, kommt normalerweise nur in Meristemen und im Leitungsgewebe vor. Die Vorstellung, daß es Zellen in einem undifferenzierten und pluripotenten Zustand festhalten kann, geht auf Experimente zurück, bei denen das Maisgen in transgenen Tabakpflanzen überexprimiert wurde; die entsprechenden Methoden werden in Exkurs 7.2 beschrieben. Transgene Pflanzen, die große Mengen des Proteins exprimieren, bilden auf den Blattoberflächen kleine ektopische Sprosse.

Exkurs 7.2: Transgene Pflanzen

Bei einem der häufigsten Verfahren zur Herstellung transgener Pflanzen mit neuen und veränderten Genen infiziert man Pflanzengewebe in Kultur mit *Agrobacterium tumefaciens*. Dieses Bakterium verursacht normalerweise Wurzelhalstumoren. *Agrobacterium* greift von Natur aus in das genetische Material ein. Es enthält ein **Plasmid**, das Ti-Plasmid, mit den Genen, die für die Transformation und Proliferation infizierter Zellen erforderlich sind, damit ein Kallus gebildet wird. Während der Infektion wird ein Teil des Plasmids, die T-DNA (unten rot dargestellt), auf das Genom der Pflanzenzelle übertragen und dort stabil integriert. Experimentell in die T-DNA eingefügte Gene werden also auch auf die Chromosomen der Pflanzenzelle übertragen. Ti-Plasmide, die soweit modifiziert wurden, daß sie keine Tumoren mehr auslösen, aber weiterhin in der Lage sind, die T-DNA zu übertragen, verwendet man vielfach als Vektoren für die Genübertragung auf zweikeimblättrige Pflanzen. Aus den genetisch veränderten Pflanzenzellen des Kallus kann eine vollständige neue transgene Pflanze entstehen, die das eingeführte Gen in allen Zellen enthält und es auch an die nächste Generation weitergeben kann.

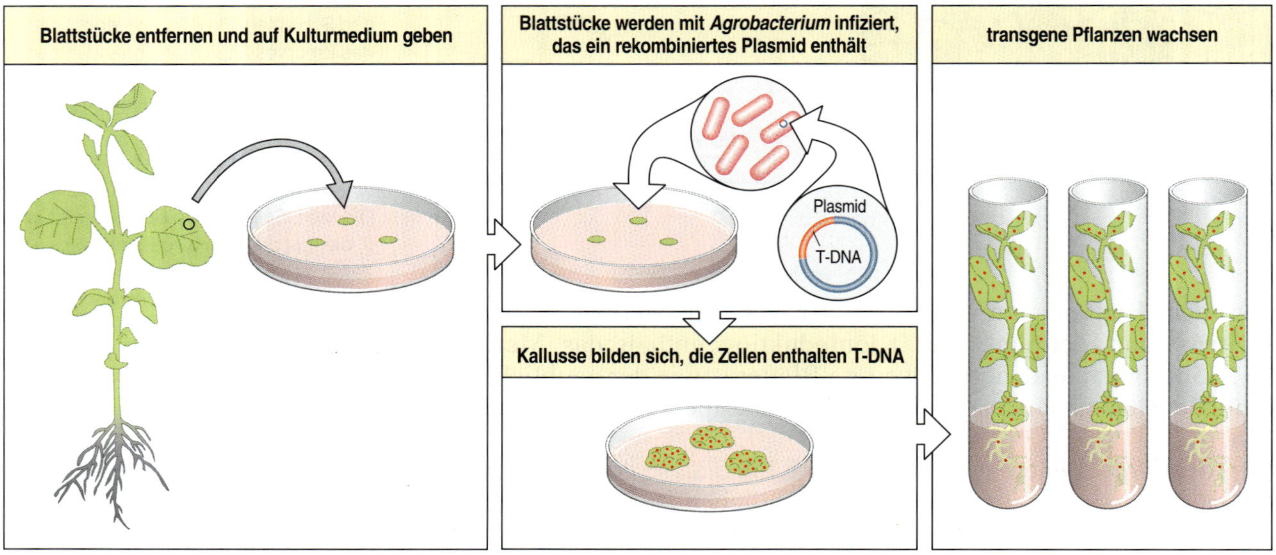
Blattstücke entfernen und auf Kulturmedium geben
Blattstücke werden mit *Agrobacterium* infiziert, das ein rekombiniertes Plasmid enthält
Plasmid
T-DNA
Kallusse bilden sich, die Zellen enthalten T-DNA
transgene Pflanzen wachsen

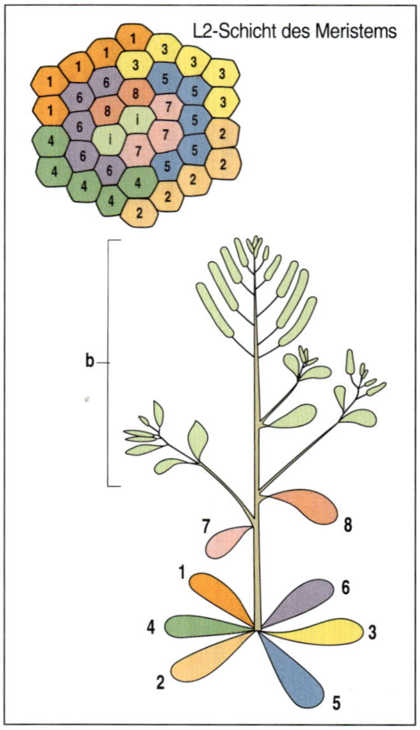
L2-Schicht des Meristems
b

7.13 Voraussichtlicher Anlagenplan des embryonalen Sproßmeristems von *Arabidopsis*. Die L2-Schicht des Meristems ist als von oben betrachtete ebene Fläche dargestellt. Die Zahlen entsprechen den Blättern in der darunter abgebildeten Pflanze, an denen die einzelnen Gruppen der Meristemzellen jeweils beteiligt sind. So wird auch die Reihenfolge deutlich, in der die Blätter entstehen. Der Blütensproß (b) entwickelt sich aus wenigen Zellen im Zentrum der Schicht. Nach Irish 1991.

Der dominante *KNOTTED*-Phänotyp des Mais beruht auf einer ektopischen Expression des *knotted-1*-Gens in den Blättern, die zu einer übermäßigen Zellteilung führt. Das knotted-Protein, das normalerweise in allen Schichten außer in L1 exprimiert wird, kommt dann auch in L1 vor. Das zeigt, daß dieses Protein wahrscheinlich über die Plasmodesmen von Zelle zu Zelle wandern kann.

7.8 Die Meristementwicklung hängt von Signalen der Pflanze ab

In welchem Ausmaß hängt das Verhalten des Meristems von anderen Teilen der Pflanze ab? Anscheinend besitzt es eine gewisse Autonomie. Wenn man es aus benachbartem Gewebe herausschneidet, entwickelt es

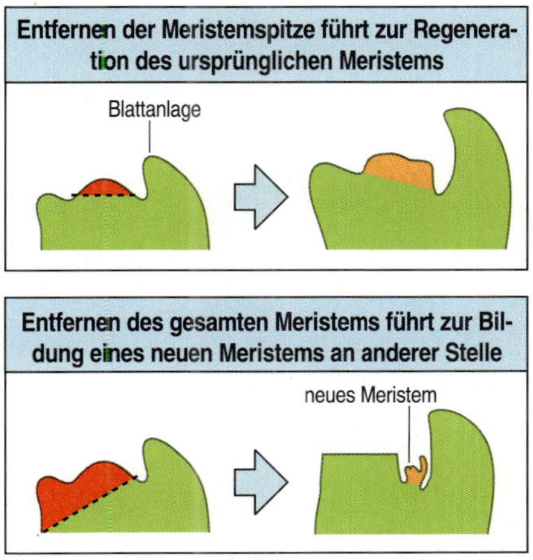
Entfernen der Meristemspitze führt zur Regeneration des ursprünglichen Meristems
Blattanlage
Entfernen des gesamten Meristems führt zur Bildung eines neuen Meristems an anderer Stelle
neues Meristem

7.14 Regulationspotential eines Sproßmeristems. Oben: Wenn man die Spitze des Meristems entfernt, bleibt der größte Teil des Promeristems *in situ* erhalten, und es entsteht ein mehr oder weniger normales neues Meristem. Unten: Entfernt man den größten Teil des Meristems, so ist das Promeristem praktisch auch nicht mehr vorhanden. An der Stelle, an der noch etwas vom Promeristem übrig geblieben ist, bildet sich ein kleines neues Meristem. Nach Sachs 1994.

sich weiter, jedoch häufig wesentlich langsamer. Bei verschiedenen Pflanzenarten wachsen abgeschnittene apikale Sproßmeristeme in Kultur weiter und entwickeln sich zu vollständigen Sprossen mit Blättern, wenn man die Wachstumshormone Auxin und Cytokinin zusetzt. Wechselwirkungen mit der übrigen Pflanze beeinflussen jedoch ebenfalls das Verhalten des Meristems.

Aus dem Apikalmeristem der Maispflanze gehen eine Reihe aufeinanderfolgender Knoten und am Ende schließlich die männliche Blüte, die Rispe, hervor. Vor der Blütenbildung entstehen normalerweise zwischen 16 und 22 Knoten. Diese Zahl wird nicht allein durch das Meristem bestimmt, sondern auch durch dessen Wechselwirkung mit der übrigen Pflanze. Darauf deuten Experimente hin, bei denen man das apikale Meristem der Maispflanze zusammen mit einem oder zwei Anlagen in Kultur hält. Meristeme aus Pflanzen, die bereits bis zu zehn Knoten gebildet haben, entwickeln sich weiter zu normalen Pflanzen mit der richtigen Anzahl von Knoten. Das isolierte Meristem besitzt demnach kein „Gedächtnis" für die Anzahl der Knoten, die es schon hervorgebracht hat und wiederholt den Vorgang von Anfang an. Zur Festlegung der Knotenzahl sind daher Signale von der sich entwickelnden Pflanze zum Meristem erforderlich, die die Knotenbildung beenden und zur Rispenbildung führen. Das Meristem ist demzufolge in den frühen Entwicklungsstadien nicht in bezug auf die Zahl der zu bildenden Knoten determiniert.

Meristeme besitzen ein Regulationspotential. Teilt man zum Beispiel das Meristem eines Erbsenkeimlings durch einen senkrechten Schnitt in zwei Hälften, entwickelt sich jede dieser Hälften zu einem vollständigen Meristem, aus dem ein normaler Sproß entsteht. Bei Lupinen führt die Teilung des Sproßmeristems in vier Quadranten zur Entstehung von vier Meristemen, die jeweils einen Sproß bilden. Unter der Voraussetzung, daß eine Subpopulation von Promeristemzellen vorhanden ist, kann sich ein normales Meristem regenerieren. Wenn also nur ein kleiner Teil der äußersten apikalen Region entfernt wird, könnte sich auch wieder ein normales Meristem entwickeln. Dieses Regulationsverhalten deckt sich mit der Tatsache, daß interzelluläre Wechselwirkungen eine wichtige Rolle bei der Festlegung des zellulären Entwicklungsschicksals spielen. Entfernt man das gesamte Meristem, bildet sich kein neues. Stattdessen kann sich das angelegte Meristem an der Blattbasis weiterentwickeln (Abbildung 7.14). Wachsende Meristeme hemmen das Wachstum anderer Meristeme in ihrer Nähe.

7.9 Die Blätter werden durch Lateralinhibition angeordnet

Beim Wachstum des Sprosses werden innerhalb des Meristems in regelmäßigen Abständen und mit bestimmten Zwischenräumen Blätter gebildet. Das erste Anzeichen für die Blattbildung ist normalerweise eine

Schwellung seitlich des Scheitels, aus der sich eine Blattanlage entwickelt. Diese kleine hervorstehende Stelle entsteht durch lokale Zellvermehrung und ein verändertes Zellteilungsmuster. Außerdem spielen Veränderungen bei der polarisierten Vergrößerung der Zellen eine Rolle. Bei den verschiedenen Pflanzen können Blätter auf sehr unterschiedliche Weise entlang des Sprosses angeordnet sein. Die jeweilige Anordnung, die **Phyllotaxis**, zeigt sich in der Anordnung der Blattanlagen im Meristem. Blätter können an jedem Knoten einzeln, in Paaren oder in Wirteln von drei oder mehr auftreten. Häufig sind die einzelnen Blätter in Spiralen um den Stiel angeordnet, so daß manchmal im Scheitel des Sprosses ein auffälliges helicales Muster entsteht.

Eine Untersuchung des Blattinitiationsmusters bei Pflanzen, die eine spiralige Anordnung der Blätter um den Stamm aufweisen, zeigt, daß eine neue Blattanlage im Zentrum des ersten Zwischenraums außerhalb der Anlage und oberhalb des vorherigen Primordiums entsteht (Abbildung 7.15). Dieses Muster deutet auf einen Mechanismus für die Anordnung der Blätter hin, der auf Lateralinhibition (lateraler Hemmung) beruht, bei der jede Blattanlage die Bildung eines neuen Blattes innerhalb eines bestimmten Bereichs hemmt. Anscheinend verhindern inhibitorische Signale einer gerade gebildeten Blattanlage die Bildung weiterer Blätter dicht daneben. Es gibt experimentelle Hinweise für ein solches Modell bei Pflanzen. Bei Farnen liegen die Blattanlagen weit auseinander, so daß im Experiment mikrochirurgische Eingriffe möglich sind. Zerstört man die Stelle, an der die nächste Anlage entstehen soll, verschiebt sich die zukünftige Blattanlage, die dieser Stelle am nächsten ist, an diese Stelle (Abbildung 7.16).

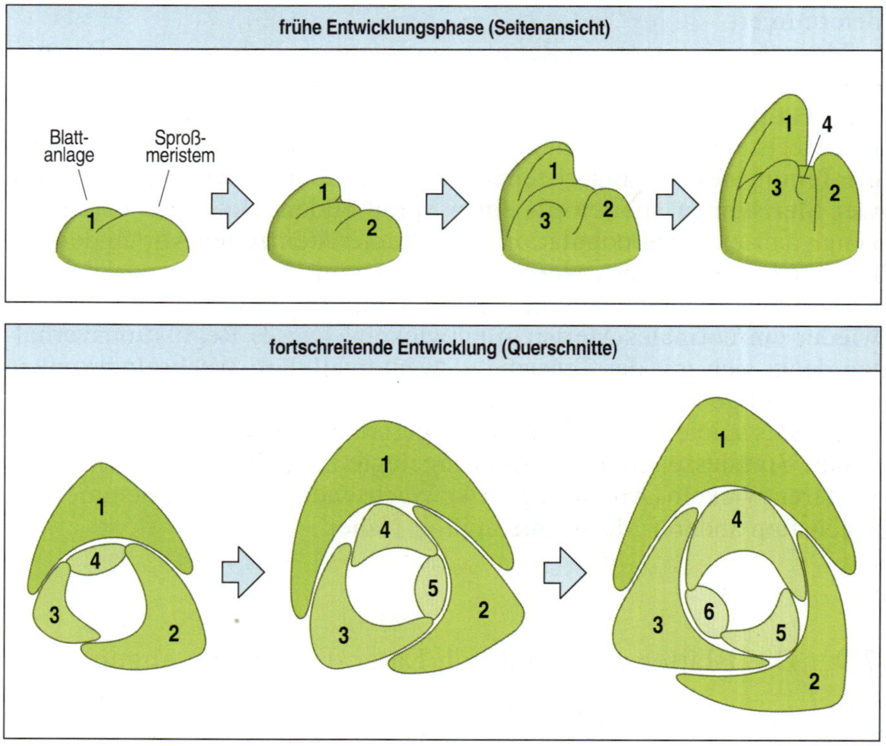

7.15 Phyllotaxis der Blätter. In Sprossen mit spiralig angeordneten Einzelblättern entstehen die Blattanlagen nacheinander entsprechend einem mathematisch regelmäßigen Muster im Meristem. Blattanlagen entstehen etwas außerhalb des Promeristems rund um den apikalen Pol. Eine neue Blattanlage bildet sich immer etwas oberhalb des vorherigen Blattes und in einem festgelegten Drehwinkel davon entfernt. Dabei sind die Blattanlagen häufig von der Sproßspitze aus gesehen helical angeordnet. Oben: Seitenansichten der Sproßspitze. Unten: Darstellung von Querschnitten durch den Sproßscheitel nahe der Spitze in Aufsicht, entsprechend den aufeinanderfolgenden Stadien in der oberen Reihe. Nach Poethig et al. 1985 (oben) und Sachs 1994 (unten).

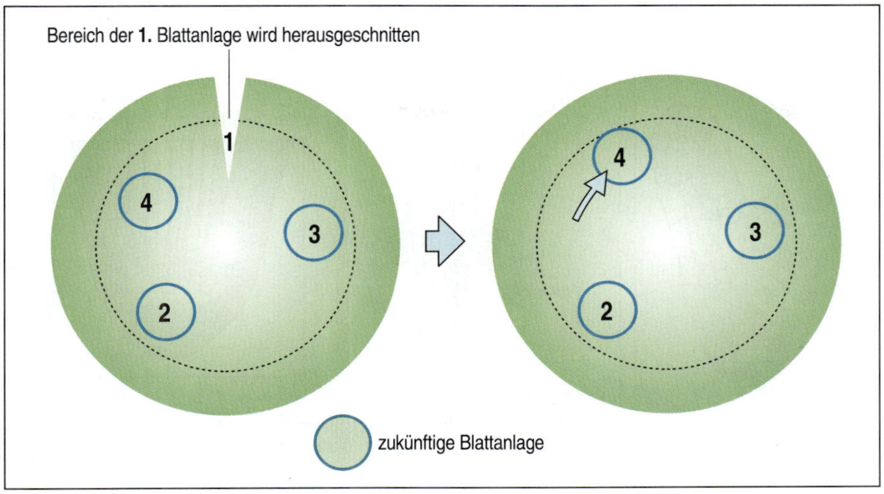

7.16 Eine Lateralinhibition bestimmt möglicherweise die Positionen der Blattanlagen. Bei Farnen führt ein Schnitt in den Meristembereich einer zukünftigen Blattanlage dazu, daß die folgende Anlage zum Schnitt hin verschoben wird.

7.10 Wurzelgewebe entstehen durch ein sehr gleichförmiges Zellteilungsmuster aus den Spitzenmeristemen der Wurzel

Abbildung 7.17 zeigt, wie die Gewebe in der Wurzel von *Arabidopsis* verteilt sind. Das radiale Muster besteht aus einzelnen Schichten von Epidermis-, Cortex-, Endodermis- und Perizykel-Zellen. Spitzenmeristeme der Wurzel ähneln in mehrfacher Hinsicht den Apikalmeristemen des Sprosses. Sie erzeugen die Wurzel in einer ähnlichen Weise wie ein Sproß entsteht. Es gibt jedoch einige wichtige Unterschiede zwischen den Meristemen der Wurzel und des Sprosses. Das Sproßmeristem befindet sich an der äußersten Spitze des Sprosses, während das Wurzelmeristem von einer Wurzelhaube bedeckt ist (die ihrerseits einer Meristemschicht entstammt). Außerdem besitzt die Wurzelspitze keine erkennbare Segmentstruktur, die einem Knoten-Internodium-Blatt-Modul entspricht.

Die Wurzel wird früh angelegt, ihr Ursprung ist bereits in der späten Phase des herzförmigen Embryos erkennbar (Abbildung 7.18). Die Klonanalyse hat gezeigt, daß das Wurzelmeristem auf eine Gruppe von Initialzellen zurückgeht, die aus einer einzigen Zellreihe des Herzembryos entstehen. Jede senkrechte Zellreihe der Wurzel hat ihren Ursprung in einer spezifischen Initialzelle des Meristems, und jede Initialzelle zeigt ein gleichförmiges Zellteilungsmuster, aus der jede senkrechte Reihe hervorgeht. Das normale Zellteilungsmuster ist nicht essentiell. Zerstört man mit einem Laserstrahl einige Meristemzellen, verändert sich das Teilungsmuster. Die Gewebe erweisen sich jedoch als normal, da die zerstörten Zellen aufgrund von neuen Zellteilungen ersetzt werden. Wie bereits erwähnt, zeigen *fass*-Mutanten, bei denen die Zellteilung gestört ist, in der Wurzel ein verhältnismäßig normales Muster. Solche Beobachtungen veranschaulichen die Bedeutung, die interzelluläre Wechselwirkungen bei der Musterbildung in der Wurzel besitzen.

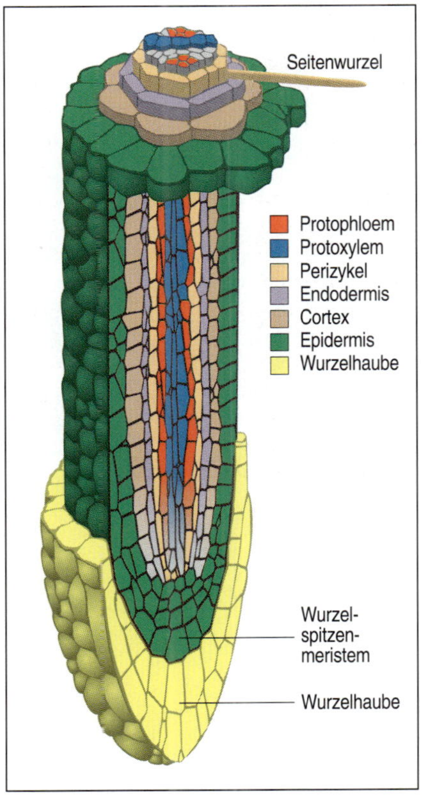

7.17 Struktur der Wurzelspitze von *Arabidopsis*. Wurzeln haben eine radiale Organisationsstruktur. Im Zentrum der wachsenden Wurzelspitze liegt das spätere Leitungsgewebe (Protoxylem und Protophloem), das von weiteren Gewebeschichten umgeben ist.

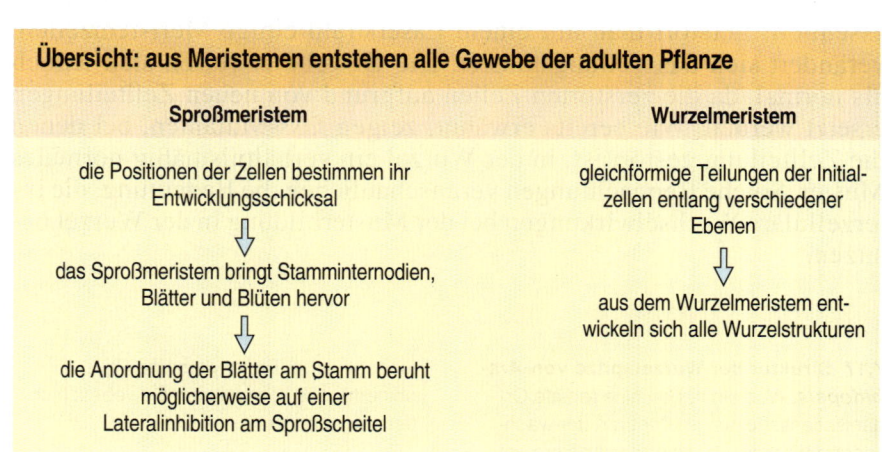

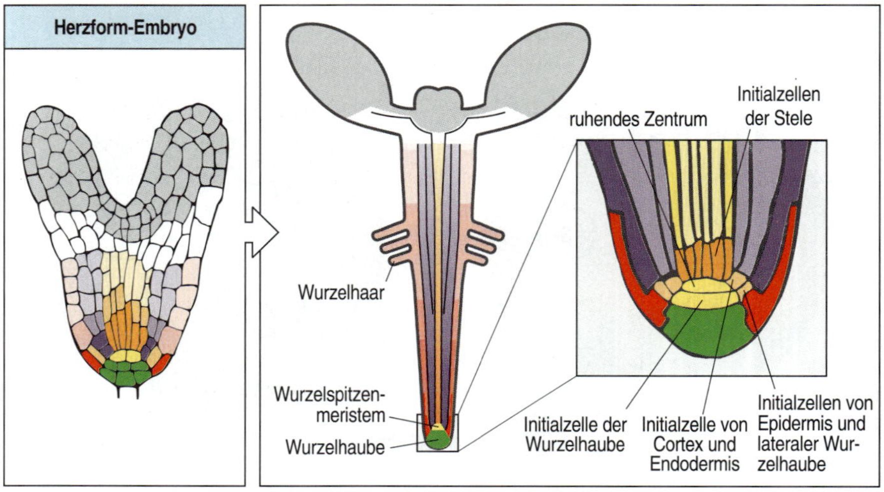

7.18 Anlagenplan der Wurzelregionen im Herzstadium des *Arabidopsis*-Embryos. Die Wurzel wächst durch die Teilungen einer Gruppe von Initialzellen. Das Wurzelmeristem leitet sich aus wenigen Zellen des herzförmigen Embryos ab. Jedes Gewebe der Wurzel entwickelt sich durch die Teilungen einer bestimmten Initialzelle. In der Mitte des Wurzelmeristems befindet sich eine Ruhezone, die sich nicht teilt. Nach Scheres et al. 1994.

Zusammenfassung

Meristeme sind die Wachstumspunkte einer Pflanze. Sie bestehen aus kleinen Bereichen undifferenzierter Zellen, die sich wiederholt teilen können. Aus den Apikalmeristemen an der Spitze von Sproß und Wurzel entwickeln sich sämtliche Organe der Pflanze: Wurzeln, Stamm, Blätter und Blüten. Das Schicksal einer Zelle im Sproßmeristem hängt zweifellos von ihrer Position und nicht von ihrer Herkunft ab. Wird eine Zelle aus einer Schicht in eine andere verlagert, entwickelt sie sich gemäß der neuen Schicht. Anlagenpläne des embryonalen Sproßmeristems bei der Maispflanze zeigen, daß sich das Meristem in Domänen einteilen läßt, die jeweils in den einzelnen Regionen der Pflanze an der Bildung der Gewebe beteiligt sind. Bei der Festlegung des zellulären Entwicklungsschicksals sind anscheinend interzelluläre Wechselwirkungen von Bedeutung. In Übereinstimmung damit zeigen Meristeme ein Regulationspotential, sobald Teile des Meristems entfernt werden. Das Sproßmeristem erzeugt ein für die jeweilige Art spezifisches Blattmuster (Phyllotaxis), dessen Entstehung sich am besten durch eine Art Lateralinhibition erklären läßt. Im Wurzelmeristem sind die Zellen deutlich anders organisiert als im Sproßmeristem, und das Zellteilungsmuster ist wesentlich einheitlicher. Eine Gruppe von Initialzellen hält die Wurzelstruktur aufrecht, indem sie sich entlang verschiedener Ebenen teilt.

Übersicht: aus Meristemen entstehen alle Gewebe der adulten Pflanze

Sproßmeristem	Wurzelmeristem
die Positionen der Zellen bestimmen ihr Entwicklungsschicksal	gleichförmige Teilungen der Initialzellen entlang verschiedener Ebenen
⇩	⇩
das Sproßmeristem bringt Stamminternodien, Blätter und Blüten hervor	aus dem Wurzelmeristem entwickeln sich alle Wurzelstrukturen
⇩	
die Anordnung der Blätter am Stamm beruht möglicherweise auf einer Lateralinhibition am Sproßscheitel	

Blütenbildung

Blüten enthalten die Reproduktionszellen der höheren Pflanzen; sie entwickeln sich aus dem Sproßmeristem. Bei den meisten Pflanzen unterliegt der Übergang von einem vegetativen Sproßmeristem zu einem **Blütenmeristem** (*floral meristem*), das die Blüte hervorbringt, größtenteils oder vollständig den Einflüssen der Umgebung. Tageslänge und Temperatur sind dabei entscheidende Faktoren. Blüten sind aufgrund der Anordnung ihrer verschiedenen Organe (Kelchblätter, Blütenblätter, Staubgefäße und Fruchtblätter) ziemlich komplexe Strukturen. Daher ist es wichtig zu wissen, wie sie aus dem Blütenmeristem entstehen. Hier befassen wir uns mit den Mechanismen, die für die Musterbildung der Blüte verantwortlich sind, insbesondere mit den Genen, die die Identität der Blütenorgane bestimmen.

Anscheinend steuern drei Klassen von Genen die grundlegende Musterbildung einer Blüte. Die Gene für die Organidentität spezifizieren die verschiedenen Blütenorgane, sie besitzen eine ähnliche Funktion wie die homöotischen Selektorgene bei Tieren (Abschnitt 5.15). Die Katastergene (*cadastral genes*) bestimmen die Expressionsgrenzen der Organidentitätsgene und verhindern eine ektopische Expression dieser Gene. Die Expression der Meristemidentitätsgene verwandelt ein vegetatives Sproßmeristem in ein Blütenmeristem.

7.11 Homöotische Gene bestimmen die Identität der Blütenorgane

Bei einem blühenden Sproß wandelt sich das Sproßmeristem in ein Blütenstandsmeristem um, das dann ein oder mehrere Blütenmeristeme bilden kann, von denen sich jedes zu einer einzelnen Blüte entwickelt. Die **Blütenorgananlagen** (*floral organ primordia*), aus denen die einzelnen Teile der Blüte hervorgehen, bilden sich im Blütenmeristem durch ein bestimmtes Zellteilungsmuster mit anschließender Vergrößerung und Differenzierung der Zellen. Eine Blüte besteht aus vier konzentrischen Wirteln bestimmter Strukturen (Abbildung 7.19). Diese entsprechen der Anordnung der Blütenorgananlagen im Meristem. Die Kelchblätter (1. Wirtel) entstehen aus dem äußersten Ring des Meristemgewebes, die Blüten- oder Kronblätter (2. Wirtel) gehen aus einem Gewebering hervor, der sich nach innen direkt daran anschließt. Ein noch weiter innen liegender Gewebering bildet die männlichen Reproduktionsorgane, die Staubgefäße (3. Wirtel). Die weiblichen Reproduktionsorgane, die Fruchtblätter (4. Wirtel), entwickeln sich aus dem Zentrum des Meristems. Ein Blütenmeristem von *Arabidopsis* hat 15 verschiedene Anlagen, aus denen sich eine Blüte mit vier Kelchblättern, vier Blütenblättern, sechs Staubgefäßen und einem Stempel aus zwei Fruchtblättern entwickelt (Abbildung 7.19). Die Anlagen bilden sich an ganz bestimm-

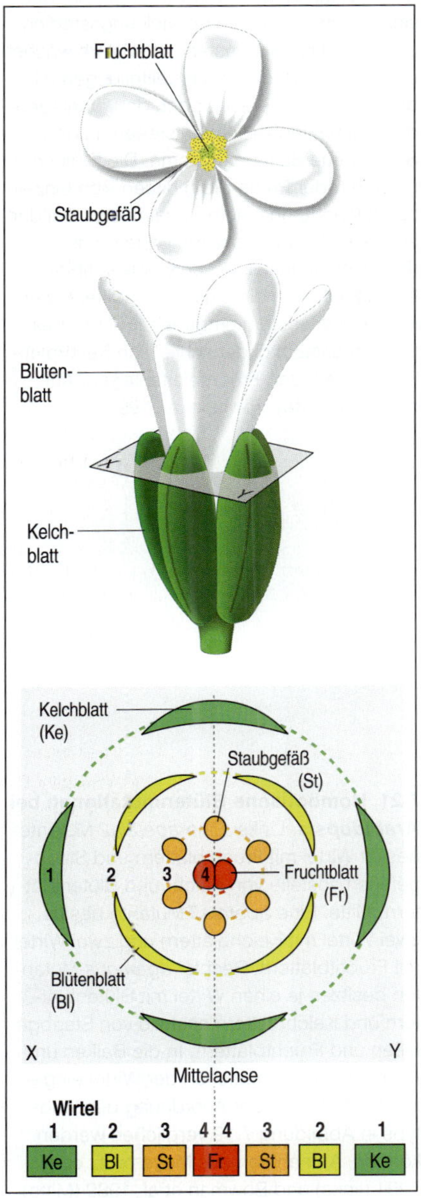

7.19 Struktur der Blüte von *Arabidopsis*. Oben: Die Blüten sind radiärsymmetrisch. Sie besitzen einen äußeren Ring aus vier identischen grünen Kelchblättern, die vier identische weiße Blütenblätter umschließen. Darin wiederum befindet sich ein Ring aus sechs Staubgefäßen (Staubblättern) mit zwei Fruchtblättern in der Mitte. Unten: Blütendiagramm von *Arabidopsis* als Querschnitt in der Ebene, die in der oberen Abbildung eingezeichnet ist. Dies ist eine häufige Darstellungsweise für die Anordnung der Blütenteile. Dabei kann man die Zahl der Blütenteile in jedem Wirtel und ihre Anordnung in Relation zueinander erkennen. Nach Coen et al. 1991.

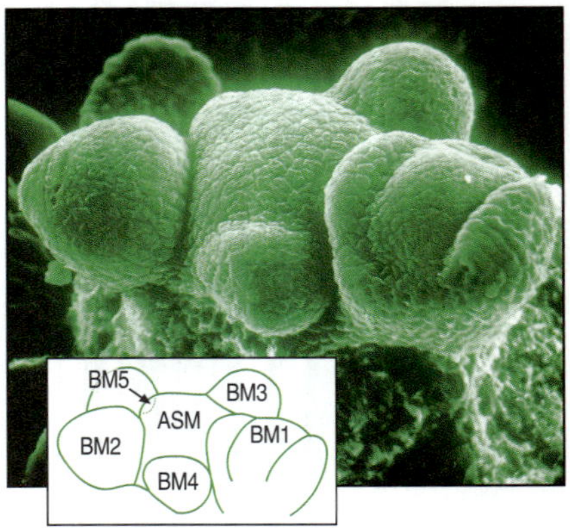

7.20 Rasterelektronenmikroskopische Aufnahme eines Blütenstandsmeristems von *Arabidopsis*. Das zentrale Blütenstandsmeristem (apikales Sproßmeristem, ASM) ist von mehreren aufeinanderfolgenden Blütenmeristemen (BM) umgeben, die sich in verschiedenen Entwicklungsstadien befinden. Das Blütenstandsmeristem wächst undeterminiert, durch die Zellteilungen bilden sich neue Zellen für den darunterliegenden Stamm; außerdem entstehen an den Seiten neue Blütenmeristeme. Die Blütenmeristeme (oder Primordien) bilden sich einzeln nacheinander in einem Spiralmuster. Bei der am weitesten entwickelten Blüte rechts (BM1) ist die Initiation von vier Kelchblattanlagen zu sehen, die ein noch undifferenziertes Blütenmeristem umgeben. Ein solches Blütenmeristem bildet schließlich Kelchblatt-, Staubgefäß- und Fruchtblattanlagen. Aufnahme aus Meyerowitz et al. 1991.

ten Stellen im Meristem, wo sie sich zu den jeweils charakteristischen Strukturen entwickeln (Abbildung 7.20). Während der Blütenentwicklung bei *Antirrhinum* (Löwenmäulchen) kommt es zu einer klonalen Restriktion auf die einzelnen Wirtel. Dies entspricht etwa der klonalen Restriktion bei den Kompartimenten von *Drosophila* (Abschnitt 5.15). Eine entscheidende Frage ist dabei, wie die Zellen der Blüte während der Entwicklung ihre räumliche Identität erwerben und aufrechterhalten.

Bei *Arabidopsis* und anderen Pflanzen hat man **homöotische Mutationen** entdeckt, die zu einer anomalen Blütenentwicklung führen. Dabei ersetzt ein Typ von Blütenteilen einen anderen. So besitzt beispielsweise die *apetela2*-Mutante Fruchtblätter anstelle von Kelchblättern und Staubgefäße anstelle von Blütenblättern. Die *pistillata*-Mutante hat Blütenblätter anstelle von Kelchblättern und Fruchtblätter anstelle von Staubblättern. Mit Hilfe solcher Mutationen kann man die Blütenorganidentitätsgene finden und ihre Funktionsweise ermitteln.

Die homöotischen Blütenmutationen von *Arabidopsis* lassen sich in drei Klassen einteilen, wobei jede Klasse die Organe zweier benachbarter Wirtel verändert (Abbildung 7.21). Die erste Klasse von Mutationen, zu denen auch *apetala2* gehört, beeinflußt den 1. und 2. Wirtel, wobei im 1. Wirtel Fruchtblätter anstelle von Kelchblättern und im 2. Wirtel Staubgefäße anstelle von Blütenblättern entstehen. Der Phänotyp der Blüte lautet daher von außen nach innen: Fruchtblatt, Staubgefäß, Staubgefäß, Fruchtblatt. Die zweite Klasse der homöotischen Blütenmutationen verändert den 2. und 3. Wirtel. In dieser Klasse stehen bei der *apetala3*- und *pistillata*-Mutante im 2. Wirtel Kelchblätter anstelle von Blütenblättern und im 3. Wirtel Fruchtblätter anstelle von Staubgefäßen. Der Phänotyp lautet dann: Kelchblatt, Kelchblatt, Fruchtblatt, Fruchtblatt. Die dritte Klasse von Mutationen betrifft den 3. und 4. Wirtel. Dabei findet man am 3. Wirtel Blütenblätter anstelle von Staubgefäßen und am 4. Wirtel Kelchblätter oder verschiedene andere Strukturen. Die *agamous*-Mutante, die zu dieser Klasse gehört, besitzt in der Mitte anstelle der Reproduktionsorgane einen zusätzlichen Satz Kelch- und Blütenblätter.

Diese mutierten Phänotypen kann man durch ein relativ einfaches Modell der Genaktivität erklären. Nehmen wir an, das Blütenmeristem ist in drei überlappende Bereiche A, B und C geteilt. Dabei entspricht jede Region einem Aktivitätsbereich der drei Klassen von homöotischen Mutationen (Abbildung 7.22). Bereich A entspricht also dem 1. und 2. Wirtel, B dem 2. und 3. Wirtel und C dem 3. und 4. Wirtel. Als nächstes nehmen wir an, daß es drei regulatorische Funktionen gibt (*a*, *b* und *c*), die in den Regionen A, B und C aktiv sind. Kombiniert können diese Funktionen jedem Wirtel eine spezifische Identität geben und so die

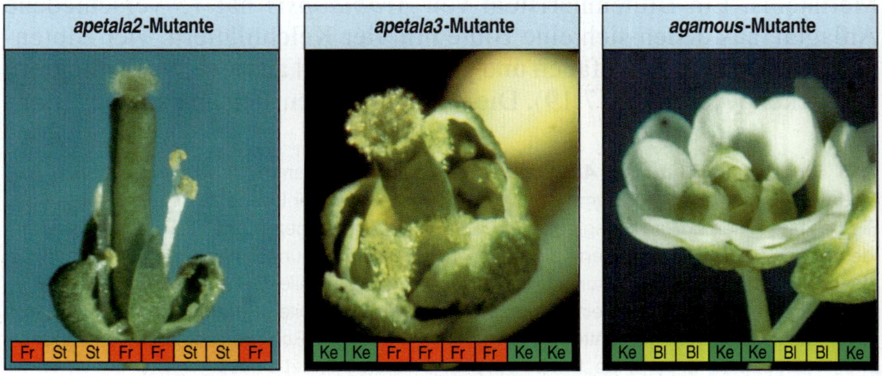

7.21 Homöotische Blütenmutationen bei *Arabidopsis*. Links: Eine *apetala2*-Mutante besitzt Wirtel mit Fruchtblättern und Staubgefäßen anstelle von Kelch- und Blütenblättern. Mitte: Eine *apetala3*-Mutante besitzt zwei Wirtel mit Kelchblättern und zwei Wirtel mit Fruchtblättern. Rechts: *agamous*-Mutanten besitzen je einen Wirtel mit Blütenblättern und Kelchblättern anstelle von Staubgefäßen und Fruchtblättern. In die Balken unten sind Transformationen der Wirtel eingezeichnet, die mit der Anordnung des Wildtyps in Abbildung 7.19 verglichen werden können. Aufnahmen aus Meyerowitz et al. 1991 (links) und Bowman et al. 1989 (Mitte).

Organidentität festlegen (Abbildung 7.23, links). Funktion *a* wird im 1. und 2. Wirtel, *b* im 2. und 3. Wirtel und *c* im 3. und 4. Wirtel exprimiert. Darüber hinaus hemmt die *a*-Funktion die *c*-Funktion im 1. und 2. Wirtel, und die *c*-Funktion die *a*-Funktion im 3. und 4. Wirtel. Das heißt, die Funktionen *a* und *c* schließen sich gegenseitig aus. Ein Blütenmeristem, in dem nur die *a*-Aktivität vorhanden ist (das entspricht dem 1. Wirtel), entwickelt Kelchblätter; *a* und *b* zusammen bewirken die Entwicklung von Blütenblättern im 2. Wirtel; *b* und *c* zusammen spezifizieren Staubgefäße im 3. Wirtel; und *c* allein bestimmt die Bildung von Fruchtblättern im 4. Wirtel. Die homöotischen Mutationen zerstören nun die Funktionen *a*, *b* oder *c*. So zerstören Mutationen der ersten Klasse (wie zum Beispiel *apetala2*-Mutationen) die Funktion *a*; dadurch wird die Expression von *c* im 1. und 2. Wirtel nicht mehr verhindert und *c* in allen Wirteln exprimiert. Das führt zum Phänotyp Fruchtblatt, Staubgefäß, Staubgefäß, Fruchtblatt (Abbildung 7.23, Mitte). Mutationen von *b*, die wie *apetala3* zur zweiten Mutationsklasse gehören, führen dazu, daß im 1. und 2. Wirtel ausschließlich *a* und im 3. und 4. Wirtel ausschließlich *c* aktiv ist. Als Phänotyp ergibt sich dann: Kelchblatt, Kelchblatt, Fruchtblatt, Fruchtblatt. Mutationen der Gene der *c*-Funktion (zum Beispiel *agamous*) führen dazu, daß *a* in allen Wirteln aktiv ist und der Phänotyp Kelchblatt, Blütenblatt, Blütenblatt, Kelchblatt entsteht (Abbildung 7.23, rechts).

Alle bis jetzt entdeckten homöotischen Blütenmutanten lassen sich recht gut mit diesem Modell erklären. Außerdem ist es möglich, jeder regulatorischen Funktion bestimmte Gene zuzuordnen. Funktion *a* entspricht der Aktivität der *a*-Funktions-Gene wie *APETALA2*, *b* entspricht *APETALA3* und *PISTILLATA*, und *c* entspricht *AGAMOUS*. Das Modell erklärt auch den Phänotyp von Doppelmutanten, zum Beispiel *apetala2* und *apetala3* oder *apetala3* und *pistillata* (Abbildung 7.24).

Eine andere Möglichkeit, die Aktivität dieser homöotischen Gene zu untersuchen, besteht darin, den Phänotyp der Blüte zu betrachten, wenn alle Aktivitäten fehlen, und dann zu beobachten, was passiert, wenn sie

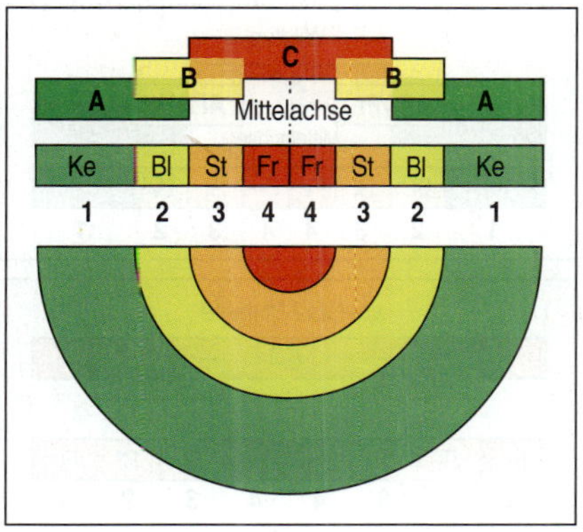

7.22 Die drei überlappenden Regionen des Blütenmeristems von *Arabidopsis*, die durch Mutationen der homöotischen Blütenorganidentitätsgene identifiziert wurden. Region A entspricht dem 1. und 2. Wirtel, B dem 2. und 3. Wirtel, und C dem 3. und 4. Wirtel.

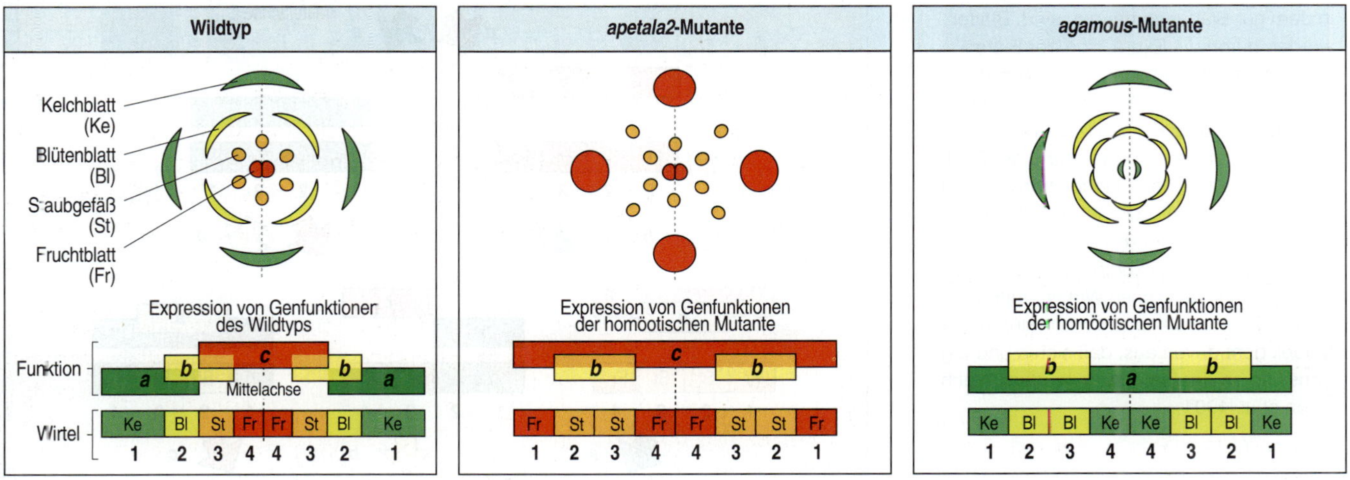

7.23 Modell für die Musterbildung der Blüte von *Arabidopsis*. Bei der Wildtypblüte (links) geht man davon aus, daß die drei regulatorischen Funktionen *a*, *b* und *c* im 1. und 2., 2. und 3. beziehungsweise 3. und 4. Wirtel exprimiert werden. *a* allein spezifiziert Kelchblätter, *a* und *b* zusammen spezifizieren Blütenblätter, *b* und *c* Staubgefäße und *c* allein Fruchtblätter. Mutationen verändern die Bereiche im Meristem, in denen diese Funktionen exprimiert werden. Bei der *apetala2*-Mutante (Mitte) fehlt die Funktion *a*, und *c* ist im gesamten Meristem aktiv. Das führt zu einem Halbblütenmuster aus Fruchtblatt, Staubgefäß, Staubgefäß, Fruchtblatt. Bei der *agamous*-Mutante (rechts) gibt es keine *c*-Funktion, und *a* wird überall im Meristem exprimiert. So entsteht das Halbblütenmuster aus Kelchblatt, Blütenblatt, Blütenblatt, Kelchblatt. Nach Dennis et al. 1993.

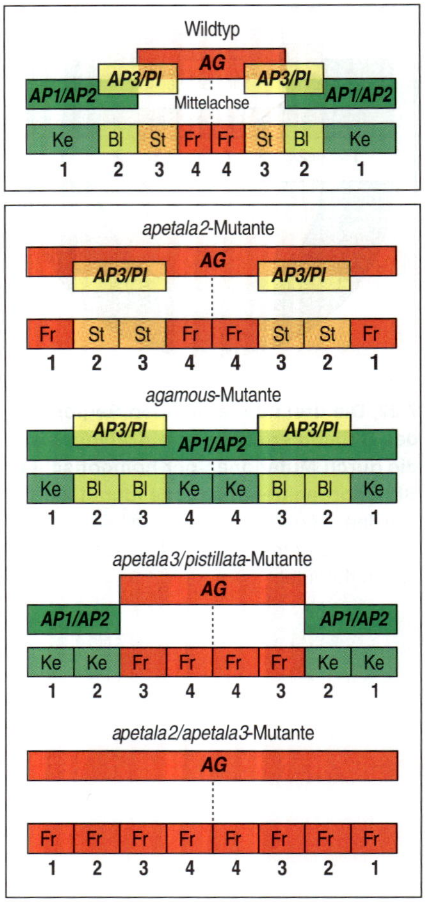

7.24 Modell der Genaktivitäten, die das Blütenmuster von *Arabidopsis* bestimmen. Das Gen *APETALA1* (*AP1*) wird im 1. und 2. Wirtel exprimiert, *APETALA3* (*AP3*) und *PISTILLATA* (*PI*) im 2. und 3. Wirtel, und *AGAMOUS* (*AG*) im 3. und 4. Wirtel. Für die Entstehung der Kelchblätter sind *APETALA1* und *APETALA2* erforderlich (*APETALA2* wird in allen Wirteln exprimiert, wirkt jedoch bei der Spezifizierung der Organidentitäten nur zusammen mit dem *APETALA1*-Gen, das auf den 1. und 2. Wirtel beschränkt ist). Für die Entstehung von Blütenblättern ist eine Kombination aus *APETALA1* und *APETALA2* zusammen mit *APETALA3* und *PISTILLATA* erforderlich. Staubgefäße benötigen *APETALA3* und *PISTILLATA* mit *AGAMOUS*. Für die Entwicklung von Fruchtblättern darf nur *AGAMOUS* allein aktiv sein. Mutationen, die das Expressionsmuster von einem oder mehreren dieser Gene verändern, führen zu verschiedenen Expressionsmustern der anderen Gene und zu homöotischen Transformationen der Blütenteile. Nach Meyerowitz et al. 1991.

einzeln wieder hinzugefügt werden (Abbildung 7.25). Ein ähnliches Verfahren hatte dazu gedient, die homöotischen Gene zu ermitteln, die die Segmentidentitäten bei *Drosophila* spezifizieren (Abbildung 5.37). Wenn alle drei Genklassen fehlen, besteht die Blüte aus Wirteln mit identischen blattartigen Organen. Dies kann man als den Grundzustand der Entwicklung ansehen. Durch das Einschleusen von Genen der *a*-Funktion zum Grundzustand werden in allen Wirteln Kelchblätter gebildet, bei Einführung von Genen der *c*-Funktion entstehen nur Fruchtblätter. Führt man sowohl *a*- als auch *c*-Gene ein, entsteht der Phänotyp einer Halbblüte: Kelchblatt, Kelchblatt, Fruchtblatt, Fruchtblatt. Das zeigt in Übereinstimmung mit dem oben beschriebenen Modell, daß die Expression von *a* und *c* hier aufgrund ihrer gegenseitigen Hemmung auf die Bereiche A beziehungweise C beschränkt ist.

Das Modell sagt eindeutig voraus, daß es im Meristem spezifische räumliche Genaktivitätsmuster geben muß. So sollten zum Beispiel

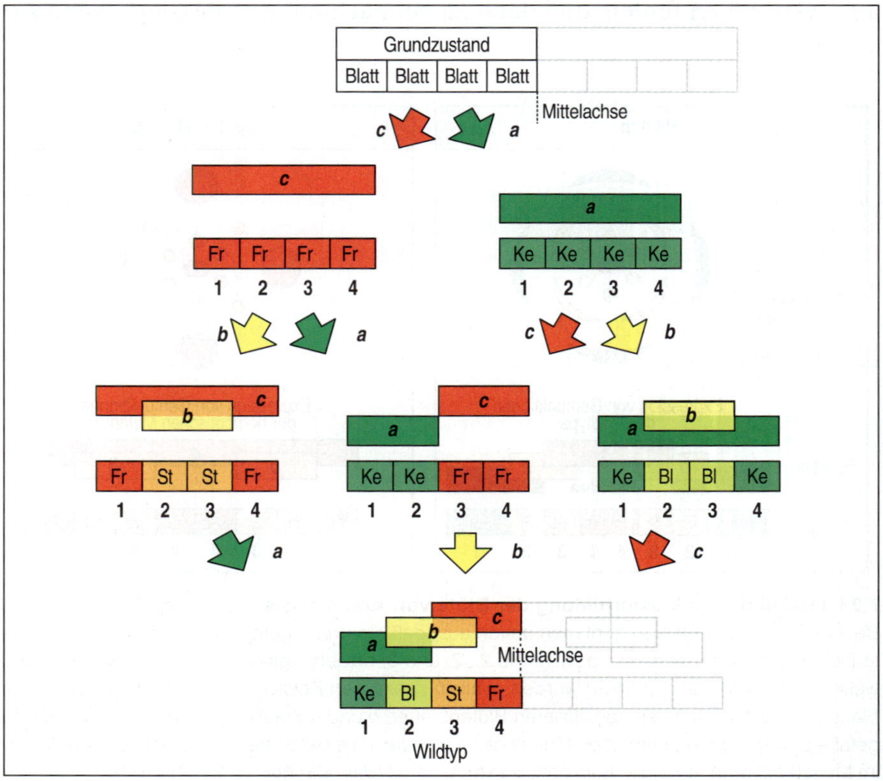

7.25 Die kombinierte Aktivität der Funktionen *a*, *b* und *c* bei der Musterbildung der Blüte. Die Blütenorgane lassen sich als Modifikation eines Grundzustands auffassen, in dem nur Blätter vorhanden sind. Blätter werden durch die Expression der Blütenorganidentitätsfunktionen *a*, *b* und *c* in Kelchblätter, Blütenblätter, Staubgefäße und Fruchtblätter umgewandelt. Die Funktion *a* allein wandelt den Grundzustand der Blätter in den Zustand eines Kelchblattes (Ke) um, während die alleinige Funktion *c* dazu führt, daß nur Fruchtblätter (Fr) entstehen. Verschiedene Funktionskombinationen, die zusätzlich bei spezifischen Wirteln auftreten, führen zu unterschiedlichen Strukturen. Das Modell geht davon aus, daß sich *a* und *c* gegenseitig an der Expression hindern. Nach Coen et al. 1991.

Gene der *b*-Klasse nur in der B-Region exprimiert werden, das heißt im 2. und 3. Wirtel. Die Expression des *b*-Gens *APETALA3* wurde durch eine *in situ*-Hybridisierung (Exkurs 3.2, Seite 74) im Blütenmeristem nachgewiesen. Die Expression erfolgt tatsächlich erst zu der Zeit, in der die Kelchblattanlagen gebildet werden und ist auf Zellwirtel beschränkt, aus denen Blütenblätter und Staubgefäße hervorgehen. Im Gegensatz dazu wird das *AGAMOUS*-Gen der *c*-Klasse in dem Meristembereich exprimiert, aus dem sich der 3. und 4. Wirtel entwickelt (Abbildung 7.26).

An der DNA-Sequenz kann man erkennen, daß die homöotischen Proteine, die von den Blütenorganidentitätsgenen (zum Beispiel *APETALA1* und *AGAMOUS*) codiert werden, eine konservierte Sequenz von 58 Aminosäuren, die sogenannte MADS-Box, enthalten. Man nimmt an, daß sich dieses Element an DNA heften kann. Die MADS-Box kommt auch in einigen Transkriptionsfaktoren von Hefe und Tieren vor. Demnach codieren die Blütenorganidentitätsgene mit großer Wahrscheinlichkeit Transkriptionsfaktoren wie die homöotischen Selektorgene von *Drosophila*. Die Transkriptionsfaktoren mit MADS-Box werden in Bereichen der Blüte exprimiert, die homöotische Transformationen zeigen, wenn eines der Gene fehlt. In Übereinstimmung mit dem oben beschriebenen Expressionsmodell hat man festgestellt, daß Organidentitätsgene alleine ausreichen, um eine neue Organidentität festzulegen. Die Expression des *AMAGOUS*-Gens, das eine *c*-Funktion vermittelt mit einem konstitutiven Promotor unterdrückt die *a*-Funktion im 1. und 2. Wirtel. Das Ergebnis entspricht phänotypisch einer *a*-Funktionsverlustmutante. Die Blüte besitzt Fruchtblätter anstelle von Kelchblättern und Staubgefäße anstelle von Blütenblättern.

Weitere Belege für dieses Modell erhält man, wenn *APETALA3* und *PISTILLATA* in der gesamten Blüte exprimiert werden. In diesem Fall tragen die beiden äußeren Wirtel Blütenblätter und die beiden inneren Wirtel Staubgefäße. Das zeigt, daß die Expression dieser beiden Gene ausreicht, zusammen mit Genen der Klassen *a* und *c* die Organidentität *b* – Blütenblätter und Staubgefäße – zu vermitteln. Diese Ergebnisse verdeutlichen die funktionelle Übereinstimmung zwischen den homöotischen Genen der Tiere mit den Genen, die die Organidentitäten in Blüten bestimmen. Die Ähnlichkeiten mit dem HOM-Komplex bei *Drosophila* lassen sich auch anhand der Funktion des *CURLY LEAF*-Gens von *Arabidopsis* verdeutlichen, das für die Stabilisierung der Aktivität homöotischer Gene erforderlich ist. Das *CURLY LEAF*-Gen ist mit der Polycomb-Familie von *Drosophila* verwandt und erfüllt eine ähnliche Funktion für die stabile Repression homöotischer Gene.

Trotz der enormen Variationsbreite bei den Blüten verschiedener Spezies sind sich die Mechanismen sehr ähnlich, die der Blütenbildung zugrundeliegen. So gibt es zum Beispiel deutliche Übereinstimmungen

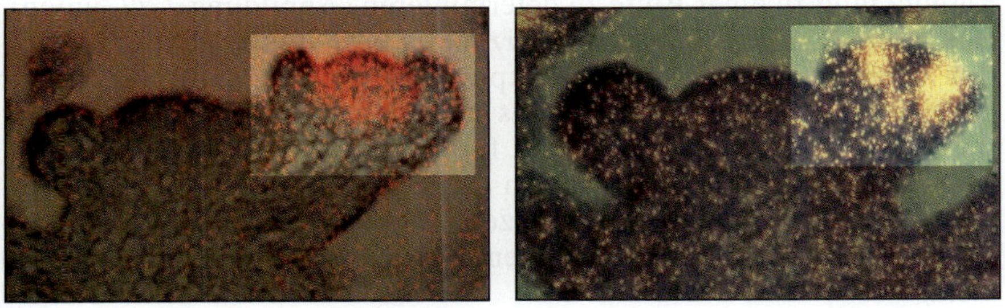

7.26 Expression von *APETALA3* und *AGAMOUS* während der Blütenbildung. Die *in situ*-Hybridisierung zeigt, daß *AGAMOUS* in den inneren Wirteln (links) und *APETALA3* in den äußeren Wirteln exprimiert wird. Aus letzteren entstehen die Blütenblätter und Staubgefäße (rechts).

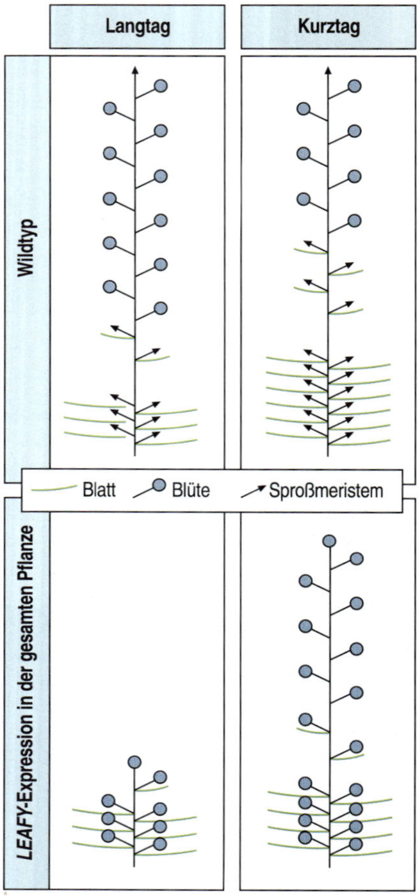

7.27 Die Tageslänge und die Expression des *LEAFY*-Gens können die Blütenbildung steuern. Wenn *Arabidopsis* unter Langtagbedingungen wächst, entstehen nur wenige Seitentriebe, bevor das apikale Sproßmeristem damit beginnt, Blütenmeristeme zu entwickeln. Aus Seitentrieben können auch Blüten hervorgehen. Wächst die Pflanze hingegen unter Kurztagbedingungen, verzögert sich die Blütenbildung, und es entstehen mehr seitliche Triebe und Blüten. Die Expression des *LEAFY*-Gens in der gesamten Pflanze führt dazu, daß Seitentriebmeristeme, die sich normalerweise bilden würden, in Blütenmeristemen umgewandelt werden.

zwischen den Blütenkontrollgenen von *Arabidopsis* und dem Löwenmäulchen *Antirrhinum*. Bei *Antirrhinum*-Blüten stimmen die Aktivitätsmuster der entsprechenden Gene gut mit der klonalen Restriktion der Wirtel überein, die wir bereits bei *Arabidopsis* kennengelernt haben. Vor dem Auftreten der Organanlagen besitzen die Zellen noch keine Organidentität, und es besteht auch keine klonale Restriktion zwischen den Wirteln. Diese tritt erst dann ein, wenn die pentagonale Symmetrie der Blüte sichtbar wird und die Organidentitätsgene exprimiert werden.

Wie werden die räumlichen Expressionsmuster der homöotischen Gene kontrolliert? Bis jetzt wissen wir das nicht, aber man hat bei *Arabidopsis* Gene gefunden, die die Expression der homöotischen Gene einschränken. Dabei handelt es sich um die Katastergene, zu denen auch das *SUPERMAN*-Gen gehört. Pflanzen mit einer Mutation in diesem Gen haben im 4. Wirtel Staubgefäße anstelle von Fruchtblättern. Die Aktivität des *SUPERMAN*-Gens verhindert anscheinend die Expression von *APETALA3* und *PISTILLATA* im 4. Wirtel. Das *SUPERMAN*-Gen wird im 3. Wirtel nicht exprimiert und markiert so die Grenze zwischen dem 3. und 4. Wirtel.

7.12 Die Umwandlung zu einem Blütenmeristem unterliegt Einflüssen aus der Umgebung und einer genetischen Steuerung

Interne und externe Faktoren steuern die Blütenbildung bei *Arabidopsis*. Dabei spielt die Tageslänge eine entscheidende Rolle (Abbildung 7.27, oben). Die meisten Blütenpflanzen durchlaufen eine vegetative Phase, während der das apikale Meristem Blätter bildet. Angeregt durch Signale aus der Umgebung wie etwa die Tageslänge wechseln sie in die reproduktive Phase und entwickeln Blüten. Es gibt zwei Arten von Übergängen vom vegetativen Wachstum zur Blütenbildung. Beim determinierten Übergang bildet das Blütenstandsmeristem eine endständige Blüte, während beim undeterminierten Übergang aus dem Blütenstandsmeristem mehrere Blütenmeristeme hervorgehen. Bei *Arabidopsis* ist der Übergang undeterminiert. Während des vegetativen Wachstums bildet das Sproßmeristem Blätter und an der Basis von jedem Blatt ein potentielles neues Meristem. Eine erste Reaktion auf Induktionssignale zur Blütenbildung ist bei *Arabidopsis* die Transkription von Meristemidentitätsgenen wie zum Beispiel *LEAFY* und *APETALA1*. Mutationen in diesen Genen transformieren Blüten teilweise zu Sprossen. Bei einer *leafy*-Mutante bestehen die Blüten aus kelchblattartigen Organen, die spiralig um den Stamm herum angeordnet sind. Die Expression des *LEAFY*-Gens in der gesamten Pflanze reicht hingegen alleine aus, in den seitlichen Sproßenmeristemen die Entwicklung zu einer Blüte zu determinieren (Abbildung 7.27, unten). Das *FLORICAULA*-Gen von *Antirrhinum* besitzt eine ähnliche Funktion wie *LEAFY*. Die anomale Expression von *FLORICAULA* in nur einer Schicht des Sproßmeristems kann zur Blütenentwicklung und Induktion von Genen führen, die für die Blütenbildung erforderlich sind, selbst in Schichten, in denen das *FLORICAULA*-Gen normalerweise nicht exprimiert wird. Das zeigt eindeutig, daß eine Meristemschicht in benachbarten Schichten Entwicklungsvorgänge auslösen kann.

7.13 Die *Antirrhinum*-Blüte wird sowohl dorso-ventral als auch radial strukturiert

Die Blüten von *Antirrhinum* bestehen wie bei *Arabidopsis* aus vier Wirteln, besitzen jedoch im Gegensatz dazu fünf Kelchblätter, fünf Blütenblätter, vier Staubgefäße und zwei zusammengewachsene Fruchtblätter (Abbildung 7.28, links). Homöotische Blütenmutationen wie bei *Arabidopsis* kommen auch bei *Antirrhinum* vor, und auch die Blütenorganidentität wird mit ziemlich großer Wahrscheinlichkeit auf dieselbe Weise spezifiziert. Mehrere homöotische Gene von *Antirrhinum* zeigen starke Homologien mit den Genen von *Arabidopsis*, wobei die MADS-Box besonders gut konserviert ist.

Bei der *Antirrhinum*-Blüte ist jedoch für die Musterbildung eine zusätzliche Komponente erforderlich. Die Blüte besitzt eine bilaterale Symmetrie, die das zugrundeliegende radiale Muster überlagert, das sich bei allen Blüten findet. Die beiden Lappen der oberen Blütenblätter im 2. Wirtel besitzen eine deutlich andere Form als die der drei unteren Blütenblätter, so daß die Blüte die charakteristische Form des Löwenmäulchens zeigt. Im 3. Wirtel fehlt der oberste Staubbeutel, da seine Entwicklung vorzeitig abbricht. Die *Antirrhinum*-Blüte besitzt demnach eine deutliche dorso-ventrale Achse. Es gibt eine weitere Gruppe von homöotischen Genen, die sich von den Genen unterscheiden, die die Blütenorganidentitäten bestimmen. Diese Gene bewirken anscheinend die dorso-ventrale Musterbildung. Beispielsweise zerstören Mutationen im *CYCLOIDEA*-Gen die dorso-ventrale Polarität, so daß Blüten mit einer stärkeren Radialsymmetrie entstehen (Abbildung 7.28, rechts).

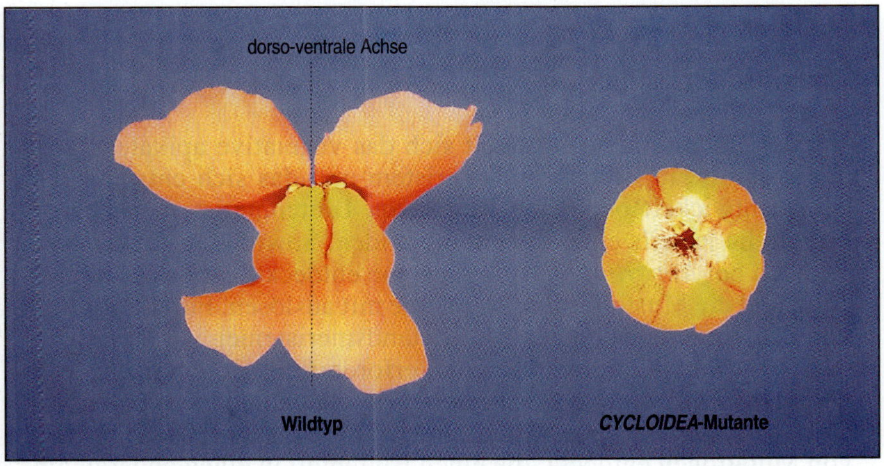

7.28 Mutationen des *CYCLOIDEA*-Gens führen bei *Antirrhinum* zu einer symmetrischen Blüte. Bei der Wildtypblüte (links) ist das Muster der Blütenblätter entlang der Dorsoventralachse unterschiedlich. Die mutierte Blüte (rechts) ist symmetrisch. Alle Blütenblätter sehen aus wie das am weitesten ventral stehende Blütenblatt des Wildtyps und sind zurückgefaltet. Aufnahme mit freundlicher Genehmigung von E. Coen, aus Coen et al. 1991.

7.14 Die innere Meristemschicht kann die Musterbildung des Blütenmeristems bestimmen

Zwar wirken alle drei Schichten des Blütenmeristems (Abbildung 7.29) bei der Organbildung mit, die Beiträge der Zellen in den einzelnen Schichten für eine bestimmte Struktur können jedoch unterschiedlich sein. Zellen einer bestimmten Schicht können Teil einer anderen Schicht werden, ohne daß es zu Störungen der normalen Morphologie kommt. Das deutet darauf hin, daß die Position einer Zelle im Meristem für ihre spätere Entwicklung am wichtigsten ist. Periklinalchimären (Ab-

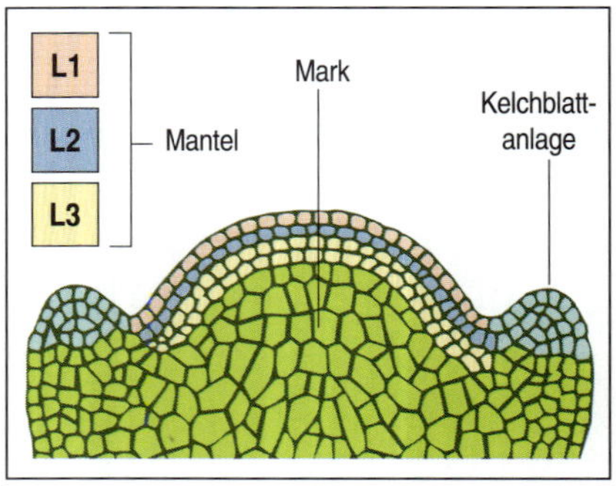

7.29 Blütenmeristem. Das Meristem besteht aus den Schichten L1, L2 und L3. Die Markzellen gehen aus L3 hervor. Die Kelchblattanlagen beginnen gerade, sich zu entwickeln. Nach Drews et al. 1989.

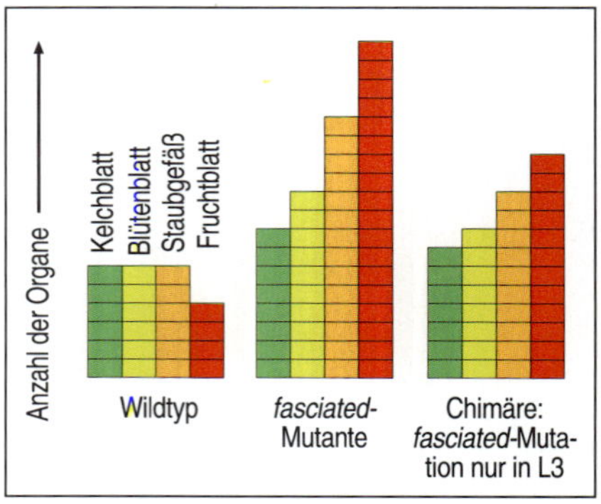

7.30 Zahl der Blütenorgane bei Chimären aus Wildtyp- und *fasciated*-Tomatenpflanzen. Bei der *fasciated*-Mutante enthält eine Blüte mehr Organe als bei den Pflanzen des Wildtyps. Bei Chimären, bei denen nur die L3-Schicht des Blütenmeristems Zellen mit der *fasciated*-Mutation enthält, findet man ebenfalls mehr Organe pro Blüte. Das zeigt, daß L3 das Verhalten der Zellen in den äußeren Schichten des Meristems steuern kann.

schnitt 7.7) aus Zellen, die unterschiedliche Genotypen besitzen und verschiedene Blütentypen hervorbringen, können einige Hinweise auf die positionelle Signalgebung und die Musterbildung im Blütenmeristem liefern. Mit Hilfe solcher Chimären kann man herausfinden, ob sich die Zellen entsprechend ihrem Genotyp autonom entwickeln, oder ob Signale von anderen Zellen ihr Verhalten beeinflussen.

Chimären können durch Transplantationen zwischen zwei Pflanzen mit unterschiedlichem Genotyp erzeugt werden. An der Verbindungsstelle zum Transplantat bildet sich ein neues Sproßmeristem, das manchmal Zellen von beiden Genotypen enthält. Solche Chimären kann man aus Tomatenpflanzen des Wildtyps und Tomatenpflanzen mit der *fasciated*-Mutation herstellen. Bei dieser Mutation besitzt die Blüte eine größere Anzahl von Organen pro Wirtel. Bei Chimären, die nur in der L3-Schicht *fasciated*-Zellen enthalten, findet man eine ähnliche Blütenform (Abbildung 7.30). Die erhöhte Zahl von Blütenorganen ist mit einem insgesamt vergrößerten Blütenmeristem gekoppelt. Dies läßt sich nur dadurch erklären, daß die *fasciated*-Zellen der L3-Schicht die Wildtypzellen der L1-Schicht dazu anregen, sich häufiger als im Normalfall zu teilen. Der Mechanismus der interzellulären Signalübertragung zwischen L3- und L1-Schicht ist noch unbekannt. Diese Ergebnisse veranschaulichen zusammen mit den Befunden für das *FLORICAULA*-Gen (siehe oben) die Bedeutung der Signalübertragung zwischen verschiedenen Zellschichten bei der Blütenbildung.

Zusammenfassung

Vor der Blütenbildung wandelt sich das vegetative apikale Sproßmeristem in ein Blütenstandsmeristem um, das sich entweder zur Blüte entwickelt oder eine Reihe von Blütenmeristemen hervorbringt, die jeweils eine Einzelblüte bilden. Sowohl bei *Arabidopsis* als auch bei *Antirrhinum* hat man Gene entdeckt, die die Blütenbildung und die Musterbildung der Blüte mit auslösen. Für die Bildung von Blütenmeristemen aus Blütenstandsmeristemen ist die Expression von Meristemidentitätsgenen erforderlich. Homöotische Blütenorganidentitätsgene spezifizieren die verschiedenen Typen von Organen, die man in einer Blüte findet. Diese Gene wurden mit Hilfe von Mutationen entdeckt, die einen Blütenteil in einen anderen umwandeln. Aufgrund dieser Mutationen wurde ein Modell vorgeschlagen, nach dem sich das Blütenmeristem in drei konzentrische, einander überlappende Regionen unterteilt. In jeder dieser Regionen ist eine bestimmte Kombination von Blütenidentitätsgenen aktiv, die für jeden Wirtel den entsprechenden Organtyp festlegen. Untersuchungen an chimären Pflanzen haben gezeigt, daß die verschiedenen Meristemschichten während der Blütenbildung miteinander kommunizieren.

Übersicht: Blütenbildung bei *Arabidopsis*

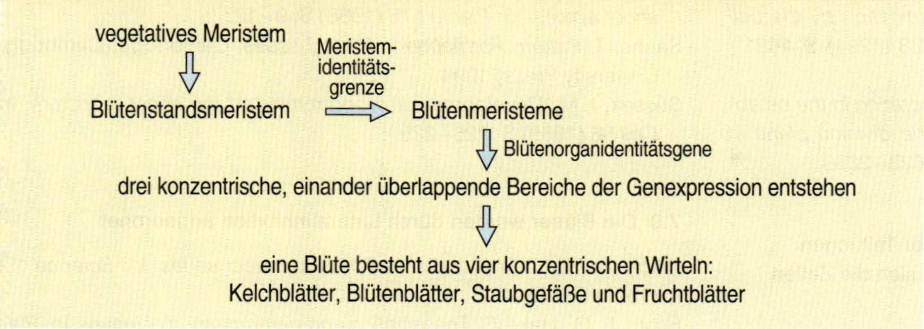
vegetatives Meristem
Meristem-
identitäts-
grenze
Blütenstandsmeristem
Blütenmeristeme
Blütenorganidentitätsgene
drei konzentrische, einander überlappende Bereiche der Genexpression entstehen
eine Blüte besteht aus vier konzentrischen Wirteln:
Kelchblätter, Blütenblätter, Staubgefäße und Fruchtblätter

Zusammenfassung von Kapitel 7

Ein besonderes Merkmal der Pflanzenentwicklung besteht darin, daß die Zellwände verhältnismäßig fest sind und keinerlei Zellwanderung stattfindet. Außerdem kann aus einer einzigen, aus einer Pflanze isolierten somatischen Zelle eine vollständige neue Pflanze entstehen. Durch die asymmetrische Zellteilung des befruchteten Eies in der frühen embryonalen Entwicklung werden die spätere Apikal- und Basalregion festgelegt. Bei der Alge *Fucus* bestimmen äußere Signale die Teilungsebene. Während der frühen Entwicklungsphase von Blütenpflanzen kommt es bei der Musterbildung des Bauplans sowohl zu asymmetrischen Zellteilungen als auch zu interzellulären Wechselwirkungen. Während dieses Vorgangs werden das Sproß- und das Wurzelmeristem angelegt. Aus diesen Meristemen gehen alle Organe der Pflanze hervor: Stamm, Blätter, Blüten und Wurzeln. Das Sproßmeristem bringt an genau festgelegten Stellen Blätter hervor; dabei spielt Lateralinhibition eine Rolle. Das Sproßmeristem wandelt sich schließlich in ein Blütenstandsmeristem um, das bei determinierten Blütenständen zu einem Blütenmeristem wird, bei undeterminierten Blütenständen eine Reihe von Blütenmeristemen bildet und dabei seine Sproßidentität unbegrenzt beibehält. Bei Blütenmeristemen, die sich alle zu einer Blüte entwickeln, spezifiziert eine Kombination von homöotischen Blütenorganidentitätsgenen, welche Art Blütenorgane gebildet werden.

Literatur

Allgemein

Weigel, D.; Meyerowitz, E. M. *The ABCs of floral homeotic genes.* In: *Cell* 78 (1994) S. 203–209.

Zambryski, P. *Plasmodesmata: plant channels for molecules on the move.* In: *Science* 270 (1995) S. 1943–1944.

Zu den einzelnen Abschnitten

7.1 Bei der Polarisierung der *Fucus*-Zygote spielen elektrische Ströme eine Rolle

Goodner, B.; Quatrano, R. S. *Fucus embryogenesis: A model to study the establishment of polarity.* In: *Plant Cell* 5 (1993) S. 1471–1481.

Robinson, K. R.; Cone, R. *Polarization of fucoid eggs by a calcium ionophore gradient.* In: *Science* 207 (1980) S. 77–78.

7.2 Bei *Fucus* bestimmt die Zellwand die Entwicklungsrichtung der Zellen während der frühen Entwicklungsphase

Berger, F.; Taylor, A.; Brownlee, C. *Cell fate determination by the cell wall in early Fucus development.* In: *Science* 263 (1994) S. 1421–1423.

Shaw, S. L.; Quatrano, R. S. *The role of targeted secretion in the establishment of cell polarity and the orientation of the division plane in Fucus zygotes.* In: *Development* 122 (1996) S. 2623–2630.

7.3 Unterschiede der Zellgröße aufgrund inäqualer Teilungen sind mit dafür verantwortlich, in welcher Richtung sich die Zellen im *Volvox*-Embryo entwickeln

Kirk, M. M.; Ransick, A.; McRae, S. E.; Kirk, D. L. *The relationship between cell size and cell fate in Volvox carteri.* In: *J. Cell Biol.* 123 (1993) S. 191–208.

7.4 Bei der Musterbildung in frühen Embryonalstadien von Blütenpflanzen spielen sowohl asymmetrische Zellteilungen als auch Zellpositionen eine Rolle

Meyerowitz, E. M. *Plant development: local control, global patterning.* In: *Curr. Opin. Genet. Dev.* 6 (1996) S. 475–479.

Meyerowitz, E. M. *Genetic control of cell division patterns in developing plants.* In: *Cell* 88 (1997) S. 299–308.

Torres-Ruiz, R. A.; Jürgens, G. *Mutations in the FASS gene uncouple pattern formation and morphogenesis in Arabidopsis development.* In: *Development* 120 (1994) S. 2967–2978.

7.5 Bei *Arabidopsis* können Mutationen die Musterbildung bestimmter Regionen im Embryo verändern

Jürgens, G.; Torres-Ruiz, R. A.; Berleth, T. *Embryonic pattern formation in flowering plants.* In: *Ann. Rev. Genet.* 28 (1994) S. 351–371.

Jürgens, G. *Axis formation in plant embryogenesis: cues and clues.* In: *Cell* 81 (1995) S. 467–470.

Lloyd, C. *Plant morphogenesis: life on a different plane.* In: *Curr. Biol.* 5 (1995) S. 1085–1087.

Long, J. A.; Moan, E. I.; Medford, J. I.; Barton, M. K. *A member of the knotted class of homeodomain proteins encoded by the STM gene of Arabidopsis.* In: *Nature* 379 (1995) S. 66–69.

7.6 Aus somatischen Pflanzenzellen können sich Embryonen und Keimlinge entwickeln

Zimmerman, J. L. *Somatic embryogenesis: a model for early development in higher plants.* In: *Cell* 5 (1993) S. 1411–1423.

7.7 Das Entwicklungsschicksal einer Zelle im Sproßmeristem hängt von ihrer Position ab

Irish, V. F.; Sussex, I. M. *A fate map of the Arabidopsis embryo shoot apical meristem.* In: *Development* 115 (1992) S. 745–753.

Irish, V. F. *Cell lineage in plant development.* In: *Curr. Opin. Gen. Dev.* 1 (1991) S. 169–173.

Langdale, J. A. *Plant morphogenesis: more knots untied.* In: *Curr. Biol.* 4 (1994) S. 529–531.

Turner, I. J.; Pumfrey, J. E. *Cell fate in the shoot apical meristem of Arabidopsis thaliana.* In: *Development* 115 (1992) S. 755–764.

Sinha, N. R.; Williams, R. E.; Hake, S. *Overexpression of the maize homeobox gene knotted-1, causes a switch from determinate to indeterminate cell fates.* In: *Genes Dev.* 7 (1993) S. 787–795.

7.8 Die Meristementwicklung hängt von Signalen der Pflanze ab

Irish, E. E.; Nelson, T. M. *Development of maize plants from cultured shoot apices.* In: *Planta* 175 (1988) S. 9–12.

Sachs, T. *Pattern Formation in Plant Tissues.* Cambridge (Cambridge University Press) 1994.

Sussex, I. M. *Developmental programming of the shoot meristem.* In: *Cell* 56 (1989) S. 225–229.

7.9 Die Blätter werden durch Lateralinhibition angeordnet

Mitchison, G. J. *Phyllotaxis and the Fibonacci series.* In: *Science* 196 (1977) S. 270–275.

Smith, L. G.; Hake, S. *The initiation and determination of leaves.* In: *Plant Cell* 4 (1992) S. 1017–1027.

7.10 Wurzelgewebe entstehen durch ein sehr gleichförmiges Zellteilungsmuster aus den Spitzenmeristemen der Wurzel

Benfey, P. N.; Linstead, P. J.; Roberts, K.; Schiefelbein, J. W.; Hauser, M.-T.; Aeschbacher, R. A. *Root development in Arabidopsis: four mutants with dramatically altered root morphogenesis.* In: *Development* 119 (1993) S. 57–70.

Benfey, P. N.; Schiefelbein, J. W. *Getting to the root of plant development: genetics of Arabidopsis root formation.* In: *Trends Genet.* 10 (1994) S. 84–88.

Doerner, P. *Radicle development(s).* In: *Curr. Biol.* 5 (1995) S. 110–112.

Dolan, L.; Jammaat, K.; Willemsen, V.; Linstead, P.; Poethig, S.; Roberts, K.; Scheres, B. *Cellular organization of the Arabidopsis thaliana root.* In: *Development* 119 (1993) S. 71–84.

Dolan, L.; Roberts, K. *Plant development: Pulled up by the roots.* In: *Curr. Opin. Genet. Dev.* 5 (1995) S. 432–438.

Hauser, M.-T.; Morikami, A.; Benfey, P. N. *Conditional root expansion mutants of Arabidopsis.* In: *Development* 121 (1995) S. 1237–1252.

Scheres, B.; McKhann, H. I.; van den Berg, C. *Roots redefined: anatomical and genetic analysis of root development.* In: *Plant Phys.* 111 (1996) S. 959–964.

7.11 Homöotische Gene bestimmen die Identität der Blütenorgane

Bowman, J. L.; Sakai, H.; Jack, T.; Weigel, D.; Mayer, U.; Meyerowitz, E. M. *SUPERMAN, a regulator of floral homeotic genes in Arabidopsis.* In: *Development* 114 (1992) S. 599–615.

Coen, E. S.; Meyerowitz, E. M. *The war of the whorls: genetic interactions controlling flower development.* In: *Nature* 353 (1991) S. 31–37.

Goodrich, J.; Puangsomlee, P.; Martin, M.; Meyerowitz, E. M.; Coupland, G. *A Polycomb-group gene regulates homeotic gene expression in Arabidopsis.* In: *Nature* 386 (1997) S. 44–51.

Jack, T.; Brockman, L. L.; Meyerowitz, E. M. *The homeotic gene APETALA3 of Arabidopsis thaliana encodes a MADS box and is expressed in petals and stamens.* In: *Cell* 68 (1992) S. 683–697.

Krizek, B. A.; Meyerowitz, E. M. *The Arabidopsis homeotic genes APETALA3 and PISTILLATA are sufficient to provide the B class organ identity functions.* In: *Development* 122 (1996) S. 11–22.

Meyerowitz, E. M. *The genetics of flower development.* In: *Sci. Am.* 271 (1994) S. 40–47.

Meyerowitz, E. M.; Bowman, J. L.; Brockman, L. L.; Drews, G. M.; Jack, T.; Sieburth, L. E.; Weigel, D. *A genetic and molecular model for flower development in Arabidopsis thaliana.* In: *Development Suppl.* 1 (1991) S. 157–167.

Sakai, H.; Medrano, L. J.; Meyerowitz, E. M. *Role of SUPERMAN in maintaining Arabidopsis floral whorl boundaries.* In: *Nature* 378 (1994) S. 199–203.

Vincent, C. A.; Carpenter, R.; Coen, E. S. *Cell lineage patterns and homeotic gene activity during Antirrhinum flower development.* In: *Curr. Biol.* 5 (1995) S. 1449–1458.

7.12 Die Umwandlung zu einem Blütenmeristem unterliegt Einflüssen aus der Umgebung und einer genetischen Steuerung

Becroft, P. W. *Intercellular induction of homeotic gene expression in flower development.* In: *Trends Genet.* 11 (1995) S. 253–255.
Weigel, D.; Nilsson, O. *A developmental switch sufficient for flower initiation in diverse plants.* In: *Nature* 327 (1995) S. 495–500.

7.13 Die *Antirrhinum*-Blüte wird sowohl dorso-ventral als auch radial strukturiert

Luo, D.; Carpenter, R.; Vincent, C.; Copsey, L.; Coen, E. *Origin of floral asymmetry in Antirrhinum.* In: *Nature* 383 (1996) S. 794–799.

7.14 Die innere Meristemschicht kann die Musterbildung des Blütenmeristems bestimmen

Szymkowiak, E. J.; Sussex, I. M. *The internal meristem layer (L3) determines floral meristem size and carpel number in tomato periclinal chimeras.* In: *Plant Cell* 4 (1992) S. 1089–1100.

Morphogenese: Formveränderungen in frühen Embryonalstadien

8

- Zelladhäsion
- Furchung und Bildung der Blastula
- Gastrulation
- Bildung des Neuralrohres
- Zellwanderung
- Gerichtete Ausdehnung

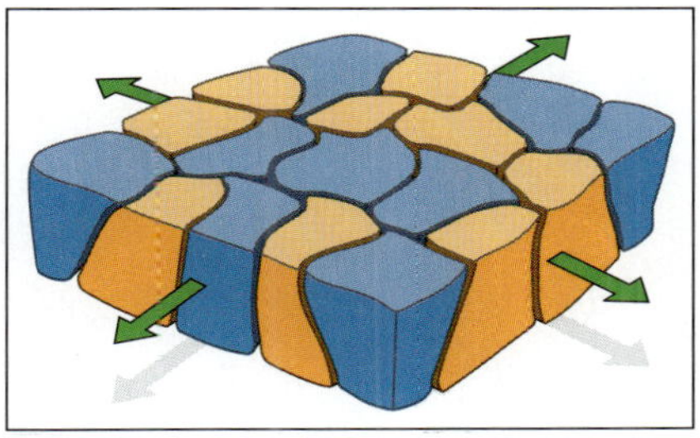

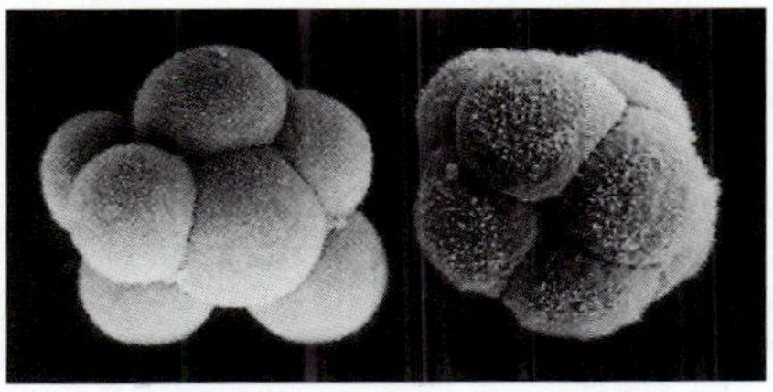

„Meistens haften wir aneinander. Wir können aber unsere Nachbarn wechseln, um interessante Formen anzunehmen. Manchmal wandern wir an Stellen, wo wir uns am besten festhalten können."

In den vorangegangenen Kapiteln haben wir die frühe Entwicklung hauptsächlich unter dem Aspekt der Musterbildung und der Zuweisung eines Zellschicksals besprochen. In diesem Kapitel nun betrachten wir die Embryonalentwicklung aus einer anderen Perspektive. Damit die Tiere in ihrer frühen Entwicklung ihre Gestalt bekommen, werden Zellschichten verschoben, und Zellen wandern von einem Ort zum anderen. Alle Tierembryonen zum Beispiel verändern in ihrer frühen Entwicklung vollkommen ihre Form – vor allem während der **Gastrulation**, wenn sich der Darm bildet und der Grundbauplan des Körpers festgelegt wird. Dabei kommt es zu ausgeprägten Umlagerungen von Zellschichten und einer gerichteten Wanderung von Zellen von einem Ort zum anderen. Bei Pflanzen gibt es keine solche Zellwanderung, und ihre Form ändert sich nur durch Zellteilung und Expansion.

Um die Morphogenese verstehen zu können, müssen wir die mechanischen Kräfte betrachten, die Zellen ausüben können, sowie die zellulären Eigenschaften, durch die diese Kräfte erzeugt werden. Wenn man die Musterbildung mit dem Malen vergleicht, so ähneln die in diesem Kapitel beschriebenen Entwicklungsphänomene eher dem Modellieren eines formlosen Klumpens Ton zu einer erkennbaren Form. Formveränderung ist vor allem ein Problem der Zellmechanik: Sie erfordert ein Verständnis der Kräfte, die Zellformen verändern und Zellwanderungen auslösen. Aber es reicht nicht, nur die mechanischen Kräfte auszumachen, die der Formbildung zugrundeliegen; ebenso wichtig ist, wie sie gesteuert werden und welche Moleküle an diesen Prozessen beteiligt sind.

Zwei wichtige zelluläre Eigenschaften, die bei der embryonalen Formveränderung von Tieren eine Rolle spielen, sind die **Zelladhäsion** und die **Zellbeweglichkeit** (**Zellmotilität**). Tierzellen haften durch Wechselwirkungen unter Beteiligung von Zelloberflächenproteinen aneinander und an der extrazellulären Matrix. Durch Veränderungen dieser Proteine kann man daher sowohl die Stärke als auch die Spezifität der Zelladhäsion bestimmen. Die zweite wichtige Zelleigenschaft, die Zellbeweglichkeit, umfaßt die Fähigkeit von Zellen, an neue Orte zu wandern und ihre Form zu verändern, wenn sich zum Beispiel eine Zellschicht faltet – ein sehr häufiger Vorgang bei der Embryonalentwicklung von Tieren. Die Fähigkeit von Zellen, zu wandern und ihre Form zu verändern, wird von Umordnungen ihrer internen Cytoskelettstrukturen bestimmt. Eine weitere Kraft, die bei der Morphogenese auftritt, besonders bei Pflanzen, ist der hydrostatische Druck, der durch Osmose und Flüssigkeitsansammlung erzeugt wird. Andere morphogenetische Mechanismen wie Zellwachstum, Zellvermehrung und Zelltod werden wir im Zusammenhang mit der Entwicklung spezifischer Organe (Kapitel 10) und des Nervensystems (Kapitel 11) erörtern.

Auf der molekularen Ebene kann man Änderungen in der Gestalt des Embryos letztlich als eine Folge der präzisen räumlichen und zeitlichen Expression von Molekülen ansehen, welche die Zelladhäsion, die Zellbeweglichkeit, die Richtung der Zellteilung sowie die Erzeugung von hydrostatischem Druck regulieren. Gemäß einer attraktiven Hypothese, für die es einige Hinweise gibt, aktivieren musterbestimmende Gene wie die Hox-Gene andere Gene, die wiederum die Expression solcher Moleküle steuern. Wahrscheinlich löst ein früherer Musterbildungsprozeß embryonale Formveränderungen aus, indem er bestimmt, welche Zellen die Genprodukte exprimieren, die zur Erzeugung und Nutzbarmachung der jeweiligen Kräfte erforderlich sind.

Die in diesem Kapitel betrachteten Formveränderungen sind vor allem solche, die an der Festlegung des Bauplans der Tiere beteiligt sind. Zunächst werden wir die Mechanismen betrachten, die dazu führen, daß durch Furchung einer Zygote die einfache Form des frühen Embryos entsteht; gute Beispiele dafür sind die kugelförmigen Blastulae der Maus, des Seeigels und der Amphibien. Anschließend wenden wir uns der Gastrulation zu, durch die diese im wesentlichen kugelförmige Zellschicht in einen komplexen dreidimensionalen Tierkörper umgewandelt wird, sowie der Neurulation – der Bildung des Neuralrohres bei Wirbeltieren –, bei der ebenfalls Zellblätter gefaltet und Zellschichten neu angeordnet werden. Bei Wirbeltieren entsteht nach der Neurulation durch die Wanderung von Neuralleistenzellen eine Vielzahl von Strukturen in Rumpf und Kopf; wir werden sehen, wie diese Zellen an die richtige Stelle gelangen. Wir betrachten außerdem die Rolle der Chemotaxis und der Signalausbreitung bei der Aggregation einzelliger Amöben zum Fruchtkörper des zellulären Schleimpilzes *Dictyostelium discoideum*. Schließlich besprechen wir die gerichtete Ausdehnung, bei der es durch hydrostatischen Druck zu Formveränderungen kommt.

Wir beginnen damit, wie Zellen aneinander haften und wie Unterschiede in der Stärke und Spezifität der Adhäsion dazu beitragen können, Grenzen zwischen Geweben aufrechtzuerhalten.

Zelladhäsion

Der späte Embryo und der erwachsene Organismus bestehen aus einer Vielzahl differenzierter Zelltypen, die sich in Geweben wie Haut oder Knorpel zusammenlagern. Die Gewebe werden durch adhäsive Wechselwirkungen sowohl zwischen Zellen als auch zwischen Zellen und der extrazellulären Matrix zusammengehalten. Auch Unterschiede in der Stärke der Zelladhäsion spielen eine Rolle bei der Aufrechterhaltung der Grenzen zwischen verschiedenen Geweben und Strukturen. Zellen werden von **Adhäsionsmolekülen** zusammengehalten – Zelloberflächenproteinen, die sich an andere Moleküle an der Zelloberfläche oder in der extrazellulären Matrix binden können (Exkurs 8.1). Die jeweiligen von einer Zelle exprimierten Adhäsionsmoleküle bestimmen, an welche Zellen sie sich heften kann; Veränderungen der Expression sind an vielen Entwicklungsphänomenen beteiligt, wie etwa der Neurulation bei Wirbeltieren.

8.1 Die Sortierung dissoziierter* Zellen belegt die unterschiedliche Stärke der Adhäsion von Zellen verschiedener Gewebe

* trennen, auflösen aufspalten

Unterschiede in der Stärke der Adhäsion lassen sich durch ein Experiment veranschaulichen, bei dem verschiedene Gewebe in einer künstlichen Umgebung miteinander kombiniert werden. Zwei Gewebestücke aus dem frühen Entoderm einer Amphibienblastula fusionieren zu einer glatten Kugel. Bringt man dagegen ein Stück frühes Entoderm mit einem Stück frühem Ektoderm zusammen, so bilden die ento- und ektodermalen Zellen zuerst eine einheitliche Struktur, trennen sich aber schließlich, bis nur noch eine schmale Brücke die beiden Gewebetypen verbindet (Abbildung 8.1).

Zelluläre Affinität läßt sich weiterhin illustrieren, indem man Zellen der zukünftigen Epidermis und der zukünftigen Neuralplatte einer Am-

Exkurs 8.1: Zelladhäsionsmoleküle

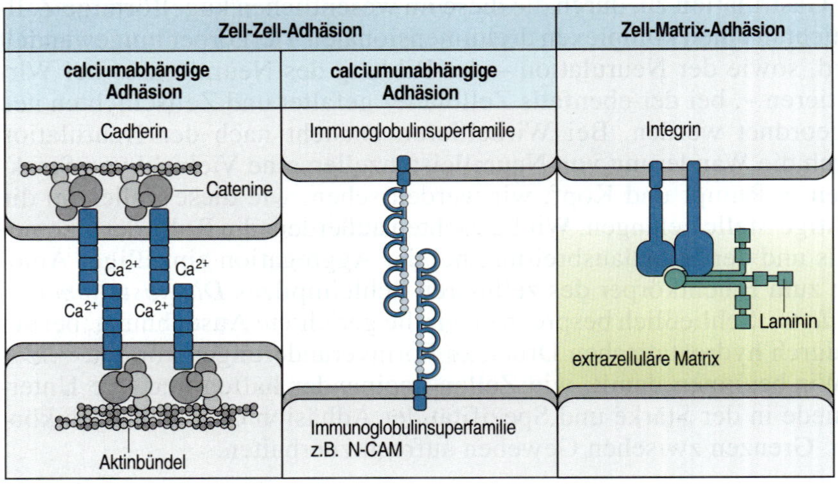

Drei Klassen von Adhäsionsmolekülen sind bei der Entwicklung von Bedeutung. Die Cadherine sind Transmembranproteine, die sich in Anwesenheit von Calciumionen (Ca^{2+}) an Cadherine an der Oberfläche anderer Zellen binden. Sie sind nur an der Zell-Zell-Adhäsion beteiligt. Die calciumunabhängige Zell-Zell-Adhäsion erfordert eine andere Strukturklasse von Proteinen – Mitglieder der großen Immunglobulinsuperfamilie. Das neurale Zelladhäsionsmolekül (N-CAM), das zuerst aus Nervengewebe isoliert wurde, ist ein typischer Vertreter dieser Familie. Einige Mitglieder der Immunglobulinsuperfamilie wie das N-CAM heften sich an ähnliche Moleküle auf anderen Zellen; andere binden sich an eine weitere Klasse von Adhäsionsmolekülen, die Integrine. Diese stellen die dritte Klasse von Adhäsionsmolekülen, die an der Entwicklung beteiligt ist. Ihre Funktionseinheit besteht aus zwei verschiedenen Transmembranproteinen, die als Rezeptoren für Moleküle der extrazellulären Matrix fungieren, mit deren Hilfe sie eine Zelle an ihrem Substrat anheften können.

Wirbeltiere haben etwa 30 verschiedene Typen von Cadherinen. Diese binden sich über eine oder mehrere Bindungsstellen aneinander, die in den extrazellulären aminoterminalen 100 Aminosäuren enthalten sind. Im allgemeinen heftet sich ein Cadherin immer an ein anderes Cadherin desselben Typs, es kann sich aber auch an einige andere Moleküle binden. Ein typisches Cadherin ist das E-Cadherin (auch als Uvomorulin bekannt), das an der Erzeugung einer polarisierten Epithelzellschicht im frühen Säugerembryo beteiligt ist. Cadherine sind die adhäsiven Bestandteile von Intermediärkontakten (Gürteldesmosomen) – adhäsiven Kontakten, die bei vielen Geweben vorkommen, besonders bei Epithelien, wo sie zu einer besonderen Region gehören, die man als Kontaktkomplex bezeichnet.

Wenn sich Zellen einander nähern und berühren, versammeln sich die Cadherine an der Kontaktstelle. Sie interagieren auch mit dem Cytoskelett der Zelle über die Verbindung ihrer cytoplasmatischen Schwänze mit den intrazellulären **β-Cateninen** und können so an der Übertragung von Signalen in das Zellinnere beteiligt sein.

Die Adhäsion an die extrazelluläre Matrix, die Proteine wie Kollagen, Fibronectin, Laminin und Tenascin sowie Proteoglykane enthält, wird von Integrinen vermittelt, die sich an diese Matrixmoleküle binden. Jedes Integrin besteht aus zwei verschiedenen Untereinheiten: einer α- und einer β-Untereinheit. Man hat bei Wirbeltieren mindestens 20 verschiedene Integrinrezeptoren gefunden, die aus neun bekannten β-Untereinheiten und 15 bekannten α-Untereinheiten bestehen. Viele Matrixmoleküle werden von mehr als einem Integrin erkannt.

Integrine binden sich nicht nur über ihren extrazellulären Anteil an andere Moleküle, sondern assoziieren auch mit den Aktinfilamenten des Cytoskeletts der Zelle durch Proteinkomplexe, die mit ihrer cytoplasmatischen Region in Kontakt stehen. Diese Assoziation könnte es Integrinen ermöglichen, Informationen über die extrazelluläre Umgebung wie die Zusammensetzung der extrazellulären Matrix oder die Art der interzellulären Kontakte zu übermitteln. Integrine können also Signale aus der Matrix vermitteln, die Zellform, Beweglichkeit, Stoffwechsel und Zelldifferenzierung beeinflussen.

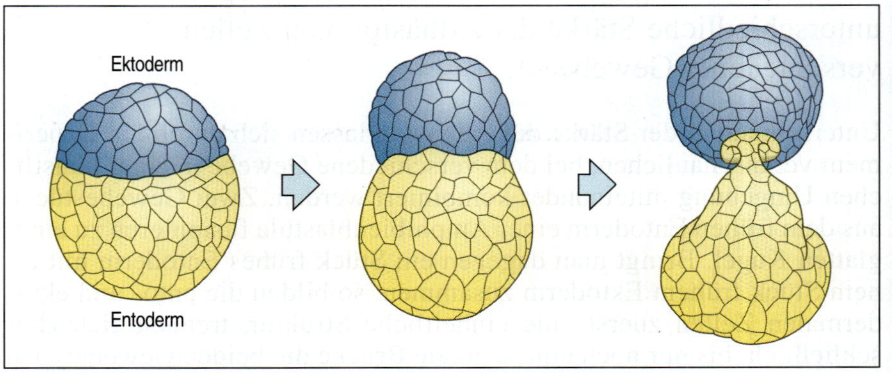

8.1 Trennung von embryonalen Geweben mit unterschiedlichen adhäsiven Eigenschaften. Bringt man Gewebestücke aus dem frühen Ektoderm (blau) und dem frühen Entoderm (gelb) einer Amphibienblastula zusammen, so verschmelzen sie zunächst, trennen sich dann aber, bis sie nur noch durch einen schmalen Gewebestreifen miteinander verbunden sind.

phibienneurula durch Behandlung mit einer alkalischen Lösung voneinander trennt, dann miteinander mischt und sie reaggregieren läßt (Abbildung 8.2). Die Zellen in der gemischten Zellmasse suchen sich andere Nachbarn und wandern, bis sich die epidermalen Zellen schließlich an der Außenseite des Zellhaufens befinden und eine Masse neuraler Zellen im Inneren einschließen, so daß gleiche Zellen miteinander in Kontakt stehen. Mischt man ektodermale und mesodermale Zellen, so trennen sich diese in ähnlicher Weise und bilden eine Zellkugel, in der sich das Ektoderm auf der Außenseite und das Mesoderm auf der Innenseite befindet. Die verschiedenen Zelltypen werden durch Zellbewegungen und unterschiedliche Adhäsionsstärke voneinander getrennt. Anfangs wandern die Zellen willkürlich in dem Zellhaufen herum und tauschen schwächere gegen stärkere Haftungen aus. In der endgültigen Zellverteilung sind die interzellulären Bindungskräfte im Gesamtsystem am stärksten. Allgemein gilt: Ist die Adhäsion zwischen verschiedenartigen Zellen schwächer als der Durchschnitt der Adhäsion zwischen gleichartigen Zellen, so trennen sich die Zellen gemäß ihrem Typ auf, wobei das stärker haftende Gewebe normalerweise von dem weniger haftenden eingeschlossen wird. Diese Experimente zeigen, wie Unterschiede in der Zelladhäsion die Grenzen zwischen Geweben stabilisieren können.

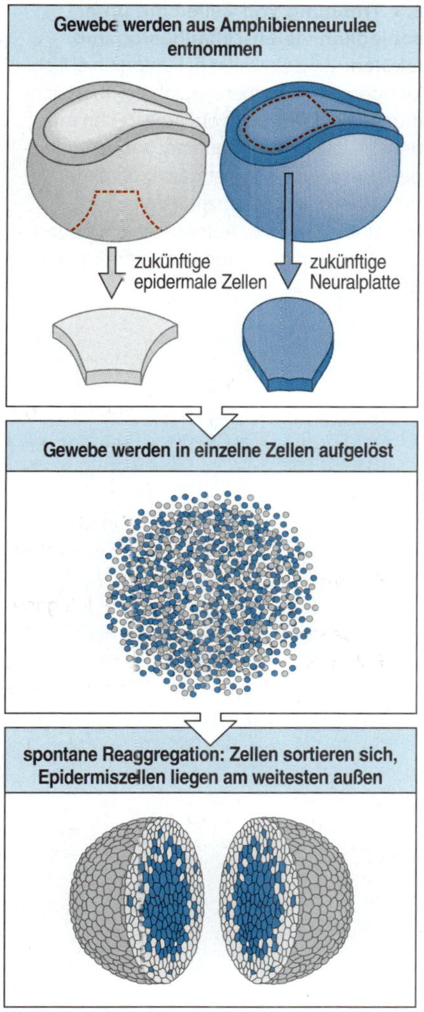

8.2 Trennung (Sortierung) unterschiedlicher Zelltypen. Ektoderm aus der zukünftigen Neuralplatte (blau) und aus der zukünftigen Epidermis (grau) früher Amphibienneurulae wird durch Behandlung mit einer Alkalilösung in Einzelzellen aufgelöst. Die vermischten Zellen ordnen sich neu an, wobei die Epidermszellen nach außen gelangen.

8.2 Cadherine können Adhäsionsspezifität verleihen

Unterschiede in der Stärke der Adhäsion zwischen Zellen werden durch unterschiedliche Adhäsionsmoleküle auf der Zelloberfläche erzeugt. Um die Rolle dieser Moleküle untersuchen zu können, exprimiert man sie in Zellen, die sie normalerweise nicht herstellen, indem man die sie codierende DNA-Sequenz in den Kern einbringt – ein Prozeß, der als **Transfektion** bezeichnet wird. Hinweise darauf, daß die Cadherinklasse der Adhäsionsmoleküle adhäsive Spezifität verleihen kann, stammen aus Untersuchungen, bei denen Zellen mit unterschiedlichen Cadherinen an ihrer Oberfläche miteinander gemischt werden.

In Kultur genommene Epithelzellen der L-Zellinie haften normalerweise nicht stark aneinander und exprimieren keine Cadherine an ihrer Oberfläche. L-Zellen, die mit DNA, die ein bestimmtes Cadherin codiert, transfiziert sind und dieses Cadherin an ihrer Oberfläche exprimieren, haften aneinander und bilden eine Struktur, die einem kompakten Epithel ähnelt. Diese Adhäsion ist sowohl calciumabhängig, was anzeigt, daß sie auf das Cadherin zurückgeht, als auch spezifisch, da die transfizierten Zellen nicht an nichttransfizierten L-Zellen haften, die keine Oberflächencadherine besitzen. Werden Gruppen von Zellen mit verschiedenen Cadherintypen transfiziert und in Suspension miteinander gemischt, so haften nur diejenigen Zellen stark aneinander, die dasselbe Cadherin exprimieren: Zellen, die E-Cadherin exprimieren, haften stark an anderen Zellen mit E-Cadherin, aber nur schwach an Zellen, die P- oder N-Cadherin exprimieren. Auch die Menge an Cadherin auf der Zelloberfläche kann sich auf die Adhäsionsstärke auswirken. Werden Zellen, die unterschiedliche Mengen desselben Cadherins exprimieren, miteinander gemischt, so bilden die Zellen, die mehr Cadherin auf ihrer Oberfläche haben, einen Zellklumpen, der von Zellen mit weniger Cadherin auf ihrer Oberfläche umgeben ist (Abbildung 8.3). Demnach können auch quantitative Unterschiede bei den Zelladhäsionsmolekülen zu unterschiedlicher Zelladhäsion führen.

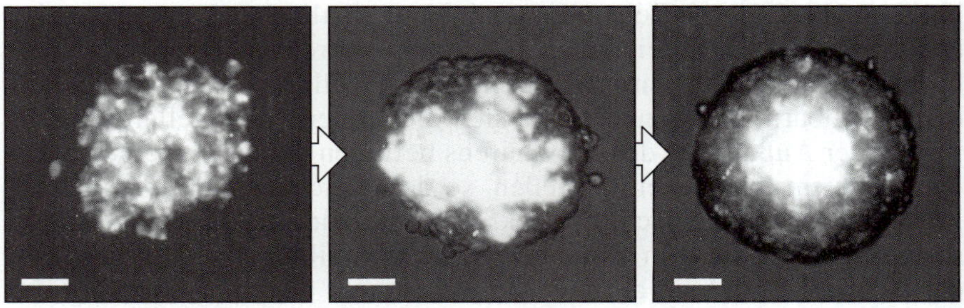

8.3 Trennung von Zellen mit unterschiedlich vielen Zelladhäsionsmolekülen. Zwei Zellinien mit unterschiedlichen Mengen an P-Cadherin auf ihrer Oberfläche ordnen sich neu an, wobei die Zellen mit dem meisten P-Cadherin nach innen gelangen. Bei allen Zellen ist das exprimierte P-Cadherin fluoreszenzmarkiert. Maßstab = 0,1 mm. Aufnahmen mit freundlicher Genehmigung von M. Steinberg, aus Steinberg et al. 1994.

Cadherinmoleküle sind miteinander über ihre extrazellulären Domänen verbunden, die Adhäsion wird jedoch nicht ausschließlich über diese Bindungsdomänen gesteuert; die cytoplasmatische Domäne ist ebenfalls von Bedeutung (Exkurs 8.1). Diese Domäne kann mit Hilfe eines Proteinkomplexes, der Catenine enthält, mit den Aktinfilamenten des Cytoskeletts assoziieren. Wenn sie diese Fähigkeit verliert, führt das zum Verlust der Adhäsion. Ein direkter Beweis für die Rolle der cytoplasmatischen Domäne bei der embryonalen Zelladhäsion stammt aus Studien früher *Xenopus*-Blastulae, bei denen im Ektoderm kurz vor der Gastrulation E-Cadherin exprimiert wird und N-Cadherin in der späteren Neuralplatte auftaucht. Injiziert man mRNA, die E-Cadherin ohne die extrazellulare Domäne codiert, in das Cytoplasma, führt dies zur Konkurrenz mit den intakten Cadherinmolekülen des Embryos um die internen Assoziationsstellen des Cytoskeletts, so daß man eine dominant-negative Mutation des Rezeptors erhält (Abschnitt 3.17). Dies führt zur Zerstörung des Ektoderms während der Gastrulation, was zeigt, daß die Assoziation mit dem Cytoskelett für eine stabile Adhäsion erforderlich ist. Die anfängliche Bindung der extrazellulären Cadherindomänen übermittelt ein Signal zum Cytoskelett, das die Wechselwirkung dann stabilisiert.

Zusammenfassung

Durch die Haftung von Zellen aneinander und an die extrazelluläre Matrix bleibt die Integrität von Geweben und Gewebegrenzen erhalten. An der Oberfläche exprimierte Zelladhäsionsmoleküle bestimmen die Affinitäten der Zellen füreinander: Zellen mit unterschiedlichen Adhäsionsmolekülen trennen sich in verschiedene Gewebe auf. Zell-Zell-Adhäsion beruht hauptsächlich auf zwei Klassen von Oberflächenproteinen: den Cadherinen, die calciumabhängig identische Cadherine auf einer anderen Zelloberfläche binden, und Mitgliedern der Immunglobulinsuperfamilie, von denen einige ähnliche Moleküle auf anderen Zellen binden, andere dagegen verschiedenartige Moleküle, wie zum Beispiel Integrine. Die Bindung dieser zweiten Klasse von Oberflächenproteinen ist calciumunabhängig. Die Haftung an die extrazelluläre Matrix wird von einer dritten Klasse von Adhäsionsmolekülen vermittelt – den Integrinen. Stabile Zelladhäsion durch Cadherine erfordert die externe Bindungsdomäne sowie Wechselwirkungen mit dem Cytoskelett, wobei sich die cytoplasmatische Domäne der Cadherinmoleküle an einen Proteinkomplex bindet, der Catenine enthält.

Furchung und Blastulabildung

Bei tierischen Zellen ist der erste Schritt in der embryonalen Entwicklung die Teilung des befruchteten Eies durch Furchung in eine Anzahl kleinerer Zellen (Blastomeren), was bei vielen Tieren zur Bildung einer Hohlkugel aus Zellen führt, der Blastula (Kapitel 2). Die Furchung geht mit kurzen Zellzyklen einher, bei denen immer wieder Zellteilung und Mitose aufeinanderfolgen, ohne daß Perioden des Zellwachstums dazwischenliegen. Während der Furchung bleibt die Masse des Embryos konstant. Die frühen Furchungsmuster können sich bei verschiedenen Tiergruppen erheblich unterscheiden (Abbildung 8.4). Das einfachste Teilungsmuster ist das radiäre, bei dem aufeinanderfolgende symmetrische Furchungen den Embryo in gleich große Zellen aufteilen. Dieses Muster findet man bei den ersten drei Furchungen des Seeigels. Im Gegensatz dazu entstehen bei der ersten Furchung des Nematodeneies zwei Zellen, die unterschiedlich groß sind. Die Spiralfurchung der Eier von Mollusken und Anneliden stellt ein drittes Furchungsmuster dar, bei dem die Zellen durch aufeinanderfolgende Teilungen jeder Blastomere in verschiedenen Ebenen spiralförmig angeordnet werden; viele dieser Teilungen sind ungleich.

Die Dottermenge im Ei kann das Furchungsmuster beeinflussen. In dotterreichen Eiern, die eine symmetrische Furchung durchlaufen, entsteht in der dotterärmsten Region eine Spaltungsfurche, die sich nach und nach über das Ei ausbreitet. Ihr Fortschreiten wird jedoch durch die Anwesenheit von Dotter verlangsamt oder sogar zum Stillstand gebracht. Daher kann die Furchung für einige Zeit unvollständig bleiben. Am ausgeprägtesten ist dieser Effekt bei den sehr dotterreichen Eiern von Vögeln und dem Zebrafisch, bei denen die Teilungen nur in einer Region an einem Ende des Eies vollständig durchgeführt werden, und der Embryo als „Zellkappe" dem Dotter aufliegt (Abbildung 2.10). Sogar bei gemäßigt dotterreichen Eiern wie denen von Amphibien kann

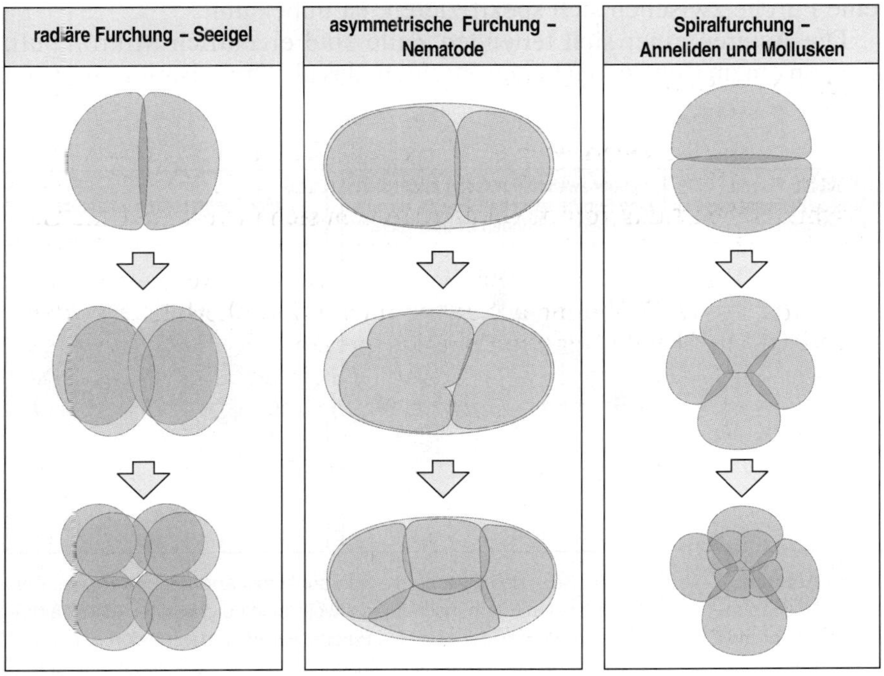

8.4 Bei verschiedenen Tiergruppen findet man bei der frühen Furchung unterschiedliche Muster. Radiäre Furchungen verlaufen äqual und symmetrisch (Seeigel). Durch eine asymmetrische Furchung (Nematoden) entsteht eine große Tochterzelle. Bei der Spiralfurchung liegt der Mitoseapparat schräg zur Längsachse der Zelle.

der Dotter die Furchungsmuster beeinflussen. Bei Fröschen etwa verlaufen die späteren Furchungen ungleich und asynchron, wodurch eine animale Hälfte entsteht, die von einer Menge kleiner Zellen gebildet wird, und ein dotterreicher vegetativer Bereich, der aus weniger und größeren Zellen besteht.

Zwei Fragen ergeben sich im Zusammenhang mit der frühen Furchung: Wie werden die Furchungsebenen festgelegt und wie kann durch die Furchung eine hohle Blastula (oder ihr Äquivalent) mit einer klaren Innen-Außen-Polarität entstehen?

8.3 Die Asteren des Mitoseapparats bestimmen die Furchungsebene bei der Zellteilung

Die Orientierung der Furchungsebene bei der Zellteilung ist in verschiedenen Situationen von Bedeutung. Wir haben ihre Rolle bereits im Zusammenhang mit der inäqualen Furchung bei der frühen Invertebratenentwicklung kennengelernt, wo durch ungleiche Teilungen Zellen mit unterschiedlichem Entwicklungsschicksal entstehen. Dies beruht auf der asymmetrischen Verteilung cytoplasmatischer Faktoren (Kapitel 6). Die Furchungsebene kann auch bei der späteren Morphogenese und beim Wachstum von großer Bedeutung sein, da sie zum Beispiel bestimmt, ob eine Epithelschicht, die sich teilende Zellen enthält, einschichtig bleibt oder vielschichtig wird.

Experimente zeigen, daß die Furchungsebene bei tierischen Zellen nicht von der Mitosespindel selbst bestimmt wird, sondern von den Asteren an jedem Pol (Polstrahlen). Um seine normale Furchung zu stören, wird ein Seeigel durch eine Glasperle deformiert. Dadurch wird die Mitosespindel verschoben und die erste Furche unterbrochen. So entsteht eine hufeisenförmige Zelle, in deren „Arme" die beiden neuen Kerne einwandern (Abbildung 8.5). Bei der nächsten Teilung halbieren zwei Furchen die in den Armen des Hufeisens gebildeten Spindeln. Zwischen den beiden benachbarten Asteren, die nicht durch eine Spindel verbunden sind, bildet sich jedoch noch eine dritte Furche. Wie die Asteren eine Furche zwischen sich spezifizieren, ist unbekannt.

Die Asteren einer sich teilenden Zelle sind eigentlich Mikrotubuli, die von einem Centrosom her ausstrahlen, das als Organisationszentrum

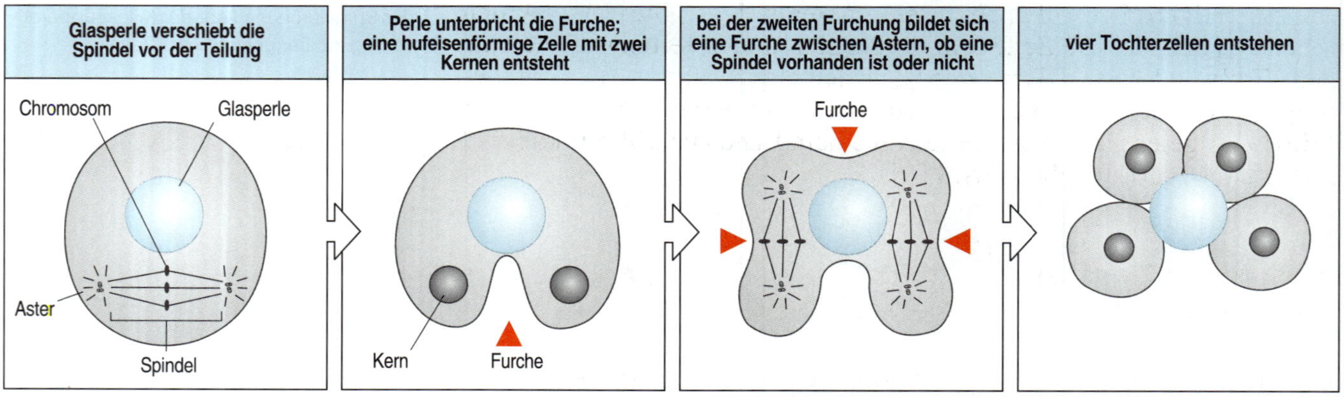

8.5 Die Furchungsebene wird bei Tierzellen von den Asteren und nicht von der Mitosespindel bestimmt. Wird der Mitoseapparat eines befruchteten Seeigeleies bei der ersten Furchung durch die Einführung einer Glaskugel verschoben, so bildet sich die Furche nur auf der Seite des Eies, an die sich der Mitoseapparat bewegt hat. Bei der nächsten Furchung halbiert jeweils eine Furche einen Mitoseapparat; außerdem bildet sich eine Furche zwischen den beiden benachbarten Asteren, obwohl sich zwischen ihnen keine Spindel befindet.

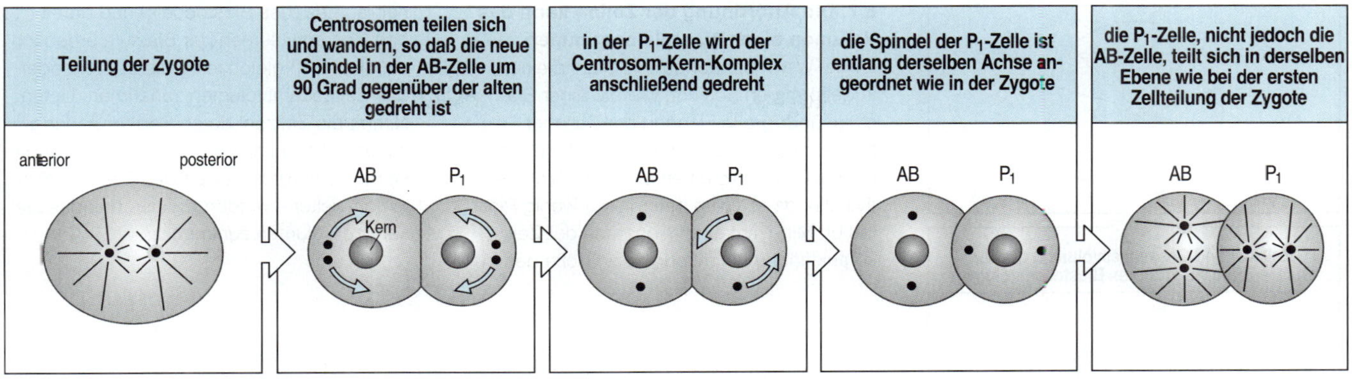
Teilung der Zygote
Centrosomen teilen sich und wandern, so daß die neue Spindel in der AB-Zelle um 90 Grad gegenüber der alten gedreht ist
in der P1-Zelle wird der Centrosom-Kern-Komplex anschließend gedreht
die Spindel der P1-Zelle ist entlang derselben Achse angeordnet wie in der Zygote
die P1-Zelle, nicht jedoch die AB-Zelle, teilt sich in derselben Ebene wie bei der ersten Zellteilung der Zygote
anterior
posterior
AB
P1
Kern

8.6 Verschiedene Zellen besitzen aufgrund des Verhaltens ihrer Centrosomen unterschiedliche Teilungsebenen. Bei Nematoden teilt die erste Furchung der Zygote die Zellen in eine anteriore AB-Zelle und eine posteriore P_1-Zelle. Bei der nächsten Teilung bewegen sich die Centrosomen der beiden Zellen in verschiedene Richtungen. Bei der AB-Zelle nehmen die verdoppelten Centrosomen solche Positionen ein, daß die nächste Furchung im rechten Winkel zur ersten stattfindet. Bei der P_1-Zelle rotieren der Kern und die verdoppelten Centrosomen, so daß die Furchung von P_1 in derselben Ebene verläuft wie die erste. Nach Strome 1993.

für das Wachstum der Mikrotubuli fungiert. Bei den meisten tierischen Zellen enthält das Centrosom ein Paar Centriolen, die aus einer Reihe von Mikrotubuli bestehen. Vor der Mitose verdoppelt sich das Centrosom. In den Zellen des frühen Embryos nehmen dann die Tochtercentrosomen, die zu den gegenüberliegenden Seiten des Kernes wandern und Asteren bilden, Positionen ein, die dazu führen, daß die Furchungsebene der Zelle im rechten Winkel zu derjenigen der vorausgegangenen Furchung steht. Ein Beispiel ist die Furchung der AB-Zelle, einer der beiden Zellen, die sich durch die Furchung der Nematodenzygote bilden (Abbildung 8.6). Im Gegensatz dazu stehen bei der andere Zelle dieses Paares, der P_1-Zelle, die aufeinanderfolgenden Furchungen nicht im rechten Winkel zueinander. Dies ist ein Beispiel von vielen und beruht darauf, daß lokale cytoplasmatische Faktoren oder Cytoskelettelemente der Zelle dafür sorgen können, daß einige Centrosomenpaare im Vergleich zur ursprünglichen Furchungsebene anders angeordnet sind als andere.

Furchungsebenen können eine wichtige Rolle bei der Festlegung der Form des Embryos spielen, besonders bei der frühen Tier- und Pflanzenentwicklung. Höhere Pflanzen besitzen keine erkennbaren Centrosomen, und ihre Spindeln haben keine Asteren. Statt eines kontraktilen Mechanismus, der die Zelle teilt, bildet sich in der Teilungsebene eine neue Zellwand. Diese Ebene wird anscheinend nicht von der Orientierung der Mitosespindel bestimmt, sondern statt dessen vor Beginn der Mitose festgelegt, wenn die Zelle von einem Band aus Mikrotubuli und Aktinfilamenten eingehüllt wird.

8.4 Zellen in frühen Mäuse- und Seeigelblastulae werden polarisiert

Durch aufeinanderfolgende Furchungen entsteht normalerweise eine Zellschicht, die eine hohle, flüssigkeitsgefüllte Blastula einschließt. Sowohl die Anordnung der Zellen als auch die Furchungsebene können eine sehr wichtige Rolle für die Bestimmung der Form des frühen Embryos spielen (Abbildung 8.7). Verlaufen alle Furchungsebenen radiär,

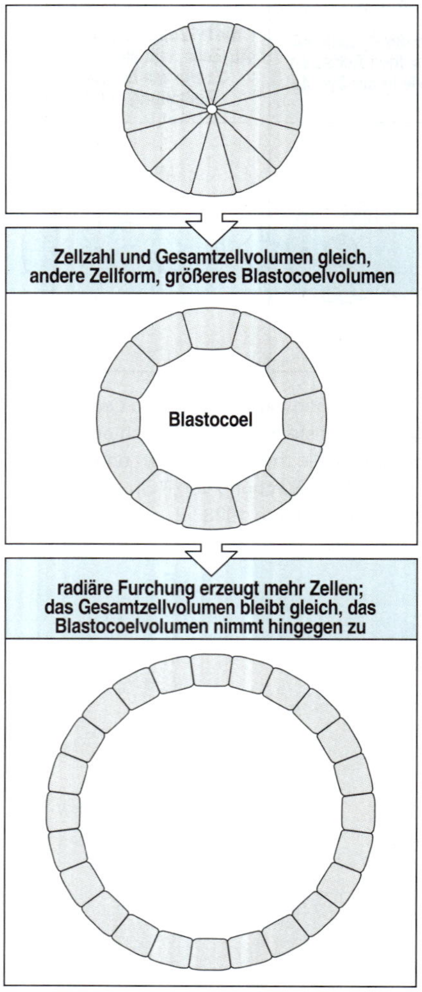

8.7 Die Anordnung der Zellen kann das Volumen einer Blastula bestimmen. Oben: Wenn benachbarte Zellen in einer kugelförmigen Schicht, wie die einer Blastula, über große Flächen der Zelloberfläche miteinander Kontakt aufnehmen, so ist das Gesamtvolumen der Zellschicht relativ klein, da in ihrem Inneren nur wenig Platz bleibt. Mitte: Mit einer Abnahme der Zellkontaktfläche nimmt auch die Größe des Innenraumes (des Blastocoels) und damit das Gesamtvolumen der Blastula erheblich zu, ohne daß gleichzeitig die Zellzahl oder das Zellgesamtvolumen zunehmen. Unten: Nimmt die Zellzahl durch Radiärfurchung zu, und die räumliche Anordnung bleibt dieselbe, so vergrößert sich das Blastocoelvolumen weiter – wiederum ohne daß das Gesamtzellvolumen zunimmt.

das heißt im rechten Winkel zur Oberfläche, so bleiben die Zellen in einer Einzelzellschicht, und das Volumen im Inneren nimmt mit jeder Teilung zu. Dies geschieht in der Seeigelblastula. Sowohl bei dieser als auch bei der Morula von Säugetieren werden die Zellen der Epithelschicht radiär polarisiert, wobei sich die äußere (apikale) Schicht und die innere (basale) Oberfläche, die dem Blastocoel zugewandt ist, deutlich unterscheiden.

Beim Seeigel entsteht durch die Furchung schließlich eine hohle, kugelförmige Blastula, die aus einem polarisierten einschichtigen Epithel besteht (Abbildung 8.8). Alle Furchungsebenen verlaufen radiär zur Oberfläche, so daß eine Einzelzellschicht erhalten bleibt. Die Eioberfläche, die mit Mikrovilli besetzt ist, wird zur äußeren Oberfläche der Blastula und entwickelt eine externe Schicht extrazellulärer Matrix, die Hyalinschicht, an die sich die Zellen anheften. Zwischen benachbarten Zellen entwickeln sich spezielle Zellkontakte, zu denen auch die Desmosomen gehören (siehe Exkurs 8.1, Seite 270). Der Zellinhalt wird polarisiert, wobei sich der Golgiapparat zur apikalen (äußeren) Seite hin orientiert. An der inneren Oberfläche der Zellschicht entsteht eine Basallamina (eine organisierte Schicht extrazellulärer Matrix).

Das Volumen des hohlen Inneren der Blastula, das Blastocoel, nimmt mit jeder Furchung zu. Dies beruht zum einen darauf, daß Flüssigkeit in das Blastocoel eindringt (Abschnitt 8.5), zum anderen darauf, daß die Zellen bei jeder Teilung kleiner werden, während die gesamte Zellmasse gleich bleibt. Mit jeder Furchung nimmt die Zahl der Zellen zu, sie werden kleiner und die Zellschicht wird dünner. Daher wird sowohl die Oberfläche der Blastula als auch das Volumen des Blastocoels größer (Abbildung 8.7).

Beim Mausembryo findet die früheste strukturelle Differenzierung im Acht-Zellen-Stadium statt, wenn eine **Kompaktion** oder **Verdichtung** des Embryos erfolgt (Abbildung 8.9). Die Blastomeren flachen sich gegeneinander ab, wodurch es zu einer größtmöglichen Anzahl von Zell-Zell-Kontakten kommt. Die Mikrovilli, die bis dahin einheitlich über die Zelloberflächen verteilt waren, beschränken sich auf die apikale Oberfläche der Zellen (Abbildung 8.10). Anschließend erfolgen einige Furchungen in der äußeren Zellschicht tangential (parallel zur Oberfläche), wodurch jeweils eine polarisierte und eine nichtpolarisierte Tochterzelle entsteht. Durch radiäre Furchungen entstehen zwei polarisierte Zellen. Die nichtpolarisierten Zellen werden zur inneren Zellmasse, aus der sich der eigentliche Embryo entwickelt, während die äußeren Zellen sich zum Trophektoderm entwickeln und extraembryonale Strukturen bilden.

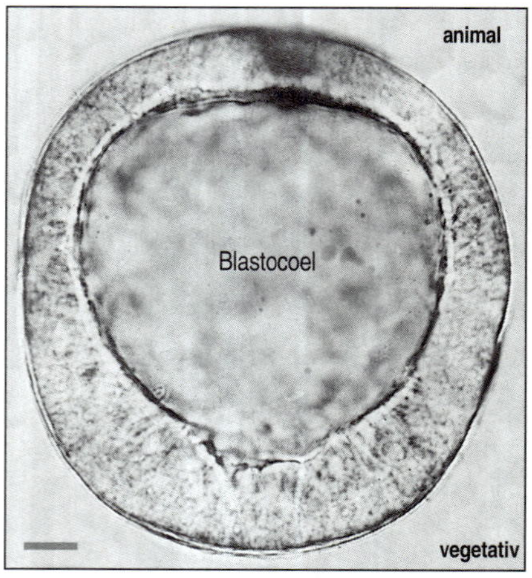

8.8 Blastula eines Seeigelembryos. Eine Einzelzellschicht umgibt das hohle Blastocoel. Maßstab = 10 µm.

Die Veränderungen der interzellulären Kontakte, welche zur Kompaktion führen, ergeben sich wahrscheinlich durch Veränderungen in der Assoziation zwischen dem Zelladhäsionsmolekül E-Cadherin (Uvomorulin) und dem darunterliegenden Zellcortex. Im Zwei- und Vier-Zel-

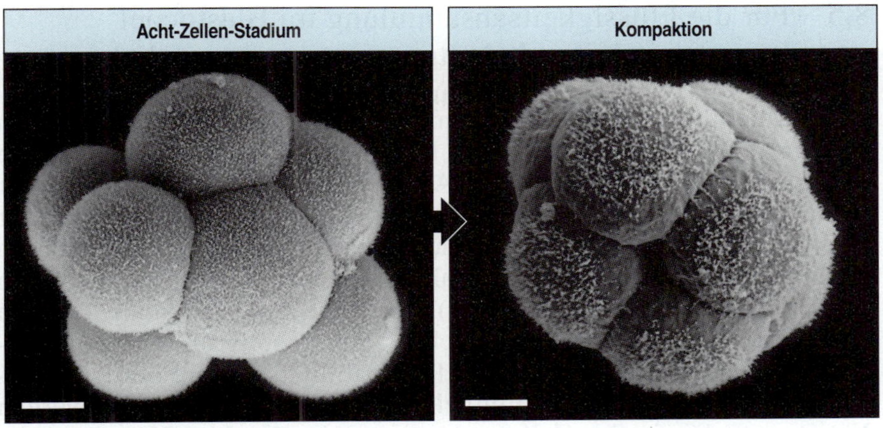

8.9 Kompaktion des Mausembryos. Im Acht-Zellen-Stadium besitzen die Zellen eine glatte Oberfläche. Während der Kompaktion beschränken sich die Mikrovilli auf die äußere Oberfläche, und der Kontakt zwischen den Zellen nimmt zu. Maßstab = 10 µm. Aufnahme mit freundlicher Genehmigung von T. Bloom, aus Bloom 1989.

len-Stadium ist E-Cadherin einheitlich über die Blastomerenoberfläche verteilt, und der Kontakt zwischen den Zellen ist nicht sehr ausgeprägt. Erst im Acht-Zellen-Stadium beschränkt es sich auf Regionen mit interzellulärem Kontakt, wo es nun wahrscheinlich zum ersten Mal als Adhäsionsmolekül fungiert. Diese Veränderung der adhäsiven Eigenschaften von E-Cadherin könnte auf einer Assoziation zwischen dem E-Cadherin und Elementen des Cytoskeletts im Zellcortex beruhen (Exkurs 8.1, Seite 270). An der Aktivierung von E-Cadherin könnten Signaltransduktion und die Aktivität von Proteinkinase C beteiligt sein. Wird diese Kinase vor dem Acht-Zellen-Stadium aktiviert, so erfolgt die Kompaktion vorzeitig.

Mit der Kompaktion und der Lokalisation von E-Cadherin und den Mikrovilli kommt es zu einer radikalen Umordnung des Zellcortex. Die Cytoskelettproteine Aktin, Spektrin und Myosin entfernen sich aus der interzellulären Kontaktzone und konzentrieren sich in einer Bande um die apikale Region der Zelle herum. Sowohl das Abflachen der Zellen als auch die Umverteilung der corticalen Elemente könnten durch die Kontraktion von Aktinfilamenten ausgelöst werden, was die corticalen Elemente zum apikalen Pol hin zieht.

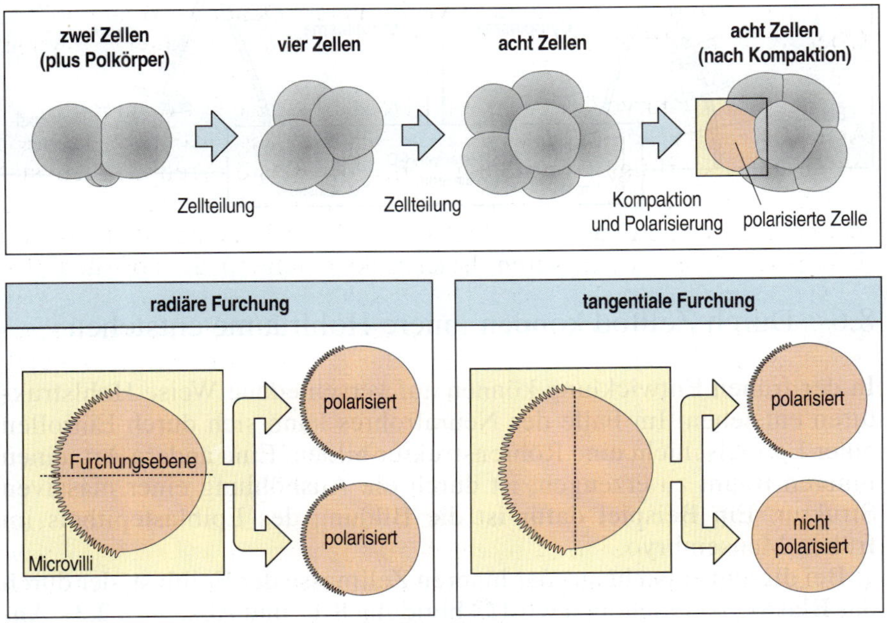

8.10 Polarisierung von Zellen während der Furchung des Mausembryos. Im Acht-Zellen-Stadium findet die Kompaktion statt, wobei die Zellen ausgiebigen Kontakt miteinander aufnehmen (obere Abbildung). Außerdem werden die Zellen polarisiert; die Mikrovilli etwa, die ursprünglich einheitlich über die Zelloberfläche verteilt waren, bleiben auf die nach außen gerichtete Zelloberfläche beschränkt. Durch spätere Furchungen kann sich die Zelle daher entweder in zwei polarisierte Zellen (durch radiäre Furchung, Abbildung unten links) oder in eine polarisierte und eine nichtpolarisierte Zelle (durch tangentiale Teilung, Abbildung unten rechts) teilen. Durch die Furchungen entsteht die innere Zellmasse.

8.5 Für die Flüssigkeitsansammlung im Blastocoel ist teilweise ein aktiver Ionentransport verantwortlich

Die Ansammlung von Flüssigkeit im Inneren der Blastula übt nach außen Druck auf die Blastocoelwand aus. Dieser hydrostatische Druck ist eine der Kräfte, die an der Bildung und Aufrechterhaltung der Kugelform der Blastula beteiligt sind. Einigen Hinweisen zufolge bildet sich bei der Entwicklung von Säugerembryonen die Blastocoelflüssigkeit durch einen Mechanismus, zu dem das aktive Pumpen von Natriumionen in das Blastocoel gehört (Abb. 8.11). Im Acht-Zellen-Stadium tauchen zwischen Zellen der äußeren Schicht *tight junctions* auf. Diese fungieren ab dem 32-Zellen-Stadium als Permeabilitätsbarriere für den Übertritt von Material durch die Epithelzellschicht. Zur selben Zeit werden Natriumpumpen in den Zellmembranen aktiv, die dem Blastocoel zugewandt sind. Anscheinend gibt es einen Nettoeinstrom von Natriumionen: Wahrscheinlich tritt wie bei der Froschhaut Natrium an der Außenseite der Zelle passiv ein und wird dann über die Innenseite der Zelle in das Blastocoel gepumpt. Da die Ionenkonzentration in der Blastocoelflüssigkeit zunimmt, strömt Wasser durch Osmose in das Blastocoel ein, und die umgebenden Gewebeschichten dehnen sich aufgrund des erhöhten hydrostatischen Druckes aus. Ein ähnlicher Mechanismus scheint in der *Xenopus*-Blastula wirksam zu sein. Da sich der Embryo in Teichwasser entwickelt, das wenig Natrium enthält, stammt in diesem Falle das in das Blastocoel gepumpte Natrium wahrscheinlich aus den Zellen selbst, wo es in einer ionisch inaktiven Form gespeichert wird.

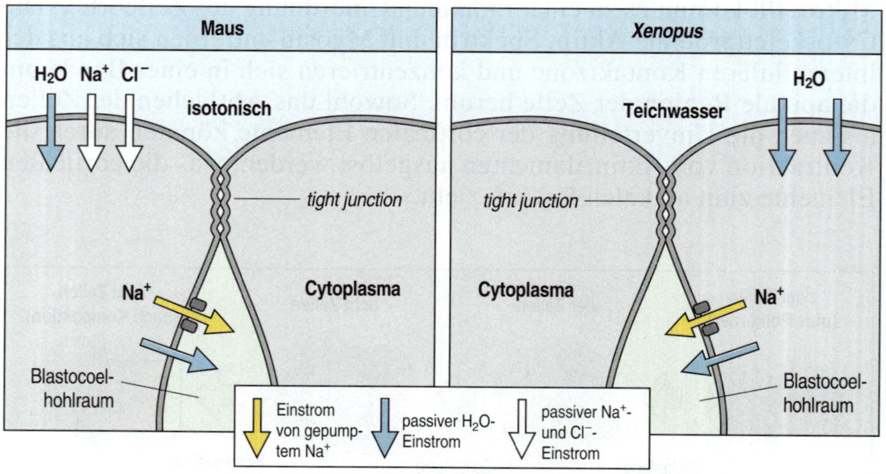

8.11 Durch hydrostatischen Druck kann die Blastula sich ausdehnen. Aktiver Transport von Natriumionen (Na^+) in den Blastocoelhohlraum der Maus führt zum Einstrom von Wasser und Salzen und erhöht so den hydrostatischen Druck. Der Hohlraum des Blastocoels wird vom äußeren Medium durch *tight junctions* zwischen den Zellen abgegrenzt, welche die benachbarten Zellwände an den außen gelegenen Enden miteinander verbinden. Der *Xenopus*-Embryo entwickelt sich in Teichwasser. Daher strömen keine Ionen ein; der Vorrat an Natriumionen stammt wahrscheinlich aus den Zellen selbst, wo sie in einer ionisch inaktiven Form gespeichert werden.

8.6 Durch Zelltod können innere Hohlräume entstehen

In der frühen Entwicklung können auf verschiedene Weise Hohlstrukturen entstehen. Im Falle des Neuralrohres kann sich durch Einrollen einer Epithelschicht eine Röhrenstruktur bilden. Eine andere Art, einen inneren Raum zu erzeugen, ist durch die Aushöhlung einer massiven Struktur. Ein Beispiel dafür ist die Bildung des Epiblastepithels im frühen Mausembryo.

Bei diesem entsteht aus der inneren Zellmasse der Epiblast, der durch das Blastocoel geschoben wird (Abbildung 8.12 und Abschnitt 2.3). An-

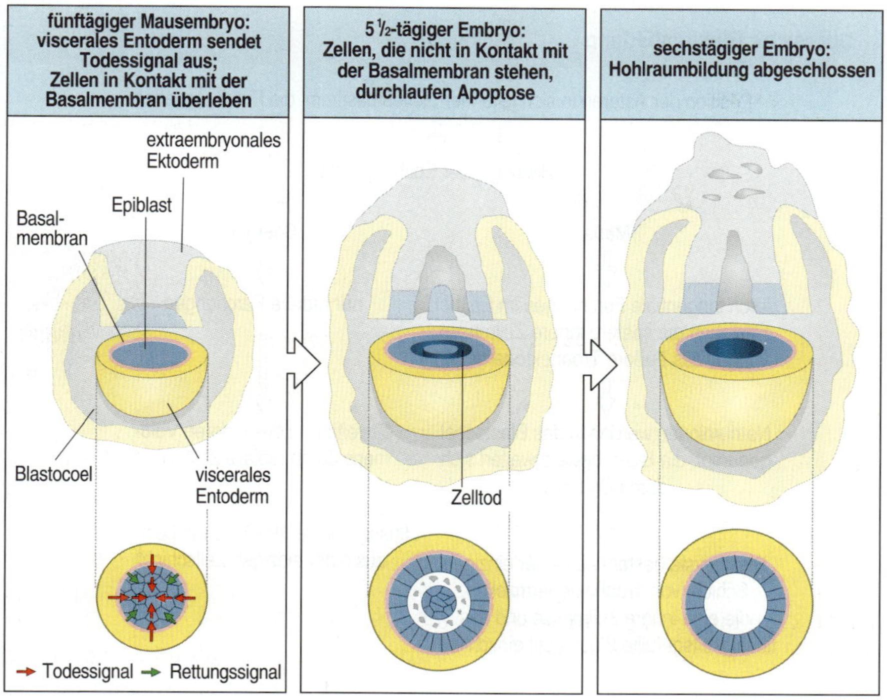
fünftägiger Mausembryo: viscerales Entoderm sendet Todessignal aus; Zellen in Kontakt mit der Basalmembran überleben
extraembryonales Ektoderm
Epiblast
Basal-membran
Blastocoel
viscerales Entoderm
Todessignal
Rettungssignal
5 ½-tägiger Embryo: Zellen, die nicht in Kontakt mit der Basalmembran stehen, durchlaufen Apoptose
Zelltod
sechstägiger Embryo: Hohlraumbildung abgeschlossen

8.12 Hohlraumbildung im Epiblasten des Mausembryos. Die innere Zellmasse vermehrt sich und bildet eine kompakte Masse, die von visceralem Entoderm umgeben ist. Durch programmierten Zelltod, Apoptose, im Epiblasten bildet sich ein Hohlraum. Ein Todessignal könnte aus dem visceralen Entoderm stammen; nur Zellen, die mit der Basalmembran in Verbindung stehen, erhalten ein Rettungssignal und überleben. Nach Coucouvanis et al. 1995.

fangs ist der Epiblast eine massive Zellmasse. Später verwandelt er sich in eine Epithelschicht, die einen flüssigkeitsgefüllten Hohlraum einschließt. Der Hohlraum entsteht durch programmierten Zelltod (**Apoptose**) der Zellen im Zentrum des Epiblasten. Wahrscheinlich senden die umgebenden Zellschichten, das viscerale Entoderm, ein Todessignal an alle Zellen des Epiblasten, so daß nur die äußeren Zellen, die über Integrine in Kontakt mit der Basalmembran stehen, überleben. Das Phänomen des programmierten Zelltodes und seine Rolle bei der Entwicklung wird in späteren Kapiteln noch ausführlich erörtert.

Zusammenfassung

Bei vielen Tieren durchläuft das befruchtete Ei ein Furchungsstadium, in dem es in eine Anzahl kleiner Zellen (Blastomeren) unterteilt wird und schließlich eine hohle Blastula bildet. Bei verschiedenen Tiergruppen findet man unterschiedliche Furchungsmuster. Bei einigen Tieren wie den Nematoden und Mollusken ist die Furchungsebene wichtig, um die Position bestimmter Blastomeren im Embryo und die Verteilung cytoplasmatischer Faktoren zu bestimmen. Die Furchungsebene wird bei Tieren durch die Lage der Mitosespindel bestimmt, die wiederum auf die Aktivität der Asteren zurückgeht, deren Position von den Centrosomen festgelegt wird. Am Ende des Furchungsstadiums besteht die Blastula im wesentlichen aus einem polarisierten Epithel, das ein flüssigkeitsgefülltes Blastocoel umgibt. Die Ansammlung von Flüssigkeit im Blastocoel läßt sich wahrscheinlich teilweise auf aktiven Ionentransport zurückführen. Die Bildung eines Hohlraumes im frühen Mausepiblasten beruht auf Zelltod.

Übersicht: Blastulabildung

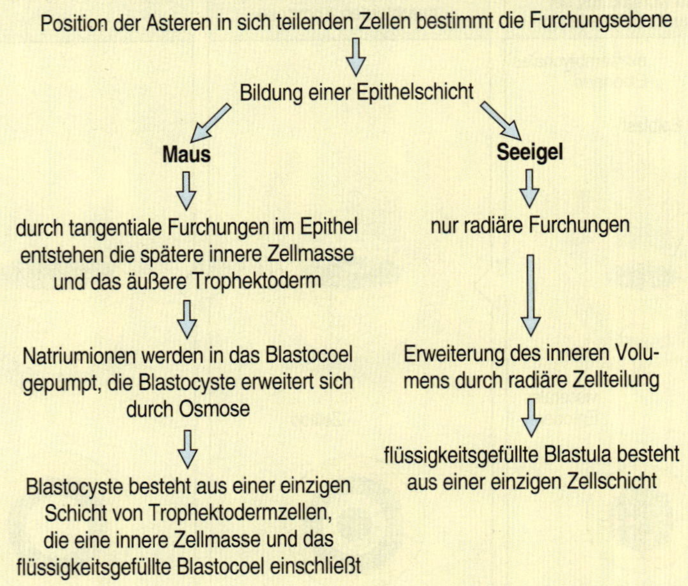

Gastrulation

Während der Gastrulation gelangen die meisten Gewebe der Blastula (oder des entsprechenden Stadiums) durch die Wanderung von Zellen und Zellschichten an die Position, die für sie im Körperbauplan vorgesehen ist. Daß die Gastrulation notwendig ist, zeigt sich an den Anlagenplänen der Blastula von beispielsweise Seeigeln und Amphibien, in denen das zukünftige Entoderm, Mesoderm und Ektoderm in der Epithelschicht nebeneinander liegen. Nach der Gastrulation sind diese Gewebe im Verhältnis zueinander vollkommen neu angeordnet: Das Entoderm beispielsweise entwickelt sich zu einem inneren Darm und wird vom äußeren Ektoderm durch eine Schicht Mesoderm abgegrenzt. Bei der Gastrulation kommt es somit zu dramatischen Veränderungen in der Gesamtstruktur des Embryos, durch die er eine komplexe dreidimensionale Struktur erhält. Ein Programm von Zellaktivitäten, das Veränderungen in der Zellform und Adhäsionsstärke einschließt, verändert während der Gastrulation derart die Form des Embryos, daß Entoderm und Mesoderm nach innen wandern und außen nur das Ektoderm bleibt. Die Haupttriebkraft für die Gastrulation ist die Zellbeweglichkeit (Exkurs 8.2). Bei einigen Embryonen nimmt die Zellzahl oder die gesamte Zellmasse bei diesem Prozeß nicht oder nur geringfügig zu.

In diesem Abschnitt betrachten wir zunächst die Gastrulation beim Seeigel und bei Insekten, die relativ einfach verläuft. Beim Huhn und bei der Maus sind die Mechanismen der Gastrulation nur wenig verstanden; deshalb dient *Xenopus* als unser Modell für den komplizierteren Gastrulationsprozeß bei Wirbeltieren.

Exkurs 8.2: Veränderungen von Zellform und Zellbewegung

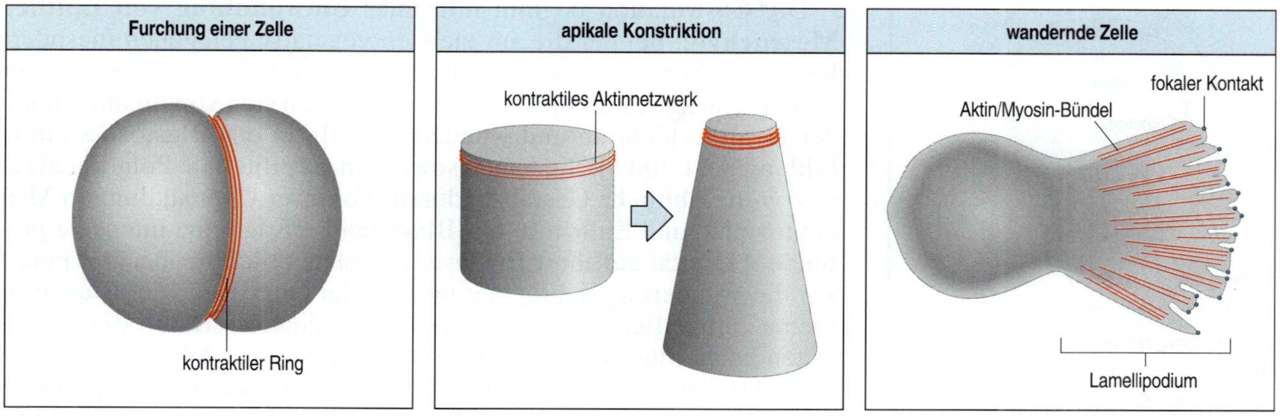

Während der Entwicklung verändert sich die Form der Zellen stark. Die beiden Hauptveränderungen werden durch Zellwanderung und Einfaltung von Epithelschichten hervorgerufen. Formveränderungen werden vom Cytoskelett vorgenommen, einem intrazellulären Gerüst, das die Zellform kontrolliert und auch an der Zellbewegung beteiligt ist. Im Cytoskelett gibt es drei Hauptklassen von Proteinpolymeren – Aktinfilamente (Mikrofilamente), Mikrotubuli und Intermediärfilamente – sowie viele andere Proteine, die mit ihnen wechselwirken. Aktinfilamente sind hauptsächlich für die Erzeugung von Kräften und für Kontraktionen innerhalb der Zellen verantwortlich, die zu einer Formveränderung führen. Mikrotubuli spielen eine wichtige Rolle bei der Aufrechterhaltung der Zellasymmetrie und -polarität, und Intermediärfilamente können mechanische Kräfte übertragen und bieten mechanische Stabilität.

Aktinfilamente sind feine Proteinfäden von etwa sieben Nanometern Durchmesser; es sind Polymere des globulären Proteins Aktin. Sie sind zu Bündeln und dreidimensionalen Netzwerken organisiert, die bei den meisten Zellen hauptsächlich direkt unterhalb der Plasmamembran liegen und eine gelartige Zellrinde bilden. Eine Vielzahl aktinbindender Proteine sind mit den Aktinfilamenten assoziiert und helfen dabei, sie zu bündeln, Netzwerke zu bilden und die Aktinuntereinheiten zu polymerisieren und zu depolymerisieren. Aktinfilamente können sich schnell durch Polymerisation aus Aktinuntereinheiten bilden und ebenso schnell depolymerisieren. Dies ist ein höchst flexibles System zur Ansammlung von Aktinfilamenten auf viele verschiedene Arten und an unterschiedlichen Orten, wie sie gerade benötigt werden. Cytochalasin D aus Pilzen verhindert die Aktinpolymerisation und ist ein nützliches Hilfsmittel zur Untersuchung der Rolle von Aktinnetzwerken. Aktinfilamente können sich mit Myosin zu kontraktilen Strukturen verbinden, die als Minimuskeln fungieren. Solche kontraktilen Bündel finden sich in dem kontraktilen Ring einer sich teilenden Tierzelle (links), der die Zelle in zwei Tochterzellen teilt. Die lokale Kontraktion eines Aktinnetzwerks in der Zellrinde kann zu einer Verjüngung (Konstriktion) an der Spitze der Zelle und ihrer Verlängerung in Längsrichtung führen (Mitte).

Viele embryonale Zellen können sich über ein festes Substrat bewegen, indem sie eine dünne Cytoplasmaschicht, die man Lamellipodium nennt (rechts), und lange feine cytoplasmatische Fortsätze, die Filopodien, ausstrecken. Diese temporären Strukturen enthalten Aktinfilamente, die sich dort ansammeln, wenn der Fortsatz sich ausstreckt. Wahrscheinlich treibt die Kontraktion des Aktinnetzwerkes an anderer Stelle die Zelle dann vorwärts. Dazu muß das kontraktile System eine Kraft auf das Substrat ausüben können. Das geschieht an den fokalen Kontakten – Punkten, an denen die voranschreitenden Filopodien oder das Lamellipodium mit dem Substrat, über das sich die Zelle bewegt, verankert sind. *In vivo* ist dies häufig eine Schicht extrazellulärer Matrix. An fokalen Kontakten heften sich Integrine (Exkurs 8.1, Seite 270) mit ihren extrazellulären Domänen an Moleküle der extrazellulären Matrix und stellen ihre cytoplasmatischen Domänen zur Verankerung von Aktinfilamenten zur Verfügung. Wahrscheinlich können Integrine an den fokalen Kontakten Signale über die Plasmamembran weiterleiten und somit die Zelle in die Lage versetzen, ihre Umwelt wahrzunehmen und ihre Bewegung zu steuern.

8.7 Bei der Gastrulation des Seeigels kommt es zur Zellwanderung und zur Einstülpung von Gewebe

Kurz vor Beginn der Gastrulation besteht die späte Seeigelblastula aus einer einzigen Zellschicht, die ein flüssigkeitsgefülltes Blastocoel umgibt. Das spätere Mesoderm nimmt den am weitesten vegetativ gelegenen Bereich ein, direkt daneben befindet sich das spätere Entoderm (Abbildung 8.13), der Rest des Embryos entwickelt sich zum Ektoderm. Auf ihrer äußeren Oberfläche stehen die Zellen mit einer extrazellulären Hyalinschicht in Kontakt, welche die Proteine Hyalin und Echinonectin enthält. Durch Kontaktkomplexe in den Membranen an der Längs-

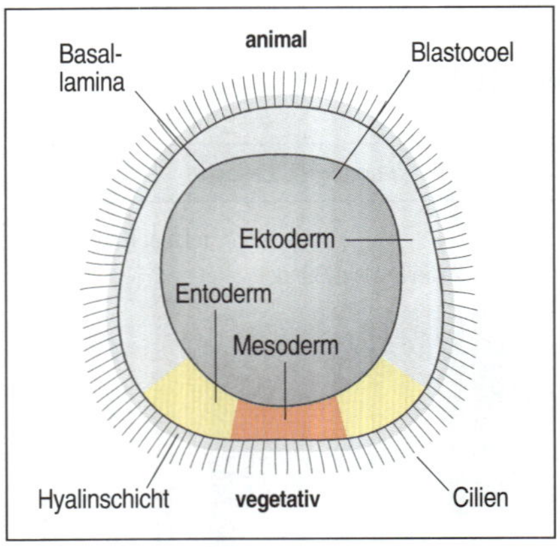

8.13 Die Seeigelblastula vor der Gastrulation. Das zukünftige Entoderm und Mesoderm befinden sich am vegetativen Pol, außen liegt eine extrazelluläre Hyalinschicht, und eine Basallamina kleidet das Blastocoel aus.

seite sind sie mit ihren Nachbarzellen verbunden und bilden ein polarisiertes Epithel. Auf der Innenseite der Zellen, dem Blastocoel zugewandt, befindet sich eine Basallamina aus extrazellulärer Matrix.

Die Gastrulation beginnt mit einer **Umwandlung von Epithel zu Mesenchym**, bei der die am meisten vegetativ gelegenen mesodermalen Zellen beweglich werden und eine mesenchymale Gestalt annehmen. Diese primären Mesenchymzellen lösen sich voneinander und von der Hyalinschicht ab und wandern einzeln in das Blastocoel ein (Abbildung 8.14, links). Sie haben sowohl ihre epitheliale Polarität als auch ihre würfelähnliche Gestalt verloren. Vor ihrer Umwandlung in Mesenchymzellen und Eintritt in das Blastocoel erfolgt eine intensive pulsierende Aktivität auf ihrer Innenseite. Gelegentlich beobachtet man, bevor die Wanderung richtig beginnt, auf der Oberfläche der Blastula eine kleine zeitweilige Einstülpung oder Invagination. Damit die Zelle eintreten kann, muß sie ihre Adhäsion verlieren, was mit dem Verlust von α- und β-Cateninen und der Endocytose von Cadherin einhergeht. Nach dem Eintritt in das Blastocoel wandern die Mesenchymzellen an bestimmte Stellen innerhalb der Blastula. Diese gerichtete Wanderung werden wir im Abschnitt 8.14 betrachten.

Nach dem Eintritt der primären Mesenchymzellen stülpt sich das Entoderm als kontinuierliche Zellschicht ein (Invagination) und streckt sich; auf diese Weise entsteht der embryonale Darm (**Archenteron** oder **Urdarm**; Abbildung 8.14, Mitte). Die Bildung des Darmes erfolgt in zwei Phasen: Während der ersten Phase stülpt sich das Entoderm ein und bildet einen kurzen, gedrungenen Zylinder, der zum Teil bis in die Mitte des Blastocoels hineinragt. Nach einer kurzen Pause wird er weiter verlängert. In dieser zweiten Phase bilden die Zellen an der Spitze des sich einstülpenden Darmes lange Filopodien, die mit der Blastocoelwand Kontakt aufnehmen. Sie werden sich später als sekundäres Mesenchym ablösen. Durch Ausdehnung und Kontraktion der Filopodien zieht sich der sich verlängernde Darm durch das Blastocoel, bis er schließlich auf die Mundregion stößt, die auf der Ventralseite des Embryos eine kleine Einstülpung bildet, und mit ihr verschmilzt (Abbildung 8.14, rechts).

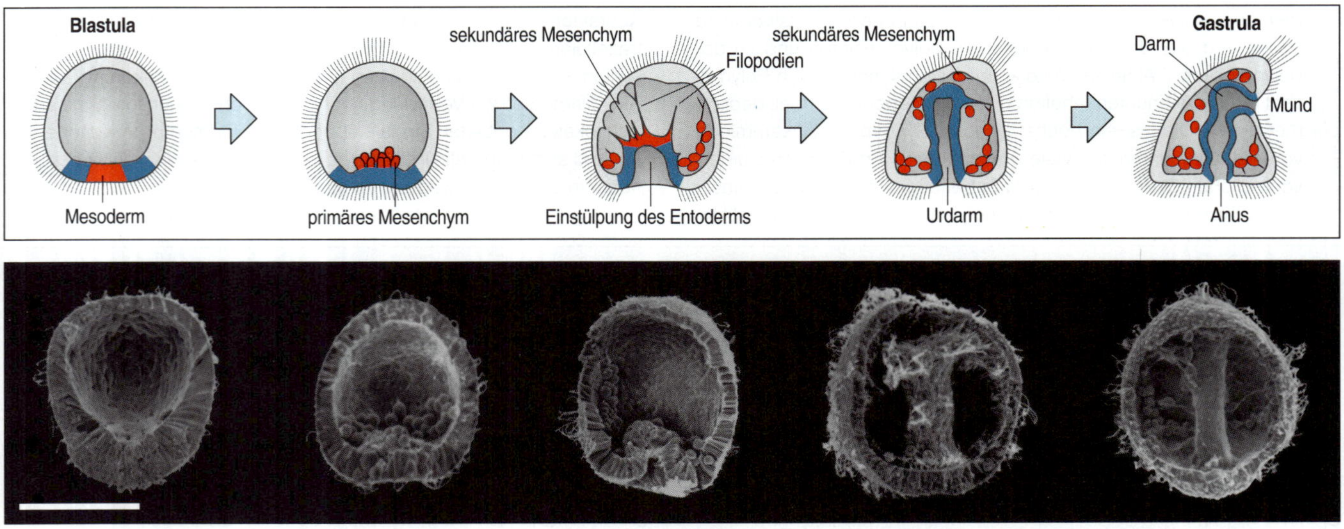

8.14 Seeigelgastrulation. Zellen des vegetativen Mesoderms werden zu primären Mesenchymzellen und dringen am vegetativen Pol in das Blastocoel ein. Darauf stülpt sich das Entoderm ein (Invagination), dehnt sich im Blastocoel zum animalen Pol hin aus und bildet deutlich sichtbar einen Urdarm. Filopodien, die sich von den sekundären Mesenchymzellen an der Spitze des sich einstülpenden Entoderms ausstrecken, nehmen Kontakt mit der Blastocoelwand auf, ziehen das sich einstülpende Gewebe zum späteren Mund hin, fusionieren mit ihm und bilden so den Darm. Maßstab = 50 µm. Aufnahmen mit freundlicher Genehmigung von J. Morrill.

Wodurch wird die Einstülpung des Entoderms ausgelöst? Die einfachste Erklärung ist die, daß sich die Krümmung der Zellschicht durch eine Formveränderung der entodermalen Zellen ändert und zunächst auch erhalten bleibt (Abbildung 8.15). An der Einstülpungsstelle nehmen die anfangs kubischen Zellen eine verlängerte, keilförmige Gestalt an und werden an der äußeren (apikalen) Seite schmaler. Diese Veränderung der Zellform erfolgt dadurch, daß die Zelle sich an ihrer Spitze, wahrscheinlich durch die Kontraktion von Cytoskelettelementen, zusammenzieht. Zu Beginn reicht dies aus, um die äußere Oberfläche der Zellschicht nach innen zu ziehen und die Einstülpung aufrechtzuerhalten. Dies zeigt eine Computersimulation, bei der eine apikale Verjüngung (Konstriktion), die sich im Modell über den vegetativen Pol ausbreitet, zu einer Einstülpung führt (Abbildung 8.16). Allerdings bringt diese Triebkraft allein den Darm nur etwa ein Drittel auf dem Weg an sein endgültiges Ziel voran.

An der zweiten Phase der Gastrulation sind zwei verschiedene Mechanismen beteiligt. Die Filopodien, die von den sekundären Mesenchymzellen an der Spitze des sich einstülpenden Darmes ausgehen, nehmen Kontakt mit der Blastocoelwand auf; ihre Kontraktion zieht den Darm durch das Blastocoel. Unterbindet man die Anheftung der Filopodien an die Blastocoelwand, so verlängert sich der Darm nicht vollständig, erreicht aber noch immer etwa zwei Drittel seiner Gesamtlänge. Diese filopodienunabhängige Verlängerung beruht auf einer aktiven Umordnung der Zellen innerhalb der entodermalen Zellschicht. Wird ein Sektor von Zellen im vegetativen Mesoderm vor der Gastrulation mit einem fluoreszierenden Farbstoff markiert, so wird er während der Darmverlängerung zu einem langen, schmalen Streifen (Abbildung 8.17). Wir werden diese Art der Zellumordnung, die als **konvergente Ausdehnung** (*convergent extension*) bezeichnet wird, im Zusammenhang mit einem ähnlichen Phänomen bei der Amphibiengastrulation später in diesem Kapitel noch genauer betrachten. Beim Seeigel erfordert sie die Wechselwirkung von Zellen mit der Basallamina. Werden Antikörper gegen Bestandteile der Basallamina in das Blastocoel gespritzt, blockiert man die zweite Phase der Gastrulation.

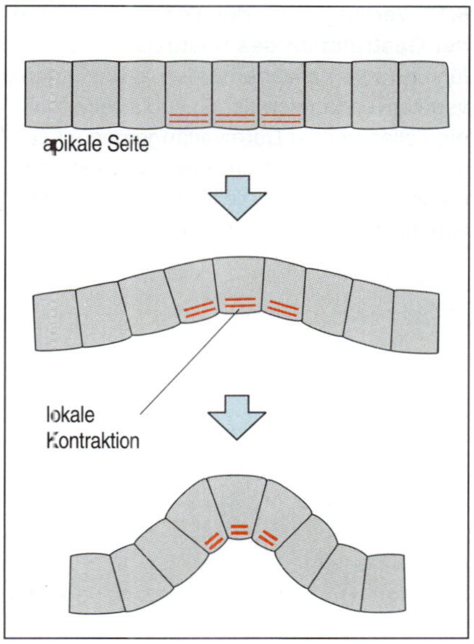

8.15 Weil einige wenige Zellen ihre Form verändern, stülpen sich entodermale Zellen ein. Bündel von Filamenten aus Aktin und anderen Motorproteinen kontrahieren am äußeren Rand der Zellen; dadurch werden diese keilförmig. Solange die Zellen mechanisch mit Nachbarzellen in einer Schicht verbunden bleiben, zieht diese lokale Veränderung der Zellform die Zellschicht an dieser Stelle nach innen.

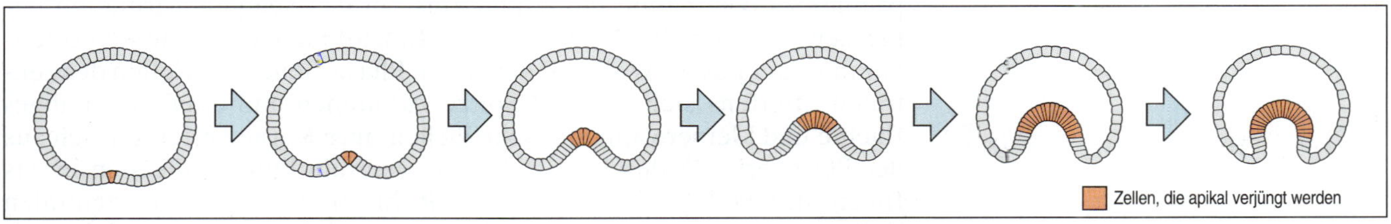

8.16 Computersimulation der Rolle, welche die apikale Verjüngung der Zellen bei der Einstülpung des Gewebes spielt. Eine Computersimulation der Ausbreitung der apikalen Verjüngung (Konstriktion) über einen Bereich in einer Zellschicht zeigt, wie das zur Einstülpung führen kann. Nach Odell et al. 1981.

Während seiner Ausdehnung kommt der Darm in Kontakt mit der späteren Mundregion. Wodurch wird das Vorderende des Darmes dorthin geleitet? Bei ihrer anfänglichen Erkundung der Blastocoelwand stellen die langen Filopodien an der Darmspitze am animalen Pol, wo sich später der Mund bildet, vergleichsweise stabilere Kontakte her. Filopodien, die sich dort anheften, bleiben 20–50mal länger haften als an anderen Stellen der Blastocoelwand. Ähnliche Unterschiede in der Adhäsionsstärke ermöglichen es Mesodermzellen, an die für sie richtigen Stellen zu gelangen. Die Gastrulation beim Seeigel zeigt klar, wie Ver-

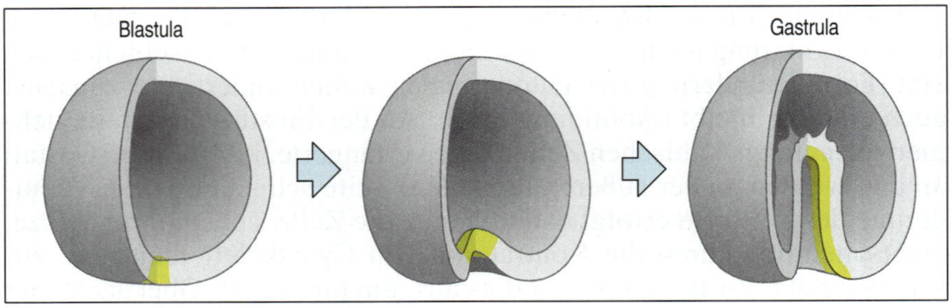

8.17 Verlängerung des Darmes während der Gastrulation des Seeigels. Die Einführung von markierten Zellen (grün) in den vegetativen Bereich der Gastrula zeigt, daß die Zellen bei der Darmverlängerung innerhalb des Entoderms umverteilt werden und damit die markierten Zellen in einen langen schmalen Streifen gelangen.

änderungen der Zellform und Adhäsionsstärke zusammen mit der Zellwanderung dazu beitragen, die Form des Embryos wesentlich zu verändern.

8.8 Die Einstülpung des Mesoderms bei *Drosophila* beruht auf Veränderungen in der Zellform, die von Genen gesteuert wird, welche an der Musterbildung in der dorso-ventralen Achse beteiligt sind

Wenn die Gastrulation beginnt, besteht der *Drosophila*-Embryo aus einem Blastoderm von etwa 6000 Zellen, das eine einzellige Oberflächenschicht bildet (Abschnitt 2.5). Zu Beginn der Gastrulation stülpt sich auf der ventralen Seite des Embryos ein länglicher Streifen späterer Mesodermzellen (acht bis zehn Zellen breit) ein und bildet erst eine ventrale Furche und dann eine Röhre. Diese zerfällt in Einzelzellen, die sich ausbreiten und auf der Innenseite des Ektoderms eine einzellige Mesodermschicht bilden (Abbildung 8.18). Der Darm entwickelt sich wenig später durch Einstülpung von künftigem Entoderm in der Nähe der anterioren und posterioren Enden des Embryos.

Das Mesoderm stülpt sich schnell ein: Die Bildung der mesodermalen Röhre dauert etwa 30 Minuten, und die Ausbreitung der Zellen etwa eine Stunde. Zunächst bildet sich eine Rinne, die im Querschnitt der primären Invagination des Entoderms bei der Seeigelgastrulation bemerkenswert ähnelt. Der Prozeß der Einstülpung vollzieht sich offenbar in zwei Phasen: Während der ersten Phase ziehen die Zellen des zentralen Streifens sich an ihrer Spitze zusammen und erhalten so abgeflachte und kleinere apikale Oberflächen; ihre Kerne entfernen sich aus der Peripherie. Dadurch entsteht eine ventrale Furche, die sich in das Innere des Embryos faltet und eine Röhre bildet, wobei die zentralen Zellen die eigentliche Röhre bilden, während die peripheren Zellen einen „Stiel“ formen. Während der zweiten Phase dissoziiert die Röhre in einzelne Zellen, die sich teilen und seitlich ausbreiten.

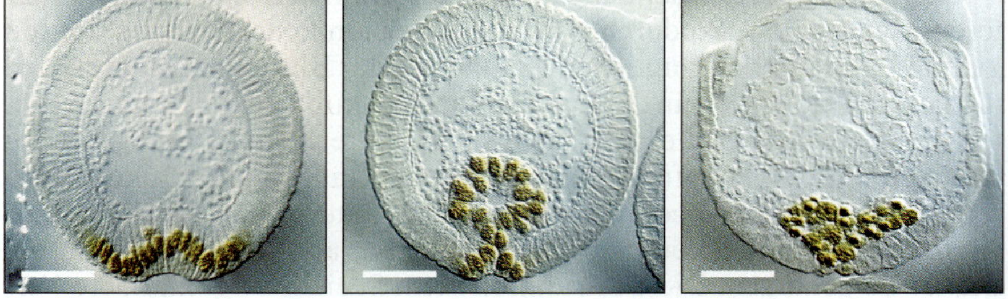

8.18 Gastrulation bei *Drosophila*. In einem Längsstreifen auf der Ventralseite verändern mesodermale Zellen (gefärbt) ihre Form. Dadurch verursachen sie, daß sich ventral eine Furche bildet (links). Durch eine Kontraktion an der Zellspitze bildet das Mesoderm auf der Innenseite des Embryos eine Röhre (Mitte). Anschließend beginnen die mesodermalen Zellen, einzeln an verschiedene Stellen zu wandern (rechts). Maßstab = 50 µm. Aufnahmen mit freundlicher Genehmigung von M. Leptin, aus Leptin et al. 1992.

Mutierte *Drosophila*-Embryonen, die dorsalisiert oder ventralisiert sind (Abschnitt 5.8), zeigen, daß dieses Verhalten der mesodermalen Zellen wie beim Seeigel autonom ist und von den angrenzenden Geweben nicht beeinflußt wird. Bei dorsalisierten Embryonen, die kein Mesoderm besitzen, kommt es weder zu einer Kernwanderung noch werden die Zellen apikal gestaucht. In ventralisierten Embryonen, bei denen die meisten Zellen mesodermal sind, finden diese Veränderungen über die gesamte dorso-ventrale Achse hinweg statt.

Bei der Gastrulation von *Drosophila* können wir während der Morphogenese die Genaktivität mit Veränderungen der Zellform in Verbindung bringen. Die Einstülpung des Mesoderms wird von Mutationen der Gene *twist* und *snail* beeinflußt, die vor der Gastrulation im künftigen Mesoderm exprimiert werden und Transkriptionsfaktoren codieren (Abschnitt 5.8). Bei *twist*-Mutanten bildet sich vorübergehend eine schmale Furche, bei *snail*-Mutanten flachen sich die künftigen Mesodermzellen ab, ansonsten finden aber keine weiteren Veränderungen statt. Bei Doppelmutanten dieser Gene zeigen sich weder Veränderungen in der Zellgestalt noch bei der Einstülpung. Die von diesen Genen codierten Transkriptionsfaktoren könnten daher, direkt oder indirekt, die Expression von Zellkomponenten wie Cytoskelettproteinen regulieren, die für die Formveränderungen notwendig sind.

Ein mögliches Zielgen für *twist* und *snail* ist das Gen *folded gastrulation*. Es codiert ein Protein unbekannter Funktion, das sezerniert und in den invaginierenden Zellen in einem Muster exprimiert wird, das genau dem der späteren apikalen Verjüngung entspricht. Überexpression des Gens führt dazu, daß die Zelle sich außerhalb der normalen Zone verjüngt. Daher könnte das Protein Folded gastrulation ein Signal für die Verjüngung an der Zellspitze sein. Auf jeden Fall hilft es uns zu verstehen, wie die Aktivität von Transkriptionsfaktoren, die an der Musterbildung beteiligt sind, lokal zu einem Zusammenziehen von Zellen führen kann.

8.9 Die *Xenopus*-Gastrulation erfordert verschiedene Arten von Gewebebewegungen

Bei der Amphibiengastrulation wird das Gewebe hauptsächlich wegen der großen Dottermenge stärker und komplexer umstrukturiert als beim Seeigel. Das Ergebnis ist jedoch dasselbe: Eine zweidimensionale Zellschicht verwandelt sich in einen dreidimensionalen Embryo, in dem sich Ektoderm, Mesoderm und Entoderm an den für die weitere Entwicklung der Körperstruktur richtigen Positionen befinden. Die Hauptprozesse der Amphibiengastrulation, die wir besprechen wollen, sind die **Involution**, das Einrollen des Ento- und Mesoderms am Urmund, die **konvergente Ausdehnung** (*convergent extension*) des Mesoderms und die **Epibolie**, die Ausbreitung des Ektoderms, wenn Entoderm und Mesoderm nach innen wandern (Abbildung 8.19). In der späten *Xenopus*-Blastula findet sich das zukünftige Entoderm im am meisten vegetativ gelegenen Bereich und überdeckt das spätere Mesoderm. Während der Gastrulation wandert das zukünftige Entoderm durch den Urmund nach innen und kleidet den Darm aus (Abbildung 8.20). Die Blastulawand ist mehrere Zellen stark. Das spätere Mesoderm zieht sich als äquatoriales Band in der Marginalzone unter dem zukünftigen Entoderm um die Blastula. Alle Zellen in diesem Band wandern nach innen (Abbildung 8.19) und kommen unter dem Ektoderm zu liegen, das sich anterio-posterior

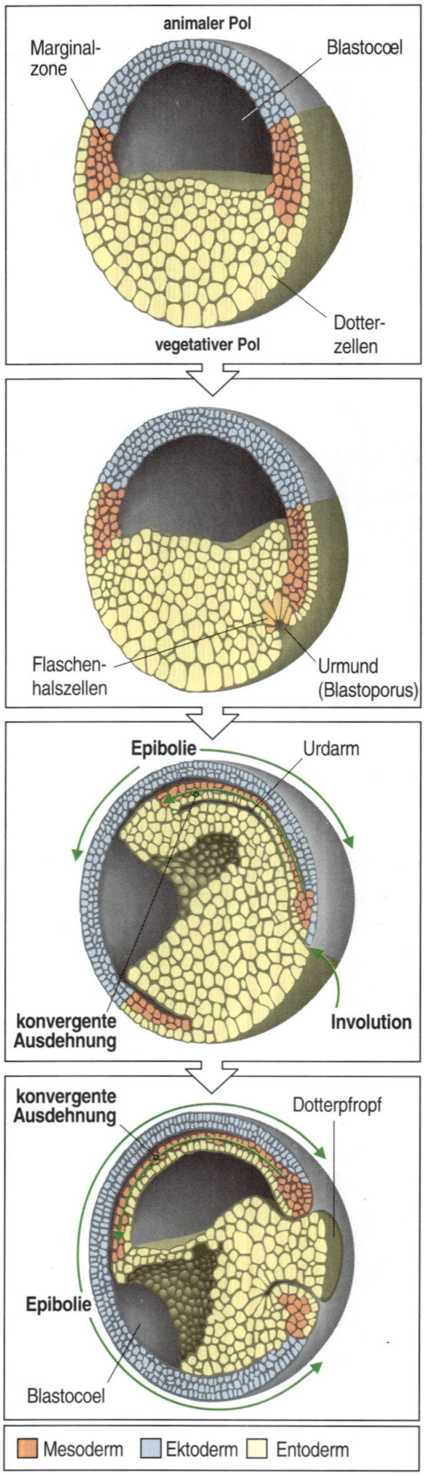

8.19 Gewebebewegungen während der Gastrulation von *Xenopus*. In der späten Blastula befindet sich das spätere Mesoderm (rot) in der Marginalzone unter dem künftigen Entoderm. Die Gastrulation beginnt mit der Bildung von Flaschenhalszellen in der Urmundregion; anschließend beginnt sich das Mesoderm durch die dorsale Urmundlippe einzurollen. Entoderm aus der Marginalzone und Mesoderm wandern über die dorsale Urmundlippe nach innen (Vorgänge in diesem Bereich werden in Abbildung 8.20 ausführlicher dargestellt). Das Marginalzonenentoderm, das sich auf der Oberfläche der Blastula befand, befindet sich nun ventral des Mesoderms und bildet das Dach des Urdarmes. Zur selben Zeit breitet sich das Ektoderm der animalen Polkappe nach unten aus. Das Mesoderm wird entlang der Längsachse gestaucht und gestreckt. Der Bereich, der sich einrollt, breitet sich in ventraler Richtung aus und schließt mehr Entoderm ein; er bildet einen Ring um einen Pfropf aus dotterhaltigen vegetativen Zellen. Nach Balinsky 1975.

entlang der dorsalen Mittellinie des Embryos erstreckt. Bei der Amphibiengruppe der Urodelen, etwa dem Molch, wird das künftige Mesoderm in der Marginalzone nicht von künftigem Entoderm bedeckt, sondern liegt offen an der Außenseite.

Bei *Xenopus* beginnt die Gastrulation an einer Stelle an der Dorsalseite der Blastula, die etwas zum vegetativen Pol hin weist. Das erste sichtbare Zeichen der Gastrulation ist die Bildung von flaschenförmigen Zellen (Flaschenhalszellen, Abbildung 8.20, zweites Bild) aus einigen der zukünftigen Entodermzellen. Wie beim Seeigel und *Drosophila* entsteht durch diese Veränderung der Zellform eine schmale Furche in der Blastulaoberfläche, der **Urmund (Blastoporus)**. So wird die dorsale Urmundlippe definiert, die dem Spemann-Organisator entspricht (Abschnitt 3.4).

Die Mesoderm- und Entodermschichten beginnen, sich um den Urmund herum in das Innere der Blastula einzurollen. Diese Bewegung beginnt auf der dorsalen Seite, breitet sich aber seitlich und in vegetativer Richtung aus und bildet schließlich einen ringförmigen Urmund. Man bezeichnet dieses Einrollen einer Zellschicht unter die innere Oberfläche derselben Schicht (Abbildung 8.20) als Involution.

Die ersten an der Involution beteiligten Mesodermzellen wandern schließlich als Einzelzellen über das Blastocoeldach und bilden extrem anteriore mesodermale Strukturen im Kopfbereich. Hinter ihnen dringt Mesoderm zusammen mit dem darüberliegenden Entoderm als einzelnes mehrschichtiges Zellblatt ein. Für diese Schicht zukünftiger Mesodermzellen gleicht der Durchtritt durch den engen Urmund einer Passage durch einen Trichter. Die Zellen werden durch konvergente Ausdehnung neu angeordnet, was ein Hauptkennzeichen der Gastrulation ist. Das Mesoderm hat zuerst die Form eines äquatorialen Ringes, strömt aber während der Gastrulation zusammen und dehnt sich entlang der anterio-posterioren Achse aus – daher der Begriff der konvergenten Ausdehnung (Abbildung 8.21). Daher liegen Zellen, die sich zunächst an entgegengesetzten Seiten des Embryos befinden, später nebeneinander (Abbildung 8.22).

Bei *Xenopus* erfolgt die konvergente Ausdehnung sowohl während der Einrollbewegung des Mesoderms als auch des Entoderms, sowie im späteren Neuralgewebe, das über dem Mesoderm liegt und aus dem die Wirbelsäule entsteht. Wenn man die frühe Gastrula vom Urmund aus betrachtet, erhält man einen Eindruck von der dramatischen Natur der konvergenten Ausdehnung des Mesoderms. Das spätere Mesoderm erkennt man anhand der Expression des Gens *Brachyury*; es bildet einen engen Ring um den Urmund (Abbildung 8.23). Tritt dieser Gewebering, der *Brachyury* exprimiert, in die Gastrula ein, so konvergiert er zu einem schmalen Gewebeband entlang der dorsalen Mittellinie des Embryos, das

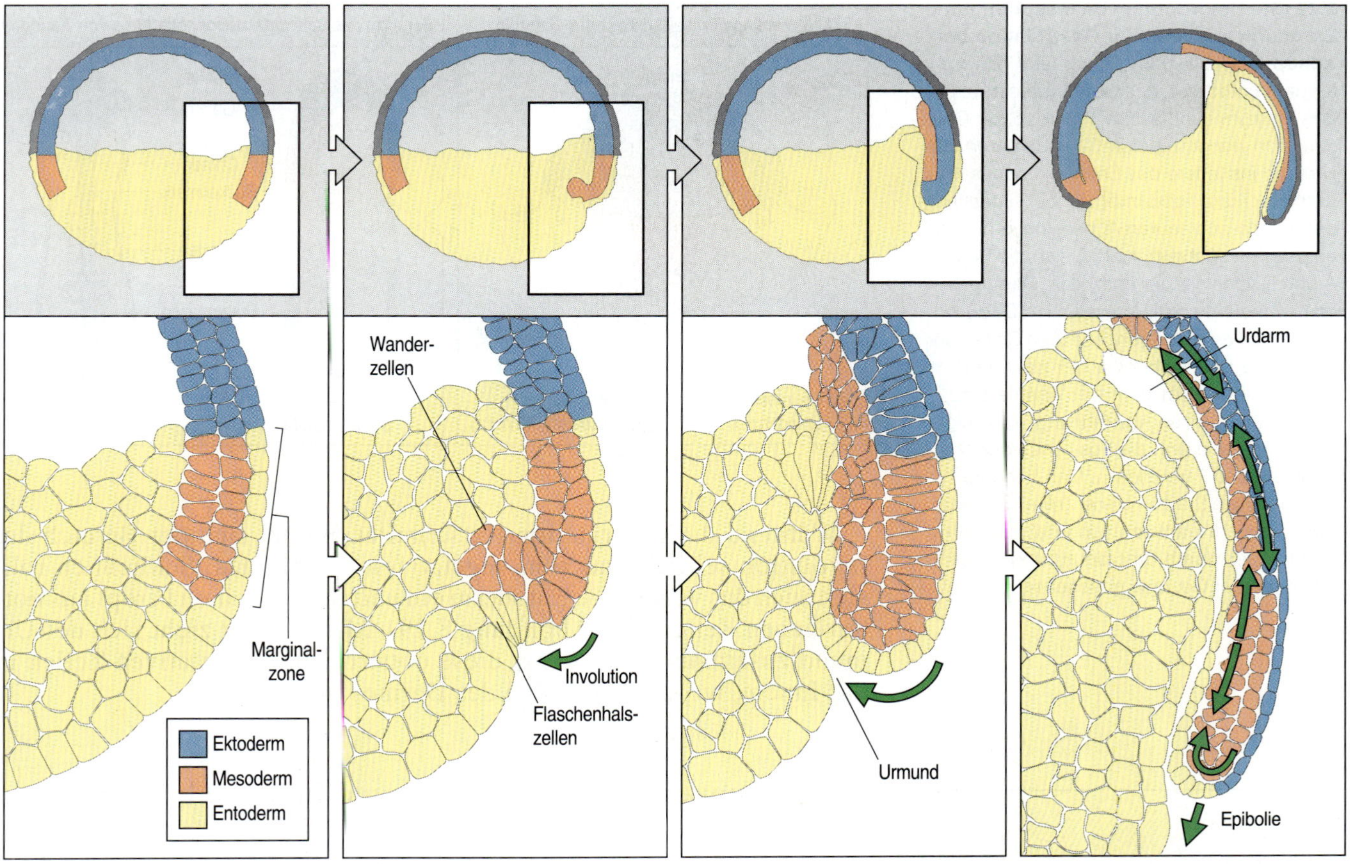

8.20 Gewebebewegungen im dorsalen Bereich während der Bildung des Urmundes und der Gastrulation bei *Xenopus*. Erstes Bild: Späte Blastula vor der Gastrulation. In der Marginalzone liegt künftiges Entoderm über künftigem Mesoderm. Zweites Bild: Urmundzellen ziehen sich apikal zusammen und verlängern sich. Dadurch rollen sich die umgebenden Zellen ein, und es bildet sich eine Furche, welche die dorsale Urmundlippe definiert. Drittes Bild: Während die Gastrulation fortschreitet, rollt sich das künftige Ento- und Mesoderm ein; unter dem Ektoderm konvergiert es dann und dehnt sich aus. Viertes Bild: Der später von Entoderm ausgekleidete Urdarm bildet sich, und das Mesoderm konvergiert ebenfalls und dehnt sich aus. Am vorderen Ende des Mesoderms befinden sich Wanderzellen, die zum Kopfmesoderm werden. Das Ektoderm wandert durch Epibolie nach unten und bedeckt den gesamten Embryo. Nach Hardin et al. 1988.

sich in anterio-posteriorer Richtung ausdehnt; nur in der zukünftigen Chorda wird weiterhin *Brachyury* exprimiert (Abbildung 8.22).

Während der Gastrulation beginnt die spätere Chorda, sich von den späteren Somiten zu trennen, die zu beiden Seiten von ihr liegen. Die Entodermschicht, die nach dem Einrollen durch die Urmundlippe unter dem Mesoderm liegt, erfährt eine ähnliche konvergente Ausdehnung. Anschließend liegt das Mesoderm unmittelbar unter dem Ektoderm, und das Entoderm kleidet das Dach des Archenterons, des späteren Darmes, aus (Abbildung 8.20). Während die Mesoderm- und Entodermzellen in den Embryo einwandern, nimmt die Oberfläche des Ektoderms im Bereich der animalen Polkappe durch Umordnung und Dehnung der darin enthaltenen Zellen zu. Diese bilden ein dünneres Blatt, das sich nach unten in den vegetativen Bereich hinein ausdehnt. Dieses Ausbreiten eines Gewebes wird als Epibolie bezeichnet.

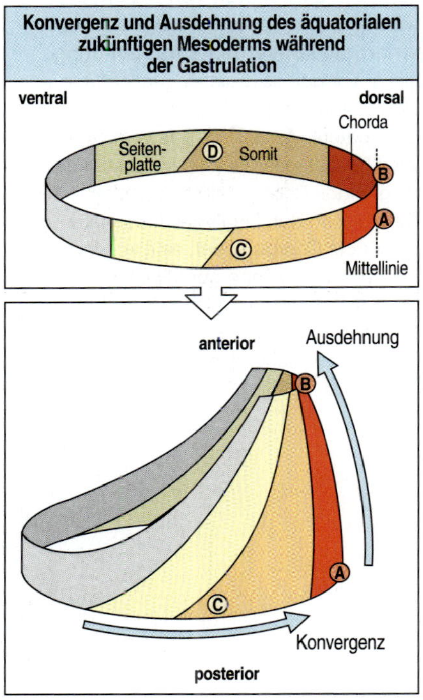

8.21 Konvergente Ausdehnung des Mesoderms. Anfangs bildet das Mesoderm einen äquatorialen Ring, während der Gastrulation konvergiert es jedoch und streckt sich entlang der Längsachse. A bis D bezeichnen Referenzpunkte, mit denen die Bewegung während der konvergenten Ausdehnung verdeutlicht werden soll. In der unteren Abbildung ist D hinter C verborgen.

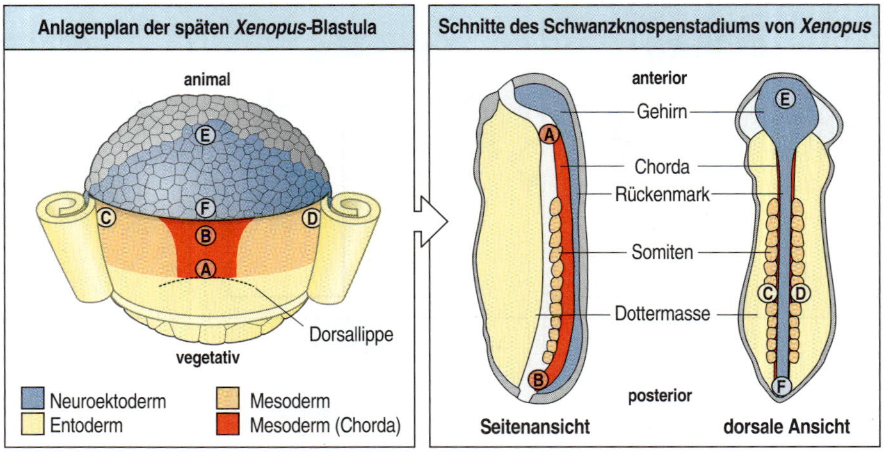

8.22 Die Umordnung von Mesoderm und Entoderm während der Gastrulation bei *Xenopus*. Das künftige Mesoderm bildet unter dem Entoderm, das hier aufgerollt ist, einen Ring um die Blastula. Während der Gastrulation wandern beide Gewebe durch den Urmund ins Innere des Embryos und verändern ihre Form vollständig, wobei sie entlang der anterio-posterioren Achse konvergieren und sich ausdehnen, so daß sich die Punkte A und B voneinander entfernen. Dadurch kommen die beiden Punkte C und D, die ursprünglich an entgegengesetzten Seiten der Blastula lagen, nebeneinander zu liegen. Im neuralen Ektoderm kommt es ebenfalls zu einer konvergenten Ausdehnung; das zeigt sich daran, wie sich die Positionen der Punkte E und F verändern. Man beachte, daß in diesen Stadien keine Zellteilung oder Zellwachstum stattfinden und daß alle Veränderungen durch Umordnung von Zellen innerhalb der Gewebe geschehen.

Während die Gastrulation fortschreitet, breitet sich der Bereich der Involution seitlich und zum vegetativen Pol hin aus. Schließlich rollt sich auch das vegetative Entoderm ein und schließt einen Pfropf aus dotterreichen Zellen ein (Abbildung 8.19). Mit der Zeit zieht sich der Urmund zusammen und zwingt diese dotterreichen vegetativen Zellen in das Innere, wo sie den Boden des Darmes bilden.

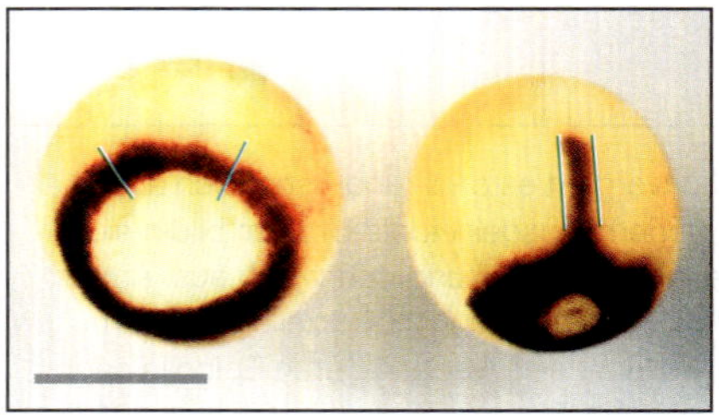

8.23 Die Expression von *Brachyury* während der *Xenopus*-Gastrulation illustriert die konvergente Ausdehnung. Links: Vor der Gastrulation markiert die Expression von *Brachyury* (dunkle Färbung) das spätere Mesoderm, das vom vegetativen Pol aus gesehen einen äquatorialen Ring bildet. Rechts: Mit fortschreitender Gastrulation durchläuft das Mesoderm, das später die Chorda bildet, eine konvergente Ausdehnung entlang der Mittellinie. Nur Chordazellen exprimieren weiterhin *Brachyury*. Maßstab = 1 mm. Aufnahme mit freundlicher Genehmigung von J. Smith, aus Smith et al. 1995.

8.10 Konvergente Ausdehnung und Epibolie beruhen auf Zellinterkalation

Durch die Verwendung von Sandwich-Explantaten aus frühen *Xenopus*-Gastrulae hat man viel über die Mechanismen der Amphibiengastrulation gelernt (Abbildung 4.20). Zwei ähnliche Gewebestücke aus dem dorsalen Bereich der Marginalzone, welche die Urmundlippe enthalten, werden mit ihren Innenflächen aneinandergelegt und in einem agarosebeschichteten Gefäß kultiviert, an das sich das Sandwich nicht anheftet. Nach der Heilung besteht dieses Explantat aus einer kontinuierlichen äußeren Epithelschicht, die mesodermale Zellen einschließt. Im Prinzip würde ein einzelnes Gewebestück für diese Experimente ausreichen, in der Praxis rollen sich solche Explantate jedoch auf.

Die Explantate durchlaufen in Kultur eine konvergente Ausdehnung. Nach nur vier Stunden hat sich die animal-vegetative Dimension vervierfacht. Die konvergente Ausdehnung erfolgt anscheinend unabhängig voneinander, in zwei Bereichen. Einer ist das Entoderm und Mesoderm, das sich normalerweise einrollt, der andere ist das zukünftige Ektoderm, das zur Neuralplatte wird. Detaillierte Beobachtungen an diesen Explantaten während der konvergenten Ausdehnung haben wichtige Informationen über die beteiligten Mechanismen geliefert. Das Hauptmerkmal ist die Zellinterkalation: Zellen schieben sich zwischen benachbarte Zellen, so daß sie zur Mittellinie des Gewebes hin konvergieren, wodurch das gesamte Gewebe schmaler wird und sich in anterio-posteriorer Richtung ausdehnt (Abbildung 8.24).

Vor einer detaillierten Betrachtung, wie Zellinterkalation zu einer konvergenten Ausdehnung führt, ist es hilfreich, die beiden Haupttypen der Interkalation, die bei der Gastrulation wirksam sind, zu vergleichen (Abbildung 8.25). Wenn man im mehrschichtigen Ektoderm der animalen Polkappe die Zellen senkrecht zur Oberfläche interkaliert, spricht man von einer **radiären Interkalation**. Dies führt dazu, daß die Zell-

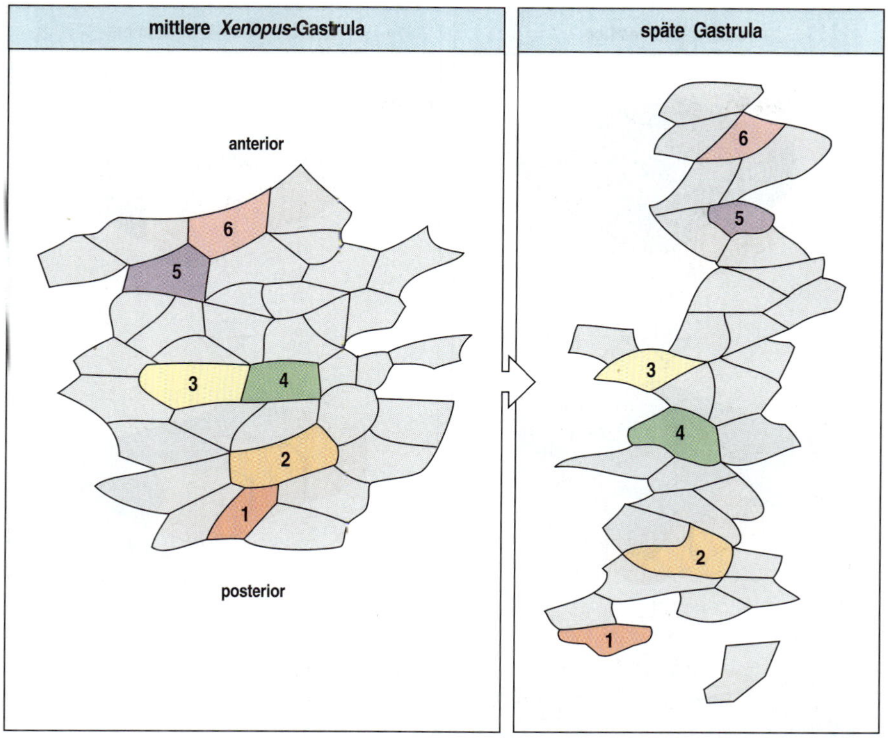

8.24 Zellinterkalation während konvergenter Ausdehnung. Bei Gewebeexplantaten aus einer *Xenopus*-Gastrula werden Zellen mit einem Fluoreszenzfarbstoff markiert, so daß man ihre Bewegungen verfolgen kann. Während das Gewebe eine konvergente Ausdehnung durchläuft, schieben sich Zellen ineinander (interkalieren), so daß das Gewebe schmaler und entlang der anterio-posterioren Achse in die Länge gezogen wird. Nach Keller et al. 1992.

schicht dünner und die Oberfläche größer wird. Darauf beruht zum Teil die Epibolie und das Ausbreiten des Ektoderms in der Amphibiengastrula, so daß es den gesamten Embryo bedeckt, wenn Entoderm und Mesoderm nach innen wandern. Bei der konvergenten Ausdehnung kommt es zur **medio-lateralen Interkalation**. Diese führt nicht zu einer Oberflächenvergrößerung des Gewebes, aber zu einer Formveränderung, bei der es entlang einer Achse schmaler wird und sich entlang einer anderen im rechten Winkel dazu verlängert. Bei der Amphibiengastrulation erfolgt die konvergente Ausdehnung entlang der anterio-posterioren Achse.

Während der konvergenten Ausdehnung nehmen die Zellen eine charakteristische Form an: Sie verlängern sich im rechten Winkel zur anterio-posterioren Achse. Außerdem reihen sie sich parallel zueinander im rechten Winkel zu der Richtung auf, in der sich das Gewebe ausbreitet (Abbildung 8.26). Aktive Bewegung beschränkt sich größtenteils auf die Enden dieser elongierten bipolaren Zellen, was es ihnen ermöglicht, Zug auf das darunterliegende Substrat auszuüben und sich immer entlang der medio-lateralen Achse zwischen Zellen zu schieben. An der anterioren und posterioren Seite der Zellen findet man einige schmale Vorsprünge; diese scheinen aber nur gegenüberliegende Oberflächen zusammenzuhalten und nicht an der Zellbewegung beteiligt zu sein.

Die Grenze eines Gewebes, das eine konvergente Ausdehnung durchläuft, wird durch das Verhalten der Zellen an dieser Grenze aufrechterhalten. Befindet sich dort eine aktive Zellspitze, so hört ihre Bewegung auf, und die Zelle wird monopolar (Abbildung 8.26), so daß nur die Spitze, die in das Gewebe ragt, aktiv bleibt. Die Zellspitze scheint, wenn sie die Grenze erreicht hat, dort fixiert zu werden. Wodurch genau eine Grenze definiert wird, ist unklar. Die Grenzen zwischen Mesoderm, Ektoderm und Entoderm scheinen jedoch festgelegt zu werden, bevor

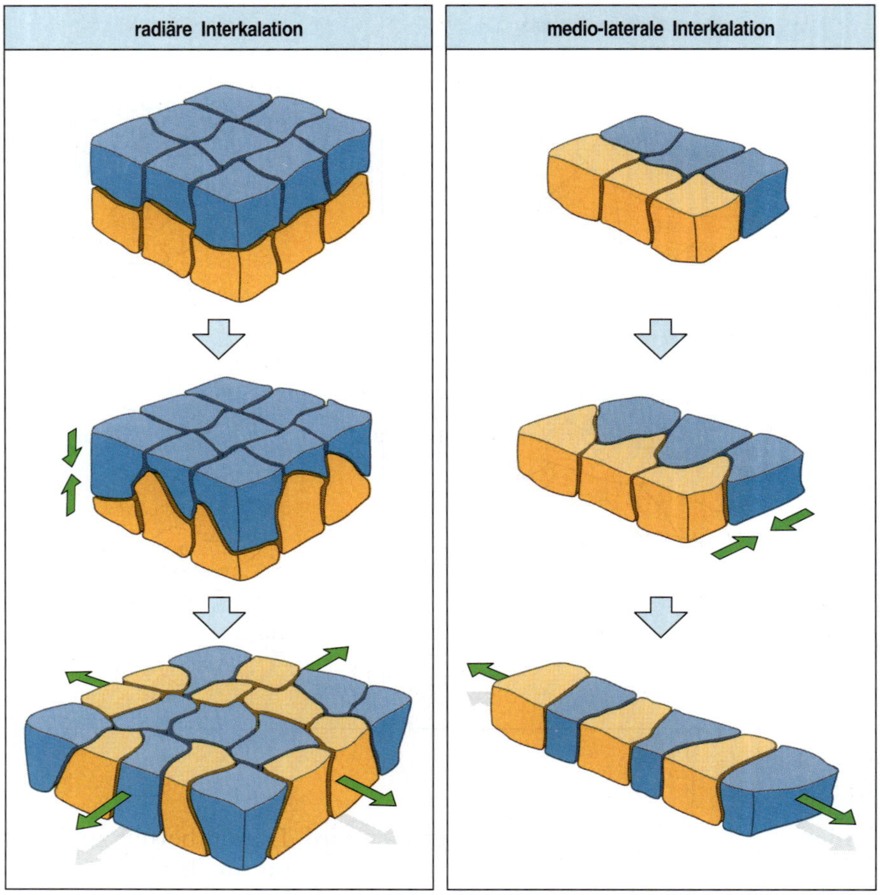

8.25 Radiäre und medio-laterale Interkalation. Bei der radiären Interkalation schieben sich Zellen senkrecht zur Oberfläche ineinander; dadurch vergrößert sich die Oberfläche der Zellschicht. Bei der medio-lateralen Interkalation verengt und verlängert sich die Zellschicht.

die Gastrulation beginnt. Mit fortschreitender Gastrulation erscheint eine weitere Grenze innerhalb des Mesoderms, welche die Chorda von den späteren Somiten trennt (Abschnitt 4.1).

Konvergente Ausdehnung entsteht durch kontraktile Kräfte an den Spitzen der in die Länge gezogenen Zellen. Diese Kräfte drängen die Zellen zur Mittellinie hin und dehnen das Gewebe aus. Man kann sich diesen Prozeß mit Hilfe von Zellbändern vorstellen, die sich gegenseitig im rechten Winkel zur Richtung der Ausdehnung ziehen. Da die Zel-

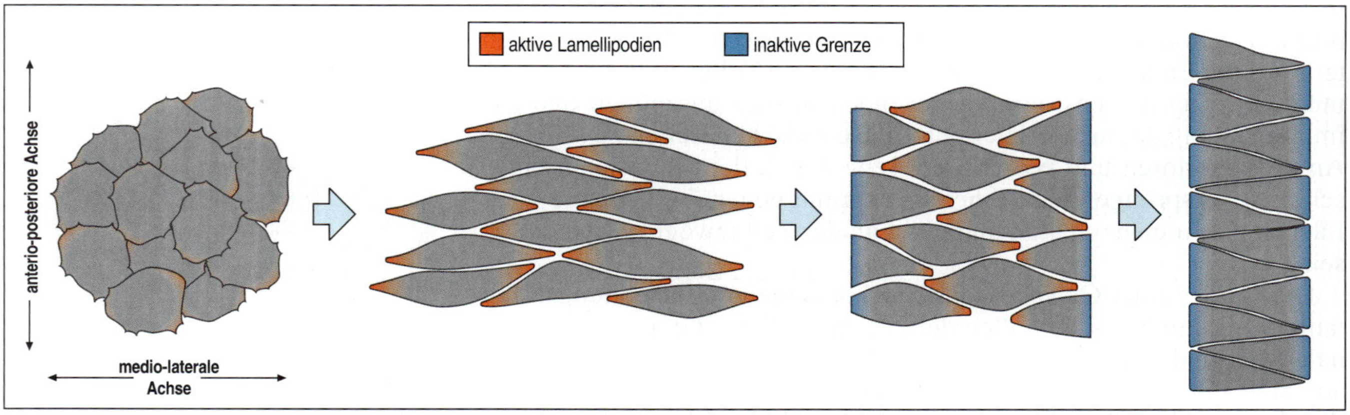

8.26 Zellbewegungen während der konvergenten Ausdehnung. Während der konvergenten Ausdehnung des Mesoderms bei Amphibien verlängern sich die Zellen in medio-lateraler Richtung, das heißt, im rechten Winkel zur Längsachse. Aktive Bewegung beschränkt sich auf die Enden dieser bipolaren Zellen, die aktive Lamellipodien besitzen; sie rutschen nebeneinander und interkalieren. An der Gewebegrenze hört die Bewegung auf. Nach Keller et al. 1992.

len an der Grenze an ihrem einen Ende unbeweglich sind, wird das Gewebe durch diese Zugkraft schmaler, so daß es sich in anteriorer Richtung ausdehnt. Dies erklärt natürlich nicht, wie die Zellen anfänglich in medio-lateraler Richtung ausgerichtet werden; der Mechanismus dafür ist noch vollkommen unbekannt.

Insgesamt mag die Amphibiengastrulation zwar kompliziert erscheinen, sie ist aber im Grunde genommen nichts weiter als ein bestimmtes Muster von Zellwanderungs- und -adhäsionsprozessen. Bisher versteht man noch nicht, wie die Gene, die wie etwa *goosecoid* im Spemann-Organisator exprimiert werden, diese Prozesse steuern (Abschnitt 3.20).

8.11 Die Chorda dorsalis wird durch Zellinterkalation verlängert

Das zukünftige Chordamesoderm ist eines der ersten Gewebe, die sich während der Gastrulation einrollen; bei den Amphibien ist es die erste Dorsalstruktur, die sich differenziert. Anfänglich kann man es vom benachbarten Somitenmesoderm durch die Anordnung seiner Zellen und durch den schmalen Spalt unterscheiden, der die Grenze zwischen den beiden Geweben bildet und möglicherweise Unterschiede in der Zelladhäsionsstärke widerspiegelt. Die Chorda verlängert sich beträchtlich und entwickelt sich zu einem steifen Stab, der aus einem Stapel dünner, flacher Zellen besteht, die wie Tortenstücke aussehen. Die beiden Hauptmechanismen, die an ihrer Morphogenese beteiligt sind, sind die medio-laterale Interkalation, die zu konvergenter Ausdehnung führt, und die gerichtete Ausdehnung.

Nach der anfänglichen Ausdehnung des Chordamesoderms durch konvergente Ausdehnung verengt es sich weiter dramatisch, was mit einer Zunahme an Höhe einhergeht (Abbildung 8.27). Gleichzeitig verlängern sich die Zellen im rechten Winkel zur Längsachse, was schon auf die spätere Anordnung der Zellen in Form von Tortenstücken in der Chorda hindeutet (Abbildung 8.27, unten). Die Zellen schieben sich erneut zwischen ihre Nachbarn und rufen so eine konvergente Ausdehnung hervor. Das spätere Stadium der Chordaverlängerung, an dem die gerichtete Ausdehnung beteiligt ist, werden wir später in diesem Kapitel besprechen.

Zusammenfassung

Am Ende der Furchung besteht der Tierembryo im wesentlichen aus einer geschlossenen Zellschicht, oft in Form einer Kugel, die ein flüssigkeitsgefülltes Inneres umschließt. Die Gastrulation, genaugenommen die Bildung des Darmes, wandelt diese Schicht in einen massiven dreidimensionalen Embryo um. Während der Gastrulation wandern Zellen ins Innere des Embryos, und die Bereiche des Entoderms und Mesoderms, die ursprünglich nebeneinanderlagen, neh-

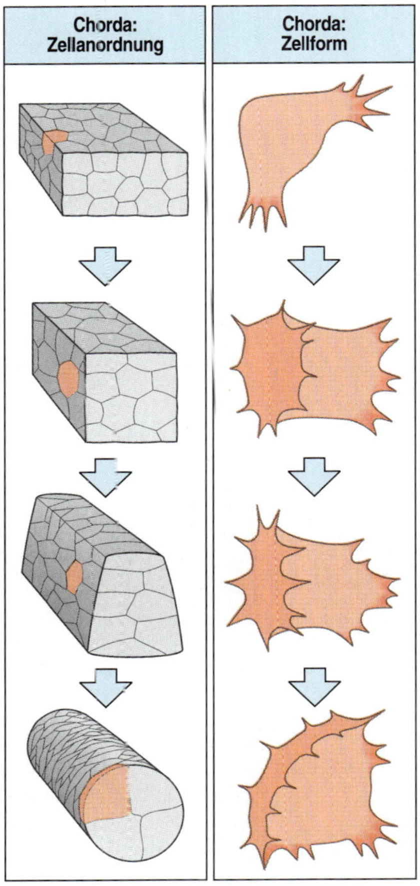

8.27 Veränderungen in der Zellanordnung und -form während der Bildung der Chorda. Während der konvergenten Ausdehnung der Chorda nimmt ihre Höhe zu. Zur gleichen Zeit verlängern sich die Zellen. Der untere Teil der Abbildung zeigt, wie die Zellen schließlich angeordnet sind; sie haben die Form von Tortenstücken. Nach Keller et al. 1989.

men ihre angemessenen Positionen ein. Die Gastrulation entsteht durch räumlich und zeitlich wohldefinierte Veränderungen in der Form, Bewegung und Adhäsionsstärke der Zellen. Die Haupttriebkraft dabei sind lokale Kontraktionen. Beim Seeigel verläuft die Gastrulation in zwei Phasen. In der ersten führen Veränderungen der Zellform und Adhäsion dazu, daß Mesodermzellen ins Innere wandern und sich der entodermale Teil der Zellschicht zum Darm einrollt. In der zweiten Phase verlängert sich der Darm und erreicht so den Mundbereich auf der gegenüberliegenden Seite des Embryos. Dies geschieht durch Umordnung von Zellen innerhalb des Entoderms, wodurch sich das Gewebe verengt und verlängert (konvergente Ausdehnung), und durch den Zug von Filopodien, die sich von der Spitze des Darmes zur Blastocoelwand hin ausdehnen. Das Mesoderm von *Drosophila* rollt sich durch einen ähnlichen Mechanismus ein wie das Entoderm des Seeigels. Bei der Gastrulation von *Xenopus* kommt es zu komplizierteren Bewegungen von Zellschichten sowie zur Streckung des Embryos entlang der Längsachse. Zur Gastrulation gehören drei Prozesse: die Involution, bei der sich ein doppelschichtiges Blatt aus Entoderm und Mesoderm über die Urmundlippe ins Innere einrollt, die konvergente Ausdehnung des Ento- und Mesoderms in Längsrichtung, wodurch das Dach des Darmes beziehungsweise die Chorda und das somitische Mesoderm gebildet werden, sowie die Epibolie – die Ausbreitung des Ektoderms vom Bereich der animalen Polkappen aus, so daß die gesamte äußere Oberfläche des Embryos von ihm bedeckt wird. Sowohl konvergente Ausdehnung als auch Epibolie beruhen auf Zellinterkalation, bei der sich die Zellen gegenüber ihren Nachbarn neu anordnen.

Übersicht: Gastrulation bei *Xenopus* und dem Seeigel

Xenopus	**Seeigel**
Mesoderm befindet sich in der Marginalzone der Blastula, Entoderm ventral	Entoderm und Mesoderm auf der Außenseite der Blastula
⇩	⇩
Bildung des Urmundes: Mesoderm und Entoderm rollen sich über Urmundlippe nach innen ein	Bildung des Urmundes: mesodermale Zellen wandern in das Innere; Entoderm wandert nach innen, in dem sich die Epithelschicht einstülpt
⇩	⇩
konvergente Ausdehnung des Mesoderms entlang der anterio-posterioren Achse	konvergente Ausdehnung des Entoderms und Zug durch Filopodien vollendet die Darmverlängerung
⇩	
Ausdehnung des Ektoderms über die gesamte Oberfläche durch Epibolie	

Bildung des Neuralrohres

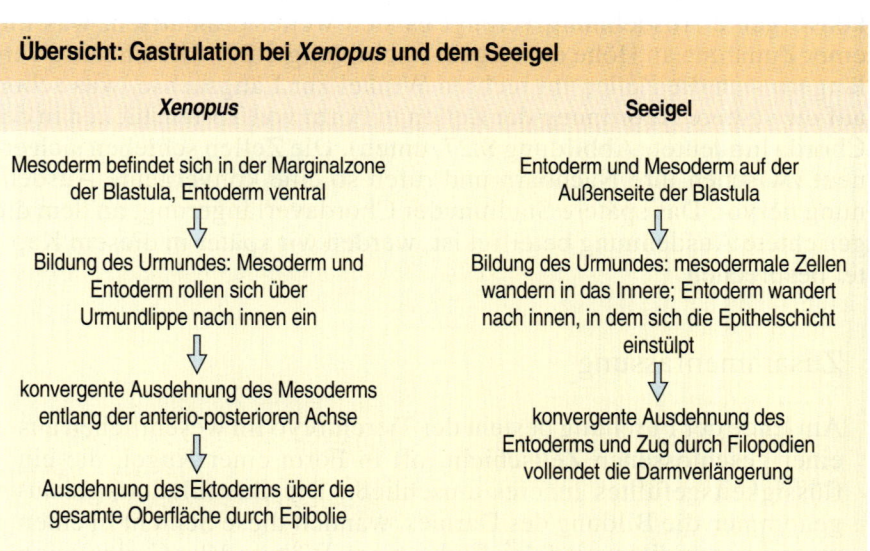

Die Neurulation bei Wirbeltieren führt zur Bildung des **Neuralrohres**, einer Epithelstruktur aus Ektoderm, aus der Gehirn und Rückenmark entstehen (Abschnitt 2.2). Das Gewebe, das sich zum Neuralrohr entwickelt, bildet zunächst nach seiner Induktion durch das Mesoderm (Abschnitt 4.7) eine verdickte Gewebeplatte, die **Neuralplatte**.

Bei Amphibien breitet sich die spätere Neuralplatte während der Gastrulation konvergent aus. Danach verändert sich die Zellform innerhalb der Platte, so daß sich deren Kanten über die Oberfläche erheben und zwei parallele Neuralwülste mit einer Vertiefung dazwischen bilden, der Neuralrinne (Abbildung 8.28). Die Neuralwülste kommen schließlich entlang der dorsalen Mittellinie des Embryos zusammen, fusionieren an ihren Kanten und bilden so das Neuralrohr, das sich dann vom benachbarten Ektoderm ablöst. Dieses oberflächliche Ektoderm wird zur Epidermis. Bei Vögeln und Säugern läuft die Neurulation auf ähnliche Weise ab, obwohl der posteriore Bereich des Neuralrohres sowohl bei Vögeln als auch bei Säugern zuerst einen massiven Stab und erst später ein Lumen bildet. Bei Fischen ist das Neuralrohr anfänglich über seine gesamte Länge hinweg massiv.

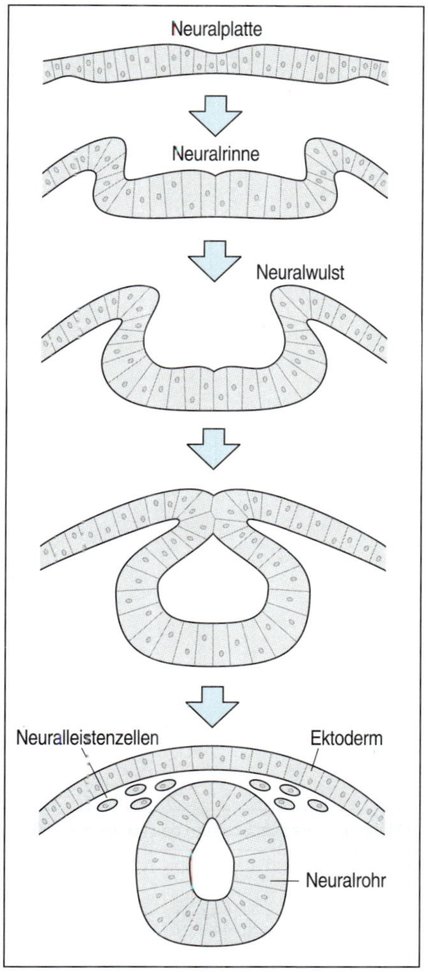

8.28 Das Neuralrohr entsteht durch die Bildung und Fusion von Neuralwülsten. Anschließend trennt sich das Rohr vom Ektoderm ab.

8.12 Die Neuralrohrbildung wird von inneren und äußeren Kräften angetrieben

Ein sehr frühes Zeichen der Neurulation bei *Xenopus* ist die Bildung der Neuralrinne entlang der Mittellinie. Wie bei der Gastrulation hängen Veränderungen der Zellform mit der Krümmung der Neuralplatte und der Bildung der Wülste zusammen; der Mechanismus ist aber nicht gut verstanden. Während der Gastrulation verlängern sich die Zellen der Neuralplatte und werden schmaler als die Zellen des benachbarten Ektoderms (Abbildung 8.29). Wenn die Neurulation beginnt und die Platte anfängt, sich einzurollen, werden die Zellen an ihrer Kante, wo sie sich krümmt, an der apikalen Oberfläche gestaucht und dadurch keilförmig. Diese Veränderung der Zellform könnte theoretisch die Kanten der Neuralplatte zu Wülsten zusammenziehen. Ein weiterer Mechanismus, der die Neuralwulstbildung mit auslösen könnte, besteht darin, daß die Zellen an der Kante der Platte entlang der Innenseite des angrenzenden Ektoderms herunterkriechen und so lokal die Krümmung mit verändern (Abbildung 8.29).

Bei Vögeln und Säugern findet die Neurulation nicht wie bei den Amphibien zur selben Zeit entlang der gesamten Neuralplatte statt, sondern beginnt nahe dem anterioren Ende des Embryos im Bereich des

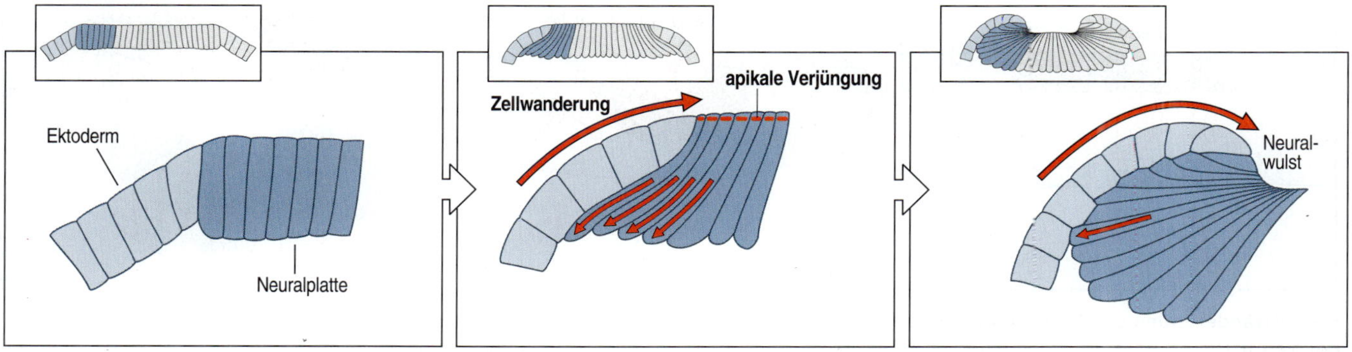

8.29 Veränderungen in der Zellform und das Kriechen von Zellen können die Bildung der Neuralwülste vorantreiben. Die Zellen am Ende der Neuralplatte verändern ihre Form und scheinen unter das benachbarte Ektoderm zu kriechen. Dies könnte für die Bildung der Neuralwülste mitverantwortlich sein.

Mittelhirnes und schreitet dann anterior und posterior fort (Abbildung 8.30). Bei Hühnerembryonen gehen Formveränderungen der Zellen der Neuralrinne mit der Faltung des Neuralrohres einher; es ist aber noch nicht klar, ob sie Ursache oder Folge der Faltung sind. Zellen in der Mittellinie der Neuralrinne, dem sogenannten Scharnierpunkt, sind keilförmig. Später findet man keilförmige Zellen an zusätzlichen Scharnierpunkten an den Seiten der Rinne, wo sie sich weiter krümmt und eine Röhre bildet (Abbildung 8.30). Die Einzelheiten der zellulären Mechanismen, die den Formveränderungen zugrundeliegen, sind noch unbekannt, man nimmt aber an, daß sowohl Aktinfilamente als auch Mikrotubuli diese Veränderungen mit auslösen und in dieser Form aufrechterhalten.

Die auf Veränderungen der Zellform und konvergenter Ausdehnung beruhenden Kräfte gehen vom Neuralplattengewebe aus. Außerdem könnte die Bildung des Neuralrohres aber auch von externen Kräften abhängen, die vom umgebenden Gewebe erzeugt werden. Daher rollt sich eine Neuralplatte, die aus Molchembryonen isoliert wurde, noch immer auf, allerdings in die falsche Richtung, so daß sich die apikale Seite nun am weitesten außen befindet. Dies deutet darauf hin, daß die der Neuralplatte innewohnenden Kräfte allein nicht ausreichen, um das Neuralrohr korrekt zu falten.

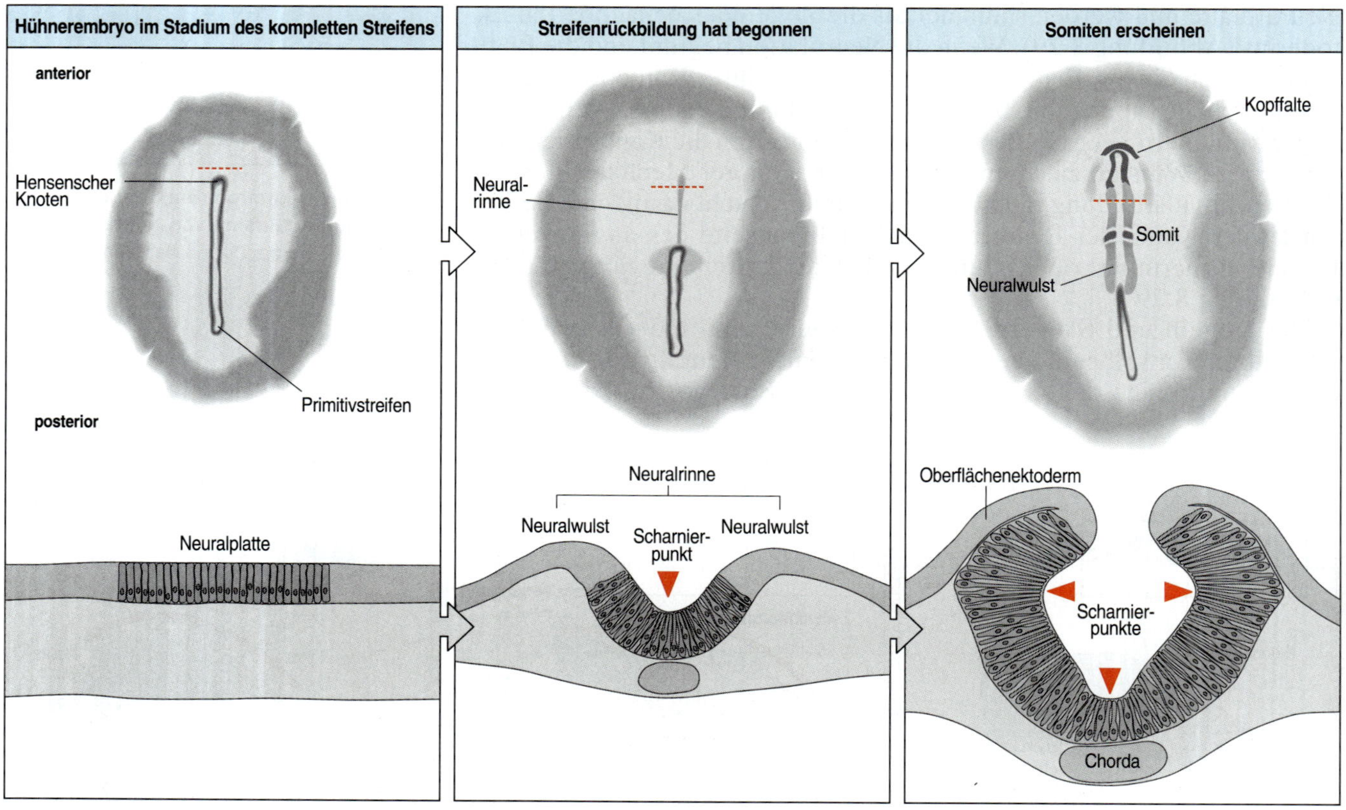

8.30 Veränderungen der Zellform in der Neuralplatte während der Neurulation beim Huhn. Oben: Aufsichten auf den Hühnerepiblasten. Unten: Querschnitte durch den Epiblasten an den oben durch gestrichelte Linien angegebenen Stellen. Zellen anterior des Hensenschen Knotens verlängern sich und bilden die Neuralplatte. Zellen im Zentrum der Neuralplatte werden keilförmig und definieren den „Scharnierpunkt", an dem sich die Neuralplatte krümmt. Zusätzliche Scharnierpunkte mit keilförmigen Zellen bilden sich außerdem an den Seiten der Furche. Nach Schoenwolf et al. 1990.

8.13 Bei der Neuralrohrbildung verändern sich die Expressionsmuster von Zelladhäsionsmolekülen

Das Neuralrohr, das ursprünglich Teil des Ektoderms ist, löst sich nach seiner Bildung von der zukünftigen Epidermis ab. An diesem Prozeß sind Veränderungen in der Zelladhäsion beteiligt. Die Zellen der Neuralplatte exprimieren anfangs wie der Rest des Hühnerektoderms auf ihrer Oberfläche das Adhäsionsmolekül L-CAM. Während sich jedoch die Neuralwülste bilden, beginnt das Neuralplattenektoderm, sowohl N-Cadherin als auch N-CAM zu exprimieren, wohingegen das angrenzende Ektoderm nur E-Cadherin exprimiert (Abbildung 8.31). Diese Veränderungen im Adhäsionsmuster könnten es dem Neuralrohr erlauben, sich von dem umgebenden Ektoderm abzulösen und unter die Oberfläche zu sinken, wobei der Rest des Ektoderms über ihm wieder eine kontinuierliche Schicht bildet. Außerdem könnten sie selbst den Mechanismus für die Neuralrohrbildung liefern, ähnlich demjenigen, der für die Auftrennung von Zellen in Abschnitt 8.1 beschrieben wurde. Dies bestätigt sich, wenn man das Expressionsmuster von Adhäsionsmolekülen bei *Xenopus*-Embryonen ändert: Injiziert man N-Cadherin-mRNA in einen Bereich des Gastrulaektoderms, der an die eine Seite des späteren Neuralrohres angrenzt, so bleibt zwischen dem Ektoderm und dem Neuralrohr eine kontinuierliche Zellschicht bestehen, und das Neuralgewebe löst sich an dieser Stelle nicht mehr ab (Abbildung 8.31).

Zusammenfassung

Bei Wirbeltieren führt die Neurulation nach der Induktion durch das Mesoderm zur Bildung des Neuralrohres. Bei Säugern, Vögeln und Amphibien entsteht sie durch die Faltung der Neuralplatte zu einer Röhre, wobei die Neuralwülste in der Mittellinie des Embryos miteinander verschmelzen. Die Ablösung des Neuralrohres vom umgebenden Ektoderm erfordert Veränderungen in der Adhäsionsstärke der Zellen. Daß die Neuralwülste gebildet werden und sich an der Mittellinie vereinigen, wird anscheinend durch Veränderungen der Zellform innerhalb der Röhre selbst sowie von Kräften ausgelöst, die von dem angrenzenden Gewebe erzeugt werden.

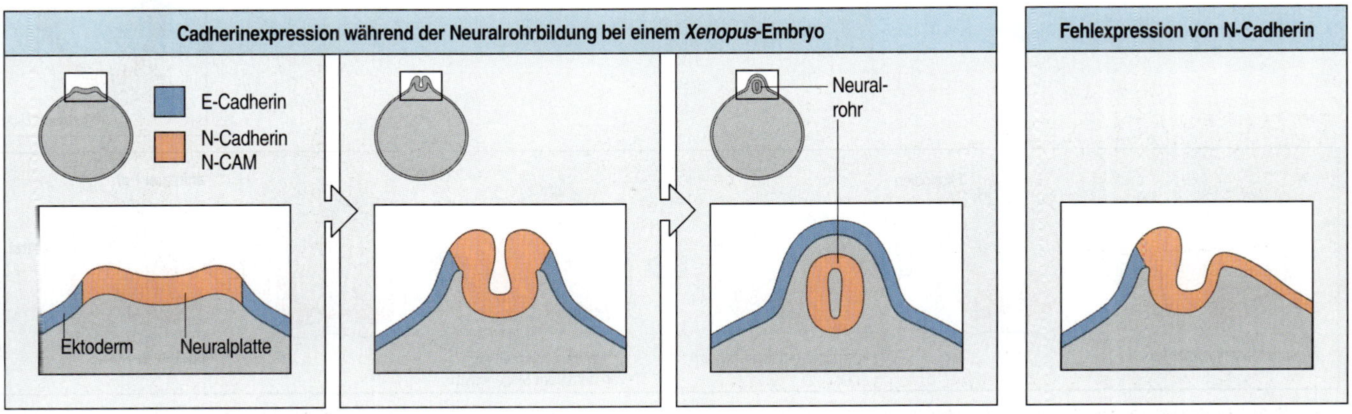

8.31 Expression von Zelladhäsionsmolekülen während der Neuralrohrbildung bei *Xenopus*. Die Zellen der Neuralplatte exprimieren N-Cadherin, das angrenzende Ektoderm E-Cadherin. Wird N-Cadherin im Ektoderm auf einer Seite fälschlicherweise exprimiert, so löst sich das Neuralrohr auf dieser Seite nicht ab (rechts).

Zellwanderung

Die Zellwanderung ist eines der Hauptmerkmale der Tiermorphogenese. Dabei bewegen sich die Zellen über relativ weite Entfernungen von einem Ort zum anderen. In diesem Abschnitt betrachten wir zwei Beispiele: die Wanderung der primären Mesenchymzellen im Inneren der Seeigelblastula und die der Neuralleistenzellen im Hühnerembryo. Beide erfordern Wechselwirkungen zwischen den wandernden Zellen und dem Substrat, die das Wanderungsverhalten steuern. Als Kontrast dazu betrachten wir auch die Aggregation einzelner Amöben des Schleimpilzes *Dictyostelium* zu einem vielzelligen Fruchtkörper, was ein Beispiel dafür ist, wie Wanderungsmuster durch Chemotaxis und Signalweiterleitung gesteuert werden können. Die Wanderung unreifer Neuronen, die so fundamental für die Morphogenese des Nervensystems ist, schieben wir bis zum Kapitel 11 auf. Weitere wichtige Beispiele für die Zellwanderung, die wir in späteren Kapiteln behandeln werden, sind die Wanderung von Muskelzellen in Wirbeltierextremitäten (Kapitel 10) und die Keimzellwanderung (Kapitel 12).

8.14 Die Wanderungsrichtung von primären Mesenchymzellen wird beim Seeigel durch die Kontakte ihrer Filopodien mit der Blastocoelwand bestimmt

Nachdem die primären Mesenchymzellen in das Blastocoel gelangt sind, (Abschnitt 8.7), wandern sie darin umher und verteilen sich in einem charakteristischen Muster auf der Innenseite der Blastocoelwand. Im vegetativen Bereich bilden sie an der Grenze zwischen Ekto- und Entoderm einen Ring um den Darm. Einige wandern dann und breiten sich an zwei Stellen in Richtung des animalen Poles auf der ventralen (oralen) Seite aus (Abbildung 8.32). Der Weg, den die einzelnen Zellen auf ihrer Wanderung einschlagen, unterscheidet sich erheblich von Embryo

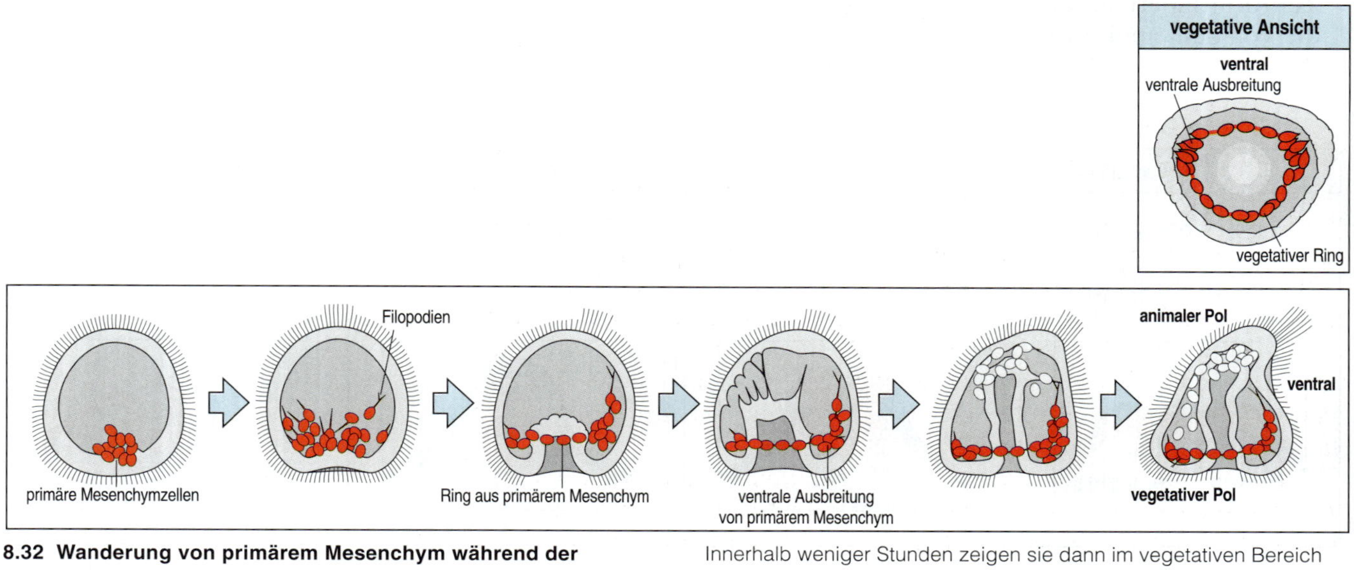

8.32 Wanderung von primärem Mesenchym während der frühen Seeigelentwicklung. Die primären Mesenchymzellen dringen am vegetativen Pol in das Blastocoel ein und wandern durch Streckung und Kontraktion von Filopodien über die Blastocoelwand. Innerhalb weniger Stunden zeigen sie dann im vegetativen Bereich ein wohldefiniertes ringförmiges Muster, das Ausdehnungen entlang der ventralen Seite hat.

zu Embryo, ihr Verteilungsmuster ist aber letztendlich ziemlich konstant. Die primären Mesenchymzellen bilden später durch Sekretion die Skelettstäbe des Seeigelendoskeletts. Während sich diese entwickeln, verändert sich die Verteilung der Zellen; ihr Muster ist also dynamisch.

Die primären Mesenchymzellen bewegen sich mit Hilfe feiner Filopodien über die Innenseite der Blastocoelwand. Sie können bis zu 40 Mikrometer lang werden und sich in mehrere Richtungen ausstrecken. Jede Zelle hat zu jedem Zeitpunkt im Durchschnitt sechs Filopodien, von denen die meisten verzweigt sind. Wenn sie mit der Blastocoelwand Kontakt aufnehmen und sich an sie heften, kontrahieren sie sich und ziehen dabei den Zellkörper zu dem Kontaktpunkt. Da jede Zelle mehrere Filopodien ausstreckt (Abbildung 8.33), von denen einige oder alle in Kontakt mit der Wand treten, konkurrieren sie miteinander. Die Zelle wird dann zu dem Bereich der Wand hingezogen, wo die Filopodien den stabilsten Kontakt herstellen. Die Wanderung primärer Mesenchymzellen ähnelt daher einer zufälligen Suche nach der stabilsten Anheftung.

Die Analyse von Videofilmen wandernder Zellen zeigt, daß die stabilsten Kontakte in den Bereichen entstehen, wo sich die Zellen letztlich ansammeln: in dem vegetativen Ring und den beiden ventro-lateralen Clustern. Das Muster der Adhäsionsstärke der inneren Blastocoelwand bestimmt daher das Wanderungsverhalten der Zellen; worauf diese Adhäsion molekular beruht, ist jedoch unbekannt. Die Oberflächen der Zellen, über die sich die Mesenchymzellen hinwegbewegen, sind von einer Basallamina bedeckt, von der man annimmt, daß sie die Kontakte zwischen den Filopodien und der Blastocoelwand beeinflußt.

Primäre Mesenchymzellen, die durch Injektion am animalen Pol eingeführt werden, bewegen sich gezielt zu ihren normalen Positionen in der vegetativen Region. Dies führt zu der Annahme, daß wahrscheinlich über die gesamte Blastocoelwand abgestufte Richtungsweiser verteilt sind. Sogar Zellen, die schon einmal gewandert sind, wandern erneut und bilden ein ähnliches Muster, wenn sie in einen jüngeren Embryo gespritzt werden.

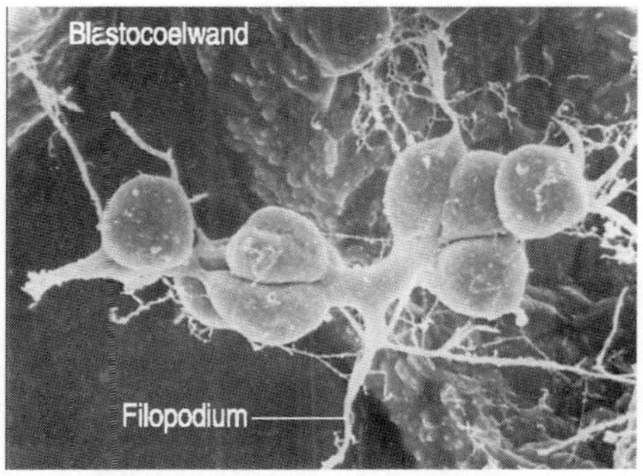

8.33 Filopodien des Seeigelmesenchyms. Diese Aufnahme mit dem Rasterelektronenmikroskop zeigt eine Gruppe primärer Mesenchymzellen, von denen einige miteinander fusioniert sind, wie sie mit Hilfe ihrer zahlreichen Filopodien, die sie ausstrecken und kontrahieren können, über die Blastocoelwand wandern. Aufnahme mit freundlicher Genehmigung von J. Morrill, aus Morrill et al. 1985.

8.15 Die Wanderung der Neuralleistenzellen wird durch Umweltfaktoren und Unterschiede in der Adhäsion geleitet

Die Neuralleistenzellen von Wirbeltieren stammen aus den Kanten der Neuralwülste. Während der Neurulation kann man sie zum ersten Mal erkennen. Wenn sich das Neuralrohr schließt, verwandeln sie sich von Epithel zu Mesenchym (Abschnitt 8.7), verlassen die Epithelschicht an der Mittellinie und wandern nach beiden Seiten von ihr fort.

Bei Wirbeltieren ist am Übergang vom Epithel zum Mesenchym das *slug*-Gen beteiligt. Es steuert den Vorgang, durch den unbewegliche Epithelzellen zu Wanderzellen werden. Das *slug*-Gen ist mit dem *snail*-Gen von *Drosophila* verwandt und wird in allen wandernden Neuralleistenzellen exprimiert. Wird die *slug*-Expression blockiert, verhindert das die Wanderung.

Die Neuralleistenzellen wandern vom Neuralrohr fort und bilden eine Vielzahl verschiedener Zelltypen: unter anderem Knorpel im Kopf, Pigmentzellen in der Dermis, die Zellen des Nebennierenmarkes, Schwannsche Scheidenzellen sowie die Neuronen des peripheren und des autonomen Nervensystems. Hier konzentrieren wir uns auf die Wanderung der Neuralleistenzellen in den Rumpfbereich des Hühnerembryos. Wir

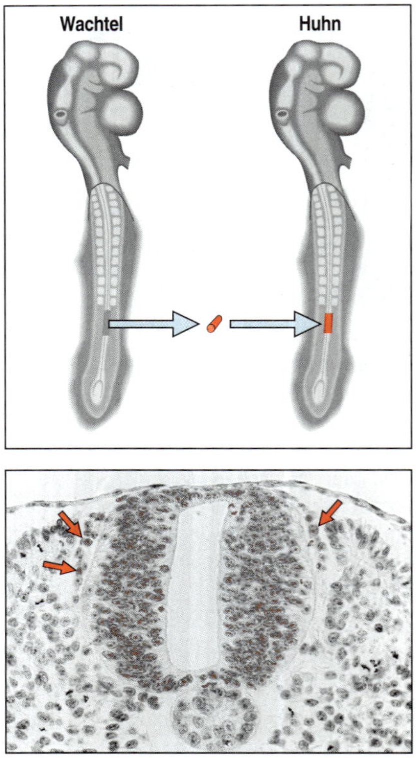

8.34 Die Wanderungswege von Zellen lassen sich verfolgen, indem man ein Stück aus dem Neuralrohr einer Wachtel auf ein Huhn überträgt. Ein Stück des Neuralrohres eines Wachtelembryos wird an eine entsprechende Stelle in einem Huhn transplantiert. Die Aufnahme zeigt die Wanderung der Neuralleistenzellen einer Wachtel (rote Pfeile), die man verfolgen kann, da Wachtelzellen einen Kernmarker besitzen, der sie von Hühnerzellen unterscheidet. Aufnahme mit freundlicher Genehmigung von N. Le Douarin.

haben bereits die Wanderung von Neuralleistenzellen aus dem Rhombencephalon in die Kiemenbögen besprochen (Abschnitt 4.12).

Man hat die Wanderung der Neuralleistenzellen mit Hilfe verschiedener Strategien verfolgt. Da zum Beispiel Wachtelzellen einen Kernmarker besitzen, der sie von Hühnerzellen unterscheidet, kann man nach der Transplantation eines Neuralrohres von einem Wachtelembryo auf einen Hühnerembryo die anschließenden Wanderungswege der Neuralleistenzellen untersuchen (Abbildung 8.34). Es ist außerdem möglich, die wandernden Neuralleistenzellen beim Huhn zu identifizieren, indem man sie mit monoklonalen Antikörpern oder dem Farbstoff DiI markiert. Zu Beginn der Neuralleistenwanderung scheint sich die Basalmembran, die das Neuralrohr umgibt, aufzulösen, so daß die Neuralleistenzellen sich von dort wegbewegen können. Für die Wanderung müssen sie sich darüber hinaus vom Neuralrohr lösen; etwa zur Zeit ihrer Wanderung verlieren sie sowohl N-Cadherin als auch E-Cadherin (Abschnitt 8.13).

Die Neuralleistenzellen wandern vor allem auf zwei Wegen in den Rumpf des Hühnerembryos (Abbildung 8.35). Einer verläuft dorsolateral unterhalb des Ektoderms und oberhalb der Somiten; Zellen, die diesen Weg einschlagen, bilden vor allem Pigmentzellen, die in Haut und Federn eindringen. Der andere Weg liegt weiter ventral. Aus den Zellen, die ihn einschlagen, entstehen hauptsächlich sympathische und sensorische Ganglienzellen. Einige Neuralleistenzellen wandern in die Somiten und bilden Spinalganglien; andere wandern durch die Somiten und bilden sympathische Ganglien und das Mark der Nebenniere, schei-

8.35 Neuralleistenwanderung im Rumpf des Hühnerembryos. Eine Gruppe von Zellen (1) wandert unter das Ektoderm und bildet Pigmentzellen (im Umriß dargestellt). Die andere Zellgruppe (2) wandert über das Neuralrohr und dann durch die vordere Hälfte des Somiten. Zellen, die diesen Weg wählen, bilden dorsale Spinalganglien, sympathische Ganglien und Zellen der Nebennierenrinde; ihre spätere Lage ist ebenfalls umrißartig dargestellt. Zellen gegenüber den posterioren Bereichen eines Somiten wandern in beide Richtungen entlang des Neuralrohres, bis sie zum anterioren Bereich eines Somiten gelangen. So entsteht ein segmentiertes Wanderungsmuster, das für die segmentale Anordnung von Ganglien verantwortlich ist.

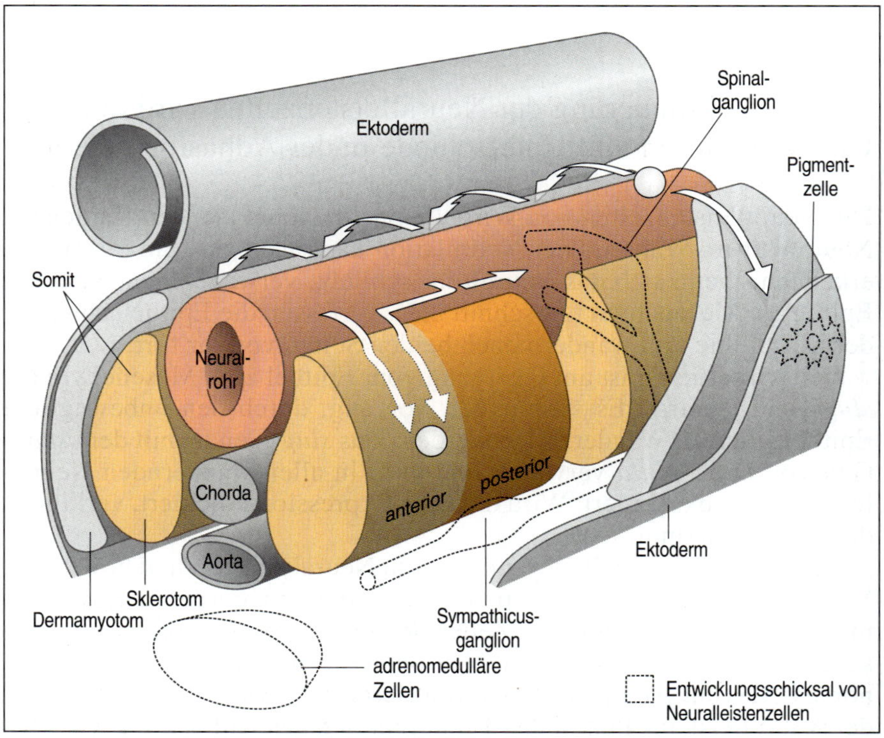

nen aber die Region um die Chorda zu meiden. Die Neuralleiste des Rumpfes wandert selektiv durch die anteriore (rostrale) und nicht durch die posteriore (caudale) Hälfte des Somiten. Innerhalb jedes Somiten findet man nur in der anterioren Hälfte Neuralleistenzellen, selbst wenn sie aus einer Neuralleiste stammen, die der posterioren Hälfte des Somiten benachbart ist. Dieses Verhalten ist anders als das der Neuralleistenzellen, die den dorsalen Weg einschlagen und über die gesamte dorso-laterale Oberfläche des Somiten wandern. Die anteriore Wanderung führt zu der besonderen segmentalen Anordnung der Spinalganglien bei Wirbeltieren, wobei ein Ganglienpaar einem Somitenpaar, einem Segment, des Embryo entspricht (Abbildung 8.36). Das segmentale Wanderungsmuster beruht auf den adhäsiven Eigenschaften der Somiten. Werden sie um 180 Grad gedreht, so daß ihre anterio-posteriore Achse vertauscht ist, so wandern die Neuralleistenzellen immer noch nur durch die ursprünglich anterioren Hälften. Zwei Mitglieder der Eph-Familie der Transmembranliganden werden in den posterioren Hälften der Somiten exprimiert, während Neuralleistenzellen Rezeptoren für diese Liganden besitzen. Wechselwirkungen zwischen den Liganden und Rezeptoren könnten zum Ausschluß der Neuralleistenzellen aus den posterioren Hälften der Somiten führen. Dies würde eine molekulare Basis für die segmentale Anordnung der Spinalganglien liefern.

Das Neuralrohr und die Chorda beeinflussen ebenfalls die Neuralleistenwanderung. Dreht man das frühe Neuralrohr um 180 Grad, bevor die Neuralleistenwanderung beginnt, so daß die dorsale Oberfläche zur ventralen wird, so möchte man annehmen, daß die Zellen, die normalerweise nach ventral wandern, dies nun, da sie näher an ihrem Bestimmungsort sind, noch immer tun. Dies ist aber nicht der Fall. Viele Neuralleistenzellen wandern durch das Sklerotom in ventral-dorsaler Richtung nach oben und bleiben in der vorderen Hälfte jedes Somiten. Es ist daher anzunehmen, daß das Neuralrohr irgendwie die Wanderungsrichtung von Neuralleistenzellen beeinflußt. Die Chorda übt ebenfalls einen Einfluß aus: Sie verhindert die Wanderung von Neuralleistenzellen im Umkreis von etwa 50 Mikrometern und hindert sie dadurch daran, sich ihr zu nähern.

Entlang der Wanderungswege der Zellen aus der Neuralleiste hat man viele verschiedene Moleküle der extrazellulären Matrix gefunden, mit denen die Neuralleistenzellen über ihre Zelloberflächenintegrine interagieren könnten. *In vitro* kultivierte Neuralleistenzellen heften sich an Fibronectin, Laminin und verschiedene Kollagene und wandern auch gut auf diesem Untergrund. Blockiert man ihre Anheftung an Fibronectin oder Laminin, indem man die Integrin-β_1-Untereinheit *in vivo* inhibiert, so entstehen schwere Schädigungen in der Kopfregion, aber nicht im Rumpf. Das deutet darauf hin, daß die Neuralleistenzellen sich in den beiden Bereichen mit Hilfe unterschiedlicher Mechanismen anheften – wahrscheinlich über verschiedene Integrine. Es ist erstaunlich, wie Neuralleistenzellen in Kultur vornehmlich entlang einer Fibronectinspur wandern; allerdings ist noch immer unklar, welche Rolle dieses Molekül als Richtungsweiser für die Zellen im Embryo spielt.

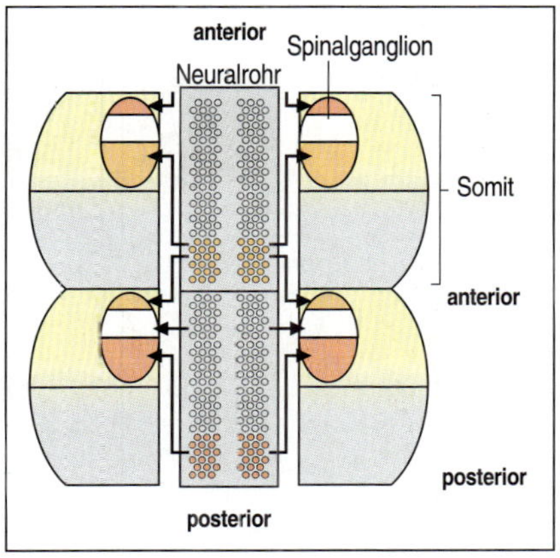

8.36 Die segmentale Anordnung der dorsalen Spinalganglien basiert ausschließlich auf der Wanderung von Neuralleistenzellen durch die anteriore Hälfte des Somiten. Zellen aus der Neuralleiste können nicht durch die hintere (graue) Hälfte eines Somiten wandern. Daher häufen sie sich in der Vorderhälfte an. Das dorsale Spinalganglion, das sich aus diesen Zellen entwickelt, besteht aus Neuralleistenzellen aus vorderen (orange), direkt benachbarten (weiß) und hinteren (rot) Bereichen.

8.16 Bei der Aggregation von Schleimpilzen spielen Chemotaxis und Signalweitergabe eine wichtige Rolle

Die Myxamöben des zellulären Schleimpilzes *Dictyostelium discoideum* ernähren sich von Bakterien. Wenn eine lokale Nahrungsquelle

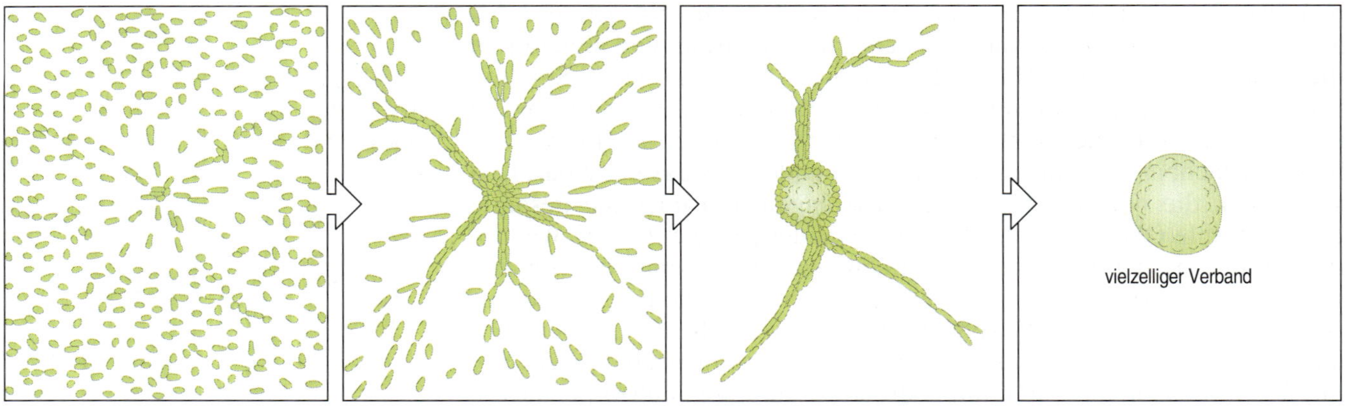

8.37 Die Aggregation beim zellulären Schleimpilz *Dictyostelium*. Aggregierende Amöben von *D. discoideum* strömen auf einen Punkt in ihrer Mitte zu und bilden schließlich einen multizellulären Haufen, der sich zu einem Fruchtkörper entwickelt (nicht dargestellt). In den Zellströmen werden die normalerweise amöboiden Zellen bipolar und haften an beiden Enden aneinander.

erschöpft ist, treten sie in das multizelluläre Stadium des Lebenszyklus eines Schleimpilzes ein (Abbildung 6.30). Die erste Phase dieses Stadiums ist die Aggregation, die sich in Zeitraffervideos als ein dramatisches Spektakel darstellt, bei dem die Zellen wie kleine Flüsse, die sich in einen See ergießen, auf ein Aggregationszentrum zuströmen. Wenn die Zellen es erreichen, heften sie sich an ihren anterioren und posterioren Enden durch ein Membranglycoprotein aneinander, das in diesem Stadium exprimiert wird. Schließlich versammeln sie sich zu einem kompakten vielzelligen Hügel (Abbildung 8.37), der sich zu einem gestielten Fruchtkörper entwickelt (Abschnitt 6.16).

Die Zellen wandern periodisch, nicht kontinuierlich, in Bewegungsschüben nach innen. Der Aggregationsmechanismus erfordert sowohl Chemotaxis einzelner Zellen als auch die Weitergabe eines chemotaktischen Signals von einer Amöbe zur anderen. Bei *Dictyostelium* besteht der Chemoattraktor aus zyklischem AMP (cAMP). Amöben reagieren auf eine ansteigende cAMP-Konzentration und wandern einen cAMP-Gradienten entlang, indem sie ein Pseudopodium zur Quelle hin ausstrecken (Abbildung 8.38). Chemotaxis entlang eines solchen Gradienten wirkt nur über eine kurze Strecke, viel weniger als einen Millimeter, da es schwierig ist, über längere Distanzen einen verläßlichen Diffusionsgradienten eines Chemoattraktors zu etablieren. Trotzdem können Amöben aus einer Entfernung von bis zu 5 Millimetern vom Zentrum

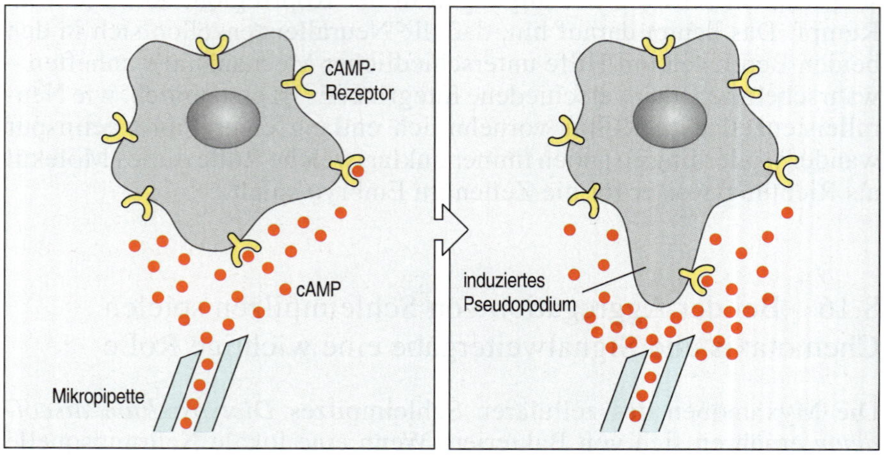

8.38 Chemotaktische Reaktion von Schleimpilzzellen. Amöben wandern einen Gradienten aus zyklischem AMP (cAMP) hinauf. Aus einer lokale Quelle bindet sich cAMP an Membranrezeptoren an der Seite der Zelle, die der Quelle gegenüber liegt. Das führt dazu, daß die Amöbe zur Quelle hin ein Pseudopodium ausstreckt. Nach Alberts et al. 1989.

aggregieren. Dies wird durch die Weiterleitung des chemotaktischen Signals erreicht – auf eine ähnliche Weise wie die Weiterleitung eines Nervenimpulses.

Erhält eine Amöbe ein Signal in Form von cAMP-Molekülen, binden sich diese an Membranrezeptoren, welche die Zelle nicht nur dazu anregen, chemotaktisch zu reagieren, indem sie sich auf die Quelle zubewegt, sondern auch, das Signal weiterzuleiten, indem sie selbst cAMP-Moleküle produziert. Durch diese Art der Übertragung breitet sich über die aggregierenden Amöben eine Welle von cAMP aus (Abbildung 8.39). Die pulsierende Natur des Signals wird klar, wenn man eine Mikropipette mit cAMP in ein Feld von Amöben bringt, die zur Aggregation bereit sind: Sie kann nur als Aggregationszentrum dienen, wenn sie cAMP-Stöße in der richtigen Frequenz liefert. Ein wichtiges Merkmal der Signalweiterleitung ist es, daß die Zellen unmittelbar nach der Erzeugung eines cAMP-Stoßes für kurze Zeit kein cAMP-Signal empfangen können. Dadurch kann sich der Stoß nur nach außen ausbreiten. Das Enzym Phosphodiesterase, das cAMP abbaut, verhindert, daß die cAMP-Konzentration so stark ansteigt, daß das System gesättigt ist, weil sonst die Signalausbreitung unterbunden würde.

Die Aggregation von Schleimpilzzellen ist das am besten verstandene Beispiel für Chemotaxis in einem Entwicklungssystem. Im Zusammenhang mit der Entwicklung des Nervensystems werden wir in Kapitel 11 auf weitere Beispiele für Chemotaxis stoßen. Allerdings hat man das Signalübertragungssystem, das der Schleimpilz benutzt, bisher in keinem anderen System gefunden.

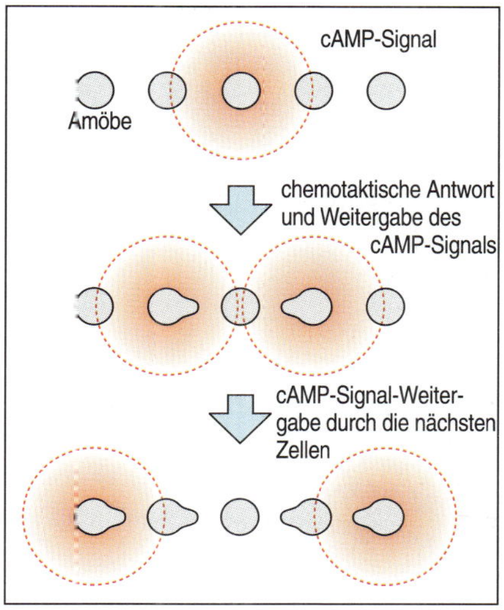

8.39 Weiterleitung eines cAMP-Signals und Chemotaxis bei Schleimpilzamöben. Eine Zelle im Zentrum des Aggregats stößt cAMP aus. Dieses induziert die Bildung von Pseudopodien und die chemotaktische Bewegung von Zellen aus der Umgebung auf die cAMP-Quelle zu. Außerdem stimuliert es Zellen dazu, selbst cAMP auszustoßen; so wird das Signal nach außen weitergegeben. Nach der Freisetzung von cAMP kann eine Zelle kurzzeitig kein cAMP-Signal empfangen. Dadurch wird sicher gestellt, daß das Signal nur nach außen weitergegeben wird.

Zusammenfassung

Bei Tierembryonen wird die Richtung der Zellwanderung vor allem durch Wechselwirkungen mit dem Substrat bestimmt, über das die Zellen wandern, obwohl mitunter auch Signale von anderen Zellen eine Rolle spielen. Die gerichtete Wanderung der primären Mesenchymzellen in der Seeigelblastula beruht auf ihren Filopodien, welche die Umgebung abtasten und die Zellen dann zu derjenigen Region der Blastocoelwand ziehen, wo sie den stabilsten Kontakt herstellen. Die Endposition einer Mesenchymzelle wird daher von den adhäsiven Eigenschaften der Basallamina und des Ektoderms, über das sie sich bewegt, bestimmt. Ganz ähnlich hängen bei Wirbeltieren die Wanderungswege der Neuralleistenzellen von den adhäsiven Eigenschaften der Bereiche ab, über die sie sich bewegen. Unterschiede in der Adhäsionsstärke zwischen den anterioren und posterioren Hälften der Somiten führen dazu, daß die Neuralleiste nicht über oder durch posteriore Hälften wandert. Daher versammeln sich zukünftige Dorsalganglienzellen neben den anterioren Hälften und ordnen sich so segmental an.

Bei der Aggregation des zellulären Schleimpilzes *Dictyostelium* spielen sowohl Chemotaxis als auch Signalausbreitung eine Rolle. Die einzelnen Amöben strecken Fortsätze in Richtung einer steigenden cAMP-Konzentration aus und bewegen sich auf die Quelle zu. Außerdem reagieren die Zellen auf einen cAMP-Stoß, indem sie selbst cAMP aussenden, was zur Ausbreitung des Signals führt und Zellen, die bis zu fünf Millimeter entfernt sind, zum Aggregationszentrum lockt.

Übersicht: gerichtete Wanderung von Zellen aus der Neuralleiste von Wirbeltieren

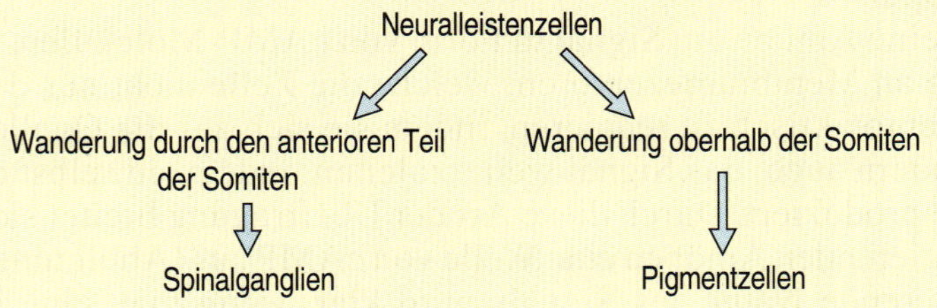

Gerichtete Ausdehnung

In einer Vielzahl von Situationen kann hydrostatischer Druck die Triebkraft für die Morphogenese sein. Sein Anstieg im Inneren einer kugelförmigen Zellschicht kann zu einer Volumenzunahme der Kugel führen. Wir haben bereits gesehen, wie der hydrostatische Druck an der Bildung der Blastula sowohl bei der Maus als auch bei Amphibien beteiligt ist. Hier betrachten wir Beispiele für eine **gerichtete Ausdehnung** (*directed dilation*), bei der eine Form durch Anstieg des Druckes asymmetrisch verändert wird. Ist der Widerstand gegenüber Druck in Querrichtung größer als in Längsrichtung, so führt die Zunahme des Innendruckes zu einer Verlängerung in Längsrichtung (Abbildung 8.40).

Nachdem sich bei *Xenopus* die Chorda gebildet hat (Abschnitt 8.12), verdreifacht sich ihr Volumen und sie wächst beträchtlich in die Länge, wenn sie sich geradebiegt und versteift. In diesem Stadium ist die Chorda von einem Mantel aus extrazellulärem Material umgeben, der ihre Vergrößerung in Querrichtung einschränkt, aber eine Verlängerung in Längsrichtung erlaubt. Die Zellen innerhalb der Chorda bilden flüssigkeitsgefüllte Vakuolen und nehmen so an Volumen zu. Dadurch üben sie einen hydrostatischen Druck auf den Chordamantel aus, wodurch die Chorda gestreckt wird: Daß sie sich in Querrichtung ausdehnt, wird durch den Widerstand des Mantels verhindert; das führt dazu, daß ihr Volumen in Längsrichtung zunimmt.

Die Vakuolen in den Zellen der Chorda sind mit Glycosaminoglykanen gefüllt, die wegen ihres hohen Kohlenhydratanteils dafür sorgen, daß Wasser durch Osmose in die Vakuolen einströmt. Dadurch entsteht der hydrostatische Druck, der zum Anstieg des Zellvolumens und anschließend zur Versteifung und Begradigung der Chorda führt.

Veränderungen in der Mantelstruktur während der Streckung der Chorda stehen gut mit dem vorgeschlagenen hydrostatischen Mechanismus in Einklang. Der Mantel enthält sowohl Glycosaminoglykane, die geringe Zugfestigkeit aufweisen, als auch das Faserprotein Kollagen, das eine große Zugfestigkeit besitzt. Während der Ausdehnung der Chorda steigt die Dichte der Kollagenfasern, was eine Verbreiterung der Chorda behindert. Wie wichtig der Mantel für die Ausdehnung und Ver-

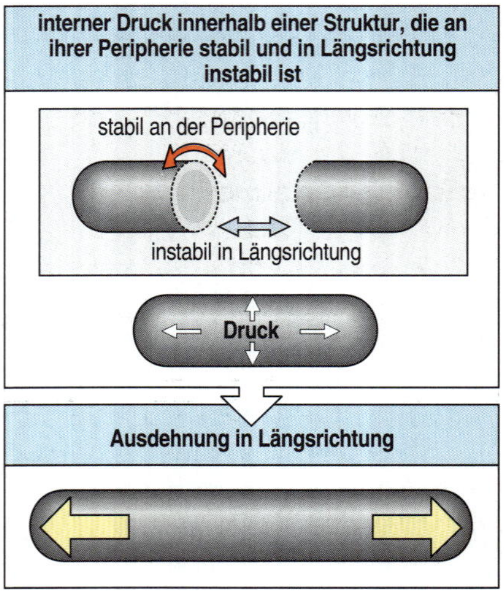

8.40 Gerichtete Ausdehnung. Hydrostatischer Druck im Inneren einer einengenden Hülle oder Membran kann dazu führen, daß sich eine Struktur in die Länge zieht. Ist der Widerstand in der Peripherie viel größer als in Längsrichtung, wie es beim Chordamantel der Fall ist, so verlängert sich der Zellstab im Inneren des Mantels.

Längerung ist, zeigt sich, wenn er durch Verdauung entfernt wird. Dann verbiegt und faltet sich die Chorda, und ihre Zellen runden sich ab statt sich abzuflachen.

8.17 Der Nematodenembryo verlängert sich durch Kontraktion seiner hypodermalen Zellen in Querrichtung

In der frühen Entwicklung eines Nematoden ändert sich die Körperform selbst während der Gastrulation nur geringfügig gegenüber der kugeligen Gestalt des befruchteten Eies. Nach der Gastrulation, etwa fünf Stunden nach der Befruchtung, beginnt der Embryo, sich schnell in Längsrichtung zu strecken. Das dauert etwa zwei Stunden; während dieser Zeit verringert sich der Umfang des Nematodenembryos auf etwa ein Drittel, während sich seine Länge etwa vervierfacht.

Diese Verlängerung beruht auf einer Formveränderung der hypodermalen (epidermalen) Zellen, welche die äußerste Schicht des Embryos bilden; werden sie durch einen Laser zerstört, unterbleibt die Verlängerung. Während der Verlängerung des Embryos verändern diese Zellen ihre Form derart, daß sie sich nicht in Querrichtung, sondern in Längsrichtung des Embryos strecken (Abbildung 8.41). In dieser Phase bleiben sie durch Desmosomen-Zellkontakte miteinander verbunden. Die Desmosomen sind auch innerhalb der Zellen durch aktinhaltige Fasern miteinander verknüpft, die entlang der Peripherie verlaufen; diese Fasern scheinen sich zu verkürzen, wenn sich die Zellen verlängern. Die Zerstörung von Aktinfilamenten durch Behandlung mit Cytochalasin D verhindert, daß sich der Wurm verlängert. Daher ist es sehr wahrscheinlich, daß ihre Kontraktion zu der Veränderung der Zellform führt. Eine Kontraktion der hypodermalen Zellen verringert ihren Umfang und führt zu einem Anstieg des hydrostatischen Druckes innerhalb des Embryos, was eine Verlängerung in Längsrichtung zur Folge hat. Entlang der Peripherie orientierte Mikrotubuli könnten ebenfalls die Ausdehnung mechanisch einschränken – ähnlich wie der oben beschriebene

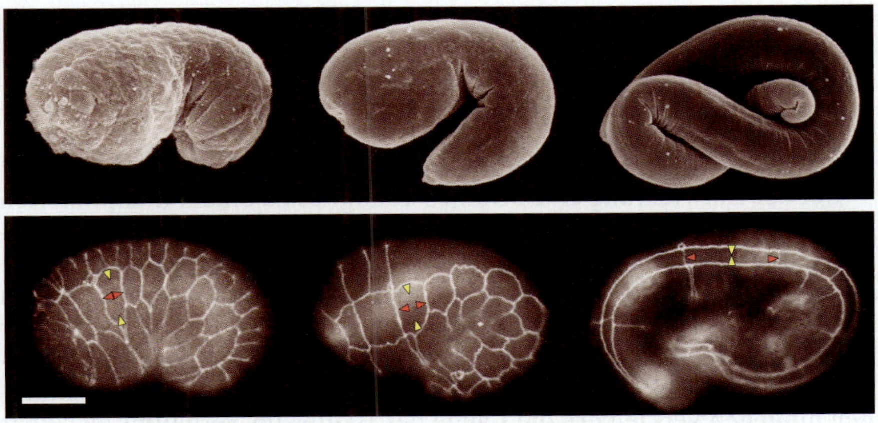

8.41 Zunahme der Körpergröße eines Nematoden durch gerichtete Ausdehnung. Die Veränderung der Körperform innerhalb von zwei Stunden ist in der oberen Aufnahme dargestellt. Der Längenzuwachs beruht auf der Kontraktion hypodermaler Zellen in Querrichtung, wie auf der unteren Aufnahme zu sehen ist. Wie sich die Form einer einzelnen Zelle ändert, kann man bei der mit Pfeilen markierten Zelle verfolgen. Maßstab = 10 µm. Aufnahmen mit freundlicher Genehmigung von J. Priess, aus Priess et al. 1986.

Mantel um die Chorda von *Xenopus*. Die Zunahme der Körperlänge bei Nematoden ist damit ein weiteres Beispiel für eine gerichtete Ausdehnung.

8.18 Die Form eines Pflanzenblattes kann dadurch bestimmt werden, in welche Richtung eine Zelle vergrößert wird

Die Vergrößerung von Zellen ist ein wichtiger Prozeß bei der Pflanzenmorphogenese; durch sie kann ein Gewebe bis zu 50fach vergrößert werden. Die Triebkraft für diese Expansion ist der hydrostatische Druck, der Turgordruck, der auf die Zellwand ausgeübt wird, wenn der Protoplast aufgrund von Wassereintritt in die Zellvakuolen durch Osmose anschwillt (Abbildung 8.42). Zur Vergrößerung von Pflanzenzellen wird neues Zellwandmaterial synthetisiert und abgelagert; dieser Prozeß ist ebenfalls ein Beispiel für gerichtete Ausdehnung. Die Richtung des Zellwachstums wird von der Anordnung der Cellulosefibrillen in der Zellwand bestimmt. Eine Vergrößerung erfolgt vor allem im rechten Winkel zu den Fibrillen, wo die Wand am schwächsten ist. Die Ausrichtung der Cellulosefibrillen wiederum hängt wahrscheinlich von den Mikrotubuli im Cytoskelett der Zelle ab, welche die Lage der Enzymkomplexe festlegen, die an der Zellwand Cellulose synthetisieren. Pflanzenhormone wie Ethylen (Ethen) und Giberelline beeinflussen, wie die Fibrillen ausgerichtet sind, und können so auch die Richtung ändern, in der sich die Zellen vergrößern. Auxin unterstützt die Vergrößerung, indem es die Strukturen der Zellwand lockert.

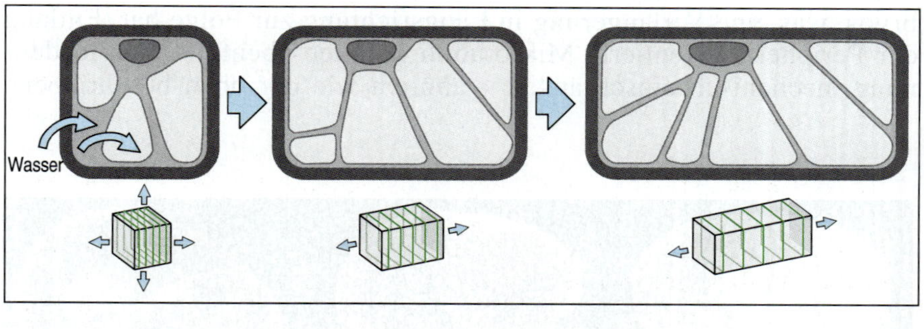

8.42 Vergrößerung einer Pflanzenzelle. Pflanzenzellen expandieren, wenn Wasser in die Zellvakuolen eindringt und dadurch der intrazelluläre hydrostatische Druck ansteigt. Die Zelle streckt sich senkrecht zu der Ebene, in der die Cellulosefibrillen in der Zellwand angeordnet sind.

Bei der Entwicklung eines Blattes kommt es zu einem komplizierten Muster von Zellteilungen und Zellverlängerungen, wobei die Zellverlängerung eine zentrale Rolle bei der Vergrößerung der Blattspreite spielt. Man kennt zwei Mutationen, welche die Form des Blattes durch Einfluß auf die Richtung der Zellverlängerung bestimmen. Die Blätter der Mutante *Arabidopsis angustifolia* ähneln in ihrer Länge dem Wildtyp, sind aber viel dünner (Abbildung 8.43). Die *rotundifolia*-Mutationen hingegen verkleinern die Länge des Blattes im Verhältnis zu seiner Breite. Keine dieser Mutationen beeinflußt die Zahl der Zellen im Blatt. Wie aus einer Untersuchung der Zellen im sich entwickelnden Blatt hervorgeht, bestimmen diese Mutationen die Richtung der Verlängerung der sich vergrößernden Zellen.

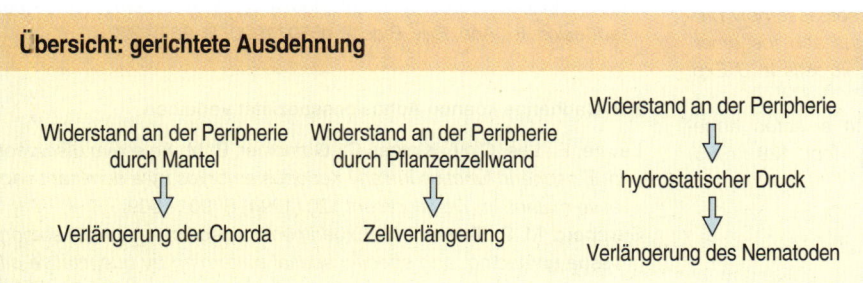

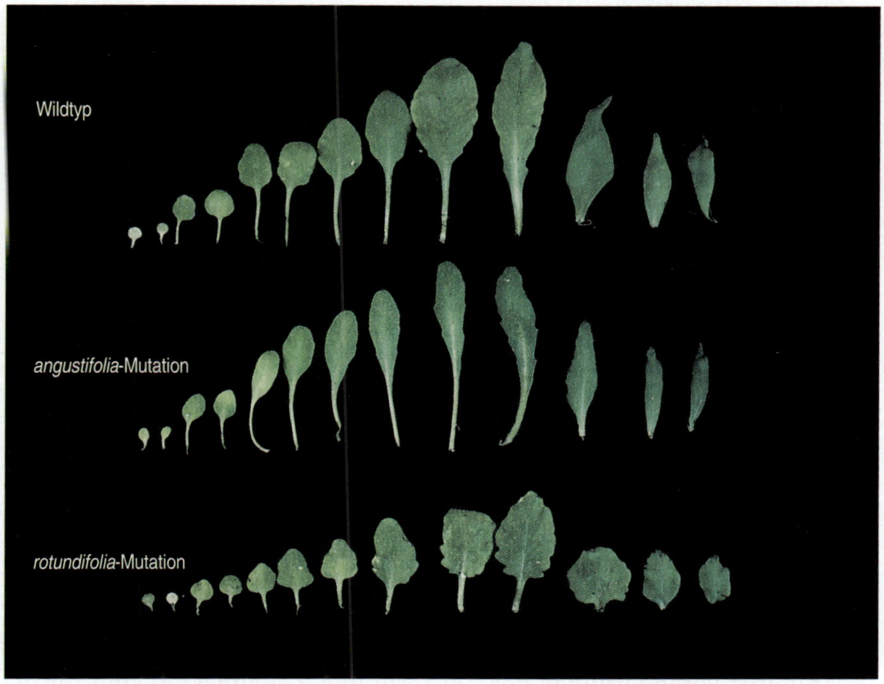

8.43 Die Form von *Arabidopsis*-Blättern wird durch Mutationen verändert, welche die Zellverlängerung beeinflussen. Die *angustifolia*-Mutation führt dazu, daß die Blätter nicht so breit werden, während Mutationen in *rotundifolia* die Entwicklung kurzer fetter Blätter hervorrufen. Aufnahme mit freundlicher Genehmigung von H. Tsukaya, aus Tsuge et al. 1996.

Zusammenfassung

Die gerichtete Ausdehnung beruht auf einem Anstieg des hydrostatischen Druckes in Verbindung mit einem ungleichen Widerstand, den die Peripherie ihm entgegensetzt. Die Chorda streckt sich auf diese Weise. Dabei vergrößert sich ihr Volumen, während ihre Ausdehnung in Querrichtung vom Chordamantel behindert wird, so daß sie sich verlängern muß. Auf ähnliche Weise verlängert sich auch der Nematodenembryo nach der Gastrulation aufgrund einer Kontraktion der äußeren hypodermalen Zellen entlang seiner Peripherie. Dadurch wird Druck auf die inneren Zellen ausgeübt und der Embryo dazu gezwungen, sich in Längsrichtung auszudehnen. Bei Pflanzen wird die Form der Blätter durch die Richtung der Zellvergrößerung bestimmt. Die Richtung der Verlängerung bei der Pflanzenzellvergrößerung ist ein weiteres Beispiel für eine gerichtete Ausdehnung.

Übersicht: gerichtete Ausdehnung

Widerstand an der Peripherie durch Mantel
⇩
Verlängerung der Chorda

Widerstand an der Peripherie durch Pflanzenzellwand
⇩
Zellverlängerung

Widerstand an der Peripherie
⇩
hydrostatischer Druck
⇩
Verlängerung des Nematoden

Zusammenfassung von Kapitel 8

Zellen werden von spezifischen Adhäsionsmolekülen zusammengehalten. Veränderungen in der Form des Embryos und Zellwanderungen beruhen auf Veränderungen der Zelladhäsion und auf Kräften, die von der Zelle erzeugt werden. Die Blastula bildet sich aufgrund der Teilung und Polarisierung von Zellen; in einigen Fällen entsteht sie durch das Einströmen von Wasser in das Blastocoel. Bei der Gastrulation werden die Zellschichten so stark verschoben, daß das spätere Entoderm und Mesoderm ins Innere des Embryos und an die im Hauptkörperbauplan vorgesehene Positionen gelangt. Beim Seeigel und bei *Drosophila* verändert sich während der Einstülpung des Mesoderms die Zellform auf ähnliche Weise. Die konvergente Ausdehnung spielt sowohl bei der Seeigel- als auch bei der Amphibiengastrulation eine Schlüsselrolle; sie beruht auf spezifischen Mustern der Zellinterkalation. Epibolie, die Ausbreitung eines vielschichtigen Zellblattes, beruht ebenfalls auf Interkalation. Die konvergente Ausdehnung spielt zusammen mit der gerichteten Ausdehnung darüber hinaus eine Schlüsselrolle bei der Bildung der Chorda. Aufgrund gerichteter Ausdehnung streckt sich der Nematodenembryo und wird die Richtung vorgeben, in der sich Pflanzenzellen vergrößern. Veränderungen der Zellform und Zelladhäsion sind für die Neuralrohrbildung verantwortlich. Die Richtung der Wanderung des Mesenchyms bei Seeigeln und der Neuralleistenzellen bei Wirbeltieren hängt von der Adhäsionsstärke des Substrats ab, über das die Zellen wandern. Die Zellen des Schleimpilzes wandern und aggregieren auf ein chemotaktisches Signal hin.

Literatur

Einleitender Text

Wang, Y.; Jones, F. S.; Krushel, L. A.; Edelman, G. *Embryonic expression patterns of the neural cell adhesion molecule gene are regulated by homeodomain binding sites.* In: *Proc. Natl. Acad. Sci.* 93 (1996) S. 1892–1896.

8.1 Die Sortierung dissoziierter Zellen belegt die unterschiedliche Stärke der Adhäsion von Zellen verschiedener Gewebe

Steinberg, M. S. *Does differential adhesion govern self-assembly processes in histogenesis? Equilibrium configurations and the emergence of a hierarchy among populations of embryonic cells.* In: *J. Exp. Zool.* 173 (1970) S. 395–433.

Townes, P.; Holtfreter, J. *Directed movements and selected adhesions of embryonic amphibian cells.* In: *J. Exp. Zool.* 128 (1955) S. 53–120.

Exkurs 8.1: Zelladhäsionsmoleküle

Clark, E. A.; Brugge, J. S. *Integrins and signal transduction pathways: the road taken.* In: *Science* 268 (1995) S. 233–239.

Cunningham, B. A. *Cell adhesion molecules as morphoregulators.* In: *Curr. Opin. Cell Biol.* 7 (1995) S. 628–633.

Gumbiner, B. M. *Cell adhesion: the molecular basis of tissue architecture and morphogenesis.* In: *Cell* 84 (1996) S. 345–357.

Gumbiner, B. M. *Signal transduction by catenin.* In: *Curr. Opin. Cell Biol.* 7 (1995) S. 634–640.

Hynes, R. O. *Integrins: versatility, modulation, and signalling in cell adhesion.* In: *Cell* 69 (1992) S. 11–25.

Klymkowsky, M. W.; Parr, B. *The body language of cells: the intimate connection between cell adhesion and behavior.* In: *Cell* 83 (1995) S. 5–8.

Takeichi, M. *Cadherins: a molecular family important in selective cell–cell adhesion.* In: *Ann. Rev. Biochem.* 59 (1990) S. 237–252.

8.2 Cadherine können Adhäsionsspezifität verleihen

Levine, E.; Lee, C. H.; Kintner, C.; Gumbiner, B. M. *Selective disruption of E-cadherin function in early Xenopus embryos by a dominant negative mutant.* In: *Development* 120 (1994) S. 901–909.

Steinberg, M. S.; Takeichi, M. *Experimental specification of cell sorting, tissue spreading, and specific spatial patterning by quantitative differences in cadherin expression.* In: *Proc. Natl. Acad. Sci.* 91 (1994) S. 206–209.

Takeichi, M. *Morphogenetic roles of classic cadherins.* In: *Curr. Opin. Cell Biol.* 7 (1995) S. 619–627.

8.3 Die Asteren des Mitoseapparats bestimmen die Furchungsebene bei der Zellteilung

Strome, S. *Determination of cleavage planes.* In: *Cell* 72 (1993) S. 3–6.

Staiger, C.; Doonan, J. *Cell division in plants.* In: *Curr. Opin. Cell Biol.* 5 (1993) S. 226–231.

8.4 Zellen in frühen Mäuse- und Seeigelblastulae werden polarisiert

Fleming, T. P.; Johnson, M. H. *From egg to epithelium.* In: *Ann. Rev. Cell Biol.* 4 (1988) S. 459–485.

Sobel, J. S. *Membrane–cytoskeletal interactions in the early mouse embryo.* In: *Semin. Cell Biol.* 1 (1990) S. 341–348.

Sutherland, A. E.; Speed, T. P.; Calarco, P. G. *Inner cell allocation in the mouse morula: the role of oriented division during fourth cleavage.* In: *Dev. Biol.* 137 (1990) S. 13–25.

Winkel, G. K.; Ferguson, J. E.; Takeichi, M.; Nuccitelli, R. *Activation of protein kinase C triggers premature compaction in the four-cell stage mouse embryo.* In: *Dev. Biol.* 130 (1990) S. 1–15.

8.5 Für die Flüssigkeitsansammlung im Blastocoel ist teilweise ein aktiver Ionentransport verantwortlich

Warner, A. E. *Physiological approaches to early development.* In: *Recent Adv. Physiol.* 10 (1984) S. 87–123.

8.6 Durch Zelltod können innere Hohlräume entstehen

Coucouvanis, E.; Martin, G. R. *Signals for death and survival: a two-step mechanism for cavitation in the vertebrate embryo.* In: *Cell* 83 (1995) S. 279–287.

8.7 Bei der Gastrulation des Seeigels kommt es zur Zellwanderung und zur Einstülpung von Gewebe

Hardin, J. *Local cell interactions and the control of gastrulation in the sea urchin embryo.* In: *Dev. Biol.* 5 (1994) S. 77–84.

Hardin, J.; McClay, D. R. *Target recognition by the archenteron during sea urchin gastrulation.* In: *Dev. Biol.* 142 (1990) S. 86–102.

Odell, G. M.; Oster, G.; Alberch, P.; Burnside, B. *The mechanical basis of morphogenesis. I. Epithelial folding and invagination.* In: *Dev. Biol.* 85 (1981) S. 446–462.

Ingersoll, E. P.; Ettensohn, C. A. *An N-linked carbohydrate-containing extracellular matrix determinant plays a key role in sea urchin gastrulation.* In: *Dev. Biol.* 163 (1994) S. 359–366.

Nakajima, Y.; Burke, R. D. *The initial phase of gastrulation in sea urchins is accompanied by the formation of bottle cells.* In: *Dev. Biol.* 179 (1996) S. 436–446.

8.8 Die Einstülpung des Mesoderms bei *Drosophila* beruht auf Veränderungen in der Zellform, die von Genen gesteuert wird, welche an der Musterbildung in der dorso-ventralen Achse beteiligt sind

Leptin, M. *Drosophila gastrulation: from pattern formation to morphogenesis.* In: *Ann. Rev. Cell Biol.* 11 (1995) S. 189–212.

Leptin, M. *Morphogenesis: control of epithelial cell shape changes.* In: *Curr. Biol.* 4 (1994) S. 709–712.

Leptin, M.; Casal, J.; Grunewald, B.; Reuter, R. *Mechanisms of early Drosophila mesoderm formation.* In: *Develop. Suppl.* (1992) S. 23–31.

Costa, M.; Wilson, E. T.; Wieschaus, E. *A putative cell signal encoded by the folded gastrulation gene coordinates cell shape changes during Drosophila gastrulation.* In: *Cell* 76 (1994) S. 1075–1089.

8.9 Die *Xenopus*-Gastrulation erfordert verschiedene Arten von Gewebebewegungen

Shih, J.; Keller, R. *Gastrulation in Xenopus laevis: involution – a current view.* In: *Dev. Biol.* 5 (1994) S. 85–90.

8.10 Konvergente Ausdehnung und Epibolie beruhen auf Zellinterkalation

Keller, R.; Shih, J.; Sater, A. *The cellular basis of the convergence and extension of the Xenopus neural plate.* In: *Dev. Dynam.* 193 (1992) S. 199–217.

Keller, R. *Early embryonic development of Xenopus laevis.* In: *Meth. Cell Biol.* 36 (1991) S. 61–113.

Keller, R.; Shi, J.; Domingo, C. *The patterning and functioning of protrusive actively during convergence and extension of the Xenopus organizer.* In: *Develop. Suppl.* (1992) S. 81–91.

8.11 Die Chorda dorsalis wird durch Zellinterkalation verlängert

Keller, R.; Cooper, M. S.; D'Anilchik, M.; Tibbetts, P.; Wilson, P. A. *Cell intercalation during notochord development in Xenopus laevis.* In: *J. Exp. Zool.* 251 (1989) S. 134–154.

Adams, D. S.; Keller, R.; Koehl, M. A *The mechanics of notochord elongation, straightening, and stiffening in the embryo of Xenopus laevis.* In: *Dev.* 100 (1990) S. 115–130.

8.12 Die Neuralrohrbildung wird von inneren und äußeren Kräften angetrieben

Alvarez, I. S.; Schoenwolf, G. C. *Expansion of surface epithelium provides the major extrinsic force for bending of the neural plate.* In: *J. Exp. Zool.* 261 (1992) S. 340–348.

Schoenwolf, G. C.; Smith, J. L. *Mechanisms of neurulation: traditional viewpoint and recent advances.* In: *Development* 109 (1990) S. 243–270.

8.13 Bei der Neuralrohrbildung verändern sich die Expressionsmuster von Zelladhäsionsmolekülen

Detrick, R. J.; Dickey, D.; Kintner, C. F. *The effect of N-cadherin misexpression on morphogenesis in Xenopus embryos.* In: *Neuron* 4 (1990) S. 493–506.

Bok, G.; Marsh, J. (Hrsg.): *Neural Tube Defects.* Ciba Foundation Symposium 181. Chichester (John Wiley) 1994.

8.14 Die Wanderungsrichtung von primären Mesenchymzellen wird beim Seeigel durch die Kontakte ihrer Filopodien mit der Blastocoelwand bestimmt

Ettensohn, C. A.; McClay, D. R. *The regulation of primary mesenchyme cell migration in the sea urchin embryo: transplantations of cells and latex beads.* In: *Dev. Biol.* 117 (1986) S. 380–391.

Fink, R. D.; McClay, D. R. *Three cell recognition changes accompany the ingression of sea urchin primary mesenchyme cells.* In: *Dev. Biol.* 107 (1985) S. 66–74.

Malinda, K. A.; Ettensohn, C. A. *Primary mesenchyme cell migration in the sea urchin embryo: distribution of directional cues.* In: *Dev. Biol.* 164 (1994) S. 562–578.

Malinda, K. M.; Fisher, G. W.; Ettensohn, C. A. *Four-dimensional microscopic analysis of the filopodial behavior of primary mesenchyme cells during gastrulation in the sea urchin embryo.* In: *Dev. Biol.* 172 (1995) S. 552–566.

8.15 Die Wanderung der Neuralleistenzellen wird durch Umweltfaktoren und Unterschiede in der Adhäsion gesteuert

Delannet, M.; Martin, F.; Bussy, B.; Chersh, D. A.; Reichardt, L. F.; Duband, J. L. *Specific roles of the $\alpha V\beta 1$, $\alpha V\beta 3$ and $\alpha V\beta 5$ integrins in avian neural crest cell adhesion and migration on vitronectin.* In: *Development* 120 (1994) S. 2687–2702.

Bronner-Fraser, M. *Mechanisms of neural crest migration.* In: *BioEssays* 15 (1993) S. 221–230.

Erickson, C. A.; Perris, R. *The role of cell–cell and cell–matrix interactions in the morphogenesis of the neural crest.* In: *Dev. Biol.* 159 (1993) S. 60–74.

Nieto, M. A.; Sargent, M. G.; Wilkinson, D. G.; Cooke, J. *Control of cell behaviour during vertebrate development by Slug, a zinc finger gene.* In: *Science* 264 (1994) S. 835–839.

Wang, H. U.; Anderson, D. *Eph family transmembrane ligands can mediate repulsive guidance of trunk neural crest migration and motor axon outgrowth.* In: *Neuron* 18 (1997) S. 383–396.

8.16 Bei der Aggregation von Schleimpilzen spielen Chemotaxis und Signalweitergabe eine wichtige Rolle

Gerisch, G. *Cyclic AMP and other signals controlling cell development and differentiation in Dictyostelium.* In: *Ann. Rev. Biochem.* 56 (1987) S. 853–879.

Siu, C. H. *Cell–cell adhesion molecules in Dictyostelium.* In: *BioEssays* 12 (1990) S. 357–362.

Sager, B. M. *Propagation of traveling waves in excitable media.* In: *Genes Dev.* 10 (1996) S. 2237–2250.

Adams, D. S.; Keller, R.; Koehl, M. A. *The mechanics of notochord elongation, straightening and stiffening in the embryo of Xenopus laevis.* In: *Development* 110 (1990) S. 115–130.

8.17 Der Nematodenembryo verlängert sich durch Kontraktion seiner hypodermalen Zellen in Querrichtung

Priess, J. R.; Hirsh, D. I. *Caenorhabditis elegans morphogenesis: the role of the cytoskeleton in elongation of the embryo.* In: *Dev. Biol.* 117 (1986) S. 156–173.

8.18 Die Form eines Pflanzenblattes kann dadurch bestimmt werden, in welche Richtung eine Zelle vergrößert wird

Tsuge, T.; Tsukaya, H.; Uchimiya, H. *Two independent and polarized processes of cell elongation regulate leaf blade expansion in Arabidopsis thaliana (L.) Heynh.* In: *Development* 122 (1996) S. 1589–1600.

Jackson, D. *Designing leaves. Plant morphogenesis.* In: *Curr. Biol.* 6 (1996) S. 917–919.

Zelldifferenzierung

9

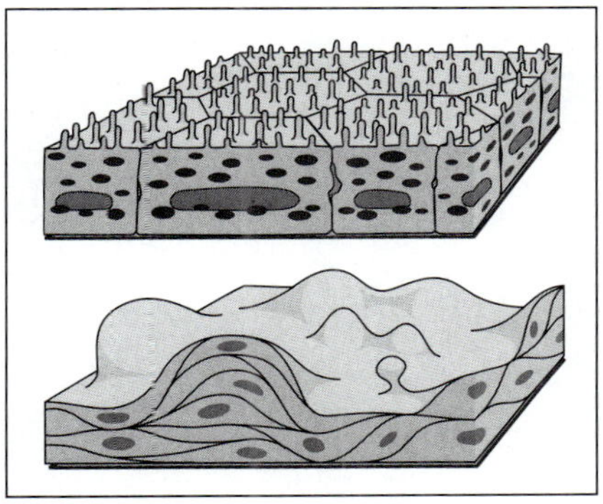

- Plastizität und Vererbung von Genexpressionsmustern
- Die Regulation der spezifischen Genexpression
- Modellsysteme der Zelldifferenzierung

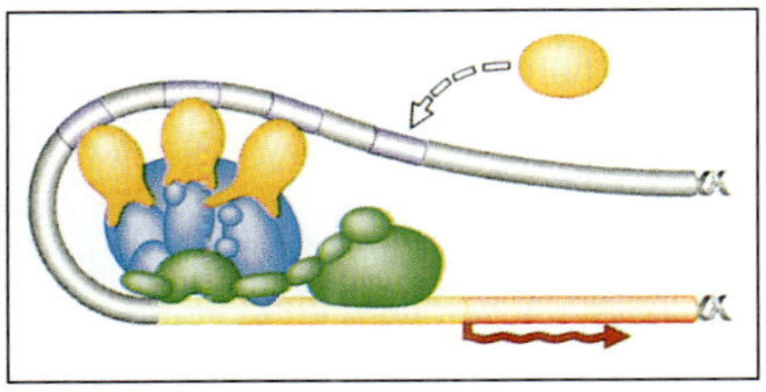

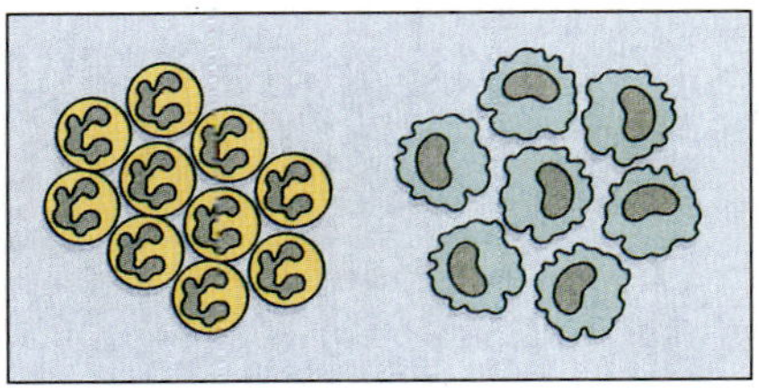

„Wenn man bedenkt, wie ähnlich wir uns am Anfang alle waren, ist es erstaunlich, welch unterschiedliche Eigenschaften wir entwickelt haben.“

Zelluläre Differenzierung ist der Prozeß, aufgrund dessen sich embryonale Zellen unterschiedlich entwickeln und jeweils eigene Besonderheiten und spezielle Funktionen annehmen. Wie wir in vorangegangenen Kapiteln gesehen haben, ändern sich bei vielen Entwicklungsvorgängen wie etwa bei der frühen Spezifizierung der Keimblätter vorübergehend die Zellform, das Genaktivierungsmuster sowie das von den Zellen synthetisierte Molekülsortiment. Bei der **Zelldifferenzierung** wird dagegen die Identität der Zelltypen des ausgewachsenen Organismus festgelegt und es entstehen zum Beispiel Muskel-, Nerven-, Blut-, Haut- und Fettzellen. In Säugern gibt es mehr als 200 eindeutig unterscheidbare differenzierte Zelltypen.

Differenzierte Zellen übernehmen spezielle Funktionen und haben einen endgültigen und stabilen Zustand erreicht – im Gegensatz zu vielen vorübergehenden Zustandsveränderungen, die für die früheren Stadien der Entwicklung charakteristisch sind. Bei den jeweiligen Vorläufer von Muskel- und Knorpelzellen kann man keine strukturellen Unterschiede erkennen. Trotz ihres gleichen Aussehens differenzieren sich die einen zu Muskel- und die anderen zu Knorpelgewebe, wenn man sie unter geeigneten Bedingungen kultiviert. Der Unterschied zwischen den verschiedenen Vorläuferzellen zu diesem frühen Zeitpunkt der Entwicklung beruht auf Unterschieden in der Genaktivität und damit auf Unterschieden in den Proteinen, die sie enthalten und die ihre weitere Entwicklung beeinflussen.

Völlig „undifferenzierte“ Zellen gibt es nicht. Selbst im frühen Embryo unterscheiden sich Zellgruppen in ihren Merkmalen und in den Mustern ihrer Genaktivität. In der Regel versteht man unter einer „undifferenzierten Zelle“ eine Vorläuferzelle, die noch keine klaren Strukturmerkmale zeigt, aus der man ihre künftige Entwicklung erschließen könnte. So zeigen zum Beispiel die mesenchymalen Vorläufer der Muskelzellen noch keinerlei Anzeichen für die komplexe Anordnung der kontraktilen Filamenten, die sie in ihrem Inneren entwickeln werden. Ebenso kann man die frühen Vorläufer der weißen Blutzellen nicht von denen der roten unterscheiden.

Wie bei den früheren Entwicklungsprozessen beruht die Zelldifferenzierung vor allem auf einer Veränderung der Genexpression. In deren Verlauf werden schließlich „Luxus“- oder zelltypspezifische Proteine synthetisiert, die für eine ausdifferenzierte Zelle charakteristisch sind: Hämoglobin in roten Blutzellen, Keratin in den epidermalen Zellen der Haut oder muskelzellspezifische Aktine und Myosine. Selbstverständlich exprimiert eine differenzierte Zelle nicht nur die Gene für ihre jeweiligen „Luxus“- oder zellspezifischen Proteine, sondern auch die für die Proteine der zellulären Grundausstattung („Haushaltsproteine“, *house-keeping proteins*), etwa für die glycolytischen Enzyme des Energiestoffwechsels.

Eine differenzierte Zelle wird durch die Proteine gekennzeichnet, die sie enthält. Je nachdem, welche das sind, kann sie sehr unterschiedlich aussehen. Rote Blutzellen von Säugern beispielsweise verlieren bei ihrer Reifung den Zellkern und werden zu beidseitig eingedellten Scheibchen, die geradezu mit Hämoglobin vollgestopft sind. Neutrophile, ein bestimmter Typ weißer Blutzellen, erhalten dagegen einen vielfach ausgebuchteten Kern und ihr Cytoplasma ist am Ende ihrer Reifung voller sekretorischer Bläschen. Mitunter kann die Einführung eines einzigen Proteins die Gestalt einer Zelle drastisch beeinflussen. Ein Beispiel dafür bietet Villin, ein aktinbindendes Protein, das vornehmlich in solchen Epithelzellen synthetisiert wird, die auf ihrer apikalen Oberfläche einen Bürstensaum von Mikrovilli ausbilden. Das sind fingerförmige Ausstülpungen, die von einem inneren Gerüst aus Aktinfilamenten gestützt werden. Villin ist dafür notwendig, daß sich dieses Gerüst zuammenlagern kann. Wenn man eine Zellinie, die normalerweise nur wenige rudimentäre Mikrovilli besitzt, mit einer DNA transfiziert, die Villin codiert, entstehen auf der Oberseite der Zellen zahlreiche lange Mikrovilli (Abbildung 9.1).

In den frühesten Phasen der Differenzierung sind Unterschiede zwischen Zellen nicht leicht erkennbar; sie bestehen wahrscheinlich in subtilen Veränderungen, die durch die Aktivitätsänderung einiger weniger Gene verursacht werden. In diesem frühen Stadium werden die Zellen hinsichtlich ihrer weiteren Entwicklungsmöglichkeiten **determiniert**: Zum Beispiel können aus den mesodermalen Zellen der Somiten noch Muskeln, Knorpel, Unterhaut und Gefäßgewebe, aber keine anderen Gewebe mehr entstehen. Ist die Entwicklungsrichtung einer Zelle einmal festgelegt, so vererbt sie diesen Determinationszustand allen ihren Nachkommen.

Die Zelldifferenzierung wird durch ein weitgefächertes Spektrum äußerer Signale gesteuert, darunter Zelloberflächenproteine, sezernierte Signalproteine wie Cytokine oder Moleküle der extrazellulären Matrix, um nur einige zu nennen. Beispiele für solche Signale werden wir in diesem Kapitel noch kennenlernen. In der Regel haben diese Differenzierungssignale weniger einen instruktiven als vielmehr einen selektiven Charakter: Zu jedem Zeitpunkt der Entwicklung ist die Auswahl der möglichen Entwicklungsrichtungen einer Zelle begrenzt (Abschnitt 1.10). Meist gibt es nur sehr wenige Richtungen, in die sich eine Zelle entwickeln kann, und diese hängen von ihrem inneren Zustand ab, der wiederum durch ihre bisherige Entwicklungsgeschichte bedingt ist. So können externe Signale etwa eine entodermale Zelle nicht dazu bringen, sich zu einer Muskel- oder Nervenzelle zu entwickeln. Allerdings können sie, wie wir in Abschnitt 9.3 sehen werden, Zellen dazu veranlassen, sich in einen nahe verwandten Zelltyp zu verwandeln.

Differenzierung ist häufig ein allmählicher Prozeß, der sich über mehrere Zellgenerationen erstreckt, wobei sich jede neue Generation stärker ausdifferenziert als die vorherige. In vielen Fällen läßt sich dabei eine inverse Korrelation zwischen Zelldifferenzierung und Zellteilung beobachten: Befinden sich Zellen kurz vor dem Zustand der terminalen Differenzierung, zeigen sie oft eine hohe Teilungsaktivität; voll ausdifferenzierte Zellen hingegen teilen sich meist nur noch selten oder gar nicht mehr. Letzteres gilt zum Beispiel für ausdifferenzierte Muskel- und Nervenzellen. Wenn eine differenzierte Zelle noch teilungsfähig bleibt, vererbt sie ihren differenzierten Zustand – genauso wie determinierte Zellen – an ihre Tochterzellen. Da das Muster der Genaktivität der Schlüssel zur Zelldifferenzierung ist, stellt sich die Frage, wie ein bestimmtes Aktivitätsmuster zunächst erzeugt und dann an die Tochterzellen weitergegeben wird.

Am Anfang dieses Kapitels betrachten wir die Umkehrbarkeit und Stabilität des differenzierten Zustands, um uns dann mit den Mechanismen zu befassen, durch welche Genaktivitätsmuster erzeugt, erhalten und bei der Zellteilung vererbt werden. Anschließend untersuchen wir die wesentliche Frage nach der molekularen Grundlage der Spezifität von Differenzierungsvorgängen, wobei uns als Modellsysteme hauptsächlich Muskel- und Blutzellen sowie Zellen der Neuralleiste dienen sollen. Schließlich betrachten wir einige strukturelle Veränderungen, die im Zuge der Differenzierung stattfinden.

Dieses Kapitel konzentriert sich auf die Differenzierung tierischer Zellen. Wie wir in Kapitel 7 gesehen haben, befinden sich Pflanzenzel-

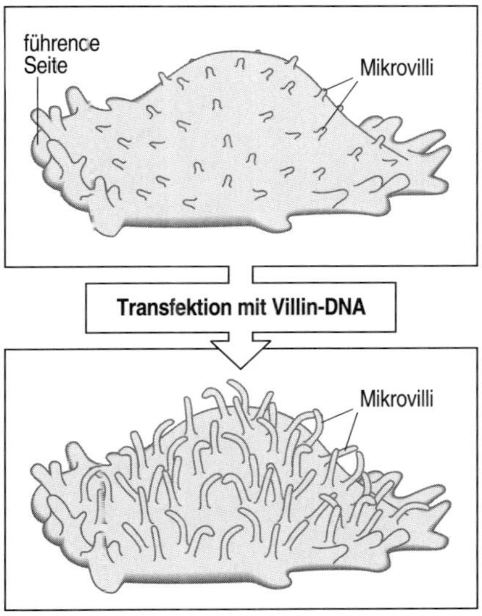

9.1 Schon ein einziges Protein kann die Zellstruktur verändern. Das Protein Villin kommt in den Oberflächenausstülpungen, den Mikrovilli, der Zellen vor, die den Darm auskleiden. Wenn man das Gen für Villin in eine epitheliale Zellinie einbringt (transfiziert), die nur wenige kümmerliche Mikrovilli besitzt (oben), entwickeln die Zellen danach einen dichten, gut ausgebildeten Besatz von Mikrovilli (unten). Nach Friederich et al. 1990.

len nicht in diesem permanent determinierten Zustand: Aus einer einzigen somatischen Zelle kann eine komplette Pflanze hervorgehen.

Plastizität und Vererbung von Genexpressionsmustern

Jeder Zellkern im Körper eines vielzelligen Organismus stammt von dem zygotischen Kern ab, der nach der Befruchtung der Eizelle entsteht. Dennoch variieren die Muster der Genaktivität in differenzierten Zellen je nach Zelltyp erheblich. Die Eizelle selbst zeigt ein Aktivitätsmuster, das sich von dem in Zellen aus späteren Stadien der Embryonalentwicklung unterscheidet. Damit stellt sich die Frage, wodurch ein bestimmtes Muster der Genaktivität in einer differenzierten Zelle festgelegt wird.

Zwei Antworten sind hier denkbar. Zum einen könnte sich die Struktur des genetischen Materials im Zuge der Differenzierung tiefgreifend verändern, wobei es in verschiedenen Zelltypen zum Verlust oder zur irreversiblen Inaktivierung von unterschiedlichen Gruppen von Genen käme. In diesem Fall wäre die Differenzierung unumkehrbar. Zum anderen besteht die Möglichkeit, daß sich das Genom nicht irreversibel ändert: Alle differenzierten Zellen würden den kompletten Gensatz behalten, und ihr jeweiliges Expressionsmuster würde nur durch regulatorische Proteine wie etwa **Transkriptionsfaktoren** und durch Änderungen der Struktur des **Chromatins** infolge der Bindung von Proteinen festgelegt. Falls dies zutrifft, müßte es möglich sein, ein gegebenes Muster der Genaktivität zu ändern, indem man den Zellkern in eine andere cytoplasmatische Umgebung überführt.

9.1 Mit Hilfe von Kernen aus differenzierten Zellen können sich Eier bis zu einem bestimmten Stadium entwickeln

In den wohl spektakulärsten Experimenten zur Klärung der Frage, ob Differenzierungsprozesse mit unwiderruflichen Genomveränderungen einhergehen, hat man untersucht, inwieweit Kerne aus Zellen unterschiedlicher Entwicklungsstadien den Kern eines befruchteten Eies ersetzen und eine normale Entwicklung steuern können. Wenn sie dazu imstande sind, wäre das ein Beleg dafür, daß es bei der Differenzierung nicht zu irreversiblen Veränderungen im Genom kommt. Außerdem würde dies zeigen, daß ein bestimmtes Muster der Genaktivität im Zellkern von den Transkriptionsfaktoren und sonstigen regulatorischen Proteinen abhängt, die im Cytoplasma der Zelle synthetisiert werden. Versuche dieser Art hat man zunächst an befruchteten Amphibieneiern durchgeführt, die gegenüber experimentellen Eingriffen besonders unempfindlich sind.

In unbefruchteten Eiern des Krallenfrosches *Xenopus* befindet sich der Zellkern dicht unter der Oberfläche des animalen Poles. Durch UV-Bestrahlung dieses Poles läßt sich die DNA im Zellkern zerstören, wodurch er seine Funktion verliert. In solchermaßen entkernte Eier injiziert man dann einen Kern aus einer Zelle eines späteren Entwicklungsstadiums und wartet ab, ob dieser die Funktion des zerstörten Eizellkernes übernehmen kann. Die Ergebnisse solcher Experimente sind be-

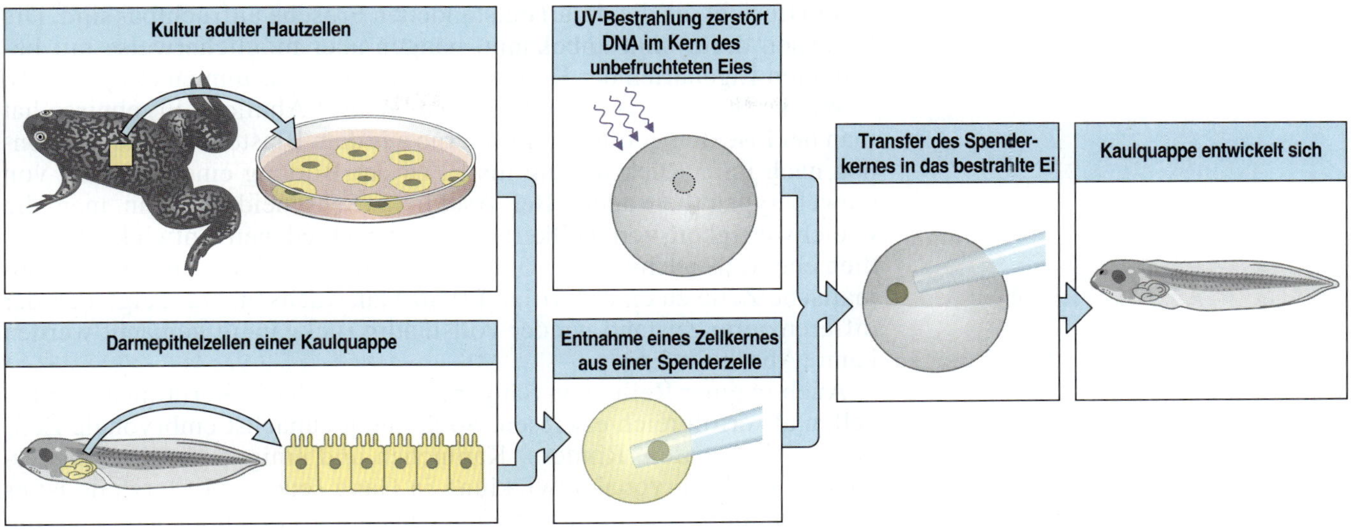

9.2 Kerntransplantation. Durch UV-Bestrahlung werden die Funktionen des Zellkernes eines unbefruchteten *Xenopus*-Eies ausgeschaltet. In das nunmehr praktisch kernlose Ei transferiert man einen Zellkern aus Darmepithelzellen einer Kaulquappe oder aus kultivierten Hautzellen eines adulten Frosches. Der neue Kern kann die Embryonalentwicklung zumindest bis zum Stadium der Kaulquappe unterstützen.

eindruckend: Bei *Xenopus* können Kerne aus frühen Embryonen und aus manchen differenzierten Zelltypen von Kaulquappen und adulten Tieren wie Darm- und epitheliale Hautzellen den Eizellkern tatsächlich ersetzen und die Entwicklung eines Embryos auslösen. In einigen wenigen Fällen konnten sich auf diese Weise sogar ausgewachsene Frösche entwickeln (Abbildung 9.2).

Kerne aus adulten Haut-, Nieren-, Herz- und Lungenzellen sowie aus Darmzellen von Kaulquappen können, wenn sie in entkernte Eier injiziert werden, die Embryonalentwicklung bis hin zur Kaulquappe steuern – mitunter sogar bis zum adulten Frosch. Allerdings ist die Erfolgsquote bei Kernen aus erwachsenen Tieren äußerst niedrig: Nur ein kleiner Prozentsatz der damit beschickten Eier entwickelt sich über das Furchungsstadium hinaus. In der Regel gilt: Je fortgeschrittener das Entwicklungsstadium einer Zelle ist, desto geringer ist die Wahrscheinlichkeit, daß ihr Kern die Embryonalentwicklung unterstützen kann. Weit erfolgreicher ist die Transplantation von Zellkernen aus Blastulazellen. Überführt man mehrere Kerne aus derselben Blastula in verschiedene entkernte Eier, so erhält man unter Umständen einen Klon genetisch identischer Frösche (Abbildung 9.3).

Wie diese Ergebnisse zeigen, sind die zur Entwicklung notwendigen Gene zumindest in einem repräsentativen Spektrum differenzierter Zelltypen nicht irreversibel verändert. Noch wichtiger ist: Wenn sie mit den Faktoren des Eicytoplasmas in Kontakt kommen, verhalten sie sich wie die Gene im Kern eines befruchteten Eies. Zumindest in diesem Sinne sind daher viele Zellkerne in einem Embryo und einem adulten Tier äquivalent, und ihr Verhalten wird vollständig durch die Faktoren bestimmt, die in der jeweiligen Zelle vorhanden sind. Freilich gibt es auch Zelltypen, etwa Nervenzellen, deren Kerne die Embryonalentwicklung in Transplantationsexperimenten bisher nicht vorantreiben konnten. Dies liegt vermutlich weniger an strukturellen Veränderungen im Genom als eher daran, daß sich die betreffenden Zellen nach ihrer Ausdifferenzierung nicht mehr teilen. Selbst Zellkerne, welche die Embryonalentwicklung vorantreiben können, gleichen dem Eizellkern offenbar nicht in

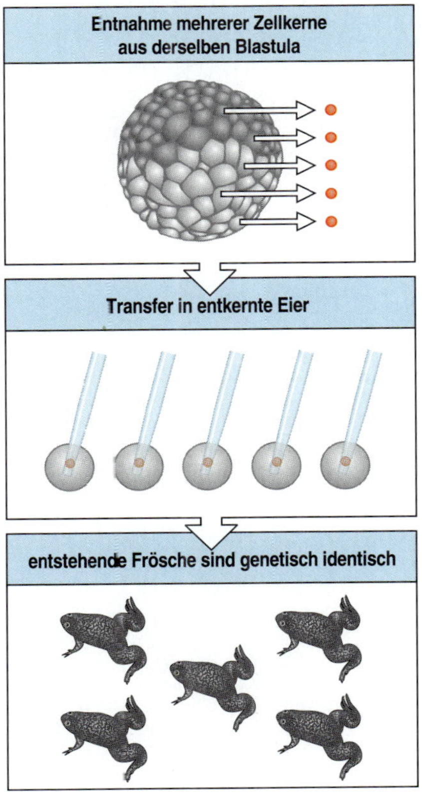

9.3 Erzeugung von Klonen durch Kerntransfer. Zellkerne aus derselben Blastula werden in entkernte unbefruchtete *Xenopus*-Eier transplantiert. Die entstehenden Frösche sind Klone, da sie alle das gleiche Kerngenom besitzen.

jeder Hinsicht, da die derart entstandenen Frösche unfruchtbar sind. Die Ursachen dafür sind unbekannt, hängen aber möglicherweise mit besonderen Eigenarten der Keimzellentwicklung zusammen (Kapitel 12).

Wie sieht es bei anderen Organismen aus? Ähnliche Ergebnisse hat man bei Insekten gefunden: Zellkerne aus dem Blastodermstadium können nach ihrer Rückführung ins Ei zu der Bildung einer Vielzahl von Gewebetypen beitragen. Bei Ascidien (Seescheiden) kann man die Gleichwertigkeit von Zellkernen aus verschiedenen Entwicklungsstadien ebenfalls nachweisen. Und im Pflanzenreich kann eine einzige somatische Zelle zu einer fertilen Pflanze auswachsen. Das zeigt, daß der differenzierte Zustand wieder vollständig rückgängig gemacht werden kann (Abschnitt 7.6).

Auch in einer Reihe von Säugerarten hat sich der Kerntransfer in Eizellen als erfolgreich erwiesen. So konnten zunächst embryonale Zellkerne von Schafen, Rindern, Kaninchen und einigen anderen Säugerspezies die Embryonalentwicklung in Gang setzen. Mittlerweile ist es gelungen, durch Kerntransfer ein lebensfähiges Schaf zu erzeugen; dabei stammte der Spenderkern aus einer Zellinie, die aus adultem Eutergewebe gewonnen wurde. Ebenso gelang es, Mäuse aus ausdifferenzierten adulten Ovarienzellen zu klonen. Zudem erwiesen sich sowohl besagtes Schaf als auch die Mäuse, die aus den Kerntransfers entstanden, als fertil. Das zeigt, daß somatische Zellkerne prinzipiell fähig sind, die Ontogenese sogar bis hin zur Fortpflanzungsfähigkeit zu steuern. Dennoch scheinen dazu auch bei Säugern nicht alle differenzierten Zellkerne gleichermaßen geeignet. Bei den Mausexperimenten konnten sich etwa bei der Verwendung von Kernen aus Nervenzellen keine Tiere entwickeln. Das muß aber nicht unbedingt bedeuten, daß diese Nervenzellen genetische Information verloren haben.

Die Zelldifferenzierung ist also grundsätzlich umkehrbar; allerdings gibt es im Immunsystem der Wirbeltiere dazu eine wichtige Ausnahme: Bei der Differenzierung der B- und T-Lymphocyten werden die beteiligten Gene irreversibel neu angeordnet (Abschnitt 9.4). Ein weiteres klassisches Gegenbeispiel, das seit fast einem Jahrhundert bekannt ist, findet sich im Fadenwurm *Parascaris aequorum*. Dort behalten nur die Keimzellen den kompletten Chromosomensatz. In Zellen der somatischen Linien werden dagegen die Chromosomen kleiner: Sie zerbrechen, und von jedem Chromosom bleibt schließlich nur noch ein kleines Stück in den somatischen Zellen übrig.

9.2 Genaktivitätsmuster in differenzierten Zellen lassen sich durch Zellfusion ändern

Die Kerntransplantation in Eizellen, zumal in Froscheier, wird durch deren Größe und hohen Cytoplasmaanteil erleichtert. Bei anderen Zelltypen, insbesondere differenzierten Zellen, kann man Zellkerne nicht in das fremde Cytoplasma injizieren. Man kann jedoch den Kern eines Zelltyps mit dem Cytoplasma eines anderen in Kontakt bringen, indem man die beiden Zellen fusioniert. Zellfusionen lassen sich mittels bestimmter Chemikalien oder Viren herbeiführen. Dabei verschmelzen die Plasmamembranen, so daß sich die Kerne der beiden unterschiedlichen Zellen nunmehr in einem Cytoplasma befinden.

Ein eindrucksvolles Beispiel für die Veränderbarkeit der Genaktivität durch Zellfusion liefert die Verschmelzung von roten Blutzellen des Huhnes mit menschlichen Krebszellen in Kultur. Anders als die roten

Blutzellen der Säuger haben die des Huhnes auch im ausgereiften Zustand noch einen Kern. Dessen Gene sind jedoch sämtlich abgeschaltet; er produziert also keine mRNA. Nach der Fusion mit menschlichen Krebszellen „erwacht“ der Kern wieder: Seine Genexpression wird reaktiviert, und man findet hühnerspezifische Proteine im Fusionsprodukt. Folglich müssen menschliche Zellen cytoplasmatische Faktoren enthalten, die dazu fähig sind, auch in Zellkernen des Huhnes eine Transkription auszulösen.

Weitere Belege für die Umschaltbarkeit der Genexpression in differenzierten Zellen liefert deren Fusion mit quergestreiften Muskelfasern einer anderen Spezies. Die Zellen quergestreifter Muskeln sind vielkernig und eignen sich wegen ihrer Größe gut für Zellfusionsstudien; zudem lassen sich muskelspezifische Proteine leicht identifizieren. Fusioniert man nun differenzierte menschliche Zellen mit vielkernigen Muskelzellen der Ratte, bekommen die menschlichen Zellkerne Kontakt mit Muskelcytoplasma und beginnen, ihre muskelspezifischen Gene zu exprimieren – weitgehend unabhängig davon, welchem Keimblatt sie entstammen und welche Gene sie vorher exprimiert haben. Zum Beispiel exprimieren Kerne aus menschlichen Leberzellen im Muskelcytoplasma der Ratte keine leberspezifischen Gene mehr; statt dessen werden ihre muskelspezifischen Gene aktiviert und menschliche Muskelproteine gebildet (Abbildung 9.4).

Diese Ergebnisse zeigen zweierlei: Die Genexpressionsmuster in differenzierten Zellen sind veränderbar, und die Genexpression kann durch Faktoren gesteuert werden, die im Cytoplasma synthetisiert werden. Wie wir in den folgenden Abschnitten noch sehen werden, sind das Transkriptionsfaktoren. Man ist daher geneigt, den differenzierten Zustand als ein Ergebnis der permamenten Wirkung von Transkriptionsfaktoren auf die Genaktivität anzusehen.

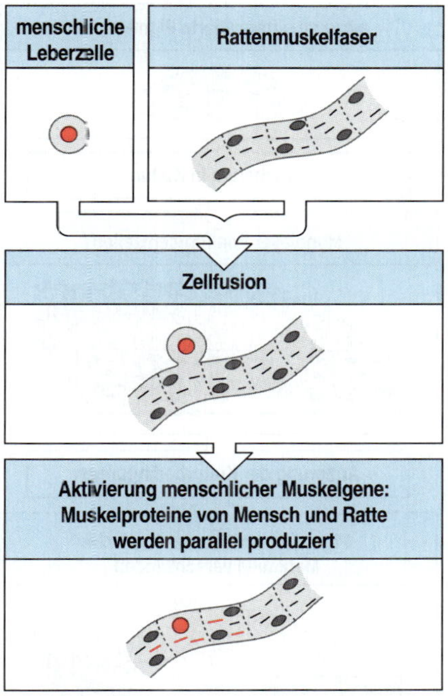

9.4 Durch Zellfusion kann eine differenzierungsbedingte Geninaktivierung rückgängig gemacht werden. Eine menschliche Leberzelle wird mit einer Rattenmuskelfaser fusioniert. Durch den Kontakt mit dem Muskelcytoplasma schaltet der menschliche Zellkern (rot) seine zuvor inaktiven muskelspezifischen Gene an und die leberspezifischen ab. Das Fusionsprodukt synthetisiert somit menschliche und Rattenmuskelproteine. Die Inaktivierung muskelspezifischer Gene in menschlichen Leberzellen ist daher nicht endgültig.

9.3 Der differenzierte Zustand einer Zelle kann sich durch Transdifferenzierung ändern

Eine ausdifferenzierte Zelle ist in der Regel stabil, das heißt, sie behält ihren Differenzierungszustand bei. Das ist wichtig, wenn sie eine bestimmte Funktion im ausgewachsenen Tier erfüllen soll. Falls sie auch ihre Teilungsfähigkeit behält, gibt sie ihren Differenzierungszustand an all ihre Nachkommen weiter. In manchen langlebigen Zellen, wie beispielsweise Neuronen, die sich nach Abschluß der Differenzierung nicht mehr teilen, muß der differenzierte Zustand über viele Jahre stabil bleiben. Pflanzenzellen halten ihren differenzierten Zustand aufrecht, solange sie sich innerhalb der Pflanze befinden, verlieren ihn aber, wenn man sie in Zellkultur nimmt.

Unter gewissen Umständen freilich sind differenzierte Zellen nicht stabil. Dies ist ein weiterer Hinweis dafür, daß Genaktivitätsmuster verändert werden können. Wie wir in Kapitel 13 sehen werden, können in sich regenerierenden Geweben Zellen eines Typs in solche eines anderen, verwandten Typs übergehen. Das klassische Beispiel solch einer Umwandlung liefert die Regeneration der Linse im Molchauge, zu der Zellen aus der dorsalen Region des Pigmentepithels der Iris herangezogen werden. Ein weiteres Beispiel ist die **Dedifferenzierung** – der Verlust der Differenzierungsmerkmale – von Muskelzellen des Molches bei der Regeneration von Gliedmaßen. Diese Zellen sind anschließend imstande, Knorpelgewebe hervorzubringen. Die Umwandlung eines dif-

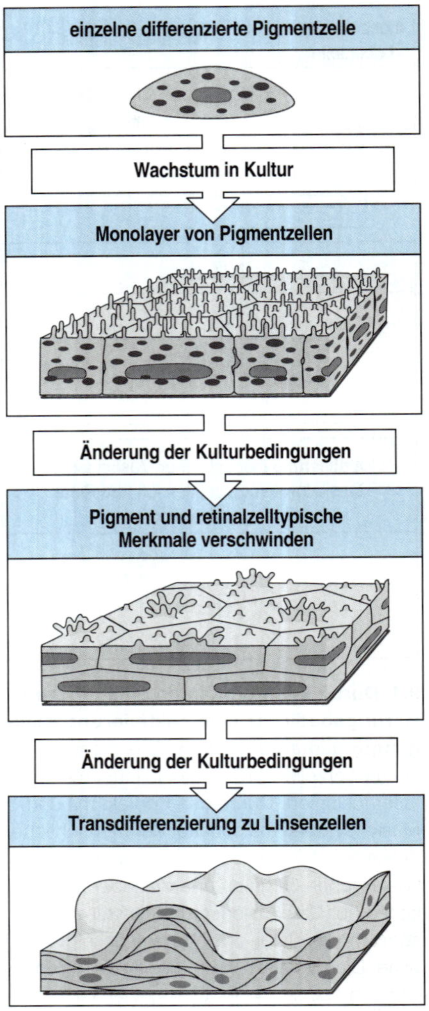

9.5 Transdifferenzierung von retinalen Pigmentzellen. Wenn man eine einzelne Pigmentepithelzelle aus der embryonalen Hühnernetzhaut in Kultur nimmt, kann sie zu einem Monolayer von Pigmentzellen auswachsen. Bei weiterer Kultivierung in Gegenwart von Hyaluronidase, Serum und Phenylthioharnstoff verlieren die Zellen ihr Pigment und ihre retinalen Merkmale. Wenn man sie dann bei hoher Zelldichte und unter Zugabe von Ascorbinsäure kultiviert, differenzieren sie sich zu Linsenzellen und produzieren das linsenspezifische Protein Crystallin. Nach Okada 1992.

ferenzierten Zelltyps in einen anderen nennt man **Transdifferenzierung**. Wie sich gezeigt hat, vollziehen eine Reihe von Zelltypen eine solche Umwandlung in Gewebekultur, besonders dann, wenn die Kulturbedingungen durch Zugabe bestimmter Substanzen geändert werden.

Gut untersucht ist die Transdifferenzierung von kultivierten Pigmentepithelzellen aus der Netzhaut des Hühnerembryos. Unter bestimmten Kulturbedingungen verschwindet die Pigmentierung, und die Zellen beginnen, Strukturmerkmale von Linsenzellen anzunehmen und das linsenspezifische Protein Crystallin zu produzieren (Abbildung 9.5). Ein weiterer Fall von Transdifferenzierung läßt sich an den chromaffinen Zellen der Nebenniere beobachten (Abbildung 9.6). Diese relativ kleinen Zellen entstammen der Neuralleiste und sezernieren Adrenalin ins Blut. In Kultur bleibt der chromaffine Phänotyp bei Zugabe von Glucocorticoiden erhalten; läßt man jedoch das Steroid weg und gibt dem Medium statt dessen Nervenwachstumsfaktor (NGF) hinzu, transdifferenzieren sich die chromaffinen Zellen zu sympathischen Neuronen. Diese sind größer als chromaffine Zellen, haben dendritische und axonale Fortsätze und sezernieren Noradrenalin statt Adrenalin. Wie diese Umwandlung zeigt, können also selbst ausdifferenzierte Zellen in einen anderen Zelltyp übergehen, wenn sie aus ihrer Umgebung die entsprechenden Signale erhalten. In beiden geschilderten Fällen erfolgt die Transdifferenzierung in Richtung eines von der Entwicklung her verwandten Zelltyps: Sowohl retinale Pigment- als auch Linsenzellen stammen aus dem Ektoderm und sind beide an der Augenbildung beteiligt; und sympathische Neuronen und chromaffine Zellen haben beide ihren Ursprung in der Neuralleiste.

Ein besonders bemerkenswertes Beispiel für Transdifferenzierung, bei dem ein Zelltyp sich nacheinander in zwei andere umdifferenziert, bieten quergestreifte Muskeln von Quallen. Wenn man ein kleines Stück Quallenmuskel samt anhängender extrazellulärer Matrix (Mesogloea) kultiviert, bleibt der Zustand als quergestreifte Muskulatur erhalten. Behandelt man das kultivierte Gewebe jedoch mit Enzymen, welche die extrazelluläre Matrix auflösen, so bilden die Zellen ein Aggregat, in dem

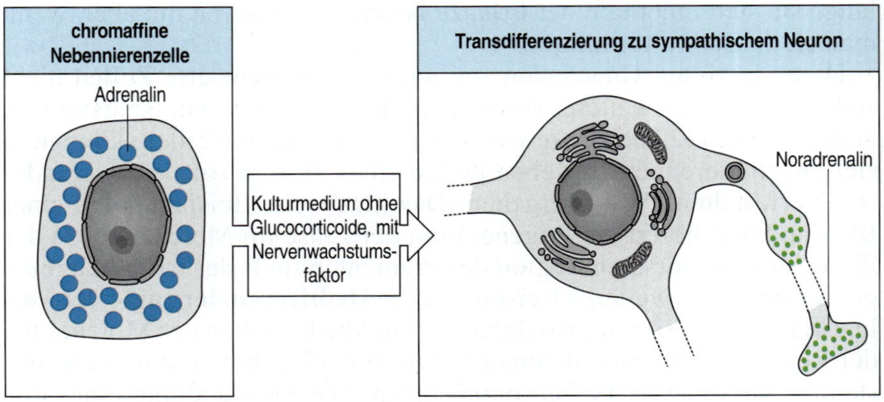

9.6 Transdifferenzierung chromaffiner Zellen. Die chromaffinen Zellen des Nebennierenmarks sezernieren Adrenalin. In Kultur bleibt ihr Phänotyp in Gegenwart von Glucocorticoiden erhalten. Entzieht man die Steroide und fügt dem Medium Nervenwachstumsfaktor hinzu, differenzieren sich die Zellen zu sympathischen Neuronen, die Noradrenalin sezernieren. Nach Doupe et al. 1985.

einige Zellen innerhalb von ein bis zwei Tagen ihre Morphologie verändern und sich zu glatten Muskelzellen transdifferenzieren. Anschließend erscheint noch ein zweiter Zelltyp: Nervenzellen. Offenbar sorgt die extrazelluläre Matrix dafür, daß der quergestreifte Muskel seinen Differenzierungszustand aufrecht erhält.

Die geschilderten Beobachtungen deuten darauf hin, daß die Genexpression zumindest in einigen differenzierten Zelltypen nicht starr fixiert, sondern veränderbar ist. Dennoch bleibt der differenzierte Zustand in der Regel bemerkenswert stabil. Es gibt jedoch auch einige Beispiele dafür, daß sich Gene während der Entwicklung und Differenzierung irreversibel verändern. Einem klassischen Beispiel dafür wenden wir uns im nächsten Abschnitt zu.

9.4 Die Differenzierung antikörperproduzierender Zellen beruht auf irreversiblen DNA-Umlagerungen

Eine klare Ausnahme von der Regel, daß Zelldifferenzierung prinzipiell umkehrbar ist, bilden die B- und T-Lymphocyten des Wirbeltierimmunsystems. Die Veränderungen der Genexpression, die diese Zellen befähigen, fremde Antigene zu erkennen und darauf zu reagieren, gehen mit irreversiblen Veränderungen in ihrer DNA-Struktur einher. Wir betrachten im folgenden, was während der Differenzierung der B-Lymphocyten geschieht – der Zellen, aus denen die antikörperproduzierenden Plasmazellen hervorgehen.

Man schätzt, daß das menschliche Immunsystem bis zu 10^{15} verschiedene Antikörpermoleküle herstellen kann, jedes mit jeweils anderen Bindungseigenschaften gegenüber unterschiedlichen Antigenen. Das Genom kann diese Antikörper unmöglich alle einzeln codieren; dazu wäre eine so große Zahl von Genen notwendig, daß diese in keinem bekannten Genom auch nur annähernd Platz fänden. Statt dessen entsteht diese erstaunliche Vielfalt durch einen einzigartigen Mechanismus: die zufällige Kombination von Gensegmenten. Das Genom enthält einen relativ kleinen Satz dieser Segmente (nicht mehr als ein paar hundert), aus denen dann bei der Differenzierung der B-Lymphocyten die vollständigen Antikörpergene buchstäblich zusammengestückelt werden.

Ein Antikörper- oder Immunglobulinmolekül ist Y-förmig (Abbildung 9.7) und besteht aus zwei identischen „leichten" und zwei größeren, ebenfalls identischen „schweren" Ketten. Jeder Antikörper hat zwei Antigenbindungsstellen, die sich an den beiden oberen Enden des Y befinden und gemeinsam aus Teilen der schweren und der leichten Ketten gebildet werden. Die Struktur der Antigenbindungsstelle ist je nach Antikörpertyp unterschiedlich und bestimmt daher dessen Antigenspezifität, das heißt, welches Antigen er bindet. Die Regionen der leichten und schweren Kette, die die Antigenbindungsstelle bilden, nennt man variable Regionen, da sie je nach Antikörper eine andere Aminosäuresequenz haben. Der Rest des Antikörpermoleküls ist dagegen auch bei unterschiedlichen Antikörpern weitgehend konstant. Während der Entwicklung der B-Lymphocyten werden nun die variablen Regionen der Gene für die leichte und die schwere Kette durch irreversible DNA-Umlagerungen zusammengesetzt.

Jeder differenzierte B-Lymphocyt exprimiert nur einen Typ der schweren und nur einen der leichten Kette, produziert also einheitliche Antikörpermoleküle mit derselben Antigenspezifität. Die variable Re-

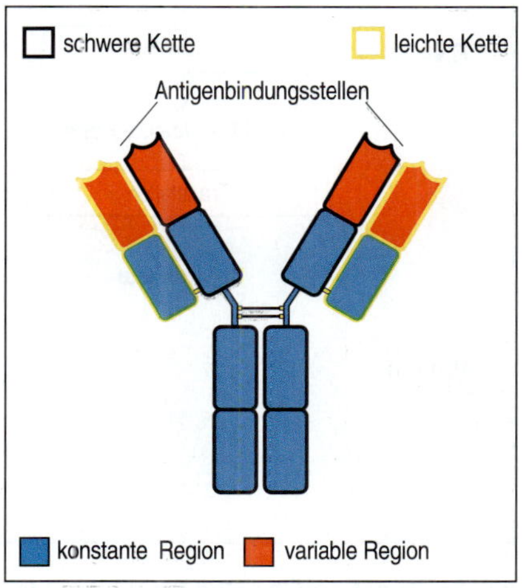

9.7 Schematische Darstellung eines Antikörpermoleküls. Das Molekül besteht aus zwei leichten und zwei schweren Proteinketten. Der größte Teil des Moleküls hat eine konstante Struktur, die Antigenbindungsstellen befinden sich dagegen in der variablen Region. Nach Janeway et al. 1997.

gion der schweren Kette wird durch DNA von drei verschiedenen Gensegmenten (V, D und J) codiert, die der leichten Region dagegen nur von zweien (nur V und J). Während der Entwicklung eines B-Lymphocyten wird ein Segment der J-Region durch DNA-Umlagerungen (somatische Rekombination) direkt mit einem der V-Region verbunden. Da sich diese somatische Rekombination zwischen verschiedenen Stellen der DNA ereignen kann, entstehen in unterschiedlichen B-Zellen auch unterschiedliche VJ-Segmente. Betrachten wir das Prinzip der DNA-Rearrangierung anhand des Gens für die leichte Kette. Bei der B-Zell-Differenzierung wird ein V-Segment durch ein Rekombinationsereignis so verlagert, daß es unmittelbar neben eines der J-Segmente zu liegen kommt. Die neu strukturierte variable Region wird zusammen mit der DNA-Sequenz für die konstante Region in einem Stück zu einer langen RNA transkribiert, aus der durch Spleißen die kürzere Boten-RNA (mRNA) entsteht. Diese codiert nunmehr die komplette leichte Kette (Abbildung 9.8). Das Immunsystem bringt täglich Millionen B-Lymphocyten hervor. Da dabei in unterschiedlichen Zellen jeweils andere V- und J-Segmente miteinander verknüpft werden, entsteht eine enorme Vielfalt von Antikörpern.

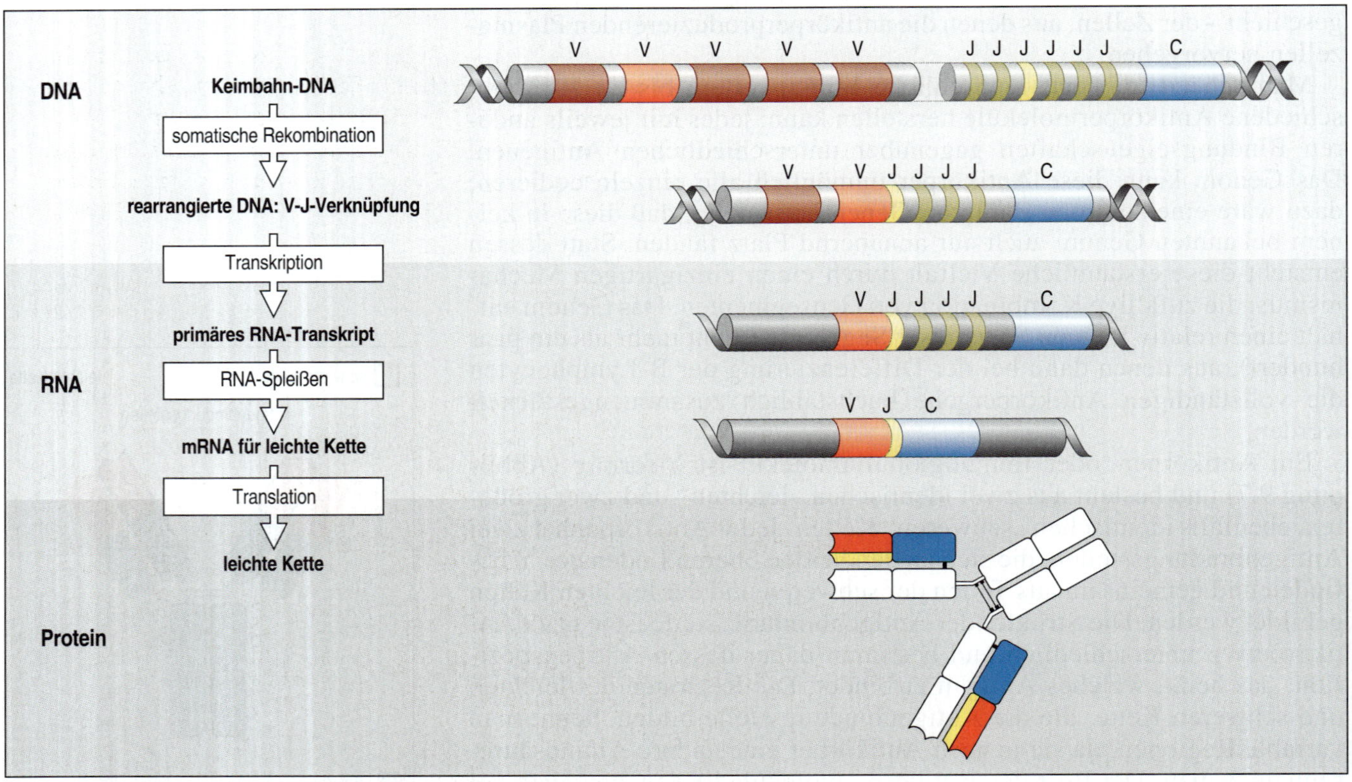

9.8 Ein funktionelles Gen für die leichte Immunglobulinkette entsteht durch DNA-Rearrangement. In der ursprünglichen Keimbahnkonfiguration enthält der Genlocus für die leichte Immunglobulinkette einen Bausatz von V- und einen von J-Gensegmenten. Während der Entwicklung der B-Lymphocyten wird durch somatische Rekombination nach dem Zufallsprinzip ein V- mit einem J-Segment verknüpft. Die umgelagerte DNA-Sequenz codiert nunmehr eine von vielen möglichen Versionen für die variable Region der leichten Kette. Dieser Genabschnitt wird zusammen mit der anschließenden Sequenz für die konstante Region (C) in RNA transkribiert. Beim Spleißen der RNA wird der Bereich zwischen dem Ende des ersten J-Segments und dem Anfang der C-Region herausgetrennt, so daß eine funktionelle mRNA für die leichte Kette entsteht, die ins Protein translatiert wird. In der Zeichnung des Antikörpermoleküls unten rechts ist die V-Region der leichten Kette rot, die J-Region gelb und die C-Region blau dargestellt. Nach Janeway et al. 1997.

9.5 Erhalt und Vererbung von Genaktivitätsmustern beruhen wahrscheinlich auf der Wirkung regulatorischer Proteine und auf chemischen und strukturellen Modifikationen der DNA

Ein Wesensmerkmal der Entwicklung im allgemeinen und der Zelldifferenzierung im besonderen besteht darin, daß manche Gene im aktiven Zustand gehalten, andere dagegen reprimiert und somit inaktiviert werden. Darüber hinaus kann in vielen Zelltypen – zum Beispiel in Fibroblasten, Leberzellen oder Myoblasten (aus denen die Muskelfasern hervorgehen) – ein vorhandenes Muster der Genaktivität bei der Zellteilung unverändert an die Tochterzellen vererbt werden und so über viele Zellgenerationen erhalten bleiben. Dabei muß man bedenken, daß die Aktivität eines Gens die mehrerer, oft vieler anderer beeinflussen kann, nämlich dann, wenn es einen Transkriptionsfaktor codiert, also ein genregulatorisches Protein, das andere Gene ein- oder abschalten kann (Abbildung 9.9).

Eukaryotische Gene, insbesondere solche, die während der Entwicklung aktiv sind, haben in der Regel komplexe Kontrollregionen. Diese enthalten Bindungsstellen für verschiedene Transkriptionsfaktoren, von denen manche die Transkription aktivieren, andere dagegen sie reprimieren können (Abschnitt 5.14). Ob ein Transkriptionsfaktor die Aktivität eines bestimmten Gens beeinflußt oder nicht, hängt von vielen Umständen ab: Etwa davon, ob die regulatorische Region des Gens überhaupt eine Bindungsstelle für den Faktor besitzt, welche weiteren regulatorischen Proteine mit dem Gen in Wechselwirkung treten, ob der Transkriptionsfaktor phosphoryliert ist oder nicht und ob sich Proteine oder andere Moleküle an den Faktor binden und ihn dadurch inaktivieren können. Schon geringfügige Veränderungen in einem Transkrip-

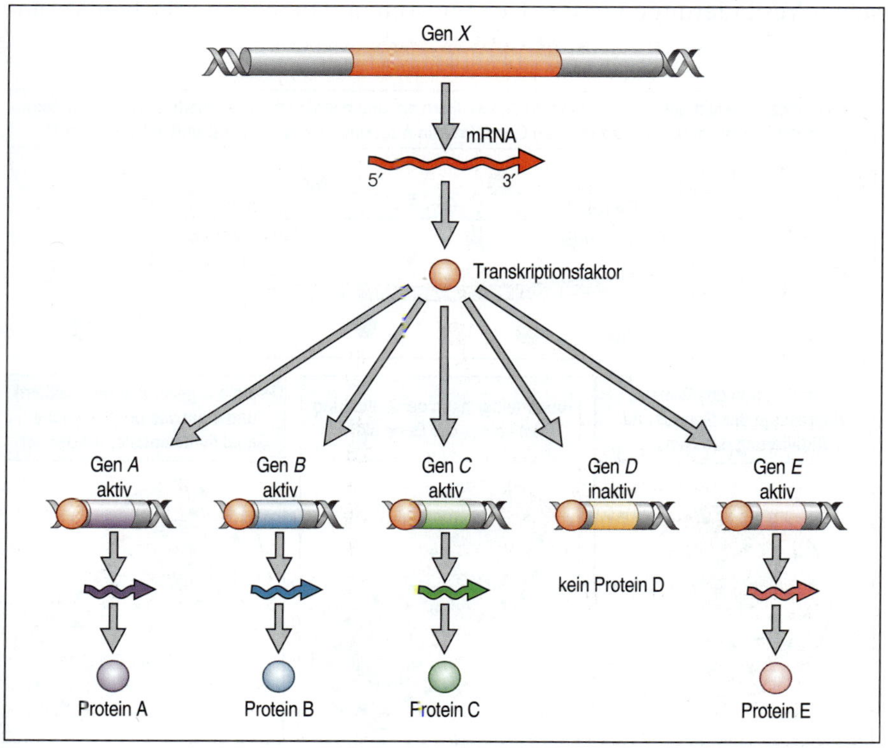

9.9 Ein Gen, das einen Transkriptionsfaktor codiert, kann die Aktivität anderer Gene regulieren. Transkriptionsfaktoren aktivieren oder reprimieren Gene, indem sie sich an deren Kontrollregionen binden. Hier führt die Aktivierung des Gens *X*, das einen Transkriptionsfaktor codiert, zur Produktion vier neuer Proteine (A, B, C und E) und zum Abschalten der Produktion von Protein D. Nach Alberts et al. 1989.

tionsfaktor, etwa der Austausch einer einzigen Aminosäure, kann sich auf eine oder mehrere dieser Umstände und damit auf die Aktivität des Faktors auswirken.

Ausschlaggebend für den Aktivitätszustand eines Gens ist also, welche Transkriptionsfaktoren im einzelnen vorhanden sind und in welcher Konzentration sie jeweils vorliegen. Ein Mechanismus zum Erhalt eines bestimmten differenzierungsspezifischen Genaktivitätsmusters könnte so aussehen, daß die dafür notwendigen Genregulatorproteine fortwährend vorhanden sein müssen. Die kontinuierliche Aktivität eines Gens, sowohl in der differenzierten Zelle selbst als auch in ihren Nachkommen, würde dann die ständige Präsenz der entsprechenden positiven Regulatorproteine erfordern. Umgekehrt müßten zur stabilen Inaktivierung eines Gens stets geeignete Repressorproteine vorhanden sein.

Eine Möglichkeit, ein Gen aktiv zu halten, besteht darin, daß das Genprodukt selbst als positives Regulatorprotein wirkt (Abbildung 9.10). Dann bedarf es nur des Startereignisses, welches das Gen in den aktiven Zustand versetzt: Einmal angeschaltet, bleibt es dauerhaft aktiv. Eine derartige positive Rückkopplung findet man bei der Muskeldifferenzierung: Dort aktiviert das Produkt des Gens *myoD* seine eigene Expression (Abschnitt 9.8).

Bei *Drosophila* bezeichnet man Gene, die während der Entwicklung aktiv bleiben und den korrekten Entwicklungsverlauf einer Körperregion steuern, als **Selektorgene** (Abbildung 5.35). Die von diesen Genen codierten Transkriptionsfaktoren, viele davon mit Homöodomänen (Exkurs 4.1, Seite 116), wirken dadurch, daß sie ein bestimmtes Genaktivitätsmuster erzeugen und aufrechterhalten. Ein derartiges Muster kann über zahlreiche Zellteilungen weitervererbt werden, solange das Cytoplasma ausreichende Mengen der dazu notwendigen Faktoren enthält.

Ein anderer Mechanismus zur Erhaltung und Vererbung eines Musters aktiver und inaktiver Gene beruht auf chemischen und physikalischen Veränderungen in den Chromosomen. Die physikalischen Verän-

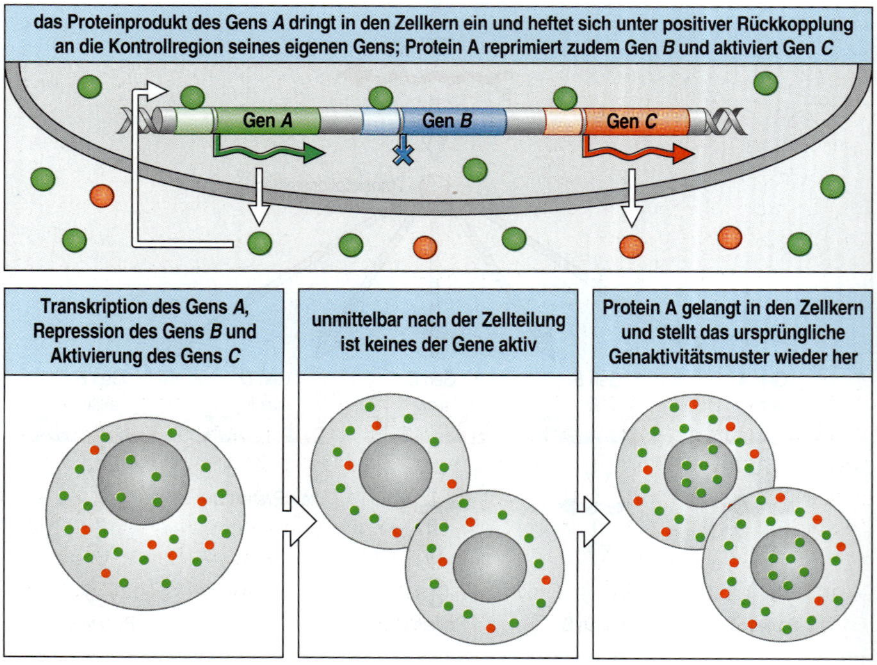

das Proteinprodukt des Gens A dringt in den Zellkern ein und heftet sich unter positiver Rückkopplung an die Kontrollregion seines eigenen Gens; Protein A reprimiert zudem Gen B und aktiviert Gen C
Gen A
Gen B
Gen C
Transkription des Gens A, Repression des Gens B und Aktivierung des Gens C
unmittelbar nach der Zellteilung ist keines der Gene aktiv
Protein A gelangt in den Zellkern und stellt das ursprüngliche Genaktivitätsmuster wieder her

9.10 Die kontinuierliche Expression von Genregulatorproteinen könnte ein differenzierungsspezifisches Genaktivitätsmuster aufrechterhalten. Oben: Transkriptionsfaktor A, das Produkt des Gens *A*, wirkt als positives Regulatorprotein auf die Kontrollregion seines eigenen Gens zurück. Ist Gen *A* einmal aktiviert, bleibt es daher dauerhaft eingeschaltet, und die Zelle bildet stets den Transkriptionsfaktor A. Der wirkt ferner auf die Kontrollregionen der Gene *B* und *C*, reprimiert ersteres und aktiviert letzteres, so daß ein zellspezifisches Genexpressionsmuster entsteht. Unten: Nach einer Zellteilung enthält das Cytoplasma beider Tochterzellen genügend Protein A, um das Gen *A* zu reaktivieren; so bleibt das Expressionsmuster der Gene *B* und *C* erhalten.

derungen, die beteiligt sein können, haben damit zu tun, wie dicht das Chromatin auf der DNA angeordnet ist; Chromatin ist der Komplex aus DNA und assoziierten Proteinen, aus dem die Chromosomen bestehen. Bei jeder Mitose verändert sich die Morphologie der Chromosomen ganz erheblich. Das Chromatin nimmt eine stark verdichtete Struktur an, wodurch die Chromosomen lichtmikroskopisch sichtbar werden. In diesem hochkondensierten Zustand findet keine Transkription mehr statt. Lokal begrenzte chromosomale Strukturveränderungen dieser Art können Gene auch außerhalb der Mitose inaktivieren, sowohl während der Entwicklung als auch nach Erreichen des differenzierten Zustands.

Hinweise, daß Veränderungen der Chromatinpackung dazu beitragen können, Gene über längere Zeiträume auszuschalten, liefert das Phänomen der X-Chromosom-Inaktivierung (Kapitel 12). In weiblichen Säugern geht in der frühen Embryogenese eines der beiden X-Chromosomen jeder Zelle in einen hochkondensierten Zustand über und wird dadurch dauerhaft inaktiviert. Es wird zwar bei jeder Zellteilung mitverdoppelt, aber nicht mehr transkribiert. Dieser Zustand bleibt im Laufe eines individuellen Lebens prinzipiell über alle weiteren Zellteilungen hinweg erhalten (Abbildung 9.11). Gleichwohl ist die Inaktivierung nicht irreversibel, da das stumme X-Chromosom bei der Keimzellbildung wieder reaktiviert wird. Das Chromatin des inaktivierten X-Chromosoms befindet sich in einem anderen Strukturzustand als das seines aktiven Gegenstücks. Beim Übergang in die Interphase nach einer Zellteilung dekondensieren die Chromosomen normalerweise wieder zu lockeren Chromatinfäden, die lichtmikroskopisch nicht mehr erkennbar sind. Das inaktive X-Chromosom behält dagegen seine hochkompakte Chromatinstruktur, das **Heterochromatin**; es kann nicht transkribiert werden und bleibt als Barr-Körper im menschlichen Interphasekern sichtbar (Abbildung 9.12).

Lokal begrenzte Veränderungen der Chromatinpackung könnten daher einen allgemeinen Mechanismus zur Geninaktivierung darstellen. Es gibt in der Tat Hinweise, daß sich aktive und inaktive Gene in ihrer Chromatinstruktur unterscheiden können: Aktive Gene zeigen in der Regel eine erhöhte Empfindlichkeit gegenüber der Behandlung mit dem DNA-abbauenden Enzym DNAse I. Das läßt darauf schließen, daß transkribierbare Gene eine eher offene Chromatinstruktur besitzen, die dem Transkriptionsapparat (und der DNAse I im Experiment) den Zugang zur DNA erleichtert. Ist das Chromatin hingegen dicht gepackt, so ist die DNA für die DNAse I schlecht zugänglich und damit vor dem enzymatischen Abbau geschützt.

Auch chemische Modifikationen der DNA selbst werden mit dem Abschalten der Transkription in Verbindung gebracht. In Wirbeltieren korreliert die Methylierung von Cytosinresten an bestimmten DNA-Positionen mit dem Ruhen der Transkription im entsprechenden Bereich. Darüber hinaus kann ein gegebenes Methylierungsmuster bei der Replikation der DNA getreulich kopiert und damit vererbt werden, was einen Mechanismus darstellen könnte, um Genaktivitätsmuster an Tochterzellen weiterzugeben. Das dafür zuständige Enzym, eine DNA-Methylase, erkennt nach einer DNA-Replikation, welche Cytosinreste auf dem Altstrang Methylgruppen tragen, und ergänzt anhand dieser Vorgaben die fehlenden Methylgruppen an den entsprechenden Positionen des Neustrangs (Abbildung 9.13). Die DNA-Methylierung spielt offenbar auch eine wesentliche Rolle bei der Inaktivierung des X-Chromosoms, da sich das aktive und das inaktive X-Chromosom in ihren Methylierungsmustern deutlich unterscheiden.

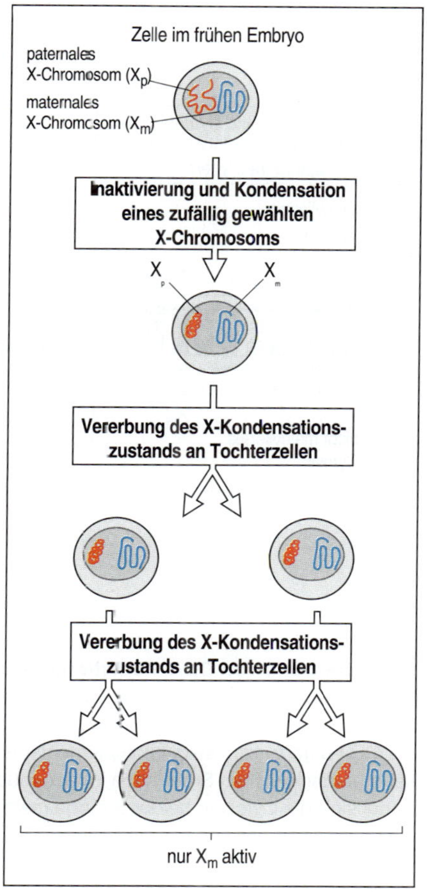

9.11 Zellvererbung eines inaktivierten X-Chromosoms. In frühen weiblichen Säugerembryonen wird in jeder Zelle per Zufall eines der beiden X-Chromosomen inaktiviert: das vom Vater (X_p) oder das von der Mutter (X_m). In der Darstellung ist X_p inaktiviert und bleibt es auch in vielen nachfolgenden Zellteilungen. Das Chromatin des inaktivierten X-Chromosoms wird sehr stark aufspiralisiert. Nach Alberts et al. 1989.

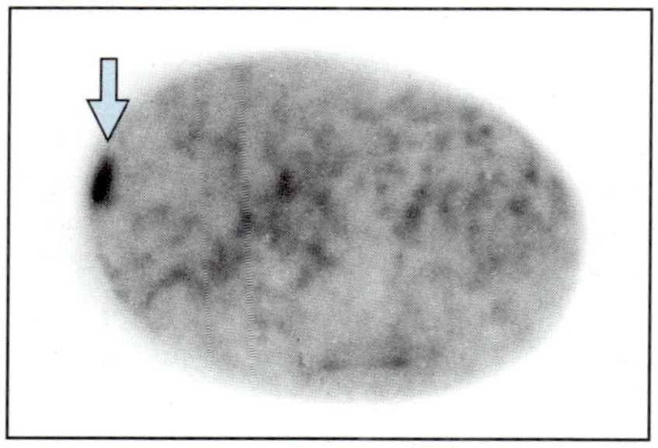

9.12 Das inaktivierte X-Chromosom bleibt im Interphasekern als Barr-Körper sichtbar. Die Aufnahme zeigt einen Interphasekern aus dem Abstrich der Wangenschleimhaut einer Frau. Der Barr-Körper (Pfeil) erscheint als dunkler Punkt. Mit freundlicher Genehmigung von J. Delhanty.

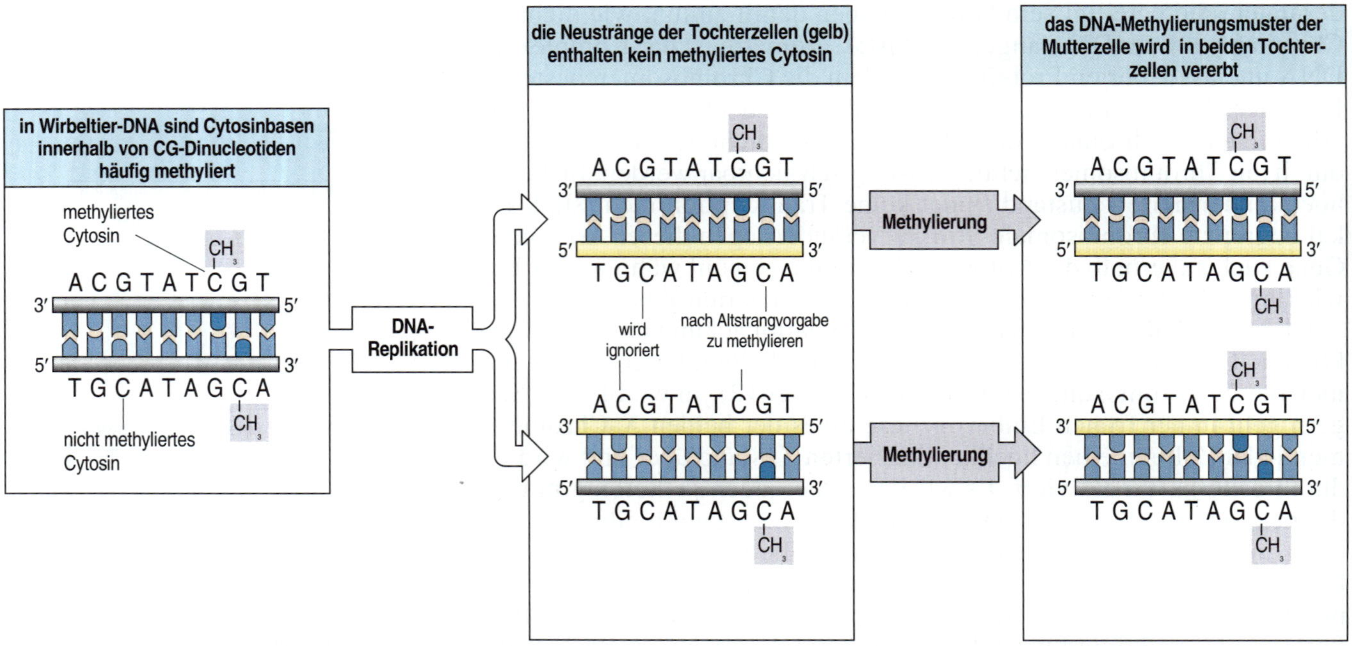

9.13 Vererbung von DNA-Methylierungsmustern. In der DNA von Wirbeltieren ist in der Basenfolge Cytosin-Guanin (CG) der Cytosinrest häufig methyliert (trägt also eine zusätzliche Methylgruppe). Da die CG-Folge zu sich selbst komplementär ist, taucht sie spiegelverkehrt an der gleichen Stelle auch im gegenüberliegenden Strang auf; dabei sind die Cytosine beider Stränge methyliert. Kurz nach einer DNA-Replikation jedoch ist das anders: Die neuen Stränge (gelb) enthalten kein Methylcytosin. Das komplette beidsträngige Methylierungsmuster kann durch eine Methylase wiederhergestellt werden, die Methylcytosine im Altstrang erkennt und die fehlende Methylgruppe im Cytosin der gegenüberliegenden CG-Folge des Neustranges ergänzt. Nach Alberts et al. 1989.

Zusammenfassung

Bei der Zelldifferenzierung entstehen unterschiedliche Zelltypen, deren Merkmale und Eigenschaften durch das jeweilige Muster der Genaktivität und die jeweils produzierten Proteine bestimmt werden. Wie Zellfusionsstudien und die Transplantation von Kernen aus differenzierten Tierzellen in entkernte Eizellen zeigen, kann man das Genexpressionsprogramm im Kern einer differenzierten Zelle häufig rückgängig machen. Das läßt darauf schließen, daß es von Faktoren aus dem Cytoplasma gesteuert wird und daß bei der Differenzierung in der Regel kein genetisches Material verlorengeht. *In vivo* ist der differenzierte Zustand einer tierischen Zelle gewöhnlich extrem stabil, in manchen Fällen ist die Differenzierung jedoch reversibel. So kommt es bei Regenerationsvorgängen und in Zellkultur mitunter zur Transdifferenzierung: Ein differenzierter Zelltyp wandelt sich in einen anderen um. Die Differenzierung von antikörperproduzierenden Zellen ist dagegen irreversibel, da hierbei Gene völlig neu angeordnet werden. Das Genexpressionsprogramm einer differenzierten Zelle ist prinzipiell über lange Zeit stabil und kann auf die Tochterzellen vererbt werden. In vielen Fällen steht es unter fortlaufender Kontrolle. Am Erhalt und der Vererbung von Genaktivitätsmustern sind offenbar verschiedene Mechanismen beteiligt, darunter die permanente Einwirkung genregulatorischer Proteine, die Art und Weise, wie stark das Chromatin kondensiert ist, sowie chemische Modifikationen der DNA.

Übersicht: Differenzierung

Differenzierung führt zu zelltypspezifischen Mustern der Genaktivität

⇩

Genaktivitätsmuster werden über verschiedene Mechanismen an Tochterzellen weitergegeben

⇙ ⇩ ⇘

Transkriptionsfaktoren: positive Rückkopplung und Wechselwirkungen zwischen verschiedenen Genen

DNA-Methylierung

veränderte Chromatinzustände (zum Beispiel im inaktivierten X-Chromosom)

Genaktivitätsmuster können verändert werden

⇙ ⇘

Kerntransfer aus differenzierter Zelle in Eizelle: Embryonalentwicklung

Transdifferenzierung, zum Beispiel retinale Pigmentzellen zu Linsenzellen

Die Regulation der spezifischen Genexpression

Um die molekularen Grundlagen der Zelldifferenzierung zu verstehen, müssen wir zunächst wissen, wodurch Gene zelltypspezifisch exprimiert werden können. Warum wird ein bestimmtes Gen in der einen Zelle eingeschaltet, in der anderen aber nicht? Wir konzentrieren uns im folgenden auf die Regulation der Transkription, des ersten (und in der Regel wichtigsten) Schrittes zur Expression eines Gens, dürfen aber nicht vergessen, daß danach auch noch die Kontrolle der Proteinsynthese einsetzen kann, etwa auf der Ebene des RNA-Spleißens oder der Translation. Ein Beispiel für translationale Regulation haben wir bereits kennengelernt: In der frühen Entwicklung von *Drosophila* verhindert das Protein nanos die Translation maternaler *hunchback*-RNA (Abschnitt 5.3).

Transkriptionskontrolle ist für die Zelldifferenzierung von entscheidender Bedeutung, denn durch sie wird bestimmt, welche Gene exprimiert werden, und somit, welche Proteine die Zelle herstellt. Wir haben bereits erörtert, wie wichtig transkriptionelle Regulation in der frühen Entwicklung ist, zum Beispiel bei der Musterbildung in *Drosophila* (Abschnitt 5.4). Hier wollen wir uns näher mit dem Zusammenhang zwischen Transkriptionskontrolle und Zelldifferenzierung befassen. Beginnen wir mit einem kurzen Abriß über die grundlegenden Mechanismen der transkriptionellen Regulation in eukaryotischen Zellen.

9.6 An der Kontrolle der Transkription sind allgemeine und gewebespezifische Regulatoren beteiligt

Die Transkription eines Gens setzt ein, wenn sich die RNA-Polymerase stabil am Startpunkt der Transkription in der **Promotorregion** des Gens anlagert (Abschnitt 1.8). Das Enzym entwindet mit Hilfe der mit ihm assoziierten Proteine ein kurzes Stück der DNA-Doppelhelix, trennt also dort die beiden Einzelstränge voneinander und beginnt, RNA zu synthetisieren, wobei es einen der beiden DNA-Stränge als Kopiervorschrift oder Matrize (*template*) verwendet. Der Promotorbereich und weitere

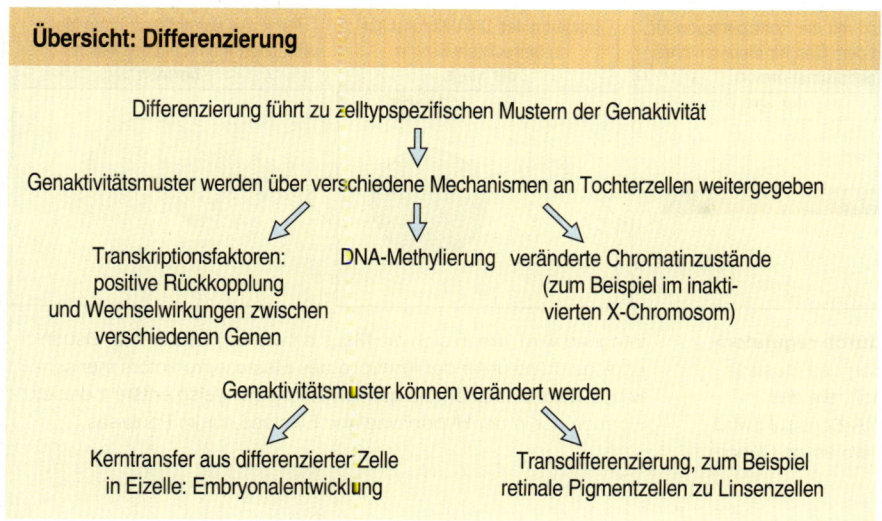

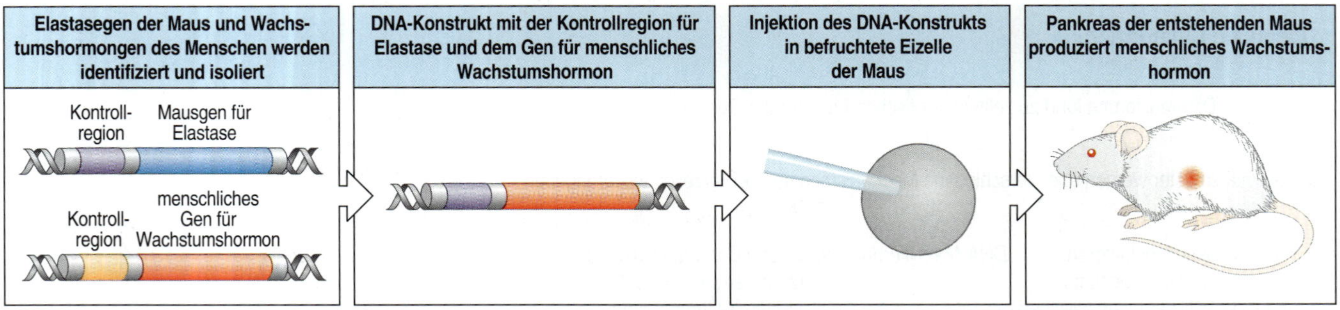

Elastasegen der Maus und Wachstumshormongen des Menschen werden identifiziert und isoliert
Kontroll-region
Mausgen für Elastase
menschliches Gen für Wachstumshormon
Kontroll-region
DNA-Konstrukt mit der Kontrollregion für Elastase und dem Gen für menschliches Wachstumshormon
Injektion des DNA-Konstrukts in befruchtete Eizelle der Maus
Pankreas der entstehenden Maus produziert menschliches Wachstumshormon

9.14 Gewebespezifische Genexpression wird durch regulatorische DNA-Regionen kontrolliert. Die Kontrollregion des Elastasegens der Maus wird mit einer DNA-Sequenz verknüpft, die das menschliche Wachstumshormon codiert. Dieses DNA-Konstrukt wird in den Kern einer befruchteten Mauseizelle injiziert, wo es ins Genom integriert wird. Wenn sich die Maus entwickelt, wird in ihrer Bauchspeicheldrüse unter der Kontrolle des Elastasepromotors menschliches Wachstumshormon gebildet. Normalerweise entsteht dieses Hormon nur in der Hypophyse und Elastase nur im Pankreas.

Abschnitte der DNA, an denen die Expression eines Gens reguliert werden kann, bilden zusammen die **Kontrollregionen** des Gens, während in der **codierenden Region** die Aminosäuresequenz des jeweiligen Proteins verschlüsselt ist.

Die Bedeutung der Kontrollregionen für die gewebespezifische Genexpression läßt sich schlüssig durch Experimente nachweisen, in denen man die Kontrollregion eines gewebespezifischen Gens gegen die eines anderen austauscht. Zum Beispiel wird in der Maus das Enzym Elastase nur im Pankreas synthetisiert, Wachstumshormon wiederum nur in der Hypophyse. Man kann das Elastasegen der Maus isolieren und dessen Kontrollregion mit der proteincodierenden Region eines ebenfalls isolierten menschlichen Wachstumshormongens verknüpfen. Wenn man das resultierende DNA-Konstrukt in den Kern einer befruchteten Mauseizelle injiziert, wird es dort mit einer gewissen Wahrscheinlichkeit in das Genom eingebaut (Exkurs 3.3, Seite 92). Dann entsteht aus dieser Eizelle eine transgene Maus, in deren Pankreas menschliches Wachstumshormon nachweisbar ist: Das menschliche Wachstumshormongen wird nunmehr unter der Kontrolle des Elastasepromotors der Maus exprimiert (Abbildung 9.14). Wie dieses Experiment zeigt, sind die Kontrollelemente des Promotors entscheidend daran beteiligt, wo ein Gen exprimiert wird.

Aus ähnlichen Experimenten ergab sich, daß weitere Kontrollbereiche der DNA, die **Enhancer** („Verstärker") genannt werden und häufig vom Startpunkt der Transkription weiter entfernt sind, ebenfalls die gewebespezifische Expression steuern können. So kann etwa das Enhancerelement aus dem Insulingen der Maus zusammen mit dem Insulinpromotor jede angehängte Codierungsregion in den β-Zellen aus dem Inselorgan des Pankreas zur Expression bringen, in genau den Zellen also, in denen auch das Insulingen selbst exprimiert wird.

Um die Transkription zu starten, muß sich die RNA-Polymerase an der richtigen Stelle auf der DNA binden. In Eukaryoten ist sie dazu auf die Mithilfe einer Gruppe von Proteinen angewiesen, die man allgemeine Transkriptionsfaktoren nennt. Diese bilden zusammen mit der Polymerase an der Promotorregion den Initiationskomplex (Abbildung 9.15). Man kann sich diesen Komplex als die eigentliche Transkriptionsmaschine vorstellen. In Eukaryoten werden die meisten proteincodierenden Gene von der RNA-Polymerase II transkribiert, die sich mit einem Satz allgemeiner Transkriptionsfaktoren zu einem solchen Initiationskomplex zusammenlagert. Der Komplex heftet sich an einer DNA-

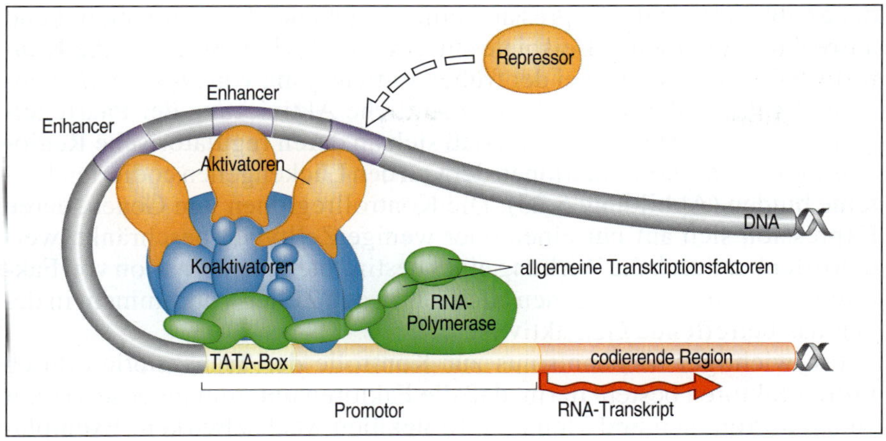

9.15 Die Expression eines Gens wird durch die koordinierte Wirkung regulatorischer Proteine gesteuert, die sich an Kontrollregionen innerhalb der DNA binden. Die Transkriptionsmaschinerie aus RNA-Polymerase und allgemeinen Transkriptionsfaktoren, die sich an die Promotorregion binden, ist vielen Zellen gemeinsam. In der Umgebung des Promotors, häufig auch weiter strangaufwärts und gelegentlich auch vom Gen strangabwärts, befinden sich weitere Kontrollregionen, an die sich regulatorische Proteine (Aktivatoren und Repressoren) heften müssen, damit die Transkription ordnungsgemäß stattfinden kann. Die strangaufwärtigen regulatorischen Regionen, etwa Enhancer, können viele Kilobasen vom Transkriptionsstartpunkt entfernt sein. Nach Tjian 1995.

Sequenz an den Promotor, die man als TATA-Box bezeichnet und die dicht am Transkriptionsstartpunkt liegt. Bei den meisten eukaryotischen Genen reicht jedoch dieser Grundkomplex alleine nicht aus, um eine effektive Expression zu gewährleisten. Dazu sind weitere regulatorische Proteine erforderlich; das gilt besonders für solche Gene, die einer strikten gewebespezifischen oder zeitlichen Kontrolle unterliegen.

Diese zusätzlichen Regulatorproteine lagern sich an Stellen auf der DNA, die zusammen die Spezifität der Genexpression kontrollieren. Manche dieser regulatorischen Sequenzen liegen innerhalb der Promotorregion, nahe der TATA-Box, und befinden sich bei den meisten proteincodierenden Genen in vergleichbaren Positionen. Die Enhancerelemente dagegen unterscheiden sich von Gen zu Gen sehr viel stärker in ihrem Aufbau und ihrer relativen Lage; mitunter sind sie vom Startpunkt der Transkription mehrere tausend Basenpaare entfernt. Gewöhnlich, doch nicht immer, liegen sie strangaufwärts („stromaufwärts") vom zugehörigen Gen (also in Transkriptionsrichtung gesehen vor dem Transkriptionsstartpunkt), weshalb man sie häufig auch als strangaufwärtige Kontrollregionen bezeichnet. Durch die Bindung regulatorischer Proteine an Enhancersequenzen wird die Transkription sehr viel häufiger gestartet; die Rate kann sich mehrhundertfach erhöhen. Bei manchen Genen hat man auch strangabwärts von der codierenden Region Enhancer gefunden, gelegentlich auch in den Introns eines Gens. Trotz ihres linearen Abstands vom Promotor sind diese regulatorischen Elemente vermutlich deshalb imstande, die Genaktivität zu steuern, weil die DNA Schleifen bilden und dadurch einen Enhancer in räumliche Nähe der Promotorregion bringen kann. Auf diese Weise können an Enhancern gebundene Proteine mit denen am Promotor in Kontakt treten und einen Initiationskomplex bilden, der die Transkription mit hoher Frequenz zu starten vermag.

Die Regulatorproteine, die mit den Kontrollregionen eukaryotischer Gene interagieren, lassen sich in zwei Hauptgruppen einordnen: solche, die für die Transkription vieler Gene benötigt werden und daher in diversen Zelltypen vorhanden sind, und solche, die nur in einem oder wenigen Zelltypen vorkommen, da sie nur ein bestimmtes Gen oder eine kleine Gruppe von Genen kontrollieren, deren Expression auf ein oder wenige Gewebe beschränkt ist. Wenn wir in späteren Abschnitten dieses Kapitels die Regulation von Muskelgenen und die Expression von Globingenen in den Vorläufern der roten Blutzellen betrachten, werden uns Transkriptionsfaktoren aus beiden Gruppen begegnen. Es ist die Kombination der jeweils vorhandenen genregulatorischen Proteine, von der es abhängt, ob die Expression eines gegebenen Gens eingeleitet und aufrechterhalten wird. Beispiele für eine solche kombinatorische Kontrolle haben wir bereits bei der frühen Entwicklung von *Drosophila* kennengelernt, wo die räumliche und zeitliche Aktivierung der Paarregelgene dadurch zustande kommt, daß sich an deren regulatorische Regionen spezifische Kombinationen der von den Lückengenen codierten Proteine binden (Abbildung 5.23). Die Kontrollregionen von Genen, deren Expression sich auf nur einen oder wenige Zelltypen beschränkt, werden offenbar durch die Wirkung einer bestimmten Kombination von Faktoren aktiviert, die zusammen auch nur in den Zellen vorkommen, in denen das betreffende Gen aktiv ist.

Ein wichtiger Mechanismus zur Kontrolle der Transkription durch Proteinfaktoren besteht darin, daß die Faktoren untereinander sowie mit anderen Proteinen und kleineren Molekülen wechselwirken. Exemplarisch sei dies an den beiden ubiquitären Transkriptionsfaktoren Fos und Jun skizziert, deren Aktivität zunimmt, wenn man Zellen mit Wachstumsfaktoren behandelt. Diese Faktoren binden sich an die AP-1-Stelle, die oft mehrfach in den Kontrollregionen vieler Gene vorkommt. Wie viele andere genregulatorische Proteine binden auch Fos und Jun als Dimer an die DNA. Anders als Fos kann Jun Homodimere bilden, die sich ebenfalls an die AP-1-Stelle anlagern – allerdings sehr viel schwächer als das Fos-Jun-Heterodimer (Abbildung 9.16). Dieses einfache Beispiel verdeutlicht ein allgemeines Merkmal von Transkriptionsfaktoren: Sie können miteinander auf verschiedene Weise in Wechselwirkung treten, wodurch sich ihre Bindungsaffinität für spezifische Kontrollstellen auf der DNA erhöht oder vermindert. Von den jeweiligen Konzentrationen an Fos und Jun in der Zelle hängt es ab, welche Art von Dimer bevorzugt entsteht und somit, ob oder wie stark die AP-1-Stellen aktiviert werden.

Wechselwirkungen zwischen Transkriptionsfaktoren können außerordentlich komplex sein. Gleichwohl wollen wir im nächsten Abschnitt ein recht einfaches Beispiel für die Regulation der Aktivität von Transkriptionsfaktoren und damit der Genexpression betrachten. Daran beteiligt ist diesmal eine Klasse von kleineren Molekülen, die sich für viele Vorgänge der Entwicklung und Zelldifferenzierung als wichtig erwiesen hat: die Steroidhormone. An deren Wirkungsweise läßt sich leicht

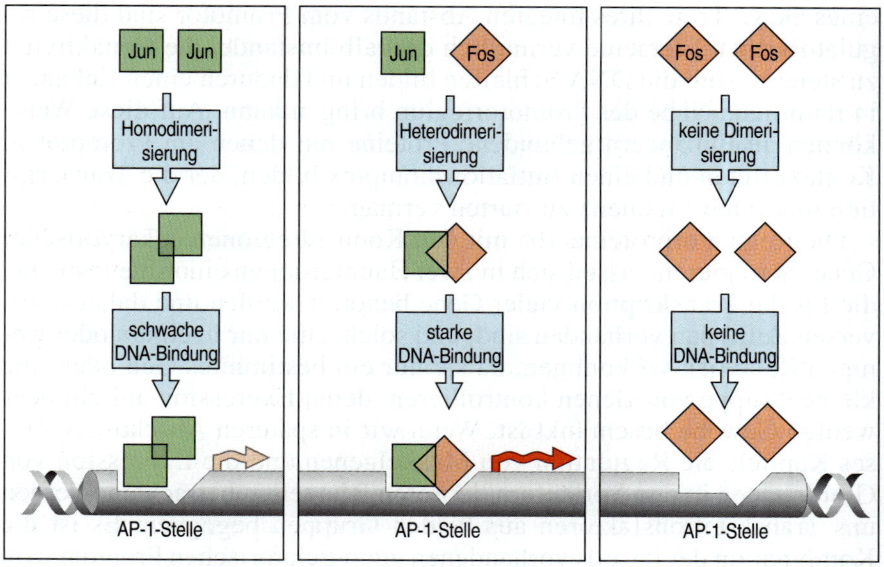

9.16 Wechselwirkungen zwischen den Transkriptionsfaktoren Fos und Jun bei der Genaktivierung. Die Proteine Fos und Jun lagern sich zu einem Heterodimer zusammen, das sich an bestimmte Erkennungssequenzen (AP-1-Stellen) auf der DNA bindet und dort als Regulator der Transkription wirkt. Jun alleine kann auch Homodimere bilden, die ebenfalls an die AP-1-Stelle binden, jedoch schwächer als das Fos-Jun-Heterodimer. Jun-Jun-Homodimere können die Genexpression aktivieren, allerdings nicht so effizient wie das Fos-Jun-Heterodimer. Fos wiederum bildet weder Homodimere, noch kann es sich als Monomer an die AP-1-Stelle binden; es hat daher alleine keinerlei transkriptionsaktivierende Wirkung.

veranschaulichen, wie ein externes Signal eine gewebespezifische Genexpression auszulösen vermag.

9.7 Signale von außen können Gene aktivieren

Die Genexpressionsmuster können durch äußere Signale beeinflußt werden. Manche Signale wie die, die von Steroidhormonen übertragen werden, können in die Zelle eindringen, anderen dagegen wie die, die von Wachstumsfaktoren übermittelt werden, ist dieser Weg versperrt; sie wirken statt dessen auf Rezeptoren, die sich auf der Zellmembran befinden. Wie wir in Kapitel 12 sehen werden, sorgen die im Hoden produzierten Steroidhormone für die Ausprägung der sekundären Geschlechtsmerkmale, durch die sich männliche Säuger von weiblichen unterscheiden. Bei Insekten ist das Steroidhormon Ecdyson für die Metamorphose verantwortlich (Kapitel 14) und leitet die Differenzierung einer Vielzahl verschiedener Zellen ein. In diesen Fällen schaltet das jeweilige Hormon in der Zelle ein ganzes Spektrum von Genen ein beziehungsweise aus. Ein Beispiel für die Steuerung der gewebespezifischen Expression eines einzelnen Gens bietet das Steroidhormon Östrogen, welches den Hühnereileiter dazu veranlaßt, das Protein Ovalbumin zu produzieren, einen wesentlichen Bestandteil des Eiklars. Das Ovalbumingen wird nur in Gegenwart von Östrogen transkribiert; sobald das Hormon entzogen wird, verschwinden auch die Ovalbumin-mRNA und das entsprechende Protein.

Im Gegensatz zu Proteinhormonen und Wachstumsfaktoren, die sich an Rezeptoren auf der Plasmamembran hängen und ihre Wirkungen durch Vermittlung nachgeschalteter intrazellulärer Signalketten ausüben, sind Steroidhormone fettlösliche Moleküle. Sie können daher ohne weiteres die Plasmamembran passieren und in die Zelle eindringen. Dort aktivieren sie Gene, indem sie sich zunächst an Rezeptorproteine binden. Der Komplex aus Steroidhormon und Rezeptor fungiert dann als Transkriptionsregulator: Er heftet sich seinerseits direkt an Kontrollsequenzen in der DNA und aktiviert so die Transkription der zugehörigen Gene (mitunter reprimiert er sie auch). In vielen Fällen wirken die betreffenden Kontrollsequenzen, die gemeinhin als Steroid-Responselemente bezeichnet werden, als Enhancer.

Manche Steroidhormone, etwa Glucocorticoide, binden sich an einen cytoplasmatischen Rezeptor, der danach in den Kern wandert: Wenn sich ein Steroid im Cytoplasma an den Glucocorticoidrezeptor anlagert, löst sich dieser von einem zweiten Protein ab, das ihn in Abwesenheit von Steroiden in einen inaktiven Zustand hält (Abbildung 9.17). Jeweils zwei Steroidhormon-Rezeptor-Komplexe vereinigen sich dann zu Dimeren, die in den Zellkern eindringen, sich dort an DNA heften und spezifische Gene aktivieren. Andere Steroide hingegen besitzen Rezeptoren, die schon in Abwesenheit des Hormons an ihren Zielsequenzen in der DNA gebunden vorliegen. Doch auch diese Rezeptoren sind erst nach Anlagerung des Hormons imstande, die Transkription zu aktivieren.

Für die Tatsache, daß die Reaktion auf Steroidhormone gewebespezifisch ist, liefert das Huhn ein schönes Beispiel. Wie schon erwähnt, aktiviert Östrogen das Ovalbumingen in Zellen des Eileiters; in Leberzellen hingegen zeigt es diese Wirkung nicht. Die gewebespezifische Aktivierung im Eileiter läßt sich kaum durch die Bindung zusätzlicher Proteine an die regulatorischen Regionen erklären. Als Ursache für die unterschiedliche Reaktion der beiden Gewebe kommen eher zurückliegende und innerhalb der jeweiligen Zellinie stabil weitervererbte Chro-

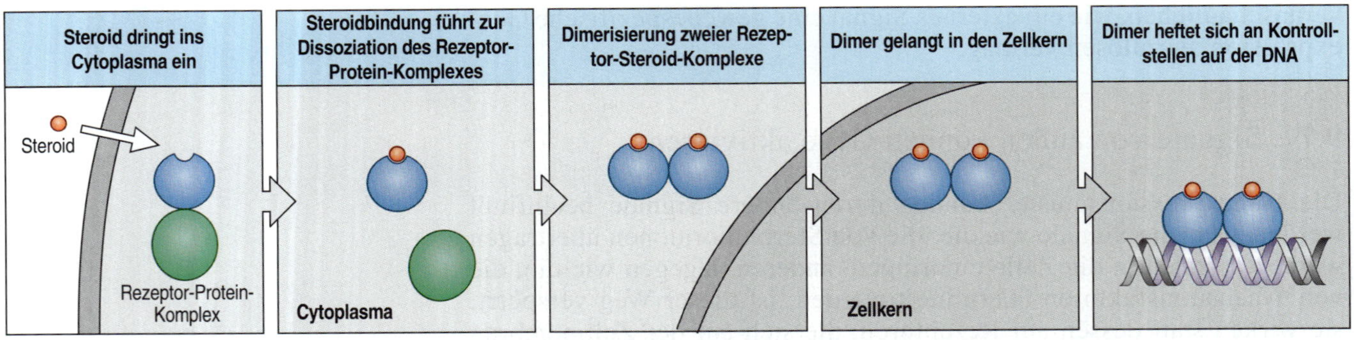

9.17 Steroidhormone steuern die Genexpression, indem sie sich an intrazelluläre Rezeptoren heften, die dann als Transkriptionsregulatoren wirken. Im Falle des hier gezeigten Glucocorticoidrezeptors befindet sich das Rezeptorprotein im Cytoplasma, und zwar im Komplex mit einem weiteren Protein. Die Bindung des Steroidhormons führt dazu, daß sich der Rezeptor von dem anderen Protein trennt und mit einem zweiten Hormon-Rezeptor-Komplex ein Dimer bildet. Das Dimer wandert in den Zellkern, bindet dort an Kontrollstellen auf der DNA und aktiviert die Transkription.

matinstrukturveränderungen in Betracht, dergestalt, daß Transkriptionsfaktoren wie der Steroidhormon-Rezeptor-Komplex im einen Zelltyp Zugang zum Ovalbumin-Gen haben, im anderen jedoch nicht. Neben den Steroiden können auch das Schilddrüsenhormon und die Retinsäure über die Komplexbildung mit einem als Rezeptor fungierenden Transkriptionsfaktor als Morphogen in der Entwicklung wirken (Abschnitt 10.4 und Kapitel 13).

Die meisten Signalsubstanzen, die während der Entwicklung zur Wirkung kommen, sind Peptide oder Proteine. Diese dringen nicht selbst in die Zelle ein, sondern docken an Rezeptoren auf der Zellmembran an, die das Signal ins Zellinnere und schließlich bis zum Zellkern weiterleiten. Dieser Prozeß der **Signaltransduktion** ist meist sehr verwickelt; ein vereinfachtes Beispiel ist in Abbildung 9.18 dargestellt. Wie in vielen anderen intrazellulären Signalübertragungswegen ist auch hier eine Folge von Proteinkinasen beteiligt, die nacheinander aktiviert werden. Wenn das Signalmolekül von außen am Rezeptor andockt, wird dessen cytoplasmatische Domäne phosphoryliert. Dies führt zur Aktivierung des Ras-Proteins an der Plasmamembran, an das sich daraufhin das Raf-Protein bindet, was wiederum die Phosphorylierung und Aktivierung der Proteinkinase MEK zur Folge hat. MEK phosphoryliert nun eine zweite Kinase, ERK, die in den Zellkern eindringt. Dort phosphoryliert sie einen Transkriptionsfaktor und aktiviert so die Expression von Genen (Abbildung 9.18).

Bei einem etwas anderen Typ der Signaltransduktion führt das an der Zelloberfläche eintreffende Signal zur Translokation von Transkriptionsfaktoren, die als inaktive Komplexe im Cytoplasma gespeichert sind, in den Zellkern. Ein Beispiel für diesen Typ gibt es bei *Drosophila*: Die Aktivierung des Rezeptorproteins Toll veranlaßt das Proteinprodukt des Gens *dorsal*, in den Zellkern zu wandern (Abschnitt 5.5).

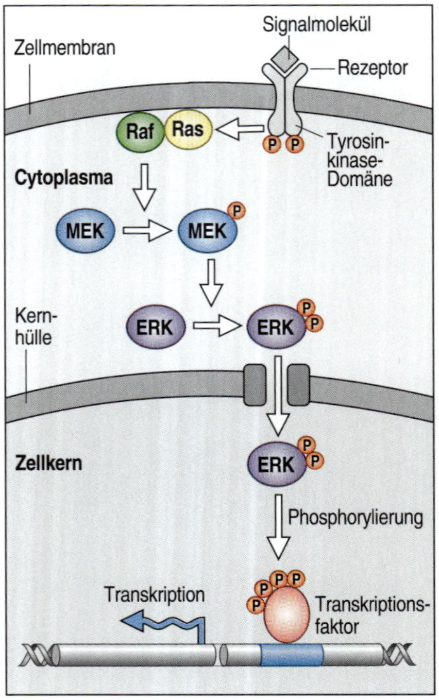

9.18 Vereinfachtes Schema einer intrazellulären Signalübertragungskette, mittels derer an der Zellmembran ankommende Signale die Expression von Genen ändern können. Die Bindung des Signalmoleküls am Membranrezeptor setzt im Zellinnern eine Kaskade von Proteinphosphorylierungen in Gang. Der ins Cytoplasma ragende Teil des Rezeptors enthält eine Tyrosinkinase, die durch die Bindung des Signalmoleküls dazu stimuliert wird, sich selbst zu phosphorylieren. Der phosphorylierte Rezeptor stimuliert nun seinerseits die Aktivierung der GTP-bindenden Proteine Ras und Raf (Einzelheiten dazu sind nicht dargestellt). Deren Aktivierung wiederum führt zur Phosphorylierung der Proteinkinase MEK. Diese phosphoryliert darauf eine weitere Proteinkinase, ERK, die in den Zellkern wandert, wo sie einen Transkriptionsfaktor phosphorylieren und dadurch die Genexpression verändern kann.

Zusammenfassung

In der Regulation der Transkription liegt der Schlüssel zur Zelldifferenzierung. Die gewebespezifische Expression eines eukaryotischen Gens wird durch Promotor- und Enhancersequenzen in seinen Kontrollregionen vermittelt. Verschiedene regulatorische Proteine, die sich an diese Kontrollregionen binden, bestimmen gemeinsam, ob ein Gen aktiv ist oder nicht. In manchen Fällen läßt sich die zellspezifische Genexpression auf die korrekte Kombination regulatorischer Proteine zurückführen, wie sie nur im betreffenden Zelltyp vorliegt; in anderen Fällen wird die Expression eines Gens offenbar dadurch verhindert, daß es im Chromatin in einer Weise verpackt ist, die Transkriptionsfaktoren und der RNA-Polymerase den Zugang verwehrt. Genregulatorische Proteine treten nicht nur mit der DNA, sondern auch miteinander in Wechselwirkung, um einen aus vielen Komponenten bestehenden Transkriptionskomplex zu bilden, der für die Initiation der Transkription durch die RNA-Polymerase verantwortlich ist. Steroidhormone können Gene in gewebespezifischer Weise aktivieren, indem sie mit einem intrazellulären Rezeptor einen Komplex eingehen, den Hormon-Rezeptor-Komplex, der an bestimmte Kontrollelemente in der DNA bindet und als Transkriptionsfaktor agiert. Signalproteine, die selbst nicht in die Zelle eindringen, entfalten ihre Wirkung über Rezeptoren auf der Zelloberfläche. Auf diese Weise regen sie die intrazelluläre Signaltransduktion an und können so die Genexpression verändern.

Übersicht: Regulation der spezifischen Genexpression

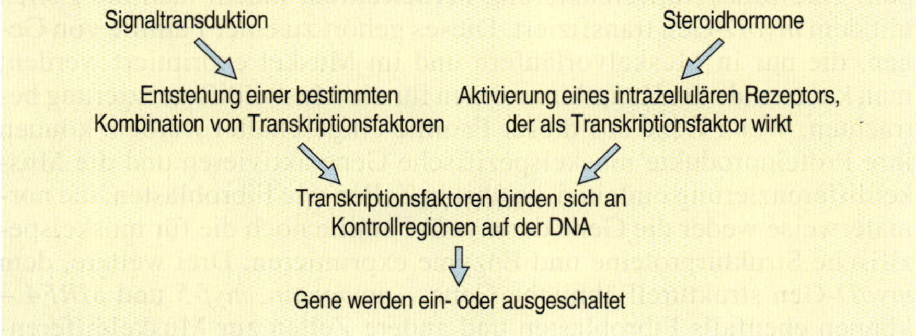
Signaltransduktion
Steroidhormone
Entstehung einer bestimmten Kombination von Transkriptionsfaktoren
Aktivierung eines intrazellulären Rezeptors, der als Transkriptionsfaktor wirkt
Transkriptionsfaktoren binden sich an Kontrollregionen auf der DNA
Gene werden ein- oder ausgeschaltet

Modellsysteme der Zelldifferenzierung

Das Phänomen der Zelldifferenzierung ist in verschiedenen Systemen intensiv untersucht worden. Im folgenden wollen wir drei Systeme näher betrachten, welche die Steuerung der Transkription, Wechselwirkungen zwischen Transkriptionsfaktoren und die Bedeutung externer Signale veranschaulichen. Wir beginnen mit der Muskeldifferenzierung, bei der es Hinweise auf übergeordnete Kontrollgene gibt – „Master-Gene“, deren Expression eine muskelspezifische Differenzierung auch in Zellen induzieren kann, die normalerweise eine andere Differenzierungsrichtung einschlagen. Anschließend befassen wir uns mit der **Hämatopoese**, der Bildung und Differenzierung der Blutzellen, und wenden uns zum Schluß der Differenzierung von Neuralleistenzellen zu.

9.8 Eine Familie von Genen kann muskelspezifische Transkription aktivieren

Die Signale, die bei der Festlegung künftiger Muskelzellen in den Somiten der Wirbeltiere von Bedeutung sind, haben wir bereits kennengelernt (Abschnitt 4.2). Hier befassen wir uns mit der Differenzierung von Zellen, denen es bereits vorbestimmt ist, zu quergestreiftem Muskel zu werden. Die Differenzierung quergestreiften Muskelgewebes der Wirbeltiere läßt sich in Zellkultur beobachten und stellt daher ein wertvolles Modellsystem zur Untersuchung der Zelldifferenzierung dar. Myoblasten, also Zellen, die darauf festgelegt sind, einmal Muskeln zu bilden, lassen sich aus Mäuse- oder Hühnerembryonen isolieren und in Kultur nehmen. Dort wachsen sie so lange, bis man dem Medium keine Wachstumsfaktoren mehr zusetzt. Dann stellen sie ihre Proliferation ein und beginnen sich in augenfälliger Weise zu Muskelzellen zu differenzieren. Die Zellen fangen an, muskelspezifische Proteine zu synthetisieren, zum Beispiel Aktin, Myosin II und Tropomyosin, alles Proteine des kontraktilen Apparats, ferner muskelspezifische Enzyme wie die Kreatinphosphatkinase. Zudem verändern die Myoblasten im Zuge der Differenzierung ihre Struktur: Sie nehmen zunächst eine bipolare Gestalt an, was mit der Reorganisation des Mikrotubulisystems ihres Zellskeletts einhergeht, und verschmelzen dann miteinander zu vielkernigen Myotubuli (Abbildung 9.19). Innerhalb von rund 20 Stunden ist typisches quergestreiftes Muskelgewebe entstanden.

Man kann in kultivierten Fibroblasten (wie auch in anderen Zelltypen) eine Muskeldifferenzierung herbeiführen, indem man die Zellen mit dem *myoD*-Gen transfiziert. Dieses gehört zu einer Familie von Genen, die nur in Muskelvorläufern und im Muskel exprimiert werden; man kann es als ein Hauptkontrollgen für die Muskeldifferenzierung betrachten. Wenn Gene aus dieser Familie eingeschaltet werden, können ihre Proteinprodukte muskelspezifische Gene aktivieren und die Muskeldifferenzierung einleiten – selbst in Zellen wie Fibroblasten, die normalerweise weder die Gene der *myoD*-Familie noch die für muskelspezifische Strukturproteine und Enzyme exprimieren. Drei weitere, dem *myoD*-Gen strukturell ähnliche Gene – *myogenin*, *myf-5* und *MRF4* – können ebenfalls Fibroblasten und andere Zellen zur Muskeldifferenzierung veranlassen. Sie alle codieren Transkriptionsfaktoren mit einer

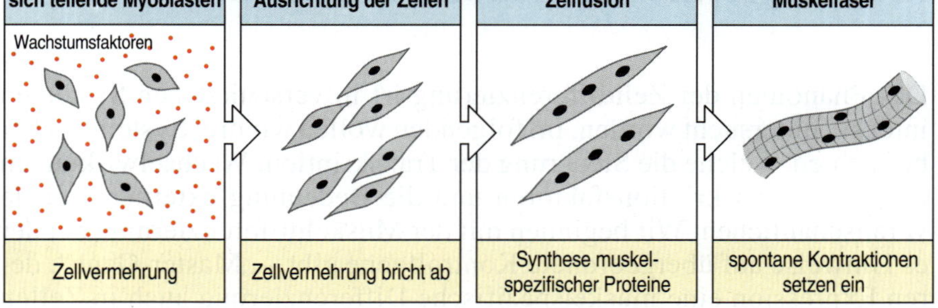

9.19 Differenzierung von quergestreiftem Muskel in Kultur. Myoblasten sind Zellen, die darauf festgelegt sind, Muskeln zu bilden, aber die letzten Differenzierungsschritte noch nicht vollzogen haben. In Gegenwart von Wachstumsfaktoren teilen sie sich unablässig weiter, differenzieren sich aber nicht. Nach Entzug der Wachstumsfaktoren stellen sie jedoch ihre Teilungen ein, lagern sich aneinander und fusionieren zu vielkernigen Myotubuli, die spontan zu zucken beginnen.

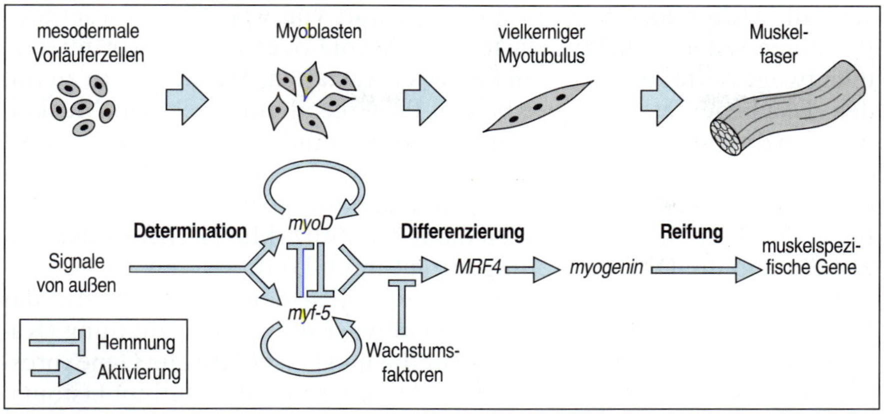

9.20 Differenzierung der Skelettmuskulatur von Wirbeltieren. Externe Signale leiten die Muskeldifferenzierung ein, indem sie die Gene *myoD* und *myf-5* aktivieren. Je nach Spezies wird eines der beiden Gene bevorzugt exprimiert; die Aktivität des einen inhibiert die des anderen und hält sich selbst in Gang. Die von diesen Genen codierten Proteine aktivieren weitere Gene, darunter *MRF4* und *myogenin*, die dann ihrerseits muskelspezifische Gene anschalten.

basischen DNA-bindenden Domäne mit dem *helix-loop-helix*-Motiv (Helix-Schleife-Helix). In Muskelvorläufern von Vögeln ist *myoD* das erste dieser Gene, das eingeschaltet wird; bei Säugern ist es *myf-5*. Sowohl *myoD* als auch *myf-5* werden in proliferierenden, undifferenzierten myogenen Zellen exprimiert, *myogenin* dagegen nur während der Muskeldifferenzierung (Abbildung 9.20). All diese Gene können sich gegenseitig aktivieren.

Trotz der offensichtlich geradezu durchschlagenden Wirkung des MyoD-Proteins zeigen Gen-Knock-out-Experimente in transgenen Mäusen (Exkurs 4.2, Seite 124), daß Tiere, denen MyoD fehlt, dennoch eine offenbar normale quergestreifte Muskulatur entwickeln; das läßt darauf schließen, daß im Laufe der Evolution Ersatzmechanismen entstanden sind. In solchen Mäusen wird *myf-5* stärker exprimiert, was nahelegt, daß zum einen die *myoD*-Expression normalerweise die Expression von *myf-5* hemmt und daß zum anderen das Myf-5-Protein den Wegfall von MyoD kompensieren kann (Abbildung 9.20). Mäuse, denen Myf-5 fehlt, bilden ebenfalls noch quergestreifte Muskeln, zeigen aber andere Defekte; der auffälligste sind verkürzte Rippen. Wenn jedoch sowohl Myf-5 als auch MyoD wegfallen, kann sich keinerlei Skelettmuskulatur mehr entwickeln. Mäuse, in denen das *myogenin*-Gen ausgeschaltet wurde, bilden kaum noch Skelettmuskeln; Herz und glatte Muskulatur scheinen dagegen normal.

Die Transkriptionsfaktoren der MyoD-Familie aktivieren die Transkription muskelspezifischer Gene durch Bindung an eine Nucleotidsequenz namens E-Box, die in den Enhancerregionen der betreffenden Gene vorkommt. Wie viele andere Transkriptionsregulatoren bindet sich MyoD als Dimer an die DNA. Allerdings kann das Homodimer nur schlecht binden; als Heterodimer mit dem ubiquitären Transkriptionsregulator E2 dagegen hat MyoD eine erheblich stärkere Affinität für die E-Box. Da die Aktivität von MyoD und seiner Verwandten für die Muskelzelldifferenzierung von entscheidender Bedeutung ist, stellt sich die Frage, wie diese Aktivität reguliert wird.

9.9 Zur Muskeldifferenzierung müssen Zellen den Zellzyklus verlassen

Zellvermehrung und Zelldifferenzierung schließen sich bei der Muskelbildung gegenseitig aus. Skelettmyoblasten, die sich in Kultur vermehren, differenzieren sich nicht. Erst wenn die Vermehrung aufhört, setzt die Differenzierung ein. In Gegenwart von wachstumsfördernden Proteinen teilen sich Myoblasten, die MyoD oder Myf-5 exprimieren, unentwegt weiter und machen keinerlei Anstalten, Muskelfasern zu bilden. Das bedeutet, daß diese beiden Proteine alleine nicht zur Muskeldifferenzierung ausreichen. Zusätzlich ist mindestens ein weiteres Signal notwendig. In Kultur kann man diesen Stimulus zur Differenzierung setzen, indem man die Wachstumsfaktoren aus dem Medium entfernt. Die Myoblasten verlassen dann den Zellzyklus, Zellfusionen setzen ein und die Differenzierung nimmt ihren Lauf.

Es besteht eine enge Beziehung zwischen den Proteinen, die das Fortschreiten des **Zellzyklus** – also Zellwachstum und Zellteilung (Kapitel 14) – steuern, und denen, die für die muskelspezifische Genexpression zuständig sind. Ein wichtiger Akteur ist hier das Retinoblastoma-Protein (Rb). In proliferierenden Zellen ist es phosphoryliert; diese Modifikation hindert es daran, das Zellwachstum zu blockieren. Die Entscheidung zu differenzieren ist mit der Dephosphorylierung des Rb-Proteins verknüpft, worauf es zu einer Blockade im Zellzyklus kommt. Dieser Prozeß wird durch cyclinabhängige Kinasen vermittelt. Das Rb-Protein ist zudem notwendig für die Expression später Markergene der Muskeldifferenzierung. Ein anderes Protein, das inhibitorische Protein Id, das in teilungsaktiven Zellen in hoher Konzentration vorliegt, hemmt die Initiation von MyoD und die Transkription muskelspezifischer Gene.

Im Hinblick auf die Entwicklung ist die Konkurrenz zwischen Zellproliferation und terminaler Differenzierung durchaus sinnvoll. In solchen Geweben, in denen sich ausdifferenzierte Zellen nicht mehr teilen, muß schon vor dem Einsetzen der Differenzierung gewährleistet sein, daß genügend Zellen vorhanden sind, damit eine funktionstüchtige Struktur wie ein Muskel überhaupt entstehen kann. Durch die Abhängigkeit von externen Signalen, welche die Differenzierung einleiten beziehungsweise einer Zelle, die schon auf die Differenzierung vorbereitet ist, den letzten Anstoß geben, ist gewährleistet, daß die Differenzierung nur bei den richtigen Umgebungsbedingungen stattfindet. Weitere Beispiele dazu werden wir in den folgenden Abschnitten kennenlernen.

9.10 Komplexe Kombinationen von Transkriptionsfaktoren steuern die Zelldifferenzierung

Die Steuerung der Muskeldifferenzierung ist relativ einfach, auch wenn sie auf einer Kombination mehrerer Transkriptionsfaktoren beruht. Es sind allerdings nur wenige weitere Beispiele bekannt, in denen ein einzelnes Gen – wie hier ein Mitglied der *myoD*-Familie – die Differenzierung eines spezifischen Zelltyps initiieren kann. In der Regel erscheint die Einleitung der Zelldifferenzierung um einiges komplexer und verlangt den Einsatz einer ganzen Reihe unterschiedlicher Transkriptionsfaktoren. Die Differenzierung von Leberzellen macht diese Komplexität deutlich.

Bei der Leberzelldifferenzierung läuft eine Folge von Ereignissen ab, die zur Aktivierung des gewebespezifischen Transkriptionsfaktors HNF-4 führt. HNF-4 wiederum aktiviert den Transkriptionsfaktor HNF-1α, der seinerseits Gene für leberspezifische Proteine wie Albumin und β-Fibrinogen einschaltet. Das Gen für HNF-1α enthält in seiner Kontrollregion außer für HNF-4 auch noch Bindungsstellen für diverse andere Transkriptionsfaktoren. Die Bindung von HNF-4 ist entscheidend für die Genaktivierung, für eine hohe Transkriptionsrate müssen sich jedoch noch weitere Transkriptionsfaktoren anheften – unter ihnen die ubiquitären Regulatorproteine Fos und Jun (die sich, nachdem HNF-4 gebunden hat, an die AP-1-Stelle anlagern, um die Transkription zu steigern) sowie der Faktor HNF-3.

Damit scheint sich zunächst ein einfaches Modell abzuzeichnen, in dem HNF-1α gleichsam als Hauptschalter für die Expression leberspezifischer Gene fungiert. So einfach kann es allerdings nicht sein, da HNF-1α auch in Nierenzellen und einige andere beteiligte Transkriptionsfaktoren in so verschiedenen Geweben wie dem Gehirn und dem Darm exprimiert werden. Warum also aktiviert HNF-1α die leberspezifischen Gene nicht in Nierenzellen? Hier spielen offensichtlich einige sehr komplexe Wechselwirkungen eine Rolle.

Es mag hilfreich sein, sich vorzustellen, daß die Transkriptionsfaktoren, welche die Differenzierung von Geweben wie der Leber steuern, als „funktionelle Gruppen" agieren. Das heißt, ein bestimmtes Sortiment an Faktoren wäre beispielsweise damit befaßt, eine allgemein epithelartige Struktur herauszubilden, und demnach in einer Anzahl von Geweben aktiv, die wie die Leber, die Niere und das Darmepithel eine solche Organisation besitzen. Diesem Hintergrund wären dann weitere Kombinationen von Faktoren aufgelagert – nicht unbedingt für jedes Gewebe eine eigene –, die den jeweiligen Zellen ihre endgültige Identität verleihen und sie also im obigen Fall zu Leberzellen statt zu Nierenzellen machen.

Wenden wir uns nun der Blutbildung oder Hämatopoese zu, einem weiteren gut untersuchten Beispiel der Differenzierung. Hier wollen wir uns ansehen, wie aus einer pluripotenten Stammzelle zahlreiche verschiedene Zelltypen hervorgehen können. Zunächst betrachten wir den Prozeß der Hämatopoese und die externen Signale, die ihn beeinflussen, dann befassen wir uns mit der Regulation der Genexpression in einem der entstehenden Zelltypen: der roten Blutzelle.

9.11 Alle Blutzellen leiten sich von pluripotenten Stammzellen ab

Sämtliche Blutzellen im erwachsenen Säugetier entstehen aus einer Population pluripotenter **Stammzellen** mit Sitz im Knochenmark. Diese Stammzellen erneuern sich beständig selbst und bringen Vorläuferzellen hervor, die unwiderruflich dazu bestimmt sind, in einem späteren Stadium eine der vielen hämatopoetischen Entwicklungsbahnen einzuschlagen. Mithin ist die Hämatopoese ein komplettes Entwicklungssystem im Kleinformat: Aus einem einzigen Zelltyp, der pluripotenten Stammzelle, entstehen zahlreiche verschiedene Zelltypen. Die meisten davon sind kurzlebig und müssen daher im adulten Organismus permanent nachgebildet werden. Die Hämatopoese ist ein besonders gut untersuchtes System, da ihre Zellen relativ leicht gewonnen werden können und der Prozeß zudem beträchtliche medizinische Bedeutung hat.

Im Säugerembryo findet die Hämatopoese zunächst in den Blutinseln des Dottersacks statt, später übernimmt diese Funktion die fetale Leber und schließlich das Knochenmark. Die Blutzellen der Säuger gruppieren sich in acht Linien voll ausdifferenzierter Zelltypen sowie unreife Zellen in den verschiedensten Differenzierungsstadien (Abbildung 9.21). Die einzelnen Zelltypen entwickeln sich aus zwei Hauptlinien: der myeloiden und der lymphoiden Linie. Erstere bringt die myeloiden

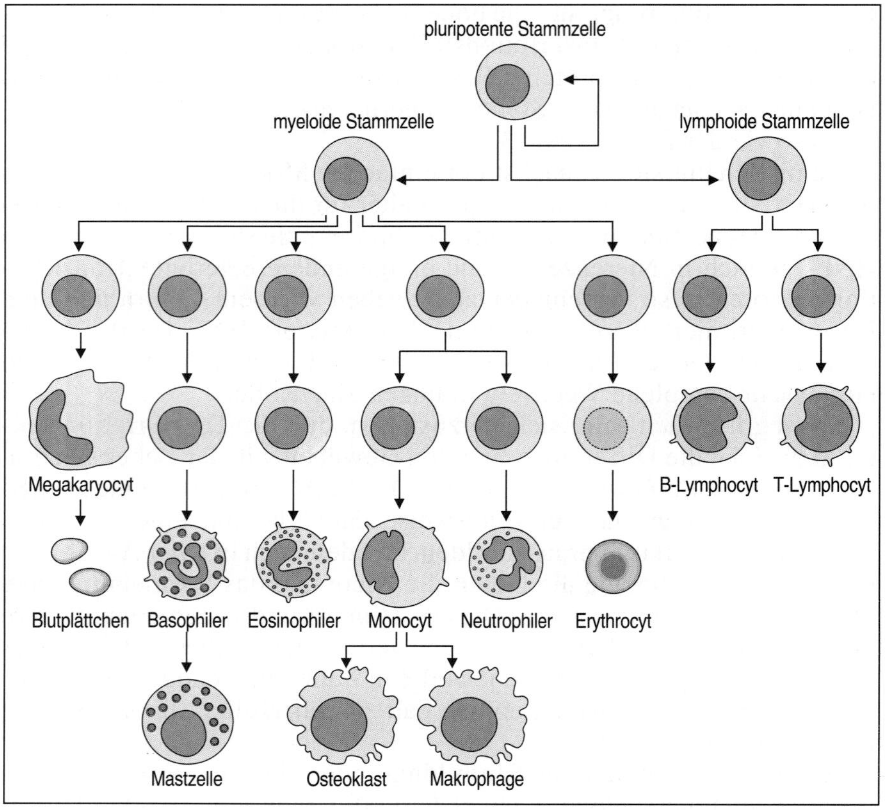

9.21 Blutzellen entstehen aus pluripotenten Stammzellen. Aus den pluripotenten Stammzellen, die sich immerfort selbst erneuern, gehen alle Blutzellen hervor, außerdem Gewebemakrophagen, Mastzellen und die Osteoklasten im Knochen. Vermutlich entstehen aus den Stammzellen zunächst Vorläufer, die noch nicht auf eine bestimmte Linie festgelegt sind; daraus gehen dann wahrscheinlich in einer ersten Aufspaltung determinierte myeloide und lymphoide Vorläuferzellen hervor. Von diesen leiten sich dann die acht verschiedenen Typen von Blutzellen ab. Hämatopoetische Wachstumsfaktoren beeinflussen die Proliferation und Differenzierung der einzelnen Linien.

Zellen hervor; hierzu zählen die roten Blutzellen oder Erythrocyten und fünf Typen weißer Blutzellen oder Leukocyten: Eosinophile, Neutrophile und Basophile (zusammengefaßt als Granulocyten oder polymorphkernige Leukocyten) sowie Monocyten und Megakaryocyten. Die beiden letzteren Zelltypen bleiben im Knochenmark, bringen jedoch Makrophagen beziehungsweise Blutplättchen hervor, die dann das Mark verlassen. Die lymphoide Linie führt zu den lymphoiden Zellen, das sind die beiden antigenspezifischen Zelltypen des Immunsystems: die B- und T-Lymphocyten. Bei Säugern entwickeln sich die B-Lymphocyten im Knochenmark (englisch *bone marrow*) und die T-Lymphocyten im Thymus. Sie entstehen aus Vorläuferzellen, die von den pluripotenten Stammzellen im Knochenmark abstammen und in den Thymus einwandern. Sowohl B- als auch T-Lymphocyten durchlaufen eine weitere, nunmehr terminale Differenzierung, wenn sie auf ein passendes Antigen gestoßen sind. Ausdifferenzierte B-Lymphocyten werden zu Antikörper sezernierenden Plasmazellen, ausdifferenzierte T-Zellen dagegen zu mindestens drei funktionell unterschiedlichen Effektorzelltypen.

Im Knochenmark sind die verschiedenen Blutzelltypen und ihre Vorläufer stark durchmischt mit Bindegewebszellen, den Knochenmarkstromazellen. Aus diesem komplexen Zellgemisch könnten die pluripotenten Stammzellen als solche bisher noch nicht definitiv isoliert werden. Auf ihre Existenz hat man vielmehr dadurch indirekt geschlossen, daß das Knochenmark, das Blutsystem komplett wiederherstellen kann, wenn man es in ein Individuum verpflanzt, dessen eigenes Mark vorher zerstört wurde. Das entscheidende Experiment, mit dem sich dies zeigen läßt, besteht darin, daß man einer Maus eine Suspension von Knochenmarkzellen gibt, die man zuvor einer tödlichen Dosis Röntgenstrahlung ausgesetzt hat. Normalerweise würde eine derart bestrahlte

Maus aufgrund des Verlusts an Blutzellen sterben, da diese als stark teilungsaktive Zellen auf Bestrahlung besonders empfindlich reagieren. Die transfundierten Knochenmarkzellen können jedoch ein neues hämatopoetisches System etablieren, so daß sich die Maus wieder erholt.

Aus der hämatopoetischen Stammzelle entstehen Vorläuferzellen, die irgendwann irreversibel darauf festgelegt werden, eine der unterschiedlichen Entwicklungswege einzuschlagen, die zu den acht verschiedenen Blutzelltypen führen. Es erscheint plausibel, daß zuerst eine Festlegung (*commitment*) auf entweder die myeloide oder die lymphoide Linie erfolgt (Abbildung 9.21). Eingehende Untersuchungen zur Herkunft der unterschiedlichen Linien ließen die Vorstellung aufkommen, daß das hämatopoetische System hierarchisch aufgebaut ist, mit den pluripotenten Stammzellen an der Spitze. Diese bringen Vorläuferzellen hervor, denen zunächst noch alle Differenzierungswege offenstehen, die aber alsbald in ihrem Entwicklungspotential eingeschränkt werden und nunmehr auf eine der möglichen Linien festgelegt sind. Anfangs betrifft das wahrscheinlich nur die Entscheidung zwischen lymphoider und myeloider Zellinie, danach durchlaufen die Zellen weitere Runden aus Vermehrung und einer erneuten, nunmehr enger gefaßten Festlegung, bis sie sich endgültig in die verschiedenen Blutzelltypen differenzieren.

All diese Vorgänge ereignen sich in der Mikroumgebung des Knochenmarkstromas; gesteuert werden sie von äußeren Signalen in Gestalt hämatopoetischer Wachstumsfaktoren und anderer Cytokine. Diese Signalsubstanzen wirken offenbar hauptsächlich permissiv und selektiv: Sie geben Zellen eines jeweils bestimmten Typs, die schon für den nächsten Differenzierungsschritt vorbereitet sind, den Startschuß, sich zu vermehren und den angepeilten Differenzierungsschritt dann tatsächlich zu vollziehen. Auf diese Weise kann der Organismus die Anzahl seiner verschiedenen Blutzelltypen entsprechend den physiologischen Erfordernissen regulieren: Bei Blutverlust kurbelt er die Produktion von Erythrocyten an, bei einer Infektion die von Lymphocyten und anderer weißer Blutzellen.

9.12 Koloniestimulierende Faktoren und Veränderungen im Zellinneren steuern die Differenzierung der hämatopoetischen Zellinien

In der Hämatopoese kommt eine Hierarchie von Transkriptionsfaktoren zur Wirkung, durch deren überlappende Expressionsmuster die verschiedenen Zellinien ihre spezifische Ausprägung erhalten. So gibt es Faktoren, die nur in unreifen Zellen vorkommen und nicht linienspezifisch sind; darunter fällt beispielsweise das Proteinprodukt des Protoonkogens *c-myb*. Andere dagegen sind spezifisch für eine Zellinie; von solchen sind mittlerweile mindestens 20 bekannt. Zum Beispiel findet man den Transkriptionsfaktor GATA-2 in allen myeloiden Vorläuferzellen, aber nicht in denen des lymphoiden Systems. Noch spezifischer ist GATA-1: Er kommt nur in bestimmten Zellen der myeloiden Linie vor und ist für die Differenzierung der roten Blutzellen notwendig. Zudem wird er in Zellen des Hodens exprimiert, was die kombinatorische Wirkung von Transkriptionsfaktoren unterstreicht, die die Differenzierung steuern. Ein weiterer für die Bildung roter Blutzellen wesentlicher Faktor ist NF-E2. Es stellt sich die Frage, wodurch die Aktivität all dieser Transkriptionsfaktoren reguliert wird. Offensichtlich übernehmen

Tabelle 9.1: Hämatopoetische Wachstumsfaktoren und ihre Zielzellen

Wachstumsfaktor	reagierende hämatopoetische Zelle
Erythropoetin (EPO)	erythroide Vorläufer
Granulocyten-koloniestimulierender Faktor (G-CSF)	Granulocyten
Interleukin-4 (IL-4)	B-, T-Zellen
Interleukin-7 (IL-7)	lymphoide Stammzellen
Interleukin-3 (IL-3)	pluripotente Vorläuferzellen, Megakaryocyten
Granulocyten-Makrophagen-koloniestimulierender Faktor (GM-CSF)	pluripotente Vorläuferzellen, Megakaryocyten
Interleukin-5	B-Zellen, Eosinophile
Interleukin-2	T-Zellen
Interleukin-6	T-Zellen, aktivierte B-Zellen, Monocyten
Thrombopoetin	Megakaryocyten
Makrophagen-koloniestimulierender Faktor (M-CSF)	Makrophagen, Granulocyten

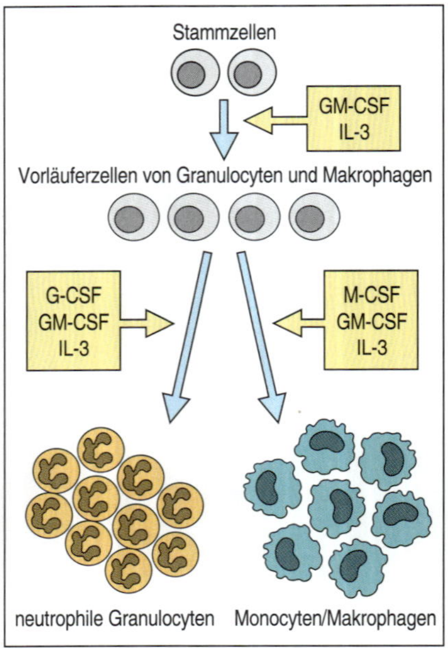

9.22 Koloniestimulierende Faktoren lenken die Differenzierung von Neutrophilen und Makrophagen. Neutrophile Granulocyten und Makrophagen stammen von gemeinsamen Granulocyten-Makrophagen-Vorläuferzellen ab. Welcher der beiden Differenzierungswege bevorzugt wird, hängt unter anderem von den Wachstumsfaktoren G-CSF und M-CSF ab. Zudem werden die Wachstumsfaktoren GM-CSF und IL-3 benötigt, um gemeinsam das Überleben und die Vermehrung von Zellen der myeloiden Linie zu fördern. Nach Metcalf 1991.

dabei Signale eine Schlüsselfunktion, die durch extrazellulär agierende Wachstumsfaktorproteine und Differenzierungsfaktoren übermittelt werden.

In Untersuchungen zur Blutzelldifferenzierung in Kultur wurden mindestens 20 extrazelluläre Proteine identifiziert, die gemeinhin als koloniestimulierende Faktoren oder hämatopoetische Wachstumsfaktoren bezeichnet werden und die Zellproliferation und Zelldifferenzierung während unterschiedlicher Stadien der Hämatopoese beeinflussen können (Tabelle 9.1). Darunter befinden sich sowohl Stimulatoren als auch Hemmstoffe. Nicht alle Faktoren zur Steuerung der Blutzellproduktion werden von Blut- oder Stromazellen produziert. Das Protein Erythropoetin beispielsweise, das die Differenzierung designierter Vorläufer der roten Blutzellen auslöst, entsteht hauptsächlich in der Niere auf physiologische Signale hin, die einen Mangel an roten Blutzellen anzeigen.

Ungeachtet der nachgewiesenen Funktionen dieser Faktoren für die Vermehrung und Differenzierung von Blutzellen gibt es Hinweise, daß eine Zelle mitunter per Zufall auf eine der Entwicklungsrichtungen innerhalb der myeloiden Linie festgelegt wird. Wenn man zwei Tochterzellen einer einzelnen frühen Vorläuferzelle (die noch eine Reihe verschiedener Blutzelltypen hervorbringen kann) getrennt unter den gleichen Bedingungen kultiviert, gehen aus beiden Tochterzellen gewöhnlich Kolonien mit derselben Kombination von Zelltypen hervor. In 20 Prozent der Fälle weichen jedoch die beiden entstehenden Zellpopulationen in ihrer Zusammensetzung voneinander ab. Das legt den Schluß nahe, daß die Entscheidung, welche Differenzierungsrichtung eingeschlagen werden soll, auf einer Eigenschaft der Zellen beruht und durch Zufallsereignisse bei der Zellteilung an diversen Verzweigungspunkten des hämatopoetischen Stammbaumes getroffen wird. Die Aufgabe der Wachstumsfaktoren läge dann darin, das Überleben bestimmter Zelltypen zu fördern.

Es ist schwierig, innerhalb der Fülle von Wachstumsfaktoren zwischen solchen zu unterscheiden, die spezifische Effekte auf die Differenzierung ausüben könnten, und solchen, die für das Überleben und die Vermehrung von Zellen einer oder mehrerer bestimmter Linien erforderlich sind. Drei dieser Faktoren sind recht gut in ihren voneinander abweichenden Funktionen charakterisiert: der Granulocyten-Makrophagen-koloniestimulierende Faktor (GM-CSF), der Makrophagen-koloniestimulierende Faktor (M-CSF) und der Granulocyten-koloniestimulierende Faktor (G-CSF). Der GM-CSF wird bei den frühesten identifizierbaren Vorläufern grundsätzlich für die Entwicklung der meisten myeloiden Zellen benötigt. In Kombination mit G-CSF regt er jedoch offenbar den gemeinsamen Granulocyten-Makrophagen-Vorläufer an, ausschließlich Granulocyten – in erster Linie neutrophile – zu bilden. Anders dagegen, wenn GM-CSF zusammen mit M-CSF agiert: Dann wird derselbe Vorläufer veranlaßt, sich vor allem zu Monocyten (Makrophagen) zu entwickeln (Abbildung 9.22).

Die hämatopoetischen Wachstumsfaktoren haben keine strikt festgelegte Wirkspezifität in dem Sinne, daß jeder Faktor auf einen Typ von Zielzelle nur eine bestimmte Wirkung ausübt. Sie wirken vielmehr in unterschiedlichen Kombinationen unterschiedlich auf diverse Zielzellen, wobei das Ergebnis jeweils von der Entwicklungsvorgeschichte der jeweiligen Zielzelle abhängt.

9.13 Die Expression der Globingene wird durch weit strangaufwärts gelegene regulatorische Sequenzen gesteuert

Wir wollen unseren Blick nun auf einen bestimmten Typ differenzierter Blutzellen werfen – die roten Blutzellen oder Erythrocyten – und die Transkriptionsfaktoren betrachten, die während der Differenzierung dieser Zellen aktiv sind und ihre Genexpression steuern. Kennzeichnend für die Erythrocytendifferenzierung ist die Synthese großer Mengen des Sauerstofftransportproteins Hämoglobin, was mit der koordinierten Regulation zwei verschiedener Gruppen von Globingenen einhergeht.

Das Hämoglobin der Wirbeltiere ist ein Tetramer aus jeweils zwei identischen Globinketten vom α- und vom β-Typ. Die α- und β-Globingene gehören zwei verschiedenen Multigenfamilien an, die auf unterschiedlichen Chromosomen lokalisiert sind. Beide Familien liegen als Cluster vor, das heißt, ihre einzelnen Gene sind auf dem jeweiligen Chromosom eng nebeneinander gruppiert. In Säugern kommen je nach Entwicklungsstadium von beiden Genfamilien unterschiedliche Mitglieder zur Expression, so daß im embryonalen, fetalen und adulten Zustand jeweils andere Hämoglobinformen gebildet werden. Im folgenden betrachten wir die Expressionskontrolle der Globingene vom β-Typ, als Beispiel für ein Gensortiment, das nicht nur strikt zellspezifisch, sondern überdies auch entwicklungsabhängig reguliert wird.

Beim Menschen enthält der β-Globingencluster fünf Gene – ε, G_γ, A_γ, δ und β (Abbildung 9.23). Diese werden in verschiedenen Entwicklungsstadien und an verschiedenen Orten exprimiert: das ε-Gen im Dottersack des frühen Embryos; die beiden γ-Gene, deren Proteinprodukte sich nur in einer Aminosäure unterscheiden, in der fetalen Leber; und die Gene δ und β schließlich in den Erythrocytenvorläufern des adulten Knochenmarks. Die jeweiligen Proteinprodukte dieser Gene lagern sich mit vom A-Genkomplex codierten Globinmolekülen zusammen und bilden in Embryo, Fetus und nach der Geburt physiologisch unterschiedliche Hämoglobine.

Die Kontrollregionen zur Regulation des β-Globingenclusters sind komplex und umfangreich. Jedes Gen besitzt einen eigenen Promotor und Kontrollstellen unmittelbar strangaufwärts vom Transkriptionsstartpunkt; zudem befindet sich ein Enhancer strangabwärts (jenseits

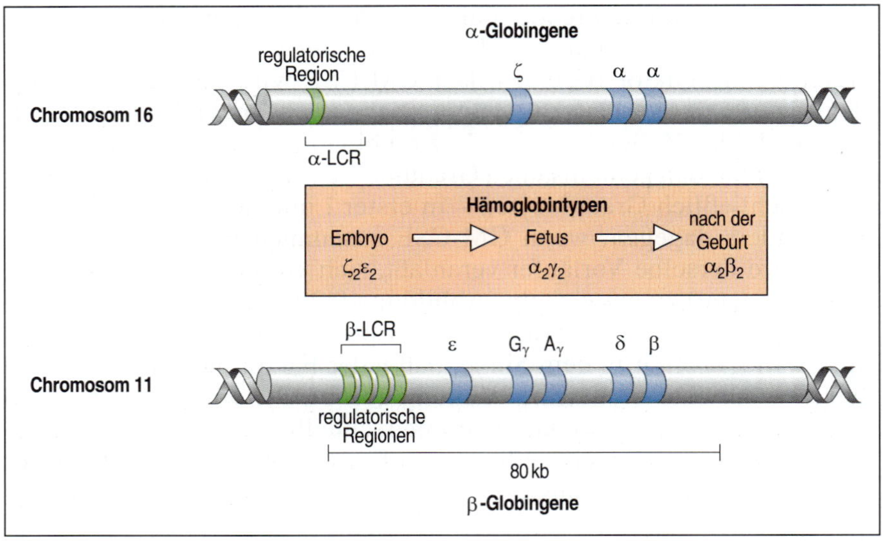

9.23 Organisation der menschlichen Globingene. Das Hämoglobin besteht aus vier Globinketten: einem identischen Paar vom α-Typ und einem ebenfalls identischen Paar vom β-Typ. Codiert werden diese Proteine von zwei Genfamilien: der α-Familie auf Chromosom 16 und der β-Familie auf Chromosom 11. Die Zusammensetzung des menschlichen Hämoglobins verändert sich während der Entwicklung: Im Embryo besteht es aus ζ-(α-Typ-) und ε-(β-Typ-)Untereinheiten, in der fetalen Leber aus α- und γ-Untereinheiten und nach der Geburt größtenteils aus α- und β-Untereinheiten, ein kleiner Anteil aus α- und δ-Untereinheiten. Die regulatorischen Bereiche α-LCR und β-LCR sind Locuskontrollregionen, die für das Umschalten der Globingene in den verschiedenen Entwicklungsstadien wichtig sind.

des 3′-Endes) des β-Globingens, des letzten Gens im Cluster (Abbildung 9.24). Diese lokalen Kontrollsequenzen – mit Bindungsstellen sowohl für Transkriptionsfaktoren, die nur in erythroiden Zellen vorkommen, als auch für solche, die weiter verbreitet sind – reichen jedoch alleine nicht aus, um die Expression der β-Globin-Gene ordnungsgemäß zu regulieren.

Die korrekte Regulation des Clusters hängt zusätzlich von einer Region ab, die sich in beträchtlicher Entfernung strangaufwärts vom ε-Gen befindet. Man nennt sie die Locuskontrollregion (LCR, Abbildung 9.23). Sie erstreckt sich über mehrere 10 000 Basenpaare im Abstand zwischen 5 000 und 18 000 Basenpaaren vom 5′-Ende des ε-Gens. Die LCR verleiht jedem ihr angehängten Gen aus der β-Globinfamilie ein hohes Expressionsniveau; außerdem sorgt sie in transgenen Mäusen für die korrekte entwicklungsspezifische Expressionsfolge sämtlicher Gene des β-Globingenclusters, obwohl das β-Globingen selbst rund 50 000 Basenpaare vom äußersten 5′-Ende der LCR entfernt ist. Eine ähnliche Kontrollregion fand man strangaufwärts des α-Globingenclusters. Überhaupt wurden die Globin-LCRs unter den bisher entdeckten Steuer-

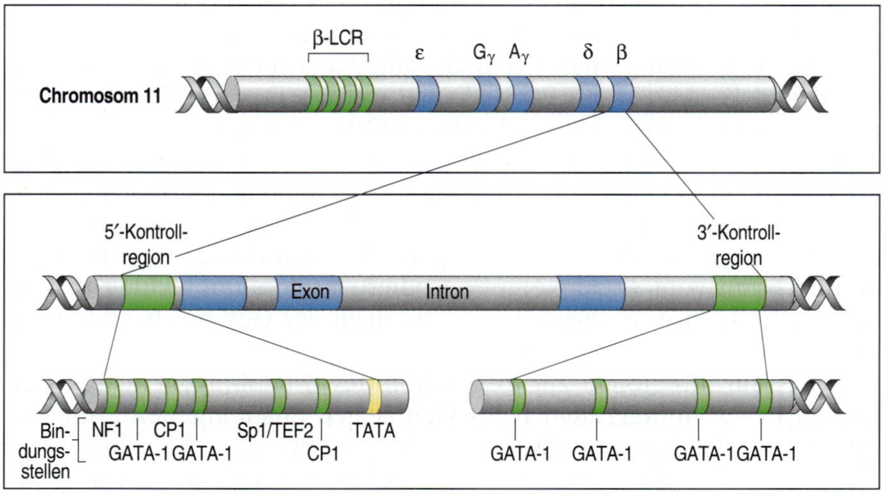

9.24 Die Kontrollregionen des β-Globin-Gens. Das β-Globingen bildet zusammen mit anderen Globingenen vom β-Typ einen Genkomplex und wird erst nach der Geburt exprimiert. In seinen Kontrollregionen befinden sich Bindungsstellen für den relativ erythroidspezifischen Transkriptionsfaktor GATA-1 sowie für andere Faktoren, die nicht gewebespezifisch sind, darunter NF1 und CP1. Strangaufwärts vom β-Globingencluster liegt die Locuskontrollregion (LCR) mit weiteren regulatorischen Sequenzen, die eine hohe Expressionsrate und die korrekte entwicklungsspezifische Steuerung der β-Globingene gewährleisten.

elementen der gewebespezifischen Genexpression wohl am besten charakterisiert.

Entdeckt wurde die LCR aufgrund der Tatsache, daß sie Abschnitte enthält, die gegenüber der Behandlung mit dem DNA-abbauende Enzym DNase I besonders empfindlich sind – und zwar nur in erythroiden Zellen, nicht in anderen Zelltypen. Eine solche Sensitivität gegenüber DNase I gilt als Zeichen dafür, daß das Chromatin in der betreffenden Region weniger dicht gepackt vorliegt. Daher ist die DNA an diesen Stellen für DNA-bindende Transkriptionsfaktoren leicht zugänglich, und der sensitive Bereich kann als aktive Kontrollregion wirken. Doch wodurch wird die LCR in erythroiden Zellen aktiviert, und wie steuert sie die Expression der Globingene? Der Bereich enthält vier „Kern“-Kontrollregionen mit jeweils einer Länge von etwa 300 Basenpaaren und Bindungsstellen für eine kleine Zahl verschiedener Regulatorproteine – unter ihnen die Transkriptionsfaktoren NF-E2 und GATA-1, die beide in erythroiden Zellen stark exprimiert werden. Die übrigen Bindungsstellen sind solche für ubiquitäre Transkriptionsfaktoren. Auch hier ist es die qualitative und quantitative Kombination der vorhandenen Transkriptionsfaktoren, die insgesamt darüber entscheidet, ob ein Globin-Gen ein- oder abgeschaltet wird.

Besonders bemerkenswert an der β-Globinexpression ist das aufeinanderfolgende Ein- und Abschalten der einzelnen Gene im Verlauf der Entwicklung, an dem die LCR beteiligt ist. Das wohl naheliegendste Modell dafür wäre, daß an die LCR gebundene Proteinen mit solchen in Wechselwirkung treten, die sich an den Promotoren hintereinander angeordneter Globingene befinden (Abbildung 9.25). Dabei bildet die DNA zwischen der LCR und dem jeweiligen Promotor vermutlich eine Schleife, so daß die Proteine beider Kontrollbereiche direkt miteinander in Kontakt kommen können. Mithin würde die LCR zunächst in Zellen des embryonalen Dottersacks mit dem ε-Promotor interagieren, in der fetalen Leber dann mit den beiden γ-Promotoren, und in den erythroiden Zellen des Knochenmarks schließlich mit dem β-Promotor.

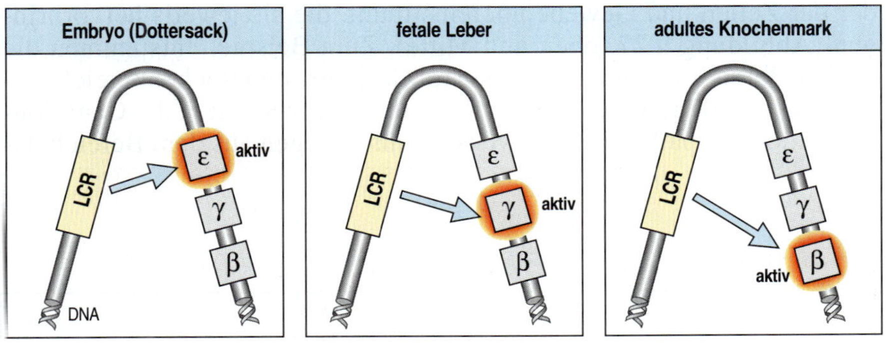

9.25 Mechanismus, über den die LCR die Globingene der β-Familie während der Entwicklung schrittweise aktivieren könnte. Die LCR (Locuskontrollregion) tritt vermutlich je nach Entwicklungsstadium nacheinander mit jedem der Promotoren in Kontakt und steuert so die zeitabhängige Expression der zugehörigen Gene. Nach Crossley et al. 1993.

9.14 Neuralleistenzellen differenzieren sich zu vielen verschiedenen Zelltypen

Wir kommen nun zu den Zellen der Neuralleiste, aus denen eine beträchtliche Anzahl verschiedener Zelltypen hervorgeht, darunter Knorpel-, Pigment- und Nervenzellen. Neuralleistenzellen entstehen aus dem Ektoderm und sind als Einzelzellen erkennbar, wenn sie sich vom

Neuralrohr ablösen. Einzelne Vorläuferzellen aus dem Innern des Neuralrohrs können nicht nur zur Neuralleiste, sondern auch zum Neuralrohr selbst und zur Epidermis beitragen. Die Spezifizierung der Neuralleiste ist das Ergebnis einer induktiven Wechselwirkung zwischen der Neuralplatte und dem angrenzenden zukünftigen Ektoderm (Kapitel 4).

Die Differenzierung der Neuralleistenzellen ähnelt in gewisser Weise der des hämatopoetischen Systems: In beiden Fällen entwickelt sich aus einer offensichtlich noch nicht festgelegten multipotenten Zellpopulation eine große Vielfalt von Zelltypen. Wenn sich in Wirbeltierembryonen das Neuralrohr schließt, kann man auf beiden Seiten Neuralleistenzellen erkennen. Sie verlassen das Neuralepithel und wandern ins Körperinnere, wo aus ihnen viele verschiedene Zelltypen hervorgehen: Sie bilden große Teile des Kopfskeletts, ferner Neuronen und Gliazellen des peripheren Nervensystems (darunter fallen das sensorische und das autonome Nervensystem), außerdem endokrine Zellen, zum Beispiel solche des Nebennierenmarks, und Melanocyten – Pigmentzellen der Haut und anderer Gewebe (Abbildung 9.26; Abschnitt 8.15). Sie bringen also Gewebe sowohl ektodermalen als auch mesodermalen Ursprungs hervor. Dieses beeindruckende Entwicklungspotential wurde entdeckt, indem man Amphibienembryonen die Neuralleiste entnahm und beobachtete, welche Körperstrukturen sich nicht mehr ausbilden konnten.

Intensiv untersucht wurde die Differenzierung der Neuralleistenzellen mit Hilfe von Transplantationsexperimenten, bei denen man Neuralleisten aus Wachtel- in Hühnerembryonen verpflanzte. Wachtelzellen besitzen einen auffälligen Zellkern, der sie von Hühnerzellen unterscheidet. Daher kann man die transplantierten Wachtelzellen im Hühnerembryo verfolgen und beobachten, zu welchen Geweben sie beitragen und welche Zelltypen aus ihnen entstehen (Abbildung 8.34). Um einen Anlagenplan (Abschnitt 1.10) der Neuralleiste zu erstellen, verpflanzt man, ehe die Neuralleistenzellen abzuwandern beginnen, das Neuralrohr der Wachtel Stück für Stück in entsprechende Neuralrohrabschnitte gleichaltriger Hühnerembryonen. Der Anlagenplan zeigt, daß die Lage der Neuralleistenzellen entlang der Körperlängsachse weitgehend mit der der Zellen und Gewebe übereinstimmt, die sie jeweils hervorbringen (Abbildung 9.27, oben und Mitte). Zum Beispiel entstammen die Zellen, die sich später zu Geweben im Gesichts- und Rachenbereich entwickeln, aus dem Abschnitt der Neuralleiste vor Somit 5, die Ganglionzellen des sympathischen Nervensystems dagegen aus dem Bereich dahinter.

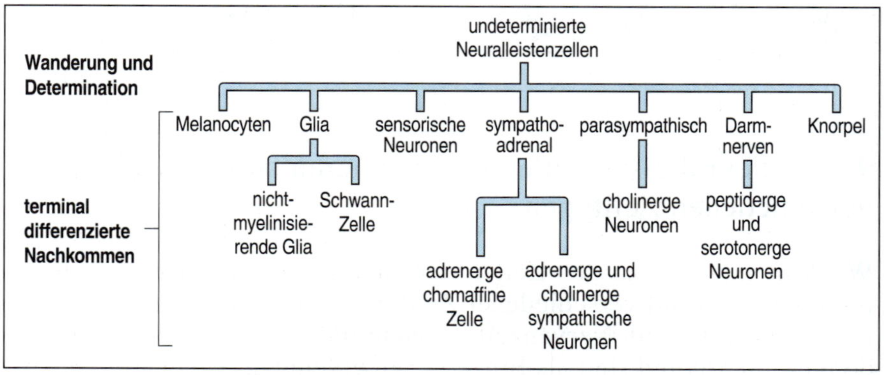

9.26 Abkömmlinge der Neuralleiste. Neuralleistenzellen entwickeln sich zu den verschiedensten Zelltypen, darunter Melanocyten, Knorpel- und Gliazellen sowie eine Reihe von Neuronen, die sich durch ihre funktionelle Spezialisierung und die jeweils produzierten Neurotransmitter unterscheiden. Cholinerge Neuronen benutzen Acetylcholin als Neurotransmitter, adrenerge Neuronen verwenden in erster Linie Noradrenalin (Norepinephrin), peptiderge und serotenerge Neuronen produzieren Peptidneurotransmitter beziehungsweise Serotonin.

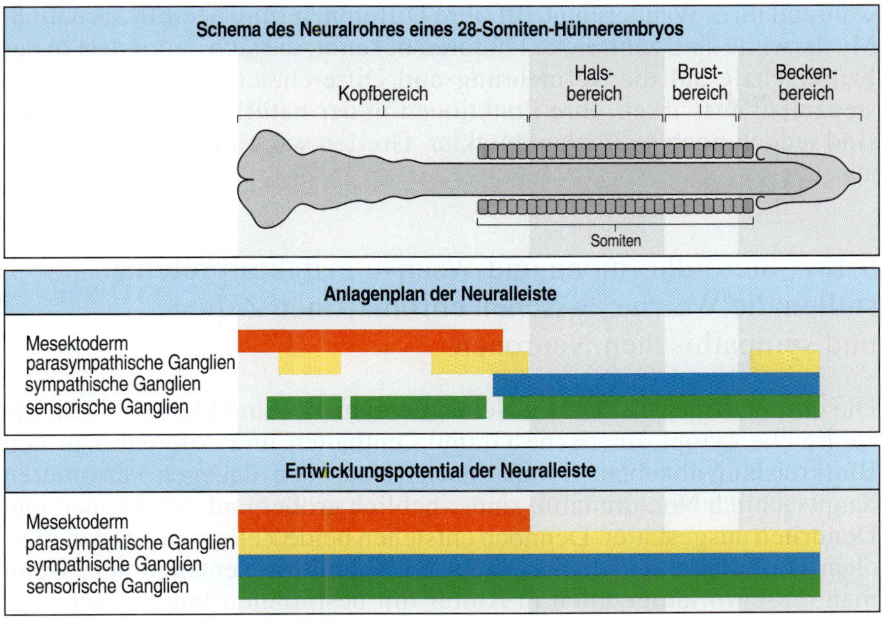

9.27 Schicksal und Entwicklungspotential von Neuralleistenzellen. Der Anlagenplan (Mitte) zeigt, daß die aus den Neuralleistenzellen hervorgehenden einzelnen Strukturen in etwa die gleiche Position relativ zur Längsachse einnehmen wie die Zellen, aus denen sie hervorgehen. So stammen zum Beispiel die mesektodermalen Strukturen im Kopf vom Vorderende der Neuralleiste. Das Entwicklungspotential (unten) ist dagegen weit größer als das, was letztlich verwirklicht wird; eine Ausnahme bilden die Zellen des künftigen Mesektoderms.

Wie weit ist die Entwicklung der Neuralleistenzellen bereits vor ihrer Wanderung festgelegt? Viele Zellen sind zweifellos pluripotent: Wenn man einzelnen Neuralleistenzellen kurz nach ihrer Ablösung vom Neuralrohr eine Indikatorsubstanz injiziert, kann man beobachten, daß sie verschiedene Zelltypen hervorbringen, neuronale wie nichtneuronale. Zudem kann man dadurch, daß man Abschnitte innerhalb der Neuralleiste verpflanzt, bevor die Zellen mit ihrer Wanderung beginnen, zeigen, daß das Entwicklungspotential der Zellen deutlich größer ist, als sich aufgrund ihres Anlagenplanes vermuten ließe (Abbildung 9.27 unten). Wenn man Stücke aus verschiedenen Bereichen der Neuralleiste der Wachtel an andere Stellen entlang der Längsachse von Hühnerembryonen aus demselben Stadium transplantiert, hat dies zumeist kaum Auswirkungen auf die weitere Entwicklung: Die transplantatierten Neuralleistenzellen differenzieren sich gemäß ihrer neuen Achsenposition. Allerdings gibt es gewisse Einschränkungen des Potentials hinsichtlich der Bildung von Skelett- und Bindegewebe des Kopfes: Aus dem Neuralleistenbereich hinter Somit 5 können sich diese Strukturen nicht entwickeln, wenn man sie im Hühnerembryo nach weiter vorne transplantiert.

Das weitgefächerte Entwicklungspotential der Neuralleiste zeigt sich gleichfalls im Verhalten ihrer Zellen in Kultur. Fast alle Zelltypen, die die Neuralleiste hervorbringen kann, differenzieren sich auch in Zellkultur. Am besten läßt sich das Entwicklungspotential an Kulturen analysieren, die jeweils von einer einzelnen Zelle abstammen: Wenn man bereits wandernde Neuralleistenzellen einzeln kultiviert, gehen daraus meist Klone hervor, die mehr als einen Zelltyp enthalten; das zeigt, daß die Zellen zu Beginn der Kultur noch multipotent sind. Doch je weiter ihre Wanderung fortschreitet, desto geringer wird ihr Potential, und die Größe der Klone und die Vielfalt der in ihnen enthaltenen Zelltypen nehmen ab. Kurz nach Beginn der Wanderung sind die Neuralleistenzellen also eine Mischpopulation pluripotenter Zellen, durchsetzt mit solchen, deren Potential bereits eingeschränkt ist.

Wodurch wird nun das normale Schicksal einer Neuralleistenzelle bestimmt? Es liegt auf der Hand, daß das Umgebungsmilieu, auf das sie

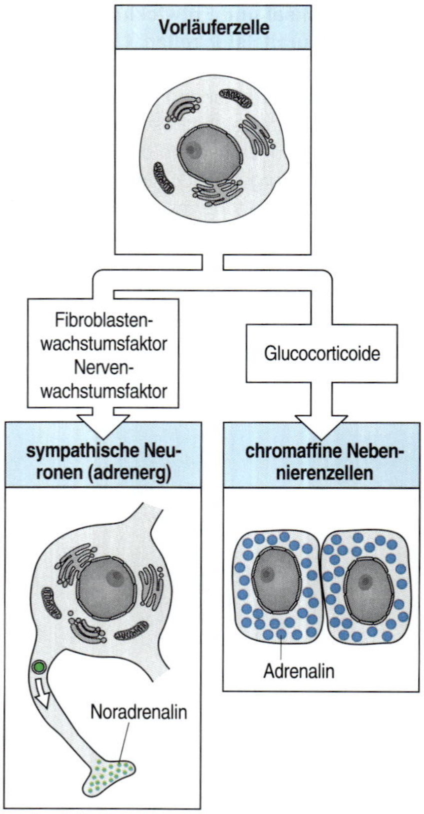

9.28 Externe Signale können die Differenzierung von Abkömmlingen der Neuralleiste steuern. Adrenerge sympathische Neuronen und chromaffine Nebennierenzellen leiten sich von gemeinsamen Vorläuferzellen aus der Neuralleiste ab. Wachstumsfaktorproteine und Glucocorticoide bestimmen darüber, welchen der beiden Differenzierungswege die Vorläuferzelle einschlägt. Nach Doupe et al. 1985.

während ihrer Wanderung trifft, ihre Differenzierung beeinflussen muß. Mittlerweile sind zahlreiche Faktoren bekannt, die sich zumindest in der Kulturschale auf die Vermehrung und Differenzierung der Neuralleistenzellen auswirken. Ihre Funktionen in der natürlichen Entwicklung sind jedoch noch weitgehend unklar. Greifen wir einige Beispiele heraus.

9.15 Steroidhormone und Wachstumsfaktorproteine stellen die Weiche zwischen chromaffinen Zellen und sympathischen Neuronen

Die chromaffinen Zellen des Nebennierenmarks sind kleine Zellen, die zahlreiche cytoplasmatische Granula enthalten und Adrenalin in den Blutkreislauf abgeben. Sympathische Neuronen dagegen sezernieren hauptsächlich Noradrenalin, sind erheblich größer und mit Axonen und Dendriten ausgestattet. Dennoch entstehen beide Zelltypen aus den gleichen Vorläuferzellen, die ihrerseits der Neuralleiste entstammen. Wenn man diese Vorläuferzellen in Kultur mit bestimmten Induktorsubstanzen behandelt, differenzieren sie sich entweder zu sympathischen Neuronen oder zu chromaffinen Zellen (Abbildung 9.28).

Die Entwicklung der Vorläuferzelle zu chromaffinen Zellen erfordert eine hohe Konzentration von Glucocorticoidhormonen. Im Organismus werden diese Hormone von den Zellen der benachbarten Nebennierenrinde synthetisiert. Glucocorticoide hemmen die neuronale Entwicklung und fördern zugleich die Reifung der chromaffinen Zellen. Der neuronale Differenzierungsweg wird demgegenüber durch zwei Proteinfaktoren eingeleitet, den Fibroblastenwachstumsfaktor (*fibroblast growth factor*, FGF) und den Nervenwachstumsfaktor (*nerve growth factor*, NGF), die nacheinander zur Wirkung kommen. FGF alleine kann zwar eine neuronale Differenzierung auslösen; allerdings bleiben die Zellen nicht am Leben, wenn nicht auch NGF vorhanden ist. Tatsächlich besteht ein Teil der Wirkung von FGF darin, das Weiterleben der Zellen von NGF abhängig zu machen.

Differenzierte chromaffine Zellen sind, um ihren Phänotyp zu behalten, zumindest in Kultur weiterhin auf die ständige Präsenz von Glucocorticoiden angewiesen. Wenn man die Glucocorticoide im Medium weg läßt und ihm FGF zusetzt, können sie sich zu sympathischen Neuronen transdifferenzieren (Abschnitt 9.3).

9.16 An der Diversifizierung der Neuralleistenzellen sind Signale beteiligt, die das Entwicklungsschicksal der Zellen beziehungsweise deren selektives Überleben steuern

Wie Studien an Zellkulturen der Rattenneuralleiste ergaben, kann eine ganze Reihe von Wachstumsfaktoren das Schicksal dieser Zellen in verschiedene Bahnen lenken. So fördert etwa der Gliawachstumsfaktor die Differenzierung von Gliazellen und unterdrückt die Neuronendifferenzierung, während der Faktor BMP-2 gerade diese vorantreibt. Beide Faktoren werden im Embryo an Stellen exprimiert, die mit ihrer Funktion bei der Lenkung des Schicksals von Neuralleistenzellen in Einklang stehen.

Aus der Neuralleiste gehen zwei Typen segmental beiderseits der Wirbelsäule angeordneter Ganglien hervor: die sensorischen Spinalganglien, die über die Dorsalwurzeln mit dem Rückenmark verbunden sind, und die sympathischen Ganglien; erstere enthalten cholinerge Neuronen, letztere ganz überwiegend adrenerge. Wie sich überraschend herausgestellt hat, beherbergen die sensorischen Spinalganglien im Frühstadium ihrer Entwicklung immer noch Zellen, die Neuronen eines anderen Typs hervorbringen können – nämlich sympathische. Man kann dies zeigen, indem man Stücke aus Spinalganglien in die Neuralleiste jüngerer Embryonen verpflanzt. Zellen aus den Implantaten wandern dann ein zweites Mal. Manche finden ihren Weg in sympathische Ganglien und entwickeln sich dort zu adrenergen Neuronen, andere gelangen ins Nebennierenmark und werden zu adrenalinsezernierenden Zellen. Ganz anders dagegen der umgekehrte Fall: In frühen sympathischen Ganglien fand man bisher keine Vorläuferzellen, aus denen sensorische Neuronen entstehen können.

Daß sensorische Vorläuferzellen in sympathischen Ganglien fehlen, liegt offenbar daran, daß sie zum Überleben einen Faktor brauchen, den das Neuralrohr produziert. Während sich die sensorischen Spinalganglien dicht neben diesem befinden, sind die sympathischen Ganglien davon weiter entfernt: Sie bilden sich nahe der dorsalen Aorta. Wandern daher Neuralleistenzellen an die Orte, an denen sich die sympathischen Ganglien bilden sollen, würden die sensorischen Vorläufer unter ihnen dort absterben. Am Ort der sensorischen Ganglien dagegen überleben sie, da sie dort den benötigten Faktor vorfinden. Diese Hypothese läßt sich überprüfen, indem man zwischen das Neuralrohr und die gerade entstehenden Spinalganglien eine undurchlässige Barriere einfügt. Dann gehen die sensorischen Vorläufer auch hier zugrunde, und die Spinalganglien bilden sich nicht aus; die sympathischen Ganglien hingegen entwickeln sich normal. Zudem kann man mit einem Extrakt aus dem embryonalen Neuralrohr den Effekt der Barriere neutralisieren und die Vorläuferzellen *in vivo* retten, so daß sich die sensorischen Neuronen entwickeln können. Der hier wirksame Faktor ist wahrscheinlich BDNF (*brain-derived neurotrophic factor*). Offenbar sind also lokal produzierte Faktoren damit befaßt, unter den verschiedenen Populationen von Neuralleistenzellen diejenigen auszulesen, die überleben sollen.

Noch ein Beispiel: Melanocyten stammen von Neuralleistenzellen ab, die eine dorsale Wanderroute unter dem Ektoderm einschlagen. Mäuse, in denen beide Kopien der Gene *W* (*white spotting*) oder *Steel* defekt sind, besitzen keine Melanocyten – weder in ihrer Haut noch in anderen Geweben. (Die Gene wurden ursprünglich anhand der ungewöhnlichen Fellfärbung mutierter Mäuse identifiziert. Diese Mäuse haben zudem Defekte in der Hämatopoese und der Keimzellentwicklung.) Obwohl sich die *W*- und *Steel*-Mutationen offensichtlich insgesamt in etwa gleich auswirken, codieren die beiden Gene ganz verschiedene Proteine: *W* einen Zelloberflächenrezeptor namens Kit, der in Melanoblasten, den undifferenzierten Vorläufern der Melanocyten, exprimiert wird, und *Steel* ein Protein, das die Nachbarzellen der Melanoblasten in der Haut, nämlich Fibroblasten und Keratinocyten, produzieren: den Liganden für Kit. Mutationen in dem einen wie dem anderen Gen blockieren die Bildung von Melanocyten. Die Interaktion der Proteine Steel und Kit ist also für die Melanocytendifferenzierung wesentlich (Abbildung 9.29).

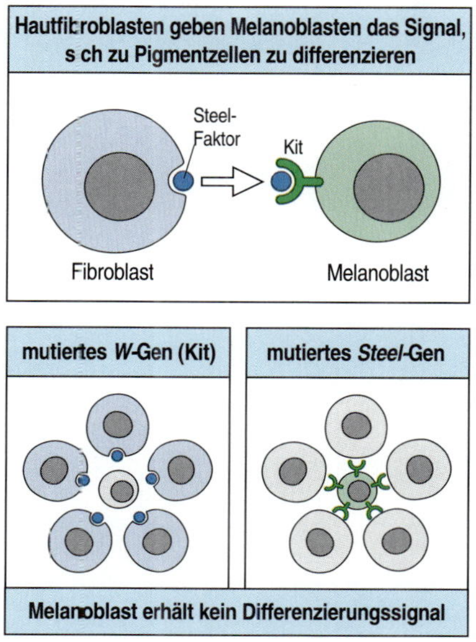

9.29 Der Oberflächenrezeptor Kit und sein Ligand, der Steel-Faktor, sind für die Melanocytendifferenzierung erforderlich. Wenn das Gen für Kit (das Gen *W*) oder das *Steel*-Gen in beiden Kopien defekt ist, können sich Melanoblasten nicht mehr zu Melanocyten differenzieren.

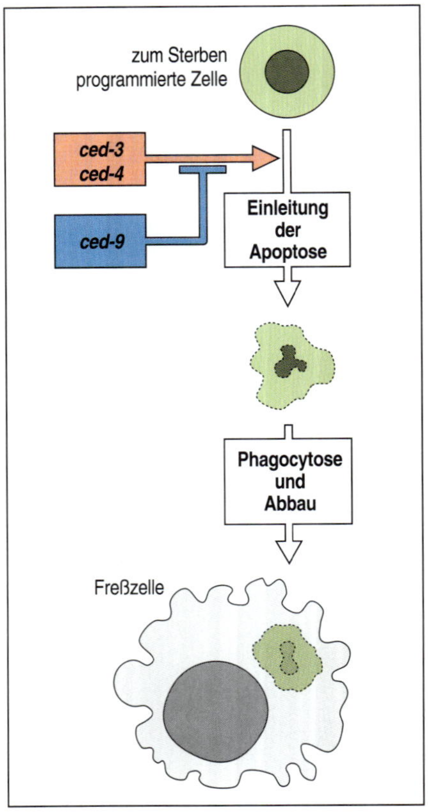

9.30 Gene zur Kontrolle des programmierten Zelltodes im Fadenwurm. Für die Einleitung der Apoptose müssen die Gene *ced-3* und *ced-4* aktiviert werden. Deren Gegenspieler ist das Gen *ced-9*. Eine Zelle, in der *ced-9* aktiv ist, kann keinen programmierten Zelltod durchführen.

9.17 Der programmierte Zelltod steht unter genetischer Kontrolle

Das gezielte Absterben ausgewählter Zellen ist ein normaler Vorgang innerhalb der Entwicklung. Er findet etwa bei der Morphogenese der Wirbeltiergliedmaßen statt, die nur dann Finger und Zehen ausbilden können, wenn die Zellen dazwischen sterben (Kapitel 10). Besonders gut untersucht ist der programmierte Zelltod bei der Nematodenentwicklung (Kapitel 6): Von den 1090 somatischen Zellen, die aus dem Ei von *Caenorhabditis elegans* entstehen, gehen 131 wieder zugrunde. Auch bei der Entwicklung des Wirbeltiernervensystems sterben zahlreiche Neuronen. In all diesen Fällen sterben die Zellen durch einen Prozeß namens **Apoptose**, der aktive RNA- und Proteinsynthese erfordert und durch bestimmte Ereignisse im Zellinnern gekennzeichnet ist. Die Calciumkonzentration im Cytosol steigt an, was zur Aktivierung einer Endonuclease führt, die das Chromatin in Stücke schneidet. Der Zellinhalt bleibt während des ganzen Sterbeprozesses membranumschlossen, selbst wenn die Zelle schließlich in Fragmente zerfällt. Diese werden dann von Freßzellen phagocytiert. Der charakteristische Ablauf unterscheidet die Apoptose vom Zelltod infolge pathologischer Schäden, der Nekrose. Bei letzterer schwillt die Zelle meist an und platzt schließlich (sie wird lysiert).

Wie Untersuchungen zur Apoptose bei Nematoden ergaben, wird der Zelltod, obwohl er ganz verschiedene Zelltypen erfaßt, durch einen allgemeinen Mechanismus eingeleitet, an dem zwei Gene wesentlich beteiligt sind: *ced-3* und *ced-4*. Würmer, in denen eines der beiden Gene durch eine Mutation ausgeschaltet wurde, verlieren keine der 131 normalerweise zum Untergang bestimmten Zellen; statt dessen differenzieren sich diese offenbar in die gleiche Richtung wie ihre Schwesterzellen. Solche Tiere sind anscheinend normal lebensfähig; sie sterben im üblichen Alter von einigen Wochen.

Das Apoptoseprogramm des Fadenwurmes steht unter der Kontrolle eines weiteren Gens, *ced-9*, das offenbar als Bremse im System fungiert (Abbildung 9.30). Ist *ced-9* durch Mutationen inaktiviert, sterben auch zahlreiche Zellen, die das normalerweise nicht tun würden. Wenn dagegen das *ced-9*-Gen durch Mutation zu stark exprimiert wird, sterben überhaupt keine Zellen mehr. Wie es scheint, kommen die Gene *ced-3* und *ced-4* in vielen Zellen, die normalerweise nicht sterben, nur deswegen nicht zur Wirkung, weil *ced-9* sie daran hindert.

Ein Gen, das *ced-9* ähnelt, kontrolliert auch in Säugern die Apoptose. In sich entwickelnden B-Lymphocyten kann die Überexpression des Gens *bcl-2* den programmierten Zelltod – ein bei der Differenzierung lymphoider Zellen häufiges Ereignis – verhindern. Das Gen, das ursprünglich als Onkogen identifiziert wurde, codiert ein Protein der Mitochondrienmembran. Die Sequenzen von *bcl-2* und *ced-9* stimmen soweit überein, daß das Säugergen im Genom des Fadenwurmes die Funktion von *ced-9* übernehmen kann. Auch zu *ced-3* gibt es in Säugern ein homologes Gen: Es codiert eine Protease, die eine proteolytische Kaskade einleitet, die schließlich zum Zelltod führt.

Der programmierte Zelltod ist keineswegs ein seltenes Phänomen. Es scheint sogar in gewisser Weise eher so zu sein, daß die Zellen generell aller tierischer Gewebe darauf angelegt sind, das Todesprogramm von sich aus zu starten; nur die positiven Kontrollsignale ihrer Nachbarzellen halten sie davon ab.

Zusammenfassung

Grundsätzlich steuern komplexe Kombinationen von Transkriptionsfaktoren die Zelldifferenzierung; Expression und Aktivität dieser Faktoren wiederum unterliegen dem Einfluß äußerer Signale. Manche Transkriptionsfaktoren kommen in vielen Zelltypen vor, andere haben ein sehr eingeschränktes Expressionmuster. Die Muskeldifferenzierung kann durch die Expression von Genen wie *myoD* eingeleitet werden, die das zugehörige Differenzierungsprogramm in Gang setzen. Die Proteinprodukte der *myoD*-Genfamilie sind Transkriptionsfaktoren, die sich an die Kontrollregionen muskelspezifischer Gene heften können und selber durch externe Signale und durch Wechselwirkungen mit anderen Proteinen kontrolliert werden. Das hämatopoetische System zeigt, wie eine Population von Vorläuferzellen eines einzigen Typs, die pluripotenten Stammzellen, sowohl sich selbst erneuern als auch viele verschiedene Zelltypen hervorbringen kann. Die Differenzierung der unterschiedlichen Linien hängt offenbar von äußeren Signalen ab; es gibt jedoch auch Hinweise für autonome Diversifizierungsvorgänge, wobei externe Faktoren für das Überleben und die Vermehrung spezifischer Zelltypen zuständig sind. Ähnliche Prozesse ereignen sich bei der Diversifizierung der Neuralleistenzellen. Vor Beginn ihrer Wanderung haben diese Zellen ein weitgefächertes Entwicklungspotential, danach können Signale aus der Umgebung sowohl die jeweilige Richtung ihrer Differenzierung lenken als auch bestimmte Zelltypen unter ihnen am Leben erhalten. Viele Zellen sterben dagegen während der Entwicklung aufgrund des Apoptoseprogramms. Einer Reihe von Hinweisen zufolge sind in der Regel positiv wirkende Signale von außen notwendig, um das zu verhindern und Zellen das Weiterleben überhaupt zu ermöglichen.

Übersicht: Modellsysteme der Zelldifferenzierung

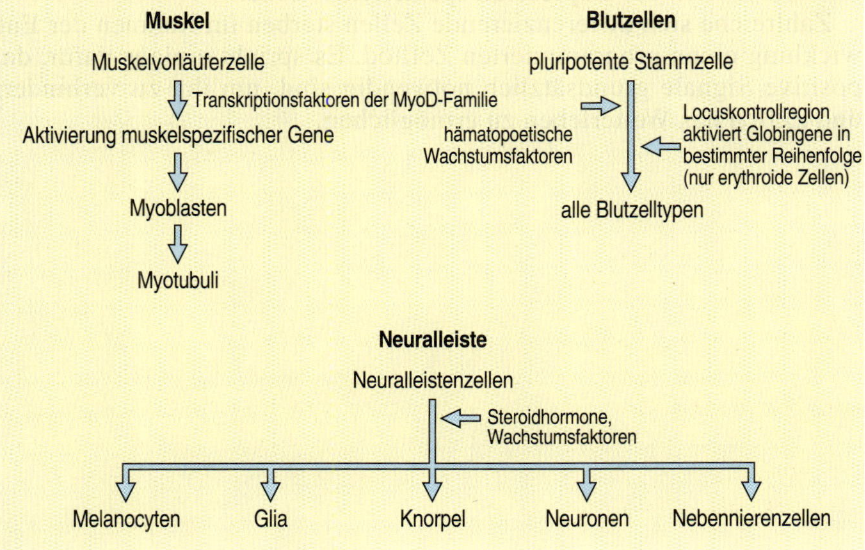

Zusammenfassung von Kapitel 9

Die Zelldifferenzierung führt zu unterscheidbaren Zelltypen, deren spezielle Merkmale und Eigenschaften durch das Muster der jeweiligen Genaktivität bestimmt werden, letztlich also durch die Proteine, die ein gegebener Zelltyp produziert. Der Vorgang der Differenzierung beruht auf der Ausbildung bestimmter Genexpressionsmuster und weniger auf dem Verlust genetischen Materials: Mit Ausnahme der Lymphocyten zeigen differenzierte Zellen grundsätzlich keine irreversiblen Veränderungen ihrer DNA. Der Differenzierungszustand einer tierischen Zelle ist *in vivo* gewöhnlich extrem stabil, wenngleich sich in manchen Fällen wie etwa der Regeneration von Geweben ein differenzierter Zelltyp in einen anderen transdifferenzieren kann. Das Genaktivitätsmuster einer differenzierten Zelle kann über lange Zeiträume aufrechterhalten und an die Tochterzellen weitergegeben werden. Erhalt und Vererbung der Genaktivität werden offenbar durch verschiedene Mechanismen ermöglicht, etwa durch die fortgesetzte Aktivität genregulatorischer Proteine, durch veränderte Packungsweise des Chromatins und chemische Modifikationen der DNA.

Wenn man von den universellen Mechanismen zur Genregulation absieht, mag es durchaus sein, daß sich die Mechanismen der Differenzierung, die bei unterschiedlichen Zellen zum Einsatz kommen, im einzelnen nur wenig ähneln. Um eine gegebene Differenzierungsbahn zu verstehen, muß man die jeweils daran mitwirkenden äußeren Signale, intrazellulären Signaltransduktionswege, genregulatorischen Proteine und Genprodukte in allen Einzelheiten kennen.

Die Induktion der Zelldifferenzierung durch Signalmoleküle wie beispielsweise Wachstumsfaktoren erfordert die Ausführung eines komplexen Programms intrazellulärer Vorgänge. Unterschiedliche Stimuli oder auch gleiche Stimuli zu verschiedenen Stadien der Entwicklung können im Zellinnern die gleiche Signalübertragungskette aktivieren und doch in verschiedenen Zellen, je nach deren bisheriger Entwicklungsvorgeschichte, unterschiedliche Gene einschalten. Die Signaltransduktion, die an der Zellmembran beginnt, löst innerhalb der Zelle eine Kaskade von Ereignissen aus, die zur Phosphorylierung und Aktivierung von Transkriptionsfaktoren führt und damit schließlich zum Ein- und Abschalten der Expression spezifischer Gene.

Zahlreiche sich differenzierende Zellen sterben im Rahmen der Entwicklung einen programmierten Zelltod. Es spricht einiges dafür, daß positive Signale grundsätzlich notwendig sind, um ihn zu verhindern und Zellen das Weiterleben zu ermöglichen.

Literatur

Einleitender Text

Friederich, E.; Huet, C.; Arpin, M.; Louvard, D. *Villin induces microvilli growth and actin redistribution in transfected fibroblasts.* In: *Cell* 59 (1989) S. 461–475.

9.1 Mit Hilfe von Kernen aus differenzierten Zellen können sich Eier bis zu einem bestimmten Stadium entwickeln

Gurdon, J. B. *Nuclear transplantation in eggs and oocytes.* In: *J. Cell Sci. Suppl.* 4 (1986) S. 287–318.

Solter, D. *Lambing by nuclear transfer.* In: *Nature* 380 (1996) S. 24–25.

Wilmut, I.; Schnieke, A. E.; McWhir, J.; Kind, A. J.; Campbell, K. H. S. *Viable offspring derived from fetal and adult mammalian cells.* In: *Nature* 385 (1997) S. 810–813.

9.2 Genaktivitätsmuster in differenzierten Zellen lassen sich durch Zellfusion ändern

Blau, H. M. *How fixed is the differentiated state? Lessons from heterokaryons.* In: *Trends Genet.* 5 (1989) S. 268–272.

Blau, H. M.; Baltimore, D. *Differentiation requires continuous regulation.* In: *J. Cell Biol.* 112 (1991) S. 781–783.

9.3 Der differenzierte Zustand einer Zelle kann sich durch Transdifferenzierung ändern

Anderson, D. J. *Cellular 'neoteny': a possible developmental basis for chromatin cell plasticity.* In: *Trends Genet.* 5 (1989) S. 174–178.

Brockes, J. *Muscle escapes from a jelly mould.* In: *Curr. Biol.* 4 (1994) S. 1030–1032.

Eguchi, G.; Kodama, R. *Transdifferentiation.* In: *Curr. Opin. Cell Biol.* 5 (1993) S. 1023–1028.

Okada, T. S. *Transdifferentiation.* Oxford (Clarendon Press) 1992.

9.4 Die Differenzierung antikörperproduzierender Zellen beruht auf irreversiblen DNA-Umlagerungen

Janeway, C. A.; Travers, P. *Immunobiology: The Immune System in Health and Disease.* 3. Aufl. London (Current Biology/Garland Publishing) 1997. [Deutsche Ausgabe: *Immunologie.* Heidelberg/Berlin (Spektrum Akademischer Verlag) 1998.]

9.5 Erhalt und Vererbung von Genaktivitätsmustern beruhen wahrscheinlich auf der Wirkung regulatorischer Proteine und auf chemischen und strukturellen Modifikationen der DNA

Dillon, N.; Grosveld, F. *Chromatin domains as potential units of eukaryotic gene function.* In: *Curr. Opin Genet. Dev.* 4 (1994) S. 260–264.

9.6 An der Kontrolle der Transkription sind allgemeine und gewebespezifische Regulatorproteine beteiligt

Latchman, D. S. (Hrsg.) *Eukaryotic Transcription Factors.* 2. Aufl. London (Academic Press) 1995.

Tijan, R. *Molecular machines that control genes.* In: *Sci. Amer.* 2 (1995) S. 336–344.

9.7 Signale von außen können Gene aktivieren

Winston, L. A.; Hunter, T. *Intracellular signaling: Putting JAKs on the kinase MAP.* In: *Curr. Biol.* 6 (1996) S. 668–671.

9.8 Eine Familie von Genen kann muskelspezifische Transkription aktivieren

Molkentin, J. D.; Olson, E. N. *Defining the regulatory networks for muscle development.* In: *Curr. Opin Genet. Dev.* 6 (1996) S. 445–453.

Olson, E. N.; Arnold, H. H.; Rigby, P. W.; Wold, B. J. *Know your neighbours: three phenotypes in null mutant of the myogenic bHLH gene MRF4.* In: *Cell* 85 (1996) S. 1–4.

9.9 Zur Muskeldifferenzierung müssen Zellen den Zellzyklus verlassen

Novitch, B. G.; Mulligan, G. J.; Jacks, T.; Lassar, A. B. *Skeletal muscle cells lacking the retinoblastoma protein display defects in muscle gene expression and accumulate in S and G_2 phases of the cell cycle.* In: *J. Cell Biol.* 135 (1996) S. 441–456.

Yun, K.; Wold, B. *Skeletal muscle determination and differentiation: story of a core regulatory network and its context.* In: *Curr. Opin. Cell Biol.* 8 (1996) S. 877–889.

9.10 Komplexe Kombinationen von Transkriptionsfaktoren steuern die Zelldifferenzierung

Kuo, C. J.; Conley, P. B.; Chen, L.; Sladeck, F. M.; Darnell, J. E.; Crabtree, G. R. *A transcriptional hierarchy involved in mammalian cell-type specification.* In: *Nature* 355 (1992) S. 457–461.

De Simone, V.; Cortese, R. *Transcriptional regulation of liver-specific gene expression.* In: *Curr. Opin. Cell Biol.* 3 (1991) S. 960–965.

9.11 Alle Blutzellen leiten sich von pluripotenten Stammzellen ab

Morrison, S. J.; Shah, N. M.; Anderson, D. J. *Regulatory mechanisms in stem cell biology.* In: *Cell* 88 (1997) S. 287–298.

Morrison, S. J.; Uchida, N.; Weissman, I. L. *The biology of hematopoietic stem cells.* In: *Ann. Rev. Cell Biol.* 11 (1995) S. 35–71.

9.12 Koloniestimulierende Faktoren und Veränderungen im Zellinneren steuern die Differenzierung der hämatopoetischen Zellinien

Metcalf, D. *Control of granulocytes and macrophages: molecular, cellular, and clinical aspects.* In: *Science* 254 (1991) S. 529–533.

Karin, M.; Hunter, T. *Transcriptional control by protein phosphorylation: signal transmission from the cell surface to the nucleus.* In: *Curr. Biol.* 5 (1995) S. 747–757.

Ness, S. A.; Engel, J. D. *Vintage reds and whites: combinatoral transcription factor utilization in hematopoietic differentiation.* In: *Curr. Opin. Genet. Dev.* 4 (1994) S. 718–724.

D'Andrea, A. D. *Hematopoietic growth factors and the regulation of differentiative decisions.* In: *Curr. Opin. Cell Biol.* 6 (1994) S. 804–808.

Pevny, L.; Lin, C. S.; D'Agati, V.; Simon, M. C.; Orkin, S. H.; Constantini, F. *Development of hematopoietic cells lacking transcription factor GATA-1.* In: *Development* 121 (1995) S. 163–172.

9.13 Die Expression der Globin-Gene wird durch weit strangaufwärts gelegene regulatorische Sequenzen gesteuert

Dillon, N.; Grosveld, F. *Transcriptional regulation of multigene loci: multilevel control.* In: *Trends Genet* 9 (1993) S. 134–137.

Dillon, N.; Grosveld, F. *Chromatin domains as potential units of eukaryotic gene function.* In: *Curr. Opin. Genet. Dev.* 4 (1994) S. 260–264.

Orkin, S. *Development of the hematopoietic system.* In: *Curr. Opin. Genet. Dev.* 6 (1996) S. 597–602.

Wood, W. G. *The complexities of β-globin gene regulation.* In: *Trends Genet.* 12 (1996) S. 204–206.

9.14 Neuralleistenzellen differenzieren sich zu vielen verschiedenen Zelltypen

Le Douarin, N. M.; Dupin, E.; Ziller, C. *Genetic and epigenetic control in neural crest development.* In: *Curr. Opin. Genet. Dev.* 4 (1994) S. 685–695.

Selleck, M. A.; Bronner-Fraser, M. *The genesis of avian neural crest cells: classic embryonic induction.* In: *Proc. Natl. Acad. Sci.* 93 (1996) S. 9352–9357.

Shah, N. M.; Groves, A. K.; Anderson, D. J. *Alternative neural crest cell fates are instructively promoted by TGF-β superfamily members.* In: *Cell* 85 (1996) S. 331–343.

9.15 Steroidhormone und Wachstumsfaktorproteine stellen die Weiche zwischen chromaffinen Zellen und sympathischen Neuronen

Stemple, D. L.; Anderson, D. J. *Lineage diversification of the neural crest: in vitro investigations.* In: *Dev. Biol.* 159 (1993) S. 12–23.

Patterson, P. H. *Control of cell fate in a vertebrate neurogenic lineage.* In: *Cell* 62 (1990) S. 1035–1038.

9.16 An der Diversifizierung der Neuralleistenzellen sind Signale beteiligt, die das Entwicklungsschicksal der Zellen beziehungsweise deren selektives Überleben steuern

Shah, N. M.; Groves, A. K.; Anderson, D. J. *Alternative neural crest cell fates are instructively promoted by TGF-β superfamily members.* In: *Cell* 85 (1996) S. 331–343.

Le Douarin, N. M.; Ziller, C.; Couly, G. F. *Patterning of neural crest derivatives in the avian embryo: in vivo and in vitro studies.* In: *Dev. Biol.* 159 (1993) S. 24–49.

Fleischman, R. A. *From white spots to stem cells: the role of the Kit receptor in mammalian development.* In: *Trends Genet.* 9 (1993) S. 285–290.

9.17 Der programmierte Zelltod steht unter genetischer Kontrolle

Ellis, R. E.; Yuan, J. Y.; Horvitz, H. R. *Mechanisms and functions of cell death.* In: *Ann. Rev. Cell Biol.* 7 (1991) S. 663–698.

Chinnaiyan, A. M.; Dixit, V. M. *The cell-death machine.* In: *Curr. Biol.* 6 (1996) S. 555–562.

Jacobson, M. D.; Weil, M.; Raff, M. C. *Programmed cell death in animal development.* In: *Cell* 88 (1997) S. 347–354.

Steller, H. *Mechanisms and genes of cellular suicide.* In: *Science* 267 (1995) S. 1445–1449.

Organogenese

10

- Die Extremitätenentwicklung beim Huhn
- Die Imaginalscheiben der Insekten
- Das Komplexauge der Insekten
- Die Vulva des Fadenwurmes
- Die Entwicklung der Säugerniere

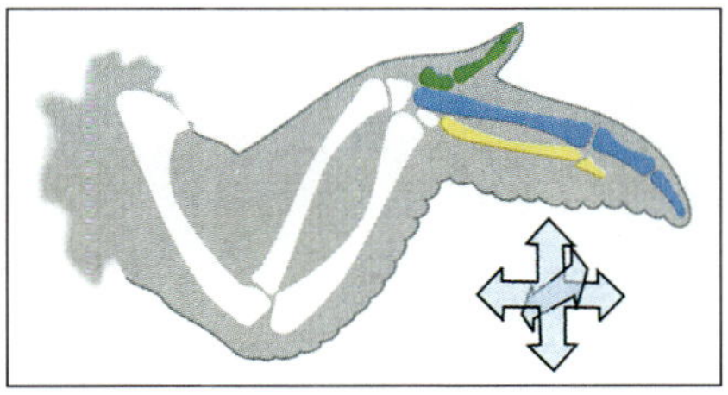

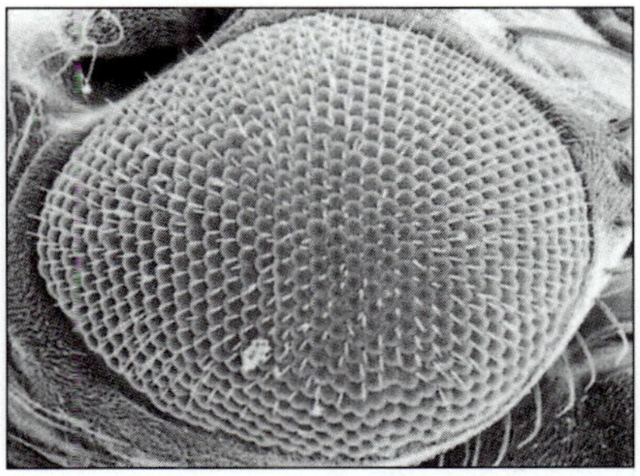

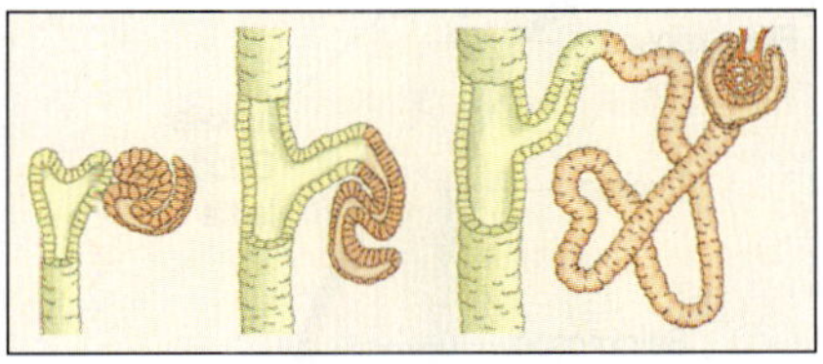

„Als wir älter waren, wandten wir das an, was wir früher gelernt hatten, um neue Muster und Strukturen hervorzubringen.“

Bisher haben wir ganz überwiegend solche Aspekte der Entwicklung betrachtet, die mit der Anlage des Grundbauplans verschiedener Organismen zu tun haben. Nun richten wir unseren Blick auf die Entstehung einzelner Organe und Strukturen – die **Organogenese**, ein entscheidendes Stadium der Entwicklung, in dem der Embryo zu einem voll funktionsfähigen Organismus wird und schließlich imstande ist, selbständig zu leben.

Eine Reihe von Organen, die hinsichtlich ihrer Entwicklung genau untersucht worden sind, stellen ausgezeichnete Modellsysteme dar, um Entwicklungsvorgänge wie Musterbildung, Entstehung von Positionsinformation, Induktion, Formveränderung und Zelldifferenzierung zu analysieren. In diesem Kapitel betrachten wir vier solche Organsysteme: die Extremitäten des Huhnes, Anhänge des Insektenkörpers (wie Beine und Flügel) bei *Drosophila*, das Komplexauge der Insekten und die Vulva des Fadenwurmes. Wir beenden diese Betrachtung mit der Säugerniere, einem Beispiel für Gewebemorphogenese und epitheliale Musterbildung. Andere wichtige Organe wie Herz, Lunge, Leber oder Pankreas lassen wir außen vor, da über deren Entwicklung insgesamt weniger bekannt ist; nach bisherigem Kenntnisstand sind hierbei jedenfalls keine prinzipiell anderen Mechanismen am Werk.

Die zellulären Vorgänge bei der Organogenese sind grundsätzlich ähnlich denen, die man in früheren Stadien der Embryonalentwicklung findet; sie ereignen sich nur in neuen räumlichen und zeitlichen Zusammenhängen. Es gibt zum Beispiel verblüffende Ähnlichkeiten zwischen der Entwicklung von Wirbeltiergliedmaßen und der von Flügeln und Beinen bei *Drosophila*. Darüber hinaus sind uns viele der beteiligten Gene und Signalmoleküle bereits aus vorangegangenen Kapiteln bekannt.

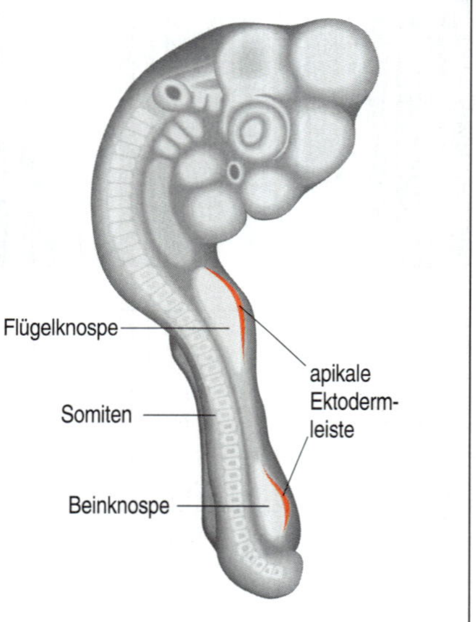

10.1 Die Extremitätenknospen des Hühnerembryos. Die Extremitätenknospen erscheinen am dritten Tag der Bebrütung an den Seiten des Embryos (hier nur die der rechten Seite gezeigt). Sie bestehen aus Mesoderm und einer äußeren Lage aus Ektoderm. Über die Spitze jeder Knospe verläuft eine längliche Ektodermverdickung, die apikale Ektodermleiste (*apical ectodermal ridge*).

Die Extremitätenentwicklung beim Huhn

An den Wirbeltiergliedmaßen kann man besonders gut Musterbildungen in der Embryonalentwicklung beobachten. Sie folgen einem allgemeinen Grundmuster und sind anfänglich sehr einfach organisiert. Beim Hühnerembryo kommt noch hinzu, daß man leicht chirurgische Eingriffe vornehmen kann. Die Wirbeltierextremität bietet ein gutes Modell, um zelluläre Wechselwirkungen innerhalb einer Struktur zu untersuchen, die sehr viele Zellen enthält, und die Bedeutung interzellulärer Signale für die Entwicklung aufzuklären. In Hühnerembryonen beginnen sich die Extremitäten ab dem dritten Tag nach der Eiablage zu entwickeln – also zu einem Zeitpunkt, wenn die Strukturen entlang der Körperhauptachse bereits im großen und ganzen angelegt sind. Die Gliedmaßen entwickeln sich aus kleinen Auswüchsen, den Extremitätenanlagen oder -knospen, die aus dem Körper des Embryos heraussprießen (Abbildung 10.1). Nach zehn Tagen sind die wesentlichen Merkmale der Gliedmaßen bereits sichtbar (Abbildung 10.2). Es sind dies die Skelettelemente, die noch aus Knorpel bestehen, später aber durch Knochen ersetzt werden, die Muskeln und Sehnen sowie die aus der Epidermis hervorgehenden Oberflächenstrukturen wie Federn. Die Wirbeltierextremität hat drei Entwicklungsachsen: Die proximo-distale Achse erstreckt sich vom Extremitätenansatz bis zur Spitze, die anterio-posteriore verläuft parallel zur Längsachse des Körpers (in der menschlichen

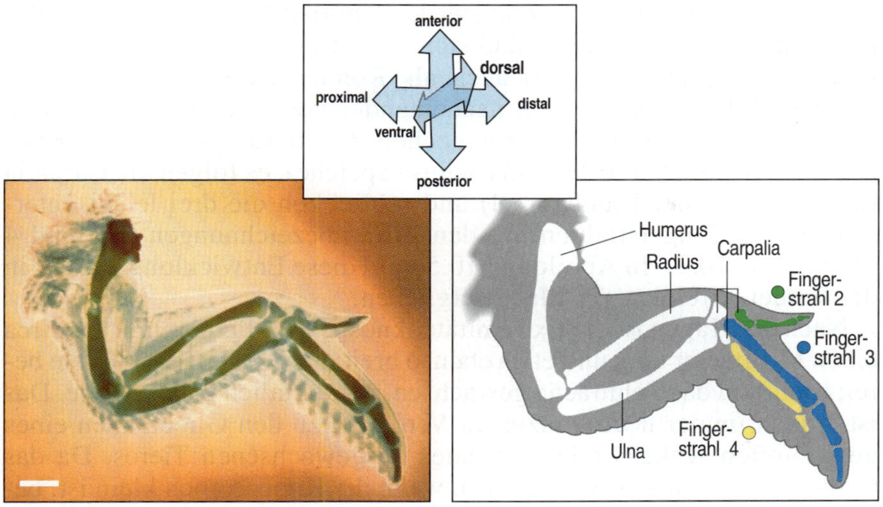

10.2 Der embryonale Hühnerflügel. Die Aufnahme links zeigt ein gefärbtes Totalpräparat des Hühnerflügels am Tag 10 nach der Eiablage (Maßstab = 1 mm). Zu diesem Zeitpunkt sind die wesentlichen Skelettelemente (zum Beispiel Humerus, Radius und Ulna) bereits in Form von Knorpel angelegt; später verknöchern sie. Muskeln und Sehnen sind in diesem Stadium ebenfalls gut entwickelt, allerdings bei der hier verwendeten Präparationstechnik nicht sichtbar (Abbildung 10.19). Die drei Entwicklungsachsen der Extremität verlaufen von proximal nach distal, von anterior nach posterior und von dorsal nach ventral (oben). Man beachte, daß der Hühnerflügel nur drei Fingerstrahlen hat, die mit den Ziffern 2, 3 und 4 bezeichnet werden (rechts).

Hand geht sie vom Daumen zum kleinen Finger, im Hühnerflügel von Fingerstrahl 2 zu Fingerstrahl 4), und die Dorsoventralachse verläuft beim Menschen vom Handrücken zur Handfläche.

10.1 Wirbeltiergliedmaßen entwickeln sich aus Extremitätenknospen

Die frühe Extremitätenknospe beruht vor allem aus zwei Zelltypen: innen aus einem lockeren Verband mesenchymaler Mesodermzellen und außen aus einer Schicht epithelialen Ektoderms (Abbildung 10.3). Der größte Teil der Extremität entwickelt sich aus dem mesenchymalen Kern, während die späteren Muskelzellen aus den Somiten in die Knospe einwandern (Abschnitt 4.2). Dicht an der Spitze der Knospe befindet sich die **Wachstumszone** (*progress zone*), eine Schicht aus sich rasch teilenden undifferenzierten Zellen. Diese Zone liegt unmittelbar unter einer Verdickung des Ektoderms – der **apikalen Ektodermleiste** (*apical ectodermal ridge*, kurz auch Apikalleiste; Abbildung 10.4). Erst wenn Zellen die Wachstumszone verlassen, beginnen sie sich zu differenzieren. Mit dem Auswachsen der Knospe differenzieren sich immer mehr Zellen, und im Mesenchym erscheinen die ersten Knorpelelemente. Der dem Rumpf nächstgelegene Bereich differenziert sich zuerst; mit zunehmender Länge der Extremität schreitet die Differenzierung nach distal voran. Unter den sich dabei entwickelnden Strukturen wurde die Musterbildung der Knorpelelemente am besten untersucht, da diese in Totalpräparaten embryonaler Gliedmaßen nach Anfärbung leicht zu erkennen sind. Die Verteilung von Muskeln und Sehnen ist um einiges komplexer; sie zu verfolgen erfordert histologische Untersuchungen von Serienschnitten.

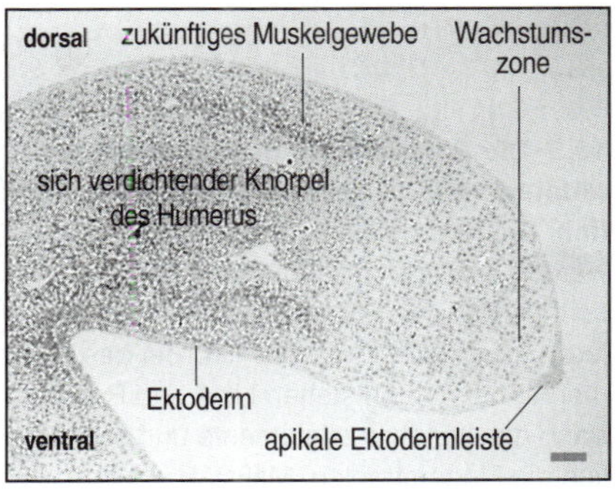

10.3 Schnitt durch eine Extremitätenknospe. Die Schnittebene verläuft quer zur Körperlängsachse, mithin parallel zur proximo-distalen Achse der Knospe. An der Knospenspitze ist die verdickte apikale Ektodermleiste zu erkennen. Darunter liegt die Wachstumszone aus proliferierenden Zellen. Proximal davon beginnen sich Mesenchymzellen zu verdichten und sich zu Knorpel zu differenzieren. Muskelzellvorläufer wandern aus den nächstgelegenen Somiten in die Knospe ein. Maßstab = 0,1 mm.

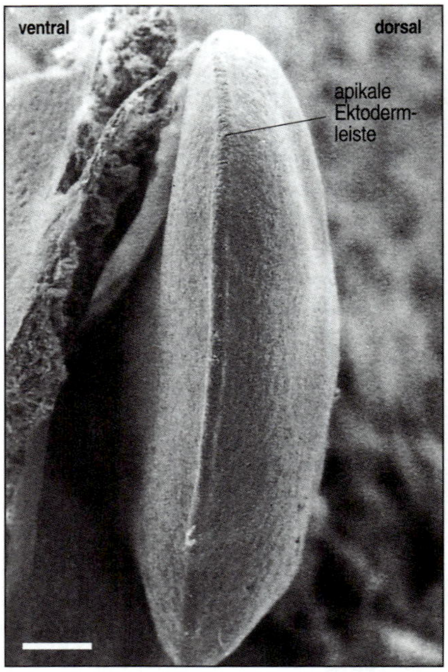

10.4 Rasterelektronenmikroskopische Aufnahme einer Extremitätenknospe. Die apikale Ektodermleiste ist gut zu erkennen. Das Präparat stammt von einem viereinhalb Tage alten Hühnerembryo. Maßstab = 0,1 mm.

Das erste eindeutige Anzeichen der Knorpeldifferenzierung in der Flügelknospe besteht darin, daß sich Zellen gruppenweise dichter zusammenschließen, was man auch als Kondensation bezeichnet. Die Knorpelelemente bilden sich nacheinander von proximal nach distal, zunächst der Humerus (Oberarmknochen, der allerdings noch kein Knochen ist), dann Ulna (Elle) und Radius (Speiche), es folgen die Carpalia (die Elemente der Handwurzel) und schließlich die drei leicht unterscheidbaren Fingerstrahlen mit den Ziffernbezeichnungen 2, 3 und 4 (Abbildung 10.2). In Abbildung 10.5 wird diese Entwicklung mit der in der Vorderextremität der Maus verglichen.

Nach drei Tagen ist die Extremitätenknospe des Hühnerembryos circa einen Millimeter lang und etwa ebenso breit; nach zehn Tagen ist sie bereits auf rund das Zehnfache gewachsen, vornehmlich in der Länge. Das ist jedoch immer noch winzig im Vergleich zu den Gliedmaßen eines geschlüpften Kükens oder gar eines ausgewachsenen Tieres. Da das Grundmuster schon angelegt wird, wenn die Knospe noch klein ist, be-

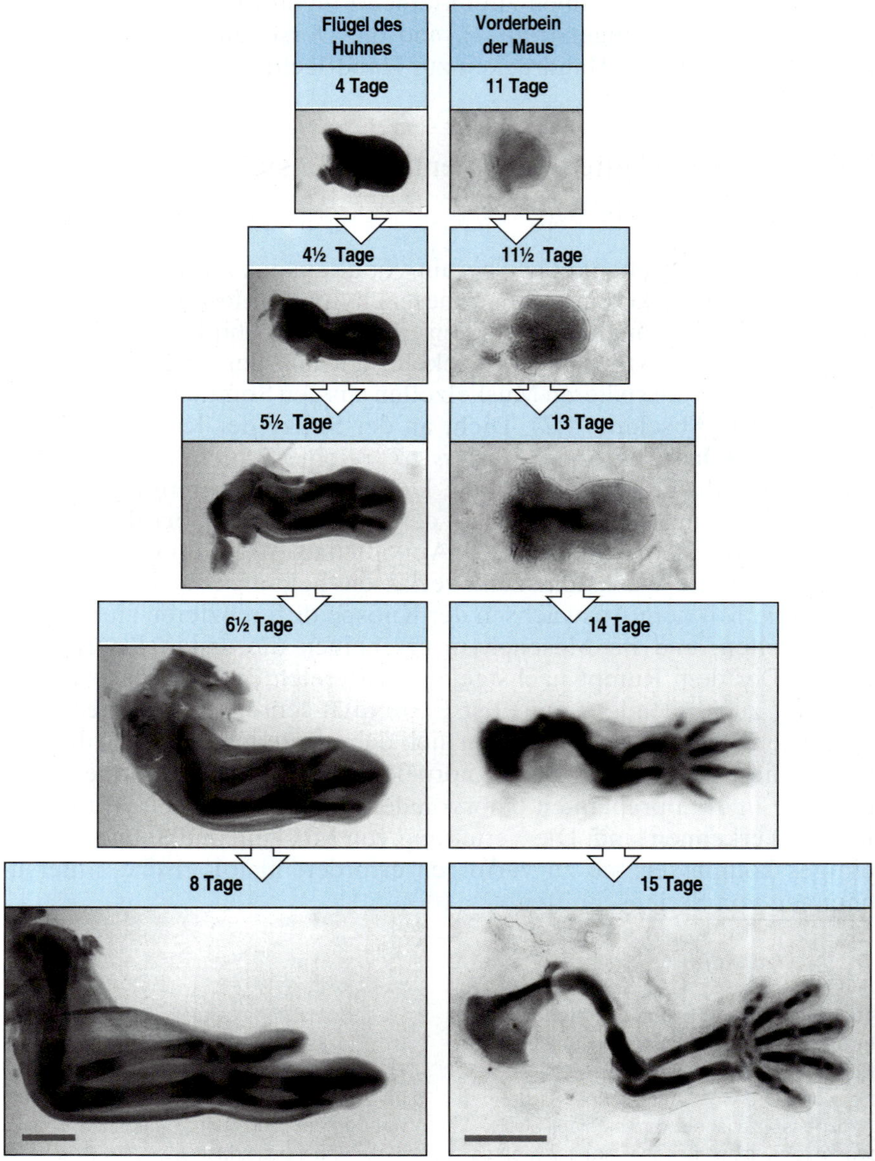

10.5 Die Entwicklung der Vorderextremitäten verläuft bei Huhn und Maus ähnlich. Die Knorpelelemente der Extremität werden im Zuge des Längenwachstums schrittweise von proximal nach distal angelegt. Zuerst bildet sich der Knorpel des Humerus, danach entstehen Ulna und Radius, dann die Handwurzelelemente und schließlich die Fingerstrahlen. Maßstab = 1 mm.

ansprucht die Größenzunahme zeitlich den Löwenanteil der Extremitätenentwicklung. In der späteren Wachstumsphase werden die Knorpelelemente größtenteils durch Knochen ersetzt. Nerven wandern erst ein, nachdem sich Knorpel gebildet hat (Abschnitt 11.8). Die Kernfrage bei der Gliedmaßenentwicklung ist, wie es dazu kommt, daß Knorpel, Muskeln und Sehnen jeweils am richtigen Platz entstehen und untereinander die richtigen Verbindungen herstellen.

10.2 Für die Musterbildung in Extremitäten sind Positionsinformationen wichtig

Welche Muster sich in der Extremität ausbilden, hängt von Zell-Zell-Wechselwirkungen ab. Die frühe Extremitätenknospe besitzt noch beträchtliche regulative Fähigkeiten: Man kann Stücke aus ihr entfernen, verdrehen oder umsetzen, und trotzdem verläuft die weitere Musterbildung normal. Freilich gibt es zwei Regionen, auf die diese allgemeine Regel nicht zutrifft. Es handelt sich dabei um Organisationszentren, deren Entfernung oder Verpflanzung tiefgreifende Folgen hat. Eine der beiden Regionen ist die bereits bekannte apikale Ektodermleiste am Ende der Knospe, die andere ist ein Bereich am posterioren Rand des Mesenchyms, der als **polarisierende Region** oder als **Zone polarisierender Aktivität (ZPA)** bezeichnet wird (Abbildung 10.6 links). Wenn man einem Hühnerembryo die vordere Hälfte einer Extremitätenknospe entfernt, so hat dies keine Auswirkungen; die betreffende Extremität, Flügel oder Bein, entwickeln sich normal. Dagegen führt die Entfernung des hinteren Teils mit der polarisierenden Region zu einer abnormen Gliedmaßenentwicklung.

Verschiedene Aspekte der Gliedmaßenentwicklung bei Wirbeltieren fügen sich sehr gut in ein Modell ein, bei dem die Musterbildung auf Positionsinformationen beruht. Das künftige Schicksal einer Zelle in einem sich entwickelnden Hühnerflügel oder -bein wird anscheinend wesentlich durch ihre Position relativ zu den drei Hauptachsen festgelegt – und zwar während sie sich noch in der Wachstumszone befindet (Abbildung 10.6). Den Positionswert entlang der proximo-distalen Achse könnte ein zeitabhängiger Mechanismus liefern, der mißt, wie lange eine Zelle sich in der Wachstumszone aufhält, und ihr bei Verlassen der Zone eine entsprechende Koordinate mitgibt. Entlang der anterio-posterioren Achse wird die Musterbildung durch ein oder mehrere Signale bestimmt, die von der polarisierenden Region am posterioren Rand der Gliedmaßenknospe ausgehen. Die Koordinate auf der Dorsoventralachse liefern dabei ein oder mehrere Signale aus dem Ektoderm, das die Knospe überzieht. Wie die Musterbildung entlang der drei Ach-

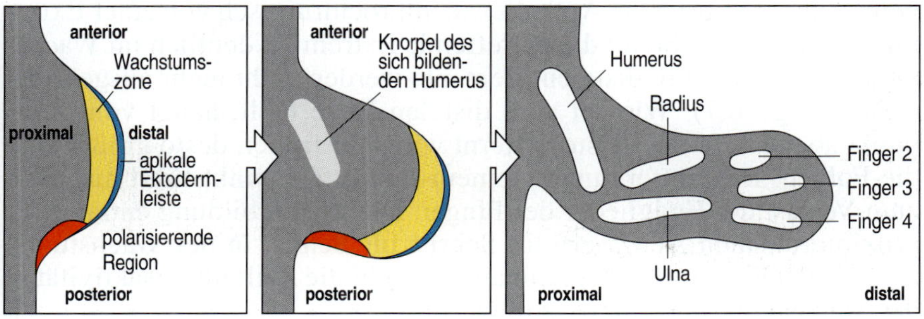

10.6 Zellen erhalten ihren Positionswert in der Wachstumszone. Die apikale Ektodermleiste induziert die Wachstumszone am distalen Ende der Extremitätenknospe. Wenn die Knospe wächst, proliferieren Zellen in der Wachstumszone und erhalten einen Positionswert. Wenn sie die Wachstumszone verlassen, beginnt sich Knorpel zu bilden, und die einzelnen Knorpelelemente werden – mit dem Humerus beginnend – in proximo-distaler Reihenfolge angelegt. Die Position der Zellen entlang der anterio-posterioren Achse wird durch ein Signal aus der polarisierenden Region festgelegt, die am posterioren Rand der Knospe liegt.

sen im einzelnen verläuft, werden wir in den folgenden Abschnitten näher betrachten.

Zum Verständnis des Positionsinformationsmodells ist es wichtig, die Festlegung von Positionskoordinaten und deren Interpretation durch die Zelle auseinanderzuhalten. Wenn eine Zelle eine Positionsinformation bekommt, ist das nicht gleichbedeutend mit einer bestimmten Handlungsanweisung. Wie die Zelle die Information umsetzt, hängt vielmehr vom jeweiligen Zustand ihrer Gene ab und damit von ihrer Entwicklungsvorgeschichte. Diese Vorprägung ist der Grund dafür, daß Flügel und Bein beim Huhn unterschiedlich aussehen – die Positionskoordinaten als solche werden dagegen in Flügel- und Beinknospen auf die gleiche Weise übermittelt. Attraktiv ist daher die Hypothese, daß ein dreidimensionales Positionsfeld die Entwicklung der Zellen steuert, welche die primären Gliedmaßenelemente hervorbringen: Knorpel, Muskeln und Sehnen. Die Spezifizierung aller drei Achsen ist, wie wir sehen werden, an molekulare Signale gekoppelt.

10.3 Die apikale Ektodermleiste induziert die Wachstumszone

Die apikale Ektodermleiste besteht aus dicht gepackten, säulenförmigen Zellen, die über zahlreiche Zellkontakte (*gap junctions*) miteinander verbunden sind. Ihre dichte Anordnung verleiht der Leiste eine mechanische Festigkeit, die wahrscheinlich dazu beiträgt, daß die Extremitätenknospe in Dorsoventralrichtung flach bleibt. Die Länge der Apikalleiste bestimmt, wie breit die Knospe wird. In der Wachstumszone, die nach innen an die apikale Ektodermleiste angrenzt, befinden sich rasch proliferierende mesenchymale Zellen, die für das anfängliche Herauswachsen der Knospe verantwortlich sind. Dort erhalten die Zellen der Extremität auch ihre Positionsinformation. Überraschenderweise entsteht die Wachstumszone nicht aufgrund eines lokalen Anstiegs der Zellteilungsaktivität, sondern vielmehr dadurch, daß in den übrigen Bereichen der embryonalen Körperflanke die zuvor hohe Proliferationsrate sinkt. An der Positionierung der apikalen Ektodermleiste scheint das Gen *radical fringe* beteiligt zu sein, ein Homologes zum *Drosophila*-Gen *fringe*, das seinerseits ebenfalls an der Festlegung einer dorsoventralen Grenze mitwirkt (Abschnitt 10.14). *Radical fringe* wird im dorsalen Ektoderm der Gliedmaßenknospe exprimiert, bevor sich die apikale Ektodermleiste gebildet hat. Die Leiste entsteht dann im Grenzbereich zwischen den Zellen, die *radical fringe* exprimieren, und denen, die es nicht tun.

Wegen ihres Einflusses auf die darunterliegende Wachstumszone ist die apikale Ektodermleiste sowohl für das Längenwachstum als auch für die proximo-distale Musterbildung unentbehrlich. Entfernt man beim Hühnerembryo die Apikalleiste mikrochirurgisch von einer Extremitätenknospe, so bleibt die betreffende Extremität deutlich im Wachstum zurück, und ihre distalen Elemente werden nicht mehr ausgebildet (Abbildung 10.7). Wieviel vom distalen Ende fehlt, hängt vom Zeitpunkt ab, zu dem die Leiste entfernt wird – je früher, desto größer sind die Folgen. Die Entfernung zu einem späten Zeitpunkt führt nur noch zum Verlust der Endglieder der Finger. Die Musterbildung entlang der proximo-distalen Achse erfolgt Schritt für Schritt in der Wachstumszone. Nach Entfernung der Apikalleiste geht die Zellteilungsaktivität in der Wachstumszone massiv zurück.

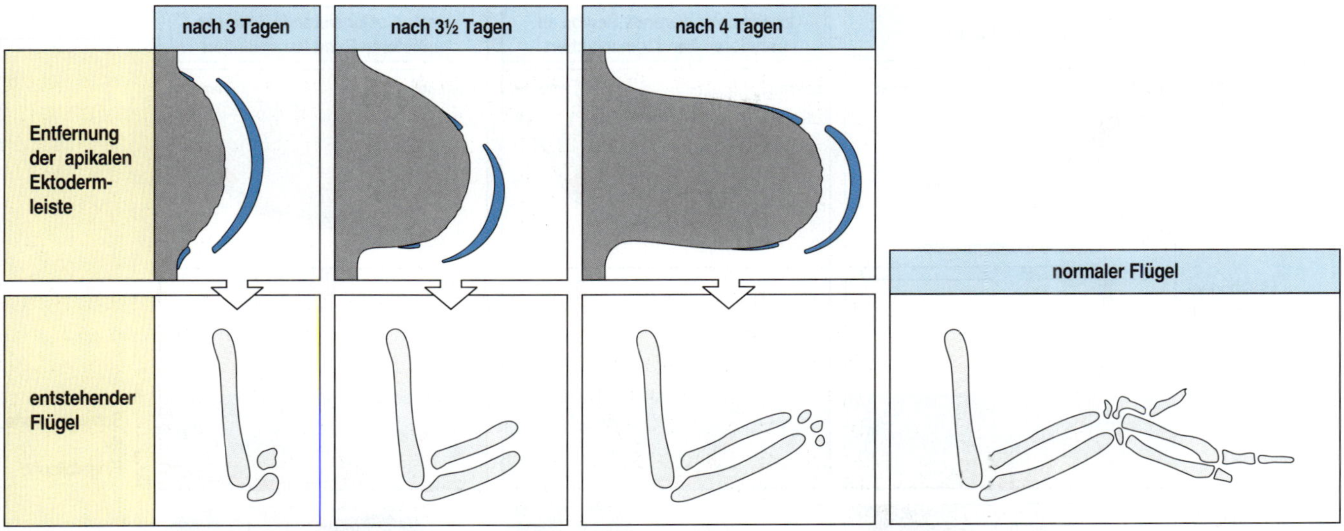

10.7 Die apikale Ektodermleiste ist für die proximo-distale Entwicklung erforderlich. Gliedmaßen entwickeln sich schrittweise von proximal nach distal. Die mikrochirurgische Entfernung der Apikalleiste führt zu einer verkürzten Extremität unter Verlust distaler Strukturen. Je später die Leiste entfernt wird, desto weiter schreitet die Entwicklung in distaler Richtung voran.

Daß die apikale Ektodermleiste tatsächlich Signale an das innen angrenzende Mesenchym abgibt, läßt sich zeigen, indem man eine isolierte Leiste auf die dorsale Oberfläche einer frühen Extremitätenknospe verpflanzt. Die Knospe wächst dann zweifach aus, wobei sich in der fehlplazierten (ektopischen) zusätzlichen Extremität sogar Knorpelstrukturen bis hin zu Fingerstrahlen bilden können. Beim Huhn werden wesentliche Signale der Apikalleiste durch Proteine der FGF-Familie übermittelt. (FGF steht für *fibroblast growth factor*, Fibroblastenwachstumsfaktor.) FGF-8 wird in der gesamten Leiste exprimiert, FGF-4 in ihrem posterioren Bereich. Das FGF-4-Protein kann die Apikalleiste funktionell ersetzen: Wenn man die Leiste entfernt und an ihrer Stelle der Knospe mit FGF-4 getränkte Depotperlen aufsetzt, die den Wachstumsfaktor nach und nach abgeben, geht die Entwicklung der Knospe mehr oder weniger normal weiter. Erhalten die Zellen der Wachstumszone dadurch genügend FGF-4, entsteht eine fast normal ausgebildete Extremität (Abbildung 10.8).

Die Leiste wird ihrerseits durch Signale aus der Wachstumszone und der polarisierenden Region aufrechterhalten. Wenn alle Grundelemente der Extremität angelegt sind, verschwindet sie, vermutlich weil die Wachstumszone kein erhaltendes Signal mehr liefert. Betrachten wir nun die Musterbildung entlang der drei Extremitätenachsen.

10.4 Die polarisierende Region sorgt für die anterio-posteriore Positionsbestimmung

Die polarisierende Region einer Wirbeltiergliedmaßenknospe hat vergleichbare Signaleigenschaften wie die von Hans Spemann bei Amphibien gefundenen Organisationszentren. Verpflanzt man die polarisierende Region aus dem posterioren Rand einer frühen Flügelknospe in den anterioren Rand einer zweiten, so entsteht ein Flügel mit einem spiegelbildlich verdoppelten Muster: Statt der normalen Fingerstrahlanordnung 2–3–4 entwickelt sich die Anordnung 4–3–2–2–3–4 (Abbil-

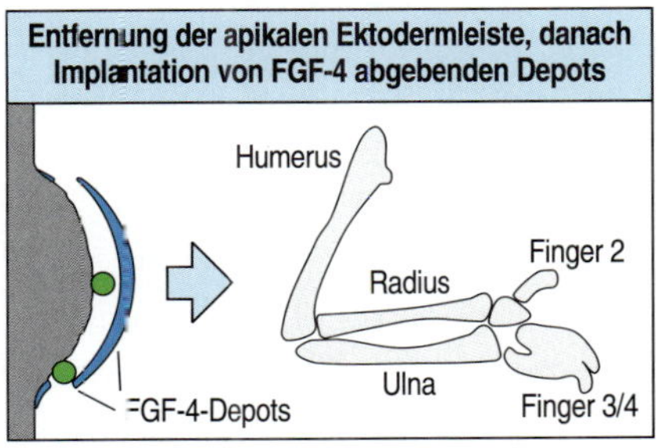

10.8 Der Wachstumsfaktor FGF-4 kann die apikale Ektodermleiste funktionell ersetzen. Wenn man nach Entfernung der Leiste FGF-4 abgebende Depots auf die Extremitätenknospe aufbringt, verläuft die weitere Entwicklung nahezu normal.

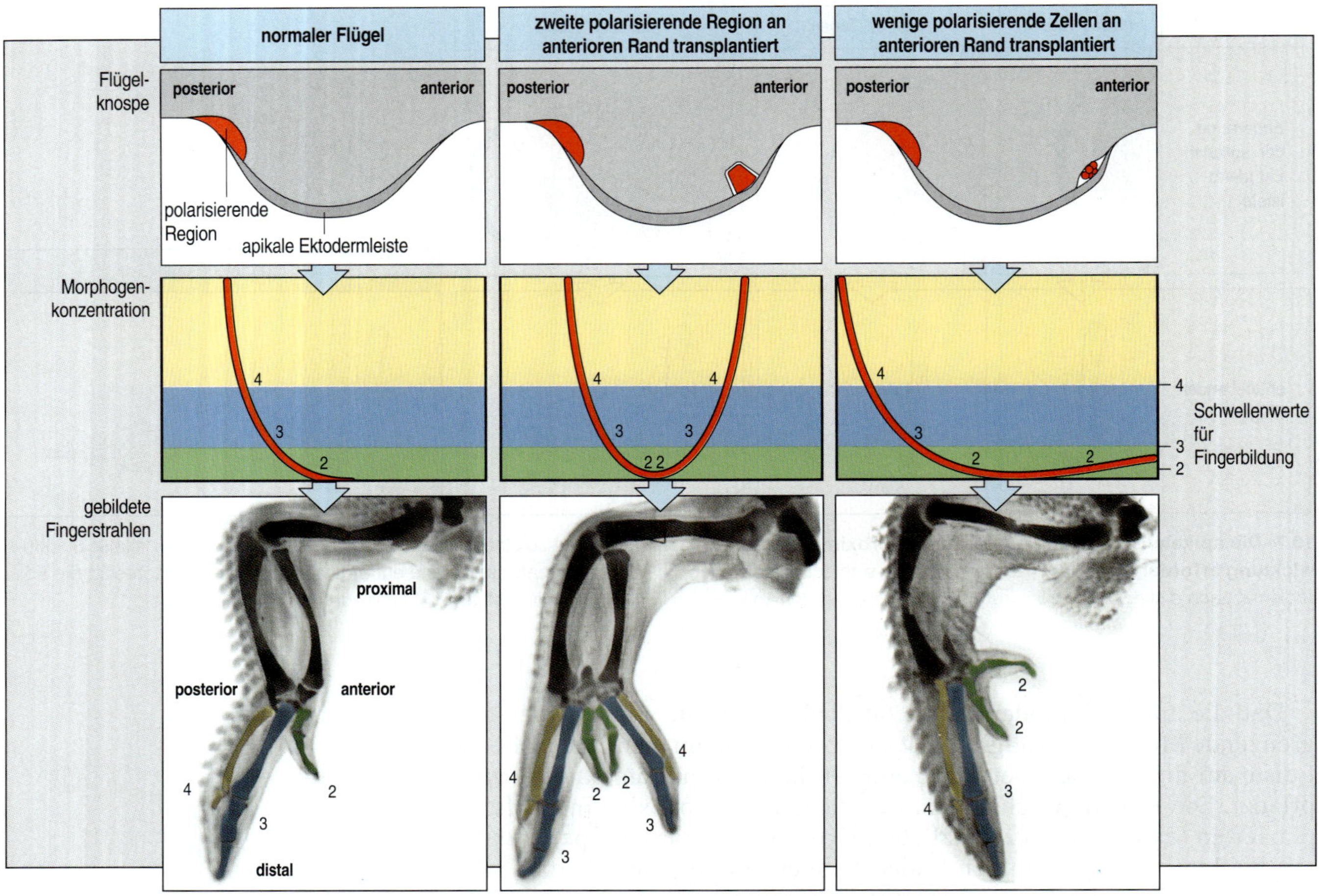

10.9 Die polarisierende Region kann die Musterbildung längs der anterio-posterioren Achse steuern. Wenn die polarisierende Region ins Gewebe diffundierendes Morphogen abgibt, könnte die Bildung der verschiedenen Fingerstrahlen jeweils durch bestimmte Schwellenwerte der Morphogenkonzentration ausgelöst werden (links). Implantiert man eine zweite Polarisierungsregion in den anterioren Rand der Extremitätenknospe (Mitte), so entsteht ein symmetrischer Signalgradient, der die beobachtete spiegelbildliche Verdoppelung der Fingerstrahlen erklärt. Man kann das Signal aus dem Implantat abschwächen, indem man nur wenige Zellen aus einer polarisierenden Region in den anterioren Knospenrand verpflanzt. Dann werden die Schwellenwerte für Finger 3 und 4 anterior offenbar nicht mehr erreicht, und es entwickelt sich nur noch ein zusätzlicher zweiter Finger (rechts).

dung 10.9). Auch Muskeln und Sehnen eines solchen Flügels entwickeln sich spiegelsymmetrisch.

Die zusätzlichen Fingerstrahlen entstammen der Knospe des Wirtes und nicht dem Implantat; das zeigt, daß die verpflanzte Polarisierungsregion das Entwicklungsschicksal der Zellen in der anterioren Region der Empfängerknospe verändert hat. Die Knospe wird infolge der Reaktion auf das Implantat breiter, so daß Platz entsteht, um auch die überzähligen Finger unterzubringen. Die Verbreiterung einer Gliedmaßenknospe geht stets mit einer Verlängerung der apikalen Ektodermleiste einher, und die Zellteilungsrate ist höher als in der anterioren Region einer normalen Knospe.

Eine Möglichkeit, wie die polarisierende Region die Position entlang der anterio-posterioren Achse spezifizieren könnte, wäre die Produktion eines diffusionsfähigen Morphogens. Dieses würde ins umliegende Gewebe eindringen, wobei seine Konzentration mit steigender Entfernung von der Polarisierungsregion abnähme. Der jeweils vorgefundene Konzentrationswert könnte einer Zelle als Maß dienen, wie weit sie von der polarisierenden Region am posterioren Knospenrand entfernt ist und so ihre Position auf der anterio-posterioren Achse festlegen. Zellen könnten dann diese Positionswerte spezifisch interpretieren, indem sie bei bestimmten Schwellenwerten der Morphogenkonzentration jeweils bestimmte Strukturen ausbilden. Finger 4 beispielsweise würde sich bei einer hohen Konzentration entwickeln, Finger 3 bei einer relativ niedrigen und Finger 2 bei einer noch niedrigeren. Nach diesem Modell würde die Verpflanzung einer zusätzlichen polarisierenden Region an den anterioren Knospenrand zu einem spiegelsymmetrischen Gradienten der Morphogenkonzentration führen – mit einem normal hohen Wert am posterioren Rand, zur Knospenmitte hin absinkend und am anterioren Rand infolge der Implantatwirkung wieder ansteigend. So entstünde das Fingerstrahlmuster 4–3–2–2–3–4, das man beobachtet (Abbildung 10.9, Mitte).

Falls die Wirkung der polarisierenden Region bei der Festlegung des Fingerstrahlcharakters auf einem solchen diffundierenden Signal beruhen sollte, dann müßte sich das Fingermuster in vorhersagbarer Weise ändern, wenn das Signal schwächer wird. Verpflanzt man bloß eine kleine Zellgruppe aus einer Polarisierungsregion an den anterioren Knospenrand, so entsteht folgerichtig auch nur ein zusätzlicher Finger 2 (Abbildung 10.9, rechts). Ähnliches geschieht, wenn eine implantierte komplette Polarisierungsregion lediglich eine gewisse Zeit an Ort und Stelle bleibt und dann wieder entfernt wird: Nach 15 Stunden Verweildauer entsteht ein zusätzlicher zweiter Finger, während das Transplantat für einen zusätzlichen dritten Finger bis zu 24 Stunden an der richtigen Stelle bleiben muß.

Die Tatsache, daß die experimentellen Befunde mit dem Morphogendiffusionsmodell übereinstimmen, reicht allerdings nicht aus, um es zu beweisen. Konkurrenzmodelle beschreiben die geschilderten Beobachtungen als Folge einer Relaiskette kurzreichender Signale, die von der polarisierenden Region ausgeht. Darüber hinaus gibt es Hinweise, daß das Muster der Knorpelelemente zunächst durch ganz andere Mechanismen angelegt und anschließend durch ein Signal aus der polarisierenden Region modifiziert wird. Wir werden darauf noch zurückkommen.

Unbestritten ist das Sonic-hedgehog-Protein die Schlüsselkomponente des natürlichen Polarisierungssignals. Das Gen *Sonic hedgehog* wird in der polarisierenden Region der Gliedmaßenknospe exprimiert (Abbildung 10.10). Von seinem Proteinprodukt weiß man, daß es an zahlreichen Musterbildungsvorgängen, etwa in den Somiten (Abschnitt 4.2) und im Neuralrohr beteiligt ist (Abschnitt 11.6). Homolog zum Sonic-hedgehog- ist das hedgehog-Protein der Taufliege, das ein entscheidendes Signalmolekül bei der Bildung der Segmentmuster im *Drosophila*-Embryo (Abschnitt 5.16) sowie bei der Bein- und Flügelentwicklung der Fliege ist. Hühnerfibroblasten, in die man ein Retrovirus mit eingebautem *Sonic hedgehog*-Gen transfiziert, nehmen die Eigenschaften der polarisierenden Region an: An den anterioren Rand einer Extremitätenknospe implantiert, lösen sie die Entwicklung einer spiegelbildlich verdoppelten Extremität aus. Gleiches läßt sich mit eingebrachten Depots erreichen, die das Sonic-hedgehog-Protein abgeben. Ein solches Depot muß mindestens 24 Stunden auf den anterioren Knospenrand einwirken, damit überzählige Finger angelegt werden. Was für ein Fingerstrahlmuster sich entwickelt, hängt von der Konzentration des Sonic-hedgehog-Proteins im Depot ab: Die Entwicklung von Finger 4 erfordert eine höhere Konzentration als die von Finger 2.

Ein weiteres Indiz für die Schlüsselfunktion von *Sonic hedgehog* liefert eine Mutation der Maus namens *extra-toes*, bei der es zur zusätzli-

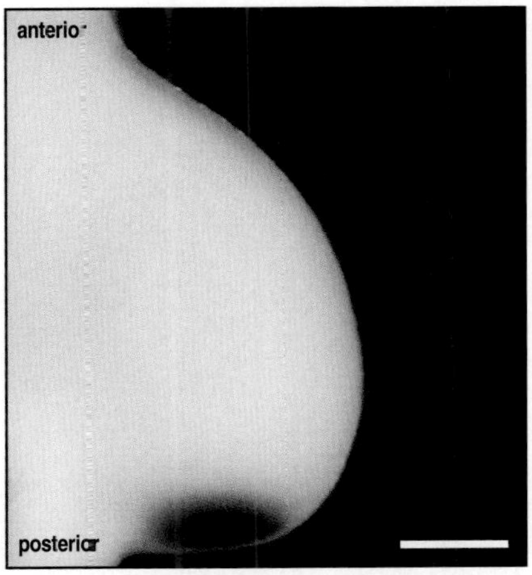

10.10 Expression von *Sonic hedgehog* in der polarisierenden Region einer Extremitätenknospe des Huhnes. Das Gen wird am posterioren Knospenrand in der polarisierenden Region exprimiert und liefert ein Positionssignal längs der anterio-posterioren Achse. Maßstab = 0,1 mm. Aufnahme mit freundlicher Genehmigung von C. Tabin.

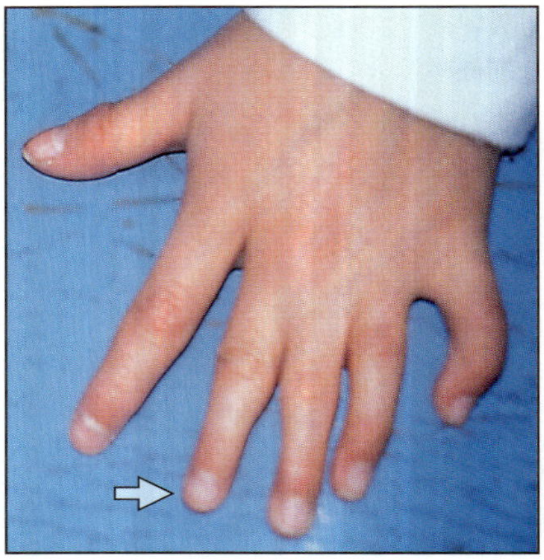

10.11 Polydaktylie beim Menschen. Der überzählige Finger (Pfeil) ähnelt seinem Nachbarn. Aufnahme mit freundlicher Genehmigung von R. Winter.

chen anterioren Expression von *Sonic hedgehog* kommt und ein überzähliger anteriorer Finger- beziehungsweise Zehenstrahl gebildet wird. Auch beim Menschen entwickeln sich manchmal zusätzliche Finger (Polydaktylie, Abbildung 10.11); Ursache dafür könnte sein, daß das *Sonic hedgehog*-Gen anterior exprimiert wird oder, wie wir noch sehen werden, die Hox-Gene mutiert sind. Mäusen, in denen *Sonic hedgehog* durch Knock-out ausgeschaltet wurde, fehlen distale Gliedmaßenstrukturen; immerhin entwickeln sie die proximalen Strukturen, was zeigt, daß das Gen für die Einleitung der Extremitätenentwicklung entbehrlich ist. Der Verlust distaler Strukturen könnte ein Hinweis dafür sein, daß das Sonic-hedgehog-Protein notwendig ist, um die apikale Ektodermleiste und damit die Wachstumszone aufrechtzuerhalten.

Möglicherweise sind noch eine Reihe weiterer Moleküle an der Positionsbestimmung in der Wirbeltierextremität beteiligt. Die Wachstumsfaktoren BMP-2 und BMP-4 bilden einen Konzentrationsgradienten entlang der Wachstumszone, dessen Maximum am posterioren Rand der Extremitätenknospe liegt. Gibt man lokal Sonic-hedgehog-Protein zu, wird die Expression der BMP-Wachstumsfaktoren induziert. Auch Retinsäure liegt in posterioren Regionen in erhöhter Konzentration vor und führt, wenn sie lokal auf den anterioren Rand einer Flügelknospe aufgebracht wird, beim Hühnerembryo zur Bildung überzähliger Fingerstrahlen in spiegelbildlicher Anordnung, ähnlich wie nach der Verpflanzung einer polarisierenden Region. Retinsäure regt *Sonic hedgehog* zur Expression an und induziert dadurch eine neue polarisierende Region, fungiert also selbst wahrscheinlich nicht als Positionssignal. Möglicherweise ist Retinsäure jedoch für die Einleitung der Knospenbildung erforderlich, da eine Hemmung der Retinsäuresynthese das Auswachsen der Gliedmaßenknospen verhindert.

Die polarisierende Region ist am Erhalt der apikalen Ektodermleiste beteiligt, wahrscheinlich mittels der Wachstumsfaktoren BMP-2 und BMP-4. Zudem gibt es eine positive Rückkopplung zwischen dem Sonic-hedgehog-Protein im Mesoderm und der Expression von FGF-4 in der Apikalleiste. Diese Wechselwirkung zwischen Sonic hedgehog und FGF-4 läßt sich durch die Induzierung zusätzlicher, falsch plazierter Gliedmaßen nachweisen. Eine lokale Gabe von FGF-4 auf die Körperflanke eines Hühnerembryos, irgendwo zwischen Flügel- und Beinknospe, induziert die Produktion von FGF-8 im Ektoderm und anschließend die ektopische Expression von *Sonic hedgehog*. Das Sonic-hedgehog-Protein löst dann wiederum die Expression des embryonalen Gens für FGF-4 aus und trägt zum Fortbestand der Apikalleiste und zum Auswachsen einer überzähligen Gliedmaßenknospe an der betreffenden Stelle bei. Ob Flügel oder Bein entsteht, hängt davon ab, wo *Sonic hedgehog* exprimiert wird. Appliziert man FGF-4 auf den vorderen Flankenbereich, entwickelt sich in der Regel eine zusätzliche Flügelknospe, an der hinteren Flanke dagegen eine Beinknospe (Abbildung 10.12).

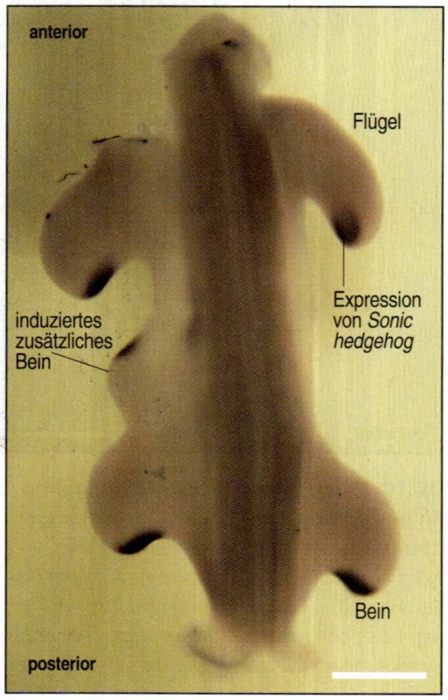

10.12 FGF-4 kann beim Hühnerembryo die Bildung zusätzlicher Gliedmaßenknospen induzieren. Wenn man FGF-4 auf die seitliche Körperoberfläche nahe der Hinterextremitätenknospe aufbringt, beginnt dort eine weiteres Bein auszuwachsen. Die dunklen Bereiche zeigen die Expression von *Sonic hedgehog* an. Maßstab = 1 mm. Aufnahme mit freundlicher Genehmigung von J.-C. Izpisúa-Belmonte, aus Cohn et al. 1995.

10.5 Der Positionswert längs der proximo-distalen Achse könnte über einen Zeitmechanismus festgelegt werden

Im Gegensatz zur anterio-posterioren Gliedmaßenachse ist über die Steuerung der Musterbildung entlang der entsprechenden proximo-distalen Achse recht wenig bekannt. Hier könnte die Zeit von Bedeutung sein, die Zellen in der Wachstumszone verbringen. Im Zuge des Knospenwachstums verlassen fortwährend Zellen die Wachstumszone. Die ersten von ihnen bilden (im Falle der Vorderextremität) den Humerus, während sich die letzten schließlich zu den Endgliedern der Finger entwickeln. Wenn Zellen ihre Verweildauer in der Wachstumszone messen könnten, zum Beispiel, indem sie die Anzahl der Teilungen zählen, könnten sie sich ihre Position auf der proximo-distalen Achse selbst ermitteln (Abbildung 10.13). Ein solcher zeitabhängiger Mechanismus stünde im Einklang mit der Beobachtung, daß nach Entfernung der Apikalleiste eine distal verstümmelte Extremität entsteht. Der Wegfall der Leiste hat zur Folge, daß sich die Zellen in der Wachstumszone nicht mehr teilen und sich daher auch keine weiter distal liegenden Strukturen mehr bilden können.

Ein recht guter Beleg für einen zeitbasierten Mechanismus ist folgender: Wenn man zu einem frühen Zeitpunkt der Knospenentwicklung einen Großteil der Zellen in der Wachstumszone abtötet oder deren Proliferation, etwa durch entsprechend dosierte Röntgenbestrahlung blockiert, entwickeln sich kaum proximale Strukturen, distale jedoch sehr wohl, mitunter sogar fast normal. Da die Zellteilungsaktivität nach der Bestrahlung stark herabgesetzt ist, verlassen je Zeiteinheit weit weniger Zellen die Wachstumszone als normal. Entsprechend werden die proximalen Strukturen kaum oder gar nicht mehr ausgebildet. Allmählich füllen jedoch die Nachkommen der überlebenden Zellen die Wachstumszone wieder auf und verlassen sie wieder im üblichen Umfang. Für die jetzt austretenden Zellen ist die Zeituhr allerdings um einiges weitergelaufen. Daß die proximalen Strukturen fehlen, „wissen" sie nicht; daher bilden sie ihrem Positionswert gemäß nur distale Strukturen. Aus diesem Grund entwickelt eine so behandelte Flügelknospe praktisch nur noch Fingerstrahlen.

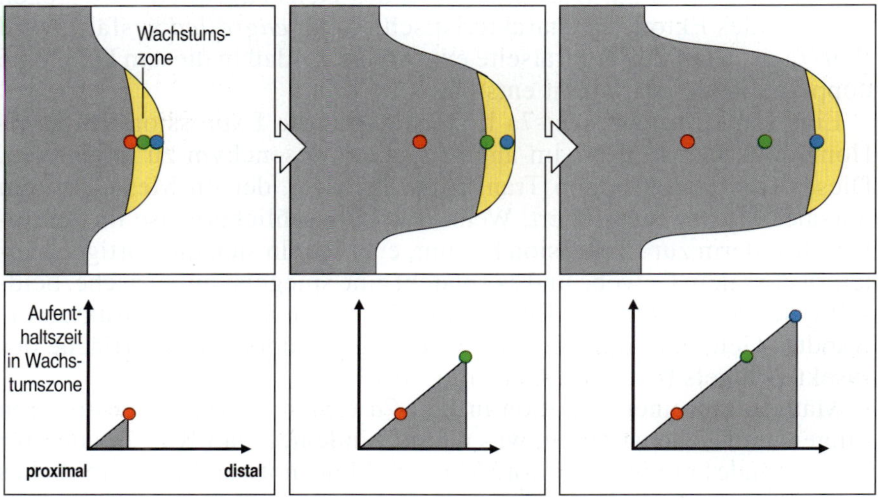

10.13 Der Positionswert einer Zelle auf der proximo-distalen Achse könnte von der Zeit abhängen, die sie in der Wachstumszone verbringt. Ständig verlassen Zellen die Wachstumszone. Möglicherweise können Zellen messen, wie lange sie sich dort aufgehalten haben, und dadurch ihre Position auf der proximo-distalen Achse bestimmen. Zellen, welche die Zone frühzeitig verlassen (rot), bilden proximale Strukturen, während aus Zellen, die erst ganz zuletzt heraustreten (blau), die Endglieder der Finger entstehen.

10.6 Die Dorsoventralachse wird durch das Ektoderm spezifiziert

Im Hühnerflügel ist das Strukturmuster längs der Dorsoventralachse genau festgelegt. So kommen große Federn nur auf der Dorsaloberfläche vor, und Muskeln und Sehnen zeigen eine komplexe dorso-ventrale Organisation. Um die Musterentwicklung entlang dieser Achse zu untersuchen, kann man das Ektoderm linker Gliedmaßenknospen mit dem Mesoderm rechter so kombinieren, daß die Dorsoventralachsen der beiden Gewebe in entgegengesetzter Richtung verlaufen.

Dazu werden rechte und linke Flügelknospen eines Hühnerembryos entfernt, und Ektoderm und Mesoderm jeweils voneinander getrennt. Dann setzt man die Knospen so wieder zusammen, daß die Dorsalseite des Ektoderms auf der Ventralseite des Mesoderms liegt und umgekehrt. Die neu kombinierten Knospen werden einem Hühnerembryo seitlich aufgepflanzt, wobei nun die Dorsoventralachse des Ektoderms andersherum verläuft als die des umhüllten Mesoderms. Wenn sie sich weiterentwickeln, beobachtet man folgendes: Die proximalen Regionen haben in der Regel eine normale Dorsoventralpolarität; das heißt, ihr Dorsoventralmuster entspricht ihrer Herkunft aus dem Mesoderm. Distale Regionen dagegen, besonders der „Handbereich", zeigen eine gegenläufige Dorsoventralachse, mit einem umgekehrten Muskel- und Sehnenmuster, das der Polarität des Ektoderms entspricht. Das Ektoderm kann also offensichtlich die Dorsoventralrichtung bei der Musterbildung in Extremitäten festlegen.

Leicht erkennbar ist die dorso-ventrale Polarität im Finger- und Handbereich, wo bei Säugern dorsale Flächen in der Regel behaart sind, ventrale – Handfläche oder Pfotenballen – hingegen nicht. Mit Hilfe von Mutationen in Mäusen wurden einige Gene gefunden, welche die Entwicklung der Dorsoventralachse in Wirbeltiergliedmaßen steuern. Eines davon ist *Wnt*-7a, das ein sezerniertes Signalprotein aus der Wnt-Familie codiert (Abschnitt 3.18). Mutationen, die dieses Gen inaktivieren, führen zu Extremitäten, in denen viele eigentlich dorsalen Gewebe eine ventrale Entwicklungsrichtung einschlagen: Es entsteht eine spiegelsymmetrische, beidseitig ventral gestaltete Extremität. Das Gen *Wnt*-7a wird im dorsalen Ektoderm exprimiert (Abbildung 10.14), was darauf hindeutet, daß das Ventralmuster den Grundzustand darstellt, der auf der Dorsalseite vom dorsalen Ektoderm modifiziert wird. Bei der Musterbildung im dorsalen Mesoderm kommt *Wnt*-7a also offensichtlich eine Schlüsselfunktion zu. Die Expression des Gens *engrailed* ist dagegen für ventrales Ektoderm charakteristisch. Wenn *engrailed* ausfällt, wird *Wnt*-7a auch auf der Ventralseite exprimiert, so daß in diesem Falle eine doppelt dorsale Extremität entsteht.

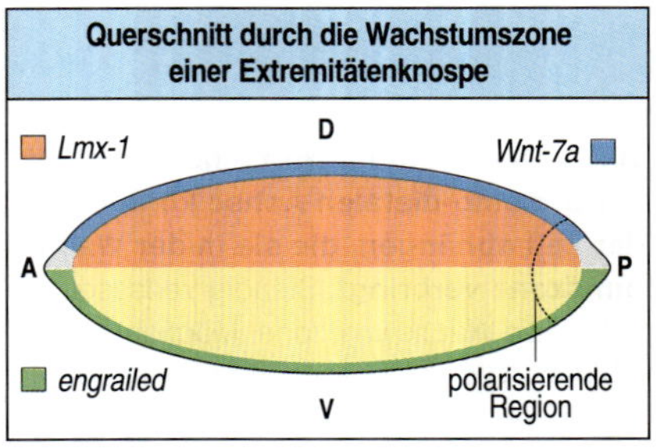

10.14 Das Ektoderm bestimmt das Dorsoventralmuster einer entstehenden Extremität. Das Gen *Wnt-7a* wird im dorsalen Ektoderm exprimiert, *engrailed* (die Wirbeltierversion des gleichnamigen *Drosophila*-Gens) im ventralen. Das Genprodukt von *Wnt-7a* aktiviert *Lmx-1* im dorsalen Mesoderm, und dieses Gen wiederum ist an der Spezifizierung dorsaler Strukturen beteiligt. A: anterior, P: posterior, D: dorsal, V: ventral.

Eine Funktion von *Wnt*-7a besteht darin, die Expression des LIM-Homöobox-Gens *Lmx-1* im angrenzenden Mesenchym zu induzieren. Dieses Gen codiert einen Transkriptionsfaktor, der im Mesoderm ein dorsales Muster spezifiziert. Wenn *Lmx-1* fälschlicherweise im ventralen Mesoderm zur Expression kommt, entwickeln sich die dortigen Zellen zu dorsalem Gewebe und es entsteht eine spiegelsymmetrische, beidseitig dorsale Extremität. Bei *Drosophila* ist ein mit *Lmx-1* strukturverwandtes Gen, *apterous*, an der Festlegung der dorsalen Oberfläche des Insektenflügels beteiligt (Abschnitt 10.14).

Mäusen mit einer Mutation in *Wnt-7a* fehlen häufig die posterioren Finger- und Zehenstrahlen, was darauf hindeutet, daß *Wnt-7a* auch für eine normale anterio-posteriore Musterbildung notwendig ist. Ähnliches läßt sich an Hühnerembryonen beobachten, denen das dorsale Ektoderm entfernt wurde. Diese Befunde haben zu der Hypothese geführt, daß die Entwicklung entlang aller drei Achsen durch Integration der drei Signale Wnt-7a, FGF-4 und Sonic hedgehog gesteuert wird.

10.7 Durch unterschiedliche Interpretation derselben Positionssignale entstehen unterschiedliche Gliedmaßen

Die Positionssignale zur Kontrolle der Musterbildung sind beim Huhn wie auch bei anderen Wirbeltieren in Vorder- und Hinterextremität dieselben. Sie werden jedoch unterschiedlich interpretiert. Wenn man zum Beispiel die polarisierende Region einer Flügelknospe an den anterioren Rand einer Beinknospe transplantiert, entstehen zusätzliche, spiegelbildliche Strukturen – diesmal aber Zehenstrahlen, keine Fingerstrahlen wie im Flügel, da das Signal hier von Zellen der Beinknospe empfangen und umgesetzt wird. In ähnlicher Weise verursacht die polarisierende Region aus der Gliedmaßenknospe einer Maus oder eines Menschen nach Transplantation an den Vorderrand einer Hühnerflügelknospe dort die Bildung zusätzlicher Flügelstrukturen. Gleichfalls kann eine apikale Ektodermleiste der Maus dem Hühnerembryo anstelle dessen eigener Leiste die passenden Signale zur Gliedmaßenentwicklung liefern. Die Signale der beiden Apikalleisten sind die gleichen, ebenso sind es die der verschiedenen polarisierenden Regionen. Die Unterschiede in den entstehenden Gliedmaßenstrukturen beruhen auf einer unterschiedlichen Signalinterpretation und hängen somit vom jeweiligen genetischen Zustand und der Entwicklungsvorgeschichte der reagierenden Knospenzellen ab.

Vorder- und Hinterextremität unterscheiden sich infolge ihrer jeweils anderen Entwicklungsvorgeschichte, und diese hängt wiederum mit der Position der Gliedmaßenknospe relativ zur Längsachse des Körpers zusammen. Dies ist analog zur Spezifizierung der verschiedenen Thorakalsegmente bei der Insektenentwicklung (Kapitel 5). Demgegenüber gehen die Unterschiede zwischen homologen Gliedmaßen verschiedener Wirbeltiere auf Besonderheiten bei der Aktivierung derjenigen Gene zurück, die für die Interpretation der Positionsinformation zuständig sind.

Ein weiterer Beleg für die Gleichwertigkeit von Positionssignalen in verschiedenen Gliedmaßenknospen stammt aus Experimenten, bei denen man Gewebe aus einer Knospe an verschiedene Stellen längs der proximo-distalen Achse verpflanzt hat. Wenn man zum Beispiel Gewebe aus dem proximalen Bereich einer frühen Hühnerbeinknospe, aus dem normalerweise der Oberschenkel entsteht, in den distalen Bereich einer frühen Flügelknospe transplantiert, so entwickeln sich daraus Zehen mit Krallen (Abbildung 10.15). Das verpflanzte Gewebe hat in seiner neuen Umgebung eine weiter distal gelegene Position erhalten, die es aber gemäß seines eigenen Entwicklungsprogramms interpretiert – und das lautet, Beinstrukturen zu bilden.

10.8 Homöobox-Gene sind an der Musterbildung und Positionsbestimmung der Extremitäten beteiligt

Die Hox-Gene der Wirbeltiere geben die Körperpositionen längs der anterio-posterioren Achse an (Abschnitt 4.3) und liefern offenbar auch Po-

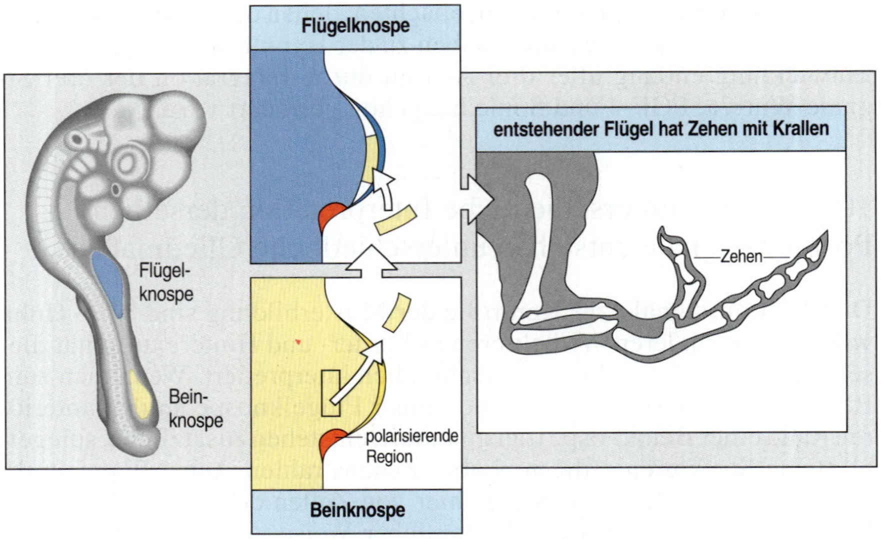

10.15 Proximale Zellen aus einer Hühnerbeinknospe erhalten nach Verpflanzung in den distalen Bereich einer Flügelknospe distale Positionswerte. Proximales Gewebe aus einer Beinknospe, das sich normalerweise zum Oberschenkel entwickeln würde, wird in die Spitze einer Flügelknospe transplantiert. In der dortigen Wachstumszone erwirbt es distalere Positionswerte und interpretiert sie als die entsprechenden Beinstrukturen, so daß an der Flügelspitze Zehen mit Krallen entstehen.

sitionswerte in den Gliedmaßen. Während der Extremitätenentwicklung im Hühnerembryo werden mindestens 23 verschiedene Hox-Gene exprimiert. Recht gut untersucht sind die Gene des Hoxa- und des Hoxd-Clusters, die dem *Drosophila*-Gen *Abdominal-B* ähneln (Exkurs 4.1, Seite 116). Diese beiden Genfamilien werden sowohl in Vorder- als auch in Hinterextremitätenknospen exprimiert, während sich die Expression des Hoxb- und des Hoxc-Genclusters jeweils auf eine der beiden Extremitäten beschränkt.

Die Expression der Hox-Gene während der Gliedmaßenentwicklung zeigt einen dynamischen Verlauf: Das Expressionsverhalten eines einzelnen Gens kann sich im Zuge des Knospenwachstums beträchtlich verändern. Greifen wir uns beispielhaft ein Entwicklungsstadium der Flügelknospe heraus und betrachten die Expressionsmuster der Hoxa- und Hoxd-Gene zu diesem Zeitpunkt. Die Expression der Gene *Hoxd9* bis *Hoxd13* wird der Reihe nach am posterioren Knospenrand in der Wachstumszone initiiert, so daß entlang der anterio-posterioren Knospenachse ineinander geschachtelte Expressionszonen für die einzelnen Hoxd-Gene entstehen. Das heißt, *Hoxd9* wird im gesamten Hoxd-Expressionsbereich exprimiert, die nachfolgenden Gene hingegen in immer kleineren Teilbereichen in posteriorer Richtung, so daß schließlich innerhalb eines kleinen Bezirks am posterioren Ende alle Hoxd-Gene, von *Hoxd9* bis *Hoxd13*, zur Expression gelangen. In ähnlicher Weise werden auch die Hoxa-Gene nacheinander in der Wachstumszone aktiviert; ihre ineinander geschachtelten Expressionszonen gruppieren sich jedoch längs der proximo-distalen Achse, mit dem Schwerpunkt am distalen Ende (Abbildung 10.16).

Die proximo-distale Expressionsverteilung der Hoxa-Gene in dem in Abbildung 10.16 gezeigten Knospenstadium entspricht der proximo-distalen Anordnung der Hauptabschnitte der Extremitäten: Im körpernahen Abschnitt, wo sich der Oberarmknochen oder Humerus (beziehungsweise in der Hinterextremität Oberschenkelknochen oder Femur) bildet, wird nur *Hoxa9* exprimiert, im Mittelteil, der Elle und Speiche (Ulna und Radius) beziehungsweise Schien- und Wadenbein (Tibia und Fibula) umfaßt, sind *Hoxa9* bis *Hoxa11* aktiv und im späteren Hand- beziehungsweise Fußbereich schließlich alle Hoxa-Gene von 9 bis 13.

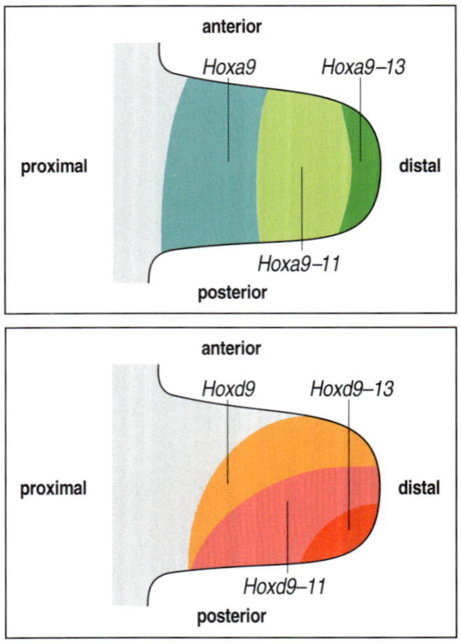

10.16 Expressionsmuster der Hox-Gene in der Hühnerflügelknospe. Die Hoxa-Gene (oben) werden abgestuft längs der proximo-distalen Achse exprimiert: *Hoxa9* ist über den gesamten Bereich aktiv, in distaler Richtung kommen der Reihe nach die anderen Hoxa-Gene hinzu, bis hin zu *Hoxa13*, das nur am distalen Ende exprimiert wird. Die Hoxd-Gene (unten) zeigen ein ähnliches Expressionsmuster entlang der anterio-posterioren Achse, wobei *Hoxd9* im gesamten Bereich und *Hoxd13* nur noch am posterioren Ende exprimiert wird.

Falls die Hox-Gene die Positionsinformation liefert, müßten experimentelle Manipulationen, die zu Abweichungen im Muster der Skelettelemente einer Extremität führen, vorher die Verteilung der Hox-Expression entsprechend verändern. Das läßt sich in der Tat beobachten: Wenn man eine polarisierende Region an den vorderen Rand einer Flügelknospe verpflanzt, kommt es zu einem spiegelsymmetrischen Verteilungsmuster der Hoxd-Expression (Abbildung 10.17). Diese Veränderung erfolgt binnen 24 Stunden nach der Transplantation, was in etwa der Zeitspanne entspricht, welche die polarisierende Region benötigt, um ihre Wirkung zu entfalten.

Es stellt sich die Frage, ob Abweichungen der Hox-Genexpression in einer Extremität zu ähnlichen homöotischen Veränderungen führen, wie man sie von den Wirbeln her kennt (Abschnitt 4.4). Man hat versucht, dies mit entsprechenden Gen-Knock-out-Experimenten nachzuprüfen, doch deren Ergebnisse sind schwer zu interpretieren. Offensichtlich besteht zwischen der Expression der Hox-Gene und der Entwicklung der Knorpelelemente in den Gliedmaßen keine einfache Beziehung. Das Ausschalten einzelner Hox-Gene in der Maus führt nicht zur Umwandlung eines Fingers in einen anderen. Statt dessen sind viele Handknochen zugleich betroffen und in Größe und Form verändert, mitunter entwickeln sich sogar zusätzliche Elemente. Wenn gleichzeitig zwei oder mehr Hox-Gene ausfallen, können sich die Auswirkungen drastisch verschärfen. Darüber hinaus scheinen die Hox-Gene einen wesentlichen Einfluß auf das Wachstum der Knorpelelemente auszuüben. So führt der gleichzeitige Knock-out von *Hoxa11* und *Hoxd11* zum völligen Verlust von Elle und Speiche. Und die Überexpression des Gens *Hoxa13*, das normalerweise nur in der distalen Region der Gliedmaßenknospe exprimiert wird, hat zur Folge, daß Elle und Speiche deutlich kürzer ausfallen. Offenbar werden sie – wahrscheinlich aufgrund einer veränderten Regulation der Zellvermehrung – zu kleinen Elementen ähnlich denen der Handwurzel transformiert. Durch die Überexpression von *Hoxd13* kommt es wiederum zu einer Verkürzung der langen Röhrenknochen im Bein, da das Gen die Zellvermehrungsrate in den wachsenden Knorpelelementen beeinflußt. Insgesamt zeigen diese Ergebnisse, daß die Hox-Gene sowohl in frühen als auch in späteren Stadien der Entwicklung die Größe der Knorpelelemente in den Extremitäten regulieren können.

Wie wir gesehen haben, erfolgt die Bildung der Gliedmaßenknospe unter Beteiligung von FGF; dabei entsteht eine polarisierende Region. Man kann sich leicht vorstellen, daß ein von Hox-Genen geschaffenes Koordinatensystem längs der Längsachse des Körpers durch Aktivierung der FGF-Expression an den entsprechenden Stellen der Körperflanken die Position der Gliedmaßenknospen festlegen könnte, wo sich dann eine Apikalleiste und eine Polarisierungsregion entwickeln. Das Expressionsmuster der Hox-Gene im Mesoderm ist dort, wo sich beim Huhn Flügel- und Beinknospen bilden, jeweils anders. Daß diese unterschiedlichen Muster darüber entscheiden, ob sich ein Flügel oder ein Bein entwickelt, dafür sprechen auch die Veränderungen der Hox-Genexpression, wenn man FGF-Depots auf der Körperflanke aufbringt und dadurch die Bildung eines zusätzlichen Beines oder Flügels induziert wird (Abschnitt 10.3). Das neue Muster der Hox-Expression entspricht jeweils dem, das man auch normalerweise im Bein beziehungsweise im Flügel beobachtet.

Hinweise, daß Hox-Gene die Position der polarisierenden Region festlegen helfen, stammen von Mausembryonen, die ein *Hoxb8*-Transgen in zu weit anterior liegenden Körperregionen exprimieren. In diesen Mäusen bildet sich am anterioren Rand der vorderen Extremitäten-

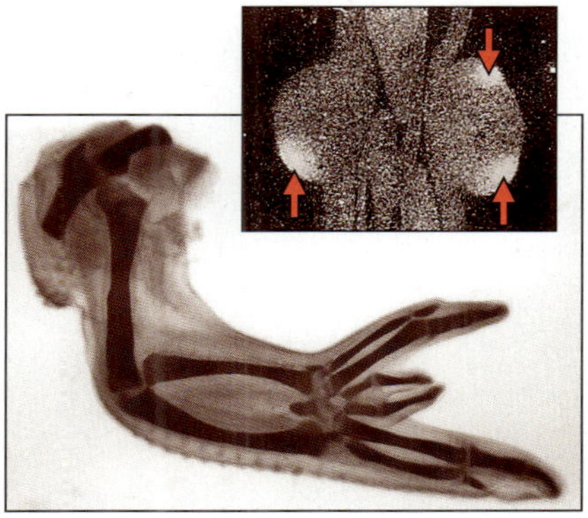

10.17 Veränderung der Hoxd-Expressionsverteilung nach Implantation einer zusätzlichen Polarisierungsregion. Die Implantation einer zweiten polarisierenden Region an den anterioren Rand einer Flügelknospe führt zu einer spiegelbildlichen Verdoppelung der Fingerstrahlen (unten). Wie sich im kleinen Bild (oben) zeigt, geht der Verdoppelung eine entsprechende Veränderung des *Hoxd13*-Expressionsmusters (Pfeile) in der Knospe voraus. In der linken – normalen – Knospe wird *Hoxd13* wie gewöhnlich nur am posterioren Rand exprimiert. Die rechte Knospe mit dem Implantat zeigt dagegen an beiden Rändern *Hoxd13*-Expression.

knospen eine zweite Polarisierungsregion, so daß sich überzählige Fingerstrahlen entwickeln. Zudem tragen Hox-Gene offenbar auch gemeinsam zur anterio-posterioren Feinpositionierung der Vorderextremitäten bei: Bei Knock-out-Mäusen, in denen die *Hoxb5*-Expression ausgeschaltet ist, entwickeln sich die Vorderbeine weiter vorne am Körper als normal.

Die Beteiligung der Hox-Gene an der Gliedmaßenentwicklung des Menschen zeigt sich an den phänotypischen Ausprägungen von Mutationen menschlicher Hox-Gene: Eine Mutation im *Hoxd13*-Gen führt zu Polydaktylie (Abbildung 10.11) und zur Fusion von Fingern und Zehen, eine in *Hoxa13* unter anderem zur Verkürzung von Daumen, kleinem Finger und großem Zeh.

10.9 Selbstorganisation bei der Musterbildung in der Extremitätenknospe

An der Entwicklung eines Musters von Knorpelelementen längs der anterio-posterioren Achse sind möglicherweise noch andere Mechanismen als die Signalgebung durch die polarisierende Region beteiligt. Dafür spricht zum Beispiel die Beobachtung, daß auch rekonstituierte Gliedmaßenknospen, denen eine diskrete Polarisierungsregion fehlt, teils normale Knorpelstrukturen hervorbringen können. Für ein solches Experiment entnimmt man einem Hühnerembryo eine frühe Gliedmaßenknospe, vereinzelt deren Mesenchymzellen und durchmischt sie sorgfältig, um die Zellen der polarisierenden Region gleichmäßig zu verteilen. Dann läßt man die Zellen reaggregieren, umgibt das Aggregat mit einer Ektodermhülle und verpflanzt es auf eine Körperstelle wie etwa die dorsale Oberfläche einer älteren Extremität, wo es Anschluß an die Blutversorgung finden kann. Tatsächlich entwickeln sich aus diesen rekonstituierten Knospen gliedmaßenähnliche Strukturen, obwohl ihnen eine polarisierende Region fehlt. In den proximalen Regionen dieser abnormen Gliedmaßen können mehrere lange Knorpelelemente entstehen, die sich allerdings kaum mit den normalen Strukturen vergleichen lassen. Distal jedoch entwickeln sich aus reaggregierten Beinknospen deutlich sichtbar Zehen (Abbildung 10.18). Die Tatsache, daß sich auch ohne eine abgrenzbare Polarisierungsregion durchaus korrekt geformte Knorpelelemente bilden können, zeugt von einer beachtlichen Fähigkeit der Extremitätenknospe zur Selbstorganisation. Bei den Zehen, die reaggre-

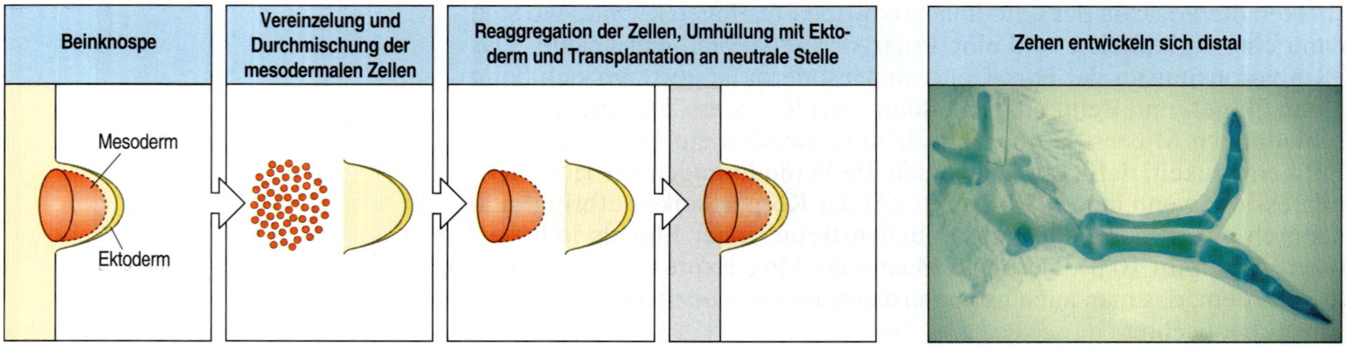
Beinknospe
Mesoderm
Ektoderm
Vereinzelung und Durchmischung der mesodermalen Zellen
Reaggregation der Zellen, Umhüllung mit Ektoderm und Transplantation an neutrale Stelle
Zehen entwickeln sich distal

10.18 Reaggregierte Beinknospen bringen auch ohne umgrenzte Polarisierungsregion Zehen hervor. Mesodermale Zellen einer Hühnerbeinknospe werden vereinzelt und durchmischt, um alle Zellen einschließlich die der polarisierenden Region gleichmäßig zu verteilen. Dann läßt man sie reaggregieren, umhüllt sie mit Ektoderm und pflanzt sie auf eine neutrale Körperstelle auf. Distal entwickeln sich normal geformte Zehen.

gierte Beinknospen hervorbringen, kann man im Gegensatz zur normalen Entwicklung keinen Zusammenhang zwischen Hoxd-Expression und anterio-posteriorer Position erkennen.

In der Extremitätenknospe liegt demnach möglicherweise ein Mechanismus vor, der aus zunächst gleichwertigen Knorpelelementen ein Grundmuster oder Vormuster (*prepattern*) erzeugt. Diese Elemente würden dann jeweils verschiedene Identitäten zugeordnet bekommen und in ihrer Struktur durch Übermittlung von Positionsinformationen unter Beteiligung von Signalen wie Sonic hedgehog und der Hox-Gene weiter verfeinert werden. Der Mechanismus zur Schaffung des Vormusters könnte auf einem **Reaktions-Diffusions-System** basieren (Exkurs 10.1). Beim Flügel beispielsweise könnte durch einen Reaktions-Diffusions- oder ähnlichen Mechanismus im proximalen Bereich ein singulärer Konzentrationsgipfel eines Morphogens entstehen, der ein Vormuster für den Humerus erzeugen würde. Weiter distal könnten sich infolge veränderter proximo-distaler Positionssignale die Reaktions-Diffusionsbedingungen so verschieben, daß das System nunmehr drei Konzentrationsgipfel hervorbrächte – und damit gleichsam die Kondensationskeime für die drei Fingerstrahlen des Flügels. Anschließend würden Signale zur anterio-posterioren und dorso-ventralen Positionsbestimmung die korrekte Ausformung und Modifizierung solcher Vormuster steuern.

Nach diesem Reaktions-Diffusions-Modell könnte Polydaktylie beim Menschen einfach durch eine zufällige Verbreiterung der Extremitätenknospe entstehen. Wenn ein Reaktions-Diffusions-System ein quer durch die Knospe verlaufendes periodisches Muster von Knorpelelementen, wie es die Finger bilden, erzeugt, würde schon die Verbreiterung der Knospe durch irgendeinen kleinen „Entwicklungsunfall" genügen, damit sich ein weiteres Element, ein zusätzlicher Finger entwickelt.

10.10 Die Muskelanordnung in einer Extremität wird durch das Bindegewebe gesteuert

Wenn man Wachtelsomiten an eine Stelle im Hühnerembryo transplantiert, die gegenüber der Stelle liegt, an der sich die Flügelknospe bildet, dann werden Muskelzellen des zukünftigen Flügels aus der Wachtel, alle übrigen Zellen dagegen aus dem Huhn stammen. Wie dieses Experiment zeigt, haben die Muskelzellen einer Extremität einen anderen Ursprung als ihr Bindegewebe (Knorpel und Sehnen). Zellen, die später Muskelfasern hervorbringen, wandern schon in einem sehr frühen Stadium von den Somiten in die Gliedmaßenknospe ein (Abschnitt 4.2). Dort angekommen vermehren sie sich und bilden zunächst eine dorsale und eine ventrale Masse zukünftigen Muskelgewebes (Abbildung 10.19). Diese beiden Zellverbände spalten sich in kleinere Teile auf, aus denen später die einzelnen Muskeln hervorgehen. Anders als Knorpel- und Bindegewebezellen, die in der Wachstumszone einen Positionswert erhalten, besitzen die zukünftigen Muskelzellen zumindest anfänglich keine Positionsinformation und sind daher alle gleichwertig.

Diese Gleichwertigkeit läßt sich durch Transplantationsexperimente am frühen Embryo nachweisen, in denen man Somiten der zukünftigen Flügel- gegen solche aus der zukünftigen Halsregion ersetzt. Die sich im Flügel entwickelnden Muskelzellen stammen dann aus Halssomiten; dennoch bildet sich das normale Muster der Extremitätenmuskulatur

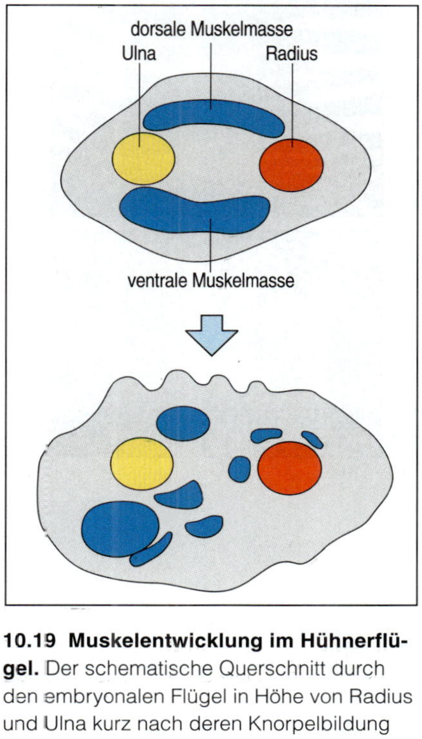

10.19 Muskelentwicklung im Hühnerflügel. Der schematische Querschnitt durch den embryonalen Flügel in Höhe von Radius und Ulna kurz nach deren Knorpelbildung zeigt, daß die künftigen Muskelzellen als zwei Blöcke vorliegen: die dorsale und die ventrale Muskelmasse. Diese beiden Zellverbände spalten sich mehrfach auf; daraus entstehen schließlich die einzelnen Muskeln.

Exkurs 10.1: Reaktions-Diffusions-Systeme

Es gibt selbstorganisierende chemische Systeme, die spontan geordnete räumliche Verteilungsmuster mancher ihrer molekularen Komponenten erzeugen. Die Anfangsverteilung der Moleküle ist gleichförmig, doch mit der Zeit bildet das System wellenartige Muster – abwechselnde Zonen hoher und niedriger Konzentration. Im wesentlichen besteht ein solches selbstorganisierendes System aus zwei oder mehr Sorten diffusionsfähiger Moleküle, die miteinander reagieren; daher nennt man es Reaktions-Diffusions-System. Das System kann zum Beispiel ein Aktivator- und ein Inhibitormolekül enthalten. Wenn der Aktivator sowohl seine eigene Synthese als auch die des Inhibitors stimuliert und der Inhibitor wiederum die Synthese des Aktivators hemmt, wird sich eine Art Lateralinhibition einstellen, durch welche die Synthese des Aktivators auf einen bestimmten Bereich beschränkt bleibt.

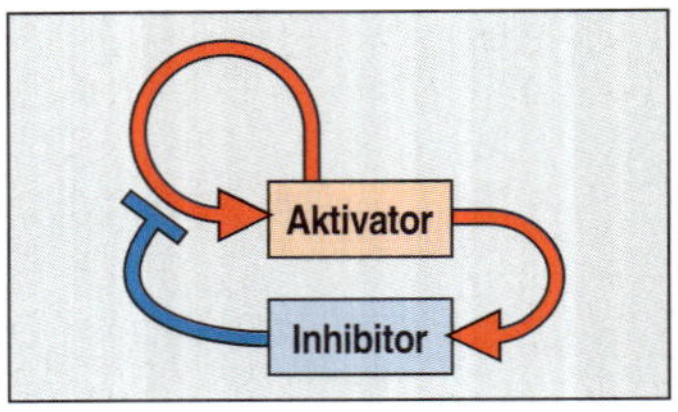

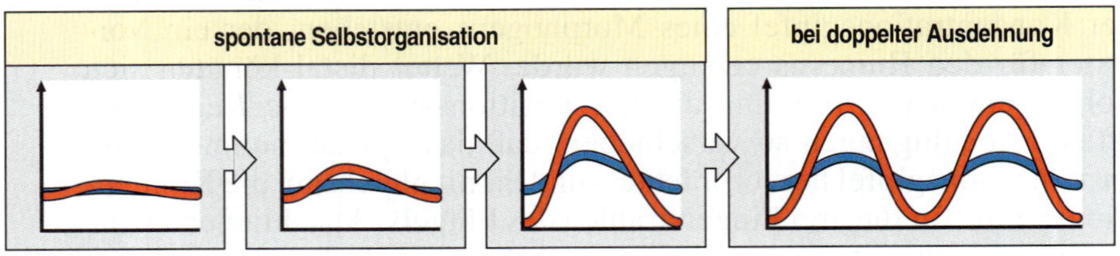

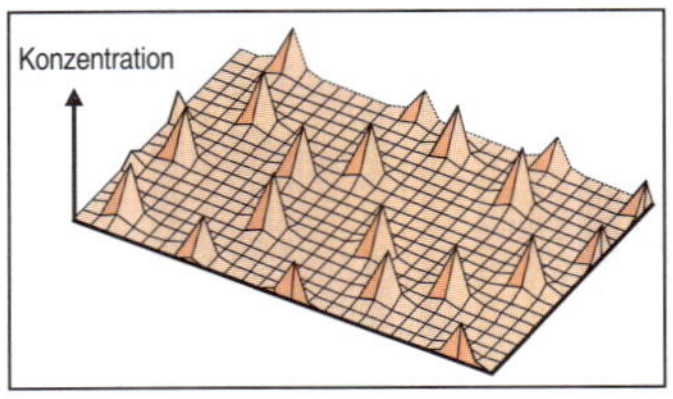

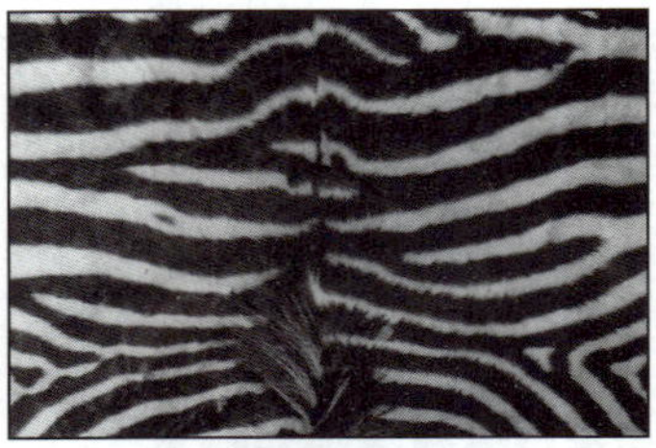

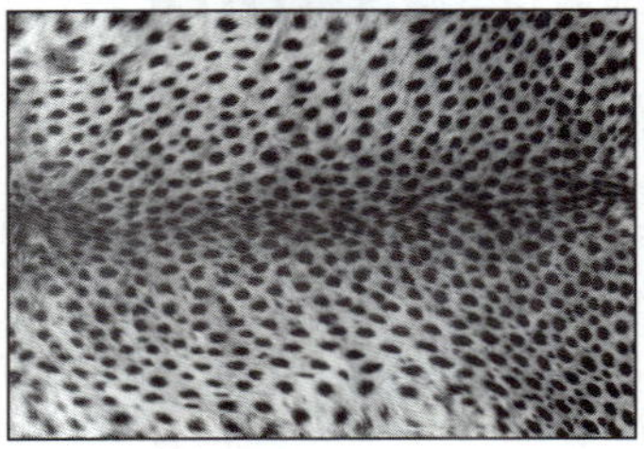

Unter geeigneten Bedingungen, die durch die Reaktionsraten und Diffusionskonstanten der Komponenten bestimmt werden, kann ein geschlossenes System bestimmter Ausdehnung spontan ein räumliches Muster der Aktivatorverteilung mit einem einzigen Konzentrationsgipfel hervorbringen. Nimmt die Größe des Systems allmählich zu, wird sich bald ein zweiter Gipfel ausbilden, und so fort. Mithin könnte solch ein Mechanismus sich wiederholende Muster wie die Anordnung der Finger- oder Zehenstrahlen in Gliedmaßen oder die Blüten- und Kelchblätter von Samenpflanzen erzeugen. Wenn die Moleküle des Systems in zwei Dimensionen zu diffundieren vermögen, kann eine Reihe von Konzentrationsgipfeln entstehen, die etwas unregelmäßig verteilt ist.

Ein derartiges System könnte gestreiften und gefleckten Pigmentierungsmustern zugrunde liegen, wie sie im Tierreich etwa beim Zebra oder beim Geparden vorkommen (Abbildungen links). Wie diese Muster erzeugt werden, ist zwar noch unbekannt; eine Möglichkeit wäre jedoch ein Reaktions-Diffusions-Mechanismus. Wenn das Pigment auf einen Aktivator hin nur bei einer hohen Aktivatorkonzentration synthetisiert wird, kann man einige Farbmuster von Tieren in computersimulierten Reaktions-Diffusions-Systemen reproduzieren.

Kennzeichend für Reaktions-Diffusions-Muster ist, daß sich, wenn das System größer wird, neue Konzentrationsgipfel zwischen die alten schieben. Der Korankaiserfisch Pomocanthus semicirculatus liefert ein bemerkenswertes Beispiel für ein Streifenmuster, das auf einem Reaktions-Diffusions-System basieren könnte (Abbildung unten). Bei Jungfischen mit einer Körperlänge unter zwei Zentimetern enthält die Zeichnung nur drei dorso-ventrale Streifen. Mit dem Heranwachsen vergrößert sich der Streifenabstand, bis der Fisch etwa vier Zentimeter erreicht hat. Dann erscheinen zwischen den anfänglichen Streifen neue, so daß der ursprüngliche Streifenabstand wiederhergestellt wird. Wenn der Fisch weiterwächst, wiederholt sich der Vorgang. Ein solches dynamisches Muster ist genau das, was man von einem Reaktions-Diffusions-System erwarten würde. Computersimulierte Reaktions-Diffusions-Systeme können auch viele der Zeichnungsmuster von Muschelschalen und Schneckenhäusern nachahmen. Gleichwohl konnte bisher noch nicht bewiesen werden, daß in irgendeinem sich entwickelnden Organismus ein Reaktions-Diffusions-System für die Musterbildung verantwortlich ist. (Abbildung oben nach Meinhardt et al. 1974.)

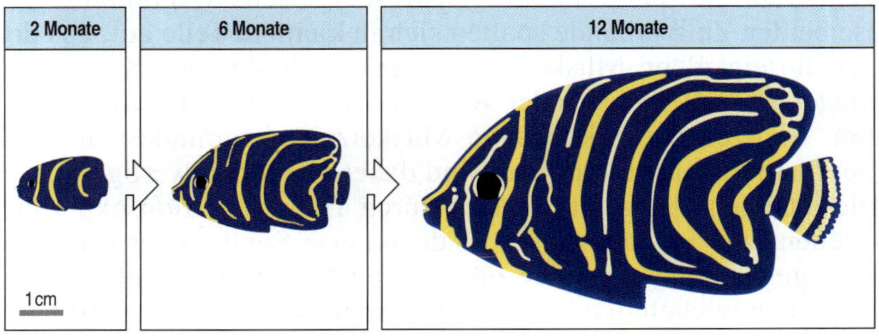

aus. Offensichtlich wird also das Muskulaturmuster weniger durch die zukünftigen Muskelzellen selbst als vielmehr durch das Bindegewebe bestimmt, in das die Muskelzellen einwandern. Ein möglicher Mechanismus zur Bildung des Muskulaturmusters könnte auf bestimmten Oberflächen- oder sonstigen anlockenden Eigenschaften des später muskelassoziierten Bindegewebes beruhen. Diese Eigenschaften erkennen die zukünftigen Muskelzellen und wandern dann in die entsprechenden Gewebebereiche ein. Somit könnte die Anordnung der Muskeln vom Muster des mit ihnen assoziierten Bindegewebes abhängen, und dieses wiederum wird vermutlich durch ähnliche Mechanismen festgelegt wie die, die das Knorpelmuster erzeugen. Wenn sich das Bindegewebemuster im Laufe der Entwicklung allmählich verändert, müssen die zukünftigen Muskelzellen auf diese Änderungen reagieren und an neue für sie vorgesehene Orte wandern, was die Aufspaltung der beiden großen Zellverbände erklären könnte.

10.11 Knorpel, Muskeln und Sehnen entwickeln sich am Anfang autonom

Die Muster von Knorpel, Sehnen und Muskulatur in einer Extremität werden offenbar durch dieselben Signale vorgegeben, da die Implantation einer zweiten polarisierenden Region zu einer spiegelbildlichen Verdoppelung sämtlicher dieser Elemente führt. Jedes der Elemente entwickelt sich in seiner endgültigen Position, wobei die Elemente kaum miteinander in Wechselwirkung treten: Wenn man zum Beispiel nur die Spitze einer frühen Hühnerflügelknospe entfernt und auf die Flanke eines Wirtsembryos verpflanzt, entwickelt sie zunächst normale distale Strukturen mit Handwurzelknochen und drei Fingerstrahlen. Ebenso beginnt sich die lange Sehne zu bilden, die normalerweise über die Ventralseite von Finger 3 verläuft, obwohl in dieser Situation weder ihr proximales Ende noch der Muskel, zu dem sie Verbindung aufnehmen soll, vorhanden sind. Allerdings bricht ihre Entwicklung dann ab, da sie den notwendigen Muskelkontakt nicht herstellen kann und daher auch nicht unter Spannung gesetzt wird. Durch welche Mechanismen Sehnen, Muskeln und Knorpel die richtigen Verbindungen miteinander eingehen, ist noch unklar. Sonderlich spezifisch ist die Verknüpfung solcher Verbindungen jedenfalls nicht: Wenn man die Spitze einer sich entwickelnden Extremität abschneidet und dorso-ventral verdreht wieder aufsetzt, werden dorsale Sehnen mit ventralen Sehnen und Muskeln verknüpft und umgekehrt. Offenbar stellt eine sich entwickelnde Sehne die Verbindung zu demjenigen Muskel beziehungsweise dessen Sehnenfortsatz her, der ihrem freien Ende am nächsten liegt.

10.12 Die einzelnen Finger entstehen durch programmierten Zelltod

Der programmierte Zelltod, die Apoptose, spielt eine wesentliche Rolle bei der Formgebung der Extremitäten von Vögeln und Säugern, besonders im Fall der Finger und Zehen. Die Region, in der sich die Finger bilden, ist zunächst wie eine Platte geformt, da die sich bildende Extremität längs der Dorsoventralachse abgeflacht ist. Die Knorpelelemente der Finger entwickeln sich innerhalb dieser Platte an den richtigen Stellen. Zur Trennung der Finger müssen die dazwischenliegenden Zellen

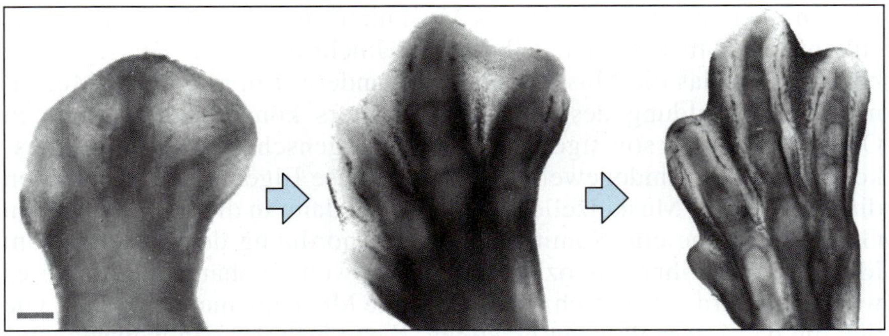

10.20 Zelltod in der Entwicklung des Hühnerbeines. Durch den programmierten Zelltod in den Zehenzwischenräumen können sich einzelne Zehen ausbilden. Maßstab = 1 µm. Aufnahmen mit freundlicher Genehmigung von V. Garcia-Martinez, aus Garcia-Martinez et al. 1993.

absterben (Abbildung 10.20). Offenbar ist an diesem Zelltod BMP-4 beteiligt: Wenn man die Funktion des BMP-4-Rezeptors im entstehenden Hühnerbein blockiert, sterben die Zellen nicht, so daß die Zehen über „Schwimmhäute" miteinander verbunden bleiben.

Diese Form des Zelltodes ist ein normaler und vorprogrammierter Bestandteil der Musterbildung und Zelldifferenzierung (Kapitel 9). Die Tatsache, daß die Füße von Enten und anderen Wasservögeln mit Schwimmhäuten ausgestattet sind, ist schlicht darauf zurückzuführen, daß zwischen den Zehen dieser Vögel weniger Zellen sterben als bei anderen. Ersetzt man das Mesoderm eines sich entwickelnden Hühnerbeines durch das der Ente, so sterben weniger Zellen zwischen den Zehen, und am Hühnerfuß bleiben Schwimmhäute zurück (Abbildung 10.21). Das Mesoderm bestimmt dabei sowohl im Mesoderm selbst als auch im umhüllenden Ektoderm das Zelltodmuster. Daß das Mesoderm das Schicksal des angrenzenden Epithels bestimmt, ist ein allgemeines Entwicklungsprinzip. Es sei noch vermerkt, daß die Fingertrennung bei Amphibien nicht auf programmiertem Zelltod beruht, sondern darauf, daß die Finger schneller wachsen als das Gewebe in den Fingerzwischenräumen.

Apoptosevorgänge ereignen sich auch in anderen Bereichen entstehender Gliedmaßen: am anterioren Rand der Gliedmaßenknospe, zwischen Radius und Ulna sowie in der polarisierenden Region der fortgeschritteneren Flügelknospe. Überhaupt haben Untersuchungen zum Zelltod in dieser Region und ihre damit verbundene Transplantation an den anterioren Knospenrand erst zur Entdeckung ihrer polarisierenden Eigenschaften geführt.

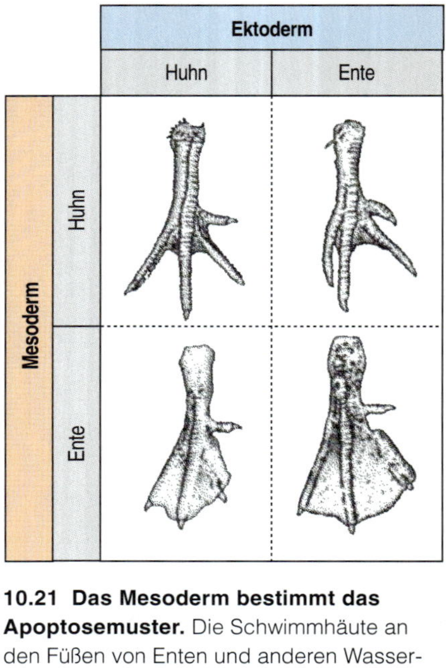

10.21 Das Mesoderm bestimmt das Apoptosemuster. Die Schwimmhäute an den Füßen von Enten und anderen Wasservögeln können sich bilden, weil zwischen deren Zehen weniger Zellen sterben als bei Vögeln ohne Schwimmhäute. Tauscht man zwischen Beinknospen von Huhn und Ente Mesoderm oder Ektoderm aus, entwickeln sich immer dann Schwimmhäute, wenn die Knospe Mesoderm der Ente enthält.

Zusammenfassung

Die Positionierung von Wirbeltierextremitäten und deren Musterbildung beruhen im wesentlichen auf interzellulären Wechselwirkungen. Wo die Gliedmaßenknospen auf der Längsachse des Körpers gebildet werden, hängt wahrscheinlich mit der Expression von Hox-Genen zusammen. In der Gliedmaßenknospe gibt es zwei entscheidende Signalregionen. Die eine ist die apikale Ektodermleiste, die im darunterliegenden Mesenchym die Wachstumszone induziert, in welcher Zellen ihre positionale Identität erhalten. Die zweite ist die polarisierende Region, die am posterioren Rand der Knospe liegt und die Musterbildung längs der anterio-posterioren Achse dirigiert. Die Signale der Apikalleiste sind für das Auswachsen der Extremitätenknospe unbedingt notwendig; eines davon ist wahrscheinlich ein Fibroblastenwachstumsfaktor. In der polarisierenden Region wird das Sonic-hedgehog-Protein exprimiert, das offenbar in Form eines Gradienten als Positionssignal dient. Die Dorsoventralachse wird durch das Ektoderm bestimmt. Hox-Gene werden innerhalb der Extremitätenknospe in einem wohldefinierten räumlichen und zeitlichen Muster exprimiert und bilden wahrscheinlich die molekulare Grundlage zur Schaffung positionsabhängiger Zellidentitäten. Die Muskelzellen einer Extremität stammen nicht aus der Knospe, sondern wandern aus den Somiten ein; die Ausbildung des Muskulaturmusters unterliegt dann der Steuerung durch das Bindegewebe der sich bildenden Extremität. An der Anlage des Knorpelelementemusters ist möglicherweise ein Selbstorganisationsprozeß beteiligt. Die Trennung von Fingern und Zehen kann durch programmierten Zelltod erfolgen.

Übersicht: Extremitätenentwicklung bei Wirbeltieren

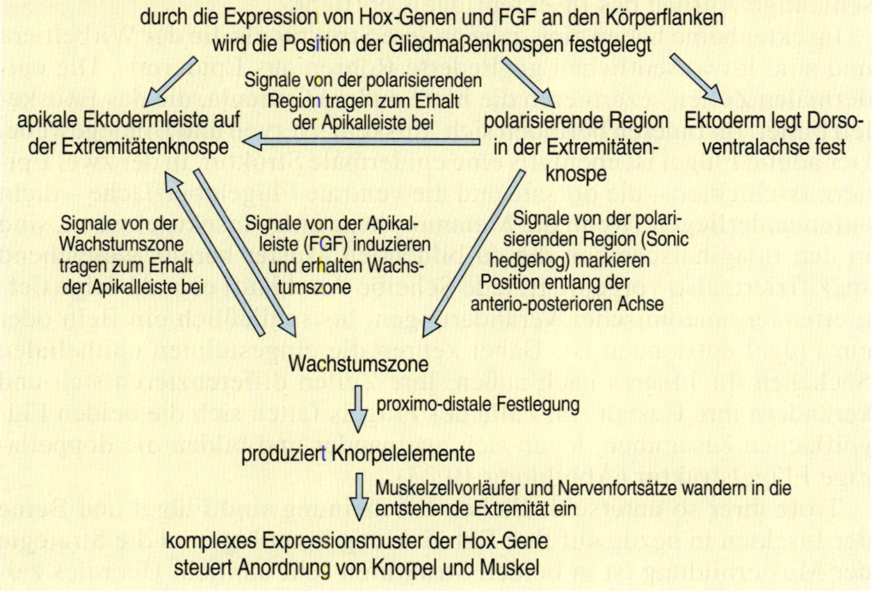

durch die Expression von Hox-Genen und FGF an den Körperflanken wird die Position der Gliedmaßenknospen festgelegt
Signale von der polarisierenden Region tragen zum Erhalt der Apikalleiste bei
apikale Ektodermleiste auf der Extremitätenknospe
polarisierende Region in der Extremitätenknospe
Ektoderm legt Dorsoventralachse fest
Signale von der Wachstumszone tragen zum Erhalt der Apikalleiste bei
Signale von der Apikalleiste (FGF) induzieren und erhalten Wachstumszone
Signale von der polarisierenden Region (Sonic hedgehog) markieren Position entlang der anterio-posterioren Achse
Wachstumszone
proximo-distale Festlegung
produziert Knorpelelemente
Muskelzellvorläufer und Nervenfortsätze wandern in die entstehende Extremität ein
komplexes Expressionsmuster der Hox-Gene steuert Anordnung von Knorpel und Muskel

Die Imaginalscheiben der Insekten

Die Körperanhänge der Adultform von *Drosophila* wie Beine oder Flügel entwickeln sich aus **Imaginalscheiben** (*imaginal discs*), die dank der so fortgeschrittenen *Drosophila*-Genetik ausgezeichnete Systeme zur Untersuchung von Musterbildungsprozessen darstellen. Die Imaginalscheiben entstammen dem embryonalen Ektoderm. Sie stülpen sich als einfache epitheliale Säckchen ins Körperinnere ein und bleiben als solche bis zur **Metamorphose** erhalten (Abbildung 2.34). Im Falle der Flügel- und Beinimaginalscheiben wird die Bildung eines Flügels oder Beines sowie eines ersten Grundmusters noch im embryonalen Epithel festgelegt, also zu einer Zeit, in der auch das Segmentmuster entsteht und die einzelnen Segmente ihre Identität erhalten. In den einzelnen Lar-

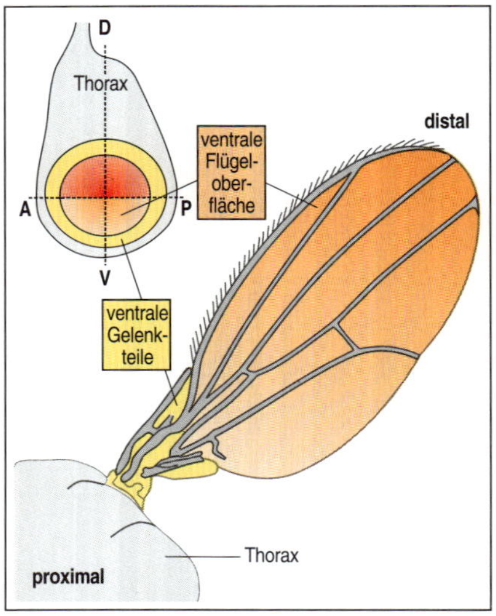

10.22 Anlagenplan der Flügelimaginalscheibe von *Drosophila*. Die Flügelimaginalscheibe ist vor der Metamorphose ein mehr oder weniger ovales epitheliales Blatt mit zunächst zwei voneinander abgegrenzten Kompartimenten: dem anterioren (A) und dem posterioren (P). Eine zweite Kompartimentgrenze verläuft zwischen der ventralen (V) und der dorsalen (D) zukünftigen Flügeloberfläche. Bei der Metamorphose falten sich diese beiden Flächen so zusammen, daß die ventrale unter der dorsalen zu liegen kommt (Abbildung 10.23). Ferner enthält die Flügelimaginalscheibe einen Teil der zukünftigen Dorsalregion des zweiten Thorakalsegments im Bereich der Flügelaufhängung. Nach French et al. 1994.

venstadien (*instars*; die Stadien zwischen zwei Larvenhäutungen) wachsen die Imaginalscheiben durch Zellteilung weiter, und die Musterbildung schreitet fort.

Sowohl die Bein- als auch die Flügelimaginalscheiben sind durch eine Kompartimentgrenze in eine anteriore und eine posteriore Entwicklungsregion unterteilt (Abschnitt 5.15). In der Flügelscheibe bildet sich im zweiten Larvenstadium eine weitere Kompartimentgrenze zwischen Dorsal- und Ventralregion (Abbildung 10.22). Wenn sich während der Metamorphose der Flügel bildet, faltet sich im distalen Bereich die zukünftige ventrale Flügelfläche unter die dorsale, wodurch der zweischichtige Aufbau des Insektenflügels entsteht.

Insektenbeine haben eine ganz andere Struktur als die der Wirbeltiere und sind im wesentlichen gegliederte Röhren aus Epidermis. Die epidermalen Zellen sezernieren die harte äußere Cuticula, die das Exoskelett bildet. Im Inneren befinden sich Muskeln, Nerven und Bindegewebe. Der adulte Flügel ist ebenfalls eine epidermale Struktur, in der zwei Epidermisschichten – die dorsale und die ventrale Flügeloberfläche – dicht aufeinanderliegen. Wenn die Metamorphose eines Insekts einsetzt, sind in den Imaginalscheiben die zu bildenden Muster bereits weitgehend spezifiziert, also vorgeprägt; jede Scheibe durchläuft eine Abfolge tiefgreifender anatomischer Veränderungen, bis schließlich ein Bein oder ein Flügel entstanden ist. Dabei kehren die eingestülpten epithelialen Säckchen ihr Inneres nach außen, ihre Zellen differenzieren sich und verändern ihre Gestalt. Im Falle des Flügels falten sich die beiden Flügelflächen zusammen, legen sich aneinander und bilden die doppellagige Flügelstruktur (Abbildung 10.23).

Trotz ihrer so unterschiedlichen Erscheinung sind Flügel und Beine der Insekten in bezug auf ihre Entwicklung homolog, und die Strategie der Musterbildung ist in beiden Strukturen sehr ähnlich. Überdies zeigen die daran beteiligten Mechanismen sowie sogar die betreffenden Gene eine Reihe verblüffender Übereinstimmungen mit der Musterbildung in Wirbeltierextremitäten.

Obwohl sich alle Imaginalscheiben bei oberflächlicher Betrachtung mehr oder weniger gleichen, entwickeln sie sich je nachdem, in wel-

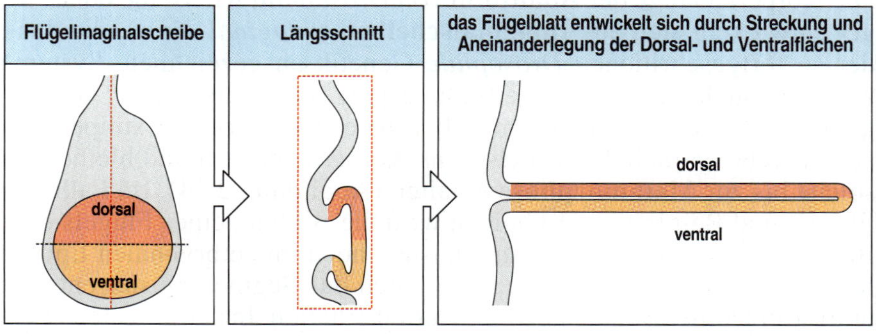

10.23 Die Entwicklung des Flügelblattes aus der Imaginalscheibe. Am Anfang liegen die ventrale und die dorsale Oberfläche des Flügels noch in einer Ebene innerhalb der Imaginalscheibe. Während der Metamorphose faltet sich die Scheibe ein und streckt sich, wobei sich die beiden Flächen aneinanderlegen.

chem Segment sie sich befinden, anders. Wie der segmentspezifische Charakter einer gegebenen Imaginalscheibe festgelegt wird, werden wir uns später ansehen; zunächst jedoch befassen wir uns mit der Musterbildung in der Flügelimaginalscheibe.

10.13 Der Grenzbereich zwischen anteriorem und posteriorem Kompartiment der Flügelimaginalscheibe liefert musterbestimmende Signale

Imaginalscheiben sind im wesentlichen flächige Einfaltungen der Epidermis. Die Epidermis der Segmente, Flügel und Beine ist in anteriore und posteriore Kompartimente unterteilt – in Regionen eingeschränkter Entwicklungskompetenz (Abschnitt 5.15). Der Flügel gliedert sich zudem in ein dorsales und ein ventrales Kompartiment, die wir im nächsten Abschnitt erörtern.

In der Flügelimaginalscheibe bilden Zellen an der Grenze zwischem anteriorem und posteriorem Kompartiment eine Signalregion, welche die Musterbildung entlang der anterio-posterioren Flügelachse steuert. Dieses Signalzentrum entsteht aufgrund einer Folge von Ereignissen. Diese beginnt mit der Expression des Gens *engrailed* im posterioren Kompartiment der Imaginalscheibe – entsprechend dem Expressionsmuster in dem embryonalen Parasegment, von dem sich die Imaginalscheibe ableitet.

In den Zellen, die *engrailed* exprimieren, ist auch das Segmentpolaritätsgen *hedgehog* aktiv (Abschnitt 5.16). An der Kompartimentgrenze veranlaßt das posterior sezernierte hedgehog-Protein die nahegelegenen Zellen des anterioren Kompartiments dazu, das Gen *decapentaplegic* zu aktivieren, indem es die Wirkung von Proteinen hemmt, die *decapentaplegic* normalerweise reprimieren. Das decapentaplegic-Protein, ein Signalprotein aus der TGF-β-Familie, wird nunmehr an der Kompartimentgrenze sezerniert (Abbildung 10.24) und dient wahrscheinlich sowohl im anterioren als auch im posterioren Kompartiment als Positionssignal zur Musterbildung längs der anterio-posterioren Achse.

Entsprechenden Beobachtungen zufolge wirkt das decapentaplegic-Protein als Signal mit großer Reichweite, das die lokale Expression des Gens *spalt* in einem Bereich steuert, der sich mit dem seiner eigenen Expression teilweise deckt (Abbildung 10.25). Auf diese Weise entsteht eine weitere Stufe der Musterbildung im Flügel. Die Expression von *spalt* setzt dort ein, wo die Konzentration des decapentaplegic-

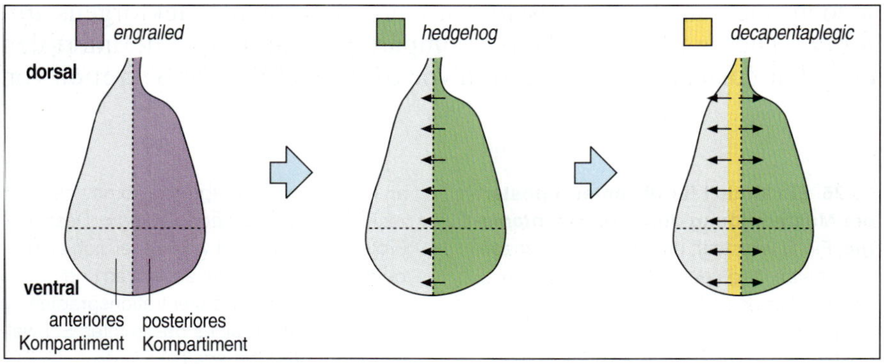

10.24 In der Flügelimaginalscheibe entsteht an der Grenze zwischen dem anterioren und dem posterioren Kompartiment eine Signalregion. Die Flügelscheibe ist in ein anteriores und ein posteriores Kompartiment unterteilt. Das Gen *engrailed* wird im posterioren Kompartiment exprimiert. Dort exprimieren die Zellen auch das Gen *hedgehog* und sezernieren das hedgehog-Protein. Wenn dieses auf Zellen des anterioren Kompartiments trifft, aktiviert es in ihnen das Gen *decapentaplegic*. Dessen Produkt, das decapentaplegic-Protein, wird dann in beide Kompartimente sezerniert (durch die Pfeile angedeutet).

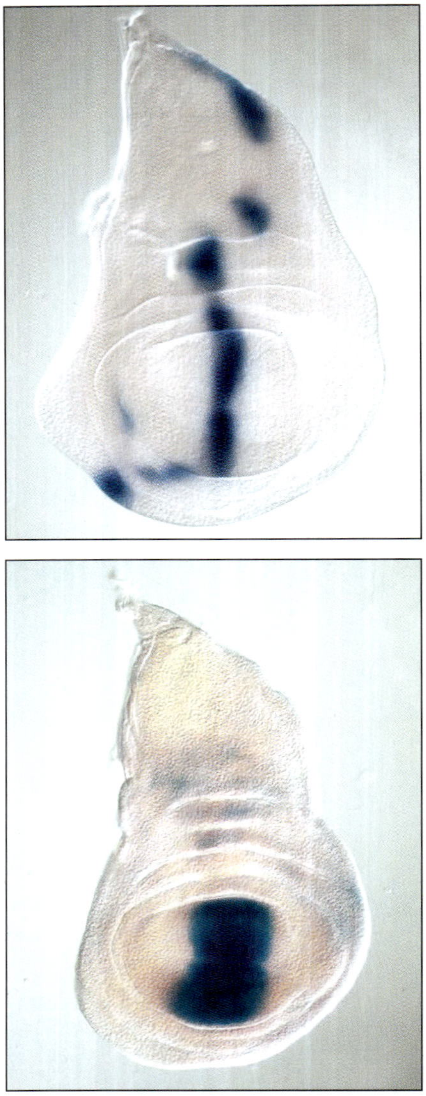

10.25 Expression von *decapentaplegic* und *spalt* in der Flügelimaginalscheibe von *Drosophila*. Die Aufnahme oben zeigt die Expression von *decapentaplegic* (dunkle Zonen) an der Grenze zwischen anteriorem und posteriorem Kompartiment der Flügelscheibe. Unten ist die Expression von *spalt* im Bereich des späteren Flügelblattes erkennbar. Aufnahmen mit freundlicher Genehmigung von K. Basler, aus Nellen et al. 1996.

Proteins einen bestimmten Schwellenwert überschreitet (Abbildung 10.26).

Welche Funktion die Gene *hedgehog* und *decapentaplegic* bei der Musterbildung im Flügel haben, zeigt sich, wenn zufällig erzeugte, genetisch markierte Zellklone innerhalb der Imaginalscheibe *hedgehog* am falschen Platz exprimieren. Solange sich solche Klone im posterioren Kompartiment bilden, sind ihre Auswirkungen gering, und die Entwicklung verläuft mehr oder weniger normal. Befinden sich jedoch *hedgehog*-Klone im anterioren Kompartiment, so kommt es dort entlang der anterio-posterioren Achse zu einer spiegelbildlichen Verdoppelung des Musters (Abbildung 10.27). Beschreibt man das normale Flügelmuster von anterior nach posterior als 123/45 – die Ziffern stehen für die Flügeladern und der Schrägstrich für die Kompartimentgrenze –, dann kann das Muster in einem experimentell veränderten Flügel 123h321123/45 lauten, wobei „h" die Position des *hedgehog*-Klons andeutet. Man kann dieses Ergebnis dahingehend interpretieren, daß das decapentaplegic-Protein überall dort sezerniert wird, wo das hedgehog-Protein auf Zellen des anterioren Kompartiments einwirken kann. In einem normalen Flügel ist seine Wirkung auf den anterioren Nahbereich der Kompartimentgrenze beschränkt. Bei dem experimentell veränderten Flügel jedoch führt die ektopische Expression von *hedgehog* zu neuen Bereichen der *decapentaplegic*-Expression im anterioren Kompartiment. Dadurch bilden sich dort zusätzliche Gradienten des decapentaplegic-Proteins.

10.14 Die Grenze zwischen Dorsal- und Ventralkompartiment des zukünftigen Flügels wirkt ebenfalls als musterorganisierendes Zentrum

Die Flügelimaginalscheibe gliedert sich in ein dorsales und ein ventrales Kompartiment. Aus ersterer geht die Dorsal-, aus letzterer die Ventralfläche des späteren Flügels hervor (Abbildung 10.22). Die beiden Kompartimente entstehen, nachdem sich die Flügelscheibe gebildet hat – im zweiten Larvenstadium. Ursprünglich hat man sie bei Untersuchungen von Zellstammbäumen gefunden, sie unterscheiden sich jedoch auch in der Expression des homöotischen Selektorgens *apterous*: Dieses ist nur im Dorsalkompartiment aktiv und definiert den dorsalen Zustand. Die Expression von *apterous* führt zur Sekretion von

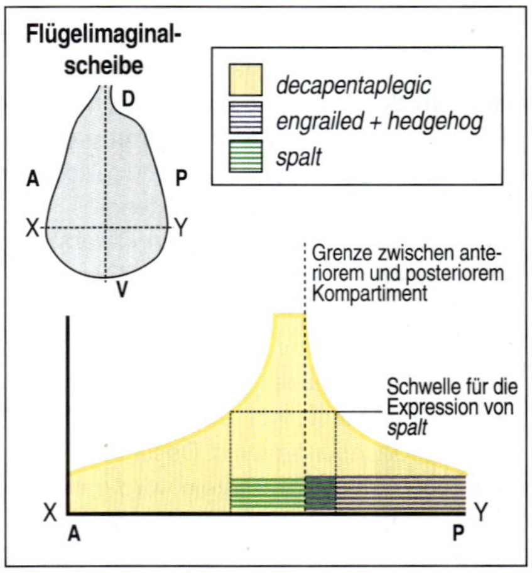

10.26 Ein Modell für die anterio-posteriore Musterbildung durch *decapentaplegic*. Ein Querschnitt durch die Flügelimaginalscheibe längs der anterio-posterioren Achse ist oben links schematisch angedeutet. *Engrailed* und *hedgehog* werden im posterioren Kompartiment exprimiert, und an der Kompartimentgrenze kommt es zur Aktivierung von *decapentaplegic*. Dessen Proteinprodukt bildet wahrscheinlich über beide Kompartimente, anteriores und posteriores, einen Konzentrationsgradienten, der oberhalb eines bestimmten Schwellenwertes das Gen *spalt* aktiviert.

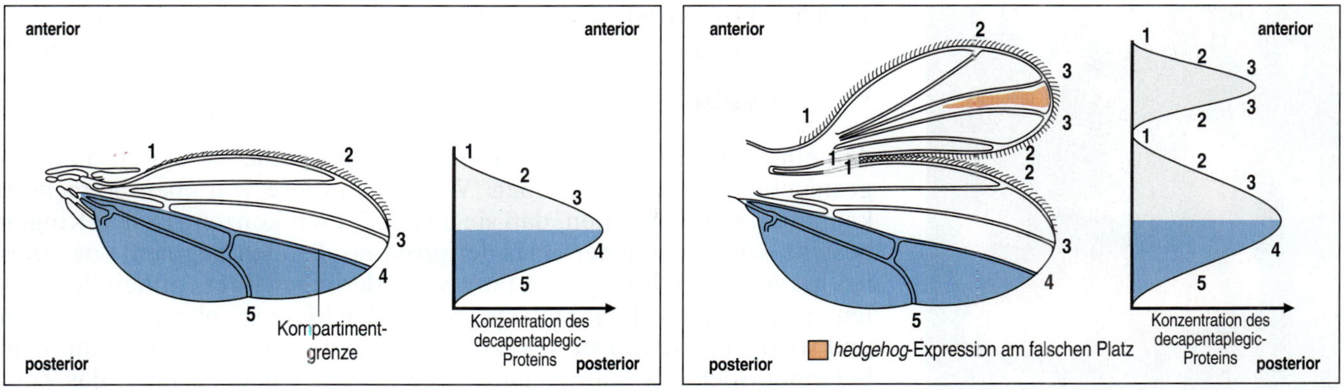

10.27 Veränderung des Flügelmusters infolge ektopischer Expression von *decapentaplegic*. Wenn ein Zellklon im anterioren Kompartiment *hedgehog* exprimiert, bildet sich dort eine neue Quelle des decapentaplegic-Proteins. Links: Im normalen Flügel wird das decapentaplegic-Protein an der Kompartimentgrenze synthetisiert. Wahrscheinlich wirkt es als Morphogen und steuert die Musterbildung im anterioren wie auch im posterioren Kompartiment, wobei die verschiedenen Flügeladern offenbar durch bestimmte Schwellenwerte seiner Konzentration spezifiziert werden. Rechts: Die ektopische Expression von *hedgehog* im anterioren Kompartiment führt dazu, daß auch dort decapentaplegic-Protein gebildet wird. Aufgrund des zusätzlichen Konzentrationsgradienten bildet sich längs der anterio-posterioren Achse ein zweiter Flügel, dessen Adern an den Schwellenwerten entstehen.

Proteinen, die von den Genen *fringe* und *Serrate* codiert werden. An der Kompartimentgrenze treten dorsale Zellen, die das Serrate-Protein sezernieren, unter Vermittlung eines Rezeptors (des Notch-Proteins) mit ventralen Zellen in Wechselwirkung und bilden den Flügelrand. Durch die ektopische Expression von *fringe* im ventralen Kompartiment entsteht dort ein neuer Rand. Wenn man umgekehrt im dorsalen Kompartiment einer normalen Wildtyp-Flügelscheibe Zellklone erzeugt, die das *apterous*-Gen nicht exprimieren, so schlagen diese eine ventrale Entwicklungsrichtung ein und aktivieren auch nicht mehr die Gene *fringe* und *Serrate*. In solchen genetischen Mosaiken bildet sich um den „ventralen" Zellklon herum eine zusätzliche Flügelrandstruktur, die man an ihrem charakteristischen Borstenmuster erkennen kann (Abbildung 10.28).

Wie die Grenze zwischen anteriorem und posteriorem fungiert auch die zwischen dorsalem und ventralem Kompartiment als Organisatorzentrum. Als Signalmolekül dient hier das wingless-Protein (Abschnitt 5.16), das zur selben Proteinfamilie gehört wie die Wnt-Proteine der Wirbeltiere. Das wingless-Protein wird an der Grenze zwischen dem dorsalen und ventralen Kompartiment der Flügelimaginalscheibe exprimiert und übernimmt eine Funktion analog zu der des decapentaplegic-Proteins im anterio-posterioren Musterbildungssystem. Ein weiteres Gen, das an dieser Grenze exprimiert wird, ist *vestigial*, das für die Zellproliferation erforderlich ist (Abbildung 10.29).

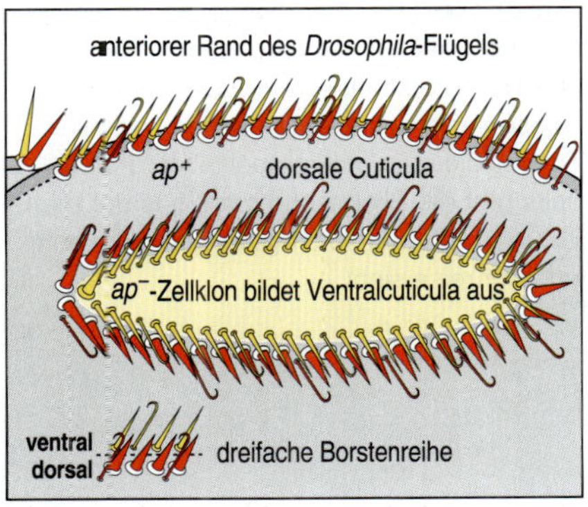

10.28 Bildung einer zusätzlichen Randstruktur um einen *apterous*$^-$-Zellklon herum auf der dorsalen Flügeloberfläche. Wenn sich auf der dorsalen Flügelfläche ein Zellklon entwickelt, der das Gen *apterous* nicht mehr exprimiert (ap^-), so nehmen diese Zellen einen ventralen Charakter an und exprimieren auch nicht mehr das Gen *fringe*. Im Grenzbereich zwischen dem veränderten Klon und den dorsalen Wildtyp-Zellen (ap^+) entsteht ein neuer Flügelrand mit der charakteristischen dreifachen Borstenreihe. Zur Randstruktur tragen Zellen des ap^--Klons und angrenzende Wildtyp-Zellen gemeinsam bei, wobei die beiden unterschiedlichen Zelltypen jeweils andere Borstenformen bilden. Nach Diaz-Benjumea et al. 1993.

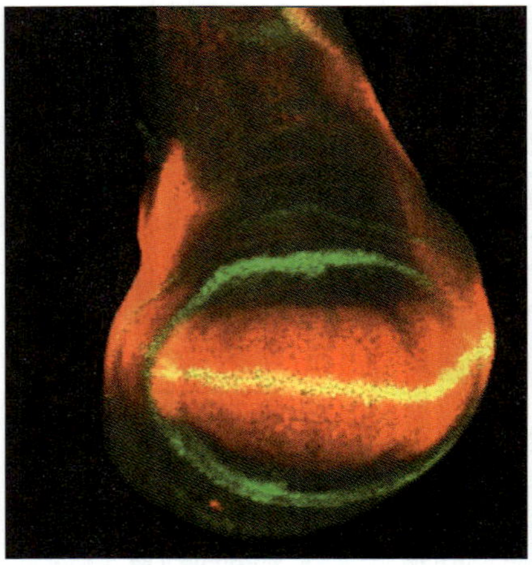

10.29 Expression von *wingless* und *vestigial* in der Flügelimaginalscheibe. Sowohl *wingless* (rot) als auch *vestigial* (grün) werden an der Grenze zwischen dorsalem und ventralem Kompartiment exprimiert. Die Grenze erscheint als gelber Streifen. Aufnahme mit freundlicher Genehmigung von K. Basler, aus Zecca et al. 1996.

10.15 Die Musterbildung in der Beinimaginalscheibe erfolgt mit Ausnahme der proximo-distalen Achse ähnlich wie beim Flügel

Am einfachsten läßt sich die Beinimaginalscheibe als ein zusammengestauchter Kegel beschreiben. Wenn man diese von oben betrachtet, kann man sich vorstellen, daß sie aus mehreren konzentrischen Ringen besteht, von denen jeder eines der proximo-distalen Segmente des Beines hervorbringt. Infolge von Formveränderungen ihrer epithelialen Zellen stülpt sich die Imaginalscheibe bei der Metamorphose nach außen und wird zum Bein. Der Vorgang verläuft praktisch so, wie wenn man bei einer Socke das Innere nach außen kehrt. Dadurch bildet das Zentrum der Imaginalscheibe nunmehr das distale Ende des Beines (Abbildung 10.30), und der äußerste Ring das am Körper ansetzende proximale Ende. Die dazwischenliegenden Ringe bringen die anderen Beinstrukturen hervor: Je mehr sich der Ring im Zentrum befindet, desto distaler ist die daraus entstehende Struktur (Abbildung 10.31).

Was die Musterbildung längs der anterio-posterioren Achse betrifft, so laufen in der Beinimaginalscheibe zunächst dieselben Schritte ab wie beim Flügel. Das Gen *engrailed* wird im posterioren Kompartiment exprimiert und induziert die Expression von *hedgehog*. Das hedgehog-Protein wiederum erzeugt eine Signalregion entlang der Kompartimentgrenze: In deren dorsalem Bereich aktiviert es wie beim Flügel *decapentaplegic*. Im ventralen Bereich jedoch induziert hedgehog statt dessen die Expression von *wingless*, dessen Proteinprodukt hier die Funktion des Positionssignals übernimmt (Abbildung 10.32). Das komplementäre Muster der *wingless*- und *decapentaplegic*-Expression wird durch gegenseitige Expressionshemmung aufrechterhalten.

Wechselwirkungen zwischen wingless und decapentaplegic spielen auch eine Rolle bei der Bildung der proximo-distalen Achse in der Beinimaginalscheibe. Das zukünftige distale Ende des Beines wird im Zentrum der Imaginalscheibe spezifiziert, wo das Gen *Distal-less* exprimiert wird. Dieser Ort der *Distal-less*-Expression entspricht der Stelle, an der die wingless- und die decapentaplegic-Proteine aufeinandertreffen. Die Aktivität von *Distal-less* ist offenbar zur Festlegung der proximodistalen Achse innerhalb der Imaginalscheibe notwendig. Eine Expression von *wingless* oder *decapentaplegic* am falschen Ort kann zur Verdoppelung der Achse führen, also dazu, daß zwei Beine gebildet werden. Die Ursache dafür ist, daß das Gen *Distal-less* an der neuen Stelle exprimiert wird, wo die beiden Proteine decapentaplegic und wingless

10.30 Umstülpung der Beinimaginalscheibe von *Drosophila* bei der Metamorphose. Das Scheibenepithel ist ein zunächst nach innen eingesenktes Derivat des Körperepithels. Während der Metamorphose kehrt es sich nach außen, wie eine Socke, die man umkrempelt. Der rote Pfeil links gibt die Blickrichtung an, aus der man die in Abbildung 10.31 gezeigten konzentrischen Kreise sieht.

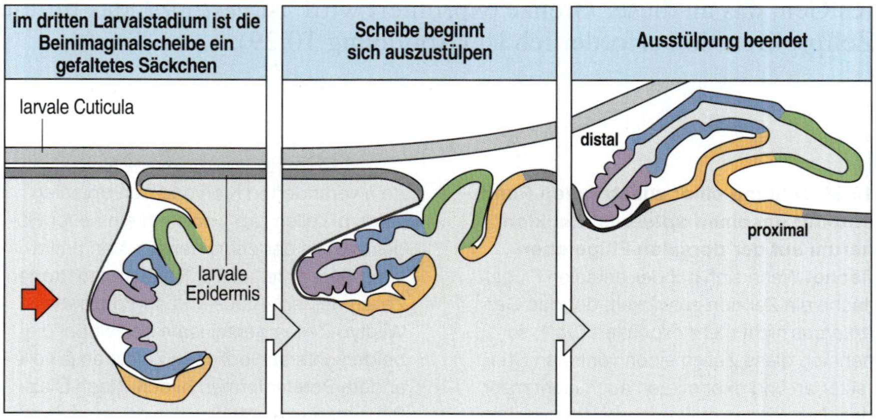
im dritten Larvalstadium ist die Beinimaginalscheibe ein gefaltetes Säckchen
Scheibe beginnt sich auszustülpen
Ausstülpung beendet
larvale Cuticula
larvale Epidermis
distal
proximal

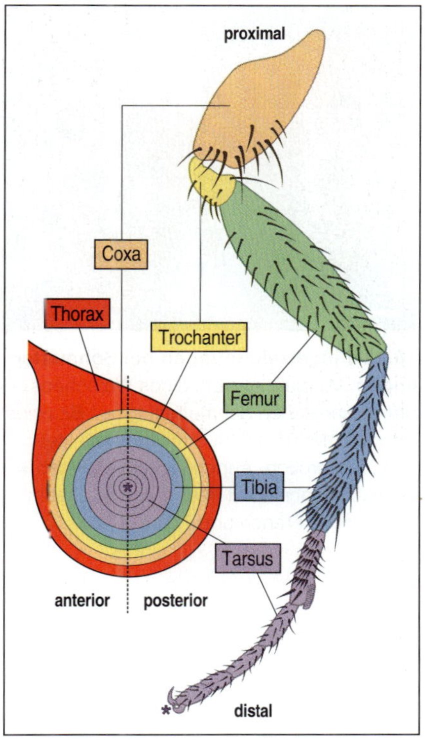

10.31 Anlagenplan der Beinimaginalscheibe von *Drosophila*. Die Scheibe ist ein annähernd kreisförmiges Epithel, das bei der Metamorphose in ein röhrenförmige Bein umgewandelt wird. Der Mittelpunkt der Scheibe wird dabei zur Spitze, und die äußerste Kreiszone zur Basis des Beines; damit ist die proximo-distale Achse definiert. Die zukünftigen Beinabschnitte von der Coxa bis zum Tarsus sind also in der Imaginalscheibe in Gestalt konzentrischer Kreise angelegt, mit dem distalen Ende in Zentrum. Eine Kompartimentgrenze unterteilt die Scheibe in eine anteriore und eine posteriore Region. Nach Bryant 1993.

miteinander interagieren; so wird eine zweite proximo-distale Achse spezifiziert. An gleicher Stelle wie *Distal-less* wird auch das Gen *aristaless* exprimiert, das für die Ausbildung der Strukturen am äußersten Ende des Beines notwendig ist.

10.16 Flügelzeichnungen bei Schmetterlingen werden durch zusätzliche Positionsfelder organisiert

Die Vielfalt der Farbzeichnungen auf Schmetterlingsflügeln ist bemerkenswert: Man kennt über 17 000 Arten, die alle eigene Farbmuster haben. Viele dieser Muster sind Variationen eines Grundmotivs aus Streifen und konzentrischen Augenflecken (Abbildung 10.33). Die Flügel sind mit einander dachziegelartig überlappenden Cuticulaschuppen bedeckt, deren Farbpigmente von den Epidermiszellen synthetisiert und in die Schuppen eingelagert werden. Wie werden diese Farbmuster festgelegt? Schmetterlingsflügel entwickeln sich auf ähnliche Weise wie die Flügel von *Drosophila* in der Raupe aus Imaginalscheiben. Wie mikrochirurgische Eingriffe gezeigt haben, werden Augenflecken in einem späten Entwicklungsstadium der Flügelimaginalscheibe spezifiziert. Welches Muster ausgeprägt wird, hängt dabei von einem Signal aus dem Zentrum des Fleckes ab. Eine Reihe von Genen, die wie *apterous* die Flügelentwicklung bei *Drosophila* regulieren, werden auch im Schmetterling in einem ähnlichen räumlichen und zeitlichen Muster exprimiert wie bei der Taufliege. Gestalt und Struktur des Schmetterlingsflügels entstehen wie bei *Drosophila* aufgrund von Musterbildungsprozessen, die durch zusätzliche Positionsinformationsfelder gesteuert werden.

Das Expressionsmuster von *Distal-less* in Imaginalscheiben von Schmetterlingsflügeln läßt darauf schließen, daß die Flügelzeichnung auf eine ähnliche Art erstellt wird wie die Positionsinformation längs der proximo-distalen Achse des Insektenbeines. Beim Schmetterlingsflügel wird *Distal-less* im Zentrum eines Augenfleckes exprimiert, bei

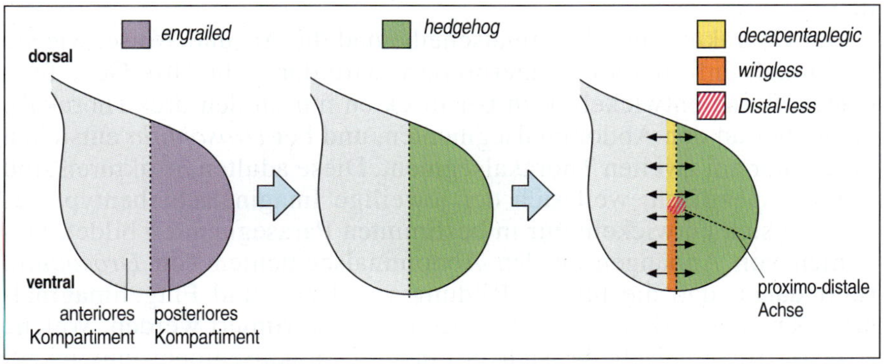

10.32 Bildung von Signalzentren für die anterio-posteriore Achse der Beinimaginalscheibe und zur Spezifizierung des distalen Endes. Das Gen *engrailed* ist im posterioren Kompartiment aktiv und induziert dort die Expression von *hedgehog*. Wo das hedgehog-Protein auf Zellen des anterioren Kompartiments trifft, signalisiert es ihnen, entweder *decapentaplegic* oder *wingless* zu exprimieren – ersteres im dorsalen Abschnitt der Kompartimentgrenze, letzteres im ventralen. Beide Gene codieren Proteine, die sezerniert werden. Dort, wo das decapentaplegic- und das wingless-Protein aufeinandertreffen, wird das Gen *Distal-less* aktiviert, das wiederum die proximo-distale Achse festlegt.

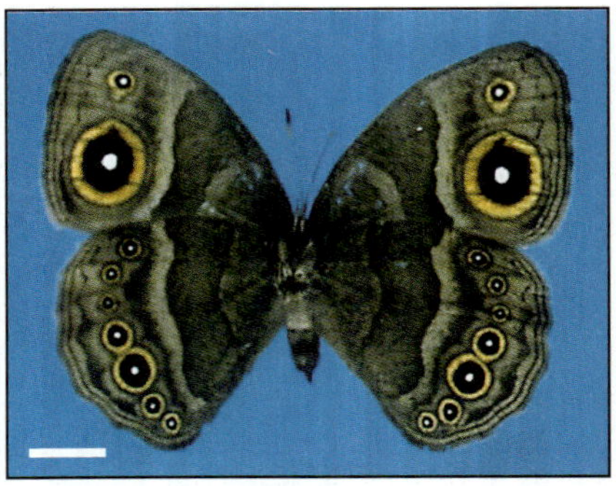

10.33 Flügelzeichnungen bei Schmetterlingen. Ventrale Ansicht eines Weibchens der afrikanischen Schmetterlingsart *Bicyclus anynana*. Man erkennt Streifen sowie kleinere und größere Augenflecken. Maßstab = 5 mm. Aufnahme mit freundlicher Genehmigung von V. French und P. Brakefield.

Drosophila im Zentrum der Beinimaginalscheibe, wo das Gen das spätere distale Ende des Beines festlegt. Es ist also denkbar, daß der Entwicklung von Augenflecken und der proximo-distalen Musterbildung im Bein ähnliche Mechanismen zugrunde liegen. Man kann sich den Augenfleck als ein proximo-distales Muster vorstellen, das auf die zweidimensionale Flügeloberfläche projiziert wird. Das Zentrum des Augenfleckes würde den am weitesten distal gelegenen Positionswert repräsentieren, die umgebenden Ringe entsprächen wie im Bein zunehmend proximaleren Positionen. Die Position eines Augenfleckes könnte unter Bezug auf das primäre Flügelmuster (also anteriores, posteriores, dorsales und ventrales Kompartiment) festgelegt werden; anschließend würde um diese Position ein sekundäres Koordinatennetz erzeugt, dessen Zentrum durch die Expression von *Distal-less* definiert wäre.

10.17 Die segmentale Identität von Imaginalscheiben wird durch die homöotischen Selektorgene bestimmt

Insektenbein und Insektenflügel erhalten ihre Strukturmuster teilweise durch die gleichen Signale – etwa das decapentaplegic-Protein – und sehen dennoch ganz verschieden aus. Ihre Imaginalscheiben deuten die Positionssignale offenbar auf unterschiedliche Weise. Die Signalinterpretation wird durch die Hox-Gene reguliert; wie das geschieht, läßt sich am Beispiel von Bein und Fühler (Antenne) veranschaulichen: Wenn das Gen *Antennapedia* im Kopfbereich exprimiert wird, entwickeln sich dort statt der Antennen Beine (Abbildung 10.34). Mit Hilfe der Technik der mitotischen Rekombination (Exkurs 5.2, Seite175) ist es zudem möglich, in einer Antenne einen Klon mutierter Zellen zu erzeugen, die sich zu Beinzellen entwickeln. Zu welchem Typ Beinzellen genau sie werden, hängt von ihrer Position auf der proximo-distalen Achse ab; befinden sie sich beispielsweise am distalen Ende der Antenne, so bilden sie eine Fußklaue. Es ist, als ob die Positionswerte in Antennen- und Beinzellen dem gleichen Koordinatensystem entstammen und die beiden Strukturen durch eine unterschiedliche Interpretation der Werte eine verschiedene Form erhalten. Abbildung 10.35 verdeutlicht dies am Muster der französischen und britischen Flagge: Wie sich eine Zelle entwickelt, hängt von ihrer Position ab und davon, in welchem Zustand sich ihre Gene befinden. Für Flügel- und Halterenimaginalscheiben gilt dasselbe Prinzip. Damit können wir bei Insekten und Wirbeltieren eine gemeinsame Entwicklungsstrategie erkennen: Beide verwenden für ihre Körperanhänge wie Beine und Flügel die gleichen Positionsinformationen, interpretieren sie aber unterschiedlich.

Der Charakter einer Imaginalscheibe und die Art und Weise, wie sie positionale Informationen interpretiert, wird durch die Hox-Gene festgelegt. Beine entwickeln sich bei Insekten nur an den drei Thorakal-, nicht aber an den Abdominalsegmenten, und bei *Drosophila* entstehen Flügel nur am zweiten Thorakalsegment. Diese adulten Strukturen sind segmentspezifisch, weil sich der jeweilige Imaginalscheibentyp, aus dem sie sich entwickeln nur in bestimmten Parasegmenten bildet. Das Fehlen von Anhängen an den Abdominalsegmenten von *Drosophila* rührt daher, daß die für die Bildung von Bein- und Flügelimaginalscheiben erforderlichen Gene im Abdomen reprimiert werden. Welche Art von Imaginalscheibe sich in einem Thorakalsegment entwickelt,

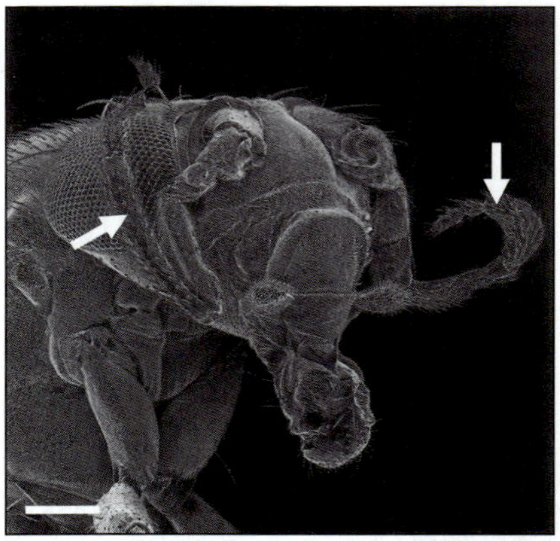

10.34 Rasterelektronenmikroskopische Aufnahme eines *Drosophila*-Kopfes mit der *Antennapedia*-Mutation. Bei Fliegen mit dieser Mutation sind die Antennen in Beine umgewandelt (Pfeile). Maßstab = 0,1 mm. Aufnahme: D. Scharfe, Science Photo Library.

wird in der Regel durch die Wirkung eines der Hox-Gene bestimmt, das in dem betreffenden Segment aktiv ist. Durch die Expression des Gens *Antennapedia* wird das zweite, durch die von Ultrabithorax das dritte Beinpaar spezifiziert.

Die Beinimaginalscheiben von *Drosophila* entstehen aus kleinen Gruppen ektodermaler Zellen in den Parasegmenten 3 bis 6, also den Parasegmenten, die an der Entwicklung der Thorakalsegmenten des Embryos beteiligt sind (Abbildung 10.36). Sie bestehen anfangs jeweils aus etwa 25 Zellen und werden bereits während des Blastodermwachstums an den Parasegmentgrenzen angelegt, wobei das posteriore Kompartiment eines Parasegments und das anteriore des nächstfolgenden zu einer Imaginalscheibe gehören. Im späteren zweiten Thorakalsegment trennt sich in der frühen Entwicklung der Beinimaginalscheibe von dieser eine zweite Imaginalscheibe ab: die für den Flügel. Entsprechendes passiert im zukünftigen dritten Thorakalsegment: Hier spaltet sich von jeder Beinscheibe eine zusätzliche Imaginalscheibe ab, aus der eine Haltere (ein Schwingkölbchen) hervorgeht, ein Organ zur Aufrechterhaltung der Flugbalance. Während des Larvenwachstums nehmen die Imaginalscheiben deutlich an Größe zu: Die für die Flügel um rund das Tausendfache.

Mutationen in Hox-Genen von *Drosophila* können kompartimentspezifische homöotische Transformationen verursachen, etwa von Schwingkölbchen zu Flügeln. In normalen Taufliegen befinden sich die Flügel am zweiten Thorakalsegment, und die Halteren am dritten. Flügel und Schwingkölbchen bilden sich aus Imaginalscheiben, die an der Grenze zwischen den Parasegmenten 4 und 5 beziehungsweise 5 und 6 entstehen (Abbildung 10.36). Im normalen Embryo wird *Ultrabithorax*, eines der Gene aus dem Bithorax-Komplex (Exkurs 4.1, Seite 116), in den Parasegmenten 5 und 6 exprimiert und trägt dazu bei, deren Identität festzulegen. Die *bithorax*-Mutation (*bx*) verändert das Expressionsmuster des *Ultrabithorax*-Gens und kann dadurch das anteriore Kompartiment des dritten Thorakalsegments, also des Halterensegments, in das entsprechende anteriore Kompartiment des zweiten, des Flügelsegments, transformieren: Die anterioren Hälften der Schwingkölbchen werden dann zu Flügelhälften ausgebildet (Abbildung 5.36). Die *postbithorax*-Mutation (*pbx*), die eine bestimmte regulatorische Region des *Ultrabithorax*-Gens betrifft, wandelt das posteriore Halterenkompartiment in Flügelstrukturen um (Abbildung 10.37). Trägt eine Fliege gleichzeitig beide Mutationen, addieren sich die Effekte: Die Fliege hat dann vier komplette Flügel, kann aber nicht mehr fliegen (Abbildung 5.36). Eine andere Mutation, *Haltere mimic*, führt zur homöotischen Transformation in Gegenrichtung: Aus Flügeln werden Schwingkölbchen.

Wie bei Antenne und Bein kann man auch in der Haltere ein genetisches Mosaik erzeugen: Wenn die Halterenimaginalscheibe einen kleinen Klon von Zellen mit einer *Ultrabithorax*-Mutation (zum Beispiel *bithorax*) enthält, entwickeln sich aus den Zellen dieses Klons Flügelstrukturen, die exakt mit denen übereinstimmen, die an der entsprechenden Flügelposition entstehen. Offenbar stimmen die Positionswerte in den Halteren- und Flügelimaginalscheiben überein; was sich in den mutierten Zellen geändert hat, ist nur ihre Interpretation (Abbildung 10.35). Tatsächlich besitzen andere Imaginalscheiben ähnliche Positionsfelder. Das Konzept, die gleichen Positionsinformation in unterschiedlichen Segmenten verschieden zu interpretieren, gilt auch für andere aus Imaginalscheiben hervorgehende Strukturen, etwa für Antennen und Beine.

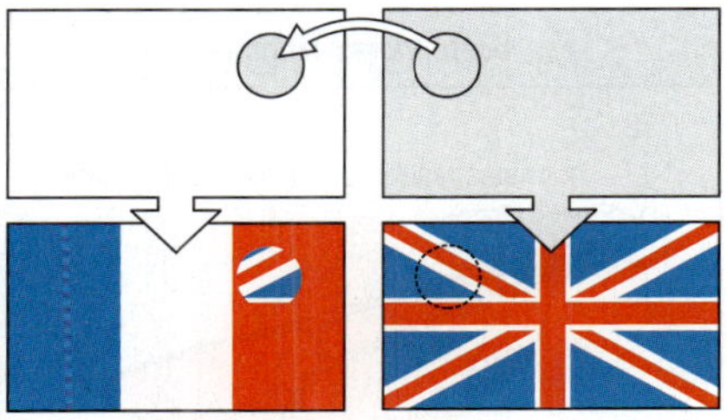

10.35 Zellen interpretieren ihre Positionswerte entsprechend ihrer Entwicklungsvorgeschichte und dem Zustand ihrer Gene. Angenommen, zwei Flaggen seien biologische Systeme und benutzten die gleichen Positionswerte, um ihre unterschiedlichen Muster zu erzeugen. Dann würde sich ein Teilstück, das man von einer Flagge in die andere überträgt, entsprechend der neuen Position entwickeln. Genau dies passiert in Imaginalscheiben.

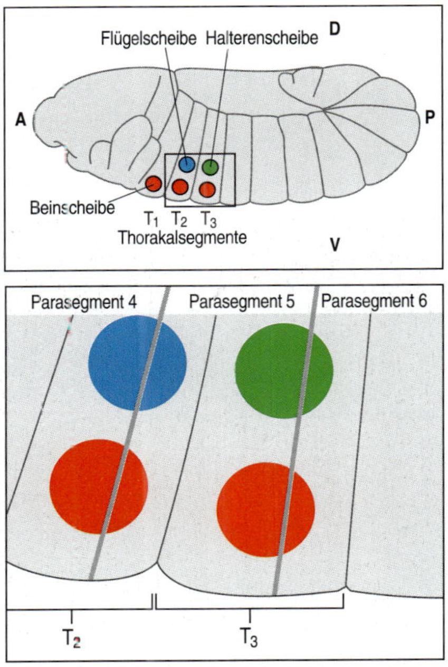

10.36 Lage der Imaginalscheiben für adulte Thoraxanhänge im späten *Drosophila*-Embryo. Die Imaginalscheiben für Beine, Flügel und Halteren erstrecken sich über Parasegmentgrenzen hinweg in den Thorakalsegmenten T_1, T_2 und T_3.

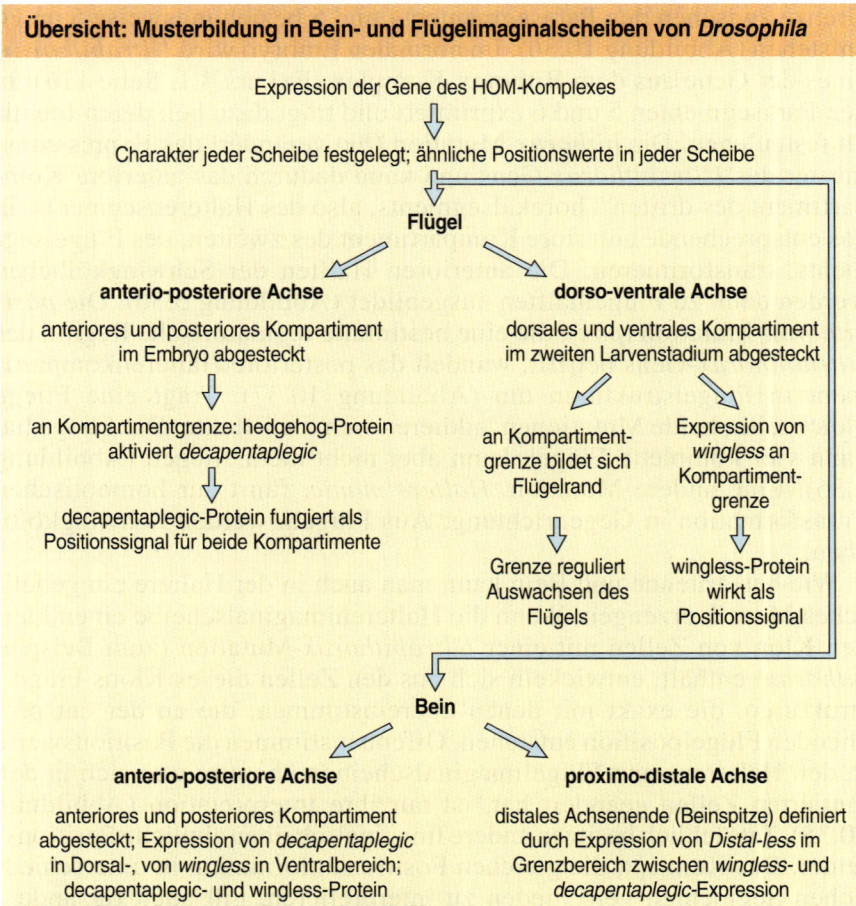

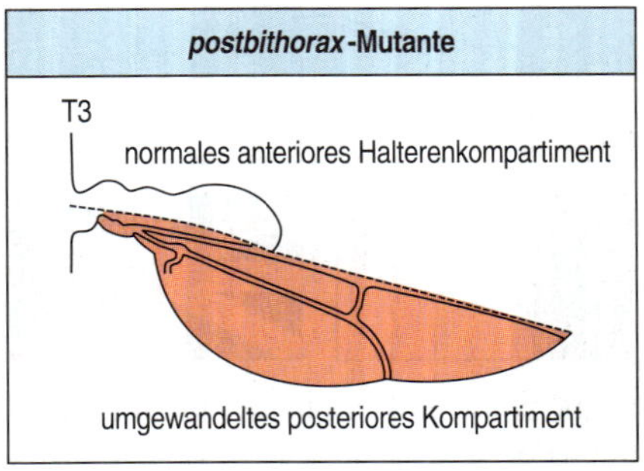

10.37 Effekt der *postbithorax*-Mutation bei *Drosophila*. Die Mutation *postbithorax* wirkt sich auf das posteriore Halterenkompartiment aus und verwandelt es in die posteriore Flügelhälfte.

Zusammenfassung

Beine und Flügel von *Drosophila* entwickeln sich aus Imaginalscheiben, Einfaltungen der Epidermis, die im Embryo gleichsam beiseite gelegt werden. Die in den einzelnen Parasegmenten jeweils aktiven Gene des HOM-Komplexes (Hox-Gene) legen fest, welche Art von Körperanhängen entstehen, und steuern, wie Positionsinformationen interpretiert und in entsprechende Strukturen umgesetzt werden. Die Imaginalscheiben für Beine und Flügel sind bereits in einem frühen Entwicklungsstadium in anteriores und posteriores Kompartiment unterteilt. Der Grenzbereich zwischen den Kompartimenten, wo das hedgehog-Protein die Expression des Gens *decapentaplegic* aktiviert, fungiert als Organisatorzentrum zur Musterbildung in der Imaginalscheibe und sendet mustersteuernde Signale aus. In den ventralen Regionen der Beinimaginalscheibe dient statt decapentaplegic das Protein wingless als Signal. In der Flügelimaginalscheibe wirkt zudem die Grenze zwischen dorsalem und ventralem Kompartiment als musterorganisierendes Zentrum, wobei ebenfalls wingless als Signalmolekül fungiert. Die proximo-distale Achse im Bein wird durch Wechselwirkungen zwischen dem decapentaplegic- und dem wingless-Protein festgelegt, die zusammen das Gen *Distal-less* am zukünftigen distalen Achsenende aktivieren. Mechanismen ähnlich denen zur Bestimmung der proximo-distalen Achse im Bein organisieren wahrscheinlich auch die farbenprächtigen Augenfleckenmuster auf Schmetterlingsflügeln.

Übersicht: Musterbildung in Bein- und Flügelimaginalscheiben von *Drosophila*

Expression der Gene des HOM-Komplexes

⇓

Charakter jeder Scheibe festgelegt; ähnliche Positionswerte in jeder Scheibe

⇓

Flügel

anterio-posteriore Achse

anteriores und posteriores Kompartiment im Embryo abgesteckt

⇓

an Kompartimentgrenze: hedgehog-Protein aktiviert *decapentaplegic*

⇓

decapentaplegic-Protein fungiert als Positionssignal für beide Kompartimente

dorso-ventrale Achse

dorsales und ventrales Kompartiment im zweiten Larvenstadium abgesteckt

an Kompartimentgrenze bildet sich Flügelrand

⇓

Grenze reguliert Auswachsen des Flügels

Expression von *wingless* an Kompartimentgrenze

⇓

wingless-Protein wirkt als Positionssignal

Bein

anterio-posteriore Achse

anteriores und posteriores Kompartiment abgesteckt; Expression von *decapentaplegic* in Dorsal-, von *wingless* in Ventralbereich; decapentaplegic- und wingless-Protein steuern Musterbildung in der Beinimaginalscheibe

proximo-distale Achse

distales Achsenende (Beinspitze) definiert durch Expression von *Distal-less* im Grenzbereich zwischen *wingless*- und *decapentaplegic*-Expression

Das Komplexauge der Insekten

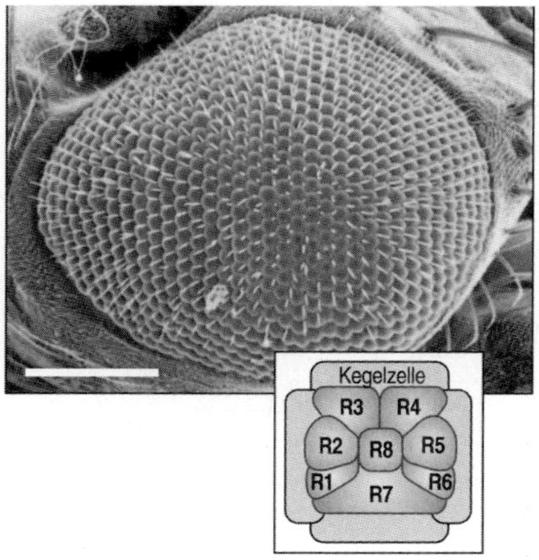

10.38 Komplexauge von *Drosophila*. In der rasterelektronenmikroskopischen Aufnahme erkennt man die einzelnen Bauelemente des Auges, die Ommatidien. Im dritten Larvenstadium besteht die Zellgruppe eines künftigen Ommatidiums (Zeichnung) aus acht Photorezeptorneuronen (R1–R8) und vier Kegelzellen. Maßstab = 50 µm.

Das Facetten- oder Komplexauge von *Drosophila* ist aus rund 800 identischen Photorezeptororganen (**Ommatidien**) zusammengesetzt, die in einer regelmäßigen Wabenstruktur angeordnet sind (Abbildung 10.38). Jedes Ommatidium besteht aus acht Photorezeptorneuronen (R1 bis R8), vier darüberliegenden transparenten Kegelzellen (die einen lichtbündelnden Kristallkegel bilden) und zusätzlichen Pigmentzellen. Bei *Drosophila* enthalten die Pigmentzellen normalerweise ein rotes Pigment; daher stammt die rote Augenfarbe des Wildtyps. Dank intensiver genetischer Analyse ist die Ommatidienentwicklung eines der bestverstandenen Modellsysteme für die Musterbildung innerhalb einer kleinen Zellgruppe und für die Art und Weise der dabei auftretenden Zell-Zell-Wechselwirkungen.

Das Auge entwickelt sich aus dem einlagigen Epithelblatt der Augenimaginalscheibe, die sich im Kopf befindet. Die Spezifizierung der Zellen eines zukünftigen Ommatidiums und die entsprechende Musterbildung setzen in der Mitte des dritten Larvenstadiums ein. Die Musterbildung beginnt am posterioren Ende der Augenimaginalscheibe und schreitet innerhalb von zwei Tagen bis zum anterioren Ende fort, wobei die Imaginalscheibe auf das Achtfache ihrer anfänglichen Größe anwächst. Eines der frühesten Ereignisse der Augendifferenzierung ist die Bildung einer Rinne in der Imaginalscheibe, der **morphogenetischen Furche** (*morphogenetic furrow*). Diese Furche wandert von posterior nach anterior über das Scheibenepithel; in ihrem „Kielwasser" bilden sich hexagonal angeordnete Zellgruppen, die jeweils ein Ommatidium hervorbringen. Die Furche bewegt sich langsam und braucht etwa zwei Tage, um die gesamte Imaginalscheibe zu überqueren, und hinterläßt dabei alle zwei Stunden eine neue Reihe zukünftiger Ommatidien: Während sie sich vorwärtsbewegt, beginnen sich die Zellen hinter ihr zu differenzieren und regelmäßig angeordnete Ommatidien zu bilden. Diese sind in Reihen angeordnet, wobei jede Reihe gegenüber der vorigen um ein halbes Ommatidium versetzt ist. Dadurch entsteht die charakteristische Wabenstruktur des Komplexauges (Abbildung 10.38). Zuerst differenzieren sich die R8-Photorezeptorneuronen. Sie erscheinen in regelmäßigen Abständen in jeder Ommatidienreihe und sind voneinander durch etwa acht Zellen getrennt. Darauf beruht die Anordnung der Ommatidien.

Jede R8-Zelle leitet eine Kaskade von Signalen ein, die dazu führt, daß um R8 herum eine Gruppe von 20 Zellen ein Ommatidium bildet (Abbildung 10.39). Zunächst differenzieren sich R2 und R5 auf entgegengesetzten Seiten von R8 zu zwei funktionell identischen Neuronen. Danach entstehen R3 und R4, die sich zu einem etwas anderen Typ von Photorezeptor entwickeln. Damit ist bereits um R8 ein Halbkreis sich differenzierender Zellen entstanden. Anschließend kommen R1 und R6 hinzu und machen den Kreis fast komplett. Mit der Differenzierung von R7 wird dann auch noch die verbliebene Lücke geschlossen (Abbildung 10.39). Im reifen Ommatidium wird die Anordnung weiter modifiziert; wir wollen uns hier aber auf dieses frühe Muster beschränken.

In den folgenden Abschnitten betrachten wir zwei Aspekte der Augenentwicklung: den Mechanismus, der dafür sorgt, daß die Ommatidien in einem vollkommen regelmäßigen Muster von Sechsecken angeordnet werden, sowie die Musterbildung in einem einzelnen Ommatidium, insbesondere hinsichtlich der acht Photorezeptorneuronen.

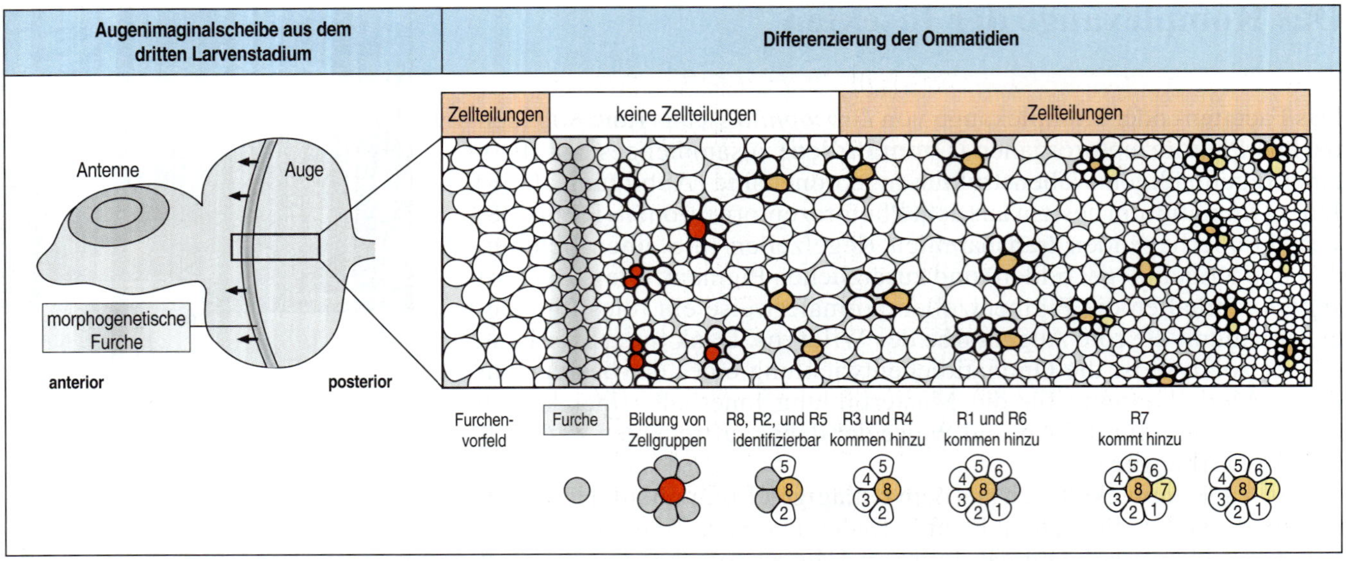

10.39 Ommatidienentwicklung im Komplexauge von *Drosophila*. Das Komplexauge entwickelt sich aus der Augenimaginalscheibe, die zu einer größeren Imaginalscheibe gehört, aus der auch eine Antenne hervorgeht. Während des dritten Larvenstadiums entwickelt sich am posterioren Ende der Augenscheibe die morphogenetische Furche und wandert über die Scheibe hinweg bis zu deren anterioren Ende. In ihrem Schlepptau beginnen sich die Ommatidien zu entwickeln. Die Photorezeptorneuronen differenzieren sich in der angegebenen Reihenfolge: zuerst R8, zuletzt R7. Die einzelnen Ommatidien ordnen sich zu einem regelmäßigen Wabenmuster an. Nach Lawrence 1992.

10.18 Molekulare Signale treiben die morphogenetische Furche voran, und Lateralinhibition sorgt für den Abstand zwischen den Ommatidien

Die morphogenetische Furche kommt durch eine Welle von Signalen zustande, welche die Entwicklung der Ommatidien aus den Zellen der Imaginalscheibe einleiten. Die Wanderung der Furche über die Augenimaginalscheibe ist für die Differenzierung der Ommatidien unbedingt notwendig: Mutationen, die ihr Vorrücken blockieren, unterbinden auch die Differenzierung weiterer Ommatidienreihen, so daß eine betroffene Fliege abnorm kleine Augen hat. Anders als die bisher betrachteten Imaginalscheiben zeigen die der Augen keine Aufteilung in anteriores und posteriores Kompartiment; man kann jedoch die Zellen unmittelbar hinter der Furche als posteriore Zellen auffassen, da sie das hedgehog-Protein sezernieren. Dieses aktiviert die Expression von *decapentaplegic* in der Furche und leitet die Differenzierung von R8 ein. Das System ist dynamisch: Nach einer Weile schalten die Zellen, die eben noch die Furchenzone bilden, *decapentaplegic* wieder ab und beginnen nunmehr, *hedgehog* zu exprimieren, dessen Proteinprodukt wiederum die *decapentaplegic*-Expression in den weiter anterior liegenden Zellen in Gang setzt; auf diese Weise schiebt sich die Furche weiter vorwärts. Das dritte Mitglied im allgegenwärtigen Trio, das Gen *wingless*, leistet hier ebenfalls seinen Beitrag. Es wird an den Seitenrändern der Augenimaginalscheibe exprimiert und verhindert, daß die Furche dort ihren Anfang nimmt. Wie wir sehen, wirken bei der Musterbildung in den Imaginalscheiben für Bein, Flügel und Auge trotz der so großen Verschiedenheit dieser Strukturen die gleichen Schlüsselsignale mit – allerdings mit unterschiedlichen Aufgaben.

Die Frage, wodurch die regelmäßige Anordnung der Ommatidien im Auge zustande kommt, läßt sich beantworten, wenn man bedenkt, wie die R8-Zellen angeordnet werden (Abbildung 10.39). Das geschieht durch Lateralinhibition (Abschnitt 1.14), wobei sich differenzierende Zellen die Differenzierung ihrer Nachbarzellen unterdrücken. Anfangs besitzen alle Zellen der Augenimaginalscheibe die Fähigkeit, sich zu einer R8-Zelle zu differenzieren, und sie fangen auch gleich damit an, sobald die morphogenetische Furche sie überquert hat. Dabei gewinnen manche zwangsläufig einen gewissen Vorsprung und sind nun in der Lage, die Differenzierung einer weiteren R8-Zelle im Umkreis von gut drei Zelldurchmessern zu verhindern. Als Hemmsubstanz, die dafür sorgt, daß die R8-Zellen den richtigen Abstand voneinander haben kommt das scabrous-Protein in Frage, ein sezerniertes Protein, das mit den Fibrinogenen (Proteinen des Blutgerinnungssystems) der Wirbeltiere verwandt ist. Mutationen, die das *scabrous*-Gen inaktivieren, führen dazu, daß der Abstand der Ommatidien geringer wird. Offenbar sorgt das scabrous-Protein also dafür, daß sich die Ommatidien im richtigen Abstand zueinander entwickeln. Auch das Notch-Protein scheint an der Lateralinhibition beteiligt zu sein.

10.19 Die Musterbildung innerhalb der Zellgruppe eines zukünftigen Ommatidiums beruht auf Wechselwirkungen zwischen einzelnen Zellen

Innerhalb der ommatidienbildenden Zellgruppe ist nicht aufgrund der Abstammung festgelegt, welche Zellen beispielsweise Photorezeptoren und welche Pigmentzellen werden. Anhand von genetischen Mosaiken, in denen einzelne Zellen des sich entwickelnden Auges markiert sind, hat man zeigen können, daß jedes beliebige Paar von Zellen im Ommatidium von eine Zelle abstammen kann. So kann eine Vorläuferzelle zwei Tochterzellen hervorbringen, von denen eine etwa ein Photorezeptorneuron, die andere eine Pigmentzelle wird. Die Musterbildung im entstehenden Ommatidium wird allein durch induktive Wechselwirkungen zwischen den Zellen gesteuert, die sich allmählich zur ommatidienbildenden Zellgruppe zusammenfinden. Diese Wechselwirkungen ereignen sich Schritt für Schritt in einer festgelegten Reihenfolge, wobei jeweils neue Zellen in die Gruppe aufgenommen und auf eine Entwicklungsrichtung festgelegt werden. R8 differenziert sich zuerst und induziert die Spezifizierung und Differenzierung von R2 und R5, diese wiederum induzieren R3 und R4, und so weiter. Bei all diesen Wechselwirkungen wird der Rezeptor für den epidermalen Wachstumsfaktor der Taufliege aktiviert. Nachdem alle acht Photorezeptorzellen ihre Differenzierung begonnen haben, treten die vier Zellen des zukünftigen Kristallkegels der Zellgruppe bei und schließlich auch der Ring akzessorischer Zellen, der das Ommatidium umgibt. Man beachte, daß die Zellen im Ommatidium einzeln und nicht wie in Wirbeltierextremitäten oder den Körperanhängen von *Drosophila* als ganze Gruppe spezifiziert und determiniert werden.

10.20 R7 benötigt zur Entwicklung ein Signal von R8

Mutationen in zwei für die Augenentwicklung entscheidenden Genen, *sevenless* und *bride-of-sevenless*, erwiesen sich als äußerst hilfreich, um die Spezifizierung der R7-Photorezeptorzelle zu untersuchen. Wenn eines der beiden Gene inaktiviert wird, entsteht derselbe Phänotyp: R7 entwickelt sich nicht. Statt dessen bildet sich eine zusätzliche Kegelzelle. Wie wir jedoch sehen werden, sind die Aufgaben der beiden Gene bei der Entwicklung von R7 durchaus verschieden. Die betreffende Wechselwirkung ist mittlerweile ein klassisches Beispiel für einen Induktionsvorgang zwischen zwei Zellen, der einen direkten Zell-Zell-Kontakt erfordert.

Bei diesem Wechselspiel ist das Gen *sevenless* der Partner, der das Signal empfängt, und nicht der, der das Signal aussendet. Das zeigen genetische Mosaike, in denen manche Zellen *sevenless* exprimieren und andere nicht. In diesen Mosaiken ist die einzige Bedingung für die R7-Entwicklung, daß die zukünftige R7-Zelle das Gen exprimiert – unabhängig davon, ob in allen übrigen Zellen die Expression ausfällt. Wenn dagegen alle anderen Zellen einer ommatidienbildenden Gruppe *sevenless* exprimieren und nur die Zelle, die R7 werden soll, nicht, kann diese sich nicht als solche entwickeln, sondern wird zu einer fünften Kegelzelle. Daher ist *sevenless* offensichtlich für die Reaktion dieser Zelle auf ein Signal von außen zuständig. In der Tat codiert das Gen eine Rezeptor-Tyrosinkinase, die sich durch die Zellmembran hindurchzieht. Andere Zellen des Ommatidiums, zum Beispiel Linsenzellen, exprimieren ebenfalls *sevenless*; zweifellos sind also weitere Faktoren für R7-Entwicklung erforderlich. Die Expression des *sevenless*-Gens ist mithin eine notwendige, aber nicht hinreichende Bedingung für die Spezifizierung der R7-Zelle.

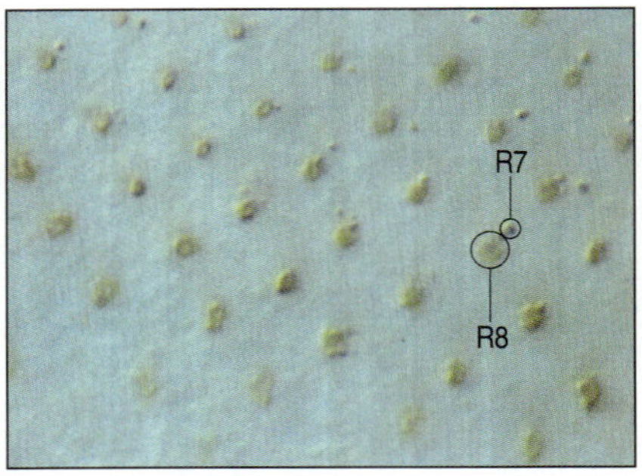

10.40 Die R8-Zelle produziert das bride-of-sevenless-Protein. Ein Teil davon tritt an der Kontaktzone in die benachbarten R7-Zelle über. Aufnahme mit freundlicher Genehmigung von L. Zipursky.

Wenden wir uns nun dem anderen Partner der Interaktion zu, dem Gen *bride-of-sevenless*. Wiederum läßt sich anhand genetischer Mosaike nachweisen, daß nur R8 dieses Gen exprimieren muß, damit sich R7 entwickeln kann. Das weist eindeutig darauf hin, daß *bride-of-sevenless* das Signal codiert, durch welches R8 die Entwicklung von R7 auslöst. Das Signalmolekül ist ein integrales Membranprotein. Es befindet sich auf der apikalen Oberfläche der R8-Zelle, von wo es mit R7 in Kontakt tritt und dann in die R7-Zelle eindringt (Abbildung 10.40). Daß sich das bride-of-sevenless- und das sevenless-Protein tatsächlich aneinander binden, zeigt sich, wenn man deren Gene getrennt in zwei Zellinien exprimieren läßt und die Kulturen anschließend mischt: Über ihre neuen Oberflächenproteine lagern sich die Zellen der beiden Linien fest aneinander und verklumpen miteinander.

Die Bindung des bride-of-sevenless-Proteins an den sevenless-Rezeptor setzt eine intrazelluläre Signaltransduktionskette in Gang, die zur Aktivierung von Transkriptionsfaktoren führt. Dadurch wiederum kommt es zu Genexpressionsveränderungen, die schließlich die betreffende Zelle zu einer R7-Zelle werden lassen. Vier weitere nichtneuronale Zellen exprimieren ebenfalls den sevenless-Rezeptor und können sich zu R7-Zellen entwickeln, wenn ihr Rezeptor durch ein am falschen Ort exprimiertes bride-of-sevenless-Protein aktiviert wird. Normalerweise entwickelt sich jedoch nur eine R7-Zelle, da das Signal von R8 lokal begrenzt ist und daher auch nur die zukünftige R7-Zelle erreicht.

10.21 Das Gen *eyeless* leitet die Augenentwicklung ein

Für die Augenentwicklung ist das Gen *eyeless* erforderlich. Mutationen darin führen bei betroffenen Fliegen zur Verkümmerung oder zum völligen Fehlen der Komplexaugen. Das Gen wird in der Region der Augenimaginalscheibe exprimiert, die anterior zur morphogenetischen Furche liegt. Induziert man die Expression des *eyeless*-Genes in anderen Imaginalscheiben, so bilden sich dort ebenfalls Augen. Bisher konnten auf diese Weise auf Flügeln, an Beinen, Antennen oder Halteren die Bildung von Augen ausgelöst werden. Solche Augen haben eine bemerkenswert normale Feinstruktur und klar abgrenzbare Ommatidien. Daher ist *eyeless* eindeutig ein Schlüsselgen für die Augenentwicklung, durch dessen Expression die dafür erforderlichen Prozesse in Gang gesetzt werden. Man schätzt, daß aufgrund der *eyeless*-Expression im Endeffekt rund 2000 Gene aktiviert werden, die alle für die Morphogenese des Auges benötigt werden. Die Wirkungsweise von *eyeless* mag der der Hox-Gene ähneln, da es bei ektopischer Expression in anderen Imaginalscheiben dort vermutlich die Interpretation positionaler Informationen ändert (Abschnitt 10.17).

Das eyeless-Gen ist ein Beispiel für die bemerkenswerte Konservierung entwicklungssteuernder Gene innerhalb des Tierreiches. Sein homologes Gegenstück bei Wirbeltieren heißt *Pax6*. Wie Taufliegen nach Ausfall der *eyeless*-Funktion haben auch Mäuse mit einem defekten *Pax6*-Gen abnorm kleine oder überhaupt keine Augen. Mutationen im menschlichen *Pax6*-Gen sind verantwortlich für bestimmte Formen der Aniridie, einer Krankheit, bei der die Iris ganz oder teilweise fehlt und eine Reihe weiterer Augenmißbildungen auftreten. Überdies ist *Pax6* imstande, die Funktion von *eyeless* zu übernehmen: Bringt man das Wirbeltiergen in die Taufliege ein, so entsteht am Ort seiner Expression ein Insektenauge.

Zusammenfassung

Das Komplexauge von *Drosophila* besteht aus rund 800 Ommatidien, die zu einem regelmäßigen Wabenmuster angeordnet sind. Es entwickelt sich aus einer Imaginalscheibe, deren Muster in einem späten Larvenstadium ausgebildet wird. An der Frühentwicklung der Scheibe sind die Signalmoleküle wingless, hedgehog und decapentaplegic beteiligt. Die regelmäßige Anordnung der Ommatidien beruht auf Lateralinhibition. Lokale Zellwechselwirkungen spezifizieren die acht Photorezeptorneuronen (R1 bis R8) eines Ommatidiums in festgelegter Reihenfolge. Zur Spezifizierung der Photorezeptorzelle R7 ist ein direkter Kontakt mit R8 notwendig. Die R8-Zelle trägt an ihrer Oberfläche das bride-of-sevenless-Protein, welches an den Membranrezeptor sevenless auf der zukünftigen R7-Zelle bindet und deren Differenzierung zur R7-Zelle auslöst. Ein entscheidendes Gen für die Augenentwicklung bei *Drosophila* ist *eyeless*, das in anderen Imaginalscheiben die Entwicklung ektopischer Augen induzieren kann.

Übersicht: Ommatidienentwicklung beim *Drosophila*-Auge

Augenentwicklung erfordert Expression des Gens *eyeless*. Morphogenetische Furche wandert unter Signalgebung durch *hedgehog* und *decapentaplegic* über Augenimaginalscheibe

⇩

zukünftige Photorezeptorzellen beginnen sich hinter der Furche zu entwickeln, jeweils acht pro Ommatidium, R8 zuerst, R7 zuletzt. Verteilungsmuster der Ommatidien beruht auf Lateralinhibition

⇩

Entwicklung von R7 erfordert Signal von R8

Die Vulva des Fadenwurmes

Die äußeren, mit dem Uterus verbundenen Genitalien des hermaphroditischen Fadenwurmes *Caenorhabditis elegans* werden als Vulva bezeichnet. Das Interesse an der Fadenwurmvulva als Modellstruktur für Entwicklungsprozesse rührt daher, daß an ihrer Entwicklung anfänglich nur vier Zellen beteiligt sind – eine induzierende und drei reagierende – und man bereits mehr als 40 Gene kennt, die dabei mitwirken. Wie schon beim Ommatidium der Insekten haben wir es auch bei der Nematodenvulva mit Musterbildungs- und Induktionsprozessen auf der Ebene einzelner Zellen zu tun. Die Vulva ist eine adulte Struktur, die sich im Larvenstadium entwickelt. Ausgereift enthält sie 22 Zellen unterschiedlicher Typen. Sie entsteht aus drei von sechs P-Zellen ektodermalen Ursprungs, die sich in einer kurzen, anterio-posterior ausgerichteten Reihe auf der Ventralseite der Larve befinden. Die drei vulvabildenden Zellen tragen die Bezeichnungen $P5_p$, $P6_p$ und $P7_p$. Von jeder ist genau bekannt, wie oft sie sich noch teilt und welche Art von Zellen dabei entstehen. Bei der Vulvaentwicklung lassen sich drei zelluläre Entwicklungsrichtungen unterscheiden: die primäre (1°), sekundäre (2°) und tertiäre (3°). Die primäre und sekundäre Entwicklungsrichtung münden in verschiedene Zelltypen der Vulva, die tertiäre ist dagegen nicht an der Entwicklung der Vulva beteiligt. Normalerweise geht die primäre Entwicklungslinie von $P6_p$, und die sekundäre von $P5_p$ und $P7_p$ aus. Die übrigen drei P-Zellen schlagen die tertiäre Entwicklungsrichtung ein; das bedeutet in diesem Fall: Sie werden Epidermiszellen (Abbildung 10.41). Ursprünglich jedoch sind alle sechs P-Zellen äquivalent und gleichermaßen imstande, sich zu Vulvazellen zu entwickeln. Eine der Fragen, die wir hier zu beantworten suchen, ist daher, wie unter den sechs Zellen jene drei ausgewählt werden, aus denen dann tatsächlich die Vulva entsteht.

Die Entwicklungsrichtung der drei Vorläuferzellen für die Vulva wird durch ein induktives Signal spezifiziert, das von einer vierten Zelle stammt, der gonadalen Ankerzelle. Diese weist der ihr nächstgelegenen Zelle, $P6_p$, die primäre Entwicklungsrichtung zu und den beiderseits daneben liegenden Zellen, $P5_p$ und $P7_p$, die sekundäre (Abbildung 10.41).

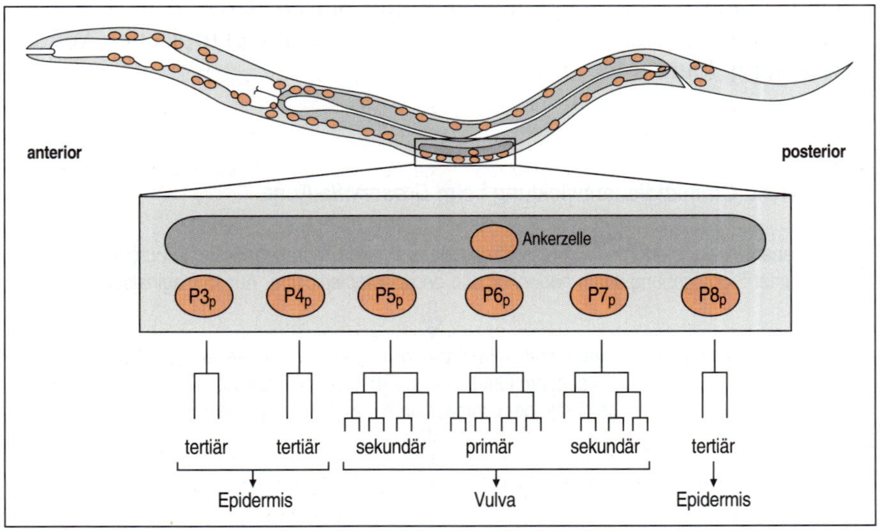

10.41 Entwicklung der Nematodenvulva. Die Vulva entwickelt sich in den postembryonalen Stadien der Nematodenentwicklung aus drei hintereinander liegenden Zellen, $P5_p$, $P6_p$ und $P7_p$. Die mittlere davon, $P6_p$, schlägt unter dem Einfluß einer vierten Zelle, der Ankerzelle, den primären Differenzierungsweg ein, der zu acht Vulvazellen führt. $P5_p$ und $P7_p$ entwickeln sich in die sekundäre Differenzierungsrichtung und bringen jeweils sieben Vulvazellen unterschiedlichen Typs hervor. Drei nahe gelegenen weiteren P-Zellen fällt ein tertiäres Schicksal zu: Sie entwickeln sich zu Epidermiszellen.

Sobald die primäre Zelle feststeht, hindert sie zusätzlich ihre unmittelbaren Nachbarn daran, gleichfalls diese primäre Richtung einzuschlagen. P-Zellen schließlich, die das Signal der Ankerzelle nicht empfangen, entwickeln sich in tertiärer Richtung.

Das anschließende Teilungs- und Differenzierungsverhalten der P-Zellen ist festgelegt. Zerstört man eine ihrer Tochterzellen, so hat das keine Auswirkungen auf das Schicksal der anderen. Hinweise für Zell-Zell-Wechselwirkungen in der nachfolgenden Entwicklung der P-Zellen und ihrer Abkömmlinge gibt es nicht; weitere Differenzierungsunterschiede dürften also auf asymmetrischen Zellteilungen beruhen. Zwei Fragen drängen sich auf: Wodurch kommt es zustande, daß genau drei P-Zellen für die Vulvabildung bestimmt werden, und wie wird das Schicksal der mittleren in die primäre und das ihrer beiden Nachbarn in die sekundäre Bahn gelenkt?

10.22 Die Ankerzelle induziert in P-Zellen die primäre und sekundäre Entwicklungsrichtung

Anfänglich sind die sechs P-Zellen insofern äquivalent, als jede von ihnen Vulvagewebe hervorbringen kann. Das determinierende Signal dazu stammt von der Ankerzelle, die normalerweise oberhalb von $P6_p$ liegt. Die entscheidende Rolle der Ankerzelle bei der Vulvaentwicklung zeigt sich, wenn man sie mit einem Laserstrahl zerstört: Dann wird die Vulva nicht ausgebildet. Und wenn man alle P-Zellen bis auf eine zerstört, hängt deren Schicksal von ihrer Nähe zur Ankerzelle ab. Liegt sie sehr dicht daneben, so schlägt sie den primären Differenzierungsweg ein, weiter entfernt den sekundären und noch weiter weg den tertiären. Demnach geht von der Ankerzelle offenbar ein Signalgradient aus, der mit absteigender Konzentration erst das primäre, dann das sekundäre Schicksal induziert.

Das Signal der Ankerzelle ist das Produkt des Gens *lin-3*, ein Protein, das mit dem epidermalen Wachstumsfaktor (EGF) der Wirbeltiere verwandt ist. Wird *lin-3* durch Mutationen inaktiviert, ergibt sich dasselbe Bild wie nach Zerstörung der Ankerzelle: Die Vulvabildung unterbleibt. Der Rezeptor des *lin-3*-Signals wird von dem Gen *let-23* codiert. Er ist eine Tyrosinkinase, die durch die Zellmembran hindurchreicht und dem EGF-Rezeptor der Wirbeltiere ähnelt. Mutationen, die *let-23* lahmlegen, verhindern ebenfalls, daß ein Vulva ausgebildet wird, da die P-Zellen nicht mehr auf das induzierende Signal reagieren können. Die Konzentrationsabhängigkeit der Signalwirkung läßt sich nachweisen, indem man *lin-3* unter die Kontrolle eines Hitzeschockpromotors bringt, wodurch seine Aktivität in der Ankerzelle kontrolliert werden kann. Anschließend tötet man alle P-Zellen bis auf eine und verfolgt an der verbliebenen, wie sich eine ansteigende *lin-3*-Expression auswirkt. Ist diese schwach, so wird in der P-Zelle der sekundäre Entwicklungsweg induziert; bei hoher Expression hingegen schlägt sie den primären Weg ein.

Sobald eine der P-Zellen auf den primären Weg festgelegt ist, sendet sie ihrerseits zusätzlich zum konzentrationsabhängigen Signal der Ankerzelle ein Signal an ihre Nachbarn, das diese gleichfalls in die sekundäre Differenzierungsrichtung treibt. Das läßt sich aus Beobachtungen an genetischen Mosaiken schließen, in denen die zukünftigen sekundären Zellen keinen Rezeptor für das *lin-3*-Signal besitzen: Diese Tiere entwickeln trotzdem eine normale Vulva. Demnach sendet die primäre Zelle offenbar ein anderes Signal als das lin-3-Protein zur Ein-

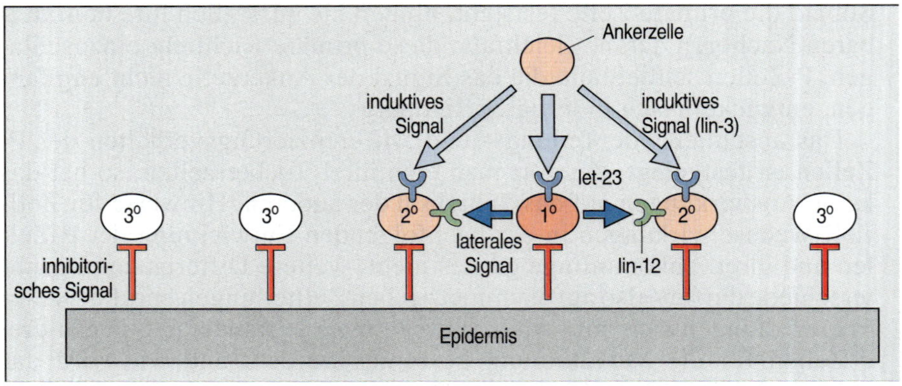

10.42 Zelluläre Wechselwirkungen bei der Vulvaentwicklung. Die Ankerzelle produziert das Signalmolekül lin-3, das durch Diffusion zu seinen Zielzellen gelangt. In der am nächsten gelegenen P-Zelle induziert lin-3 durch Bindung an den Rezeptor let-23 den primären Differenzierungsweg. Ferner regt es die beiden etwas weiter entfernten P-Zellen, die es mit geringerer Konzentration erreicht, dazu an, den sekundären Weg einzuschlagen. Die auf das primäre Schicksal festgelegte Zelle hemmt durch Lateralinhibition und unter Beteiligung des Rezeptors lin-12 ihre Nachbarzellen, dasselbe Schicksal anzunehmen und induziert in ihnen ebenfalls den sekundären Weg. Ein konstitutives Signal aus der larvalen Epidermis unterdrückt sowohl die primäre als auch die sekundäre Entwicklungsrichtung, wird aber durch das induktive Signal der Ankerzelle in seiner Wirkung aufgehoben.

leitung des sekundären Schicksals aus. An der Induktion des Sekundärschicksals ist folgerichtig ein weiterer Transmembranrezeptor beteiligt: Er ist Produkt des Gens *lin-12* und gehört zur Notch-Familie. Somit sorgen gleich zwei Systeme für die Musterbildung in der frühen Vulva, vermutlich um sicherzustellen, daß sie sich korrekt entwickelt.

Und mindestens noch ein weiteres Signal wirkt bei der Vulvabildung mit: Es stammt aus der larvalen Epidermis (Hypodermis) und unterdrückt in allen sechs Zellen der Äquivalenzgruppe die Differenzierung zu Vulvagewebe, wird aber durch das induzierende Signal der Ankerzelle außer Kraft gesetzt. Abbildung 10.42 zeigt die zur Entstehung von Vulvazellen führenden Wechselwirkungen im Überblick.

Zusammenfassung

Die Vulva der Nematoden entwickelt sich über Zell-Zell-Wechselwirkungen und streng festgelegte Teilungs- und Differenzierungsschritte aus drei von sechs kompetenten Zellen. Das Entwicklungsschicksal der drei vulvabildenden P-Zellen wird durch einen Signalgradienten spezifiziert, der von der benachbarten Ankerzelle ausgeht. Diese induziert in der nächstgelegenen P-Zelle eine primäre Entwicklungsrichtung und in deren beiden Nachbarn eine sekundäre. Letzere erhalten überdies von der als primär bestimmten Zelle ein weiteres Signal, das sie ebenfalls auf den sekundären Weg treibt. Das induzierende Signal (lin-3) der Ankerzelle ist ein Protein, das dem epidermalen Wachstumsfaktor der Wirbeltiere ähnelt; das zweite Signal wirkt über einen mit dem Notch-Protein verwandten Transmembranrezeptor (lin-12).

Die Entwicklung der Säugerniere

Epithelien sind die häufigste Form der Gewebeorganisation in Tieren. Sie spielen eine entscheidende Rolle in der Entwicklung vieler Organe wie der Niere, Lunge, Haut, Blutgefäße oder Milchdrüsen. Um ein Epithel zu bilden, schließen sich Zellen fest zu einem flächigen Verband zusammen. Dieser kann wie das Endothel der Blutgefäße und der Nierenkanälchen nur aus einer oder wie etwa die Haut aus mehreren Zelllagen bestehen. Ein typisches Merkmal von Epithelien ist die aus extrazellulärer Matrix bestehende Basallamina, die diese von angrenzendem Gewebe trennt. An der Organogenese beteiligte Epithelien knospen häufig zu sich verzweigenden Röhren aus und werden meist durch das benachbarte Mesenchym induziert. Anhand der Säugerniere wollen wir einige Aspekte der epithelialen Morphogenese erörtern, darunter Induktionsvorgänge, die Umwandlung von Mesenchym zu Epithel, epitheliale Verzweigung und die Bildung von Tubuli.

10.23 Die Entwicklung der Ureterknospe und des tubulibildenden Mesenchyms erfordert wechselseitige Induktionsprozesse

Die Bildung der Tubuli in der Säugerniere ist ein Beispiel für einen Organogeneseprozeß, der sowohl mit Induktionsvorgängen als auch mit der **Umwandlung von Mesenchym zu Epithel** (*mesenchyme to epithelium transition*) einhergeht. Die adulte Niere entwickelt sich aus mesenchymalem Gewebe: dem metanephrogenen Blastem, das die Nierentubuli (Nierenkanälchen) und eine epitheliale Knospe, die Ureterknospe, hervorbringt. Die Nierentubuli mit ihrem becherförmigen Ende (Bowman-Kapsel), das ein Knäuel aus Blutkapillaren (Glomerulus) umschließt, bilden die Funktionseinheiten der Niere: die Nephren. Die Ureterknospe zweigt sich vom embryonalen Harnleiter ab und verästelt sich weiter, um das Urinsammelsystem zu bilden (Abbildung 10.43). Zugleich regt sie die mesenchymalen Zellen in ihrer Umgebung dazu

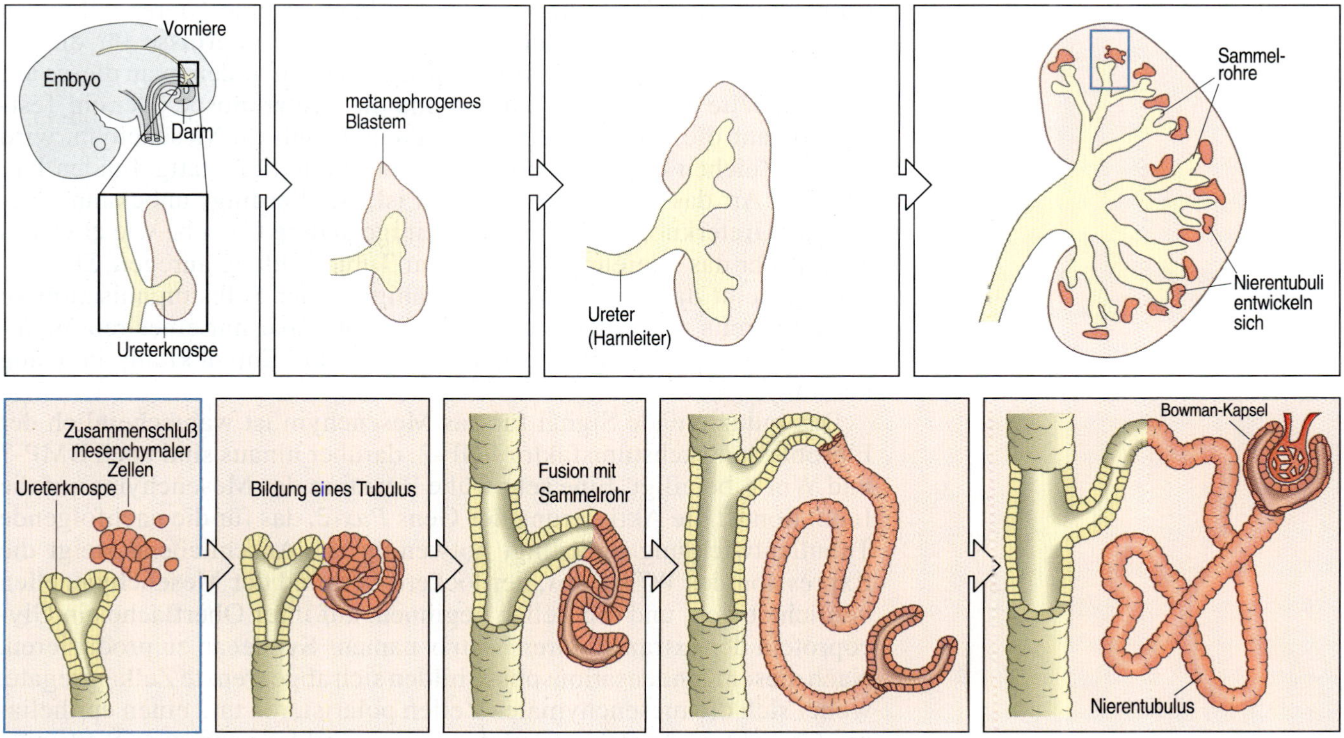

10.43 Entwicklung der Niere aus mesenchymalem Gewebe. Die Niere entwickelt sich aus einem lockeren Mesenchymverband, dem metanephrogenen Blastem, das von der Ureterknospe dazu angeregt wird, Tubuli zu bilden. Umgekehrt veranlaßt das Mesenchym die Ureterknospe, auszuwachsen und sich zu verzweigen, um die mit dem Ureter verbundenen Sammelröhrchen der Niere hervorzubringen. Die Mesenchymzellen schließen sich zu dichteren Zellgruppen zusammen, aus denen sich epitheliale Kanälchen (Tubuli) entwickeln. Jedes von ihnen öffnet sich am einen Ende in das aus der Ureterknospe entstandene Sammelsystem und bildet am anderen Ende die Bowman-Kapsel, die aus dem von ihr umschlossenen Kapillarknäuel (Glomerulus) den Primärharn aufnimmt.

an, sich zu verdichten und epitheliale Strukturen zu bilden, die sich dann zu den Nierentubuli entwickeln. Jeder Tubulus verlängert sich und entwickelt sich an einem Ende zur Bowman-Kapsel, in der das Blut filtriert wird, während das andere Ende mit einer Sammelröhre fusioniert, die in den Ureter führt. Der dazwischenliegende Bereich des Tubulus ist gewunden, und die dortigen epithelialen Zellen spezialisieren sich, um später Ionen aus dem Primärharn rückzuresorbieren. Die Säugerniere eignet sich gut zur Untersuchung der Organogenese, da sich Nierengewebe auch in Kultur entwickelt: Binnen sechs Tagen bildet ein explantiertes metanephrogenes Blastem trotz fehlender Blutversorgung viele Tubuli mit Bowman-Kapseln.

Die Entwicklung der Ureterknospe und des Mesenchyms hängt von gegenseitigen induktiven Wechselwirkungen ab; ohne den anderen können sich beide nicht entwickeln. Das Mesenchym veranlaßt die Ureterknospe, zu wachsen und sich zu gabeln, und die Knospe induziert im Mesenchym die Differenzierung der Nephren. Der Transkriptionsfaktor WT1 ist erforderlich, damit das Mesenchym kompetent wird und auf die Induktion reagieren kann. Mutationen im *WT1*-Gen stehen mit dem Wilms-Tumor in Zusammenhang, einer Form von Nierenkrebs, die besonders im Kindesalter auftritt. Ein Signal zur Induktion des Wachstums der Ureterknospe ist wahrscheinlich der Wachstumsfaktor GDNF (*glial-derived neurotrophic factor*). Er wird im Mesenchym exprimiert, und sein Rezeptor Ret ist auf den Zellen der Knospe vorhanden. Wenn man das Gen für GDNF oder das für Ret im Knock-out-Experiment ausschaltet, wächst die Ureterknospe nicht aus. Ein Signalprotein, das wohl ebenfalls bei der Nierentwicklung mitwirkt, ist der Hepatocytenwachstumsfaktor: Gegen ihn gerichtete Antikörper unterdrücken in Kultur die Entwicklung der Ureterknospe; zudem kann er eine Nierenzellinie in Kultur dazu anregen, Tubuli zu bilden. Die Erfordernisse für die Induktion des Mesenchyms lassen sich untersuchen, indem man dieses auf die eine Seite eines Filters plaziert und die Ureterknospe oder ein Testgewebe auf die andere. Bilden sich dann Tubuli im Mesenchym, wird das als Zeichen dafür gewertet, daß eine Induktion stattgefunden hat. Welcher Art das induzierende Signal ist, ist allerdings unbekannt. Neben der Ureterknospe können auch einige andere Gewebe wie etwa das Neuralrohr das Nierenmesenchym zur Tubulibildung anregen. Demzufolge scheint das Mesenchym die Fähigkeit der Selbstorganisation zu Tubuli bereits zu besitzen, und es bedarf offenbar nur eines relativ unspezifischen permissiven Signals, damit die Entwicklung in Gang kommt.

Das induzierende Signal für das Mesenchym ist wahrscheinlich der Fibroblastenwachstumsfaktor FGF-2; darüber hinaus sind noch BMP-7 und Wnt-4 beteiligt. Eine sehr frühe Reaktion des Mesenchyms auf die Induktion ist die Aktivierung des Gens *Pax-2*, das für die nachfolgende Tubulientwicklung unbedingt notwendig ist. Anschließend steigt die Expression des *WT1-Gens*, der lockere Verbund der Mesenchymzellen verdichtet sich, und die Zellen beginnen, auf ihrer Oberfläche ein Glycoprotein der extrazellulären Matrix namens Syndecan zu produzieren. Nach dieser Kondensationsphase bilden sich abgegrenzte Zellaggregate, wobei sich die mesenchymalen Zellen polarisieren und einen epithelialen Charakter annehmen. Jedes Aggregat bildet dann eine S-förmige Röhre, die sich verlängert und differenziert, um zur Funktionseinheit des Nephrons aus Nierentubulus und Glomerulus zu werden. Beim Übergang von Mesenchym zum Epithel ändert sich die Zusammensetzung der von den Zellen abgesonderten extrazellulären Matrix: Mesenchymales Kollagen vom Typ I wird durch Proteine der Basallamina, etwa

Kollagen IV und Laminin, ersetzt, wie sie typischerweise von epithelialen Zellen sezerniert werden. Zudem exprimieren die Zellen nunmehr andere Zelladhäsionsmoleküle (Exkurs 8.1, Seite 270): zum Beispiel E-Cadherin statt vorher N-CAM. Ferner sind an den Wechselwirkungen zwischen Epithel und Mesenchym Integrine beteiligt.

Das Säugerprotein Wnt-4 gehört einer Familie von Signalproteinen an, zu der auch das wingless-Protein von *Drosophila* zählt. Knock-out-Mäuse ohne Wnt-4-Funktion können keine prätubulären Zellaggregate bilden. Wnt-4 ist selbst zwar kein Zelladhäsionsmolekül, es könnte jedoch Zelladhäsionseigenschaften so verändern helfen, daß der Übergang von Mesenchym zu Epithel möglich wird.

Zusammenfassung

Die Entwicklung der Säugerniere verdeutlicht Aspekte der epithelialen Morphogenese, darunter die Umwandlung von Mesenchym zu Epithel sowie die gegenseitige Induktion. Die Ureterknospe erhält vom Mesenchym der zukünftigen Niere ein induzierendes Signal, das sie zu Wachstum und Verzweigung veranlaßt, und induziert im Gegenzug im Mesenchym Zellverdichtungen und Tubulibildung. Die Tubuli differenzieren sich zu Nierenkanälchen mit Bowman-Kapsel und Glomerulus und verschmelzen mit dem Uretersystem.

Zusammenfassung von Kapitel 10

An der Organentwicklung sind ähnliche Mechanismen und teils auch dieselben Gene beteiligt wie in der frühen Embryonalentwicklung. Das Muster einer Wirbeltierextremität wird längs dreier Achsen festgelegt, die senkrecht zueinander stehen. Signalmoleküle unterrichten die Zellen über ihre räumliche Lage, und Hox-Gene beeinflussen die Interpretation dieser Positionsinformationen. Die Entwicklung von Flügeln und Beinen bei *Drosophila* ist von Signalen abhängig, die an den Kompartimentgrenzen der jeweiligen Imaginalscheiben erzeugt werden. Einige der dabei verwendeten Signalproteine kann man in ähnlicher Form auch bei der Musterbildung in Wirbeltiergliedmaßen finden. Das Insektenauge entwickelt sich ebenfalls aus einer Imaginalscheibe. Die wabenartige Anordnung der Ommatidien entsteht durch Lateralinhibition; das Muster der Photorezeptorzellen im einzelnen Ommatidium beruht auf lokalen Zell-Zell-Wechselwirkungen. Beide Mechanismen bestimmen auch die Entwicklung der Zellen, die in Nematoden die Vulva bilden. Bei der Entwicklung der Säugerniere werden aus dem Mesenchym epitheliale Strukturen gebildet, und es kommt zu einer wechselseitigen Induktion.

Literatur

10.1 Wirbeltiergliedmaßen entwickeln sich aus Extremitätenknospen

Tickle, C.; Eichele, G. *Verterate limb development.* In: *Ann. Rev. Cell Biol.* 10 (1994) S. 121–152.

10.2 Für die Musterbildung in Extremitäten sind Positionsinformationen wichtig

Cohn, M. J.; Tickle, C. *Limbs: a model for pattern formation within the vertebrate body plan.* In: *Trends Genet.* 12 (1996) S. 253–257.

10.3 Die apikale Ektodermleiste induziert die Wachstumszone

Niswander, L.; Tickle, C.; Vogel, A.; Booth, I.; Martin, G. R. *FGF-4 replaces the apical ectodermal ridge and directs outgrowth and patterning of the limb.* In: *Cell* 75 (1993) S. 579–587.

10.4 Die polarisierende Region sorgt für die anterio-posteriore Positionsbestimmung

Chiang, C.; Litingtung, Y.; Lee, E.; Young, K. E.; Corden, J. L.; Westphal, H.; Beachy, P. A. *Cyclopia and defective axial patterning in mice lacking Sonic hedgehog gene function.* In: *Nature* 383 (1996) S. 407–413.

Riddle, R. D.; Johnson, R. L.; Laufer, E.; Tabin, C. *Sonic hedgehog mediates polarizing activity of the ZPA.* In: *Cell* 75 (1993) S. 1401–1416.

Tabin, C. *The initiation of the limb bud: growth factors, Hox genes, and retinoids.* In: *Cell* 80 (1995) S. 671–674.

Tickle, C. *The number of polarizing region cells required to specify additional digits in the developing chick wing.* In: *Nature* 289 (1981) S. 295–298.

Tickle, C. *Retinoic acid and chick limb development.* In: *Development Suppl.* 1 (1991) S. 113–121.

Wanek, N.; Gardiner, D. M.; Muneoka, K.; Bryant, S. V. *Conversion by retinoic acid of anterior cells into ZPA cells in the chick wing bud.* In: *Nature* 350 (1991) S. 81–83.

10.5 Der Positionswert längs der proximo-distalen Achse könnte über einen Zeitmechanismus festgelegt werden

Wolpert, L.; Tickle, C.; Sampford, M. *The effect of cell killing by X-irradiation on pattern formation in the chick limb.* In: *J. Embryol. Exp. Morph.* 50 (1979) S. 175–193.

10.6 Die Dorsoventralachse wird durch das Ektoderm spezifiziert

Geduspan, J. S.; MacCabe, J. A. The ectodermal control of mesodermal patterns of differentiation in the developing chick wing. In: *Dev. Biol.* 124 (1987) S. 398–408.

Parr, B. A.; McMahon, A. P. *Dorsalizing signal Wnt-7a is required for normal polarity of D-V and A-P axes of mouse limb.* In: *Nature* 374 (1995) S. 350–353.

Riddle, R. D.; Ensini, M.; Nelson, C.; Tsuchida, T.; Jessell, T. M.; Tabin, C. *Induction of the LIM homeobox gene Lmx1 by Wnt-7a establishes dorsoventral pattern in the vertebrate limb.* In: *Cell* 83 (1995) S. 631–640.

Tickle, C. *Vertebrate limb development.* In: *Curr. Opin. Genet. Dev.* 5 (1995) S. 478–484.

Yang, Y.; Niswander, L. *Interaction between the signaling molecule Wnt-7a and Shh during vertebrate limb development: dorsal signals regulate antero-posterior patterning.* In: *Cell* 80 (1995) S. 939–947.

10.7 Durch unterschiedliche Interpretation derselben Positionssignale entstehen unterschiedliche Gliedmaßen

Krabbenhoft, K. M.; Fallon, J. F. *The formation of leg or wing specific structures by leg bud cells grafted to the wing bud is influenced by proximity to the apical ridge.* In: *Dev. Biol.* 131 (1989) S. 373–382.

10.8 Homöobox-Gene sind an der Musterbildung und Positionsbestimmung der Extremitäten beteiligt

Charité, J.; De Graaff, W.; Shen, S.; Deschamps, J. *Ectopic expression of Hoxb-8 causes duplication of the ZPA in the forelimb and homeotic transformation of axial structures.* In: *Cell* 78 (1994) S. 589–601.

Davis, A. P.; Capecchi, M. R. *A mutational analysis of the 5′ HoxD genes: dissection of genetic interactions during limb development in the mouse.* In: *Development* 122 (1996) S. 1175–1185.

Goff, D. J.; Tabin, C. J. *Analysis of Hoxd-13 and Hoxd-11 misexpression in chick limb buds reveals that Hox genes affect both bone condensation and growth.* In: *Development* 124 (1997) S. 627–636.

Morgan, B. A.; Izpisúa-Belmonte, J. C.; Duboule, D.; Tabin, C. I. *Targeted misexpression of Hox-4.6 in the avian limb bud causes apparent homeotic transformations.* In: *Nature* 358 (1992) S. 236–239.

Nelson, C. E.; Morgan, B. A.; Burke, A. C.; Laufer, E.; DiMambro, E.; Muytaugh, L. C.; Gonzales, E.; Tessarollo, L.; Parada, L. F.; Tabin, C. *Analysis of Hox genes expression in the chick limb bud.* In: *Development* 122 (1996) S. 1449–1466.

Scott, M. P. *Hox genes, arms, and the man.* In: *Nature Genet.* 15 (1997) S. 117–118.

Yokouchi, Y.; Nakazato, S.; Yamamoto, M.; Goto, Y.; Kameda, T.; Iba, H.; Kuroiwa, A. *Misexpression of Hoxa-13 induces cartilage homeotic transformation and changes cell adhesiveness in chick limb buds.* In: *Genes Dev.* 9 (1995) S. 2509–2522.

10.9 Selbstorganisation bei der Musterbildung in der Extremitätenknospe

Hardy, A.; Richardson, M. K.; Francis-West, P. N.; Rodriguez, C.; Izpisúa-Belmonte, J. C.; Duprez, D.; Wolpert, L. *Gene expression, polarising activity and skeletal patterning in reaggregated hind limb mesenchyme.* In: *Development* 121 (1995) S. 4329–4337.

10.10 Die Muskelanordnung in einer Extremität wird durch das Bindegewebe gesteuert

Robson, L. G.; Kara, T.; Crawley, A.; Tickle, C. *Tissue and cellular patterning of the musculature in chick wings.* In: *Development* 120 (1994) S. 1265–1276.

Exkurs 10.1

Kondo, S.; Asai, R. *A reaction-diffusion wave on the skin of the marine angelfish Pomocanthus.* In: *Nature* 376 (1995) S. 765–768.

Murray, J. D. *How the leopard gets its spots.* In: *Sci. Amer.* 258 (1988) S. 80–87.

Richardson, M. K.; Hornbruch, A.; Wolpert, L. *Pigment patterns in neural crest chimaeras constituted from quail and guinea fowl embryos.* In: *Dev. Biol.* 143 (1991) S. 303–319.

10.11 Knorpel, Muskeln und Sehnen entwickeln sich am Anfang autonom

Ros, M. A.; Rivero, F. B.; Hinchliffe, J. R.; Hurle, J. M. *Immunohistological and ultrastructural study of the developing tendons of the avian foot.* In: *Anat. Embryol.* 192 (1995) S. 483–496.

10.12 Die einzelnen Finger entstehen durch programmierten Zelltod

Garcia-Martinez, V.; Macias, D.; Gañan, Y.; Garcia-Lobo, J. M.; Francia, M. V.; Fernandez-Teran, M. A.; Hurle, J. M. *Internucleosomal DNA fragmentation and programmed cell death (apoptosis) in the interdigital tissue of the embryonic chick leg bud.* In: *J. Cell. Sci.* 106 (1993) S. 201–208.

Zou, H.; Niswander, L. *Requirement for BMP signaling in interdigital apoptosis and scale formation.* In: *Science* 272 (1996) S. 738–741.

10.13 Der Grenzbereich zwischen anteriorem und posteriorem Kompartiment der Flügelimaginalscheibe liefert musterbestimmende Signale

Blair, S. S. *Compartments, and appendage development in Drosophila.* In: *BioEssays* 17 (1995) S. 299–309.

Brook, W. J.; Diaz-Benjumea, F. J.; Cohen, S. M. *Organizing spatial pattern in limb development.* In: *Ann. Rev. Cell Dev. Biol.* 12 (1996) S. 161–180.

Lawrence, P. A.; Struhl, G. *Morphogens, compartments, and pattern: lessons from Drosophila?* In: *Cell* 85 (1996) S. 951–961.

Lecuit, T.; Brook, J. W.; Ng, M.; Calleja, M.; Sun, H.; Cohen, S. *Two distinct mechanisms for long-range patterning by Decapentaplegic in the Drosophila wing.* In: *Nature* 381 (1996) S. 387–393.

Nellen, D.; Burke, R.; Struhl, G.; Basler, K. *Direct and long-range action of a DPP morphogen gradient.* In: *Cell* 85 (1996) S. 357–368.

Smith, J. *How to tell a cell where it is.* In: *Nature* 381 (1996) S. 367–368.

Vincent, J. P.; Lawrence, P. A. *Developmental genetics. It takes three to distalize.* In: *Nature* 372 (1994) S. 132–133.

10.14 Die Grenze zwischen Dorsal- und Ventralkompartiment des zukünftigen Flügels wirkt ebenfalls als musterorganisierendes Zentrum

Diaz-Benjumea, F. J.; Cohen, S. M. *Interaction between dorsal and ventral cells in the imaginal disc directs wing develoment in Drosophila.* In: *Cell* 75 (1993) S. 741–752.

Irvine, K. D.; Wieschaus, E. *fringe, a boundary-specific signaling molecule, mediates interactions between dorsal and ventral cells during Drosophila wing development.* In: *Cell* 79 (1994) S. 595–606.

Kim, J.; Sebring, A.; Esch, J. J.; Kraus, M. E.; Vorwerk, K.; Magee, J.; Casroll, B. *Integration of positional signals and regulation of wing formation and identity by Drosophila vestigial gene.* In: *Nature* 382 (1996) S. 133–138.

Williams, J. A.; Paddock, S. W.; Vorwerk, K.; Carroll, S. B. *Organization of wing formation and induction of a wing-patterning gene at the dorsoventral compartment boundary.* In: *Nature* 368 (1994) S. 299–305.

10.15 Die Musterbildung in der Beinimaginalscheibe erfolgt mit Ausnahme der proximo-distalen Achse ähnlich wie beim Flügel

Brook, W. J.; Cohen, S. M. *Antagonistic interactions between wingless and decapentaplegic responsible for dorsal-ventral pattern in the Drosophila leg.* In: *Science* 273 (1996) S. 1373–1377.

Campbell, G.; Tomlinson, A. *Initiation of the proximo-distal axis in insect legs.* In: *Development* 121 (1995) S. 619–625.

10.16 Flügelzeichnungen bei Schmetterlingen werden durch zusätzliche Positionsfelder organisiert

Brakefield, P. M.; Gates, J.; Keys, D.; Kesbeke, F.; Wijngaarden, P. J.; Monteiro, A.; French, V.; Carroll, S. B. *Development, plasticity, and evolution of butterfly eyespot patterns.* In: *Nature* 384 (1996) S. 236–242.

Carroll, S. B.; Gates, J.; Keys, D. N.; Paddock, S. W.; Panganiban, G. E.; Silegue, J. E.; Williams, J. A. *Pattern formation and eyespot determination in butterfly wings.* In: *Science* 265 (1994) S. 109–114.

North, G.; French, V. *Insect wings. Patterns upon patterns.* In: *Curr. Biol.* 7 (1994) S. 611–614.

Nijhout, H. F. *The Development and Evolution of Butterfly Wing Patterns.* Washington (Smithsonian Institution Press) 1991.

10.17 Die segmentale Identität von Imaginalscheiben wird durch die homöotischen Selektorgene bestimmt

Carroll, S. B. *Homeotic genes and the evolution of arthropods and chordates.* In: *Nature* 376 (1995) S. 479–485.

Vachon, G.; Cohen, B.; Pfeifle, C.; McGuffin, M. E.; Botas, J.; Cohen, S. M. *Homeotic genes in the Bithorax complex repress limb development in the abdomen of the Drosophila embryo through the target gene Distal-less.* In: *Cell* 71 (1992) S. 437–450.

Das Komplexauge der Insekten

Bonini, N. M.; Choi, K. W. *Early decisions in Drosophila eye morphogenesis.* In: *Curr. Opin. Genet. Dev.* 5 (1995) S. 507–515.

Halder, E.; Callaerts, P.; Gehring, W. J. *Induction of ectopic eyes by targeted expression of the eyeless gene in Drosophila.* In: *Science* 267 (1995) S. 1788–1792.

10.18 Molekulare Signale treiben die morphogenetische Furche voran, und Lateralinhibition sorgt für den Abstand zwischen den Ommatidien

Baker, N. E.; Mlodzik, M.; Rubin, G. M. *Spacing differentiation in the developing Drosophila eye: a fibrinogen-related lateral inhibitor encoded by scabrous.* In: *Science* 250 (1990) S. 1370–1377.

Heberlein, U.; Singh, C. M.; Huk, A. Y.; Donohoe, T. J. *Growth and differentiation in the Drosophila eye coordinated by hedgehog.* In: *Nature* 373 (1995) S. 709–711.

10.19 Die Musterbildung innerhalb der Zellgruppe eines zukünftigen Ommatidiums beruht auf Wechselwirkungen zwischen einzelnen Zellen

Krämer, H.; Cagan, R. L. *Determination of photoreceptor cell fate in the Drosophila retina.* In: *Curr. Opin. Neurobiol.* 4 (1994) S. 14–20.

10.20 R7 benötigt zur Entwicklung ein Signal von R8

Domínguez, M.; Hafen, E. *Genetic dissection of cell fate specification in the developing eye of Drosophila.* In: *Cell Dev. Biol.* 7 (1996) S. 219–226.

10.21 Das Gen *eyeless* leitet die Augenentwicklung ein

Halder, G.; Callaerts, P.; Gehring, W. J. *Induction of the ectopic eyes by targeted expression of the eyeless gene in Drosophila.* In: *Science* 267 (1995) S. 1788–1792.

10.22 Die Ankerzelle induziert in P-Zellen die primäre und sekundäre Entwicklungsrichtung

Grunwald, I.; Rubin, G. M. *Making a difference: the role of cell-cell interactions in establishing separate identities for equivalent cells.* In: *Cell* 68 (1992) S. 271–281.

Kenyon, C. *A perfect vulva every time: gradients and signaling cascades in C. elegans.* In: *Cell* 82 (1995) S. 171–174.

Newman, A. P.; Sternberg, P. W. *Coordinated morphogenesis of epithelia during development of the Caenorhabditis elegans uterine-vulval connection.* In: *Proc. Natl. Acad. Sci.* 93 (1996) S. 9329–9333.

Sundaram, M.; Han, M. *Control and integration of cell signaling pathways during C. elegans vulval development.* In: *BioEssays* 18 (1996) S. 473–480.

10.23 Die Entwicklung der Ureterknospe und des tubulibildenden Mesenchyms erfordert wechselseitige Induktionsprozesse

Bard, J. B.; Davies, J. A.; Karavanova, I.; Lehtonen, E.; Sariola, H.; Vainio, S. *Kidney development: the inductive interactions.* In: *Seminars in Cell Dev.* 7 (1996) S. 195–202.

Müller, U.; Wang, D.; Denda, S.; Meneses, J. J.; Pederson, R. A.; Reichardt, L. F. *Integrin $\alpha 8 \beta 1$ is critically important for epithelial-mesenchymal interactions during kidney morphogenesis.* In: *Cell* 88 (1997) S. 603–613.

Sorokin, L.; Klein, G.; Mugrauer, G.; Eecker, L.; Ekblom, M.; Ekblom, P. *Development of kidney epithelial cells.* In: Fleming, T. P. (Hrsg.) *Epithelial Organization and Development.* London (Chapman & Hall) 1992, S. 163–190.

Stark, K.; Vainio, S.; Vassileva, G.; McMahon, A. P. *Epithelial transformation of metanephric mesenchyme in the developing kidney regulated by Wnt-4.* In: *Nature* 372 (1994) S. 679–683.

Woolf, A. S.; Cale, C. M. *Roles of growth factors in renal development.* In: *Curr. Opin. Neph. Hyp.* 6 (1997) S. 10–14.

Spezifizierung der Neuroblasten entwickelt sich wiederum nur eine der den Achaete-scute-Komplex exprimierenden Zellen im Cluster zur Nervenzelle und wird zur sensorischen Mutterzelle.

Von den Genen, deren Produkte den Achaete-scute-Komplex in spezifischen Körperbereichen aktivieren, wurden einige identifiziert. Dazu gehört etwa *iroquois*, das einen Transkriptionsfaktor codiert. Das Gen wird in einer ausgedehnten lateralen Region des Thorax exprimiert; sein Ausfall führt dort zum Verlust von Sinnesborsten. Auch in Imaginalscheiben ist das Gen in weiten Bereichen aktiv, wobei sein räumliches Expressionsmuster dem Einfluß weiterer Gene unterliegt, darunter *decapentaplegic* und *wingless*, die den Imaginalscheiben Positionsinformation liefern (Kapitel 10).

11.2 Die neuronalen Vorläufer in *Drosophila* werden durch Lateralinhibition bestimmt

Nicht alle Zellen des Neuroektoderms werden zu Neuronen. Die künftigen neuralen Zellen bekommen ihr Schicksal durch Lateralinhibition zugewiesen, einem Mechanismus, den wir bereits vom Insektenauge her kennen, wo er für die regelmäßige Anordnung der Ommatidien sorgt (Abschnitt 10.18). Anfangs können sich alle Zellen eines proneuralen Clusters zu Neuroblasten entwickeln. Eine Zelle darin – welche, ist offenbar Zufall – beginnt jedoch als erste, ein Signal auszusenden, mit dem sie das neurale Entwicklungspotential ihrer unmittelbaren Nachbarn unterdrückt (Abbildung 11.6). Durch diese Lateralinhibition wird schließlich nur eine Zelle im proneuralen Cluster zu einem Neuroblasten, während sich die übrigen zu Epidermiszellen entwickeln. Zerstört man im Heuschreckenembryo einen Neuroblasten, der sich gerade zu entwickeln beginnt, so tritt eine der Nachbarzellen an seine Stelle. Sind die Neuroblasten einmal spezifiziert, wandern sie einzeln von der Oberfläche ins Innere des Embryos und durchlaufen eine stereotype Folge von Zellteilungen, aus denen Neuronen und Gliazellen hervorgehen.

Durch praktisch den gleichen Mechanismus wie oben geschildert, werden offenbar auch die sensorischen Mutterzellen, aus denen die Sinnesborsten (Haarsensillen) der adulten *Drosophila*-Epidermis hervorgehen, aus den proneuralen Clustern in den Imaginalscheiben ausgewählt. Bei der Spezifizierung der Neuronen des Zentralnervensystems und der sensorischen Organe sind die Gene *Notch* und *Delta* von zentraler Bedeutung für die Lateralinhibition innerhalb der proneuralen Cluster. Sie sorgen dafür, daß sich aus jedem Cluster zu einem bestimmten Zeitpunkt jeweils nur ein Neuron beziehungsweise sensorisches Organ entwickelt. Beide Gene codieren Transmembranproteine: *Delta* einen Liganden und *Notch* dessen Rezeptor (Abbildung 11.7). Die

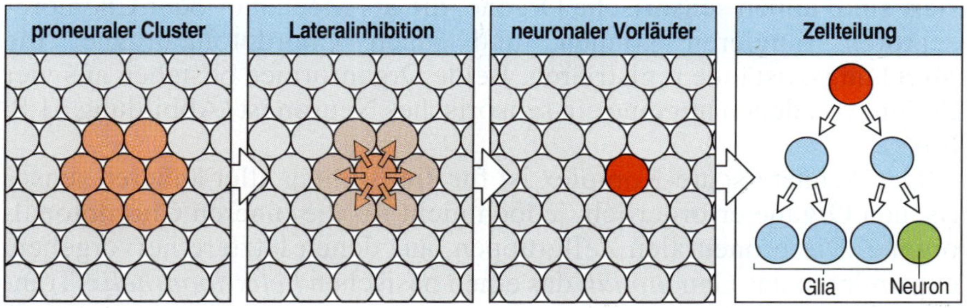

11.6 Lateralinhibition bei der neuralen Zellentwicklung. Aus einem proneuralen Cluster geht infolge lateraler Inhibition nur eine neuronale Vorläuferzelle hervor. Die übrigen Zellen des Clusters werden zu Epidermis In nachfolgenden Zellteilungen entstehen aus dem neuronalen Vorläufer oder Neuroblasten drei Gliazellen und ein Neuron. Nach Jan et al. 1990.

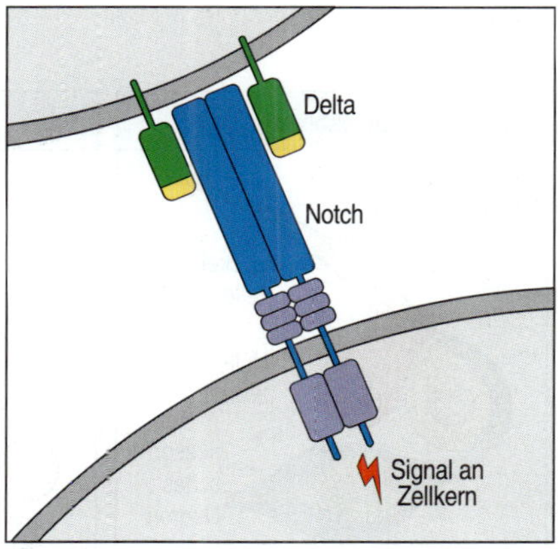

11.7 Ein Modell für die Wechselwirkung zwischen Delta und Notch. Notch und Delta sind beide Transmembranproteine; Delta fungiert als Ligand, Notch als dessen Rezeptor. Die Aktivierung von Notch durch Delta löst in der Notch-tragenden Zelle ein Signal aus, das zum Zellkern weitergeleitet wird.

Aktivierung des Notch-Rezeptors durch das Delta-Protein führt zur Repression der proneuralen Gene, wodurch die Zelle ihre Fähigkeit verliert, sich zu einem Neuroblasten zu entwickeln. Geringe Unterschiede im *Notch/Delta*-Signalaustausch zwischen den Zellen eines Clusters ermöglichen es einer der Zellen, den Weg zur neuralen Spezifizierung rascher zu beschreiten als die anderen; daraufhin sendet sie ein Signal aus, das ihre weniger fortgeschrittenen Nachbarn daran hindert, Nervenzellen zu werden. Diese entwickeln sich dann statt dessen zu epidermalen Zellen und stellen die Expression von *Delta* ein.

Anfangs können alle Zellen innerhalb eines proneuralen Clusters *Notch* und *Delta* exprimieren. Eine der Zellen gewinnt dabei einen Vorsprung, etwa dadurch, daß sie *Delta* früher oder stärker exprimiert als die anderen, und wirkt dann so auf die Nachbarzellen ein, daß sie deren weitere neurale Entwicklung wie auch deren Produktion des Delta-Proteinsignals unterdrückt. So entsteht aufgrund der Lateralinhibition aus den anfänglich äquivalenten Zellen des proneuralen Clusters nur eine neurale Vorläuferzelle. Wenn die Notch- oder die Delta-Funktion ausfällt, entwickeln sich aus dem neurogenen Ektoderm weit mehr Neuroblasten und weniger epidermale Zellen als normal.

11.3 Asymmetrische Zellteilungen führen bei *Drosophila* zur Entwicklung sensorischer Organe

Die meisten sensorischen Organe der adulten Taufliege entstehen durch Zellteilungen aus einem einzigen Neuroblasten. Es gibt zwei Haupttypen sensorischer Organe, die im Körper jeweils unterschiedlich lokalisiert sind: außen sensorische Organe, die als Mechano- oder Chemorezeptoren fungieren können, und innen Chordotonalorgane, die Streckungszustände registrieren. Beide Organformen bestehen aus vier Zellen, von denen nur eine ein sensorisches Neuron ist (Abbildung 11.8, links).

Der Achaete-scute-Komplex ist für die Bildung aller äußeren sensorischen Organe erforderlich, jedoch nicht für die inneren Chordotonalorgane. Die proneuralen Zellgruppen, aus denen letztere hervorgehen, exprimieren das Gen *atonal*, das einen basischen *helix-loop-helix*-Tran-

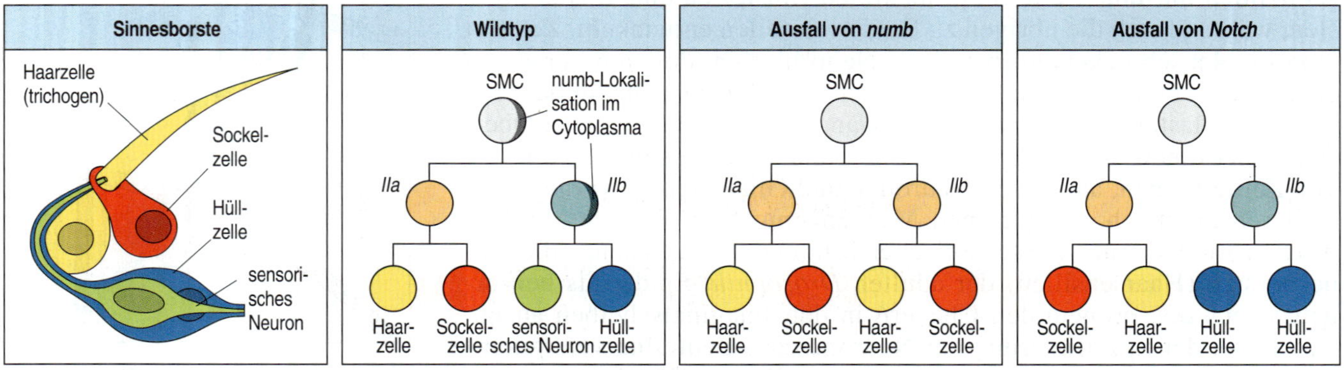

11.8 Die Entwicklung der vierzelligen Sinnesborste von *Drosophila* verläuft unter asymmetrischer Zellteilung. Die sensorische Mutterzelle (SMC) enthält das numb-Protein nur auf einer Seite. Sie teilt sich daher asymmetrisch: Von den Tochterzellen erhält nur eine (IIb) das numb-Protein. Diese Zelle teilt sich in ein sensorisches Neuron und eine Hüllzelle. Aus der anderen Zelle (IIa), die kein numb-Protein mitbekommen hat, geht dagegen eine Haar- und eine Sockelzelle hervor. In Mutanten, denen die *numb*-Funktion fehlt, entstehen aus beiden Töchtern der sensorischen Mutterzelle nur Haar- und Sockelzellen. Wenn die *Notch*-Funktion ausfällt, bildet sich statt des Neurons eine zusätzliche Hüllzelle. Nach Guo et al. 1996.

skriptionsfaktor codiert. Bei einer ektopischen Expression von *atonal* werden zusätzliche Chordotonalorgane gebildet, während bei einer ektopischen Expression der achaete-scute-Gene mehr äußere sensorische Organe entstehen. Welcher Organtyp sich entwickelt, hängt zudem von weiteren Transkriptionsfaktoren wie dem Produkt des Gens *cut* ab, das in den äußeren Sensillen, aber nicht in den Chordotonalorganen exprimiert wird. Mutationen dieses Gens können dazu führen, daß sensorische Mutterzellen, die eigentlich für die Entwicklung von Sinnesborsten vorgesehen waren, statt dessen Chordotonalorgane hervorbringen. Umgekehrt entwickeln sich wiederum deren Mutterzellen zu Haarsensillen, wenn das *cut*-Gen in ihnen fälschlicherweise zur Expression gelangt.

Die Entwicklung einer Sinnesborste aus einer sensorischen Mutterzelle erfordert zwei Zellteilungen, aus denen vier unterschiedliche Zellen hevorgehen: ein sensorisches Neuron und dessen Hüllzelle sowie zwei Begleitzellen, in diesem Falle eine Haar- und eine Sockelzelle (Abbildung 11.8, Mitte links). Die erste Zellteilung liefert zwei noch nicht ausdifferenzierte Tochterzellen, IIa und IIb. Aus der Teilung von IIa entstehen eine Haar- und eine Sockelzelle, IIb teilt sich in ein Neuron und die zugehörige Hüllzelle. Ein wesentlicher Faktor der Zellentwicklung ist das Proteinprodukt des *numb*-Gens: Das numb-Protein ist in der sensorischen Mutterzelle asymmetrisch verteilt, so daß bei der ersten Zellteilung nur eine der Tochterzellen es mitbekommt. Diese bringt dann in der zweiten Teilung das Neuron und die Hüllzelle hervor, während aus der anderen Zelle, die kein numb-Protein besitzt, die beiden Begleitzellen entstehen. Das numb-Protein ist für die Entwicklung des Neurons und seiner Hüllzelle unbedingt erforderlich: Fällt es infolge einer Mutation aus, können sich diese Zellen nicht bilden, statt ihrer entwickeln sich zwei weitere Begleitzellen (Abbildung 11.8, Mitte rechts). Wenn fälschlicherweise beide Tochterzellen der sensorischen Mutterzelle das numb-Protein bilden, bringen auch beide bei der nächsten Teilung ein sensorisches Neuron und eine Hüllzelle hervor, so daß in diesem Falle die Begleitzellen fehlen. Auch das Gen *Notch* beeinflußt das Zellschicksal: Wird es nicht richtig exprimiert, entwickelt sich statt des Neurons eine zweite Hüllzelle (Abbildung 11.8, rechts).

Wir haben viele Beispiele dafür kennengelernt, wie wichtig die Position cytoplasmatischer Faktoren für die frühe Embryonalentwicklung ist. Die asymmetrische Zellteilung bei der Entwicklung sensorischer Zellen in *Drosophila* ist ein gutes Beispiel dafür, daß durch die Verteilung eines Proteins im Cytoplasma Zellidentitäten festgelegt werden. Betrachten wir nun ähnliche Entwicklungsprozesse im Nervensystem der Wirbeltiere.

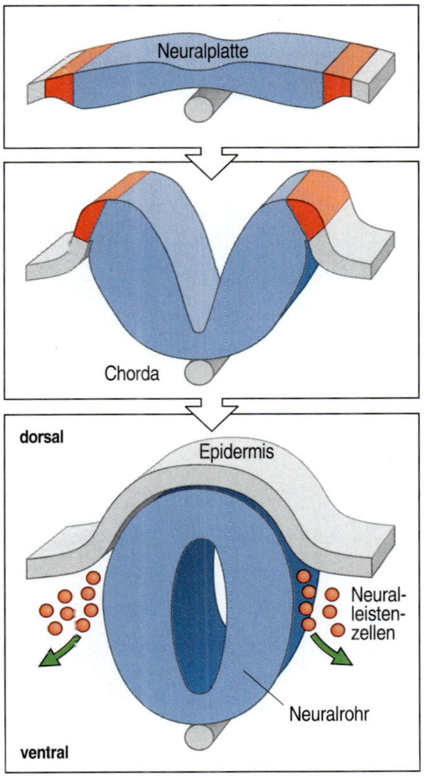

11.9 Das Nervensystem der Wirbeltiere leitet sich von der Neuralplatte ab. Die Neuralplatte faltet sich einwärts und bildet zunächst die von den Neuralwülsten begrenzte Neuralrinne. Diese schließt sich sodann zum Neuralrohr, das unter die Oberfläche sinkt und von der Epidermis überdeckt wird. Aus dem Neuralrohr entstehen Gehirn und Rückenmark. Wenn sich das Neuralrohr schließt legen sich die beiden Neuralwülste aneinander und bilden zusammen die Neuralleiste. Deren Zellen verlassen das Neuralrohr und bilden unter anderem sensorische Nerven und das autonome Nervensystem.

11.4 Das Nervensystem der Wirbeltiere entstammt der Neuralplatte

In Wirbeltieren stammen alle Zellen des Zentralnervensystems entweder aus der Neuralplatte, einer Region zylindrischen Epithels, die im dorsalen Ektoderm während der Gastrulation induziert wird (Abschnitt 4.7), oder aus sensorischen Plakoden der Kopfregion, die zu den Hirnnerven beitragen. Die Neuralplatte beginnt gegen Ende der Gastrulation, sich einwärts zu falten und das Neuralrohr zu bilden (Abbildung 11.9). Neuralleistenzellen verlassen die dorsale Hälfte des Neuralrohres; nach Umwandlung ihres epithelialen in einen mesenchymalen Charakter entwickeln sich aus ihnen die sensorischen Neuronen des peripheren Nervensystems und das autonome (vegetative) Nervensystem. Aus den im Neuralrohr verbleibenden Zellen entsteht das Zentralnervensystem, also Gehirn und Rückenmark. Über die Mechanismen, die Zellen in der Wirbeltierneuralplatte zu neuralen Vorläufern werden lassen, wird zunehmend mehr bekannt; wichtige Einsichten dazu stammen aus Untersuchungen entsprechender Prozesse in *Drosophila*.

Wie in Abschnitt 4.8 beschrieben, durchläuft das Neuralrohr eine Regionalisierung entlang der Längsachse. Die Regionalisierung wird besonders deutlich im Bereich des späteren Rhombencephalons, wo die Hox-Gene in einem wohldefinierten Muster exprimiert werden. Man nimmt an, daß die Expression dieser Gene den dortigen Zellen ihre anterio-posterioren Positionswerte innerhalb des künftigen Rautenhirns vermittelt. Auch entlang der Dorsoventralachse kommt es im Neuralrohr zur Musterbildung. Wir betrachten zunächst die Spezifizierung von Neuronen als übergeordnete Zellklasse und wenden uns dann der Frage zu, wie es dazu kommt, daß sich unterschiedliche Neuronentypen genau dort entwickeln, wo sie gebraucht werden.

11.5 Neuronale Vorläufer in Wirbeltieren werden durch Lateralinhibition bestimmt

Die Spezifizierung von Zellen zu neuronalen Vorläuferzellen verläuft in Wirbeltieren offenbar ähnlich wie bei der Taufliege (Abschnitte 11.1 und 11.2). In frühen Embryonen des Krallenfrosches *Xenopus* entstehen künftige Neuronen nicht aus der gesamten Neuralplatte, sondern aus drei definierten Längsstreifen beiderseits der Mittellinie. Aus dem mittleren Streifen, der zur Ventralregion des Neuralrohres wird, gehen Motoneuronen hervor, aus den seitlichen Streifen dagegen sensorische und Interneuronen. Für die neuronale Differenzierung ist das *Neurogenin*-Gen wichtig, das einen basischen *helix-loop-helix*-Transkriptionsfaktor codiert und mit den *Drosophila*-Genen *achaete* und *scute* verwandt ist. Die Auswahl neuronaler Zellen innerhalb der Streifen beruht auf Lateralinhibition, wobei wieder einmal die Proteine Delta und Notch eine Schlüsselrolle spielen.

Delta ist der Ligand, der sich an das Rezeptorprotein Notch bindet. Die Bindung führt zu einem Signal, das in der empfangenden Zelle die Neurogeninsynthese hemmt und dadurch ihre neuronale Differenzierung unterdrückt. Anfangs können noch alle Zellen, *Neurogenin*, *Delta* und *Notch* exprimieren. Wenn durch Zufall eine Zelle *Delta* stärker zu exprimieren beginnt als ihre Nachbarzellen, hemmt sie deren neuronale Differenzierung und unterdrückt in ihnen zugleich die Expression des Delta-Proteins, so daß die Nachbarzellen kein hemmendes Signal mehr aussenden können. Die Zelle, die sich „durchsetzen" konnte, kann nun ungehindert *Neurogenin* exprimieren, was wiederum zur Aktivierung von *neuroD* führt. Dieses Gen codiert einen Transkriptionsfaktor, der für die neuronale Differenzierung erforderlich ist (Abbildung 11.10). Im Einklang mit diesem Modell steht die Beobachtung, daß bei einer Überexpression von Delta weniger Neuronen entstehen, während bei einer Hemmung der Delta-Funktion mehr Neuronen gebildet werden. Wird das Notch-Protein in einer aktivierten Form exprimiert, so daß es sein Signal andauernd sendet, sinkt die Neuronenzahl ebenfalls.

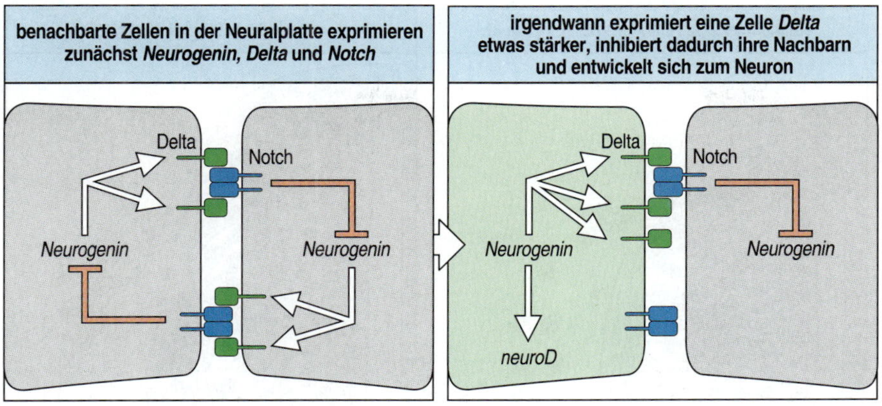
benachbarte Zellen in der Neuralplatte exprimieren zunächst Neurogenin, Delta und Notch
irgendwann exprimiert eine Zelle Delta etwas stärker, inhibiert dadurch ihre Nachbarn und entwickelt sich zum Neuron
Delta
Notch
Neurogenin
Neurogenin
Delta
Notch
Neurogenin
Neurogenin
neuroD

11.10 Im Nervensystem der Wirbeltiere werden einzelne Zellen durch Lateralinhibition zu neuronalen Vorläufern spezifiziert. Das *Neurogenin*-Gen wird anfangs in Streifen zusammenhängender Zellen in der Neuralplatte exprimiert; diese Zellen synthetisieren auch die Proteine Delta und Notch. Die Delta-Notch-Wechselwirkung zwischen zwei benachbarten Zellen führt zur gegenseitigen Hemmung der *Neurogenin*-Expression. Wenn eine Zelle zufällig mehr Delta produziert als ihre Nachbarn, unterdrückt sie deren Expression des Delta-Proteins. Dadurch wird ihre eigene *Neurogenin*-Expression nicht länger unterdrückt, so daß auch *neuroD* aktiviert wird und die Zelle sich schließlich zum Neuron entwickelt.

11.6 Das Muster der Zelldifferenzierung längs der Dorsoventralachse des Rückenmarks wird von ventralen und dorsalen Signalen geprägt

Im sich entwickelnden Rückenmark findet man ein definiertes dorsoventrales Muster. In der ventralen Region bilden sich zukünftige Motoneuronen während sich im Dorsalbereich Kommissurneuronen differenzieren, deren Axone die beiden Seiten des Rückenmarks miteinander verbinden (Abbildung 11.11). Zusätzlich zu den neuronalen Zelltypen gibt es an der ventralen Mittellinie einen Strang nichtneuronaler Zellen, welche die Bodenplatte bilden; ebenso befinden sich an der dorsalen Mittellinie besondere Deckplattenzellen. Sensorische Neuronen, die von Neuralleistenzellen abstammen, entstehen lateral und dorsal und wandern in die Spinalganglien (Abbildung 11.12). Jeder Zelltyp ist gleichermaßen auf beiden Seiten der Mittellinie vertreten. Die Musterbildung in den Zellen der ventralen Hälfte des rückenmarkbildenden Neuralrohrabschnitts unterliegt offenbar der Kontrolle durch die Chorda und die Bodenplattenzellen; die Bodenplatte wird ihrerseits von der darunterliegenden Chorda induziert. Das dorsale epidermale Ektoderm und später die Deckplatte steuern dagegen die Musterbildung in der dorsalen Hälfte des Neuralrohres.

Schon bevor man Zeichen der Differenzierung erkennt, kann man die verschiedenen Bereiche des Rückenmarks durch molekulare Marker unterscheiden. Eines der ersten Anzeichen für die dorso-ventrale Musterbildung ist die Expression von Homöobox-Genen der Pax-Familie in unterschiedlichen Regionen längs der Dorsoventralachse des Neuralrohres. Die Expression von *Pax3* und *Pax7* zum Beispiel beschränkt sich im Verlauf des Neuralrohrschlusses zunehmend auf die dorsalen Regionen.

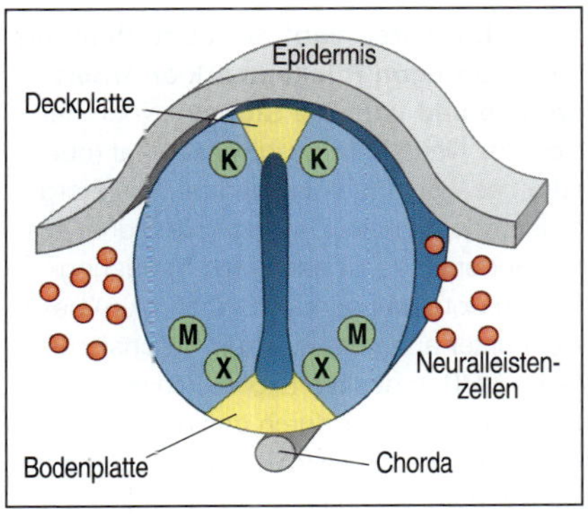
Epidermis
Deckplatte
K
K
M
M
X
X
Neuralleisten-zellen
Bodenplatte
Chorda

11.11 Dorso-ventrale Organisation des embryonalen Neuralrohres im zukünftigen Rückenmarkbereich. Im rückenmarkbildenden Neuralrohrteil entwickeln sich zwei Bereiche nichtneuronaler Zellen: die Bodenplatte an der ventralen und die Deckplatte an der dorsalen Mittellinie. Dicht an der Bodenplatte differenzieren sich neuronale Zellen unbekannten Phänotyps (X), unmittelbar darüber die zukünftigen Motoneuronen (M). Kommissurneuronen (K) differenzieren sich in der dorsalen Region nahe der Deckplatte.

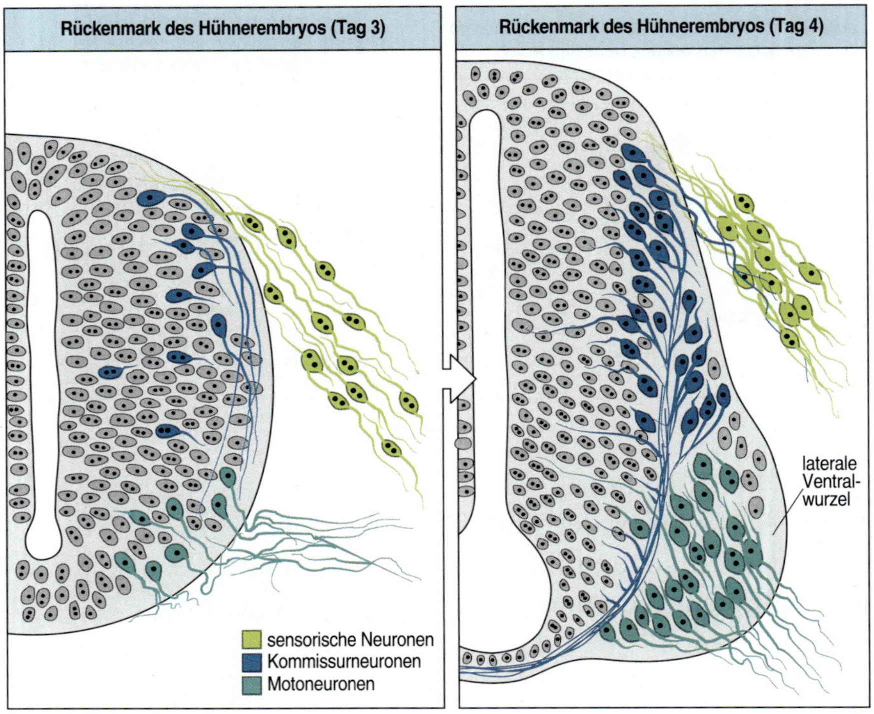

11.12 Bildung von sensorischen und Motoneuronen im Rückenmark des Hühnerembryos. Drei Tage nach der Eiablage beginnen sich im Neuralrohr des Hühnerembryos Motoneuronen zu entwickeln. Am Tag darauf verlassen sie ihren Ursprungsort, um die lateralen Ventralwurzeln des Rückenmarks zu bilden. Die sensorischen Neuronen, die vom dorsalen Teil des Rückenmarks abwandern, leiten sich von Neuralleistenzellen her. Sie bilden die segmental angeordneten Spinalganglien (Abschnitt 8.15).

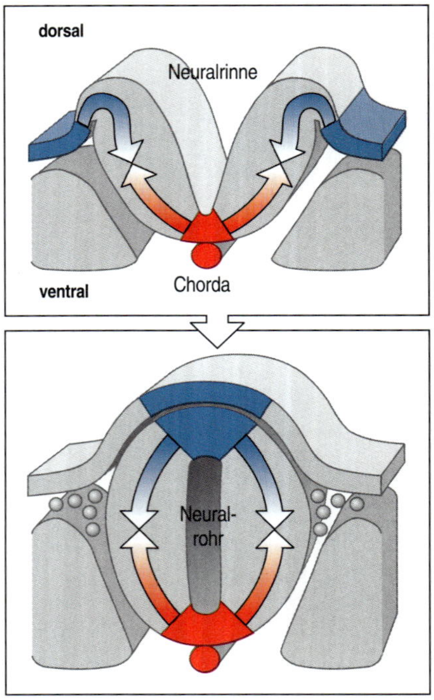

11.13 Die dorso-ventrale Musterbildung im zukünftigen Rückenmark erfordert dorsale und ventrale Signale. Noch bevor sich das Neuralrohr geschlossen hat (oben), erhält es von dorsal und ventral musterorganisierende Signale. Das ventrale Signal aus der Bodenplatte ist das Sonic-hedgehog-Protein (rot); das dorsale Signal (blau) besteht unter anderem aus dem Wachstumsfaktor BMP-4, dessen Expression im sich bildenden Neuralrohr durch das angrenzende Ektoderm induziert wird. Ventrales und dorsales Signal wirken entgegengesetzt.

Die musterbildende Aktivität der Chorda läßt sich nachweisen, indem man Stücke daraus dem Neuralrohr dorsal oder lateral aufpflanzt: An der Kontaktstelle zum Implantat bildet das Neuralrohr eine zweite Bodenplatte sowie zusätzliche Motoneuronen. Molekulare Marker der dorsalen Zelldifferenzierung werden im Einflußbereich des Implantats supprimiert. Nah- und fernwirkende Signale werden dabei gleichermaßen vom Sonic-hedgehog-Protein ausgesandt, dessen Signalfunktion wir bereits von der Entwicklung der Wirbeltiergliedmaßen her kennen. Das Gen *Sonic hedgehog* ist sowohl in der Chorda als auch in der Bodenplatte aktiv; wird es an einer falschen Stelle exprimiert, kann es dort die Entwicklung einer Bodenplatte und von Motoneuronen induzieren. Seine Aktivität reprimiert früh die Gene *Pax3* und *Pax7*, was für die Entstehung ventraler Zelltypen notwendig ist. Identität und Verteilungsmuster von Zelltypen aus der ventralen Hälfte des Neuralrohres beruhen auf unterschiedlichen Schwellenkonzentrationen des Sonic-hedgehog-Proteins. Der Schwellenwert zur Induktion von Motoneuronen liegt etwa bei einem Drittel dessen zur Induktion der Bodenplatte.

Neben dem Sonic-hedgehog-Signal aus der Chorda und der Bodenplatte an der ventralen Mittellinie erhält das Neuralrohr noch dorsale Signale. Neuralplattenzellen bekommen während des Neuralrohrschlusses durch ein induktives Signal aus dem angrenzenden epidermalen Ektoderm dorsale Entwicklungsrichtungen zugewiesen. Die Wachstumsfaktoren BMP-4 und BMP-7 werden im Ektoderm exprimiert und können, wie sich bei Experimenten mit Hühnerembryonen gezeigt hat, die Funktion des Dorsalisierungssignals übernehmen. Die BMP-Signale sorgen offenbar dadurch für eine dorsale Differenzierung, daß sie den Signalen aus der Ventralregion entgegenwirken (Abbildung 11.13). Die Induktion einer dorsalen Entwicklung führt zur Expression des Gens für BMP-4 und eines weiteren Gens aus der TGF-β-Familie, *Dorsalin-1*, in der Dorsalregion des Neuralrohres. BMP-4 und Dorsalin sind offenbar daran beteiligt, das Dorsalisierungssignal von Zelle zu Zelle in kontaktabhängiger Weise weiterzuleiten.

Das Expressionsmuster des *Dorsalin-1*-Gens wird stark von ventralen Signalen beeinflußt. In dorsale Regionen des Neuralrohres verpflanzte Chordastücke unterdrücken dort die Expression des Gens; umgekehrt führt die Entfernung der Chorda aus ihrer normalen ventralen Position dazu, daß sich der Expressionsbereich von *Dorsalin-1* in ventraler Richtung ausdehnt. Demnach beruht sein normales Expressionsmuster offenbar zum Teil auf einer Repression durch ventrale Signale. Dieses System erinnert sehr an den Mechanismus zur Musterbildung längs der dorso-ventralen Körperachse in der frühen *Drosophila*-Entwicklung: Dort bleibt die Expression des *decapentaplegic*-Gens, das ebenfalls der TGF-β-Genfamilie angehört, deswegen auf dorsale Regionen beschränkt, weil es im Ventralbereich durch das Kernprotein dorsal reprimiert wird (Abschnitt 5.8). Man kann sich vorstellen, daß die Expression von Dorsalin oder anderer BMP-Faktoren ähnlich wie bei *Drosophila* zu einem Signalgradienten führt, der in Wirbeltieren die Musterbildung in dorsalen Regionen steuern könnte.

Auf diese Weise würden das Sonic-hedgehog-Protein und die BMP-Faktoren im Rückenmark zweierlei Positionssignale liefern, die einander von beiden Enden der Dorsoventralachse aus entgegenwirken. Die Ähnlichkeit mit der Musterbildung in Wirbeltiersomiten (Abschnitt 4.2) und im frühen *Drosophila*-Embryo ist ein erneuter Hinweis darauf, wie stark die Musterbildungsstrategien in der Evolution konserviert wurden.

Diese Prozesse legen zwar fest, wo sich Neuronen bilden werden; doch nicht alle Neuronen sind gleich. Selbst unter solchen desselben allgemeinen Typs, etwa Motoneuronen, hat jedes seine eigene Identität. Motoneuronen des Rückenmarks können anhand der Lage ihrer Zellkörper im Mark klassifiziert werden sowie anhand der Muskeln, in die sie ihre Axone entsenden. So innervieren zum Beispiel Motoneuronen, die sich nahe der Mittellinie des Rückenmarks befinden, axiale Rumpfmuskeln, Motoneuronen der lateralen Region hingegen Extremitätenmuskeln – manche innervieren ventrale, andere dorsale Muskeln.

Innerhalb der Rückenmarksregion, die eine Extremität innerviert, projizieren mediale Motoneuronen, die der Mittellinie am nächsten liegen, in die Ventral-, mehr lateral gelegene in die Dorsalmuskulatur. Im Huhn und im Zebrafisch exprimiert jeder Motoneuronsubtyp eine bestimmte Kombination von Homöobox-Genen der LIM-Familie. Deren Proteinprodukte könnten den Neuronen ihre jeweilige Positionsidentität verleihen und ihre Axone befähigen, eine bestimmte Route einzuschlagen (Abbildung 11.14). Wie präzise das Muster der sich ausbildenden neuromuskulären Verbindungen ist, ist beeindruckend. Ohne Zweifel hängt es von lokalen Wegweisern ab, auf die wir in diesem Kapitel noch näher eingehen werden.

Auch entlang der Längsachse erwerben Motoneuronen eine regionale Identität. Transplantiert man ein Stück Rückenmark von einer Stelle, die in Höhe einer Gliedmaßenknospe liegt, in die Thoraxregion, so beginnen die Zellen des Transplantats, eine Auswahl von LIM- und Hox-Genen zu exprimieren, die ihrer neuen Position entspricht. Die dazu notwendigen Signale stammen wahrscheinlich aus dem umliegenden Mesoderm.

11.14 Motoneuronen im Hühnerrückenmark exprimieren unterschiedliche Homöodomänenproteine der LIM-Familie. Die Aufnahme links oben zeigt einen Querschnitt durch einen Hühnerembryo in Höhe der Flügelknospe. Motorische Fasern (die Axone von Motoneuronen) wandern vom Rückenmark in den entstehenden Flügel ein. Zu Beginn ihrer Entstehung exprimieren alle Motoneuronen die LIM-Proteine Isl-1 und Isl-2. Mit Einsetzen des Axonwachstums ändert sich das Expressionsmuster: Je nach Zielbereich ihres Axons exprimieren die Motoneuronen unterschiedliche Kombinationen von Isl-1, Isl-2, LIM-1 und LIM-3.

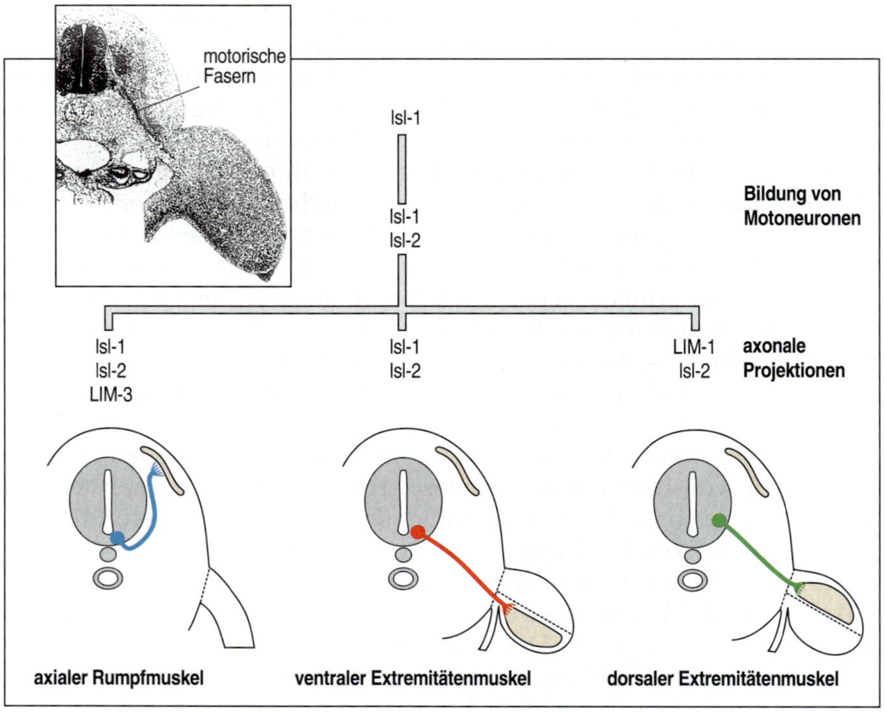

11.7 Neuronen im Zentralnervensystem der Säuger gehen aus asymmetrischen Zellteilungen hervor und verlassen dann die Proliferationszone

Aus dem Neuralrohr entsteht eine Vielzahl unterschiedlicher neuronaler und glialer Zelltypen. Alle Neuronen und Gliazellen in Gehirn und Rückenmark gehen aus einer proliferativen Epithelzellschicht hervor, die den inneren Hohlraum des Neuralrohres auskleidet: der ventrikulären Proliferationszone oder kurz Ventrikularschicht. Hat sich ein Neuron einmal gebildet, verläßt es die Proliferationszone und teilt sich nie wieder. In diesem Abschnitt betrachten wir, wie durch Zellteilungen in der Proliferationszone Neuronen entstehen.

Die Großhirnrinde der Säuger besteht aus sechs Schichten, die man von außen nach innen mit I bis VI numeriert. Jede Schicht hat besonders gestaltete Neuronen mit charakteristischen Verbindungen. So konzentrieren sich zum Beispiel große Pyramidenzellen in Schicht V, während Schicht IV vorwiegend kleinere Sternzellen enthält. All diese Neuronen entstammen der ventrikulären Proliferationsschicht im Innern des Neuralrohres. Von dort aus wandern sie an ihre weiter außen gelegenen Bestimmungsorte. Als „Klettergerüst" dienen ihnen dabei radiale Gliazellen – stark verlängerte Zellen, welche die gesamte Neuralrohrwand des künftigen Großhirnbereichs durchziehen (Abbildung 11.15).

Bevor ein Neuron der Großhirnrinde zu wandern beginnt, wird seine Identität festgelegt. In welche Rindenschicht Neuronen einwandern, hängt mit dem Zeitpunkt ihrer Geburt in der Proliferationszone zusammen. Da sich einmal zu Neuronen spezifizierte Zellen im Zentralnervensystem der Säuger nicht mehr teilen, gilt die letzte mitotische Zellteilung einer Vorläuferzelle als die Geburt des Neurons. Unmittelbar nach seiner Geburt ist ein Neuron freilich noch unreif und als solches

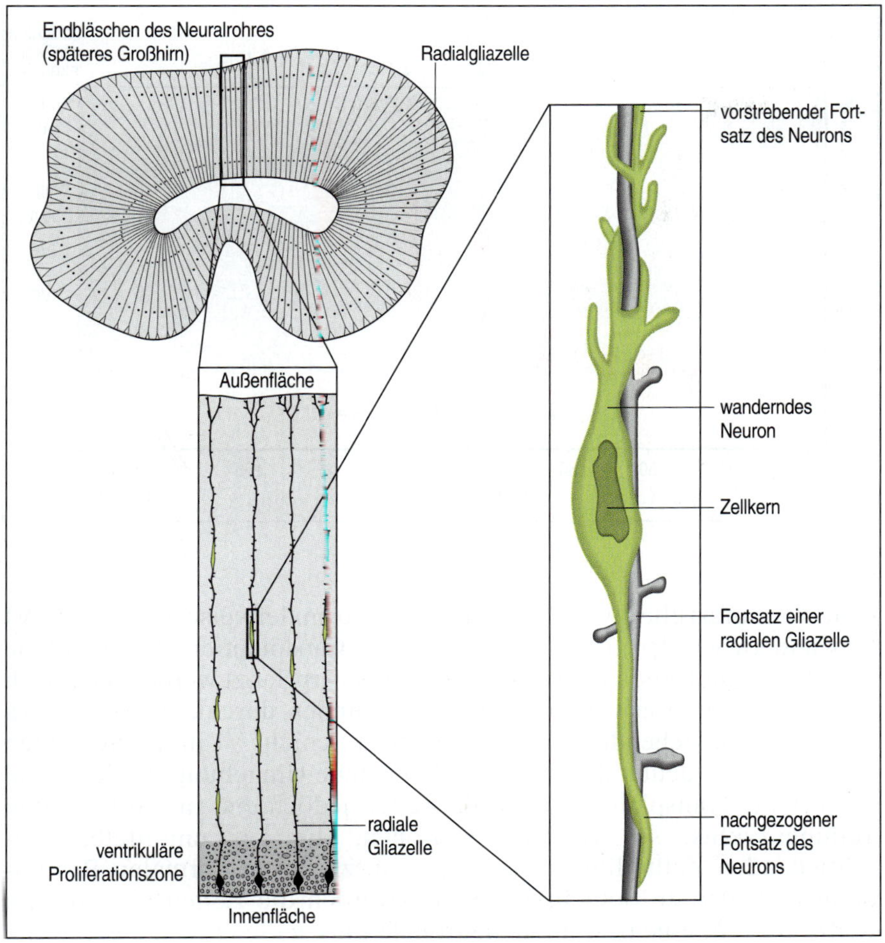

11.15 Corticale Neuronen wandern entlang eines Gerüsts aus radialen Gliazellen. Nach ihrer Entstehung in der ventrikulären Proliferationsschicht wandern die Neuronen des späteren Großhirnes entlang radialer Gliazellen, die sich durch das corticale Neuralrohr erstrecken, an ihre Bestimmungsorte. Nach Rakic 1972.

kaum zu erkennen; erst später nimmt es die typische Morphologie an und bildet ein Axon und dendritische Fortsätze. Wann die einzelnen Neuronen geboren werden, kann man bestimmen, indem man dem Neuralrohr kurzzeitig ^{3}H-Thymidin zusetzt (Abbildung 11.16). Vorläuferzellen, die sich gerade in der S-Phase des Zellzyklus befinden, also neue DNA synthetisieren, bauen die radioaktive Indikatorsubstanz dann in ihre DNA ein. Diejenigen Neuronen, die aus den unmittelbar anschließenden Mitosen hervorgehen, sind daher hochgradig markiert und leicht zu erkennen. Früher geborene Neuronen sind hingegen gar nicht, später geborene nur noch schwach markiert, da deren Vorläufer nach der ^{3}H-Thymidin-Gabe weitere DNA-Replikationsrunden durchlaufen, so daß in ihnen der Indikator wieder verdünnt wird.

Neuronen, die in Frühstadien der Hirnrindenentwicklung geboren werden, wandern in Schichten ein, die ihrem Geburtsort am nächsten liegen, während die später geborenen in höher gelegene Schichten wandern (Abbildung 11.16). Die jüngeren Neuronen müssen daher die älteren hinter sich lassen, um ihre Zielorte zu erreichen. Die neuronale Differenzierung in dem Bereich des Neuralrohres, aus dem später die Großhirnrinde und andere geschichtete Hirnstrukturen hervorgehen, verläuft also von innen nach außen.

Die Umgebung einer neuronalen Vorläuferzelle kann deren Charakter beeinflussen und sich so auf das Schicksal des entstehenden Neurons auswirken. In Experimenten am visuellen Cortex von Säugern hat

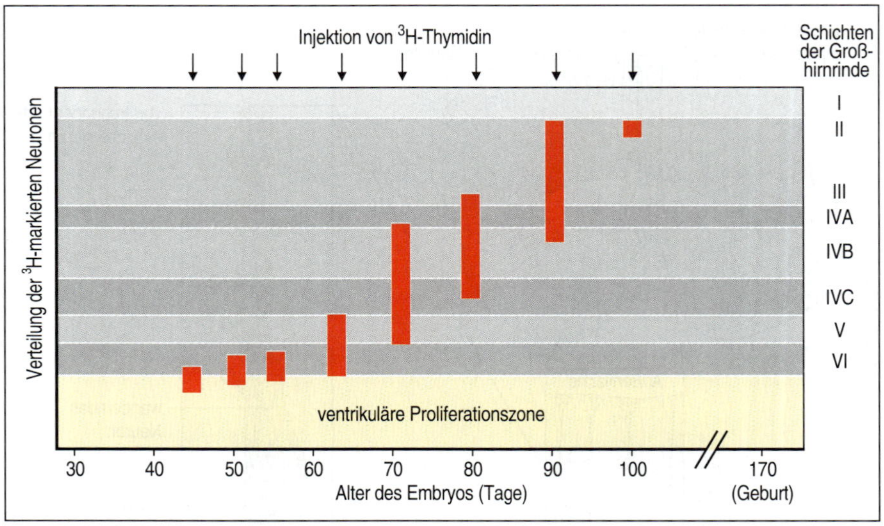

11.16 Der Geburtszeitpunkt eines corticalen Neurons entscheidet darüber, zu welcher Rindenschicht es gehört. Definitionsgemäß ist der Geburtszeitpunkt eines Neurons dann erreicht, wenn die letzte zu seiner Entstehung führende Zellteilung abgeschlossen ist, worauf es den mitotischen Zyklus verläßt. Neuronen, die gerade geboren werden, lassen sich mit ^{3}H-Thymidin markieren. Das Diagramm zeigt die Ergebnisse von ^{3}H-Thymidin-Injektionen in das Neuralrohr eines Affenembryos zu verschiedenen Zeitpunkten der Entwicklung. Die roten Balken deuten an, wie sich nach jeder Injektion stark markierte Neuronen über die Schichten des visuellen Cortex verteilen. Die Verteilung hängt vom Geburtszeitpunkt ab: Zuerst geborene Neuronen bleiben ihrem Geburtsort, der ventrikulären Proliferationszone, am nächsten, später geborene gehören zu immer höheren corticalen Schichten. Man numeriert die Schichten von außen nach innen; der ventrikulären Proliferationszone benachbart ist daher Schicht VI.

man Vorläuferzellen von Neuronen, die normalerweise in Schicht VI einwandern würden, in ältere Embryonen transplantiert. Wenn solche Zellen in einer frühen Phase des Zellzyklus verpflanzt werden oder nach der Transplantation weitere Zellteilungsrunden durchlaufen, wandern die daraus entstehenden Neuronen statt in Schicht VI in die Schichten II und III. Das deutet darauf hin, daß die neue Umgebung ihr Schicksal beeinflußt. Transplantiert man die Zellen jedoch erst in ihrem letzten Teilungszyklus, so wandern Neuronen, die aus unmittelbar anschließenden Zellteilungen hervorgehen, zu ihrem normalen Bestimmungsort, also zu Schicht VI. Somit werden die Zellen erst spät im Zellzyklus auf eine bestimmte neuronale Entwicklung festgelegt; wenn das einmal passiert ist, kann die Umgebung das Schicksal des betreffenden Neurons nicht mehr beeinflußen. Demnach sind bei Wirbeltieren sowohl Signale aus dem extrazellulären Milieu als auch intrazelluläre Vorgaben der Zellen selbst an der Spezifizierung der neuronalen Identität beteiligt.

Wodurch fällt nun die Entscheidung, daß eine Zelle den Zellzyklus verlassen und zum Neuron werden soll? Wie die Auswertung von Schnitten sich entwickelnden kultivierten Hirngewebes zeigt, können sich die ventrikulären Epithelzellen, aus denen Neuronen entstehen, in zwei verschiedenen Ebenen teilen. Eine Teilung parallel zur Epithelfläche ergibt zwei unterschiedliche Zellen: Die der Außenseite des Neuralrohres zugewandte basale Zelle stellt ihre Teilungsaktivität ein und wird ein Neuron; die dem Lumen zugewandte apikale Zelle verhält sich dagegen weiterhin wie eine Stammzelle und behält ihre Teilungsfähigkeit. Verläuft demgegenüber die Teilungsebene senkrecht zur Ventrikularschicht, neigen beide Tochterzellen dazu, in der Proliferationszone zu bleiben und sich weiter zu teilen (Abbildung 11.17).

Warum verhalten sich die Tochterzellen nach vertikalen Teilungen ähnlich, nach horizontalen jedoch verschieden? In Analogie zu den asymmetrischen Teilungen bei der Entwicklung sensorischer Zellen in *Drosophila* sind dafür wahrscheinlich zwei ungleichmäßig verteilte Proteine namens Notch-1 und numb (Proteine der Wirbeltiere, die den *Drosophila*-Proteinen Notch und numb entsprechen) verantwortlich. Eine ventrikuläre Epithelzelle im Neuralrohr der Säuger enthält bei ihrer Teilung das Notch-1-Protein in der lumenabgewandten basalen, das numb-Protein in der lumenzugewandten apikalen Hälfte (Abbildung 11.17).

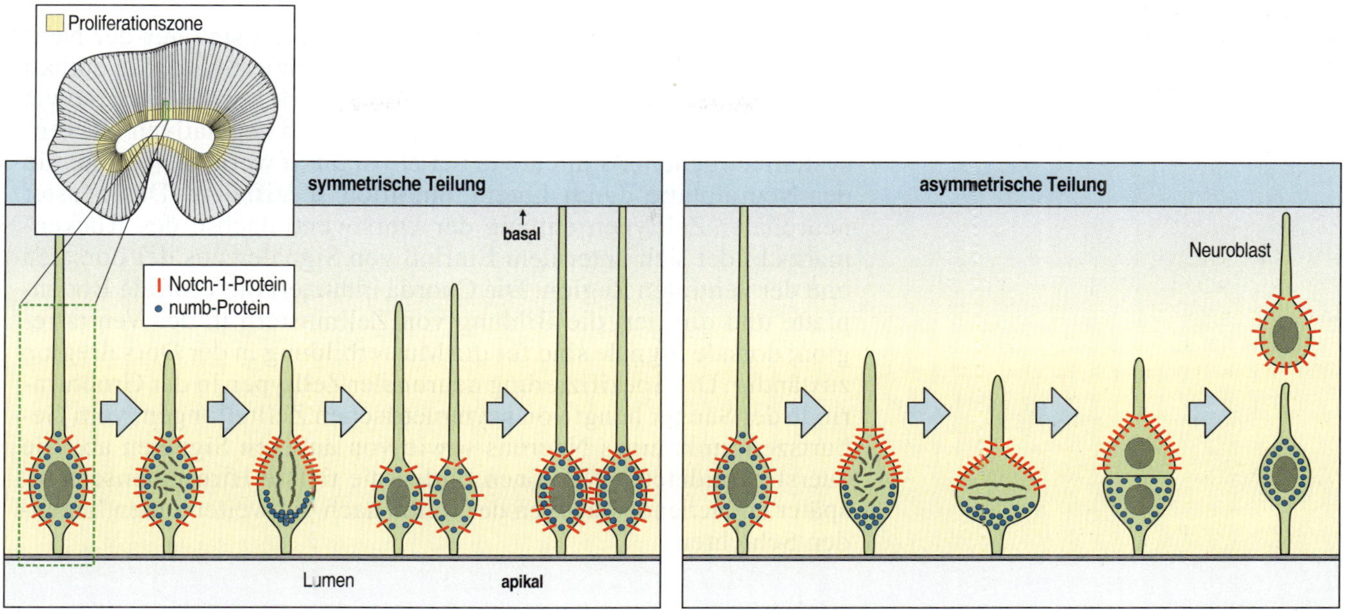

11.17 Corticale Neuronen entstehen durch asymmetrische Zellteilungen in der ventrikulären Proliferationszone des Neuralrohres. Wenn sich neuronale Stammzellen im Ventrikularepithel teilen, können sie weitere Stammzellen und Neuronen hervorbringen. Teilungen rechtwinklig zur Epithelebene ergeben zwei gleichwertige Zellen, die ihre Teilungsfähigkeit und damit ihren Stammzellcharakter behalten (links). Aus einer Teilung parallel zur Epithelebene entsteht eine Stammzelle, die in der Proliferationszone bleibt, und eine Zelle, die sie verläßt und sich zum Neuron entwickelt (rechts). Sich teilende Zellen der Ventrikularschicht enthalten das Protein Notch-1 auf ihrer basalen Seite und geben es bei horizontalen Teilungen an die basale Tochterzelle weiter. Ihre apikale Region enthält dagegen das numb-Protein.

Folglich erhält bei einer horizontalen Teilung die basale Tochterzelle den Notch-1-Vorrat, und die apikale den numb-Vorrat. Erstere wird ein Neuron und verläßt die Proliferationszone, letztere bleibt dort und teilt sich weiter. Es ist anzunehmen, daß die beiden Proteine an der Entscheidung mitwirken, ob eine Zelle aus der Ventrikularschicht ein Neuron wird oder eine Stammzelle bleibt.

Zusammenfassung

Bei *Drosophila* wird das künftige Nervengewebe bereits in einem frühen Entwicklungsstadium oberhalb des Mesoderms als ein über die ganze Länge verlaufender dorso-ventraler Neuroektodermstreifen spezifiziert. Innerhalb des Neuroektoderms bilden sich infolge der Expression proneuraler Gene, etwa jener des Achaete-scute-Komplexes, Cluster von Neuroektodermzellen mit dem Potential, neurale Zellen hervorzubringen. Nur eine Zelle pro Cluster entwickelt sich schließlich zum Neuroblasten, da Lateralinhibition, an der das Rezeptorprotein Notch und sein Ligand, das Delta-Protein, mitwirken, die anderen Zellen daran hindert, sich ebenfalls zu Neuroblasten zu differenzieren. An der Entwicklung der Sinnesborsten, die auf der adulten Cuticula in einer bestimmten Weise angeordnet sind, ist ein ähnlicher Mechanismus beteiligt. Die jeweils aus einem sensorischen Neuron und drei assoziierten Zellen bestehenden sensorischen Organe entwickeln sich aus einzelnen neuralen Vorläuferzellen unter asymmetrischen Zellteilungen, bei denen das im Cytoplasma ungleichmäßig verteilte numb-Protein nur an bestimmte Tochterzellen weitergegeben wird.

Das Nervensystem der Wirbeltiere entwickelt sich aus der Neuralplatte, die während der Gastrulation spezifiziert wird. Sie enthält die Zellen, aus denen Gehirn und Rückenmark hervorgehen, sowie die Neuralleistenzellen, die im peripheren und vegetativen Nervensystem aufgehen. Ähnlich wie bei *Drosophila* werden Neuronen in der Neuralplatte durch Lateralinhibition spezifiziert. Das Muster neuronaler Zelltypen entlang der Dorsoventralachse des Rückenmarks bildet sich unter dem Einfluß von Signalen aus der dorsalen und der ventralen Region. Die Chorda induziert die ventrale Bodenplatte und dirigiert die Bildung von Zellmustern in der Ventralregion; dorsale Signale sind für die Musterbildung in der Dorsalregion zuständig. Die Spezifizierung neuronaler Zelltypen in der Großhirnrinde der Säuger hängt von asymmetrischen Zellteilungen, vom Geburtszeitpunkt eines Neurons sowie von äußeren Signalen ab. Die zuerst gebildeteten Neuronen bilden die tiefste Hirnrindenschicht, später entstehende dagegen der Reihe nach die weiter außen liegenden Schichten.

Übersicht: Festlegung der Identität von Neuronen

Drosophila

Expression des Achaete-scute-Komplexes in proneuralen Clustern des *Drosophila*-Neuroektoderms

⇓

infolge Lateralinhibition durch Delta (Ligand) und Notch (Rezeptor) wird eine Zelle pro Cluster zum neuronalen Vorläufer

⇓

sensorische Mutterzellen in Imaginalscheiben zeigen asymmetrische Verteilung des numb-Proteins, dadurch asymmetrische Teilungen zu sensorischem Neuron und Begleitzellen

Wirbeltiere

Neurogenin exprimierende neuronale Vorläufer in Neuralplatte werden durch laterale Inhibition bestimmt

⇓

Gehirn und Rückenmark

⇙ Neuronen entstehen aus Stammzellen durch asymmetrische Zellteilungen (numb-Protein)

⇓

Neuronen wandern in verschiedene Hirnschichten

⇘ ventrales Signal (Sonic-hedgehog-Protein) und dorsale Signale (etwa BMP-4) steuern Musterbildung im Neuralrohr

⇓

LIM-Gene bestimmen, welche Identität Motoneuronen annehmen (wohin sie projizieren)

Die Lenkung des Axonwachstums

Die Tätigkeit des Nervensystems beruht auf diskreten neuronalen Schaltkreisen, in denen Neuronen untereinander zahlreiche Verbindungen eingehen (Abbildung 11.18). Im folgenden wollen wir betrachten, wie diese Verbindungen hergestellt werden. Das funktionale Netzwerk der Neuronen entsteht durch Wanderungen unreifer Neuronen und gerichtetes Auswachsen ihrer Axone hin zu den jeweiligen Zielzellen. Doch was leitet die Neuronen auf ihrer Wanderung, was lenkt das Wachstum der Axone und bestimmt, mit welchen Zellen sie in Kontakt treten?

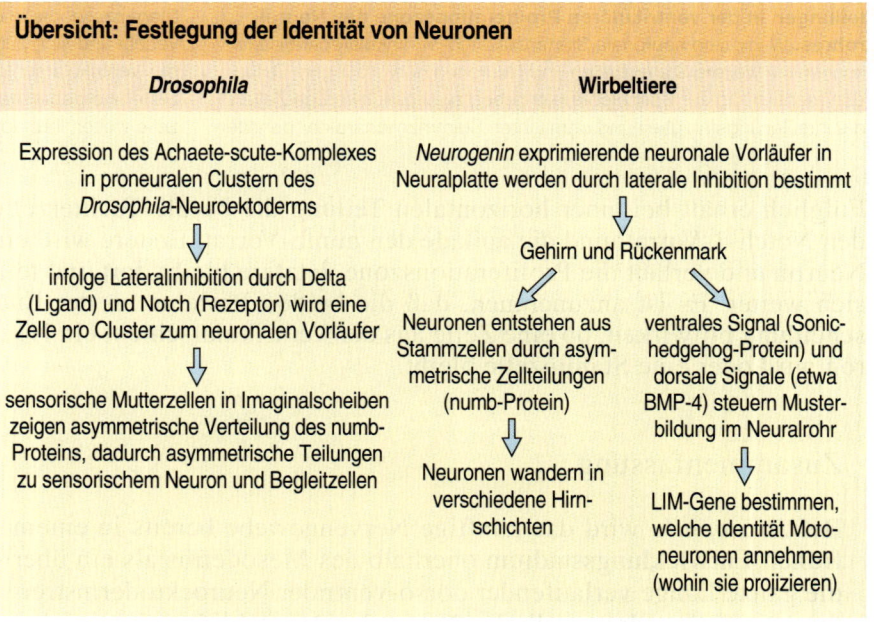

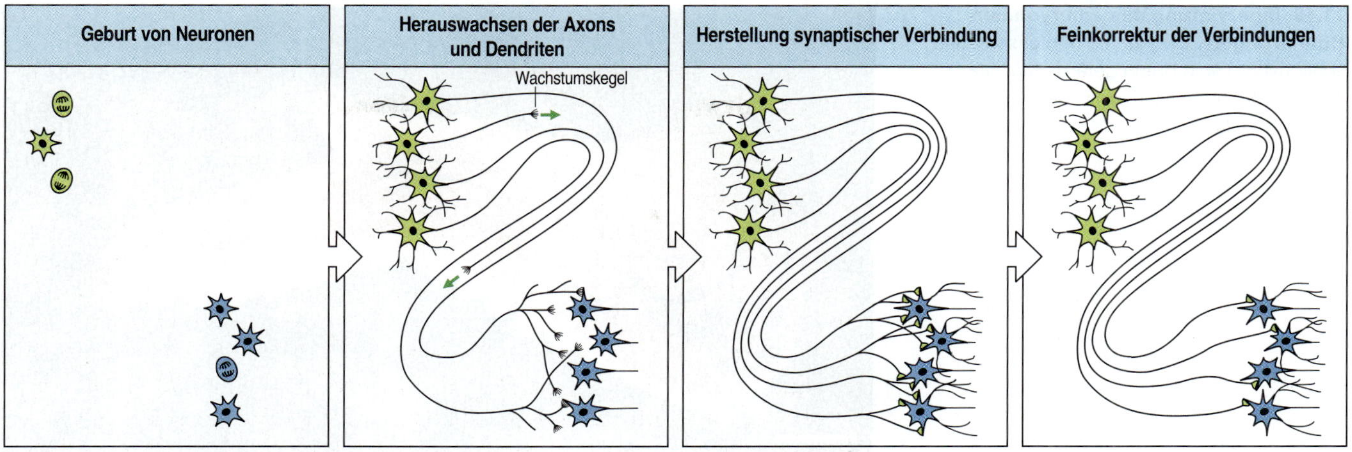

11.18 Neuronen stellen präzise Verbindungen zu ihren Zielzellen her. Neuronen (grün) und ihre jeweiligen Zielzellen entwickeln sich gewöhnlich an unterschiedlichen Stellen im Körper. Die Verbindungen zwischen beiden werden durch Axone geknüpft, die von den Neuronen auf die Zielzellen zuwachsen, wobei die Axonspitze (der Wachstumskegel) die Richtung vorgibt. Die zunächst entstehenden synaptischen Verbindungen sind relativ unspezifisch. Sie werden optimiert, so daß sich schließlich ein exaktes Verbindungsmuster ergibt. Nach Alberts et al. 1989.

Ein Beispiel für eine ausgeprägte Zellwanderung im Zusammenhang mit der neuralen Entwicklung haben wir bereits erörtert: die Wanderung von Neuralleistenzellen zur Bildung der segmental angeordneten Spinalganglien (Abschnitt 8.15). In dem Fall wird die Wanderung durch Signale aus den benachbarten Somiten gelenkt. In diesem Kapitel befassen wir uns mit der Frage, wie die Axone ihren Weg in das zentrale und periphere Nervensystem finden. Zunächst betrachten wir, was für die Existenz spezifischer Lenksysteme spricht, anschließend lernen wir dann mögliche molekulare Mechanismen dafür kennen.

11.8 Motoneuronen des Rückenmarks stellen Verbindungen mit jeweils bestimmten Muskeln her

Das Muskelsystem befähigt Mensch und Tier zu einer immensen Vielfalt von Bewegungen. Voraussetzung dafür ist, daß zwischen Motoneuronen und Muskeln die richtigen Verbindungen hergestellt wurden. Am Hühnerflügel läßt sich gut untersuchen, wie diese Verbindungen aufgebaut werden. Motoneuronen, die sich an unterschiedlichen dorso-ventralen Positionen innerhalb des Rückenmarks befinden, innervieren jeweils bestimmte Muskeln in der Extremität. Motoneuronen nahe der Mittellinie entsenden ihre Axone zu ventralen Muskeln, laterale Neuronen dagegen zu Muskeln, die aus der dorsalen Muskelmasse hervorgehen. Jeder Neuronensubtyp exprimiert eine bestimmte Kombination von Homöobox-Genen der LIM-Familie (Abbildung 11.14), deren Proteinprodukte den Neuronen möglicherweise eine Positionsidentität verleihen und ihre Axone befähigen könnten, eine bestimmte Route zu wählen.

Die Muskelinnervierung im Hühnerflügel folgt einem recht fest umrissenen Muster (Abbildung 11.19). In embryonalen Hühnerextremitäten scheinen die eindringenden Axone der Motoneuronen in einem frühen Stadium Verbindungen mit ganz bestimmten Muskeln herzustellen. Wenn die vom Rückenmark auswachsenden motorischen Axone den Ansatz einer Extremität erreichen, sind sie alle noch in einem ein-

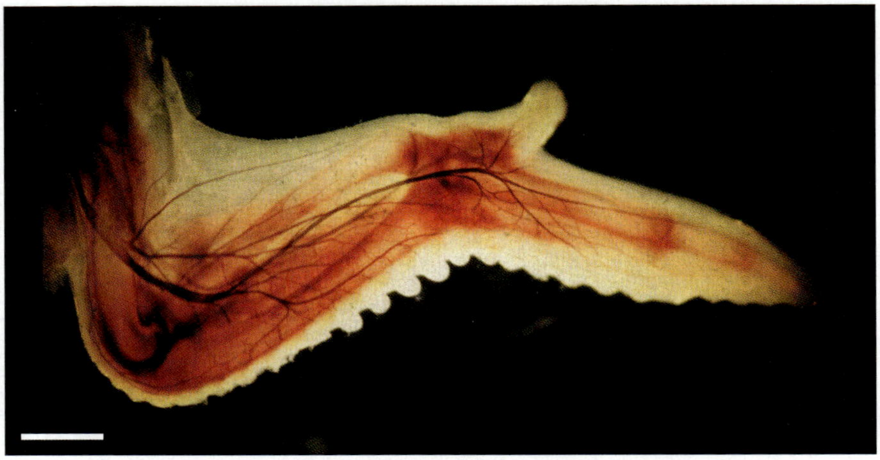

11.19 Innervierung des embryonalen Hühnerflügels. Die Nerven (motorische und sensorische) sind braun gefärbt. Maßstab = 1 mm. Aufnahme mit freundlicher Genehmigung von J. Lewis.

zigen Bündel vereint. Dort jedoch trennen sie sich voneinander und gruppieren sich zu neuen Nervenbahnen, in denen nur diejenigen Axone enthalten sind, die Verbindungen zu bestimmten Muskeln herstellen werden.

Hinweise, daß lokale Wegmarken in der Extremität für diesen Sortierungsprozeß verantwortlich sind, stammen aus Experimenten, in denen man einen Abschnitt des Rückenmarks, dessen Motoneuronen das Bein innervieren, umgedreht hat. Nach einem solchen Eingriff wachsen die motorischen Axone aus den Lumbosakralsegmenten 1 bis 3, die normalerweise in anteriore Bereiche des Beines projizieren, zunächst in dessen posteriore Regionen ein, suchen sich dann aber neue Wege und innervieren schließlich doch die richtigen Muskeln. Selbst wenn also ein Axonbündel verkehrt herum in eine Extremität eindringt, bleibt die Zuordnung zwischen Motoneuronen und Muskeln erhalten. Motorische Axone können demnach ihre jeweiligen Zielmuskeln auch dann finden, wenn sie dazu neue Wege einschlagen müssen. Das gilt freilich nur in gewissen Grenzen: Nach einer kompletten dorso-ventralen Inversion der Gliedmaßenknospe gelingt ihnen das nicht mehr. Dann folgen sie Bahnen, die normalerweise von Axonen anderer Neuronen eingeschlagen werden.

Wie diese Beobachtungen zeigen, hält zum einen das Mesoderm einer Extremität lokale Wegweiser für motorische Axone bereit; zum anderen besitzen die motorischen Axone ihrerseits eine Identität, die sie den richtigen Weg nehmen läßt. Betrachten wir, wie Neuronen ihre Axone aussenden und wie diese ihre Umgebung erkunden und sich ihren Weg suchen.

11.9 Der Wachstumskegel leitet das wachsende Axon

In einer frühen Phase der Differenzierung eines Neurons sendet dieses sein Axon unter der Führung des **Wachstumskegels** (*growth cone*) an der Axonspitze aus (Abbildung 11.20). Der Wachstumskegel bewegt sich und erkundet dabei seine Umgebung. Wie andere zu Kriechbewegungen fähige Zellen, etwa die des primären Mesenchyms im Seeigelembryo (Abschnitt 8.14), kann auch der Wachstumskegel eines Neurons unablässig Filopodien ausstrecken und wieder einziehen. Die Filopodien helfen, die Axonspitze durch das umgebende Substrat vorwärts zu ziehen. Zwischen den Filopodien wellt und kräuselt sich der Rand des

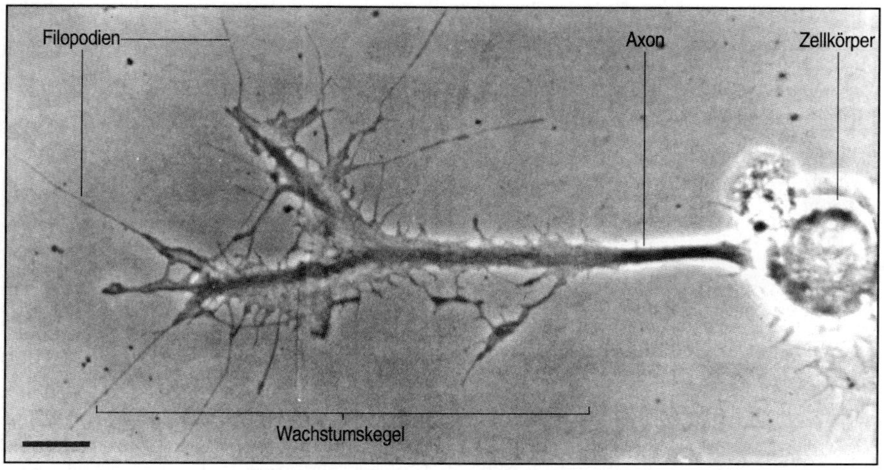

11.20 Ein junges Axon mit Wachstumskegel. Wenn ein Axon aus dem Zellkörper eines Neurons herauswächst, befindet sich an seiner Spitze eine bewegliche Struktur, der Wachstumskegel. Dieser erkundet seine Umgebung, indem er unablässig zahlreiche lange Fortsätze, Filopodien, aussendet und wieder einzieht. Maßstab = 10 µm. Aufnahme mit freundlicher Genehmigung von P. Gordon-Weeks.

Wachstumskegels zu sogenannten Lamellipodien, so daß er mit seiner Kräuselmembran dem Führungssaum eines kriechenden Fibroblasten ähnelt (Exkurs 8.2, Seite 281). Tatsächlich ähnelt der Wachstumskegel in Ultrastruktur und Mechanismus seiner Fortbewegung sehr dem vorstrebenden Rand eines Fibroblasten, der über eine Unterlage wandert. Anders als dieser wird ein auswachsendes Axon jedoch auch größer; gleichzeitig vergrößert sich seine Membranoberfläche und damit die Gesamtoberfläche des Neurons. Das dazu benötigte Membranmaterial wird kontinuierlich nachgeliefert, indem intrazelluläre Vesikel mit der Plasmamembran des Wachstumskegels fusionieren.

Die Aktivitäten des Wachstumskegels steuern das Auswachsen eines Axons; sie hängen von den Kontakten ab, die seine Filopodien zu anderen Zellen und zur extrazellulären Matrix aufnehmen. In der Regel bewegt sich der Wachstumskegel dorthin, wo die Filopodien die stabilsten Kontakte herstellen. Zum anderen können sich frei diffundierende Substanzen an Rezeptoren auf der Oberfläche des Wachstumskegels binden und so dessen Wanderrichtung beeinflussen. Manche dieser Leitsignale fördern das Axonwachstum, andere hemmen es, indem sie den Wachstumskegel zum Rückzug veranlassen.

Diese beiden Hauptformen von Leitsignalen, anziehende und abstoßende, steuern den axonalen Wachstumskegel. Sie können über lange oder kurze Distanz wirken, so daß sich insgesamt vier Möglichkeiten ergeben, einen Wachstumskegel zu lenken (Abbildung 11.21). Die Anziehung über größere Entfernungen erfordert diffusionsfähige Chemoattraktoren, die von den Zielzellen abgegeben werden. Im Prinzip entspricht der Vorgang der positiven Chemotaxis beweglicher Zellen, wie man sie etwa von Schleimpilzen kennt (Abschnitt 8.16). Sowohl anziehend wie abstoßend wirkende Substanzen wurden bei der Entwicklung des Nervensystems gefunden; wir werden darauf noch eingehen. Lenkwirkungen kurzer Reichweite wiederum kommen durch kontaktabhängige Mechanismen zustande – unter Beteiligung von Molekülen, die an andere Zellen oder an die extrazelluläre Matrix gebunden sind. Auch diese Moleküle können entweder anziehend oder abstoßend wirken.

An der kontaktabhängigen Lenkung sind zwei Familien von Zelladhäsionsmolekülen beteiligt: die Cadherine sowie Proteine aus der Immunglobulinsuperfamilie (Exkurs 8.1, Seite 270). Das Axon selbst enthält in seiner Plasmamembran diverse Rezeptor-Tyrosinkinasen, die sein Auswachsen auf extrazelluläre Signale hin beeinflussen können. In den nächsten Abschnitten betrachten wir Beispiele für die Rich-

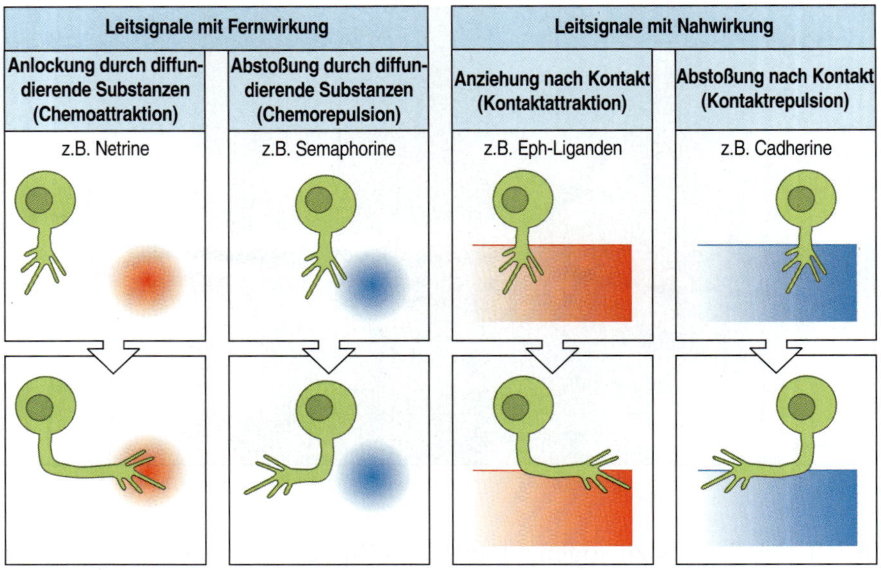

11.21 Leitsignale für das Axonwachstum. Vier Arten von Steuersignalen können an der Regulation der Richtung beteiligt sein, in die sich ein Wachstumskegel wendet. Es gibt anziehend und abstoßend wirkende Moleküle; beide Sorten können entweder gelöst vorliegen oder an ein Substrat gebunden sein. Die gelösten bilden durch Diffusion einen Konzentrationsgradienten, dem der Wachstumskegel zur Quelle hin folgt beziehungsweise dem er ausweicht. Die gebundenen entfalten ihre Wirkung nach direktem Kontakt.

tungslenkung des Wachstumskegels bei der Entwicklung des Nervensystems.

11.10 Welchen Weg ein Axon einschlägt, hängt von der Identität seines Neurons ab sowie von den Leitsignalen, auf die es unterwegs trifft

Um ein weit entferntes Ziel zu erreichen, nehmen die Axone auf ihrer Wanderung unter anderem „Trittsteine“ oder Wegmarkierungen zu Hilfe. Auf solche Wegweiser (etwa bestimmte Zellen oder Gewebebezirke) wandert der Wachstumskegel zu, wenn seine Filopodien dort Kontakt bekommen. Sein Reiseziel erreicht er schließlich, indem er eine Reihe von Etappen durchwandert, die durch aufeinanderfolgende Wegmarkierungen abgesteckt sind. Ein Beispiel dafür bietet die Heuschrecke. In deren Frühentwicklung entstehen im Epithel der Beinspitzen sensorische Neuronen. (Die Heuschrecke durchläuft kein besonderes Larvenstadium.) Diese Neuronen entsenden Axone, die unter dem Beinepithel längs einer definierten Route wachsen und schließlich Verbindungen mit dem Zentralnervensystem herstellen. Da sich das Verhalten der Wachstumskegel direkt beobachten läßt, weiß man, daß die Wanderroute, der sie folgen, zwar im wesentlichen umrissen, aber nicht in allen Einzelheiten festgelegt ist und ständig leicht korrigiert wird.

Die zahlreichen Filopodien der Wachstumskegel erforschen unentwegt das umgebende Substrat. Jeder Kegel wandert in proximaler Richtung, bis seine Filopodien die erste von drei Wegweiserzellen aufspüren. Für diese Zellen, die sich ihrerseits zu Neuronen entwickeln, besitzt der Wachstumskegel eine hohe Affinität. Befindet er sich in der Nähe einer Wegweiserzelle, so macht er oft eine scharfe Wendung auf sie zu, sobald seine Filopodien zu ihr Kontakt bekommen (Abbildung 11.22). Anschließend setzt das Axon seinen Weg in proximaler Richtung fort, bis es auf die zweite Wegweiserzelle trifft. Dort streckt der Wachstumskegel sowohl in dorsaler wie in ventraler Richtung Fortsätze aus. Schließlich zieht er seinen dorsalen Arm zurück und wandert ventralwärts, um Kontakt mit der dritten Wegweiserzelle aufzunehmen. Von

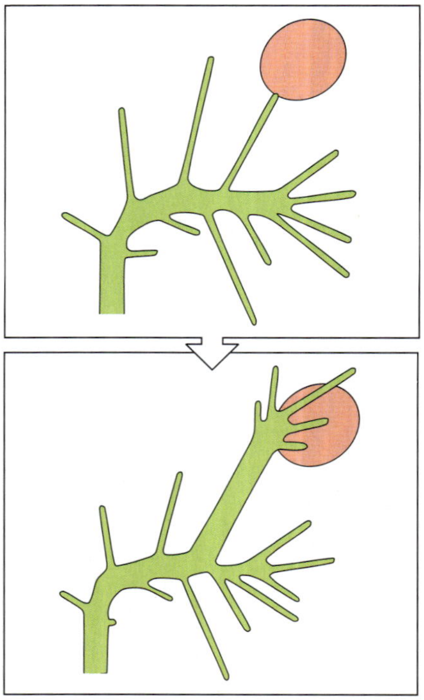

11.22 Verhalten eines Wachstumskegels in der Nähe einer Wegweiserzelle (*guidepost cell*). Der Kontakt eines einzigen Filopodiums mit der Wegweiserzelle (rot) führt dazu, daß der Wachstumskegel seine Richtung ändert und auf sie zuwächst. Nach O'Connor et al. 1990.

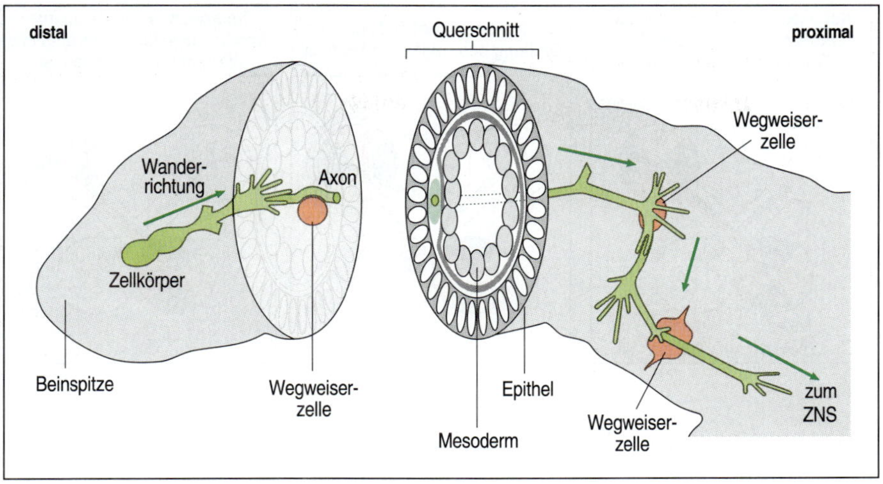

11.23 Auswachsen und Lenkung eines peripheren sensorischen Neurons im sich entwickelnden Heuschreckenbein. Unter dem Deckepithel an der Spitze des Beines liegt der Zellkörper eines sensorischen Neurons. Dessen Axonspitze wandert über die innere Oberfläche des Deckepithels. Das Axon verlängert sich, bis es auf eine Wegweiserzelle (rot) trifft. Von dort wächst es weiter, um unterwegs nacheinander mit zwei weiteren Wegweiserzellen Kontakt aufzunehmen. Schließlich erreicht es das Zentralnervensystem (ZNS).

dort aus wächst das Axon zum Zentralnervensystem weiter (Abbildung 11.23).

Wenn man die ersten beiden Wegweiserzellen entfernt, verzweigt sich das Axon stärker und kommt langsamer voran, erreicht aber schließlich doch sein Ziel. Das deutet darauf hin, daß das Epithel, an dem der Wachstumskegel entlangwandert, Leitsignale enthält. Lokale Fingerzeige dieser Art bilden wahrscheinlich die Grundlage für die Lenkung des Axonwachstums in einer Vielzahl von Systemen; dazu zählt auch das retinotectale System der Wirbeltieren, aus dem die ersten Hinweise auf die Existenz solcher Leitsignale großenteils stammen.

11.11 Retinale Neuronen stellen geordnete Verbindungen zum Tectum her, so daß dort ein Abbild der Netzhaut entsteht

Das visuelle System der Wirbeltiere wird seit vielen Jahren intensiv untersucht. Die hochorganisierte Projektion der Neuronen des Auges in das Gehirn ist eines der besten Modellsysteme dafür, wie spezifische neuronale Verbindungen aufgebaut werden. Ein charakteristisches Merkmal des Wirbeltiergehirns sind topographische Projektionen: Neuronen einer Region des Nervensystems senden ihre Axone nach einer festen Ordnung in eine bestimmte Gehirnregion, so daß ihre Lagebeziehungen erhalten bleiben. Die bestuntersuchte topographische Projektion ist die des Sehnerves von der Netzhaut zum Gehirn.

Die Netzhaut entwickelt lichtempfindliche Zellen, die indirekt Neuronen – retinale Ganglienzellen – aktivieren, deren Axone sich zum Sehnerv bündeln. Dieser verbindet die Netzhaut mit einer Region im Gehirn, die man bei Amphibien und Vögeln **Tectum opticum**, bei Säugern **Corpus geniculatum laterale** nennt. In Amphibien steht der Sehnerv des rechten Auges mit dem linken Tectum opticum in Verbindung, der des linken Auges mit dem Tectum der rechten Gehirnhälfte. Beide Sehnerven bestehen aus Tausenden von Axonen, die in hochgeordneter Weise mit dem Tectum verbunden sind: Punkt für Punkt ist jeder Position in der Retina eine Position im Tectum zugeordnet. Dabei projizieren Neuronen der Dorsalregion der Netzhaut in die Ventralregion des Tectums, solche des anterioren (nasalen) Retinabereichs in das posteriore Tectum (Abbildung 11.24). Die Verbindung, die sich zwischen Retina und Tectum entwickeln, sind zunächst noch recht ungenau, werden

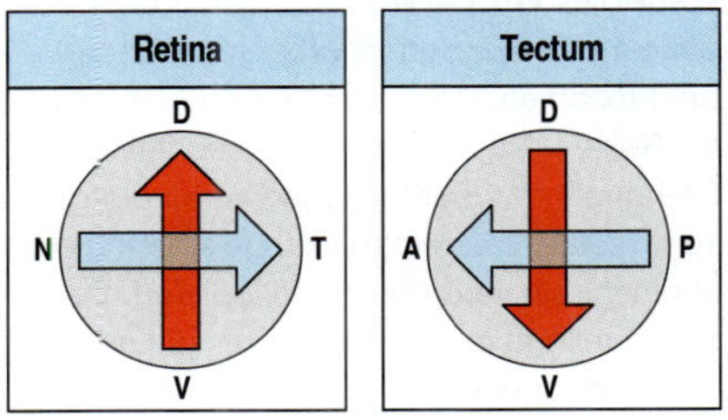

11.24 Das Tectum spiegelt exakt die Lagebeziehungen auf der Netzhaut wider. Dorsale Neuronen der Retina projizieren in den Ventralbereich des Tectums, temporale (zur Schläfe hin gelegene) in das anteriore Tectum. D: dorsal; V: ventral; N: nasal; T: temporal; A: anterior; P: posterior.

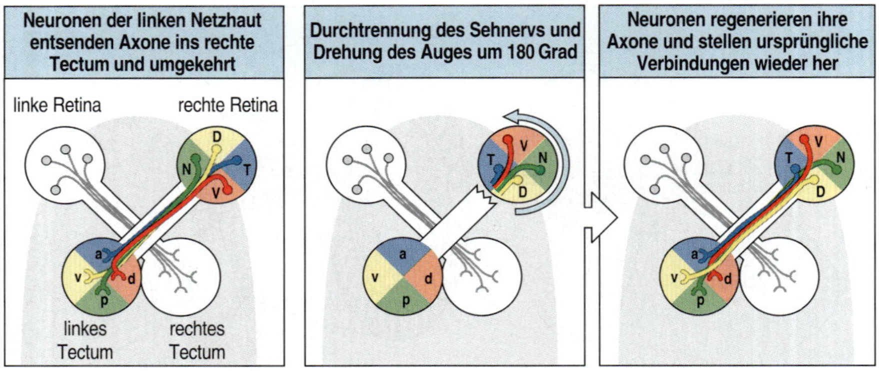

11.25 Nach Durchtrennung des Sehnerves und Drehung des Auges werden in Amphibien die ursprünglichen retinotectalen Verbindungen wiederhergestellt. Axone im Sehnerv des linken Auges ziehen überwiegend ins rechte Tectum opticum und entsprechend umgekehrt (links). Die Retina ist so mit dem Tectum verbunden, daß ihre einzelnen Bereiche (N: nasal, T: temporal, D: dorsal, V: ventral) punktgenau in den entsprechenden Bereichen des Tectums (nämlich p: posterior, a: anterior, v: ventral, d: dorsal) repräsentiert sind. Schneidet man beim Frosch einen der Sehnerven durch und dreht das entsprechende Auge um 180 Grad, so daß dorsal und ventral vertauscht werden (Mitte), so degenerieren zunächst die abgetrennten Axonenden. Die Axone wachsen dann erneut aus und nehmen wieder Verbindung mit ihren ursprünglichen Kontaktstellen im Tectum auf (rechts).

jedoch später durch Nervenimpulse aus der Retina exakt aufeinander abgestimmt.

Einige niedere Wirbeltiere wie etwa Fische und Amphibien besitzen die bemerkenswerte Fähigkeit, einen durchtrennten Sehnerv zu regenerieren und das retino-tectale Verbindungsmuster präzise wiederherzustellen. Die vom Zellkörper abgetrennten Axonenden sterben ab, es bilden sich neue Wachstumskegel, und die Axone wachsen erneut bis zum Tectum. Selbst wenn man ein Froschauge nach der Durchtrennung des Sehnervs um 180 Grad dreht, finden dessen Axone ihre ursprünglichen Kontaktstellen im Tectum wieder (Abbildung 11.25). Allerdings verhält sich der Frosch danach so, als ob die für ihn sichtbare Welt auf dem Kopf stünde: Wenn er mit dem verdrehten Auge über sich eine Fliege wahrnimmt, vermutet er sie unter sich und versucht, sie dort zu fangen (Abbildung 11.26). Er ist nicht imstande, dieses Fehlverhalten durch Lernen zu korrigieren.

Experimente dieser Art führten zu der Annahme, daß jedes retinale Neuron eine stoffliche Markierung trägt, die es befähigt, die richtige Verbindung mit einer entsprechend markierten Zelle im Tectum einzugehen. Nach dieser Hypothese würden die Verbindungen durch Chemoaffinitäten gesteuert. Dabei geht man nicht davon aus, daß bei jedem einzelnen retino-tectalen Zellpaar eine Wechselwirkung nach dem Schlüssel-Schloß-Prinzip stattfindet. Vielmehr nimmt man an, daß eine relativ kleine Zahl von Zelloberflächenfaktoren in Form von Gradienten über das Tectum verteilt sind und es dadurch mit einem Koordina-

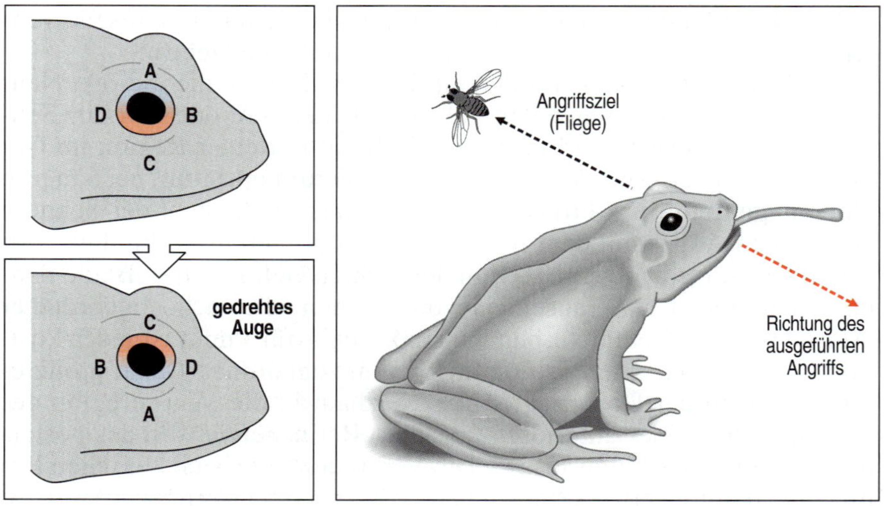

11.26 Auswirkung der Augendrehung bei einem Frosch auf sein visuell gesteuertes Verhalten. Nach dem in Abbildung 11.25 skizzierten Experiment ändert der Frosch sein Verhalten gegenüber visuellen Reizen. Da die Retina ungeachtet ihrer Drehung ihre ursprünglichen Verbindungen zum Tectum wiederherstellt, bekommt dieses nunmehr ein verdrehtes Bild geliefert. Der Frosch nimmt daher eine Fliege, die auf der Seite des operierten Auges über ihm fliegt, unter sich wahr und richtet deshalb seinen Angriff dorthin.

tennetz überzieht, das von den Axonen der Retina erkannt wird. Auf der Retina wiederum konnte eine andere Gruppe von Oberflächenfaktoren räumlich so abgestuft exprimiert werden, daß den Axonen damit ebenfalls eine bestimmte Position zugeordnet wäre. Die retino-tectale Projektion käme dann im wesentlichen aufgrund von Wechselwirkungen zwischen diesen beiden Gradientensystemen zustande.

Tatsächlich hat man solche Gradienten im sich entwickelnden visuellen System des Hühnerembryos gefunden. So ließ sich im Tectum des Huhnes längs der anterio-posterioren Achse eine axonlenkende Aktivität nachweisen, die auf Abstoßung basiert. Normalerweise projiziert die temporale (posteriore) Hälfte der Retina in den anterioren Teil des Tectums und der nasale (anteriore) Retinabereich in das posteriore Tectum. Bietet man temporalen Axonen einer explantierten Hühnernetzhaut in Kultur die Auswahl, auf posterioren oder auf anterioren Tectumzellen zu wachsen, so bevorzugen sie folgerichtig letztere als Substrat (Abbildung 11.27). Dafür ist die Abstoßung der Axone – erkennbar am Kollabieren ihrer Wachstumskegel – durch einen Faktor auf der Oberfläche der posterioren Tectumzellen verantwortlich.

Im Tectum und der Retina des Huhnes hat man komplementäre Gradienten von Zelloberflächenmolekülen gefunden, die an dieser Abstoßung von Axonen beteiligt sein könnten. Das Zelloberflächenprotein ELF-1 wird in einem anterio-posterioren Gradienten längs des Tectums exprimiert, und sein Rezeptor Mek-4, eine Rezeptortyrosinkinase aus der großen Eph-Familie, bildet einen Gradienten über die Oberfläche der retinalen Neuronen, mit dem Maximum am temporalen Ende der Retina. In der retino-tectalen Projektion ist das Maximum des retinalen Mek-4-Gradienten dem Minimum des tectalen ELF-1-Gradienten zugeordnet (Abbildung 11.28). Sowohl in Kultur als auch *in vivo* wirkt ELF-1 stark abstoßend auf temporale Axone der Retina.

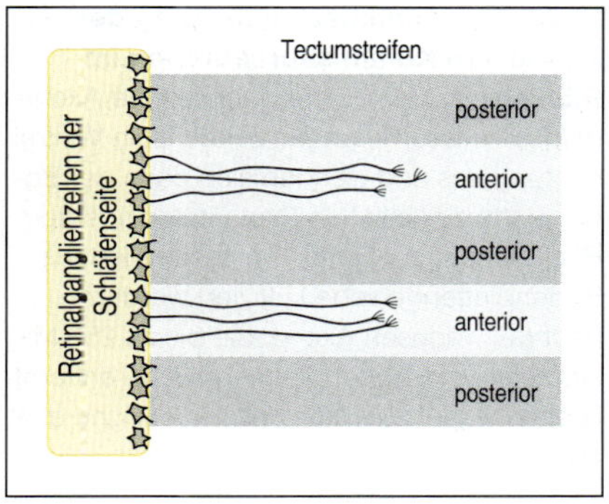

11.27 Selektives Auswachsen retinaler Axone. Bringt man Stücke aus der temporalen Retina in die Nähe eines „Teppichs" aus alternierenden Streifen (90 Mikrometer breit) anteriorer und posteriorer Zellagen des Tectums, so wachsen die Axone der Retinazellen nur auf den anterioren Streifen.

11.12 Axone können sich bei ihrer Wanderung an Diffusionsgradienten orientieren

Ein weiterer Mechanismus, der Axone befähigen könnte, ihr Ziel zu finden, ist die gerichtete Wanderung nach dem Prinzip der Chemotaxis. Dazu müßten Zielzellen um sich herum einen Diffusionsgradienten einer Substanz aufbauen, welche die Wachstumskegel erwünschter Axone anlockt und/oder die unerwünschter vertreibt. Betrachten wir hierfür zwei Beispiele, in denen ein derartiger Mechanismus angenommen wird.

Während der Entwicklung des Rückenmarks entsteht längs der Dorsoventralachse ein definiertes Zelldifferenzierungsmuster (Abschnitt 11.6). Kommissurneuronen entwickeln sich in der Dorsalregion (Abbildung 11.11) und senden ihre Axone am lateralen Rand des Rückenmarks entlang ventralwärts. Nach etwa der Hälfte des Weges machen die Axone plötzlich kehrt und streben an den Motoneuronen vorbei auf die Bodenplatte an der ventralen Mittellinie zu (Abbildung 11.29, links).

Wie Experimente *in vitro* zeigen, gibt die Bodenplatte offenbar eine diffusionsfähige Locksubstanz ab, auf die sich die Axone chemotaktisch zubewegen. Wenn man Neuralrohrgewebe der Ratte, das nur Kommissurzellen enthält, in Kultur nimmt, läßt sich kaum Axonwachstum beobachten. Kultiviert man das Neuralrohrstück jedoch zusammen mit einem Explantat der Bodenplatte, so wachsen viele Axone zum Bodenplattengewebe hin. Plaziert man letzteres seitlich neben das dorsale Neuralrohrexplantat, und zwar parallel zu dessen Dorsoventralachse, orien-

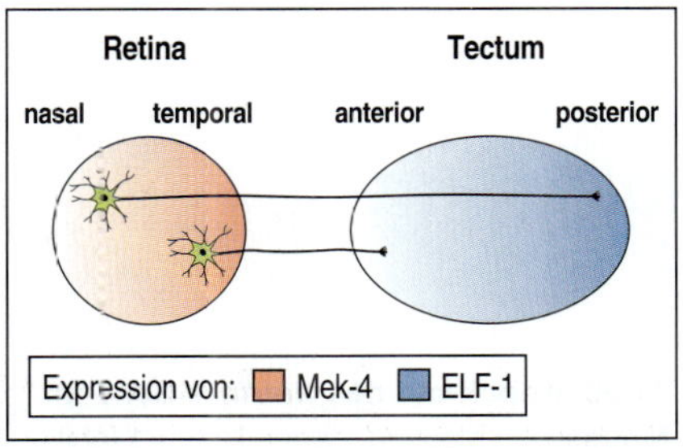

11.28 Komplementäre Expression der Proteine ELF-1 und Mek-4 bei der retinotectalen Projektion im Hühnerembryo. Mek-4 ist eine Rezeptortyrosinkinase, ELF-1 ihr Ligand. Neuronen der temporalen Retina exprimieren auf ihrer Oberfläche stark das Mek-4-Protein. Ihre Axone werden vom posterioren Tectum, wo auch ELF-1 in hoher Konzentration vorhanden ist, abgestoßen, können jedoch das anteriore Tectum innervieren, wo ELF-1 nur spärlich vorkommt oder ganz fehlt. Nasale Neuronen der Retina knüpfen dagegen enge Verbindungen mit dem posterioren Tectum, da sie Mek-4 nur schwach exprimieren und ihre Axone Tectumzellen mit dichtem ELF-1-Besatz aufsuchen.

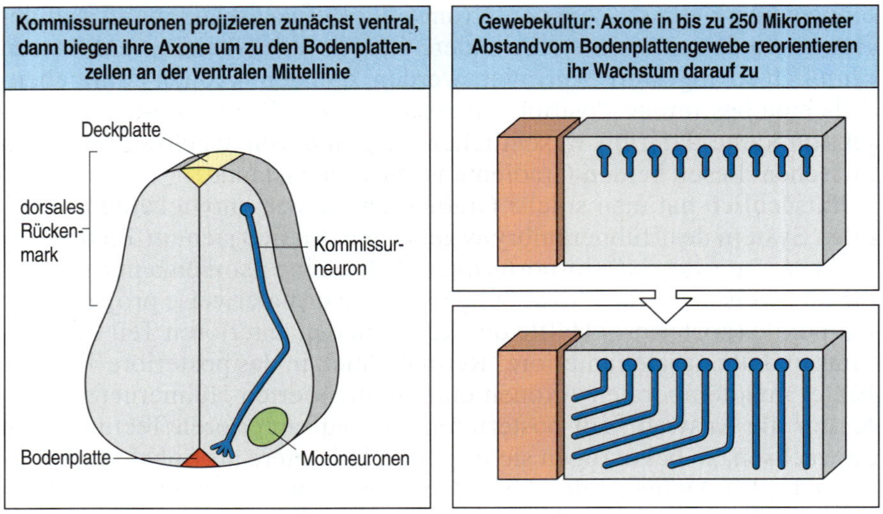
Kommissurneuronen projizieren zunächst ventral, dann biegen ihre Axone um zu den Bodenplattenzellen an der ventralen Mittellinie
Deckplatte
dorsales Rückenmark
Kommissurneuron
Bodenplatte
Motoneuronen
Gewebekultur: Axone in bis zu 250 Mikrometer Abstand vom Bodenplattengewebe reorientieren ihr Wachstum darauf zu

11.29 Chemotaktische Lenkung der Axone von Kommissurneuronen im Rückenmark. Im Huhn wachsen die Axone der Kommissurneuronen zunächst in Ventralrichtung aus und wenden sich dann der Bodenplatte zu (links). In Explantaten aus dem Rückenmark der Ratte, die zusammen mit Bodenplattengewebe kultiviert werden (rechts), wachsen Axone, die bis zu 250 Mikrometer vom Bodenplattengewebe entfernt liegen, darauf zu. Nach Tessier-Lavigne et al. 1991.

tieren sich die meisten der aus den dorsalen Neuralrohrzellen auswachsenden Axone zum Bodenplattengewebe hin (Abbildung 11.29, rechts). Die Tatsache, daß nur die Axone in der Nähe des Bodenplattengewebes darauf zuwachsen, ist ein deutlicher Hinweis für die Beteiligung einer diffundierenden Locksubstanz.

Ein für diese Chemotaxis im Rückenmark verantwortlicher diffusionsfähiger Faktor ist netrin-1, ein Protein, das zuerst aus dem embryonalen Gehirn isoliert wurde und dessen mRNA auch in Bodenplattenzellen vorkommt. Zellen, in die man mRNA für netrin-1 transfiziert, können den weiterreichenden chemischen Lockeffekt der Bodenplattenzellen nachahmen. Ähnliche Proteine kontrollieren im Fadenwurm die Wanderung von Neuronen zur Mittellinie und in *Drosophila* das Auswachsen von Axonen ebenfalls auf die Mittellinie zu. In Knock-out-Mäusen, die kein funktionsfähiges Gen für netrin-1 oder für einen seiner Rezeptoren mehr besitzen, schlagen die Axone der Kommissurneuronen anomale Bahnen ein (Abbildung 11.30).

Das zweite Beispiel für eine Situation, in der Axone wahrscheinlich durch eine diffundierende Substanz gelenkt werden – in diesem Fall eine abstoßend wirkende –, stammt ebenfalls aus dem Rückenmark der Wir-

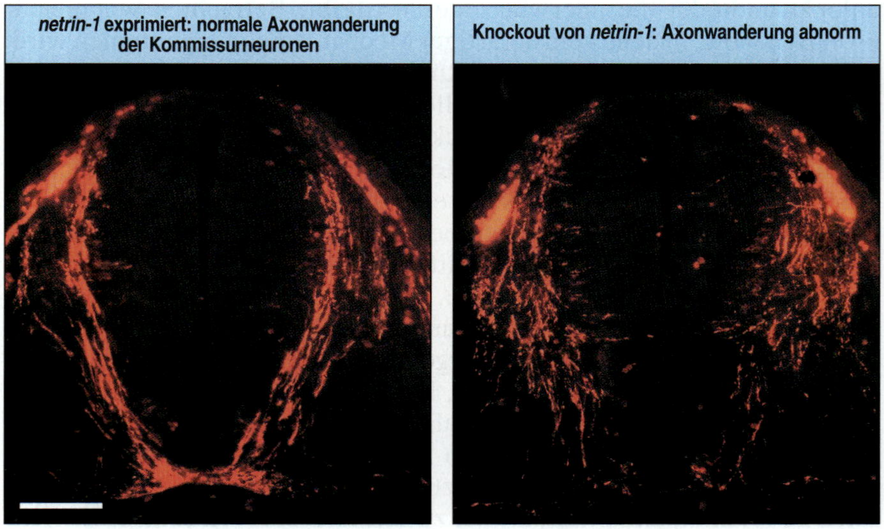
netrin-1 exprimiert: normale Axonwanderung der Kommissurneuronen
Knockout von *netrin-1*: Axonwanderung abnorm

11.30 Knock-out des *netrin-1*-Gens in Mäusen. In Mäusen, denen Netrin-1 fehlt, finden die kommissuralen Axone nicht zur Bodenplatte. Maßstab = 0,1 mm. Aufnahmen mit freundlicher Genehmigung von M. Tessier-Lavigne, aus Serafini et al. 1996.

beltiere. Nachdem die Axone der Kommissurneuronen die Bodenplatte erreicht haben, überqueren sie die Mittellinie und wenden sich dann jäh wieder aufwärts. Wie sich zunehmend erweist, ist an dieser Umlenkung offenbar eine Familie von Proteinen namens Semaphorine beteiligt. Semaphorine können Wachstumskegel abstoßen (Abbildung 11.21) und werden in ventralen Regionen des sich bildenden Rückenmarks sezerniert. Möglicherweise hindern sie bestimmte sensorische Axone aus der Dorsalregion daran, in die ventrale Region einzudringen und dort synaptische Verbindungen herzustellen, was deren abrupte Aufwärtswendung erklären würde.

Zusammenfassung

Der Wachstumskegel an der Spitze eines auswachsenden Axons führt dieses an sein Ziel. Die Aktivität der Filopodien am Wachstumskegel wird durch Umgebungsfaktoren beeinflußt, etwa nach Kontakt mit dem Substrat und mit anderen Zellen oder auch durch diffusionsfähige Substanzen nach dem Prinzip der Chemotaxis. Bei der Entwicklung von Motoneuronen zur Innervierung von Extremitätenmuskeln in Wirbeltieren lenken die Wachstumskegel ihre Axone so, daß Verbindungen mit den jeweils richtigen Muskeln zustande kommen, selbst wenn die Axone nicht an der üblichen Stelle in die Extremität einwachsen. Die Axone sensorischer Neuronen im Heuschreckenbein werden vom Substrat sowie von besonderen Wegweiserzellen entlang der Wanderroute geleitet. An der Herstellung der richtigen Verbindungen zwischen Retina und Tectum opticum in Amphibien sind sowohl auf den tectalen Neuronen als auch auf den retinalen Axonen Gradienten von Zelloberflächenmolekülen an der Axonlenkung beteiligt. Wechselwirkungen zwischen den Gradienten können das Heranrücken eines Wachstumskegels positionsabhängig begünstigen beziehungsweise verhindern. Für das gerichtete Auswachsen der Axone von Kommissurneuronen im Rückenmark sind wahrscheinlich Gradienten diffusionsfähiger Moleküle verantwortlich.

Übersicht: Wegweiser für wachsende Axone

Axonwachstum wird durch Wachstumskegel geleitet

anziehende und abstoßende Leitsignale mit Fern- oder Nahwirkung

retinale Neuronen projizieren kongruent auf tectale Neuronen

Verbindungen werden aufgrund von Gradienten hergestellt: ELF-1 auf Tectum-, Mek-4 auf Retinalzellen

kommissurale Axone im Rückenmark chemotaktisch geführt: netrin-1-Gradient

Neuronenauslese, Synapsenbildung und Feinkorrektur synaptischer Verbindungen

Wenn Axone ihre Ziele erreicht haben, bilden sie dort spezielle Verbindungen – **Synapsen** – aus, an denen die Signale zwischen Neuron und Zielzelle übertragen werden. Ohne die richtigen synaptischen Verbindungen kann das Nervensystem später seine Funktion nicht erfüllen. Verbindungen können zu anderen Nervenzellen, zu Muskeln und zu bestimmten Drüsengeweben hergestellt werden. Wir konzentrieren uns im folgenden vorwiegend auf ihre Bildung und Stabilisierung an den motorischen Endplatten oder **neuromuskulären Synapsen** (*neuromuscular junctions*) der Wirbeltiere, den Kontaktzonen zwischen Nervenzellen und Muskelfasern.

Der Aufbau der komplexen Struktur eines Wirbeltiernervensystems verläuft offenbar derart, daß eine anfangs noch recht lose Organisation durch vielfachen programmierten Zelltod (Abschnitt 9.17) überarbeitet und verfeinert wird. Verbindungen zwischen Neuron und Zielzelle herzustellen, ist nicht nur für die Funktion des Nervensystems entscheidend, sondern für viele Neuronen offenbar Voraussetzung für das Überleben schlechthin. Daß Neuronen absterben, ist in der Entwicklung des Wirbeltiernervensystems ein normaler Vorgang. Es scheint, daß am Anfang ein Überschuß von Nervenzellen gebildet wird und davon nur diejenigen überleben, die die richtigen Verbindungen eingehen. Das Überleben der Neuronen hängt davon ab, ob sie neurotrophe Faktoren wie etwa den Nervenwachstumsfaktor empfangen, die von den Zielgeweben produziert werden und um die sie konkurrieren.

Eine Besonderheit der Entwicklung des Nervensystems ist, daß die Feinabstimmung der synaptischen Verbindungen von der Interaktion des Organismus mit der Umwelt sowie der daraus resultierenden neuronalen Aktivität abhängt. Das gilt besonders für das visuelle System der Wirbeltiere, wo der sensorische Input der Retina in der Phase kurz nach der Geburt synaptische Verbindungen so modifiziert, daß das Tier winzige Einzelheiten wahrnehmen kann. Auch dabei scheint die Konkurrenz um neurotrophe Faktoren eine Rolle zu spielen. Wir kommen auf dieses Thema später zurück, betrachten jedoch zunächst die Auslese von Motoneuronen bei der Innervierung sich entwickelnder Wirbeltierextremitäten.

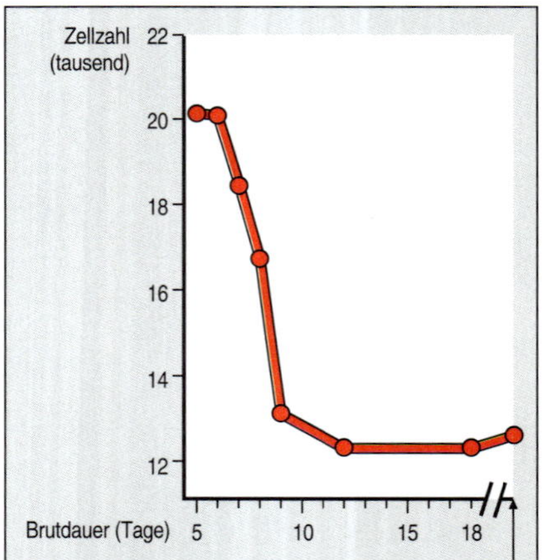

11.31 Bei der normalen Entwicklung des Rückenmarks sterben viele Motoneuronen. Von den Motoneuronen, die eine Hühnerextremität innervieren, sterben bis zum Ausschlüpfen des Kükens knapp die Hälfte wieder ab, die meisten davon innerhalb von vier Tagen. Verantwortlich dafür ist der programmierte Zelltod, ein während der Entwicklung durchaus normales Ereignis.

11.13 Viele Motoneuronen sterben während der Innervierung der Gliedmaßen ab

In dem Rückenmarksegment, das im Huhn die Innervierung des Beines übernimmt, bilden sich rund 20 000 Motoneuronen; knapp die Hälfte davon geht bald danach wieder zugrunde (Abbildung 11.31). Die Zellen sterben erst, wenn die Axone aus den Zellkörpern ausgewachsen und in das Bein eingedrungen sind, ungefähr dann, wenn die Axonenden ihre potentiellen Ziele, die Beinmuskeln, erreichen. Daß die Zielmuskeln dazu beitragen, den Zelltod zu verhindern, legen zwei Experimente nahe. Wenn man die Beinknospe entfernt, sinkt die Zahl der überlebenden Motoneuronen drastisch ab. Transplantiert man dagegen eine zusätzliche Extremitätenknospe in Höhe der Beine an den Rumpf, so überleben deutlich mehr Neuronen als sonst.

Das Überleben eines Motoneurons hängt wahrscheinlich davon ab, ob es eine funktionelle Synapse mit einer Muskelfaser ausbildet. Ist die neuromuskuläre Synapse einmal entstanden, kann das Neuron den Muskel aktivieren; daraufhin stirbt ein Teil der anderen Motoneuronen, deren Axone auf dieselbe Muskelfaser zuwandern, ab. Mit dem Pfeilgift Curare, das die Signalübertragung von Nerv zu Muskel unterbricht, kann man die neuronale Muskelaktivierung blockieren. Eine solche Blockade führt dazu, daß weit mehr Motoneuronen am Leben bleiben. Eine mögliche Erklärung dafür ist, daß der Muskel ohne Aktivierung einen zellerhaltenden Faktor in einer Menge produziert, die vielen Neuronen das Überleben ermöglicht. Sobald eine neuromuskuläre Synapse entstanden ist und die Muskelfaser aktiviert wird, verringert sie dann eventuell die Produktion des Faktors. Unter den Neuronen in ihrem Einflußbereich blieben dann jene am Leben, die bereits eine Verbindung zu ihr aufgebaut haben, während andere, denen das nicht rechtzeitig gelungen ist, sterben müßten.

Allerdings bleiben nicht alle neuromuskulären Verbindungen erhalten; etliche werden später wieder aufgelöst. In frühen Stadien der Entwicklung werden Muskelfasern jeweils von den Axonendigungen gleich mehrerer Motoneuronen innerviert. Mit der Zeit werden die meisten dieser Verbindungen wieder eliminiert, bis jede Muskelfaser nur noch mit den Axonendigungen eines einzigen Motoneurons in Kontakt steht. Das weitere Überleben eines Neurons, das eine Verbindung aufgebaut hat, muß daher auf andere Art sichergestellt werden. Inzwischen weiß man, daß dieser spätere Eliminierungsprozeß ebenfalls von neuralen Aktivitäten abhängt.

Die Angleichung der Zahl der Motoneuronen an die der vorhandenen Ziele ist ein gut belegter Prozeß; wahrscheinlich wirken ähnliche Vorgänge in allen Teilen des sich entwickelnden Wirbeltiernervensystems beim Aufbau der Verbindungsmuster mit. Somit bestände die generelle Strategie darin, zunächst Neuronen im Überfluß zu bilden und dann nur diejenigen am Leben zu erhalten, die zur Herstellung der benötigten Verbindungen tatsächlich gebraucht werden. Dieser Mechanismus eignet sich gut dazu, Zellzahlen zu regulieren, indem er die Größe der Neuronenpopulation an deren Ziele anpaßt. Wir betrachten jetzt die neurotrophen Faktoren etwas genauer, die den Neuronen das Überleben ermöglichen, und untersuchen dann die Rolle der neuralen Aktivität bei der Eliminierung neuromuskulärer Synapsen.

11.14 Um zu überleben, konkurrieren Neuronen um neurotrophe Faktoren

Von den Faktoren, die Neuronen am Leben erhalten, wurde als erster der Nervenwachstumsfaktor (*nerve growth factor*, NGF) gefunden. Seine Entdeckung begann mit einer aufschlußreichen Zufallsbeobachtung: Auf einen Maustumor, den man in einen Hühnerembryo verpflanzt hatte, wuchsen zahlreiche Nervenfasern zu. Das wies darauf hin, daß der Tumor einen Faktor produzierte, der in Neuronen das Auswachsen von Axonen stimuliert. Indem man das Axonwachstum in Kultur als Nachweis für diesen Faktor nutzte, konnte man schließlich nachweisen, daß es sich um das Protein NGF handelt. NGF ist für das Überleben einer Reihe von Neuronentypen notwendig, vornehmlich solcher des sensorischen und des sympathischen Nervensystems.

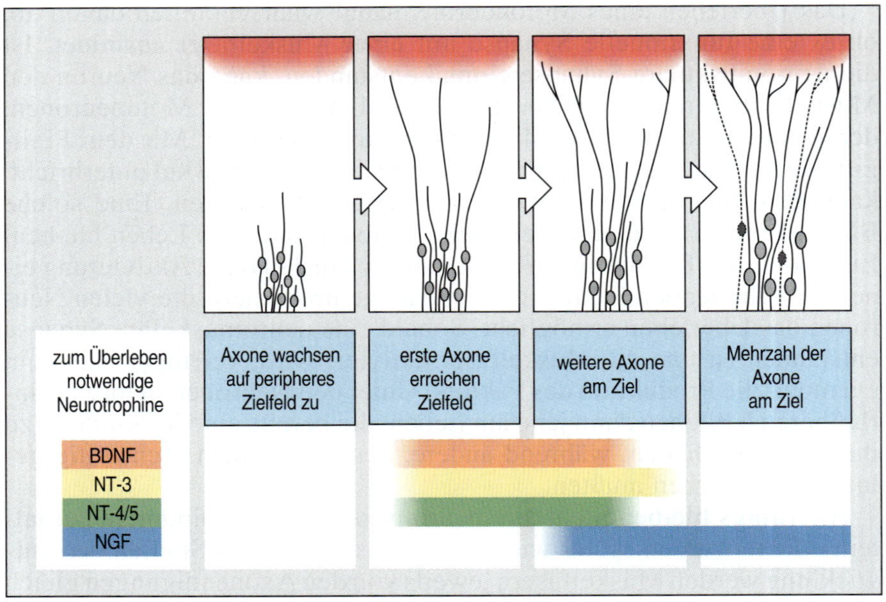

11.32 Bei den Zellen des Ganglion trigeminale ändert sich der Neurotrophinbedarf, wenn ihre Axone auswachsen. Der Trigeminusnerv innerviert verschiedene Teile des Gesichts. Er enthält Motoneuronen, die Kaubewegungen steuern, und sensorische Neuronen, die verschiedene Gesichtsmuskeln kontrollieren. Wenn sich die Axone ihren Zielzellen nähern, benötigen sie BDNF, NT-3 und NT-4/5. Später, wenn die Verbindungen geknüpft sind, brauchen sie NGF. Nach Davies 1994.

NGF gehört zu einer Familie von Proteinen namens **Neurotrophine**. Dazu zählen neben NGF selbst etwa die Faktoren BDNF (*brain-derived neurotrophic factor*), Neurotrophin-3 (NT-3) und Neurotrophin-4/5 (NT-4/5). Die Rezeptoren der Neurotrophine sind Rezeptor-Tyrosinkinasen, die man Trk-Proteine nennt; einer der Rezeptoren für NGF beispielsweise heißt TrkA. Verschiedene Typen von Neuronen brauchen jeweils andere Neurotrophine zum Überleben, außerdem kann sich der Bedarf an bestimmten Neurotrophinen während der Entwicklung ändern (Abbildung 11.32). Welche Funktionen die Mitglieder dieser Proteinfamilie im einzelnen übernehmen, konnte man vielfach aus Zellkulturbefunden erschließen; in der Regel konnten diese Befunde durch Knockout der entsprechenden Gene – für die Neurotrophine selbst oder deren Rezeptoren – in Mäusen bestätigt werden. So führt zum Beispiel der Ausfall von TrkA in Mäusen zum Verlust sympathischer wie auch sensorischer Neuronen.

Ferner sterben in Mäusen, denen die Trk-Rezeptoren für NT-3 und NT-4/5 fehlen, mehr Motoneuronen als üblich. Offenbar sind diese beiden Faktoren für den Erhalt von Motoneuronen zuständig. Ein weiteres Neurotrophin, GDNF (*glial cell-line derived neurotrophic factor*), verhindert den Tod von Motoneuronen für den Gesichtsbereich und wird zudem in Extremitätenknospen exprimiert. Wie sich zunehmend erweist, können individuelle Neurotrophine auf eine ganze Reihe verschiedener neuraler Zelltypen einwirken.

11.15 Zur Bildung einer neuromuskulären Synapse treten Nerv und Muskel miteinander in Wechselwirkung

Die ausgereifte neuromuskuläre Synapse ist ein komplexes Gebilde, für dessen Entstehen das Axonende und die Plasmamembran der Muskelfaser stark verändert werden. Kurz vor dem Kontaktbereich verzweigt sich das Axon in mehrere Äste, von denen jeder in einem verdickten Knöpfchen endet. Diese Knöpfchen stellen den Kontakt zu einer besonderen Endplattenregion auf der Muskelfaser her. Die Plasmamembran des Axons ist von der der Muskelfaser durch einen schmalen Zwischenraum, den synaptischen Spalt, getrennt. Darin befindet sich extrazelluläres Material, die Basallamina, die teils von der Nervenzelle, teils von der Muskelfaser sezerniert wird. Die gesamte Struktur aus der Plasmamembran der Axonendigung, der gegenüberliegenden Muskelfasermembran und dem Spalt dazwischen bezeichnet man als neuromuskuläre Synapse (Abbildung 11.33).

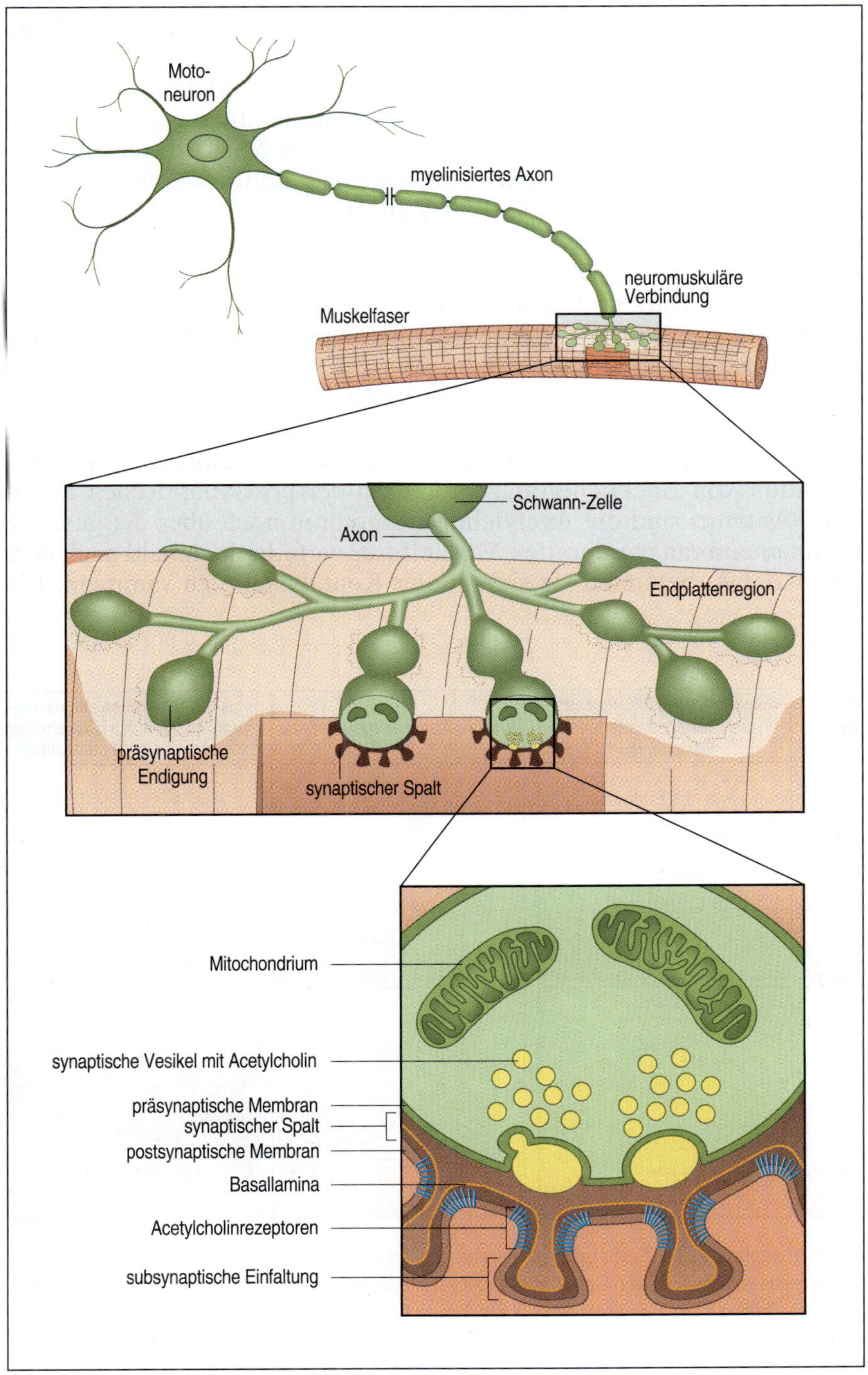

11.33 Aufbau einer neuromuskulären Synapse bei Wirbeltieren. Ein motorisches Axon, das von einer Myelinscheide umhüllt ist, innerviert eine Muskelfaser. An der neuromuskulären Synapse verzweigt sich das Axon und stellt in der Endplattenregion synaptische Verbindungen zur Muskelfasermembran her. Nerv und Muskel kommunizieren durch Ausschüttung des Neurotransmitters Acetylcholin aus synaptischen Vesikeln in den synaptischen Spalt. Das freigesetzte Acetylcholin diffundiert durch den synaptischen Spalt und heftet sich an Acetylcholinrezeptoren auf der postsynaptischen Muskelfasermembran. Nach Kandel et al. 1991.

Elektrische Nervensignale können den synaptischen Spalt nicht überqueren. Daher wird der Stromimpuls, der das Axon entlangwandert, an der Axonendigung in ein chemisches Signal umgewandelt: Synaptische Vesikel setzen dort einen Überträgerstoff, einen Neurotransmitter, in den synaptischen Spalt frei. Die Neurotransmittermoleküle diffundieren durch den Spalt hindurch und docken an Rezeptoren auf der Plasmamembran der Muskelfaser an, woraufhin die Faser sich kontrahiert. An Synapsen zwischen Motoneuronen und Skelettmuskelfasern wird das relativ kleine Molekül Acetylcholin als Neurotransmitter benutzt. Da das Nervensignal nur in eine Richtung – vom Nerv zum Muskel – wandert, ist das Axonende der präsynaptische und die Muskelfaser der postsynaptische Teil der Verbindung (Abbildung 11.33).

Eine neuromuskuläre Verbindung entsteht schrittweise – in der Ratte dauert das etwa drei Wochen. Wie wird ein einzelnes Axonende ausgewählt, wie entwickelt es sich, wie gelangen die Acetylcholinrezeptoren an die richtige Stelle auf der postsynaptischen Membran gegenüber dem Axonende? Bei der Kontaktaufnahme mit der Muskelfaser sind die Axonenden noch unspezialisiert, doch schon bald formieren sich in ihnen zahlreiche synaptische Vesikel. Zunächst treten mehrere Axone mit derselben unreifen Muskelfaser (oder Myotubulus) in synaptischen Kontakt, doch mit der Zeit werden bis auf eine alle Verbindungen wieder aufgelöst. Kurz nachdem ein Kontakt hergestellt wurde, beginnt die Übertragung an der Synapse. Wie eine neuromuskulären Verbindung entsteht, zeigt Abbildung 11.34.

Um eine neuromuskuläre Verbindung dauerhaft einzurichten, müssen das Axonende und die Muskelfaser Signale miteinander austauschen. Ein entscheidendes Ereignis bei der Festigung des Kontakts ist die Aggregation von Acetylcholinrezeptoren an der postsynaptischen Membran. Anfangs sind die Acetylcholinrezeptoren noch über die gesamte Plasmamembran der unreifen Muskelfaser verteilt, doch bald nach dem Axonkontakt beginnen sie sich an der Kontaktstelle zu sammeln. Ein

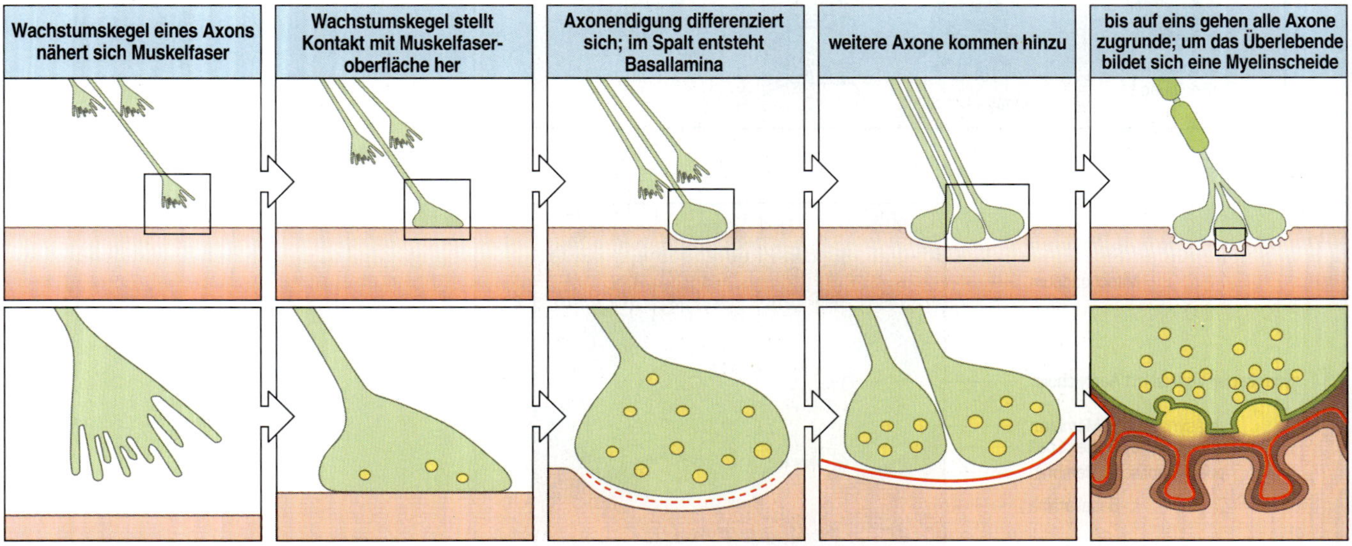
Wachstumskegel eines Axons nähert sich Muskelfaser
Wachstumskegel stellt Kontakt mit Muskelfaser-oberfläche her
Axonendigung differenziert sich; im Spalt entsteht Basallamina
weitere Axone kommen hinzu
bis auf eins gehen alle Axone zugrunde; um das Überlebende bildet sich eine Myelinscheide

11.34 Bildung einer neuromuskulären Synapse. Die Ausschnitte in der oberen Bildreihe sind in der unteren vergrößert dargestellt. Von links nach rechts: Ein Wachstumskegel nähert sich einer Muskelfaser und tritt mit deren Oberfläche in unspezialisierten, aber funktionellen Kontakt. Das Axonende differenziert sich; im verbreiteten synaptischen Spalt erkennt man die Basallamina (rote Linie). Wenn diese sich über den Synapsenrand hinaus ausbreitet, docken dort weitere Axone an. Später werden alle Axone bis auf eines eliminiert. Das verbleibende Axonende verzweigt sich und bildet eine reife neuromuskuläre Synapse; das Axon wird von einer Myelinscheide eingehüllt.

Schlüsselsignal für eine solche lokale Anhäufung von Rezeptoren ist das Protein Agrin (Abbildung 11.35). Agrin wird an den präsynaptischen Endigungen von Motoneuronen ausgeschüttet und induziert eine Membranspezialisierung im postsynaptischen Partner. Seine Wirkung kommt wahrscheinlich dadurch zustande, daß es auf der Muskelfaser eine Rezeptortyrosinkinase namens Musk aktiviert. Mäuse, die infolge gezielten Gen-Knock-outs kein Agrin oder kein Musk besitzen, haben keine funktionsfähige neuromuskuläre Verbindungen: Die Acetylcholinrezeptoren finden kaum noch oder gar nicht mehr zu ihren postsynaptischen Sammelstellen; dementsprechend bleibt die Muskelaktivität aus.

Die Innervierung einer Muskelfaser führt nicht nur dazu, daß sich lokal Acetylcholinrezeptoren häufen, sondern auch dazu, daß sie lokal verstärkt synthetisiert werden. Innerhalb der vielkernigen Muskelfaser werden diejenigen Zellkerne, die dicht an der neuromuskulären Verbindungsstelle liegen, dazu angeregt, die Gene für die Untereinheiten des Acetylcholinrezeptors vermehrt zu transkribieren (Abbildung 11.36). Vermutlich geht diese örtliche Expressionssteigerung auf bestimmte, ebenfalls vom Axonende freigesetzte Proteine zurück, die man Neureguline oder ARIAs nennt. Andernorts in der Muskelfaser wird dagegen aufgrund der verstärkten elektrischen Aktivität im Muskel nach dem Aufbau der Verbindung weniger Rezeptor gebildet.

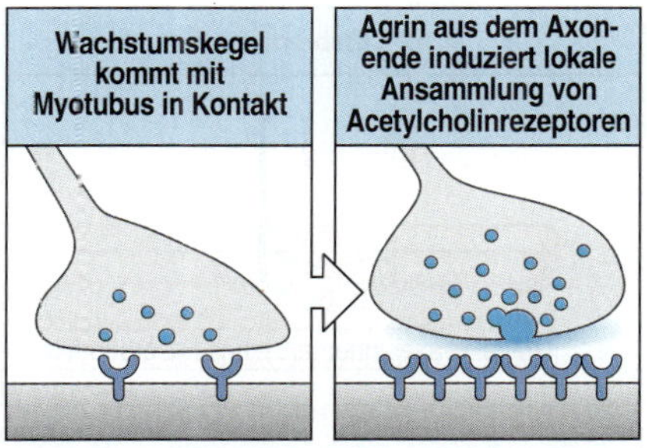

11.35 Beim Aufbau einer neuromuskulären Synapse sammeln sich Acetylcholinrezeptoren in der postsynaptischen Membran. Wenn ein Wachstumskegel Kontakt zu einer Muskelfaser bekommt, schüttet er das Protein Agrin aus. Als Folge davon ballen sich in der Zellmembran der Muskelfaser Acetylcholinrezeptoren zusammen, ferner kommt es zur lokalen Ausscheidung von Material für die Basallamina.

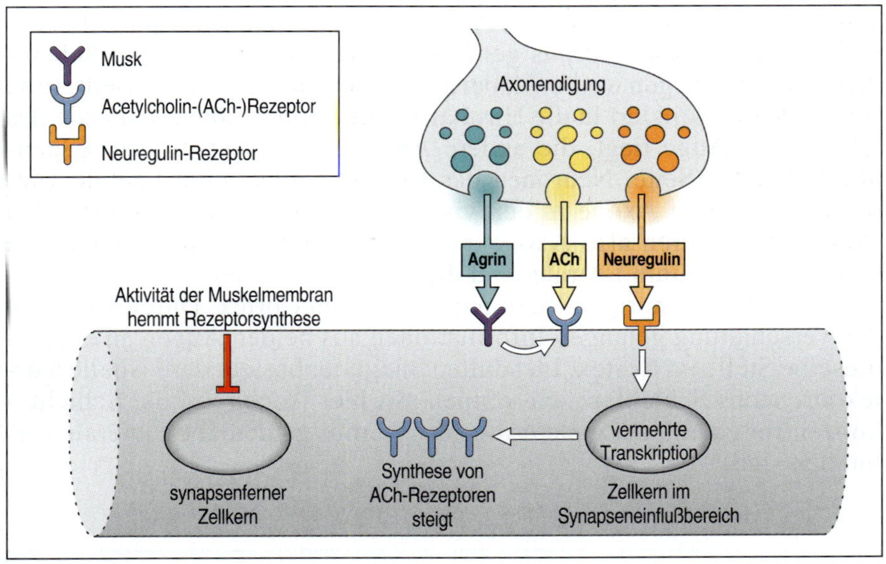

11.36 Das präsynaptische Axon beeinflußt, wie die Acetylcholinrezeptoren in der Membran der Muskelfaser verteilt sind und wo sie synthetisiert werden. Durch die Wechselwirkung von Agrin mit dem Musk-Rezeptor verdichtet sich unter dem Axonende der Besatz der Muskelfasermembran mit Acetylcholinrezeptoren. Zusätzlich stimuliert aus dem Axon freigesetztes Neuregulin in denjenigen Zellkernen, die der neuromuskulären Verbindungsstelle am nächsten liegen, die Transkription der Gene für die Untereinheiten des Acetylcholinrezeptors. Abseits der Verbindungsstelle hingegen führt die elektrische Aktivität an der Muskelfasermembran zu einer Drosselung der Rezeptorsynthese.

Die Feinkorrektur des Verbindungsmusters zwischen Nerven und Muskeln bedarf offenbar ebenfalls neuraler Aktivität. Im Säugerembryo werden fast alle Muskelfasern von zwei oder mehr motorischen Axonen innerviert. Nach der Geburt ziehen sich einzelne Verzweigungen der Axone von Motoneuronen zurück, bis jede Muskelfaser schließlich nur noch von einem Motoneuron versorgt wird (Abbildung 11.37). Diese Änderung des Verbindungsmusters beruht auf einer Konkurrenz unter den Synapsen: Wenn ein Motoneuron eine Muskelfaser stimuliert, scheint es zugleich ihre Aktivierung durch andere mit ihr verbundene Motoneuronen zu unterdrücken, wodurch deren Synapsen schließlich verschwinden. Wie wir gleich sehen, ist ein solcher Mechanismus offenbar auch daran beteiligt, die synaptischen Verbindungen von Neuronen untereinander zu korrigieren.

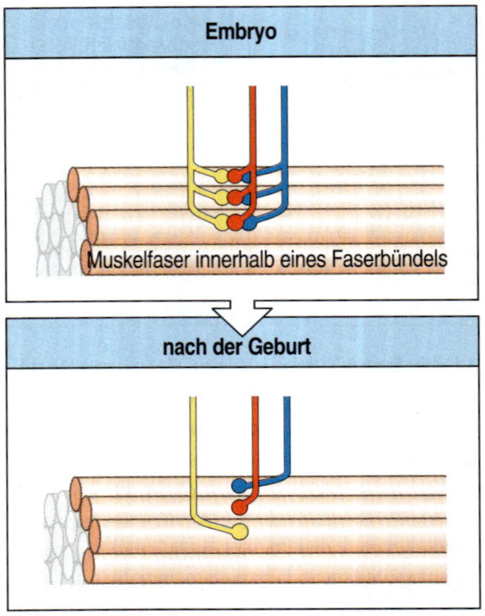

11.37 Korrektur der Muskelinnervierung durch neurale Aktivität. Anfänglich innervieren mehrere Motoneuronen dieselbe Muskelfaser. Durch spätere Eliminierung von Synapsen wird erreicht, daß jede Faser schließlich nur noch mit einem Neuron in Kontakt steht. Nach Goodman et al. 1993.

11.16 Die Projektion vom Auge zum Gehirn wird durch neurale Aktivität verfeinert

Wir haben bereits erörtert, wie in Amphibien Axone aus der Retina mit dem Tectum in einer Weise Verbindung aufnehmen, daß das Tectum exakt die Lagebezeichnung in der Retina widerspiegelt. Die Projektion ist zunächst recht grobkörnig, da Axone von benachbarten Zellen der Retina innerhalb weiter Bereiche des Tectums Kontakte knüpfen. Diese Kontaktbereiche werden später im Zuge der Feinabstimmung der retinotectalen Projektion stark eingeengt, so daß sich die Auflösung verbessert. Wie bei der Muskelinnervierung kommt die Feinkorrektur dadurch zustande, daß sich die Axonendigungen von den meisten der ursprünglich berücksichtigten Kontaktstellen wieder zurückziehen; auch dazu ist wieder neurale Aktivität erforderlich. Die Notwendigkeit neuraler Aktivität zeigt sich besonders deutlich bei der Entwicklung der visuellen Verbindungen von Säugern.

Das visuelle System der Säuger ist komplexer als das der niederen Wirbeltiere (Abbildung 11.38). Axone der Retina ziehen zunächst in geordneter Weise zum Corpus geniculatum laterale (CGL). Die Seheindrücke beider Augen werden dabei auf beide Gehirnhälften verteilt: Eine Augenhälfte projiziert in die Hirnhälfte, die auf derselben Seite wie das betreffende Auge liegt, die andere Augenhälfte projiziert zur gegenüberliegenden Seite. Neuronen des Corpus geniculatum laterale wiederum entsenden Axone in den visuellen Cortex. Auf einen visuellen Reiz hin aktivieren also Axone aus der Retina zunächst Neuronen im Corpus geniculatum laterale, und diese aktivieren dann ihrerseits Neuronen in der zugehörigen Region des visuellen Cortex. Durch diese Art der Verschaltung gelangen Informationen aus beiden Augen an ein und dieselbe Stelle im Cortex. Im adulten Säugetier besteht der visuelle Cortex aus sechs Schichten; wir können uns hier jedoch auf die Schicht 4 konzentrieren, mit der viele Axone des Corpus geniculatum laterale verbunden sind.

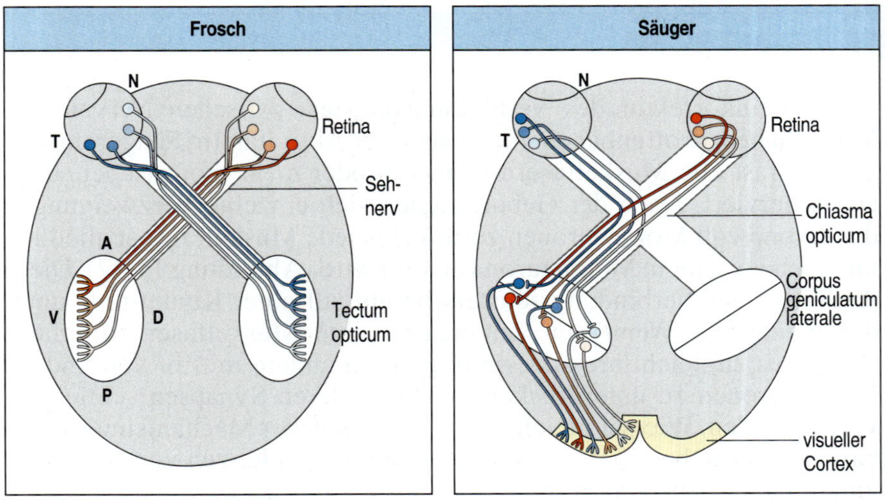

11.38 Vergleich der visuellen Systeme von Amphibien und Säugern. Links: Im Frosch projizieren Neuronen der Retina direkt ins Tectum opticum, wobei das linke Auge mit dem rechten Tectum verbunden ist und umgekehrt. Rechts: In Säugern, die zum räumlichen Sehen fähig sind, projizieren retinale Neuronen ins Corpus geniculatum laterale (CGL) und dessen Neuronen wiederum in den visuellen Cortex. Die Neuronen der einen Retinahälfte entsenden ihre Axone zum CGL auf derselben Seite wie das Auge, die Axone aus der anderen Hälfte überqueren das Chiasma opticum und ziehen zum gegenüberliegenden CGL. Zur besseren Übersicht sind jeweils nur Neuronen aus einer Retinahälfte gezeigt. Nach Goodman et al. 1993.

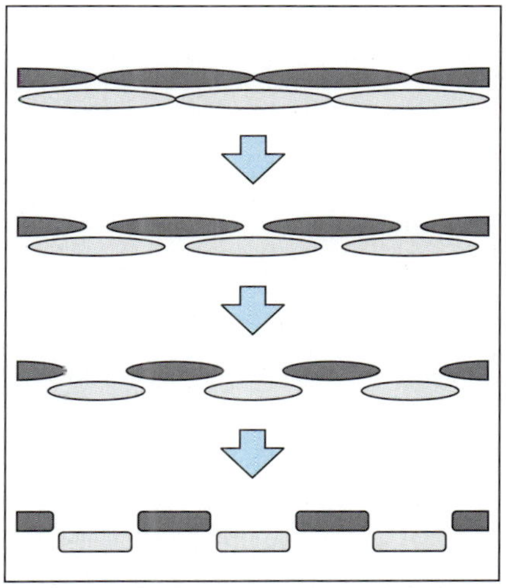

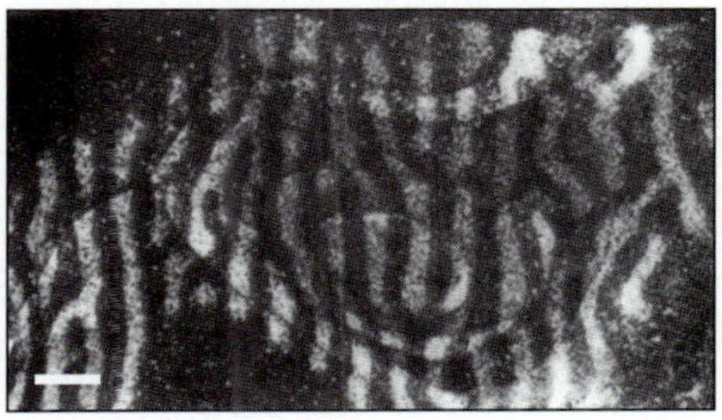

11.39 Nachweis von Augendominanzsäulen im visuellen Cortex. Wenn man einen geeigneten Indikator in ein Auge injiziert, gelangt er über neuronale Verbindungen in den visuellen Cortex. Injiziert man kurz nach der Geburt, verteilt sich der Indikator im Cortex ziemlich gleichmäßig. Injiziert man später, werden nur einzelne Säulen aus Zellen des Cortex markiert: die Dominanzsäulen des betreffenden Auges, wie man in der Aufnahme sieht. Maßstab = 1 mm. Nach Kandel et al. 1995.

Die Neuronen im Corpus geniculatum laterale sind wie im visuellen Cortex in Schichten angeordnet. Jede Schicht empfängt Signale von retinalen Axonen entweder des linken oder des rechten Auges, aber nicht von beiden zugleich. Somit sind die Seheindrücke aus dem rechten und dem linken Auge am Anfang noch getrennt. Jedoch knüpfen sowohl die Schichten des Corpus geniculatum laterale für das linke als auch die für das rechte Auge Verbindungen zu Schicht 4 des visuellen Cortex. Bei der Geburt überschneiden und vermischen sich daher noch die Seheindrücke, sie werden jedoch mit der Zeit besser aufgetrennt: Es bilden sich **Augendominanzsäulen** (*ocular dominance columns*), etwa 0,5 Millimeter breite Zonen corticaler Zellen, die jeweils nur Signale aus einem Auge verarbeiten (Abbildung 11.39). Benachbarte Säulen reagieren auf denselben Reiz innerhalb des Gesichtsfeldes, eine Säule auf das Signal vom linken, die nächste auf das vom rechten Auge. Diese Anordnung ist Voraussetzung für gutes binokulares Sehen. Die einzelnen Säulen können durch elektrophysiologische Messungen nachgewiesen und kartiert werden. Überdies kann man sie direkt beobachten, indem man einen geeigneten Indikator, etwa radioaktives Prolin, in eines der beiden Augen injiziert. Die Neuronen der Retina nehmen den Indikator auf und transportieren ihn über den Sehnerv ins Corpus geniculatum laterale, über dessen Axone er schließlich in den visuellen Cortex gelangt. Wie er dort verteilt ist, kann man dann autoradiographisch sichtbar machen: Es ergibt sich ein eindrucksvolles Muster schwarzer Streifen, die jeweils den Bereichen entsprechen, die die Sinneseindrücke eines Auges empfangen (Abbildung 11.39).

Für die Entwicklung der Augendominanzsäulen sind visuelle Reize und neurale Aktivität erforderlich. Wenn man letztere durch Injektion von Tetrodotoxin blockiert, bilden sich die Augendominanzsäulen nicht aus, und die visuellen Informationen beider Augen, die in die Sehrinde gelangen, werden nicht richtig voneinander getrennt. Werden nur die Meldungen eines Auges blockiert, so vergrößern sich die entsprechenden Zonen des anderen Auges.

Die Bildung der Augendominanzsäulen wird vor allem damit erklärt, daß die in den Cortex projizierenden Neuronen dort um Ziele konkurrieren (Abbildung 11.40). Aufgrund der ungenauen Anfangsprojektion kann ein einzelnes corticales Neuron zunächst noch Seheindrücke aus beiden Augen empfangen. Dadurch überlappen sich innerhalb einer gegebenen Cortexregion die Signale der beiden Augen; diese Überlappung gilt es aufzutrennen. Benachbarte Zellen, die Seheindrücke vom selben Auge übermitteln, tendieren dazu, auf einen visuellen Reiz hin synchron zu feuern; wenn beide dieselbe Zielzelle innervieren, können sie daher

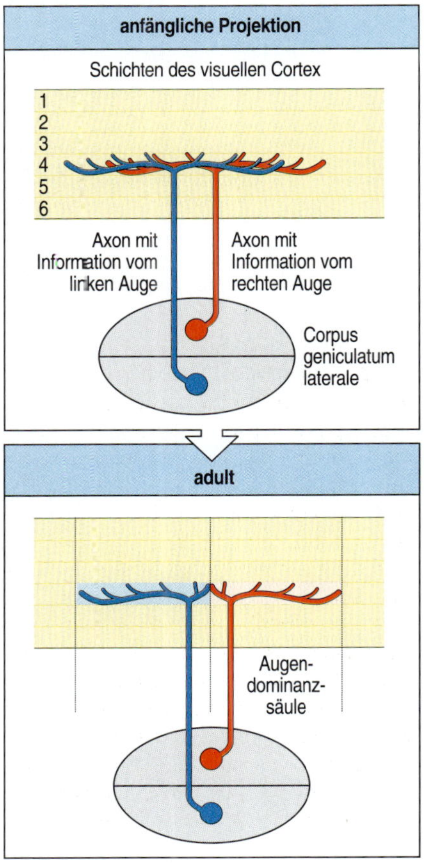

11.40 Entwicklung der Augendominanzsäulen. Neuronen des Corpus geniculatum laterale, die durch denselben visuellen Reiz stimuliert werden, aber Information aus verschiedenen Augen übermitteln, projizieren anfangs in dasselbe Gebiet des visuellen Cortex. (Nur die Projektion in Schicht 4 ist hier gezeigt.) Bei visueller Stimulation bilden die neuronalen Verbindungen allmählich Säulen, die jeweils die Innervierung eines einzigen Auges repräsentieren. Wenn man die visuelle Stimulation blockiert, bilden sich die Augendominanzsäulen nicht aus. Nach Goodman et al. 1993.

kooperieren, um diese zu erregen. Wie im Muskel trägt auch hier die Stimulation einer Zielzelle zu elektrischer Aktivität dazu bei, die aktiven Synapsen zu festigen und jene zu schwächen, die gerade nicht aktiv sind. Zellen, die zusammen feuern, werden miteinander verschaltet. Da Neuronen um Zielzellen konkurrieren, könnten sich auf diese Weise abgegrenzte Regionen corticaler Zellen herausbilden, die nur auf das eine oder das andere Auge ansprechen, und so die Augendominanzsäulen entstehen. Ein solcher Mechanismus erklärt auch, warum Versuchstiere, die kurz nach der Geburt permanent stroboskopischen Lichtblitzen ausgesetzt sind, keine Augendominanzsäulen entwickeln: Das Stroboskoplicht verursacht ein synchrones Feuern von Neuronen beider Augen und verhindert dadurch, daß sich die Zielgebiete im Cortex auftrennen.

Für die Feinkorrektur synaptischer Verbindungen auf neurale Aktivität hin müssen möglicherweise lokal Neurotrophine freigesetzt werden. So könnte ein bestimmter Aktivierungsgrad oder eine Aktivierung durch zwei Axone gleichzeitig eine Zielzelle dazu veranlassen, Neurotrophine auszuschütten, und nur diejenigen Axone, die kurz zuvor aktiv waren, wären imstande, darauf zu reagieren und ihre Verbindungen zur Zielzelle zu festigen.

Nicht nur bei Säugern, auch bei anderen Wirbeltieren ist die neurale Aktivität für die Entwicklung des visuellen Nervensystems entscheidend. Blockiert man die neurale Aktivität in Hühner- oder Amphibienembryonen mit Substanzen, die das Feuern von Neuronen verhindern, so unterbleibt die Feinabstimmung der retino-tectalen Projektion.

11.17 Die Fähigkeit reifer Axone, sich zu regenerieren, ist bei Wirbeltieren auf periphere Nerven beschränkt

Trotz der dynamischen Natur des heranreifenden Nervensystems und trotz seiner Fähigkeit, Verbindungsmuster zu ändern und den jeweiligen Erfordernissen anzupassen, ist das Zentralnervensystem der Wirbeltiere nahezu außerstande, nach der Zerstörung von Neuronen verlorengegangene Verbindungen zu ersetzen. Demgegenüber besitzt das periphere Nervensystem selbst bei adulten Tieren eine beachtliche Regenerationsfähigkeit. Wie wir bereits gesehen haben, können niedere Wirbeltiere ihren Sehnerv regenerieren. Gleichwohl wachsen bei einer solchen Regeneration lediglich erneut Axone aus, Neuronen werden nicht ersetzt. Wenn der Zellkörper selbst zerstört ist, wird das Neuron nicht ersetzt.

In ausgewachsenen Wirbeltieren sind Axone peripherer Neuronen wie etwa die motorischen und sensorischen Axone zwischen Rückenmark und Gliedmaßenenden mitunter mehrere Meter lang. Wenn solche Axone durchtrennt werden, kann das Fundstück, das sich noch am Zellkörper befindet, erneut auswachsen. An seinem Ende bildet sich ein neuer Wachstumskegel, der die urprüngliche Nervenbahn entlangwandert und die Verbindung zur Zielzelle nahezu vollkommen wiederherstellt. Das Restaxon eines Motoneurons findet seine ursprüngliche Verbindungsstelle auf der zugehörigen Muskelfaser wieder, indem es die Basallamina im synaptischen Spalt erkennt.

Im adulten Zentralnervensystem werden dagegen zerstörte Axone kaum oder gar nicht regeneriert. Auch wenn ein verbliebener Zellkörper einen neuen Axonfortsatz ausbildet, entwickelt sich dieser nicht weiter. Es scheint, daß diese Axone zumindest zum Teil deswegen nicht regeneriert werden, weil die mit dem Myelin der Nervenfasern assoziierten Gliazellen des Zentralnervensystems das verhindern: In Kultur können Oligodendrocyten (Myelinbildner des Zentralnervensystems) dafür sorgen, daß die Wachstumskegel unreifer Neuronen kollabieren und sich zurückziehen. Schwann-Zellen dagegen, die für die Myelinbildung im peripheren Nervensystem zuständig sind, fördern das Axonwachstum. Wenn man sie in das Zentralnervensystem implantiert, bewegen sich die Axone entlang dieser Zellstränge.

Zusammenfassung

Bei der Entwicklung des Wirbeltiernervensystems sterben viele Neuronen ab. Rund die Hälfte der Motoneuronen, die Axone zur Innervierung von Extremitäten ausschicken, gehen wieder zugrunde; nur solche, die funktionelle Verbindungen zu Muskeln aufbauen, überleben. Viele Neuronen sind zum Überleben auf Neurotrophine wie etwa den Nervenwachstumsfaktor angewiesen, wobei unterschiedliche Neuronenklassen unterschiedliche Neurotrophine benötigen. Die Ausbildung einer neuromuskulären Verbindung geht, nachdem der Kontakt einmal hergestellt ist, mit Veränderungen in der präsynaptischen (neuronalen) und der postsynaptischen (muskulären) Zellmembran einher. Die Axonendigung setzt verschiedene Signalproteine frei, die dazu führen, daß sich in der postsynaptischen Membran Acetylcholinrezeptoren ansammeln und lokal Rezeptoren synthetisiert werden. Die meisten Muskelfasern der Säuger werden anfänglich von zwei oder mehr motorischen Axonen innerviert, deren jeweilige Synapsen miteinander konkurrieren. Infolge neuraler Aktivität werden Synapsen verdrängt, bis jede Muskelfaser schließlich nur noch von einem Motoneuron innerviert wird. Auch bei der Feinabstimmung der Verbindungen zwischen Auge und Gehirn spielt neuronale Aktivität eine wichtige Rolle. Im visuellen Cortex von Säugern können sich nur dann Augendominanzsäulen entwickeln, wenn von beiden Augen Seheindrücke weitergeleitet werden. Augendominanzsäulen sind Zonen im visuellen Cortex, die entweder Signale aus dem linken oder dem rechten Auge verarbeiten, wobei benachbarte Säulen auf denselben visuellen Reiz ansprechen: eine Säule für das linke, eine für das rechte Auge. Diese Säulen sind für das räumliche Sehen erforderlich; sie entstehen aufgrund der Konkurrenz von Axonen, die Input von jeweils einem Auge erhalten, um Zielpunkte im visuellen Cortex. Im peripheren Nervensystem können durchtrennte Axone regeneriert werden, im Zentralnervensystem adulter höherer Wirbeltiere dagegen nicht.

Übersicht: Bildung und Optimierung synaptischer Verschaltungen

Axone von Motoneuronen sezernieren Agrin an Verbindungsstelle zu Muskel

⇩

Acetylcholinrezeptoren konzentrieren sich an der Verbindungsstelle; Anstieg der Rezeptorsynthese im Synapsenbereich

⇩

elektrische Aktivität der Muskelfaser reduziert Rezeptorsynthese in synapsenfernen Bereichen

Neurotrophine notwendig für das Überleben von Neuronen; rund 50 Prozent der gliedmaßeninnervierenden Motoneuronen sterben ab

kongruente Projektion der Retina auf Sehzentren im Gehirn durch neuronale Aktivität verfeinert, dadurch Entstehung von Augendominanzsäulen

Zusammenfassung von Kapitel 11

Die Entwicklung des Nervensystems mit seinen zahllosen Verbindungen verläuft unter Beteiligung ähnlicher Prozesse, wie sie auch bei anderen Entwicklungssystemen zu finden sind. Künftiges Nervengewebe wird in der Frühphase der Entwicklung spezifiziert: in Wirbeltieren während der Gastrulation, bei *Drosophila* im Zuge der Musterbildung längs der Dorsoventralachse. Die Entwicklung von neuronenbildenden Zellen innerhalb dieses Gewebes beruht auf Lateralinhibition. Bei der weiteren Entwicklung von Neuronen aus neuronalen Vorläufern spielen asymmetrische Zellteilungen und der interzelluläre Signalaustausch eine Rolle. Die Bildung des Neuronenmusters im Rückenmark der Wirbeltiere wird von dorsalen und ventralen Signalen gesteuert. Im Verlauf ihrer Differenzierung entwickeln Neuronen verschiedene Zellfortsätze: Axone und Dendriten. An der Spitze eines auswachsenden Axons befindet sich der Wachstumskegel, der das Axon zu seinem Ziel führt. Er reagiert auf anziehende und abstoßende Leitmoleküle in seiner Umgebung, die entweder frei diffundieren oder am Substrat gebunden sind. Gradienten solcher Moleküle können Axone wie im Falle des retinotectalen Systems der Amphibien und Vögel zu ihren Zielen leiten. Damit das Nervensystem funktionieren kann, müssen zwischen den Axonen und ihren Zielzellen spezifische Synapsen gebildet werden. Die notwendige Spezifität wird offenbar durch eine anfängliche Überproduktion von Neuronen erreicht, die um die vorhandenen Ziele konkurrieren, wobei im Verlauf der Entwicklung viele Neuronen sterben. Die Feinabstimmung der synaptischen Verbindungen beruht ebenfalls auf der Konkurrenz der Neuronen untereinander. Neurale Aktivitäten leisten einen wesentlichen Beitrag zur Präzisierung von Verbindungen wie etwa jener zwischen Auge und Gehirn.

Literatur

11.1 Neuronen in *Drosophila* gehen aus proneuralen Zellgruppen hervor

Gómez-Skarmeta, J. L.; Rodriguez, I.; Martinez, C.; Culi, J.; Ferrés-Marco, D.; Beamonte, D.; Modolell, J. *Cis-regulation of achaete and scute: shared enhancer-like elements drive their coexpression in proneural clusters of imaginal discs.* In: *Genes Dev.* 9 (1995) S. 1809–1882.

Simpson, P. *Drosophila development: a prepattern for sensory organs.* In: *Curr. Biol.* 6 (1996) S. 948–950.

Skeath, J. B.; Doe, C. Q. *The achaete-scute complex proneural genes contribute to neural precursor specification in the Drosophila CNS.* In: *Curr. Biol.* 6 (1996) S. 1146–1152.

Skeath, J. B.; Panganiban, G.; Selegue, J.; Carroll, S. B. *Gene regulation in two dimensions: the proneural achaete and scute genes are controlled by combinations of axis-patterning genes through a common intergenic control region.* In: *Genes Dev.* 6 (1992) S. 2606–2619.

Udolph, G.; Lüer, K.; Bossing, T.; Technau, G. M. *Commitment of CNS progenitor along the dorso-ventral axes of Drosophila neurectoderm.* In: *Science* 269 (1995) S. 1278–1281.

11.2 Die neuronalen Vorläufer in *Drosophila* werden durch Lateralinhibition bestimmt

Artavanis-Tsakonas, S.; Matsuno, K.; Fortini, M. E. *Notch signaling.* In: *Science* 268 (1995) S. 225–232.

Lawrence, P. A. *The Making of a Fly.* Oxford (Blackwell Scientific Publications) 1992.

11.3 Asymmetrische Zellteilungen führen bei *Drosophila* zur Entwicklung sensorischer Organe

Guo, M.; Jan, L. Y.; Jan, Y. N. *Control of daughter cell fates during asymmetric division: interaction of Numb and Notch.* In: *Neuron* 17 (1996) S. 27–41.

Jarman, A. P.; Grau, Y.; Jan, L. Y.; Jan, Y. N. *atonal is a proneural gene that directs chordodontal organ formation in the Drosophila peripheral nervous system.* In: *Cell* 73 (1993) S. 1307–1321.

11.5 Neuronale Vorläufer in Wirbeltieren werden durch Lateralinhibition bestimmt

Chitins, A.; Henrique, D.; Lewis, J.; Ish-Horowitcz, D.; Kintner, C. *Primary neurogenesis in Xenopus embryos regulated by a homologue of the Drosophila neurogenic gene Delta.* In: *Nature* 375 (1995) S. 761–766.

Ma, Q.; Kintner, C.; Anderson, D. J. *Identification of neurogenin, a vertebrate neuronal determination gene.* In: *Cell* 87 (1996) S. 43–52.

11.6 Das Muster der Zelldifferenzierung längs der Dorsoventralachse des Rückenmarks wird von ventralen und dorsalen Signalen geprägt

Basler, K.; Edlund, T.; Jessell, T. M.; Yamada, T. *Control of cell pattern in the neural tube: regulation of cell differentiation by dorsalin-1, a novel TGFβ family member.* In: *Cell* 73 (1993) S. 687–702.

Chiang, C.; Litingtung, K.; Lee, E.; Young, K. E.; Corden, J. L.; Westphal, H.; Beachy, P. A. *Cyclopia and defective axial patterning in mice lacking Sonic hedgehog gene function.* In: *Nature* 383 (1996) S. 407–413.

Liem, K. F.; Tremml, G.; Roelink, H.; Jessell, T. M. *Dorsal differentiation of neural plate cells induced by BMP-mediated signals from epidermal ectoderm.* In: *Cell* 82 (1995) S. 969–979.

Lumsden, A. *Neural development. A 'LIM code' for motor neurons?* In: *Curr. Biol.* 5 (1995) S. 491–495.

Marti, E.; Bumcroft, D. A.; Takada, R.; McMahon, A. P. *Requirement of 19K form of Sonic hedgehog for induction of distinct ventral cell types in CNS explants.* In: *Nature* 375 (1995) S. 322–325.

Placzek, M.; Furley, A. *Patterning cascades in the neural tube. Neural development.* In: *Curr. Biol.* 6 (1996) S. 526–529.

Roelink, H.; Porter, J. A.; Chian, C.; Tanabe, Y.; Chang, D. T.; Beachy, P. A.; Jessell, T. M. *Floor plate and motor neuron induction by different concentrations of the amino terminal cleavage product of Sonic hedgehog autoproteolysis.* In: *Cell* 81 (1995) S. 445–455.

Tanabe, Y.; Jessell, T. M. *Diversity and pattern in the developing spinal cord.* In: *Science* 274 (1996) S. 1115–1123.

11.7 Neuronen im Zentralnervensystem der Säuger gehen aus asymmetrischen Zellteilungen hervor und verlassen dann die Proliferationszone

Chenn, A.; McConnell, S. K. *Cleavage orientation and the asymmetric inheritance of Notch-1 immuno-reactivity in mammalian neurogenesis.* In: *Cell* 82 (1995) S. 631–641.

Kim, H.; Schagat, T. *Neuroblasts: a model for the asymmetric division of cells.* In: *Trends Genet.* 13 (1996) S. 33–39.

McConnell, S. K.; Kaznowski, C. E.; O'Rourke, N. A.; Dailey, M. E.; Roberts, J. S. C. *Neurogenesis, determination and migration during cerebral cortical development.* In: *Molecular Basis of Morphogenesis.* Edited by Bernfield, N. Wiley-Liss (1993) New York, S. 135–154.

11.8 Motoneuronen des Rückenmarks stellen Verbindungen mit jeweils bestimmten Muskeln her

Lance-Jones, C.; Landmesser, L. *Pathway selection by embryonic chick motoneurons in an experimentally altered environment.* In: *Proc. R. Soc. Lond.* 214 (1981) S. 19–52.

Tosney, K. W.; Hotary, K. B.; Lance-Jones, C. *Specifying the target identity of motoneurons.* In: *BioEssays* 17 (1995) S. 379–382.

11.9 Der Wachstumskegel leitet das wachsende Axon

Tessier-Lavigne, M.; Goodman, C. S. *The molecular biology of axon guidance.* In: *Science* 274 (1996) S. 1123–1133.

11.10 Welchen Weg ein Axon einschlägt, hängt von der Identität seines Neurons ab sowie von den Leitsignalen, auf die es unterwegs trifft

Bentley, D.; O'Connor, T. P. *Guidance and steering of peripheral pioneer Growth cones in grasshopper embryos.* In: *The Nerve growth Cone.* Letourneau, P. C.; Kater, S. K.; Machgno, E. R. (Hrsg.) New York (Raven) 1992, S. 265–282.

11.11 Retinale Neuronen stellen geordnete Verbindungen zum Tectum her, um so retino-tectale Karten zu erstellen

Drescher, U.; Kremoser, C.; Handwerker, C.; Löschinger, J.; Noda, M.; Bonhoeffer, F. *In vitro guidance of retinal ganglion cell axons by RAGS, a 25 kDa tectal protein related to ligands for Eph receptor tyrosine kinases.* In: *Cell* 82 (1995) S. 359–370.

Holt, C. E.; Harris, W. A. *Position, guidance, and mapping in the developing visual system.* In: *J. Neurobiol.* 24 (1993) S. 1400–1422.

Nakamoto, M.; Cheng, H. J.; Friedmann, G. C.; McLaughlin, T.; Hansen, M. J.; Yoon, C. H.; O'Leary, D. D.; Flanagan, J. G. *Topographically specific effects of ELF-1 on retinal axon guidance in vitro and retinal axon mapping in vivo.* In: Cell 86 (1996) S. 755–766.

Orike, N.; Pini, A. *Axon guidance: following the Eph plan.* In: *Curr. Biol.* 6 (1996) S. 108–110.

11.12 Axone können sich bei ihrer Wanderung an Diffusionsgradienten orientieren

Kennedy, T. E.; Serafini, T.; de la Torre, J. R.; Tessier-Lavigne, M. *Netrins are diffusible chemotropic factors for commissural axons in the embryonic spinal cord.* In: *Cell* 78 (1994) S. 425–435.

Keynes, R.; Cook, G. M. *Axon guidance molecules.* In: *Cell* 83 (1995) S. 161–169.

Serafini, T.; Colamarino, S. A.; Leonardo, E. D.; Wang, H.; Beddington, R.; Skarnes, W. C.; Tessier-Lavigne, M. *Netrin-1 is required for commissural axon guidance in the developing vertebrate nervous system.* In: *Cell* 87 (1996) S. 1001–1004.

11.13 Viele Motoneuronen sterben während der Innervierung der Gliedmaßen ab

Oppenheim, R. W. *Cell death during development of the nervous system.* In: *Ann. Rev. Neurosci.* 14 (1991) S. 453–501.

11.14 Um zu überleben, konkurrieren Neuronen um neurotrophe Faktoren

Birling, M. C.; Price, J. *Influence of growth factors on neuronal differentiation.* In: *Curr. Opin. Cell Biol.* 7 (1995) S. 878–884.

Davies, A. M. *Neurotrophic factors. Switching neurotrophin dependence.* In: *Curr. Biol.* 4 (1994) S. 273–276.

Henderson, C. E.; Phillips, H. S.; Pollock, R. A.; Davies, A. M.; Lemeulle, C.; Armanini, M.; Simmons, L.; Moffet, B.; Vandlen, R. A.; Simpson, L. C.; Koliatos, V. E.; Rosenthal, A. *GDNF a potent survival factor for motorneurons present in peripheral nerve and muscle.* In: *Science* 266 (1994) S. 1062–1064.

Lindsay, R. M. *Neuron saving schemes.* In: *Nature* 373 (1995) S. 289–290.

Snider, W. D. *Functions of the neurotrophins during nervous system development: what the knockouts are teaching us.* In: *Cell* 77 (1994) S. 627–638.

11.15 Zur Bildung einer neuromuskulären Synapse treten Nerv und Muskel miteinander in Wechselwirkung

Goodman, C. S.; Shatz, C. J. *Developmental mechanisms that generate precise patterns of neuronal connectivity.* In: *Cell* 72 (1993) S. 77–98.

Kleiman, R. J.; Reichardt, L. F. *Testing the agrin hypothesis.* In: *Cell* 85 (1996) S. 461–464.

Wallace, B. G. *Signaling mechanisms mediating synapse formation.* In: *BioEssays* 18 (1996) S. 777–780.

11.16 Die Projektion vom Auge zum Gehirn wird durch neurale Aktivität verfeinert

Katz, L. C.; Shatz, C. J. *Synaptic activity and the construction of cortical circuits.* In: *Science* 274 (1996) S. 1133–1138.

Keimzellen und Sexualität

12

- Die Determination des Geschlechtsphänotyps
- Die Entwicklung der Keimzellen
- Die Befruchtung

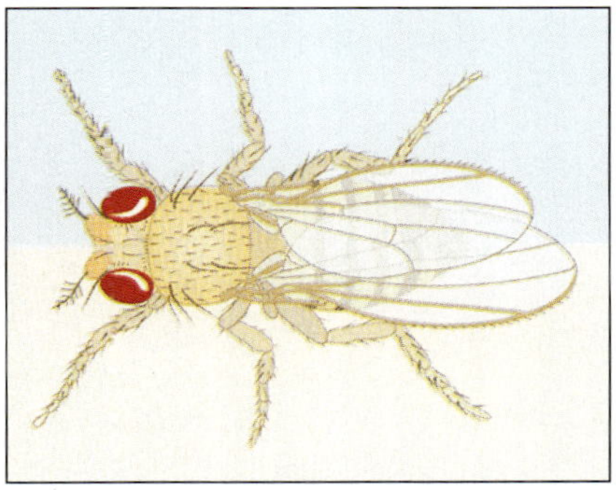

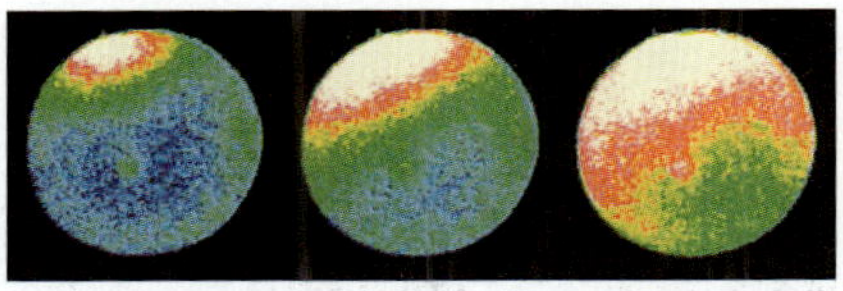

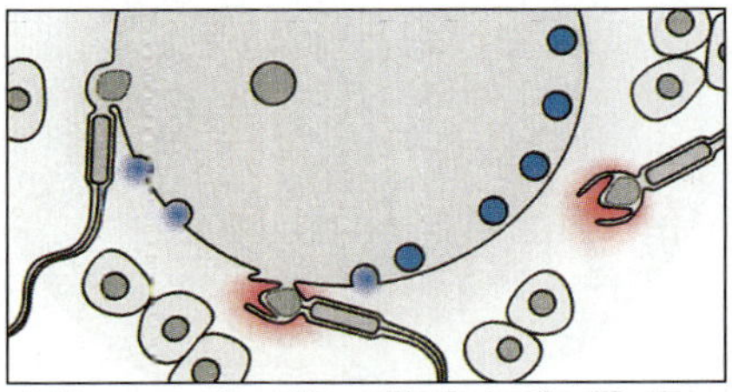

„Einige von uns wurden sehr früh dazu auserwählt, später eine neue Kolonie zu gründen.“

In der Biologie der Tiere und Pflanzen spielen, was nicht erstaunlich ist, Fortpflanzung und Sexualität eine zentrale Rolle. Die Embryonen aller Organismen mit geschlechtlicher Fortpflanzung entwickeln sich aus einer einzelnen Zelle, die sich bei der Befruchtung durch die Verschmelzung einer männlichen und einer weiblichen **Gamete** bildet. Die Gameten wiederum entwickeln sich aus den **Keimzellen**, die gewöhnlich früh in der tierischen Entwicklung festgelegt und räumlich separiert werden. In diesem Kapitel beschäftigen wir uns mit der Geschlechtsdetermination, der Keimzellbildung und der Befruchtung – hauptsächlich bei der Maus, bei *Drosophila* und *Caenorhabditis*. Es ist wichtig zu erwähnen, daß es große Unterschiede darin gibt, wie sich Organismen fortpflanzen: Einige Tiere können sich beispielsweise ungeschlechtlich fortpflanzen: etwa *Hydra*, die sich durch Knospung reproduziert, oder Schildkröten, deren Eier sich ohne Befruchtung entwickeln können.

Wir beginnen mit der Betrachtung der Geschlechtsdetermination. Männliche und weibliche Embryonen von Tieren, deren Geschlecht genetisch bestimmt wird, sehen zunächst gleich aus. Geschlechtsunterschiede werden erst sichtbar, wenn die geschlechtsbestimmenden Gene auf den Geschlechtschromosomen aktiv werden. Diese Gene setzen jene Prozesse in Gang, die zu Geschlechtsunterschieden führen und auch Gene anderer Chromosomen mit einbeziehen. Die molekularen Mechanismen der Geschlechtsdetermination variieren selbst bei den Organismen erheblich, bei denen das Geschlecht genetisch bestimmt wird. Weiterhin betrachten wir, wie Keimzellen im frühen Embryonalstadium spezifiziert werden und wie sie sich in den Keimdrüsen differenzieren. Abschließend werfen wir einen Blick darauf, wie die Eizelle befruchtet und aktiviert wird – den entscheidenden Schritt am Beginn neuen Lebens.

Die Determination des Geschlechtsphänotyps

Bei Organismen mit zwei unterschiedlichen Geschlechtsphänotypen entwickeln sich die Geschlechter aufgrund der Modifikation eines Grundentwicklungsmusters, die dafür sorgt, daß eines der beiden Geschlechter ausgebildet wird. Der frühe Embryo ist bei Männchen und Weibchen ähnlich. Geschlechtsunterschiede bilden sich erst in späteren Stadien heraus. Bei den im folgenden betrachteten Organismen wird der somatische Geschlechtsphänotyp bei der Befruchtung durch den chromosomalen Inhalt der **Gameten** (reproduktiven Zellen), die zu einer befruchteten Eizelle verschmelzen, genetisch festgelegt. Bei Säugetieren wird das Geschlecht beispielsweise durch das X- und Y-Chromosom determiniert. Männchen haben die Kombination XY, Weibchen XX.

Selbst bei Wirbeltieren wird das Geschlecht nicht immer dadurch festgelegt, welche Chromosomen jeweils vorhanden sind. Bei Alligatoren gibt die beim Ausbrüten des Embryos vorherrschende Umgebungstemperatur den Ausschlag, und einige Fische können als erwachsene Tiere ihr Geschlecht entsprechend ihrer Umweltbedingungen ändern. Bei Insekten findet man eine große Bandbreite an unterschiedlichen geschlechtsbestimmenden Mechanismen. So interessant diese auch sind, hier konzentrieren wir uns vor allem auf jene Organismen, bei denen die genetischen und molekularen Grundlagen der Geschlechtsdetermination am besten verstanden sind – Säuger, *Drosophila* und den Nematoden

Caenorhabditis – und in welchen das Geschlecht durch die chromosomale Ausstattung der Zelle, wenn auch durch unterschiedliche Mechanismen, bestimmt wird.

Eingangs beschreiben wir die Determination des somatischen Geschlechtsphänotyps – die Entwicklung eines männlichen oder weiblichen Individuums. Anschließend beschäftigen wir uns mit der Bestimmung des Geschlechtsphänotyps der Keimzellen – ob aus ihnen Eizellen oder Samenzellen werden –, und abschließend wollen wir betrachten, wie der Embryo die unterschiedliche chromosomale Zusammensetzung von Männchen und Weibchen ausgleicht.

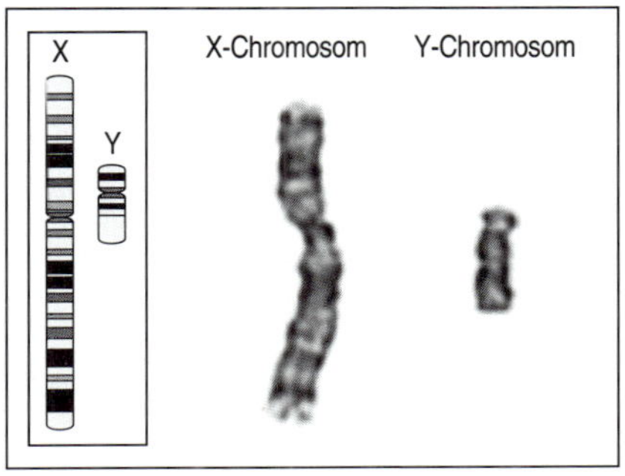

12.1 Die Geschlechtsdetermination beim Menschen. Sind zwei X-Chromosomen (XX) vorhanden, entwickelt sich eine Frau, ist dagegen ein Y-Chromosom (XY) vorhanden, entsteht ein Mann. Das Schema zeigt das Bänderungsmuster der beiden Chromosomen, das durch Regionen mit erhöhter Chromatinkonzentration zustande kommt. Aufnahme mit freundlicher Genehmigung von Cytogenetic Services.

12.1 Bei Säugern befindet sich das primäre geschlechtsbestimmende Gen auf dem Y-Chromosom

Auf genetischer Ebene steht das Geschlecht eines Säugers mit dem Moment fest, in dem das Spermium ein X- oder ein Y-Chromosom in die Eizelle einbringt. Eizellen enthalten immer ein X-Chromosom; trägt das Spermium ein weiteres X, so wird der Embryo weiblich sein, führt es ein Y ein, wird sich ein Männchen entwickeln (Abbildung 12.1). Die Anwesenheit eines Y-Chromosoms führt dazu, daß die somatischen Zellen der embryonalen Keimdrüsen statt Ovarien Hoden ausbilden. Der Hoden sondert sowohl eine Substanz ab, die zur Rückbildung der Müllerschen Gänge führt und dadurch die weibliche Entwicklung unterdrückt, als auch das Hormon Testosteron, welches die Ausbildung der männlichen Fortpflanzungsorgane stimuliert. Die Spezifizierung einer Keimdrüse zum Hoden wird von einem einzigen Gen auf dem Y-Chromosom gesteuert. Man spricht von der geschlechtsbestimmenden Region auf dem Y-Chromosom (*sex-determining region*, SRY), die früher als testisdeterminierender Faktor bekannt war.

Einen ersten Hinweis darauf, daß eine Region auf dem Y-Chromosom das männliche Geschlecht festlegt, erhielt man durch zwei ungewöhnliche Syndrome beim Menschen: zum einen das Klinefelter-Syndrom, bei dem die betreffenden Personen zwei X- sowie ein Y-Chromosom haben (XXY) und trotzdem männlich sind; zum anderen das Turner-Syndrom, bei dem die Individuen lediglich ein X-Chromosom besitzen (XO) und weiblich sind. Bei beiden findet man Abweichungen von der Norm: Klinefelter-Männer sind steril und besitzen kleine Hoden, wohingegen Turner-Frauen keine Eizellen produzieren. Zudem gibt es seltene Fälle von XY-Individuen, die weiblich sind, sowie XX-Individuen mit einem männlichen Phänotyp. Sie kommen dadurch zustande, daß ein Teil des Y-Chromosoms verlorengegangen ist (bei XY-Frauen), oder dadurch, daß ein Teil des Y-Chromosoms auf das X-Chromosom übertragen wurde (bei XX-Männern). Dies kann in männlichen Keimzellen während der Meiose passieren; X- und Y-Chromosom paaren sich, wodurch zwischen ihnen ein Cross-over (Crossing-over) stattfinden kann. In seltenen Fällen transferiert ein solches Cross-over das *SRY*-Gen vom Y-Chromosom auf das X-Chromosom, wodurch es zu einer Geschlechtsumkehr kommt (Abbildung 12.2).

Wie aus einem Experiment ersichtlich, in welchem das Mausäquivalent des *SRY*-Gens (*Sry*) in die Eizellen von XX-Mäusen eingeschleust wurde, reicht die geschlechtsdeterminierende Region allein vollkommen aus, um festzulegen, daß ein Tier männlich wird. Diese transgenen Embryonen entwickeln sich zu Männchen, obwohl ihnen alle übrigen Gene des Y-Chromosoms fehlen. Das *Sry*-Gen, das einen Transkrip-

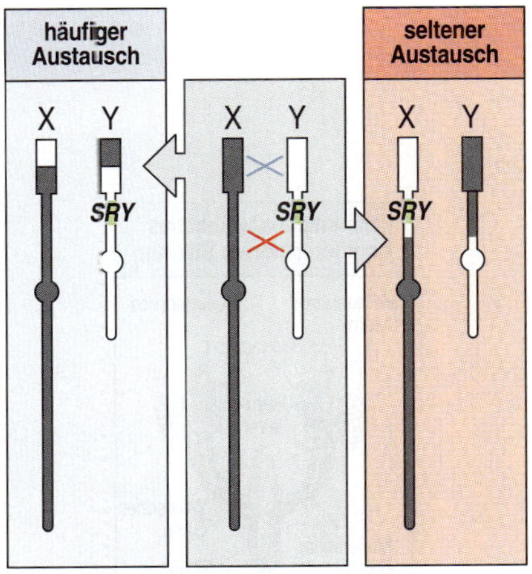

12.2 Geschlechtsumkehr beim Menschen aufgrund eines chromosomalen Austauschs. In männlichen Keimzellen paaren sich während der Meiose die X- und Y-Chromosomen (Mitte); dabei kommt es in der distalen Region häufig zu Cross-over-Ereignissen (blaues Kreuz), was jedoch die geschlechtliche Entwicklung nicht beeinflußt (links). In seltenen Fällen ist an einem Cross-over ein größeres Segment beteiligt, das auch das *SRY*-Gen (rotes Kreuz) enthält; dadurch wird dem X-Chromosom dieses geschlechtsdeterminierende Gen übertragen (rechts). Nach Goodfellow 1993.

tionsfaktor codiert, löst in diesen XX-Embryonen die Bildung von Hoden anstelle von Eierstöcken aus. Das Gen wird in der sich entwickelnden Keimdrüse kurz vor ihrer Differenzierung zu Hodengewebe exprimiert. Diese transgenen Mäuse sind jedoch keine völlig normalen Männchen: Da für die Entwicklung der Spermien weitere Gene des Y-Chromosoms nötig sind, sind diese XX-Männchen unfruchtbar.

12.2 Der Geschlechtsphänotyp der Säuger wird von den Hormonen der Keimdrüsen reguliert

Alle Säugetiere – gleich welchen Geschlechts – beginnen ihre sexuelle Entwicklung als Neutrum. Ist ein Y-Chromosom vorhanden, entstehen Hoden, deren Hormone dafür sorgen, daß die Entwicklung sämtlicher somatischer Gewebe einen typisch männlichen Verlauf nimmt. Ohne Y-Chromosom kommt es bei dem somatischen Gewebe zu einer weiblichen Entwicklung. Während also im Säugerorganismus das Geschlecht der reproduktiven Organe, der **Keimdrüsen** oder **Gonaden**, genetisch festgelegt wird, sind alle übrigen Zellen ungeachtet ihres chromosomalen Geschlechts neutral. Es spielt keine Rolle, ob sie XX oder XY sind, da jegliche zukünftige geschlechtsspezifische Entwicklung, die sie durchlaufen, von Hormonen gesteuert wird. Die primäre Aufgabe des Hodens bei der Steuerung der männlichen Entwicklung wurde zum ersten Mal gezeigt, indem man Kaninchen in einem frühen Embryonalstadium das zukünftige Keimdrüsengewebe entfernte. Ungeachtet ihrer chromosomalen Konstitution entwickelten sich sämtliche Embryonen zu Weibchen. Männchen können folglich nur entstehen, wenn Hoden vorhanden sind. Deren Einfluß auf die geschlechtliche Differenzierung somatischer Gewebe besteht hauptsächlich in der Sekretion des Hormons Testosteron.

Bei Säugern ist die Entwicklung der Keimdrüsen eng mit dem **Mesonephros** verknüpft. Diese embryonale Urniere trägt zur Bildung der männlichen und weiblichen Reproduktionsorgane bei. Die **Wolffschen Gänge**, die bis zur Kloake, einer undifferenzierten Öffnung, führen, sind mit den beidseitig angelegten Urnieren verbunden. Parallel zu den Wolffschen Gängen verläuft ein weiteres Paar von Gängen, die **Müllerschen Gänge**, die ebenfalls in die Kloake münden. Im frühen Stadium der Säugerentwicklung, vor der Keimdrüsendifferenzierung, sind beide Paare von Gängen vorhanden (Abbildung 12.3). In weiblichen Orga-

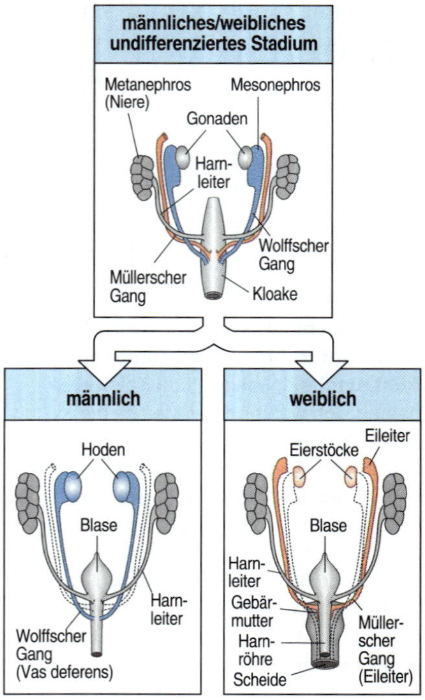

12.3 Die Entwicklung der Keimdrüsen und der dazugehörenden Organe bei Säugern. Die obere Abbildung zeigt, daß sich bei Männchen und Weibchen die Strukturen, die später die Keimdrüsen sowie die dazugehörenden Organe ausbilden, in den Frühstadien der Entwicklung nicht voneinander unterscheiden. Die späteren Keimdrüsen liegen direkt neben dem Mesonephros, den embryonalen Nieren, die bei adulten Säugern keinerlei Funktion mehr haben. (Die eigentliche Niere entwickelt sich aus dem Metanephros, aus dem der Harnleiter den Urin zur Harnblase transportiert.) In diesem Entwicklungsstadium sind zwei Gangsysteme vorhanden, die beide in die Kloake münden: die Wolffschen Gänge, die mit dem Mesonephros verbunden sind, und die Müllerschen Gänge. Links unten: Beim Männchen entwickeln sich die Hoden, die eine den Müllerschen Gang hemmende Substanz abgeben und so die Degeneration des Müllerschen Gangs durch programmierten Zelltod einleiten. Der Wolffsche Gang wird zum Vas deferens, das die Spermien aus dem Hoden nach außen transportiert. Rechts unten: Beim Weibchen verschwindet der Wolffsche Gang ebenfalls durch Apoptose, und der Müllersche Gang wird zum Eileiter (Ovidukt), an dessen Ende sich die Gebärmutter (Uterus) bildet. Nach Higgins et al. 1989.

nismen, die ja keine Hoden besitzen, entwickeln sich aus den Müllerschen Gängen **Ovidukte** (Eileiter), welche die Eier von den Ovarien in den Uterus (Gebärmutter) transportieren, während die Wolffschen Gänge degenerieren. In männlichen Organismen sondern die Zellen des Hodens eine Substanz ab, die den Müllerschen Gang hemmt und spezifisch die Degeneration und Resorption der Müllerschen Gänge verursacht. Der Wolffsche Gang wird zum Samenleiter (Vas deferens), der die Spermien zum Penis transportiert.

Die wichtigsten sekundären Geschlechtsmerkmale, in denen sich männliche und weibliche Organismen unterscheiden, sind die folgenden: Männchen haben kleinere Brustdrüsen und statt der Klitoris und der Schamlippen der Weibchen entwickeln sich bei ihnen Penis und Hodensack (Abbildung 12.4). In frühen Stadien der Embryonalentwicklung ist der Genitalbereich von Männchen und Weibchen nicht zu unterscheiden. Dies gelingt erst nach der Keimdrüsenentwicklung aufgrund der Wirkung der Keimdrüsenhormone. Beim Menschen beispielsweise wird aus dem Phallus bei Frauen die Klitoris und bei Männern das Ende des Penis.

Welche Rolle die Keimdrüsenhormone in der Geschlechtsentwicklung spielen, wird anhand seltener Fälle anomaler Geschlechtsentwicklung deutlich. Bestimmte XY-Männer entwickeln sich phänotypisch zu Frauen, obwohl sie einen Hoden besitzen und Testosteron produzieren. Sie haben eine Mutation, die sie gegenüber Testosteron unempfindlich macht, weil ihnen überall im Körper die Testosteronrezeptoren fehlen. Umgekehrt kann sich bei Frauen mit zwei völlig normalen X-Chromosomen ein männlicher Phänotyp ausbilden, wenn sie während ihrer Embryonalentwicklung männlichen Hormonen ausgesetzt waren.

Geschlechtsspezifisches Verhalten ist aufgrund der Hormonwirkung auf das Gehirn ebenfalls von hormonellen Einflüssen abhängig. Beispielsweise entwickeln männliche Ratten, die nach ihrer Geburt kastriert wurden, das geschlechtsspezifische Verhaltensmuster von Weibchen.

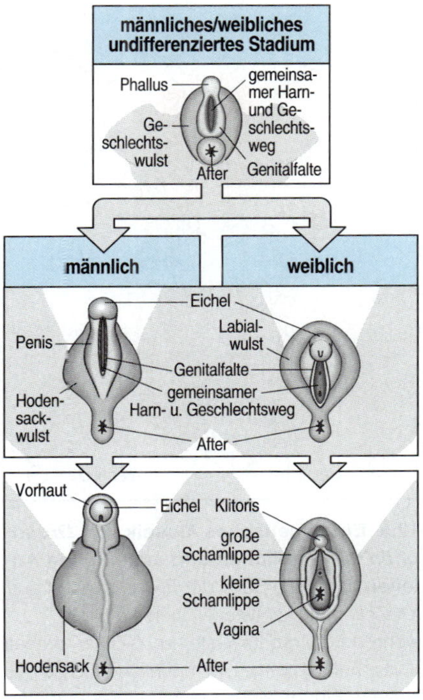

12.4 Die Entwicklung der Geschlechtsorgane beim Menschen. Im frühen Stadium der Embryonalentwicklung unterscheiden sich die Geschlechtsorgane männlicher und weiblicher Embryonen nicht (oben). Sobald sich beim männlichen Embryo Hoden gebildet haben, entwickeln sich Phallus und Genitalfalte zum Penis, beim weiblichen Embryo dagegen zur Klitoris und den kleinen Schamlippen. Der Geschlechtswulst wird bei Jungen zum Hodensack und bei Mädchen zu den großen Schamlippen.

12.3 Der primäre geschlechtsbestimmende Faktor bei *Drosophila*, die Anzahl der X-Chromosomen, wird allein von der Zelle bestimmt

Bei *Drosophila* liegen die Geschlechtsunterschiede von Männchen und Weibchen hauptsächlich in den Genitalstrukturen, obwohl auch die Anordnung der Borsten und die Pigmentierung unterschiedlich sind und männliche Fliegen am ersten Beinpaar einen Geschlechtskamm (*sex comb*) besitzen. Das Geschlecht der somatischen Zellen wird bei Fliegen allein von der Zelle festgelegt; das heißt, Zelle für Zelle, ohne einen Vorgang, der einer hormonellen Steuerung der Geschlechtsdifferenzierung von somatischen Zellen gleichkäme. Der Prozeß der somatischen Geschlechtsentwicklung beruht auf einer Reihe von Geninteraktionen, die durch den primären Geschlechtsfaktor ausgelöst werden, der auf einem binären Genschalter basiert. Durch diese Kaskade werden einige wenige Effektorgene exprimiert, welche die Differenzierung der somatischen Zellen in männlich und weiblich steuern.

Wie die Säugetiere haben Fruchtfliegen zwei unterschiedlich große Geschlechtschromosomen, X und Y, wobei Männchen XY und Weibchen XX haben. Diese Ähnlichkeiten sind jedoch irreführend, da das Geschlecht bei Fliegen nicht durch das Y-Chromosom, sondern durch die Anzahl der X-Chromosomen bestimmt wird. So sind XXY-Fliegen

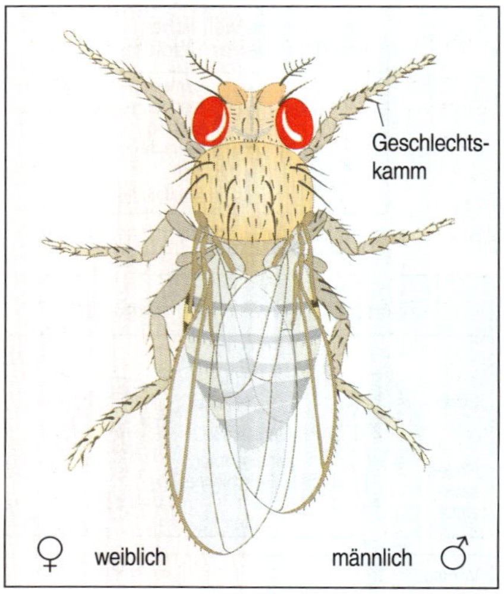

12.5 Ein genetisches Mosaik von *Drosophila* mit weiblichen und männlichen Anteilen. Die linke Seite der Fliege besteht aus XX-Zellen und entwickelt sich weiblich, während die rechte Seite nur X-Zellen enthält und männlich wird. Die männliche Fliege hat kleinere Flügel, einen Geschlechtskamm als spezielle Struktur am ersten Beinpaar und andere Genitalien am Ende des Hinterleibs (nicht dargestellt).

weiblich, und X-Fliegen männlich. Die Chromosomen einer jeden somatischen Zelle bestimmen somit deren Geschlechtsentwicklung. Dies konnte man sehr elegant zeigen, indem man ein genetisches Mosaik herstellte, in dem die Zellen der linken Seite des Tieres zwei X-Chromosomen, die rechten jedoch nur eines hatten. Die linke Hälfte entwickelte sich zum Weibchen, und die rechte zum Männchen (Abbildung 12.5).

Fliegen mit zwei X-Chromosomen bilden das Protein Sex-lethal; das entsprechende Gen befindet sich auf dem X-Chromosom. Über eine Aktivierung weitere Gene, zu denen auch Übermittler des Geschlechtsstatus und schließlich Effektorgene für den geschlechtlichen Phänotyp gehören, wird so die weiblich Entwicklung eingeleitet (Abbildung 12.6). Am Ende dieser Geschlechtsdeterminationskaskade steht das Gen *double-sex*; dieses codiert einen Transkriptionsfaktor, der letztendlich das somatische Geschlecht bestimmt. Das *double-sex*-Gen ist zwar sowohl in Männchen als auch in Weibchen aktiv; allerdings werden dabei in den beiden Geschlechtern aufgrund geschlechtsspezifischen RNA-Spleißens jeweils unterschiedliche Proteine gebildet. Männchen und Weibchen exprimieren folglich ähnliche, aber unterschiedliche double-sex-Proteine, die in somatischen Zellen die Expression von geschlechtsspezifischen Genen induzieren sowie die Merkmale des anderen Geschlechts unterdrücken. Geschlechtsspezifisches *double-sex*-RNA-Spleißen wird durch das Gen *transformer* reguliert, das seinerseits durch das *Sex-lethal*-Gen kontrolliert wird. Ist das Protein Sex-lethal vorhanden, wird viel *transformer*-RNA gespleißt; dadurch wird zusammen mit dem transformer-2-Protein die weibliche Form des double-sex-Proteins gebildet und damit weibliche Differenzierungsmuster ausgeprägt. Ohne diese Kaskade entsteht die männliche Form dieses Proteins.

Das Gen *Sex-lethal* wird nur in Weibchen mit zwei X-Chromosomen angeschaltet. Ohne eine frühe *Sex-lethal*-Expression entwickelt sich ein Männchen. Ist *Sex-lethal* erst einmal im Weibchen aktiviert, so bleibt es aufgrund eines selbstregulierenden Mechanismus aktiv. Die frühe Expression von *Sex-lethal* bei Weibchen wird durch die Aktivierung eines Promotors P_e (e steht dabei für *establishment*) in der Phase der syncytialen Blastodermbildung ausgelöst. In diesem Stadium wird Sex-lethal-Protein gebildet und im Blastoderm des weiblichen Embryos angehäuft. Im zellulären Blastodermstadium wird P_e abgeschaltet, und statt dessen sowohl im Männchen als auch im Weibchen ein anderer Promotor P_m (m für *maintenance*) für *Sex-lethal* aktiv; das Geschlecht liegt jedoch schon fest. Die transkribierte *Sex-lethal*-RNA kann nur dann in eine mRNA gespleißt werden, wenn bereits einige Sex-lethal-Proteine vorhanden sind. Das ist nur bei Weibchen der Fall, so daß nur in ihnen die mRNA produktiv gespleißt und weiteres Sex-lethal-Protein synthetisiert werden kann (Abbildung 12.7). Diese Rückkopplung auf der posttran-

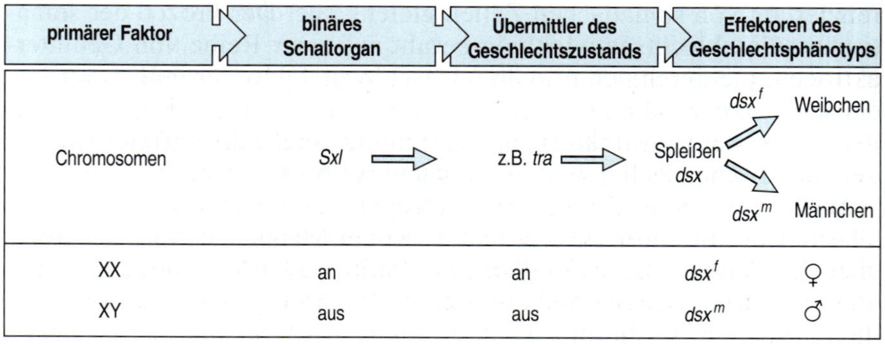

12.6 Überblick über den Ablauf der Geschlechtsdetermination bei *Drosophila*. Die Anzahl der X-Chromosomen ist bei *Drosophila* der primäre geschlechtsbestimmende Faktor. Sind zwei X-Chromosomen vorhanden, wird beim Weibchen das *Sex-lethal*-Gen (*Sxl*) aktiviert und das Sex-lethal-Protein gebildet. Beim Männchen entsteht kein Sex-lethal-Protein, da es nur ein X-Chromosom besitzt. Die Aktivität von Sex-lethal wird über das *transformer*-Gen (*tra*) übertragen und verursacht ein geschlechtsspezifisches Spleißen der *double-sex*-RNA (*dsx*), so daß die Zellen die weibliche Entwicklungsrichtung einschlagen. Ohne Sex-lethal-Protein entsteht durch das Spleißen der *double-sex*-RNA ein männliches Tier.

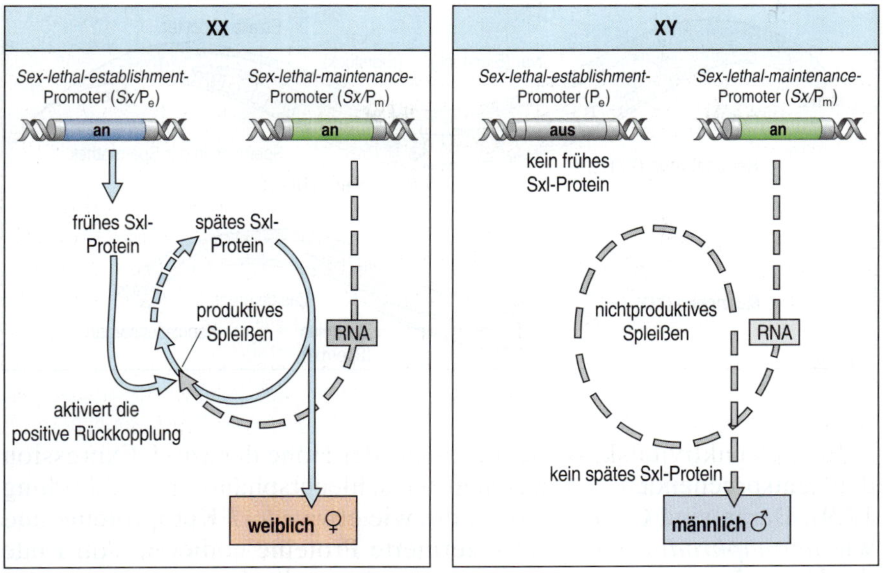

12.7 Die Produktion von Sex-lethal-Protein bei der Geschlechtsdetermination von *Drosophila*. Sind zwei X-Chromosomen vorhanden, wird im syncytialen Blastodermstadium nur bei zukünftigen Weibchen, aber nicht bei Männchen der frühe *establishment*-Promotor (P_e) des *Sex-lethal*-Gens aktiviert. Daraufhin bildet sich Sxl-Protein. Im weiteren Verlauf des Blastodermstadiums wird bei Weibchen wie bei Männchen der *maintenance*-Promotor (P_m) des *Sxl*-Gens aktiv, und P_e abgeschaltet. Nur wenn Sxl-Protein vorhanden ist, also ausschließlich bei Weibchen, kann die *Sxl*-RNA korrekt gespleißt werden. So bildet sich bei den Weibchen eine positive Rückkopplung für die Sxl-Protein-Produktion aus. Die kontinuierliche Anwesenheit von Sxl-Protein löst eine Kaskade von Genaktivitäten aus, die zu einer weiblichen Entwicklung führen. Ohne Sxl-Protein entwickelt sich ein Männchen. Nach Cline 1993.

skriptionellen Ebene führt dazu, daß während der gesamten weiblichen Entwicklung Sex-lethal-Protein gebildet wird.

Wie kann die Anzahl der X-Chromosomen diese geschlechtsbestimmenden Schlüsselgene steuern? Bei *Drosophila* sind daran sowohl Wechselbeziehungen zwischen den Produkten der sogenannten Numeratorgene auf dem X-Chromosom und den Produkten von Genen auf den Autosomen sowie spezielle maternale Faktoren beteiligt. Bei Weibchen aktiviert die doppelte Menge an Numeratorprotein das *Sex-lethal*-Gen durch die Bindung an den P_e-Promotor. Dieser Mechanismus ist im wesentlichen der gleiche wie die Aktivierung der *hunchback-* und *even-skipped*-Gene in der frühen Entwicklung (Abschnitt 5.14).

Es ist ein besonderes Merkmal von *Drosophila*, daß sie offenbar über einen Mechanismus verfügt, der ihr Sexualverhalten determiniert und unabhängig von *double-sex* ist. Zu ihm gehören das Gen *fruitless*, dessen Aktivität für das männliche Sexualverhalten notwendig ist. Das *transformer*-Gen wirkt möglicherweise direkt auf das *fruitless*-Gen, indem es dieses abschaltet.

12.4 Bei *Caenorhabditis* bestimmt die Anzahl der X-Chromosomen die somatische Geschlechtsentwicklung

Der Nematode *C. elegans* tritt in zwei Geschlechtsformen auf: als Hermaphrodit, der im wesentlichen ein modifiziertes Weibchen ist, und als Männchen (Abbildung 12.8). Bei anderen Fadenwürmern gibt es dagegen weibliche und männliche Formen. Hermaphroditen bilden in einem frühen Entwicklungsstadium eine begrenzte Menge an Spermien; die übrigen Keimzellen entwickelt sich zu Oocyten. Das Geschlecht wird bei *C. elegans* (und anderen Nematoden) durch die Anzahl der X-Chromosomen bestimmt: Der Hermaphrodit (XX) hat zwei X-Chromosomen; ist nur ein X-Chromosom vorhanden, entwickelt sich ein Männchen (XO). Das primäre geschlechtsbestimmende Signal in *C. elegans* basiert auf dem Gen *XO lethal* (*xol-1*). Bei zwei X-Chromosomen ist die *xol-1*-Expression gering, was zur Entwicklung eines Hermaphroditen führt.

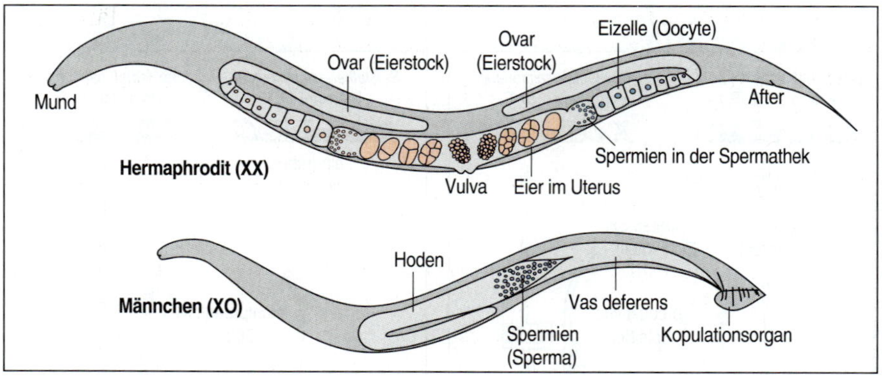

12.8 Hermaphroditischer und männlicher *Caenorhabditis elegans*. Der Hermaphrodit besitzt eine „zweiarmige" Keimdrüse und produziert sowohl Eizellen als auch Spermien. Die Eizellen werden im Körperinneren befruchtet. Das Männchen bildet ausschließlich Spermien.

Eine Genaktivitätskaskade macht aus der Höhe der *xol-1*-Expression den entsprechenden somatischen Geschlechtsphänotyp (Abbildung 12.9). Daran sind Gene beteiligt, die wie etwa *sdc-1* Kernproteine und wie *hermaphrodite-1* (*her-1*) sezernierte Proteine codieren. Am Ende der Kaskade steht das Gen *transformer-1* (*tra-1*), das einen Transkriptionsfaktor codiert. Die Expression von transformer-1-Protein ist notwendig und zugleich ausreichend, um alle Aspekte einer somatischen Zellentwicklung eines Hermaphroditen (XX) zu regeln. Eine Funktionsgewinnmutation im *tra-1*-Gen führt dazu, daß sich ein XO-Tier zum Hermaphrodit entwickelt, ohne daß die regulatorischen Gene, die normalerweise die Aktivität dieses Genes steuern, eingreifen können. Umgekehrt kommt es durch Mutationen, die *tra-1* inaktivieren, zu einer vollständigen Vermännlichung von XX-Hermaphroditen. Im Gegensatz zu *Drosophila* erfordert die Geschlechtsdetermination bei *C. elegans* eine Wechselwirkungen zwischen den Zellen, da an dem Prozeß sezernierte Proteine beteiligt sind.

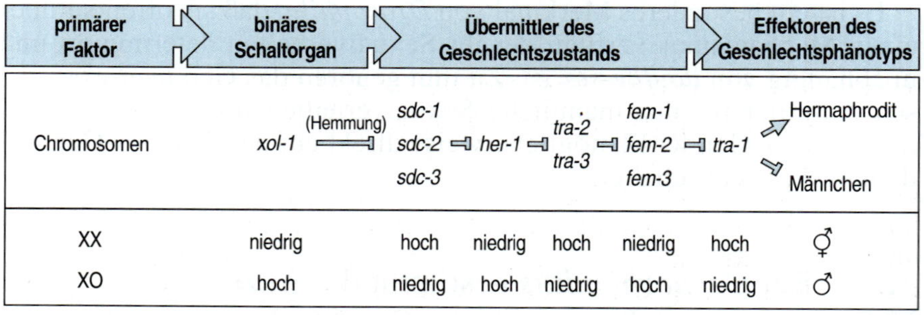

12.9 Überblick über den Ablauf der somatischen Geschlechtsdetermination bei *C. elegans*. Entscheidend für die Geschlechtsdetermination ist die Anzahl der X-Chromosomen. Sind zwei X-Chromosomen vorhanden, wird wenig *XO-lethal*-Gen (*xol-1*) exprimiert, was zur Entwicklung eines Hermaphroditen führt. Bei einer starken Expression von *xol-1* entstehen Männchen. Eine kaskadenförmige Genexpression beginnt mit *xol-1* und führt zu dem Gen *transformer-1* (*tra-1*), das einen Transkriptionsfaktor codiert. Ist *tra-1* aktiv, so entwickelt sich ein Hermaphrodit; wird *tra-1* nur geringfügig exprimiert, entwickelt sich ein Männchen. Das Produkt des *hermaphrodite-1*-Gens (*her-1*) ist ein sezerniertes Protein, das sich vermutlich an einen Rezeptor bindet, der von dem Gen *transformer-2* (*tra-2*) codiert wird, und so dessen Funktion hemmt.

Bevor wir uns der Betrachtung zuwenden, wie das Geschlecht der Keimzellen determiniert wird und wie bei Tieren mit dem zwischen den Geschlechtern vorhandenen Ungleichgewicht der X-gekoppelten Gene umgegangen wird, wollen wir noch kurz einen Blick darauf werfen, wie bei Blütenpflanzen das Geschlecht festgelegt wird.

12.5 Die meisten Blütenpflanzen sind Hermaphroditen, einige bilden jedoch eingeschlechtliche Blüten

Alle Blüten der Angiospermen haben mit vier verschiedenen Blütenorganen, die in konzentrischen Wirteln angeordnet sind, im Prinzip den gleichen Aufbau (Abschnitt 7.11). In den beiden inneren Blattkreisen befinden sich die Fortpflanzungsorgane: die Staubblätter und Fruchtblätter. Die Kelch- und Kronblätter der beiden äußeren Blattkreise haben keinerlei geschlechtliche Funktion, können jedoch dazu dienen, Bestäuber anzulocken. Die Staubblätter produzieren den Pollen, der entsprechend den Spermien bei Tieren die männlichen Gameten enthält. Die weiblichen Reproduktionsorgane der Blüten sind die Fruchtblätter, die entweder frei stehen oder miteinander zu einem Fruchtknoten verwachsen sind. Die Fruchtblätter sind Sitz der Samenanlage, die jeweils eine Eizelle produziert. Die meisten Blütenpflanzen sind Hermaphroditen, deren Blüten sowohl männliche als auch weibliche Fortpflanzungsorgane enthalten. Das gilt jedoch nicht für alle Blütenpflanzen.

Ungefähr zehn Prozent der Blütenpflanzen bilden eingeschlechtliche Blüten. Blüten mit unterschiedlichem Geschlecht können sich auf einer Pflanze (einhäusig) oder auf verschiedenen Pflanzen (zweihäusig) einer Art befinden. Im Laufe der Entwicklung einer männlichen oder weiblichen Blüte bilden sich gewöhnlich nach der Spezifizierung und dem Wachstumsbeginn der Stempel beziehungsweise die Staubblätter zurück.

Bei der Maispflanze entwickeln sich männliche und weibliche Blüten an verschiedenen Stellen am Sproß. Die Rispen an der Spitze des Hauptstammes (Abbildung 7.12) tragen lediglich Blüten mit Staubblättern, die Kolben am Ende der Seitenarme dagegen weibliche Blüten mit Stempeln. Das Geschlecht kann man schon erkennen, wenn die Blüte noch klein ist: In den männlichen Blüten sind die Staubblattanlagen größer, und in den weiblichen Blüten ist der Stempel länger. Die jeweils kleineren Organe degenerieren schließlich.

Da mit den Unterschieden in den Geschlechtsorganen unterschiedliche Gibberellinkonzentrationen verbunden sind, ist das Pflanzenhormon Gibberellinsäure möglicherweise an der Geschlechtsdetermination beteiligt. In der Rispe der Maispflanze befindet sich beispielsweise eine 100-fach geringere Gibberellinkonzentration als in den sich entwickelnden Kolben. Erhöht man die Gibberellinkonzentration in der Rispe, können sich Stempel entwickeln.

12.6 Die Determination der Keimzellen kann von Zellsignalen und der genetischen Konstitution abhängen

Die Entscheidung, ob aus einer tierischen Keimzelle eine Ei- oder eine Samenzelle wird, kurz ihre Geschlechtsdetermination, vollzieht sich über andere Mechanismen als diejenigen, die für die geschlechtliche Entwicklung somatischer Zellen benutzt werden. Bei der Maus vermehren sich die Urkeimzellen, nachdem sie die Genitalleiste, aus der die Keimdrüsen hervorgehen, erreicht haben, noch für einige Tage weiter. In diesem Stadium sind männliche und weibliche Keimzellen nicht zu unterscheiden. Ihre zukünftige Entwicklung wird weitgehend vom Geschlecht der Keimdrüse bestimmt, in der sie sich befinden, und nicht von ihren Chromosomen. Im weiblichen Embryo erreichen die diploiden Keimzellen die Prophase der ersten meiotischen Teilung und verharren dann bis zum Eintritt der Geschlechtsreife in diesem Stadium. Im männlichen Embryo teilen sich die diploiden Keimzellen eine Zeitlang mitotisch, stellen dann ebenfalls die Teilungen ein und verbleiben in der G_1-Phase des Zellzyklus (Abbildung 12.10). Erst nach der Geburt beginnen sie, sich wieder zu teilen und treten mit der Geschlechtsreife der Maus in die Meiose ein.

Sämtliche Keimzellen der Maus, die sich vor der Geburt in der Meiose befinden, entwickeln sich zu Eizellen, diejenigen, welche die Meiose

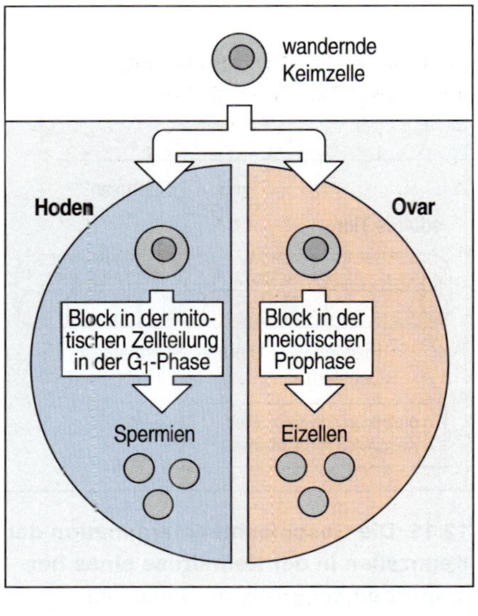

12.10 Bei Säugern spezifizieren Signale aus der Umgebung die Entwicklung der Keimzellen. Wandernde XX- oder XY-Keimzellen treten in die Prophase der Meiose ein und beginnen, sich zu Eizellen zu entwickeln – es sei denn, sie gelangen in Hodengewebe. Im Hoden empfangen sie ein inhibitorisches Signal, das die mitotische Zellteilung blockiert und sie daran hindert, in die meiotische Prophase einzutreten.

erst nach der Geburt erreichen, werden zu Samenzellen. XX- und XY-Keimzellen, welche die Genitalleiste nicht erreichen und statt dessen in benachbartem Gewebe wie etwa der embryonalen Nebenniere oder dem Mesonephros landen, treten in die Meiose ein und beginnen, sich sowohl im männlichen als auch im weiblichen Embryo zu Oocyten zu entwickeln. In XX/XY-Chimären durchlaufen XX-Keimzellen, die von Hodenzellen umgeben sind, die Spermatogenese. Die weitere Entwicklung von Keimzellen, die sich an solchen, ihnen nicht gemäßen Stellen befinden, verläuft dann allerdings anomal. XY-Keimzellen in den Eierstöcken können sich genausowenig wie XX-Keimzellen im Hodengewebe an der Fortpflanzung beteiligen.

Bei *Drosophila* hängt die unterschiedliche Entwicklung der XY- und XX-Keimzellen wie bei den somatischen Zellen anfangs von der Anzahl der X-Chromosomen ab; das *Sex-lethal*-Gen spielt auch dabei eine wichtige Rolle, obwohl einige der an der Geschlechtsdetermination beteiligten Faktoren anders sein können. Wie bei den Säugern spielen sowohl die chromosomale Ausstattung als auch Zellinteraktionen bei der Entwicklung des Geschlechtsphänotyps der Keimzellen eine Rolle. Eine Transplantation von genetisch markierten Polzellen (Abschnitt 2.5) in einen Embryo des anderen Geschlechts zeigt, daß männliche XY-Keimzellen in einem weiblichen XX-Embryo in den Eierstock integriert werden und sich zu Samenzellen entwickeln; sie verhalten sich folglich autonom und folgen ihrer genetischen Konstitution. Im Gegensatz dazu entwickeln sich XX-Keimzellen im Hodengewebe zu Samenzellen und zeigen damit, daß Signale aus der Umgebung eine Rolle spielen. Allerdings bilden sich in keinem der beiden Fälle funktionsfähige Samenzellen.

Der Hermaphrodit von *C. elegans* liefert ein interessantes Beispiel der Keimzelldifferenzierung, da sich Samen- und Eizellen in ein und derselben Keimdrüse entwickeln. Anders als bei den Somazellen mit ihrer feststehenden Zellzahl und Abstammung (Abschnitt 6.1), ist die Anzahl an Keimzellen in einem adulten Nematoden unbestimmt und beläuft sich auf ungefähr 1000 Keimzellen in jedem „Arm" der Keimdrüse. Im ersten Larvenstadium sind nach dem Schlüpfen lediglich zwei Urkeimzellen vorhanden, die proliferieren und die eigentlichen Keimzellen bilden. Neben den Keimzellen befinden sich überall distale Endzellen, die über ein Signal die Proliferation der Keimzellen steuern. Dieses Signal besteht aus dem lag-2-Protein, das homolog zum Deltaprotein von *Drosophila* ist (Abschnitt 11.2). Der entsprechende Rezeptor auf den Keimzellen ist möglicherweise das glp-1-Protein, das dem lin-12-Protein der Nematoden (Abschnitt 10.22) und dem Notch-Protein von *Drosophila* entspricht.

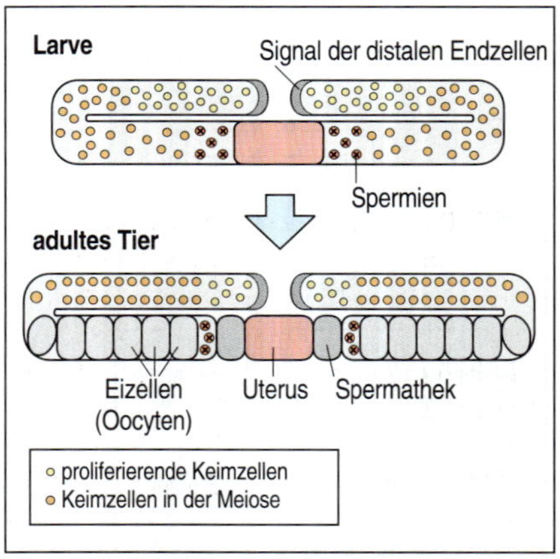

12.11 Die Geschlechtsdetermination der Keimzellen in der Keimdrüse eines hermaphroditischen Nematoden. Oben: Im Larvenstadium vervielfältigen sich die Keimzellen in einer am distalen Ende der Keimdrüse gelegenen Zone. Verlassen sie in dieser Phase diesen Bereich, dann treten sie in die Meiose ein und entwickeln sich zu Samenzellen. Unten: Zellen, die im adulten Tier die proliferierende Zone verlassen, entwickeln sich zu Eizellen. Diese werden auf ihrem Weg in den Uterus befruchtet. Nach Clifford et al. 1994.

Bei *C. elegans* steuert dieses Signal der distalen Endzellen vom dritten Larvalstadium an den Eintritt der Keimzellen in die Meiose und führt dazu, daß die Zellen proliferieren. Entfernen sich die Zellen jedoch von diesem Signal, so treten sie in die Meiose ein und entwickeln sich zu Samenzellen (Abbildung 12.11, oben). In der Keimdrüse eines Hermaphroditen entwickeln sich alle Zellen, die ursprünglich außerhalb der Signalreichweite liegen, zu Samenzellen; Zellen, die jedoch später die proliferative Zone verlassen und in die Meiose eintreten, werden zu Eizellen (Abbildung 12.11, unten). Die Eizellen werden auf ihrem Weg in den Uterus von gespeicherten Samenzellen befruchtet. Die männliche Keimdrüse besitzt zwar ähnliche proliferative meiotische Bereiche; in ihnen entwickeln sich jedoch alle Keimzellen zu Samenzellen.

Die Geschlechtsdetermination der Keimzellen der Nematoden ähnelt derjenigen der Somazellen, da auch die chromosomale Zusammensetzung der primäre geschlechtsdeterminierende Faktor ist und an der nachfolgenden Kaskade der Genexpression vielfach dieselben Gene beteiligt sind. Die terminalen Regulatorgene, die für die Spermatogenese erforderlich sind, heißen *fem* und *fog*. In Hermaphroditen gibt es vermutlich einen Mechanismus, der in einigen XX-Keimzellen die *fem*-Gene aktiviert, so daß diese sich zu Samenzellen entwickeln.

12.7 Es gibt verschiedene Strategien, die unterschiedliche Dosis X-gekoppelter Gene zu kompensieren

Bei allen Tieren, deren Geschlechtsdetermination wir betrachtet haben, besteht zwischen den Geschlechtern ein Ungleichgewicht an X-gekoppelten Genen. Ein Geschlecht besitzt zwei X-Chromosomen, das andere dagegen nur eines. Dieses Ungleichgewicht muß korrigiert werden, um sicherzustellen, daß das Expressionsniveau der Gene auf dem X-Chromosom bei beiden Geschlechtern gleich ist. Diesen Ausgleichsmechanismus nennt man **Dosiskompensation**. Ohne diese Korrektur kommt es zu Anomalitäten und Entwicklungshemmungen. Das Problem der Dosiskompensation wird von Tier zu Tier unterschiedlich gelöst (Abbildung 12.12).

Säugetiere wie Maus oder Mensch inaktivieren zur Dosiskompensation bei den Weibchen ein X-Chromosom, wenn sich die Blastocyste in der Gebärmutterwand eingenistet hat. Diese X-Inaktivierung bleibt, sobald sie im weiblichen Embryo einmal eingeleitet wurde, in allen Zellen lebenslänglich bestehen. Das inaktive X-Chromosom kann man im Zellkern als Barrkörperchen (Abschnitt 9.5) erkennen. Diese X-Inaktivierung ist ein wichtiges Modell zur Vererbung der Genexpression. Unabhängig davon, welche Geschlechtschromosomen vorhanden sind, ob XY, XX, XXY oder XXXY, gibt es in jeder somatischen Zelle nur ein aktives X-Chromosom; alle anderen X-Chromosomen sind inaktiviert. In den frühen Furchungsstadien sind noch beide X-Chromosomen aktiv. Die erste X-Inaktivierung erfolgt in den extraembryonalen Geweben, wobei ausschließlich das X-Chromosom des Vaters inaktiviert wird. Später, im Gastrulationsstadium, kommt es in den Zellen des Embryos

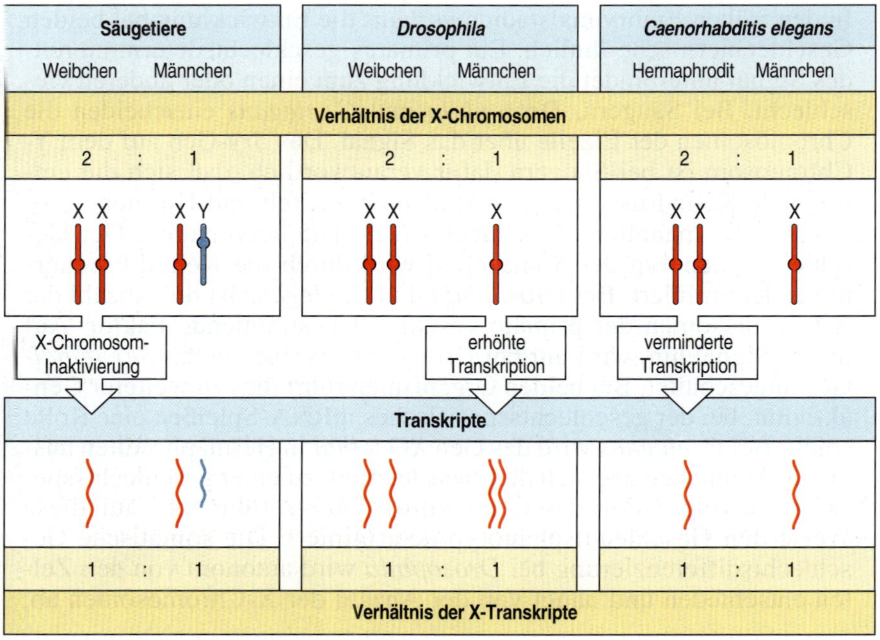

12.12 Der Mechanismus der Dosiskompensation. Bei Säugern, *Drosophila* und *C. elegans* besitzt ein Geschlecht zwei X-Chromosomen und das ander nur ein X-Chromosom. Weibliche Säugetiere inaktivieren eines der beiden X-Chromosomen; bei *Drosophila*-Männchen findet man eine erhöhte Transkription des einzelnen X-Chromosoms; *C. elegans*-Hermaphroditen zeigen eine verminderte Transkription der beiden X-Chromosomen. All diese unterschiedlichen Mechanismen zur Dosiskompensation führen dazu, daß die X-Chromosomen von Männchen und Weibchen etwa gleich stark transkribiert werden.

zu wahllosen Inaktivierungen. Wie wir noch sehen werden, wird das inaktive X-Chromosom im Laufe der Keimzellentwicklung reaktiviert.

Die X-Inaktivierung hängt von einer kleinen Region auf dem X-Chromosom ab: dem inaktivierenden Zentrum. Es enthält ein vermutliches Schaltergen *Xist*, das eine nichtcodierende RNA liefert. Die Inaktivierung scheint dadurch zustande zu kommen, daß die *Xist*-RNA, die vom inaktiven, aber nicht vom aktiven X-Chromosom exprimiert wird, das Chromosom bedeckt. Schleust man das *Xist*-Gen in ein anderes Chromosom ein, so wird auch dieses stillgelegt. Diese Inaktivierung geht mit einer Methylierung der DNA einher (Abschnitt 9.5).

Bei *Drosophila* funktioniert die Dosiskompensation genau nach dem entgegengesetzten Prinzip: Anstatt wie bei der Maus die „zusätzliche" X-Aktivität bei den Weibchen zu unterdrücken, wird bei den Männchen die Transkription des X-Chromosoms annähernd verdoppelt und zusätzlich die Translation der mRNA des X-Chromosoms gesteigert. Diese erhöhte Aktivität wird durch das primäre geschlechtsdeterminierende Signal geregelt, so daß es zur Dosiskompensation kommt, wenn das *sex-lethal*-Gen abgeschaltet ist. Bei weiblichen Tieren mit aktiviertem *sex-lethal*-Gen schaltet eine Kaskade von Genaktivitäten die Dosiskompensation aus.

Bei *C. elegans* wird die Dosiskompensation erreicht, indem das Expressionsniveau der X-Chromosomen von XX-Tieren so reduziert wird, daß es dem des einzelnen X-Chromosoms von XO-Männchen entspricht. Daran ist eine Kaskade von Geninteraktionen beteiligt, die vom primären geschlechtsdeterminierenden Signal ausgelöst wird. Ein Schlüsselgen, das die Expression beider X-Chromosomen in Hermaphroditen reduziert, ist *dpy-27*. Sein Proteinprodukt dpy-27 ist zwar sowohl in XX- als auch in XO-Zellkernen vorhanden, tritt aber speziell nur mit den X-Chromosomen von XX-Tieren in Wechselwirkung und vermindert die Transkription – möglicherweise durch Kondensation des Chromatins. Das sdc-Protein, das ebenfalls an der somatischen Geschlechtsbestimmung beteiligt ist, leitet dabei das dpy-27-Protein sowie einige verwandte Proteine zum X-Chromosom.

Zusammenfassung

In den frühen Embryonalstadien verläuft die Entwicklung bei beiden Geschlechtern sehr ähnlich. Ein primäres geschlechtsdeterminierendes Signal unterbindet die Entwicklung zum einen oder anderen Geschlecht. Bei Säugern, *Drosophila* und *C. elegans* entscheiden die Chromosomen der Eizelle über das Signal. Das *Sry*-Gen auf dem Y-Chromosom ist bei Säugern dafür verantwortlich, daß sich die embryonale Keimdrüse zu einem Hoden entwickelt und Hormone produziert, die männliche Geschlechtsmerkmale hervorrufen. Der Geschlechtsphänotyp der Somazellen wird durch die Keimdrüsenhormone determiniert. Bei *Drosophila* und *C. elegans* ist die Anzahl der X-Chromosomen der primäre geschlechtsbestimmende Faktor. Auf dieses Signal hin, wird nur bei *Drosophila*-Weibchen das *Sex-lethal*-Gen angeschaltet. Bei beiden Organismen führt dies zu weiterer Genaktivität, bei der geschlechtsspezifisches mRNA-Spleißen eine Rolle spielt. Bei *C. elegans* wird das Gen *XO lethal* in Hermaphroditen aus- und in Männchen angeschaltet, was letztlich zu einer geschlechtsspezifischen Expression des Gens *transformer-1* führt und auf diese Weise den Geschlechtsphänotyp determiniert. Die somatische Geschlechtsdifferenzierung bei *Drosophila* wird autonom von den Zellen entschieden und hängt von der Anzahl der X-Chromosomen ab;

bei *C. elegans* sind daran zusätzlich Wechselwirkungen zwischen den Zellen beteiligt. Die meisten Blütenpflanzen sind Hermaphroditen und bilden Blüten mit männlichen und weiblichen Organen.

Bei Säugern bestimmen Signale der Keimdrüsen, ob sich die Keimzellen zu Oocyten oder Spermien entwickeln. Männliche Keimzellen von *Drosophila* durchlaufen sogar in einem Ovar die Spermatogenese, während weibliche Keimzellen zu Samenzellen werden, wenn man sie in einen Hoden einbringt. Die meisten ausgereiften Tiere von *C. elegans* sind Hermaphroditen und produzieren in ein und derselben Keimdrüse Ei- und Samenzellen.

Es gibt verschiedene Strategien der Dosiskompensation, um die unterschiedliche Anzahl an X-Chromosomen bei Männchen und Weibchen auszugleichen. Bei weiblichen Säugetieren wird eines der beiden X-Chromosomen inaktiviert: Bei *Drosophila*-Männchen wird die Aktivität des einzelnen X-Chromosoms hochreguliert, während bei *C. elegans* die Aktivität eines der beiden X-Chromosomen von XX-Tieren reduziert wird.

Übersicht: Determination des Geschlechtsphänotyps

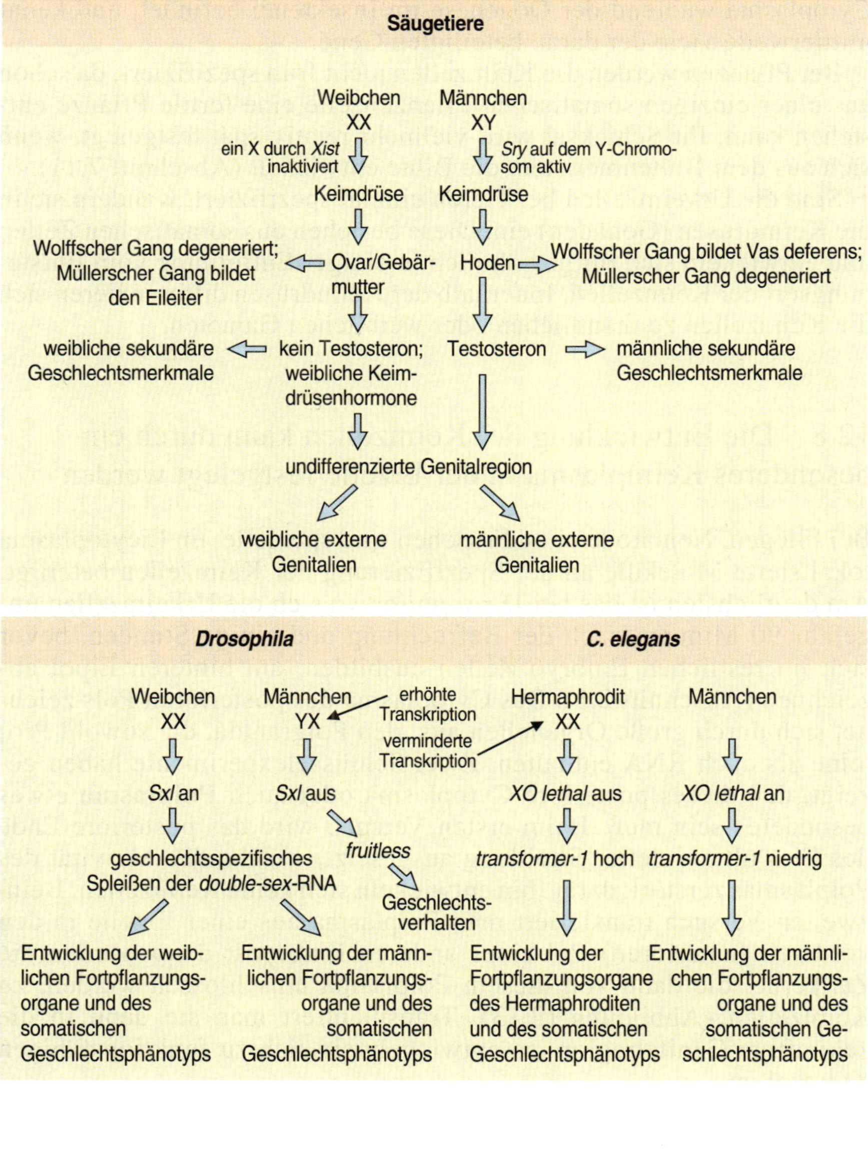

Die Entwicklung der Keimzellen

Abgesehen von den einfachsten kann bei allen Tieren nur aus den Keimbahnzellen ein neuer Organismus entstehen. Im Gegensatz zu den somatischen Zellen, die letztlich alle sterben, können sie die gesamte Lebenszeit des Körpers, der sie hervorbringt, überdauern. Sie sind daher ganz besondere Zellen. Bei der Keimzellentwicklung entsteht entweder ein männlicher (Spermien oder Samenzellen bei Tieren) oder ein weiblicher Gamet (Eizelle). Die Eizelle ist besonders interessant, da alle Zellen eines Organismus von ihr abstammen. Bei Arten, deren Embryonen nach der Befruchtung nicht von der Mutter ernährt werden, muß das Ei darüber hinaus alles für die Entwicklung Notwendige bereitstellen, da das Spermium außer seinen Chromosomen im Grunde genommen nichts zum zukünftigen Organismus beisteuert.

Bei einigen Tieren – allerdings nicht bei den Säugern – werden die Keimzellen schon sehr früh spezifiziert; dies geschieht durch cytoplasmatische Faktoren, die sich in der Eizelle befinden. Aus diesem Grund beginnen wir unsere Betrachtung der Keimzellenentwicklung mit der Spezifizierung der Urkeimzellen durch ein spezielles Cytoplasma, das **Keimplasma**. Man hat eingehend untersucht, wo sich dieses spezielle Cytoplasma während der Oogenese im Insektenei befindet, und kennt mittlerweile viele der daran beteiligten Gene.

Bei Pflanzen werden die Keimzellen nicht früh spezifiziert, da schon aus einer einzigen somatischen Pflanzenzelle eine fertile Pflanze entstehen kann. Ihr Schicksal wird vielmehr relativ spät festgelegt, wenn sich aus dem Blütenmeristem die Blüte entwickelt (Abschnitt 7.11).

Sind die Urkeimzellen bei Tieren einmal spezifiziert, wandern sie in die Keimdrüsen (Gonaden) ein. Diese bestehen aus somatischen Zellen und entwickeln sich für gewöhnlich in einiger Entfernung vom Entstehungsort der Keimzellen. Innerhalb der Keimdrüsen differenzieren sich die Keimzellen zu männlichen oder weiblichen Gameten.

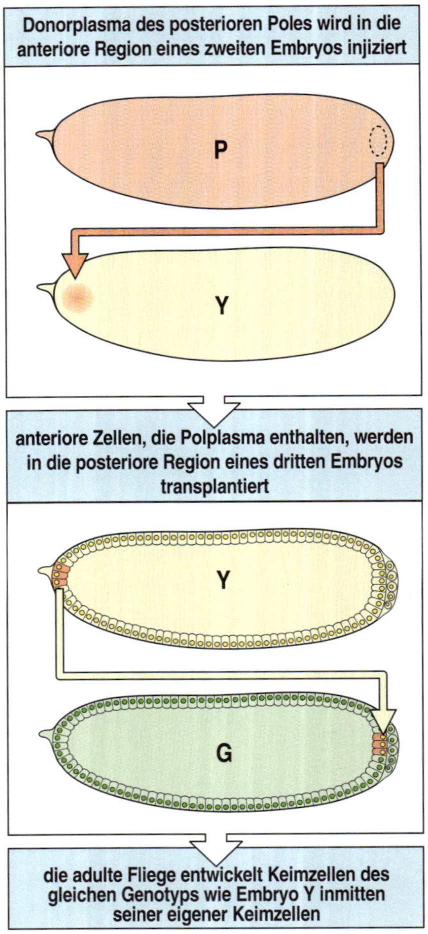

Donorplasma des posterioren Poles wird in die anteriore Region eines zweiten Embryos injiziert
P
Y
anteriore Zellen, die Polplasma enthalten, werden in die posteriore Region eines dritten Embryos transplantiert
Y
G
die adulte Fliege entwickelt Keimzellen des gleichen Genotyps wie Embryo Y inmitten seiner eigenen Keimzellen

12.13 Transplantiertes Polplasma kann Keimzellbildung hervorrufen. Das Polplasma einer befruchteten Eizelle des Genotyps P (rosa) wird im frühen Furchungsstadium in das vordere Ende eines Embryos mit dem Genotyp Y (gelb) übertragen. Nach der Zellbildung bringt man Zellen, die das am vorderen Ende des Embryos Y induzierte Polplasma enthalten, in das hintere Ende eines anderen Embryos, der den Genotyp G (grün) hat. (Das posteriore Ende ist eine Stelle, von der aus Keimzellen in die Keimdrüsen einwandern können.) Die adulte Fliege, die sich aus dem G-Embryo entwickelt, besitzt sowohl Keimzellen des Genotyps Y als auch solche des G-Typs.

12.8 Die Entwicklung der Keimzellen kann durch ein besonderes Keimplasma in der Eizelle festgelegt werden

Bei Fliegen, Nematoden und Fröschen sind spezielle, im Eicytoplasma lokalisierte Moleküle an der Spezifizierung der Keimzellen beteiligt. Am deutlichsten ist das bei *Drosophila*, wo sich die Urkeimzellen ungefähr 90 Minuten nach der Befruchtung und einige Stunden, bevor sich im restlichen Embryo Zellen ausbilden, am hinteren Eipol abzeichnen (Abschnitt 2.5). Das Cytoplasma des posterioren Pols zeichnet sich durch große Organellen aus, den Polgranula, die sowohl Proteine als auch RNA enthalten. Zwei Schlüsselexperimente haben gezeigt, daß dieses posteriore Cytoplasma oder auch **Polplasma** etwas besonderes sein muß. Beim ersten Versuch wird das posteriore Ende des Eies ultravioletter Strahlung ausgesetzt, welche die Aktivität des Polplasmas zerstört; daraufhin entwickeln sich keine Keimzellen. Beim zweiten Versuch transferiert man Polplasma aus einer Eizelle in den vorderen (anterioren) Pol eines anderen Embryos; dann werden die Zellkerne, die dann von diesem Polplasma umschlossen werden, zu Keimzellen (Abbildung 12.13). Transplantiert man sie dann in die zukünftige Genitalregion, so entwickeln sie sich zu funktionsfähigen Keimzellen.

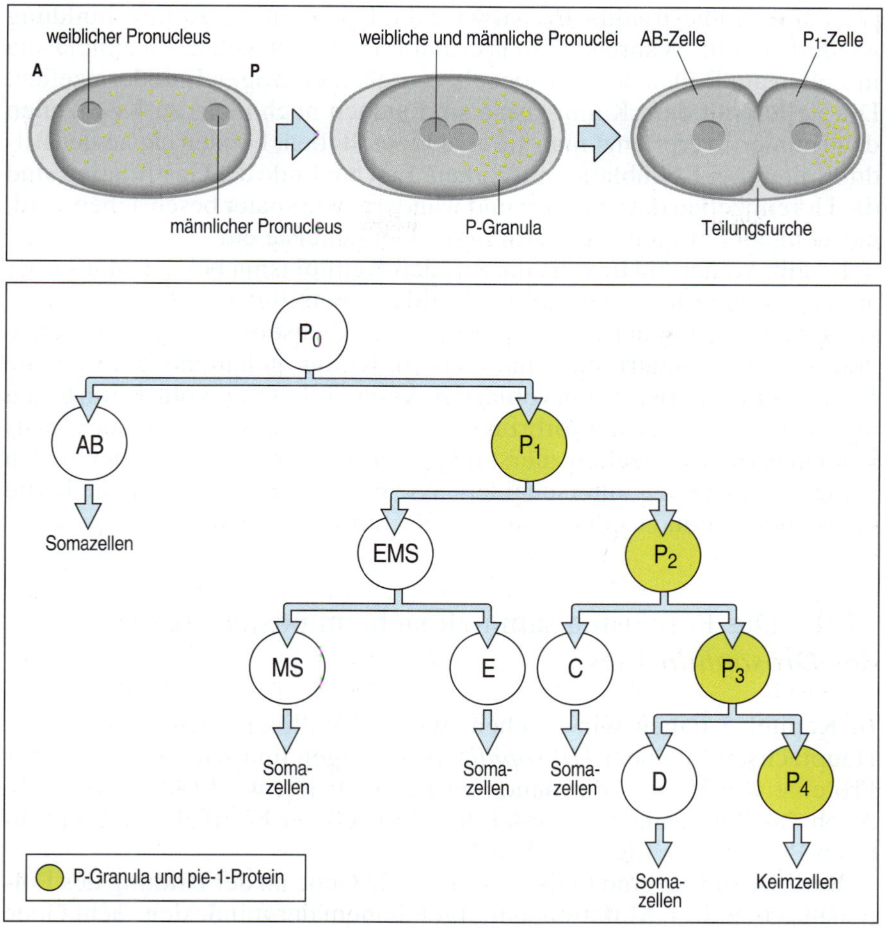

12.14 P-Granula und pie-1-Protein werden während der Furchungsteilung des Nematodeneies asymmetrisch auf Keimbahnzellen verteilt. Vor der Befruchtung sind die P-Granula im gesamten Ei verteilt. Nach der Befruchtung befinden sie sich am Hinterende des Eies. Bei der ersten Furchungsteilung werden sie nur in der P_1-Zelle (oben) induziert und sind daher nur in der P-Zellinie vorhanden. Das pie-1-Protein wird ausschließlich in P-Zellen exprimiert. Sämtliche Keimzellen stammen von der P_4-Zelle ab, die bei der vierten Furchungsteilung gebildet wird.

Bei Nematoden entsteht am Ende der vierten Furchungsteilung eine Keimzellinie, deren Zellen alle von der P_4-Blastomere abstammen (Abschnitt 6.2). Die P_4-Zelle entsteht durch drei stammzellähnliche Teilungen der P_1-Zelle. Bei jeder dieser Teilungen gehen aus einer Tochterzelle somatische Zellen hervor, während sich die zweite Tochterzelle nochmals teilt, um einen Somazellvorläufer und eine P-Zelle zu bilden. Das Ei enthält in seinem Cytoplasma P-Granula, die sich nach der Befruchtung asymmetrisch verteilen und anschließend auf die P-Zellinie beschränkt bleiben (Abbildung 12.14). Aufgrund der Verknüpfung der Keimzellentstehung mit den P-Granula könnte man schließen, daß diese bei der Keimzellspezifizierung von *C. elegans* eine Schlüsselrolle spielen; das konnte jedoch bisher nicht bestätigt werden. Das Gen *pie-1* hilft mit, die Stammzelleigenschaft der P-Blastomeren aufrecht zu erhalten. Es codiert ein Kernprotein, das maternal exprimiert wird; dieses pie-1-Protein ist lediglich in den Keimlinienblastomeren vorhanden und verschwindet schließlich.

Auch bei *Xenopus* gibt es Anhaltspunkte, daß seine Eier Keimplasma enthalten. Nach der Befruchtung häufen sich am dotterreichen vegetativen Pol einzelne dotterfreie Bereiche des Cytoplasmas. Spalten sich die Blastomeren dort, kommt es zu einer ungleichen Verteilung des Cytoplasmas. Es bleibt lediglich in den ganz vegetativ gelegenen Tochterzellen erhalten, von denen die Keimzellen abstammen. Durch eine ultraviolette Bestrahlung des vegetativen Cytoplasmas kann man die Bildung von Keimzellen verhindern. Bringt man dagegen neues vegetatives Cytoplasma in ein bestrahltes Ei ein, wird die Fähigkeit zur Keimzellbildung wiederherstellt. Während der Gastrulation befindet sich das Keimplasma in Zellen am Boden des Blastocoels zwischen künftigen Entodermzellen. Die Zellen mit dem Keimplasma sind jedoch noch nicht zu Keimzellen determiniert; verpflanzt man sie an andere Stellen, können sie an der Bildung aller drei Keimblätter mitwirken. Erst am Ende der Gastrulation sind die Urkeimzellen determiniert und wandern, wie später beschrieben wird, aus dem zukünftigen Entoderm in die Genitalleiste ein.

Es gibt keinerlei Hinweis darauf, daß Keimplasma bei der Maus oder anderen Säugern an der Keimzellbildung beteiligt ist. Bei der Keimzellspezifizierung der Maus kommt es zu Wechselwirkungen zwischen den Zellen. Injiziert man nämlich in Kultur gehaltene embryonale Stammzellen in den Embryoblasten, können diese sowohl Keimzellen als auch Somazellen hervorbringen (Exkurs 3.3, Seite 92). Bei der Maus kann man die Keimzellen zuerst im posterioren Primitivstreifen von den somatischen Zellen unterscheiden. Wie bei *Xenopus* wandern sie in die Genitalleiste ein, aus der später die Keimdrüsen entstehen.

12.9 Das Polplasma sammelt sich am posterioren Pol des *Drosophila*-Eies

In Kapitel 5 haben wir gesehen, wie die Follikelzellen im Ovar die Hauptachsen in einem *Drosophila*-Ei festlegen und wie die mRNA für Proteine wie bicoid oder nanos im Ei lokalisiert wird (Abschnitt 5.7). Auch das Polplasma wird unter dem Einfluß der Follikelzellen im hinteren Bereich des Eies angehäuft.

Bei *Drosophila* sind mehrere maternale Gene an der Bildung des Polplasmas beteiligt. Mutationen in irgendeinem der mindestens acht Gene führen dazu, daß ein dafür heterozygotes Tier „ohne Enkel" bleibt. Seine homozygoten Nachkommen haben kein Polplasma und besitzen daher keine Keimzellen, sind also steril, obwohl sie sich ansonsten völlig normal entwickeln. Eines dieser acht Gene heißt *oskar* und spielt eine zentrale Rolle beim Aufbau und der Zusammensetzung des Polplasmas. Von den Genen, die an der Polplasmabildung beteiligt sind, ist *oskar* das einzige, dessen mRNA am posterioren Pol lokalisiert ist. Das Signal zur Lokalisation ist in der 3′-nichttranslatierten Region der mRNA enthalten, die mit dem für die anteriore und posteriore Plazierung im Ei zuständigen Mikrotubulus-Apparat interagiert (Abschnitt 5.7). Der Bereich des *oskar*-Gens, der das 3′-Lokalisationssignal codiert, kann durch das *bicoid*-3′-Lokalisationssignal ersetzt werden. Dieses DNA-Konstrukt läßt sich dann zur Herstellung einer transgenen Fliege benutzen, wenn deren Eier sowohl anterior als auch posterior *oskar*-mRNA enthalten (Abbildung 12.15).

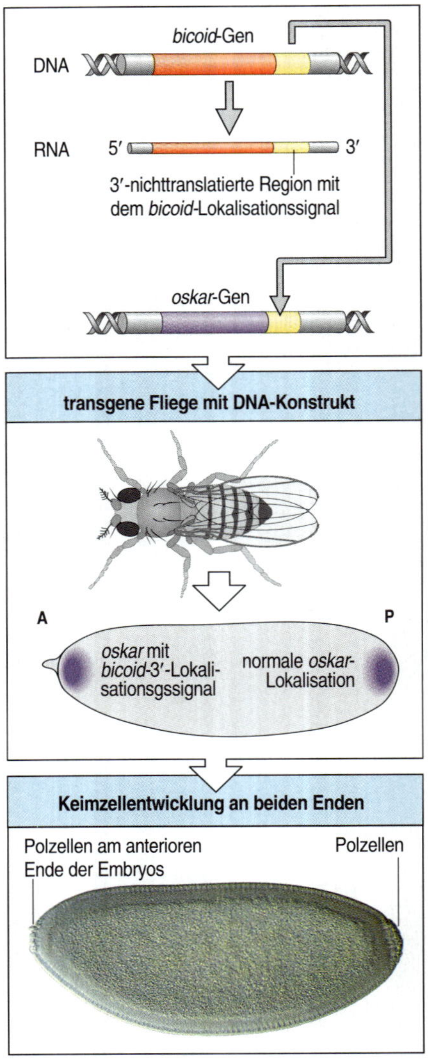

12.15 Das Gen *oskar* ist bei *Drosophila* an der Spezifizierung des Keimplasmas beteiligt. In normalen Eiern befindet sich *oskar*-mRNA am posterioren Ende, und *bicoid*-mRNA am anterioren Ende des Embryos. Die Lokalisationssignale für die *oskar*- und *bicoid*-mRNA befinden sich jeweils in ihren 3'-nichttranslatierten Regionen. Durch eine Veränderung der *Drosophila*-DNA kann man das Lokalisationssignal von *oskar* durch dasjenige von *bicoid* ersetzen (oben). Auf diese Weise entsteht eine transgene Fliege, in deren Ei *oskar* am anterioren Pol angereichert wird (Mitte). Man findet daher an beiden Enden des Eies *oskar*-mRNA; dementsprechend entwickeln sich, wie in der Photographie dargestellt (unten), am anterioren und posterioren Ende des Embryos Keimzellen. Damit reicht das Gen *oskar* allein aus, um die Spezifizierung der Keimzellen auszulösen. Aufnahme mit freundlicher Genehmigung von R. Lehmann.

12.10 Die Keimzellen wandern von ihrem Entstehungsort zu den Keimdrüsen

Bei vielen Tieren entstehen die Keimzellen in einiger Entfernung von den Keimdrüsen, in die sie erst später einwandern, um sich dort zu Ei- oder Samenzellen zu differenzieren. Diese räumliche Trennung von Entstehungs- und endgültigem Bestimmungsort scheint ein Mechanismus zu sein, die Keimzellen von den allgemeinen entwicklungsbedingten Umwälzungen fernzuhalten, wie sie bei der Umsetzung des Bauplanes auftreten.

Die Keimdrüse der Wirbeltiere entwickelt sich aus dem als **Genitalleiste** (*genital ridge*) bezeichneten Mesoderm, das die Bauchhöhle auskleidet. Die Urkeimzellen wandern aus entfernt liegenden Stellen dorthin. Bei *Xenopus* entstehen die Urkeimzellen im Entoderm (das den Darmkanal bildet) und wandern entlang einer Zellschicht, die den Darmkanal mit der Genitalleiste verbindet, zur zukünftigen Keimdrüse. Auf diesen Weg machen sich nur wenige Zellen, die sich jedoch ungefähr dreimal teilen, bevor sie ankommen, so daß schließlich etwa 30 Keimzellen die Keimdrüse besiedeln. Bei der Maus sind es ungefähr 2 500 Urkeimzellen, die über einen ähnlichen Weg in die Genitalleiste gelangen. Beim Hühnchenembryo folgt die Wanderung einem anderen Muster: Die Keimzellen entstehen am Kopfende des Embryos und erreichen ihren Bestimmungsort größtenteils über das Blutgefäßsystem, wobei sie den Blutstrom im Enddarm verlassen und dann die epithelialen Zellschichten entlangwandern. Bei *Drosophila* werden zukünftige Keimzellen während der Gastrulation in den Embryo eingeschleust und wandern dann durch den Darmkanal an den Ort, an dem die Keimdrüsen entstehen.

Wie die Wanderung und Proliferation der Keimzellen bei Wirbeltieren gesteuert wird, ist unbekannt. Vermutlich sind jedoch dafür Faktoren verantwortlich, die von der Genitalleiste produziert werden. Bei der Maus wird die Proliferation wandernder Keimzellen unter anderem von den beiden Genen *White spotting* (*W*) und *Steel* gesteuert, die wir schon im Zusammenhang mit der Differenzierung von Melanocyten kennengelernt haben (Abschnitt 9.16). Mutationen, die eines der beiden Gene inaktivieren, vermindern die Anzahl der Keimzellen. *White spotting* codiert den Zelloberflächenrezeptor Kit, der in den wandernden Keimzellen exprimiert wird. Sein Ligand, das Steel-Protein, wird in den Zellen exprimiert, an denen die Keimzellen entlangwandern. Die Tatsache, daß diese beiden Gene nötig sind, weist darauf hin, daß die wandernden Zellen aus dem Gewebe, das sie umgibt, ständig Signale empfangen. Sobald sie die Keimdrüse erreicht haben, beginnen sich die Keimzellen zu Spermien oder Eizellen zu differenzieren; dies wird im nächsten Abschnitt beschrieben.

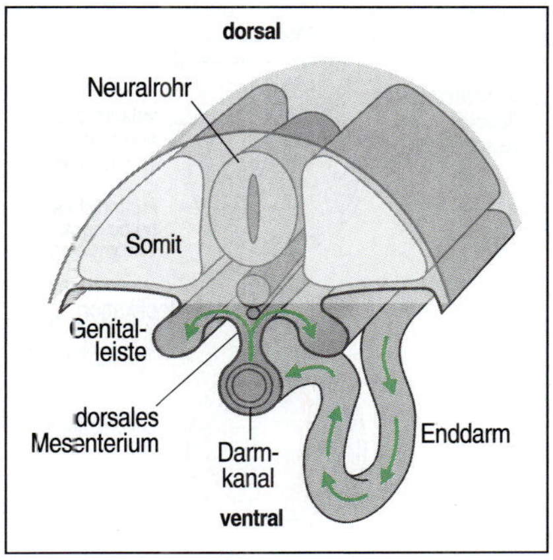

12.16 Die Wanderung der Urkeimzellen im Mausembryo. Am Ende der Zellwanderung verlassen die Zellen den Darmkanal und gelangen über das dorsale Mesenterium in die Genitalleiste. Nach Wylie et al. 1993.

12.11 Bei der Keimzelldifferenzierung wird die Chromosomenzahl reduziert

Die Keimzellen müssen während der Gametenbildung ihren Chromosomensatz halbieren, damit bei der Befruchtung der diploide Chromosomensatz wiederhergestellt wird. Urkeimzellen sind noch diploid und werden während der Meiose haploid (Abbildung 12.17). Die Meiose oder Reduktionsteilung umfasst zwei Zellteilungen. Da die Chromosomen lediglich im ersten Teilungsschritt repliziert werden, halbiert sich ihre Anzahl beim zweiten Teilungsschritt.

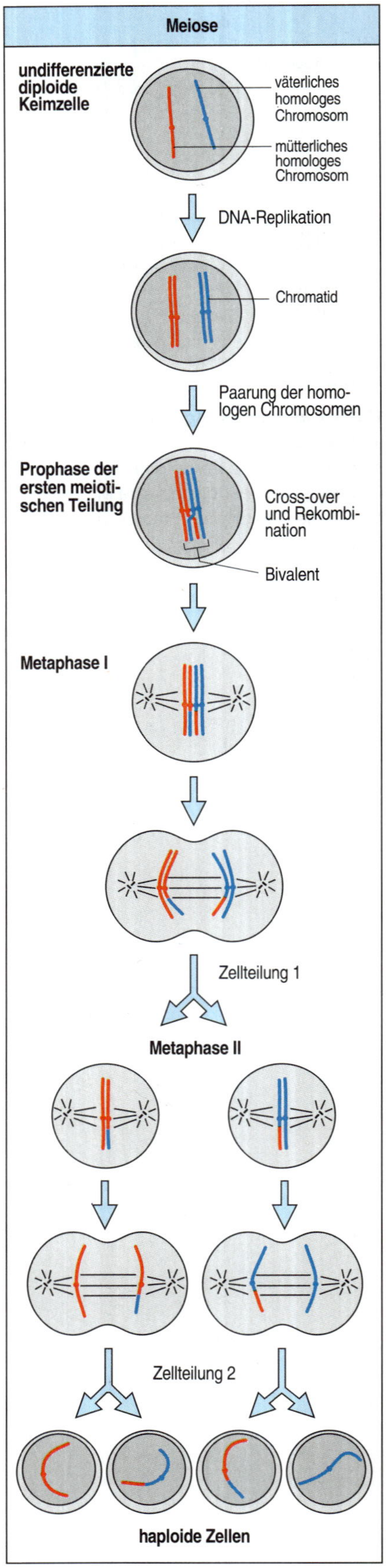

12.17 Bei der Meiose entstehen haploide Zellen. Die Meiose reduziert die Anzahl der Chromosomen vom diploiden auf den haploiden Chromosomensatz. Zur Vereinfachung ist hier nur ein Homologenpaar dargestellt. Die DNA repliziert sich vor der ersten meiotischen Teilung, so daß jedes Chromosom in Form zweier identischer Chromatiden in die Meiose eintritt. Die gepaarten homologen Chromosomen (Bivalente) durchlaufen ein Cross-over sowie eine Rekombination und richten sich in der Metaphase der ersten meiotischen Teilung entsprechend der Lage des Spindelapparats aus. Die homologen Chromosomen trennen sich daraufhin, und jedes wird bei der ersten Zellteilung einer anderen Tochterzelle zugeteilt. Vor der zweiten meiotischen Teilung findet keine DNA-Replikation mehr statt. In der zweiten Zellteilung werden die Tochterchromatiden eines jeden Chromosoms getrennt und erneut aufgeteilt. Die Tochterzellen haben daher nur den halben Chromosomensatz.

Die Entwicklung von Eizellen und Spermien verläuft unterschiedlich; allerdings wird in beiden Fällen eine Meiose durchlaufen. Die Entstehung einer Eizelle nennt man **Oogenese**, deren wichtigsten Stationen bei Säugern in Abbildung 12.18 dargestellt sind (linke Seite). Bei Säugern durchlaufen die Keimzellen bei ihrer Wanderung zur Keimdrüse nur wenige proliferative mitotische Zellteilungen. Während der Eientwicklung setzen die diploiden Oogonien (Ureizellen) ihre mitotischen Teilungen für eine kurze Zeit im Ovar fort. Nach dem Eintritt in die Meiose bleiben die primären Oocyten (unreife Eizellen) in der Prophase der ersten meiotischen Teilung und teilen sich nie wieder. Die in diesem Embryonalstadium vorhandene Anzahl an Oocyten entspricht somit dem gesamten Vorrat an Eizellen, den dieses weibliche Säugetier zeitlebens zur Verfügung hat. Beim Menschen bilden sich die meisten dieser Oocyten vor der Pubertät zurück, so daß nur noch ungefähr 40 000 von ursprünglich 6 Millionen übrigbleiben. Die Entwicklung der Oocyten wird bei Säugern und vielen anderen Wirbeltieren nach der Geburt für Monate (Mäuse) oder Jahre (Menschen) eingestellt, bis das Weibchen in der Pubertät geschlechtsreif wird. Nach der Pubertät entwickeln sich die Oocyten weiter, wobei sie sich um das Tausendfache vergrößern und mit der Meiose fortfahren. Bei Säugern geht die Meiose bis zur Metaphase der zweiten meiotischen Teilung weiter, wo sie erneut anhält und erst nach der Befruchtung vervollständigt wird.

Die **Spermatogenese**, die Produktion von Spermien, verläuft ganz anders. Sie beginnt mit diploiden Keimzellen, die während der Embryonalzeit nicht in die Meiose eintreten, sondern im embryonalen Hoden in einem frühen Stadium des mitotischen Zellzyklus stehenbleiben. Erst nach der Geburt setzen sie die mitotische Proliferation fort. Später, im geschlechtsreifen Tier, bilden diese jetzt als Spermatogonien bezeichneten Zellen eine Stammzellpopulation, aus der nach mehreren Teilungsschritten diploide (primäre) Spermatocyten entstehen. Diese durchlaufen die Meiose, wobei aus jeder Zelle jeweils vier haploide Spermatiden entstehen, die dann zu Spermien heranreifen (Abbildung 12.18, rechts Seite). Daher können Spermien im Gegensatz zu Oocyten, deren Anzahl bei weiblichen Säugetieren schon früh feststeht, zeitlebens produziert werden.

Bei *Drosophila* entstehen permanent Eizellen und Spermien aus einer Stammzellpopulation. Die Oogenese beginnt mit der Teilung einer Stammzelle (Abbildung 5.10); insofern ist die Anzahl der Eizellen, die eine weibliche Fliege produzieren kann, unbegrenzt. Die Oogenese bei *Drosophila* und die Lokalisation von cytoplasmatischen Faktoren wurden bereits in Abschnitt 5.7 erörtert.

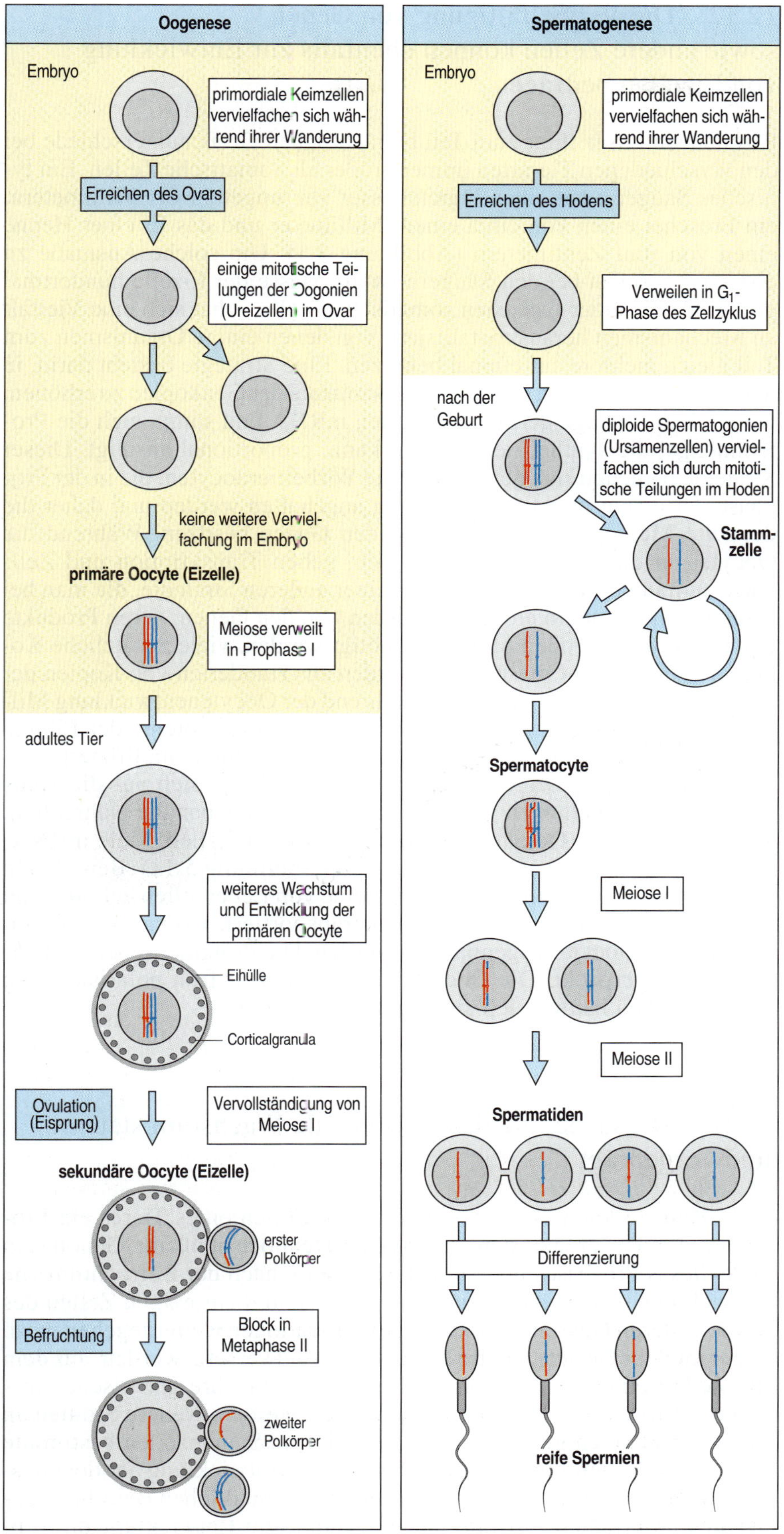

12.18 Oogenese und Spermatogenese bei Säugern. Links: Nachdem die Keimzellen, welche die Oocyten bilden, in das embryonale Ovar gelangt sind, teilen sie sich einige Male mitotisch und treten dann in die Prophase der ersten meiotischen Teilung ein. Es finden keine weiteren Zellteilungen statt; die Oocyte nimmt jedoch um das Hundertfache an Masse zu. Sie entwickelt sich erst im erwachsenen geschlechtsreifen Weibchen weiter; dabei kommt es unter anderem zur Bildung der äußeren Zellhüllen und der Entwicklung einer Schicht corticaler Granula unterhalb der Plasmamembran der Oocyte. Die Eizellen reifen im Ovar unter hormonellen Einflüssen, werden jedoch in der zweiten Metaphase der Meiose nochmals angehalten und vollenden die Meiose erst nach der Befruchtung. Bei der Reifeteilung entstehen sogenannte Polkörper (Exkurs 2.1, Seite 32). Rechts: Keimzellen, die sich zu Spermien entwickeln, dringen in den embryonalen Hoden ein und werden in der G_1-Phase des Zellzyklus angehalten. Erst nach der Geburt beginnen sie, sich wieder mitotisch zu teilen und eine Stammzellpopulation (Spermatogonien) zu bilden. Aus diesen gehen primäre Spermatocyten hervor, die sich in einer Meiose zu reifen Spermien differenzieren. Spermien können daher in unbegrenzter Anzahl produziert werden.

12.12 Die Vervielfältigung von Genen sowie andere Zellen können ebenfalls zur Entwicklung von Eizellen beitragen

Eizellen sind trotz ihrer zum Teil beträchtlichen Größenunterschiede bei den verschiedenen Tierarten immer größer als somatische Zellen. Ein typisches Säugerei hat einen Durchmesser von ungefähr 0,1 Millimetern, ein Froschei einen von circa einem Millimeter und das Ei einer Henne einen von fünf Zentimetern (Abbildung 3.1). Um solche Ausmaße zu erreichen – selbst bei den Säugern ist die Masse der Eizelle hundertmal größer als die einer typischen somatischen Zelle –, hat sich eine Vielfalt an Mechanismen herauskristallisiert, von denen einige Organismen zum Teil gleich mehrere auf einmal benutzen. Eine Strategie besteht darin, in der sich entwickelnden Oocyte die Gesamtzahl der Genkopien zu erhöhen, wodurch die Menge der transkribierten mRNA und somit auch die Proteinmenge, die synthetisiert werden kann, proportional ansteigt. Dieser Strategie bedienen sich gewöhnlich die Wirbeltieroocyten, die in der Prophase der ersten meiotischen Teilung angehalten werden und daher die doppelte Menge an normalen diploiden Genen besitzen. Während die Oocyten in diesem Stadium verharren, gehen Transkription und Zellwachstum unvermindert weiter. Bei einer anderen Strategie, die man bei Insekten und Amphibien findet, werden von den Genen, deren Produkte in der Eizelle in großen Mengen benötigt werden, viele zusätzliche Kopien hergestellt. Auf diese Weise werden aus Hunderten von Kopien der ribosomalen Gene der Amphibien während der Oocytenentwicklung Millionen. Bei Insekten werden die Gene, welche die Proteine der Eihülle (Chorion) codieren, in den umgebenden Follikelzellen amplifiziert.

Eine weitere Strategie der Oocyte besteht darin, sich auf die Aktivitäten anderer Zellen zu verlassen. Bei Insekten geben die Nährzellen, also die neben der Oocyte liegenden Geschwisterzellen, viele mRNA-Moleküle und Proteine an die Oocyte ab (Abbildung 5.11). Bei Vögeln und Amphibien werden die Dotterproteine von Leberzellen gebildet und über das Blutgefäßsystem zum Ovar transportiert, wo sie über Endocytose in die Oocyte aufgenommen werden. Die Proteine werden in Dotterschollen verpackt. Die Oocyte wird schon sehr früh polarisiert; die Dotterschollen häufen sich am vegetativen Pol an.

12.13 Die Gene, die das embryonale Wachstum steuern, sind vorgeprägt

Reife Keimzellen haben wie alle anderen Zellen eines Tieres ein Programm zur Differenzierung absolviert. Dennoch muß ihr Genom am Ende dieses Prozesses noch in der Lage sein, nach der Befruchtung die Entwicklung des Embryos zu steuern. Sie sind die einzigen Zellen des Körpers, deren Genom an zukünftige Generationen weitergegeben wird. Daher muß ihr Genom wieder in einen Zustand versetzt werden, aus dem alle Zellen eines Organismus entstehen können; ihre genetische Ausstattung darf also nicht dauerhaft verändert werden. Neuere Studien an Säugetieren haben gezeigt, daß in den Ei- und Samenzellen bestimmte Gene darauf programmiert sind, während der Entwicklung an- oder ausgeschaltet zu werden. Das beweisen die unterschiedlichen Beiträge, welche die mütterlichen und väterlichen Genome zur Entwicklung des Embryos beisteuern.

Man kann Eizellen von Mäusen durch eine Kerntransplantation so verändern, daß sie entweder zwei väterliche oder zwei mütterliche Genome enthalten. Diese Eizellen können dann zur weiteren Entwicklung erneut in eine Maus verpflanzt werden. Die Embryonen, die sich hieraus entwickeln, bezeichnet man als **androgenetisch** beziehungsweise **gynogenetisch**. Obwohl beide Embryonenarten einen diploiden Chromosomensatz besitzen, verläuft ihre Entwicklung nicht normal. Bei den Embryonen mit zwei väterlichen Genomen entwickeln sich die extraembryonalen Gewebe gut, aber der Embryo selbst ist anomal und kommt nicht über ein Stadium hinaus, in dem einige Somiten vorhanden sind. Im Gegensatz dazu haben Embryonen mit diploiden mütterlichen Genomen relativ gut entwickelte Embryonen, dafür bleiben die extraembryonalen Strukturen wie Plazenta und Dottersack in ihrer Entwicklung weit zurück (Abbildung 12.19). Diese Ergebnisse zeigen deutlich, daß für eine normale Säugerentwicklung sowohl mütterliche als auch väterliche Genome nötig sind: Beide haben unterschiedliche Aufgaben und sind für die normale Entwicklung des Embryos und der Plazenta erforderlich. Aus diesem Grund können Säuger nicht parthenogenetisch durch Aktivierung einer unbefruchteten Eizelle entstehen.

Aus Beobachtungen dieser Art weiß man, daß die väterlichen und mütterlichen Genome während der Keimzelldifferenzierung modifiziert oder vorgeprägt werden. Obwohl die parentalen Genome die gleichen Gene enthalten können, kann dieser Prozeß, der als **genomische Prägung** oder **Imprinting** bezeichnet wird, im Spermium oder in der Eizelle bestimmte Gene an- oder ausschalten. So werden im mütterlichen Genom einige Gene, die für die Entwicklung des Dottersacks und der Plazenta nötig sind, inaktiviert, wohingegen im väterlichen Genom einige Gene, die für die Entwicklung des Embryos wichtig sind, ausgeschaltet werden. Der Prozeß des Imprinting beinhaltet offenbar, daß die betroffenen Gene eine Art „Gedächtnis" dafür besitzen, ob sie sich in einer Spermien- oder Eizelle befinden.

Bei Säugetieren ist diese Prägung ein reversibler Prozeß, der, wenn er in der Ei- oder Samenzelle die gleichen Gene betrifft, zu Unterschieden in der Genexpression der diploiden Zellen des Embryos führen kann. Diese Umkehrbarkeit ist wichtig, da jedes Chromosom bei der Entwicklung in einer männlichen oder weiblichen Keimzelle landen könnte. Eine ererbte Prägung wird wahrscheinlich in der frühen Keimzellentwicklung gelöscht; das eigentliche Imprinting wird dann später im Laufe der Keimzelldifferenzierung neu eingeführt.

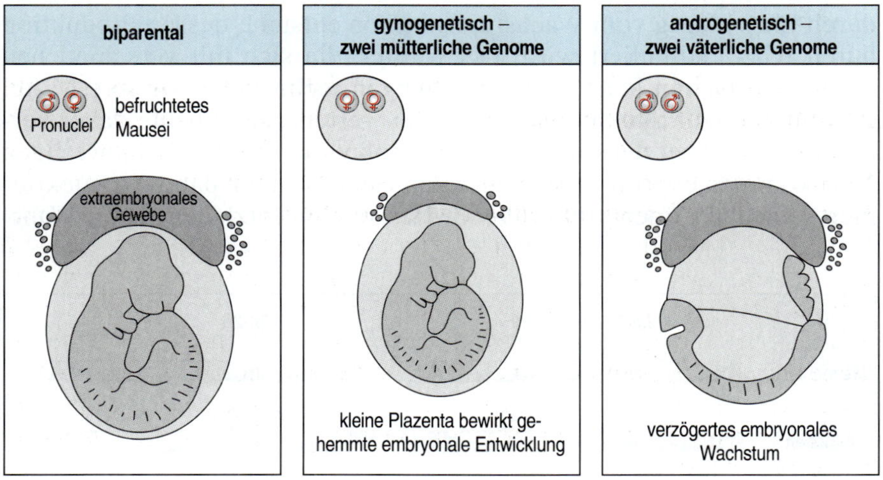

12.19 Für die normale Entwicklung der Maus sind sowohl väterliche als auch mütterliche Genome erforderlich. Die Zygote eines normalen biparentalen Embryos enthält nach der Befruchtung Anteile des väterlichen und mütterlichen Zellkernes (links). Mit Hilfe einer Kerntransplantation kann man aus einem Inzuchtstamm eine Eizelle mit zwei väterlichen oder zwei mütterlichen Zellkernen herstellen. Bei gynogenetischen Embryonen (Mitte), die aus einer Eizelle mit zwei mütterlichen Genomen entstanden sind, sind die extraembryonalen Strukturen unterentwickelt; das führt dazu, daß die weitere Entwicklung blockiert wird, obwohl der Embryo selbst verhältnismäßig normal und gut entwickelt ist. Androgenetische Embryonen (rechts), die aus Eizellen mit zwei väterlichen Genomen hervorgegangen sind, bilden zwar normale extraembryonale Strukturen aus, der Embryo selbst kommt jedoch über ein Entwicklungsstadium mit einigen wenigen Somiten nicht hinaus.

Die vorgeprägten Gene beeinflussen nicht nur die frühe Entwicklung, sondern auch das spätere Wachstum des Embryos. Weitere Hinweise darauf, daß derart modifizierte Gene am Heranwachsen des Embryos beteiligt sind, stammen aus Studien, die man an Chimären aus normalen und androgenetischen oder gynogenetischen Embryonen durchgeführt hat. Injiziert man Embryoblastenzellen von gynogenetischen Embryonen in normale Embryonen, so wachsen diese nur noch halb so schnell. Werden jedoch Embryoblastenzellen von androgenetischen Embryonen in normale Embryonen eingebracht, so wachsen die Chimären um 50 Prozent schneller. Folglich steigern die vorgeprägten Gene des männlichen Genoms das Wachstum des Embryos erheblich.

Bei der Maus hat man bisher 21 derart modifizierte Gene gefunden, von denen einige an der Wachstumskontrolle beteiligt sind. Das *Igf-2*-Gen (*insulin-like growth factor*) wird im maternalen Genom vorgeprägt, das heißt ausgeschaltet, so daß lediglich das paternale Gen aktiv ist. Diese Situation fördert das Wachstum. Diese Prägung von *Igf-2* wird möglicherweise durch die Vorprägung des *H19*-Gens verursacht, das die Expression von *Igf-2* reguliert. *H19* ist genau entgegengesetzt geprägt: Es wird im maternalen, aber nicht im paternalen Chromosom exprimiert. Ebenso verhält es sich beim Gen für den sogenannten Rezeptor des IGF-2-Proteins (*Igf-2r*): Es wird im paternalen Genom aus- und im maternalen Genom angeschaltet (Abbildung 12.20). Tatsächlich codiert *Igf-2r* nicht den IGF-2-Rezeptor (der eigentliche IGF-2-Rezeptor ist vermutlich der IGF-1-Rezeptor), sondern ein Protein, das zum Abbau des IGF-2-Proteins benötigt wird; die Expression dieses Proteins führt in vielen Fällen zu reduziertem Wachstum, da es die Menge von verfügbarem IGF-2 kontrolliert. So kommt es durch die Aktivierung des *Igf-2*-Gens auf dem weiblichen Chromosom zu einem geringeren Wachstum.

Ein direkter Hinweis auf eine Vorprägung des *Igf-2*-Gens stammt aus der Beobachtung, daß die Nachkommen aus der Befruchtung einer normalen Eizelle mit männlichen Spermien, die ein mutiertes und somit defektes *Igf-2*-Gen tragen, klein sind. Hierfür ist das vorgeprägte maternale Gen verantwortlich, das nur sehr niedrige IGF-2-Konzentrationen zuläßt. Befindet sich das mutierte Gen nur im Genom der Eizelle, so verläuft die Entwicklung normal.

Die reziproke Prägung von Genen, die das Wachstum steuern, läßt sich vielleicht durch die Evolution erklären: Vater und Mutter verfolgen unterschiedliche reproduktive Strategien; so wird das Wachstum durch die väterliche Prägung gefördert, durch die mütterliche dagegen reduziert. Der Vater möchte, daß seine Nachkommen möglichst groß werden; dies kann durch eine große Plazenta erreicht werden, wie sie durch Einwirkung vom Wachstumshormon entsteht, dessen Produktion durch IGF-2 stimuliert wird. Der Mutter, die sich mit verschiedenen Männchen paaren kann, nutzt es dagegen mehr, wenn sie ihre Mittel gleichmäßig auf alle ihre Nachkommen verteilt; sie möchte daher vermeiden, daß einer der Embryonen zu groß wird. Die bei den jeweiligen Nachkommen exprimierten paternalen Gene könnten daher so selektioniert sein, daß sie den Müttern große Ressourcen entziehen, da die Wahr-

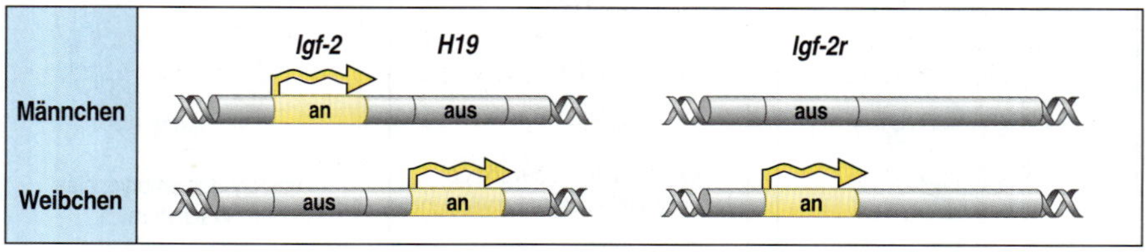

12.20 Das embryonale Wachstum wird durch genomische Prägung gesteuert. In Mausembryonen ist das paternale Gen *Igf-2* (*insulin-like growth factor* 2) angeschaltet, während es auf dem maternalen Chromosom ausgeschaltet ist. Im Gegensatz dazu ist das *Igf-2r*-Gen im maternalen Genom an- und im paternalen Genom ausgeschaltet. Das Produkt dieses Gens vermindert das Wachstum, indem es am Abbau von IGF-2 beteiligt ist. *H19* reguliert möglicherweise *Igf-2*.

scheinlichkeit, daß sie auch in den anderen Kindern dieser Mutter vorhanden sind, nicht allzu groß ist.

Die genomische Prägung findet während der Keimzelldifferenzierung statt. Es muß daher einen Mechanismus geben, der einerseits diese Prägung die gesamte Entwicklung über aufrechterhält, sie jedoch andererseits im nächsten Zyklus der Keimzellentwicklung auslöscht. Eine Möglichkeit, die Prägung aufrechtzuerhalten, ist die DNA-Methylierung (Abbildung 9.13). Der Hinweis darauf, daß sie für die genomische Prägung erforderlich ist, stammt von transgenen Mäusen, in denen die Methylierung unvollständig war. Bei diesen Mäusen werden die Gene *Igf-2* und *Igf-2r* nicht mehr vorgeprägt.

Zusammenfassung

In vielen Tieren werden die Keimzellen durch cytoplasmatische Faktoren der Eizelle spezifiziert, deren Lokalisation von Zellen gesteuert wird, welche die Oocyte umgeben. Die Keimzellen der Säuger bilden eine Ausnahme, da ihr Schicksal in einem späteren embryonalen Stadium durch interzellulare Wechselwirkungen festgelegt wird. Sobald die Keimzellen determiniert sind, wandern sie von ihrem Ursprungsort zu den Gonaden, wo sie sich weiter entwickeln und differenzieren. In den Gonaden durchlaufen die diploiden Keimzellen die Meiose, aus der sie letztlich als haploide Ei- und Samenzellen hervorgehen. Bei einem weiblichen Säugetier liegt die Anzahl der Eizellen schon vor der Geburt fest, wohingegen die Spermienproduktion bei männlichen Säugern ein ganzes Leben lang aufrechterhalten wird. Eizellen sind immer größer als Somazellen, einige sind sogar sehr groß. Damit sie diese Größe erreichen, können spezialisierte Zellen aus der Umgebung der sich entwickelnden Eizelle einige Bestandteile wie etwa den Dotter zur Verfügung stellen. Zusätzlich können einige Gene, deren Proteine in großen Mengen benötigt werden, in der Oocyte amplifiziert werden.

Für die normale Säugerentwicklung sind sowohl das mütterliche als auch das väterliche Genom erforderlich. Embryonen mit diploiden maternalen oder paternalen Genomen entwickeln sich anomal. Handelt es sich um rein maternale Genome, kommt es zu Mängeln in den extraembryonalen Strukturen, während sich bei rein paternalen Genomen der Embryo selbst mangelhaft entwickelt. Bestimmte Gene der Ei- und Samenzellen werden vorgeprägt (Imprinting), so daß ein und dasselbe Gen unterschiedlich aktiv sein kann – je nachdem, ob es von der Mutter oder vom Vater abstammt. Einige der vorgeprägten Gene sind an der Wachstumskontrolle des Embryos beteiligt.

Übersicht: Spezifizierung der Keimzellen

Keimzellen, die durch das Keimplasma spezifiziert werden

→ ***Drosophila***
Keimplasma durch *oskar* am posterioren Ende des Eies spezifiziert

→ ***C. elegans***
Keimplasma ist durch polare Granula und pie-1-Protein charakterisiert und segregiert während der Furchungsteilung in P_4

→ ***Xenopus***
Keimplasma am vegetativen Bereich des Eies lokalisiert

Säuger haben kein Keimplasma

Die Befruchtung

Unter Befruchtung versteht man die Verschmelzung von Ei- und Samenzelle, durch die die Embryonalentwicklung ausgelöst wird. Die Plasmamembranen der beiden Keimzellen verschmelzen miteinander, der Zellkern der Samenzelle dringt in das Eicytoplasma ein und wird zum **Pronucleus** oder Vorkern des Spermiums. Bei Säugern und vielen anderen Tieren löst die Befruchtung die Vollendung der Meiose im Zellkern der Eizelle aus, der daraufhin zum Pronucleus der Eizelle wird. Beide Vorkerne bilden zusammen den zygotischen Zellkern. Die Befruchtung veranlaßt das Ei, sich zu teilen und sein Entwicklungsprogramm zu starten. Die Befruchtung kann wie bei Fröschen äußerlich erfolgen oder wie bei *Drosophila*, Säugern und Vögeln im Inneren des Weibchens. Jedes Ei wird jeweils nur von einem der vielen Spermien befruchtet, die das Männchen freisetzt. Das Eindringen des Spermiums aktiviert in der Eizelle einen Blockademechanismus, der das Eindringen weiterer Spermien verhindert und die Eizelle dadurch vor **Polyspermie** schützt. Dies ist wichtig, da mit jedem weiteren Spermium zusätzliche Chromosomensätze und Centrosomen in die Eizelle gelangen und zu einer anomalen Entwicklung führen würden. Vielfältige Mechanismen sorgen dafür, daß in der Zygote jeweils nur ein Spermienkern vorhanden ist.

Ei- und Samenzellen haben besondere Strukturen für die Befruchtung. Bei der Eizelle sollen sie verhindern, daß mehr als ein Spermium die Eizelle befruchtet, während sie beim Spermium das Eindringen in die Eizelle erleichtern soll. Eizellen sind gewöhnlich von mehreren Schutzschichten umgeben und besitzen bei vielen Organismen unter der Plasmamembran zusätzlich noch eine Schicht aus Corticalgranula. Das Säugerei ist beispielsweise von einer Plasmamembran mit darunterliegenden Corticalgranula begrenzt, die rundum von der Zona pellucida umgeben ist; diese sorgt dafür, daß nicht mehr als ein Spermium in die Eizelle eindringen kann. Alle Spermien sind bewegliche Zellen, die darauf ausgerichtet sind, die Eizelle zu aktivieren und gleichzeitig ihren Zellkern im Eicytoplasma zu deponieren. Sie bestehen im wesentlichen aus einem Zellkern, Mitochondrien, die als Energielieferanten dienen, und einer Geißel für die Bewegung. Das Vorderende ist hochspezialisiert und unterstützt das Eindringen (Abbildung 12.21). Das Spermium von *C. elegans* fällt etwas aus dem Rahmen, da es sich wie eine Amöbe bewegt.

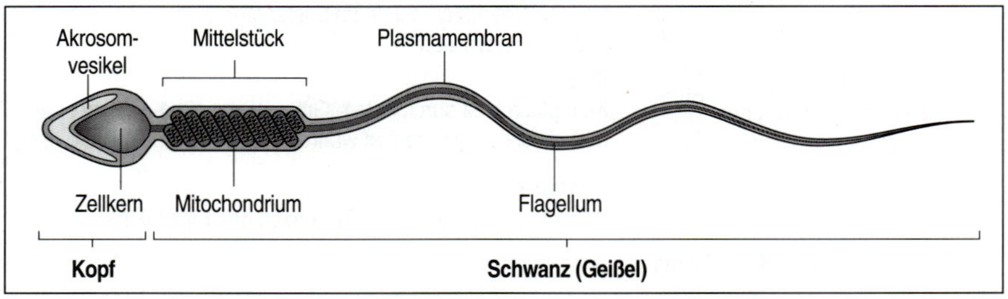

12.21 Ein menschliches Spermium. Das Akrosomvesikel am Vorderende des Spermienkopfes enthält Enzyme, die die schützenden Hüllen der Eizelle abbauen können. In der Plasmamembran am Spermienkopf befinden sich verschiedene spezielle Proteine, die sich an die Eihüllen binden und den Eintritt erleichtern. Das Spermium bewegt sich mit Hilfe einer einzigen Geißel, die ihre Energie von einem Mitochondrium bezieht. Das Spermium ist insgesamt ungefähr 60 Mikrometer lang.

12.14 Bei der Befruchtung spielen auch Wechselwirkungen zwischen den Zelloberflächen von Eizelle und Spermium eine Rolle

Um in die Eizelle einzudringen, muß das Spermium mehrere physikalische Barrieren überwinden (Abbildung 12.22). Beim Säugerei stößt das Spermium zuerst auf eine Schicht aus Cumuluszellen, die in eine klebrige Masse aus Hyaluronsäure eingebettet sind. Mit Hilfe der Hyaluronidaseaktivität an seiner Oberfläche kann die Samenzelle diese Schicht durchdringen. Als nächstes trifft das Spermium auf die **Zona pellucida**, eine das Ei umgebende Schicht aus Glycoproteinen. Die Zona bildet ebenfalls eine physikalische Barriere für die Spermien; sie kann jedoch durch die **Akrosomreaktion**, bei welcher der Inhalt des im Spermienkopf befindlichen Akrosomvesikels freigesetzt wird, durchbrochen werden. Die Zona pellucida enthält mit dem Glycoprotein ZP3 einen Rezeptor für die artspezifische Bindung eines Spermiums. Am Spermienkopf befindet sich β-1,4-Galaktosyltransferase – ein Adhäsionsmolekül, das sich wahrscheinlich an ZP3 heften kann. Bei der Bindung des Spermiums an ZP3 wird der Inhalt des Akrosomvesikels exocytotisch freigesetzt. Zu den dabei freiwerdenden Enzymen gehören auch die β-N-Acetylglucosaminidase, die in der Zona pellucida die Oligosaccharidseitenketten der Glycoproteine abbaut, sowie eine Protease namens Acrosin. Diese Enzyme ermöglichen es dem Spermium, sich der Plasmamembran der Eizelle zu nähern.

-> Cumuluszellen in Hyaluron=säure

-> Zona pellucida
-> Schicht aus Glycoproteinen

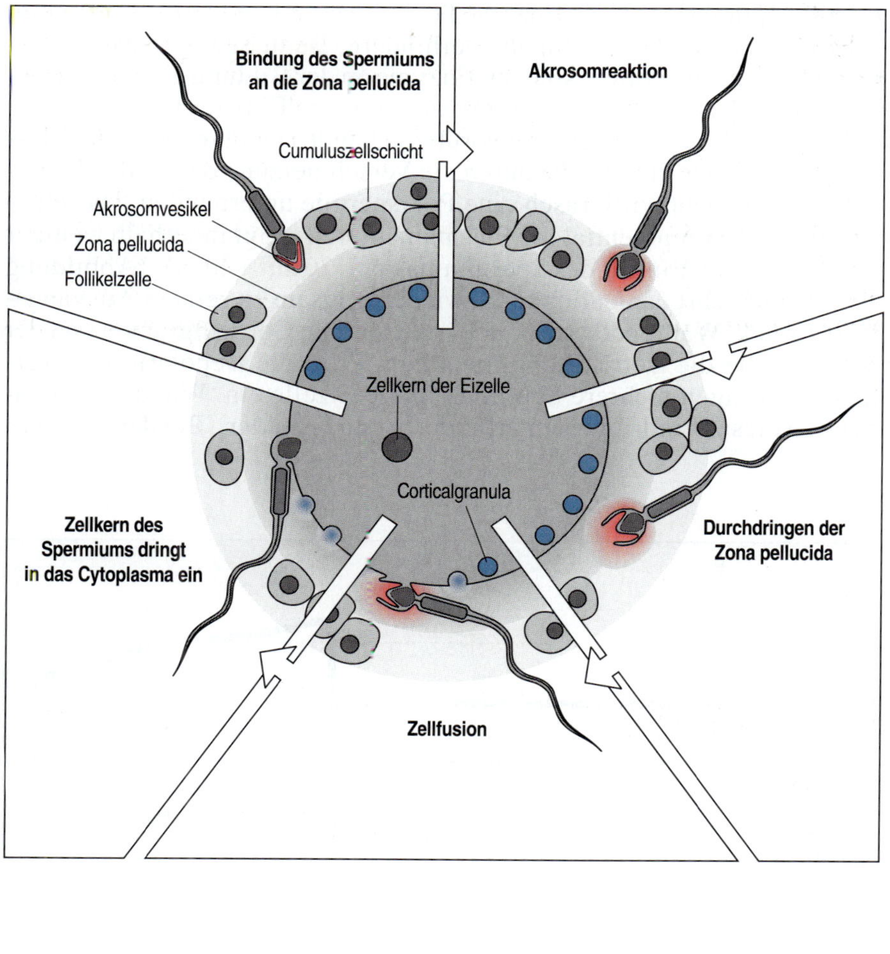

12. 22 Die Befruchtung einer Säugereizelle. Nachdem das Spermium die Schicht aus Cumuluszellen, die von der Follikelzelle abstammen, durchdrungen hat, heftet es sich an die Zona pellucida (1). Dies löst die Akrosomreaktion aus (2), bei der aus dem Akrosomvesikel Enzyme freiwerden, die die Zona pellucida abbauen. Dies ermöglicht es dem Spermium, die Zona pellucida zu durchdringen (3) und sich an die Plasmamembran der Eizelle zu binden. Die Plasmamembran des Spermienkopfes verschmilzt mit der Plasmamembran der Eizelle (4). Dieser Vorgang aktiviert die Eizelle, die daraufhin Corticalgranula freisetzt. Schließlich dringt der Zellkern des Spermiums in die Eizelle ein (5). Nach Alberts et al. 1989.

Durch die Akrosomreaktion werden auf der Spermienoberfläche auch Proteine exponiert, die sich an die Eizellmembran binden können und an der Fusion der Membranen von Ei- und Samenzellen beteiligt sind. Eine wichtige Rolle spielt dabei das Protein Fertilin, das aus zwei Transmembranuntereinheiten besteht und anscheinend auf der Plasmamembran der Eizelle an einen integrinähnlichen Rezeptor andockt. Diese Wechselwirkung könnte die Verschmelzung von Spermium und Eizelle auslösen. Im Spermium vieler Wirbelloser, beispielsweise des Seeigels, führt die Akrosomreaktion zur Ausstülpung eines stabförmigen akrosomalen Fortsatzes. Dieser bildet sich durch die Polymerisation von Aktinmolekülen und erleichtert die Kontaktaufnahme mit der Eizellmembran.

Es ist möglich, menschliche Eizellen in Kultur zu befruchten und den Embryo in einem sehr frühen Entwicklungsstadium in die Mutter zu reimplantieren. Diese Technik der *in vitro*-Fertilisation ist für Paare, die aus irgendwelchen Gründen keine Kinder empfangen können, eine große Hilfe. Man kann sogar eine menschliche Eizelle befruchten, indem man einzelne intakte Spermien direkt in das Ei injiziert.

12.15 Veränderungen der Eizellmembran bei der Befruchtung verhindern eine Polyspermie

Zwar berühren viele Spermien die Eihüllen; es ist jedoch wichtig, daß nur ein Spermium mit der Eizellmembran verschmilzt und seinen Zellkern in das Eicytoplasma entläßt. Dafür sorgen Mechanismen, die das Eindringen mehrerer Spermien verhindern. Die wichtigste Sperre gegen Polyspermie greift bei vielen Tieren, sobald das erste Spermium mit der Plasmamembran verschmilzt. Diese Fusion regt die Freisetzung von Corticalgranula an, deren Enzyme bei Säugern ein weiteres Binden von Spermien an die Zona pellucida verhindern. Beim Seeigel, den wir genauer betrachten wollen, sind die Enzyme an der Bildung einer undurchdringbaren Befruchtungsmembran rund um das Ei beteiligt.

Im Seeigelei wird durch eine vorübergehende Depolarisation der Plasmamembran der Eizelle, die durch die Verschmelzung der beiden Keimzellen verursacht wird, rasch eine Polyspermie unterbunden. Das elektrische Membranpotential der Plasmamembran steigt innerhalb weniger Sekunden nach Eintritt des Spermiums von –70 auf +20 mV (Abbildung 12.23) und kehrt dann allmählich wieder langsam zu seinem Ausgangswert zurück. Währenddessen bildet sich aus den Corticalgranula und der Vitellinhülle die Befruchtungsmembran. Wird die Depolarisation verhindert, dringen mehrere Spermien in die Eizelle ein. Wie die Depolarisation dieses Eindringen unterbindet, ist noch unklar. (Bei der Befruch-

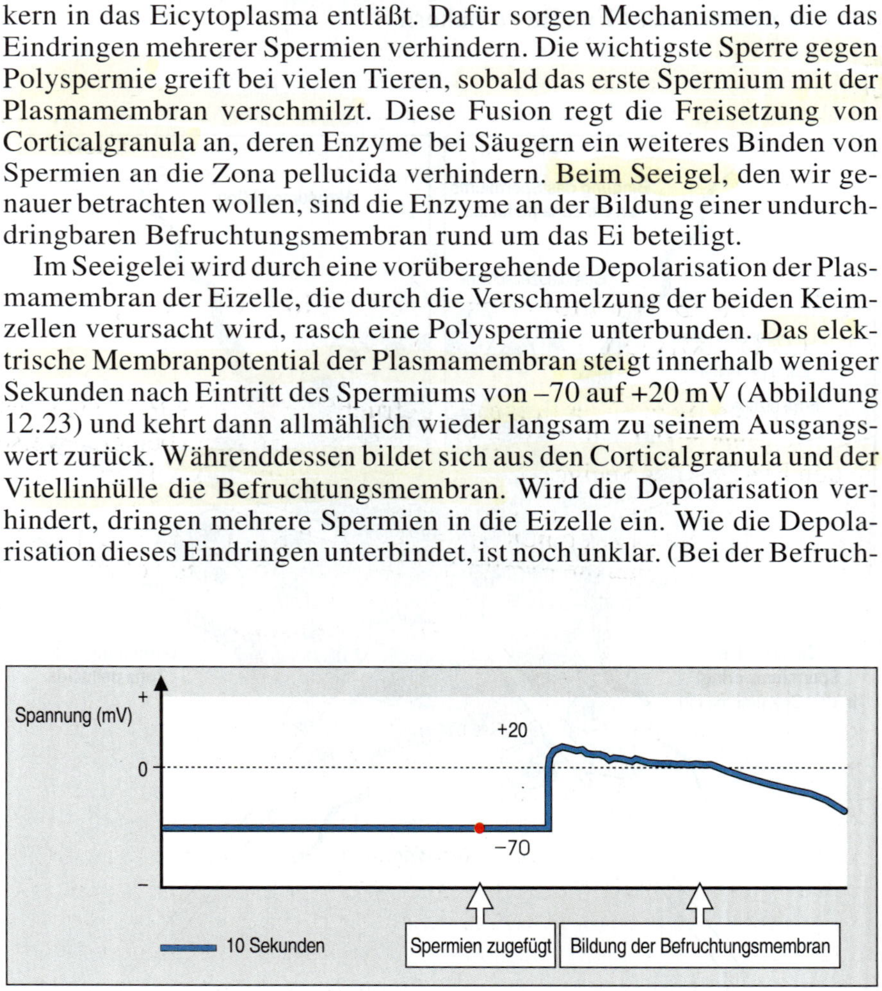

12.23 Die Depolarisation der Plasmamembran der Seeigeleizelle während der Befruchtung. Das Ruhepotential der Plasmamembran einer unbefruchteten Seeigeleizelle beträgt –70 mV. Mit der Befruchtung verändert sich das Membranpotential schlagartig auf +20 mV und kehrt dann langsam zum Ruhewert zurück. Durch diese Depolarisation kann schnell eine Polyspermieblockade aufgebaut werden.

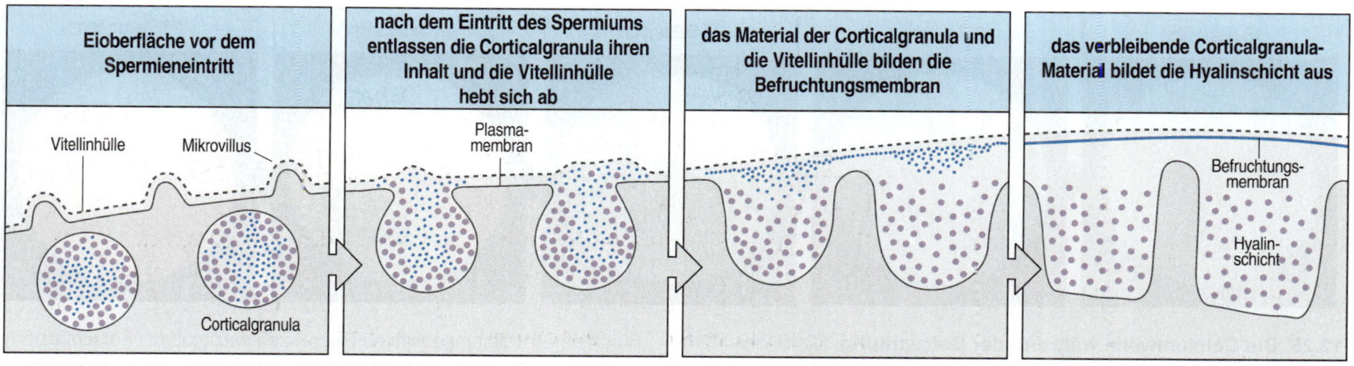

12.24 Die Corticalreaktion bei der Befruchtung der Seeigeleizelle. Die Eizelle ist von einer Vitellinhülle umgeben, die der Plasmamembran außen aufliegt. Membrangebundene Corticalgranula liegen direkt unterhalb der Plasmamembran. Bei der Befruchtung verschmelzen die Corticalgranula mit der Plasmamembran; dabei wird der Inhalt teilweise durch Exocytose ausgestoßen. Das Material der Corticalgranula verbindet sich mit der Vitellinhülle zu einer festen Befruchtungsmembran, die sich daraufhin von der Eioberfläche abhebt und das Ei vor dem Eindringen weiterer Spermien schützt. Andere Bestandteile der Corticalgranula bilden eine Hyalinschicht, die die Eizelle unterhalb der Befruchtungsmembran umhüllt.

tung der Maus ändert sich das Membranpotential nicht!) Die langsamere Corticalreaktion beim Seeigel ist dagegen besser untersucht. Der Eintritt des Spermiums in die Eizelle des Seeigels führt dazu, daß Calcium ausgeschüttet wird und die Corticalgranula, die unmittelbar unter der Plasmamembran der reifen Eizelle liegen, ihren Inhalt exocytotisch auf der Außenseite der Plasmamembran freisetzen. Daraufhin löst sich die Vitellinhülle von der Plasmamembran ab. Der Inhalt der Corticalgranula bildet gemeinsam mit der Vitellinhülle die Befruchtungsmembran und liefert darüber hinaus eine Hyalinschicht zwischen dieser und der Plasmamembran (Abbildung 12.24). Beide Strukturen verhindern, daß sich ein weiteres Spermium an die Plasmamembran der Eizelle anheftet.

12.16 Die Befruchtung löst eine Calciumwelle aus, die das Ei aktiviert

Die Aktivierung des Eies durch die Befruchtung löst eine Reihe von Ereignissen aus, welche die Entwicklung auslösen. So steigt beispielsweise in den Eizellen des Seeigels und der Amphibien die Proteinsynthese um ein Mehrfaches und häufig ändern sich Eistrukturen, wie etwa bei der Rundenrotation des Amphibieneies (Abschnitt 3.2 und 3.3). Am wichtigsten ist jedoch, daß die Eizelle die Meiose fortsetzt und vollendet und daraufhin die Zellkerne des Spermiums und der Eizelle verschmelzen, um die diploide Zygote zu bilden. Daraufhin beginnt die befruchtete Eizelle mit den mitotischen Teilungen.

Die Befruchtung und Aktivierung des Eies sind bei Säugern und Seeigeln mit einem plötzlichen Anstieg freier Ca^{2+}-Ionen verknüpft, der sich wellenförmig über die Eizelle ausbreitet (Abbildung 12.25). Die Calciumwelle wird durch den Spermieneintritt ausgelöst und ist sowohl nötig als auch ausreichend, um die Entwicklung in Gang zu bringen. Die Welle beginnt an der Stelle des Spermieneintritts und durchwandert das Ei mit einer Geschwindigkeit von 5–10 Mikrometern pro Sekunde. Bei einigen Säugern oszilliert die Calciumkonzentration nach der Befruchtung noch einige Stunden lang. Diese Schwankungen können durch das vom Spermium mitgebrachte Protein Oszillin ausgelöst werden.

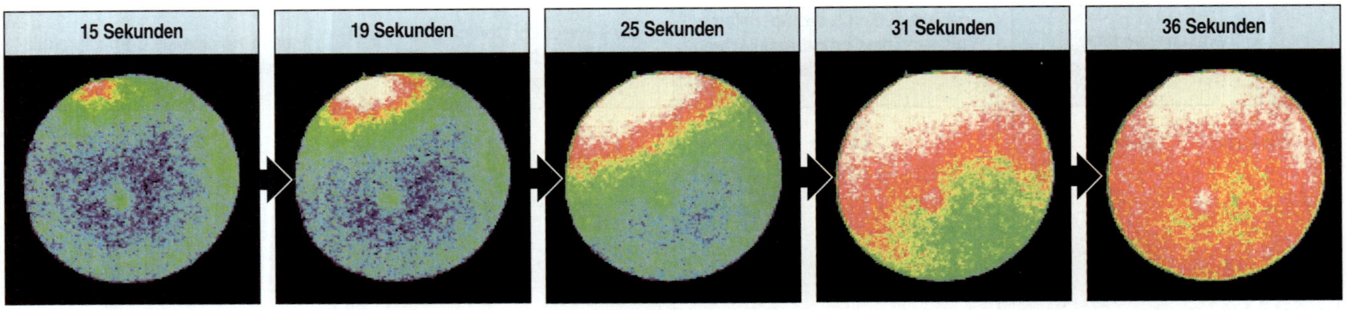

12.25 Die Calciumwelle während der Befruchtung. Die Bilderserie zeigt, wie bei der Befruchtung eine intrazelluläre Calciumwelle durch eine Seeigeleizelle hindurchläuft. Das befruchtende Spermium ist gerade links oben mit der Eizelle verschmolzen und hat dadurch die Calciumausschüttung ausgelöst. Die Konzentration der Calciumionen wird hier mit Hilfe eines konfokalen Fluoreszenzmikroskops durch einen calciumsensitiven Fluoreszenzfarbstoff mit Falschfarben dargestellt: Rot zeigt die höchste Konzentration an, es folgen gelb, grün und blau. Die angegebenen Zeiten entsprechen den Sekunden nach Eindringen des Spermiums. Aufnahmen mit freundlicher Genehmigung von M. Whitaker.

Der rasche Anstieg der freien Ca^{2+}-Ionen ist für die Eiaktivierung entscheidend. Bei einer Vielzahl von Tieren können die Eizellen durch eine Erhöhung der Ca^{2+}-Konzentration im Cytosol künstlich, etwa durch die direkte Injektion von Ca^{2+}, aktiviert werden. Umgekehrt kann man eine Aktivierung verhindern, indem man den Calciumanstieg durch eine Injektion calciumbindender Agentien wie etwa den Chelator EGTA verhindert. Seit vielen Jahren ist bekannt, daß *Xenopus*-Eier durch einfaches Anstechen mit einer Glasnadel aktiviert werden können; dies beruht darauf, daß an der verletzten Stelle Calcium einströmt. Calcium startet den Zellzyklus, indem es auf die Proteine einwirkt, die den Zellzyklus steuern.

Sind große Mengen des Proteinkomplexes MPF (*maturation-promoting factor*) vorhanden, bleibt das unbefruchtete *Xenopus*-Ei in der Metaphase der zweiten meiotischen Teilung. Ein Bestandteil des MPF ist

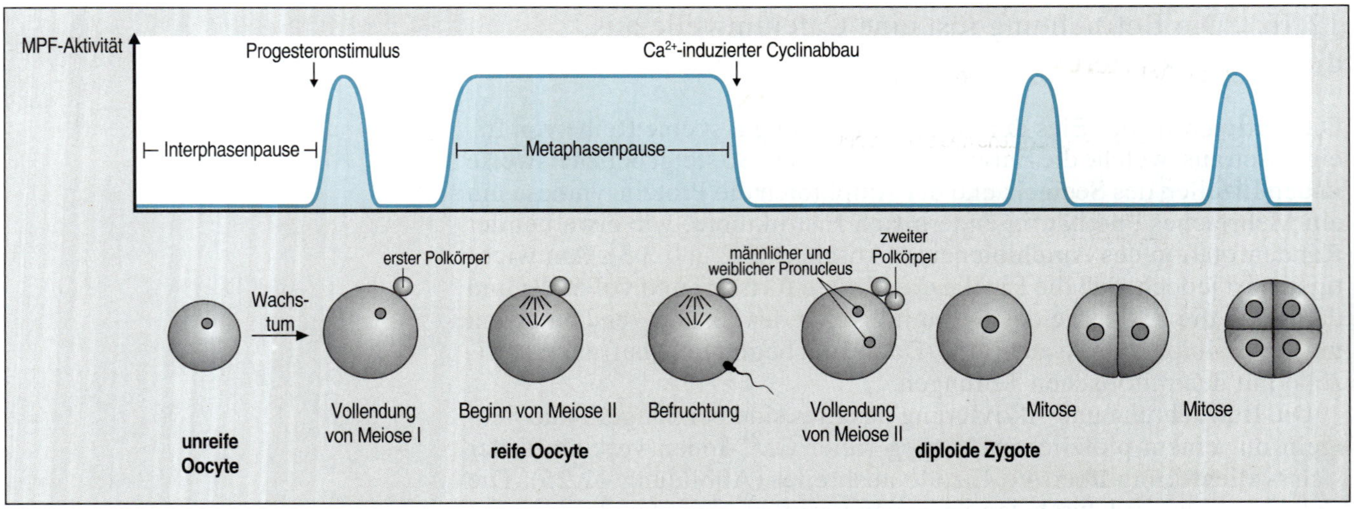

12.26 Aufzeichnung der MPF-(*maturation-promoting factor*-) Aktivität in der frühen *Xenopus*-Entwicklung. Der Zellzyklus der unreifen *Xenopus*-Oocyte wird unterbrochen. Nachdem durch die Gabe von Progesteron ein hormoneller Reiz gesetzt wurde, beginnt und beendet die Oocyte die erste meiotische Teilung mit dem Abschnüren eines Polkörpers. Sie tritt in die zweite meiotische Teilung ein, wird jedoch noch einmal in der Metaphase angehalten. Zu diesem Zeitpunkt wird das Ei gelegt. Bei der Befruchtung führt die Calciumwelle dazu, daß die Mitose vollendet wird und sich der zweite Polkörper bildet. Die Zygote beginnt rasch mit den mitotischen Teilungen. Kurz vor jeder Teilung der meiotischen und mitotischen Zellzyklen, schnellt die MPF-Konzentration in die Höhe, hält sich dort während der Mitose, fällt dann abrupt ab und bleibt zwischen zwei aufeinanderfolgenden Mitosen niedrig.

das Protein Cyclin. Die MPF-Konzentration muß reduziert werden, damit die Eizelle die Meiose beenden und mit den mitotischen Teilungen beginnen kann (Abbildung 12.26). Die Calciumwelle aktiviert die Calmodulin-abhängige Proteinkinase II, die wiederum die Cyclinkomponente von MPF abbaut; dadurch kann das Ei seine Meiose beenden. Daraufhin verschmelzen die Pronuclei, und die Zygote begibt sich in das nächste Stadium ihres Zellzyklus und beginnt mit der Mitose.

Zusammenfassung

Die Verschmelzung von Ei- und Samenzelle bei der Befruchtung regt die Eizelle dazu an, sich zu teilen und zu entwickeln. Sowohl das Spermium als auch die Eizelle besitzen spezielle Strukturen für die Befruchtung. Die erste Bindung des Spermiums an das Säugerei wird durch Zelloberflächenmoleküle vermittelt und führt dazu, daß der Inhalt des Akrosoms, das zum Spermium gehört, freigesetzt wird. Dies erleichtert das Eindringen des Spermiums durch die Hüllschichten des Eies und ermöglicht es ihm, die Eiplasmamembran zu erreichen. Eine Polyspermiesperre sorgt dafür, daß nur ein einziges Spermium mit der Eizelle verschmilzt und seinen Zellkern im Cytoplasma des Eies hinterläßt. Beim Seeigel kommt die erste Blockade schnell, bleibt aber unvollständig. Die zweite entsteht dadurch, daß der Inhalt der Corticalgranula der Eizelle außen freigesetzt wird und eine undurchdringliche Befruchtungsmembran bildet. Eine Schlüsselrolle für die Aktivierung des Eies nach der Befruchtung spielt die Freisetzung von Calciumionen im Cytosol, die sich wellenförmig von der Spermieneintrittsstelle ausbreitet. Bei Säugern und den meisten anderen Wirbeltieren führt die Befruchtung zur Vollendung der zweiten meiotischen Teilung; aus den haploiden Pronuclei von Eizelle und Spermium entsteht der Zellkern der diploiden Zygote, und das Ei beginnt sich zu teilen.

Übersicht: die Befruchtung bei Säugetieren

Hyaluronidaseaktivität an der Oberfläche des Säugerspermiums

⇩

das Spermium durchdringt die Cumuluszellschicht ⇨ die Zona pellucida löst beim Spermium die Akrosomreaktion aus

⇩

das Akrosomvesikel im Spermienkopf setzt Enzyme frei

⇩

die Plasmamembran des Spermiums fusioniert mit der Plasmamembran der Eizelle

⇩

Calciumwellen

die Corticalreaktion verhindert eine Polyspermie ⇩

das Spermium entläßt seinen Zellkern ins Eicytoplasma

⇩

die Eizelle vollendet die Meiose und beginnt mit der Entwicklung des Embryos

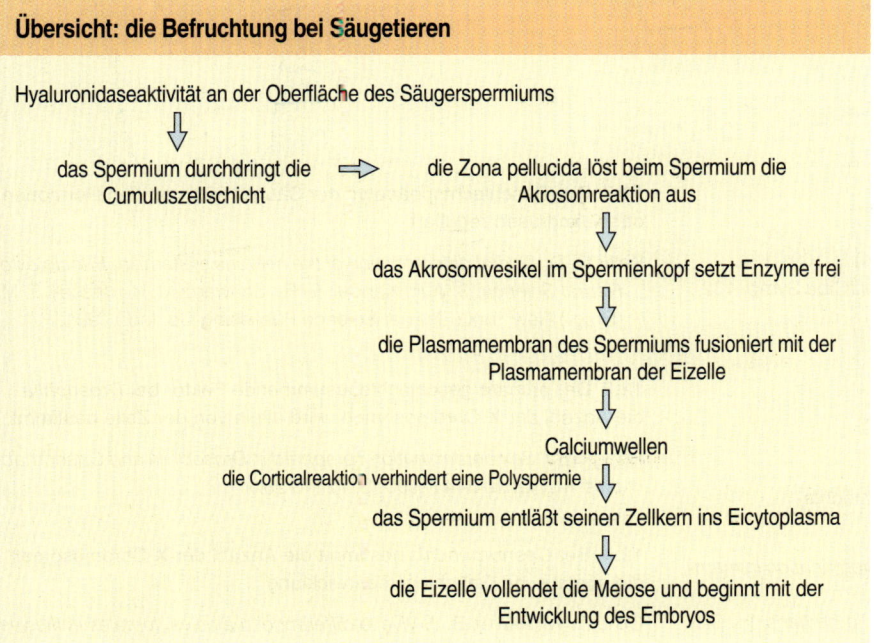

Zusammenfassung von Kapitel 12

Bei vielen Tieren hängt das Geschlecht von der chromosomalen Ausstattung des Embryos ab. Beim Säuger determiniert das Y-Chromosom das männliche Geschlecht; es löst die Entwicklung des Hodens aus, dessen Hormone dafür sorgen, daß sich männliche Geschlechtsmerkmale ausbilden. Fehlt das Y-Chromosom, entwickelt sich ein Weibchen. Bei *Drosophila* und *C. elegans* wird die Geschlechtsentwicklung zuerst durch die Anzahl der X-Chromosomen festgelegt, die eine Kaskade von Genaktivitäten in Gang setzen. Bei Säugern hängt der somatische Geschlechtsphänotyp von Zell-Zell-Wechselwirkungen ab; bei der Fliege ist die somatische Geschlechtsdifferenzierung ausschließlich Sache der Zelle. Bei vielen Tieren werden die zukünftigen Keimzellen von cytoplasmatischen Faktoren innerhalb der Eizelle spezifiziert – außer den Keimzellen der Säuger, deren Entwicklungsrichtung ausschließlich durch Zell-Zell-Wechselwirkungen bestimmt werden. Dies gilt auch für Blütenpflanzen, deren Keimzellen erst spät, wenn sich die Blüten bilden, in ihrer Entwicklung festlegen werden. Die meisten Blütenpflanzen sind Hermaphroditen. Bei Tieren hängt die Entwicklung der Keimzellen zu Ei- oder Samenzellen sowohl von den Chromosomen als auch von Zellinteraktionen ab. Unter Befruchtung versteht man das Verschmelzen von Ei- und Samenzelle, wodurch die Entwicklung in Gang gesetzt wird. Bestimmte Mechanismen sorgen dafür, daß die Eizelle nur von einem einzigen Spermium befruchtet wird. Für eine normale Säugerentwicklung sind sowohl das väterliche als auch das mütterliche Genom erforderlich, da einige Gene vorgeprägt werden (Imprinting). Bei solchen Genen hängt es ganz allein von ihrer Herkunft aus dem Spermium oder dem Ei ab, ob sie während der Entwicklung exprimiert werden oder nicht. Tiere gleichen durch viele Strategien der Dosiskompensation die unterschiedliche Anzahl an X-Chromosomen bei Männchen und Weibchen aus.

Literatur

Allgemein

Crews, D. *Animal sexuality.* In: *Sci. Amer.* 270 (1994) S. 109–114.

Marsh, J.; Goodie, J. (Hrsg.) *Germline Development* (Ciba Symp. 182). Chichester (John Wiley) 1994.

Zu den einzelnen Abschnitten

12.1 Bei Säugern befindet sich das primäre geschlechtsbestimmende Gen auf dem Y-Chromosom

Goodfellow, P. N.; Lovell-Badge, R. *SRY and sex determination in mammals.* In: *Ann. Rev. Genet.* 27 (1993) S. 71–92.

Schafer, A. J.; Goodfellow, P. N. *Sex determination in humans.* In: *BioEssays* 18 (1996) S. 955–963.

12.2 Der Geschlechtsphänotyp der Säuger wird von den Hormonen der Keimdrüsen reguliert

Kelly, D. D. *Sexual differentiation of the nervous system.* In: *Principles of Neural Science.* 3. Aufl. Kandel, E. R.; Schwartz, J. H.; Jessell, T. M. (Hrsg.) New York (Elsevier Science Publishing Co. Inc.) 1991.

12.3 Der primäre geschlechtsbestimmende Faktor bei *Drosophila*, die Anzahl der X-Chromosomen, wird allein von der Zelle bestimmt

Hodgkin, J. *Sex determination compared in Drosophila and Caenorhabditis.* In: *Nature* 344 (1990) S. 721–728.

12.4 Bei *Caenorhabditis* bestimmt die Anzahl der X-Chromosomen die somatische Geschlechtsentwicklung

Cline, T. W.; Meyer, B. J. *Vive la difference: males vs. females in flies vs. worms.* In: *Ann. Rev. Genet.* 30 (1996) S. 637–702.

12.5 Die meisten Blütenpflanzen sind Hermaphroditen, einige bilden jedoch eingeschlechtliche Blüten

Irisa, E. N. *Regulation of sex determination in maize.* In: *BioEssays* 18 (1996) S. 363–369.

12.6 Die Determination der Keimzellen kann von Zellsignalen und der genetischen Konstitution abhängen

McLaren, A. *Germ cells and germ cell sex.* In: *Phil. Trans. Roy. Soc. Lond.* 350 (1995) S. 229–233.
Clifford, R.; Francis, R.; Schedl, T. *Somatic control of germ cell development in Caenorhabditis elegans.* In: *Semin. Dev. Biol.* 5 (1994) S. 21–30.

12.7 Es gibt verschiedene Strategien, die unterschiedliche Dosis X-gekoppelter Gene zu kompensieren

Lucchesi, J. C. (Ed.): *Dosage compensation.* In: *Semin. Dev. Biol.* 4 (1993) S. 91–145.
Willard, H. F.; Salz, H. K. *Remodeling chromatin with RNA.* In: *Nature* 386 (1997) S. 228–229.
Panning, B.; Jaenisch, R. *DNA hypomethylation can activate Xist expression and silence X-linked genes.* In: *Genes Dev.* 10 (1996) S. 1991–2002.
Davis, T. L.; Meyer, B. J. *SDC-3 co-ordinates the assembly of a dosage compensation complex on the nematode X chromosome.* In: *Development* 124 (1997) S. 1019–1031.

12.8 Die Entwicklung der Keimzellen kann durch ein besonderes Keimplasma in der Eizelle festgelegt werden

Mello, C. C.; Schubert, C.; Draper, B.; Zhang, W.; Lobel, R.; Priess, J. R. *The PIE-1 protein and germline specification in C. elegans embryos.* In: *Nature* 382 (1996) S. 710–712
Williamson, A.; Lehmann, R. *Germ Cell Development in Drosophila.* In: *Ann. Rev. Cell Dev. Biol.* 12 (1996) S. 365–391.

12.9 Das Polplasma sammelt sich am posterioren Pol des *Drosophila*-Eies

Rongo, C.; Gavis, E. R.; Lehmann, R. *Localization of oskar RNA regulates oskar translation and requires oskar protein.* In: *Development* 121 (1995) S. 2737–2746.

12.10 Die Keimzellen wandern von ihrem Entstehungsort zu den Keimdrüsen

Dixon, K. E. *Evolutionary aspects of primordial germ cell formation.* In: Marsh, J.; Goodie, J. (Hrsg.) *Germline Development* (Ciba Symp. 182). Chichester (John Wiley) 1994, S. 92–120.
Wylie, C. C.; Heasman, J. *Migration, proliferation and potency of primordial germ cells.* In: *Semin. Dev. Biol.* 4 (1993) S. 161–170.

12.11 Bei der Keimzelldifferenzierung wird die Chromosomenzahl reduziert

Metz, C. B.; Monroy, A. (Hrsg.) *Biology of the Sperm. Biology of Fertilization.* Bd. 2. Orlando, Florida (Academic Press) 1985.

12.12 Die Vervielfältigung von Genen sowie andere Zellen können ebenfalls zur Entwicklung von Eizellen beitragen

Spradling, A. *Developmental genetics of oogenesis.* In: Bate, M.; Martinez-Arias, A. (Hrsg.) *Drosophila Development.* New York (Cold Spring Harbor Laboratory Press) 1993, S. 1–69.
Browder, L. W. *Oogenesis.* New York (Plenum Press) 1985.

12.13 Die Gene, die das embryonale Wachstum steuern, sind vorgeprägt

Haig, D. *Do imprinted genes have few and small introns?* In: *BioEssays* 18 (1996) S. 351–353.
Surani, A. *Silencing of the genes.* In: *Nature* 366 (1993) S. 302–303.
Solter, D. *Differential imprinting and expression of maternal and paternal genomes.* In: *Ann. Rev. Genet.* 22 (1988) S. 127–146.
Razin, A.; Cedar, H. *DNA methylation and genomic imprinting.* In: *Cell* 77 (1994) S. 473–476.

12.14 Bei der Befruchtung spielen auch Wechselwirkungen zwischen den Zelloberflächen von Eizelle und Spermium eine Rolle

Snell, W. J.; White, J. M. *The molecules of mammalian fertilization.* In: *Cell* 85 (1996) S. 629–637.
Longo, F. S. *Fertilization.* London (Chapman & Hall) 1987.
Miller, D. J.; Shur, B. D. *Molecular basis of fertilization in the mouse.* In: *Semin. Dev. Biol.* 5 (1994) S. 255–264.
Romano, C. S.; Myles, D. G.; Primakoff, P. *Multiple roles for PH-20 and fertilin in sperm–egg interactions.* In: *Semin. Dev. Biol.* 5 (1994) S. 265–271.

12.15 Veränderungen der Eizellmembran bei der Befruchtung verhindern eine Polyspermie

Foltz, K. R.; Partin, J. S.; Lennarz, W. J. *Sea urchin egg receptor for sperm: sequence similarity of binding domain and hsp70.* In: *Science* 259 (1993) S. 1421–1425.
Foltz, K. R. *The sea urchin egg receptor for sperm.* In: *Semin. Dev. Biol.* 5 (1994) S. 243–253.

12.16 Die Befruchtung löst eine Calciumwelle aus, die das Ei aktiviert

Whitaker, M. *Cell cycle: Sharper than a needle.* In: *Nature* 366 (1993) S. 211–212.
Whitaker, M. *Lighting the fuse at fertilization.* In: *Development* 117 (1993) S. 112.
Swann, K.; Lai, F. A. *A novel signalling mechanism for generating* Ca^{2+} *oscillations at fertilization in mammals.* In: *BioEssays* 19 (1997) S. 371–378.

Regeneration 13

- Morphallaxis
- Epimorphose

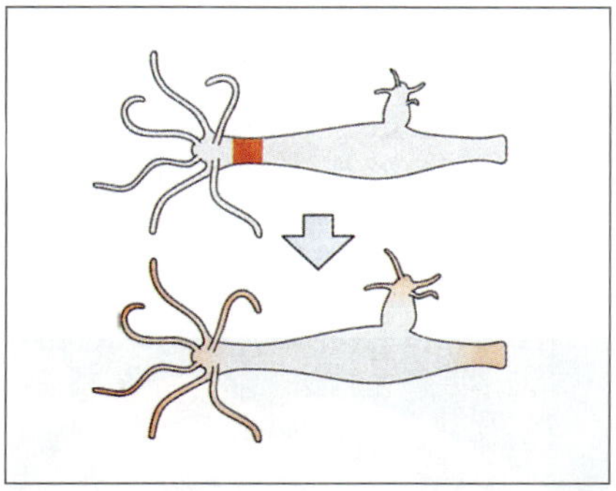

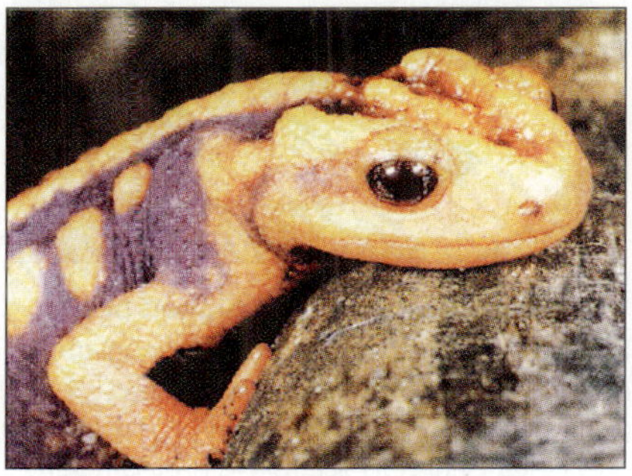

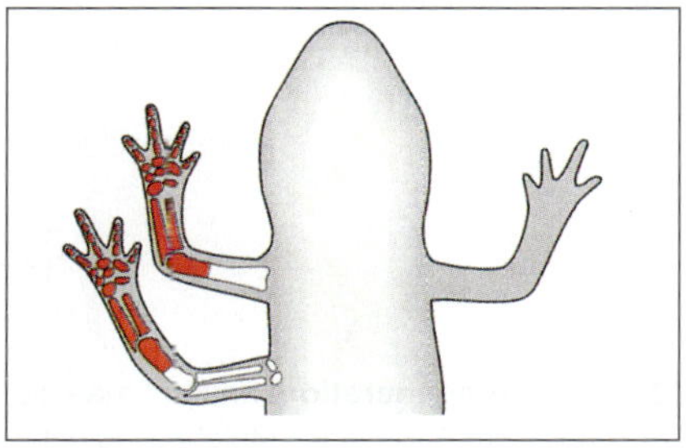

„Selbst wenn einige von uns gewaltsam entfernt wurden,
nahmen andere unseren Platz ein."

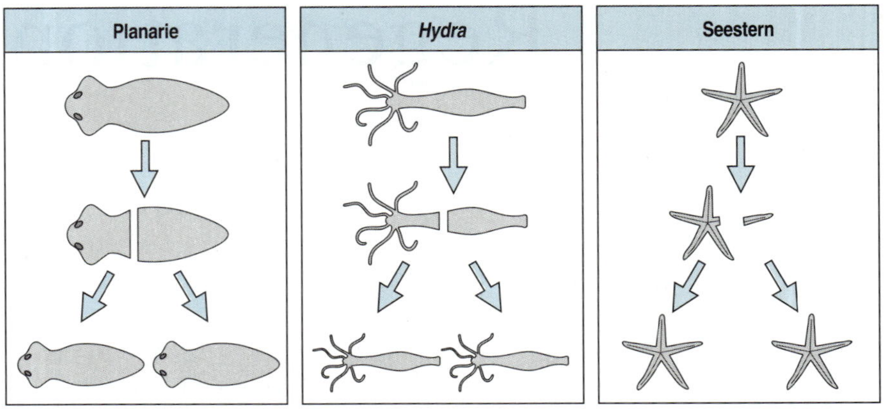

13.1 Regeneration bei einigen Invertebraten. Eine Planarie, *Hydra* und ein Seestern besitzen alle eine bemerkenswerte Regenerationsfähigkeit. Werden Teile entfernt oder wird ein kleines Stück isoliert, so kann sich das ganze Tier regenerieren.

An mehreren Stellen in diesem Buch haben wir bereits Beispiele für die Fähigkeit des Embryos kennengelernt, sich selbst zu regulieren, wenn Teile von ihm entfernt oder umgeordnet werden (Abschnitte 3.5 und 6.1). Hier betrachten wir nun das verwandte Phänomen der **Regeneration** bei erwachsenen Organismen. Regeneration ist die Fähigkeit eines voll entwickelten Organismus, verlorengegangene Teile durch Wachstum oder Umordnung von somatischem Gewebe zu ersetzen. Pflanzen besitzen eine bemerkenswerte Regenerationsfähigkeit: Aus einer einzelnen somatischen Pflanzenzelle kann eine vollkommen neue Pflanze entstehen. Einige Tiere zeigen ebenfalls eine große Regenerationsfähigkeit: Aus kleinen Fragmenten von Tieren wie dem Seestern, Planarien (Plattwürmern) und *Hydra* kann sich ein ganzes Tier entwickeln (Abbildung 13.1). Die Regenerationsfähigkeit von Tieren wie *Hydra* und Planarien könnte mit ihrer Fähigkeit zur asexuellen Fortpflanzung im Zusammenhang stehen. Einen bemerkenswerten Fall von Regeneration findet man bei den Ascidien, aus deren Blutzellen allein ein voll funktionsfähiger Organismus entstehen kann.

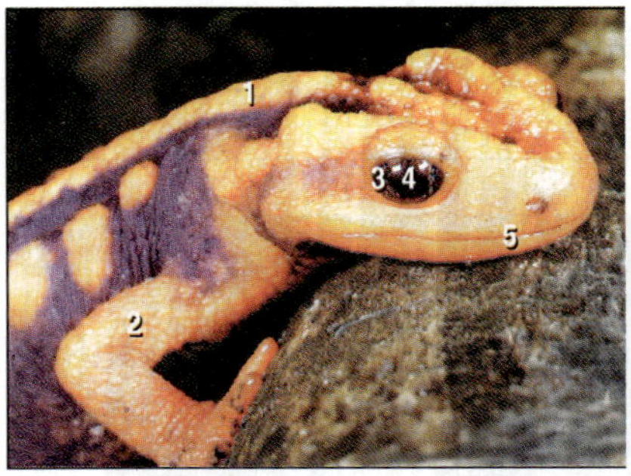

13.2 Die Regenerationsfähigkeit bei Schwanzlurchen. Der Mandarinensalamander (*Tylototriton shanjing*) kann seinen Rückenkamm (1), Extremitäten (2), Retina und Linse (3 und 4), Kiefer (5) und Schwanz (nicht zu sehen) regenerieren.

Unter den Vertebraten zeigen Molche und andere Schwanzlurche (Urodelen) eine bemerkenswerte Regenerationsfähigkeit (Abbildung 13.2). Ihre Linse beispielsweise regeneriert sich aus dem pigmentierten Epithel der Iris (Abbildung 13.3). Insekten und andere Arthropoden können ebenfalls verlorene Gliedmaßen wie etwa Beine regenerieren. Die Regenerationskraft von Säugern ist dagegen viel stärker eingeschränkt. Die Säugerleber kann sich regenerieren, wenn ein Teil von ihr entfernt wird, und gebrochene Knochen können durch einen regenerativen Prozeß verheilen. Säuger können jedoch keine verlorenen Gliedmaßen regenerieren, obwohl sie, wie wir später noch sehen werden, in gewissem Umfang die Fähigkeit besitzen, ihre verlorenen Glieder zu ersetzen. Nematoden und ihre Verwandten können sich überhaupt nicht regenerieren.

13.3 Linsenregeneration. Entfernt man die Linse aus dem Auge eines Molches, so entwickelt sich aus dem pigmentierten Epithel der Iris eine neue Linse.

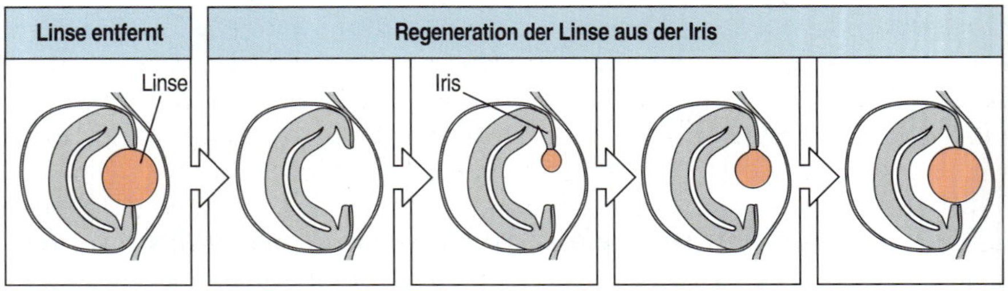

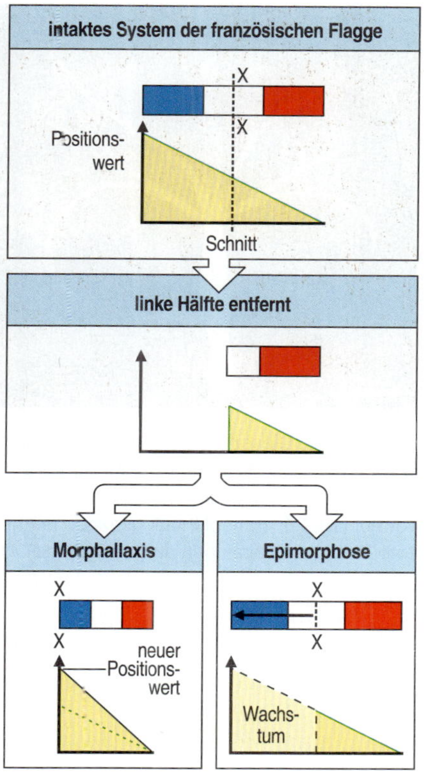

13.4 Morphallaxis und Epimorphose. Ein Muster wie das der französischen Flagge könnte durch einen Gradienten von Positionswerten spezifiziert werden (Abbildung 1.22). Wird das System in der Mitte durchgeschnitten, so kann es sich auf zwei Arten regenerieren. Bei der Regeneration durch Morphallaxis wird an der Schnittstelle eine neue Grenze etabliert, und die Positionswerte werden überall verändert. Bei der Regeneration durch Epimorphose sind die neuen Positionswerte an das Wachstum von der Schnittfläche aus gekoppelt.

Das Thema Regeneration wirft mehrere entscheidende Fragen auf: Warum können sich einige Tiere regenerieren und andere nicht? Woher stammen die Zellen, aus denen die regenerierten Strukturen entstehen? Wie entstehen im regenerierten Gewebe Muster und in welcher Beziehung stehen diese zu den musterbildenden Prozessen der Embryonalentwicklung? In diesem Kapitel besprechen wir einige Aspekte der Regeneration, die am engsten mit Entwicklungsprozessen verbunden sind. Dabei übergehen wir allerdings die Wundheilung, die hauptsächlich ein Reparaturprozeß ist, und das Kompensationswachstum, das bei Säugern auftritt, wenn ein Teil der Leber oder eine Niere verlorengegangen ist. Wir konzentrieren uns auf zwei Systeme, bei denen die Regeneration intensiv untersucht worden ist: Die Regeneration des gesamten Tieres bei *Hydra* und die Regeneration von Gliedmaßen bei Insekten und Amphibien. Auch die Pflanzenregeneration werden wir kurz besprechen.

Gleich zu Beginn können wir zwei Regenerationstypen unterscheiden. Bei der **Morphallaxis** gibt es nur wenig neues Wachstum; statt dessen erfolgt die Regeneration hauptsächlich durch eine Umstrukturierung der Muster in den existierenden Geweben und der Grenzen. Ein gutes Beispiel für Morphallaxis ist die Regeneration bei *Hydra*. Im Gegensatz dazu hängt bei der Molchextremität die Regeneration vom Wachstum neuer, korrekt gemusterter Strukturen ab, was als **Epimorphose** bezeichnet wird. Beide Regenerationstypen lassen sich anhand der französischen Flagge illustrieren (Abbildung 13.4). Bei der Morphallaxis werden zunächst neue Grenzbereiche sowie neue Positionswerte im Verhältnis zu diesen festgelegt; bei der Epimorphose sind neue Positionswerte mit einem Wachstum von der Schnittstelle aus verbunden. Wir betrachten zunächst die Morphallaxis bei *Hydra*.

Morphallaxis

Hydra, ein Süßwassercoelenterat, besitzt einen hohlen röhrenförmigen Körper von etwa 0,5 Zentimeter Länge mit einer Kopfregion am distalen Ende und einer Fußregion am anderen, „proximalen“ Ende, mit dem sie sich an Oberflächen anheften kann (Abbildung 13.5). Der Kopf besteht aus einem schmalen konischen Hypostom mit der Mundöffnung sowie einem Satz Tentakeln, von denen diese Öffnung umgeben ist und die kleine Tiere einfangen, von denen sich *Hydra* ernährt. Im Gegensatz zu den meisten bisher in diesem Buch besprochenen Tieren, die drei Keimblätter besitzen, hat *Hydra* nur zwei. Die Körperwand besteht aus einem äußeren Epithel, das dem Ektoderm, und einem inneren Epithel, das dem Entoderm entspricht. Diese beiden Schichten sind durch eine Basalmembran voneinander abgetrennt. *Hydra* besitzt etwa 20 verschiedene Zelltypen, unter ihnen Nervenzellen, Muskelzellen und Nematocysten, die zum Beutefang dienen.

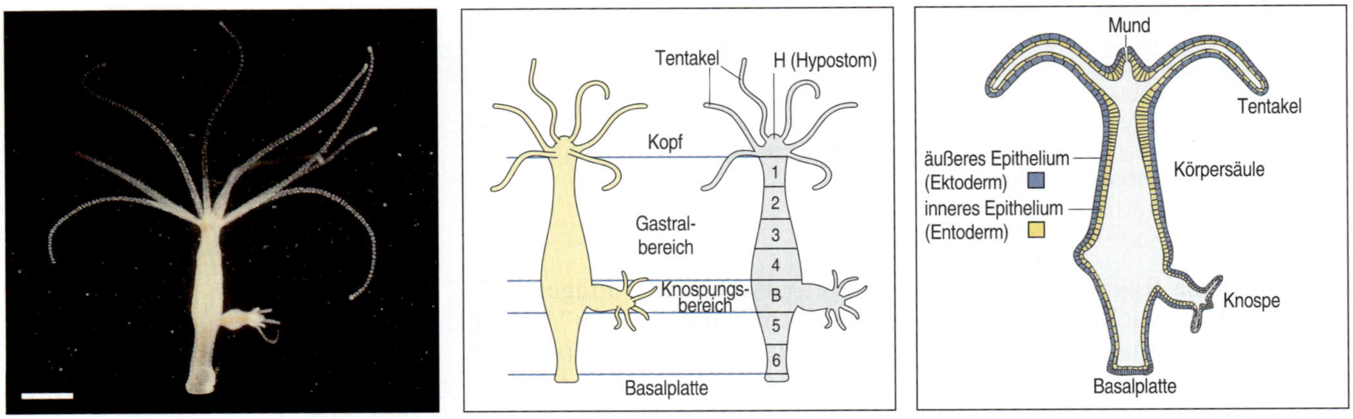

13.5 *Hydra.* Dieser Süßwassercoelenterat (Photographie links) besitzt an einem Ende einen Kopf mit Tentakeln und Mund und am anderen Ende einen klebrigen Fuß. *Hydra* kann sich durch Knospung vermehren. Für Transplantationsexperimente wird die Körpersäule in eine Reihe von Bereichen aufgeteilt (Mitte). Die Körperwand besteht aus zwei Epithelschichten, die bei anderen in diesem Buch besprochenen Organismen dem Ektoderm und Entoderm entsprechen (rechts). Maßstab = 1 mm. Aufnahme mit freundlicher Genehmigung von W. Müller, aus Müller 1989.

13.1 *Hydra* wächst kontinuierlich, wobei sie an den Enden Zellen verliert und Knospen bildet

Guternährte Hydren befinden sich in einem dynamischen Zustand von kontinuierlichem Wachstum und Musterbildung. Die Zellen der beiden Epithelschichten proliferieren ständig. Während die Gewebe wachsen, werden die Zellen entlang der Körpersäule zum Kopf oder Fuß hin verschoben (Abbildung 13.6). Damit eine erwachsene *Hydra* eine konstante Größe behält, muß sie permanent überflüssige Zellen abstoßen. Das geschieht an den Spitzen der Tentakel und an der Basalscheibe der Fußplatte. Die überschüssigen Zellen werden jedoch überwiegend dadurch aufgefangen, daß neue Hydren asexuell von der Körpersäule abknospen. Die Knospung erfolgt etwa in den oberen zwei Dritteln der Körpersäule; die Körperwand beult sich durch eine morphogenetische Veränderung der Zellform aus, die lokal von den Zellen in der Knospungsregion ausgelöst wird, und bildet eine neue Säule, die an ihrem Ende einen Kopf entwickelt und sich dann als kleine neue *Hydra* ablöst.

Das kontinuierliche Wachstum bei *Hydra* bedeutet, daß die Zellen ständig ihre Positionen zueinander verändern und neue Strukturen bilden, wenn sie die Körpersäule hinauf oder hinunter wandern. Außerdem werden neue Hydren asexuell durch Knospung von der Körperwand gebildet. Es muß daher Mechanismen geben, die während dieses dynamischen Prozesses neue Zellmuster erzeugen. Diese verleihen *Hydra* ihre bemerkenswerte Regenerationsfähigkeit.

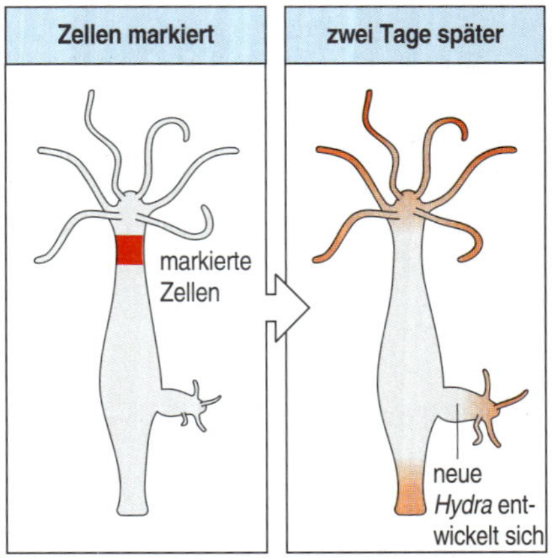

13.6 Wachstum bei *Hydra.* Die Zellen in der Körpersäule einer *Hydra* teilen sich kontinuierlich und werden an andere Stelle verschoben. Wird eine Gruppe von Zellen in Bereich 1 markiert (links), so befinden sie sich nach zwei Tagen in den Tentakeln und der Basalscheibe, wo sie verlorengehen, sowie in der Knospungszone, wo sie eine neue *Hydra* bilden (rechts).

13.2 Die Regeneration bei *Hydra* ist polarisiert und nicht von Wachstum abhängig

Schneidet man die Körpersäule einer *Hydra* quer durch, so regeneriert der untere Teil einen Kopf, der obere einen Fuß. Welche Struktur aus den Zellen an einer Schnittfläche entsteht, hängt also von ihrer Position innerhalb des regenerierenden Teiles ab. Die Schnittfläche am nächsten zum ursprünglichen Kopfende bildet einen Kopf – dies zeigt, daß *Hydra* eine wohldefinierte Gesamtpolarität aufweist. Diese bleibt sogar in kleinen Körperteilen erhalten. Man erkennt dies, wenn ein kleines Stück aus der Körpersäule herausgeschnitten wird: Das distale Ende regeneriert einen Kopf, während das proximale Ende zur Basalscheibe wird.

Zur Regeneration bei *Hydra* ist kein Wachstum erforderlich. Regeneriert sich ein kleines Fragment der Säule, wächst die *Hydra* am Anfang nicht, so daß das regenerierte Tier klein bleibt. Erst nach der Nahrungsaufnahme erhält das Tier seine normale Größe zurück. Daß Wachstum für die Regeneration nicht erforderlich ist, zeigt sich an stark bestrahlten Hydren: Bei diesen Tieren findet keine Zellteilung statt, sie können sich aber noch immer mehr oder weniger normal regenerieren.

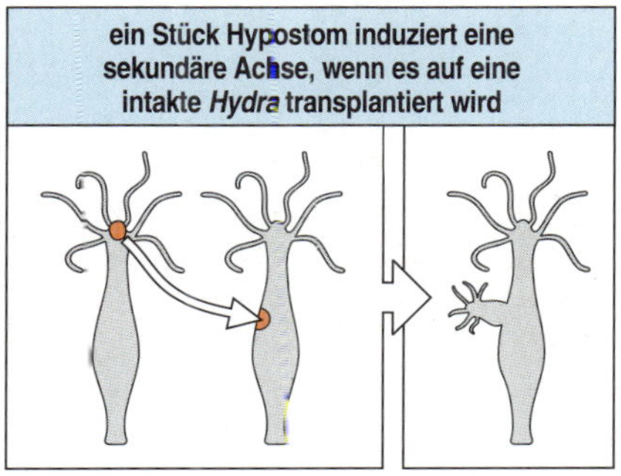

13.7 Das Hypostom kann bei *Hydra* die Bildung eines neuen Kopfes und Körpers induzieren. Wird ein ausgeschnittenes Hypostomfragment in die Gastralregion einer anderen, intakten *Hydra* transplantiert, so kann es die Bildung einer vollständigen neuen Achse mit Kopf und Tentakeln induzieren.

13.3 Der Kopfbereich von *Hydra* fungiert als Organisationszentrum und verhindert, daß ein zweiter Kopf ausgebildet wird

Zu Beginn dieses Jahrhunderts zeigte man, daß die Transplantation eines kleinen Fragmentes aus der Hypostomregion einer *Hydra* in die Gastralregion einer anderen *Hydra* die Bildung eines neuen Kopfes samt Tentakeln und einer Körperachse induziert (Abbildung 13.7). Auf ähnliche Weise induzierte die Transplantation eines Fragments aus der Basalregion die Entwicklung einer neuen Körpersäule mit einer Basalscheibe an ihrem Ende. *Hydra* besitzt daher zwei Organisationszentren, Hypostom und Basalscheibe – eines an jedem Ende –, die wie der Spemann-Organisator bei den Amphibien und die Polarisierungszonen der Extremitätenknopsen bei den Vertebraten wirken. Diese Zentren verleihen *Hydra* ihre Gesamtpolarität.

Transplantationsexperimente zeigen darüber hinaus, daß das Hypostom im Rahmen seiner Organisationsfunktion einen Inhibitor der Kopfbildung produziert, dessen Effektivität mit der Entfernung vom Kopf abnimmt (Abbildung 13.8). Der Hemmstoff verhindert normalerweise beim intakten Tier eine überflüssige Kopfbildung. Wird ein Körperteil direkt unterhalb des Kopfes (Bereich 1 in Abbildung 13.5) in den Gastralbereich transplantiert, so induziert er selten einen neuen Kopf und wird in der Regel einfach in den Körper integriert. Wird dagegen der Kopf des Empfängers zur Zeit der Transplantation entfernt, so kann das Transplantat eine neue Achse mit Kopf induzieren. Dies deutet darauf hin, daß das Entfernen des Kopfes zum Verlust irgendeines Faktors führt, der die Kopfbildung verhindert. Dieser inhibitorische Effekt wird mit der Entfernung zum Kopf geringer: Wird Bereich 1 in die Nähe des Fußes transplantiert, so kann er selbst dann einen Kopf induzieren, wenn der ursprüngliche Kopf noch immer vorhanden ist (Abbildung 13.8, unten). Diese Experimente lassen darauf schließen, daß die Bildung zusätzlicher Köpfe bei *Hydra* normalerweise durch Lateralinhibition (laterale Hemmung) verhindert wird (Abschnitte 1.14 und 11.2), die auf dem Gradienten eines inhibitorischen Signals beruht, dessen Konzentration am Kopf-

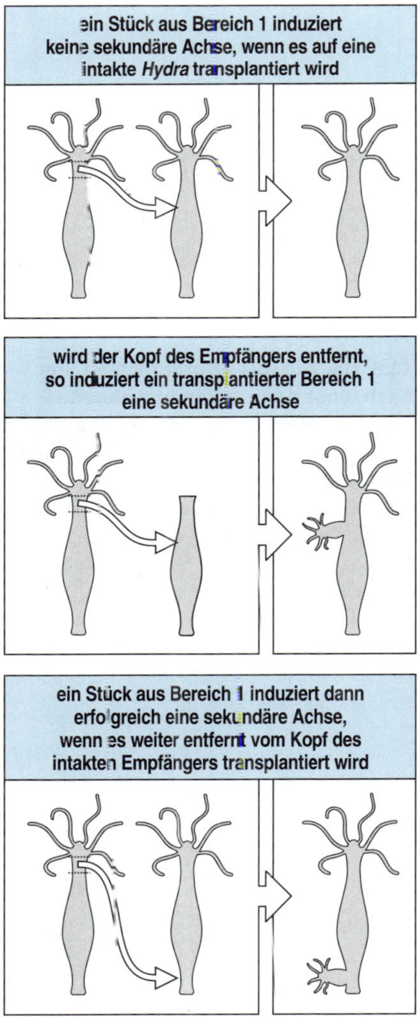

13.8 Die Kopfregion von *Hydra* produziert ein inhibitorisches Signal, das mit der Entfernung schwächer wird. Bereich 1 induziert keinen Kopf, wenn er in die Gastralregion einer intakten *Hydra* transplantiert wird (oben); das deutet darauf hin, daß der Empfänger einen Hemmstoff besitzt. Wird der Kopf des Empfängers entfernt und dann dem Empfänger ein Stück aus Bereich 1 eingepflanzt, so wird eine sekundäre Achse induziert (Mitte). Das zeigt, daß das inhibitorische Signal aus der Kopfregion stammt. Bereich 1 kann eine neue Achse in der Fußregion einer intakten *Hydra* induzieren, da sich das inhibitorische Signal weiter vom Kopf entfernt abschwächt (unten).

ende am größten ist. Die Basalscheibe scheint einen entgegengesetzten Gradienten zu produzieren, der die Fußregeneration verhindert.

13.4 Die Kopfregeneration bei *Hydra* läßt sich durch zwei Gradienten erklären

Man kann die Ergebnisse der meisten Regenerationsexperimente an *Hydra* durch die Wechselwirkung zweier Gradienten erklären. Der eine ist der Gradient eines Kopfinhibitors, der andere ein Gradient von Positionswerten, der den Charakter der unterschiedlichen Bereiche entlang der Körpersäule bestimmt. Letzterer scheint sowohl für die Fähigkeit zur Kopfinduktion als auch für die Resistenz gegenüber der Inhibition verantwortlich zu sein. Den Resistenzgradienten gegenüber der Inhibition kann man an den unterschiedlichen Inhibitormengen erkennen, die benötigt werden, um in verschiedenen Körperbereichen die Kopfbildung zu verhindern. Dieser Gradient nimmt mit der Entfernung vom Kopf ab und ist wahrscheinlich ein Gradient von Positionswerten mit einem Maximum am Kopfende. In der Nähe des Fußes reicht daher der Inhibitor zwar nicht aus, um ein Transplantat aus Bereich 1 davon abzuhalten, einen Kopf zu bilden, wenn es an diese Stelle versetzt wird, wohl aber dazu, ein Transplantat aus Bereich 5 daran zu hindern.

Der Gradient der Fähigkeit zur Kopfinduktion verläuft ebenfalls von einem Maximum am Kopfende zu einem Minimum am basalen Ende. Die Tatsache, daß unterschiedliche Bereiche unterschiedlich lange brauchen, bis sie nach der Amputation eine Kopfstruktur induzieren können, weist darauf hin, daß diese Fähigkeit von einem Positionswertgradienten bestimmt wird. Bereich 1 aus einer intakten *Hydra* induziert keine Achse, wenn er in die Gastralregion einer anderen *Hydra* implantiert wird. Wird dagegen der Kopf der Donor-*Hydra* amputiert, so kann Bereich 1 eine neue Achse induzieren, wenn er etwa sechs Stunden nach Entfernen des Kopfes übertragen wird (Abbildung 13.9). Je weiter unten an der Achse die Amputation vorgenommen wird, desto länger brauchen die übrigen

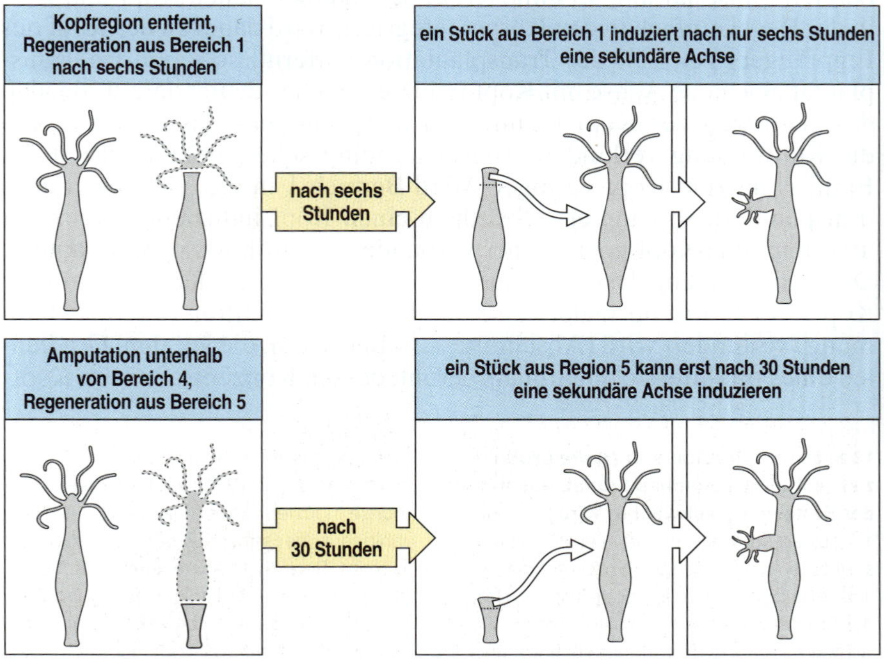

13.9 Die Zeit, die erforderlich ist, um nach einer Amputation induzierende Eigenschaften ähnlich denen des Kopfes zu erlangen, wächst mit der Entfernung vom Kopf. Oben: Ein Bereich 1 kann eine sekundäre Achse induzieren, wenn er sechs Stunden nach Entfernen des Kopfes seines Donors auf eine intakte *Hydra* transplantiert wird. Unten: Wird die Amputation weiter unten vorgenommen, so kann es bis zu 30 Stunden dauern, bis die Zellen dieses Bereichs ähnliche induzierende Eigenschaften erlangen wie der Kopf.

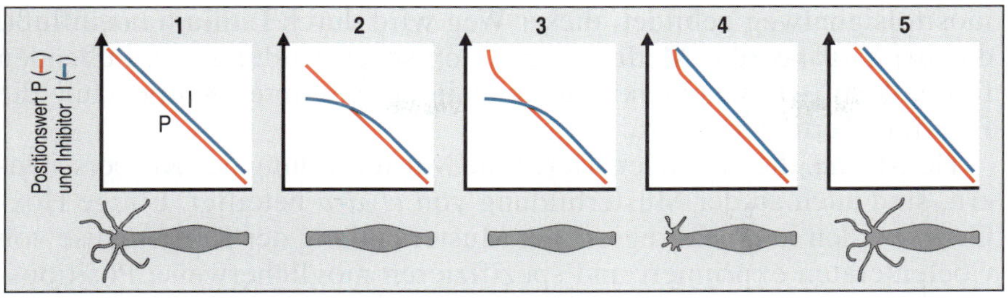

13.10 Ein vereinfachtes Modell für die Kopfregeneration bei *Hydra*. Dieses Modell geht davon aus, daß zwei Gradienten vom Kopf zum Fuß verlaufen. Der eine enthält ein diffusionsfähiges Molekül (I), das die Kopfbildung verhindert und vom Kopf produziert wird. Der andere ist ein Gradient von Positionswerten (P), die eine Eigenschaft der Zellen sind. Wird der Kopf entfernt, so sinkt die Inhibitorkonzentration an der Schnittstelle (Graph 2) bis auf einen Grenzwert ab, an dem nun der Positionswert solange ansteigt, bis er wieder den ursprünglichen Wert für die Kopfregion erreicht hat (Graph 3). Dadurch wird der Inhibitorgradient wiederhergestellt (Graph 4). Der gesamte Gradient von Positionswerten braucht dagegen viel länger, um sich zu normalisieren (Graph 5).

Zellen, um ähnliche induzierende Eigenschaften zu erlangen. Bei einem Bereich 5 kann dies bis zu 30 Stunden dauern.

Ein einfaches Modell für diese Gradienten geht davon aus, daß der Kopfinhibitor ein vom Kopf produzierter und sekretierter Faktor ist, der in der Körpersäule nach unten diffundiert und am Basalende abgebaut wird. Der Gradient der Positionswerte beruht wahrscheinlich auf einer Eigenschaft der Zellen. In diesem Modell sind beide Gradienten linear – ihre Werte nehmen mit der Entfernung vom Kopf mit konstanter Rate ab. Wir nehmen darüber hinaus an, daß die Kopfregeneration verhindert wird, sofern die Konzentration des Inhibitors den Schwellenwert übersteigt, den der Positionswert vorgibt. Nach Entfernen des Kopfes sinkt die Inhibitorkonzentration, da der Inhibitor abgebaut wird und nicht wieder ersetzt werden kann. Die Abnahme der Inhibitorkonzentration ist an der Schnittstelle am größten. Wenn die Konzentration unter den Schwellenwert fällt, der von dem lokalen Positionswert vorgegeben wird, so steigt der Positionswert auf den des Kopfendes an (Abbildung 13.10). Daher besteht der erste entscheidende Schritt bei der Regeneration durch Morphallaxis, wenn der Kopfbereich entfernt ist, in der Spezifierung eines neuen Kopfbereiches an der Schnittfläche.

Wenn der Positionswert auf den einer normalen Kopfregion angestiegen ist, beginnen die Zellen, Inhibitor herzustellen und so die Kopfbildung in anderen Körperbereichen zu verhindern. Die Inhibitorkonzentration fällt immer dort zuerst unter den Schwellenwert für die Kopfinhibition, wo der Positionswert am höchsten ist, so daß die Polarität gewahrt bleibt. Nachdem der neue Kopf spezifiziert und der Inhibitorgradient wieder aufgebaut worden ist, normalisiert sich auch der Gradient der Positionswerte wieder, was aber über 24 Stunden dauern kann. Bei der Regeneration durch Morphallaxis entsteht eine kleinere *Hydra*, die nach Futteraufnahme schließlich wieder zu normaler Größe heranwächst.

Durch Zugabe von Diacylglycerin, einem intrazellulären *second messenger* bei vielen Signalübertragungssystemen, zum *Hydra*-Medium erhöht sich der Positionswert überall in der Körpersäule. Auf diese Weise kann es zur ektopischen Kopfbildung kommen und eine vielköpfige *Hydra* entstehen (Abbildung 13.11). Diacylglycerin wird im Phosphatidyl-

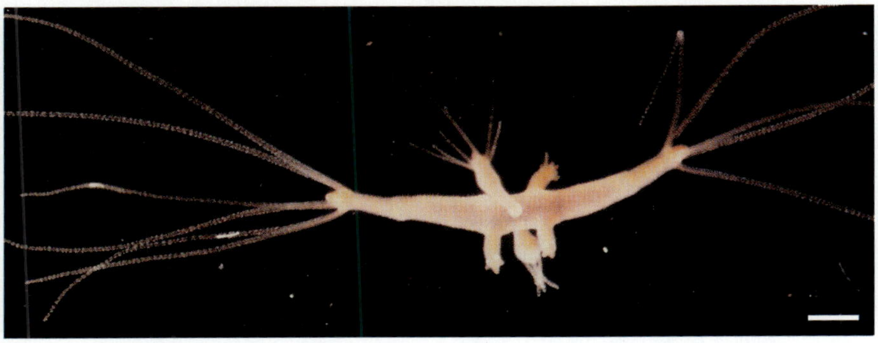

13.11 Diacylglyerin kann bei *Hydra* die Bildung mehrerer Köpfe induzieren. Diacylglycerin ist ein intrazellulärer *second messenger* in vielen Signalübertragungssystemen. Wird es dem Medium zugegeben, in dem *Hydra* wächst, so erhöht es den Positionswert von Zellen und kann zur ektopischen Kopfbildung führen, wodurch eine vielköpfige *Hydra* entsteht. Maßstab = 1 mm. Aufnahme mit freundlicher Genehmigung von W. Müller, aus Müller 1989.

inositolsignalweg gebildet; dieser Weg wird durch Lithium beeinflußt, das bei Zugabe zum Medium zur ektopischen Bildung von Fußenden führen kann – anscheinend, indem es in der gesamten Körpersäule die Positionswerte verringert.

Hox-Gene, die bei vielen Tieren die Musterbildung des Körpers steuern, sind auch an der Musterbildung von *Hydra* beteiligt. Einige Hox-Gene werden in einem regionalen Muster entlang der Körperachse von Coelenteraten exprimiert und spezifizieren möglicherweise Positionswerte in Bezug auf die Kopf-Fuß-Achse. *Cnox-2*, das mit dem Gen *deformed* verwandt ist, einem anterioren Mitglied des Antennapedia-Komplexes von *Drosophila*, wird entlang der Körpersäule stark, im Kopf dagegen nur wenig exprimiert, und sein Expressionsniveau nimmt in Bereichen, in denen der Kopf regeneriert wird, ab. *Budhead*, das *Hydra*-Homolog von *HNF-3β* aus Wirbeltieren, das bei ihnen in der Organisatorregion exprimiert wird (siehe Abschnitt 3.20), findet man in sich entwickelnden Köpfen. Die Rolle dieses Gens in Gewebe, das als Organisator fungieren kann, scheint daher über Jahrmillionen hinweg gleichgeblieben zu sein.

Zusammenfassung

Hydra wächst kontinuierlich und verliert an ihren Enden und durch die Bildung von Knospen Zellen. Zwei Organisationsbereiche, einer am Kopf- und einer am Basalende, strukturieren den Körper und erhalten die Polarität. Wird eine Kopfregion an eine andere Stelle transplantiert, kann sie eine neue Körperachse und einen neuen Kopf induzieren. Wird der Körper einer intakten *Hydra* halbiert, so regeneriert er sich durch Morphallaxis, was kein neues Wachstum erfordert. Bei der Regeneration werden zunächst Zellen an der Schnittstelle zu Kopfzellen spezifiziert, was zur Bildung eines Organisationsbereiches führt. Der Kopfbereich stellt einen Inhibitor her, der andere Bereiche an der Kopfbildung hindert. Die Inhibitorkonzentration nimmt mit dem Abstand vom Kopf ab. Darüber hinaus gibt es einen Gradienten von Positionswerten, der die Schwelle bestimmt, bei der die Kopfbildung unterdrückt wird. Wird der Kopf entfernt, so fällt die Konzentration des Inhibitors im Rest des Körpers, und es entwickelt sich dort eine neue Kopfregion, wo der Positionswert am größten ist; so bleibt die Polarität erhalten.

Übersicht: Regeneration bei *Hydra*

Hydra wächst kontinuierlich und verliert an den Enden und durch Knospung Zellen

⇩

der Kopf produziert einen Inhibitorgradienten, der die Entstehung anderer Köpfe verhindert; außerdem legt der Kopf einen Gradienten mit Positionswerten fest

⇩ Entfernen des Kopfes

lokale Verringerung der Inhibitorkonzentration

⇩

lokaler Anstieg des Positionswertes

⇩

Bildung eines neuen Kopfes ohne neues Wachstum (Morphallaxis)

Epimorphose

Wie wir bereits angemerkt haben, besitzen Schwanzlurche wie Molche und Axolotln eine bemerkenswerte Fähigkeit zur Regeneration von Körperstrukturen wie Schwänzen, Gliedmaßen, Kiefern und Augenlinsen (Abbildung 13.2). Für die Regeneration all dieser Strukturen ist neues Wachstum erforderlich; daher ist diese Art der Regeneration eine Epimorphose. Beschädigte Insektengliedmaßen können sich ebenfalls epimorphotisch regenerieren. Dies hat man vor allem bei der Küchenschabe untersucht, die relativ lange Beine besitzt und daher einfach zu handhaben ist. Die Regeneration einer Struktur wie einer ausgewachsenen Wirbeltierextremität, die eine Vielfalt vollständig ausdifferenzierter Zelltypen in hochorganisierter Anordnung enthält, wirft im Zusammenhang mit dem Ursprung der Zellen, aus denen die regenerierte Struktur hervorgeht, eine zentrale Frage auf: Gibt es spezielle Reservezellen, oder dedifferenzieren sich Zellen und verändern dann ihren Charakter? Wie wir sehen werden, kehren voll differenzierte Zellen der reifen Extremität in den Zellzyklus zurück, dedifferenzieren sich und redifferenzieren sich dann zu verschiedenen Zelltypen.

13.5 Die Regeneration einer Wirbeltierextremität umfaßt Zelldedifferenzierung und Wachstum

Nach der Amputation einer Molchextremität wandern schnell epidermale Zellen über die Wundfläche, was für das nachfolgende Wachstum essentiell ist, und es beginnt sich ein **Blastem** zu bilden, aus dem sich die Extremität regeneriert (Abbildung 13.12). Das Blastem wird von Zellen unter der Wundepidermis gebildet, die ihren differenzierten Charakter verlieren und sich zu teilen beginnen. Während sich die Extremität über einen Zeitraum von Wochen hinweg regeneriert, differenzieren sich diese Zellen zu Knorpel-, Muskel- und Bindegewebe. Die Blastemzellen leiten sich lokal aus den mesenchymalen Geweben des Stumpfes in der Nähe der Amputation ab. Sie stammen insbesondere aus der Dermis, aber auch aus dem Knorpel. Dies wirft die Frage auf, ob Zellen, die sich im Blastem zu Knorpel und Muskel entwickeln, ihrem Typ treu bleiben, oder ob sich beispielsweise vielkernige Skelettmuskelzellen im Stumpf dedifferenzieren (Abschnitt 9.3) und dann während der Regeneration zu anderen Zelltypen wie etwa Knorpel werden. Mit anderen Worten, kommt es bei der Extremitätenregeneration zur Transdifferenzierung (Abschnitt 9.3) – wie bei der Transdifferenzierung von pigmentierten Irisepithelzellen zu Linsenzellen bei der Regeneration der Augenlinse eines Molches (Abbildung 13.3)? Die Antwort lautet zumindest bei Molchen: Ja!. Markiert man kultivierte Muskelmyotubuli aus Molchextremitäten, die viele Kerne enthalten und sich nicht mehr teilen, mit einem intrazellulären Rhodamin-Dextran-Marker und bringt sie in regenerierende Gliedmaßen ein, so kann man nach einer Woche in den Blastemen stark markierte einkernige Zellen beobachten. Da der Rhodamin-Dextran-Marker im Inneren der Zellen bleibt, können diese einkernigen Zellen nur aus den eingeführten Myotubuli stammen. Sie proliferieren, und es gibt Hinweise darauf, daß sich aus ihnen später sowohl Knorpel als auch neuer Muskel entwickelt.

Die Fähigkeit von Muskelzellen, in den Zellzyklus zurückzukehren, ist ein spezielles Merkmal der Extremitätenregeneration von Molchen,

13.12 Regeneration der Vorderextremität bei dem rotgefleckten Molch *Notophthalmus viridescens*. Die linke Abbildung zeigt die Regeneration eines Vorderbeines nach Amputation an einer distalen (Mitte von Elle und Speiche) Stelle. Die rechte zeigt die Regeneration nach Amputation an einer proximalen (Mitte des Oberarmes) Stelle. Ganz oben sieht man die Extremitäten vor der Amputation. Die aufeinanderfolgenden Aufnahmen wurden zu den angegebenen Zeiten nach der Amputation gemacht. Man beachte, daß aus dem Blastem Strukturen entstehen, die sich distal von der Schnittstelle befinden. Maßstab = 1 mm.

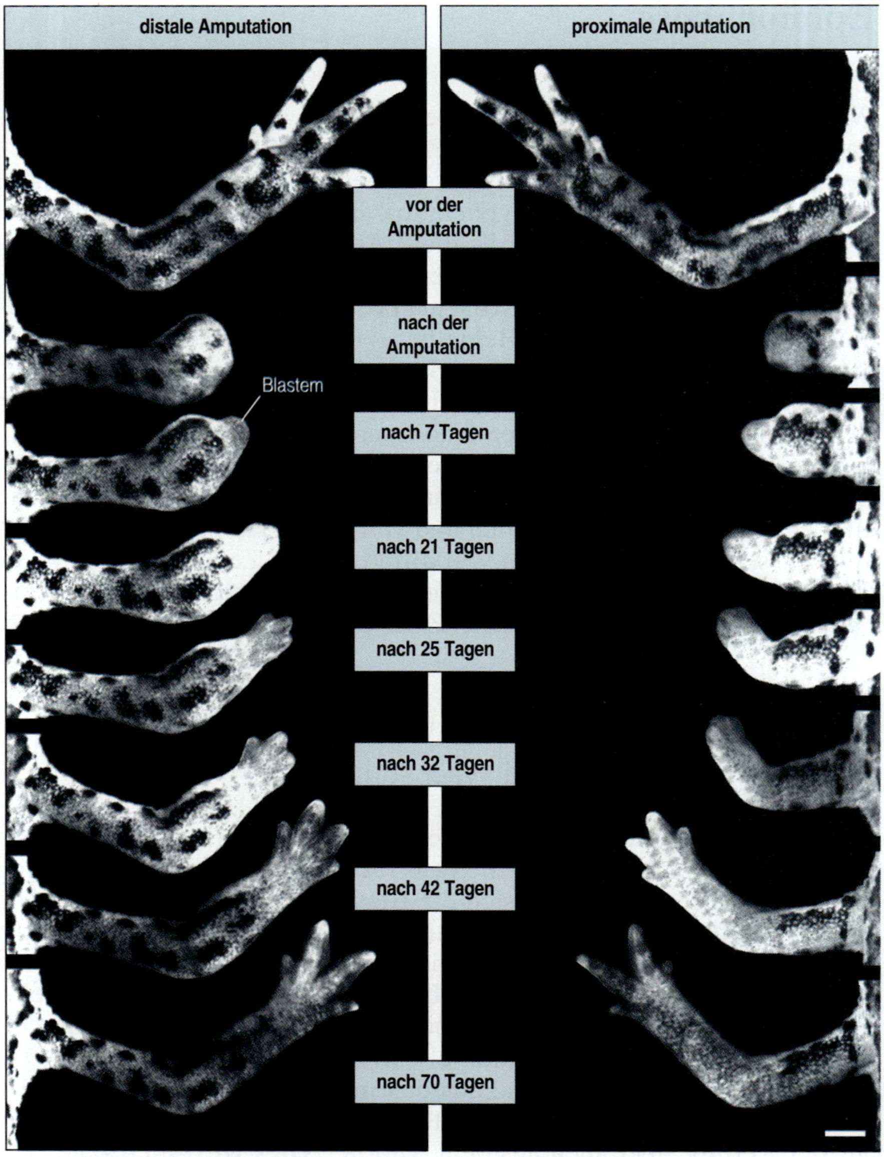

da sich reife Muskelzellen normalerweise nie mehr teilen. Ein generelles Merkmal der Muskeldifferenzierung bei den Wirbeltieren besteht darin, daß die Muskelvorläuferzellen den Zellzyklus verlassen; dafür muß das Proteinprodukt des *Rb*-Gens dephosphoryliert werden (Abschnitt 9.9). Bei Mäusen können Muskelzellen, denen das Rb-Protein fehlt, wieder in den Zellzyklus zurückkehren. Die regenerierenden Molchzellen enthalten Rb-Protein, das aber durch Phosphorylierung inaktiviert ist, so daß die Zellen wieder in den Zellzyklus eintreten und sich teilen können.

Das Wachstum des Blastems hängt von seiner Nervenversorgung ab (Abbildung 13.13). In Extremitäten, bei denen die Nerven vor der Amputation durchtrennt wurden, bildet sich ein Blastem, das aber nicht wächst. Die Nerven haben keinen Einfluß auf den Charakter oder das Muster der regenerierten Struktur; entscheidend ist die Menge an neuraler Innervation, nicht der Nerventyp. Nervenzellen scheinen daher irgendeinen essentiellen Wachstumsfaktor herzustellen, möglicherweise

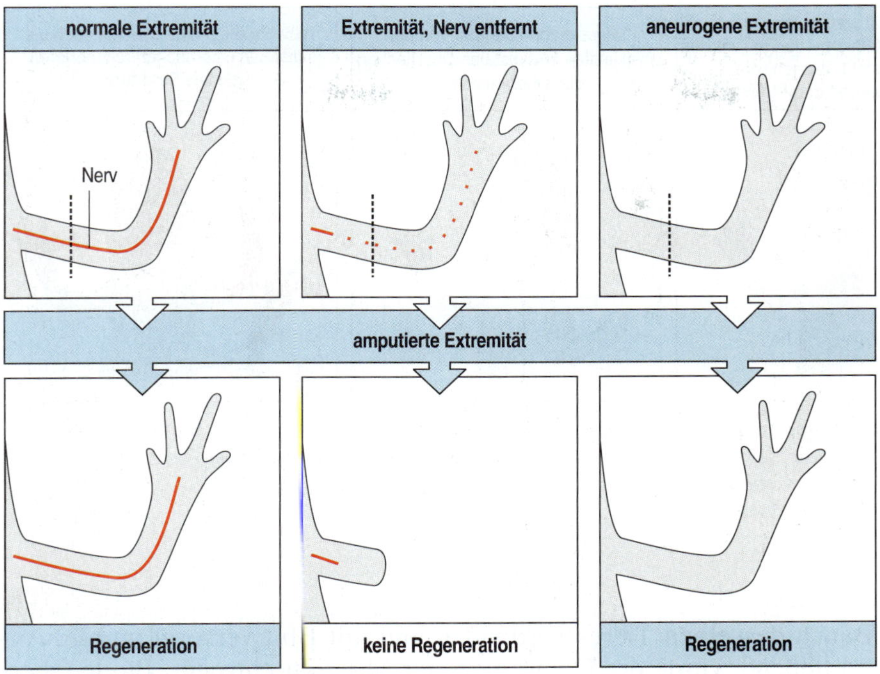

13.13 Innervation und Regeneration einer Extremität. Normale Extremitäten benötigen eine Nervenversorgung, um sich regenerieren zu können (links). Extremitäten, denen vor der Amputation der Nerv entnommen wurde, regenerieren nicht (Mitte). Extremitäten dagegen, die niemals innerviert waren, da der Nerv schon während der Entwicklung entfernt wurde, können auch ohne Nerven regenerieren (rechts).

glialen Wachstumsfaktor oder Fibroblastenwachstumsfaktor. Ein interessantes, aber bislang noch nicht erklärtes Phänomen ist, daß embryonale Extremitäten, denen sehr früh in ihrer Entwicklung der Nerv entfernt wurde und die daher niemals dem Einfluß von Nerven ausgesetzt waren, regenerieren können, obwohl sie gar nicht mit Nerven versorgt werden (Abbildung 13.13, rechts). Wird eine solche aneurogene Extremität innerviert, so wird ihre Regeneration schnell von Nerven abhängig. Der Extremität wird also offenbar die Abhängigkeit vom Nerv erst nach seinem Einwachsen auferlegt.

13.6 Das Extremitätenblastem erzeugt Strukturen mit Positionswerten distal von der Amputationsstelle

Die Regeneration schreitet immer distal zur Schnittfläche voran; auf diese Weise kann der verlorene Teil der Extremität ersetzt werden. Wird die Hand am Handgelenk amputiert, so werden nur die Handwurzelknochen und die Glieder regeneriert, erfolgt die Amputation dagegen in der Mitte des Oberarmes, so wird alles distal von dieser Schnittstelle (einschließlich des distalen Oberarmknochens) regeneriert. Die Positionswerte entlang der Achse sind daher von großer Bedeutung. Das Blastem besitzt bemerkenswerte morphogenetische Autonomie: Wird es an einen neutralen Ort transplantiert, an dem es wie etwa in der anterioren Augenkammer wachsen kann, so regeneriert es trotzdem eine Struktur, die zu der Position paßt, aus der es entfernt wurde.

Das Wachstum des Blastems und die Art der Strukturen, die aus ihm entstehen, hängen von der Amputationsstelle und nicht von der Art der weiter proximal gelegenen Gewebe ab. Die Extremität „versucht" allerdings nicht einfach, fehlende Teile zu ersetzen. Dies wurde in einem klassischen Experiment gezeigt, bei dem das distale Ende einer Molchextremität, die am Handgelenk amputiert worden war, mit dem

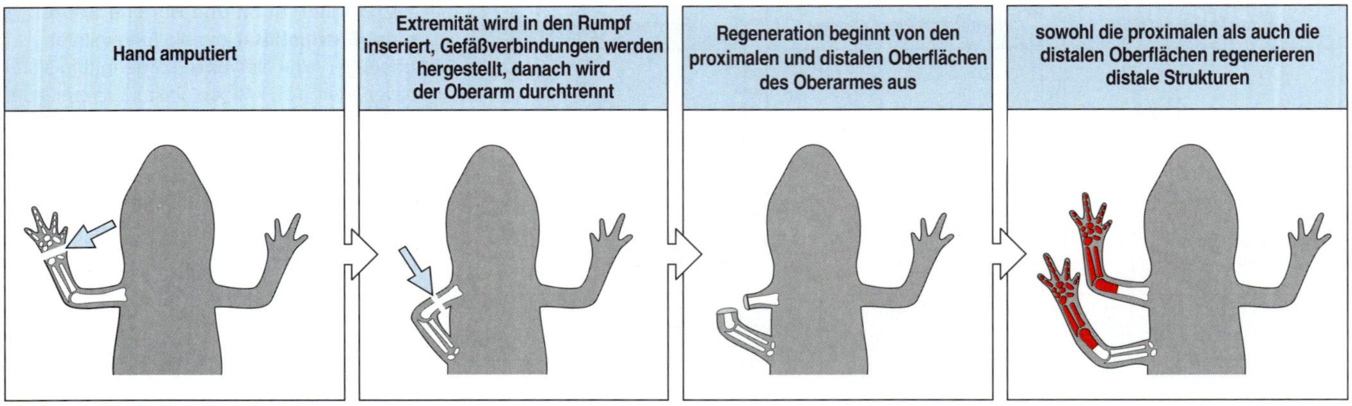
Hand amputiert
Extremität wird in den Rumpf inseriert, Gefäßverbindungen werden hergestellt, danach wird der Oberarm durchtrennt
Regeneration beginnt von den proximalen und distalen Oberflächen des Oberarmes aus
sowohl die proximalen als auch die distalen Oberflächen regenerieren distale Strukturen

13.14 Extremitäten regenerieren immer in distaler Richtung. Das distale Ende einer Extremität wird amputiert und mit der Schnittstelle in den Bauch eingesetzt. Sobald Gefäßverbindungen vorhanden sind, wird der Oberarm durchtrennt. Beide Schnittflächen regenerieren dieselben distalen Strukturen, obwohl, wie im Falle einer der regenerierenden Extremitäten, distale Strukturen bereits vorhanden sind.

Bauch desselben Tieres verbunden und mit Blut versorgt wurde. Anschließend wurde der Oberarm in der Mitte durchtrennt. Beide Oberflächen regenerierten distal, obwohl der Teil, der mit dem Bauch verbunden war, bereits eine Speiche und eine Elle besaß (Abbildung 13.14).

Das Blastem ist bis zu zehnmal so groß wie die embryonale Extremitätenknospe. Daher ist es höchst unwahrscheinlich, daß es Signale gibt, die über das gesamte Blastem hinweg reichen. Man kann den Prozeß der Regeneration am besten anhand einer adulten Extremität verstehen, die entlang ihrer proximo-distalen Achse einen Satz von Positionswerten aufweist, die während der Embryonalentwicklung festgelegt wurden (Abschnitt 10.5). Die sich regenerierende Extremität liest auf irgendeine Weise den Positionswert an der Stelle der Amputation ab und regeneriert dann alle Positionswerte distal davon. Bei der Regeneration durch Epimorphose wird wieder auf embryonale Prozesse wie der Fähigkeit, neue Positionswerte zu spezifizieren, zurückgegriffen.

Die Fähigkeit von Zellen, das Fehlen von Positionswerten zu erkennen, wird bei der Transplantation eines distalen Blastems auf einen proximalen Stumpf deutlich. Bei diesem Experiment haben der Stumpf des Vordergliedes und das Blastem verschiedene Positionswerte, die der Schulter beziehungsweise dem Handgelenk entsprechen. Das Ergebnis ist eine normale Extremität, bei der die Strukturen zwischen der Schulter und dem Handgelenk durch **interkalares (interkalierendes) Wachstum** vorrangig vom proximalen Stumpf aus erzeugt werden, wohingegen die Zellen aus dem Handgelenksblastem vor allem die Hand bilden (Abbildung 13.15).

Obwohl noch unbekannt ist, in welcher Form die Positionswerte vorliegen, gibt es Hinweise darauf, daß dabei Eigenschaften der Zelloberfläche eine Rolle spielen. Bringt man in einer Kultur Mesenchym aus zwei Blastemen mit unterschiedlichen Positionen auf der proximo-dis-

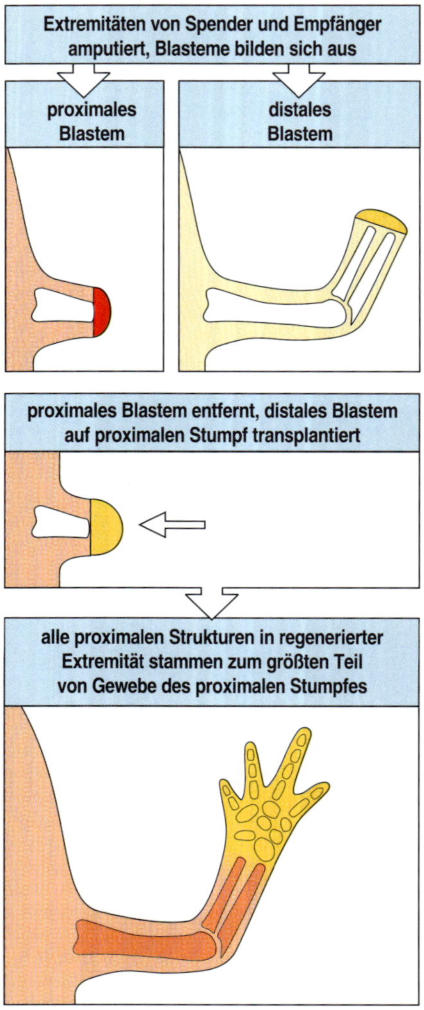
Extremitäten von Spender und Empfänger amputiert, Blasteme bilden sich aus
proximales Blastem
distales Blastem
proximales Blastem entfernt, distales Blastem auf proximalen Stumpf transplantiert
alle proximalen Strukturen in regenerierter Extremität stammen zum größten Teil von Gewebe des proximalen Stumpfes

13.15 Proximo-distale Interkalation bei der Extremitätenregeneration. Ein distales Blastem, das auf einen proximalen Stumpf transplantiert wurde, führt zur Interkalation aller Strukturen proximal des distalen Blastems. Fast der gesamte interkalierte Bereich stammt aus dem proximalen Stumpf.

talen Achse zusammen, dann umschließt das Mesenchym, das aus einem weiter proximal gelegenen Bereich stammt, dasjenige aus der mehr distal gelegenen Region (Abbildung 13.16, links); nimmt man dagegen zwei Blasteme mit ähnlichen Positionen, bleiben die beiden Gewebe säuberlich getrennt. Dieses Verhalten läßt auf einen graduellen Unterschied in der Stärke der Zelladhäsion entlang der Achse schließen, wobei die Adhäsion distal am größten ist. Die Zellen aus dem distalen Explantat bleiben fester aneinandergebunden als die aus dem proximalen Blastem, die sich daher stärker ausbreiten. Dieser Unterschied in der Adhäsionsstärke zeigt sich auch an dem Verhalten eines distalen Blastems, wenn es so auf die dorsale Oberfläche eines proximalen Blastems transplantiert wird, daß ihre mesenchymalen Zellen miteinander in Kontakt kommen. Unter diesen Bedingungen wandert das distale Blastem während der Extremitätenregeneration und gelangt schließlich zu der Stelle, aus der es ursprünglich stammt (Abbildung 13.16, rechts). Dies läßt darauf schließen, daß seine Zellen sich stärker an den regenerierten Handgelenksbereich binden als an die proximale Region, an die sie transplantiert wurden. Die Transplantation eines Blastems aus dem Schulterbereich auf einen Schulterstumpf mobilisiert nicht das Stumpfgewebe, sondern führt zu einem normalen distalen Wachstum vom Schulterblastem aus. Diesen Experimenten zufolge sind bei der Extremitätenregeneration von Schwanzlurchen die proximo-distalen Positionswerte wahrscheinlich teilweise an der Zelloberfläche als graduelle Eigenschaften codiert, und das Zellverhalten, das für die Spezifizierung der Achsen relevant ist – Wachstum, Bewegung und Adhäsion –, hängt davon ab, wie diese Eigenschaft im Verhältnis zu den Nachbarzellen exprimiert wird.

Die Aufrechterhaltung der Kontinuität von Positionswerten durch Interkalation ist eine fundamentale Eigenschaft von Systemen, die sich durch Epimorphose regenerieren; wir werden sie in bezug auf das Küchenschabenbein später noch erörtern. Man könnte sogar die normale Regeneration durch Wachstum aus einem Blastem als Folge einer Interkalation ansehen: Interkalation zwischen die Zellen an der Amputationstelle und die Zellen mit den am meisten distalen Positionswerten, welche die Wundepidermis spezifiziert. Es ist nicht klar, inwieweit Blastemzellen zum Beispiel von ihren differenzierten Vorläufern einen bestimmten Positionswert erben und inwieweit sie Signale empfangen, welche die jeweils entsprechende Expression eines Positionswertes induzieren. Obwohl man das genaue Verhältnis zwischen Hox-Genexpression und Positionsidentität weder bei der Embryonalentwicklung noch bei der Extremitätenregeneration bisher versteht, ist die *Hoxa9*- und *Hoxa13*-Genexpression im Mesenchym doch ein wichtiger Indikator für eine lokale Spezifizierung bereits ein bis zwei Tage nach der Amputation.

Obwohl Säuger ganze Extremitäten nicht regenerieren können, so können doch viele, sogar kleine Kinder, die Enden ihrer Fingerstrahlen wiederherstellen. Mäuse und Kinder können ihre Fingerstrahlen nur aus dem Anfang der Klaue beziehungsweise des Nagels regenerieren. Bei der Extremitätenentwicklung von Säugern wird das Gen *Msx-1* in der Wachstumszone (*progress zone*) der embryonalen Extremitätenknospe exprimiert, bei Mäusen selbst nach der Geburt noch an den Spitzen der Fingerstrahlen. Da der Bereich, in dem bei Mäusen die Fingerstrahlen regeneriert werden können, mit dem der *Msx-1*-Expression übereinstimmt, könnte dieses Gen für die Regeneration neuer Positionswerte erforderlich sein.

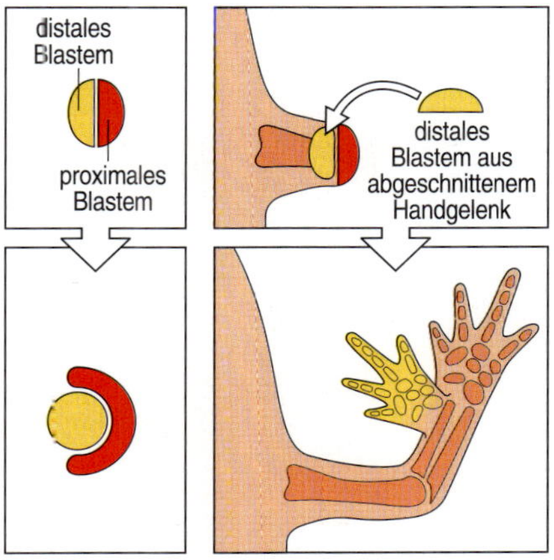

13.16 Zelloberflächeneigenschaften variieren entlang der proximo-distalen Achse. Links: Wird Mesenchym aus distalen und proximalen Blastemen in Kultur in Kontakt gebracht, so umschließt das proximale Mesenchym das distale, dessen Zellen eine größere Adhäsion aufweisen. Rechts: Wird ein distales Blastem (in diesem Fall von einem durchtrennten Handgelenk) auf die dorsale Oberfläche eines weiter proximal gelegenen Blastems transplantiert, so wandert das sich regenerierende Handgelenksblastem distal an eine Position in der Empfängerextremität, die seinem ursprünglichen Niveau entspricht, und regeneriert eine Hand.

13.7 Retinsäure kann in sich regenerierenden Extremitäten proximo-distale Positionswerte verändern

Wir haben bereits erfahren, daß Retinsäure bei sich entwickelnden Wirbeltierextremitäten eine Rolle spielt und wie eine Behandlung mit Retinsäure Positionswerte in der sich entwickelnden Hühnerextremität verändern kann (Abschnitt 10.4). Retinsäure hat außerdem erhebliche Auswirkungen auf sich regenerierende Amphibienextremitäten.

Gibt man Retinsäure zu einer sich regenerierenden Extremität, so wird das Blastem proximalisiert, das heißt, die Extremität regeneriert sich, als ob sie an einer weiter proximal gelegenen Stelle amputiert worden wäre. Wurde eine Extremität beispielsweise an Elle und Speiche amputiert, so führt die Behandlung mit Retinsäure nicht nur zur Regeneration der Elemente distal des Schnittes, sondern auch zur Bildung einer zusätzlichen vollständigen Elle und Speiche. Die Wirkung der Retinsäure ist dosisabhängig; mit einer hohen Dosis ist es möglich, eine ganze zusätzliche Extremität an einer Extremität zu regenerieren, von der nur die Hand amputiert wurde (Abbildung 13.17). Retinsäure kann daher den proximo-distalen Positionswert des Blastems verändern und ihn proximaler werden lassen. Unter einigen experimentellen Bedingungen kann Retinsäure Positionswerte auch entlang der anterior-posterioren Achse in posteriorer Richtung verschieben.

In unbehandelten, sich regenerierenden Extremitäten tritt endogene Retinsäure in einem bestimmten Muster auf. Im Blastem existiert ein anterior-posteriorer Retinsäuregradient; außerdem ist die Konzentration in distalen Blastemen höher als in proximalen, was auf einen proximodistalen Gradienten hindeutet. Die Wundepidermis produziert viel Retinsäure.

Bekanntermaßen wirkt Retinsäure über eine Vielzahl von Rezeptoren. In der Extremität gibt es eine Anzahl verschiedener Rezeptortypen, aber nur einer von ihnen (δ_1) ist an Veränderungen von Positionswerten beteiligt. Durch die Konstruktion eines chimären Rezeptors aus dem (δ_1)-Retinsäurerezeptor und einem Thyroxinrezeptor läßt sich der Retinsäurerezeptor durch Thyroxin aktivieren und die Wirkungen dieser Aktivierung experimentell untersuchen (Abbildung 13.18). Bei diesen Experimenten werden Zellen im distalen Blastem mit dem chimären Rezeptor transfiziert, das Blastem auf einen proximalen Stumpf transplantiert und mit Thyroxin behandelt. Die transfizierten Zellen verhalten sich, als wären sie mit Retinsäure behandelt worden, und wandern in

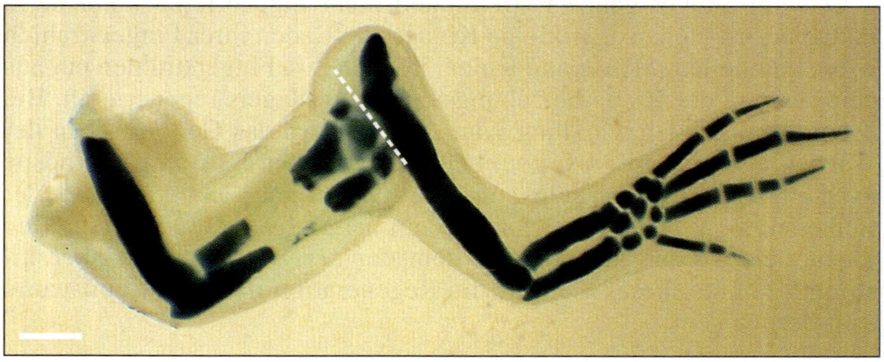

13.17 Retinsäure kann Positionswerte proximalisieren. Eine Vorderextremität, die auf Höhe der Hand (gestrichelte Linie) amputiert und dann mit Retinsäure behandelt wurde, regeneriert Strukturen, die einem Schnitt am proximalen Ende des Oberarmes entsprechen. Maßstab = 1 mm.

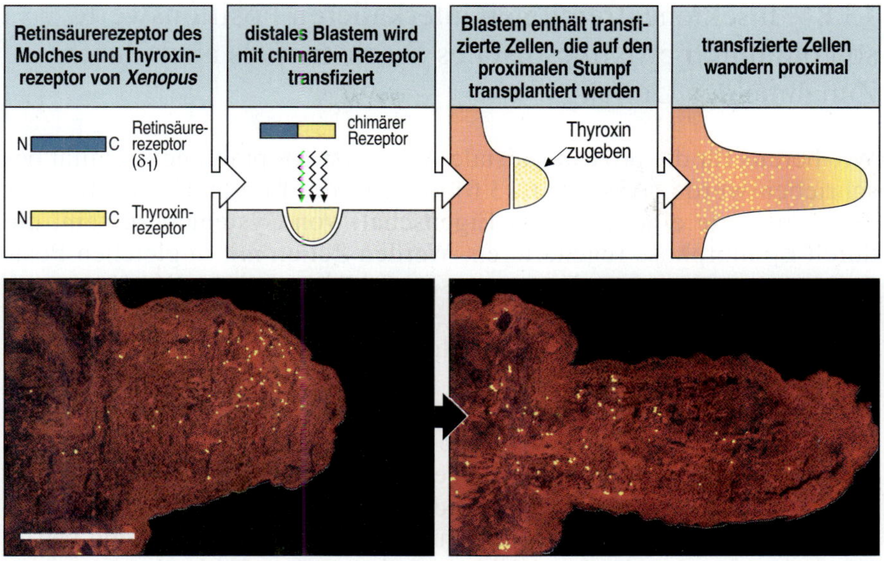

13.18 Retinsäure proximalisiert den Positionswert einzelner Zellen. Einige Zellen eines distalen Molchblastems werden mit einem chimären Rezeptor transfiziert, mit dessen Hilfe die Funktion des Retinsäurerezeptors durch Thyroxin aktiviert werden kann. Dieses Blastem wird auf einen proximalen Stumpf transplantiert und mit Thyroxin behandelt. Während des Interkalationswachstums wandern die transfizierten Zellen, die markiert sind, proximal, da ihre Positionswerte durch die Aktivierung des Retinsäurerezeptors proximalisiert worden sind. Die Photographien illustrieren die Proximalisierung der transfizierten Zellen. Maßstab = 0,5 mm. Aufnahmen aus Pecorino et al. 1996.

dem Bereich, der sich interkalierend regeneriert, zu weiter proximal gelegenen Zonen. Die Aktivierung des Retinsäuresignalweges kann also die Positionswerte der Zellen proximalisieren, die daraufhin zu weiter proximalen Stellen wandern.

Ein weiterer bemerkenswerter Effekt der Retinsäure ist ihre Fähigkeit, bei Kaulquappen des Frosches *Rana temporaria* eine homöotische Transformation von Schwänzen zu Extremitäten zu erzeugen. Wird der Schwanz einer Kaulquappe entfernt, so regeneriert er sich. Behandelt man sich regenerierende Schwänze zu der Zeit, zu der sich die Hinterbeine entwickeln mit Retinsäure, so entstehen zusätzliche Hinterbeine anstelle eines regenerierten Schwanzes (Abbildung 13.19). Wir haben bis jetzt noch keine zufriedenstellende Erklärung für dieses Phänomen, es wird aber spekuliert, daß die Retinsäure den anterio-posterioren Positionswert des sich regenerierenden Schwanzblastems zu dem Positionswert hin verschiebt, welcher der Stelle der anterio-posterioren Achse entspricht, an der sich normalerweise die Hinterbeine entwickeln würden.

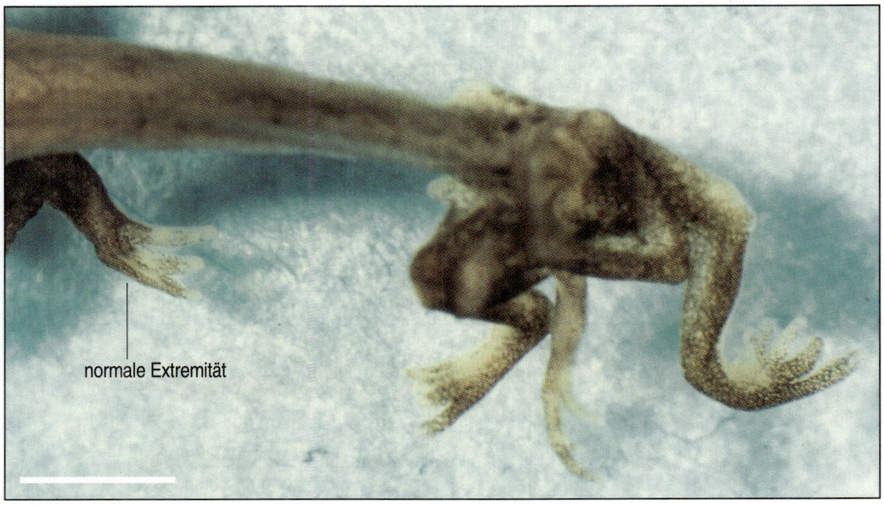

13.19 Retinsäure kann zusätzliche Extremitäten im sich regenerierenden Schwanz eines Frosches, *Rana temporaria*, induzieren. Die Behandlung des sich regenerierenden Schwanzes mit Retinsäure zu dem Zeitpunkt, wenn sich die Hinterextremitäten entwickeln, führt dazu, daß sich statt eines Schwanzes zusätzliche Hinterextremitäten bilden. Maßstab = 5 mm. Aufnahme mit freundlicher Genehmigung von M. Maden.

13.8 Insektenextremitäten interkalieren Positionswerte sowohl durch proximo-distales Wachstum als auch durch Zunahme des Umfangs

Wie bereits für die proximo-distale Achse der Amphibienextremität beschrieben wurde (Abschnitt 13.6), scheint die Interkalation fehlender Positionswerte eine generelle Eigenschaft von Systemen zu sein, die durch Epimorphose regenerieren. Werden Zellen mit ungleichen Positionswerten nebeneinandergesetzt, so erfolgt interkalares Wachstum, um die fehlenden Positionswerte zu regenerieren. Die Interkalation läßt sich besonders deutlich anhand der Extremitätenregeneration der Küchenschabe illustrieren.

Ein Küchenschabenbein besteht aus einer Anzahl unterschiedlicher Segmente, die entlang der proximo-distalen Achse in der Reihenfolge Coxa, Femur, Tibia und Tarsus angeordnet sind. Jedes Segment scheint einen ähnlichen Satz von proximo-distalen Positionswerten und Positionswerten am Umfang zu enthalten und interkaliert die fehlenden Werte. Wird eine distal amputierte Tibia auf eine andere Tibia transplantiert, die an einer weiter proximal gelegenen Stelle durchtrennt wurde, so kommt es zu einem lokalen Wachstum an der Verbindungsstelle zwischen Transplantat und Empfänger, und die fehlenden zentralen Bereiche der Tibia werden interkaliert (Abbildung 13.20, links). Im Gegensatz zur Amphibienregeneration leistet der distale Teil dabei einen beachtenswerten Beitrag. Wie bei den Amphibien ist die Regeneration jedoch ein lokales Phänomen; die Zellen bleiben vom Gesamtmuster der

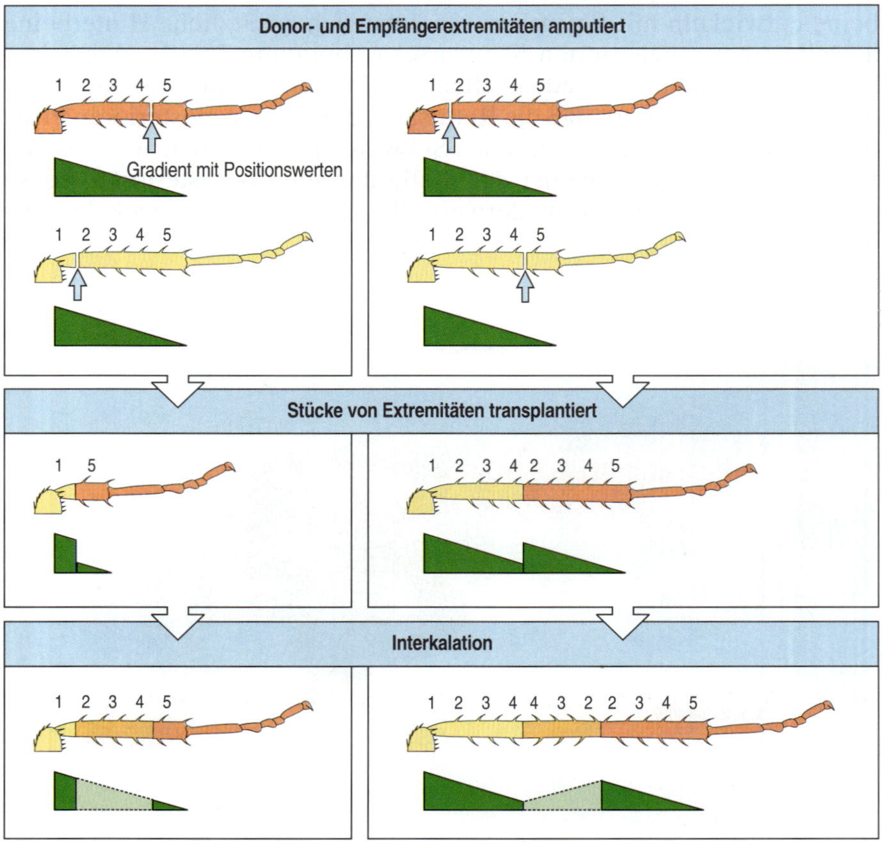

13.20 Interkalation von Positionswerten durch Wachstum in dem sich regenerierenden Bein der Küchenschabe. Links: Wenn eine distal amputierte Tibia (5) auf einen proximal amputierten Empfänger (1) transplantiert wird, werden unabhängig von der proximo-distalen Orientierung der Transplantate die Positionswerte 2–4 interkaliert, und eine normale Tibia regeneriert. Rechts: Wenn dagegen eine proximal amputierte Tibia (1) auf einen distal amputierten Empfänger (4) transplantiert wird, ist die regenerierte Tibia länger als normal, und der regenerierte Anteil ist umgekehrt orientiert wie die normale Tibia, wie man an der Ausrichtung der Oberflächenhaare ablesen kann. Die umgekehrte Orientierung der Regeneration beruht auf der Umkehr des Gradienten der Positionswerte. Der vorgeschlagene Gradient der Positionswerte ist unter jeder Abbildung angegeben. Nach French et al. 1976.

Tibia unbeeinflußt. Transplantiert man daher eine proximal durchtrennte Tibia an eine weiter distal gelegenen Stelle und erzeugt so eine anomal lange Tibia, so stellt die regenerative Interkalation die fehlenden Positionswerte wieder her und verlängert die Tibia noch weiter (Abbildung 13.20, rechts). Der regenerierte Anteil ist dabei gegenüber dem anderen Anteil der Extremität umgekehrt angeordnet; das erkennt man an der Richtung, in die die Borsten weisen. Der Gradient der Positionswerte scheint daher wie bei den Körpersegmenten des Insektenkörpers (Kapitel 5) die Zellpolarität festzulegen. Diese Ergebnisse zeigen darüber hinaus: Wenn man Zellen mit Positionswerten, die nicht direkt aufeinander folgen, nebeneinander setzt, werden die fehlenden Werte durch Wachstum dazwischen ergänzt, so daß eine Folge von kontinuierlichen Positionswerten entsteht.

In jedem Segment der Extremität befindet sich ein ähnlicher Satz von Positionswerten. Daher heilt eine Amputation in der Mitte der Tibia, wenn sie auf die Mitte des Femurs eines Empfängers transplantiert wird, ohne Interkalation. Transplantiert man dagegen einen distal amputierten Femur auf eine proximal amputierte Tibia eines Empfängers, kommt es zur Interkalation, die vor allem dem Femur entspricht. Es muß daher noch andere Faktoren geben, die wie bei den Segmenten der Insektenlarve zu Unterschieden in den Segmenten führen.

Regeneration durch Interkalation erfolgt auch in seitliche Richtung. Wird ein Längsstreifen Epidermis vom Bein einer Küchenschabe entfernt, kommen Zellen miteinander in Kontakt, die normalerweise nicht benachbart sind, und es kommt nach der Häutung zur Interkalation in seitlicher Richtung (Abbildung 13.21). Entlang des Umfangs kann man die Positionswerte wie von einem Zifferblatt ablesen; dabei ändern sich die Werte: 12, 1, 2, 3...6...9...11. Wie bei der proximo-distalen Achse werden die fehlenden Positionswerte ergänzt.

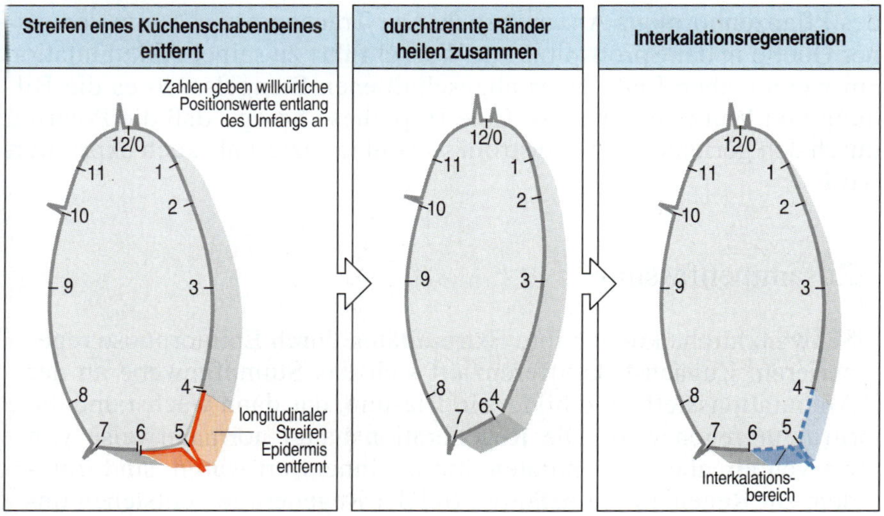

13.21 Interkalation am Umfang des Küchenschabenbeines. Das Bein ist im Querschnitt gezeigt. Wird ein Stück der ventralen Epidermis der Küchenschabe entfernt (links), so verheilen die Schnittkanten miteinander (Mitte). Wenn sich das Insekt häutet und die Cuticula nachwächst, werden die Positionswerte am Umfang interkaliert (rechts). Die Positionswerte sind auf dem Umfang des Beines angeordnet wie die Stunden auf einem Zifferblatt. Nach French et al. 1976.

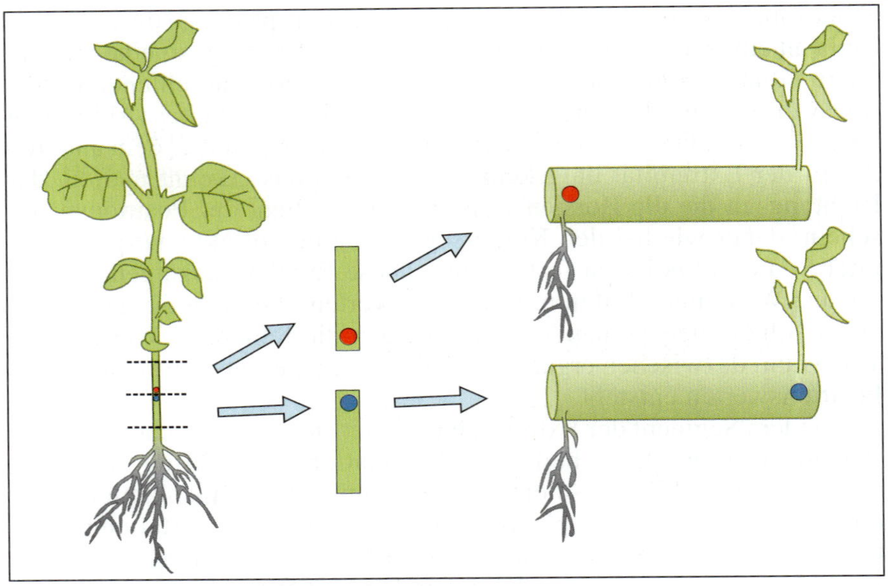

13.22 Polarisierte Regeneration bei Pflanzen. Isolierte Stücke des Stengels regenerieren Wurzeln von der proximalen (basalen) Schnittstelle und einen Sproß von einer Knospe, die am dichtesten an der distalen (apikalen) Schnittstelle liegt.

13.9 Die polarisierte Regeneration bei Pflanzen beruht auf dem polarisierten Transport von Auxin

Wir haben bereits die bemerkenswerte Fähigkeit einzelner Pflanzenzellen beschrieben, eine ganze Pflanze hervorzubringen (Abschnitt 7.6); aber auch einzelne Pflanzenteile besitzen beachtliche Regenerationsfähigkeit. Ein von einer Pflanze abgeschnittenes Stück Stengel kann oftmals einen neuen Sproß und neue Wurzeln regenerieren. Im allgemeinen bilden sich Wurzeln an dem Ende des Stengels, das ursprünglich der Wurzel am nächsten war, wohingegen sich Sprosse normalerweise aus schlafenden Knopsen an dem Ende entwickeln, das den Sprossen am nächsten war (Abbildung 13.22). Diese polarisierte Regeneration geht auf die vaskuläre Differenzierung und den polarisierten Transport des Pflanzenhormons Auxin zurück. Der Transport von Auxin von seiner Quelle in der Sproßspitze zur Wurzel führt zu seiner Akkumulation am wurzelnahen Ende eines abgeschnittenen Stengels, wo es die Bildung von Wurzeln induziert. Eine Hypothese besagt, daß die Polarität durch den gerichteten Auxinstrom sowohl induziert als auch exprimiert wird.

Zusammenfassung

Schwanzlurche können ihre Extremitäten durch Epimorphose regenerieren. Zunächst dedifferenziert sich das Stumpfgewebe an der Amputationsstelle und bildet ein Blastem, das dann wächst und die Struktur regeneriert. Die Regeneration hängt normalerweise von Nerven ab, aber Extremitäten, die nie innerviert waren, sind trotzdem zur Regeneration befähigt. Bei der Regeneration entstehen immer Strukturen, deren Positionswerte weiter vom Körper entfernt sind als die Amputationsstelle. Wird ein Blastem auf einen Stumpf mit anderen Positionswerten transplantiert, so werden die fehlenden Positionswerte proximo-distal ergänzt. Retinsäure proximalisiert die Positionswerte der Blastemzellen. Auch Insektenextremitäten können sich regenerieren, wobei die Positionswerte sowohl in proximodistaler Richtung als auch entlang des Umfangs ergänzt werden. Bei Pflanzen ist die Regeneration polarisiert: In einem aus einer Pflanze herausgeschnittenen Stück Stengel entwickeln sich an der Schnittfläche, die der Wurzel ursprünglich am nächsten war, Wurzeln und an der Fläche, die zuvor dem Sproß am nächsten war, ein Sproß.

Übersicht: Regeneration einer Amphibienextremität

Amputation eines Molchbeines

⇩

lokale Dedifferenzierung von Stumpfgewebe zur Bildung eines Blastems

⇩

das Blastem wächst und bildet durch Epimorphose distale Strukturen – vorausgesetzt, Nerven sind vorhanden

⇩

Transplantation von distalem Blastem auf proximalen Stumpf

⇩

Interkalation von fehlenden proximo-distalen Positionswerten durch Stumpfgewebewachstum

Zusammenfassung von Kapitel 13

Regeneration ist die Fähigkeit eines erwachsenen Organismus, einen verlorengegangenen Körperteil zu ersetzen. Diese Fähigkeit ist bei den verschiedenen Organismengruppen sehr unterschiedlich ausgeprägt. Säuger können sich nur in sehr begrenztem Umfang regenerieren, während sich aus einer einzelnen somatischen Pflanzenzelle eine vollständige Pflanze entwickeln kann. Die Regeneration von Extremitäten bei Tieren wie Amphibien beruht möglicherweise auf der Beibehaltung oder Reaktivierung embryonaler Mechanismen. Die beiden wichtigsten Mechanismen bei der Regeneration sind die Morphallaxis, die ohne Wachstum auskommt, bei der aber die Positionswerte neu festgelegt werden, und die Epimorphose, bei der neues Wachstum mit Musterbildung einhergeht. *Hydra* regeneriert sich durch Morphallaxis: Wird ihr Kopf entfernt, so sinkt die Konzentration des Inhibitors, der normalerweise vom Kopf gebildet wird, so daß an der Schnittstelle ein neuer Kopf spezifiziert wird. Die Regeneration von Extremitäten bei Amphibien und Insekten erfolgt durch Epimorphose: Ein Blastem bildet sich durch Dedifferenzierung von Stumpfzellen, die Blastemzellen teilen und differenzieren sich und regenerieren so die verlorengegangenen distalen Strukturen. Wenn Positionswerte nebeneinandergelangen, die normalerweise nicht direkt aufeinander folgen, können die fehlenden Werte ergänzt werden. Die Regeneration bei Pflanzen ist polarisiert; Wurzeln und Sprosse wachsen von entgegengesetzten Enden eines abgeschnittenen Stück Stengels aus.

Literatur

Einleitender Text

Goss, R. J. *Principles of Regeneration.* London & New York (Academic Press) 1969.

Rinkevich, B.; Shlemburg, Z.; Fishelson, L. *Whole-body protochordate regeneration from totipotent blood cells.* In: *Proc. Natl. Acad. Sci.* 92 (1995) S. 7695–7699.

13.1 *Hydra* wächst kontinuierlich, wobei sie an den Enden Zellen verliert und Knospen bildet

Otto, J. J.; Campbell, R. D. *Tissue economics of Hydra: regulation of cell cycle, animal size and development by controlled feeding rates.* In: *J. Cell Sci.* 28 (1977) S. 117–132.

13.2 Die Regeneration bei *Hydra* ist polarisiert und nicht von Wachstum abhängig

Hicklin, J.; Wolpert, L. *Positional information and pattern regulation in Hydra: the effect of gamma-radiation.* In: *J. Emb. Exp. Morphol.* 30 (1973) S. 741–752.

13.3 Der Kopfbereich von *Hydra* fungiert als Organisationszentrum und verhindert, daß ein zweiter Kopf ausgebildet wird

Wolpert, L.; Hornbruch, A.; Clarke, M. R. B. *Positional information and positional signaling in Hydra.* In: *Am. Zool.* 14 (1974) S. 647–663.

13.4 Die Kopfregeneration bei *Hydra* läßt sich durch zwei Gradienten erklären

Hassel, M.; Albert, K.; Hofheinz, S. *Pattern formation in Hydra vulgaris is controlled by lithium-sensitive process.* In: *Dev. Biol.* 156 (1993) S. 362–371.

Müller, W. A. *Pattern formation in the immortal Hydra.* In: *Trends Genet.* 12 (1996) S. 91–96.

MacWilliams, W. *Hydra transplantation phenomena and the mechanism of Hydra head regeneration. II. Properties of the head activation.* In: *Dev. Biol.* 96 (1983) S. 239–257.

Shenk, M. A.; Gee, L.; Steele, R. E.; Bode, H. R. *Expression of Cnox-2, a Hom/Hox gene, is suppressed during head formation in Hydra.* In: *Dev. Biol.* 160 (1993) S. 108–118.

13.5 Die Regeneration einer Wirbeltierextremität umfaßt Zelldedifferenzierung und Wachstum

Muneoka, K.; Sassoon, D. *Molecular aspects of regeneration in developing vertebrate limbs.* In: *Dev. Biol.* 152 (1992) S. 37–49.

Lo, D. C.; Allen, F.; Brockes, J. P. *Reversal of muscle differentiation during urodele limb regeneration.* In: *Proc. Natl. Acad. Sci.* 90 (1993) S. 7230–7234.

Brockes, J. P. *Amphibian limb regeneration: rebuilding a complex structure.* In: *Science* 276 (1997) S. 81–87.

Tanaka, E. M.; Gann, A. A. F.; Gates, P. B.; Brockes, J. P. *New myotubules re-enter the cell cycle by phosphorylation of the retinoblastoma protein.* In: *J. Cell Biol.* 136 (1997) S. 155–165.

13.6 Das Extremitätenblastem erzeugt Strukturen mit Positionswerten distal von der Amputationsstelle

Reginelli, A. D.; Wang, Y. Q.; Sassoon, D.; Muneoka, K. *Digit tip regeneration correlates with Msx-1 (Hox7) expression in fetal and newborn mice.* In: *Development* 121 (1995) S. 1065–1076.

Gardiner, D. M.; Bryant, S. V. *Molecular mechanisms in the control of limb regeneration: the role of homeobox genes.* In: *Int. J. Devel. Biol.* 40 (1996) S. 797–805.

Stocum, D. L. *A conceptual framework for analyzing axial patterning in regenerating urodele limbs.* In: *Int. J. Dev. Biol.* 40 (1996) S. 773–783.

13.7 Retinsäure kann in sich regenerierenden Extremitäten proximo-distale Positionswerte verändern

Stocum, D. L. *Retinoic acid and limb regeneration.* In: *Semin. Dev. Biol.* 2 (1991) S. 199–210.

Maden, M. *The homeotic transformation of tails into limbs in Rana temporaria by retinoids.* In: *Dev. Biol.* 159 (1993) S. 379–391.

Brockes, J. P. *New approaches to amphibian limb regeneration.* In: *Trends Genet.* 10 (1994) S. 169–173.

Brockes, J. P. *Introduction of a retinoid reporter gene into the urodele limb blastema.* In: *Proc. Natl. Acad. Sci.* 89 (1992) S. 11386–11390.

Bryant, S. V.; Gardiner, D. M. *Retinoic acid, local cell-cell interactions and pattern formation in vertebrate limbs.* In: *Dev. Biol.* 152 (1992) S. 125.

Scadding, S. R.; Maden, M. *Retinoic acid gradients during limb regeneration.* In: *Dev. Biol.* 162 (1994) S. 608–617.

Pecorino, L. T.; Entwistle, A.; Brockes, J. P. *Activation of a single retinoic acid receptor isoform mediates proximo-distal respecification.* In: *Curr. Biol.* 6 (1996) S. 563–569.

13.8 Insektenextremitäten interkalieren Positionswerte sowohl durch proximo-distales Wachstum als auch durch Zunahme des Umfangs

French, V. *Pattern regulation and regeneration.* In: *Phil. Trans. Roy. Soc. Biol. Sci.* 295 (1981) S. 601–617.

13.9 Die polarisierte Regeneration bei Pflanzen beruht auf dem polarisierten Transport von Auxin

Sachs, T. *Pattern Formation in Plant Tissues.* Cambridge (Cambridge University Press) 1991.

Wachstum und postembryonale Entwicklung

14

- Wachstum
- Häutung und Metamorphose
- Altern und Seneszenz

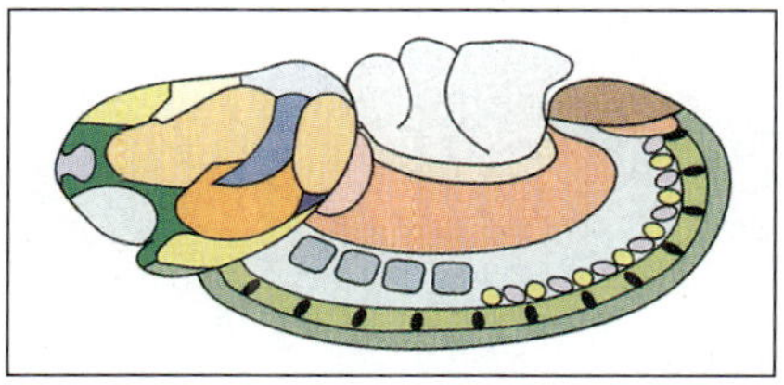

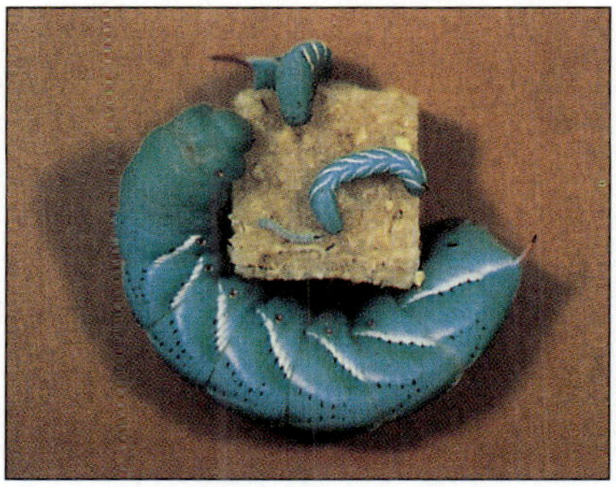

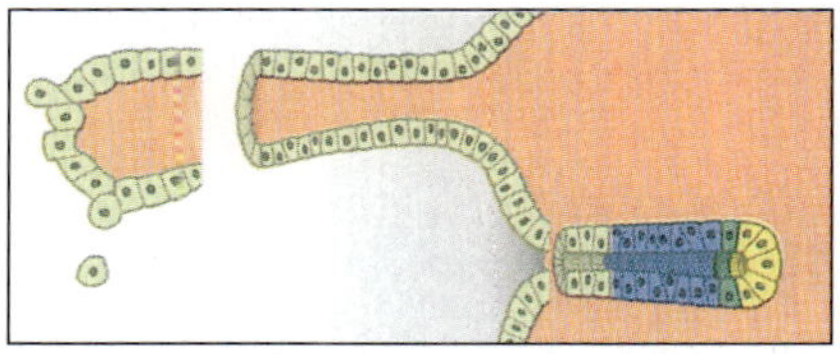

„Erwachsen zu werden bedeutete nicht nur größer zu werden, sondern ging auch mit einigen dramatischen Veränderungen einher, durch die wir fast nicht wiederzuerkennen waren.“

Die Entwicklung ist mit dem Ende der embryonalen Phase nicht abgeschlossen. Tiere und Pflanzen wachsen überwiegend, allerdings nicht ausschließlich, während der postembryonalen Periode, wenn die Grundform des Organismus bereits festgelegt ist. Bei vielen Tieren folgt unmittelbar auf die Embryonalphase ein freies Larvenstadium oder das Stadium eines nicht geschlechtsreifen Erwachsenen. Andere, wie etwa die Säuger, wachsen bereits während der späten embryonalen oder fetalen Phase, wenn der Embryo noch immer von der Mutter abhängig ist. Das Wachstum setzt sich dann nach der Geburt fort. Wachstum ist ein zentraler Aspekt aller sich entwickelnden Systeme; es bestimmt die endgültige Größe und Form des Organismus und seiner Teile. Tiere mit einem Larvenstadium wachsen nicht nur, sondern häuten sich zum Teil auch, wobei das äußere Skelett abgestoßen wird, und durchlaufen eine **Metamorphose**, bei der aus der Larve die adulte Form hervorgeht. Bei der Metamorphose erhält der Organismus oft eine vollkommen andere Gestalt, und es entstehen neue Organe.

Wir betrachten zunächst die Rolle zelleigener Wachstumsprogramme und extrazellulärer Faktoren wie Wachstumshormonen bei der Steuerung des embryonalen und postembryonalen Wachstums. Danach erörtern wir die Metamorphose bei Insekten und Amphibien. Schließlich beschäftigen wir uns mit einem ganz speziellen Aspekt der postembryonalen Entwicklung: dem Altern.

Wachstum

Wachstum wird definiert als die Zunahme eines Gewebes oder Organismus an Masse oder Gesamtgröße. Diese Zunahme kann auf Zellvermehrung, Zellvergrößerung ohne Teilung oder einer Anhäufung von extrazellulärem Material wie etwa Knochenmatrix oder sogar Wasser beruhen. In den frühen Entwicklungsstadien wächst der Embryo während der Furchung und der Bildung der Blastula nur wenig, und die Zellen werden bei jeder Furchungsteilung kleiner. Verschiedene Tiere beginnen in verschiedenen Stadien zu wachsen: Hühner zum Beispiel während der Rückbildung des Primitivstreifens anterior des Knotens, Krallenfrösche nach der Gastrulation.

Bei Tieren wird das Grundmuster des Körpers festgelegt, wenn der Embryo noch klein ist; beim Menschen etwa sind alle Organe bei der Determination ihres Musters in ihrer maximalen Ausdehnung kleiner als ein Zentimeter. Das Wachstumsprogramm, das bestimmt, wieviel ein Organismus oder ein individuelles Organ wächst, wird ebenfalls in einem frühen Entwicklungsstadium spezifiziert. Der Organismus wächst vor allem, wenn das Grundmuster des Embryos feststeht; allerdings gibt es viele Beispiele, wo es schon in der früheren Organogenese zu einem lokalen Wachstum kommt: etwa bei der Extremitätenknospe der Wirbeltiere (Kapitel 10) oder bei der Entwicklung des Nervensystems (Kapitel 11). Während der frühen Entwicklung beeinflussen unterschiedliche Wachstumsraten in verschiedenen Körperteilen oder zu verschiedenen Zeiten stark die Gestalt der Organe und des Organismus.

Im Gegensatz zu der Situation bei Tieren, wo der Embryo im Grunde genommen eine Miniaturversion der freilebenden Larve oder des ausgewachsenen Tieres ist, zeigen Pflanzenembryonen nur wenig Ähnlichkeit mit der reifen Pflanze. Die meisten adulten Pflanzenstrukturen entstehen nach der Keimung aus dem Sproß- oder dem Wurzelmeristem, die beide die Fähigkeit zu kontinuierlichem Wachstum besitzen (Kapitel 7). Bei holzbildenden Pflanzen behält auch die äußere Kambiumschicht – eine Zellschicht, aus der die Hauptgewebe des Stammes entstehen können – seine proliferative Fähigkeit; daher können Bäume Jahr für Jahr an Umfang zunehmen.

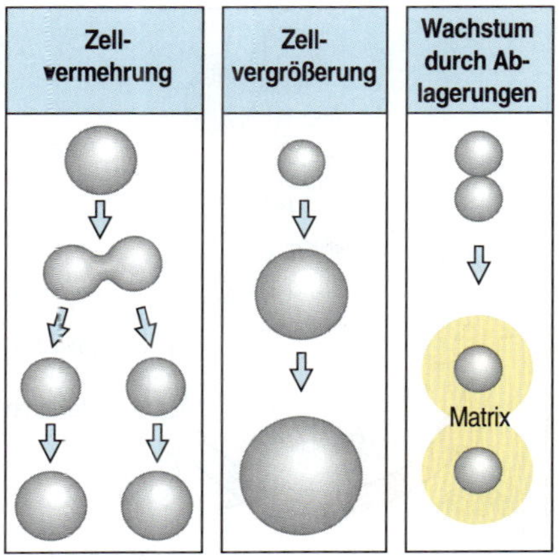

14.1 Die drei wichtigsten Wachstumsstrategien bei Wirbeltieren. Der häufigste Mechanismus ist die Zellvermehrung: Zellwachstum mit anschließender Teilung. Eine zweite Strategie ist die Zellvergrößerung, bei der die Zellen anwachsen, ohne sich zu teilen. Eine dritte Strategie ist die Größenzunahme durch extrazelluläre Ablagerungen, etwa durch Matrixsekretion (*accretionary growth*).

14.1 Gewebe können durch Zellvermehrung, Zellvergrößerung oder Ablagerung wachsen

Obwohl Gewebe häufig dadurch wachsen, daß die Zellzahl steigt, so ist dies doch nur einer von drei Wachstumstypen (Abbildung 14.1). Eine zweite Strategie ist Wachstum durch Zellvergrößerung – das heißt dadurch, daß einzelne Zellen größer und dicker werden. Sind sie einmal differenziert, teilen sich Skelettmuskel-, Herzmuskel- und Nervenzellen nie mehr, nehmen aber sehr wohl an Größe zu; Gliazellen dagegen proliferieren. Neuronen wachsen durch die Verlängerung und das Wachstum von Axonen und Dendriten, während Muskeln dadurch wachsen, daß ihre Masse zunimmt und Satellitenzellen, die neue Kerne liefern, mit bereits vorhandenden Muskelfasern fusionieren. Zellvergrößerung ist außerdem, wie wir noch sehen werden, ein Hauptmerkmal des Pflanzenwachstums. Größenunterschiede zwischen eng verwandten *Drosophila*-Arten beruhen zum Teil darauf, daß die größere Art größere Zellen besitzt. Manches Wachstum beruht auf einer Kombination von Zellvermehrung und Zellvergrößerung. Augenlinsenzellen zum Beispiel werden lange Zeit in einer proliferativen Zone gebildet; ihre Differenzierung ist dann mit einer beachtlichen Zellvergrößerung verbunden.

Bei der dritten Wachstumsstrategie, dem Wachstum durch Ablagerung (*accretionary growth*), wird das Volumen des extrazellulären Raumes vergrößert, indem die Zelle große Mengen extrazellulärer Matrix sezerniert. Das sieht man deutlich bei Knorpel und Knochen, bei denen der größte Teil der Gewebemasse extrazellulär ist.

Selbst wenn sie zur Teilung befähigt sind, teilen sich die Zellen vieler erwachsener Gewebe nicht oder nur selten. Durch Verletzung oder andere Stimuli wie etwa eine Abnahme der Gewebemasse können Zellen zur Teilung angeregt werden. Leberzellen teilen sich relativ selten, werden aber zum Beispiel zwei Drittel einer Rattenleber entfernt, so proliferieren die Zellen des verbleibenden Drittels und stellen die normale Größe der Leber innerhalb weniger Wochen wieder her. Diese Fähigkeit spricht dafür, daß im Kreislauf Faktoren vorhanden sind, welche die Zellproliferation steuern. Entfernt man eine Niere, vergrößert sich die verbleibende Niere; in diesem Fall beruht das Wachstum hauptsächlich auf einer Zellvergrößerung und nicht auf Zellproliferation. In vielen wachsenden Geweben geht ein beträchtlicher Anteil der Zellen durch Apoptose zugrunde. Die Gesamtwachstumsrate ergibt sich aus der Sterberate der Zellen und deren Proliferation.

Bestimmte Gewebe von Wirbeltieren, einschließlich des blutbildenden Systems (Abschnitt 9.11) und der Epithelien, erneuern sich während der Lebensdauer eines Tieres kontinuierlich durch Zellteilung und Differenzierung aus einer Stammzellpopulation. Die Endprodukte dieser Art von Proliferationssystemen, wie reife rote Blutkörperchen und Keratinocyten, können sich nicht mehr teilen und sterben.

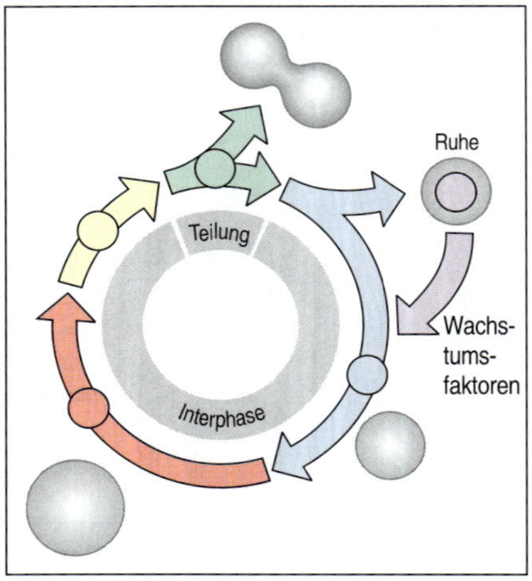

14.2 Der eukaryotische Zellzyklus. Nach der Mitose (M) können die Tochterzellen entweder in einen Ruhezustand gelangen (G_0), wodurch sie sich effektiv aus dem Zellzyklus zurückziehen, oder über G_1 die Phase der DNA-Synthese (S) erreichen. Danach folgen G_2 und die Mitose. Während G_1, S und G_2 wächst die Zelle. Ob die Zellen in G_0 eintreten oder mit G_1 fortfahren, können sowohl der intrazelluläre Zustand als auch extrazelluläre Signale wie etwa Wachstumsfaktoren bestimmen. Zellen wie Neuronen und Skelettmuskelzellen, die sich nach der Differenzierung nicht mehr teilen, befinden sich permanent in G_0.

14.2 Die Zellproliferation kann durch ein zelleigenes Programm und durch externe Signale gesteuert werden

Wenn sich eine eukaryotische Zelle teilt, durchläuft sie eine festgelegte Folge von Ereignissen, die man als **Zellzyklus** bezeichnet. Sie nimmt an Größe zu, ihre DNA repliziert sich, und die replizierten Chromosomen durchlaufen anschließend eine Mitose und werden auf zwei Tochterkerne verteilt. Erst dann kann sich die Zelle teilen und zwei Tochterzellen bilden, die den gesamten Zyklus erneut durchlaufen können. Während der Furchung des befruchteten Eies wachsen etwa bei *Xenopus* oder der Maus die Zellen nicht; sie werden vielmehr mit jeder Teilung kleiner. Bei anderen proliferierenden Zellen dagegen muß sich das Cytoplasma vor der Zellteilung verdoppeln.

Der normale mitotische Zellzyklus der Eukaryoten besteht aus mehreren leicht unterscheidbaren Phasen. In der M-Phase entstehen durch Mitose und Zellteilung zwei neue Zellen. Der restliche Teil des Zellzyklus, zwischen einer M-Phase und der nächsten, wird als Interphase bezeichnet. Die Replikation der DNA erfolgt in einer bestimmten Periode der Interphase, der S-Phase. Der Abschnitt vor der S-Phase heißt G_1, der danach G_2; anschließend tritt die Zelle wieder in die Mitose ein (Abbildung 14.2). G_1, S-Phase und G_2 bilden zusammen die Interphase, den Teil des Zellzyklus, in dem die Zellen wachsen und Proteine synthetisieren sowie ihre DNA replizieren. Bei einigen Zellen fehlen bestimmte Phasen des Zellzyklus: Während der Furchung des befruchteten Eies gibt es so gut wie keine G_1- und G_2-Phase, in der Meiose (Abschnitt 12.11) erfolgt bei der zweiten Teilung keine DNA-Replikation, und in den Speicheldrüsen von Insekten gibt es keine M-Phase: Die DNA repliziert sich wiederholt ohne Mitose oder Zellteilung, und es entstehen, wie wir später noch sehen werden, Riesenchromosomen.

Wachstumsfaktoren und andere Signalproteine spielen eine Schlüsselrolle bei der Steuerung des Wachstums und der Proliferation. Untersuchungen an Zellkulturen zeigen, daß Wachstumsfaktoren für die Vermehrung von Zellen essentiell sind, wobei der jeweils erforderliche Wachstumsfaktor vom Zelltyp abhängt. Wenn somatische Zellen nicht proliferieren, befinden sie sich normalerweise in der sogenannten G_0-Phase, in die sie sich nach der Mitose zurückziehen (Abbildung 14.2). Wachstumsfaktoren erlauben es den Zellen, G_0 zu verlassen und den Zellzyklus zu durchlaufen.

Wie man überrascht festgestellt hat, benötigen Zellen Signale wie etwa Wachstumsfaktoren nicht nur für ihre Teilung, sondern auch zum bloßen Überleben. Ohne jegliche Wachstumsfaktoren sterben sie durch **Apoptose**, indem sie ihr internes Selbsttötungsprogramm aktivieren (Abschnitt 8.6). In allen wachsenden Geweben geht ein signifikanter Anteil der Zellen durch diese zugrunde, so daß die Wachstumsrate sowohl von der Sterberate der Zellen als auch von deren Proliferation abhängt.

Die zeitliche Abfolge der Ereignisse im Zellzyklus der Wirbeltiere wird von einer Reihe „zentraler" Zeitschalter gesteuert. Eine Gruppe von Proteinen, die als **Cycline** bezeichnet werden, kontrolliert, daß bestimmte wichtige Stationen durchlaufen werden. Die Cyclinkonzentration schwankt während des Zellzyklus, was mit den Übergängen von einer Phase des Zyklus zur nächsten zusammenhängt (Abschnitt 12.16). Cycline wirken, indem sie Komplexe mit cyclinabhängigen Kinasen bilden und so aktivieren. Diese phosphorylieren dann Proteine, welche in jeder Phase die entsprechenden Ereignisse, wie die DNA-Replikation in der S-Phase oder die Mitose in der M-Phase, in Gang setzen. Im allgemeinen ist über die Mechanismen, die das Zellteilungsmuster des Embryos steuern, nur wenig bekannt. In *Drosophila* allerdings stehen die frühen Zellzyklen unter der Kontrolle von Genen, die im Embryo Muster bilden und ihre Wirkung durch ihren Einfluß auf die Cycline ausüben.

In den ersten Zellzyklen des *Drosophila*-Embryos teilen sich die Kerne schnell und synchron, ohne daß damit eine Zellteilung verbunden ist. Dadurch entsteht ein syncytiales Blastoderm (Abbildung 2.30). Es gibt sozusagen keine G-Phasen, nur abwechselnd DNA-Synthese (S-Phasen) und Mitosen. In Zyklus 14 aber erfolgt ein einschneidender Übergang zu einem anderen Typ von Zellzyklus, der dem Übergang zur mittleren Blastula bei Fröschen gleicht (Abschnitt 3.19). Ab diesem Zyklus besitzen die Zellzyklen eine gut definierte G_2-Phase, und im Blastoderm entstehen Zellen. Nach dem 17. oder 18. Zyklus hören die Zellen der Epidermis und des Mesoderms auf sich zu teilen und differenzieren sich. Dieser Proliferationsstopp erfolgt, wenn das maternale Cyclin E, das sich anfangs im Ei befand und für den Zellzyklus notwendig ist, aufgebraucht ist.

Im 14. Zellzyklus kann man im *Drosophila*-Blastoderm Bereiche mit verschiedenen Zellzykluszeiten unterscheiden (Abbildung 14.3). Dieses Zellzyklusmuster wird durch eine Veränderung der Synthese und Verteilung der string-Proteinphosphatase hervorgerufen. Diese steuert den Zellzyklus, indem sie eine cyclinabhängige Kinase dephosphoryliert und aktiviert. Im befruchteten Ei stammt das string-Protein aus der Mutter und ist überall gleichmäßig verteilt. Daher erzeugt es im gesamten Embryo ein synchrones Muster von Kernteilungen. Nach Zyklus 13 verschwindet das maternale string-Protein, und zygotisches string-Protein übernimmt die Steuerung. Die Transkription des zygotischen *string*-Gens erfolgt in einem komplexen räumlichen und zeitlichen Muster. Nur Zellen, in denen das *string*-Gen exprimiert wird, treten in die Mitose ein. Dies führt in verschiedenen Teilen des Blastoderms zu unterschiedlichen Zellteilungsraten; dadurch wird sichergestellt, daß in den verschiedenen Geweben die richtige Anzahl von Zellen entsteht. Das Expressionsmuster des zygotischen *string*-Gens wird von Transkriptionsfaktoren reguliert. Diese werden von den frühen Musterbildungsgenen, wie den Lücken- und den Paarregelgenen sowie Genen, welche die Muster der dorso-ventralen Achse bilden, codiert. Die Zellzyklen bei der *Drosophila*-Entwicklung sind daher ein gutes Beispiel dafür, wie Gene das Zellteilungsmuster steuern können.

Im Gegensatz zu diesem zellinternen Programm der frühen Zellteilung beim *Drosophila*-Embryo werden bei den Imaginalscheiben, aus denen die Strukturen der adulten Fliege hervorgehen, Zellproliferation und Wachstum von Zell-Zell-Interaktionen moduliert, wobei beide Prozesse nicht eng mit der Musterbildung verbunden sind. Wie bereits in Kapitel 10 besprochen, können Zellen aus Imaginalscheiben manchmal in sehr unterschiedlichem Ausmaß proliferieren und dennoch ein normales Muster ergeben. Im *Drosophila*-Flügel etwa können die klonalen Abkömmlinge einer einzelnen Zelle zum Teil nur ein Zehntel, zum Teil aber bis zur Hälfte des Flügels ausmachen. Dies bedeutet, daß ein normaler Flügel durch sehr verschiedene Zellproliferationsmuster gebildet werden kann. In Abschnitt 13.8 haben wir gesehen, wie Interkalationswachstum stimuliert wird, um fehlende Anteile einer Extremität zu ersetzen, wenn Zellen mit unterschiedlichen Positionswerten nebeneinandergebracht werden. Beim *Drosophila*-Flügel könnte die Proliferation aufhören, wenn der Flügel seine endgültige Größe erreicht hat. Mög-

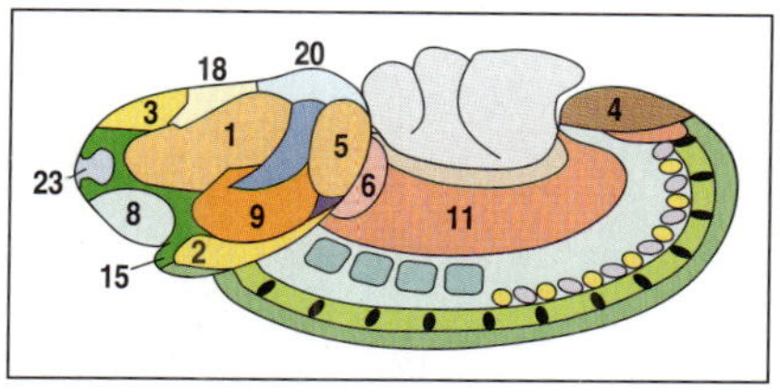

14.3 Mitosedomänen im *Drosophila*-Blastoderm. Mitosedomänen, die sich zur selben Zeit teilen, sind verschiedenfarbig markiert. Die Zahlen geben an, in welcher Reihenfolge verschiedene Bereiche in Zyklus 14 die Mitose durchlaufen. Nach Edgar et al. 1994

licherweise können die Zellen erkennen, wann ein Satz von Positionswerten komplett ist.

Bei frühen Säugerembryonen variieren die Zellproliferationszeiten je nach Zeit und Ort in der Entwicklung. Die ersten beiden Furchungszyklen dauern bei der Maus etwa 24 Stunden, die nachfolgenden Zyklen jeweils etwa zehn Stunden. Nach der Einnistung proliferieren die Zellen des Epiblasten schnell; Zellen vor dem Primitivstreifen haben eine Zykluszeit von nur drei Stunden. Allerdings kennt man die an dieser Proliferation beteiligten Signale noch nicht.

Man hat zahlreiche Wachstumsfaktoren entdeckt, welche die Zellproliferation steuern können, im allgemeinen ist aber noch nicht bekannt, welche Rolle sie genau bei der normalen Entwicklung spielen. Ausnahmen sind etwa das Erythropoetin, das die Proliferation der Vorläufer von roten Blutkörperchen stimuliert (Abschnitt 9.12), und die Wachstumsfaktoren, die wir nun besprechen wollen.

14.3 Das Wachstum bei Säugern hängt von Wachstumshormonen ab

Das menschliche Wachstum während der embryonalen, fetalen und postnatalen Periode ist ein gutes Modell für das Säugerwachstum. Der menschliche Embryo wächst innerhalb der neun Schwangerschaftsmonate von 150 Mikrometern bei seiner Einnistung auf etwa 50 Zentimeter Länge an. Während der ersten acht Wochen nach der Empfängnis nimmt er nur wenig an Größe zu; in dieser Zeit wird jedoch die Grundform des menschlichen Körpers festgelegt. Im Alter von etwa vier Monaten ist die Wachstumsrate am größten; der Embryo wächst dann zehn Zentimeter pro Monat. Nach der Geburt folgt das Wachstum einem wohldefinierten Muster (Abbildung 14.4, links). Im ersten Jahr nach der Geburt beträgt die Wachstumrate etwa zwei Zentimeter pro Monat. Dann nimmt sie stetig ab, bis bei Mädchen mit etwa elf Jahren und bei Jungen mit etwa dreizehn Jahren der charakteristische pubertäre Wachstumsschub beginnt (Abbildung 14.4, rechts). Bei Pygmäen fehlt dieser pubertäre Wachstumsschub; darauf beruht ihre typische geringe Größe.

Das Wachstum der verschiedenen Körperteile ist nicht einheitlich; verschiedene Organe wachsen unterschiedlich schnell. In der neunten Entwicklungswoche macht der Kopf eines menschlichen Embryos mehr als ein Drittel der Gesamtlänge aus, bei der Geburt dagegen nur etwa

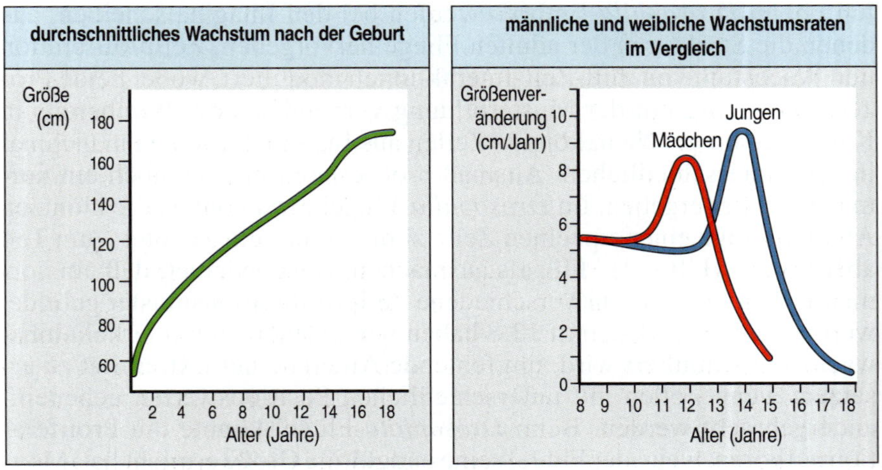

14.4 Normales menschliches Wachstum. Links: Durchschnittliche Wachstumskurve eines Jungen nach der Geburt. Rechts: Vergleich der Wachstumsraten von Jungen und Mädchen. Beide Geschlechter machen in der Pubertät einen Wachstumsschub durch, Mädchen allerdings früher.

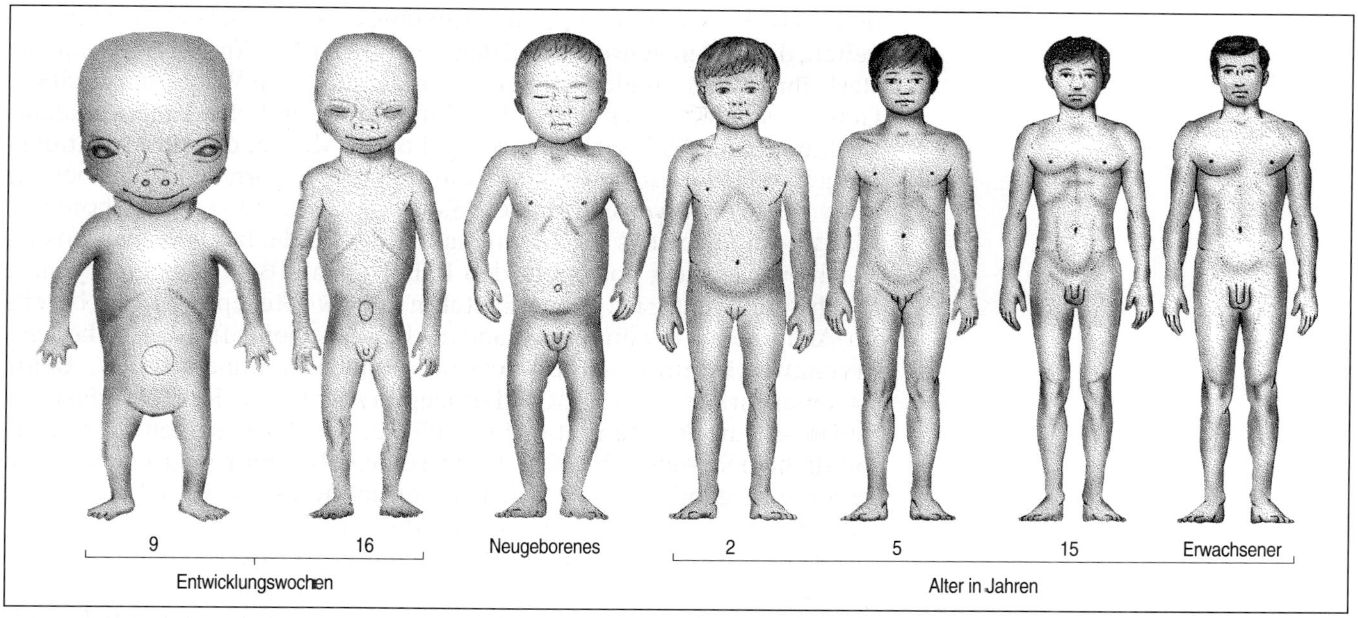

14.5 Verschiedene Teile des menschlichen Körpers wachsen unterschiedlich schnell. In der 9. Entwicklungswoche ist der Kopf relativ groß, später wachsen andere Körperteile viel stärker als er. Nach Gray 1995.

ein Viertel. Nach der Geburt wächst der Rest des Körpers viel stärker als der Kopf, der beim Erwachsenen nur etwa ein Achtel der Körpergröße ausmacht (Abbildung 14.5).

Die Mutter spielt bei der Kontrolle des fetalen Wachstums eine entscheidende Rolle. Ein gutes Beispiel dafür ist die Kreuzung eines großen Shirepferdes mit einem viel kleineren Shetlandpony. Ist die Mutter eine Shirestute, so hat das neugeborene Fohlen eine ähnliche Größe wie ein normales Shirefohlen. Ist die Mutter dagegen ein Shetlandpony, so ist das Neugeborene viel kleiner. Nach der Geburt gleichen sich die Nachkommen aus den beiden Kreuzungen allerdings in ihrer Größe an und erreichen schließlich eine Größe, die zwischen der von Shirepferden und Shetlandponies liegt.

Die Ernährung eines Embryos kann sich entscheidend auf sein späteres Leben auswirken. Sind die Tiere während der frühen Schwangerschaft unterernährt, sind sie bei der Geburt normalerweise klein, aber normal proportioniert. Unterernährung während der Wachstumsperiode nach der Geburt führt dagegen zu selektiven Organschäden. Ratten zum Beispiel, die sofort nach dem Entwöhnen unterernährt werden, zeigen ein normales Skelettwachstum, aber ihre Leber und Nieren wachsen anomal und bleiben klein. Epidemiologische Studien am Menschen haben gezeigt, das eine geringe Größe bei der Geburt mit einer erhöhten Todesrate durch Herz-Kreislauf-Erkrankungen und insulinunabhängige Diabetes einhergeht. Die Mechanismen, die diesen Langzeiteffekten zugrundeliegen, sind zwar noch nicht verstanden, aber diese Studien betonen die Bedeutung eines adäquaten Wachstums für die normale Entwicklung.

Embryonales Wachstum hängt von Wachstumsfaktoren ab. Wir haben bereits gesehen, daß FGFs die Zellproliferation in der Wachstumszone (*progress zone*) der sich entwickelnden Hühnerextremität steuern und für die Proliferation und das Auswachsen der Knospe erforderlich sind (Abschnitt 10.3). Hinweise für die Rolle anderer Wachstumsfaktoren beim embryonalen Wachstum liefert die Technik des Gen-Knockout (Exkurs 4.2, Seite 124). Die insulinähnlichen Wachstumsfaktoren 1 und 2 (IGF-1 und IGF-2) sind Proteinwachstumsfaktoren aus Einzelketten, die sich gegenseitig und dem Insulin in ihrer Aminosäuresequenz stark ähneln. Sie spielen bei Säugern nicht nur beim Wachstum nach der Geburt, sondern auch beim Wachstum während der Embryonalentwicklung eine Schlüsselrolle. Neugeborene Mäuse, die kein funktionsfähiges *Igf-2*-Gen haben, entwickeln sich relativ normal, haben aber nur etwa 60 Prozent des normalen Körpergewichts von Neugeborenen. Mäuse, bei denen das *Igf-1*-Gen inaktiviert wurde, bleiben ebenfalls im Wachstum zurück; das zeigt, daß IGF-1 ebenfalls für das embryonale Wachstum wichtig ist. Beide Faktoren und ihre Rezeptoren sind bereits im Acht-Zellen-Stadium vorhanden. IGF-2 scheint für das frühe Embryonalwachstum essentiell zu sein; danach dominiert IGF-1. Beide Proteine wirken über den IGF-1-Rezeptor; der IGF-2-Rezeptor dagegen verringert die Konzentration von IGF-2, indem es seinen Abbau ermöglicht. Die Gene für IGF-2 und seinen Rezeptor sind bei Säugern genomisch geprägt und werden in den mütterlichen beziehungsweise väterlichen Keimzellen inaktiviert (Abschnitt 12.13).

Wachstumshormon, das in der Hirnanhangsdrüse (Hypophyse) synthetisiert wird, ist für das postembryonale Wachstum von Menschen und anderen Säugern essentiell und wird während der gesamten Fetalperiode sezerniert. Im ersten Jahr nach der Geburt produziert die Hirnanhangsdrüse es weiter. Reicht bei einem Kind das Wachstumshormon nicht aus, bleibt es im Wachstum zurück, was sich jedoch durch regelmäßige Gaben von Wachstumshormonen völlig beheben läßt. Dabei kommt es zu einem Ausgleichsphänomen: Mit einer schnellen Anfangsreaktion wird die Wachstumskurve wieder auf ihren ursprünglichen Verlauf zurückgeführt.

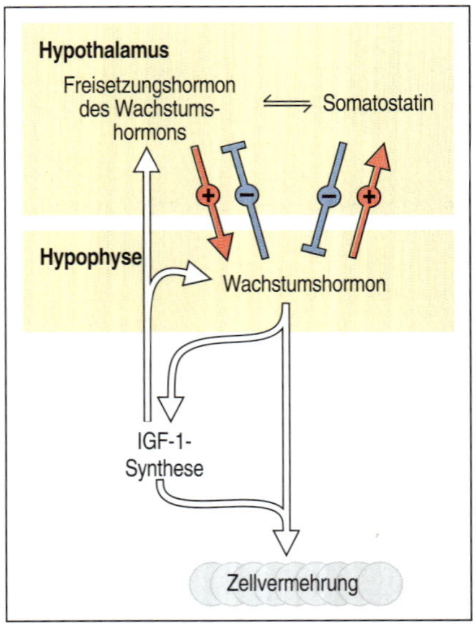

14.6 Die Synthese von Wachstumshormon wird durch Hypothalamushormone gesteuert. Wachstumshormon (Somatotropin) wird in der Hirnanhangsdrüse (Hypophyse) gebildet und von ihr sekretiert. Das Wachstums-Releasing-Hormon aus dem Hypothalamus fördert die Synthese des Wachstumshormons, während Somatostatin sie unterdrückt. Das Wachstumshormon kontrolliert seine eigene Freisetzung durch negative Rückkopplungssignale an den Hypothalamus. Es stimuliert die Synthese des insulinähnlichen Wachstumsfaktors IGF-1, der wiederum die Produktion des Wachstumshormons fördert.

Die Produktion von Wachstumshormon wird von zwei Hormonen gesteuert, die im Hypothalamus gebildet werden: das Wachstumshormon-Releasing-Hormon, das die Synthese und Sekretion von Wachstumshormon fördert, und das Somatostatin, das seine Produktion und Freisetzung verhindert. Wachstumshormon erzielt seine Wirkung häufig dadurch, daß es die Synthese von IGF-1 (Abbildung 14.6) und in geringerem Ausmaß von IGF-2 induziert. Das postnatale Wachstum beruht wie das embryonale Wachstum zum Großteil auf der Wirkung dieser insulinartigen Wachstumsfaktoren, deren Produktion durch komplexe hormonelle Regelkreise reguliert wird.

Wie man aus den Messungen des menschliches Wachstums nach der Geburt ablesen kann (Abbildung 14.4, links), nimmt die Wachstumsrate bis zur Pubertät ab. Dann kommt es zu einem plötzlichen Wachstumsschub, der auf der Sekretion von Gonadotropinen beruht. Diese führen zu einer erhöhten Produktion der Sexualhormone, die wiederum die Produktion von Wachstumshormon erhöhen. Der Wachstumsschub erfolgt bei Mädchen einige Jahre früher als bei Jungen. Als nächstes betrachten wir das Wachstum einiger Organe.

14.4 Organe können in der Entwicklung ihre eigenen Wachstumsprogramme haben

Die Musterbildung erfolgt beim Embryo, wenn die Organe noch sehr klein sind. Menschliche Extremitäten zum Beispiel etablieren ihr Grundmuster, wenn sie weniger als einen Zentimeter lang sind. Trotzdem werden sie über die Jahre wenigstens hundertmal größer. Wie wird dieses Wachstum reguliert? Es scheint, als hätte jedes Knorpelelement der Extremität sein eigenes Wachstumsprogramm. Im Hühnerflügel sind die Knorpelelemente der langen Knochen, des Oberarmes und der Elle, und des Handgelenks zunächst ähnlich groß (Abbildung 14.7). Trotzdem wachsen Oberarm und Elle im Vergleich zu den Handgelenksknochen um ein Mehrfaches. Diese Wachstumsprogramme werden spezifiziert, wenn die Elemente zu Beginn Muster bilden; dabei vermehren sich die Zellen und sezernieren eine Matrix. Jedes Element folgt seinem eigenen Wachstumsprogramm, selbst wenn es an eine neutrale Stellen transplantiert wird; Voraussetzung ist allerdings, daß es gut mit Blut versorgt wird.

Ein klassisches Beispiel eines internen Wachstumsprogramms zeigt sich, wenn man Extremitätenknospen zwischen großen und kleinen Arten von *Ambystoma*, einer Salamandergattung, austauscht. Wird eine Extremitätenknospe von der größeren auf die kleinere Art übertragen, wächst sie zuerst langsam, erreicht aber schließlich ihre normale Größe, die sich deutlich von den Extremitäten der kleineren Empfängerspezies unterscheidet (Abbildung 14.8). Daher ist, unabhängig davon, welche Faktoren im Kreislauf das Wachstum beeinflussen, die interne Reaktion verschiedener Gewebe ausschlaggebend. Ein solches intern geprägtes differentielles Wachstum kann die Gestalt eines Organismus beträchtlich beeinflussen, wie man in Abildung 14.5 sehen kann.

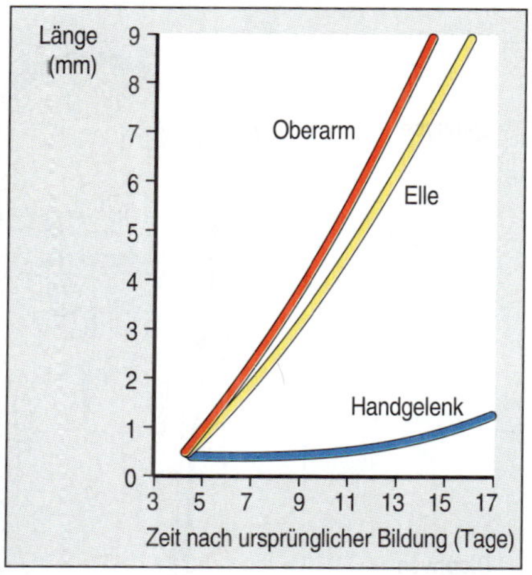

14.7 Wachstum der Knorpelemente beim embryonalen Hühnerflügel im Vergleich. Bei ihrer Anlage sind die Knorpelelemente des Oberarmes, der Elle und des Handgelenks gleich groß. Oberarm und Elle wachsen dann allerdings viel stärker als die Elemente des Handgelenks.

14.5 Das Wachstum der langen Knochen geht von Wachstumszonen aus

Ein wichtiger Aspekt des postembryonalen Wachstums von Wirbeltieren ist das Wachstum der langen Knochen in den Extremitäten (Oberarm, Oberschenkel, Speiche und Elle). Sie werden anfangs als Knorpelelemente angelegt (Abschnitt 10.2) und verknöchern dann allmählich. Das frühe Wachstum dieser Elemente umfaßt in einem wohldefinierten Muster sowohl Zellproliferation als auch Matrixsekretion. Sowohl beim fetalen als auch beim postnatalen Wachstum wird der Knorpel in einem Prozeß der endochondralen oder **enchondralen Verknöcherung** (Ossifikation) durch Knochen ersetzt; dabei beginnt die Verknöcherung in den Zentren (Diaphysen) der langen Knochen und breitet sich dann nach außen aus (Abbildung 14.9). Außerdem befinden sich an jedem Ende der Knochen (den Epiphysen) sekundäre Verknöcherungszentren. Die adulten langen Knochen haben daher einen knöchernen Schaft mit Knorpel, der sich auf die Gelenkflächen an den Enden und zwei interne Bereiche in der Nähe der Enden beschränkt, die **Wachstumszonen** (*growth plates*), in denen das Wachstum erfolgt. In ihnen sind die Knorpelzellen normalerweise in Säulen angeordnet; dabei kann man verschiedene Zonen unterscheiden. Direkt neben der knöchernen Epiphyse befindet sich eine schmale Keimzone, die Stammzellen enthält. Daneben liegt eine Zellteilungszone (Proliferationszone), auf die eine Reifungszone und eine hypertrophe Zone folgen, in der die Knorpelzellen an Größe zunehmen. Schließlich gibt es eine Zone, in der die Knorpelzellen absterben und von Knochen ersetzt werden, der aus Osteoblasten stammt. Es besteht eine starke Ähnlichkeit zur Entwicklung der Haut, wo aus den basalen Stammzellen sich teilende Zellen entstehen, die sich zu Keratinocyten differenzieren und schließlich sterben (Abschnitt 14.7).

Wie es dazu kommt, daß die Knorpelzellen in den Wachstumszonen mit der Teilung aufhören und sich vergrößern, um das Gerüst für den Knochen zu bilden, hat man bei Mäusen untersucht. Daran beteiligt ist

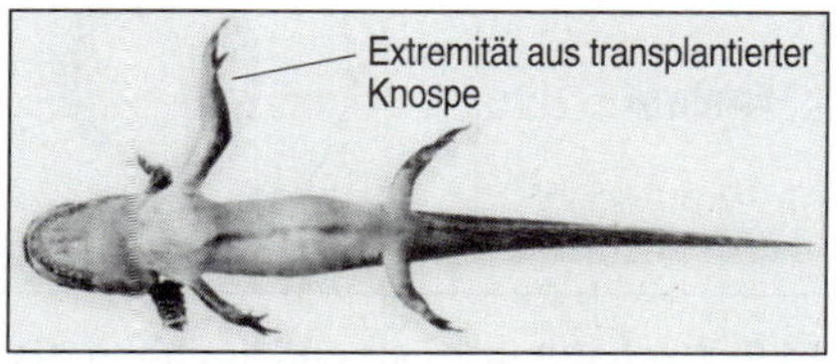

14.8 Die Größe der Extremitäten ist bei Salamandern genetisch vorprogrammiert. Eine embryonale Extremitätenknospe einer großen Salamanderart, *Ambystoma tigrinum*, die auf den Embryo einer kleineren Art, *Ambystoma puncatum*, transplantiert wurde, wächst viel stärker als die Extremitäten des Empfängers – bis hin zu der Größe, die sie in *Ambystoma tigrinum* gehabt hätte. Aufnahme aus Harrison 1969.

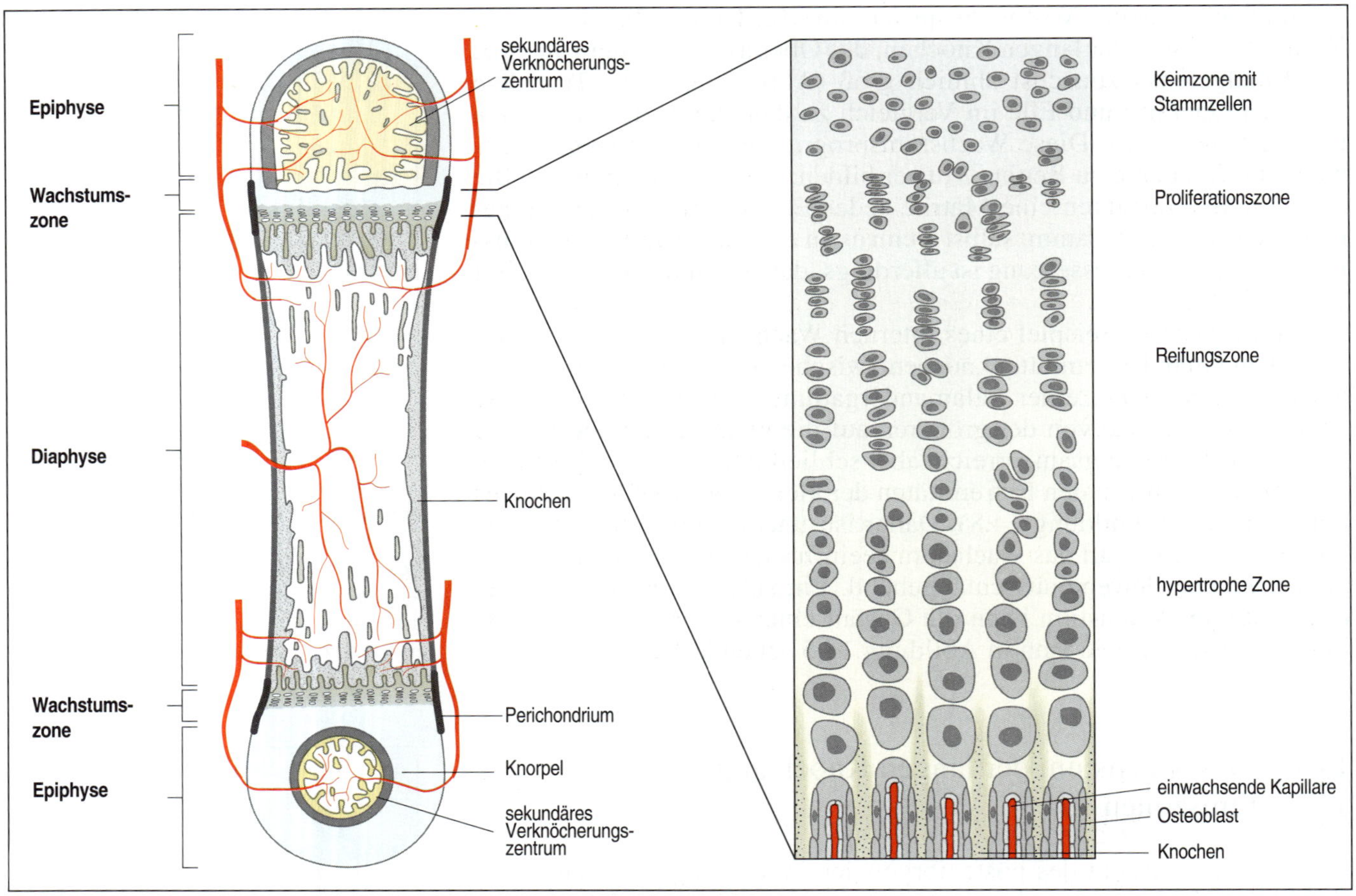

14.9 Wachstumszonen und enchondrale Verknöcherung bei den langen Knochen eines Wirbeltieres. Die langen Knochen von Wirbeltierextremitäten wachsen von knorpeligen Wachstumszonen aus. Diese befinden sich zwischen der Epiphyse des späteren Gelenks und der zentralen Region des Knochens, der Diaphyse. In der Abbildung hat bereits Knochen den Knorpel in der Diaphyse ersetzt, an den Wachstumszonen wird noch immer Knochen hinzugefügt. Innerhalb der Wachstumszonen vermehren sich die Knorpelzellen in der Proliferationszone, reifen heran und vergrößern sich. Sie werden dann durch Knochen ersetzt, der von spezialisierten Zellen hergestellt wird, den Osteoblasten. Sekundäre Verknöcherungsstellen befinden sich in den Epiphysen. Nach Wallis 1993.

ein Signalmolekül namens Indian hedgehog, das zu der großen und weit verbreiteten Familie von Proteinen gehört, die auch Sonic hedgehog aus Säugern und hedgehog-Proteine aus *Drosophila* umfaßt. Indian hedgehog wird in den hypertrophen Zellen der Wachstumszone exprimiert. Sein Zielprotein ist mit dem Parathormon verwandt und befindet sich im Perichondrium, das den Knochen umgibt. Indian hedgehog fördert die Proliferation von Knorpelzellen und verhindert, daß sie hypertrophieren. Ohne dieses Protein differenzieren sich die Knorpelzellen zu früh und es entstehen zu kurze, stämmige Extremitäten.

Wachstumshormon beeinflußt das Knochenwachstum, indem es auf die Wachstumszonen einwirkt. Die Zellen in der Keimzone besitzen Rezeptoren für das Wachstumshormon, das wahrscheinlich direkt für die Stimulierung dieser Stammzellen zur Proliferation verantwortlich ist. Für weiteres Wachstum sorgt wahrscheinlich IGF-1, dessen Produktion in der Wachstumszone vom Wachstumshormon stimuliert wird. Auch Schilddrüsenhormone sind für optimales Knochenwachstum notwendig; sie wirken sowohl dadurch, daß sie die Sekretion von Wachstumshormon und IGF-1 erhöhen, als auch dadurch, daß sie die Hypertrophie der Knorpelzellen stimulieren. FGF ist ebenfalls für das Knochenwachstum von Bedeutung; der genetische Defekt, der zur Achondroplasie führt (Zwergwuchs mit kurzen Gliedmaßen), beruht auf einer dominanten Mutation des FGF-Rezeptors 3, der normalerweise die Knochenbildung hemmt und nicht fördert.

Die Längenwachstumsrate eines langen Knochens entspricht der Produktionsrate neuer Zellen pro Säule multipliziert mit der durchschnittlichen Höhe einer vergrößerten Zelle. Die Produktionsrate neuer Zellen hängt sowohl davon ab, wie lange die Zellen in der Proliferationszone brauchen, um einen Zellzyklus zu durchlaufen, als auch davon, wie groß diese Zone ist. Verschiedene Knochen wachsen mit unterschiedlicher Geschwindigkeit, die von der Größe der Proliferationszone, der Proliferationsrate und dem Grad der Zellvergrößerung in der Wachstumszone abhängen kann.

Angesichts der Komplexität der Wachstumszone ist es erstaunlich, daß beim Menschen die Knochen in den Gliedmaßen der beiden Körperseiten unabhängig voneinander etwa fünfzehn Jahre lang wachsen können und doch schließlich mit einer Genauigkeit von etwa 0,2 Prozent in ihrer Länge übereinstimmen. Das beruht darauf, daß jede Zone zahlreiche Zellsäulen enthält, so daß sich Wachstumsvariationen im Durchschnitt ausgleichen. Ein Knochen hört dann auf zu wachsen, wenn die Wachstumszonen verknöchern, was bei verschiedenen Knochen zu unterschiedlichen Zeiten passiert. Diese Reihenfolge ist ganz genau festgelegt und kann daher als ein Maß für das physiologische Alter herangezogen werden.

14.6 Das Wachstum von quergestreiften Wirbeltiermuskeln hängt von der Spannung ab

Die Zahl der quergestreiften (Skelett-)Muskelfasern wird bei Wirbeltieren während der Embryonalentwicklung festgelegt. Sind die quergestreiften Muskelzellen einmal differenziert, verlieren sie ihre Teilungsfähigkeit. Postembryonales Wachstum von Muskelgewebe beruht darauf, daß einzelne Fasern sowohl länger als auch dicker werden. Die Zahl der Myofibrillen innerhalb der vergrößerten Muskelfaser kann sich mehr als verzehnfachen. Durch die Fusion von Satellitenzellen mit der Faser kommen zu der stark vergrößerten Zelle zusätzliche Kerne hinzu. Satellitenzellen, undifferenzierte Zellen, die an den differenzierten Muskel angrenzen, fungieren auch als eine Reservepopulation von Stammzellen, die beschädigte Muskeln ersetzen können.

Das Längenwachstum einer Muskelfaser ist mit einem Anstieg der Sarkomerenzahl verbunden, der funktionellen kontraktilen Einheiten. Im Musculus soleus des Mäusebeines zum Beispiel steigt die Anzahl der Sarkomeren, während der Muskel an Länge zunimmt, innerhalb von drei Wochen nach der Geburt von 700 auf 2300 an. Diese Zunahme scheint auf dem Wachstum der langen Knochen zu beruhen, das im Muskel über dessen Sehnen Spannung erzeugt. Wird der Musculus soleus bei der Geburt durch einen Gipsverband um das Bein fixiert, so steigt die Sarkomerenzahl langsam acht Wochen lang an. Wird der Gips dann entfernt, so schnellt sie empor (Abbildung 14.10), was zeigt, wie eng Knochen- und Muskelwachstum mechanisch miteinander gekoppelt sind.

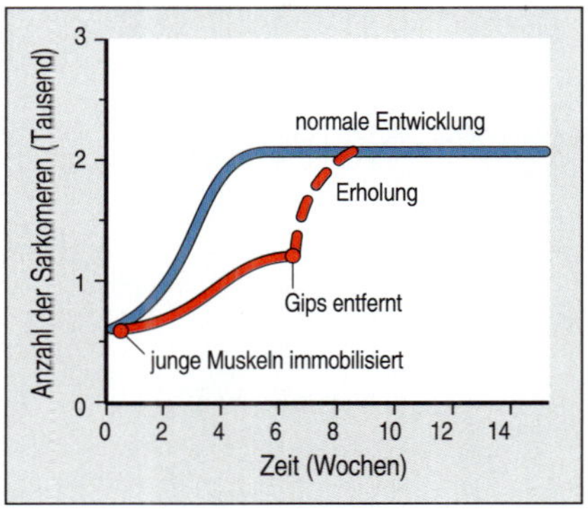

14.10 Das Längenwachstum der Muskeln an den langen Knochen des Mäusebeines hängt von der Spannung ab, die durch das Wachstum der langen Knochen erzeugt wird. Die Länge eines Muskels hängt von der Anzahl seiner Sarkomeren ab, der kontraktilen Grundeinheiten. Wird die Extremität durch einen Gipsverband in einer Position fixiert, in der der Muskel keiner Spannung unterliegt, so nimmt er nur wenig an Länge zu. Wird der Gips entfernt, erfolgt dann ein schnelles Längenwachstum.

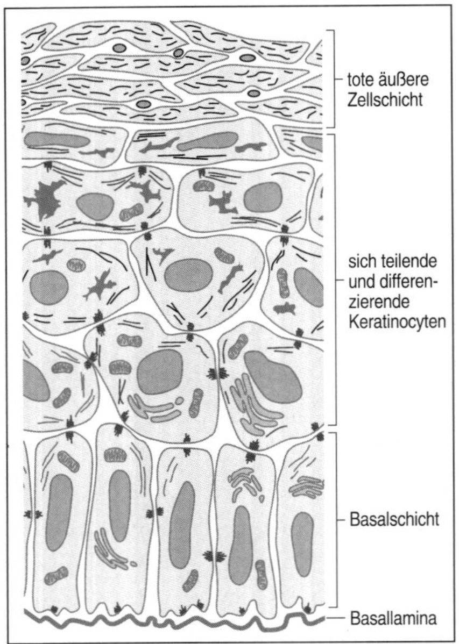

14.11 Differenzierung von Keratinocyten in der menschlichen Epidermis. Abkömmlinge von Stammzellen, die zu Keratinocyten werden, lösen sich von der Basallamina ab, teilen sich mehrere Male und verlassen die Basalschicht, bevor sie sich zu differenzieren beginnen. Bei der Keratinocytendifferenzierung werden große Mengen des Intermediärfilamentproteins Keratin gebildet. In den Zwischenschichten sind die Zellen noch immer groß und stoffwechselaktiv, wohingegen sie in den äußeren Epidermisschichten ihre Kerne verlieren, sich mit Keratinfilamenten anfüllen und unlösliche Membranen bekommen, was auf der Ablagerung des Proteins Involucrin beruht. Die toten Zellen werden schließlich von der Hautoberfläche abgestoßen.

14.7 Bei erwachsenen Säugern werden die Epithelien der Haut und des Darmes kontinuierlich aus den Stammzellen heraus erneuert

Die Haut erwachsener Wirbeltiere besteht aus drei Schichten: der **Dermis**, die hauptsächlich Fibroblasten enthält, der schützenden äußeren **Epidermis**, in der sich vor allem **Keratinocyten** befinden, und der **Basallamina** oder Basalmembran, die aus extrazellulärer Matrix besteht, welche die epitheliale Epidermis von der Dermis abtrennt.

Wegen der Schutzfunktion der Epidermis gehen an der Oberfläche ständig Zellen verloren, die ersetzt werden müssen. Die neuen Zellen rekrutieren sich aus einer Basalschicht proliferierender Epidermiszellen, die in Kontakt mit der Basallamina steht. Diese Zellen leiten sich von Stammzellen innerhalb der Basalschicht ab, die dort eine spezielle Population bilden, die sich relativ langsam vermehrt und während des ganzen Lebens des Organismus ihr proliferatives Potential behält. Wie hämatopoetische Stammzellen (Abschnitt 9.12) besitzen sie die Eigenschaft der Selbsterneuerung. Stammzellen teilen sich asymmetrisch, wobei eine Tochterzelle Stammzelle bleibt und die andere zur Differenzierung bestimmt wird. Nach dieser Festlegung teilt sich diese Zelle noch einige Male, und ihre Abkömmlinge differenzieren sich weiter, nachdem sie die Basalschicht verlassen haben. Während sie durch die Haut wandern, reifen sie heran, bis sie bei Erreichen der äußersten Schicht vollständig mit Keratin gefüllt und ihre Membranen durch das Protein Involucrin gehärtet sind. Die toten Zellen fallen schließlich als Schuppen von der Oberfläche (Abbildung 14.11).

Zelladhäsionsmoleküle spielen bei der Keratinocytendifferenzierung eine Schlüsselrolle. Die Basalzellschicht ist durch spezielle Zellverbindungen wie **Hemidesmosomen** und fokale Kontakte mit der Basalmembran verbunden. Die Epidermiszellen in den oberen Schichten sind miteinander durch extensive **Desmosomenkontakte** (*desmosomal junctions*) verbunden. Die Integrinfamilie der Zelladhäsionsmoleküle (Exkurs 8.1, Seite 270) spielt die wichtigste Rolle bei der Keratinocytenentwicklung. Ihre Expression beschränkt sich zum größten Teil auf die Basalschicht, wo sie die Anheftung von Zellen an die Basallamina und die Hemidesmosomenverbindungen vermitteln. Stammzellen exprimieren stärker $\alpha2\backslash\beta1$- und $\alpha3\backslash\beta1$-Integrine – die Rezeptoren für Kollagen und Laminin sind – als andere Zellen der Basalschicht; mit ihrer Hilfe wird die Position der Zellen innerhalb der Schicht bestimmt. Möglicherweise hält diese hohe Konzentration an Integrinen die Zellen in der Basalschicht. Wahrscheinlich hemmen Komponenten der Basallamina die Keratinocytendifferenzierung aktiv; eine Zelle differenziert sich erst dann und verläßt die Basalschicht, wenn sie sich von der Basallamina löst. Dies geht mit einer Abnahme der Integrine auf der Zelloberfläche einher.

Die Epithelzellen, die den Darm auskleiden, werden ebenfalls kontinuierlich aus den Stammzellen ersetzt. Im Dünndarm bilden die Endothelzellen ein Einzelschichtepithel. Dieses ist stark in Zotten aufgefaltet, die in den Darm hineinragen, sowie Krypten, die in das darunterliegende Bindegewebe eindringen. Von den Spitzen der Zotten werden permanent Zellen abgestoßen, während sich die Stammzellen, die dafür sorgen, daß diese Zellen ersetzt werden, an der Basis der Krypten befinden. Die neu aus den Stammzellen hervorgegangenen Zellen wandern aufwärts auf die Spitzen der Zotten zu. Unterwegs vermehren sie sich in der unteren Hälfte der Krypte (Abbildung 14.12).

Eine einzelne Krypte im Dünndarm der Maus enthält etwa 250 Zellen mit vier Haupttypen von differenzierten Zellen. Etwa 150 der Zellen sind proliferativ und teilen sich etwa zweimal pro Tag, so daß in der Krypte jeden Tag 300 neue Zellen entstehen; etwa zwölf Zellen verlassen jede Stunde die Krypte. Es gibt vermutlich nur eine Stammzelle pro Krypte, aber etwa 30 bis 40 potentielle Stammzellen, die nach Verletzung oder anderen Traumata Eigenschaften von Stammzellen annehmen können.

14.8 Krebs kann durch Mutationen in Genen entstehen, welche die Zellvermehrung und -differenzierung steuern

Man kann Krebs als eine schwerwiegende Störung des normalen Zellverhaltens betrachten, die aufgrund bestimmter Mutationen in somatischen Zellen auftritt. Um die Gewebeorganisation aufzubauen und aufrechtzuerhalten, müssen Zellteilung, -differenzierung und -wachstum streng reguliert werden. Krebszellen unterlaufen diese normalen Kontrollen, sodaß sie ungehemmt wachsen und unkontrolliert umherwandern, was zusammengenommen für den Organismus letztlich den Tod bedeuten kann. Normalerweise gibt es eine Entwicklung von gutartigem lokalisiertem Wachstum zur Bösartigkeit hin, bei der die Zellen **metastasieren** – an viele Stellen des Körpers wandern, wo sie weiterwachsen.

Krebs entsteht am ehesten aus Zellen, die sich kontinuierlich teilen. Da sie ihre DNA oft replizieren, häufen sie mehr Mutationen an, die aufgrund von Fehlern bei der DNA-Replikation entstehen. Bei fast allen Krebsarten sind die Krebszellen in einem oder mehreren Genen mutiert. Nicht alle Mutationen führen jedoch zu Krebs; mittlerweile kennt man bestimmte Gene von Menschen und anderen Säugern, deren Mutation zur Krebsbildung beitragen können. Diese Gene werden als **Protoonkogene** bezeichnet; mutiert ein solches Gen, so wird es zum **Onkogen**. In einigen Fällen reicht die Anwesenheit eines einzigen Onkogens aus, um aus einer Zelle eine Krebszelle zu machen. Bei Säugern hat man bisher mindestens 70 Protoonkogene gefunden.

Protoonkogene sind an der Zellproliferation, -differenzierung und -wanderung beteiligt. Wir haben bereits gesehen, daß extrazelluläre Signale von Wachstumsfaktoren und anderen Signalmolekülen eine Schlüsselrolle bei der Regulation der Zelldifferenzierung und Zellproliferation spielen. Viele Protoonkogene codieren Wachstumsfaktoren und andere Signalmoleküle oder deren Rezeptoren oder Proteine, die an der intrazellulären Antwort auf solche Signale beteiligt sind. Eine veränderte Version eines dieser Proteine, die von seinem mutierten Onkogen hergestellt wird, kann dazu führen, daß der Zellzyklus permanent aktiviert wird und die Zelle und ihre Tochterzellen sich unbegrenzt teilen. Solche Mutationen haben einen dominanten Effekt auf die Zelle, da nur eine Kopie des Genes mutiert zu sein braucht, um die potentiell bösartige Veränderung hervorzurufen.

Auch Mutationen in einer anderen Gruppe von Genen, den **Tumorsuppressorgenen**, können Krebs auslösen. Bei ihnen müssen beide Kopien inaktiviert oder deletiert sein, damit die Zelle zur Krebszelle wird. Das klassische Beispiel für einen Tumor, der durch den Verlust eines solchen Gens hervorgerufen wird, ist das in der Kindheit auftretende Retinoblastom, ein Tumor der Retinazellen. Obwohl Retinoblastome normalerweise sehr selten sind, gibt es Familien, in denen eine Prädisposition vererbt wird. Diese wird von einem einzelnen Gen hervor-

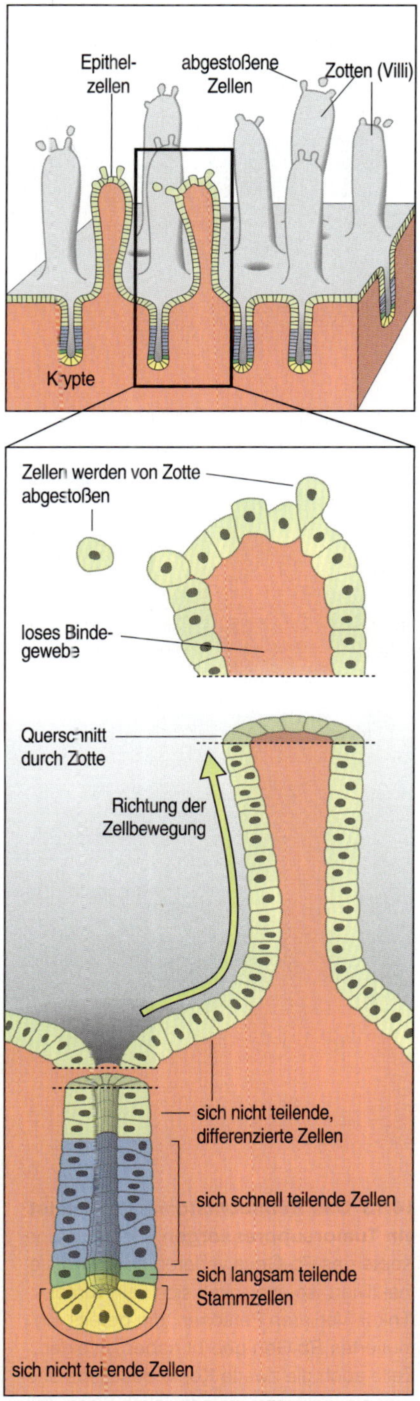

14.12 Epithelzellen, die den Säugerdarm auskleiden, werden kontinuierlich ersetzt. Die obere Abbildung zeigt Zotten – epitheliale Ausstülpungen, welche die Darmwand auskleiden. Die untere Abbildung zeigt Details einer Krypte und einer Zotte. Der Boden der Krypte enthält Stammzellen, aus denen Zellen entstehen, die proliferieren und werden an der Spitze abgestoßen. Diese differenzieren sich in der vorspringenden Zotte zu Epithel und werden an den Spitzen abgestoßen. Insgesamt dauert dieser Vorgang etwa vier Tage. Nach Alberts et al. 1989.

gerufen, das man mit Hilfe dieser Familien entdeckt hat. Bei einigen Familien ist der erbliche Defekt eine Deletion einer bestimmten Region auf einer der beiden Kopien von Chromosom 13. Dies allein macht aus den Zellen jedoch noch keine Krebszellen. Wenn allerdings darüber hinaus noch in irgendeiner Retinazelle dieselbe Region auf der anderen Kopie von Chromosom 13 entfernt wird, so entwickelt sich ein Retinatumor. Das verantwortliche Gen in diesem Bereich ist das *retinoblastoma-*(*Rb-*)Gen. Da beide Kopien des *Rb*-Gens verlorengehen oder inaktiviert werden müssen, damit eine Zelle zur Krebszelle wird (Abbildung 14.13), gehört *Rb* zu den Tumorsuppressorgenen. Es codiert ein Protein, das an der Regulation des Zellzyklus beteiligt ist. Wie wir bereits in den Abschnitten 9.9 und 13.5 gesehen haben, spielt das Rb-Protein eine Rolle bei der normalen Muskelentwicklung; dort ist es am Austritt von Muskelvorläuferzellen aus dem Zellzyklus beteiligt.

Ein anderes Tumorsuppressorgen kennen wir bereits. Es wurde ursprünglich als Segmentpolaritätsgen bei *Drosophila* identifiziert. Das Gen *patched* codiert ein Transmembranprotein, das zum Hedgehog-Signalübertragungsweg gehört (Abschnitt 5.16). Beim Menschen sind Mutationen, bei denen beide Kopien des menschlichen Homologs von *patched* inaktiviert oder deletiert werden, mit einer Vielzahl von Epithelzelltumoren verknüpft. Der Verlust nur einer Kopie des Homologs führt zu einigen Skelettanomalien.

Ein wesentliches Kennzeichen von Krebs ist, daß die Zellen sich nicht richtig differenzieren. Die Mehrzahl aller Krebsarten, über 85 Prozent, entsteht in Epithelien. Das überrascht nicht, wenn man sich daran erinnert, daß sich viele Epithelien wie die Epidermis und die Darmschleimhaut permanent durch Teilung und Differenzierung von Stammzellen erneuern (Abschnitt 14.7). In normalen Epithelien teilen sich die Zellen, die von Stammzellen abstammen, nur eine kurze Zeit lang weiter, bis sie sich differenzieren und mit der Teilung aufhören. Epitheliale Krebszellen dagegen teilen sich weiter, wenn auch nicht unbedingt schneller, und differenzieren sich normalerweise nicht.

Diese Unfähigkeit von Krebszellen, sich zu differenzieren, wird auch bei einigen Leukämien deutlich, Krebsarten der weißen Blutkörperchen. Alle Blutzellen erneuern sich im Knochenmark kontinuierlich aus pluripotenten Stammzellen in einem Prozeß, bei dem die Phasen der Zellpro-

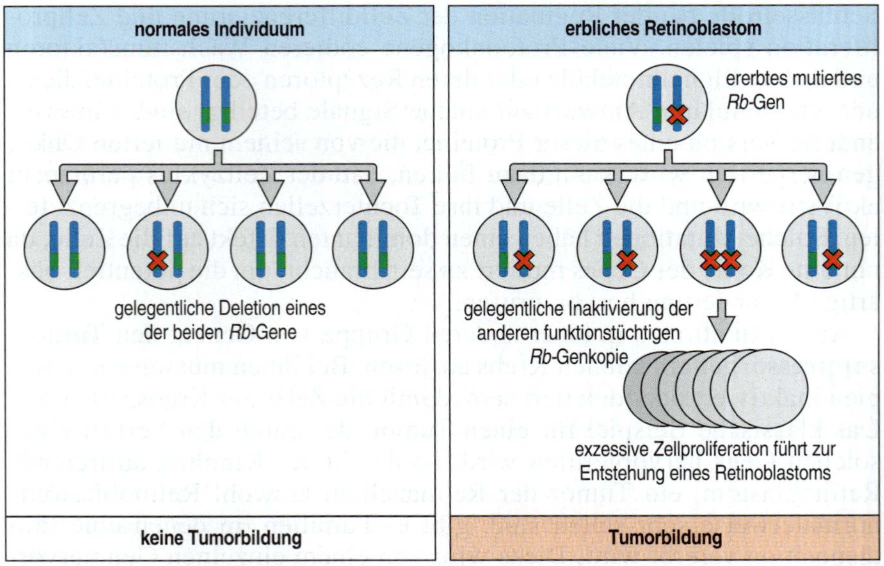

14.13 Das *Retinoblastom-*(*Rb-*)Gen ist ein Tumorsuppressorgen. Geht nur eine Kopie des Rb-Gens verloren oder wird sie inaktiviert, so entwickelt sich kein Tumor (links). Verlieren Personen, die bereits ein mutiertes *Rb*-Gen geerbt haben, in einer Zelle auch die zweite Kopie des Gens oder wird sie inaktiviert, so entwickelt diese Zelle einen Tumor der Retina (rechts). Solche Personen haben daher ein viel größeres Risiko, ein Retinoblastom zu entwickeln, was bei ihnen meist in jungen Jahren geschieht.

liferation von Differenzierungsschritten unterbrochen sind. Er gipfelt schließlich in der terminalen Zelldifferenzierung und einem kompletten Zellteilungsstopp (Abschnitt 9.12). Verschiedene Arten von Leukämie entstehen, wenn die Zellen weiter proliferieren, anstatt sich zu differenzieren. Sie bleiben in einem bestimmten unreifen Stadium ihrer normalen Entwicklung stecken, das anhand ihrer Zelloberflächenmoleküle identifiziert werden kann. Krebsarten, die entstehen, weil sich die Zellen nicht differenzieren können, könnten möglicherweise durch die Zugabe eines Faktors kuriert werden, der die Differenzierung fördert.

Darüber hinaus sind an der Entstehung von Krebs noch eine Reihe anderer Entwicklungsgene beteiligt, die wir bereits betrachtet haben. Zum Beispiel stellte sich heraus, daß das erste Mitglied der Wnt-Genfamilie von Säugern, das identifiziert wurde, ein Onkogen war. Durch eine abnorme Expression dieses Signalproteins kann die Zelldifferenzierung blockiert werden. E-Cadherin ist bei Krebsarten, die streuen, herunterreguliert; Mutationen im Notch-Signalweg können eine Differenzierungsblockade auslösen, die zu Krebs führt; TGF-β-Mitglieder sind an der Tumorsuppression beteiligt.

Selten kann Krebs auch ohne eine Veränderung des genetischen Materials der Zelle entstehen. Das deutlichste Beispiel sind die **Teratocarcinome**, solide Tumoren, die sich spontan aus Keimzellen entwickeln. Es sind ungewöhnliche Tumoren, da sie eine außergewöhnliche Mischung differenzierter Zelltypen enthalten können. Spontane Teratocarcinome entwickeln sich in der Regel in den Eierstöcken oder Hoden und leiten sich von Keimzellen ab. Im Eierstock der Maus führt die zufällige Aktivierung eines unbefruchteten Eies zu seiner *in situ*-Entwicklung bis zum Stadium der Epiblastenbildung; dieser Epiblast entwickelt sich dann zu einem Tumor. Auf ähnliche Weise entwickelt sich der Epiblast eines frühen Mausembryos zu einem Teratocarcinom, wenn er im Körper einer adulten Maus an irgendeine andere Stelle transplantiert wird, wo er gut mit Blut versorgt wird.

Einige gute Gründe sprechen dafür, daß Teratocarcinome nicht durch genetische Veränderungen hervorgerufen werden. Wird die innere Zellmasse einer Maus in Kultur gehalten, entwickeln sich aus ihr embryonale Stammzellen (ES-Zellen), die in Kultur unbegrenzt wachsen können (Exkurs 3.3, Seite 92). Diese Zellen behalten ihren embryonalen Charakter. Wenn sie in die innere Zellmasse eines anderen Embryos verpflanzt werden, beteiligen sie sich am Aufbau vieler Gewebe einschließlich der Keimbahn, so daß eine Mauschimäre entsteht. Werden dieselben ES-Zellen jedoch einer erwachsenen Maus unter die Haut gespritzt, so entwickeln sie sich zu einem Teratocarcinom (Abbildung 14.14). Transgene Mäuse mit Geweben, die von ES-Zellen abstammen, haben kein größeres Risiko, Tumoren zu entwickeln; bei erwachsenen Mäusen bilden dieselben Zellen jedoch ständig Tumoren. Das Teratocarcinom entwickelt sich also anscheinend, weil die Zellen der inneren Zellmasse die falschen Entwicklungssignale erhalten, und nicht aufgrund einer genetischen Veränderung.

14.9 Hormone sind für viele Eigenschaften des Pflanzenwachstums verantwortlich

Im Gegensatz zu den Proteinwachstumshormonen der Tiere sind Pflanzenhormone typischerweise organische Moleküle mit geringem Molekulargewicht. Auxin (Indol-3-essigsäure) ist einer der Hauptregulatoren

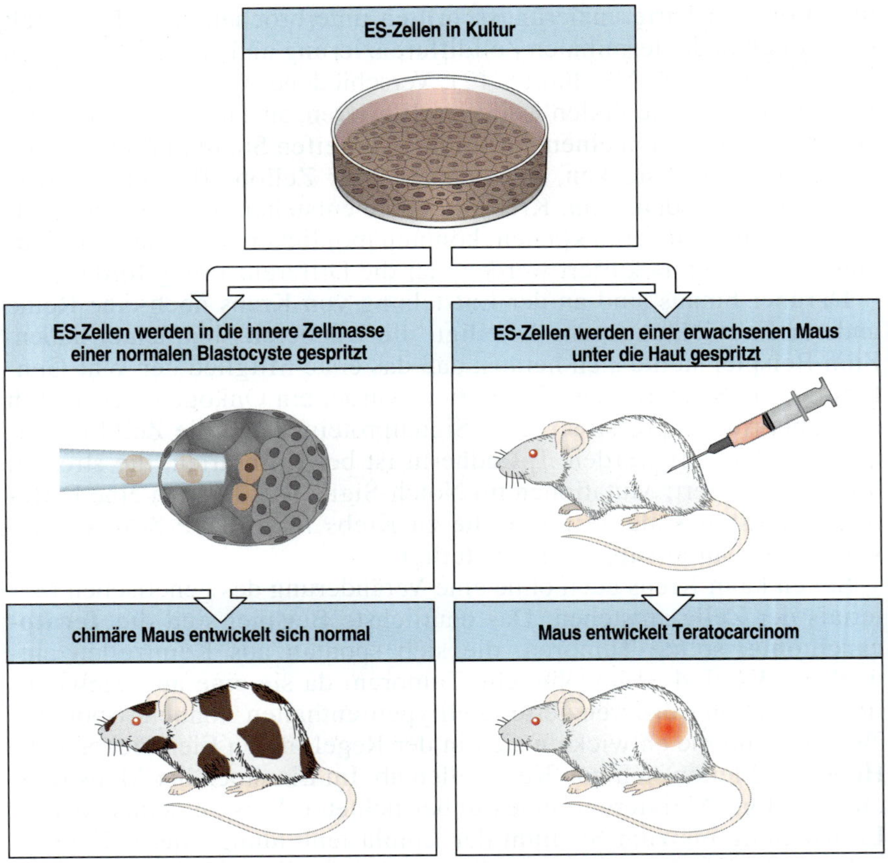

14.14 Embryonale Stammzellen (ES-Zellen) können sich je nach den Umweltsignalen normal entwickeln oder einen Tumor bilden. Kultivierte ES-Zellen, die ursprünglich aus der inneren Zellmasse einer Maus stammen, tragen mit dazu bei, daß einer gesunde chimäre Maus entsteht, wenn sie in einen frühen Embryo injiziert werden (untere Abbildungen, links). Werden sie jedoch einer erwachsenen Maus unter die Haut gespritzt, so entwickeln sich dieselben Zellen zu einem Teratocarcinom (untere Abbildungen, rechts).

des Pflanzenwachstums und wahrscheinlich an vielen Entwicklungsprozessen beteiligt, einschließlich des Wachstums auf eine Lichtquelle zu, der Gewebepolarität, der Differenzierung des Gefäßgewebes und der apikalen Dominanz – der Unterdrückung des Wachstums von Seitenknospen direkt unter der Knospe an der Spitze. Apikale Dominanz wird von einem diffusionsfähigen Inhibitor des Knospenwachstums hervorgerufen, der von der Sproßspitze gebildet wird. Dies kann man zeigen, indem man eine abgeschnittene Spitze auf einen Agarblock stellt, der dann selbst seitliches Wachstum verhindern kann. Der Inhibitor ist Auxin, das von der Knospe an der Spitze synthetisiert und den Stamm hinuntertransportiert wird; es unterdrückt das Auswachsen von Knospen, die in seinen Einflußbereich fallen. Wird die Sproßspitze entfernt, so geht auch die apikale Dominanz verloren, und Seitenknospen fangen an auszutreiben (Abbildung 14.15). Wird Auxin an der abgeschnittenen Spitze aufgetragen, so ersetzt es die suppressive Wirkung der Sproßspitze.

Eine andere Familie von Pflanzenhormonen, die Gibberelline, reguliert die Verlängerung des Stammes und wirkt in mehrfacher Hinsicht ähnlich wie Auxin. Cytokinine, welche die Zellproliferation in Kultur stimulieren können, sind Derivate des Adenins. Chemisch unterscheiden sich Pflanzenhormone stark von denen der Tiere; man nimmt aber an, daß sie über spezifische hormonbindende Rezeptoren wirken und die intrazelluläre Signaltransduktion stimulieren.

Das Pflanzenwachstum wird von einer Vielzahl von Umweltfaktoren wie Temperatur, Feuchtigkeit und Licht beeinflußt. Wächst ein Keimling im Dunkeln, nimmt er eine charakteristische etiolierte Form an, bei der sich keine Chloroplasten entwickeln, sich die Internoden stark verlängern und sich die Blätter nicht entfalten. Die Wirkung von Licht auf

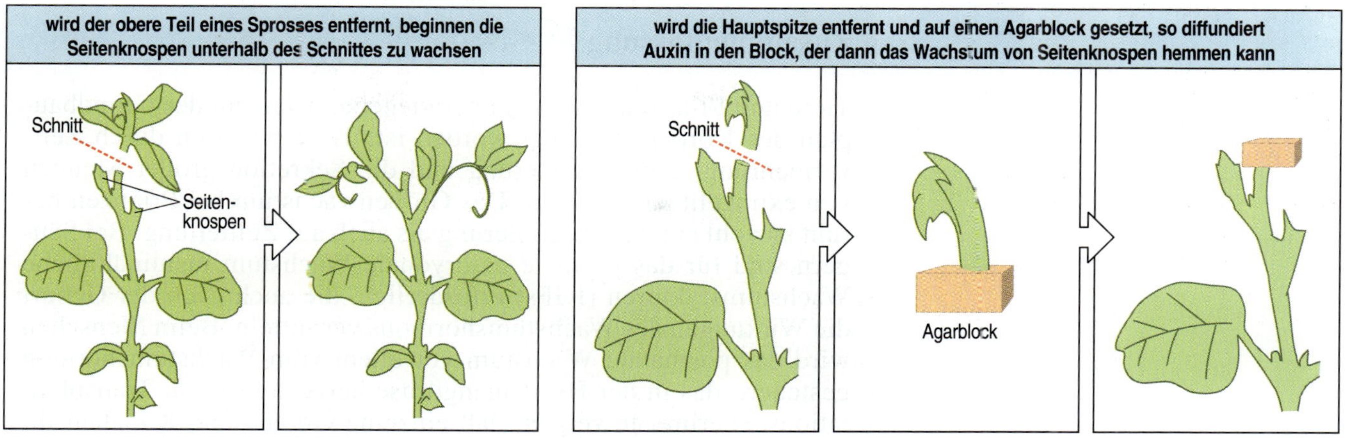

14.15 Apikale Dominanz bei Pflanzen. Linke Abbildungen: Das Wachstum von Seitenknospen wird durch das Apikalmeristem über ihnen verhindert. Wird der obere Teil des Stengels entfernt, so beginnen die Knospen zu wachsen. Rechte Abbildungen: Dieses Experiment zeigt, worauf die apikale Dominanz beruht: Das Auswachsen der Seitenknospen wird durch eine Substanz verhindert, die von der Scheitelregion sezerniert wird. Diese Substanz ist das Pflanzenhormon Auxin.

das Pflanzenwachstum (Photomorphogenese) wird durch eine Familie von intrazellulären Rezeptorproteinen vermittelt, den Phytochromen, die auf Rotlicht reagieren und viele Aspekte der Entwicklung und des Wachstums von Pflanzen regulieren.

14.10 Zellvergrößerung ist ein zentraler Aspekt des Pflanzenwachstums

Pflanzen wachsen normalerweise durch Zellteilung in Meristemen und Organanlagen; anschließend folgt eine irreversible Zellvergrößerung, die am stärksten zur Größenzunahme beiträgt. Durch kontrollierte Vergrößerung kann das Zellvolumen um das 50-fache ansteigen. Die Triebkraft für diese Expansion ist der hydrostatische Druck, der auf die Zellwand ausgeübt wird, wenn der Protoplast aufgrund von Wassereintritt in die Zellvakuolen osmotisch anschwillt (Abbildung 8.42). Die Zellexpansion umfaßt die Synthese und Ablagerung neuen Wandmaterials und geht mit einem Anstieg der Protein- und der RNA-Synthese einher.

In welche Richtung sich die Zelle ausdehnt, hängt von der Orientierung der Cellulosefibrillen in der Zellwand ab und ist ein Beispiel für gerichtete Ausdehnung (die in Kapitel 8 im Zusammenhang mit der Streckung der Chorda dorsalis besprochen wurde, siehe Abbildung 8.40). Die Zellvergrößerung erfolgt hauptsächlich im rechten Winkel zu den Fibrillen, wo die Wand am schwächsten ist. Wahrscheinlich bestimmen die Mikrotubuli im Cytoskelett der Zelle, wie die Cellulosefibrillen in der Zellwand angeordnet sind; sie sind dafür verantwortlich, daß sich Enzymkomplexe, die an der Zellwand Cellulose synthetisieren, an der richtigen Stelle befinden.

Mutationen, welche die Zellexpansion beeinflussen, können dazu führen, daß sich die Wurzel deutlich weniger stark verlängert. Pflanzenhormone wie Ethen und Gibberellinsäure verändern die Anordnung der Fibrillen und können so die Richtung der Expansion verändern. Auxin fördert die Ausdehnung, vielleicht, indem es Expansine aktiviert – Zellwandproteine die die Struktur der Zellwand lockern.

Zusammenfassung

Tiere und Pflanzen wachsen überwiegend, nachdem der Grundbauplan des Körpers angelegt worden ist. Tiere wachsen durch Zellvermehrung, Zellvergrößerung und die Sekretion großer Mengen von extrazellulärer Matrix. Das Größenwachstum bei Pflanzen beruht sowohl auf Zellvergrößerung als auch auf Zellteilung. Bei Säugern sind für das normale embryonale Wachstum insulinähnliche Wachstumsfaktoren (IGFs) erforderlich, die auch nach der Geburt die Wirkungen des Wachstumshormons vermitteln. Beim Menschen wird das postnatale Wachstum vor allem vom Wachstumshormon gesteuert, das in der Hirnanhangdrüse hergestellt wird. Transplantationsexperimente zeigen, daß einzelne Organe und Knochen ihr eigenes Wachstumsprogramm besitzen, das ihre endgültige Größe bestimmt. Die langen Knochen wachsen nach Stimulation der knorpeligen Wachstumszonen an den Knochenenden durch das Wachstumshormon. Krebs entsteht, wenn die Wachstumskontrolle ausfällt und sich die Zellen nicht differenzieren. Pflanzenwachstum hängt von Auxinen, Gibberellinen und anderen Wachstumshormonen ab.

Häutung und Metamorphose

Viele Tiere entwickeln sich nicht direkt von einem Embryo zu einer „erwachsenen“ Form, sondern zunächst zu einer Larve, aus der schließlich durch Metamorphose das ausgewachsene Tier entsteht. Die Veränderungen bei der Metamorphose können schnell und dramatisch sein. Die klassischen Beispiele sind die Metamorphose einer Raupe zu einem erwachsenen Schmetterling, einer Made zu einer Fliege und einer Kaulquappe zu einem Frosch. In einigen Fällen ist es schwierig, bei den Tieren irgendeine Ähnlichkeit vor und nach der Metamorphose zu erkennen. Die erwachsene Fliege ähnelt der Made überhaupt nicht, da sich adulte Strukturen erst aus den Imaginalscheiben entwickeln und daher in den Larvenstadien überhaupt nicht vorhanden sind (Kapitel 5 und 10). Ein anderes bemerkenswertes Beispiel für die Metamorphose ist die Verwandlung der Pluteuslarve des Seeigels in die Adultform. In anderen Fällen sind die Veränderungen nicht so dramatisch, etwa bei der Amphibienmetamorphose und den verschiedenen Larvenstadien von Nematoden. Bei Fröschen sind die auffälligsten Veränderungen bei der Metamorphose die Rückbildung des Kaulquappenschwanzes und die Entwicklung von Extremitäten, obwohl noch viele andere Strukturen umgewandelt werden. Bei einigen Insekten verändert sich der gesamte Körperbau, wobei die meisten Larvengewebe absterben, wenn sich die adulten Gewebe aus den Imaginalscheiben und Histoblasten entwickeln. Alle Arthropoden müssen, um im Larven- oder Vorerwachsenenalter wachsen zu können, ihre starre externe Cuticula abwerfen. Dieser Vorgang wird als **Häutung** bezeichnet.

Die frühe Embryogenese unterscheidet sich in einigen Punkten von der Häutung, der Metamorphose und anderen Aspekten der postembryonalen Entwicklung. Während die Signalmoleküle bei der frühen Entwicklung nur eine kurze Reichweite haben und in der Regel Proteinwachstumsfaktoren sind, stammen viele Signale der postembryonalen Entwicklung aus spezialisierten endokrinen Zellen; dazu gehören sowohl Protein- als auch Nichtproteinhormone. Die Synthese dieser Hormone wird vom Zentralnervensystem gesteuert, und die endokrinen Drüsen wirken auf komplexe Weise zusammen.

14.11 Arthropoden müssen sich häuten, um zu wachsen

Arthropoden besitzen ein starres Außenskelett, die Cuticula, die von der Epidermis sezerniert wird. Sie macht es dem Tier unmöglich, allmählich größer zu werden. Statt dessen wächst der Körper schrittweise, wobei das alte äußere Skelett abgestoßen und ein neues größeres abgelagert wird. Dieser Prozeß wird als **Ecdysis** oder **Häutung** bezeichnet, die Stadien dazwischen als Larvenstadien. *Drosophila*-Larven durchlaufen jeweils drei Häutungen und Larvenstadien. Wie in Abbildung 14.16 am Beispiel des Tabakschwärmers zu sehen ist, kann das Tier zwischen den Häutungen recht beachtlich an Größe zunehmen.

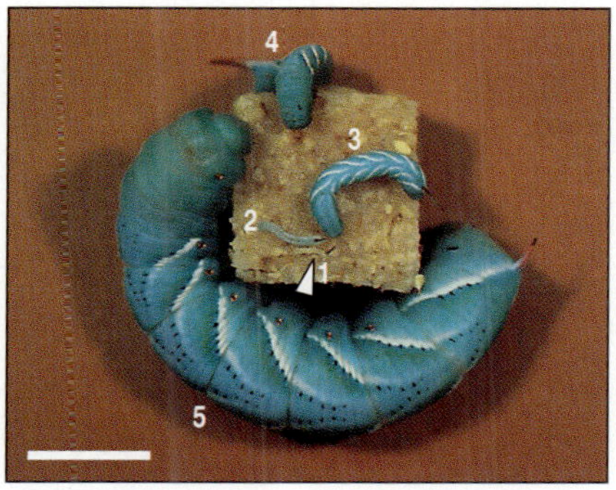

14.16 Wachstum und Häutung des Tabakschwärmers (*Manduca sexta*). Die Raupe durchläuft eine Reihe von Häutungen. Das winzige, frisch ausgeschlüpfte Tier (1, siehe Pfeil) häutet sich und wird zur Raupe (2), die dann drei weitere Häutungen durchmacht (3–5). Zwischen jeder Häutung verdoppelt sich die Größe der Raupe in etwa. Die Raupen sitzen auf einem Futterwürfel. Maßstab = 1 cm. Aufnahme mit freundlicher Genehmigung von S. E. Reynolds.

Am Anfang der Häutung trennt sich die Epidermis von der Cuticula in einem Prozeß, der als Apolyse bezeichnet wird; in den Raum dazwischen wird eine Flüssigkeit (Häutungsflüssigkeit) sezerniert (Abbildung 14.17). Die Epidermis vergrößert sich dann durch Zellvermehrung oder -vergrößerung und faltet sich auf. Sie beginnt, eine neue Cuticula zu sezernieren; die alte wird teilweise verdaut, bricht schließlich auf und wird abgeworfen.

Die Häutung wird hormonell gesteuert. Dehnungsrezeptoren registrieren die Körpergröße und werden aktiviert, wenn das Tier wächst; daraufhin sezerniert das Gehirn prothorakotropes Hormon. Dieses aktiviert die Prothoraxdrüse, die das Steroidhormon Ecdyson freisetzt, das die Häutung verursacht. Dem Ecdyson wirkt das Juvenilhormon entgegen, das vom Corpus allatum (beziehungsweise den Corpora allata) gebildet wird. Ein ähnlicher Hormonkreislauf steuert die Metamorphose; er wird im nächsten Abschnitt ausführlicher beschrieben.

14.12 Die Metamorphose wird durch Umweltfaktoren und Hormone gesteuert

Hat eine Insektenlarve ein bestimmtes Stadium erreicht, hört sie auf zu wachsen und häutet sich nicht mehr, sondern durchläuft eine totale **Metamorphose** hin zur Adultform. Außer den Arthropoden machen auch

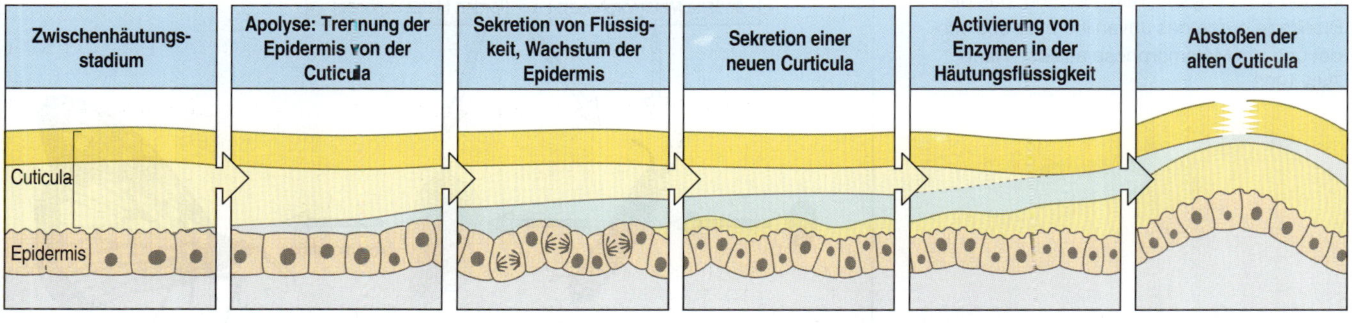

14.17 Häutung und Wachstum der Epidermis bei Arthropoden. Die Epidermis sezerniert die Cuticula. Zu Beginn der Häutung trennen sich beide (Apolyse); zwischen sie wird eine Flüssigkeit sezerniert. Die Epidermis wächst, faltet sich und beginnt, eine neue Cuticula zu sezernieren. Enzyme zersetzen die alte Cuticula, die schließlich abgeworfen wird.

viele andere Tiergruppen einschließlich der Amphibien eine Metamorphose durch. Sowohl bei Insekten als auch bei Amphibien steuern Umweltfaktoren wie Nahrung, Temperatur und Licht sowie das interne Entwicklungsprogramm der Tiere die Metamorphose über ihre Wirkung auf die neurosekretorischen Zellen im Gehirn. Es gibt zwei Gruppen von hormonproduzierenden Zellen, von denen eine die Metamorphose fördert, während die andere sie verhindert. Die Metamorphose erfolgt, wenn die Inhibition, die im Larvenstadium überwiegt, als Reaktion auf Umweltfaktoren hin überwunden wird. Die von den beiden Typen von endokrinen Zellen produzierten Signale steuern die Entwicklung aller Zellen, die an der Metamorphose beteiligt sind.

Bei Insekten stimulieren Temperatur- und Lichtfaktoren neurosekretorische Zellen im Zentralnervensystem der Larve dazu, Signale freizusetzen. Diese wiederum wirken auf eine neurosekretorische Drüse hinter dem Gehirn ein, die dann prothorakotropes Hormon ausschüttet. Dieses aktiviert sodann die Prothoraxdrüse und stimuliert die Produktion von Ecdyson. Letzteres fördert die Metamorphose, was durch seine Fähigkeit bewiesen wurde, bei Fliegenlarven eine verfrühte Metamorphose auszulösen. Der Wirkung von Ecdyson kann allerdings ein anderes Hormon, das Juvenilhormon, entgegenwirken, das vom Corpus allatum, einer endokrinen Drüse direkt hinter dem Gehirn, synthetisiert wird. Wie sein Name bereits andeutet, sorgt das Juvenilhormon dafür, daß das Larvenstadium beibehalten wird. Bei Schmetterlingen induziert ein Ausstoß von Ecdyson im letzten Larvenstadium den Beginn der Puppenbildung, und ein weiterer Ausstoß einige Tage später initiiert die späteren Stadien der Metamorphose (Abbildung 14.18).

Ecdyson überwindet die Plasmamembran und interagiert dort mit intrazellulären Ecdysonrezeptoren, die zur Superfamilie der Steroidhormonrezeptoren gehören. Es sind Genregulationsproteine, die aktiviert werden, wenn sie sich an ihren Hormonliganden heften (Abschnitt 9.7). Der Hormon-Rezeptor-Komplex bindet sich an die regulatorischen Bereiche einer Anzahl verschiedener Gene und induziert ein neues Genaktivitätsmuster, das für die Metamorphose charakteristisch ist.

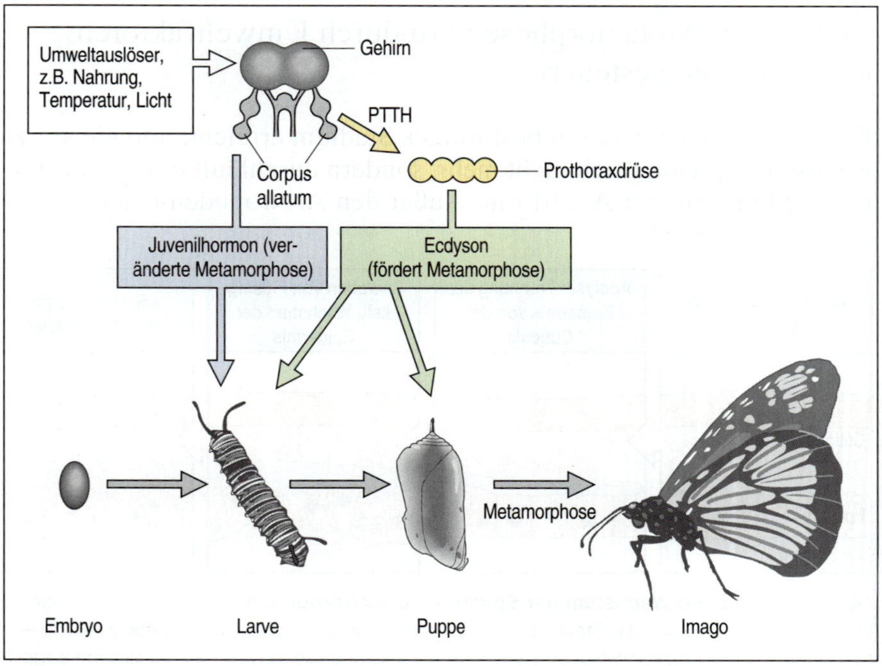

14.18 Insektenmetamorphose. Das Corpus allatum (beziehungsweise die Corpora allata) einer Schmetterlingslarve sezerniert das Juvenilhormon, das die Metamorphose verhindert. Im letzten Larvenstadium reagiert es auf Umweltveränderungen, etwa mehr Licht oder höhere Temperatur, indem es prothorakotropes Hormon (PTTH) ausschüttet. Dieses stimuliert die Prothoraxdrüse zur Sekretion von Ecdyson, dem Hormon, das die Blockade durch das Juvenilhormon überwindet und die Metamorphose auslöst. Nach Tata 1993.

Bei Amphibien setzen die neurosekretorischen Zellen des Hypothalamus als Reaktion auf den Ernährungszustand sowie Umweltfaktoren wie Temperatur und Licht das Thyreotropin-Releasing-Hormon (TRH) frei, das wiederum auf die Hirnanhangsdrüse (Hypophyse) einwirkt und sie zur Sekretion von Thyreotropin (*thyroid-stimulating hormone*, TSH) veranlaßt. Dieses wiederum aktiviert die Schilddrüse und stimuliert sie zur Freisetzung der Schilddrüsenhormone, die zur Metamorphose führen (Abbildung 14.19). Letztere sind die Iodaminosäuren Thyroxin (T_4) und Triiodthyronin (T_3). Sie sind Signalmoleküle mit einem evolutionär sehr frühen Ursprung und kommen sogar bei Pflanzen vor. Obwohl ihre chemische Struktur sich stark von der des Ecdysons unterscheidet, passieren auch sie die Plasmamembran und interagieren mit intrazellulären Rezeptoren, die zur Superfamilie der Steroidhormonrezptoren gehören. Die Hirnanhangsdrüse produziert außerdem Prolactin, einen Metamorphosehemmer.

Erstaunlicherweise beeinflussen die Hormone, welche die Metamorphose stimulieren, sowohl eine große Vielzahl von Geweben als auch verschiedene Gewebe auf unterschiedliche Weise, wobei ihre Wirkungspalette von fein bis grob reicht. In der Kaulquappenextremität zum Beispiel fördern die Schilddrüsenhormone Entwicklung und Wachstum, wohingegen sie im Schwanz Zelltod und Degeneration hervorrufen. Die Metamorphose führt außerdem zur Veränderung der Empfänglichkeit von Zellen für andere Signale. Östrogen bei *Xenopus* etwa kann erst nach der Metamorphose die Synthese von Vitellogenin induzieren, einem Protein, das für den Eidotter erforderlich ist. Jedes Gewebe reagiert unterschiedlich auf die Metamorphosehormone; einige dieser Effekte kann man auch in Zellkultur beobachten. Werden abgeschnittene Schwänze aus *Xenopus*-Kaulquappen zum Beispiel in Kultur Schilddrüsenhormonen ausgesetzt, so lösen diese Zelltod und eine vollständige Geweberückbildung aus; durch Zugabe von Prolactin kann man dies verhindern.

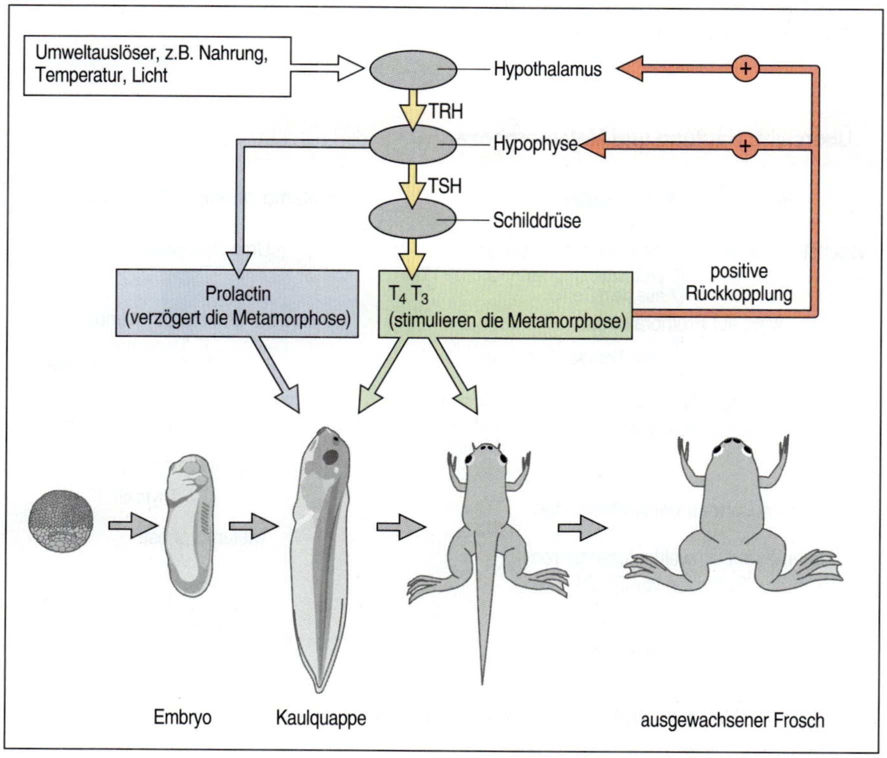

14.19 Amphibienmetamorphose. In der Frühentwicklung einer Kaulquappe produziert die Hirnanhangsdrüse (Hypophyse) Prolactin, das die Metamorphose verhindert. Veränderungen in der Umwelt, wie eine Zunahme des Nahrungsangebots, führen zur Sekretion des Thyreotropin-Releasing-Hormons (TRH) durch den Hypothalamus, was die Hirnanhangsdrüse zur Freisetzung von Thyreotropin (TSH) anregt. Dieses wiederum stimuliert die Sekretion der Schilddrüsenhormone Thyroxin (T_4) und Triiodthyronin (T_3) durch die Schilddrüse, welche die Metamorphose auslösen. Die Schilddrüsenhormone wirken darüber hinaus auf den Hypothalamus und die Hypophyse ein und erhalten so die Synthese von TRH und TSH aufrecht. Nach Tata 1993.

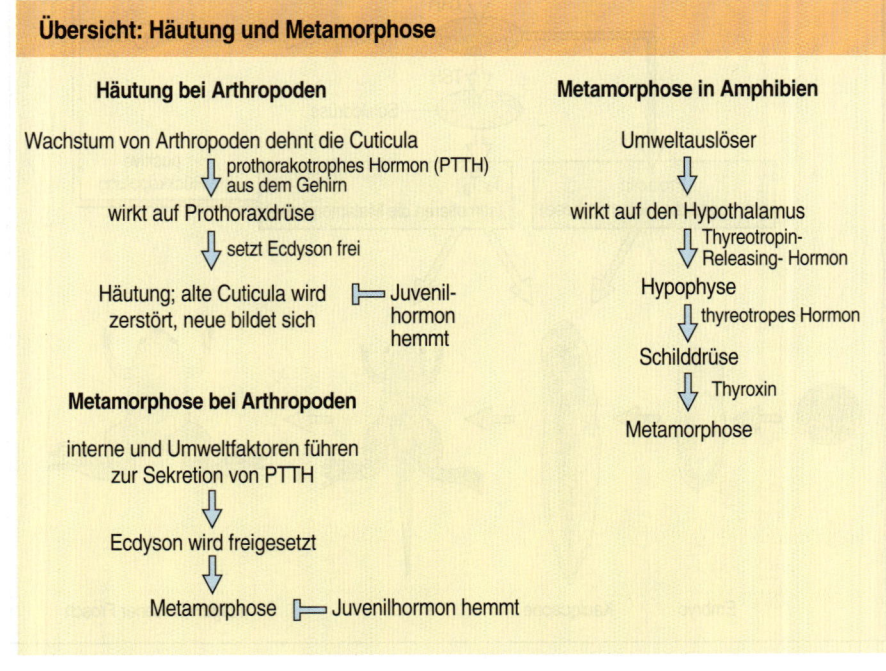

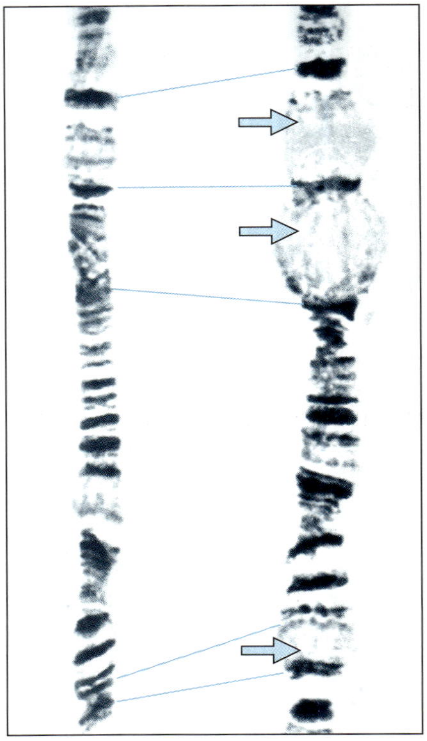

14.20 „Puffs“ in Riesenchromosomen von *Drosophila* zeigen Genaktivität an. Ausschnitte aus den Chromosomen einer Larve im dritten Larvenstadium (links) und einer älteren Larve (rechts), bei der an drei Stellen (Pfeile) durch Ecdyson Puffs induziert wurden. Aufnahme mit freundlicher Genehmigung von M. Ashburner.

Bei *Drosophila* kann man wegen der besonderen Eigenschaften der Riesenchromosomen die Veränderungen der Genaktivität während der Metamorphose beobachten. Bei einigen Geweben der Larve wachsen die Zellen und durchlaufen wiederholt die S-Phase, ohne dazwischen eine Mitose und Zellteilung einzuschieben. Die Zellen werden sehr lang und können das Mehrtausendfache der normalen DNA-Menge besitzen. In den Speicheldrüsenzellen sind viele Kopien jedes Chromosoms dicht aneinandergepackt und bilden Riesen- oder Polytänchromosomen. Ist ein Gen aktiv, so bläht sich das Chromosom an dieser Stelle zu einem großen lokalen „Puff“ auf, den man leicht erkennen kann (Abbildung 14.20). Im Puff entfaltet sich das Chromatin, was mit einer transkriptionellen Aktivität verbunden ist. Ist ein Gen nicht mehr aktiv, so verschwindet der Puff. Während der letzten Tage des Larvenlebens entstehen zahlreiche Puffs in einer genau festgelegten Reihenfolge; dieses Muster wird unter dem direkten Einfluß von Ecdyson gebildet.

Zusammenfassung

Arthropodenlarven wachsen, indem sie eine Anzahl von Häutungen durchmachen, bei denen sie die starre Cuticula abstoßen. Die Metamorphose während der postembryonalen Periode kann zu einer dramatischen Veränderung der Form eines Organismus führen. Bei Insekten ist es schwierig, irgendeine Ähnlichkeit vor und nach der Metamorphose zu erkennen, wohingegen bei Amphibien die Veränderung weniger dramatisch ist. Umweltbedingte und hormonelle Faktoren regulieren die Metamorphose. Sowohl bei Insekten als auch bei Amphibien gibt es zwei Gruppen von Hormonsignalen, von denen die eine die Metamorphose fördert und die andere sie verzögert. Schilddrüsenhormone lösen die Metamorphose bei Amphibien aus, Ecdyson tut dasselbe bei Insekten. Bei *Drosophila* kann man die Genaktivität während der Metamorphose anhand der lokalisierten Puffbildung in den großen Polytänchromosomen der Speicheldrüsenzellen verfolgen.

Übersicht: Häutung und Metamorphose

Häutung bei Arthropoden

Wachstum von Arthropoden dehnt die Cuticula
⇩ prothorakotrophes Hormon (PTTH) aus dem Gehirn
wirkt auf Prothoraxdrüse
⇩ setzt Ecdyson frei
Häutung; alte Cuticula wird zerstört, neue bildet sich ⊣ Juvenilhormon hemmt

Metamorphose bei Arthropoden

interne und Umweltfaktoren führen zur Sekretion von PTTH
⇩
Ecdyson wird freigesetzt
⇩
Metamorphose ⊣ Juvenilhormon hemmt

Metamorphose in Amphibien

Umweltauslöser
⇩
wirkt auf den Hypothalamus
⇩ Thyreotropin-Releasing-Hormon
Hypophyse
⇩ thyreotropes Hormon
Schilddrüse
⇩ Thyroxin
Metamorphose

Altern und Seneszenz

Organismen sind nicht unsterblich, selbst wenn sie nicht krank werden oder keine Unfälle erleiden. Im Laufe der Zeit kommt es jedoch zur Alterung und den damit verbundenen körperlichen Veränderungen, der **Seneszenz**. Das bedeutet, daß die Beeinträchtigungen physiologischer Funktionen mit dem Alter zunehmen, so daß man mit einer Vielzahl von Streßfaktoren schlechter umgehen kann und stärker krankheitsanfällig wird. Dieses Phänomen wirft viele Fragen auf, welche Mechanismen ihm zugrunde liegen; diese sind jedoch noch nicht beantwortet. Wir können zumindest einige allgemeine Fragen erörtern: etwa, ob Seneszenz zum postembryonalen Entwicklungsprogramm eines Organismus gehört oder ob sie einfach eine Folge der Abnutzung und des Verschleißes ist.

Obwohl bestimmte Aspekte des Alterns bei einzelnen Individuen zu unterschiedlichen Zeiten in Erscheinung treten, so führen sie doch bei den meisten Tieren und beim Menschen insgesamt zu einer erhöhten Sterbewahrscheinlichkeit mit steigendem Alter. Dieses Lebensmuster, das rechts für *Drosophila* dargestellt ist (Abbildung 14.21), ist typisch für viele Tiere. Es gibt allerdings Ausnahmen wie den Pazifischen Lachs, die nicht nach einem allmählichen Alterungsprozeß sterben, sondern bei denen der Tod an ein bestimmtes Stadium des Lebenszyklus gebunden ist, in diesem Falle das Laichen.

Man kann Altern als Folge einer Ansammlung von Schäden betrachten, die schließlich die Fähigkeit des Körpers zur Selbstreparatur überfordern und so zum Verlust essentieller Funktionen führen. Einige alte Elefanten zum Beispiel verhungern, da ihre Zähne abgenutzt sind. Trotzdem gibt es klare Hinweise darauf, daß die Seneszenz genetisch reguliert wird, da verschiedene Tiere ganz unterschiedlich schnell altern, was sich an ihrer unterschiedlichen Lebensdauer zeigt (Tabelle 14.1). Ein Ele-

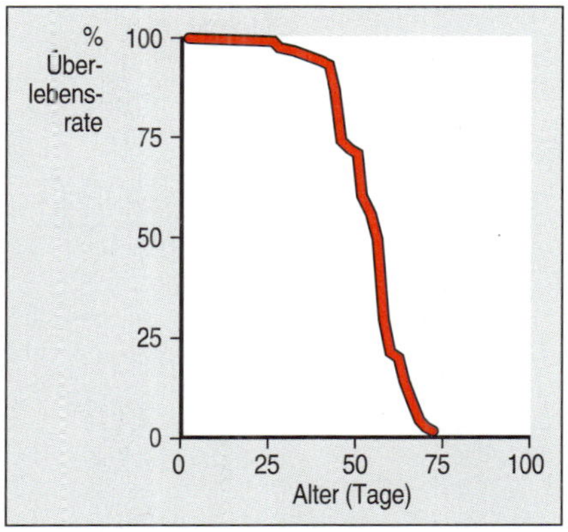

14.21 Alterung bei *Drosophila*. Die Wahrscheinlichkeit zu sterben nimmt im höheren Alter rapide zu.

Tabelle 14.1: Lebensspanne und Zeit bis zum Erreichen der Geschlechtsreife in der Pubertät für verschiedene Säuger

	maximale Lebensspanne (Monate)	Länge der Schwangerschaft (Monate)	Alter bei Erreichen der Pubertät (Monate)
Mensch	1440	9	144
Finnwal	960	12	–
Indischer Elefant	840	21	156
Pferd	744	11	12
Schimpanse	534	8	120
Braunbär	442	7	72
Hund	408	2	7
Rind	360	9	6
Rhesusaffe	348	5,5	36
Katze	336	2	15
Schwein	324	4	4
Totenkopfäffchen	252	5	36
Schaf	240	5	7
Grauhörnchen	180	1,5	12
Europäisches Wildkaninchen	156	1	12
Meerschweinchen	90	2	2
Hausratte	56	0,7	2
Goldhamster	48	0,5	2
Maus	42	0,7	1,5

fant zum Beispiel wird nach 21-monatiger Embryonalentwicklung geboren. Zu diesem Zeitpunkt zeigt er kaum Zeichen des Alterns, wenn überhaupt, während eine 21 Monate alte Maus bereits ein mittleres Alter erreicht hat und beginnt, Zeichen der Seneszenz zu entwickeln. Die genetische Kontrolle des Alterns kann man mit Hilfe der Theorie des „wegwerfbaren Körpers" (*disposable soma theory*) verstehen, die es in den Kontext der Evolution stellt. Nach dieser Theorie bestimmt die natürliche Selektion die Lebensspanne eines Organismus derartig, daß genügend Ressourcen in die Aufrechterhaltung seiner Reparaturmechanismen investiert werden, um sein Altern mindestens so lange zu verhindern, bis er sich reproduziert und seine Nachkommen aufgezogen hat. Daher müssen Mäuse, die mit der Vermehrung beginnen, wenn sie erst wenige Monate alt sind, ihre Reparaturmechanismen für eine viel kürzere Zeit aufrechterhalten als Elefanten, die erst mit etwa 13 Jahren damit anfangen. Bei den meisten Tierarten in der Wildnis leben nur wenige Individuen lange genug, um offensichtliche Zeichen der Seneszenz zu zeigen; bei ihnen muß die Seneszenz nur so lange hinausgezögert werden, bis sie sich vermehrt haben.

14.13 Gene können den Zeitpunkt verändern, zu dem die Seneszenz einsetzt

Von der Länge her unterscheidet sich die maximale bekannte Lebensdauer bei Tieren erheblich (Tabelle 14.1). Menschen können bis zu 120 Jahre alt werden, einige Eulen 68 Jahre, Katzen 28 Jahre, *Xenopus* 15 Jahre und Mäuse 3,5 Jahre. Mutationen in Genen, welche die Lebensdauer beeinflussen, hat man sowohl bei *C. elegans* als auch beim Menschen gefunden; sie können uns Hinweise auf die beteiligten Mechanismen geben.

Ein *C. elegans*-Wurm, der in einer unbeengten Umgebung mit großzügigem Nahrungsangebot im ersten Larvenstadium schlüpft, wächst zum ausgewachsenen Wurm heran und stirbt nach zwei Wochen. Unter beengten Bedingungen und bei Nahrungsknappheit dagegen tritt das Tier in ein Larvenstadium ein, das als Dauerlarvenstadium bezeichnet wird, wo es weder frißt noch wächst, bis wieder Nahrung vorhanden ist. Dieses Stadium kann mehrere Monate andauern. Mutationen in Genen, welche die Bildung des Dauerstadiums beeinflussen, können sich auch auf die normale Lebensdauer auswirken. Tiere mit einer Mutation in dem Gen *daf-2* etwa leben zweimal so lange wie normal und treten immer in den Dauerzustand ein, selbst wenn sie reichlich Nahrung zur Verfügung haben. Der Effekt dieser Mutante könnte damit zu tun haben, daß Larven im Dauerstadium nicht fressen. Die Herabsetzung der Nahrungsaufnahme erhöht die Lebensdauer auch bei anderen Tieren: Ratten auf Minimaldiät leben etwa 40 Prozent länger als Ratten, die soviel fressen können, wie sie wollen. Dies hat vielleicht teilweise damit zu tun, daß erstere freien Radikalen in geringerem Maße ausgesetzt sind. Freie Radikale sind Moleküle, die sich im Stoffwechsel bilden, wenn Energie durch den Abbau von Nahrung erzeugt wird. Sie sind hochreaktiv und können sowohl DNA als auch Proteine schädigen.

Mutationen in einem anderen Gen von *C. elegans*, *clk-1*, verlangsamen den Zellzyklus und sowohl die embryonale als auch die postembryonale Entwicklung, da die Zellen sich nicht mehr so häufig teilen. Diese mutierten Würmer haben eine bis zu 70 Prozent längere Lebensdauer als der Wildtyp. Es gibt noch zwei andere clk-Gene; Tiere mit

Mutationen in all diesen Genen sowie in *daf-2* können fünfmal so lang leben wie der Wildtyp. Es ist nicht bekannt, wie die clk-Gene die Seneszenz regulieren, aber sie könnten sie hinauszögern, indem sie die Stoffwechselrate senken und damit die Exposition gegenüber freien Radikalen verringern.

Menschen, die homozygot für den rezessiven Gendefekt sind, der zum Werner-Syndrom führt, altern früh. In der Pubertät ist ihr Wachstum verringert, und wenn sie Anfang 20 sind, haben die Betroffenen graue Haare und leiden an einer Vielzahl von Beschwerden, etwa Herzkrankheiten, die typisch für alte Menschen sind. Die meisten sterben, bevor sie 50 sind. Fibroblasten von Patienten mit Werner-Syndrom durchlaufen weniger Zellteilungen in Kultur, bevor sie Seneszenz zeigen, und sterben früher als Fibroblasten von gesunden Personen im selben Alter (siehe nächster Abschnitt). Das Gen, das beim Werner-Syndrom mutiert ist, hat man isoliert; es codiert ein Protein, das an der Entwindung von DNA beteiligt ist. Diese Funktion wird für die DNA-Replikation, DNA-Reparatur und Genexpression benötigt. Durch die Unfähigkeit von Patienten mit Werner-Syndrom, ihre DNA richtig zu reparieren, könnte das genetische Material in einem über das übliche Maß hinausgehenden Umfang geschädigt werden. Die Verbindung zwischen dem Werner-Syndrom und der DNA ist daher mit der Möglichkeit vereinbar, daß Altern eng mit der Anhäufung von Schäden in der DNA verbunden ist.

14.14 Zellen altern in Zellkultur

Man könnte annehmen, daß aus einem Tier isolierte Zellen, die in Kultur gebracht und mit adäquatem Medium und Wachstumsfaktoren versorgt werden, sich fast unbegrenzt teilen. Dies ist jedoch nicht der Fall. Fibroblasten von Säugern etwa, Zellen des Bindegewebes, durchlaufen nur eine begrenzte Zahl von Teilungen in Zellkultur und hören dann mit der Teilung auf, wie lange auch immer man sie kultiviert (Abbildung 14.22). Bei normalen Fibroblasten hängt die Zahl der Teilungen sowohl von der Art als auch vom Alter des Tieres ab, dem die Zellen entnom-

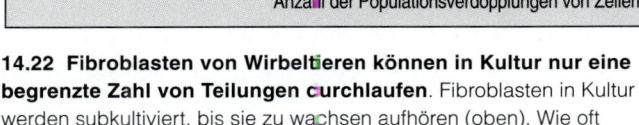

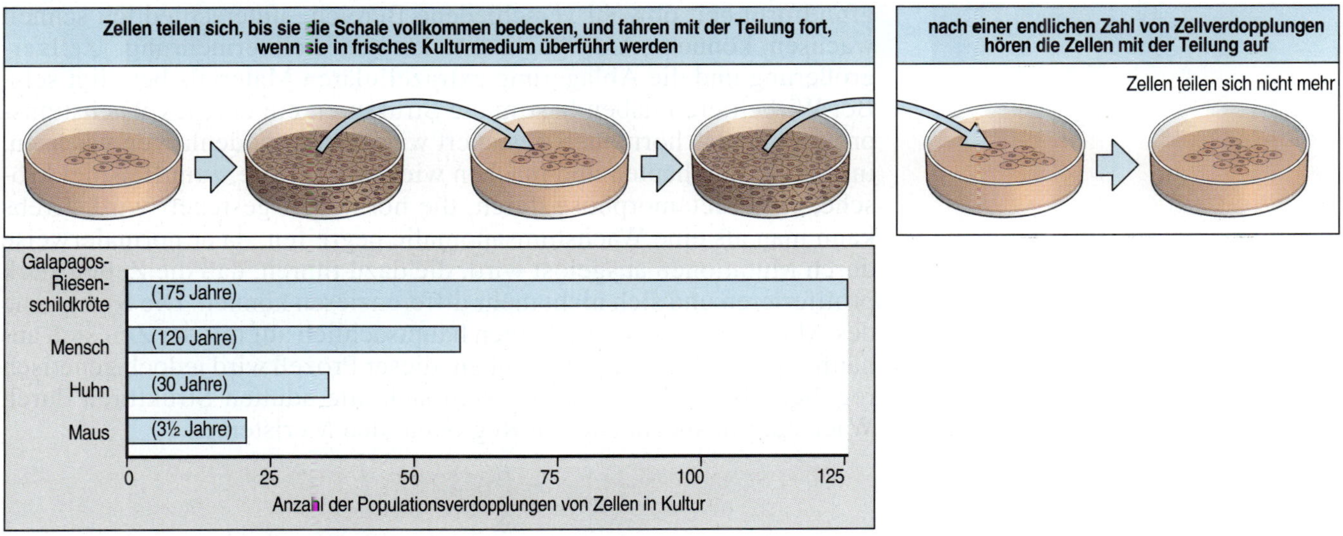

14.22 Fibroblasten von Wirbeltieren können in Kultur nur eine begrenzte Zahl von Teilungen durchlaufen. Fibroblasten in Kultur werden subkultiviert, bis sie zu wachsen aufhören (oben). Wie oft sich die Zellen in Kultur verdoppeln, bis sie aufhören, sich zu teilen, hängt vom maximalen Alter der Zellen ab, wie die Zahlen in Klammern in der Graphik zeigen (unten).

men wurden. Menschliche Fibroblasten aus einem Fetus teilen sich etwa 60mal, die aus einem 80jährigen Menschen etwa 30mal, und die aus einer erwachsenen Maus etwa 12–15mal. Wenn die Zellen sich zu teilen aufhören, erscheinen sie gesund, werden aber an einem gewissen Punkt im Zellzyklus festgehalten, häufig in der G_0-Phase. Zellen aus Patienten mit Werner-Syndrom, bei denen viele Merkmale des normalen Alterns früher auftreten, durchlaufen deutlich weniger Teilungen in Kultur als normale Zellen.

Ein Merkmal, das für alternde Zellen in Kultur und *in vivo* charakteristisch ist, ist die Verkürzung ihrer Telomere. Dies sind repetitive DNA-Sequenzen an den Enden der Chromosomen, die deren Integrität aufrechterhalten und sicherstellen, daß die Chromosomen vollständig und ohne Informationsverlust der DNA an den Enden repliziert werden. Ältere Zellen haben kürzere Telomere, deren Länge sich bei jeder DNA-Replikation um etwa 50 Basenpaare verkürzt. Das läßt darauf schließen, daß Telomere nicht bei jeder Zellteilung vollständig repliziert werden, was mit Alterung verbunden sein könnte.

Zusammenfassung

Altern wird vor allem durch Abnutzung und Verschleiß hervorgerufen, steht aber auch unter genetischer Kontrolle. Normale Zellen in Kultur können nur eine begrenzte Anzahl von Zellteilungen durchlaufen, was mit ihrem Alter bei der Isolierung und der normalen Lebensdauer des Tieres, aus dem sie stammen, korreliert. Bei *C. elegans* hat man Gene gefunden, welche die Lebensdauer beeinflussen.

Zusammenfassung von Kapitel 14

Die Gestalt vieler Tiere wird während der Embryonalentwicklung festgelegt. Anschließend wachsen die Tiere, behalten aber ihre Körpergrundform bei, obwohl verschiedene Bereiche unterschiedlich schnell wachsen können. Am Wachstum können Zellvermehrung, Zellvergrößerung und die Ablagerung extrazellulären Materials beteiligt sein. Bei Wirbeltieren haben bestimmte Strukturen ein eigenes Wachstumsprogramm, das hormonell gesteuert wird. Arthropodenlarven wachsen, indem sie sich häuten und machen wie andere Tiere, zum Beispiel Frösche, eine Metamorphose durch, die hormonell gesteuert wird. Krebs kann man als eine Wachstumsanomalie begreifen, da er normalerweise durch Mutationen ausgelöst wird, die dazu führen, daß die Zellen stark proliferieren und sich nicht mehr differenzieren können. Die Symptome des Alterungsprozesses scheinen hauptsächlich auf mit der Zeit sich anhäufenden Zellschäden zu beruhen; dieser Prozeß wird jedoch genetisch reguliert. Bei Pflanzen entwickeln sich alle adulten Strukturen durch Wachstum in spezialisierten Regionen, den Meristemen.

Literatur

14.1 Gewebe können durch Zellvermehrung, Zellvergrößerung oder Ablagerung wachsen

Goss, R. J. *The Physiology of Growth.* New York (Academic Press) 1978.

14.2 Die Zellproliferation kann durch ein zelleigenes Programm und durch externe Signale gesteuert werden

Follette, P. J.; O'Farrell, P. H. *Connecting cell behavior to patterning: lessons from the cell cycle.* In: *Cell* 88 (1997) S. 309–314.

Edgar, B. *Diversification of cell cycle controls in developing embryos.* In: *Curr. Opin. Cell Biol.* 7 (1995) S. 815–824.

Edgar, B. A.; Lehner, C. F. *Developmental control of cell cycle regulators: a fly's perspective.* In: *Science* 274 (1996) S. 1646–1652.

Raff, M. C. *Size control: the regulation of cell numbers in animal development.* In: *Cell* 86 (1996) S. 173–175.

14.3 Das Wachstum bei Säugern hängt von Wachstumshormonen ab

Barker, D. J. *The Wellcome Foundation Lecture, 1994: The fetal origins of adult disease.* In: *Proc. Roy. Soc. Lond.* 262 (1995) S. 37–43.

Brook, C. G. D. *A Guide to the Practice of Paediatric Endocrinology.* Cambridge (Cambridge University Press) 1993.

Baker, J.; Liu, J. P.; Robertson, E. J.; Efstratiades, A. *Role of insulin-like growth factors in embryonic and postnatal growth.* In: *Cell* 75 (1993) S. 73–82.

Heyner, S.; Garside, W. T. *Biological actions of IGFs in mammalian development.* In: *BioEssays* 16 (1994) S. 55–57.

14.4 Organe können in der Entwicklung ihre eigenen Wachstumsprogramme haben

Wolpert, L. *The cellular basis of skeletal growth during development.* In: *Brit. Med. Bull.* 37 (1981) S. 215–219.

14.5 Das Wachstum der langen Knochen geht von Wachstumszonen aus

Kember, N. F. *Cell kinetics and the control of bone growth.* In: *Acta Paediatr. Suppl.* 391 (1993) S. 61–65.

Ohlsson, C.; Isgaard, J.; Tomell, J.; Nilsson, A.; Isaksson, O. G.; Lindahl, A. *Endocrine regulation of longitudinal bone growth.* In: *Acta Paediatr. Suppl.* 391 (1993) S. 33–40.

Roush, W. *Putting the brakes on bone growth.* In: *Science* 273 (1996) S. 579.

Deng, C.; Wynshaw-Boris, A.; Zhou, F.; Kuo, A.; Leder, P. *Fibroblast growth factor receptor 3 is a negative regulator of bone growth.* In: *Cell* 84 (1996) S. 911–921.

Wallis, G. A. *Bone growth: coordinating chondrocyte differentiation.* In: *Curr. Biol.* 6 (1996) S. 1577–1580.

14.6 Das Wachstum von quergestreiften Wirbeltiermuskeln hängt von der Spannung ab

Williams, P. E.; Goldspink, G. *Changes in sarcomere length and physiological properties in immobilized muscle.* In: *J. Anat.* 127 (1978) S. 450–468.

Schultz, E. *Satellite cell proliferative compartments in growing skeletal muscles.* In: *Dev. Biol.* 175 (1996) S. 84–94.

14.7 Bei erwachsenen Säugern werden die Epithelien der Haut und des Darmes kontinuierlich aus den Stammzellen heraus erneuert

Poten, C. S.; Loeffler, M. *Stem cells: attributes, cycles, spirals, pitfalls and uncertainties. Lessons for and from the crypt.* In: *Development* 110 (1990) S. 1001–1020.

Jones, P. H.; Harper, S.; Watts, F. M. *Stem cell patterning and fate in human epidermis.* In: *Cell* 80 (1995) S. 1–20.

Sellheyer, K.; Bickenbach, J. R.; Rothnagel, J. A.; Bundman, D.; Langley, M. A.; Krieg, T.; Roche, N. S.; Roberts, A. B.; Roop, D. R. *Inhibition of skin development by overexpression of transforming growth factor-β1 in the epidermis of transgenic mice.* In: *Proc. Natl. Acad. Sci.* 90 (1993) S. 5237–5241.

Watt, F. M. *Terminal differentiation of epidermal keratinocytes.* In: *Curr. Opin. Cell Biol.* 1 (1989) S. 1107–1115.

Watt, F. M.; Jones, P. H. *Expression and function of the keratinocyte integrins.* In: *Development Suppl.* (1993) S. 185–192.

Gordon, J. I.; Hermiston, M. L. *Differentiation and self-renewal in the mouse gastrointestinal epithelium.* In: *Curr. Opin. Cell Biol.* 6 (1994) S. 795–803.

14.8 Krebs kann durch Mutationen in Genen entstehen, welche die Zellvermehrung und -differenzierung steuern

Sawyers, C. L.; Denny, C. T.; Witte, O. N. *Leukemia and the disruption of normal hematopoiesis.* In: *Cell* 64 (1991) S. 337–350.

Rabbitts, T. H. *Chromosomal translocations in human cancer.* In: *Nature* 372 (1994) S. 143–149.

Shilo, B. Z. *Tumor suppressors. Dispatches from patched.* In: *Nature* 382 (1996) S. 115–116.

Hunter, T. *Oncoprotein networks.* In: *Cell* 88 (1997) S. 333–346.

14.9 Hormone sind für viele Eigenschaften des Pflanzenwachstums verantwortlich

Lyndon, R. F. *Plant Development.* London (Unwin Hymas) 1990.

14.10 Zellvergrößerung ist ein zentraler Aspekt des Pflanzenwachstums

Cosgrove, D. J. *Plant cell enlargement and the action of expansins.* In: *BioEssays* 18 (1996) S. 533–540.

Hauser, M. T.; Morikami, A.; Benfey, P. N. *Conditional root expansion mutants of Arabidopsis.* In: *Development* 121 (1995) S. 1237–1252.

14.11 Arthropoden müssen sich häuten, um zu wachsen

Reynolds, S. E.; Samuels, R. I. *Physionomy and biochemistry of insect molting fluid.* In: *Adv. Insect Physical* 26 (1996) S. 157–232.

14.12 Die Metamorphose wird durch Umweltfaktoren und Hormone gesteuert

Thummel, C. S. *Flies on steroids – Drosophila metamorphosis and the mechanisms of steroid hormone action.* In: *Trends Genet.* 12 (1996) S. 306–310.

Tata, J. R. *Gene expression during metamorphosis: an ideal model for post-embryonic development.* In: *BioEssays* 15 (1993) S. 239–248.

Altern und Seneszenz

Kirkwood, T. B. *Human senescence.* In: *BioEssays* 18 (1996) S. 1009–1016.

Orr, W. C.; Sohal, R. S. *Extension of life-span by overexpression of superoxide dismutase and catalase in Drosophila melanogaster.* In: *Science* 263 (1994) S. 1128–1130.

14.13 Gene können den Zeitpunkt verändern, zu dem die Seneszenz einsetzt

Yu, C. E.; Oshima, J.; Fu, Y. H.; Wijsman, E. M.; Hisama, F.; Alisch, R.; Matthews, S.; Nakura, J.; Miki, T.; Ouais, S.; Martin, G. M.; Mulligan, J.; Schellenberg, G. D. *Positional cloning of the Werner's syndrome gene.* In: *Science* 272 (1996) S. 258–262.

Weindruck, R. *Caloric restriction and aging.* In: *Sci. Amer.* 274 (1996) S. 46–52.

Kenyon, C. *Ponce d'elegans: genetic quest for the fountain of youth.* In: *Cell* 84 (1996) S. 501–504.

Rose, M. R.; Archer, M. A. *Genetic analysis of mechanisms of aging.* In: *Curr. Opin. Genet. Dev.* 6 (1996) S. 366–370.

Lithgow, G. J. *Invertebrate gerontology: the age mutations of Caenorhabditis elegans.* In: *BioEssays* 18 (1996) S. 809–815.

14.14 Zellen altern in Zellkultur

Pennisi, E. *Premature aging gene discovered.* In: *Science* 272 (1996) S. 193–194.

Campisi, J. *Replicative senescence: an old live's tale?* In: *Cell* 84 (1996) S. 497–500.

Evolution und Individualentwicklung

15

- Entwicklungsmodifikationen im Zuge der Evolution
- Evolutionäre Veränderungen im Zeitablauf von Entwicklungsprozessen

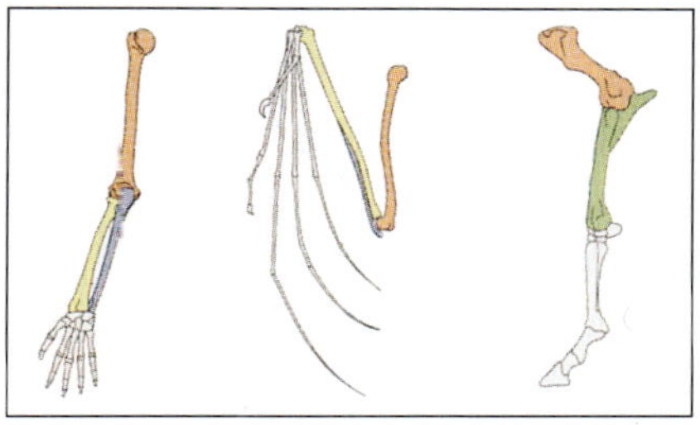

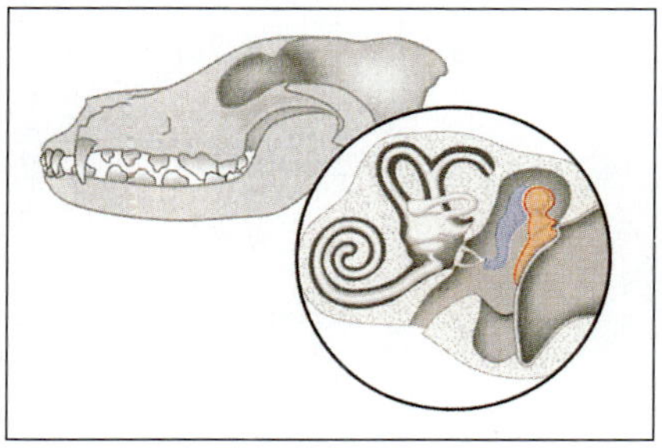

„Unsere Gemeinschaften haben eine sehr lange Geschichte, und unsere Vielfalt beruht auf der Abwandlung alter Entwürfe unter Benutzung allgemeiner Mechanismen. Unsere Vergangenheit begleitet uns immerzu.“

Es heißt, nichts in der Biologie ergäbe einen Sinn, wenn man nicht den evolutionären Kontext berücksichtigte. Zweifellos sind viele Aspekte der Embryonalentwicklung ohne die Evolution kaum zu erklären. Bei der Erörterung der Wirbeltierembryogenese beispielsweise haben wir gesehen, wie alle Wirbeltierembryonen trotz ihrer unterschiedlichen Form in frühen Entwicklungsstadien ein ähnliches Stadium durchlaufen (Abbildung 3.1), wonach ihre Entwicklung wieder auseinandergeht. Dieses gemeinsame phylotypische Stadium – die Phase nach der Neurulation und der Somitenbildung – hat wahrscheinlich erstmals ein entfernter Vorfahr der Wirbeltiere durchlaufen. Seitdem ist es erhalten geblieben und zu einem grundlegenden Merkmal der Entwicklung aller Wirbeltiere geworden, während die Stadien davor und danach im Zuge der Evolution in den verschiedenen Wirbeltierklassen unterschiedlich ausgestaltet wurden. Derartige Umgestaltungen gehen auf Veränderungen derjenigen Gene zurück, welche die Entwicklung steuern. Erbliche Abwandlungen der Individualentwicklung haben dann einen Selektionsvorteil, wenn sie zu besser an ihre jeweilige Umwelt angepaßten Adultformen und zu einem größeren Fortpflanzungserfolg führen.

Wie wir in diesem Buch immer wieder betont haben, sind auf zellulärer und molekularer Ebene viele Entwicklungsmechanismen über Stammesgrenzen hinweg erhalten geblieben. Die besten Beispiele dafür sind das allgegenwärtige Wirken der Hox-Genkomplexe und die Verwendung stets derselben wenigen Familien von Signalproteinen. Diese grundlegende Ähnlichkeit in den molekularen Mechanismen hat die Entwicklungsbiologie in den letzten Jahren außerordentlich spannend gemacht, konnte man doch aus Entdeckungen an einer Tierart, vor allem *Drosophila*, wichtige Erklärungsansätze für die Entwicklung anderer Tiere gewinnen. Wie es scheint, wird ein brauchbarer Mechanismus immer wieder benutzt, wenn er erst einmal im Laufe der Evolution entstanden ist.

Wir haben bereits die Embryonalentwicklung vieler verschiedener Organismen betrachtet und etliche Übereinstimmungen wie auch zahlreiche Unterschiede gefunden. In diesem Kapitel befassen wir uns vor allem mit zwei Stämmen: den Chordaten, zu denen die Wirbeltiere gehören, und den Arthropoden, die die Insekten, Spinnen und Krebse umfassen. Wir konzentrieren uns dabei auf solche Unterschiede, durch die sich die Mitglieder einer Großgruppe verwandter Tiere wie die Wirbeltiere oder die Insekten voneinander unterscheiden.

Man geht davon aus, daß alle vielzelligen Tiere von einem gemeinsamen Urahn abstammen, der seinerseits aus einem Einzeller entstanden ist. Alle Formveränderungen im Tierreich, die sich im Laufe der Evolution herauskristallisiert haben, gehen letztlich auf Veränderungen in der DNA zurück. So beruhen etwa die Unterschiede zwischen heutigen Insekten und Wirbeltieren auf der Summe der genetischen Mutationen, die sich zwischen ihnen im Laufe Hunderter von Jahrmillionen seit der Existenz ihres letzten gemeinsamen Urahns angesammelt haben. Die Gestalt verändert sich aufgrund von genetischen Mutationen, die sich auf die Embryonalentwicklung auswirkten. Wenn ein betroffenes Tier durch seinen neuen Phänotyp besser an die herrschenden Umweltbedingungen angepaßt war, hatte es einen Überlebens- und Fortpflanzungsvorteil und konnte so die Veränderung an seine Nachkommen weitergeben. Mutationen, sexuelle Fortpflanzung und Rekombination des Erbmaterials sorgen in allen Populationen der Organismen, die wir in diesem Buch betrachtet haben, für genetische Variabilität und damit für neue Phänotypen, an denen die Selektion ansetzen kann. Die Umgestaltung der Individualentwicklung durch veränderte Genaktivitäten ist ein wesentlicher Faktor für die Evolution vielzelliger Organismen.

Wir betrachten zunächst die Beziehung zwischen **Ontogenese** (der Entwicklung des einzelnen Organismus) und **Phylogenese** (der Evolutionsgeschichte einer Spezies oder Organismengruppe): Warum zum Beispiel durchlaufen alle Wirbeltierembryonen ein offenbar fischähnliches phylotypisches Stadium, das den Kiemenspalten entsprechende Strukturen aufweist? Danach erörtern wir die vielen Variationen über das Grundmuster des segmentierten Körpers: Wodurch kommt es zu der unterschiedlichen Anzahl und Position paariger Körperanhänge wie Flügel oder Beine in den verschiedenen Gruppen segmentierter Organismen? Schließlich untersuchen wir die zeitliche Abfolge von Entwicklungsereignissen und die Frage, wie geringfügige Änderungen im Timing einzelner Prozesse sowie Variationen im Wachstum erhebliche Auswirkungen auf Form und Gestalt eines Organismus haben können. Unser Ziel dabei ist stets zu verstehen, wie Veränderungen in Entwicklungsprozessen und den sie kontrollierenden Genen zu dem außerordentlichen Formenreichtum vielzelliger Tiere geführt haben. Dies ist ein spannendes Forschungsfeld, in dem es noch viele Probleme zu lösen gilt.

Entwicklungsmodifikationen im Zuge der Evolution

Vergleicht man die Embryonen verwandter Tierarten, so ergibt sich eine wichtige Grundregel der Entwicklung: Die allgemeineren Kennzeichen einer Tiergruppe, also solche, die allen Mitglieder der Gruppe gemein sind, erscheinen früher im Embryo und sind stammesgeschichtlich älter als die spezielleren Merkmale. Ein gutes Beispiel für ein allgemeines Merkmal von Wirbeltieren ist die Chorda dorsalis, die alle Wirbeltierembryonen, aber auch andere Chordaten (Chordatiere) besitzen. Die sich später entwickelnden paarigen Anhänge, etwa Gliedmaßen, sind dagegen Besonderheiten, die man nicht bei allen Chordaten findet und die in den verschiedenen Wirbeltiergruppen unterschiedlich ausgeprägt sind. Alle Wirbeltierembryonen durchlaufen ein gemeinsames phylotypisches Stadium, aus dem anschließend die jeweiligen Formen der einzelnen Wirbeltierklassen hervorgehen. Doch aufgrund der unterschiedlichen Fortpflanzungsweisen verläuft die Entwicklung der verschiedenen Wirbeltierklassen auch schon vor Erreichen des phylotypischen Stadiums unterschiedlich. Einige dem gemeinsamen Stadium vorausgehende entwicklungsphysiologische Besonderheiten sind stammesgeschichtlich sehr jung, so etwa die Bildung des Trophoblasten und der inneren Zellmasse bei Säugetieren. Dieser Vorgang ist ein Beispiel für ein spezielles Entwicklungsmerkmal, das erst spät in der Wirbeltierevolution entstanden ist und mit der Ernährung des Embryos über eine Plazenta statt durch ein dotterreiches Ei zusammenhängt.

Im folgenden erörtern wir die Abwandlungen, die eine Reihe embryonaler Strukturen einschließlich des Körpergrundbauplans und der Extremitäten im Zuge der Evolution erfahren haben. Wir beginnen mit den Kiemenbögen der Wirbeltiere.

15.1 Embryonale Strukturen haben im Laufe der Evolution neue Funktionen erhalten

Wenn zwei Tiergruppen, die sich im ausgewachsenen Zustand in Körperbau und Lebensweise stark unterscheiden (etwa Fische und Säuge-

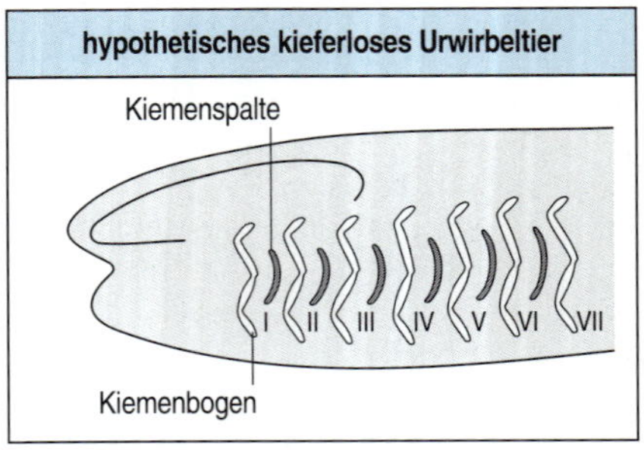

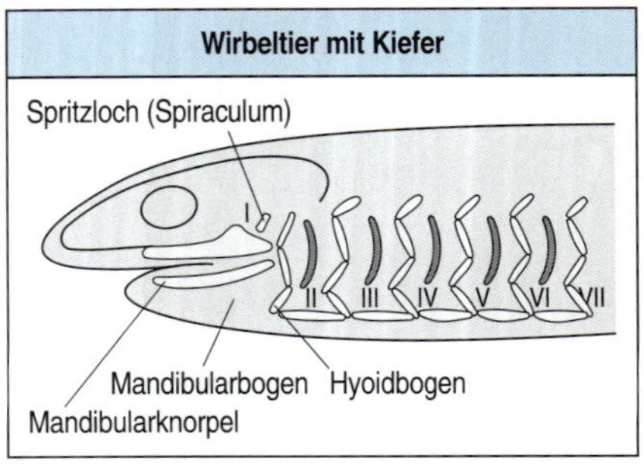

15.1 Umwandlung der Kiemenbögen bei der Evolution von Wirbeltierkiefern. Der kieferlose Urfisch besaß sieben hintereinander angeordnete Kiemenspalten, die durch knorpelige oder knochige Bögen gestützt wurden. Kiefer entstanden durch Umwandlung der ersten beiden Bögen: Der erste wurde zum Mandibularbogen (erster Schlundbogen) mit dem Mandibularknorpel (Meckelscher Knorpel) des Unterkiefers, der zweite zum Hyoidbogen (zweiter Schlundbogen).

tiere), ein sehr ähnliches Embryonalstadium durchlaufen, so ist anzunehmen, daß sie von einem gemeinsamen Urahn abstammen und in evolutionärer Hinsicht eng miteinander verwandt sind. Mithin spiegelt die Entwicklung eines Embryos in gewisser Weise die Evolutionsgeschichte seiner Vorfahren wider. Strukturen einzelner Embryonalstadien sind während der Evolution in den verschiedenen Gruppen unterschiedlich umgeformt worden. Ein schönes Beispiel für solche Umwandlungen bei Wirbeltieren ist die Entstehung von Gliedmaßen aus den embryonalen flossenähnlichen Gebilden eines Urahns aus der Gruppe der Fische, worauf wir im nächsten Abschnitt zurückkommen. Ein weiteres Beispiel sind die Kiemenbögen und -spalten, die in den Embryonen aller Wirbeltiere, auch des Menschen, angelegt werden (Abbildung 2.9). Dies sind keine Überbleibsel von Kiemenbögen und -spalten eines ausgewachsenen fischähnlichen Urwirbeltieres, sondern von Strukturen, die bereits im Embryo dieser Ahnenform vorhanden gewesen sein müssen. Im Verlauf der Evolution sind aus den Kiemenbögen nicht nur die Kiemen der primitiven kieferlosen Fische hervorgegangen, sondern durch weitere Abwandlungen auch Kiefer (Abbildung 15.1). Als die Stammform der Landwirbeltiere das Meer verließ, wurden ihre Kiemen überflüssig, doch deren embryonale Anlagen blieben erhalten. Mit der Zeit wurden sie modifiziert, und in Säugern einschließlich des Menschen entstehen aus ihnen nunmehr diverse Strukturen im Kopf und im Hals (Abbildung 15.2). Der Spalt zwischen dem ersten und zweiten Kiemenbogen etwa bildet die Öffnung für die Eustachische Röhre; ferner entwickeln sich aus endodermalen Zellen in den Spalten verschiedene Drüsen wie die Schilddrüse und der Thymus.

Nur selten entstehen in der Evolution vollkommen neue Strukturen quasi aus dem Nichts; sie gehen vielmehr in der Regel durch Abwandlung aus bereits vorhandenen Elementen hervor. Man kann sich den Evolutionsprozeß daher als eine Art Herumbasteln an existierenden Strukturen vorstellen, wobei allmählich etwas Neues entsteht. Ein schönes Beispiel dafür liefert das Mittelohr der Säuger. Es enthält drei kleine Knöchelchen, die den Schall vom Trommelfell zum Innenohr übertragen. In den Vorfahren der Säuger, ihrerseits noch Reptilien, waren zwei Knochen des Kiefergelenks an der Schallübertragung beteiligt: das Quadratum des Schädels und das Articulare des Unterkiefers (Abbildung 15.3). Im Laufe der Evolution der Säuger bildete schließlich nur noch ein einziger Knochen, das Dentale, den Unterkiefer; das Articulare ist nicht mehr mit diesem verbunden. Durch Abwandlung ihrer Entwick-

15.2 Entwicklungsschicksal der Knorpelelemente der Kiemenbögen beim Menschen. In den embryonalen Kiemenbögen entwickelt sich Knorpel, aus dem Elemente der drei Gehörknöchelchen, des Zungenbeins und des Kehlkopfs hervorgehen. Die einzelnen Endstrukturen sind jeweils in der gleichen Farbe dargestellt wie die ursprünglichen Knorpelelemente. Nach Larsen 1993.

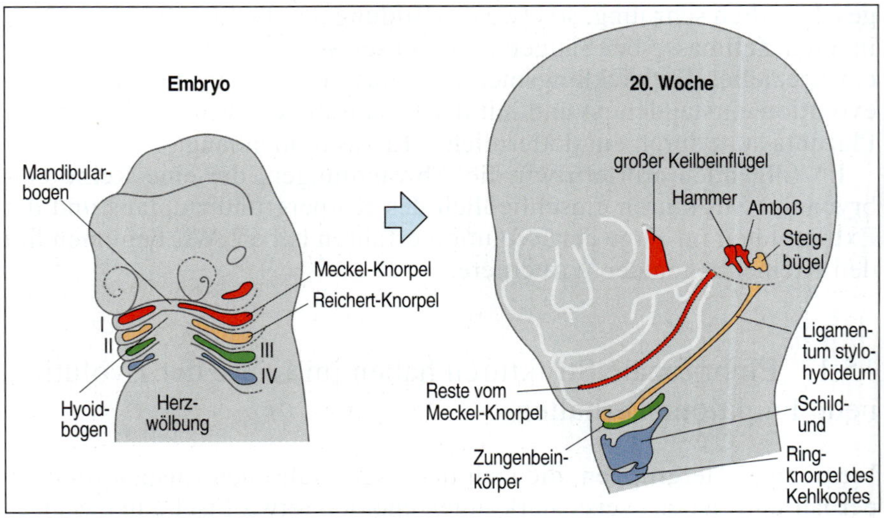

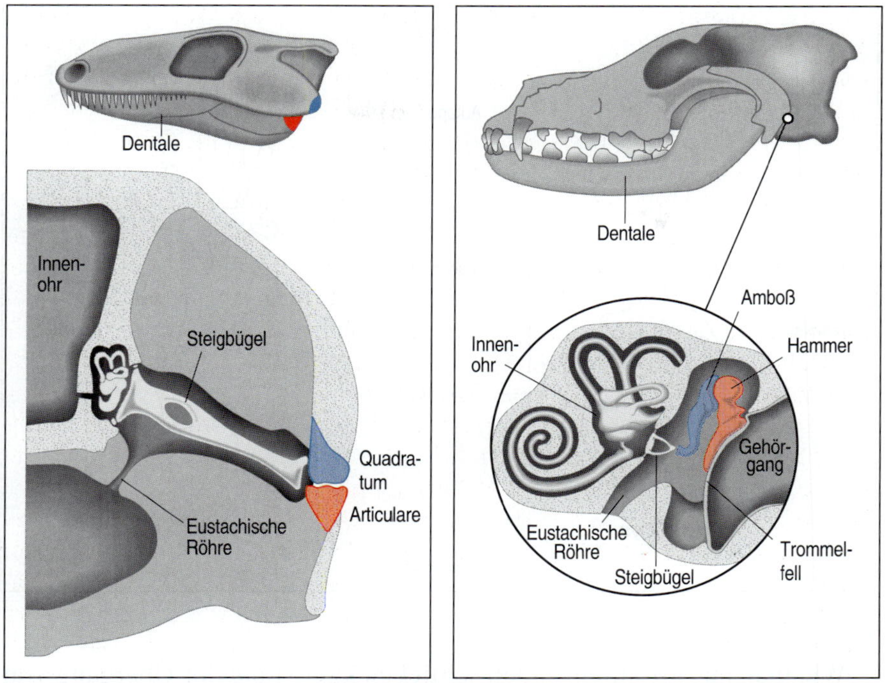

15.3 Evolution der Mittelohrknochen der Säuger. In den zu den Reptilien zählenden Vorfahren der Säuger gehörten zum Unterkiefergelenk zwei kleine Knochen – (links) Quadratum und Articulare –, die über ihre Verbindung zum Steigbügel Schall ins Innenohr leiteten. Bei Säugern besteht der Unterkiefer nur noch aus einem Knochen, dem Dentale; das Articulare wurde zum Hammer (Malleus) und das Quadratum zum Amboß (Incus) des Mittelohrs. Somit erhielten die beiden ehemaligen Kiefergelenkknochen eine neue Funktion: die Schallübertragung vom Trommelfell zum Innenohr (rechts). Zwischen dem ersten und zweiten Kiemenbogen entsteht die Eustachische Röhre. Nach Romer 1949.

lung wurden Articulare und Quadratum bei den Säugern zu reinen Gehörknöchelchen – ersteres zum Hammer (Malleus), letzteres zum Amboß (Incus) –, die nunmehr Schallsignale vom Trommelfell zum Innenohr weiterleiten.

Ein weiteres Beispiel für die Modifikation einer bereits bestehenden Struktur findet sich in der Evolution der Wirbeltierniere. Vögel und Säuger bilden während der Embryonalentwicklung drei Nierenvorformen aus: Metanephros, Mesonephros und Pronephros. Pronephros und Mesonephros entstehen nur vorübergehend; die Niere entwickelt sich schließlich aus dem Metanephros. Jedoch spielt der Mesonephros, wie in Abschnitt 12.2 erörtert, eine wesentliche Rolle bei der Entwicklung der Gonaden: Er liefert die somatischen Zellen von Hoden und Eierstock. In niederen Wirbeltieren wie Fischen und Amphibien fungiert der Pronephros in den Jugendstadien vor der Geschlechtsreife als Niere, im adulten Tier übernimmt dann der Mesonephros die Nierenfunktion. In Vögeln und Säugern sind also die embryonalen Nierenformen ihrer Vorfahren als embryonale Strukturen erhalten geblieben, aber modifiziert worden, um essentielle Strukturen für die Entwicklung der Keimdrüsen zu bilden.

15.2 Extremitäten entstanden aus Flossen

Die Gliedmaßen oder Extremitäten der Landwirbeltiere (Tetrapoden, wozu auch die Vögel gehören) sind besondere Körperstrukturen, die sich erst nach dem phylotypischen Stadium entwickeln. Amphibien, Reptilien, Vögel und Säuger besitzen Extremitäten, Fische dagegen Flossen. Die Gliedmaßen der ersten Landwirbeltiere entstanden aus den paarigen Bauch- und Brustflossen ihrer noch fischähnlichen Vorfahren. Der Grundbauplan der Extremitäten ist sowohl für die Vorder- als auch die Hinterextremität bei allen Tetrapoden etwa gleich, wenn es auch zwischen beiden Typen von Gliedmaßen und ebenso zwischen den Gliedmaßen verschiedener Wirbeltieren einige Unterschiede gibt.

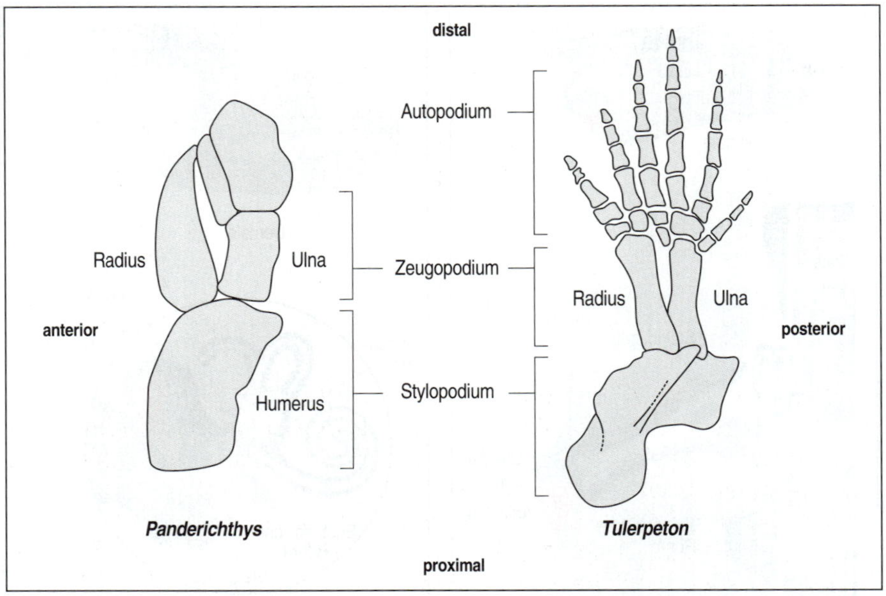

15.4 Übergang von der Flosse zur Extremität. Die quastenähnliche Flosse des Fisches *Panderichthys* aus dem Devon enthielt Skelettelemente, die dem Stylopodium (Humerus) und dem Zeugopodium (Radius und Ulna) der Tetrapoden entsprechen, allerdings keine distalen Skelettelemente: Die Fingerstrahlen (das Autopodium) fehlten. Der aus dem Devon stammende Tetrapode *Tulerpeton* besaß dagegen bereits ein wohlentwickeltes Autopodium.

Wie man aus Fossilienfunden schließen kann, fand der Übergang von Flossen zu Extremitäten im Devon statt, also vor etwa 360 bis 400 Millionen Jahren. Die Umwandlung geschah wahrscheinlich, als die in Flachgewässern lebenden fischähnlichen Vorfahren der Tetrapoden sich an Land unbesetzte ökologische Nischen suchten. Die Flossen der aus dem Devon stammenden Quastenflosser, etwa von *Panderichthys*, stellen vermutlich die Vorform der Tetrapodenextremität dar. Ein frühes Beispiel für eine echte Extremität ist die des Tetrapoden *Tulerpeton* aus dem Devon (Abbildung 15.4). *Panderichthys* besaß zwar bereits Skelettelemente, die den proximalen Elementen der Tetrapodenextremität – wie Humerus, Radius und Ulna – entsprechen, es fehlten jedoch Entsprechungen für die Finger, wie sie dann bei *Tulerpeton* auftraten. Wie also sind die Finger entstanden? Einige Hinweise dazu erhielt man aus Beobachtungen der Flossenentwicklung bei einem heutigen Fisch, dem Zebrabärbling *Danio* beziehungsweise *Brachydanio* (Zebrafisch).

Die Flossenanlagen des Zebrafischembryos ähneln anfänglich den Extremitätenknospen der Tetrapoden, in der weiteren Entwicklung werden jedoch alsbald wichtige Unterschiede erkennbar. Der proximale Teil der Flossenknospe bringt Skelettelemente hervor, die zu den proximalen Skelettelementen der Tetrapodenextremität homolog sind. In einer Zebrafischflosse gibt es vier proximale Hauptelemente, die durch Unterteilung eines Knorpelblattes entstehen (Abbildung 15.5). Der wesentliche Unterschied zwischen Flossen- und Gliedmaßenentwicklung liegt in den distalen Skelettelementen. Am distalen Ende der Flossenknospe des Zebrafisches entwickelt sich eine ektodermale Flossenfalte, in der sich dünne, knochige Flossenstrahlen bilden. Zu diesen Flossenstrahlen gibt es in Tetrapodengliedmaßen keine entsprechenden Strukturen.

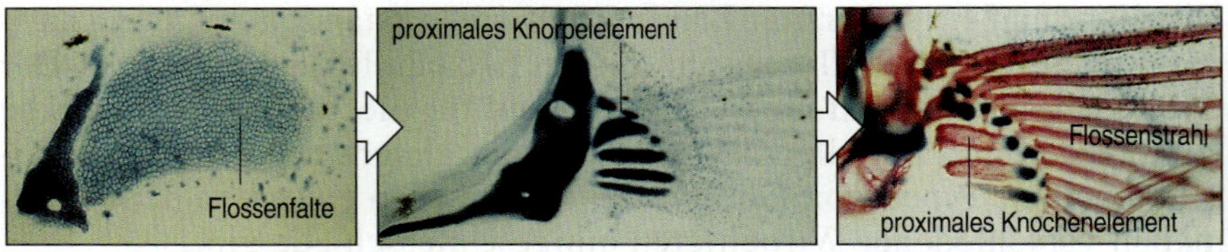

15.5 Entwicklung der Brustflosse beim Zebrabärbling *Danio*. Links: Schultergürtel und Flossenfalte. Mitte: vier proximale Knorpelelemente und sich bildende distale Flossenstrahlen. Rechts: vier proximale Knochenelemente zur Stützung der distalen Flossenstrahlen im adulten Fisch. Aufnahmen mit freundlicher Genehmigung von D. Duboule, aus Sordino et al. 1995.

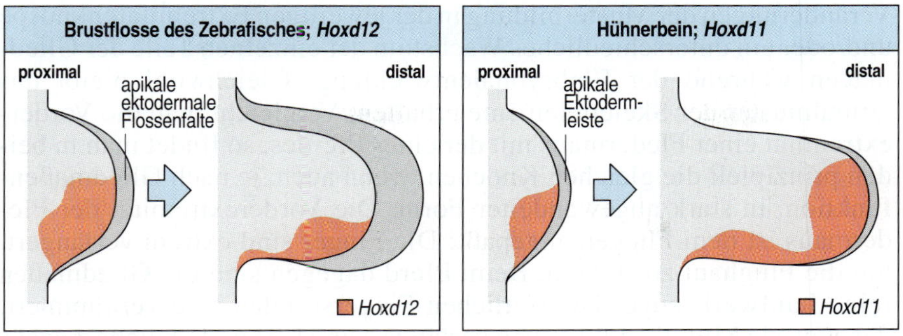

15.6 Regionen der Hox-Genexpression in der Brustflosse des Zebrafisches und der Hinterextremität des Huhnes. In der Flossenknospe des Zebrafisches (links) stülpt sich eine ektodermale Flossenfalte vom darunterliegenden Mesoderm aus. *Hoxd12* wird nur im Mesoderm, das die proximalen Knorpelelemente hervorbringt, exprimiert. Im entstehenden Hühnerbein (rechts) zeigt das Mesoderm ein ausgeprägtes Wachstum. *Hoxd11* wird am posterioren Rand der frühen Knospe und später zusätzlich am distalen Ende exprimiert. Nach Coates 1995.

Wie in den Extremitätenknospen der Tetrapoden (Abschnitt 10.4) wird auch in den Flossenknospen des Zebrafisches das wichtige Signalgen *Sonic hedgehog* am posterioren Rand exprimiert. Auch das Expressionmuster der Hoxa- und Hoxd-Gene ähnelt dem der Tetrapoden. In den späteren Stadien der Flossenentwicklung werden jedoch die Hox-Gene nur im posterioren Bereich der Flossenknospe exprimiert; im distalen Teil, wo sich die Flossenstrahlen entwickeln, sind sie inaktiv. Demgegenüber erscheint im distalen Bereich der Tetrapodengliedmaßenknospe – dort, wo sich die Finger bilden – eine zusätzliche Hox-Expressionsdomäne (Abbildung 15.6). Wenn die Flossenentwicklung im primitiven Urahn der Tetrapoden ebenso verlaufen ist wie im heutigen Zebrafisch, dann sind Finger und Zehen in der Tat neuartige Strukturen, deren Erscheinen mit einer neuen Hox-Expressionsdomäne einhergeht. Sie könnten allerdings auch dadurch entstanden sein, daß dieselben Entwicklungsmechanismen und -prozesse, die Radius und Ulna hervorbringen, auch distal zum Einsatz kommen. Wie in Kapitel 10 erörtert, gibt es in der Gliedmaßenknospe offenbar Mechanismen zur Erzeugung periodisch angeordneter Skelettelemente, wie es Finger- und Zehenstrahlen sind. Es ist durchaus wahrscheinlich, daß ein solcher Mechanismus zur Evolution der Finger beigetragen hat, indem der Bereich, in dem sich embryonale Knorpelelemente bilden können, in distaler Richtung erweitert und gleichzeitig mit einem neuen Hox-Expressionsmuster versehen wurde.

Die Gliedmaßen der Säuger haben in verschiedenen Spezies eine ausgeprägte Spezialisierung erfahren (Abbildung 15.7). Ursache dafür sind

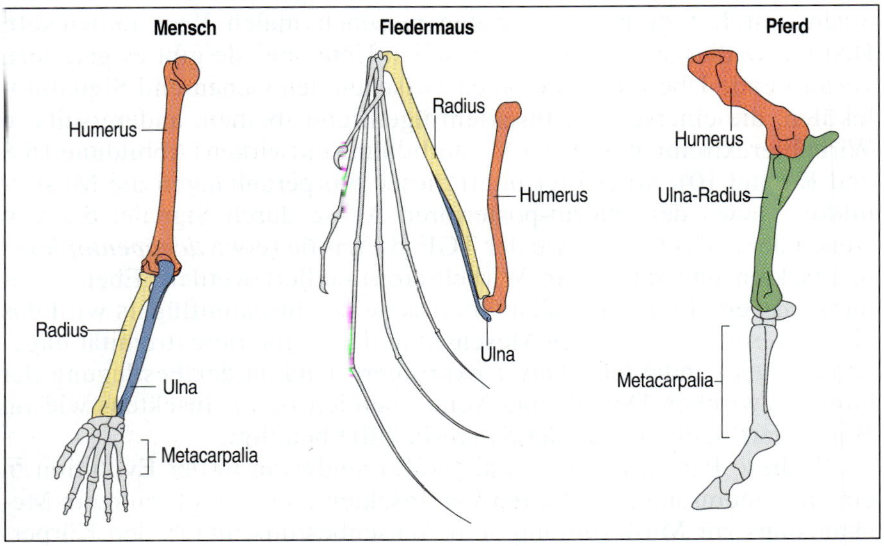

15.7 Anpassung von Säugergliedmaßen an die jeweilige Funktion. Das Grundmuster der Skelettelemente in der Vorderextremität ist bei allen Säugern gleich. Allerdings ändern sich die Proportionen der einzelnen Knochen, die darüber hinaus verkümmern oder verschmelzen können. Extrembeispiele sind wohl Pferd und Fledermaus. Beim Pferd sind Elle (Ulna) und Speiche (Radius) zu einem Knochen verschmolzen, und von den Mittelhandknochen (Metacarpalia) ist der mittlere stark verlängert. Zudem sind die seitlichen Fingerstrahlen verkümmert oder ganz verschwunden. In der Fledermaus dagegen sind die Fingerknochen extrem verlängert, um die Flughaut zu stabilisieren.

Veränderungen der Musterbildung in der jeweiligen Extremitätenknospe und/oder ein unterschiedliches Wachstum der einzelnen Teile der Gliedmaßen während der Embryonalentwicklung. Gleichwohl bleibt das Grundmuster der Skelettelemente erhalten. Vergleicht man die Vorderextremität einer Fledermaus mit der eines Pferdes, so findet man in beiden prinzipiell die gleichen Knochen, wenn auch, je nach Gliedmaßenfunktion, in stark abgewandelter Form. Die Vorderextremität der Fledermaus ist dem Fliegen angepaßt: Die Finger sind extrem verlängert, um die Flughaut zu stützen. Beim Pferd dagegen sind die Gliedmaßen reine Laufwerkzeuge: Die seitlichen Fingerstrahlen sind verkümmert, der zentrale Mittelhandknochen verlängert und Elle und Speiche zwecks größerer Stabilität miteinander verschmolzen. Auf den Beitrag differentieller Wachstumsraten und den Verlust von Skelettelementen bei der Evolution des Pferdebeines wie auch auf Fälle von Extremitätenverkümmerung (etwa bei Schlangen) werden wir noch zurückkommen.

Bei der Evolution der Gliedmaßen fällt auf, daß eine Verringerung der Fingerzahl zwar recht häufig vorkommt – der Hühnerflügel etwa besitzt nur drei Fingerstrahlen, und auch bei den Eidechsen ist die Fingerzahl oft reduziert –, hingegen gibt es kaum Tierarten mit mehr als fünf Fingern und Zehen. Offenbar gibt es eine entwicklungsphysiologische Grenze, die eine Evolution von mehr als fünf Fingern nicht zuläßt. Das mag daran liegen, daß die Hox-Gene nur fünf unterschiedliche genetische Programme bereitstellen, um Fingern ihre Identität zu verleihen. Bei Extremitäten mit Polydaktylie sind mindestens zwei der Finger gleichartig (Abschnitt 10.4), so daß auch dann nur fünf verschiedene Fingertypen vorhanden sind. Wohl aus diesem Grund ist das zusätzliche fingerähnliche Element des Großen Pandas, sein „Daumen", kein echter Finger, sondern ein umgewandelter Handwurzelknochen.

15.3 Wirbeltier- und Insektenflügel entwickeln sich mittels homologer Mechanismen

Wirbeltier- und Insektenflügel zeigen einige oberflächliche Ähnlichkeiten und haben grundsätzlich die gleiche Funktion; dennoch sind sie in ihrer Struktur sehr verschieden. Der Insektenflügel ist ein doppellagiges Epithelblatt, während der Wirbeltierflügel sich größtenteils aus einem mit Ektoderm überzogenen mesenchymalen Kern entwickelt. Doch trotz dieser großen anatomischen Unterschiede gibt es geradezu verblüffende Übereinstimmungen zwischen den Genen und Signalmolekülen, die einerseits in Insektenflügeln und -beinen, andererseits in Wirbeltierextremitäten an der Musterbildung mitwirken (Abbildung 15.8 und Kapitel 10). So erfolgt in all diesen Körperanhängen die Musterbildung längs der anterio-posterioren Achse durch Signale, die von Genen der *hedgehog*- sowie der TGF-β-Familie (etwa *decapentaplegic* in Insekten und *BMP-2* in Wirbeltieren) codiert werden. Ebenso bemerkenswert: In der dorsalen Oberfläche des Insektenflügels wird das Gen *apterous*, im dorsalen Mesenchym der Wirbeltierextremität dagegen das verwandte Gen *Lmx-1* exprimiert. Und an der Festlegung der Grenze zwischen Dorsal- und Ventralbereich ist im Insekten- wie im Wirbeltierflügel ein Gen der *fringe*-Familie beteiligt.

All diese Parallele legen nahe, daß irgendwann in der Evolution in einem gemeinsamen Vorfahren von Insekten und Wirbeltieren ein Mechanismus zur Musterbildung und Achsenbestimmung in den Körper-

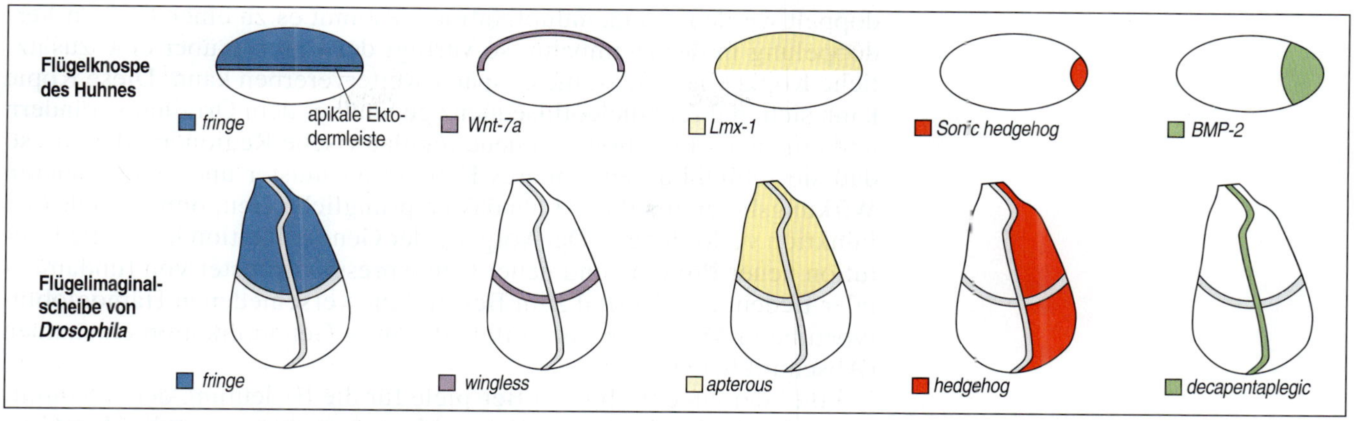

15.8 Vergleich von Entwicklungssignalen in der Flügelknospe des Huhnes und der Flügelimaginalscheibe der Taufliege. Bei der Regionalisierung beider Strukturen übernehmen verwandte Gene ähnliche Aufgaben. Die Hühnerflügelknospe (obere Reihe) ist ganz links in Aufsicht auf das distale Ende, sonst im Querschnitt zu sehen. In der Flügelimaginalscheibe von *Drosophila* (untere Reihe) befinden sich die künftige Dorsal- und Ventralregion noch in einer Ebene; die vertikale Doppellinie symbolisiert die Grenze zwischen anteriorem und posteriorem Kompartiment, die horizontale stellt die Grenze zwischen dorsalem und ventralem Kompartiment dar. Ganz links: In der Flügelknospe entsteht die apikale Ektodermleiste an der Grenze zwischen dorsalen Zellen, die *fringe* exprimieren, und ventralen, in denen *fringe* inaktiv ist. Ebenso bildet sich in der Flügelimaginalscheibe die Grenze zwischen Dorsal- und Ventralbereich dort, wo *fringe*-exprimierende Zellen und solche, die das nicht tun, aufeinanderstoßen. Mitte links: Der Dorsalbereich des Hühnerflügels wird durch Expression von *Wnt-7a* im Ektoderm spezifiziert, während das verwandte Gen *wingless* am Rand des Insektenflügels, also an der Grenze zwischen Dorsal- und Ventralfläche, exprimiert wird. Mitte: Das Gen *Lmx-1* ist im dorsalen Mesoderm der Hühnerflügelknospe aktiv, und das mit ihm strukturell verwandte *Drosophila*-Gen *apterous* legt den Dorsalbereich des Insektenflügels fest. Mitte rechts und ganz rechts: In der posterioren Region der Flügelknospe kommt das Gen *Sonic hedghog* zur Expression, an entsprechender Stelle in der Imaginalscheibe sein *Drosophila*-Gegenstück *hedgehog*. Beide Gene induzieren wiederum die Expression von Genen der TGF-β-Familie: *BMP-2* im Huhn beziehungsweise *decapentaplegic* in der Taufliege.

anhängen entwickelt wurde, der in Grundzügen bis heute erhalten geblieben ist. Zwar traten die beteiligten Gene und Signalmoleküle im weiteren Verlauf der Evolution mit unterschiedlichen Gruppen von Genen in Wechselwirkung und wirkten auf jeweils andere nachgeordnete Ziele ein. Gleichwohl behielt ein und derselbe Satz von Signalen seine Organisatorfunktion offenbar in allen Körperanhängen bei, so verschieden sie heute auch sind. Die an der Festlegung der Extremitätenachsen mitwirkenden Gene sind wahrscheinlich deutlich älter als die Körperanhänge der Wirbeltiere und Insekten.

Einen weiteren Beleg für den Erhalt der genetischen Maschinerie zur Entwicklung von Körperfortsätzen liefert das Gen *Distal-less*, das längs der proximo-distalen Achse einer großen Vielfalt sich entwickelnder Körperanhänge exprimiert wird: von den Parapodien der Ringelwürmer über die Ambulakralfüßchen der Seeigel bis hin zu den Extremitäten der Wirbeltiere.

15.4 Hox-Genkomplexe sind durch Genduplikation entstanden

Hox-Gene spielen eine Schlüsselrolle bei der Entwicklung von Wirbeltieren und Insekten. Durch Vergleich ihrer Organisation und Struktur in beiden Tiergruppen läßt sich ableiten, wie sich diese Gruppe wichtiger Entwicklungsgene im Zuge der Evolution verändert hat.

Ein wesentlicher allgemeiner Mechanismus für evolutionäre Veränderungen ist die Genduplikation. Während der DNA-Replikation kann ein Gen durch verschiedene Mechanismen direkt hintereinander verdoppelt werden (Tandemduplikation). Kommt es zu einer solchen Verdoppelung in der Keimbahn, so verfügt der Embryo über eine zusätzliche Kopie eines Gens, die er später weitervererben kann. Diese Kopie kann sich in ihrer Nucleotidsequenz gegenüber dem Original verändern und eine neue Funktion und neue regulatorische Regionen erhalten, so daß sie schließlich ein anderes Expressionsmuster und einen anderen Wirkungsbereich aufweist als das ursprüngliche Gen, ohne daß dessen Funktion verlorengeht. Der Vorgang der Genduplikation ist für die Evolution neuer Proteine und neuer Genexpressionsmuster von fundamentaler Bedeutung; so sind zum Beispiel die verschiedenen Hämoglobintypen beim Menschen unzweifelhaft durch Genduplikation entstanden (Abschnitt 9.13).

Eines der augenfälligsten Beispiele für die Bedeutung der Genduplikation bei der Evolution von Entwicklungsvorgängen sind die Hox-Genkomplexe. Wie wir gesehen haben, gehören die Hox-Gene zu einer Genfamilie, die durch die Homöobox gekennzeichnet ist. Die Homöobox ist ein Sequenzmotiv aus 180 Basenpaaren, das eine DNA-bindende *helix-turn-helix*-Proteindomäne codiert, die an der Regulation der Transkription beteiligt ist (Exkurs 4.1, Seite 116). Zwei Merkmale treffen auf alle bekannten Hox-Gene zu: Die einzelnen Gene sind im Genom in einem oder mehreren Genclustern oder -komplexen zusammengefaßt, und die Abfolge ihrer Expression längs der anterio-posterioren Achse entspricht gewöhnlich auch ihrer Anordnung innerhalb des Genkomplexes.

Vergleicht man Struktur und Anordnung der Hox-Gene in unterschiedlichen Spezies, so läßt sich ihre wahrscheinliche Entwicklungsgeschichte rekonstruieren. Offenbar sind die verschiedenen Hox-Cluster alle aus sechs Genen hervorgegangen, die ein gemeinsamer Urahn der betrachteten Arten besessen haben muß (Abbildung 15.9). *Amphioxus*, ein wirbeltiernaher Chordat, hat viele Merkmale eines primitiven Wirbeltiers: Es besitzt ein Rückenmark, eine Chorda und segmentale Muskeln, die aus Somiten hervorgehen. Es verfügt über nur einen Hox-Gencluster, und man kann davon ausgehen, daß dieser Cluster einem Urcluster, aus dem die vier Hox-Genkomplexe der Wirbeltiere, Hoxa, Hoxb, Hoxc und Hoxd, hervorgegangen sind, noch recht ähnlich ist. Vermutlich entwickelten sich die Hox-Komplexe sowohl der

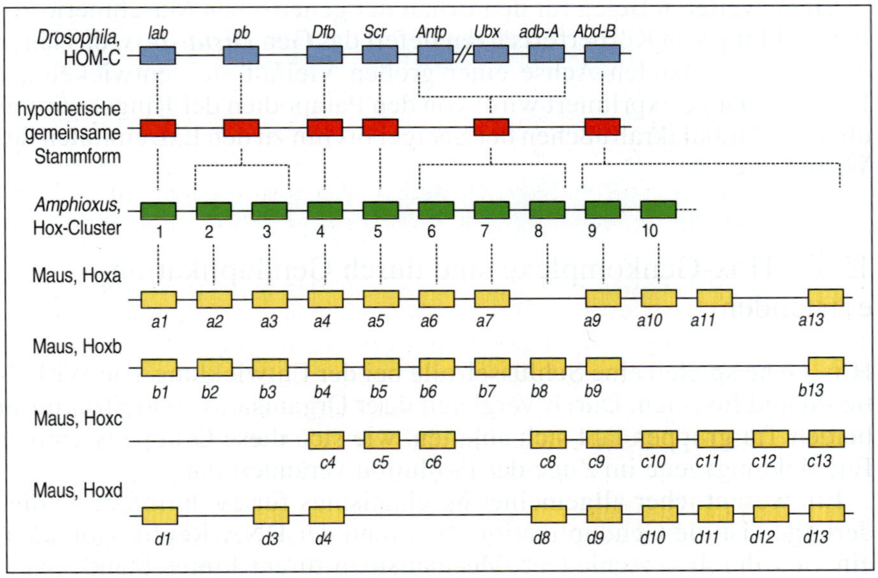

15.9 Genduplikationen in der Evolution der Hox-Gene. Wahrscheinliche verwandtschaftliche Beziehung zwischen den Hox-Genen eines hypothetischen gemeinsamen Urahnes und *Drosophila* (Arthropode), *Amphioxus* (Cephalochordat) und der Maus (Wirbeltier). Duplikationen von Genen im ursprünglichen Satz (rot) könnten zur Entstehung der zusätzlichen Gene in der Taufliege und in *Amphioxus* geführt haben. Die vier separaten Hox-Genkomplexe der Wirbeltiere könnten durch zwei Duplikationen des gesamten Clusters in einem gemeinsamen Vorfahren der Wirbeltiere aus der Gruppe der Chordaten entstanden sein. Danach haben sie sich in Sequenz und Funktion auseinanderentwickelt und einige der duplizierten Wirbeltiergene wieder verloren. Nach Garcia-Fernandez et al. 1994.

Wirbeltiere als auch von *Drosophila* durch Genduplikation aus einem einfacheren Urkomplex. In *Drosophila* könnten durch solche Duplikationen *abd-A*, *Ubx* und *Antp* entstanden sein. In Wirbeltieren sind die Hox-Gene in vier getrennten Clustern angeordnet, die nicht miteinander gekoppelt sind, sondern jeweils auf unterschiedlichen Chromosomen liegen. Diese einzelnen Cluster entstanden wahrscheinlich durch Duplikationen ganzer Chromosomenabschnitte, in denen sich bereits durch Tandemduplikation neue Hox-Gene gebildet hatten. So deuten Sequenzvergleiche darauf hin, daß die mit den Abd-B-Genkomplexen von *Drosophila* verwandten multiplen Hox-Gene der Maus keine direkten homologen Gegenstücke innerhalb des Bithorax-Komplexes von *Drosophila* haben (Abbildung 15.9). Diese Gene entstanden wahrscheinlich durch Tandemduplikationen aus einem *Abd-B*-ähnlichen Urgen, und zwar nach der Aufspaltung der Insekten- und Wirbeltierlinie, jedoch noch vor der Verdoppelung des gesamten Clusters in Wirbeltieren. Betrachten wir nun die Rolle der Hox-Gene in der Evolution axialer Körperbaupläne.

15.5 Durch Veränderungen in der Festlegung und Interpretation von Positionsinformationen entstanden unterschiedliche Körperbaupläne

Die ersten vielzelligen Organismen entstanden vermutlich vor etwa anderthalb Milliarden Jahren; der älteste allgemein anerkannte fossile Überrest eines vielzelligen Organismus ist rund 600 Millionen Jahre alt. Heute existieren noch rund 35 Tierstämme, von denen jeder einen eigenen Bauplan besitzt und die alle gegen Ende des Kambriums, vor etwa 500 Millionen Jahren, entstanden sind. Seitdem sind keine grundsätzlich neuen Körperbaupläne dazugekommen; die vorhandenen jedoch wurden abgewandelt und perfektioniert, wobei etwa unter den Chordaten so unterschiedliche Organismen wie Fische und Säuger entstanden sind. Wenn wir im folgenden die Ausfeilung der Körperbaupläne innerhalb von Tierstämmen erörtern, wollen wir uns auf zwei Stämme beschränken – schlicht deswegen, weil über die Entwicklung einiger Mitglieder dieser Stämme recht viel bekannt ist. Es sind dies die Stämme der Chordaten, zu denen die Wirbeltiere gehören, und der Arthropoden, darunter Krebse und Insekten.

Die Hox-Gene, die regional entlang der anterio-posterioren Achse des Embryos exprimiert werden, sind Schlüsselgene zur Steuerung der Entwicklung. Die offensichtlich universelle Bedeutung der Hox- und bestimmter weiterer Gene für die Entwicklung von Tieren hat zum Konzept des **Zootyps** geführt, der das Expressionsmuster dieser Schlüsselgene längs der in allen Tieren vorhandenen Längsachse beschreibt.

Die Funktion der Hox-Gene liegt weniger darin, die Entwicklung spezifischer Strukturen zu steuern, als vielmehr, positionale Identitäten im Embryo festzulegen. Diese Positionswerte werden in Embryonen unterschiedlicher Arten jeweils anders interpretiert; sie beeinflussen, wie die Zellen einer Region beispielsweise Körpersegmente und Körperanhänge bilden. Die Hox-Gene entfalten ihre Wirkung, indem sie nachgeschaltete Gene kontrollieren, welche ihrerseits die Entwicklung dieser Strukturen steuern. Mithin können Änderungen dieser nachgeordneten Ziele der Hox-Gene wesentlich zum Formenwandel in der Evolution beigetragen haben. Ebenso können regionale Verschiebungen der Hox-

Expressionsmuster selbst merkliche Folgen haben. Ein Beispiel dafür ist eine vergleichsweise geringfügige Variation des Körperbaus bei Wirbeltieren. In deren Körperbaumuster längs der anterio-posterioren Achse gibt es ein einfaches Merkmal: die Anzahl der unterschiedlichen Wirbeltypen in den anatomischen Hauptregionen der Wirbelsäule: Hals, Brust, Lenden, Kreuz und Steiß/Schwanz (Abbildung 4.10). Die Wirbelzahl in einer bestimmten Region variiert zwischen den verschiedenen Wirbeltierklassen beträchtlich: Säuger haben stets sieben Halswirbel, Vögel dagegen zwischen 13 und 15. Wie kommt dieser Unterschied zustande? Vergleiche zwischen Maus und Huhn weisen darauf hin, daß sich die Hox-Expressionsdomänen in der Wirbeltierevolution parallel zur Veränderung der Wirbelzahl verschoben haben (Abschnitt 4.3). Beispielsweise fällt die anteriore Grenze der *Hoxc6*-Expression im Mesoderm von Maus wie Huhn mit der Grenze zwischen Hals- und Brustwirbelsäule zusammen. Gleiches gilt für Gänse, die drei Halswirbel mehr besitzen als das Huhn, und für Frösche, die lediglich drei oder vier Halswirbel aufweisen. Die Anzahl der Halswirbel korreliert demnach mit der anterioren Ausdehnung des Expressionsraumes von *Hoxc6*: Je weiter dieser nach vorne reicht, desto weniger Halswirbel bilden sich. Andere Hox-Gene sind ebenso mit der Musterbildung längs der anterioposterioren Achse befaßt, und Verschiebungen ihrer Expressionsgrenzen gehen gleichfalls mit anatomischen Veränderungen einher.

Veränderungen in Expressionsmustern von Hox-Genen haben wahrscheinlich auch zur Evolution der Körperbaupläne von Arthropoden beigetragen. Insekten und Krebse sind klar voneinander abgrenzbare Arthropodengruppen, die von einem gemeinsamen Vorfahren abstammen, dessen Körper vermutlich noch aus mehr oder minder gleichartigen Segmenten zusammengesetzt war. Ein Vergleich der Hox-Genexpression in einem Insekt, der Heuschrecke, und einem Krebs, der im Salzwasser lebenden Art *Artemia*, läßt erkennen, welche Körperregionen dieser beiden heute lebenden Arthropoden zueinander homolog sind und wie ihre jeweiligen Baupläne aus der gemeinsamen Urform entstanden sein könnten. Wie sich zeigt, haben sich sowohl die Hox-Expressionsmuster als auch die Struktur der Körperregionen, die unter dem Einfluß bestimmter Hox-Gene stehen, im Verlauf der Evolution dieser beiden Gruppen auseinanderentwickelt (Abbildung 15.10). Das Hox-Expressionsmuster der Heuschrecke ähnelt dem der Taufliege: Wie bei *Drosophila* legen die Hox-Gene *Antennapedia*, *Ultrabithorax* und *abdominal-A*

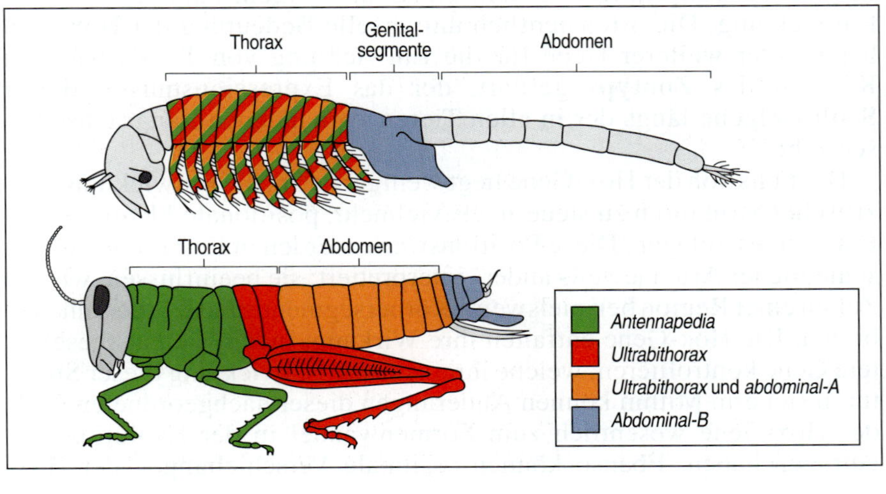

15.10 Körperbau und Expression der Hox-Gene zweier Arthropoden im Vergleich. Die heutigen Arthropoden (Gliederfüßer) stammen von einem gemeinsamen Urahn ab. Vergleicht man Hox-Expressionsmuster und Körperbaupläne zweier Arthropodengruppen, hier die Heuschrecke als Vertreter der Insekten und den im Salzwasser lebenden Krebs *Artemia* für die Krebstiere, so zeigt sich, daß sowohl das Muster der Hox-Expression als auch die mit bestimmten Hox-Genen in Beziehung stehenden Körperregionen sich während der Evolution dieser beiden Arthropodengruppen auseinanderentwickelt haben. In *Artemia* werden die drei Hox-Gene *Antennapedia*, *Ultrabithorax* und *abdominal-A* alle zusammen im gesamten Thorax exprimiert, dessen Segmente sich weitgehend ähneln. Bei der Heuschrecke dagegen ist das räumliche Expressionsmuster dieser Gene ein anderes: Dort sind Thorax und Abdomen jeweils eigene Expressionsbereiche, die einander überlappen und mit Strukturunterschieden in den entsprechenden Körpersegmenten einhergehen. Das Gen *Abdominal-B* wird in den Genitalregionen beider Tiere exprimiert, so daß man diese als zueinander homolog auffassen kann. Nach Akam 1995.

bestimmte Segmenttypen in Thorax und Abdomen der Heuschrecke fest, wobei die Expressionszonen einander überlappen und die einzelnen Segmenttypen durch die Expression einer bestimmten Genkombination definiert werden (Abschnitt 5.19). In *Artemia* dagegen werden alle drei Gene gemeinsam in einem Bereich des Thorax exprimiert, der daher aus lauter gleichartigen Segmenten besteht. Man kann daraus schließen, daß der Thorax von *Artemia* offenbar homolog zum gesamten Insektenthorax und einem Großteil des Insektenabdomens ist. In der Evolution von Heuschrecke und Salzwasserkrebs *Artemia* aus der gemeinsamen Stammform sind die abweichenden Körperbaupläne demnach teils dadurch entstanden, daß sich Expressionszonen bestimmter Hox-Gene verschoben haben, teils dadurch, daß nachgeschaltete Gene verändert wurden. Wie solche Vergleiche klar belegen, spezifizieren Hox-Gene keine bestimmten Strukturen, sondern vermitteln lediglich regionale Identitäten. Wie eine solche Identität dagegen interpretiert und in konkrete Morphologie umgesetzt wird, ist Sache von Genen, die eine Stufe unter den Hox-Genen stehen und auf deren Signale reagieren. Weitere Beispiele für die Wirkungsweise der Hox-Gene lassen sich anhand der Körperanhänge der Arthropoden finden; damit befassen wir uns im folgenden Abschnitt.

15.6 Lage und Anzahl paariger Anhänge des Insektenkörpers hängen davon ab, wo welche Hox-Gene exprimiert werden

Insektenfossilien zeigen unterschiedliche Muster ihrer paarigen Körperanhänge, vor allem hinsichtlich Beinen und Flügeln. Manche Insektenfossilien haben an jedem Körpersegment Beine, andere nur in bestimmten Thoraxbereichen. Die Zahl der beintragenden Segmente im Abdomen kann ebenso variieren, wie die Größe und Form der jeweiligen Beine. Flügel entstanden in der Evolution der Insekten erst nach den Beinen. In manchen Insektenfossilien findet man an allen Brust- und Hinterleibssegmenten flügelähnliche Anhänge, andere besitzen solche nur am Thorax. Um zu verstehen, wie diese unterschiedlichen Muster der Anhängsel in der Evolution entstanden sein könnten, wollen wir uns anschauen, wo sich Körperanhänge in zwei Ordnungen heutiger Insekten entwickeln: den Lepidoptera (Schmetterlinge und Motten) und den Diptera (Zweiflüglern: Mücken und Fliegen, einschließlich *Drosophila*).

Das Grundmuster der Expression von Hox-Genen längs der anterioposterioren Achse ist in allen bislang untersuchten modernen Insektenarten das gleiche. Dennoch haben Schmetterlingsraupen auch am Abdomen Beine, die später in der Evolution entstandenen Zweiflügler jedoch nicht. Darüber hinaus besitzen die Adultformen der Schmetterlinge zwei Flügelpaare, ausgewachsene Fliegen dagegen nur eines, wohingegen ihr zweites zu Schwingkölbchen (Halteren) umgewandelt wird. In wieweit hängen diese strukturellen Unterschiede in den beiden Insektengruppen von Unterschieden in der Aktivität der Hox-Gene ab?

In *Drosophila* verhindern Produkte des Bithorax-Komplexes die Extremitätenbildung im Abdomen, indem sie die Expression des Gens *Distal-less* unterdrücken (Abschnitt 10.15). Dies deutet darauf hin, daß auch in Fliegen jedes Körpersegment imstande ist, Beine hervorzubringen, daß aber diese Fähigkeit im Abdomen unterdrückt wird. Es ist daher wahrscheinlich, daß der Urahn der heutigen Insekten an allen

Segmenten Extremitäten besaß. Während der Embryonalentwicklung der Lepidoptera werden die zum Bithorax-Komplex zählenden Gene *Ultrabithorax* und *Abdominal-B* im Ventralbereich der Abdominalsegmente abgeschaltet, woraufhin hier die Expression von *Distal-less* einsetzt, und sich am Abdomen der Larve Beine entwickeln. Ob das Abdomen Beine trägt, hängt also davon ab, ob dort bestimmte Hox-Gene exprimiert werden oder nicht. Demnach haben Veränderungen im Expressionsmuster der Hox-Gene in der Evolution offenbar eine entscheidende Rolle gespielt. Hox-Gene bestimmen auch, welcher Körperanhang ausgeprägt wird: Wie wir sahen, können entsprechende Mutationen Beine in antennenähnliche Strukturen verwandeln und umgekehrt eine Antenne in ein Bein (Abschnitt 10.17).

Es gibt die These, daß die Insektenflügel aus Auswüchsen des ersten Beinsegments hervorgegangen sind. Hox-Gene waren jedoch daran offenbar nicht beteiligt, da das Gen *Antennapedia*, das im flügeltragenden zweiten Thoraxsegment der Taufliege exprimiert wird, für die Flügelentwicklung nicht notwendig ist. Man kann annehmen, daß ursprünglich alle Thorax- und Abdominalsegmente Flügel trugen und daß später Hox-Gene begannen, deren Entwicklung zu unterdrücken beziehungsweise zu modifizieren. So beruhen zum Beispiel bei Insekten mit zwei Flügelpaaren wie etwa Schmetterlingen die Unterschiede zwischen Vorder- und Hinterflügeln wahrscheinlich auf der Wirkung des *Ultrabithorax*-Gens.

Zweifellos sind im Verlauf der Evolution statt neuer Gene neue regulatorische Wechselwirkungen zwischen den Proteinen des Bithorax-Komplexes und den an der Bein- und Flügelentwicklung beteiligten Genen entstanden.

15.7 Arthropoden und Wirbeltiere haben einen ähnlichen Grundbauplan, ihre Dorsoventralachsen verlaufen jedoch in entgegengesetzter Richtung

Paläontologischen, molekularen und zellphysiologischen Befunden nach zu urteilen stammen alle vielzelligen Tiere von einem gemeinsamen Urahn ab. Die weitgehende Ähnlichkeit der Hox-Expressionsmuster in Wirbeltieren und Arthropoden, deren Evolution vor Hunderten von Jahrmillonen auseinanderging, kann als weitere Bestätigung dieser These gelten. Allerdings läßt ein Vergleich des Arthropodenbauplans mit dem der Wirbeltiere einen auffälligen Unterschied erkennen: Ungeachtet der vielen Übereinstimmungen – beide Tiergruppen haben einen anterioren Kopf, einen Nervenstrang, der von anterior nach posterior verläuft, einen Darm und Körperanhänge – ist die Dorsoventralachse der Wirbeltiere gegenüber der der Insekten umgedreht. Dies zeigt sich am augenfälligsten an der Tatsache, daß Arthropoden einen ventralen, Wirbeltiere dagegen einen dorsalen Nervenstrang besitzen (Abbildung 15.11, links).

Nach einer bereits im 19. Jahrhundert vorgeschlagenen Erklärung hat sich während der Evolution der Wirbeltiere die Dorsoventralachse aus der mit den Arthropoden gemeinsamen Stammform umgedreht, so daß der ursprünglich ventrale Nervenstrang zum Rückenmark wurde. Neuere molekulare Befunde konnten diese verblüffende Hypothese in jüngerer Zeit zum Teil untermauern: In Insekten und Wirbeltieren werden längs der Dorsoventralachse die gleichen Gene exprimiert, nur in gegenläufigen Richtungen. Diese Umkehrung ist möglicherweise auf

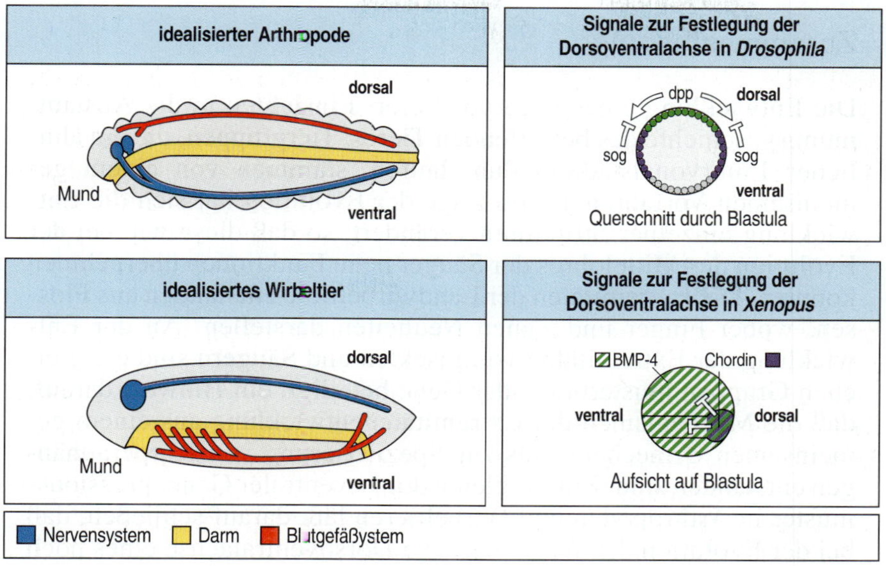

15.11 Wirbeltiere und Arthropoden zeigen längs der Dorsoventralachse ein ähnliches, aber gegenläufiges Bauplanmuster. Arthropoden besitzen einen ventralen, Wirbeltiere einen dorsalen Nervenstrang, wobei dorsal und ventral durch die Lage des Mundes definiert sind. In *Drosophila* und *Xenopus* legen ähnliche Signale die Dorsoventralachse fest, jedoch mit jeweils umgekehrten Vorzeichen: Das Protein Chordin dient in Wirbeltieren als Dorsalisierungssignal. Sein Gegenstück in *Drosophila*, das sog-Protein, hingegen fungiert dort als Ventralisierungssignal, und BMP-4 leitet in Wirbeltieren ventrale Entwicklungen ein, während das mit ihm verwandte decapentaplegic-Protein (dpp) in der Taufliege für die Dorsalentwicklung zuständig ist. Nach Ferguson 1996.

die Lage des Mundes zurückzuführen. Der Mund definiert die ventrale Körperseite; seine Verlagerung fort von der Seite des Nervenstranges hätte dann dazu geführt, daß die Dorsoventralachse gegenüber dem Mund umgedreht wurde. Die Lage des Mundes wird während der Gastrulation festgelegt, und es ist nicht schwierig sich vorzustellen, wie sich seine Position verschoben haben könnte.

Wie wir in Kapitel 3 und 5 gesehen haben, sind an der Musterbildung längs der Dorsoventralachse in Wirbeltieren und Insekten interzelluläre Signale beteiligt. Im Krallenfrosch *Xenopus* ist das Protein Chordin eines der Signale, welche die dorsale Region festlegen, während der Wachstumsfaktor BMP-4 für eine ventrale Entwicklung sorgt. In *Drosophila* ist das Muster umgekehrt: Das mit BMP-4 nahe verwandte decapentaplegic-Protein ist hier das dorsale Signal und das dem Chordin ähnliche Protein sog (short gastrulation) das ventrale Signal (Abbildung 15.11, rechts). In entsprechenden Experimenten können diese Signalmoleküle ihre Funktion mit verändertem Vorzeichen auch im jeweils anderen Organismus erfüllen: Chordin fördert in der Taufliege dann die ventrale Entwicklung, gleiches tut das decapentaplegic-Protein im Krallenfrosch. Die molekularen Mechanismen zur Bestimmung der Dorsoventralachse sind also in beiden Tiergruppen auffallend ähnlich, was sehr dafür spricht, daß den Unterschieden im Bauplan in der Tat eine Umkehrung dieser Achse in der Evolution der Wirbeltiere zugrunde liegt – dadurch daß der Mund des Wirbeltieres auf die ursprüngliche Dorsalseite verlegt wurde.

Auch hinsichtlich der Segmentierung kann man zwischen Chordaten und Arthropoden Ähnlichkeiten in der Entwicklung feststellen: Das Gen *engrailed*, das im posterioren Kompartiment jedes *Drosophila*-Segments exprimiert wird, kommt auch in den ersten acht Somiten von *Amphioxus* zur Expression, ebenfalls jeweils in der posterioren Hälfte. Überdies wird ein homologes Gegenstück des Paarregelgens *hairy* der Taufliege in jedem zweiten der sich bildenden Somiten des Zebrafisches exprimiert.

Zusammenfassung

Die Entwicklung eines Embryos liefert Einsichten in die Abstammungsgeschichte des betreffenden Tieres. Tiergruppen, die ein ähnliches Embryonalstadium durchlaufen, stammen von einem gemeinsamen Vorfahren ab. Im Zuge der Evolution hat sich die Entwicklung einzelner Strukturen verändert, so daß diese wie bei der Evolution des Mittelohres der Säuger neue Funktionen übernehmen konnten. Die Extremitäten der Landwirbeltiere entstanden aus Flossen, wobei Finger und Zehen Neuheiten darstellen. An der Entwicklung der Extremitäten von Insekten und Säugern sind die gleichen Gruppen musterbildender Gene beteiligt, ein Hinweis darauf, daß die Mechanismen der Extremitätenentwicklung aus einem gemeinsamen Urmechanismus zur Spezifizierung von Körperanhängen entstanden sind. Ein Vergleich dorso-ventraler Genexpressionsmuster in Arthropoden und Wirbeltieren läßt darauf schließen, daß bei der Evolution der Wirbeltiere die Dorsoventralachse eines noch wirbellosen Urahns umgedreht wurde. Der Grundbauplan des Körpers wird in allen Tieren durch entsprechende Expressionsmuster der Hox-Gene definiert. Diese liefern positionale Identitäten, deren Interpretation sich im Verlauf der Evolution geändert hat. Die Hox-Gene selbst sind in der Evolution mehrfach dupliziert worden und haben sich daraufhin beträchtlich auseinanderentwickelt.

Übersicht: Evolution von Körperstrukturen durch Modifikation ihrer Entwicklung

Articulare und Quadratum in Reptilienkiefer
↓
Hammer und Amboß im Mittelohr der Säuger

Flossen von Quastenflossern
↓
Extremitäten der Tetrapoden, mit Fingern und Zehen als neue Strukturen

ähnliche Signale bei der Flügelentwicklung von Huhn und *Drosophila*:
Sonic hedgehog – hedgehog; LMX-1 – apterous; Wnt-7a – wingless; BMP-2 – decapentaplegic

Duplikation, Veränderung und Interpretation von Hox-Genen
↓
unterschiedliche Körperbaupläne

ähnliche Signale zur Festlegung der Dorsoventralachse bei *Xenopus* und *Drosophila*,
Achsen sind jedoch umgekehrt: BMP-4 – decapentaplegic; Chordin – short gastrulation

Evolutionäre Veränderungen im Zeitablauf von Entwicklungsprozessen

In den vorangegangenen Abschnitten haben wir uns mit dem evolutionären Wandel der räumlichen Musterbildung befaßt. Doch auch Veränderungen im Zeitplan von Entwicklungsprozessen können erhebliche Auswirkungen haben. Nachfolgend betrachten wir einige Beispiele, wie Veränderungen des Zeitpunktes beziehungsweise der Dauer der sexuellen Entwicklung und des Wachstums die Gestalt eines Tieres wie auch seine Lebensweise beeinflussen können.

15.8 Veränderungen von Wachstumsraten wirken sich auf die Gestalt von Organismen aus

Ein Großteil des Formenwandels in der Evolution basiert auf Veränderungen der Größenverhältnisse von Körperteilen. Wir haben gesehen, wie das Wachstum die Proportionen des menschlichen Säuglings nach der Geburt verändert, da der Kopf weit langsamer wächst als der restliche Körper (Abbildung 14.5). Ein weiteres Beispiel für die Auswirkungen differentiellen Wachstums ist die Vielfalt der Kopfformen verschiedener Hunderassen, die doch alle derselben Spezies angehören. Alle Hunde werden mit einem rundlichen Kopf geboren; manche Rassen behalten diese Form bei, bei anderen verlängert sich im Zuge des Wachstums die Nasen- und Kieferpartie. Auch die vorspringende Schnauze des Pavians entsteht durch bevorzugtes Wachstum dieser Gesichtsregion nach der Geburt.

Da Körperstrukturen unterschiedlich schnell wachsen können, kann sich die gesamte Gestalt eines Organismus durch erbliche Veränderungen der Wachstumsdauer, die zu einer Zunahme der Gesamtgröße des Organismus führen, im Verlauf der Evolution deutlich wandeln. Ein Beispiel dafür ist das Pferd. Im Urahn der Pferde wuchs der mittlere Fingerstrahl schneller als die seitlichen, so daß er etwas länger wurde als diese (Abbildung 15.12). Als die Körpergröße der Pferde im Verlauf ihrer Evolution zunahm, führte diese Diskrepanz der Wachstumsraten zu relativ kleinen seitlichen Fingerstrahlen, die den Boden nicht mehr berührten, da der zentrale Fingerstrahl erheblich länger geworden war. In einer späteren Phase der Evolution wurden die mittlerweile überflüssig gewordenen seitlichen Fingerstrahlen infolge einer weiteren genetischen Veränderung zusätzlich verkleinert.

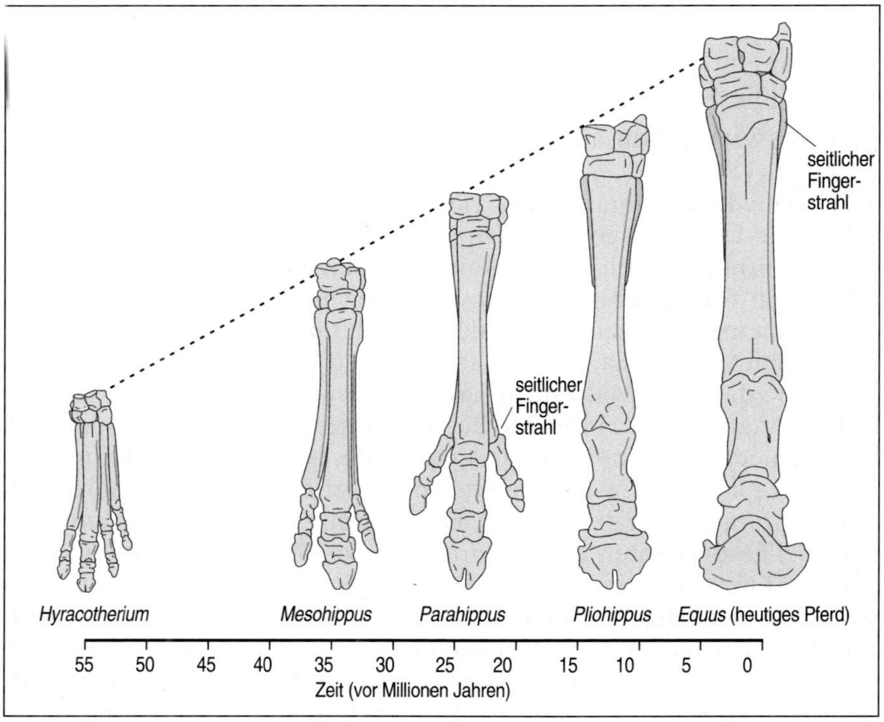

15.12 Evolution der Vorderextremität der Pferde. *Hyracotherium*, der erste echte Equide, war etwa so groß wie ein Fuchs. Sein Vorderfuß besaß vier Fingerstrahlen, wovon einer (anatomisch gesehen der dritte) infolge seiner höheren Wachstumsgeschwindigkeit etwas länger war als die anderen. Alle Finger berührten noch den Boden. Als die Equiden an Größe zunahmen, verloren die seitlichen Finger den Bodenkontakt, da sich der dritte Mittelhandknochen gegenüber seinen Nachbarn stärker verlängerte. Später wurden die seitlichen Fingerstrahlen infolge einer unabhängigen genetischen Veränderung kürzer. Nach Gregory 1957.

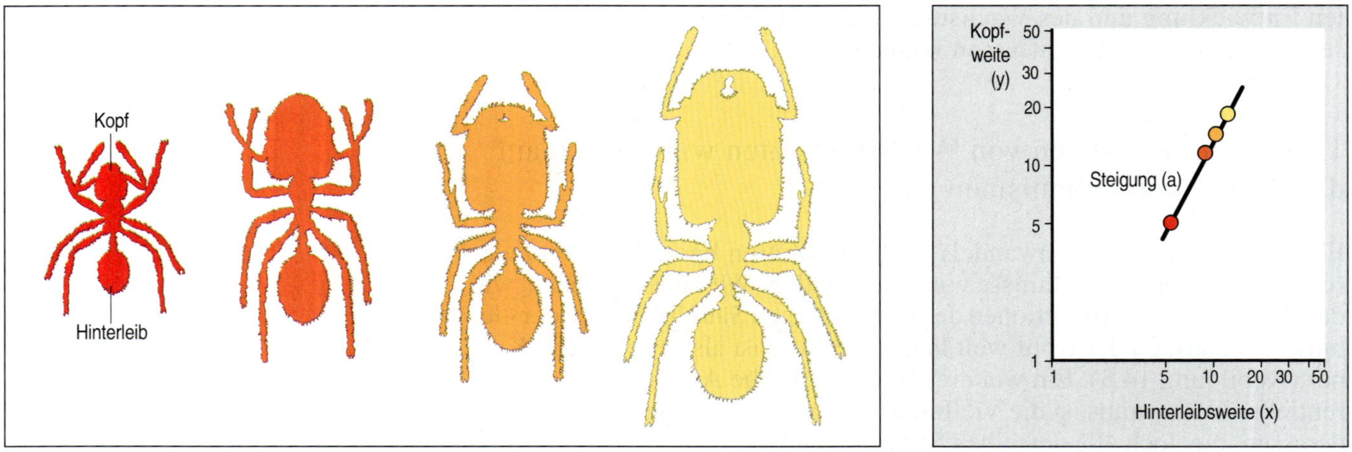

15.13 Unterschiedliches Wachstum von Körperregionen einer Ameise. Im Zuge des Wachstums nimmt der Umfang des Kopfes (y) sehr viel schneller zu als der des Abdomens (x), so daß der Kopf überproportional groß wird. Die Wachstumsraten folgen der Beziehung $y = bx^a$, wobei a der Steigung des Graphen entspricht, der sich ergibt, wenn man y und x doppelt logarithmisch gegeneinander aufträgt, und b eine Konstante ist.

Die mathematische Analyse der relativen Wachstumsraten von Teilen eines Organismus während seiner Entwicklung nennt man **Allometrie**. Wie man herausfand, läßt sich der Unterschied der Wachstumsraten zweier Körperteile eines Organismus aufgrund ihrer endgültigen Ausmaße ermitteln. Häufig findet man zwischen zwei Körperteilen mit den jeweiligen Längen x und y eine mathematische Beziehung der Form $y = bx^a$, wobei a und b Konstanten sind. Wenn man log y gegen log x aufträgt, erhält man eine Gerade mit der Steigung a. Die Steigung gibt an, um wieviel schneller y im Vergleich zu x wächst. Ein Beispiel für diese Beziehung sind die unterschiedlichen Wachstumsgeschwindigkeiten vom Kopf und Hinterleib einer Ameise (Abbildung 15.13). Im Verlauf des Wachstums der Ameise nimmt ihr Kopf im Vergleich zum Hinterleib überproportional an Größe zu.

15.9 Die Evolution biologischer Lebenswege hat Auswirkungen auf die Individualentwicklung

Unterschiedliche Organismen, Tiere wie Pflanzen, schlagen sehr verschiedene Lebenswege (*life histories*) ein. Singvögel etwa brüten bereits im Frühjahr nach ihrer Geburt und fahren damit bis zu ihrem Tod alljährlich fort; Pazifische Lachse laichen im Alter von drei Jahren, worauf sie nach der enormen Kraftanstrengung, die das Aufsuchen der Laichgebiete erfordert, zumeist sterben; und Eichen wachsen 30 Jahre, bevor sie das erste Mal Früchte tragen, doch dann können sie schließlich Abertausende von Eicheln hervorbringen. Um die Evolution solch unterschiedlicher Biographien zu verstehen, betrachten Evolutionsökologen sie unter den Gesichtspunkten der Überlebenswahrscheinlichkeit, der Fortpflanzungsrate und der Optimierung des Fortpflanzungsaufwands. Diese Faktoren sind von großer Bedeutung für die Evolution von Entwicklungsstrategien, besonders was die Geschwindigkeit der Entwicklung anbelangt. Ein charakteristisches Merkmal vieler Tierbiographien ist beispielsweise das Durchlaufen eines Larvenstadiums. Die Larve ist von der Adultform meist deutlich verschieden und einfacher gebaut als diese. Obwohl noch nicht geschlechtsreif, ernährt sie sich bereits selbst, wobei sie meist andere Nahrung bevorzugt (und andere Lebensräume besiedelt) als das ausgewachsene Tier. Diese Entwicklungsstrategie bietet mindestens dreierlei Vorteile: Erstens erhält die Art dadurch zwei verschiedene Möglichkeiten der Ausbreitung, zweitens müssen die Eltern die Nachkommen nicht bis zum Erreichen des Adultzustands versorgen, und drittens können Larve und Adultform verschiedene ökologische Nischen besetzen, so daß sie unterschiedliche Nahrungsangebote ausnutzen können und nicht in Konkurrenz zueinander stehen. In der Evolution hat sich diese Form des Heranwachsens daher bei vielen Arten durchgesetzt. Betrachten wir nun zwei andere Aspekte der Evolution von Lebenswegen, die sich direkt auf die Embryonalentwicklung auswirken: die Selektion nach den Kriterien Entwicklungsgeschwindigkeit und Eigröße.

Aus den biologischen Lebenswegen erklärt sich die Evolution von Insekten mit langem Keimstreifen wie *Drosophila*, die evolutionsgeschichtlich jünger sind als Insekten mit kurzem Keimstreifen. Verglichen mit letzteren, etwa Heuschrecken, die keine eigene Larvenform ausbilden, sondern sich gleich zu unreifen kleinen Adultformen entwickeln, entsteht aus einem befruchteten *Drosophila*-Ei sehr rasch eine Larve, die zur selbständigen Nahrungsaufnahme fähig ist: Die Taufliegenlarve schlüpft schon nach 24 Stunden, die junge Heuschrecke dagegen erst nach fünf bis sechs Tagen. Man kann sich leicht vorstellen, daß unter bestimmten Bedingungen ein rascher Beginn der Nahrungsaufnahme einen Selektionsvorteil bietet; zudem kann man davon ausgehen, daß Embryonen verletzlicher sind als geschlüpfte Tiere. Daher ist es wahrscheinlich, daß die komplexen Entwicklungsmechanismen von Insekten mit langen Keimstreifen, durch die bereits im Ei die gesamte anterio-posteriore Körperachse etabliert wird (Abschnitt 5.18), aufgrund eines Selektionsdruckes in Richtung auf eine rasche Embryonalentwicklung hin entstanden sind.

Auch die Eigröße hängt mit dem biologischen Lebensweg zusammen. Wenn man davon ausgeht, daß Eltern nur über begrenzte Energieressourcen verfügen, die sie in die Fortpflanzung investieren können, dann stellt sich die Frage, wie sie diese Ressourcen bei der Produktion von Keimzellen, vornehmlich Eiern, am besten ausnutzen können. Ist es günstiger, viele kleine Eier zu produzieren oder nur wenige große? Grundsätzlich erscheint die Überlebenschance eines frisch geschlüpften Tieres um so höher, je größer es ist; folglich wären große Eier von Vorteil. Es ist daher naheliegend, daß unter den meisten Umständen ein Embryo sich so schnell und so groß wie möglich entwickeln sollte. Warum legen dann aber manche Arten viele kleine Eier, die sich rasch entwickeln können? Wahrscheinlich weil diese Arten damit eine Strategie entwickelt haben, die unter variablen Bedingungen, unter denen Populationen plötzlich zusammenbrechen können, besonders erfolgreich ist.

15.10 Zeitliche Verschiebungen von Entwicklungsereignissen in der Evolution

Der Zeitpunkt, zu dem ein Entwicklungsvorgang einsetzt, und die ihm eingeräumte Dauer können erhebliche Auswirkungen auf Körperbau und Lebensweise eines Organismus haben. Dies zeigen zeitliche Verschiebungen von Entwicklungsereignissen zwischen verwandten Arten und gegenüber ihrer Stammform. Unterschiede in den Füßen der Mit-

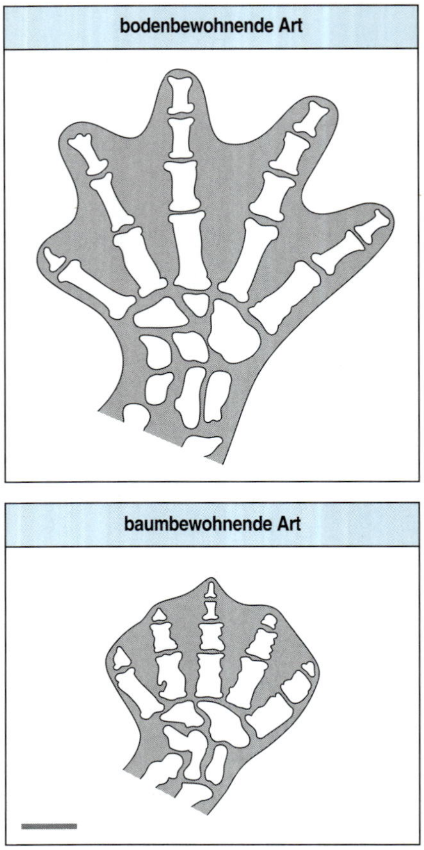

15.14 Heterochronie bei Salamandern. Am Boden siedelnde Spezies der Salamandergattung *Bolitoglossa* (oben) haben größere Füße mit längeren Zehen und weniger ausgeprägtem Zwischenzehengewebe als die in Bäumen lebenden Arten (unten). Diese Unterschiede lassen sich darauf zurückführen, daß Entwicklung und Wachstum der Füße bei den Baumbewohnern in einer früheren Phase enden als bei den Bodenbewohnern. Maßstab = 1 mm.

glieder einer Gattung tropischer Salamander, *Bolitoglossa*, verdeutlichen den Effekt einer Änderung des Entwicklungszeitplanes auf Morphologie und Lebensweise der verschiedenen Spezies. Viele Arten dieser Gattung sind Baumbewohner, andere leben am Boden. Die Füße der baumbewohnenden Arten sind an das Erklettern glatter Oberflächen angepaßt: Sie sind kleiner, haben kürzere Zehen und ausgeprägtere „Schwimmhäute" als die Füße der Bodenbewohner (Abbildung 15.14). Diese Unterschiede rühren offenbar vornehmlich daher, daß Entwicklung und Wachstum der Füße bei den baumbewohnenden Arten früher enden als bei den am Boden lebenden Arten. Solche Veränderungen im Ablauf von Entwicklungsvorgängen bezeichnet man als **Heterochronie**.

Einige der wohl eindeutigsten Beispiele für Heterochronie betreffen den Zeitpunkt, an dem Organismen mit einem Larvenstadium geschlechtsreif werden. Die sexuelle Reifung kann nämlich in die Larvenform vorverlegt werden, ein Vorgang, den man als **Neotenie** bezeichnet. Dabei bleibt die Entwicklung des Tieres, nicht jedoch sein Wachstum, hinter der Reifung seiner Fortpflanzungsorgane zurück. Dies geschieht beim Axolotl, einem Salamander: Die Larve wächst heran und wird schließlich geschlechtsreif, ohne zuvor die Metamorphose durchlaufen zu haben. Die geschlechtsreife Form lebt weiterhin im Wasser und sieht aus wie eine überdimensionierte Larve. Man kann sie jedoch zur Metamorphose veranlassen, wenn man ihr das Hormon Thyroxin verabreicht (Abbildung 15.15).

Umgekehrt könnten auch Larvenstadien infolge von Heterochronie entstanden sein. Angenommen, die Vorfahren der Frösche hätten sich direkt zur Adultform entwickelt, so könnten Veränderungen im Zeitablauf der Entwicklungsereignisse nach der Bildung der Neurula zusammen mit strukturellen Modifikationen dazu geführt haben, daß das Kaulquappenstadium in die Froschentwicklung eingeschoben wurde. Eine der dazu notwendigen Veränderungen wäre gewesen, die Entwicklung der Gliedmaßen zu verzögern.

Es gibt Frösche, die das Kaulquappenstadium überspringen und in denen sich die adulten Merkmale schneller entwickeln. Dazu gehören Arten der Gattung *Eleutherodactylus*, die anders als die für Amphibien typischeren Gattungen *Rana* und *Xenopus* ihre Eier an Land legen und nicht im Wasser ein Larvenstadium durchlaufen, sondern sich gleich zu terrestrischen Fröschen entwickeln. Typische Kaulquappenmerkmale

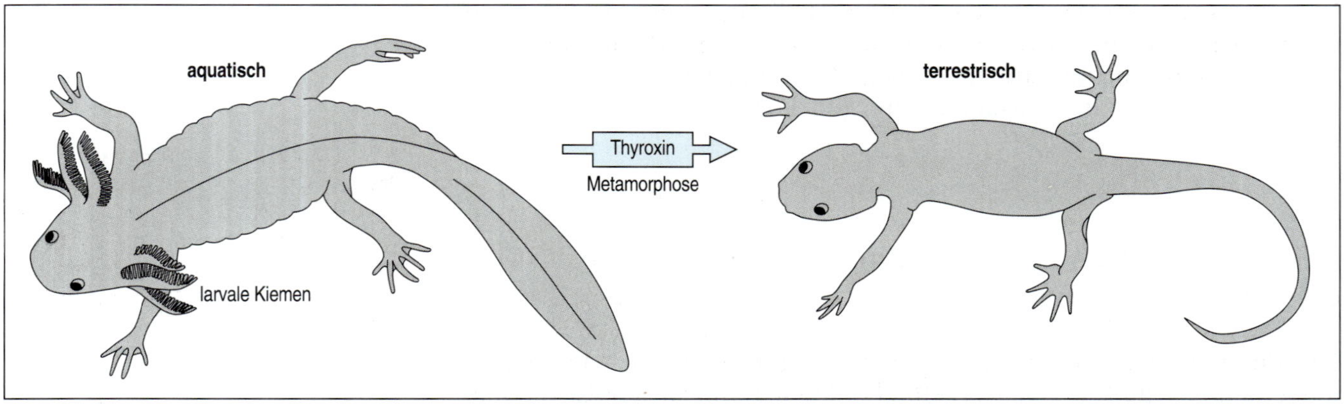

15.15 Neotenie bei Salamandern. Der geschlechtsreife Mexikanische Querzahnmolch *Axolotl* besitzt noch Larvenstrukturen wie die Kiemen und lebt im Wasser. Verabreicht man ihm jedoch Thyroxin, das er selbst nicht produziert und das in anderen Amphibien die Metamorphose einleitet, so verwandelt er sich in einen typischen landlebenden Salamander.

wie Kiemen und Haftdrüsen bilden sich gar nicht erst aus. Statt dessen entstehen bereits kurz nach der Bildung des Neuralrohres auffällige Extremitätenknospen, und der embryonale Schwanz wird zu einem Atmungsorgan umgebaut (Abbildung 15.16). Eine solche direkte Entwicklung zu einem adulten Frosch – unter Fortfall der Nahrungsaufnahme, die das Kaulquappenstadium sonst ermöglicht – erfordert ein sehr dotterreiches Ei. Dieser Anstieg des Dottergehalts kann seinerseits als ein Beispiel für Heterochronie gelten, da er mit einer Verlängerung oder Beschleunigung der Phase der Dottersynthese in der Eientwicklung einhergeht.

Seeigel durchlaufen vor Erreichen der Geschlechtsreife in der Regel ein Larvenstadium, das einen Monat oder länger dauert. Bei einigen Arten hat sich jedoch in der Evolution eine direkte Entwicklung herausgebildet, so daß sie kein funktionelles Larvenstadium mehr durchlaufen. Diese Arten haben große Eier und entwickeln sich sehr schnell, binnen vier Tagen, zu juvenilen Seeigeln. Dazu mußte sich ihre Embryonalentwicklung ändern: Der Embryo entwickelt sich zwar zunächst noch zu einer larvenähnlichen Form, die jedoch keinen Darm besitzt und daher keine Nahrung aufnehmen kann. Dementsprechend tritt diese funktionslos gewordene Larve unverzüglich in die Metamorphose ein.

Weitere Beispiele für zeitliche Änderungen von Entwicklungsvorgängen im Zuge der Evolution findet man bei den Wirbeltieren. Wale und Schlangen zeigen eine Verkümmerung von Gliedmaßen bis hin zum Totalverlust. In der Regel erfolgten solche Reduktionen nach und nach von distal nach proximal fortschreitend. Wie Fossilienfunde zeigen, zog sich in der Evolution der Wale die allmähliche Verkümmerung der Hinterextremitäten über viele Millionen Jahre hin. Manche heutigen Wale besitzen in ihrem Körperinneren immer noch Reste von Oberschenkelknochen und Schienbein. Auch Laufvögel haben teilweise verkürzte Extremitäten: Der Flügel des Kiwis zum Beispiel hat nur noch einen Fingerstrahl. Solche evolutionären Veränderungen kann man zumindest zum Teil durch Abwandlungen im Zeitplan der Extremitätenentwicklung erklären, etwa durch eine reduzierte Wachstumsrate der Extremitätenknospe oder ein vorgezogenes Ende des Wachstums. Der totale Verlust von Gliedmaßen bei Schlangen und Blindschleichen ist offenbar auf Verschiebungen im Zeitpunkt der Apoptose und das frühzeitige Verschwinden der apikalen Ektodermleiste in der Extremitätenknospe zurückzuführen (Abschnitt 10.3). Von einigen beinlosen Wirbeltierarten ist bekannt, daß sie noch Extremitätenknospen ausbilden. Allerdings beginnen die Zellen in der Apikalleiste alsbald abzusterben, wonach der Zelltod auf das Knospenmesoderm übergreift; das führt in der Regel dazu, daß die Extremität völlig wegfällt. Beim Python jedoch entwickeln sich zumindest noch proximale Gliedmaßenelemente.

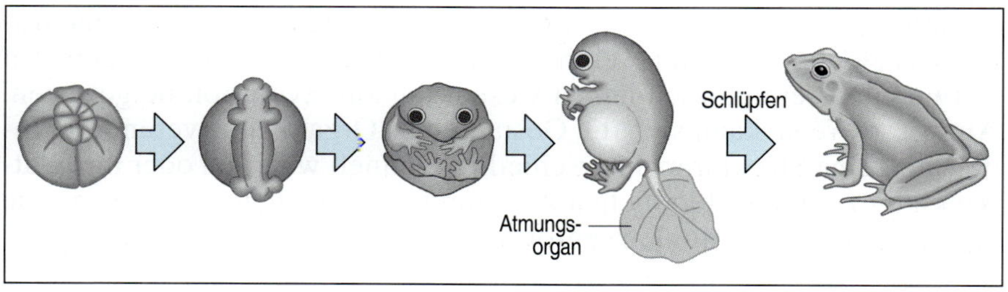

15.16 Entwicklung des Frosches *Eleutherodactylus*. Typische Frösche wie *Xenopus* oder *Rana* laichen im Wasser und durchlaufen ein aquatisches Kaulquappenstadium, aus dem durch Metamorphose der adulte Frosch hervorgeht. Frösche der Gattung *Eleutherodactylus* dagegen legen ihre Eier an Land ab und schlüpfen als kleine Adultformen, ohne ein freilebendes aquatisches Larvenstadium zu durchlaufen. Ihre Embryonen besitzen aber noch einen Schwanz, der zu einem Atmungsorgan umfunktioniert wurde.

Zusammenfassung

Im Laufe der Evolution kann der Körper durch Änderungen im Zeitablauf von Entwicklungsprozessen eine neue Gestalt bekommen. So wachsen zum Beispiel einzelne Körperregionen schneller als andere und erreichen so überproportionale Ausmaße, wenn das Tier größer wird. Die Verkümmerung der seitlichen Fingerstrahlen bei Pferden beruht zum Teil auf diesem Typ von Entwicklungsänderungen. Entwicklungsgeschwindigkeit und Eigröße waren in der Evolution ebenfalls von Bedeutung. Verschiebungen des Zeitpunktes, zu dem ein Tier die sexuelle Reife erreicht, können zu Adultformen mit larvalen Merkmalen führen. Bei manchen Tieren, deren Entwicklung gewöhnlich ein Larvenstadium umfaßt, etwa Fröschen und Seeigeln, sind auch Arten ohne Larvenstadium entstanden, die sich direkt zur Adultform entwickeln.

Übersicht: Veränderungen im Zeitablauf von Entwicklungsvorgängen

Größenzunahme
↓
schneller wachsende Strukturen werden entsprechend größer, z.B. dritter Fingerstrahl beim Pferd

frühe sexuelle Reife
↓
Neotenie

Fortfall des Larvenstadiums
↓
rasche Entwicklung zum adulten Tier

Zusammenfassung von Kapitel 15

Zahlreiche Entwicklungsprozesse sind in der Evolution konserviert worden. Auch wenn viele Fragen zum Zusammenhang zwischen Ontogenese und Evolution noch offen sind, ist unstrittig, daß sich in der Embryonalentwicklung die Evolutionsgeschichte früherer Embryonalformen widerspiegelt. Alle Wirbeltierembryonen durchlaufen ein ähnliches phylotypisches Entwicklungsstadium, während die Entwicklung davor und danach sehr unterschiedlich sein kann. Die Signale zur Musterbildung in Körperanhängen wie auch längs der Dorsoventralachse sind in Wirbeltieren und Arthropoden auffallend ähnlich. Das Expressionsmuster von Hox-Genen längs der Körperhauptachse ist zwischen Arthropoden und Wirbeltieren konserviert; Bauplanabwandlungen gehen mit Änderungen der Hox-Genexpression und/oder Änderungen nachgeordneter Ziele der Hox-Gene einher. Auch zeitliche Verschiebungen von Entwicklungsereignissen haben wesentlich zur Evolution beigetragen. Auf diese Weise kann sich die Gestalt eines Organismus verändern, indem einzelne Strukturen unterschiedlich schnell wachsen oder ihre Entwicklung zu unterschiedlichen Zeitpunkten abbrechen; ferner kann die Geschlechtsreife in die Larvenform verlegt werden.

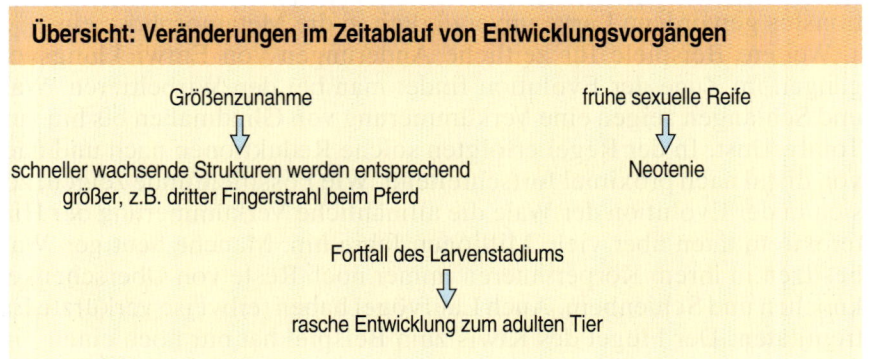

Literatur

Allgemein

Raff, R. A. *The Shape of Life.* Chicago (University of Chicago Press) 1996.

Pennisi, E.; Roush, W. *Developing a new view of evolution.* In: *Science* 277 (1997) S. 34–37.

Zu den einzelnen Abschnitten

15.1 Embryonale Strukturen haben im Laufe der Evolution neue Funktionen erhalten

Romer, A. S. *The Vertebrate Body.* Philadelphia (W. B. Saunders) 1949.

15.2 Extremitäten entstanden aus Flossen

Sordino, P.; van der Hoeven, F.; Duboule, D. *Hox gene expression in teleost fins and the origin of vertebrate digits.* In: *Nature* 375 (1995) S. 678–681.

Tabin, C. J. *Why we have (only) five fingers per hand: Hox genes and the evolution of paired limbs.* In: *Development* 116 (1992) S. 289–296.

15.3 Wirbeltier- und Insektenflügel entwickeln sich mittels homologer Mechanismen

Panganiban, G.; Irvine, S. M.; Lowe, C.; Roehl, H.; Corley, L. S.; Sherbon, B.; Grenier, J. K.; Fallon, J. F.; Kimble, J.; Walker, M.; Wray, G. A.; Swalla, B. J.; Martindale, M. Q.; Carroll, S. B. *The origin and evolution of animal appendages.* In: *Proc. Natl. Acad. Sci.* 94 (1997) S. 5162–5166.

15.4 Hox-Genkomplexe sind durch Genduplikation entstanden

Holland, P. *Homeobox gens in vertebrate evolution.* In: *BioEssays* 14 (1992) S. 267–273.

Krumlauf, R. *Evolution of the vertebrate Hox homeobox genes.* In: *BioEssays* 14 (1992) S. 245–252.

Valentine, J. W.; Erwin, D. H.; Jablonski, D. *Developmental evolution of metazoan bodyplans: the fossil evidence.* In: *Dev. Biol.* 173 (1996) S. 373–381.

15.5 Durch Veränderungen in der Festlegung und Interpretation von Positionsinformationen entstanden unterschiedliche Körperbaupläne

Carroll, S. B. *Homeotic genes and the evolution of arthropods and chordates.* In: *Nature* 376 (1995) S. 479–485.

Averof, M.; Akam, M. *Hox genes and the diversification of insect and crustacean body plans.* In: *Nature* 376 (1995) S. 420–423.

Akam, M. *Hox genes and the evolution of diverse body plans.* In: *Phil. Trans. Roy. Soc. Lond. B* 349 (1995) S. 313–319.

Slack, J. M.; Holland, P. W.; Graham, C. F. *The zootype and phylotypic stage.* In: *Nature* 361 (1993) S. 490–492.

15.6 Lage und Anzahl paariger Anhänge des Insektenkörpers hängen davon ab, wo welche Hox-Gene exprimiert werden

Carroll, S. B.; Weatherbee, S. D.; Langeland, J. A. *Homeotic genes and the regulation and evolution of insect wing number.* In: *Nature* 375 (1995) S. 58–61.

15.7 Arthropoden und Wirbeltiere haben einen ähnlichen Grundbauplan, ihre Dorsoventralachsen verlaufen jedoch in entgegengesetzter Richtung

Holland, L. Z.; Kene, M.; Williams, N. A.; Holland, N. D. *Sequence and embryonic expression of the amphioxus engrailed gene (AmphiEn): the metameric pattern of transcription resembles that of its segment-polarity homolog in Drosophila.* In: *Development* 124 (1997) S. 1723–1732.

Holley, S. A.; Jackson, P. D.; Sasai, Y.; Lu, B.; De Robertis, E.; Hoffman, F. M.; Ferguson, E. L. *A conserved system for dorso-ventral patterning in insects and vertebrates involving sog and chordin.* In: *Nature* 376 (1995) S. 249–253.

Müller, M.; von Weizsäcker, E. Campos-Ortega, J. A. *Expression domains of a zebrafish homologue of the Drosophila pair-rule gene hairy correspond to primordia of alternating somites.* In: *Development* 122 (1996) S. 2071–2078.

Arendt, D.; Nübler-Jung, K. *Dorsal or ventral: similarities in fate maps and gastrulation patterns in annelids, arthropods and chordates.* In: *Mech. Dev.* 61 (1997) S. 7–21.

15.8 Veränderungen von Wachstumsraten wirken sich auf die Gestalt von Organismen aus

Huxley, J. S. *Problems of Relative Growth.* London (Methuen & Co. Ltd.) 1932.

15.9 Die Evolution biologischer Lebenswege hat Auswirkungen auf die Individualentwicklung

Partridge, L.; Harvey, P. *The ecological context of life history evolution.* In: *Science* 241 (1988) S. 1449–1455.

15.10 Zeitliche Verschiebungen von Entwicklungsereignissen in der Evolution

Alberch, P.; Alberch, J. *Heterochronic mechanisms of morphological diversification and evolutionary change in the neotropical salamander Bolitoglossa occidentales (Amphibia: Plethodontidae).* In: *J. Morphol.* 167 (1981) S. 249–264.

Lande, R. *Evolutionary mechanisms of limb loss in tetrapods.* In: *Evolution* 32 (1978) S. 73–92.

Raynaud, A. *Developmental mechanism involved in the embryonic reduction of limbs in reptiles.* In: *Intl. J. Dev. Biol.* 34 (1990) S. 233–243.

Wray, G. A.; Raff, R. A. *The evolution of developmental strategy in marine invertebrates.* In: *Trends Evol. Ecol.* 6 (1991) S. 45–56.

Glossar

Achsen Richtachsen, die sich durch den Körper eines Organismus legen lassen und dessen Polarität in verschiedenen Richtungen definieren. Bei Tieren unterscheidet man zwei Hauptachsen: die anterio-posteriore Achse, die vom Kopf- zum Schwanzende verläuft, und die dazu senkrecht verlaufende Dorsoventralachse, die von der Rücken- zur Bauchseite verläuft. Die Lage des Mundes definiert dabei, wo sich die Bauchseite befindet. Bei Pflanzen verläuft die Hauptachse von der äußersten Sproßspitze zur Wurzelspitze und heißt apikal-basale Achse.

Adhäsionsmoleküle Moleküle, die Zellen sowohl miteinander als auch mit der extrazellulären Matrix verbinden. Die wichtigsten Klassen von Adhäsionsmolekülen sind die Cadherine, die Immunglobulinsuperfamilie und die Integrine.

Akrosomreaktion Freisetzung von Enzymen und anderen Proteinen aus dem Akrosomvesikel im Spermienkopf bei der Berührung mit der äußeren Membran der Eizelle. Die äußeren Schichten der Eizelle können so besser durchdrungen werden.

Allantois Extraembryonale Membranen einiger Wirbeltierembryonen. Bei Vögeln und Reptilien dient die Allantois dem Gasaustausch, während ihre Blutgefäße bei Säugetieren Blut von und zur Plazenta transportieren.

Allel Zustandsform eines Gens. Bei diploiden Organismen liegen in jedem Individuum die Gene in jeder Zelle in zwei Allelen vor, die gleich oder unterschiedlich sein können.

Allometrie Quantitative Erfassung des unterschiedlichen Wachstums von Körperteilen eines Organismus.

Amnion Extraembryonale Membran bei Vögeln, Reptilien und Säugern, die einen mit Flüssigkeit (Fruchtwasser) gefüllten Sack bildet, der den Embryo umschließt und schützt. Das Amnion wird aus dem extraembryonalen Ektoderm und dem Mesoderm gebildet.

Androgenese Experimentell hervorgerufene Entwicklung eines Embryos mit ausschließlich väterlichen Erbanlagen aus einer besamten Eizelle, deren Kern entfernt wurde (siehe auch Gynogenese).

Animale Region Dotterarmer Teil der Eizelle, in dem sich der Zellkern befindet. Den terminalen Bereich dieser Region nennt man den **animalen Pol**, der gegenüber dem vegetativen Pol am anderen Ende der Eizelle liegt. Bei *Xenopus* bezeichnet man die pigmentierte animale Hälfte als **animale Polkappe**.

Animal-vegetative Achse Achse, die durch die animale und vegetative Region einer Eizelle oder eines frühen Embryos verläuft.

Anlagenplan (*fate map*) Siehe Zellschicksal.

Anterio-posteriore Achse (Längsachse) Achse, die „Kopf"- und „Schwanz"-Ende (anteriores und posteriores Ende) eines Tieres definiert.

Antikline Zellteilungen Teilungen, deren Teilungsebene senkrecht zur Oberfläche des betreffenden Gewebes liegt.

Apikale Ektodermleiste (*apical ectodermal ridge*) Verdickung des Ektoderms am distalen Ende der sich entwickelnden Extremitätenanlagen beim Hühnchen und bei Säugern. Signale aus dieser Leiste spezifizieren die Wachstumszone im darunterliegenden Mesoderm.

Apikalmeristem Gruppe von teilungsfähigen Zellen an der Spitze einer Sproßachse oder Wurzel.

Apoptose Programmierter Zelltod, der während der Entwicklung weit verbreitet ist. Dabei wird eine Zelle dazu veranlaßt, „Selbstmord" zu begehen, wobei die DNA zerstückelt und die Zelle abgebaut wird. Apoptotische Zellen werden von körpereigenen Freßzellen entfernt; durch ihr Absterben werden im Gegensatz zur Nekrose keine benachbarten Zellen geschädigt.

Archenteron (Urdarm) Hohlraum, der in der Embryonalentwicklung während der Gastrulation durch Einstülpung der Keimblätter Ento- und Mesoderm entsteht und aus dem später der Darm hervorgeht.

Area opaca Äußerer undurchsichtiger Rand des Hühnchenblastoderms.

Area pellucida Zentraler klarer Bereich des Hühnchenblastoderms.

Asymmetrische Zellteilungen Zellteilungen, bei denen aufgrund einer ungleichen Verteilung der cytoplasmatischen Bestandteile unterschiedliche Tochterzellen entstehen.

Augendominanzsäulen (*ocular dominance columns*) Alternierende Strukturen im visuellen Cortex, die auf den gleichen visuellen Reiz entweder vom linken oder vom rechten Auge reagieren.

Axone Lange Fortsätze von Nervenzellen, die Impulse vom Zellkörper weiterleiten. An ihrem Ende befinden sich eine oder mehrere Synapsen, über die die Axone mit anderen Nervenzellen, Muskel- oder Drüsenzellen in Kontakt stehen.

Basallamina Schicht von extrazellulärer Matrix, durch die eine Epithelschicht von dem darunterliegenden Gewebe getrennt wird. So befindet sich beispielsweise in der Haut zwischen der Epidermis und der Dermis eine Basallamina.

Bauplan (*body plan*) Organisationsschema eines Organismus; zeigt beispielsweise, wo sich Kopf und Schwanz befinden und wo, falls vorhanden, die Ebene der Bilateralsymmetrie liegt. Der Bauplan der meisten Tiere ist in bezug auf zwei Hauptachsen organisiert: die anterio-posteriore und die dorso-ventrale Achse.

Blastem Ansammlung von morphologisch undifferenzierten, multi- oder omnipotenten Zellen unter verletztem Gewebe, die bei Amphibien beispielsweise verlorene Extremitäten regenerieren können.

Blastocoel Flüssigkeitsgefüllter Hohlraum in der Blastula.

Blastocyste Embryonalstadium der Säugetiere, was der Blastula anderer Tierembryonen entspricht und in dem die Einnistung in die Uterusschleimhaut erfolgt.

Blastoderm Ein Embryo, der nach Beendigung der Furchungsteilungen nicht als kugelförmige Blastula vorliegt, sondern als kompakte Zellschicht dem Restdotter aufliegt, wie etwa beim frühen *Drosophila*- und Hühnchenembryo. Das Blastoderm beim Hühnchen nennt man auch **Keimscheibe**.

Blastomeren Furchungszellen, die bei den Teilungen des frühen Embryos entstehen.

Blastoporus Siehe Urmund.

Blastula Stadium der Tierentwicklung nach den Furchungsteilungen. Die Blastula ist eine Hohlkugel, die aus einer epithelialen Schicht kleiner Zellen besteht und einen flüssigkeitsgefüllten Hohlraum (Blastocoel) umschließt.

Blütenmeristem Bereich teilungsfähiger Zellen an der Spitze einer Sproßachse, aus der eine Blüte entsteht (siehe Blütenorgananlagen).

Blütenorgananlagen Anlage, die aus dem Blütenmeristem entsteht und aus der sich die einzelnen Teile einer Blüte entwickeln.

Blütenstand Siehe Infloreszenz.

Cadherine Klasse von Adhäsionsmolekülen.

Catenine Intrazelluläre Proteine, die mit den cytoplasmatischen Domänen der Cadherine interagieren und dadurch eine Verbindung zwischen den Cadherinen und dem Cytoskelett der Zelle herstellen.

Chimäre Künstlich aus zwei oder mehr Individuen mit unterschiedlicher genetischer Konstitution zusammengesetzter Organismus.

Chorda dorsalis (Urwirbelsäule, Notochord) Stabartiger Zellverband in Wirbeltierembryonen, der sich vom Kopf bis zum Schwanz erstreckt, zentral unter dem zukünftigen zentralen Nervensystem liegt und mesodermalen Ursprungs ist.

Chorion (Embryonalhülle) Äußere der beiden extraembryonalen Membranen bei Vögeln, Reptilien und Säugern. Sie ist am respiratorischen Gasaustausch beteiligt und befindet sich bei Vögeln und Reptilien unmittelbar unter der Eischale. Bei Säugern gehört das Chorion zur Plazenta und ist somit an der Ernährung und Ausscheidung beteiligt. Das Chorion der Insekten ist anders aufgebaut.

Chromatin Baumaterial der Chromosomen. Es besteht aus DNA und Proteinen.

Codierende Region Genbereich, dessen DNA für ein Polypeptid oder eine funktionelle RNA codiert.

Corpus geniculatum laterale Gehirnregion bei Säugern, in die die Axone von der Netzhaut münden.

Cycline Proteine, deren Konzentration periodisch während des Zellzyklus zu- und abnimmt und die an der Steuerung des Zellzyklus beteiligt sind.

Cytoplasmatische Faktoren Beispielsweise Proteine oder RNAs in der Eizelle und in embryonalen Zellen, die bei der Zellteilung asymmetrisch verteilt werden und so die Entwicklungsrichtung der Tochterzelle beeinflussen.

Cytoplasmatische Lokalisation Ungleichmäßige Verteilung von Faktoren im Cytoplasma, die zu einer Ungleichverteilung derselben in den Tochterzellen führt.

Dedifferenzierung Differenzierte Zellen verlieren die für sie charakteristischen Strukturen und können sich dann zu einem anderen Zelltyp differenzieren.

Dendriten Fortsätze aus dem Zellkörper der Nervenzelle, die Reize von anderen Nervenzellen empfangen können.

Dermamyotom Region im Somiten, die Zellen für die Muskulatur und das Corium (Dermis) liefert.

Dermatom Region im Somiten, die Zellen für das Corium (Dermis) liefert.

Dermis (Lederhaut, Corium) Bindegewebiger Anteil der Haut, der unterhalb der Epidermis liegt und von dieser durch eine Basallamina abgegrenzt wird.

Desmosomen Spezialisierte Zellverbindungen zwischen tierischen Epithelzellen. Die Adhäsion an diesen Verbindungsstellen wird über Cadherine vermittelt.

Determinanten Siehe Cytoplasmatische Faktoren.

Determination Reversible oder irreversible Festlegung von embryonalen (undifferenzierten) Zellen auf ein bestimmtes Entwicklungsschicksal. Eine determinierte Zelle folgt selbst dann ihrer Bestimmung, wenn sie in eine andere Region des Embryos transplantiert wird.

Diploidie Zustand eines Organismus, in welchem jede Zelle zwei homologe Chromosomensätze (je einen mütterlichen und väterlichen) und somit von jedem Gen zwei Kopien enthält.

Dominant Ein dominantes Allel bestimmt den Phänotyp, auch wenn es nur als einzelne Kopie vorliegt.

Dominant-negativ Eigenschaft von Mutationen, die eine einzelne zelluläre Funktion durch die Produktion einer defekten RNA oder eines defekten Proteinmoleküls inaktivieren; die normale Funktion des Genprodukts ist blockiert.

Dorsalisierung Vorgang, bei dem Embryonen auf Kosten der ventralen Strukturen vermehrt dorsale Strukturen entwickeln.

Dorsoventralachse Achse, die das Verhältnis zwischen Ober- oder Rückenseite (dorsal) und Unter- oder Bauchseite (ventral) eines Organismus oder einer Struktur definiert. Der Mund befindet sich immer ventral.

Dosiskompensation Mechanismus, der dafür sorgt, daß das Niveau der Expression X-chromosomaler Gene bei beiden Geschlechtern gleich ist, obwohl Männchen und Weibchen unterschiedlich viele X-Chromosomen aufweisen. Säuger, Insekten und Nematoden haben unterschiedliche Mechanismen der Dosiskompensation.

Dottersack Extraembryonale Hülle bei Vögeln und Säugern. Beim Hühnerembryo umhüllt der Dottersack den Dotter.

Ecdysis Art der Häutung bei Arthropoden, bei der die äußere Cuticula abgestoßen wird, um wachsen zu können.

Ektoderm Äußeres Keimblatt, das vor allem am Aufbau der Epidermis und des Nervensystems beteiligt ist.

Embryonale Stammzellen ES-Zellen werden aus der inneren Zellmasse eines Säugerembryos (gewöhnlich der Maus) gewonnen und können unbegrenzt in Kultur gehalten werden. Nach Injektion in eine andere Blastocyste verbinden sich die ES-Zellen mit der inneren Zellmasse und beteiligen sich an der Bildung des Embryos.

Enchondrale Verknöcherung (*enchondral ossification*) Bei embryonalen Wirbeltierskeletten der Ersatz des Knorpels durch Knochensubstanz von der Bindegewebsscheide aus (beispielsweise bei der Entstehung der langen Extremitätenknochen).

Endosperm Bezeichnung für das sich im Samen von Samenpflanzen entwickelnde Nährgewebe für den jungen Embryo.

Enhancer DNA-Sequenzen, an die sich regulatorische Proteine binden, um den Zeitpunkt und den Ort einer Gentranskription zu steuern. Enhancer können viele tausend Basenpaare von der codierenden Region entfernt liegen.

Entoderm Inneres Keimblatt, aus dem bei Wirbeltieren der Magen-Darm-Trakt samt den von ihm abgeleiteten Organen (Leber, Lunge) entstehen.

Entwicklungsschicksal, -richtung Siehe Zellschicksal.

Epiblast Gruppe von Zellen der Blastocyste beziehungsweise des Blastoderms im Mäuse- und Hühnerembryo, aus der der eigentliche Embryo hervorgeht. Im Mausembryo entwickelt sich der Epiblast aus der inneren Zellmasse.

Epibolie Vorgang während der Gastrulation, bei dem sich das Ektoderm ausdehnt und den gesamten Embryo bedeckt.

Epidermis (Oberhaut) Deckepithel der Körperoberfläche bei Wirbeltieren und Insekten.

Epimorphose Art der Regeneration, bei der die regenerierten Strukturen durch neues Wachstum gebildet werden.

Exogastrula Künstlich erzeugte, anomale Gastrula, bei der sich das Mesoderm nicht einstülpt, sondern nach außen abschnürt und über eine schmale Brücke mit dem Ektoderm verbunden bleibt.

Extraembryonales Ektoderm Gewebe, das bei Säugetieren an der Bildung der Plazenta beteiligt ist.

Extraembryonale Membranen Membranen außerhalb des eigentlichen Embryos, die den Embryo umhüllen, schützen und ernähren.

Follikelzellen Zellen, die während der Eireifung bei *Drosophila* die Oocyte und die Nährzellen umgeben.

Furchung (*cleavage*) Erste Phase der Embryonalentwicklung vielzelliger Tiere nach der Befruchtung, in der sich die Eizelle schnell in kleine Zellen (Blastomeren) aufteilt, ohne größer zu werden.

Gameten (Geschlechtszellen, reproduktive Zellen; siehe auch Keimzellen) Haploide Fortpflanzungszellen, die die Gene für die nächste Generation enthalten; bei Tieren spricht man von Ei- und Samenzellen.

Gap-Gene Siehe Lückengene.

Gastrula Frühes Entwicklungsstadium vielzelliger Tiere, in dem Entoderm und Mesoderm der Blastula in das Innere des Embryos wandern.

Gastrulation Vorgang beim vielzelligen Embryo, bei dem sich Entoderm und Mesoderm in das Innere des Embryos einstülpen, um dort die inneren Organe auszubilden.

Gemeinschaftseffekt (*community effect*) Die Auslösung der Zelldifferenzierung hängt in einigen Geweben von einem Gemeinschaftseffekt ab, bei dem eine ausreichende Anzahl an Zielzellen auf ein Signal reagieren muß, damit es zu einer Differenzierung kommen kann.

Genitalleiste (*genital ridge*) Bereich des Mesoderms bei Wirbeltieren, das die Abdominalhöhle auskleidet, aus dem sich die Gonaden entwickeln.

Gen-Knock-out Vollständige Inaktivierung eines bestimmten Gens in einem transgenen Organismus.

Genomische Prägung Siehe Imprinting.

Genotyp Gesamtheit der Erbanlagen einer Zelle oder eines Organismus in Form der vorhandenen Allele eines jeden Gens.

Gerichtete Ausdehnung (*directed dilation*) Ausbildung röhrenförmiger Fortsätze am Ende einer Zelle durch hydrostatischen Druck, wobei die Richtung durch den größeren Widerstand an der Peripherie gegen eine Ausdehnung vorgegeben wird.

Glia Stütz- und Isolationsgewebe im Zentralnervensystem der Tiere (beispielsweise Schwannsche Zellen), dem auch wichtige (aktive) regulatorische Funktionen zukommen.

Gonaden (Keimdrüsen) Die (inneren) männlichen und weiblichen Geschlechtsorgane.

Gynogenese Ein gynogenetischer Embryo besitzt ausschließlich mütterliche Erbanlagen (siehe auch Androgenese).

Hämatopoese Prozeß der Blutbildung, bei dem alle Blutzellen aus einer pluripotenten Stammzelle entstehen. Dieser Vorgang vollzieht sich hauptsächlich im Knochenmark.

Haploidie Haploide Zellen entstehen durch meiotische Teilung aus diploiden Zellen. Sie enthalten nur einen Chromosomensatz (die Hälfte der diploiden Zelle) und somit von jedem Gen nur eine Kopie. Bei den meisten Tieren sind lediglich die Gameten (Ei- oder Samenzelle) haploid.

Häutung Prozeß während des Arthropodenwachstums, bei dem die äußere Cuticula abgeworfen und durch eine neue ersetzt wird.

Hemidesmosomen Spezielle Verbindungen zwischen Epithelzellen und der darunterliegenden Basallamina. Sie bestehen unter anderem aus Integrinen.

Hensenscher Knoten Anschwellung am Vorderende des Primitivstreifens von Hühner- und Mausembryonen. Die Zellen dieses Knotens liefern das Chordamaterial und sind vergleichbar mit dem Spemann-Organisator bei Amphibien.

Heterochromatin Bereiche des Chromosoms, in denen das Chromatin in kondensierter Form vorliegt, so daß keine Transkription stattfinden kann.

Heterochronie Zeitliche Verschiebung in der zu erwartenden Reihenfolge von Entwicklungsvorgängen. Eine Mutation, die sich so auswirkt, bezeichnet man als **heterochrone Mutation**.

Heterozygotie (Mischerbigkeit) Vorhandensein zweier verschiedener Allele eines Gens in einem diploiden Organismus.

Homologe Gene Gene, die signifikante Ähnlichkeiten in ihrer Nucleotidsequenz besitzen, da sie von einem gemeinsamen Urgen abstammen.

Homologe Rekombination Rekombination zweier DNA-Moleküle an einer bestimmten Stelle, an denen sich ihre Sequenzen ähneln.

Homöobox DNA-Bereich der homöotischen Gene, der eine DNA-bindende Domäne codiert, die man **Homöodomäne** nennt. Die Homöodomäne findet sich in vielen Transkriptionsfaktoren, die in der Ontogenese eine wichtige Rolle spielen, wie etwa den Produkten der Hox- und Pax-Gene.

Homöose, homöotische Transformation Umwandlung einer Struktur in eine andere, homologe Struktur infolge einer Mutation in einem **homöotischen Gen**, zum Beispiel die Entstehung von Beinen anstelle der Antennen bei *Drosophila*.

Homöotische Selektorgene Gene bei *Drosophila*, die die Identität und den Entwicklungsweg einer Zellgruppe bestimmen. Sie codieren Transkriptionsfaktoren mit Homöodomäne und regulieren die Expression anderer Gene. Ihre Expression ist während der gesamten Ontogenese erforderlich. Ein Beispiel für ein homöotisches Selektorgen ist das *engrailed*-Gen von *Drosophila*.

Homozygotie (Reinerbigkeit) Vorhandensein zweier gleicher Allele eines Gens im Erbgut diploider Organismen.

Hox-Gene Familie von Homöobox-Genen, die man in allen bisher untersuchten Tieren gefunden hat und die an der Bildung der anterio-posterioren Achse beteiligt sind. Hox-Gene liegen auf den Chromosomen in einem oder mehreren Genkomplexen geclustert vor.

Hypoblast Zellschicht im frühen Hühnerembryo, die den Dotter bedeckt und aus dem extraembryonale Strukturen wie etwa der Stiel des Dottersackes hervorgehen.

Imaginalscheiben Kleine Epithelsäckchen in den Larven von *Drosophila* und anderen Insekten, aus denen in der Metamorphose adulte Strukturen wie Flügel, Beinen, Antennen, Augen und Genitalien entstehen.

Imprinting (Prägung) Phänomen, bei dem Gene im Embryonalstadium unterschiedlich exprimiert werden und somit aktiv oder inaktiv sind, je nachdem, ob sie vom Vater oder von der Mutter stammen.

Induktion Prozeß, bei dem eine Zellgruppe einer anderen signalisiert, wie sie sich entwickeln soll.

Infloreszenz (Blütenstand) Bei einem Sproß, der zu Blütenbildung fähig ist, entwickelt sich das vegetative Apikalmeristem zu einem **Blütenstandsmeristem**.

Initialzellen Unbegrenzt teilungs- und wachstumsfähige Pflanzenzellen, die entweder als teilungsfähige Zellen im Meristem verbleiben oder das Meristem verlassen und sich ausdifferenzieren.

Innere Zellmasse Zellgruppe im frühen Embryonalstadium der Säuger, die aus den inneren Zellen der Morula hervorgeht, welche in der Blastocyste eine eigene Zellgruppe bilden. Aus einigen Zellen der inneren Zellmasse entsteht der eigentliche Embryo.

***In situ*-Hybridisierung** Technik, mit deren Hilfe man nachweisen kann, wo im Embryo bestimmte Gene exprimiert werden. Dabei wird die transkribierte mRNA durch Hybridisierung mit einer komplementären, markierten, einzelsträngigen DNA-Sonde nachgewiesen.

Integrine Gruppe von Zelladhäsionsmolekülen, mit deren Hilfe sich Zellen an die extrazelluläre Matrix heften.

Interkalares Wachstum Tritt auf bei Tieren mit epimorpher Regenerationsfähigkeit, wenn zwei Gewebestücke mit unterschiedlichen Positionswerten nebeneinander zu liegen kommen. Durch das interkalare Wachstum werden die dazwischenliegenden Positionswerte ersetzt.

Internodium Sproßachsenabschnitt zwischen zwei übereinanderliegenden Blattansatzstellen (Nodien) einer Pflanze.

Invagination Lokale Einwärtsbewegung einer embryonalen epithelialen Zellschicht zur Bildung einer Einstülpung während der frühen Gastrulation.

Involution Art der Zellbewegung während der frühen Gastrulation bei Amphibien, wobei eine Zellschicht durch eine Einrollbewegung in das Innere des Embryos gelangt.

Keimblätter Zellschichten im frühen Tierembryo, die sich bei der Gastrulation trennen und aus denen verschiedene Gewebetypen entstehen. Die meisten Tiere haben drei Keimblätter: Ektoderm, Mesoderm und Entoderm. Bei Pflanzen bezeichnet der Begriff die Kotyledonen (siehe dort).

Keimdrüsen Siehe Gonaden.

Keimplasma Spezielles Cytoplasma in den Eizellen einiger Tiere, zum Beispiel bei *Drosophila*, die an der Spezifizierung der Keimzellen beteiligt sind.

Keimscheibe Siehe Blastoderm.

Keimstreifen (*germ band*) Ventrales Blastoderm des frühen Embryos von *Drosophila*, aus dem sich der größte Teil des Embryos entwickelt.

Keimzellen Zellen, aus denen Ei- und Samenzellen (die Gameten) hervorgehen.

Keratinocyten Ausdifferenzierte epidermale Hautzellen, die Keratin bilden, daraufhin sterben und von der Hautoberfläche abgestoßen werden.

Klon Genetisch identische Nachkommen einer einzelnen Zelle oder genetisch identische Nachkommen eines Individuums durch asexuelle Vermehrung.

Klonale Restriktion (*cell lineage restriction*) Alle Abkömmlinge einer bestimmten Zellgruppe verbleiben innerhalb eines bestimmten Bereichs und vermischen sich nicht mit benachbarten Zellgruppen. Bei der Insektenentwicklung sind die Kompartimentsgrenzen die Grenzen einer solchen klonalen Restriktion.

Knock-out Siehe Gen-Knock-out.

Kompaktion (Verdichtung) Vorgang während der ersten Furchungsteilungen im Mausembryo, bei dem sich die Blastomeren abflachen und die Mikrovilli auf die äußere Oberfläche der Zellkugel beschränkt bleiben.

Kompartiment Abgegrenzte Bereiche im Embryo, in denen sich sämtliche Nachkommen einer kleinen Gruppe von Gründerzellen befinden und die klonale Restriktion zeigen. Zellen eines Kompartiments respektieren die Kompartimentgrenze und dringen nicht in benachbarte Kompartimente ein. Kompartimente sind oft eigenständige Entwicklungseinheiten.

Kompetenz Fähigkeit von Zellen oder Geweben, spezifisch auf bestimmte Signale (Reize) zu reagieren. Embryonale Gewebe bleiben lediglich für eine beschränkte Zeit kompetent.

Kontrollregion Durch die Bindung regulatorischer Proteine an diesen Bereich eines Gens wird bestimmt, ob das betreffende Gen transkribiert wird oder nicht.

Konvergente Ausdehnung (*convergent extension*) Vorgang, bei dem eine Zellschicht ihre Form verändert, indem sie sich in eine Richtung streckt und senkrecht dazu schmaler wird.

Körperachsen Siehe Achsen.

Körperbauplan Siehe Bauplan.

Kotyledonen (Keimblätter) Erste Blattanlagen eines pflanzlichen Embryos, die die ersten Nährstoffe speichern.

Kurzkeimentwicklung Entwicklungstyp bei Insekten, bei dem die meisten Körpersegmente nacheinander heranwachsen. Aus dem Blastoderm gehen lediglich die vorderen Segmente des Embryos hervor.

Langkeimentwicklung Entwicklungstyp bei Insekten, bei dem – wie beispielsweise bei *Drosophila* – der gesamte Embryo aus dem Blastoderm hervorgeht.

Larvenstadium (*instar*) Phase zwischen den einzelnen Häutungen bei Tieren, die in ihrer Ontogenese von der Larve bis zum geschlechtsreifen Tier verschiedene Entwicklungsprozesse durchlaufen müssen.

Lateralinhibition, laterale Hemmung Mechanismus, bei dem Zellen ihre benachbarten Zellen daran hindern, sich in gleicher Weise zu entwickeln.

Lückengene (*gap genes*) Zygotische Gene, die Transkriptionsfaktoren codieren, die in der frühen Entwicklung von *Drosophila* exprimiert werden und den Embryo entlang der anterio-posterioren Achse in verschiedene Körpersegmente unterteilen.

Marginalzone Gürtelähnlicher Bereich zukünftigen Mesoderms im Amphibienembryo am Äquator der späten Blastula.

Maternaleffektmutationen Mutationen in den mütterlichen (maternalen) Genen, die die Entwicklung der Eizelle und des späteren Embryos beeinflussen.

Maternale Faktoren Proteine und RNAs, die während der Oogenese in der Eizelle deponiert werden und deren Produktion durch sogenannte **maternale Gene** gesteuert wird.

Medio-laterale Interkalation Vorgang, der bei der konvergenten Ausdehnung während der Amphibiengastrulation stattfindet. Die Zellschicht verengt und verlängert sich, indem sich die Zellen zwischeneinander schieben.

Meiose Spezielle Art der Zellteilung während der Bildung der Ei- und Samenzellen, bei der die Anzahl der Chromosomen vom diploiden auf den haploiden Satz halbiert wird.

Meriklinalchimäre Bei dieser Art der Chimäre entwickelt sich aus einer genetisch markierten Zelle ein Teil eines Organs oder einer Pflanze.

Meristem Gruppe von undifferenzierten, teilungsfähigen Zellen an den wachsenden Spitzen von Pflanzen. Aus ihnen entstehen sämtliche adulte Strukturen wie Sproß, Blätter, Blüten und Wurzeln.

Mesenchym Lockeres embryonales Bildungsgewebe meist mesodermalen Ursprungs, dessen Zellen wandern können; einige Epithelien ektodermalen Ursprungs wie etwa die Neuralleiste machen eine Umwandlung von Epithel zu Mesenchym durch.

Mesoderm Mittleres der drei Keimblätter, aus dem Muskulatur und Skelett, Bindegewebe, Blutzellen sowie innere Organe wie Nieren und Herz hervorgehen.

Mesonephros (Urniere) Embryonale Niere bei Säugetieren, die an der Bildung der männlichen und weiblichen Geschlechtsorgane beteiligt ist.

Messenger-RNA (mRNA) RNA-Molekül, das durch die Transkription der DNA entsteht und die Aminosäuresequenz eines Proteins bestimmt.

Metamorphose Umwandlung der Larvenform zum erwachsenen, geschlechtsreifen Tier (Adultstadium). Die Metamorphose ist – wie etwa bei der Entstehung von Schmetterlingsflügeln oder Froschextremitäten – oft mit einem starken Formwechsel und der Entwicklung neuer Organe verbunden.

Metastasierung Prozeß, bei dem Krebszellen vom Ort ihrer Entstehung zu benachbarten Geweben wandern, um in diese einzudringen, und sich so auf andere Bereiche des Körpers verteilen. Man sagt, daß solche Zellen **metastasieren**.

Mikromeren Kleine Zellen, die aufgrund inäqualer Furchungsteilung während der frühen Tierentwicklung entstehen.

Mitose (Kernteilung) Teilung des Zellkerns während der Zellteilung, durch die zwei Tochterzellen mit dem gleichen diploiden Chromosomensatz wie die Ursprungszelle entstehen.

Mittblastulaübergang (*mid-blastula transition*) Phase im mittleren Blastulastadium eines Amphibiums, in der die Gene des Embryos erstmals transkribiert werden, asynchrone Furchungsteilungen stattfinden und die Zellen der Blastula zu wandern beginnen.

Morphallaxis Art der Regeneration, bei der fehlende Teile durch Umorganisation bestehender Gewebe ohne Wachstum ersetzt werden.

Morphogen An der Musterbildung beteiligte Substanz, die unterschiedlich im Raum verteilt ist und auf die Zellen bei unterschiedlichen Schwellenwerten unterschiedlich reagieren.

Morphogenese Bezeichnung für die Gestaltbildung im sich entwickelnden Embryo.

Morphogenetische Furche Struktur, die bei der Augenentwicklung von *Drosophila* über die Augenimaginalscheibe wandert und die Ommatidienentwicklung auslöst.

Morula Sehr frühes Stadium in der Entwicklung eines Säugerembryos, bei dem durch die Furchungsteilungen eine dichte Zellkugel entstanden ist.

Mosaikembryonen Embryonen, deren Zellen sich schon in einem sehr frühen Stadium nur ihrem Schicksal gemäß entwickeln können.

Motorische Endplatte Siehe Neuromuskuläre Synapse.

mRNA Siehe Messenger-RNA.

Müllerscher Gang Embryonale Vorstufe des Eileiters der Säugetiere, der dem Wolffschen Gang benachbart ist.

Musterbildung (*pattern formation*) Vorgang, bei dem Zellen im sich entwickelnden Embryo ihre Identität erhalten und der zu einer klar gegliederten räumlichen Anordnung von Zellaktivitäten führt.

Myoplasma Spezielle Art des Cytoplasmas in Ascidieneiern, das an der Spezifizierung der Muskelzellen beteiligt ist.

Myotom Teil des embryonalen Somiten, aus dem die Muskulatur entsteht.

Nährzellen Zellen, die bei *Drosophila* die sich entwickelnde Oocyte umgeben und Proteine und RNAs synthetisieren, die in der Oocyte gespeichert werden.

Neotenie Erreichen der Geschlechtsreife unter Beibehaltung von Larvenmerkmalen.

Neuralleiste Zellpopulation in der Frühentwicklung der Wirbeltiere, die sich zu beiden Seiten der Neuralrinne aus den Neuralwülsten entwickelt. Die Neuralleistenzellen wandern zu unterschiedlichen Zielorten im Körper und bilden eine Vielzahl von Geweben wie etwa das autonome und das sensorische Nervensystem, Pigmentzellen und einige Knorpelelemente des Kopfes.

Neuralplatte Siehe Neurulation.

Neuralrohr Siehe Neurulation.

Neuralwülste Siehe Neurulation.

Neuroblasten Embryonale Zellen, die sich zu neuronalen Geweben entwickeln (Neuronen, Glia).

Neuromuskuläre Synapse (motorische Endplatte) Kontaktstelle zwischen einem Motoneuron und einer Muskelfaser, an der die Nervenzelle Muskelaktivität hervorrufen kann.

Neurotrophine Proteine, die wie der Nervenwachstumsfaktor (*nerve growth factor*, NGF) für den Erhalt der Nervenzellen wichtig sind.

Neurula Stadium in der Entwicklung der Wirbeltiere am Ende der Gastrulation, in dem das Neuralrohr entsteht.

Neurulation Prozeß in der Wirbeltierentwicklung, bei dem sich das Neuroektoderm des zukünftigen Gehirns und Rückenmarks, die **Neuralplatte**, zu **Neuralwülsten** verdickt und nach Einsenkung zu einer Neuralrinne das **Neuralrohr** ausbildet.

Nieuwkoop-Zentrum Induktionszentrum auf der Dorsalseite des frühen Froschembryos. Es entsteht aufgrund der Rotation des Eicortex in der vegetativen Eihälfte.

Nodium (Blattknoten) Teil des Stengels einer Pflanze, an dem Blätter und seitliche Knospen abzweigen.

Notochord Siehe Chorda dorsalis.

Nucleus geniculatus lateralis Gehirnregion bei Säugern, in die die Axone der Retina münden.

Ommatidium Bauelement des Komplexauges der Insekten. Bei *Drosophila* sind etwa 800 Ommatidien in einer regelmäßigen Wabenstruktur angeordnet; jedes einzelne besteht aus acht Photorezeptorneuronen, vier Kegelzellen und zusätzlichen Pigmentzellen.

Onkogene Gene der Zellregulation können zu Onkogenen mutieren und somit Krebs auslösen.

Ontogenese Individualentwicklung von Organismen.

Oocyte Unreife Eizelle.

Oogenese (Eibildung) Entwicklung der weiblichen Keimzellen (Eizellen).

Organisator (Organisationszentrum) Signalzentrum, das die Ontogenese des gesamten Embryos oder von Teilen davon, etwa einer Extremität, dirigiert. Das Organisationszentrum bei Amphibien nennt man Spemann-Organisator.

Organogenese Anlage und Differenzierung spezifischer Strukturen wie Gliedmaßen, Augen und Herz.

Ovidukt Eileiter bei Vögeln und Säugetieren, durch den das Ei von den Eierstöcken (Ovarien) in die Gebärmutter (Uterus) gelangt.

Paarregelgene (*pair-rule genes*) Gene bei *Drosophila*, die im Blastodermstadium in quer verlaufenden Streifen (in alternierenden Parasegmenten) exprimiert werden.

Paraloga Gene innerhalb einer Spezies, die durch Duplikation und Divergenz entstanden sind. Ein Beispiel hierfür sind die Hox-Gene von Wirbeltieren, die aus einigen **paralogen Untergruppen** mit **paralogen Genen** bestehen.

Parasegmente Unabhängige Entwicklungseinheiten im sich entwickelnden *Drosophila*-Embryo, aus denen die Segmente der Larve und der adulten Form entstehen.

Pax-Gene Gene, die Regulationsproteine für die Transkription codieren und sowohl eine Homöodomäne als auch ein *paired*-Motiv enthalten.

P-Elemente Springende genetische Elemente bei *Drosophila*, die aus kurzen DNA-Sequenzen bestehen. Sie können an unterschiedlichen Stellen in ein Chromosom eingebaut werden und auch auf andere Chromosomen springen.

Perikline Zellteilungen Teilungen, die parallel zur Oberfläche des betreffenden Gewebes erfolgen.

Periklinalchimären Eine der drei Meristemschichten bei Pflanzen trägt einen genetischen Marker, der sie von den beiden anderen Schichten unterscheidet.

Phänotyp Gesamtheit der beobachtbaren Merkmale und Eigenschaften einer Zelle oder eines Organismus.

Phyllotaxis Art der Blattstellung entlang einer Sproßachse.

Phylogenese (Stammesgeschichte) Evolutionäre Entwicklungsgeschichte einer Spezies oder Verwandtschaftsgruppe.

Phylotypisches Stadium Stadium in der Wirbeltierentwicklung, in dem sich die Embryonen der verschiedenen Wirbeltiergruppen stark ähneln. In diesem Stadium besitzt der Embryo einen klar abgegrenzten Kopf, ein Neuralrohr und Somiten.

Plasmid Kleines ringförmiges DNA-Molekül, das sich unabhängig vom Bakteriengenom repliziert.

Pluteuslarve Larvenstadium des Seeigels.

Polarisierende Region (Polarisierungsregion) In den sich entwickelnden Extremitätenknospen des Hühnchens und der Maus ein Bereich am hinteren Ende der Knospe, der ein Signal abgibt, um die Position entlang der anterio-posterioren Achse zu spezifizieren.

Polarität Siehe Achsen.

Polkörper (Richtungskörper) Kleine Zellen, die während der Reifeteilungen der Eizellen entstehen, einen haploiden Kern besitzen und in der Regel degenerieren.

Polplasma Cytoplasma am posterioren Pol des *Drosophila*-Eies, das an der Spezifizierung der Keimzellen beteiligt ist.

Polyspermie Eindringen mehrerer Spermien in ein Ei.

Polzellen Zellen, die bei *Drosophila* frühzeitig am hinteren Pol der Eizelle abgeschnürt werden und später die Gameten liefern.

Positionsinformation Räumlich differenziertes Signal (beispielsweise in Form des Gradienten eines extrazellulären Signalmoleküls), das die Basis für eine Musterbildung liefern kann. Die Zellen bekommen einen **Positionswert**, der von ihrer Lage innerhalb des vorgegebenen Feldes der Positionsinformation abhängt. Die Zellen interpretieren dann diesen Positionswert gemäß ihrer genetischen Konstitution und Entwicklungsgeschichte und entwickeln sich dementsprechend.

Posteriore Marginalzone Dichter Zellsaum am Rand des Blastoderms, aus dem der Primitivstreifen hervorgeht.

Posteriore Prävalenz (posteriore Dominanz) Vorgang, bei dem weiter posterior exprimierte Hox-Gene die Wirkung weiter anterior exprimierter Hox-Gene hemmen können, falls diese in der gleichen Region exprimiert werden.

Posttranslationale Modifikation Veränderung innerhalb einer Proteinstruktur nach deren Synthese. Das Protein kann beispielsweise geschnitten, phosphoryliert oder glycosyliert werden.

Prägung Siehe Imprinting

Primitives Ektoderm (Epiblast; siehe auch dort) Teil der inneren Zellmasse der Säugerblastocyste, aus dem der eigentliche Embryo hervorgeht.

Primitives Entoderm Teil der inneren Zellmasse im Säugerembryo, der die extraembryonalen Membranen bildet.

Primitivknoten Siehe Hensenscher Knoten.

Primitivstreifen Zellstreifen im Hühnerembryo, der sich von der posterioren Marginalzone zum Zentrum der Area pellucida erstreckt und die spätere anterio-posteriore Achse vorgibt. Während der Gastrulation gelangen Zellen durch den Primitivstreifen in das Innere des Blastoderms. Der Primitivstreifen des Mausembryos hat eine ähnliche Funktion.

Programmierter Zelltod Siehe Apoptose.

Promeristem Zentrale Region des Meristems, die unbegrenzt teilungsfähige Initialzellen enthält.

Promotor Bereich der DNA nahe der codierenden Sequenz, an die sich die RNA-Polymerase bindet, um mit der Transkription eines Gens zu beginnen.

Pronucleus (Vorkern) Haploider Kern der Samen- oder Eizelle nach der Befruchtung, jedoch vor der Kernverschmelzung und der ersten mitotischen Teilung.

Protoonkogen Gen, das an der Regulation der Zellproliferation beteiligt ist und Krebs verursachen kann, falls es zu einem Onkogen mutiert oder selbst falsch reguliert wird.

Radiäre Interkalation Einschub von Zellen im mehrschichtigen Ektoderm einer Amphibiengastrula senkrecht zur Oberfläche, durch den die Zellschicht verdünnt und gestreckt wird.

Reaktions-Diffusions-System System, das selbstorganisierende Muster chemischer Konzentrationen ausbildet, aus dem periodische Muster hervorgehen können.

Redundanz Offensichtliches Ausbleiben eines Defekts nach Inaktivierung eines Entwicklungsgens. Man nimmt an, daß die fehlende Genwirkung auf andere Weise ersetzt werden kann.

Regeneration Fähigkeit eines voll entwickelten Organismus, verlorene Körperteile zu ersetzen.

Regulation Fähigkeit des Embryos, sich normal zu entwickeln, auch wenn Teile entfernt oder umgeordnet wurden. Embryonen, die sich so regulieren können, bezeichnet man auch als **Regulationsembryonen**.

Rezessive Mutation Mutation in einem Gen, die den Phänotyp nur dann verändert, wenn beide Kopien des Gens mutiert sind.

Rhombomere Abfolge von metameren Einheiten mit klonaler Restriktion im embryonalen Rhombencephalon der Wirbeltiere.

Rindenrotation Die Eirindenschicht eines Amphibieneies dreht sich unmittelbar nach der Befruchtung über das darunterliegende Cytoplasma zu der Stelle hin, an der das Spermium in das Ei eingedrungen ist.

Rotation des Eicortex Siehe Rindenrotation.

Schwellenwertkonzentration Konzentration eines chemischen Signals oder Morphogens, die eine bestimmte Reaktion der Zelle hervorruft. Chemische Signale lösen meist nur oberhalb oder unterhalb eines bestimmten Schwellenwertes spezifische Zellreaktionen aus.

Segmentierung Aufteilung des Körpers eines Organismus in eine Reihe morphologisch ähnlicher Einheiten oder **Segmente**.

Segmentpolaritätsgene Gene bei *Drosophila*, die an der Musterbildung der Parasegmente und Segmente beteiligt sind.

Seitenplattenmesoderm (*lateral plate mesoderm*) Zellschicht im Wirbeltierembryo, die lateral und ventral der Somiten liegt und die folgenden Gewebe ausbildet: Herz, Nieren, Geschlechtsorgane und Blutzellen.

Selektorgene Gene bei *Drosophila*, die die Aktivität einer Zellgruppe bestimmen und deren kontinuierliche Expression erforderlich ist, um diese Aktivität aufrechtzuerhalten.

Semidominante Mutation (Intermediäre Mutation) Mutation, die sich auf den Phänotyp auswirkt, wenn nur ein Allel mutiert ist; allerdings ist der Phänotyp viel stärker betroffen, wenn beide Allele die Mutation tragen.

Seneszenz Die mit dem Alterungsprozeß verbundenen funktionellen Beeinträchtigungen.

Signaltransduktion Vorgang, bei dem eine Zelle ein extrazelluläres Signal, gewöhnlich an der Zellmembran, in eine Antwort umwandelt, die häufig in einer Veränderung der Genexpression besteht.

Sklerotom Zellpopulation in den Somiten, die die Zellen für die Knorpel der Wirbeltiere liefert.

Somatische Zellen Alle Zellen bis auf die Keimzellen. Bei den meisten Tieren sind die somatischen Zellen diploid.

Somiten (Ursegmente) Segmentierte Mesodermblöcke auf beiden Seiten der Chorda. Aus ihnen entstehen sowohl Körper- als auch Extremitätenmuskulatur, die Wirbelsäule und die Haut.

Spemann-Organisator Organisationszentrum auf der dorsalen Seite eines Amphibienembryos. Signale dieses Zentrums können neue anterio-posteriore und dorso-ventrale Achsen bilden.

Spermatogenese Vorgang der Spermienbildung.

Spezifizierung Zellen, die sich im isolierten Zustand in einem neutralen Medium gemäß ihrem normalen Entwicklungsschicksal entwickeln, bezeichnet man als spezifiziert.

Spezifizierungskarte Karte, die zeigt, wie sich einzelne Bereiche eines Embryos in einem neutralen Kulturmedium entwickeln (würden).

Stammzellen Undifferenzierte Zellen in gewissen adulten Geweben, die sich selbst erneuern und zu bestimmten Zelltypen differenzieren können.

Synapse Spezialisierter Kontaktpunkt, an dem eine Nervenzelle mit einer anderen Nervenzelle oder einer Muskelzelle in Kontakt tritt.

Syncytium Zelle, in deren Cytoplasma sich viele Zellkerne befinden. Bei *Drosophila* beispielsweise kommt es im frühen Embryo zu Kernteilungen ohne Zellteilung, so daß ein **syncytiales Blastoderm** entsteht, in dem sich die Zellkerne an der Peripherie des Embryos befinden.

Tectum opticum Gehirnregion bei Amphibien und Vögeln, in die die Axone der Retina münden.

Teloblasten Zellen von Blutegeln und anderen Anneliden, aus denen die segmentalen Strukturen entstehen.

Teloplasma Cytoplasma in den Eiern der Blutegel und anderen Anneliden, das an der Spezifizierung der Blastomeren und damit an der Entstehung der Teloblasten beteiligt ist.

Teratocarcinome Massive Tumoren der Keimzellen, die eine Mischung differenzierter Zelltypen enthalten.

Totipotenz Fähigkeit einer Zelle, sich zu allen Zelltypen des betreffenden Organismus entwickeln zu können.

Transdifferenzierung Vorgang, bei dem sich eine ausdifferenzierte Zelle in einen anderen Zelltyp differenzieren kann, etwa eine Pigmentzelle in eine Linsenzelle.

Transfektion Technik, bei der Zellen von Säugern und anderen Tieren dazu gebracht werden, fremde DNA-Moleküle aufzunehmen. Die eingeschleuste DNA wird manchmal dauerhaft in das Genom der Wirtszelle integriert.

Transgene Organismen Organismen, die ein gentechnisch verändertes Genom besitzen. Häufig bringt man neue, artfremde Gene in das Genom ein oder inaktiviert ein bestimmtes Gen des Organismus.

Transkription Prozeß, bei dem die DNA-Sequenz eines aktiven Gens in eine komplementäre RNA-Sequenz umgeschrieben (transkribiert) wird.

Transkriptionsfaktor Regulatorisches Protein, das die Transkription eines Gens auslöst oder reguliert. Transkriptionsfaktoren wirken im Zellkern, indem sie sich an spezifische Regulatorregionen der DNA binden.

Translation Prozeß der Proteinbiosynthese, bei dem die mRNA die Abfolge der Aminosäuren in einem Protein bestimmt.

Transposon DNA-Sequenz, die – entweder durch Einsetzen einer Kopie der Originalsequenz oder durch Ausschneiden und erneuten Einbau der Originalsequenz – an verschiedenen Stellen des Chromosoms integriert werden kann.

Trophektoderm Äußere Zellschicht im frühen Säugerembryo, die sich zu extraembryonalen Strukturen wie der Plazenta entwickelt.

Tumorsuppressorgene Gene, die eine Zelle zu einer Krebszelle machen können, wenn beide Kopien eines solchen Gens inaktiviert werden.

Umwandlung von Epithel zu Mesenchym (*epithelium to mesenchyme transition*) Übergang, der auftritt, wenn Zellen eine Epithelschicht verlassen und zu einer lockeren Masse von Mesenchymzellen werden, die eigenständig wandern können.

Umwandlung von Mesenchym zu Epithel (*mesenchyme to epithelium transition*) Übergang, der auftritt, wenn lockere Mesenchymzellen aggregieren und wie bei der Nierenentwicklung ein röhrenförmiges Epithel bilden.

Urdarm Siehe Archenteron.

Urmund (Blastoporus) Schlitzförmige oder runde Einstülpung der embryonalen Zelloberfläche während der Gastrulation von Amphibien und Seeigeln, durch die Mesoderm und Entoderm in das Innere des Embryos gelangen.

Ursegmente Siehe Somiten.

Urwirbelsäule Siehe Chorda dorsalis.

Vegetalisierung Ein Embryo ist vegetalisiert, wenn er so behandelt wurde, daß der Anteil des Entoderms auf Kosten des Ektoderms zunimmt.

Vegetative Region Dotterreiche Region des Eies, aus der sich das Entoderm entwickelt. Den terminalen Bereich dieser Region bezeichnet man als **vegetativen Pol**; er befindet sich gegenüber dem animalen Pol.

Ventralisierung Ventralisierte Embryonen haben weniger dorsale und mehr ventrale Regionen als ein normaler Embryo.

Verdichtung Siehe Kompaktion.

Viscerales Entoderm Es entsteht aus dem primitiven Entoderm, das sich auf der Oberfläche des Eizylinders in der Säugerblastocyste entwickelt, und sezerniert für den Embryo wichtige Proteine.

Vitellinhülle Extrazelluläre Schicht, die das Ei des Seeigels und anderer Tiere umhüllt. Beim Seeigel entsteht daraus die Befruchtungsmembran.

Wachstumskegel (*growth cone*) Axone von sich entwickelnden Neuronen strecken sich mittels eines Wachstumskegels an ihrer Spitze aus. Der Wachstumskegel kriecht auf dem Substrat vorwärts und nimmt mittels Filopodien Umgebungsreize auf.

Wachstumszone (*growth plate*) Die langen Wirbeltierknochen wachsen von Wachstumszonen im Knorpel aus. Der Knorpel wächst und wird schließlich bei der enchondralen Verknöcherung (siehe auch dort) durch Knochensubstanz ersetzt.

Wachstumszone (*progress zone*) Zellen der Extremitätenknospen beim Hühnchen und bei Säugern proliferieren in dieser Zone an der Spitze der Knospe und erhalten einen Positionswert.

Wolffscher Gang Ausführungsgang bei Säugerembryonen, der mit dem Mesonephros in Verbindung steht und aus dem beim männlichen Geschlecht der Harnleiter (Vas deferens) hervorgeht.

Zelladhäsion Eigenschaft von Zellen, sich aneinander und an einem Substrat festzuheften.

Zelladhäsionsmoleküle Siehe Adhäsionsmoleküle.

Zelldifferenzierung Funktionelle und strukturelle Ausdifferenzierung von Zellen zu bestimmten Zelltypen wie etwa Muskel- oder Blutzellen.

Zellmotilität (Zellbeweglichkeit) Fähigkeit der Zelle, sich selbständig zu bewegen und ihre Gestalt zu verändern.

Zellschicksal Differenzierungs- oder Entwicklungsschicksal einer embryonalen Zelle. Durch Markierung von embryonalen Zellen kann man einen **Anlagenplan** (*fate map*) der embryonalen Regionen erstellen. Die Tatsache, daß eine Zelle ein bestimmtes Entwicklungsschicksal hat, bedeutet nicht, daß sie sich in einer anderen Umgebung nicht anders entwickeln kann.

Zellstammbaum (Zellgenealogie) Abfolge von Zellteilungen, aus der eine bestimmte Zelle hervorgegangen ist.

Zellzyklus Abfolge von Ereignissen, bei denen eine Zelle ihr genetisches Material verdoppelt und sich in zwei Tochterzellen teilt.

Zona pellucida Glycoproteinschicht, die das Säugerei umgibt und vor Polyspermie bewahrt.

Zone polarisierender Aktivität (ZPA) Siehe polarisierende Region.

Zootyp Expressionsmuster der Hox-Gene (und einiger anderer Gene) entlang der anterio-posterioren Achse des Embryos, das für alle Tierembryonen charakteristisch ist.

Zygote Befruchtete Eizelle, die diploid ist und Chromosomen des männlichen und des weiblichen Elternteils enthält.

Zygotische Gene Gene der befruchteten Eizelle, die im Embryo exprimiert werden.

Bildnachweise

1. Geschichte und Grundkonzepte der Entwicklungsbiologie

1.15 Nach Moore, K. L. *Before we are Born: Basic Embryology and Birth Defects*. 2. Aufl. Philadelphia (W. B. Saunders) 1983.

2. Modellsysteme

2.3 Oberes Photo: Mit Genehmigung reproduziert aus Alberts, B.; Bray, D.; Lewis, J.; Raff, M.; Roberts, K.; Watson, J. D. *Molecular Biology of the Cell*. 3. Aufl. New York (Garland Publishing) 1994.

2.5 Nach Kessel, R. G. *Scanning Electron Microscopy in Biology: A Student's Atlas of Biological Organization*. London (Springer-Verlag) 1974.

2.6 Nach Balinsky, B. I. *An Introduction to Embryology*. 4. Aufl. Philadelphia (W. B. Saunders) 1975.

2.8 Photo mit Genehmigung reproduziert aus Hausen, P.; Riebesell, M. *The Early Development of Xenopus laevis*. Berlin (Springer-Verlag) 1991.

2.11 Oberes Photo mit Genehmigung reproduziert aus Kispert, A.; Ortner, H.; Cooke, J.; Herrmann, B. G. *The chick Brachyury gene: developmental expression pattern and response to axial induction by localized activin*. In: *Dev. Biol.* 168 (1995) 406–415.

2.13 Mit Genehmigung verändert nach Balinsky, B. I. *An Introduction to Embryology*. 4. Aufl. Philadelphia (W. B. Saunders) 1975. © 1975 Saunders College Publishing.

2.17 Nach Patten, B. M. *Early Embryology of the Chick*. New York (Mc Graw-Hill) 1971.

2.18 Photos mit Genehmigung reproduziert aus Kispert, A.; Ortner, H.; Cooke, J.; Herrmann, B. G. *The chick Brachyury gene: developmental expression pattern and response to axial induction by localized activin*. In: *Dev. Biol.* 168 (1995) 406–415.

2.19 Nach Patten, B. M. *The first heart beat and the beginning of embryonic circulation*. In: *American Scientist* 39 (1951) 225–243.

2.20 Oberes Photo mit Genehmigung reproduziert aus Bloom, T. L. *The effects of phorbol ester on mouse blastomeres: a role for protein kinase C in compaction?* In: *Development* 106 (1989) 159–171. Veröffentlicht mit Genehmigung von The Company of Biologists Ltd.

2.22 Nach Hogan, B.; Beddington, R.; Costantini, F.; Lacy, E. *Manipulating the Mouse Embryo: A Laboratory Manual*. 2. Aufl. New York (Cold Spring Harbor Laboratory Press) 1994.

2.23 Mit Genehmigung verändert nach McMahon, A. P. *Mouse development. Winged-helix in axial patterning*. In: *Curr. Biol.* 4 (1994) 903–906.

2.24 Nach Hogan, B.; Beddington, R.; Costantini, F.; Lacy, E. *Manipulating the Mouse Embryo: A Laboratory Manual*. 2. Aufl. New York (Cold Spring Harbor Laboratory Press) 1994.

2.25 Nach Kaufman, M. H. *The Atlas of Mouse Development*. London (Academic Press) 1992.

2.26 Oberes Photo mit Genehmigung von John Wiley & Sons, Inc. reproduziert aus Kimmel, C. B.; Ballard, W. W.; Kimmel, S. R.; Ullmann, B.; Schilling, T. F. *Stages of embryonic development of the zebrafish*. In: *Dev. Dynamics* 203 (1995) 253–310. Alle Rechte vorbehalten. © 1995 Wiley-Liss, Inc.

2.27 Nach Kessel, R. G. *Scanning Electron Microscopy in Biology: A Student's Atlas of Biological Organization*. London (Springer-Verlag) 1974.

2.29 Oberes Photo mit Genehmigung reproduziert aus Turner, F. R.; Mahowald, A. P. *Scanning electron microscopy of Drosophila embryogenesis. I. The structure of the egg envelopes and the formation of the cellular blastoderm*. In: *Dev. Biol.* 50 (1976) 95–108. Mittleres Photo mit Genehmigung reproduziert aus Turner, F. R.; Mahowald, A. P. *Scanning electron microscopy of Drosophila melanogaster embryogenesis. III. Formation of the head and caudal segments*. In: *Dev. Biol.* 68 (1979) 96–109.

2.32 Linkes Photo mit Genehmigung reproduziert aus Turner, F. R.; Mahowald, A. P. *Scanning electron microscopy of Drosophila melanogaster embryogenesis. II. Gastrulation and segmentation*. In: *Dev. Biol.* 57 (1977) 403–416. Mittleres Photo mit Genehmigung reproduziert aus Alberts, B.; Bray, D.; Lewis, J.; Raff, M.; Roberts, K.; Watson, J. D. *Molecular Biology ot the Cell*. 3. Aufl. New York (Garland Publishing) 1994.

2.38 Nach Sulston, J. E.; Schierenberg, E.; White, J. G.; Thomson, J. N. *The embryonic cell lineage of the nematode Caenorhabditis elegans*. In: *Dev. Biol.* 100 (1983) 64–119.

2.41 Photos mit Genehmigung reproduziert aus Meinke, D. W. *Seed development in Arabidopsis thaliana*. In: *Arabidopsis*. New York (Cold Spring Harbor Laboratory Press) 1991, S. 253–295.

3. Musterbildung im Wirbeltierbauplan: I. Körperachsen und Keimblätter

3.31 Photo mit Genehmigung reproduziert aus Smith, W. C.; Harland, R. M. *Expression cloning of noggin, a new dorsalizing factor localized to the Spemann organizer in Xenopus embryos*. In: *Cell* 70 (1992) 829–840. © 1992 Cell Press.

4. Musterbildung im Wirbeltierbauplan: II. Mesoderm und Nervensystem

4.6 Nach Johnson, R. L.; Laufer, E.; Riddle, R. D.; Tabin, C. *Ectopic expression of Sonic hedgehog alters dorsal-ventral patterning of somites*. In: *Cell* 79 (1994) 1165–1173.

Exkurs 4.1 Nach Coletta, P. L.; Shimeld, S. M.; Sharpe, P. T. *The molecular anatomy of Hox gene expression*. In: *J. Anat.* 184 (1994) 15–22.

4.10 Nach Burke, A. C.; Nelson, C. E.; Morgan, B. A.; Tabin, C. *Hox genes and the evolution of vertebrate axial morphology*. In: *Development* 121 (1995) 333–346.

4.16 Nach Mangold, O. *Über die Induktionsfähigkeit der verschiedenen Bezirke der Neurula von Urodelen*. In: *Naturwissenschaften* 21 (1933) 761–766.

4.17 Nach Kelly, O. G.; Melton, D. A. *Induction and patterning of the vertebrate nervous system*. In: *Trends Genet.* 11 (1995) 273–278.

4.18 Nach Kintner, C. R.; Dodd, J. *Hensen's node induces neural tissue in Xenopus ectoderm. Implications for the action of the organizer in neural induction*. In: *Development* 113 (1991) 1495–1505.

4.19 Nach Holtfreter, J.; Hamburger, V. *Amphibians*. In: *Analysis of Development*. Saunders, 1955; S. 230–295.

4.20 Nach Doniach, T.; Phillips, C. R.; Gerhart, J. C. *Planar induction of antero-posterior pattern in the developing central nervous system of Xenopus laevis*. In: *Science* 257 (1992) 542–545.

4.21 Mit Genehmigung verändert nach Lumsden, A. *Cell lineage restrictions in the chick embryo hindbrain*. In: *Phil. Trans. Roy. Soc. Lond. B* 331 (1991) 281–286.

4.22 Mit Genehmigung verändert nach Lumsden, A. *Cell lineage restrictions in the chick embryo hindbrain*. In: *Phil. Trans. Roy. Soc. Lond. B* 331 (1991) 281–286.

4.23 Nach Krumlauf, R. *Hox genes and pattern formation in the branchial region of the vertebrate head*. In: *Tr. Genet*. 9 (1993) 106–112.

4.24 Photo mit Genehmigung reproduziert aus Lumsden, A.; Krumlauf, R. *Patterning the vertebrate neuraxis*. In: *Science* 274 (1996) 1109–1115. © 1996 American Association for the Advancement of Science.

5. Gestaltbildung bei *Drosophila*

5.5 Photo mit Genehmigung reproduziert aus Griffiths, A. J. H.; Miller, J. H.; Suzuki, D. T.; Lewontin, R. C.; Gelbart, W. M. *An Introduction to Genetic Analysis*. 6. Aufl. New York (W. H. Freeman & Co.) 1976, 1981, 1986, 1989, 1993, 1996.

5.6 Photo mit Genehmigung reproduziert aus Griffiths, A. J. H.; Miller, J. H.; Suzuki, D. T.; Lewontin, R. C.; Gelbart, W. M. *An Introduction to Genetic Analysis*. 6. Aufl. New York (W. H. Freeman & Co.) 1976, 1981, 1986, 1989, 1993, 1996.

5.12 Nach González-Reyes, A.; Elliott, H.; St. Johnston, D. *Polarization of both major body axes in Drosophila by gurken-torpedo signalling*. In: *Nature* 375 (1995) 654–658.

5.20 Nach Lawrence, P. *The Making of a Fly*. Oxford (Blackwell Scientific Publications) 1992.

5.24 Photo mit Genehmigung reproduziert aus Lawrence, P. *The Making of a Fly*. Oxford (Blackwell Scientific Publications) 1992.

5.25 Nach Lawrence, P. *The Making of a Fly*. Oxford (Blackwell Scientific Publications) 1992.

Exkurs 5.2 Nach Lawrence, P. *The Making of a Fly*. Oxford (Blackwell Scientific Publications) 1992.

5.30 Nach Lawrence, P. *The Making of a Fly*. Oxford (Blackwell Scientific Publications) 1992.

5.36 Nach Lawrence, P. *The Making of a Fly*. Oxford (Blackwell Scientific Publications) 1992. Photo mit Genehmigung reproduziert aus Bender, W.; Akam, A.; Karch, F.; Beachy, P. A.; Peifer, M.; Spierer, P.; Lewis, E. B.; Hogness, D. S. *Molecular genetics of the bithorax complex in Drosophila melanogaster*. In: *Science* 221 (1983) 23–29. © 1983 American Association for the Advancement of Science.

6. Entwicklung von Wirbellosen, Seescheiden und Schleimpilzen

6.2 Nach Sulston, J. E.; Schierenberg, E.; White, J. G.; Thompson, J. N. *The embryonic cell lineage of the nematode Caenorhabditis elegans*. In: *Dev. Biol*. 100 (1983) 69–119.

6.3 Photo mit Genehmigung reproduziert aus Strome, S.; Wood, W. B. *Generation of asymmetry and segregation of germline granules in early C. elegans embryos*. In: *Cell* 35 (1983) 15–25. © 1983 Cell Press.

6.4 Nach Sulston, J. E.; Schierenberg, E.; White, J. G.; Thompson, J. N. *The embryonic cell lineage of the nematode C. elegans*. In: *Dev. Biol*. 100 (1983) 69–119.

6.5 Photos mit Genehmigung reproduziert aus Wood W. B. *Evidence from reversal of handedness in C. elegans embryos for early cell interactions determining cell fates*. In: *Nature* 349 (1991) 536–538. © 1991 Macmillan Magazines Ltd.

6.6 Nach Mello, C. C.; Draper, B. W.; Priess, J. R. *The maternal genes apx-1 and glp-1 and establishment of dorsal-ventral polarity in the early C. elegans embryo*. In: *Cell* 77 (1994) 95–106.

6.7 Nach Bürglin, T. R.; Ruvkun, G. *The Caenorhabditis elegans homeobox gene cluster*. In: *Curr. Opin. Gen. Devel*. 3 (1993) 615–620.

6.10 Nach Morgan, T. H. *Experimental Embryology*. New York (Columbia University Press) 1927.

6.11 Nach Wilmer, P. *Invertebrate Relationships*. Cambridge (Cambridge University Press) 1990.

6.13 Nach van den Biggelaar, J. A. M. *Asymmetries during molluscan embryogenesis*. In: *Biological Asymmetry and Handedness. Ciba Foundation Symp*. 162 (1991) 128–142.

6.15 Nach Bissen, S. T.; Smith, C. M. *Unequal cleavage in leech embryos: zygotic transcription is required for correct spindle orientation in a subset of early blastomeres. Development* 122 (1996) 599–606.

6.17 Nach Wedeen, C. J.; Weisblat, D. A. *Segmental expression of an engrailed-class gene during early development and neurogenesis in an annelid*. In: *Development* 113 (1991) 805–814.

6.18 Nach Shankland, M. *Leech segmentation: a molecular perspective*. In: *BioEssays* 16 (1994) 801–808.

6.22 Nach Ransick, A.; Davidson, E. H. *A complete second gut induced by transplanted micomeres in the sea urchin embryos*. In: *Science* 259 (1993) 1134–1138.

6.26 Photo mit Genehmigung reproduziert aus Corbo, J. C.; Levine, M.; Zeller, R. W. *Characterization of a notochord-specific enhancer from the Brachyury promoter region of the ascidian, Ciona intestinalis*. In: *Development* 124 (1997) 589–602. Veröffentlicht mit Genehmigung von The Company of Biologists Ltd.

6.28 Nach Conklin, E. G. *The organization and cell lineage of the ascidian egg*. In: *J. Acad. Nat. Sci. Philadelphia* 13 (1905) 1–119.

6.29 Nach Nakatani, Y.; Yasuo, H.; Satoh, N.; Nishida, H. *Basic fibroblast growth factor induces notochord formation and the expression of As-T, a Brachyury homolog, during ascidian embryogenesis*. In: *Development* 122 (1996) 2023–2031.

6.30 Oberes Photo mit Genehmigung reproduziert aus Early, A. E.; Gaskell, M. J.; Traynor, D.; Williams, J. G. *Two distinct populations of prestalk cells within the tip of the migratory Dictyostelium slug with differing fates at culmination. Development* 118 (1993) 353–362. Veröffentlicht mit Genehmigung von The Company of Biologists Ltd. Mittleres Bild links: Photo mit Genehmigung reproduziert aus Jermyn, K.; Traynor, D.; Williams, J. *The initiation of basal disc formation in Dictyostelium discoideum is an early event in culmination*. In: *Development* 122 (1996) 753–760. Veröffentlicht mit Genehmigung von The Company of Biologists Ltd.

7. Entwicklung der Pflanzen

7.2 Nach Alberts, B.; Bray, D.; Lewis, J.; Raff, M.; Roberts, K.; Watson, J. D. *Molecular Biology of the Cell*. 2. Aufl. New York (Garland Publishing) 1989.

7.5 Nach Scheres, B.; Wolkenfelt, H.; Willemsen, V.; Terlouw, M.; Lawson, E.; Dean, C.; Weisbeek, P. *Embryonic origin of the Arabidopsis primary root and root meristem initials*. In: *Development* 120 (1994) 2475–2487.

7.6 Nach Mayer, U.; Torres-Ruiz, R. A.; Berleth, T.; Misera, S.; Jurgens, G. *Mutations affecting body organization in the Arabidopsis embryo*. In: *Nature* 353 (1991) 402–407.

7.8 Nach Alberts, B.; Bray, D.; Lewis, J.; Raff, M.; Roberts, K.; Watson, J. D. *Molecular Biology of the Cell*. 2. Aufl. New York (Garland Publishing) 1989.

7.9 Photo mit Genehmigung reproduziert aus Bowman, J. (Hrsg.) *Arabidopsis: an Atlas of Morphology and Development*. New York (Springer-Verlag) 1994. © 1994 Springer-Verlag GmbH & Co.

7.10 Nach Steeves, T. A.; Sussex, I. M. *Patterning in Plant Development*. Cambridge (Cambridge University Press) 1989.

7.12 Nach McDaniel, C. N.; Poethig, R. S. *Cell lineage patterns in the shoot apical meristem of the germinating maize embryo*. In: *Planta* 175 (1988) 13–22.

7.13 Nach Irish, V. F. *Cell lineage in plant development*. In: *Curr. Opin. Gen. Devel.* 1 (1991) 169–173.

7.14 Nach Sachs, T. *Pattern Formation in Plant Tissues*. Cambridge (Cambridge University Press) 1994, S. 133.

7.15 Oberes Bild: Nach Poethig, R. S.; Sussex, I. M. *The cellular parameters of leaf development in tobacco: a clonal analysis*. In: *Planta* 165 (1985) 170–184. Unteres Bild: Nach Sachs, T. *Pattern Formation in Plant Tissues*. Cambridge (Cambridge University Press) 1994.

7.18 Nach Scheres, B.; Wolkenfelt, H.; Willemsen, V.; Terlouw, M.; Lawson, E.; Dean, C.; Weisbeek, P. *Embryonic origin of the Arabidopsis primary root and root meristem initials*. In: *Development* 120 (1994) 2475–2487.

7.19 Nach Coen, E. S.; Meyerowitz, E. M. *The war of the whorls: genetic interactions controlling flower development*. In: *Nature* 353 (1991) 31–37.

7.20 Photo mit Genehmigung reproduziert aus Meyerowitz, E. M.; Bowman, J. L.; Brockman, L. L.; Drews, G. N.; Jack, T.; Sieburth, L. E.; Weigel, D. *A genetic and molecular model for flower development in Arabidopsis thaliana*. In: *Development Suppl*. 1991, S. 157–167. Veröffentlicht mit Genehmigung von The Company of Biologists Ltd.

7.21 Photos mit Genehmigung reproduziert aus Meyerowitz, E. M.; Bowman, J. L.; Brockman, L. L.; Drews, G. N.; Jack, T.; Sieburth, L. E.; Weigel, D. *A genetic and molecular model for flower development in Arabidopsis thaliana*. In: *Development Suppl*. 1991, S. 157–167. Veröffentlicht mit Genehmigung von The Company of Biologists Ltd. Bild links; mittleres Bild aus Bowman, J. L.; Smyth, D. R.; Meyerowitz, E. M. *Genes directing flower development in Arabidopsis*. In: *Plant Cell* 1 (1989) 37–52. Veröffentlicht mit Genehmigung von The American Society of Plant Physiologists.

7.23 Nach Dennis, E.; Bowman, J. L. *Manipulating floral identity*. In: *Curr. Biol*. 3 (1993) 90–93.

7.24 Nach Meyerowitz, E. M.; Bowman, J. L.; Brockman, L. L.; Drews, G. N.; Jack, T.; Sieburth, L. E.; Weigel, D. *A genetic and molecular model for flower development in Arabidopsis thaliana*. In: *Development Suppl*. 1991, S. 157–167.

7.25 Nach Coen, E. S.; Meyerowitz, E. M. *The war of the whorls: genetic interactions controlling flower development*. In: *Nature* 353 (1991) 31–37.

7.28 Photo mit Genehmigung reproduziert aus Coen, E. S.; Meyerowitz, E. M. *The war of the whorls: genetic interactions controlling flower development*. In: *Nature* 353 (1991) 31–37. © 1991 Macmillan Magazines Ltd.

7.29 Nach Drews, G. N.; Goldberg, R. B. *Genetic control of flower development*. In: *Trends Genet*. 5 (1989) 256–261.

8. Morphogenese: Formveränderungen in frühen Embryonalstadien

8.3 Photos mit Genehmigung reproduziert aus Steinberg, M. S.; Takeichi, M. *Experimental specification of cell sorting, tissue spreading, and specific spatial patterning by quantitative differences in cadherin expression*. In: *Proc. Natl. Acad. Sci./Dev. Biol*. 91 (1994) 206–209. © 1994 National Academy of Sciences, U.S.A.

8.6 Nach Strome, S. *Determination of cleavage planes*. In: *Cell* 72 (1993) 3–6.

8.9 Photo mit Genehmigung reproduziert aus Bloom, T. L. *The effects of phorbol ester on mouse blastomeres: a role for protein kinase C in compaction?* In: *Development* 106 (1989) 159–171.

8.12 Nach Coucouvanis, E.; Martin, G. R. *Signals for death and survival: a two-step mechanism for cavitation in the vertebrate embryo*. In: *Cell* 83 (1995) 279–287.

8.16 Nach Odell, G. M.; Oster, G.; Alberch, P.; Burnside, B. *The mechanical basis of morphogenesis. I. Epithelial folding and invagination*. In: *Dev. Biol*. 85 (1981) 446–462.

8.18 Photos mit Genehmigung reproduziert aus Leptin, M.; Casal, J.; Grunewald, B.; Reuter, R. *Mechanisms of early Drosophila mesoderm formation*. In: *Development Suppl*. 1992, S. 23–31. Veröffentlicht mit Genehmigung von The Company of Biologists Ltd.

8.19 Nach Balinsky, B. I. *An Introduction to Embryology*. 4. Aufl. Philadelphia (W. B. Saunders) 1975.

8.20 Nach Hardin, J.; Keller, R. *The behavior and function of bottle cells during gastrulation of Xenopus laevis*. In: *Development* 103 (1988) 211–230.

8.23 Photo mit Genehmigung reproduziert aus Smith, J. C.; Cunliffe, V.; O'Reilly, M.-A. J.; Schulte-Merker, S.; Umbhauer, M. *Xenopus Brachyury*. In: *Semin. Dev. Biol*. 6 (1995) 405–410. © 1995 Academic Press Ltd.; London.

8.30 Nach Schoenwolf, G. C.; Smith, J. L. *Mechanisms of neurulation: traditional viewpoint and recent advances*. In: *Development* 109 (1990) 243–270.

8.33 Photo mit Genehmigung reproduziert aus Morrill, J. B.; Santos, L. L. *A scanning electron micrographical overview of cellular and extracellular patterns during blastulation and gastrulation in the sea urchin, Lytechinus variegatus*. In: *The Cellular and Molecular Biology of Invertebrate Development*. University of South Carolina Press, 1985; S. 3–33.

8.38 Nach Alberts, B.; Bray, D.; Lewis, J.; Raff, M.; Roberts, K.; Watson, J. D. *Molecular Biology of the Cell*. 2. Aufl. New York (Garland Publishing) 1989.

8.41 Photos mit Genehmigung reproduziert aus Priess, J. R.; Hirsh, D. I. *Caenorhabditis elegans morphogenesis: the role of the cytoskeleton in elongation of the embryo*. *Dev. Biol*. 117 (1986) 156–173. © 1986 Academic Press.

8.43 Photos mit Genehmigung reproduziert aus Tsuge, T.; Tsukaya, H.; Uchimaya, H. *Two independent and polarized processes of cell elongation regulate leaf blade expansion in Arabidopsis thaliana (L.) Heynh*. In: *Development* 122 (1996) 1589–1600. Veröffentlicht mit Genehmigung von The Company of Biologists Ltd.

9. Zelldifferenzierung

9.1 Nach Friederich, E.; Prignault, E.; Arpin, M.; Louvard, D. *From the structure to the function of villin, an actin-binding protein of the brush border*. In: *BioEssays* 12 (1990) 403–408.

9.5 Nach Okada, T. S. *Transdifferentiation*. Oxford (Clarendon Press) 1992.

9.6 Nach Doupe, A. J.; Landis, S. C.; Patterson, P. H. *Environmental influences in the development of neural crest derivatives: glucocorticoids, growth factors, and chromaffin cell plasticity*. In: *J. Neurosci*. 5 (1985) 2119–2142.

9.7 Nach Janeway, C. A.; Travers, P. *Immunobiology: The Immune System in Health and Disease*. 3. Aufl. London (Current Biology/Garland Publishing) 1997.

9.8 Nach Janeway, C. A.; Travers, P. *Immunobiology: The Immune System in Health and Disease*. 3. Aufl. London (Current Biology/Garland Publishing) 1997.

9.9 Nach Alberts, B.; Bray, D.; Lewis, J.; Raff, M.; Roberts, K.; Watson, J. D. *Molecular Biology of the Cell*. 2. Aufl. New York (Garland Publishing) 1989.

9.11 Nach Alberts, B.; Bray, D.; Lewis, J.; Raff, M.; Roberts, K.; Watson, J. D. *Molecular Biology of the Cell*. 2. Aufl. New York (Garland Publishing) 1989.

9.13 Nach Alberts, B.; Bray, D.; Lewis, J.; Raff, M.; Roberts, K.; Watson, J. D. *Molecular Biology of the Cell*. 2. Aufl. New York (Garland Publishing) 1989.

9.15 Nach Tijian, R. *Molecular machines that control genes*. In: *Sci. Amer*. 272 (1995) 54–61.

9.23 Nach Metcalf, D. *Control of granulocytes and macrophages: molecular, cellular, and clinical aspects*. In: *Science* 254 (1991) 529–533.

9.26 Nach Crosstey, M.; Orkin, S. H. *Regulation of the β-globin locus*. In: *Curr. Opin. Genet. Dev.* 3 (1993) 232–237.

9.29 Nach Doupe, A. J.; Landis, S. C.; Patterson, P. H. *Environmental influences in the development of neural crest derivatives: glucocorticoids, growth factors, and chromaffin cell plasticity*. In: *J. Neurosci*. 5 (1985) 2119–2142.

10. Organogenese

Exkurs 10.1 Oben: Nach Meinhardt, H.; Gierer, A. *Applications of a theory of biological pattern formation based on lateral inhibition*. In: *J. Cell Sci*. 15 (1974) 321–346.

10.12 Photo mit Genehmigung reproduziert aus Cohn, M. J.; Izpisúa-Belmonte, J. C.; Abud, H.; Heath, J. K.; Tickle, C. *Fibroblast growth factors induce additional limb development from the flank of chick embryos*. In: *Cell* 80 (1995) 739–746. © 1995 Cell Press.

10.20 Photo mit Genehmigung reproduziert aus Garcia-Martinez, V.; Macias, D.; Gañan, Y.; Garcia-Lobo, J. M.; Francia, M. V.; Fernandez-Teran, M. A.; Hurle, J. M. *Internucleosomal DNA fragmentation and programmed cell death (apoptosis) in the interdigital tissue of embryonic chick leg bud*. In: *J. Cell Sci*. 106 (1993) 201–208. Veröffentlicht mit Genehmigung von The Company of Biologists Ltd.

10.22 Nach French, V.; Daniels, G. *Pattern formation: the beginning and the end of insect limbs*. In: *Curr. Biol*. 4 (1994) 35–37.

10.25 Photo mit Genehmigung reproduziert aus Nellen, D.; Burke, R.; Struhl, G.; Basler, K. *Direct and long-range action of a dpp morphogen gradient*. In: *Cell* 85 (1996) 357–368. © 1996, Cell Press.

10.28 Nach Diaz-Benjumea, F. J.; Cohen, S. M. *Interaction between dorsal and ventral cells in the imaginal disc directs wing development in Drosophila*. In: *Cell* 75 (1993) 741–752.

10.29 Photo mit Genehmigung reproduziert aus Zecca, M.; Basler, K.; Struhl, G. *Direct and long-range action of a wingless morphogen gradient*. In: *Cell* 87 (1996) 833–844. © 1996 Cell Press.

10.31 Nach Bryant, P. J. *The polar coordinate model goes molecular*. In: *Science* 259 (1993) 471–472.

10.39 Nach Lawrence, P. *The Making of a Fly*. Oxford (Blackwell Scientific Publications) 1992.

10.42 Nach Horvitz, H. R.; Sternberg, P. W. *Multiple intercellular signalling systems control the development of the Caenorhabditis elegans vulva*. In: *Nature* 351 (1991) 535–541.

11. Entwicklung des Nervensystems

11.3 Photo mit Genehmigung reproduziert aus Skeath, J. B.; Doe, C. O. *The achaete-scute complex proneural genes contribute to neural precursor specification in the Drosophila CNS*. In: *Curr. Biol*. 6 (1996) 1146–1152.

11.5 Nach Campuzano, S.; Modolell, J. *Patterning of the Drosophila nervous system: the achaete-scute gene complex*. In: *Trends Genet*. 8 (1992) 202–208.

11.6 Nach Jan, Y. N.; Jan, L. Y. *Genes required for specifying cell fates in Drosophila embryonic sensory nervous system*. In: *Trends Neurosci*. 13 (1990) 493–498.

11.8 Nach Guo, M.; Jan, L. Y.; Jan, Y. N. *Control of daughter cell fates during asymmetric division: interaction of Numb and Notch*. In: *Neuron* 17 (1996) 27–41.

11.15 Nach Rakic, P. *Mode of cell migration to the superficial layers of fetal monkey neocortex*. In: *J. Comp. Neurol*. 145 (1972) 61–83.

11.18 Nach Alberts, B.; Bray, D.; Lewis, J.; Raff, M.; Roberts, K.; Watson, J. D. *Molecular Biology of the Cell*. 2. Aufl. New York (Garland Publishing) 1989.

11.22 Nach O'Connor, T. P.; Duerr, J. S.; Bentley, D. *Pioneer growth cone steering decisions mediated by single filopodial contacts in situ*. In: *J. Neurosci*. 10 (1990) 3935–3946.

11.29 Nach Tessier-Lavigne, M.; Placzek, M. *Target attraction: are developing axons guided by chemotropism?* In: *Trends Neurosci*. 14 (1991) 303–310.

11.30 Photo mit Genehmigung reproduziert aus Serafini, T.; Colamarino, S. A.; Leonardo, E. D.; Wang, H.; Beddington, R.; Skarnes, W. C.; Tessier-Lavigne, M. *Netrin-1 is required for commissural axon guidance in the developing vertebrate nervous system*. In: *Cell* 87 (1996) 1001–1014. © 1996 Cell Press.

11.32 Nach Davies, A. M. *Neurotrophic factors: switching neurotrophin dependence*. In: *Curr. Biol*. 4 (1994) 273–276.

11.33 Nach Kandell, E. R.; Schwartz, J. H.; Jessell, T. M. *Principles of Neural Science*. 3. Aufl. New York (Elsevier Science Publishing Co., Inc.) 1991.

11.37 Nach Goodman, C. S.; Shatz, C. J. *Developmental mechanisms that generate precise patterns of neuronal connectivity*. In: *Cell Suppl*. 72 (1993) 77–98.

11.38 Nach Goodman, C. S.; Shatz, C. J. *Developmental mechanisms that generate precise patterns of neuronal connectivity*. In: *Cell Suppl*. 72 (1993) 77–98.

11.39 Nach Kandell, E. R.; Schwartz, J. H.; Jessell, T. M. *Essentials of Neural Science and Behavior*. Norwalk, Connecticut (Appleton & Lange) 1991.

11.40 Nach Goodman, C. S.; Shatz, C. J. *Developmental mechanisms that generate precise patterns of neuronal connectivity*. In: *Cell Suppl*. 72 (1993) 77–98.

12. Keimzellen und Sexualität

12.2 Nach Goodfellow, P. N.; Lovell-Badge, R. *SRY and sex determination in mammals*. In: *Ann. Rev. Genet*. 27 (1993) 71–92.

12.3 Nach Higgins, S. J.; Young, P.; Cunha, G. R. *Induction of functional cytodifferentiation in the epithelium of tissue recombinants II. Instructive induction of Wolffian duct epithelia by neonatal seminal vesicle mesenchyme*. In: *Development* 106 (1989) 235–250.

12.7 Nach Cline, T. W. *The Drosophila sex determination signal: how do flies count to two?* In: *Trends Genet*. 9 (1993) 385–390.

12.11 Nach Clifford, R.; Francis, R.; Schedl, T. *Somatic control of germ cell development*. In: *Semin. Dev. Biol*. 5 (1994) 21–30.

12.16 Nach Wylie, C. C.; Heasman, J. *Migration, proliferation, and potency of primordial germ cells*. In: *Semin. Dev. Biol*. 4 (1993) 161–170.

12.22 Nach Alberts, B.; Bray, D.; Lewis, J.; Raff, M.; Roberts, K.; Watson, J. D. *Molecular Biology of the Cell*. 2. Aufl. New York (Garland Publishing) 1989.

13. Regeneration

13.5 Photo mit Genehmigung reproduziert aus Müller, W. A. *Diacylglycerol-induced multihead formation in Hydra*. In: *Development* 105 (1989) 309–316. Veröffentlicht mit Genehmigung von The Company of Biologists Ltd.

13.11 Photo mit Genehmigung reproduziert aus Müller, W. A. *Diacylglycerol-induced multihead formation in Hydra*. In: *Development* 105 (1989) 309–316. Veröffentlicht mit Genehmigung von The Company of Biologists Ltd.

13.18 Photos mit Genehmigung reproduziert aus Pecorino, L. T.; Entwistle, A.; Brockes, J. P. *Activation of a single retinoic acid receptor isoform mediates proximodistal respecification*. In: *Curr. Biol.* 6 (1996) 563–569.

13.20 Nach French, V.; Bryant, P. J.; Bryant, S. V. *Pattern regulation in epimorphic fields*. In: *Science* 193 (1976) 969–981.

13.21 Nach French, V.; Bryant, P. J.; Bryant, S. V. *Pattern regulation in epimorphic fields*. In: *Science* 193 (1976) 969–981.

14. Wachstum und postembryonale Entwicklung

14.3 Nach Edgar, B. A.; Lehman, D. A.; O'Farrell, P. H. *Transcriptional regulation of string (cdc25): a link between developmental programming and the cell cycle*. In: *Development* 120 (1994) 3131–3143.

14.5 Nach Gray, H. *Gray's Anatomy*. Edinburgh (Churchill-Livingstone) 1995.

14.8 Photo mit Genehmigung reproduziert aus Harrison, R. G. *Organization and Development of the Embryo*. New Haven (Yale University Press) 1969. © 1969 Yale University Press.

14.9 Nach Wallis, G. A. *Here today, bone tomorrow*. In: *Curr. Biol.* 3 (1993) 687–689.

14.12 Nach Alberts, B.; Bray, D.; Lewis, J.; Raff, M.; Roberts, K.; Watson, J. D. *Molecular Biology of the Cell*. 2. Aufl. New York (Garland Publishing) 1989.

14.18 Nach Tata, J. R. *Gene expression during metamorphosis: an ideal model for post-embryonic development*. In: *BioEssays* 15 (1993) 239–248.

14.19 Nach Tata, J. R. *Gene expression during metamorphosis: an ideal model for post-embryonic development*. In: *BioEssays* 15 (1993) 239–248.

15. Evolution und Individualentwicklung

15.2 Nach Larsen, W. J. *Human Embryology*. New York (Churchill Livingstone) 1993.

15.3 Nach Romer, A. S. *The Vertebrate Body*. Philadelphia (W. B. Saunders) 1949.

15.5 Photos mit Genehmigung reproduziert aus Sordino, P.; van der Hoeven, F.; Duboule, D. *Hox gene expression in teleost fins and the origin of vertebrate digits*. In: *Nature* 375 (1995) 678–681. © 1995 Macmillan Magazines Ltd.

15.6 Nach Coates, M. I. *Limb evolution: fish fins or tetrapod limbs – a simple twist of fate?* In: *Curr. Biol.* 5 (1995) 844–848.

15.9 Nach Garcia-Fernández, J.; Holland, P. W. *Archetypal organization of the amphioxus Hox gene cluster*. In: *Nature* 370 (1994) 563–566.

15.10 Nach Akam, M. *Hox genes and the evolution of diverse body plans*. In: *Phil. Trans. Roy. Soc. Lond. B* 349 (1995) 313–319.

15.11 Nach Ferguson, E. L. *Conservation of dorsal-ventral patterning in arthropods and chordates*. In: *Curr. Opin. Genet. Dev.* 6 (1996) 424–431.

15.12 Nach Gregory, W. K. *Evolution Emerging*. New York (Macmillan) 1957.

Danksagung

Unser Dank gilt den folgenden Personen, die freundlicherweise verschiedene Teile des Buches gegengelesen haben.

Kapitel 1

Vernon French: University of Edinburgh.
Sir John Gurdon: Wellcome CRC Institute, Cambridge.
Andrew Murray: University of California, San Francisco.
Daniel St. Johnston: Wellcome CRC Institute, Cambridge.

Kapitel 2

Susan Darling: University College London.
Brigid Hogan: Vanderbilt University School of Medicine.
Nigel Holder: King's College London.
Andrew Murray: University of California, San Francisco.
Jonathan Slack: University of Bath.
James Smith: National Institute for Medical Research, London.
Daniel St. Johnston: Wellcome CRC Institute, Cambridge.

Kapitel 3

Richard Harland: University of California, Berkeley.
Brigid Hogan: Vanderbilt University School of Medicine.
Nigel Holder: King's College London.
Janet Rossant: Samuel Lunenfield Research Institute, Toronto.
James Smith: National Institute for Medical Research, London.

Kapitel 4

Richard Harland: University of California, Berkeley.
Brigid Hogan: Vanderbilt University School of Medicine.
Nigel Holder: King's College London.
Janet Rossant: Samuel Lunenfield Research Institute, Toronto.

Kapitel 5

Kathryn Anderson: University of California, Berkeley.
Peter Bryant: University of California, Irvine.
Stephen Cohen: European Molecular Biology Laboratory, Heidelberg.
Herbert Jäckle: Max-Planck-Institut für Biophysikalische Chemie, Göttingen.
Daniel St. Johnston: Wellcome CRC Institute, Cambridge.

Kapitel 6

Jeff Hardin: University of Wisconsin, Madison.
James Priess: Fred Hutchinson Cancer Center, Seattle.
Paul Sternberg: California Institute of Technology, Pasadena.
Jeff Williams: University College London.

Kapitel 7

David Meinke: Oklahoma State University.
Scott Poethig: University of Pennsylvania.
Ian Sussex: University of California, Berkeley.

Kapitel 8

Marianne Bronner-Fraser: University of California, Irvine.
Charles Ettensohn: Carnegie Mellon University, Pittsburgh.
Raymond Keller: University of California, Berkeley.
Malcolm Steinberg: Princeton University.

Kapitel 9

Margaret Buckingham: Institut Pasteur, Paris Frankreich.
David Latchman: University College London Medical School.
Nicole Le Douarin: Institut d'Embryologie Cellulaire et Moléculaire du CNRS et du Collège de France, Nogent-sur-Marne.
Roger Patient: The Randall Institute, King's College London.
Fiona Watt: Imperial Cancer Research Fund, London.

Kapitel 10

Stephen Cohen: European Molecular Biology Laboratory, Heidelberg.
Uma Thesleff: Institute of Biotechnology, University of Helsinki.
Cheryl Tickle: University College London.
Andrew Tomlinson: College of Physicians and Surgeons of Columbia University, New York.

Kapitel 11

Michael Bate: University of Cambridge.
Steven Easter: University of Michigan.
Andrew Lumsden: United Medical and Dental School, Guy's Hospital, London.
Jack Price: SmithKline Beecham, Harlow, Essex.

Kapitel 12

Denise Barlow: The Netherlands Cancer Institute, Amsterdam.
Tom Cline: University of California, Berkeley.
Jonathan Hodgkin: MRC Laboratory of Molecular Biology, Cambridge.
Anne McLaren: Wellcome CRC Institute, Cambridge.
Michael Whitaker: Newcastle University.

Kapitel 13

Hans Bode: University of California, Irvine.
Susan Bryant: University of California, Irvine.
Vernon French: University of Edinburgh.
David Stocum: Indiana University-Purdue University, Indianapolis.

Kapitel 14

Michael Ashburner: University of Cambridge.
Charles Brook: University College London.
Peter Bryant: University of California, Irvine.
Tom Kirkwood: University of Manchester.
Stuart Reynolds: University of Bath.
Jonathan Slack: University of Bath.
J. R. Tata: National Institute for Medical Research, London.

Kapitel 15

Michael Akam: Wellcome CRC Institute, Cambridge.
Michael Coates: University College London.
John Gerhart: University of California, Berkeley.
Jonathan Slack: University of Bath.
Cliff Tabin: Harvard Medical School, Boston.

Allgemein

Brigid Hogan: Vanderbilt University School of Medicine.
David Kimelman: University of Washington, Seattle.
Charles Rutherford: Virginia Polytechnic Institute and State University, Blacksburg.
Nancy Wall: Lawrence University.

Index

Den üblichen Gepflogenheiten in der Genetik und Molekularbiologie entsprechend sind Gene kursiv, Proteine steil gesetzt. Kommen im Index beide vor, stehen die Gene vor den Proteinen.

A

B

C

D

E

H

I

J

K

L

M

O

P

X

Z